右端不连续微分方程模型及其动力学分析

黄立宏　王佳伏　著

科学出版社

北京

内 容 简 介

本书主要是关于右端不连续微分方程模型及其动力学研究的一些近期成果介绍,模型涉及领域包括物理、力学、机械工程、生物生态、经济金融、生产管理、流行病学、神经网络等,其中绝大部分是作者及其所在的研究团队近年来的研究成果. 为了使本书内容自成体系,方便读者阅读和学习,书中对右端不连续微分方程的有关基本概念和一些基本理论知识进行了简要介绍. 另外,为了使对右端不连续微分方程研究有兴趣的读者能尽快了解这一领域的研究动态,开展有关的研究,作者通过对国内外大量文献资料进行精心筛选与组织,分专题进行了介绍,也对右端不连续微分方程研究的一些基本方法和工具进行了阐述.

本书可供数学及有关学科的研究生、教师和相关领域的科技工作者使用,特别可供从事微分方程与动力系统、生物生态与生物数学、数理经济与数理金融、人类传染病与动植物流行病学、神经网络与现代控制等理论与应用研究的人员参考.

图书在版编目(CIP)数据

右端不连续微分方程模型及其动力学分析/黄立宏,王佳伏著. —北京:科学出版社,2021.7

ISBN 978-7-03-069365-5

Ⅰ.①右⋯ Ⅱ.①黄⋯ ②王⋯ Ⅲ.①微分方程–动力学分析 Ⅳ.①O175

中国版本图书馆 CIP 数据核字(2021)第 139838 号

责任编辑: 胡庆家 李香叶 / 责任校对: 彭珍珍
责任印制: 吴兆东 / 封面设计: 无极书装

科 学 出 版 社 出版
北京东黄城根北街 16 号
邮政编码: 100717
http://www.sciencep.com

北京九州迅驰传媒文化有限公司 印刷
科学出版社发行 各地新华书店经销
*
2021 年 7 月第 一 版 开本: 720×1000 B5
2021 年 11 月第二次印刷 印张: 36 1/2
字数: 735 000
定价: 228.00 元
(如有印装质量问题, 我社负责调换)

前　　言

右端不连续微分方程的研究历史至少可追溯到 20 世纪 20 年代, 但时至今日, 其理论体系的构建和发展仍然并不完备, 发现的有效研究方法和工具仍然非常有限. 然而, 随着非线性动力学和相关学科的迅速发展, 右端不连续微分方程不仅越来越多地出现在数学学科本身的研究中, 而且越来越频繁地出现在诸如生物生态学与生物数学、人类传染病与动植物流行病学及疾病综合治理、数理经济与数理金融、神经网络与现代控制理论、力学与物理学、机械工程与化学反应工程、电气工程与自动化等领域众多实际问题的动力学建模中, 其理论和应用研究的重要性日益凸显.

笔者在 1998 年冬至 1999 年夏访问加拿大 York 大学 Jianhong Wu (吴建宏) 教授期间, 开始学习 Filippov 在 1988 年出版的专著 *Differential Equations with Discontinuous Righthand Sides*, 并与 Wu 教授合作开展了右端不连续微分方程神经网络模型的动力学研究. 回国后, 指导研究生学习 Filippov 的专著, 并连续组织研究生和青年教师开展专题学习讨论班, 自此至今, 右端不连续微分方程研究一直是笔者带领的微分方程与动力系统理论及应用学术团队的主要研究方向之一. 时光如梭, 转眼已超二十载. 二十余年中所指导的博士和硕士研究生, 一届一届迎来送往, 学习和研究的重点虽然每届都是 "不连续", 但团队成员们严谨求实的学术态度, 悬梁刺股的学习劲头, 锲而不舍的攻关勇气, 团结合作的团队精神却得到了一届一届连续传承. 回首来时路, 虽然历经艰辛颇多, 但自感收获多于艰辛, 更值得欣慰的是, 绝大多数学生毕业后还一直在潜心学术和立德树人, 而且许多还一直坚守 "初心", 坚持在这一研究领域砥砺前行, 并取得了非常不错的成绩, 现已成为教授或副教授、博士研究生或硕士研究生导师、学术带头人或学术骨干, 有了自己的学术团队, 培养了不少投身这一研究领域的新生力量.

在对右端不连续微分方程二十余年的研究中, 我们虽然感到这一研究领域还没有得到应有的重视, 国内外投入这一研究领域的专家学者力量还不足, 但我们也深感情况在日益向好. 近十余年来, 关注这一研究领域的国内外学者日益增加, 进入这一领域开展研究工作的学者, 特别是年轻学者越来越多.

目前, Filippov 的专著仍然是这一领域学习和研究工作者的必读著作之一, 也仍然是这一领域研究论文的重要参考文献之一, 但这一专著的内容都是 20 世纪 90 年代前的成果. 我们在 2011 年于科学出版社出版的专著《右端不连续微分方程理论与应用》是国内在这一领域出版的第一本著作, 可以说该书对国内许多研究生和年轻学者进入这一研究领域起到了良好的作用, 但该书的内容也已是十年前的成果了. 最近的十年, 可以说是右端不连续微分方程研究历史上发表论文数量最多的十年, 也是取得成果最为丰硕的十年, 然而, 这些论文分散发表在世界各地名目繁多的期刊上, 虽然我们现在处于一个信息化和大数据时代, 搜集和查阅文献已越来越容易和方便, 但是, 我们认为, 对这些浩瀚的成果, 特别是近些年的新成果, 进行收集筛选、分专题整理并系统总结, 汇集成书出版, 至少可以方便学生和研究者学习查阅, 使其能尽快且较全面地了解该领域或该领域的某个专题在国内外的研究现状和动态, 为其研究提供指南, 这应该是一件非常有意义的工作, 这也正是我们撰写出版此书的初衷和目的所在.

　　本书的内容是集体智慧的结晶. 绝大部分内容是笔者及其所带领的 "微分方程与动力系统理论及应用" 学术团队成员近年来的研究成果, 这些团队成员都是笔者曾经或正在指导的研究生, 也有部分内容来自国内外众多专家和同行学者的论文和专著, 特别是其中的有关基本概念和基本理论知识部分. 本书的完成和出版是集体努力的结果. 蔡佐威参加了第 2、3 章和 9.2 节的撰写, 李立平参加了第 5 章的撰写, 段炼参加了 6.1 节、6.2 节和 11.4 节的撰写, 陈小艳参加了 6.3 节和 4.2 节的撰写, 李文秀参加了第 7 章的撰写, 郭振远参加了第 8 章和第 10 章部分的撰写, 龚书晴参加了第 10 章部分的撰写, 汪东树参加了 11.1—11.3 节的撰写, 王增赟参加了第 12 章的撰写. 黄创霞、李亚琼、袁朝晖、胡海军、邹劭芬、张玲玲、李乐、阳超均参加了本书初稿的讨论并提出了不少宝贵意见. 吴芳、陈颖、姜智北等研究生也为本书的完成和出版做了一些有意义的工作. 本书的出版得到了科学出版社的大力支持. 没有他们的奉献和支持, 就没有本书的出版.

　　我们开展右端不连续微分方程研究的工作, 得到了国家自然科学基金 "右端分片连续微分系统的定性研究"(批准号: 11771059)、"微分包含与不连续微分方程的理论及应用研究"(批准号: 11371127)、"不连续微分方程的定性研究"(批准号: 11071060)、"右端不连续微分方程的定性理论及其应用研究"(批准号: 10771055)、"不连续微分方程的定性研究"(批准号: 11071060)、"具非光滑信号传输的神经网络模型的动力学研究"(批准号: 10371034)、"分段光滑 Filippov 系统的动力学研究"(批准号: 11301551)、"泛函微分包含与不连续时滞微分方程的动力学及控制研究"(批准号: 11701172)、"基于忆阻的群集神经动力学分析及其在优化中的应用"(批准号: 61573003)、"右端不连续泛函微分方程理论及其应用"(批准号: 11101133)、"右端不连续泛函微分方程的复杂动力学行为及其应用"(批准号: 11501221)、"不连续泛函微分方程动力学行为与控制研究"(批准号: 11871231)、"右端不连续时滞微分方程的多稳定性及其应用研究"(批准号: 11071007)、"右端不连续复值微分方程的动力学行为及其应用研究"(批准号: 11601143); 国家自然科学基金委员会数学天元基金 "不连续泛函微分方程的 Lyapunov 稳定性研究"(批准号: 11226151)、"基于 Filippov 系统的不连续微分方程的复杂动力学分析与控制研究"(批准号: 11626100)、"基于不连续微分方程理论的复杂网络动态行为和同步行为研究"(批准号: 11226143); 高等学校博士学科点专项科研基金 "具不连续信号传输函数的神经网络模型的定性研究"(批准号: 20010532002); 湖南省自然科学基金 "分段光滑 Filippov 平面系统的极限环研究"(批准号: 2017JJ3525)、"不连续神经网络系统的同步与稳定化控制"(批准号: 2016JJ3078)、"忆阻神经网络模型的同步和控制研究"(批准号: 2019JJ40022)、"由不连续微分方程组成复杂网络系统的动态行为和同步行为的控制理论研究"(批准号: 13JJ4111); 湖南省科技计划 "忆阻神经网络的动力学与应用"(批准号: 2014RS4030); 福建省自然科学基金 "右端不连续时滞生态系统的动力学行为研究"(批准号: 2015J01584); 中国博士后科学基金 "时滞微分包含理论与基于忆阻器神经网络的应用研究"(批准号: 2017M613361)、"不连续神经网络理论及其应用"(批准号: 2013M542104)、"忆阻神经动力学及其应用"(批准号: 2012T50714)、"不连续复值神经网络及其在优化控制中的应用"(批准号: 2018M632207) 项目的资助. 本书的出版得到了国家自然科学基金 (批准号：11771059)、工程数学建模与分析湖南省重点实验室基金及长沙理工大学学术著作出版基金的资助.

在本书写作过程中, 我们参考了很多国内外专家和同行学者的论文和专著, 获益匪浅, 在此一并表示衷心的感谢!

由于右端不连续微分方程有关研究的文献数量巨大, 限于查阅收集条件、作者精力和能力水平, 我们所收集到的文献相对于已有文献来说仅是 "九牛一毛". 另外, 限于著作内容选择和篇幅, 即使对我们已收集到和学习过的文献也无法在书中一一列举, 被列出和介绍的文献相对于我们已掌握和学习过的文献来说也还只是 "冰山一角", 在此也深表歉意, 敬请专家、学者谅解.

黄立宏
2020 年 5 月于长沙

目　　录

第 1 章 绪 论

1.1 右端不连续微分方程发展概述

微分方程是联系着自变量、未知函数以及未知函数的导数的方程. 传统意义下的微分方程在欧氏空间建立, 未知函数是一元函数时称为常微分方程 (Ordinary Differential Equation, ODE), 未知函数是多元函数时称为偏微分方程 (Partial Differential Equation, PDE).

微分方程这个概念最早由 Leibniz 在 1676 年致 Newton 的信中提出, 利用微分方程建立数学模型来研究实际问题也已有悠久的历史. 事实上, 微分方程本身就是由于生产和科学实践的需要, 于 17 世纪中后期, 伴随着科学史上划时代的发现——微积分, 几乎同时诞生的.

世界上的万事万物都是变化的, 人们对众多实际事物的变化规律进行理论性定量研究经常采用的一种重要方法是动力系统方法, 即根据事物发展的规律以及与之有关的一些其他因素, 建立能反映事物发展变化动力学特性的数学模型 (动力学模型), 通过对模型动力学性态的定性、定量分析和数值模拟, 来显示事物的发展过程, 揭示其发展规律, 预测其变化发展趋势, 分析影响其发展的原因和关键因素, 寻求对其调控的最优策略, 为人们进行有关决策提供理论基础和数量依据. 在对实际事物进行研究的动力学建模中, 微分方程是被最广泛应用的, 也是所获成果最为丰富的.

在用微分方程描述的数学模型中, 自变量的实际意义根据所研究的问题对象来确定. 所有用来描述事物的状态随时间变化而变化的规律的微分方程模型当然都是时间的函数及其导数之间的关系式, 其自变量均为时间变量, 只是随着所研究对象的不同所对应的关系式各自不同罢了. 例如, 我们众所周知的牛顿力学, 其基本任务是研究物体的运动轨迹, 也就是研究其位移随时间变化的规律, 它的众多经典的定律公式都是用微分方程描述的. 在生物数学领域, 微分方程也被广泛用于数学建模. 初看起来, 生物数目的变化似乎是不可能用微分方程来描述的, 因为任何生物的数目都是用整数来计算的, 其变化也应该是按整数变化的. 因此, 任何生物的数目都绝不会是时间的可微函数. 然而, 如果给定的生物总数非常大, 并且它突然增加一个, 这时发生的变化同给定的总数相比是很小的. 因此, 我们近似地认为, 当总数很大时, 它是随时间连续地, 甚至可微地变化的. 公共卫生医生 Ross

早在 1911 年对疟疾在蚊虫与人群之间传播的动态行为进行的研究中, 所建立的数学模型就是用微分方程描述的[590], 其研究结果显示: 如果将蚊虫的数量减少到一个临界值以下, 疟疾的流行将会得到控制. Ross 的这项研究使他第二次获得了 Nobel 生理学或医学奖. 1927 年, Kermack 和 McKendrick 为了研究 1665—1666 年黑死病在伦敦的流行规律及 1906 年瘟疫在孟买的流行规律, 构造了用常微分方程描述的著名的 SIR 仓室模型[374], 继后, 又在 1932 年提出了用常微分方程描述的 SIS 仓室模型, 并在分析所建立模型的基础上, 提出了区分疾病流行与否的 "阈值理论", 为传染病动力学的研究奠定了基础. 至今为止, 微分方程模型在诸如物理学、力学、数学、工程学、材料学、生态学、流行病学、自动控制、神经网络、经济金融等研究中大量出现, 读者可参见文献 [57, 58, 259, 363, 428, 429, 494–496, 509, 681, 684, 685, 805, 834].

由于对用高阶常微分方程描述的数学模型我们可以借助变量代换将其转化为一阶常微分方程组的形式, 因此, 在不考虑模型的实际背景的情况下, 众多的常微分方程模型均可写成如下一阶常微分方程的形式:

$$\frac{\mathrm{d}x}{\mathrm{d}t} = f(t, x), \tag{1.1.1}$$

这里, $x = x(t) \in \mathbb{R}^n$, $f : \Omega \to \mathbb{R}^n$ 是给定的函数, $\Omega = I \times G$, I 和 G 分别是 $\mathbb{R}$ 和 $\mathbb{R}^n$ 中的非空集, $\mathbb{R}$ 表示全体实数集或一维欧氏空间, $\mathbb{R}^n$ 表示 n 维实向量空间或 n 维欧氏空间; $\frac{\mathrm{d}x}{\mathrm{d}t}$ 表示 x 关于 t 的导数, 为了表达的方便, 在本书中我们有时也用记号 $\dot{x}$ 或 x' 表示函数 x 关于其自变量的导数. 当 $n \geqslant 2$ 时, 方程 (1.1.1) 可以看作是向量形式的微分方程, 其实是一个微分方程组, 我们也称它是一个微分系统.

在本书中, 为了遵循表示的习惯和尊重所引参考文献中的原用记号, 有时也为表达的方便, 在不易引起混淆的情况下, 对 n 维向量空间 $\mathbb{R}^n$ $(n \geqslant 2)$ 中的向量, 我们将灵活采用行和列的形式表示, 即将视情况采用记号: $\mathbb{R}^n = \{(x_1, x_2, \cdots, x_n) \mid x_i \in \mathbb{R}, i = 1, 2, \cdots, n\}$ 或 $\mathbb{R}^n = \{(x_1, x_2, \cdots, x_n)^{\mathrm{T}} \mid x_i \in \mathbb{R}, i = 1, 2, \cdots, n\}$, 其中右上标 T 表示转置.

当我们要重点强调方程中的某个或某些参数 (或参变量) u 时, 可以将方程 (1.1.1) 写成如下形式:

$$\frac{\mathrm{d}x}{\mathrm{d}t} = f(t, x, u), \tag{1.1.2}$$

这里, $u \in \mathbb{R}^m$. 例如, 形式为 (1.1.2) 的微分方程在控制系统建模中被大量运用, 作为描述控制系统变量 (物理量) 之间动态关系的数学表示, $u \in \mathbb{R}^m$ 为系统的控制输入项.

当 (1.1.1) 和 (1.1.2) 中右端函数不显含 t 时, 方程可分别写成

$$\frac{\mathrm{d}x}{\mathrm{d}t} = f(x) \tag{1.1.3}$$

和

$$\frac{\mathrm{d}x}{\mathrm{d}t} = f(x, u). \tag{1.1.4}$$

我们称方程 (1.1.3) 和 (1.1.4) 为自治方程或自治系统, 它们可分别看作是 (1.1.1) 和 (1.1.2) 的特殊形式.

当我们要研究一个微分方程时, 首先需要明确在什么 "范围"(区域) 内来研究, 对于微分方程模型来说, 这个范围 (区域) 一般是由研究者根据研究内容并结合问题的实际意义来确定的. 对于形如 (1.1.1)—(1.1.4) 的微分方程, 若我们确定在某区域 $\mho$ 上来进行研究, $\mho$ 为具有连通性的区域, 如果其右端函数 f 在 $\mho$ 上关于其所有变量均是连续的, 则称其在区域 $\mho$ 上是右端连续微分方程 (简称微分方程), 否则称其在区域 $\mho$ 上是右端不连续微分方程 (简称不连续微分方程), 在不容易引起误会的情况下, 通常省略指明区域 $\mho$. 对于形如 (1.1.1) 的右端连续微分方程, 特别是对于形如 (1.1.3) 的自治情形, 其定性研究的理论和方法已十分丰富, 参见文献 [284, 569, 811]. 相对于右端连续的情形, 对于形如 (1.1.1)—(1.1.4) 的右端不连续微分方程, 无论是在其现有理论体系的完备程度上还是在其研究方法上, 就都相差甚远了.

在现有关于右端不连续微分方程的定性研究文献中, 主要考虑的方程类型是 (1.1.3), 区域是 $\mho = \overline{G}$, 其中, $\overline{G}$ 表示 G 的闭包, $G = \bigcup_{i=1}^{l} G_i$, G_i 是 $\mathbb{R}^n$ 中的开集, $l \geqslant 2$, 右端函数 f 关于 x 在各子区域 G_i 上连续 (不同子区域不含公共内点, 即当 $i \neq j$ 时 $G_i \cap G_j = \varnothing$), 但在相邻子区域 G_i 和 $G_j(i \neq j)$ 的公共边界 $\partial G_{ij} = \overline{G_i} \bigcap \overline{G_j}$ 上不连续 (甚至无定义), 而且这方面的工作又主要集中在 $l = 2$ 的情形. 我们一般根据方程中未知函数的维数是一维、二维还是二维以上分别称这种情形所对应的方程为右端分段、分片和分区连续微分方程, 统一简称为分片连续微分方程, 也可称为切换系统 (Switching System), 定义在各分片内部的右端连续系统称为子方程或子系统, ∂G_{ij} 称为切换流形 (二维情形称为切换线, 三维情形称为切换面). 分片连续微分方程属于不连续微分方程的子类型, 也可看作是混杂系统 (Hybrid System) [246] 的一个子类.

对于右端不连续微分方程, 由于不连续因素的存在, 其研究呈现出许多新的特点, 如由向量场的不连续性所造成的强非线性和奇异性等[297,298], 致使右端不连续微分方程的许多动态特性已不能用传统的动力学方法来研究. 事实上, 由于方程右端的不连续性, 我们在大学期间常微分方程课程中学习过的关于初值问题解的存在性、唯一性、解对初值的连续依赖性等基本定理的条件已不满足, 从而原

来关于右端连续微分方程的众多经典结果和研究方法此时已不再有效, 由此可见, 右端不连续微分方程与右端连续微分方程是有本质区别的. 例如, 若设

$$x = (x_1, x_2), \quad f(x) = (f_1(x), f_2(x)) = (a_1 x_1 + b_1 x_2 + c_1, a_2 x_1 + b_2 x_2 + c_2),$$

其中 a_i, b_i 和 $c_i(i = 1, 2)$ 均为实常数, 则 (1.1.3) 即为平面线性微分系统:

$$\begin{cases} \dfrac{\mathrm{d}x_1}{\mathrm{d}t} = a_1 x_1 + b_1 x_2 + c_1, \\ \dfrac{\mathrm{d}x_2}{\mathrm{d}t} = a_2 x_1 + b_2 x_2 + c_2. \end{cases} \tag{1.1.5}$$

对于系统 (1.1.5), 它在相平面 $\mathbb{R}^2$ 上轨线的拓扑结构是简单的, 不可能存在极限环. 然而, 若设

$$f^+(x) = (f_1^+(x), f_2^+(x)) = (a_1^+ x_1 + b_1^+ x_2 + c_1^+, a_2^+ x_1 + b_2^+ x_2 + c_2^+),$$

$$f^-(x) = (f_1^-(x), f_2^-(x)) = (a_1^- x_1 + b_1^- x_2 + c_1^-, a_2^- x_1 + b_2^- x_2 + c_2^-),$$

其中 $a_i^\pm, b_i^\pm$ 和 $c_i^\pm(i = 1, 2)$ 均为实常数, 且 $\sum\limits_{i=1}^{2}[(a_i^+ - a_i^-)^2 + (b_i^+ - b_i^-)^2 + (c_i^+ - c_i^-)^2] \neq 0$, 我们在整个平面 $\mathbb{R}^2$ 上来考虑微分方程

$$\frac{\mathrm{d}x}{\mathrm{d}t} = \begin{cases} f^+(x), & x_1 > 0, \\ f^-(x), & x_1 < 0, \end{cases} \tag{1.1.6}$$

显然 (1.1.6) 在 $\mathbb{R}^2$ 上为右端不连续微分方程 (通常就说 (1.1.6) 是右端不连续微分方程, 而省略指明区域 $\mathbb{R}^2$). 它是由定义在右半平面 $\mathbb{R}_r^2 = \{x \mid x = (x_1, x_2) \in \mathbb{R}^2, x_1 > 0\}$ 上的线性微分系统

$$\begin{cases} \dfrac{\mathrm{d}x_1}{\mathrm{d}t} = a_1^+ x_1 + b_1^+ x_2 + c_1^+, \\ \dfrac{\mathrm{d}x_2}{\mathrm{d}t} = a_2^+ x_1 + b_2^+ x_2 + c_2^+ \end{cases} \tag{1.1.7}$$

和定义在左半平面 $\mathbb{R}_l^2 = \{x \mid x = (x_1, x_2) \in \mathbb{R}^2, x_1 < 0\}$ 上的线性微分系统

$$\begin{cases} \dfrac{\mathrm{d}x_1}{\mathrm{d}t} = a_1^- x_1 + b_1^- x_2 + c_1^-, \\ \dfrac{\mathrm{d}x_2}{\mathrm{d}t} = a_2^- x_1 + b_2^- x_2 + c_2^- \end{cases} \tag{1.1.8}$$

所构成的一个平面切换系统. 系统 (1.1.7) 和 (1.1.8) 为切换系统 (1.1.6) 的子系统, 坐标轴 $x_1 = 0$ 为切换线. $\mathbb{R}^2$ 上的切换系统 (1.1.6) 虽然由分别定义在两个半平面

上的线性系统组成, 但它可表现出十分丰富的非线性动力学特性. 现有的研究表明, 在 Filippov 解的意义下, 只要对方程 (1.1.6) 右端系数适当取值, 它可以不存在极限环、至少存在 1 个极限环、至少存在 2 个极限环、至少存在 3 个极限环、恰好存在 1 个极限环、恰好存在 2 个极限环. 例如: 文献 [289] 研究了一类形如 (1.1.6) 的分片线性微分方程, 证明了对三种不同类型平衡点 (也称奇点) 的情形都可以扰动出 2 个极限环, 并猜想这样的系统最多只有两个极限环. 文献 [321] 利用数值例子证明了形如 (1.1.6) 的分片线性微分方程可以有 3 个极限环. 文献 [464] 进一步确认了 3 个极限环的存在性, 并在计算机辅助下给出了证明. 文献 [236] 研究了两个子系统的平衡点均为焦点, 但其平衡点的坐标位置均不在自己的定义半平面及其边界上 (这样的平衡点我们将在第 4 章给出定义, 称其为虚平衡点) 的情形下, 得到了存在 2 个极限环的结果. 文献 [322, 323] 研究了两个子系统都具有一个鞍点和两个子系统都具有一个结点的极限环问题, 并得到了 2 个极限环的存在性结果. 文献 [237] 在一个子系统的平衡点为焦点, 且平衡点的坐标位置在自己的定义半平面内 (这样的平衡点我们将在第 4 章给出定义, 称其为实平衡点) 的情形下, 给出了至少存在 3 个极限环的理论证明. 由于对 (1.1.6) 的每个子系统而言, 其平衡点 (在整个 $\mathbb{R}^2$ 上来看) 的类型有焦点 (Focus)、结点 (Node)、鞍点 (Saddle)、中心 (Center) 四种类型, 而每种类型根据其平衡点的坐标位置又有 "实" 与 "虚" 之分, 因此, 对于切换系统 (1.1.6) 来说, 若按其两个子系统的平衡点类型来进行分类研究, 其研究内容就非常丰富了, 若再考虑到其切换线 $\Sigma = \{x \,|\, x \in \mathbb{R}^2, x_1 = 0\}$ 上可能的平衡点, 其类型就更加丰富了. 最近, 我们在文献 [675–677] 中分别考虑了 (1.1.6) 为鞍-结 (意指两个子系统中其中一个的奇点为鞍点, 另一个的奇点为结点, 下同)、鞍-焦、焦-结或结-中心等类型情形时的极限环问题, 利用方程系数的取值, 给出了 (1.1.6) 不存在极限环、至少存在 1 个极限环、至少存在 2 个极限环、恰好存在 1 个极限环、恰好存在 2 个极限环的一些充分条件. 这方面更多的工作可参见文献 [25, 38, 53, 67, 105, 219, 406, 462, 465, 466, 475, 524, 604], 我们将在第 4 章中作更详细的介绍.

对于分片连续微分方程, 方程的动力学性质与其右端函数和子系统个数有关这是显而易见的, 事实上, 方程的动力学性质与切换流形也有密切关系. 即使对于由数学表达式完全相同的子系统组成的分片连续微分方程, 如果切换流形不同, 方程的动力学性质往往会有本质性的差异. 例如, 对于下面的分片连续微分方程:

$$\begin{cases} \dfrac{\mathrm{d}x}{\mathrm{d}t} = x(a - by + p\phi(x,y)), \\ \dfrac{\mathrm{d}y}{\mathrm{d}t} = y(c + bx + q\phi(x,y)), \end{cases} \quad (x,y) \in G^- \cup G^+ \subseteq \mathbb{R}_+^2, \qquad (1.1.9)$$

其中 a, b, c, p 和 q 均为常数, $\mathbb{R}_+^2 = \{(x,y) \,|\, x \geqslant 0, y \geqslant 0\}$, $\phi(x,y)$ 定义如下:

$$\phi(x,y) = \begin{cases} 0, & (x,y) \in G^-, \\ 1, & (x,y) \in G^+, \end{cases}$$

文献 [424, 425, 818] 各自对如下三种情况之一研究了方程 (1.1.9) 的动力学性质.

(i) $G^- = \{(x,y) \mid (x,y) \in \mathbb{R}_+^2, y - \vartheta < 0\}$, $G^+ = \{(x,y) \mid (x,y) \in \mathbb{R}_+^2, y - \vartheta > 0\}$;

(ii) $G^- = \{(x,y) \mid (x,y) \in \mathbb{R}_+^2, y - \xi x < 0\}$, $G^+ = \{(x,y) \mid (x,y) \in \mathbb{R}_+^2, y - \xi x > 0\}$;

(iii) $G^- = \{(x,y) \mid (x,y) \in \mathbb{R}_+^2, y - \max\{\vartheta, \xi x\} < 0\}$, $G^+ = \{(x,y) \mid (x,y) \in \mathbb{R}_+^2, y - \max\{\vartheta, \xi x\} > 0\}$,

其中 ϑ 和 ξ 为正常数. 综合文献 [424, 425, 818] 中的结果可知, 对于这三种情况, 方程 (1.1.9) 的动力学性质有根本的区别. 从几何上来看, 上述三种情况都是把区域 $\mathbb{R}_+^2 = \{(x,y) \mid x \geqslant 0, y \geqslant 0\}$ 分成三部分 (其中切换线本身作为一个部分), 只是分法不同, 情况 (i) 是用平行于 x 轴的射线 $y = \vartheta$ 来分, 情况 (ii) 是用过坐标原点且斜率为 ξ 的射线 $y = \xi x$ 来分, 情况 (iii) 是用折线 $y = \max\{\vartheta, \xi x\}$ 来分, 此折线的一部分平行于 x 轴, 其余部分是斜率为 ξ 的射线, 也就是说, 这三种情况只是切换线不同罢了. 进一步, 从文献 [424, 425, 818] 还可知, 对于上述三种情况, 方程 (1.1.9) 在其切换线上的轨线流结构也有着本质的不同. 在本书后面章节的一些内容将表明, 对于很多实际问题的数学模型, 这样的切换线 (面) 对应于人们为达到某种目的而采取的控制策略, 本例的事实表明控制策略的设计是非常重要的. 这也促使我们考虑这样一个非常有意义的问题: 我们设计满足什么样条件的控制策略就能保证模型具有某个特定的动力学性质? 例如, 我们不妨设想, 若我们能用微分方程来描述某海洋区域的洋流, 现要在该海洋区域上修建桥梁, 桥梁修建后其上下游的洋流肯定是会有区别的, 那么, 我们应对桥梁如何选址和设计其路径才能尽可能地减少洋流对它的冲击破坏呢? 这里的桥梁可视其为方程的切换面. 我们相信, 研究这样的问题是非常有意义的.

实际问题研究的需要推动了微分方程理论的不断发展, 而随着微分方程理论的深入发展, 也为许多实际问题的解决提供了更多理论工具、方法与途径, 助推了一些实际问题的有效解决. 在这种发展过程中, 微分方程的类型也越来越丰富, 所考虑的空间也早已突破了传统的欧氏空间, 出现了各种其他空间上的微分方程, 如泛函微分方程 (Functional Differential Equation, FDE) 等, 参见文献 [283, 415, 820].

对于常微分方程 (1.1.1), 它描述的量 x 在时刻 t 的变化率只仅仅依赖于 t 和 x 在 t 时刻的值 $x(t)$, 而不依赖于 x 在 t 时刻以前的值. 然而, 在众多的实际问题中, 事物的状态发展往往不仅依赖于当前状态而且也依赖于过去一段时间的状态, 严格地说, 在动力学系统中时滞通常是不可避免的, 即使以光速传递的信息系统也不例外. 例如, 在生物神经网络中, 不同的神经系统有不同突触长度和神经递质释放关系, 这就决定了神经元的信号传递必然是有差异的, 从而滞后特性成为其固有的属性[195]; 在传染病传播过程中, 病毒的感染有潜伏期; 在人口增长中, 人口出生有妊娠期; 等等. 在这个意义下, 我们对这样的动力学系统进行数学建模就必须考虑时滞的存在, 若再用形如方程 (1.1.1) 或 (1.1.2) 的常微分方程来描述, 则肯定只是动力系统的一种近似描述. 正因为如此, 自 20 世纪以来, 自然科学与社会科学的许多学科中提出了大量时滞动力学系统问题, 如自然科学中的核物理学、电路信号系统、生态系统、遗传问题、流行病学、化工循环系统、动物与植物的循环系统, 社会科学中的商业销售问题、财富分布理论、资本主义经济周期性危机、运输调度问题、工业生产管理等等. 各种工程系统中的时滞现象更为普遍, 特别是自动控制系统. 人们在对这些时滞动力系统问题的研究中, 所建立的微分方程模型就应该为时滞微分方程, 它属于泛函微分方程的范畴.

由于对用高阶时滞微分方程描述的数学模型, 我们可以借助变量代换将其转化为一阶时滞微分方程组的形式, 因此, 在不考虑模型的实际背景的情况下, 众多的时滞微分方程模型均可写成如下一阶滞后型泛函微分方程 (Retarded Functional Differential Equation, RFDE) 的形式:

$$\frac{\mathrm{d}x}{\mathrm{d}t} = f(t, x_t), \tag{1.1.10}$$

这里, $f : \Omega \to \mathbb{R}^n$ 是给定的算子, $x_t = x_t(\theta) = x(t + \theta), \theta \in [-\tau, 0], \Omega = I \times D \subseteq \mathbb{R} \times C$, I 和 D 分别是 $\mathbb{R}$ 和 C 中的非空集, $C = C([-\tau, 0], \mathbb{R}^n)$ 是连续函数 $\varphi : [-\tau, 0] \to \mathbb{R}^n$ 的全体, 对 $\varphi \in C$, 定义范数为 $\|\varphi\| = \sup_{\theta \in [-\tau, 0]} |\varphi(\theta)|$.

若 (1.1.10) 中右端的 f 中不显含 t, 则可表示为

$$\frac{\mathrm{d}x}{\mathrm{d}t} = f(x_t). \tag{1.1.11}$$

但必须强调的是: 不能认为 (1.1.11) 就是自治方程, 因为它既可以代表时滞为正常数 τ 的自治方程, 也可以代表满足条件 $0 \leqslant \tau(t) \leqslant \tau$ 的变时滞方程, 二者都用 $C = C([-\tau, 0], \mathbb{R}^n)$ 作为初始函数空间, 只有把算子具体列出或者指明时滞是常数才是明确的[820].

对于滞后型泛函微分方程 (1.1.10), 它用于描述既依赖于当前状态也依赖于过去状态的发展系统, 其特点是充分考虑到系统的历史对现状的影响, 因而在许多领域中都有重要的应用, 读者可参见文献 [283, 285, 415, 820]. (1.1.10) 是泛函微分方程的基本形式, 代表了泛函微分方程的一个广泛类型, 例如:

若在 (1.1.10) 中取 $f(t, \varphi) = a\varphi(0) + b\varphi(-\tau)$, 则 (1.1.10) 即为

$$\frac{\mathrm{d}x}{\mathrm{d}t} = ax(t) + bx(t - \tau), \quad \tau \geqslant 0.$$

若在 (1.1.10) 中取 $f(t,\varphi)=f(t,\varphi(0),\varphi(-\tau))$, 则 (1.1.10) 即为

$$\frac{\mathrm{d}x}{\mathrm{d}t}=f(t,x(t),x(t-\tau)),\quad \tau\geqslant 0.$$

若在 (1.1.10) 中取 $f(t,\varphi)=-\alpha\varphi(-1)[1+\varphi(0)]$, 则 (1.1.10) 即为

$$\frac{\mathrm{d}x}{\mathrm{d}t}=-\alpha x(t-1)[1+x(t)].$$

若设 $0\leqslant \tau_i(t)\leqslant \tau$, τ 为常数, 在 (1.1.10) 中取 $f(t,\varphi)=\sum\limits_{i=0}^{m}\alpha_i(t)\varphi(-\tau_i(t))$, 则 (1.1.10) 即为

$$\frac{\mathrm{d}x}{\mathrm{d}t}=\sum_{i=0}^{m}\alpha_i(t)x(t-\tau_i(t)).$$

若设 $\tau\geqslant 0$, 在 (1.1.2) 中取 $f(t,\varphi)=\displaystyle\int_{-\tau}^{0}A(t,\theta)\varphi(\theta)\mathrm{d}\theta$, 则 (1.1.10) 即为

$$\frac{\mathrm{d}x}{\mathrm{d}t}=\int_{-\tau}^{0}A(t,\theta)x(t+\theta)\mathrm{d}\theta.$$

若在 (1.1.10) 中取 $f(t,\varphi)=\displaystyle\int_{-\infty}^{0}\varphi(\theta)\mathrm{d}R(t,\theta)$, 则 (1.1.10) 即为

$$\frac{\mathrm{d}x}{\mathrm{d}t}=\int_{-\infty}^{0}x(t+\theta)\mathrm{d}R(t,\theta).$$

对于更复杂的方程, f 可视为若干算子的复合.

泛函微分方程 (1.1.10) 和 (1.1.11) 也可以看作是函数空间中的常微分方程. 类似于常微分方程 (1.1.1) 和 (1.1.3), 对于滞后型泛函微分方程 (1.1.10) 和 (1.1.11), 若我们确定在具有连通性的集合 $\mho$ 上来进行研究, 如果其右端算子 f 在 $\mho$ 上关于其所有变量均是连续的, 则称其在 $\mho$ 上是右端连续 (滞后型泛函) 微分方程, 否则称其在区域 $\mho$ 上是右端不连续 (滞后型泛函) 微分方程.

对于形如 (1.1.10) 的右端连续时滞微分方程, 其理论与应用的研究已日益深入, 并取得了丰富的成果[283,285,382,415,820], 但对于右端算子不连续的情形, 其研究相对于前面介绍的不具时滞的右端不连续常微分方程的研究来说, 难度更大, 可利用的现有理论和方法更少, 虽已有一些工作[11,106,336,561,621], 但可以说还仍处于起步阶段. 事实上, 在一个不连续微分方程中引入时滞, 其动力学性质可能发生本质性改变. 例如, 若考虑不连续函数

$$f(\xi)=\begin{cases}1,&\xi>\sigma,\\-1,&\xi\leqslant\sigma,\end{cases}\tag{1.1.12}$$

σ 为实常数, 则在 Filippov 解的意义下, $\mathbb{R}^2$ 上的分片连续常微分系统

$$
\begin{cases}
\dfrac{\mathrm{d}x}{\mathrm{d}t} = -x - f(y), \\[2mm]
\dfrac{\mathrm{d}y}{\mathrm{d}t} = -y + f(x)
\end{cases}
$$

解轨线的拓扑结构是简单的, 不存在极限环. 但若对此系统引入常时滞 $\tau > 0$, 则对于 $C([-\tau, 0], \mathbb{R}^2)$ 上的右端不连续时滞微分方程

$$
\begin{cases}
\dfrac{\mathrm{d}x}{\mathrm{d}t} = -x - f(y(t - \tau)), \\[2mm]
\dfrac{\mathrm{d}y}{\mathrm{d}t} = -y + f(x(t - \tau)),
\end{cases}
\tag{1.1.13}
$$

我们在文献 [331] 中已揭示出它有丰富而复杂的非线性动力学性质, 如: 当 $|\sigma| < 1$ 且初始函数在适当的空间内取值时, 系统存在唯一的极限环, 这说明时滞导致了微分方程动力学性质的本质改变. 然而, 至今为止, 有关时滞对右端不连续微分方程动力学性质影响的研究还鲜有文献, 亟待人们深入研究.

对于常微分方程 (1.1.1)—(1.1.3) 和泛函微分方程 (1.1.10), 若右端函数 (算子) f 关于 t, x, x_t 或 u 不连续, 现有的关于右端连续微分方程所建立的丰富理论和研究方法对其就失去了存在的前提, 其适应性和有效性必须重新加以论证, 再者, 即使是对于常微分方程情形 (1.1.1) 或 (1.1.3) 中的函数 f, 其不连续的方式也可以是多种多样的, 而一旦 f 关于 x 不连续, 则其对应微分方程在相空间所确定的向量场不再是光滑的. 正因为这样, 就给右端不连续微分方程的定性研究带来了巨大困难, 这也正是至今为止无论对于研究结果还是研究方法来说, 右端不连续微分方程的定性研究相较于右端连续微分方程的定性研究差距都巨大的原因所在. 通过对现有关于右端不连续微分方程研究文献的分析我们发现, 绝大部分工作都是关于右端分片连续微分方程的研究, 其研究对象和研究结果都还比较零散, 而且其基本理论体系的创建还缺乏完整性和系统性, 有效的研究方法还十分匮乏. 另一方面, 已有的研究表明, 右端分片连续的微分方程相较于右端连续的微分方程具有更丰富的动力学复杂性, 即使形式相对简单的右端分片连续微分方程也能拥有丰富多彩的非线性动力学性质. 例如, 即使是对于我们上面所介绍的形式相对简单的平面切换系统 (1.1.6), 也可具有多个极限环; 对于右端不连续微分方程, 解的有限时间收敛性普遍存在, 即方程的解在有限时间内可以达到平衡点、极限环等, 而这在光滑系统中是不可能的.

右端不连续微分方程的解之所以能够在有限时间内收敛, 本质上是因为方程右端的不连续性导致了方程所确定向量场的不连续或不光滑, 初值问题解的唯一性遭到破坏, 从不同初值出发的解轨线在有限时间后重合到一起 (重合到平衡点

或极限环). 右端不连续微分方程的这一动力学特性是我们在很多实际问题的解决中所希望的, 具有很大的实用性. 例如, 传染病在人类历史上时有发生, 一旦某个传染病开始流行, 人们肯定不能不管不问, 必须尽快了解其传播途径和流行趋势, 采取适当的防控和治疗措施, 采取什么样的措施以及措施是否有效, 采取措施后疫情将会如何发展, 我们可以借助建立微分方程动力学模型来研究, 利用对模型研究所获得的理论结果来指导防控和治疗工作并预测后期疫情发展趋势. 如果我们采用传统的右端连续传染病微分方程模型, 其解的收敛性只能在时间 $t \to +\infty$ 时发生, 它只能反映出经过充分长的时间后, 传染病的变化发展趋势, 而一个人的生命再长也是十分有限的, 我们当然希望能在有限时间内解决传染病的流行控制问题. 这也说明在考虑控制和治疗策略的传染病动力学研究中, 右端连续传染病微分方程模型是有明显不足之处的.

右端不连续微分方程所拥有的解在有限时间收敛的动力学特性表明: 我们可以在传染病控制中采用适当的不连续防控措施和治疗策略来消灭传染病 (模型的解在有限时间内收敛到无病平衡点) 或控制传染病的暴发 (模型的解在有限时间内收敛到地方病平衡点或极限环), 这时所对应的传染病微分方程模型是右端不连续的[271]. 这说明我们在传染病模型中考虑不连续防控和治疗策略是非常有意义的, 也是符合客观实际的. 事实上, 当某种传染病在某地流行时, 当地会根据对该病的认识了解程度、传播速度、传播途径、危害程度, 甚至民风民俗等情况, 分阶段采取不同强度的防控措施和治疗手段, 特别是在当今交通发达, 人员交流广泛、流动频繁的情况下, 对一些感染性强的传染病及时果断采取强有力的防控措施、尽快控制其流行并消灭它是十分必要的, 稍有不慎可能会给人民生命、国民经济甚至整个人类造成巨大灾难. 例如, 2002 年底至 2003 年中期发生的非典型肺炎 (简称非典; 国际上称为严重急性呼吸综合征, Severe Acute Respiratory Syndrome, SARS) 疫情, 2002 年 11 月在我国广东出现病例, 至 2003 年 3 月, 疫情主要发生在粤港两地, 2003 年 3 月以后, 疫情迅速开始向全国大范围扩散, 并扩散至东南亚乃至全球, 中国是重灾区, 尤以北京为烈. 据世界卫生组织 (WHO) 公布的数据, 短短几个月, 全球有 32 个国家和地区报告了非典病例, 患者超过了 8000 人, 死亡人数超过了 800 人①. 在疫情期间, 中国政府高度重视, 多次调整升级防控和治疗措施, 通过强有力的有效防控和救治, 至 2003 年 5 月下旬, 全国的非典传播链完全切断, 在较短的时间内取得了抗击非典的胜利. 又如, 2019 年底中国在湖北武汉发现新型冠状病毒肺炎 (简称新冠肺炎; 世界卫生组织命名为 "Corona Virus Disease 2019", 缩写为 COVID-19; 国际病毒分类委员会将引发病症的冠状病毒命名为 "Severe Acute Respiratory Syndrome-Coronavirus-2", 缩写为 SARS-CoV-

---

① http://news.sina.com.cn/c/2003-08-17/0917580774s.shtml

2) 疫情, 初始时由于对该新型冠状病毒认识不足, 对其传播途径、传染率和病毒在人体内的潜伏期均不清楚, 没有引起当地政府高度重视, 而当时正值中国最重要的传统节日春节前夕, 大量人员迁徙, 致使这场突如其来的新冠肺炎灾难在 2020 年 1 月底和 2 月初以迅雷不及掩耳之势袭击了中国大地. 意识到疫情的严重性后, 中国政府采取紧急措施, 全国各省 (区、市) 相继启动重大突发公共卫生事件一级响应, 并随着疫情发展, 中央和各级政府不断升级防控和治疗措施, 众多非常举措相继实施, 特别是, 从 2020 年 1 月 23 日 10 时起, 武汉市实行空前力度的 "封城" 举措, 公交、地铁、轮渡、长途客车暂停营运, 无特殊原因市民不得离开武汉, 机场、火车站离开通道暂时关闭. 之后, 全国很多出现疫情的地区也采取了同类措施. 正因为中国政府采取了这些强有力的举措, 才使得这场突如其来的新冠肺炎灾难在有限时间内得到了全面控制. 据证券时报网报道: 2020 年 2 月 17 日, 钟南山院士在接受记者采访时曾谈到, 关于新冠肺炎患者数据预测, 按照曾在香港和伦敦做过的传统数学模型, 在当时全国患病人数应该有 17 万, 但实际数据差不多是 7 万, 比预计减少了 10 万人, 这超出预期, 是国家强有力的干预起了大作用①. 在中国宣布发现和积极防控新冠肺炎疫情的同时, 世界不少国家和地区也相继宣布发现疫情, 至 2020 年 3 月疫情已在全球 200 余个国家和地区暴发. 由于各个国家和地区在疫情发现初期和疫情流行期间对疫情的重视程度和所采取的防控措施不同, 疫情流行的时间和强度也呈现出了各自不同的特点, 而且, 由于人员的跨国界和跨地区流动, 一些国家和地区的疫情出现多次反复. 这次新冠肺炎疫情在全球流行范围之广、持续时间之长、死亡人数之多, 对经济和人们的生活、学习及工作的影响之大, 可以说是史无前例. 不同国家和地区的疫情持续时间和流行强度既充分证明了积极且正确防控的重要性, 也充分说明了全球团结抗疫、联防联控的重要性.

在非典和新冠肺炎流行期间, 均有应用数学工作者根据流行病学的传播规律、病毒的特殊性和我国政府所采取的强有力的预防措施, 利用微分方程动力学模型来研究其在中国的传播与流行趋势及控制策略, 预测其流行趋势, 为政府决策部门提供参考依据. 例如: 在非典流行期间, 西安交通大学医学院紧急启动了 "建立非典流行趋势预测与控制策略数学模型" 研究项目, 组织了一批专家昼夜攻关, 在充分考虑传染病的一般流行机制、非典的特殊性、我国政府所采取的一系列强有力措施的基础上, 根据疾病控制中心每日发布的数据, 利用统计学的方法和流行病传播机制建立了非典流行趋势预测动力学模型和优化控制模型, 模型利用实际数据拟合参数, 对全国和北京、山西等地的疫情进行了计算仿真, 对非典未来的流行趋势做了分析预测, 并制成了可供决策部门参考的应用软件, 参见 2003 年 5 月

---

① http://news.stcn.com/2020/0218/15645365.shtml

28 日《中国青年报》. 据新华社 2003 年 5 月 19 日报道, 中国 CDC(疾病预防控制中心, 简称疾控中心, Center for Disease Control and Prevention)、广东省 CDC、北京市 CDC、中科院、北京大学等也组成的科技攻关组建立了预测非典疫情的系统动力学模型. 在新冠肺炎流行和防控期间, 我国许多应用数学工作者积极开展数学建模与分析研究, 参与的人数、工作的速度、取得的成果、发挥的作用更是前所未有, 参见《中国数学会关于防疫工作的相关情况报告 (一)—(七)》(中国数学会网 http://www.cms.org.cn 发布). 他们的研究成果为国家疾病预防控制部门早决策早预警提供了重要的决策依据, 为国家疫情防控工作提供了重要参考. 数学专家们所建立的数学模型, 绝大部分是用微分方程描述的动力学模型, 在疫情还没完全结束前就已有不少这方面的研究论文发表, 如文献 [137, 172, 319, 320, 413, 414, 445, 539, 589, 622, 624, 627, 628, 689, 749, 752, 770, 790, 799, 832] 等.

在非典和新冠肺炎疫情结束后, 　也出现了不少这方面的研究文献[191,602,729,747]. 然而, 这些研究文献中所采用的微分方程动力学模型都是右端连续的, 而事实上, 无论是非典还是新冠肺炎的消灭, 我国在不同的时期所采取的防控和治疗措施是有非常大区别的, 防控和治疗力度从一个阶段升级到另一个阶段往往是跳跃式的, 这反映到微分方程动力学模型中应该是右端不连续的. 只有在微分方程动力学模型中考虑恰当的不连续防控因素, 才有可能使我们对模型的理论研究结果与我国在有限时间内全面控制和消灭了疫情的实际相吻合.

在许多其他实际问题的解决中, 我们也可以通过采用类似的不连续策略的办法. 如在渔业捕捞中, 为了保护渔业资源以及受环境、气候、人力资源、销售市场等因素的限制和影响, 所采取的捕捞策略往往是不连续的, 其所对应的微分方程模型也就应该是右端不连续的[336].

关于右端不连续微分方程的定性研究, 最早可追溯到 20 世纪 20 年代 Carathéodory 的工作, 但自 Carathéodory 开创工作后, 由于分析工具的限制, 其发展相当缓慢, 相继的几十年中只出现了少量的工作. 到了 20 世纪中后期, 由于电器调节系统和不连续振动系统, 以及现代控制理论研究的需要, 右端不连续微分方程的定性研究进入了一个新的时期, 特别是苏联学者 Filippov 做了许多优秀的工作. 1988 年, Filippov 借助于微分包含理论研究了右端不连续微分方程解的定义, 从几何直观、物理意义及与经典微分方程解的定义的协调性出发, 定义了被普遍接受的 Filippov 解的概念, 在其所定义的解的意义下, 比较系统地分析了一些方程解的基本性质以及稳定性等, 参见文献 [228]. 此后, Filippov 解被广泛应用于右端不连续微分方程的定性和稳定性研究[185,240,270,336,387,503,515,574], 特别地, 在关于稳定性问题的研究方面取得了比较丰富的成果.

从现有的研究工作来看, 可以说主要从如下两方面展开:

一是不考虑方程的实际背景而单纯从数学理论发展的角度开展研究, 其主要目的是建立和发展右端不连续微分方程的理论体系和研究方法, 如: 对一些类型的右端不连续微分方程给出解的定义, 在所定义的解的意义下, 研究方程解的有关基本理论, 初值问题解的存在性、唯一性、对初值的连续依赖性等, 解的极限集理论, 平衡点的存在性、类型、稳定性, 边界奇异点的拓扑分类, 周期解或极限环的存在性、个数、稳定性, 分支和混沌等. 代表人物有 Filippov 和 Carathéodory 等, 但在他们之后的较长一段时间内, 这方面的工作并不多见且比较零散. 当然, 国内外还是有一些学者一直在不懈努力地坚持这方面的研究, 也取得了一些好的成果, 特别是近些年来这一研究领域日趋活跃, 出现了不少优秀成果. 例如: 在解的定义、存在性、唯一性, 近似解和数值解, 边界平衡点的类型与奇异性, 奇异点的拓扑分类, 系统的结构稳定性和全局结构相图等基本理论研究方面有文献 [59,62,70, 119,125,149,153,176,188,218,245,295,297,298,303–305,350,376,417,418,479,502, 562,566,579,593,604,617,623,635,642,777]; 在非自治系统边值问题及周期解研究方面有文献 [68,69,71,115,116,145,224,348,362,384,386,469,470,481,564,565]; 在自治常微分系统极限环的研究方面有文献 [25,38,53–55,67,105,117,152,219,354– 361,366,367,462,465,466,471,474,475,477,478,480,524,604,640,675–677,679], 特别地, 关于自治常微分系统分支问题的研究已有不少文献, 如 [10,22,34,35,64–66, 95,107,113,114,122–124,126,127,154,166,167,170,179,180,182,184–187,198,220, 222,223,225,238,242,252–254,258,261,289–291,321,324,351,388,393,396,397, 405,406,433–436,443,446,453,467,468,472,473,476,482,502,503,547,548,556,560, 563,607,632,637,638,640,692,744–746,758,832,833]; 在时滞微分方程的研究方面有文献 [4,11,12,91,93,106,372,409,410,561,592,605,606,621]; 在偏微分方程的研究方面有文献 [17,206,378,412,779–784,797], 而且, 为了满足右端不连续微分方程的定性和稳定性等研究的需要, 一些相关的研究也被开展, 如一些经典的积分不等式被推广[345,535], 一些经典的微分包含理论被拓展, 我们的工作[83,87,92,705] 就发展了微分包含有关理论, 并将其成功应用于具时滞的神经网络模型的有关动力学性质研究.

二是对一些具有不连续因素影响的实际动力学问题进行研究, 新建或在已有右端连续微分方程模型的基础上进行修改得到以右端不连续微分方程描述的数学模型, 然后研究模型的动力学性质. 关于这方面的研究, 主要集中在机械工程、物理学与力学、化学反应与催化工程、生物与生态动力学、经济动力学、流行病动力学、人工神经网络动力学等方面, 尤以人工神经网络动力学方面为甚.

在机械工程、物理学与力学、化学反应与催化工程、电气工程与现代控制理论等研究领域的右端不连续微分方程模型建立与研究方面: 在许多机械与力学系统中, 由于摩擦力和黏性的影响, 模型中将会出现关于状态变量不连续的项, 参见文献 [21,28,60,118,193,235,260,394,463,533,596,647,809,830]. 1932 年, Hartog

在 [294] 中就曾用分片线性微分方程来刻画齿轮传动系统, 后续也有一些学者继续对不连续的齿轮传动系统、摩擦系统、振动与弹簧系统模型的动力学行为进行了研究, 如文献 [43, 102–104, 121, 157, 239, 241, 257, 330, 379, 385, 407, 408, 459, 498, 550, 620, 716, 810]. Filippov 在 1964 年研究了关于 Coulomb 摩擦振荡器的问题并发展了右端不连续微分方程理论[228]. Moudgalya 等在文献 [537, 538] 中建立并研究了有关化学反应与催化模型. Bernardo 等在文献 [42] 中研究了继电器反馈系统模型的自激振荡和滑模问题. 现代控制理论研究的需要是 20 世纪中后期促使右端不连续微分方程进入一个新的活跃期的主要动力之一. 当控制系统模型右端中的系统项或控制项不连续的时候就形成一个不连续的动力系统, 这时我们可以用一个微分包含来刻画该控制系统. Heemels 和 Weiland 等在文献 [301, 302] 中借助 Filippov 意义下微分包含理论研究了右端函数 f 关于系统项 x 不连续的自治控制系统 (1.1.4), 把输入-状态稳定性 (ISS) 框架延拓到了不连续的情形.

在生物和生态领域的右端不连续微分方程模型建立与研究方面: Milton 在文献 [534] 中介绍了不少用右端不连续微分方程描述的生物学方面的模型. 在生物基因调控网络中, 由于基因之间相互作用的多样性, 基因中蛋白质的变化也可能存在多个阈值, 文献 [108, 221, 255] 就研究了具多个阈值的分段性不连续生物网络动力系统模型. 近些年来, 关于考虑阈值策略的生物和生态模型, 特别是食饵-捕食者模型的定性研究文献更是不断涌现, 如文献 [51, 74, 80, 130, 163, 207, 287, 381, 419, 420, 422, 507, 508, 532, 629, 673, 759, 760, 804].

在经济、金融、管理等领域的右端不连续微分方程模型建立与研究方面: 在数理经济和数理金融研究中, 大量的模型是用微分方程描述的, 而在许多经济和金融问题的决策中, 常常会采用阈值策略, 而且不连续的阈值策略经常被采用, 这反映到所建模型上就是阈值策略函数不连续, 其模型就是右端不连续微分方程. 在渔业和牧业等诸多可再生资源的管理领域, 人们常常使用不连续的阈值策略来进行管理, 特别是在渔业开发产业中, 为了维持一个可持续的渔业并取得更好的经济效益, 渔业管理部门常常采用一个优化的不连续收获策略, 当鱼群数量较少时, 就禁止捕捞或者把捕捞量降到一个较低的水平; 当鱼群数量较大时, 就开放捕捞或把捕捞量提高到一个较高的水平. Costa 等在文献 [160] 中将阈值策略引入两类捕食模型中, 提出了二阶的阶跃型收获策略函数, 并使用变结构控制理论分析了平衡点的全局稳定性, 在 [165] 中借助于数值方法和变结构控制理论, 研究了不连续管理策略下阶段依赖的捕食模型 (实、虚) 平衡点的存在性和稳定性, 并指出[161,162,165]: 当阈值管理策略应用到一些生态学动力系统中时, 在特定的条件下滑模就会产生. 关于不连续捕获策略的渔业模型研究文献有 [274, 521–523, 582]. 这方面类似的研究工作还可参见文献 [156, 164, 181, 380, 523, 582, 632, 633]. 在这些文献中, 作者们主要使用变结构控制理论[646] 来分析模型的动力学性质. 我们在文献 [89] 中通过考虑需求函数和供给函数受到不连续因素的影响以及引进切换型的控制策略, 建立了由右端不连续微分方程刻画的非线性价格调整模型, 并利用微分包含理论和 Lyapunov 稳定性方法分析了模型的有限时间稳定化控制问题.

在人类传染病和动植物病虫害右端不连续微分方程模型建立与研究方面: 如我们在前面所指出的, 传染病微分方程模型的建立与研究已有很久的历史, 但在很长的时期内, 所建立和研究的模型都是右端连续的微分方程, 许多模型是过于理想化的, 如果在模型中考虑恰当的不连续防控因素, 可以使模型的理论研究结果与很多传染病能在有限时间内全面控制和消灭的实际更相吻合. 近些年来, 这方面的研究文献已时有涌现, 如: 文献 [271] 利用线性化技术和广义 LaSalle 不变原理研究了一类不连续治疗策略下的 SIR 传染病模型地方病平衡点的局部和全局稳定性, 以及无病平衡点的有限时间收敛性; 文献 [631] 开展了分片连续流行病微分系统模型的动力学研究; 更多的文献有 [47, 120, 271, 575, 626, 654–659, 683, 738–740]. 类似于人类传染病, 在其他动植物中也有相应的疾病防控防治问题, 如文献 [112, 338, 421, 423–425, 674, 818] 开展了植物疾病右端不连续微分方程模型的动力学研究.

在神经网络右端不连续微分方程模型建立与研究方面: 利用微分方程描述的几类神经网络模型, 如 Hopfield 神经网络模型、CNN(Cellular Neural Network) 模型、Cohen-Grossberg 神经网络模型、BAM(Bidirectional Associative Memory) 神经网络模型等, 已有大量的研究文献[333,682,821], 研究初期, 绝大部分工作考虑的模型右端都是连续的, 这意味着无论是信号传输函数 (也称激励函数、激活函数、活跃函数、输出函数) 还是外部输入等都是连续的. 然而在实际中, 人工神经网络中神经元之间的信号传输或神经元的信息输出往往具有不连续的特征, Hopfield 在文献 [311, 634] 中指出, 由于神经元的分阶反应, 神经网络中信号传输函数的高增益性是不可忽略的, 通常这种信号传输函数表现为一个二值函数. 我们在例 1.2.8 中将看到, 经典 Hopfield 神经网络[311,634] 在实际应用中的理想模型就是右端不连续微分方程. Kennedy 和 Chua[373] 在利用神经网络研究线性和非线性规划问题时也指出, 采用二极管似的二值函数来模拟网络中抑制神经元信号的输入输出更加符合客观实际情况. 因此, 利用不连续微分方程刻画人工神经网络动力系统是更加符合客观实际的. 2003 年, 意大利学者 Forti 等的文献 [231] 在 Filippov 微分包含框架内研究了具不连续信号传输函数的大规模 Hopfield 神经网络系统的动力学性质, 在信号传输函数单调有界的前提条件下, 利用集值分析中的不动点定理和非光滑分析中的 Lyapunov 函数法分析了平衡点的存在性和稳定性. 2005 年, Forti 等基于微分包含理论研究了具有不连续信号传输函数的时滞神经网络模型平衡点的收敛率和稳定性等动态特性[232]. 2006 年, Forti 等在文献 [233] 中对具不连续信号传输函数的 Hopfield 神经网络模型的研究方法进行了总结, 给出了非光滑 Lyapunov 函数的链式法则、全局指数收敛定理以及有限时间收敛的一般性结果. 接下来, 他在 2007 年的文献 [234] 中利用 M-矩阵理论对文献 [231] 中提出的模型作了进一步的分析并给出了全局指数稳定性和有限时间收敛性的新结果. 在 Forti 等的工作之后, 国内外陆续有不少学者开展了这方面的研究, 取得了丰富的成果, 参见文献 [14, 158, 192, 244, 299, 300, 329, 336, 339, 432, 437, 448, 452, 454–457, 489–491, 517, 540, 553, 571–573, 725–728, 736, 750, 765, 767, 813–815] 及其所列参考文献. 随着忆阻器概念的提出[140] 和其实物器件[618] 的实现, 人们发现在人工神经网络电路实现中, 用忆阻器替代电阻能弥补传统电路实现中模拟突触在神经元中具有的长期记忆功能的缺陷, 从而得到能够更好地模拟人类大脑的新型神经网络, 即忆阻神经网络[346,347]. 从忆阻器的定义可知其值是多值切换的, 这就导致忆阻神经网络是一类特殊的切换网络, 即忆阻神经网络微分方程模型是右端不连续的, 近年来这类模型的动力学研究已出现了不少文献, 如 [32, 94, 247–249, 274–277, 364, 365, 398, 411, 519, 545, 546, 600, 619, 669, 709–713, 718–722, 766, 803]. 可以说, 至今为止, 在关于右端不连续微分方程模型的研究文献中, 神经网络模型的研究占了相当大的比例. 我们团队是国内开展神经网络右端不连续微分方程模型研究较早的团队之一, 近些年中在这一研究领域发表的文献有 [72, 73, 75, 77–79, 81–88, 90, 93, 94, 97, 129, 174, 175, 199–204, 208–210, 212–214, 262–269, 272, 273, 279, 326, 331, 332, 334, 335, 337, 402–404, 427, 460, 526–530, 660–668, 670–672, 691, 693, 694, 696–702, 704, 705, 731–733, 753–757, 771, 772, 802, 826–829, 835, 836].

　　综上所述, 开展右端不连续微分方程的定性研究, 综合考虑不连续因素、时滞效应等对方程动力学性质的影响, 是十分必要和非常紧迫的任务, 它不仅能够丰富和发展右端不连续微分方程的理论与研究方法, 同时还可以促进数学学科本身和相关学科的发展, 有助于我们从更深层面上认识来源于现实世界中受不连续因素影响的实际模型的动力学演变特性, 更有效地揭示许多社会与自然现象的本质和内在规律以提高人们的科学认知水平, 为人类的生产生活在实践和技术层面上提供可靠的理论依据和指导, 其意义是非常重大和深远的.

1.2　右端不连续微分方程在数学建模中的应用举例

　　在现有的众多可写成形式为 (1.1.1), (1.1.3) 或 (1.1.10) 的微分方程模型中, 绝大多数要求右端函数 (算子) $f : \Omega \to \mathbb{R}^n$ 在 Ω 上关于其变量均是连续的, 即要求未知函数的导数 (变化率) 关于右端函数中各变量的变化依赖是连续的, 而在许多实际问题中, 不连续的现象和影响因素是客观存在的, 事物的状态关于时间的变化率往往并不是连续依赖于所有变量的, 这样一来, 为了能更准确地反映这些实际问题的本质, 我们所建立的形如 (1.1.1), (1.1.3) 或 (1.1.10) 的微分方程模型就应该是右端不连续的. 只是过去由于理论工具的缺乏, 人们通常不得不忽略其中的不连续现象和影响因素而用右端连续的微分方程模型来描述这些不连续动力系统. 这样的连续模型在很多情况下并不能充分揭示实际问题的本质, 如果要更好地揭示这些具不连续影响因素的实际问题的本质属性, 人们就难以回避在对这些问题的动力学建模中采用右端不连续微分方程.

事实上, 右端不连续微分方程的出现和研究开始于实际问题数学建模的需要, 随着非线性动力学和相关学科的迅速发展, 右端不连续微分方程不仅越来越多地出现在数学学科本身的研究中, 而且越来越频繁地出现在不同领域众多实际问题的动力学建模中[3,185,228,240,246,336,503], 近年来吸引了越来越多的学者参与到与其有关问题的研究, 并已取得不少优秀成果.

下面, 我们给出几个例子来说明右端不连续微分方程在有关实际问题数学建模中的应用.

例 1.2.1 量子力学中一维空间运动粒子的波函数方程.

考虑在一维空间运动的微观粒子, 它的势能 $U = U(x)$ 在有限区域 $(0 < x < a)$ 内等于常量 U_0 $(U_0 > 0)$, 而在这区域外面等于零, 即

$$U(x) = \begin{cases} U_0, & 0 < x < a, \\ 0, & x < 0, \quad x > a. \end{cases} \tag{1.2.1}$$

量子力学中称这种势场为方形势垒 (图 1.1) [824]. 具有一定能量 E 的粒子由势垒左方 $(x < 0)$ 向右方运动. 在经典力学中, 只有能量 E 大于 U_0 的粒子才能越过势垒运动到 $x > a$ 的区域; 能量 E 小于 U_0 的粒子运动到势垒左方边缘 $(x = 0$ 处) 时被反射回去, 不能透过势垒. 在量子力学中, 情况却不是这样. 而是能量 E 大于 U_0 的粒子有可能越过势垒, 但也有可能被反射回来; 而能量 E 小于 U_0 的粒子有可能被反射回来, 但也有可能贯穿势垒而运动到势垒右边 $x > a$ 的区域中去.

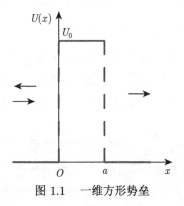

图 1.1 一维方形势垒

由量子力学中有关理论和知识, 粒子的波函数 $\psi = \psi(x)$ 所满足的定态 Schrödinger 方程[824] 是

$$\frac{\mathrm{d}^2\psi}{\mathrm{d}x^2} + \frac{2\mu}{\hbar^2}E\psi = 0, \quad x < 0, \quad x > a \tag{1.2.2}$$

和

$$\frac{\mathrm{d}^2\psi}{\mathrm{d}x^2} + \frac{2\mu}{\hbar^2}(E - U_0)\psi = 0, \quad 0 < x < a, \tag{1.2.3}$$

这里, μ 是粒子的质量, $\hbar = \dfrac{h}{2\pi} = 1.0545 \times 10^{-34}\mathrm{J\cdot s}$ 是量子力学中常用的符号, h 是普朗克常数, 它的数值是 $h = 6.62559(16) \times 10^{-34}\mathrm{J\cdot s}$.

利用 (1.2.1), 模型 (1.2.2) 和 (1.2.3) 可以统一写成

$$\frac{\mathrm{d}^2\psi}{\mathrm{d}x^2} = \frac{2\mu}{\hbar^2}(U(x) - E)\psi. \tag{1.2.4}$$

若令 $\phi = \dfrac{\mathrm{d}\psi}{\mathrm{d}x}$, 则方程 (1.2.4) 可写成如下的等价形式:

$$\begin{cases} \dfrac{\mathrm{d}\psi}{\mathrm{d}x} = \phi, \\ \dfrac{\mathrm{d}\phi}{\mathrm{d}x} = \dfrac{2\mu}{\hbar^2}(U(x) - E)\psi. \end{cases} \tag{1.2.5}$$

显然, 模型 (1.2.4) 和 (1.2.5) 分别在 $\{(x,\psi) \mid (x,\psi) \in \mathbb{R}^2\}$ 和 $\{(x,\psi,\phi) \mid (x,\psi,\phi) \in \mathbb{R}^3\}$ 上为右端不连续微分方程 (右端函数关于自变量 x 不连续). 量子力学中更多的类似右端不连续微分方程模型可参见文献 [824].

例 1.2.2 单种群生物增长模型.

设某生物在时刻 t 的总数为 $x = x(t)$, 其自然增长率 (即出生率和死亡率之差) 为 $r(t,x)$. 如果这种生物是孤立的, 即净迁移为零, 则我们有如下的生物总数增长模型:

$$\frac{\mathrm{d}x}{\mathrm{d}t} = r(t,x)x. \tag{1.2.6}$$

英国神父 Malthus 在研究人口增长时, 认为世界各地区人口的自然增长率为常数, 即单位时间内人口增长与人口总数成正比, 此时 x 为时刻 t 人口总数, $r = m - n$ 为人口的自然增长率, 其中 m, n 分别为出生率与死亡率, 1798 年, 他建立了最简单的人口增长模型:

$$\frac{\mathrm{d}x}{\mathrm{d}t} = rx, \quad r \text{为正常数}, \tag{1.2.7}$$

由此得出了人口按几何级数增长的结论. 用此模型估算 1700—1961 年某些国家的人口数目, 计算结果与人口实况竟然惊人地近似. 然而, 由于模型(1.2.7)具初值

$x(t_0) = x_0$ 的解为 $x = x_0 e^{r(t-t_0)}$, 当 $t \to +\infty$ 时有 $x \to +\infty$, 可见不能用此模型长期预报人口. 问题出在 Malthus 只考虑到繁衍增长的一面, 而没考虑生存资源所限、战争、传染病等对人口增长的抑制作用. 1838 年, 荷兰生物数学家 Verhulst 修改了模型 (1.2.7), 设本地区允许的最大人口数目为 P_0, 引入类似于电感器产生阻抗的生物反馈因子 $\left(1 - \dfrac{x}{P_0}\right)$, 得出 (1.2.2) 的修正形式:

$$\frac{\mathrm{d}x}{\mathrm{d}t} = rx\left(1 - \frac{x}{P_0}\right). \tag{1.2.8}$$

据文献记载, 英国和法国都曾用此模型预报过人口变化, 结果与实际相当符合.

考虑到妊娠期及其他因素的滞后作用, Wright 给出了比 (1.2.8) 更为精确的时滞微分方程模型:

$$\frac{\mathrm{d}x}{\mathrm{d}t} = rx\left(1 - \frac{x(t-\tau)}{P_0}\right), \quad \tau > 0. \tag{1.2.9}$$

后来, 人们作了各种不同形式的推广, 甚至到一般的单种群模型:

$$\frac{\mathrm{d}x}{\mathrm{d}t} = xf(x(t-\tau)), \quad \tau > 0, \tag{1.2.10}$$

其中 f 由种群发展的规律确定.

在现实中, 人口自然增长率并不是永恒不变的. 受经济发展状况、生存环境 (如战争、传染病、自然灾害等)、人口政策等因素的影响, 不同国家或地区可能有不同的人口自然增长率, 即使同一国家和地区在不同的时期或不同的人口规模时也可以有不同的自然增长率. 因此, 人口自然增长率可以是时间 t 或人口数目 x 的函数, 它可能是关于 t 和 x 连续的, 也可能是关于 t 或 x 不连续的. 例如, 新中国成立之前, 由于战乱频繁, 社会动荡不安, 经济得不到发展, 人口发展缓慢, 明显呈现出高出生、高死亡、低增长的特征. 1949 年人口出生率为 36‰, 死亡率为 20‰, 自然增长率为 16‰, 人口约为 5.42 亿. 新中国成立后, 由于社会安定, 经济发展, 人民的生活水平及医疗卫生条件不断得到改善, 加之缺乏对人口增长的适当控制, 致使人口的发展出现了新的特征, 死亡率大幅度下降, 出生率维持在高水平, 从而出现了人口自然增长率高的人口高增长状况. 第一个人口高增长阶段出现在 1949—1957 年, 其间于 1953 年 6 月 30 日进行了新中国的第一次人口普查, 截至当日 24 时, 人口总数为 601938035 人, 到 1957 年, 死亡率下降到了 10.8‰, 而自然增长率上升为 23.2‰, 总人口达到 6.47 亿. 在 1959—1961 年, 中国遭受连续三年的自然灾害, 经济发展出现了波折, 人民生活水平受到影响, 致使人口死亡率突增, 出生率锐减, 从而出现了 1958—1961 年的人口低增长阶段. 1959 年人口死亡率上升到了 14.6‰, 1960 年进一步上升到 25.4‰, 而人口出生率只有 20.9‰, 人口自然增长率大幅度下降, 其中 1960 年、1961 年连续两年人口出现负增长. 三年自然灾害过后, 经济发展状况逐渐好转, 人口发展的不正常状态也迅速得到改变, 人口死亡率开始大幅度下降, 强烈的补偿性生育使人口出生率迅速回升, 人口增长进入了新中国成立以来前所未有的高峰期, 并一直持续到 20 世纪 70 年代初, 这是新中国成立以后出现的第二个人口高增长阶段 (1962—1970 年). 这一阶段, 人口出生率最高达到 43.6‰, 平均水平在 36.8‰; 人口死亡率重新下降到 10‰ 以下, 并逐年稳步下降, 1970 年降到 7.6‰. 出生率的上升和死亡率的下降, 使这一阶段的人口年平均自然增长率达到 27.5‰, 年平均出生人口数达到 2688 万人, 8 年净增人口数 1.57 亿人. 面对这种情况, 国家开始陆续提倡节制生育和计划生育, 提倡晚婚、晚育、少生、优生, 有计划地控制人口. 1980 年, 将计划生育政策正式写入法律, 随后首先在城市实施独生子女政策, 开始强制执行计划生育. 当年, 中国人口数为 9.78 亿人. 1982 年 9 月, 计划生育政策被确定为基本国策, 同年 12 月写入宪法. 这一年, 中国人口数为 12.8 亿人. 计划生育自 20 世纪 80 年代开始严格推行, 其间政策略有微调, 如: 2011 年 11 月, 各地全面实施双独二孩政策 (夫妻双方均为独生子女, 可以生育第二个孩子); 2013 年 12 月, 实施单独二孩政策 (夫妻中有 1 人为独生子女, 可以生育第二个孩子) 及部分省份农村地区实施的 "一孩半" 政策 (第一个孩子为女孩, 可生育第二个孩子); 等等. 计划生育有效地抑制了中国人口增长过快的势头. 中国人口在 20 世纪 50、60 年代, 由传统的高出生、高死亡、低增长, 转变到高出生、低死亡、高增长后, 仅仅 30 年左右的时间, 就已过渡到 20 世纪 90 年代以来的低出生、低死亡、低增长. 1994 年与 1970 年相比, 人口出生率由 33.43‰ 下降到 17.70‰, 人口自然增长率从 25.83‰ 下降到 11.21‰, 妇女总和生育率从 5.81‰ 下降到 2‰ 左右. 进入 21 世纪以来, 中国面临的人口再生产状况已经发生了根本变化. 2015 年 10 月中共十八届五中全会决定: 坚持计划生育的基本国策, 完善人口发展战略, 全面实施一对夫妇可生育两个孩子政策, 积极开展应对人口老龄化行动. 此时, 中国人口数约 13.73 亿人.

综上所述, 自新中国成立以来, 中国的人口自然增长率的确是受经济发展状况、生存环境、国家计划生育政策等影响的, 不同的阶段增长率是不同的, 我们认为增长率采取如下分段常数形式的函数是具有合理性的.

$$r(u) = \begin{cases} r_0, & u_0 \leqslant u < u_1, \\ r_1, & u_1 \leqslant u < u_2, \\ \cdots\cdots \\ r_{m-1}, & u_{m-1} \leqslant u < u_m, \\ r_m, & u \geqslant u_m, \end{cases} \tag{1.2.11}$$

其中 r_i 和 u_i 为常数 $(i = 0, 1, \cdots, m)$, $u_0 < u_1 < \cdots < u_m$. 这样, 我们若利用模型 (1.2.7)—(1.2.9) 来预测中国人口增长情况, 则可以将新中国成立视为时间起点, 当时的人口总数 5.42 亿人视作人口初值, 自然增长率取形如 (1.2.11) 中的分段常数函数 $r(\cdot)$, 自变量为时间变量 t, 时间可作如下的分段:

1949 ⩽ t < 1958, 对应 1949—1957 年的第一个人口高增长阶段;

1958 ⩽ t < 1962, 对应 1958—1961 年的人口低增长阶段;

1962 ⩽ t < 1971, 对应 1962—1970 年的第二个人口高增长阶段;

1971 ⩽ t < 1981, 对应国家提倡节制生育和计划生育, 提倡晚婚、晚育, 少生、优生, 但还没强制执行计划生育阶段;

1981 ⩽ t < 2012, 对应国家强制执行计划生育阶段;

2012 ⩽ t < 2014, 对应国家全面实施双独二孩政策阶段;

2014 ⩽ t < 2016, 对应国家全面实施单独二孩政策阶段;

t ⩾ 2016, 对应国家全面实施一对夫妇可生育两个及以上孩子政策阶段.

这样, 模型 (1.2.7)—(1.2.9) 可分别修改为

$$\frac{\mathrm{d}x}{\mathrm{d}t} = r(t)x, \tag{1.2.12}$$

$$\frac{\mathrm{d}x}{\mathrm{d}t} = r(t)x\left(1 - \frac{x}{P_0}\right) \tag{1.2.13}$$

和

$$\frac{\mathrm{d}x}{\mathrm{d}t} = r(t)x\left(1 - \frac{x(t - \tau)}{P_0}\right), \quad \tau > 0. \tag{1.2.14}$$

此时的模型 (1.2.12)—(1.2.14) 均为右端不连续微分方程.

对于某些生物, 其自然增长率可能是受到其种群数量大小影响的, 对于其数量所处的不同取值区间, 其自然增长率可能取不同的常数, 此时, 其自然增长率还是形如 (1.2.11) 中的分段常数函数, 只是自然增长率函数 $r(\cdot)$ 中的自变量不再是时间变量 t 而是状态变量 x.

例 1.2.3　国民收入与消费模型.

1981 年, 老一辈国家领导人陈云在一次高层会议上谈到, "我们有 10 亿人口, 一年一共多少钱, 每年能给工人、农民多少, 国家建设多少, 要有一个通盘的筹划合理的分配, 一要吃饭, 二要建设". "一要吃饭", 并非仅指一日三餐的温饱问题, 而是指民生, 强调的是一个分配公平, 大众消费的问题. "二要建设", 是指一个量力而行的问题, 就是要按照有多大能力解决多大问题, 合理确定工作目标. "一要吃饭, 二要建设" 深刻地揭示了社会再生产中积累与消费的正确关系, 对现今我们构建和谐社会与实现可持续发展仍然有着重要的启迪作用.

1983 年, 秦元勋[576](或参见 [577]) 建立并研究了 "一要吃饭, 二要建设" 的微分方程数学模型, 即一个关于国民收入 (或称生产总量)、积累基金、消费基金关系的数学模型.

设 T = 国民收入, G = 积累基金, P = 消费基金, 则显然有

$$T = G + P. \tag{1.2.15}$$

生产者有一个维持再生产的最低的消费量 (设为 P_0), 通俗地说, "人要吃饭", 因此有

$$P_0 = 最低消费基金.$$

生产的发展与机器、厂房等设备有关, 亦即与 G 成某种比例; 另一方面, 生产的发展又与劳动者的积极性有关, 因此又与 $(P - P_0)$ 成某种比例, 这样, 粗略地可以表示如下:

$$\frac{\mathrm{d}T}{\mathrm{d}t} = \lambda_1 G(P - P_0), \tag{1.2.16}$$

这里, t = 时间, λ_1 = 国民经济增长系数.

另一方面, 积累基金本身会随时间消耗, 例如机器的损坏、厂房的陈旧, 这是损失的一面. 另外, 只要生产在进行, 又将补充若干投资, 因此, 粗略地可以写成

$$\frac{\mathrm{d}G}{\mathrm{d}t} = -\lambda_2 G + \lambda_3 P, \tag{1.2.17}$$

这里, λ_2 = 积累基金的时间折旧率, λ_3 = 消费基金对积累基金作出贡献的系数.

这样, 方程 (1.2.15)—(1.2.17) 便将 T, G 及 P 三个变量联系起来, 得到联立方程组:

$$\begin{cases} T = G + P, \\ \dfrac{\mathrm{d}T}{\mathrm{d}t} = \lambda_1 G(P - P_0), \\ \dfrac{\mathrm{d}G}{\mathrm{d}t} = -\lambda_2 G + \lambda_3 P, \end{cases} \tag{1.2.18}$$

其中 $\lambda_1, \lambda_2, \lambda_3, P_0$ 均为正常数.

方程组 (1.2.18) 即为秦元勋在文献 [576] 中所建立并研究的 "一要吃饭, 二要建设" 的微分方程数学模型. 文献 [46] 沿用该模型构建关于政府与高校间经济关系数学机理模型, 并以此分析政府投入情况下高校管理体制模式的变化趋势.

将方程组 (1.2.18) 中的第一个方程代入第二个方程, 再减去第三个方程, 又可得

$$\frac{\mathrm{d}P}{\mathrm{d}t} = \lambda_1 G(P - P_0) + \lambda_2 G - \lambda_3 P. \tag{1.2.19}$$

将 (1.2.19) 与 (1.2.17) 联立, 即有

$$\begin{cases} \dfrac{\mathrm{d}P}{\mathrm{d}t} = \lambda_1 G(P - P_0) + \lambda_2 G - \lambda_3 P, \\[2mm] \dfrac{\mathrm{d}G}{\mathrm{d}t} = \lambda_3 P - \lambda_2 G. \end{cases} \tag{1.2.20}$$

由于 (1.2.15) 表示 T 完全由 P 和 G 确定, 因此, 要研究方程 (1.2.18), 我们只需在 P-G 平面上对方程 (1.2.20) 进行定性分析, 并且, 根据模型的实际意义, 只要研究 $P \geqslant 0$ 及 $G \geqslant 0$ 的范围.

记 $G_0 = \dfrac{\lambda_3}{\lambda_2}, T_0 = P_0 + G_0$, 利用常微分方程平面定性理论有关知识, 我们可知: 方程 (1.2.20) 具有两个奇点 (平衡点) $O(0,0)$ 和 $S(P_0, G_0)$, $O(0,0)$ 是稳定结点或稳定焦点, $S(P_0, G_0)$ 是鞍点. 在鞍点 $S(P_0, G_0)$ 的分界线中有两条轨线以 $S(P_0, G_0)$ 为 ω 极限集, 有两条轨线以 $S(P_0, G_0)$ 为 α 极限集.

以 $S(P_0, G_0)$ 为 ω 极限集的两条分界线将 P-G 平面的 $\{(P,G) \mid (P,G) \in \mathbb{R}_+^2\}$ 区域分为右上半部 (记作 RU 部分) 和左下半部 (记作 LL 部分).

如果情况 (轨线的初始点) 落入 RU 部分, 则最终 P 和 G 都无限发展 ($\lim\limits_{t \to +\infty} P = +\infty$ 和 $\lim\limits_{t \to +\infty} G = +\infty$), 即集体和个体都富裕; 如果情况 (轨线的初始点) 落入 LL 部分, 则最终 P 和 G 都趋于零 ($\lim\limits_{t \to +\infty} P = 0$ 和 $\lim\limits_{t \to +\infty} G = 0$), 即集体和个体都日趋贫困, 也即是要走向经济崩溃的灾难深渊. 我国在 1966—1976 年, 国民经济几乎走到了崩溃的边缘, 这一历史教训从这个数学模型中可以得到反映, 亦即分配陷入灾难区域, 灾难性的稳定奇点 $O(0,0)$ 在起作用 [576].

图 1.2 为 $\lambda_1 = \lambda_2 = P_0 = G_0 = 1$ 时奇点位置和轨线走向示意图, 此时两个奇点在 $O(0,0)$ 及 $S(1,1)$.

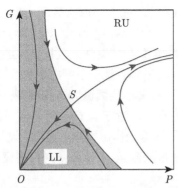

图 1.2　$\lambda_1 = \lambda_2 = P_0 = G_0 = 1$ 时奇点位置和轨线走向

当 $P < P_0$ 时, 由方程 (1.2.16), 有 $\dfrac{\mathrm{d}T}{\mathrm{d}t} = \lambda_1 G(P - P_0) < 0$, 总的生产将下降,

这就是 "一要吃饭" 的一种数学表达形式.

当 $G = 0$ 时, 由方程 (1.2.19), 有 $\dfrac{\mathrm{d}P}{\mathrm{d}t} = \lambda_1 G(P - P_0) + \lambda_2 G - \lambda_3 P = -\lambda_3 P <$ 0. 因此, 消费基金也将下降, 这就是 "二要建设" 的一种数学表达形式.

在文献 [576] 中, 作者通过对鞍点 $S(P_0, G_0)$ 附近分界线的定性分析, 找到了下面的 P^*:

$$P^* = P_0 + \frac{\lambda_2 G_0}{\sqrt{(-\lambda_3 + \lambda_2 + \lambda_1 G_0)^2 + 4\lambda_2 \lambda_3} - \lambda_3 + \lambda_2 + \lambda_1 G_0},$$

并指出, 如果 $T < P^*$, 即 $G + P < P^*$, 则将是走入灾难的情况. 文中还对国民收入总量 $T > P_0$ 时如何在 G 与 P 中进行分配这一关键问题做了定量分析.

在客观经济规律的基础上, 人可以发挥主观能动性, 这便是使系数 λ_1, λ_3 加大, P_0 减少. λ_1 和 λ_3 加大表示提高生产效率、改进工作方法、提高技术等等. P_0 减少表示节约, 如战时与平时的 P_0 便有差别, 勤俭的社会风气与浪费的社会风气也会对 P_0 有影响, 但 P_0 的最低值则是客观存在的. λ_2 下降表示减少浪费等等. 这些都是人的主观能动性可以产生的影响.

根据上面的分析, 模型 (1.2.20) 确实具有一定的合理性, 但根据此模型, 在长时间后, 我们的命运只有两种可能: 要么走向经济崩溃的灾难深渊, 要么集体和个体都共同富裕无止境. 这显然是有悖客观实际的. 事实上, 任何一个国家的经济发展和建设不可能总是风平浪静、一帆风顺的, 在不同的时期会面临不同的环境, 如大规模的战争、自然灾害、流行病疫情肯定会影响生产和消费, 经济政策、国际环境等因素也将影响生产和消费. 另一方面, 一个国家随着经济的发展, 在国民收入总量发展到不同的量级时往往采取的有关经济政策也会适当调整. 这意味着, 在模型中我们始终保持 $\lambda_1, \lambda_2, \lambda_3$ 不变是不符合客观实际的. 一种合理的方式是针对状态变量 P 或 G 的一些不同取值区间, 或 (P, G) 的不同取值区域, 对 $\lambda_1, \lambda_2, \lambda_3$ 赋予不同的取值, 如对 $\lambda_1, \lambda_2, \lambda_3$ 或其中部分取分段或分区常数形式的函数, 将 (1.2.20) 修改为右端不连续微分方程模型. 类似地, 也可针对时间变量 t 的一些不同取值区间, 对 $\lambda_1, \lambda_2, \lambda_3$ 赋予不同的取值. 当然, 我们也可以采用其他的方式来将 (1.2.20) 修改为右端不连续微分方程模型, 使其更能与客观实际相符.

例如, 假设我们对国民收入总量 $T = G + P$, 设置一阈值 T^*, 当 $T < T^*$ 时, 我们采取将 λ_3(消费基金对积累基金作出贡献的系数) 设置为 α 的政策; 当 $T > T^*$ 时, 我们采取将 λ_3 设置为 β 的政策 $(\beta \neq \alpha)$, 则可将模型 (1.2.20) 修改为

$$\begin{cases} \dfrac{\mathrm{d}P}{\mathrm{d}t} = \lambda_1 G(P - P_0) + \lambda_2 G - \lambda_3(P, G)P, \\[2mm] \dfrac{\mathrm{d}G}{\mathrm{d}t} = -\lambda_2 G + \lambda_3(P, G)P, \end{cases} \tag{1.2.21}$$

其中, λ_1 和 λ_2 为正常数, $\lambda_3(P,G)$ 为如下分区常数函数

$$\lambda_3(P,G) = \begin{cases} \alpha, & G+P < T^*, \\ \beta, & G+P > T^*, \end{cases} \tag{1.2.22}$$

这里, α, β 均为正常数, $\alpha \neq \beta$.

模型 (1.2.21) 在区域 $\{(P,G) \mid (P,G) \in \mathbb{R}^2, P \geqslant 0, G \geqslant 0\}$ 上即为右端不连续微分方程. 类似地, 我们也可以考虑将模型 (1.2.20) 中的参数 λ_1 或 λ_2 修改为 (1.2.22) 中形式的分区常数函数, 得到相对应的右端不连续微分方程模型.

例 1.2.4 渔业捕捞模型.

渔业是许多国家, 特别是沿海国家的一个重要产业, 然而, 一个众所周知的事实是, 捕捞得太少既不能满足市场需求而且经济上也不合算, 但 "败家子式" 的过度捕捞则会无情地导致许多鱼类资源的灭绝. 为了改善渔业开采效率和防止主要渔业的崩溃, 20 世纪 50 年代开始, 就有一些专家学者致力于发展渔业管理的定量理论研究, 而且, 在随后的几十年中, 不少生物学家、应用数学家和经济学家在刻画鱼群动力学与渔业有效开采问题研究方面做了许多富有成效的工作, 其共同的目标就是如何维持一个最优化的持续产量并且给渔业管理部门提供一个优化的捕捞策略 (也称捕获策略、收获策略、控制策略), 有关的研究工作可参见文献 [15, 45, 169, 251, 281, 578, 585, 597, 598, 645].

设某捕捞水域中 t 时刻鱼数为 $x = x(t)$, 单位时间内在该水域的捕捞量为 h 条 (称 h 为收获率), 则 $x(t)$ 满足下列数学模型[684]:

$$\frac{\mathrm{d}x}{\mathrm{d}t} = rx\left(1 - \frac{x}{K}\right) - h, \tag{1.2.23}$$

其中 K 是该水域负载容量 (水域中鱼的最大容纳量), r 是鱼的固有增长率.

从模型 (1.2.23) 可知, 当 $h > \dfrac{rK}{4}$ 时, $\dfrac{\mathrm{d}x}{\mathrm{d}t} < 0$, 水域中的鱼数随着时间的增加单调递减, 长此下去, 将无鱼可捞, 所以 $h = \dfrac{rK}{4}$ 是最大可承受的产量. 当 $h < \dfrac{rK}{4}$ 时, 微分方程 (1.2.23) 有两个正的平衡点:

$$x_1 = \frac{1}{2}\left(K - \sqrt{K^2 - \frac{4hK}{r}}\right), \qquad x_2 = \frac{1}{2}\left(K + \sqrt{K^2 - \frac{4hK}{r}}\right). \tag{1.2.24}$$

显然, $x_1 < x_2$. 此时模型 (1.2.23) 可写成如下形式:

$$\frac{\mathrm{d}x}{\mathrm{d}t} = -\frac{r}{K}(x - x_1)(x - x_2). \tag{1.2.25}$$

容易看出

$$\frac{\mathrm{d}x}{\mathrm{d}t} \begin{cases} < 0, & x \in (0, x_1) \cup (x_2, +\infty), \\ = 0, & x = x_1, x_2, \\ > 0, & x \in (x_1, x_2). \end{cases} \tag{1.2.26}$$

设水域中在捕捞初始时刻 t_0 的鱼数为 $x_0 = x(t_0) > 0$, 从 (1.2.25) 我们不难求出方程满足初始条件 $x(t_0) = x_0$ 的解 $x = x(t)$, 再利用 (1.2.26) 可知: 若 $x_0 < x_1$, 则 $x(t)$ 单调递减而趋于 0, 水域中的鱼会被捞尽捕绝; 若 $x_0 > x_1$, 则水域中鱼的数量将自动调节随时间之增加单调趋于 x_2. 又由 (1.2.24) 第一式可知 h 越小 x_1 亦越小 $\left(0 < h < \dfrac{rK}{4}\right)$, 所以当鱼的密度较低时我们一般应采取小收获率 h 来捕鱼, 而当鱼的密度较大时我们可采取大收获率捕鱼. 利用 (1.2.24) 第一式, 从 $x_0 > x_1$ 可解得

$$0 < h < \frac{rx_0(K - x_0)}{K}.$$

这表明: 应控制收获率 h 不要超过 $\dfrac{rx_0(K - x_0)}{K}$, 否则终究将会无鱼可捞.

从上面讨论知, 收获率与鱼群密度是相关的, 密度小时收获率亦应小, 我们可以假设 $h = kx$, k 称为捕捞率 (或捕获率). 1954 年, Schaefer 在文献 [597] 中建立了用如下微分方程来描述的渔业动力学数学模型:

$$\frac{\mathrm{d}x}{\mathrm{d}t} = rx\left(1 - \frac{x}{K}\right) - qEx, \tag{1.2.27}$$

并对模型进行了动力学分析, 这里, x 表示鱼种群的数量, E 表示捕获努力量 (即捕捞能力), r 是鱼的固有增长率, K 是负载容量, q 是可捕系数.

模型 (1.2.27) 中捕获努力量 E 为常数, 而在实际中, 捕获努力量并不是始终不变的, 一般会随着鱼种群数量的变化或市场需求的变化而调整, 基于此, 文献 [15] 中考虑了模型 (1.2.27) 中捕获努力量 E 随时间变化的情形, 通过添加一个关于捕获努力量的方程到方程 (1.2.27), 得到下面的二维系统:

$$\begin{cases} \dfrac{\mathrm{d}x}{\mathrm{d}t} = rx\left(1 - \dfrac{x}{K}\right) - qEx, \\ \dfrac{\mathrm{d}E}{\mathrm{d}t} = kE(pqx - c), \end{cases} \tag{1.2.28}$$

其中参数 p 和 c 分别是所渔获物的单位价格和捕获努力的单位花费, k 表示捕获后捕获所得的收入用于投入的比例系数, 其他变量以及参数和系统 (1.2.27) 中相应的变量与参数具有相同的意义.

若进一步考虑到其他的因素, 例如, 年龄结构、食物、捕食者、在多个捕鱼区域中鱼和船只的迁移、所渔获物价格及捕获努力花费的变化等, 模型 (1.2.28) 可得到一些不同的推广和改进, 参见文献 [37, 146, 148, 150, 160, 274, 513, 521–523, 582], 其中, 文献 [160, 274, 521–523, 582] 在模型中考虑了不连续因素的影响.

文献 [274](也可参见文献 [336]) 在模型 (1.2.28) 的基础上通过引进不连续的捕捞策略, 考虑了下面的模型:

$$
\begin{cases}
\dfrac{\mathrm{d}x}{\mathrm{d}t} = rx\left(1 - \dfrac{x}{K}\right) - \psi(x)Ex, \\[2mm]
\dfrac{\mathrm{d}E}{\mathrm{d}t} = k\psi(x)E(px - c),
\end{cases}
\tag{1.2.29}
$$

其中 $\psi(x)$ 表示定义在 $\mathbb{R}_+ = \{x \mid x \in \mathbb{R}, x \geqslant 0\}$ 上的捕捞策略函数 (允许其不连续), 其他变量和参数的意义同模型 (1.2.28). 在模型中, 种群数量对应于生长在捕鱼区的鱼的数目, 努力量代表船队在捕鱼区进行操作的捕鱼船只数. 文献 [274] 通过采用 Filippov[228] 意义下的右端不连续微分方程理论及变结构理论, 克服由模型的右端不连续性带来的定性分析困难, 对模型的动力学性质进行了定性分析. 定性分析结果表明: 通过引进不连续的捕捞策略可以将系统维持在一个可持续的平衡状态及实现收获目标的优化.

文献 [274] 中考虑的捕捞策略函数 $\psi(x)$ 满足下面性质:

(i) $\psi(x)$ 在 $\mathbb{R}_+$ 上是单调不减的, 且除了可数个点 $\{\rho_j\}$ 外, 在其他点处都连续, 在这些点处的左右极限 $\psi(\rho_j^+)$ 和 $\psi(\rho_j^-)$ 都存在并满足 $\psi(\rho_j^+) > \psi(\rho_j^-)$. 而且, 在 $\mathbb{R}_+$ 的每一个紧子集上, ψ 只有有限个间断点.

(ii) 对任意的 $x \in \mathbb{R}_+$, $0 \leqslant \psi(x) \leqslant 1$, 并且 $\psi(0) = \psi(0^+) = 0, \psi(K) \neq 0, \psi(K^-) \neq 0, \psi(K^+) \neq 0$.

上面的性质 (i) 表明: 随着鱼群数量的增长, 捕捞的投入也会随之增加, 但这种增加可能是不连续的, 即可能会出现跳跃. 性质 (ii) 中, $\psi(x)$ 可以看作投入使用的船只数占船队总船只数的比例. 如果在捕鱼区没有了鱼, 那么捕鱼行为就要中止. 因此, $\psi(0) = \psi(0^+) = 0$. 由于 K 为捕鱼区的最大负载容量, 因此, $\psi(K) \neq 0, \psi(K^-) \neq 0, \psi(K^+) \neq 0$.

注意到满足上面性质的每个函数 ψ 可以在不连续的点 ρ_j 无定义. 这类不连续的函数可以较好地反映现实中的许多收获策略. 例如, Costa 等在文献 [160] 中提出了二阶的阶跃型收获策略函数.

值得注意的是, 模型 (1.2.29) 中的不连续捕捞策略是关于状态变量 x (鱼种群的数量) 不连续的, 这类捕捞策略在实际中是客观存在的, 例如, 当鱼群数量较小时, 为了维持一个可持续的渔业, 渔业管理部门必须禁止捕鱼或把捕鱼量降到一个较低的水平; 而当鱼群数量较大时, 渔业管理部门为了增加经济收入可以提升捕鱼量到一个较高的水平. 当然, 在实际中, 捕捞策略也并不是只依赖于鱼种群数量 x 的, 有时也是依赖于时间 t 的, 比如, 现在规定禁渔期 (Fishing Closed Season) 是许多地方和国家普遍实行的渔业资源保护制度, 即对一些水域规定每年在一段时期内禁止任何捕捞, 甚至在连续多年的时期内禁止任何捕捞, 以保护鱼类的正常生长或繁殖, 保证鱼类资源得以不断恢复和发展, 有利于提高渔业产品的质量, 增加渔业产值. 另外, 由于受人力资源、自然条件等影响, 渔业捕捞一般在时间上也是不连续的, 如白天捕捞、晚上休捕, 秋冬季捕捞、春夏季休捕等. 基于此, 我们考虑如下的不连续捕捞策略 $h(t)$ 是具有合理性的:

$$h(t) = \begin{cases} 0, & t \in (0, \alpha), \\ \dfrac{t-\alpha}{T-\alpha}, & t \in (\alpha, T) \end{cases} \quad \text{且} \quad h(t+T) = h(t), \quad t > 0, \qquad (1.2.30)$$

其中 α 和 T 为常数, 且 $0 < \alpha < T$. (1.2.30) 中的函数 $h(t)$ 在 $\mathbb{R}_+$ 上关于时间 t 是不连续的, 在其定义域内可看作是具有 "周期性" 的, T 可看作 $h(t)$ 的周期. 我们也可考虑将函数 $h(t)$ 表达式中的 $\dfrac{t-\alpha}{T-\alpha}$ 项用常数 1 替代. 这样, 在模型 (1.2.27)—(1.2.29) 的基础上, 我们可以考虑如下模型:

$$\frac{\mathrm{d}x}{\mathrm{d}t} = rx\left(1 - \frac{x}{K}\right) - qh(t)Ex$$

和

$$\begin{cases} \dfrac{\mathrm{d}x}{\mathrm{d}t} = rx\left(1 - \dfrac{x}{K}\right) - h(t)Ex, \\ \dfrac{\mathrm{d}E}{\mathrm{d}t} = kh(t)E(px - c). \end{cases}$$

例 1.2.5 捕食者和食饵模型.

弱肉强食是大自然中最基础的法则, 生活在同一环境中的各类生物之间, 进行着残酷的生存竞争, 例如, 一些种类的动物靠捕食另一些种类的动物为生 (前者称为捕食者, 后者称为被捕食者或食饵), 被捕食者则只能靠又多又快地繁殖后代和逃跑或躲避等方式求生求发展. 设想一海岛, 生存着狐狸和野兔, 狐吃兔, 兔吃草, 草是如此之丰盛, 兔子们绝无断食之忧, 开始时, 兔子在数量上占有一定优势, 于是大量繁殖; 兔子一多, 狐狸食物充足, 数量也与日俱增, 随着狐狸数量增多吃掉大量兔子, 狐狸食物出现不足, 影响其生存和繁殖, 致使其总数下降, 这时兔子生存安全环境又得到改善, 于是兔子总数又得到回升. 如此反复, 狐兔数量交替地增减, 直至达到一种动态平衡. 意大利著名生物数学家沃尔泰拉 (Volterra) 对

上述现象建立了如下数学模型:

$$\begin{cases} \dfrac{\mathrm{d}x}{\mathrm{d}t} = ax - bxy, \\ \dfrac{\mathrm{d}y}{\mathrm{d}t} = -cy + dxy, \end{cases} \qquad (1.2.31)$$

其中 $x = x(t)$ 和 $y = y(t)$ 分别表示 t 时刻兔子和狐狸的数目, a, b, c, d 均为非负常数, ax 项表示兔子的繁殖速度与现存兔子数成正比, bxy 项表示狐兔相遇兔子被吃掉的速度, cy 项表示狐狸因同类争食造成的死亡速度与狐狸总数成正比, dxy 项表示狐兔相遇对狐狸有好处而使其繁衍增加的速度.

如果人类对自然界的生物群体进行干涉, 例如有猎人进入上面所说的海岛既猎取狐狸又捕杀兔子, 假设其对狐兔的捕杀速度分别为 δx 和 δy (δ 为非负常数), 则模型 (1.2.31) 应修改成

$$\begin{cases} \dfrac{\mathrm{d}x}{\mathrm{d}t} = ax - bxy - \delta x, \\ \dfrac{\mathrm{d}y}{\mathrm{d}t} = -cy + dxy - \delta y. \end{cases} \qquad (1.2.32)$$

在现实中, 猎人对狐兔的捕杀也可以采取不连续捕杀策略. 例如, 视狐兔各群体数目的规模确定是否捕杀, 即当某群体数目达到或超过一定阈值时则对其按一定的方式进行捕杀, 此时模型 (1.2.32) 可修改为

$$\begin{cases} \dfrac{\mathrm{d}x}{\mathrm{d}t} = ax - bxy - \delta x \rho_{\sigma_1}(x), \\ \dfrac{\mathrm{d}y}{\mathrm{d}t} = -cy + dxy - \delta y \rho_{\sigma_2}(y), \end{cases}$$

其中, ρ_{σ_1} 和 ρ_{σ_2} 为阈值策略函数, 其表达式具有如下形式:

$$\rho_{\sigma}(u) = \begin{cases} 1, & u > \sigma, \\ 0, & u < \sigma, \end{cases} \qquad (1.2.33)$$

$\sigma > 0, \sigma_1 > 0$ 和 $\sigma_2 > 0$ 为阈值常数. 显然, 函数 (1.2.33) 在 $\mathbb{R}_+$ 上是不连续的. 也可视狐兔两群体数目比例的大小确定是否捕杀, 即当某群体数目与另一群体数目的比例达到或超过一定阈值时则对其按一定的方式进行捕杀, 此时模型 (1.2.32) 可修改为

$$\begin{cases} \dfrac{\mathrm{d}x}{\mathrm{d}t} = ax - bxy - \delta x \psi_{\sigma_1}(x, y), \\ \dfrac{\mathrm{d}y}{\mathrm{d}t} = -cy + dxy - \delta y \psi_{\sigma_2}(y, x), \end{cases}$$

其中函数 ψ_{σ_1} 和 ψ_{σ_2} 的表达式具有如下形式:

$$\psi_\sigma(u,v) = \begin{cases} 1, & \dfrac{u}{v} > \sigma, \\[2mm] 0, & \dfrac{u}{v} < \sigma, \end{cases} \tag{1.2.34}$$

σ, σ_1 和 σ_2 为正常数. 显然, 函数 (1.2.34) 在 $\mathbb{R}_+^2$ 上是不连续的.

现实中, 决策者可以人为设计对狐兔各群体的抽样观察时间, 然后依据抽样观察数据决定是否捕杀. 例如, 若固定抽样观察时间间隔为 h, 则在上述采用不连续捕杀策略的修改模型中可考虑将 $\rho_{\sigma_1}(x)$ 和 $\rho_{\sigma_2}(y)$ 分别替换为 $\rho_{\sigma_1}\left(x\left(\left[\dfrac{t}{h}\right]h\right)\right)$ 和 $\rho_{\sigma_2}\left(y\left(\left[\dfrac{t}{h}\right]h\right)\right)$, $\psi_{\sigma_1}(x,y)$ 和 $\psi_{\sigma_2}(y,x)$ 分别替换为 $\psi_{\sigma_1}\left(x\left(\left[\dfrac{t}{h}\right]h\right),\right.$ $\left.y\left(\left[\dfrac{t}{h}\right]h\right)\right)$ 和 $\psi_{\sigma_2}\left(y\left(\left[\dfrac{t}{h}\right]h\right),x\left(\left[\dfrac{t}{h}\right]h\right)\right)$, 这里 h 为正常数, $\left[\dfrac{t}{h}\right]$ 表示不超过 $\dfrac{t}{h}$ 的最大整数. 对于上例中的渔业捕捞模型我们也可考虑这样的捕捞策略.

在捕食者和食饵接触过程中, 食饵的防御行为能有效地稳定化它们的接触且能避免食饵的灭绝. 这一论断在 1936 年 Gause 等所做的有关草履虫与酵母菌 (草履虫捕食酵母菌) 如何接触的实验中得以验证.

Gause 等所做的实验显示草履虫与酵母菌接触与否取决于酵母菌的浓度. 如果酵母菌的浓度超过一定的阈值, 那么酵母菌就会浮现在培养皿的表面, 从而草履虫可以接触到酵母菌并进行捕食. 相反, 如果酵母菌的浓度低于该阈值, 那么所有的酵母菌将沉积在培养皿的底部 (可视为进入避难所), 从而草履虫无法接触这些酵母菌. 在整个实验过程中, 该现象反复出现, 最后观察到草履虫和酵母菌的浓度呈现周期波动现象.

Gause 等根据实验所观察到的现象, 在 Lotka-Volterra 模型的基础上建立了如下数学模型[243] 来描述草履虫和酵母菌浓度的变化规律:

$$\begin{cases} \dfrac{\mathrm{d}x}{\mathrm{d}t} = ax - y\rho_\sigma(x), \\[3mm] \dfrac{\mathrm{d}y}{\mathrm{d}t} = ky\rho_\sigma(x) - dy, \end{cases} \tag{1.2.35}$$

这里, x 和 y 分别代表酵母菌和草履虫的浓度; a, k 和 d 为正常数, 分别代表酵母菌的自然增长率、转化率及草履虫的自然死亡率; $\rho_\sigma(x)$ 为消耗函数, 其表达式为 (1.2.33) 中形式, σ 为酵母菌浓度的阈值.

据我们所知, 模型 (1.2.35) 是第一个用右端不连续微分方程来描述食饵使用避难所来逃避捕食者的食饵-捕食者模型. 虽然 Gause 等当时利用数值模拟显示

了模型 (1.2.35) 周期解的存在性, 从而合理地解释了实验中所观察到的周期波动现象, 但由于当时以及之后相当长的一段时期, 右端不连续微分方程理论和研究方法发展还很不完善, 导致了他们并没能用严格数学理论去证明它, 直到七十多年后, 文献 [381] 和 [633] 才运用 Filippov 理论证明了在一定条件下模型存在周期解.

例 1.2.6 传染病模型.

考虑一群某种传染病的患者分散到能够传染这种疾病的大量居民之中, 假设所考虑的这种疾病能使患过这种疾病而痊愈的任何人具有长期的免疫力, 并且假设这种疾病的潜伏期很短可以忽略不计, 这意味着一个人患了病之后立即成为传染者. 在这种情况下, 我们可以把居民分成三类: 第一类是易受传染者 (易感者), 由非患者但能够得病而成为传染者的那些人组成; 第二类是传染者 (患病者), 由能够把疾病传染给别人的那些人组成; 第三类是排除在外者, 包括患病死去的人、痊愈后具有长期免疫力的人, 以及在痊愈并出现长期免疫力以前被隔离起来的人.

设 $x = x(t)$, $y = y(t)$ 和 $z = z(t)$ 分别表示在 t 时刻的第一类、第二类和第三类的人数. 假设:

(1) 在所考虑的时期内, 人口总数保持在固定的水平 N, 这当然意味着我们忽略了人口出生、迁入和迁出, 以及由其他与所考虑的疾病无关的原因引起的死亡等情况.

(2) 易受传染者人数的变化率正比于第一类人数与第二类人数的乘积, 设其比例系数为 γ, 称为传染率.

(3) 由第二类向第三类转变的速率与第二类人数成正比, 设其比例系数为 β, 称为排除率.

由此, 我们可得到如下的传染病模型:

$$\begin{cases} \dfrac{\mathrm{d}x}{\mathrm{d}t} = -\gamma xy, \\[2mm] \dfrac{\mathrm{d}y}{\mathrm{d}t} = -\beta y + \gamma xy, \\[2mm] \dfrac{\mathrm{d}z}{\mathrm{d}t} = \beta y. \end{cases} \tag{1.2.36}$$

模型 (1.2.36) 中的前两个方程与 z 无关, 因此, 我们只需考虑关于两个未知函数 $x = x(t)$ 和 $y = y(t)$ 的方程组:

$$\begin{cases} \dfrac{\mathrm{d}x}{\mathrm{d}t} = -\gamma xy, \\[2mm] \dfrac{\mathrm{d}y}{\mathrm{d}t} = -\beta y + \gamma xy. \end{cases} \tag{1.2.37}$$

只要知道了 $x = x(t)$ 和 $y = y(t)$ 的有关信息, 我们就能够由模型 (1.2.36) 中的第三个方程得到 $z = z(t)$ 的相应信息.

Kermack 和 McKendrick 在文献 [374] 中利用模型 (1.2.37) 分析了 1905 年下半年至 1906 年上半年在孟买发生的瘟疫, 并将理论分析结果与实际资料进行了比较, 发现两者非常一致.

20 世纪初, 在伦敦曾观测到这种现象: 大约每两年暴发一次麻疹传染病. 生物数学家 Soper 试图解释这种现象, 他认为易受传染的人数因人口中增添新的成员而不断得到补充. 因此, 他假设

$$
\begin{cases}
\dfrac{\mathrm{d}x}{\mathrm{d}t} = \mu - \gamma xy, \\[2mm]
\dfrac{\mathrm{d}y}{\mathrm{d}t} = -\beta y + \gamma xy,
\end{cases}
\tag{1.2.38}
$$

其中 β, γ 和 μ 都是正常数.

假设给第一类, 即易受传染者, 注射预防针 (疫苗), 其注射的速率 α 同这一类的人数成正比, 则模型 (1.2.37) 可修改为

$$
\begin{cases}
\dfrac{\mathrm{d}x}{\mathrm{d}t} = -\alpha x - \gamma xy, \\[2mm]
\dfrac{\mathrm{d}y}{\mathrm{d}t} = -\beta y + \gamma xy.
\end{cases}
\tag{1.2.39}
$$

其实, 若我们在模型 (1.2.37) 中考虑易受传染者的自然死亡, 设其自然死亡率为 α, 则模型 (1.2.37) 也可修改为 (1.2.39).

假设给第一类注射预防针 (疫苗), 其注射的速率 α 同这一类的人数与第二类的人数的平方之积成正比, 则模型 (1.2.37) 可修改为

$$
\begin{cases}
\dfrac{\mathrm{d}x}{\mathrm{d}t} = -\gamma xy - \alpha xy^2, \\[2mm]
\dfrac{\mathrm{d}y}{\mathrm{d}t} = -\beta y + \gamma xy.
\end{cases}
\tag{1.2.40}
$$

在现实中, 对于某些具有自愈性或传染强度不太大的传染病, 往往会视患者人数的多少或患者人数与易受传染者人数的比例大小来决定是否采取干预 (隔离等) 或治疗措施. 例如, 当患者人数达到或超过一定阈值时则启动对患者进行治疗 (或隔离), 否则不采取任何治疗措施, 假设对患者进行治疗后其治愈率为 δ, 此时模型 (1.2.37) 和 (1.2.39) 可分别修改为

$$
\begin{cases}
\dfrac{\mathrm{d}x}{\mathrm{d}t} = -\gamma xy, \\[2mm]
\dfrac{\mathrm{d}y}{\mathrm{d}t} = -\beta y + \gamma xy - \delta y \rho_\sigma(y)
\end{cases}
$$

和

$$
\begin{cases}
\dfrac{\mathrm{d}x}{\mathrm{d}t} = -\alpha x - \gamma xy, \\
\dfrac{\mathrm{d}y}{\mathrm{d}t} = -\beta y + \gamma xy - \delta y \rho_\sigma(y),
\end{cases}
$$

其中, ρ_σ 为 (1.2.33) 中的分段常数函数, σ 为正常数. 若当患者人数与易受传染者人数的比例达到或超过一定阈值时则启动对患者进行治疗, 否则不采取任何治疗措施, 假设对患者进行治疗后其治愈率为 δ, 此时模型 (1.2.37) 和 (1.2.39) 可分别修改为

$$
\begin{cases}
\dfrac{\mathrm{d}x}{\mathrm{d}t} = -\gamma xy, \\
\dfrac{\mathrm{d}y}{\mathrm{d}t} = -\beta y + \gamma xy - \delta y \psi_\sigma(y, x)
\end{cases}
$$

和

$$
\begin{cases}
\dfrac{\mathrm{d}x}{\mathrm{d}t} = -\alpha x - \gamma xy, \\
\dfrac{\mathrm{d}y}{\mathrm{d}t} = -\beta y + \gamma xy - \delta y \psi_\sigma(y, x),
\end{cases}
$$

其中, 函数 ψ_σ 的表达式由 (1.2.34) 给出, σ 为正常数. 当然, 对模型 (1.2.38) 和 (1.2.40) 我们也可作类似的考虑.

许多传染病是有潜伏期的, 不同的传染病潜伏期有长有短, 有些传染病在潜伏期不具有传染性, 有些传染病在潜伏期是具有传染性的, 我们在建立传染病动力学模型时, 可根据其潜伏期的具体特征来考虑是否需要引入时滞. 例如, 在例 1.2.6 中若我们去掉前面所要求的 "假设这种疾病的潜伏期很短可以忽略不计, 这意味着一个人患了病之后立即成为传者", 而是 "假设这种疾病具有时间长度为 τ 的潜伏期, 在潜伏期内患病者不具有传染性或其传染性不同于非潜伏期的传染性", 则例 1.2.6 中的模型应相应修改为时滞微分方程.

例 1.2.7 战争模型.

早在第一次世界大战期间, 军事数学家 Lanchester 等就提出了几个预测战争结局的模型[684], 后来人们对这些模型作了改进和进一步解释, 用以分析历史上一些著名的战争, 而且曾对说服美国 1975 年结束越南战争起了重要的作用.

战争的胜败取决于诸多因素, 例如兵力的多少、将士的素质、武器的优劣, 以及天时、地利、人和等等. 在过去的战争中, 武器装备远不如现在这么先进, 战斗力主要靠兵力投入. 设甲乙交战双方在 t 时刻的兵力 (不妨就假设为双方的士兵数) 分别用 $x = x(t)$ 和 $y = y(t)$ 表示; 每一方的战斗减员率取决于双方的兵力和战斗力, 甲乙双方的战斗减员分别用 $f(x, y)$ 和 $g(x, y)$ 表示; 每方的非战斗减员率 (由疾病、逃跑等因素引起的) 只与本方的兵力成正比, 分别用 $\alpha_1 x$ 和 $\alpha_2 y$ 表示,

α_1 和 α_2 均为非负常数; 甲乙双方的增援率是给定的函数, 分别用 $p(t)$ 和 $q(t)$ 表示, 则可建立如下的战争微分方程模型:

$$\begin{cases} \dfrac{\mathrm{d}x}{\mathrm{d}t} = -\alpha_1 x - f(x, y) + p(t), \\ \dfrac{\mathrm{d}y}{\mathrm{d}t} = -\alpha_2 y - g(x, y) + q(t). \end{cases} \tag{1.2.41}$$

若作战双方均为正规部队, 双方公开活动, 一方士兵处于另一方的射杀范围内, 一方的战斗减员率只与另一方的兵力有关, 可设 f 与 y 成正比, 即 $f(x, y) = \beta_1 y$; g 与 x 成正比, 即 $g(x, y) = \beta_2 x$, β_1 和 β_2 均为非负常数, 分别为双方每个士兵的平均杀伤力, 由多种因素决定. 此时我们从模型 (1.2.41) 即得到正规军对正规军之战的 Lanchester 模型:

$$\begin{cases} \dfrac{\mathrm{d}x}{\mathrm{d}t} = -\alpha_1 x - \beta_1 y + p(t), \\ \dfrac{\mathrm{d}y}{\mathrm{d}t} = -\alpha_2 y - \beta_2 x + q(t). \end{cases} \tag{1.2.42}$$

若作战双方中一方为游击队, 设其 t 时刻的兵力为 x, 另一方为正规军, 设其 t 时刻的兵力为 y. 此时, 可理解为游击队 x 是对方 y 看不见的固守于某一地区的, 正规军 y 对游击队 x 射击轰炸, 使得游击队的伤亡与 x 成正比, 且 y 的数量越大, 给 x 方造成的伤亡越多, 故 x 方伤亡率与 y 的成正比, 所以 x 的伤亡率可设为 $\gamma_1 xy$, γ_1 为非负常数. 正规军的战斗减员率仍可设为 $g(x, y) = \beta_2 x$. 这样, 我们从模型 (1.2.41) 即得到正规军对游击队之战的 Lanchester 模型:

$$\begin{cases} \dfrac{\mathrm{d}x}{\mathrm{d}t} = -\alpha_1 x - \gamma_1 xy + p(t), \\ \dfrac{\mathrm{d}y}{\mathrm{d}t} = -\alpha_2 y - \beta_2 x + q(t). \end{cases} \tag{1.2.43}$$

若作战双方均为游击队, 类似于上面的讨论, 我们此时可设游击队 x 和游击队 y 的战斗减员率分别为 $\gamma_1 xy$ 和 $\gamma_2 xy$, γ_1 和 γ_2 均为非负常数, 从模型 (1.2.41) 可得到游击队对游击队之战的 Lanchester 模型:

$$\begin{cases} \dfrac{\mathrm{d}x}{\mathrm{d}t} = -\alpha_1 x - \gamma_1 xy + p(t), \\ \dfrac{\mathrm{d}y}{\mathrm{d}t} = -\alpha_2 y - \gamma_2 xy + q(t). \end{cases} \tag{1.2.44}$$

日美硫磺岛之战是第二次世界大战中最大的战役之一, 开战原因是美军欲攻占此岛作为轰炸日本的基地, 日军则死保该岛作为战斗机基地, 以拦截轰炸东京与长崎等日本大城市的美军轰炸机群. 战斗于 1945 年 2 月 19 日打响, 历时 36 天, 双方死伤惨重, 日军全军覆灭. 设 $x = x(t)$ 是 t 时刻美军人数, $y = y(t)$ 是 t 时刻日军人数, 据有关历史记载, 作战期间, 日军孤立无援, 美军的增援 $p(t)$ 为

$$p(t) = \begin{cases} 54000, & 0 \leqslant t < 1, \\ 0, & 1 \leqslant t < 2, \\ 6000, & 2 \leqslant t < 3, \\ 0, & 3 \leqslant t < 5, \\ 13000, & 5 \leqslant t < 6, \\ 0, & t \geqslant 6; \end{cases} \tag{1.2.45}$$

双方自然减员忽略不计, 则由正规军对正规军之战的 Lanchester 模型 (1.2.42) 有

$$\begin{cases} \dfrac{\mathrm{d}x}{\mathrm{d}t} = -\beta_1 y + p(t), \\ \dfrac{\mathrm{d}y}{\mathrm{d}t} = -\beta_2 x. \end{cases} \tag{1.2.46}$$

另根据有关历史数据, 初值为

$$x_0 = x(0) = 0, \quad y_0 = y(0) = 21500; \tag{1.2.47}$$

第 28 天美军人数为 52735, 即

$$x(28) = 52735. \tag{1.2.48}$$

不难求得方程 (1.2.46) 具初始条件 (1.2.47) 的 Cauchy 问题的解为

$$\begin{cases} x(t) = -\sqrt{\dfrac{\beta_1}{\beta_2}} y_0 \mathrm{ch}\sqrt{\beta_1\beta_2}t + \int_0^t \mathrm{ch}\sqrt{\beta_1\beta_2}(t-s)p(s)\mathrm{d}s, \\ y(t) = -y_0 \mathrm{ch}\sqrt{\beta_1\beta_2}t - \sqrt{\dfrac{\beta_2}{\beta_1}} \int_0^t \mathrm{sh}\sqrt{\beta_1\beta_2}(t-s)p(s)\mathrm{d}s, \end{cases} \tag{1.2.49}$$

其中 $\mathrm{ch}u = \dfrac{1}{2}(e^u + e^{-u}), \mathrm{sh}u = \dfrac{1}{2}(e^u - e^{-u}).$

我们可以利用 (1.2.45), (1.2.47) 和 (1.2.48) 中有关历史数据, 采用如下方法来确定模型 (1.2.46) 中 β_1 和 β_2 的值.

由 (1.2.46) 中的第二个方程可得到

$$y(t) = y_0 - \beta_2 \int_0^t x(s)\mathrm{d}s,$$

从而

$$\beta_2 = \frac{y_0 - y(t)}{\displaystyle\int_0^t x(s)\mathrm{d}s}.$$

令 $t = 36$, 得

$$\beta_2 = \frac{y_0 - y(36)}{\displaystyle\int_0^{36} x(s)\mathrm{d}s} = \frac{21500}{\displaystyle\int_0^{36} x(s)\mathrm{d}s}.$$

把 $\displaystyle\int_0^{36} x(s)\mathrm{d}s$ 用黎曼和 (Riemann Sum) 来近似, 即

$$\int_0^{36} x(s)\mathrm{d}s = \sum_{i=1}^{36} x(i), \quad x(i) \text{是第 } i \text{ 天美军人数},$$

可以由此算出 β_2.

再从 (1.2.46) 中的第一个方程, 并利用 (1.2.45)、(1.2.47) 和 (1.2.48), 可得

$$\begin{aligned}
x(28) &= -\beta_1 \int_0^{28} y(s)\mathrm{d}s + \int_0^{28} p(s)\mathrm{d}s \\
&= -\beta_1 \int_0^{28} y(s)\mathrm{d}s + (54000 + 6000 + 13000),
\end{aligned}$$

故

$$\beta_1 = \frac{73000 - x(28)}{\displaystyle\int_0^{28} y(s)\mathrm{d}s} = \frac{73000 - 52735}{\displaystyle\int_0^{28} y(s)\mathrm{d}s} \approx \frac{20265}{\displaystyle\sum_{i=1}^{28} y(i)}.$$

又 $y(i) = y_0 - \beta_2 \displaystyle\int_0^i x(s)\mathrm{d}s \approx 21500 - \beta_2 \sum_{j=1}^i x(j)$.

美军海军陆战队上尉 Morehouse 保留了硫磺岛战役中美军减员的日统计表, 所以 $x(i)$ 是已知的, 经计算, $\beta_2 = 0.0106$, $\beta_1 = 0.0544$, 把 β_1 和 β_2 代入 (1.2.49), 求得的 $x(t)$ 与 Morehouse 的统计记录几乎一致, 此战例说明 Lanchester 的战争模型是可用的.

注意到 (1.2.45) 中的 $p(t)$ 在 $[0, +\infty)$ 上是一个关于时间变量 t 的不连续分段函数, 故微分方程 (1.2.46) 的右端在 $[0, +\infty) \times \mathbb{R}_+^2$ 上是不连续的. 这也意味着模型 (1.2.41)—(1.2.44) 在 $[0, +\infty) \times \mathbb{R}_+^2$ 上均可能是右端不连续微分方程.

在实际中, 开战的甲乙双方是否进行增援, 往往是由甲乙军力对比来决定的, 如: 若 $\dfrac{x}{y} < \sigma_1$, 则 x 方应考虑增援; 若 $\dfrac{y}{x} < \sigma_2$, 则 y 方应考虑增援, 这里 σ_1 和 σ_2

均为正常数. 至于每次增援多少兵力, 当然会受多种因素影响, 增援兵力多少的考量方式也并不是唯一的, 通常情况下一般既要考虑到己方当前的兵力也要考虑到敌方当前的兵力, 另外, 增援率函数往往是不连续的, 例如, 我们可以考虑如下形式的战争模型:

$$
\begin{cases}
\dfrac{\mathrm{d}x}{\mathrm{d}t} = -\alpha_1 x - f(x, y) + \mu_1 xy \varphi_{\sigma_1}(x, y), \\[2mm]
\dfrac{\mathrm{d}y}{\mathrm{d}t} = -\alpha_2 y - g(x, y) + \mu_2 xy \varphi_{\sigma_2}(y, x),
\end{cases}
$$

其中 μ_1 和 μ_2 为非负常数, 函数 φ_{σ_1} 和 φ_{σ_2} 的表达式具有如下形式:

$$
\varphi_\sigma(u, v) =
\begin{cases}
0, & \dfrac{u}{v} > \sigma, \\[2mm]
1, & \dfrac{u}{v} < \sigma,
\end{cases}
$$

σ, σ_1 和 σ_2 为正常数.

例 1.2.8　神经网络模型.

1984 年, 美国加利福尼亚理工大学生物物理学家 Hopfield 在文献 [311] 中给出了电子线路图作为神经系统模型, 在这类电路中有 n 个相同的非线性放大器. 如果不考虑输入电容和输出电阻的影响, 第 i 个非线性放大器的输入输出关系可由下式表示:

$$
v_i = g_i(\lambda u_i) = \frac{2}{\pi} \arctan\left(\frac{\pi}{2} \lambda u_i\right), \quad i = 1, 2, \cdots, n, \tag{1.2.50}
$$

其中 u_i, v_i 分别表示输入电压和输出电压, 参数 λ 表示非线性放大器的增益, 并假定与输入电容和输出电阻决定的时间常数相比, 每个放大器的响应时间可以忽略不计. 规定每个非线性放大器也可用作反向器, 以使得其输出信号符号发生改变.

在 Hopfield 给出的电子线路图中, 神经元 (由放大器表示) 都彼此相连, 其中, $\dfrac{\pm V_{cc}}{r_i}$ 表示第 i 个神经元的输入电流, $u_i(0)$ 表示第 i 个神经元的初始条件 (初始电流), R_{ij} 表示连接第 j 个神经元的输出和第 i 个神经元的输入的电阻.

在每个放大器的输入节点处应用 Kirchhoff 电流定律可推导出以下微分方程:

$$
\frac{\mathrm{d}u_i}{\mathrm{d}t} = \frac{1}{C_i}\left[\sum_{j=1}^n \frac{1}{R_{ij}}(\pm v_j) - \left(\frac{1}{\rho_i} + \frac{1}{r_i} + \sum_{j=1}^n \frac{1}{R_{ij}}\right)u_i + \frac{\pm V_{cc}}{r_i}\right], \quad i = 1, 2, \cdots, n. \tag{1.2.51}
$$

模型中各参数的物理学意义可参见文献 [311]. 如果在电路中, 令

$$
a_{ij} =
\begin{cases}
+\dfrac{1}{R_{ij}}, & R_{ij} \ \text{与} \ v_j \ \text{相连}, \\[3mm]
-\dfrac{1}{R_{ij}}, & R_{ij} \ \text{与} \ -v_j \ \text{相连},
\end{cases}
$$

$$\frac{1}{R_i} = \frac{1}{\rho_i} + \frac{1}{r_i} + \sum_{j=1}^{n} \frac{1}{R_{ij}}, \quad I_i = \frac{\pm V_{cc}}{r_i}, \quad i,j = 1,2,\cdots,n,$$

则(1.2.51)变为如下 Hopfield 递归神经网络模型:

$$\begin{cases} C_i\left(\dfrac{\mathrm{d}u_i}{\mathrm{d}t}\right) = -\dfrac{u_i}{R_i} + \sum_{j=1}^{n} a_{ij}v_j + I_i, \\ v_j = g_j(\lambda u_j), \quad i,j = 1,2,\cdots,n, \end{cases} \tag{1.2.52}$$

其中 g_j 满足(1.2.50).

在实际应用中, 非线性放大器的增益 λ 是一个很大的正数, 当 λ 取任意大时, 可将非线性放大器看作硬阈值开关. 为了了解这种线路的特性, 需要研究如下理想数学模型:

$$\begin{cases} C_i\left(\dfrac{\mathrm{d}u_i}{\mathrm{d}t}\right) = -\dfrac{u_i}{R_i} + \sum_{j=1}^{n} a_{ij}v_j + I_i, \\ v_j = s_j(u_j), \quad i,j = 1,2,\cdots,n, \end{cases} \tag{1.2.53}$$

其中 $s_j : \mathbb{R} \to \mathbb{R}$ 定义如下:

$$s_j(u) = \begin{cases} 1, & u > 0, \\ \text{无定义}, & u = 0, \\ -1, & u < 0. \end{cases}$$

记 $(a_{ij})_{n\times m}$ 表示第 i 行第 j 列元素为 a_{ij} 的 n 行 m 列矩阵, $i = 1,2,\cdots,n$, $j = 1,2,\cdots,m$; $\mathrm{diag}\{a_1,a_2,\cdots,a_n\}$ 表示主对角元素为 $a_1,a_2,\cdots,a_n$, 其余元素为 0 的方阵. 不失一般性, 假定 $C_i = 1, i = 1,2,\cdots,n$. 若令

$$x = (x_1,x_2,\cdots,x_n)^{\mathrm{T}}, \quad x_i = u_i, \quad A = (a_{ij})_{n\times n}, \quad i,j = 1,2,\cdots,n,$$
$$D = \mathrm{diag}\left\{\frac{1}{R_1},\frac{1}{R_2},\cdots,\frac{1}{R_n}\right\}, \quad s(x) = (s_1(x_1),s_2(x_2),\cdots,s_n(x_n))^{\mathrm{T}},$$
$$I = (I_1,I_2,\cdots,I_n)^{\mathrm{T}},$$

则模型 (1.2.53) 转化为

$$\frac{\mathrm{d}x}{\mathrm{d}t} = -Dx + As(x) + I. \tag{1.2.54}$$

显然, 模型 (1.2.54) 在 $\mathbb{R}^n$ 上为右端不连续微分方程.

由两个神经元构成的神经网络动力学研究是开展大规模神经网络动力学研究的基础, 至今为止, 已有很多文献研究了下面的二元神经网络模型或其一些特殊形式:

$$\frac{\mathrm{d}x_i(t)}{\mathrm{d}t} = -r_ix_i(t) + \sum_{j=1}^{2} a_{ij}g_j(x_j(t)) + \sum_{j=1}^{2} b_{ij}g_j(x_j(t-\tau_{ij})) + u_i(t), \tag{1.2.55}$$

其中 $i = 1, 2$; $x_i(t)$ 表示第 i 个神经元在 t 时刻的状态; $r_i > 0$ 表示在与神经网络不连通并且无外部附加电压差的情况下第 i 个神经元恢复静息状态的速率 (衰减率); $\tau_{ij} \geqslant 0$ $(j = 1, 2)$ 表示第 i 个神经元在 t 时刻沿第 j 个神经元的突触信号传输时滞 (突触传输时滞); a_{ij} 和 b_{ij} 表示连接权重 (突触连接强度); $g_j : \mathbb{R} \to \mathbb{R}$ 表示信号传输函数; $u_i : \mathbb{R} \to \mathbb{R}$ 表示第 i 个神经元在 t 时刻的外部输入.

例如, 当 $u_i \in C(\mathbb{R}, \mathbb{R})$ $(C(\mathbb{R}, \mathbb{R})$ 表示连续函数 $u : \mathbb{R} \to \mathbb{R}$ 的全体) 为 ω-周期函数 ($\omega > 0$ 为常数), $g_j \in C(\mathbb{R}, \mathbb{R})$, 当 $i, j = 1, 2$ 时, 文献 [194, 263, 325, 591, 800, 822] 研究了模型 (1.2.55) 周期解的存在性; 对于信号传输函数和外部输入函数为光滑函数的情形, 文献 [131–134] 研究了模型 (1.2.55) 解的动力学性质.

对于 (1.2.55) 中信号传输函数为不连续函数的如下特殊情形:

$$\begin{cases} \dfrac{\mathrm{d}x}{\mathrm{d}t} = -rx + b_{11}f(x(t - \tau_{11})) + b_{12}f(y(t - \tau_{12})), \\ \dfrac{\mathrm{d}y}{\mathrm{d}t} = -ry + b_{21}f(x(t - \tau_{21})) + b_{22}f(y(t - \tau_{22})), \end{cases} \tag{1.2.56}$$

其中 $r > 0, \tau_{ij} > 0$ 和 b_{ij} $(i, j = 1, 2)$ 均为常数; 信号传输函数 f 为 (1.1.12) 中给出的 MacCulloch-Pitts 型不连续函数, 即

$$f(\xi) = \begin{cases} 1, & \xi > \sigma, \\ -1, & \xi \leqslant \sigma, \end{cases} \tag{1.2.57}$$

这里, σ 为实常数, 表示阈值. 文献 [332] 和 [331] 分别研究了 (1.2.56) 中 "$b_{11} = b_{22} = 0$ 且 $b_{12}b_{21} > 0$" 和 "$b_{11} = b_{22} = 0$ 且 $b_{21} = -b_{12} = \delta > 0$" 的特殊情形下解的收敛性和周期解的存在性.

在文献 [331] 和 [332] 之后, 一些学者陆续开展了具某些不同类型的不连续信号传输函数的二元神经网络模型的动力学研究.

文献 [262–266] 在信号传输函数为 (1.2.57) 型不连续函数情况下, 研究了 (1.2.56) 中 $\tau_{ij} \equiv \tau$ $(i, j = 1, 2)$ 时周期解的存在性和解的收敛性问题.

文献 [460] 对如下形式的不连续信号传输函数:

$$g(\xi) = \begin{cases} 0, & \xi \in (-\infty, a), \\ 1, & \xi \in [a, b], \\ -1, & \xi \in (b, +\infty), \end{cases} \tag{1.2.58}$$

尝试研究了系统:

$$\begin{cases} \dfrac{\mathrm{d}x}{\mathrm{d}t} = -x + g(y(t - \tau)), \\ \dfrac{\mathrm{d}y}{\mathrm{d}t} = -y + g(x(t - \tau)) \end{cases}$$

解的收敛性问题, 这里, $a < b$ 为常数, g 由 (1.2.58) 给出.

文献 [449, 526–528] 研究了如下具双阈值二元时滞神经网络模型:

$$\begin{cases} \dfrac{\mathrm{d}x}{\mathrm{d}t} = -rx + b_1 f_1(y(t - \tau_1)), \\[2mm] \dfrac{\mathrm{d}y}{\mathrm{d}t} = -ry + b_2 f_2(x(t - \tau_2)) \end{cases}$$

极限环的存在性与解的收敛性问题, 其中 $r > 0, \tau_1 > 0, \tau_2 > 0, b_1$ 和 b_2 均为常数, $f_i (i = 1, 2)$ 为如下的 MacCulloch-Pitts 型不连续函数:

$$f_i(\xi) = \begin{cases} 1, & \xi > \sigma_i, \\ -1, & \xi \leqslant \sigma_i, \end{cases} \tag{1.2.59}$$

这里, σ_i 为实常数, 且 $\sigma_1 \neq \sigma_2$.

文献 [771, 772] 研究了如下二元时滞神经网络模型:

$$\begin{cases} \dfrac{\mathrm{d}x}{\mathrm{d}t} = -rx + h(y(t - \tau_1))[x]^+, \\[2mm] \dfrac{\mathrm{d}y}{\mathrm{d}t} = -ry \pm h(x(t - \tau_2))[y]^+ \end{cases}$$

解的收敛性问题, 其中 $r > 0, \tau_1 > 0, \tau_2 > 0$ 均为常数, h 为如下的不连续函数:

$$h(\xi) = \begin{cases} \lambda, & \xi \in [a, b], \\ 0, & \xi > b \text{ 或 } \xi < a, \end{cases} \tag{1.2.60}$$

这里, λ 和 $b > a$ 均为正常数, $[z]^+ = \dfrac{1}{2}(\mid z \mid + z)$.

文献 [199] 考虑了如下具不连续信号传输函数的二元时滞神经网络模型:

$$\begin{cases} \dfrac{\mathrm{d}x}{\mathrm{d}t} = -rx + a_1 h_1(x(t - \tau)) + a_2 h_2(y(t - \tau))[x]^+, \\[2mm] \dfrac{\mathrm{d}y}{\mathrm{d}t} = -ry + b_1 h_2(y(t - \tau)) + b_2 h_1(x(t - \tau))[y]^+, \end{cases}$$

其中 $r > 0, \tau > 0, a_i$ 和 $b_i (i = 1, 2)$ 均为常数; 信号传输函数 $h_i (i = 1, 2)$ 为形如 (1.2.60) 的不连续函数.

文献 [826–829] 研究了具 (1.2.60) 类型的不连续信号传输函数的模型 (1.2.56) 中 $b_{11} = b_{22} = 0$ 时的解的收敛性和周期性问题.

从上面所举的几个例子我们可以看出, 利用微分方程建模研究实际问题是一个不断发展的过程, 早期所建立的模型往往相对简单和理想化, 随着相关数学理论和方法, 特别是微分方程理论和研究方法的不断发展和丰富, 模型被不断修改完善和推广, 从单个方程到方程组 (从单个未知函数到多个未知函数)、从少参数到多参数、从不考虑时滞到考虑时滞、从右端连续到右端不连续, 还有一些实际问题的模型是从不考虑随机因素影响到考虑随机因素影响 (从确定性微分方程到随机微分方程), 以及从常微分方程到偏微分方程, 等等. 随着模型的不断发展, 模型所蕴含的动力学性质越来越丰富, 对实际问题本质的反映越来越全面和准确, 当然, 随之而来的是模型的动力学研究往往也会越来越困难. 关于这一点, 读者从本书后面章节所介绍的一些实际问题的数学模型研究内容中将会有更深刻的体会.

1.3　本书内容介绍

近些年来, 我们团队一直把右端不连续微分方程模型的动力学研究作为主要研究领域之一, 并取得了一些成果, 其中, 2010 年前的部分工作我们已在专著 [336] 中进行了介绍, 本书的主要内容是介绍 2010 年后我们在这一研究领域的一些工作.

本书余下的内容由 11 章组成 (第 2 章—第 12 章).

第 2 章为基础知识, 主要介绍与右端不连续微分方程的研究密切相关的一些数学基础知识、理论和常用工具, 包括集合与度量的一些基本知识, 集值映射的概念与连续性、可测性与可积性、拓扑度理论、不动点定理、非光滑分析、矩阵与矩阵测度, 以及几个常用的不等式. 本章的内容不求全面、系统, 只求满足本书后面章节内容介绍和学习理解的需要.

第 3 章主要介绍右端不连续微分方程及微分包含的基本理论, 包括解的定义、存在性、唯一性、延拓性、周期解和稳定性理论等. 由于右端不连续常微分方程解的定义及有关基本理论在专著 [228,336] 中已有不少介绍, 因此本章重点介绍了右端不连续时滞微分方程和时滞微分包含解的定义及有关基本理论, 其中许多结果是团队成员近年所获得的研究成果.

第 4 章首先介绍分片连续平面微分方程定性理论的有关基本知识, 包括滑模动力学、奇异点的拓扑结构等. 其次, 介绍分片线性平面微分系统极限环的有关研究工作, 主要是介绍切换线为直线, 子系统个数为 2 的分片线性微分方程极限环的存在性、多重性和稳定性问题, 根据各子系统的奇点为鞍点、焦点、结点、中心, 分别对鞍-焦、鞍-结、结-焦、鞍-鞍、结-结、焦-焦等类型进行了介绍, 主要集中于作者近期在这方面的有关工作. 最后, 作为本章所介绍有关理论结果的应用, 对一类分片线性 Morris-Lecar 神经元模型的极限环进行了定性分析. 此章旨在说明: 第一, 即使是形式相对简单的由两个平面线性子系统组成、切换线为一条坐标轴的切换系统, 也可以表现出复杂的非线性动力学性质, 例如可以存在多个极限环. 第二, 对于右端不连续平面多项式切换系统, 极限环的个数问题与子系统的个数、切换线等有密切关系, 这意味着对于右端不连续平面多项式切换系统而言, 若要讨论与右端连续多项式系统相对应的 Hilbert 第 16 问题, 将是更加困难的.

第 5 章介绍弹簧振子模型及动力学分析的有关工作, 主要考虑了三类不连续阻尼弹簧振子模型. 我们从介绍一个简单的 Coulomb 摩擦系统模型开始, 这样一个系统的数学模型可用一个分片线性平面微分系统来描述, 它是一个由两个线性子系统组成的切换系统. 继而, 对一个具有椭圆切换线的不连续阻尼弹簧振子系统的周期运动进行分析, 讨论系统模型的解关于切换线的可达条件、穿越条件、滑模条件以及擦边条件, 结合映射动力学理论, 对系统的周期运动进行解析预测, 并给出椭圆切换线条件下系统模型三个典型周期解的数值实例. 最后, 进一步探讨时滞因素对阻尼弹簧振子系统动力学性质的影响, 介绍考虑时滞后的不连续阻尼弹簧振子系统的慢振荡周期运动行为分析, 通过分析模型的解轨线在切换线上的切换条件, 慢振荡解的映射结构, 对包含穿越流和滑模流的慢振荡周期解的存在性作出解析预测, 并提供了三个典型慢振荡周期运动的数值仿真例子.

第 6 章介绍生物细胞与种群右端不连续微分方程模型及动力学分析的有关工作. 首先介绍一类具有不连续损耗项的 Lasota-Wazewska 模型及动力学分析, 这一模型是结合 Wazewska-Czyzewska 和 Lasota 在 1976 年首先提出的一个描述动物体内血红细胞的产生和生存的时滞微分方程动力学模型, 以及后人对模型的一些推广形式, 在考虑到现实世界中一些难以避免的不连续外在因素影响, 引入不连续损耗项而得到的. 继而, 介绍一个具有不连续捕获项的 Nicholson 果蝇模型及动力学分析. 最后, 介绍一类食饵拥有避难所的切换线为斜线的捕食者和食饵模型及动力学分析, 通过对其子系统和滑模动力学的定性分析, 揭示模型的全局动力学性质, 并给出其理论结果的生物学意义.

第 7 章为考虑不连续经济阈值的植物病虫害微分方程模型研究介绍. 主要针对同一类模型在三类不连续控制策略下所分别具有的动力学性质进行全面分析, 这三种不同控制策略在生物和经济意义上分别对应单纯依据患病植物的数量多少设立阈值, 依据患病植物和易感植物的数量比值设立阈值, 在易感植物数量规模较小时仅依据患病植物的数量多少设立阈值而当易感植物数量规模较大时则依据患病植物和易感植物的数量比值设立阈值. 这三种控制策略都是具有明显的生物和经济意义的, 在实际中也是客观存在和切实可行的. 在数学上, 这三种控制策略对应模型方程的切换线分别为以某坐标轴上一点为始点且平行于另一坐标轴的射线, 以坐标原点为始点的斜射线, 一部分为一条平行于坐标轴的直线段和其余部分为一条具正斜率的射线所组成的连续折线. 本章的内容揭示了在三种不同控制策略下模型的全局动力学性质具有本质差异, 由此也说明右端不连续微分方程的动力学性质与其切换线是有密切关系的.

第 8 章为不连续防控和治疗策略下的传染病微分方程模型及其动力学分析. 主要由两部分组成, 8.1 节对一个不连续治疗策略下的 SIR 传染病模型进行全局动力学分析, 揭示不连续治疗策略对传染病传播和防控的影响, 论证了在适当的不连续治疗策略下, 是可以在有限时间内控制和消灭传染病的. 8.2 节是关于一个媒体报道下的传染病模型及动力学分析, 分析结果表明媒体报道与否和报道强度对传染病的防控是很有影响的. 此章的内容也表明, 在传染病疫情发生后, 针对疫情的发展趋势和严重程度, 采取不同的防控、治疗和宣传措施是非常必要的.

第 9 章为产业经济学右端不连续微分方程模型及动力学分析. 首先介绍一类不连续捕捞策略下的渔业捕捞模型及动力学分析, 然后介绍一类多产品价格调整的动态经济学模型的建立过程, 接着对模型的稳定化控制问题进行讨论, 并对所获得的理论结果进行数值模拟分析. 本章的目的旨在为右端不连续微分方程在经济、管理领域的数学模型建立与研究起一个抛砖引玉的作用, 以期对现有众多微分方程经济、管理动力学模型中均忽略了实际问题中不连续因素影响的这一状况的改变起到一定的推动作用.

第 10 章为切换神经网络模型及动力学分析有关内容介绍, 主要由两方面内容组成. 一方面是介绍忆阻切换神经网络模型及有关动力学分析, 重点介绍对神经网络发展起着至关重要作用的耗散性和无源性分析, 包括全局指数耗散性分析、吸引域内平衡点分析、无源性和无源化分析等, 并讨论了多个忆阻神经网络的驱动-响应同步及耦合同步等问题. 另一方面是关于一般切换神经网络模型及动力学分析, 主要讨论具有 S 型信号传输函数 (Sigmoid 函数[682]) 的状态依赖切换神经网络和具有分段线性信号传输函数的状态依赖切换神经网络的多稳定性问题, 并分析模型的平衡点吸引域.

第 11 章为具不连续信号传输函数的微分方程神经网络模型及动力学分析. 本章所介绍的内容选自我们团队近年来在这方面的部分研究工作, 这些工作所研究的模型均具有重要实际应用背景, 也是国内外众多神经网络动力学研究者开展研究工作最集中的几类模型, 主要包括具不连续信号传输函数和可变时滞的 Hopfield 神经网络模型的周期动力学以及网络驱动-响应系统的同步性分析; 具二元不连续信号传输函数的时滞 BAM 神经网络的全局耗散性、同步性分析; 具不连续信号传输函数的时滞 Cohen-Grossberg 神经网络模型的周期解存在性与周期解个数研究; 具不连续信号传输函数的时滞模糊神经网络模型的有限时间同步分析.

第 12 章为复值神经网络模型及动力学分析. 本书前面章节所介绍的微分方程模型的状态变量 (未知函数) 和系统参数均在实数域中取值, 这样的微分方程可称其为实值微分方程. 复值神经网络是以复值变量作为参数来处理复值信号的系统, 它可以看作是实值神经网络的推广, 其对应的数学模型是复值微分方程. 本章首先介绍复值微分方程的一些相关概念, 然后介绍我们近期在具不连续信号传输函数的复值神经网络模型平衡点的存在性和稳定性、周期解的存在性、驱动-响应系统的同步性等方面研究所获得的一些结果.

第 2 章　基 础 知 识

本章介绍学习和研究右端不连续微分方程所需要的一些相关基础知识, 包括集合与度量、集值映射、非光滑分析等.

2.1　集合与集值映射

我们首先介绍集合与度量的一些基本知识, 由于其主要目的是服务于本书后面的需要, 所以我们主要介绍 n 维欧氏空间 (向量空间) $\mathbb{R}^n$ 中闭集、凸集及度量的相关定义与基本性质[227,228,336]. 一般度量空间 (向量空间) 中的相应概念与性质可以类似建立, 本书不作进一步介绍.

2.1.1　集合与度量

为表示的方便, 引进如下记号: 令 $\varnothing$ 表示空集. 在不致引起混淆的情况下, 0 表示数零或向量空间 (线性空间) 的零向量 (零元). 设 $x = (x_1, \cdots, x_n)^{\mathrm{T}}, y = (y_1, \cdots, y_n)^{\mathrm{T}}$ 为 $\mathbb{R}^n$ 中的两个向量 (在空间中亦可视为点), $\langle x, y \rangle = x^{\mathrm{T}} y = \sum\limits_{i=1}^{n} x_i y_i$

表示 x 和 y 的内积; 任给 $x \in \mathbb{R}^n$, $\|x\|$ 表示 x 的任意向量范数, $\|x\|_p = \left(\sum\limits_{i=1}^{n} |x_i|^p \right)^{\frac{1}{p}}$

表示 x 的 p-范数; 对于 $x \in \mathbb{R}$, $|x|$ 表示 x 的绝对值; 设 A, B 为 $\mathbb{R}^n$ 中的两个集合, $\|A\|$ 表示 $\sup\limits_{x \in A} \|x\|$, $\overline{A}$ 表示 A 的闭包, $\mathrm{co}A$ ($\overline{\mathrm{co}}A$) 表示 A 的凸包 (凸闭包), 它是所有包含 A 的凸集 (凸闭集) 的交, 也是包含 A 的最小的凸集 (凸闭集); 在向量空间 $\mathbb{R}^n$ 中, 点 x 与点 y 的距离、点 x 和集合 B 的距离、集合 A 和集合 B 之间的距离分别定义如下

$$d(x, y) = \|x - y\|, \quad d(x, B) = \inf_{y \in B} d(x, y), \quad d(A, B) = \inf_{x \in A, y \in B} d(x, y).$$

除非特殊说明, 上述记号在本书其他章节中均适用.

定义 2.1.1 [228,336]　设 A 为 $\mathbb{R}^n$ 中的一个集合, x 和 y 为集合 A 中的任意两个点.

(i) 若集合 A 包含它的所有极限点, 则称 A 为闭集;

(ii) 若连接任意两个点 x 和 y 的线段上的所有点都在 A 中, 则称 A 为凸集;

(iii) 对于点 $x, z_i \in \mathbb{R}^n$ ($i = 1, 2, \cdots, k$), 若存在非负常数 α_i ($i = 1, 2, \cdots, k$),

$\sum\limits_{i=1}^{k} \alpha_i = 1$, 使得 x 能表示为 $x = \sum\limits_{i=1}^{k} \alpha_i z_i$, 则称点 x 为点 $z_1, z_2, \cdots, z_k$ 的凸组合.

在 $\mathbb{R}^n$ 中, 凸集和闭集具有如下基本性质, 其证明比较容易, 在此略去.

性质 2.1.1 [228,336] 下面的结论成立:

(i) 有限多个闭集的并是闭集;

(ii) 闭集 (凸集) 的交是闭集 (凸集);

(iii) 给定点 y, 在非空闭集 A 中总可找到距离 y 最近的点 x, 即 $d(y,x) = d(y,A)$;

(iv) $d(y,A) = d(y,\overline{A})$, $d(A,B) = d(\overline{A},\overline{B})$;

(v) 函数 $\Phi(x) = d(x,A)$ 是连续的, 且 $|d(x,A) - d(y,A)| \leqslant d(x,y)$.

性质 2.1.2 [228,336] 若非空闭集 A 和 B 没有公共点且 B 是有界集, 则存在点 $x \in A$, $y \in B$ 使得 $d(x,y) = d(A,B) > 0$.

性质 2.1.3 [228,336] 给定点 y, 在非空凸闭集 A 中存在唯一的点 x 使得 $d(y,x) = d(y,A)$.

性质 2.1.4 [228,336] 闭凸集 A 是所有包含该集合的闭半空间的交.

性质 2.1.5 [228,336] 若 A 和 B 为 $\mathbb{R}^n$ 中的闭凸集, $A \cap B = \varnothing$, 且 B 是一个有界集, 则存在一个 $n-1$ 维平面分离 A 和 B.

定义 2.1.2 [228,336] 对于凸集 $A \subseteq \mathbb{R}^n$, 若在 $n-1$ 维平面 P 的一侧没有 A 中的点, 但在 A 中存在位于 P 上或在 P 的另一侧且任意靠近 P 的点, 则称 P 为 A 的支撑平面.

性质 2.1.6 [228,336] 过闭凸集 A 的边界 Γ 上的任一点都可作一个支撑平面.

性质 2.1.7 [228,336] 如果集合 A 中只有有限个点, 那么 $\mathrm{co}A$ 是由这有限个点的所有凸组合所构成的集合.

性质 2.1.8 [228,336] 若集合 A 位于闭半空间 $Q = \{x \mid \langle c,x \rangle \leqslant \lambda, c$ 为一常向量, λ 为一个常数$\}$ 中, 则 $\overline{\mathrm{co}}A$ 也位于 Q 中.

性质 2.1.9 [228,336] 设 A 是 $\mathbb{R}^n$ 中的有界闭集, 则任意点 $x \in \mathrm{co}A$ 都可表示成 A 中的点 $x_1, \cdots, x_k$ 的凸组合, 这里 $k \leqslant n$.

根据性质 2.1.9, 可得到如下结论.

性质 2.1.10 [228,336] 若 A 是一个有界闭集, 则 $\mathrm{co}A = \overline{\mathrm{co}}A$.

定义 2.1.3 [228,336] 对常数 $\varepsilon > 0$, 集合 M 的闭 ε 邻域 M^ε 是指所有与 M 的距离不超过 ε 的点的集合, 即 $M^\varepsilon = \{x \mid d(x,M) \leqslant \varepsilon\}$.

显然, M^ε 是一个闭集. 对任意的 $x \notin M^\varepsilon$, 我们有 $d(x,M^\varepsilon) = d(x,M) - \varepsilon$.

性质 2.1.11 [228,336] 若集合 A 是有界的, 则 $(\mathrm{co}A)^\varepsilon = \mathrm{co}(A^\varepsilon)$.

下面给出度量空间的相关概念和性质.

设 A 和 B 是某度量空间的非空子集, 定义

$$\mathrm{diam}(A) = \sup_{x,y \in A} d(x,y), \qquad \rho(A,B) = \max\{\beta(A,B), \beta(B,A)\},$$

$$\beta(A,B) = \sup_{x \in A} d(x,B), \qquad \beta(B,A) = \sup_{y \in B} d(y,A).$$

$\mathrm{diam}(A)$ 称为集合 A 的直径, $\rho(A,B)$ 称为集合 A 和 B 的 Hausdorff 度量. 若 A 和 B 都是有界闭集, 则 $\mathrm{diam}(A)$, $\rho(A,B)$, $\beta(A,B)$, $\beta(B,A)$ 都是有限的非负实数. 给定 $\varepsilon > 0$, 不等式 $\beta(A,B) \leqslant \varepsilon$ 等价于 $A \subseteq B^{\varepsilon}$, 而不等式 $\rho(A,B) \leqslant \varepsilon$ 等价于 $A \subseteq B^{\varepsilon}$ 且 $B \subseteq A^{\varepsilon}$.

性质 2.1.12 [228,336]　对任意的非空闭集 A, B, C, 下面结论成立:

(i) $0 \leqslant d(A,B) \leqslant \beta(A,B) \leqslant \rho(A,B)$;

(ii) $\rho(A,B) = \rho(B,A)$;

(iii) $\beta(A,B) = 0$ 等价于 $A \subseteq B$;

(iv) $\rho(A,B) = 0$ 等价于 $A = B$;

(v) $\rho(A,C) \leqslant \rho(A,B) + \rho(B,C)$.

根据性质 2.1.12, 若以 ρ 为度量, 则所有的非空闭集构成一个度量空间.

2.1.2　集值映射的概念与连续性

设 X 为给定的某个集合, 首先引入如下记号:

$$P_0(X) = \{A \mid A \subseteq X, A \neq \varnothing\}, \quad P(X) = P_0(X) \cup \{\varnothing\},$$

$$P_b(X) = \{A \mid A \subseteq X \text{ 为非空有界子集}\},$$

$$P_k(X) = \{A \mid A \subseteq X \text{ 为非空紧子集}\}, \quad P_{wk}(X) = \{A \mid A \subseteq X \text{ 为非空弱紧子集}\},$$

$$P_f(X) = \{A \mid A \subseteq X \text{ 为非空闭子集}\}, \quad P_c(X) = \{A \mid A \subseteq X \text{ 为非空凸子集}\},$$

$$P_{fc}(X) = \{A \mid A \subseteq X \text{ 为非空闭凸子集}\}, \quad P_{kc}(X) = \{A \mid A \subseteq X \text{ 为非空紧凸子集}\}.$$

为了记法上的方便, 有时我们也用 2^X 表示 X 中所有非空子集的全体, 即 $2^X = P_0(X)$.

定义 2.1.4 [27,336]　设 X 和 Y 是两个非空集合, $F : X \to P(Y)$ 是一个对应法则, 若对任意的 $x \in X$, 通过 F 在 Y 中有一个子集 $F(x)$ 与之对应, 则称 F 为 X 到 Y 的一个集值映射. $F(x)$ 称作 F 在 x 点处的像或值.

定义 2.1.5 [27,336]　设 $F : X \to P(Y)$ 是一个集值映射, 称集合 $\mathrm{Dom}(F) = \{x \mid x \in X, F(x) \neq \varnothing\}$ 为集值映射 F 的定义域. 称 $F(X) = \bigcup_{x \in \mathrm{Dom}(F)} F(x)$ 为集值映射 F 的值域. 称 $X \times Y$ 的子集 $\{(x,y) \mid y \in F(x)\} = \mathrm{Graph}(F)$ 为 F 的图像. 如果 $\mathrm{Dom}(F) = X$, 则称 F 是严格的.

定义 2.1.6 [27,336] 设 X 和 Y 是两个集合, $F : X \to P_0(Y)$ 为一个集值映射.

(i) 如果 F 的图像 $\mathrm{Graph}(F)$ 是 $X \times Y$ 中的闭 (紧、凸、闭凸) 集, 则称集值映射 F 是闭 (紧、凸、闭凸) 的.

(ii) 如果 $\forall x \in X$, $F(x)$ 是 Y 中的闭 (紧、凸、有界) 集, 则称集值映射 F 是具闭 (紧、凸、有界) 值的.

(iii) 设 $f : X \to Y$ 是单值映射, 如果 $\forall x \in X$, $f(x) \in F(x)$, 则称单值映射 f 是集值映射 F 的一个选择.

(iv) 如果集值映射 F 把 X 中的任意一个有界集映为相对紧集 (有界集), 则称集值映射 F 为 X 上的全连续 (有界) 映射.

定义 2.1.7 [27,336] 设 $F : X \to P_0(Y)$, $B \in P_0(Y)$, 则 $F^-(B) = \{x \mid x \in X, F(x) \cap B \neq \varnothing\}$ 称为 B 关于 F 的原像, $F^+(B) = \{x \mid x \in X, F(x) \subseteq B\}$ 称为 B 关于 F 的强原像.

性质 2.1.13 [27,336] 设 $F : X \to P_0(Y)$, $B \subseteq Y$, 则 $F^-(Y - B) = X - F^+(B)$ 且 $F^+(Y - B) = X - F^-(B)$.

性质 2.1.14 [27,336] 设 X, Y 为拓扑空间, $F : X \to P_0(Y)$. 若 F 是闭的, 则 F 是闭值映射.

定义 2.1.8 [27,336] 设 X 和 Y 是两个 Hausdorff 拓扑空间, $F : X \to P_0(Y)$ 是一个集值映射, 如果对包含 $F(x_0)$ 的任意一个开集 $\mathbb{U}$, 总存在一个 x_0 的邻域 $\mathbb{V}$, 使得 $F(\mathbb{V}) \subseteq \mathbb{U}$, 则称集值映射 F 在点 x_0 处是上半连续的. 如果 F 在每一点 $x \in X$ 处都是上半连续的, 就称集值映射 F 在 X 上是上半连续的.

性质 2.1.15 [27,336] 下列条件等价:

(i) F 为 X 上的上半连续映射;

(ii) 对 Y 的任一开集 $\mathbb{U}$, $F^+(\mathbb{U})$ 为 X 的开集;

(iii) 对 Y 的任一闭集 $\mathbb{D}$, $F^-(\mathbb{D})$ 为 X 的闭集;

(iv) $\forall x \in X$, 对 X 中每个收敛于 x 的网 $\{x_n \mid n \in \mathbb{N}\}$, 以及对 Y 中每个包含 $F(x)$ 的开集 $\mathbb{U}$, $\exists n_0 \in \mathbb{N}, \forall n \in \mathbb{N}$, 当 $n \geqslant n_0$ 时, 有 $F(x_n) \subseteq \mathbb{U}$.

上面性质中的 $\mathbb{N}$ 表示由全体正整数组成的集合, 而且, 在本书后面的内容中如无特别说明, $\mathbb{N}$ 也表示同样意义. 由上述性质中的 (iv), 可得到如下结论.

性质 2.1.16 [27,336] 若 $X \subseteq \mathbb{R}^n$, $Y = \mathbb{R}^n$, 则对 $\forall x \in X$, 集值映射 F 在 x 点是上半连续的等价于当 $x^* \to x$ 时, $\rho(F(x^*), F(x)) \to 0$, 这里 ρ 表示 Hausdorff 度量.

性质 2.1.17 [27,336] 若 F 为 X 上的紧值上半连续映射, 则 F 将 X 中的紧集映射成紧集, 即若 K 为 X 中任一紧集, 则 $F(K)$ 为 Y 中的紧集.

性质 2.1.18 [27,336] 若 F 为 X 上的闭值上半连续映射, 则 F 为闭映射.

性质 2.1.19 [27,336]　　如果集值映射 $F : X \to P_0(Y)$ 是 X 上的一个闭映射, 并且 Y 为紧空间, 则集值映射 F 是上半连续的.

性质 2.1.20 [27,336]　　假设 $\mathbb{D}$ 是 $X \subseteq \mathbb{R}^n$ 中的一个闭集, 集值映射 F 在 $\mathbb{D}$ 中任意点处的邻域内都是有界的, 且 F 具有闭的像, 则集值映射 F 在 $\mathbb{D}$ 上是上半连续的充分必要条件是集值映射 F 的图像 $\mathrm{Graph}(F)$ 是一个闭集 (即 F 是一个闭图像算子).

性质 2.1.21 [27,336]　　假设集值映射 F 在紧集 $K \subseteq X = \mathbb{R}^n$ 上是上半连续的, 且 F 在 K 上具有有界的像, 则 $F(K)$ 有界.

定义 2.1.9 [27,336]　　若 $\forall\, y \in F(x_0)$ 和对 X 中收敛于 x_0 的网 $\{x_n \mid n \in \mathbb{N}\}$, 存在网 $\{y_n \mid n \in \mathbb{N}\}$ 满足 $\forall\, n \in \mathbb{N}, y_n \in F(x_n)$ 且 $\{y_n\}$ 收敛于 y, 则称 F 在 $x_0 \in X$ 点处下半连续. 若 F 在任一点 $x \in X$ 处都是下半连续的, 则称 F 在 X 上是下半连续的.

定义 2.1.10 [27,336]　　若 F 在 x_0 点既是上半连续的又是下半连续的, 则称 F 在 x_0 点是连续的. 若 F 在任一点 $x \in X$ 都连续, 则称 F 为 X 上的连续映射.

性质 2.1.22 [27,336]　　下列条件等价:

(i) F 为 X 上的下半连续映射;

(ii) $\forall x \in X, \forall\, y \in F(x)$ 以及 y 的每个邻域 $\mathbb{U}$, 存在 x 的邻域 $\mathbb{V}$ 使得 $\forall\, x' \in \mathbb{V}, F(x') \cap \mathbb{U} \neq \varnothing$, 即 $\mathbb{V} \subseteq F^-(\mathbb{U})$;

(iii) 对 Y 的任一开集 $\mathbb{U}$, $F^-(\mathbb{U})$ 为 X 的开集;

(iv) 对 Y 的任一闭集 $\mathbb{D}$, $F^+(\mathbb{D})$ 为 X 的闭集;

(v) $\forall x \in X$, 对 X 中每个收敛于 x 的网 $\{x_n \mid n \in \mathbb{N}\}$, 以及对 Y 中的开集 $\mathbb{U}$, 若 $\mathbb{U} \cap F(x) \neq \varnothing$, 则 $\exists\, n_0 \in \mathbb{N}, \forall\, n \in \mathbb{N}$, 当 $n \geqslant n_0$ 时, 有 $F(x_n) \cap \mathbb{U} \neq \varnothing$.

性质 2.1.23 [27,336]　　下列条件等价:

(i) F 为 X 上的连续映射;

(ii) 对 Y 的任一开集 $\mathbb{U}$, $F^-(\mathbb{U})$ 和 $F^+(\mathbb{U})$ 都为 X 的开集;

(iii) 对 Y 的任一闭集 $\mathbb{D}$, $F^+(\mathbb{D})$ 和 $F^-(\mathbb{D})$ 都为 X 的闭集.

性质 2.1.24 [27,336]　　若 $X \subseteq \mathbb{R}^n$, $Y = \mathbb{R}^n$, 则对 $\forall x \in X$, 集值映射 F 在 x 点是连续的等价于当 $x^* \to x$ 时, $\beta(F(x^*), F(x)) \to 0$.

性质 2.1.25 [228,336]　　假设集值映射 H 在 $\mathbb{D} \subseteq X = \mathbb{R}^n$ 上是上半连续的 (或连续的), 且 H 在 $\mathbb{D}$ 上具有非空的闭的有界的像. 那么, $F = \mathrm{co}H$ 是上半连续的 (或连续的).

2.1.3　集值映射的可测性与可积性

定义 2.1.11 [27,336]　　设 Ω 为非空集合, $\mathscr{B}$ 为 Ω 的一个子集族, 若 $\mathscr{B}$ 满足下述性质:

(i) $\Omega \in \mathscr{B}$;

(ii) 若 $B \in \mathscr{B}$, 则 $\Omega - B \in \mathscr{B}$;

(iii) 若 $B_n \in \mathscr{B}, n = 1, 2, \cdots$, 则 $\bigcup\limits_{n=1}^{+\infty} B_n \in \mathscr{B}$.

则称 $\mathscr{B}$ 为一个 σ-代数, 称 $(\Omega, \mathscr{B})$ 为可测空间, $\mathscr{B}$ 的元素称为 $\mathscr{B}$-可测集或简称为可测集.

定义 2.1.12 [27,336] 设 $(\Omega, \mathscr{B})$ 为可测空间, $\mathscr{B}$ 表示 Ω 上的 σ-代数, $F : \Omega \to P_0(X)$ 为闭值集值映射. 如果对 X 中的任意一个开集 $\mathbb{U}$, 有

$$F^-(\mathbb{U}) = \{\varpi \mid \varpi \in \Omega, F(\varpi) \cap \mathbb{U} \neq \varnothing\} \in \mathscr{B},$$

则称集值映射 F 是可测的.

定义 2.1.13 [27,336] 设 $(\Omega, \mathscr{B})$ 为可测空间, X 为可分的度量空间, $F : \Omega \to P_f(X)$ 为可测的集值映射, $f : \Omega \to X$ 为单值映射. 如果 $f(\varpi) \in F(\varpi)$, a.e. $\varpi \in \Omega$, 则称 f 为集值映射 F 的一个可测选择.

这里及在本书后面的内容中 "a.e." 表示 "几乎所有" 或 "几乎处处".

引理 2.1.1 [27,336] 设 $(\Omega, \mathscr{B})$ 为可测空间, X 表示可分的 Banach 空间, $F : \Omega \to P_f(X)$ 是可测的, 那么集值映射 F 存在可测选择.

定义 2.1.14 [27,336] 假设 $1 \leqslant p \leqslant +\infty$, $f : \Omega \to X$ 为单值映射, $F : \Omega \to P_f(X)$ 为集值映射, 若 $f \in L^p(\Omega, X)$ 且 f 是 F 的一个可测选择, 则称 f 是 F 的 L^p-可积选择. 若存在非负函数 $g \in L^p(\Omega, X)$ 使得对几乎所有 $\varpi \in \Omega$, 有 $F(\varpi) \subseteq \mathcal{B}(0, g(\varpi)) = \{y \mid \|y\| < g(\varpi)\}$, 则称 F 为可积有界的.

性质 2.1.26 [27,336] 若 F 为可积有界的, 则 F 的任何一个可测选择都是 F 的可积选择.

我们把集值映射 F 的 L^p-可积选择的全体记为 $\mathcal{S}_F^p$, 即

$$\mathcal{S}_F^p = \{f \mid f \in L^p(\Omega, X), f(\varpi) \in F(\varpi), \text{ a.e. } \varpi \in \Omega\}.$$

利用 L^1-可积选择, 我们可定义集值映射的积分.

定义 2.1.15 [27,336] 假设 $F : \Omega \to P_f(X)$ 为可测的集值映射, F 的积分定义如下:

$$\int_\Omega F \mathrm{d}u = \left\{ \int_\Omega f \mathrm{d}u \ \middle| \ f \in \mathcal{S}_F^1 \right\}.$$

定义 2.1.16 [27,336] 假设 Y 为 Hausdorff 局部凸拓扑线性空间, Y^* 为 Y 的共轭空间. K 为 Y 中的非空闭凸集, K 的支撑函数 $\sigma_K : Y^* \to \mathbb{R}$ 定义如下:

$$\sigma_K(p) = \sigma(K, p) = \sup_{y \in K} \langle p, y \rangle.$$

下面给出集值映射积分的几个性质.

性质 2.1.27 [27,336]　设 F, $F_i : \Omega \to P_0(X)(i = 1, 2)$ 是可测的可积有界闭值集值映射, 则

(i) $\forall \lambda \in \mathbb{R}, \displaystyle\int_\Omega \lambda F \mathrm{d}u = \lambda \int_\Omega F \mathrm{d}u$;

(ii) $\overline{\displaystyle\int_\Omega \overline{(F_1 + F_2)} \mathrm{d}u} = \overline{\displaystyle\int_\Omega F_1 \mathrm{d}u + \int_\Omega F_2 \mathrm{d}u}$;

(iii) $\forall p \in X^*, \sigma \left(\displaystyle\int_\Omega F \mathrm{d}u, p \right) = \int_\Omega \sigma(F, p) \mathrm{d}u$;

(iv) $\overline{\displaystyle\int_\Omega \overline{\mathrm{co}} F \mathrm{d}u} = \overline{\mathrm{co}} \int_\Omega F \mathrm{d}u$;

(v) 若 $\exists x \in \displaystyle\int_\Omega F \mathrm{d}u$ 及 $p \in X^*$ 使 $\langle p, x \rangle = \sigma \left(\displaystyle\int_\Omega F \mathrm{d}u, p \right)$, 则 $\forall \bar{f} \in \mathcal{S}_F^1$, 只要 $x = \displaystyle\int_\Omega \bar{f} \mathrm{d}u$, 等式 $\langle p, \bar{f}(\varpi) \rangle = \sigma(F(\varpi), p)$ 对几乎所有 $\varpi \in \Omega$ 成立.

令 $I^\omega = [0, \omega]$. 设 $F(t, x) = (F_1(t, x), F_2(t, x), \cdots, F_n(t, x))^{\mathrm{T}} : I^\omega \times X \to 2^X$ 是一个集值映射, $L^1(I^\omega, \mathbb{R}^n)$ 表示由所有 Lebesgue 可积的函数 $\gamma = (\gamma_1, \gamma_2, \cdots, \gamma_n)^{\mathrm{T}} : I^\omega \to \mathbb{R}^n$ 组成的 Banach 空间. 定义下列集值算子

$$\mathscr{F} = (\mathscr{F}_1, \mathscr{F}_2, \cdots, \mathscr{F}_n)^{\mathrm{T}} : X \to L^1(I^\omega, \mathbb{R}^n), \tag{2.1.1}$$

其中

$$\mathscr{F}_i(x) = \left\{ \gamma_i \mid \gamma_i \in L^1(I^\omega, \mathbb{R}), \gamma_i(t) \in F_i(t, x), \text{ a.e. } t \in I^\omega \right\}, \quad i = 1, 2, \cdots, n.$$

定义 2.1.17 [309,644]　集值映射 $F : I^\omega \times X \to 2^X$ 称为是 L^1-Carathéodory 映射, 如果

(i) 对每个 $x \in X$, $t \to F(t, x)$ 关于 t 是可测的;

(ii) 对几乎所有的 $t \in I^\omega$, $t \to F(t, x)$ 关于 x 是上半连续的;

(iii) 对任意实数 $q > 0$, 存在一个函数 $\hbar_q \in L^1(I^\omega, \mathbb{R})$ 使得对几乎所有的 $t \in I^\omega$ 和所有满足 $\|x\| \leqslant q$ 的 $x \in X$, 有 $\sup\{\|\gamma\| \mid \gamma \in F(t, x)\} \leqslant \hbar_q(t)$.

如果只是条件 (i) 和 (ii) 满足, 则集值映射 F 称为 Carathéodory 映射.

引理 2.1.2 [87,391]　如果 $\mathrm{diam}(X) < +\infty$ 且 $F : I^\omega \times X \to 2^X$ 是 L^1-Carathéodory 映射, 则对每一固定的 $x \in X$, $\mathscr{F}(x)$ 是非空的.

引理 2.1.3 [309,549,644,786]　若 F 是一个 Carathéodory 集值映射, 且对每一固定的 $x \in X$ 有 $\mathscr{F}(x) \neq \varnothing$, 设 $\mathcal{L} : L^1(I^\omega, \mathbb{R}^n) \to C(I^\omega)$ 是一个连续线性算子, 则 $\mathcal{L} \circ \mathscr{F} : C(I^\omega) \to 2^{C(I^\omega)}$ 是 $C(I^\omega) \times C(I^\omega)$ 上的一个闭图像算子.

2.1.4 集值映射的拓扑度理论

拓扑度理论是研究非线性方程解的问题的强有力的工具. 度理论最先由 Brouwer 于 1912 年创立, 主要针对的是有限维空间中的连续映射, 这种度称为 Brouwer 度[61]. 1934 年, Leary 和 Schauder 推广了 Brouwer 度, 建立了 Banach 空间中全连续场的拓扑度, 称之为 Leary-Schauder 度[392]. 此后, 很多学者对拓扑度进行了大量深入的研究, 将拓扑度理论推广到了更大的范围. 1969 年, Cellina 和 Lasota 利用分析方法建立了 Banach 空间中集值紧向量场的拓扑度[109], 这是 Leary-Schauder 度在集值映射方面的重要推广. 1972 年, Ma 把集值紧向量场的拓扑度推广到更大的空间范围——局部凸空间[510]. 1974 年, Webb 建立了集值极限紧场的拓扑度[707]. 这样的推广工作还有很多, 在此不一一列举. 本节我们介绍集值映射的拓扑度理论的相关知识.

定义 2.1.18 [76,791] 假设 X 是 Hausdorff 空间, 而 Y 是一个局部凸空间. $F : X \to 2^Y$ 是一个具有紧凸值的上半连续集值映射, 若 $F(X)$ 是 Y 中的相对紧集, 则称集值映射 F 是一个紧集值映射. 若 $F(X)$ 被包含在 Y 的某个有限维空间当中, 则称 F 是一个有限维集值映射.

定义 2.1.19 [76,791] 设 Y 是一个局部凸空间, Ω 是 Y 中的一个开集, 而 $F : \overline{\Omega} \to 2^Y$ 是一个集值映射, 则称 $\mathcal{F} = I - F$ 是一个集值紧场, 这里 I 表示恒等映射. 若 $\mathbb{P} \in Y$ 且 $\mathbb{P} \notin \mathcal{F}(\partial\Omega)$, 则称集值紧场 $\mathcal{F}$ 属于 $C(\partial\Omega, \overline{\Omega}, \mathbb{P})$.

定义 2.1.20 [76,791] 设 $\mathcal{F}$ 和 $\mathcal{G}$ 是属于 $C(\partial\Omega, \overline{\Omega}, \mathbb{P})$ 的集值紧场, 若存在集值映射

$$\mathcal{H}(x,t) = x - H(x,t), \quad x \in \overline{\Omega}, \ t \in [0,1],$$

其中 $H(x,t) : \overline{\Omega} \times [0,1] \to 2^Y$ 为一个紧集值映射, 并且 $\mathbb{P} \notin \mathcal{H}(\partial\Omega \times [0,1])$, 则称 $\mathcal{H}$ 为集值同伦, 若还满足下列条件:

$$\mathcal{H}(x,0) = \mathcal{F}(x), \quad \mathcal{H}(x,1) = \mathcal{G}(x), \quad \forall x \in \overline{\Omega},$$

则称集值紧场 $\mathcal{F}$ 与 $\mathcal{G}$ 在 $C(\partial\Omega, \overline{\Omega}, \mathbb{P})$ 中同伦.

定义 2.1.21 [76,791] 设 $\mathcal{F} = I - F$ 为一个集值紧场, 其中 I 表示恒等映射, 若 F 为有限维集值映射, 则称 $\mathcal{F}$ 是有限维集值紧场. 设 $\mathcal{H} = I - H$ 为集值同伦, 若 H 是有限维集值映射, 则称 $\mathcal{H}$ 是有限维集值同伦.

定义 2.1.22 [76,791] 设 X 和 Y 均为 Banach 空间, $X \times Y$ 表示赋予最大范数的笛卡儿积, 对于 $A, B \subseteq X$ 和 $x \in X$, 定义

$$\mathcal{B}^{\circ}(x, \varepsilon) = \{y \mid y \in X, \|y - x\| < \varepsilon\}, \quad \mathcal{B}^{\circ}(\Omega, \varepsilon) = \{y \mid y \in X, d(y, \Omega) < \varepsilon\}.$$

显然, 集值映射 $F : X \to 2^Y$ 在 $x \in X$ 处是上半连续的等价于 $\forall \varepsilon > 0$,

$\exists \delta > 0$, 使得下式成立:

$$F(\mathcal{B}^\circ(x,\delta)) \subseteq \mathcal{B}^\circ(F(x),\varepsilon).$$

引理 2.1.4 [76,791] 设 X 和 Y 是两个维数相同的有限维赋范空间, Ω 是 X 中的有界开子集, 而 $F : \overline{\Omega} \to 2^Y$ 是一个具有凸值的上半连续集值映射, 则对任意的 $\varepsilon > 0$, 存在连续的单值映射 $f : \overline{\Omega} \to \overline{\mathrm{co}}[F(\overline{\Omega})]$, 使得

$$\beta(\mathrm{Graph}(f), \mathrm{Graph}(F)) < \varepsilon,$$

其中 $\mathrm{Graph}(f)$ 和 $\mathrm{Graph}(F)$ 分别表示 f 和 F 的图像.

定义 2.1.23 [76,791] 设 $F_n : \overline{\Omega} \to 2^Y (n = 1, 2, \cdots)$ 是一个集值映射列, $F : \overline{\Omega} \to 2^Y$ 是一个集值映射, 若 $\beta(\mathrm{Graph}(F_n), \mathrm{Graph}(F)) \to 0 (n \to +\infty)$, 则称 $\{F_n\}$ 当 $n \to +\infty$ 时收敛于 F, 记为 $F_n \to F(n \to +\infty)$.

定义 2.1.24 [76,791] 设 X 和 Y 是两个有限维赋范空间, $\Omega \subseteq X$ 为一个有界开子集, $F : \overline{\Omega} \to 2^Y$ 是一个具有紧凸值的上半连续集值映射, $\mathbb{P} \in Y - F(\partial\Omega)$, 由引理 2.1.4 可知, 存在收敛于 F 的单值连续映射序列 $f_n : \overline{\Omega} \to \overline{\mathrm{co}}[F(\overline{\Omega})]$, $n = 1, 2, \cdots$. 由此可定义集值映射 F 在 Ω 上关于点 $\mathbb{P}$ 的拓扑度如下:

$$\deg(F, \Omega, \mathbb{P}) = \lim_{n \to +\infty} \deg(f_n, \Omega, \mathbb{P}),$$

其中 $\deg(f_n, \Omega, \mathbb{P})$ 表示单值映射 f_n 在有界的开集 Ω 上关于点 $\mathbb{P}$ 的 Brouwer 度.

这样我们便定义了有限维空间中有界开集上集值映射的拓扑度, 通过这种方式定义的度拥有非常丰富的性质, 在这里我们只叙述可解性、正规性、区域可加性、同伦不变性和切除性.

引理 2.1.5 [76,791] 设 X 和 Y 是两个有限维赋范空间, $\Omega \subseteq X$ 为一个有界开子集, $F : \overline{\Omega} \to 2^Y$ 是一个具有紧凸值的上半连续集值映射, 则有下列性质:

(i) (可解性) 如果 $\deg(F, \Omega, \mathbb{P}) \neq 0$, 则包含 $\mathbb{P} \in F(\Omega)$ 在 Ω 内必有解, 即存在 $x \in \Omega$ 和 $y \in F(x)$ 使得 $\mathbb{P} = y$.

(ii) (正规性) 设 $F = I$ 是恒等映射. 如果 $\mathbb{P} \in \Omega$, 则 $\deg(F, \Omega, \mathbb{P}) = 1$; 如果 $\mathbb{P} \notin \overline{\Omega}$, 则 $\deg(F, \Omega, \mathbb{P}) = 0$.

(iii) (区域可加性) 设 $\{\Omega_j, j \in J\}$ 是 Ω 中一列互不相交的开子集, 且 $\mathbb{P} \notin F(\overline{\Omega} \backslash (\bigcup\limits_j \Omega_j))$, 则 $\deg(F, \Omega, \mathbb{P}) = \sum\limits_{j \in J} \deg(F, \Omega_j, \mathbb{P})$.

(iv) (同伦不变性) 假设 $\mathcal{F}$ 和 $\mathcal{G}$ 都是属于 $C(\partial\Omega, \overline{\Omega}, \mathbb{P})$ 中同伦的集值紧场, 则拓扑度 $\deg(\mathcal{F}, \Omega, \mathbb{P}) = \deg(\mathcal{G}, \Omega, \mathbb{P})$.

(v) (切除性) 设 Ω_0 是 Ω 中的开子集, 且 $\mathbb{P} \notin F(\overline{\Omega} \backslash \Omega_0)$, 则 $\deg(F, \Omega, \mathbb{P}) = \deg(F, \Omega_0, \mathbb{P})$.

接下来我们根据切除性可建立有限维空间中无界开集上集值映射的拓扑度.

定义 2.1.25 [76,791] 设 X 和 Y 是两个有限维赋范空间, $\Omega \subseteq X$ 是任意开子集, $F : \overline{\Omega} \to 2^Y$ 是一个具有紧凸值的上半连续集值映射, $\mathbb{P} \in Y - F(\partial\Omega)$, 再设 $F^{-1}(\mathbb{P}) = \{x \in \overline{\Omega} \mid \mathbb{P} \in F(x)\}$ 在 X 中是有界的, Ω^* 为 X 中包含 $F^{-1}(\mathbb{P})$ 的任意有界开子集, 因为 $\partial(\Omega \cap \Omega^*) \subseteq \partial\Omega \cup \partial\Omega^*$, 所以 $\mathbb{P} \notin F(\partial(\Omega \cap \Omega^*))$. 由定义 2.1.24可知 $\deg(F, \Omega \cap \Omega^*, \mathbb{P})$ 是有意义的, 由此可定义集值映射 F 在任何开集 Ω(可以是无界的) 上关于点 $\mathbb{P}$ 的拓扑度为

$$\deg(F, \Omega, \mathbb{P}) = \deg(F, \Omega \cap \Omega^*, \mathbb{P}).$$

根据引理 2.1.5 中的切除性可知定义 2.1.25 中建立的拓扑度与 Ω^* 的选取无关, 所以 $\deg(F, \Omega, \mathbb{P})$ 是唯一确定的. 通过这种方式定义的拓扑度也拥有可解性、正规性、区域可加性、同伦不变性等性质. 显然, 当 Ω 是有界开集时, 定义 2.1.25中的拓扑度与定义 2.1.24中的拓扑度是一样的.

最后, 我们给出集值映射版本的类 Mawhin 延拓定理, 它在微分包含周期解的存在性研究中将是非常有用的.

引理 2.1.6 (类 Mawhin 延拓定理)[430] 设集值映射 $F : \mathbb{R} \times \mathbb{R}^n \to P_{kc}(\mathbb{R}^n)$ 是上半连续的且关于 t 是 ω-周期的. 若下列条件成立:

(i) 存在有界开集 $\Omega \subseteq C_\omega (C_\omega$ 表示由所有从 $\mathbb{R}$ 到 $\mathbb{R}^n$ 上连续的 ω-周期函数构成的集合), 使得对任意的 $\lambda \in (0,1)$ 以及满足微分包含 $\dfrac{\mathrm{d}x}{\mathrm{d}t} \in \lambda F(t,x)$ 的 ω-周期函数 $x = x(t)$ 都有 $x \notin \partial\Omega$;

(ii) 积分包含 $0 \in \dfrac{1}{\omega} \displaystyle\int_0^\omega F(t,u)\mathrm{d}t = g_0(u)$ 的每一个解 $u \in \mathbb{R}^n$ 都满足 $u \notin \partial\Omega \cap \mathbb{R}^n$;

(iii) $\deg(g_0, \Omega \cap \mathbb{R}^n, 0) \neq 0$,

则微分包含 $\dfrac{\mathrm{d}x}{\mathrm{d}t} \in F(t,x)$ 至少存在一个 ω-周期解 $x = x(t)$ 且满足 $x \in \bar{\Omega}$.

2.1.5 集值映射的不动点定理

荷兰数学家 Brouwer 于 1909 年以《曲面上一对一地映为自身的连续映射》为题发表了一系列的重要学术论文, 由此创立了不动点理论. 此后, 这一理论不断得到推广和广泛的应用. 例如, 1922 年 Banach 提出了压缩映射原理; 1930 年, Schauder 把 Brouwer 不动点定理从有限维空间推广到无穷维空间; 1935 年, Tychonoff 进一步把 Schauder 不动点定理从赋范空间推广到局部凸空间. 从 20 世纪 30 年代起, 学者们开始致力于研究集值映射的不动点问题. 本节我们主要介绍具有上半连续性质的集值映射的若干个不动点定理[26,76,791].

定义 2.1.26 [26]   设 X 是一个拓扑空间, $F : X \to P(X)$ 是集值映射, 如果存在 $x \in X$, 使得 $x \in F(x)$, 则称 x 是集值映射 F 的不动点.

引理 2.1.7(Kakutani 不动点定理)[26,27]   设 Ω 为 Banach 空间 X 中的紧凸子集, $\varphi : \Omega \to P_{kc}(\Omega)$ 是上半连续的集值映射, 则 φ 在 Ω 中存在不动点.

引理 2.1.8 (Leray-Schauder 选择定理)[27,336]   设 X 为 Banach 空间, $C \in P_c(X)$, 并且 $0 \in C$. 如果 $G : C \to P_{kc}(C)$ 是上半连续的全连续集值映射, 则下列论断必有一个成立:

(i) 集合 $\Gamma = \{x \mid x \in C, x \in \lambda G(x), \lambda \in (0,1)\}$ 是无界的;

(ii) 集值映射 $G(\cdot)$ 在 C 中存在不动点.

接下来我们介绍集值映射版本的锥压缩-拉伸不动点定理, 为此先给出如下几个定义.

定义 2.1.27 [6]   设 $X = (X, \|\cdot\|_X)$ 为 Banach 空间, 若 $\mathcal{C} \in P_f(X)$ 满足下列条件 (i)—(iii), 则称 $\mathcal{C}$ 是一个锥.

(i) $\mathcal{C} + \mathcal{C} \subseteq \mathcal{C}$;

(ii) 对所有的 $\lambda > 0$, 有 $\lambda \mathcal{C} \subseteq \mathcal{C}$;

(iii) $-\mathcal{C} \cap \mathcal{C} = \{0\}$, 其中 0 表示 X 的零元.

定义 2.1.28   记 $\alpha : P_b(X) \to [0, +\infty]$ 为

$$\alpha(Y) = \inf\{\epsilon \mid \epsilon > 0, Y\text{可以表示为有限个半径不超过 } \epsilon \text{ 的集合的并}\},$$

这里 $Y \in P_b(X)$, 那么称 $\alpha(Y)$ 为 Y 的 Kuratowskii-非紧性测度.

定义 2.1.29   设 $Z \subseteq X$ 非空, $F : Z \to P(X)$ 是集值映射. 如果对 Z 中的任一有界集 Y, 都有 $\alpha(F(Y)) \leqslant k\alpha(Y)$ 且 $F(Y)$ 是有界的, 那么称 F 是 Z 上的 k-集压缩映射, 这里 $F(Y) = \bigcup_{y \in Y} F(y)$ 且 $k \geqslant 0$ 是一个常数. 如果对 Z 中的任一非相对紧的有界集 Y, 都有 $\alpha(F(Y)) < \alpha(Y)$ 且 $F(Y)$ 是有界的, 那么称 F 是 Z 上的凝聚映射.

为了表示的方便, 引入下面记号和概念: 对于 $\rho > 0$, 记

$$\Omega_\rho = \{x \mid x \in X, \|x\|_X < \rho\}, \quad \partial\Omega_\rho = \{x \mid x \in X, \|x\|_X = \rho\},$$
$$\overline{\Omega}_\rho = \{x \mid x \in X, \|x\|_X \leqslant \rho\}.$$

设 $X = (X, \|\cdot\|_X)$ 为 Banach 空间, $\mathcal{C} \subseteq X$ 是一个锥. 若对于 $x, y \in \mathcal{C}$ 且 $x \preceq y$ 有 $\|x\| \leqslant \|y\|$, 则称范数 $\|\cdot\|_X$ 关于 $\mathcal{C}$ 是递增的, 其中 $\preceq$ 表示锥 $\mathcal{C}$ 中的序关系.

引理 2.1.9(Krasnoselskii 不动点定理)[5,6,349]   设 $X = (X, \|\cdot\|_X)$ 为 Banach 空间, $\mathcal{C} \subseteq X$ 是一个锥, 范数 $\|\cdot\|_X$ 关于 $\mathcal{C}$ 是递增的, 而 r, R 是常数且满足 $0 < r < R$. 再设集值映射 $\varphi : \overline{\Omega}_R \cap \mathcal{C} \to P_{kc}(\mathcal{C})$ 是上半连续的紧算子, 若下列条件之一成立:

(i) $\|y\|_X \leqslant \|x\|_X$, $\forall y \in \varphi(x)$, $\forall x \in \partial\Omega_R \cap \mathcal{C}$, 并且 $\|y\|_X \geqslant \|x\|_X$, $\forall y \in \varphi(x)$, $\forall x \in \partial\Omega_r \cap \mathcal{C}$;

(ii) $\|y\|_X \geqslant \|x\|_X$, $\forall y \in \varphi(x)$, $\forall x \in \partial\Omega_R \cap \mathcal{C}$, 并且 $\|y\|_X \leqslant \|x\|_X$, $\forall y \in \varphi(x)$, $\forall x \in \partial\Omega_r \cap \mathcal{C}$,

则 φ 在 $\mathcal{C} \cap (\overline{\Omega}_R \setminus \Omega_r)$ 中存在不动点.

引理 2.1.10 [6] 设 $X = (X, \|\cdot\|_X)$ 为 Banach 空间, $\mathcal{C} \subseteq X$ 是一个锥, r, R 是常数且满足 $0 < r < R$. 如果集值映射 $F : \overline{\Omega}_R \to P_{kc}(\mathcal{C})$ 是上半连续的 k-集压缩映射 $(0 \leqslant k < 1)$, 且满足

(i) 对 $\forall \lambda \in [0, 1)$ 与 $x \in \partial\Omega_R$, 都有 $x \notin \lambda F(x)$;

(ii) 对 $\forall \delta > 0$ 与 $x \in \partial\Omega_r$, 至少存在一个 $v \in \mathcal{C} \setminus \{0\}$, 使得 $x \notin F(x) + \delta v$,

那么 F 在 $\mathcal{C} \cap (\overline{\Omega}_R \setminus \Omega_r)$ 中至少有一个不动点.

引理 2.1.11 [6] 设 $X = (X, \|\cdot\|_X)$ 为 Banach 空间, $\mathcal{C} \subseteq X$ 是一个锥, r, R 是常数且满足 $0 < r < R$. 如果集值映射 $F : \overline{\Omega}_R \to P_{kc}(\mathcal{C})$ 是上半连续的 k-集压缩映射 $(0 \leqslant k < 1)$, 且满足

(i) 对 $\forall \lambda \in [0, 1)$ 与 $x \in \partial\Omega_r$, 都有 $x \notin \lambda F(x)$;

(ii) 对 $\forall \delta > 0$ 与 $x \in \partial\Omega_R$, 至少存在一个 $v \in \mathcal{C} \setminus \{0\}$, 使得 $x \notin F(x) + \delta v$,

那么 F 在 $\mathcal{C} \cap (\overline{\Omega}_R \setminus \Omega_r)$ 中至少有一个不动点.

引理 2.1.12 (压缩映射引理)[776] 设 W 是 $\mathbb{R}^n$ 中的有界闭集, H 是定义在完备距离空间 $(W, \|\cdot\|)$ 中的一个映射: 对任意的 $x, y \in W$, $\|x - y\| = \max\limits_{1 \leqslant i \leqslant n} \{|x_i - y_i|\}$ 表示 W 中的距离. 如果 $H(W) \subseteq W$, 并且存在常数 $\alpha < 1$ 使得对于所有的 $x, y \in W$, 有

$$\|H(x) - H(y)\| \leqslant \alpha \|x - y\|,$$

那么存在唯一的点 $x^* \in W$ 使得 $H(x^*) = x^*$.

2.2 非光滑分析与矩阵分析

2.2.1 非光滑分析

设 X 表示 Banach 空间, 其上的范数用 $\|\cdot\|$ 表示, X^* 表示 X 的共轭空间, D 表示 X 的一个子集. 若存在 $\varepsilon > 0$ 使得 f 在 x 的邻域 $\mathcal{B}(x, \varepsilon)$ 内满足

$$|f(y) - f(y')| \leqslant L\|y - y'\|, \quad \forall y, y' \in \mathcal{B}(x, \varepsilon),$$

则称泛函 $f : D \to \mathbb{R}$ 在点 $x \in D$ 附近满足 Lipschitz 条件, 其中 L 为 Lipschitz 常数. 若对任意 $x \in D$, f 在 x 附近满足 Lipschitz 条件, 称 f 在 D 上是局部 Lipschitz 的.

定义 2.2.1 (正则性)[147,233]   设函数 $V(x) : \mathbb{R}^n \to \mathbb{R}$ 在点 $x \in \mathbb{R}^n$ 附近满足局部 Lipschitz 条件, 对任意的方向向量 $v \in \mathbb{R}^n$ 来说, V 在点 x 处沿 v 方向在通常意义下的单边方向导数定义为

$$D^+V(x,v) = \lim_{\eta \to 0^+} \frac{V(x + \eta v) - V(x)}{\eta}.$$

而 V 在点 x 处沿 $v \in \mathbb{R}^n$ 方向的广义方向导数 (即 Dini 导数) 定义为

$$\overline{D}_C V(x,v) = \limsup_{\eta \to 0^+, y \to x} \frac{V(y + \eta v) - V(y)}{\eta}$$

$$= \lim_{\delta \to 0^+, \varepsilon \to 0^+} \sup_{y \in \mathcal{B}(x,\delta), \eta \in [0,\varepsilon)} \frac{V(y + \eta v) - V(y)}{\eta}.$$

如果对任意的 $v \in \mathbb{R}^n$, 函数 $V(x) : \mathbb{R}^n \to \mathbb{R}$ 在点 $x \in \mathbb{R}^n$ 处沿 $v \in \mathbb{R}^n$ 方向的单边方向导数存在, 并且 $D^+V(x,v) = \overline{D}_C V(x,v)$, 则称函数 V 在 x 处是正则的. 若函数 $V(x)$ 在每一点 $x \in \mathbb{R}^n$ 都是正则的, 就称 $V(x)$ 在 $\mathbb{R}^n$ 内是正则的.

定义 2.2.2 (C-正则性)[147,233]   我们说函数 $V(x) : \mathbb{R}^n \to \mathbb{R}$ 是 C-正则的当且仅当 $V(x)$ 满足下列条件:

(i) $V(x)$ 在 $\mathbb{R}^n$ 内是正则的;

(ii) $V(x)$ 是径向无界的, 即当 $\|x\| \to +\infty$ 时, 有 $V(x) \to +\infty$;

(iii) $V(x)$ 是正定的, 即当 $x \neq 0$ 时, 有 $V(x) > 0$, 且 $V(0) = 0$.

定义 2.2.3 (Clarke 广义梯度)[147,159]   设 $V(x) : \mathbb{R}^n \to \mathbb{R}$ 是一个局部 Lipschitz 函数, 则函数 V 在点 $x \in \mathbb{R}^n$ 处的 Clarke 广义梯度定义为

$$\partial V(x) = \overline{\mathrm{co}} \left[\lim_{k \to +\infty} \nabla V(x_k) \mid x_k \to x, x_k \notin \mathcal{N}, x_k \notin \Omega \right],$$

其中 $\Omega \subset \mathbb{R}^n$ 表示由 V 的导数不存在的点组成的集合, ∇ 表示梯度算子 (也称 Hamilton 算子), 而 $\mathcal{N} \subseteq \mathbb{R}^n$ 表示零测度集合.

例如, 考察绝对值函数 $V(x) = |x|$ $(x \in \mathbb{R})$, 显然 $V(x)$ 在 $x = 0$ 处是不可导的, 根据定义易算得 $V(x)$ 在 $x = 0$ 处的 Clarke 广义梯度为

$$\partial V(x) = \overline{\mathrm{co}}[\mathrm{sgn}(x)] = \begin{cases} \{-1\}, & x < 0, \\ [-1,1], & x = 0, \\ \{1\}, & x > 0, \end{cases}$$

其中 $\mathrm{sgn}(\cdot)$ 为符号函数, 其定义如下:

$$\mathrm{sgn}(x) = \begin{cases} -1, & x < 0, \\ 0, & x = 0, \\ 1, & x > 0. \end{cases}$$

若 $V(x): \mathbb{R}^n \to \mathbb{R}$ 是一个局部 Lipschitz 函数, 而 $x(t): [t_0, +\infty) \to \mathbb{R}^n$ 在 $[t_0, +\infty)$ 的任意紧子区间上是绝对连续的, 我们可根据下列链式法则计算复合函数 $V(x(t)): [t_0, +\infty) \to \mathbb{R}$ 关于时间 t 的导数.

引理 2.2.1(链式法则)[147,233] 若局部 Lipschitz 函数 $V(x): \mathbb{R}^n \to \mathbb{R}$ 是 C-正则的, 而 $x(t): [t_0, +\infty) \to \mathbb{R}^n$ 在 $[t_0, +\infty)$ 中的任意紧子区间上是绝对连续的, 则 $x(t)$ 和 $V(x(t)): [t_0, +\infty) \to \mathbb{R}$ 在 $t \in [t_0, +\infty)$ 上是几乎处处可微的, 并且

$$\frac{\mathrm{d}V(x(t))}{\mathrm{d}t} = \left\langle \zeta(t), \frac{\mathrm{d}x(t)}{\mathrm{d}t} \right\rangle, \quad \forall \zeta(t) \in \partial V(x(t)).$$

如果局部 Lipschitz 的函数 V 显含 t, 我们可进一步把定义 2.2.3 中 Clarke 广义梯度推广到 V 依赖于 t 的情形.

定义 2.2.4 [270] 对于局部 Lipschitz 的函数 $V: \mathbb{R}^n \times \mathbb{R} \to \mathbb{R}$ 来说, 我们可定义函数 V 在点 (x, t) 处的 Clarke 广义梯度如下

$$\partial V(x, t) = \overline{\mathrm{co}}[\lim_{k \to +\infty} \nabla V(x_k, t_k) : (x_k, t_k) \to (x, t), (x_k, t_k) \notin \mathcal{N}, (x_k, t_k) \notin \Omega],$$

其中 $\Omega \subseteq \mathbb{R}^n \times \mathbb{R}$ 表示由 V 的导数不存在的点组成的集合, 而 $\mathcal{N} \subseteq \mathbb{R}^n \times \mathbb{R}$ 表示零测度集合.

设 $\partial_x V(x, t)$ 表示函数 $V(x, t)$ 关于变量 x 的 Clarke 广义梯度, 而 $\partial_t V(x, t)$ 表示 $V(x, t)$ 关于变量 t 的 Clarke 广义梯度. 我们可得到正则函数 $V(x, t)$ 关于时间变量 t 求导的链式法则如下.

引理 2.2.2 [270,336] 设局部 Lipschitz 函数 $V: \mathbb{R}^n \times \mathbb{R} \to \mathbb{R}$ 是一个正则函数, 而 $x(t): [t_0, +\infty) \to \mathbb{R}^n$ 在 $[t_0, +\infty)$ 中的任意紧子区间上是绝对连续的, 则 $x(t)$ 和 $V(x(t), t): [t_0, +\infty) \to \mathbb{R}$ 在 $t \in [t_0, +\infty)$ 上是几乎处处可微的, 并且

$$\frac{\mathrm{d}}{\mathrm{d}t} V(x(t), t) = \eta + \zeta^{\mathrm{T}} \dot{x}(t), \quad \forall \eta \in \partial_t V(x, t) \quad \text{和} \quad \zeta \in \partial_x V(x, t).$$

2.2.2 矩阵与矩阵测度

为了表述的方便, 在本书中, 我们将采用如下记号: 用 $\mathbb{R}^{n \times m}$ 表示元素为实数的 n 行 m 列矩阵的全体. 用 Q^{-1} 表示可逆矩阵 Q 的逆矩阵. 用 E_n 表示 n 阶单位矩阵. 对于向量或矩阵 U, 用 $U \geqslant 0$ 表示 U 的所有元素都大于或等于零, 用 $U > 0$ 表示 U 的所有元素都大于零. 对给定的向量或矩阵 U 和 V, 用 $U \geqslant V$ 和 $U > V$ 分别表示 $U - V \geqslant 0$ 和 $U - V > 0$.

定义 2.2.5 [99,390] 设 $\Theta = (\theta_{ij})_{n \times n} \in \mathbb{R}^{n \times n}$ 是一个实常数矩阵, 若 Θ 的对角元素是非负的, 而非对角元素是非正的, 并且 Θ 的所有特征值都具有非负实部, 则称 Θ 是一个 M-矩阵; 若 M-矩阵 Θ 的所有特征值具有正的实部, 则称它是一个非奇异的 M-矩阵.

引理 2.2.3 [41]   假设矩阵 $\Theta = (\theta_{ij})_{n \times n} \in \mathbb{R}^{n \times n}$ 的主对角元素为正, 非对角元素非正, 且满足下列条件中的一个:

(i) Θ 的所有主子式为正;

(ii) 存在正向量 $\Lambda = (\lambda_1, \lambda_2, \cdots, \lambda_n)$ 使得 $\Lambda\Theta > 0$, 即

$$\theta_{ii}\lambda_i > \sum_{j \neq i} |\theta_{ij}|\lambda_j, \quad i = 1, 2, \cdots, n,$$

进而有

$$\sum_{j=1}^{n} \theta_{ij}\lambda_j > 0, \quad i = 1, 2, \cdots, n,$$

则 Θ 是 M-矩阵.

引理 2.2.4 [41,390]   设 $\Theta = (\theta_{ij})_{n \times n} \in \mathbb{R}^{n \times n}$ 是一个实常数矩阵, 且非对角元素是非正的, 则下列条件相互等价:

(i) Θ 是一个 M-矩阵;

(ii) 存在一个行向量 $\xi = (\xi_1, \xi_2, \cdots, \xi_n) > 0$ 使得 $\xi\Theta > 0$;

(iii) 存在一个列向量 $\eta = (\eta_1, \eta_2, \cdots, \eta_n)^{\mathrm{T}} > 0$ 使得 $\Theta\eta > 0$.

引理 2.2.5 [41,390]   设 $\Theta = (\theta_{ij})_{n \times n} \in \mathbb{R}^{n \times n}$ 是一个实数矩阵, 如果存在正的常数 $\zeta_1, \zeta_2, \cdots, \zeta_n$ 使得 $\zeta_i|\theta_{ii}| > \sum\limits_{j=1,j \neq i}^{n} \zeta_j|\theta_{ji}|(i = 1, 2, \cdots, n)$, 则 Θ 是一个非奇异矩阵.

引理 2.2.6 [41]   设 $\Theta = (\theta_{ij})_{n \times n}$ 是 $n \times n$ 的矩阵, E_n 是 n 阶单位矩阵, 且 $\Theta \geqslant 0$, $\rho(\Theta)$ 表示 Θ 的谱半径. 若 $\rho(\Theta) < 1$, 则 $E_n - \Theta$ 为 M-矩阵.

引理 2.2.7 [41]   设 $U = (u_{ij})_{n \times n}$ 和 $V = (v_{ij})_{n \times n}$ 为非负矩阵, 且 $U \geqslant V$, 则谱半径满足 $\rho(U) \geqslant \rho(V)$.

定义 2.2.6   若矩阵 $A = (a_{ij})_{n \times n}$ 满足

$$|a_{ii}| > \sum_{j=1,j \neq i}^{n} |a_{ij}|, \quad i = 1, 2, \cdots, n,$$

那么称 $A = (a_{ij})_{n \times n}$ 为严格对角占优矩阵, 记为 $A \in SD$.

引理 2.2.8 [639]   若 $A = (a_{ij})_{n \times n}$ 是一个实矩阵, 且 $A \in SD$, 则下面的结论成立:

(i) 如果对所有 $i = 1, 2, \cdots, n$ 有 $a_{ii} > (<) 0$, 那么 A 的所有特征值具有正 (负) 实部;

(ii) 记指标集 $N_1 = \{i \,|\, a_{ii} > 0, i = 1, 2, \cdots, n\}$, $N_2 = \{i \,|\, a_{ii} < 0, i = 1, 2, \cdots, n\}$, 并且 $|N_1|$ 和 $|N_2|$ 分别表示指标集 N_1 和 N_2 中元素的个数. 如果

$|N_1| = s > 0$, $|N_2| = t > 0$ $(s + t = n)$, 那么 A 具有 s 个带有正实部的特征值与 t 个带有负实部的特征值.

定义 2.2.7 [652] 对一个 $n \times n$ 的实数矩阵 $A = (a_{ij})_{n \times n}$, 定义它的矩阵测度如下:

$$\mu_p(A) = \lim_{\varepsilon \to 0^+} \frac{\|E_n + \varepsilon A\|_p - 1}{\varepsilon},$$

其中 $\| \cdot \|_p (p = 1, 2, \infty)$ 是 $\mathbb{R}^{n \times n}$ 上赋予的矩阵范数, E_n 是 n 阶单位矩阵.

当分别定义下列矩阵范数时,

$$\|A\|_1 = \max_j \sum_{i=1}^n |a_{ij}|,$$

$$\|A\|_2 = \max_{x \neq 0} \frac{\|Ax\|_2}{\|x\|_2} = \sqrt{\lambda_{\max}(A^{\mathrm{T}}A)}, \quad x \in \mathbb{R}^n,$$

$$\|A\|_\infty = \max_i \sum_{j=1}^n |a_{ij}|,$$

我们可得到相应的矩阵测度分别为

$$\mu_1(A) = \max_j \left\{ a_{jj} + \sum_{i=1, i \neq j}^n |a_{ij}| \right\},$$

$$\mu_2(A) = \frac{1}{2} \lambda_{\max}(A^{\mathrm{T}} + A),$$

$$\mu_\infty(A) = \max_i \left\{ a_{ii} + \sum_{j=1, j \neq i}^n |a_{ij}| \right\}.$$

引理 2.2.9 [652] 在定义 2.2.7 中给出的矩阵测度 $\mu(\cdot)$ 具有下列性质:

(i) $-\|A\|_p \leqslant \mu_p(A) \leqslant \|A\|_p$, $\forall A \in \mathbb{R}^{n \times n}$;

(ii) $\mu_p(kA) = k\mu_p(A)$, $\forall k > 0$, $\forall A \in \mathbb{R}^{n \times n}$;

(iii) $\mu_p(A + B) \leqslant \mu_p(A) + \mu_p(B)$, $\forall A, B \in \mathbb{R}^{n \times n}$.

2.3 几个重要不等式

本节给出几个重要的不等式. 这些不等式在微分包含和微分方程解的初值问题与稳定性问题的研究当中起着非常重要的作用.

引理 2.3.1 [293] 如果 $a_i \geqslant 0$ $(i = 1, 2, \cdots, n)$, 则 $n \prod_{i=1}^n a_i \leqslant \sum_{i=1}^n a_i^n$.

引理 2.3.2 [293]　如果 $a_i \geqslant 0$ $(i = 1, 2, \cdots, n)$ 且 $0 < r < p$, 则 $\left(\sum\limits_{i=1}^{n} a_i^p \right)^{\frac{1}{p}} \leqslant \left(\sum\limits_{i=1}^{n} a_i^r \right)^{\frac{1}{r}}$.

引理 2.3.3 [293]　如果 $a_i \geqslant 0$ $(i = 1, 2, \cdots, n+1)$ 且 $\ell_i > 0$ $(i = 1, 2, \cdots, n)$, 则下列不等式成立:

$$\left(\prod_{i=1}^{n} a_i^{\ell_i} \right) a_{n+1} \leqslant \frac{1}{r} \left(\sum_{i=1}^{n} \ell_i a_i^r \right) + \frac{1}{r} a_{n+1}^r,$$

其中 $r = 1 + \sum\limits_{i=1}^{n} \ell_i$.

引理 2.3.4 (Gronwall 不等式)[26]　设 $\alpha(t)$ 与 $\phi(t)$ 在区间 $[a, b]$ 上是连续的实值函数, $k(t)$ 在 $[a, b]$ 上是非负可积的, 如果下列不等式成立:

$$\phi(t) \leqslant \alpha(t) + \int_a^t k(s)\phi(s)\mathrm{d}s, \ t \in [a, b],$$

则必有

$$\phi(t) \leqslant \alpha(t) + \int_a^t k(s)\alpha(s) \exp \left\{ \int_s^t k(u)\mathrm{d}u \right\} \mathrm{d}s.$$

特别地, 若 $\alpha(t)$ 非减, 则下列不等式成立:

$$\phi(t) \leqslant \alpha(t) \exp \left\{ \int_a^t k(s)\mathrm{d}s \right\}.$$

引理 2.3.5 (Hölder 不等式)[823]　设 $p > 1$, $\frac{1}{p} + \frac{1}{q} = 1$, $f \in L^p[a, b]$, $g \in L^q[a, b]$, 那么 $f(t)g(t)$ 在区间 $[a, b]$ 上是 Lebesgue 可积的, 并且下列不等式成立:

$$\int_a^b |f(t)g(t)|\mathrm{d}t \leqslant \left(\int_a^b |f(t)|^p \mathrm{d}t \right)^{\frac{1}{p}} \cdot \left(\int_a^b |g(t)|^q \mathrm{d}t \right)^{\frac{1}{q}},$$

这里 $L^p[a, b]$ 和 $L^q[a, b]$ 分别表示由区间 $[a, b]$ 上 p 次和 q 次可积函数组成的空间.

特别地, 当取 $p = q = 2$ 时, 上述不等式就变成 Cauchy-Schwarz 不等式.

引理 2.3.6 (Jensen 不等式)[31,256]　设 M 为实正定矩阵, 常数 $a, b \in \mathbb{R}$ 满足 $a < b$, 且向量值函数 $x(t): [a, b] \to \mathbb{R}^n$ 在区间 $[a, b]$ 上有定义并且可积, 则下列不等式成立:

$$\left(\int_a^b x(s)\mathrm{d}s \right)^{\mathrm{T}} M \left(\int_a^b x(s)\mathrm{d}s \right) \leqslant (b-a) \int_a^b x^{\mathrm{T}}(s)Mx(s)\mathrm{d}s.$$

Halanay 不等式[282] 是时滞微分系统稳定性等研究中常用的不等式之一, 许多学者曾对其做过不同形式的推广, 下面的引理是文献 [76] 中给出的不等式的推广.

引理 2.3.7(广义 Halanay 不等式)[76]　假设绝对连续函数 $V(t)$ 在 $(-\infty, +\infty)$ 上是几乎处处可微的, 同时对所有的 $t \in (-\infty, +\infty)$, 有 $V(t) \geqslant 0$, 并且

$$\frac{\mathrm{d}V(t)}{\mathrm{d}t} \leqslant \gamma(t) + \xi(t)V(t) + \eta(t)\left(\sup_{t-\tau(t)\leqslant s\leqslant t} V(s)\right), \quad \text{a.e. } t \geqslant t_0,$$

$$\text{而对一切的 } t \leqslant t_0, \text{ 有 } V(t) = |\psi(t)|. \tag{2.3.1}$$

这里当 $t \leqslant t_0$ 时, $\psi(t)$ 是有界的连续函数; 而对所有的 $t \in [t_0, +\infty)$, 连续函数 $\gamma(t) \geqslant 0, \eta(t) \geqslant 0, \xi(t) \leqslant 0$ 且 $\tau(t) \geqslant 0$. 若存在常数 $\sigma > 0$ 使得当 $t \geqslant t_0$ 时, 有

$$\xi(t) + \eta(t) \leqslant -\sigma, \tag{2.3.2}$$

则下列不等式成立:

(i) 对所有的 $t \geqslant t_0$,

$$V(t) \leqslant \frac{\gamma^*}{\sigma} + \Psi, \tag{2.3.3}$$

其中 $\gamma^* = \sup\limits_{t_0\leqslant t\leqslant +\infty} \gamma(t), \Psi = \sup\limits_{-\infty\leqslant s\leqslant t_0} |\psi(s)|.$

(ii) 对所有的 $t \geqslant t_0$,

$$V(t) \leqslant \frac{\gamma^*}{\sigma} + \Psi \mathrm{e}^{-\mu^*(t-t_0)}, \tag{2.3.4}$$

其中 $\mu^* = \inf\limits_{t\geqslant t_0} \{\mu(t) \mid \mu(t) + \xi(t) + \eta(t)\mathrm{e}^{\mu(t)\tau(t)} = 0\}.$

证明　首先, 证明不等式 (i) 是正确的. 我们将分两种情形进行讨论.

情形 (a)　$\gamma^* > 0$.

为了表示方便, 令 $W(t) = V(t) - \dfrac{\gamma^*}{\sigma}$. 如果 $\Psi > 0$, 则对任意的 $\varepsilon > 1$, 由 (2.3.1)式可得: 对所有的 $t \leqslant t_0$, 不等式 $W(t) < V(t) < \varepsilon\Psi$ 成立; 由此可推得对所有的 $t \geqslant t_0$, 下列不等式成立:

$$W(t) < \varepsilon\Psi. \tag{2.3.5}$$

下面采用反证法证明(2.3.5)式成立. 假如(2.3.5)式不成立, 因为 $W(t) = V(t) - \dfrac{\gamma^*}{\sigma}$ 是一个与 t 有关的连续函数, 则必定存在 $t_1 > t_0$ 使得 $W(t) < \varepsilon\Psi$ $(-\infty < t < t_1)$

且 $W(t_1) = \varepsilon\Psi$ 成立. 由此可推出: 必存在 $\varepsilon_1 \in (1,\varepsilon)$ 和 $t_2 \in (t_0, t_1)$ 使得当 $t \in (-\infty, t_2)$ 时, 有 $W(t) < \varepsilon_1\Psi$ 与 $W(t_2) = \varepsilon_1\Psi$ 成立.

另一方面, 由(2.3.1)式与(2.3.2)式易得

$$
\begin{aligned}
\frac{\mathrm{d}W(t)}{\mathrm{d}t} = \frac{\mathrm{d}V(t)}{\mathrm{d}t} &\leqslant \gamma^* + \xi(t)V(t) + \eta(t) \sup_{t-\tau(t)\leqslant s\leqslant t} V(s) \\
&\leqslant \frac{\xi(t)+\eta(t)}{-\sigma}\gamma^* + \xi(t)V(t) + \eta(t)\sup_{t-\tau(t)\leqslant s\leqslant t} V(s) \\
&= \xi(t)\left(V(t) - \frac{\gamma^*}{\sigma}\right) + \eta(t)\sup_{t-\tau(t)\leqslant s\leqslant t}\left(V(s) - \frac{\gamma^*}{\sigma}\right) \\
&= \xi(t)W(t) + \eta(t)\sup_{t-\tau(t)\leqslant s\leqslant t} W(s), \quad \text{a.e. } t \geqslant t_0. \quad (2.3.6)
\end{aligned}
$$

对(2.3.6)式两边同时乘以 $\exp\left(-\int_{t_0}^{t}\xi(s)\mathrm{d}s\right)$ 并从 t_2 到 t_1 积分可得

$$
\begin{aligned}
\varepsilon\Psi = W(t_1) &\\
&\leqslant W(t_2)\exp\left(\int_{t_2}^{t_1}\xi(\theta)\mathrm{d}\theta\right) + \int_{t_2}^{t_1}\eta(\rho)\sup_{\rho-\tau(\rho)\leqslant s\leqslant\rho}W(s)\exp\left(\int_{\rho}^{t_1}\xi(\theta)\mathrm{d}\theta\right)\mathrm{d}\rho \\
&\leqslant \varepsilon_1\Psi\exp\left(\int_{t_2}^{t_1}\xi(\theta)\mathrm{d}\theta\right) + \int_{t_2}^{t_1}(-\xi(\rho))\varepsilon\Psi\exp\left(\int_{\rho}^{t_1}\xi(\theta)\mathrm{d}\theta\right)\mathrm{d}\rho \\
&\leqslant \varepsilon_1\Psi\exp\left(\int_{t_2}^{t_1}\xi(\theta)\mathrm{d}\theta\right) + \left[1 - \exp\left(\int_{t_2}^{t_1}\xi(\theta)\mathrm{d}\theta\right)\right]\varepsilon\Psi. \quad (2.3.7)
\end{aligned}
$$

由(2.3.7)式便可推出

$$
\varepsilon_1\Psi\exp\left(\int_{t_2}^{t_1}\xi(\theta)\mathrm{d}\theta\right) \geqslant \varepsilon\Psi\exp\left(\int_{t_2}^{t_1}\xi(\theta)\mathrm{d}\theta\right), \quad \text{即} \quad \varepsilon_1 \geqslant \varepsilon.
$$

这就与 $1 < \varepsilon_1 < \varepsilon$ 矛盾. 因此, 不等式(2.3.5)成立. 因为 $\varepsilon > 1$ 是任意的, 通过令 $\varepsilon \to 1$ 就可以得到: 对所有的 $t \geqslant t_0$, 下列不等式成立:

$$
W(t) \leqslant \Psi, \quad \text{即} \quad V(t) \leqslant \frac{\gamma^*}{\sigma} + \Psi \quad (\forall t \geqslant t_0). \quad (2.3.8)
$$

如果 $\Psi = 0$, 与(2.3.5)式的证明类似, 我们可以证得: 对所有的 $t \geqslant t_0$, 有 $V(t) \leqslant \frac{\gamma^*}{\sigma}$. 因此, 不等式(2.3.3)成立.

情形 (b)　$\gamma^* = 0$.

类似地, 我们只需要在情形 (a) 的证明中把 γ^* 替换为 $\gamma^* + \varepsilon$, 其中 $\varepsilon > 0$ 为任意给定的正数, 再令 $\varepsilon \to 0$ 便可得到(2.3.3)式成立.

结合情形 (a) 与情形 (b), 我们便完成了结论 (i) 中不等式(2.3.3)的证明.

接下来, 我们再证明结论 (ii) 中的不等式(2.3.4)也是正确的. 令 $\mathcal{H}(\mu)$ 为如下表示:

$$\mathcal{H}(\mu) = \mu + \xi(t) + \eta(t)\mathrm{e}^{\mu\tau(t)}. \tag{2.3.9}$$

对任意固定的 $t \geqslant t_0$, 不难发现

$$\mathcal{H}(0) = \xi(t) + \eta(t) \leqslant -\sigma < 0, \quad \lim_{\mu\to+\infty} \mathcal{H}(\mu) = +\infty,$$

且有

$$\frac{\mathrm{d}\mathcal{H}(\mu)}{\mathrm{d}\mu} = 1 + \tau(t)\eta(t)\mathrm{e}^{\mu\tau(t)} > 0.$$

因此, 对任意固定的 $t \geqslant t_0$, 必存在一个唯一的正数 μ 使得

$$\mu + \xi(t) + \eta(t)\mathrm{e}^{\mu\tau(t)} = 0. \tag{2.3.10}$$

这说明: 对 $t \geqslant t_0$, (2.3.10)式定义了一个隐函数 $\mu(t)$. 由 μ^* 的定义易知 $\mu^* \geqslant 0$. 显然, 对于 $\mu^* = 0$ 的情形, 不等式(2.3.4)可直接由(2.3.3)式推出. 下一步我们将证明不等式(2.3.4)对于 $\mu^* > 0$ 的情形也成立. 为了证明这个结论, 我们首先证明对任意给定的 $\varepsilon > 0$ 和所有的 $t \geqslant t_0$, 下列不等式成立:

$$V(t) \leqslant \frac{\gamma^* + \varepsilon}{\sigma} + \Psi\mathrm{e}^{-\mu^*(t-t_0)}. \tag{2.3.11}$$

事实上, 如果不等式(2.3.11)不成立, 则必定存在某个 $t > t_0$, 使得

$$V(t) > \frac{\gamma^* + \varepsilon}{\sigma} + \Psi\mathrm{e}^{-\mu^*(t-t_0)}. \tag{2.3.12}$$

为了表示的方便, 对所有的 $t \geqslant t_0$, 设

$$\mathbb{S}(t) = \frac{\gamma^* + \varepsilon}{\sigma} + \Psi\mathrm{e}^{-\mu^*(t-t_0)}.$$

再令 $\mathbb{W}(t) = \mathbb{S}(t) - V(t)$. 显然, 因为当 $t \geqslant t_0$ 时, $V(t)$ 和 $\mathbb{S}(t)$ 是几乎处处可微的, 所以 $\mathbb{W}(t)$ 当 $t \geqslant t_0$ 时是几乎处处可微的, 并且不难得到

$$\frac{\mathrm{d}\mathbb{W}(t)}{\mathrm{d}t} = \frac{\mathrm{d}\mathbb{S}(t)}{\mathrm{d}t} - \frac{\mathrm{d}V(t)}{\mathrm{d}t} = -\Psi\mu^*\mathrm{e}^{-\mu^*(t-t_0)} - \frac{\mathrm{d}V(t)}{\mathrm{d}t}, \quad \text{a.e. } t \geqslant t_0.$$

令 $t_* = \inf\{t > t_0 \mid \mathbb{S}(t) - V(t) < 0\}$, 则又可得到 $\mathbb{W}(t_*) = \mathbb{S}(t_*) - V(t_*) = 0$. 这就可以推出: $t_* > t_0$, 并且对所有的 $t \in [t_0, t_*)$, 不等式 $\mathbb{W}(t) \geqslant 0$ 成立. 因此, 对某个 $\iota \in [t_0, t_*]$, 下列不等式成立:

$$0 \geqslant \mathbb{W}(t_*) - \mathbb{W}(t_0)$$

$$= \int_{t_0}^{t_*} \dot{\mathbb{W}}(\theta) \mathrm{d}\theta$$

$$= \int_{t_0}^{t_*} \left(\dot{\mathbb{S}}(\theta) - \dot{V}(\theta) \right) \mathrm{d}\theta$$

$$\geqslant \int_{t_0}^{t_*} \left[-\Psi\mu^* e^{-\mu^*(\theta-t_0)} - \left(\gamma(\theta) + \xi(\theta)V(\theta) + \eta(\theta) \cdot \sup_{\theta-\tau(\theta)\leqslant s\leqslant\theta} V(s) \right) \right] \mathrm{d}\theta$$

$$> \int_{t_0}^{t_*} \left[-\Psi\mu^* e^{-\mu^*(\theta-t_0)} - \left(\gamma^* + \varepsilon + \xi(\theta)V(\theta) + \eta(\theta) \cdot \sup_{\theta-\tau(\theta)\leqslant s\leqslant\theta} V(s) \right) \right] \mathrm{d}\theta$$

$$= (t_* - t_0) \cdot \left(-\Psi\mu^* e^{-\mu^*(\iota-t_0)} \right.$$

$$\left. - \left(\gamma^* + \varepsilon + \xi(\iota)V(\iota) + \eta(\iota) \cdot \sup_{\iota-\tau(\iota)\leqslant s\leqslant\iota} V(s) \right) \right). \tag{2.3.13}$$

如果 $\iota - \tau(\iota) \geqslant t_0$, 由(2.3.13)式不难推出

$$0 \geqslant \mathbb{W}(t_*) - \mathbb{W}(t_0)$$

$$> (t_* - t_0) \cdot \left[-\Psi\mu^* e^{-\mu^*(\iota-t_0)} - \left(\gamma^* + \varepsilon + \xi(\iota) \left(\frac{\gamma^*+\varepsilon}{\sigma} + \Psi e^{-\mu^*(\iota-t_0)} \right) \right. \right.$$

$$\left. \left. + \eta(\iota) \left(\frac{\gamma^*+\varepsilon}{\sigma} + \Psi e^{-\mu^*(\iota-\tau(\iota)-t_0)} \right) \right) \right]$$

$$= -(t_* - t_0) \cdot \left[\frac{\gamma^*+\varepsilon}{\sigma} (\sigma + \xi(\iota) + \eta(\iota)) \right.$$

$$\left. + \Psi e^{-\mu^*(\iota-t_0)} \left(\mu^* + \xi(\iota) + \eta(\iota)e^{\mu^*\tau(\iota)} \right) \right]. \tag{2.3.14}$$

根据 $\mu(t)$ 的定义, 不难发现

$$\mu^* + \xi(\iota) + \eta(\iota)e^{\mu^*\tau(\iota)} = \mu^* + \xi(\iota) + \eta(\iota)e^{\mu^*\tau(\iota)} - \mu(\iota) - \xi(\iota) - \eta(\iota)e^{\mu(\iota)\tau(\iota)}$$

$$= (\mu^* - \mu(\iota)) + \eta(\iota) \left(e^{\mu^*\tau(\iota)} - e^{\mu(\iota)\tau(\iota)} \right) \leqslant 0. \tag{2.3.15}$$

注意到当 $t \geqslant t_0$ 时, 不等式(2.3.2)成立, 由(2.3.14)和(2.3.15)可推出

$$0 \geqslant \mathbb{W}(t_*) - \mathbb{W}(t_0) > 0. \tag{2.3.16}$$

这是一个矛盾.

如果 $\iota - \tau(\iota) < t_0$, 由(2.3.13)式可得

$$0 \geqslant \mathbb{W}(t_*) - \mathbb{W}(t_0)$$

$$> (t_* - t_0) \cdot \left[-\Psi\mu^* e^{-\mu^*(\iota-t_0)} - \left(\gamma^* + \varepsilon + \xi(\iota) \left(\frac{\gamma^* + \varepsilon}{\sigma} + \Psi e^{-\mu^*(\iota-t_0)} \right) \right. \right.$$

$$\left. \left. + \eta(\iota) \max \left\{ \sup_{s \leqslant t_0} V(s), \sup_{t_0 \leqslant s \leqslant \iota} V(s) \right\} \right) \right]$$

$$\geqslant (t_* - t_0) \cdot \left[-\Psi\mu^* e^{-\mu^*(\iota-t_0)} - \left(\gamma^* + \varepsilon + \xi(\iota) \left(\frac{\gamma^* + \varepsilon}{\sigma} + \Psi e^{-\mu^*(\iota-t_0)} \right) \right. \right.$$

$$\left. \left. + \eta(\iota) \left(\Psi + \frac{\gamma^* + \varepsilon}{\sigma} \right) \right) \right]$$

$$= -(t_* - t_0) \cdot \left[\frac{\gamma^* + \varepsilon}{\sigma} \left(\sigma + \xi(\iota) + \eta(\iota) \right) \right.$$

$$\left. + \Psi e^{-\mu^*(\iota-t_0)} \left(\mu^* + \xi(\iota) + \eta(\iota) e^{\mu^*(\iota-t_0)} \right) \right]$$

$$\geqslant -(t_* - t_0) \cdot \left[\frac{\gamma^* + \varepsilon}{\sigma} \left(\sigma + \xi(\iota) + \eta(\iota) \right) \right.$$

$$\left. + \Psi e^{-\mu^*(\iota-t_0)} \left(\mu^* + \xi(\iota) + \eta(\iota) e^{\mu^* \tau(\iota)} \right) \right]. \tag{2.3.17}$$

因此, 由(2.3.2), (2.3.15)和(2.3.17)也可推得(2.3.16)成立, 矛盾. 这样, 我们就证明了不等式(2.3.11)成立. 因为 $\varepsilon > 0$ 是任意的, 通过令 $\varepsilon \to 0$ 就可得到结论 (ii) 中的不等式(2.3.4)成立. 证毕.

注 2.3.1 类似于本节的引理 2.3.7, 文献 [708] 也给出了一些重要的 Halanay 不等式及其证明. 然而, 引理 2.3.7 中给出的 Halanay 不等式更具一般性和实用性, 因为在其所需的条件中并不要求 $V(t)$ 关于 t 是处处可微的, 只需 $V(t)$ 关于 $t \in \mathbb{R}$ 绝对连续 (几乎处处可微) 即可. 这些广义的 Halanay 不等式在处理具有变时滞的泛函微分包含或者具有变时滞的右端不连续泛函微分方程的稳定性等问题 (例如, 耗散性、全局渐近稳定性、全局指数稳定性及其鲁棒稳定性等) 时将特别有效.

第 3 章　右端不连续微分方程及微分包含的基本理论

本章旨在介绍右端不连续微分方程及微分包含的基本理论, 包括解的定义、存在性、唯一性、延拓性、周期解和稳定性理论等. 由于从理论上来说常微分方程 (包含) 可看作是时滞微分方程 (包含) 中时滞为零的特殊情形, 而且, 至今为止较系统总结介绍右端不连续时滞微分方程和时滞微分包含有关理论的文献很少, 因此本章将侧重于右端不连续时滞微分方程及时滞微分包含有关基本理论的介绍, 关于右端不连续常微分方程和常微分包含的基本理论, 我们的介绍只限于满足后面章节的需要, 更多的内容读者可参见专著 [228, 336].

3.1　Filippov 解的定义及基本性质

考虑微分方程 (1.1.1), 即

$$\frac{\mathrm{d}x}{\mathrm{d}t} = f(t, x), \tag{3.1.1}$$

允许右端函数是不连续的, 这里假设右端函数 $f : \Omega \to \mathbb{R}^n$ 是可测且局部本性有界的函数, $\Omega = I \times G$, I 和 G 分别是 $\mathbb{R}$ 和 $\mathbb{R}^n$ 中的非空集.

当方程 (3.1.1) 右端函数不连续时, 研究它的前提是对其给出一个适当的解的定义. 关于右端不连续微分方程解的定义有多种不同的方式[336], 各种定义基本上都满足如下原则性要求:

(1) 当方程右端函数连续时, 解的定义和经典解的定义等价;

(2) 对于方程 $\frac{\mathrm{d}x}{\mathrm{d}t} = f(t)$, 解必须是且只能是函数 $x(t) = \int f(t)\mathrm{d}t + c$, 其中 c 为 $\mathbb{R}^n$ 中一常向量;

(3) 对于方程定义区域内任意给定的初值 $x(t_0) = x_0$, 对应初值问题的解必须存在 (至少在 t_0 的某个右邻域内) 且能连续延拓到该区域边界或无穷大;

(4) 解必须能适应于相当大一类物理系统;

另外, 为了能用一些经典的方法研究右端不连续微分方程, 一般还要求解满足下列两个条件:

(5) 一致收敛解序列的极限必须是解;

(6) 在普通变量替换下, 解必须能变换成解.

本书主要采用 Filippov 所给出的解定义方式[228], 即利用微分包含来定义解, 并利用其来研究解的有关性质.

对于方程(3.1.1)中右端函数 $f(t, x)$, 定义相应的集值映射 $F : \overline{\Omega} \to 2^{\mathbb{R}^n}$ 如下:

$$F(t, x) = \bigcap_{\varrho > 0} \bigcap_{\mu(\mathcal{N}) = 0} \overline{\text{co}} \left[f\big(t, \overline{G} \cap \mathcal{B}(x, \varrho) \backslash \mathcal{N}\big) \right], \tag{3.1.2}$$

其中 $\mu(\mathcal{N})$ 表示集合 $\mathcal{N}$ 的 Lebesgue 测度; $\mathcal{B}(x, \varrho) = \{y \mid y \in \mathbb{R}^n, \|y - x\| \leqslant \varrho\}$ 表示以 x 为中心、以 ϱ 为半径的球; $\overline{\text{co}}[\mathbb{E}]$ 表示取集合 $\mathbb{E}$ 的凸闭包; 凸闭包的交是在所有的零测集 $\mathcal{N}$ 和所有的 $\varrho > 0$ 上去取.

例 3.1.1 考虑 Heaviside 函数:

$$h(x) = \begin{cases} 1, & x > 0, \\ 0, & x \leqslant 0, \end{cases}$$

根据(3.1.2), 其对应的集值 Heaviside 映射为

$$H(x) = \begin{cases} \{1\}, & x > 0, \\ [0, 1], & x = 0, \\ \{0\}, & x < 0. \end{cases}$$

下面, 我们用微分包含给出方程 (3.1.1) 解的定义.

定义 3.1.1 [228,336] 定义在非退化区间 $I \subseteq \mathbb{R}$ 上的函数 $x = x(t)$ 称为右端不连续微分方程(3.1.1)的 Filippov 解, 如果它在区间 I 上的任意紧子区间 $[t_1, t_2]$ 上是绝对连续的, 并且对几乎所有的 $t \in I$, $x(t)$ 满足下列微分包含

$$\frac{\mathrm{d}x}{\mathrm{d}t} \in F(t, x). \tag{3.1.3}$$

若方程(3.1.1)的初始条件为 $x(t_0) = x_0$, 那么可定义 (3.1.1) 的初值问题的解如下.

定义 3.1.2 [228,336] 定义在区间 I 上的函数 $x = x(t)$, 如果它在区间 I 的任意紧子区间上绝对连续, $t_0 \in I$, $x(t_0) = x_0$, 并且对几乎所有的 $t \in I$, $x(t)$ 满足微分包含(3.1.3), 则称 $x(t)$ 为方程 (3.1.1) 的满足初始条件 $x(t_0) = x_0$ (或说满足初始条件 (t_0, x_0)) 的 Filippov 解.

下面的简单例子有助于我们理解右端不连续微分方程的 Filippov 解.

例 3.1.2 考虑如下两个微分方程:

$$\frac{\mathrm{d}x}{\mathrm{d}t} = f(x) = \begin{cases} 1, & x > 0, \\ -1, & x < 0 \end{cases} \tag{3.1.4}$$

和

$$\frac{\mathrm{d}x}{\mathrm{d}t} = g(x) = \begin{cases} -1, & x > 0, \\ 1, & x < 0. \end{cases} \tag{3.1.5}$$

显然, 方程(3.1.4)和(3.1.5)的右端函数 $f(x)$ 和 $g(x)$ 在 $\mathbb{R}$ 上是不连续的. 设 $t_0, x_0 \in \mathbb{R}$, 下面我们在 $\{(t,x) \mid t,x \in \mathbb{R}\}$ 上来分析上述方程满足条件 $x(t_0) = x_0$ 的 Filippov 解.

方程(3.1.4)和(3.1.5)在 Filippov 意义下的解 $x(t)$ 应该在其定义域的任意紧子区间上是绝对连续的且分别满足微分包含

$$\frac{\mathrm{d}x}{\mathrm{d}t} \in F(x) = \begin{cases} \{1\}, & x > 0, \\ [-1,1], & x = 0, \\ \{-1\}, & x < 0 \end{cases}$$

和

$$\frac{\mathrm{d}x}{\mathrm{d}t} \in G(x) = \begin{cases} \{-1\}, & x > 0, \\ [-1,1], & x = 0, \\ \{1\}, & x < 0. \end{cases}$$

由此我们容易验证下面的结论:

(i) 若 $x_0 \neq 0$, 则在条件 $x(t_0) = x_0$ 下, 方程(3.1.4)有唯一解

$$x(t) = \begin{cases} (t-t_0)\mathrm{sgn}(x_0) + x_0, & t \geqslant t_0 - |x_0|, \\ 0, & t < t_0 - |x_0|, \end{cases}$$

方程(3.1.5)有唯一解

$$x(t) = \begin{cases} 0, & t \geqslant t_0 + |x_0|, \\ -(t-t_0)\mathrm{sgn}(x_0) + x_0, & t < t_0 + |x_0|. \end{cases}$$

(ii) 若 $x_0 = 0$, 则方程(3.1.4)和(3.1.5)除均存在平凡解 $x(t) \equiv 0$ ($t \in \mathbb{R}$) 满足条件 $x(t_0) = x_0$ 外, 对任意非负常数 c, 函数

$$x(t) = \begin{cases} t-t_0-c, & t \geqslant t_0+c, \\ 0, & t < t_0+c \end{cases} \quad 和 \quad x(t) = \begin{cases} -t+t_0+c, & t \geqslant t_0+c, \\ 0, & t < t_0+c \end{cases}$$

也都是方程 (3.1.4) 满足条件 $x(t_0) = x_0$ 的解, 函数

$$x(t) = \begin{cases} 0, & t \geqslant t_0-c, \\ -t+t_0-c, & t < t_0-c \end{cases} \quad 和 \quad x(t) = \begin{cases} 0, & t \geqslant t_0-c, \\ t-t_0+c, & t < t_0-c \end{cases}$$

也都是方程 (3.1.5) 满足条件 $x(t_0) = x_0$ 的解.

从上面分析可知, $\forall x_0 \in \mathbb{R}$, 方程(3.1.5)满足条件 $x(t_0) = x_0$ 的解均在有限时间后达到零, 即均在有限时间后与平凡解 $x(t) \equiv 0$ ($t \in \mathbb{R}$) 重合.

由于右端不连续常微分方程 (3.1.1) 的解是由对应的微分包含 (3.1.3) 定义的, 因此方程 (1.1.1) 解的性质即为微分包含 (3.1.3) 解的性质. 下面我们先介绍一些微分包含 (3.1.3) 解的存在性、唯一性和延拓性结果, 在此基础上进一步给出一些解的全局存在性准则.

首先, 我们运用逼近解方法来证明微分包含解的存在性. 常见的逼近解方法有 Euler (欧拉) 折线法和 Picard 逼近法等. 下面定义右端为上半连续的微分包含的逼近解.

定义 3.1.3 [228,336] 定义在区间 I 上的函数 $y(t)$ 称为右端关于 t, x 是上半连续的微分包含 (3.1.3) 的 δ 解 (精度为 δ 的逼近解), 若 $y = y(t)$ 在区间 I 的紧子区间上绝对连续, 且对几乎所有的 $t \in I$,

$$\frac{\mathrm{d}y}{\mathrm{d}t} \in F_\delta(t, y) \triangleq [F(t^\delta, y^\delta)]^\delta, \tag{3.1.6}$$

其中 $F(t^\delta, y^\delta)$ 是所有满足 $|t_1 - t| \leqslant \delta, \|y_1 - y\| \leqslant \delta$ 的集合 $F(t_1, y_1)$ 的并集.

注 3.1.1 如果集值映射 F 在区域 Ω 及其紧子集 K 上关于 t, x 是上半连续的, 而且 F 的像是有界的凸的, 那么对任意的 $\epsilon > 0$, 存在 $\delta_0(\varepsilon) > 0$ 使得对任意的 $\delta \leqslant \delta_0(\epsilon)$ 函数 $F_\delta(t, x)$ 在 K 上的图像包含在函数 $F(t, x)$ 在 K 上的图像内.

定义 3.1.4 (基本条件)[228,336] 在区域 Ω 上, 若对任意的 $(t, x) \in \Omega$, 集合 $F(t, x)$ 是非空的紧的凸集, 而且函数 F 关于 t, x 是上半连续的, 则称集值映射 $F(t, x)$ 满足基本条件.

引理 3.1.1 [228,336] 假设 $F(t, x)$ 在开区域 Ω 中满足基本条件. 令 $x_k(t), k = 1, 2, \cdots$ 为微分包含 (3.1.3) 的一致收敛的 δ_k 解序列且极限为 $x(t)$, 这里 $\delta_k \to 0, k \to +\infty$. 如果当 $t \in [a, b]$ 时, 极限函数 $x(t)$ 的图像 $\{(t, x(t)) \mid t \in [a, b]\}$ 位于 Ω 内, 那么 $x(t)$ 是微分包含 (3.1.3) 的解.

由引理 3.1.1, 容易得到如下推论.

推论 3.1.1 若 $F(t, x)$ 满足基本条件, 那么微分包含 (3.1.3) 的一致收敛解序列的极限仍然是它的解.

定理 3.1.1 (存在性)[33,228,336] 假设 $F(t, x)$ 在区域 Ω 中满足基本条件且 $(t_0, x_0) \in \Omega$. 如果存在正数 a, b 使得区域 Ω 包含柱体 $Z = \{(t, x) \mid t_0 \leqslant t \leqslant t_0 + a, \|x - x_0\| \leqslant b\}$, 那么微分包含 (3.1.3) 满足初始条件 $x(t_0) = x_0$ 的解在区间 $[t_0, t_0 + d]$ 上存在, 其中

$$d = \min\left\{a, \frac{b}{m}\right\}, \quad m = \sup_{(t,x) \in Z} \|F(t, x)\|. \tag{3.1.7}$$

证明 因为 $F(t, x)$ 在区域 Ω 满足基本条件且 $Z \subseteq \Omega$ 是一个紧集, 那么 $F(t, x)$ 在 Z 上有界, 即 $m < +\infty$. 否则, 存在序列 $\{(t_i, x_i) \mid (t_i, x_i) \in Z\}$ 以及 $\{f_i \mid$

$f_i \in F(t_i, x_i)\}$ 使得 $\|f_i\| \to +\infty$, $i \to +\infty$. 由于 Z 是一个紧集, 存在收敛子列 $(t_{ij}, x_{ij}) \to (\bar{t}, \bar{x}) \in Z$. 由于 $F(t, x)$ 在区域 Ω 满足基本条件, 故 $F(\bar{t}, \bar{x})$ 有界, 且对任意 $\varepsilon > 0$ 存在 $j_0(\varepsilon)$ 使得当 $j > j_0(\varepsilon)$ 时,

$$f_{ij} \in F(t_{ij}, x_{ij}) \subseteq (F(\bar{t}, \bar{x}))^\varepsilon.$$

因此, $\|f_{ij}\| \leqslant \|F(\bar{t}, \bar{x})\| + \varepsilon$. 这与 $\|f_i\| \to +\infty$ 相矛盾.

下面用 Euler 折线法构造逼近解. 对于 $k = 1, 2, \cdots$, 取

$$h_k = \frac{d}{k}, \quad t_{ki} = t_0 + ih_k, \quad i = 0, 1, \cdots, k.$$

构造折线 x_k. 令 $x_k(t_{k0}) = x_0$. 如果对某个 $i \geqslant 0$, $x_k(t_{ki}) = x_{ki}$ 已定义且

$$\|x_{ki} - x_0\| \leqslant m|t_{ki} - t_0|, \tag{3.1.8}$$

那么取任意的 $v_{ki} \in F(t_{ki}, x_{ki})$, 并在区间 $(t_{ki}, t_{k,i+1}]$ 上定义 x_k 如下

$$x_k(t) = x_{ki} + (t - t_{ki})v_{ki}. \tag{3.1.9}$$

由 (3.1.8) 可得 $(t_{ki}, x_{ki}) \in Z$, 由此有 $\|v_{ki}\| \leqslant \|F(t_{ki}, x_{ki})\| \leqslant m$. 根据 (3.1.8) 和 (3.1.9), 可知对于 $t \in (t_{ki}, t_{k,i+1}]$,

$$\|x_k(t) - x_0\| \leqslant m|t - t_0|. \tag{3.1.10}$$

因此, $x_k(t_{k,i+1}) = x_{k,i+1}$ 被定义且把 i 替换成 $i+1$ 时不等式 (3.1.8) 满足.

通过上面的构造方式, $x_k(t)$ 在区间 $[t_{ki}, t_{k,i+1}]$ $(i = 0, 1, \cdots, k-1)$ 上被连续地构造出来. 根据 (3.1.10) 和 (3.1.7), 在 $[t_0, t_0 + d]$ 上, 函数 $x_k(t)$ 的图像包含在 Z 中. 由 (3.1.9) 可知, 函数 $x_k(t)$ 在 $[t_0, t_0 + d]$ 上连续且

$$\left\| \frac{\mathrm{d}x_k(t)}{\mathrm{d}t} \right\| \leqslant m, \quad t \neq t_{ki}, \quad i = 0, 1, \cdots, k.$$

因此, 函数 $x_k(t)$ 在 $[t_0, t_0 + d]$ 上绝对连续. 令 $\delta_k = \max\{h_k, mh_k\}$. 显然, $\delta_k \to 0, k \to +\infty$. 因为对任意的 $t \in [t_0, t_0 + d]$, 存在 i 使得

$$\frac{\mathrm{d}x_k(t)}{\mathrm{d}t} = v_{ki} \in F(t_{ki}, x_{ki}), \quad 0 \leqslant t - t_{ki} \leqslant h_k, \quad \|x_k(t) - x_{ki}\| \leqslant mh,$$

所以, $x_k(t)$ 为微分包含 (3.1.3) 的 δ_k 解.

由 (3.1.10) 以及估计式 $\|x_k(t)\| \leqslant m$, 函数 $x_k(t)$ 是一致有界且等度连续的. 根据 Ascoli-Arzela 定理, 函数列 $\{x_k(t)\}$ 存在一致收敛的子列. 由引理 3.1.1, 收敛子列的极限 $x(t)$ 为微分包含 (3.1.3) 的解. 由于 $x_k(t_0) = x_0$, 故 $x(t_0) = x_0$. 证毕.

注 3.1.2 如果区域 Ω 包含柱体 $Z' = \{(t,x) \mid t_0 - a \leqslant t \leqslant t_0, \ \|x - x_0\| \leqslant b\}$, 那么解在区间 $[t_0 - d', t_0]$ 上存在, 其中

$$d' = \min\left\{a, \frac{b}{m'}\right\}, \quad m' = \sup_{(t,x) \in Z'} \|F(t,x)\|.$$

类似于定理 3.1.1, 同样采取构造逼近函数列的方法, 可得到下列更一般的存在性定理.

定理 3.1.2 [177,336] 对几乎所有的 $t \in [t_0, t_0 + a]$ 以及任意的 x 满足 $\|x - x_0\| \leqslant b$, 若下述条件成立:

(i) $F(t,x)$ 为非空的凸闭集;

(ii) 函数 F 关于 x 上半连续;

(iii) 存在一个单值函数 $f(t,x) \in F(t,x)$ 使得对所有的 x 满足 $\|x - x_0\| \leqslant b$, $f(t,x)$ 关于 t 可测;

(iv) 存在 Lebesgue 可积函数 $m(t)$ 使得 $\|f(t,x)\| \leqslant m(t)$,

那么微分包含 (3.1.3) 满足初始条件 $x(t_0) = x_0$ 的解在区间 $[t_0, t_0 + d]$ 上存在, 其中 d 在 (3.1.7) 中定义.

下面, 讨论微分包含解的唯一性问题, 并给出解的唯一性的充分条件. 首先, 给出解的唯一性的定义.

定义 3.1.5 [228,336] 给定 $(t_0, x_0) \in \Omega$, 若存在 $t_1 > t_0$ 使得微分包含 (3.1.3) 满足条件 $x(t_0) = x_0$ 的任意两个解在区间 $[t_0, t_1]$ 上有定义且重合, 则称微分包含 (3.1.3) 满足初始条件 $x(t_0) = x_0$ 的解是右唯一的. 若对任意 $(t_0, x_0) \in \Omega$, 存在 $t_1 > \sigma$ 使得满足条件 $x(t_0) = x_0$ 的任意两个解在区间 $[t_0, t_1]$ 上有定义, 而且重合, 则称微分包含 (3.1.3) 的解在区域 Ω 上是右唯一的.

类似地, 可以给出解在一点处或一个区域上是左唯一的定义.

定理 3.1.3 (唯一性)[228,336] 假设 $F : \Omega \to P_0(\mathbb{R}^n)$ 为紧凸值上半连续映射, 且存在 Lebesgue 可积函数 $l(t)$ 使得对几乎所有的 $(t,x), (t,y) \in \Omega$, 有

$$\langle x - y, \xi - \eta \rangle \leqslant l(t)\|x - y\|^2, \quad \forall \xi \in F(t,x), \ \eta \in F(t,y), \tag{3.1.11}$$

那么, 微分包含 (3.1.3) 的解在区域 Ω 中是右唯一的.

定理 3.1.4 (延拓性)[336,516,785] 如果 $F(t,x)$ 在有界闭区域 $D \subseteq \Omega$ 上满足基本条件, 那么微分包含 (3.1.3) 在区域 D 中的所有解都可以从两边延拓到区域 D 的边界 $\Gamma = \partial D$.

定理 3.1.5 [336] 如果在有界闭区域 $D \subseteq \Omega$ 上存在 Lebesgue 可积函数 $m_1(t)$ 使得 $\|F(t,x)\| \leqslant m_1(t)$, 且定理 3.1.2 的条件都满足, 那么微分包含 (3.1.3) 在区域 D 中的所有解都可以从两边延拓到区域 D 的边界 $\Gamma = \partial D$.

定理 3.1.6(全局存在性)[336]　如果 $F : \mathbb{R} \times \mathbb{R}^n \to \mathbb{R}^n$ 满足基本条件, 并且存在 Lebesgue 可积函数 $M(t), N(t)$, 这里对几乎所有的 t, $M(t) \geqslant 0$ 和 $N(t) \geqslant 0$, 使得 $\|F(t,x)\| \leqslant M(t)\|x\| + N(t)$, 那么对任意的 $(t_0, x_0) \in \mathbb{R} \times \mathbb{R}^n$, 微分包含(3.1.3) 满足初始条件 $x(t_0) = x_0$ 的解 $x(t; t_0, x_0)$ 的存在区间为 $[t_0, +\infty)$. 此时我们称解 $x(t; t_0, x_0)$ 是全局存在的.

在定理 3.1.6 中, 令 $M(t) \equiv 0$, 那么有下面的推论.

推论 3.1.2 [336]　如果 $F : \mathbb{R} \times \mathbb{R}^n \to \mathbb{R}^n$ 满足基本条件, 并且存在 Lebesgue 可积函数 $N(t)$, 这里对几乎所有的 t, $N(t) \geqslant 0$, 使得 $\|F(t,x)\| \leqslant N(t)$, 那么对任意的 $(t_0, x_0) \in \mathbb{R} \times \mathbb{R}^n$, 微分包含 (3.1.3) 满足初始条件 $x(t_0) = x_0$ 的解的存在区间为 $[t_0, +\infty)$.

在推论 3.1.2 中, 令 $N(t) \equiv N$ 为非负常数, 那么有下面的结果.

推论 3.1.3 [336]　如果 $F : \mathbb{R} \times \mathbb{R}^n \to \mathbb{R}^n$ 满足基本条件, 并且存在非负常正数 N 使得 $\|F(t,x)\| \leqslant N$, 那么对任意的 $(t_0, x_0) \in \mathbb{R} \times \mathbb{R}^n$, 微分包含 (3.1.3) 满足初始条件 $x(t_0) = x_0$ 的解的存在区间为 $[t_0, +\infty)$.

对于右端不连续泛函微分方程 (1.1.10), 即

$$\frac{\mathrm{d}x}{\mathrm{d}t} = f(t, x_t), \tag{3.1.12}$$

其中右端算子 $f : \Omega \to \mathbb{R}^n$ 允许不连续, 并假设是可测且本性局部有界的; $\Omega = I \times D$, I 和 D 分别是 $\mathbb{R}$ 和 $C = C([-r, 0], \mathbb{R}^n)$ 中的非空集. 在 $\overline{\Omega}$ 上构造如下 Filippov 集值算子:

$$F(t, x_t) = \bigcap_{\varrho > 0} \bigcap_{\mu(\mathcal{N}) = 0} \overline{\mathrm{co}}[f(t, \overline{D} \cap \mathcal{B}(x_t, \varrho) \setminus \mathcal{N})], \tag{3.1.13}$$

这里, $\mathcal{B}(x_t, \varrho) \triangleq \{x_t^* \mid x_t^* \in C([-\tau, 0], \mathbb{R}^n)), \|x_t^* - x_t\|_C < \varrho\}$ 是以 x_t 为中心, 以 ϱ 为半径的球; 其他记号意义与 (3.1.2) 中相同. 下面我们利用微分包含给出右端不连续泛函微分方程 (3.1.12) 解的定义.

定义 3.1.6 [26,336]　定义在非退化区间 $I \subseteq \mathbb{R}$ 上的函数 $x(t)$ 称为右端不连续泛函微分方程(3.1.12)的 Filippov 解, 如果它在区间 I 的任意紧子区间 $[t_1, t_2]$ 上是绝对连续的, 并且对几乎所有的 $t \in I$, $x(t)$ 满足下列微分包含

$$\frac{\mathrm{d}x}{\mathrm{d}t} \in F(t, x_t). \tag{3.1.14}$$

为了区别, 我们常称(3.1.14)为泛函微分包含, 而将(3.1.3)称为常微分包含.

若方程(3.1.12)的初始条件为 $x_\sigma(\theta) = \phi(\theta), \theta \in [-\tau, 0]$, 那么方程(3.1.12)的初值问题的解可定义如下.

定义 3.1.7 [336] 给定 $\sigma \in \mathbb{R}$ 以及 $\phi \in C$, 对于定义在 $[\sigma - \tau, b)$ 上的函数 $x(\sigma, \phi)(t)$, 如果它在区间 $[\sigma - \tau, b)$ 上连续, 在 $[\sigma, b)$ 的任意紧子区间上绝对连续, $x_\sigma(\sigma, \phi) = \phi$, 并且对几乎所有的 $t \in [\sigma, b)$, $x(\sigma, \phi)(t)$ 满足泛函微分包含(3.1.14), 则称 $x(\sigma, \phi)(t)$ 为方程 (3.1.12) 满足初始条件 $x_\sigma = \phi$ (或说满足初始条件 (σ, ϕ)) 的 Filippov 解.

下面将利用泛函微分包含 (3.1.14) 讨论右端不连续泛函微分方程 (3.1.12)初值问题解的存在性、唯一性、延拓性和全局存在性. 假设泛函微分包含(3.1.14)的右端泛函 $F(t, \phi)$ 具有非空凸紧值且关于 t, ϕ 是上半连续的集值映射. 并且假设 Ω 为 $\mathbb{R} \times C$ 中的开集, $W \subseteq \Omega$ 为紧集.

将泛函微分包含 (3.1.14) 转化为泛函积分包含

$$x(t) \in \phi(0) + \int_\sigma^t F(s, x_s)\mathrm{d}s, \quad x_\sigma = \phi \in C, \tag{3.1.15}$$

其关于初值问题的解的定义如下.

定义 3.1.8 [336] 给定函数 $x(t): [\sigma - \tau, \sigma + \alpha](\alpha > 0) \to \mathbb{R}$, 若 $x_\sigma = \phi$, $x(t)$ 在区间 $[\sigma - \tau, \sigma + \alpha]$ 上连续且 $F(t, x_t)$ 在区间 $[\sigma, \sigma + \alpha]$ 上存在可积选择 $f(t)$ 使得

$$x(t) = \phi(0) + \int_\sigma^t f(s)\mathrm{d}s, \quad t \in [\sigma, \sigma + \alpha],$$

则称函数 x 为泛函积分包含 (3.1.15) 在区间 $[\sigma - \tau, \sigma + \alpha]$ $(\alpha > 0)$ 上满足初始条件 (σ, ϕ) 的解.

引理 3.1.2 [336] 对任意 $(\sigma, \phi) \in \mathbb{R} \times C$, $x(t)$ 为泛函微分包含 (3.1.14) 在区间 $[\sigma - \tau, \sigma + \alpha]$ 上满足初始条件 (σ, ϕ) 的解当且仅当 $x(t)$ 为积分包含 (3.1.15) 在区间 $[\sigma - \tau, \sigma + \alpha]$ 上满足初始条件 (σ, ϕ) 的解.

对给定 $(\sigma, \phi) \in \mathbb{R} \times C$, 定义 $\tilde{\phi} \in C([\sigma - \tau, +\infty), \mathbb{R}^n)$ 如下:

$$\tilde{\phi}_\sigma = \phi, \quad \tilde{\phi}(t + \sigma) = \phi(0), \quad t \geqslant 0.$$

若 $x(t + \sigma) = \tilde{\phi}(t + \sigma) + y(t)$, $t \geqslant -\tau$, 则由引理 3.1.2 可得求泛函微分包含 (3.1.14) 满足初始条件 (σ, ϕ) 的解等价于寻找常数 $\alpha > 0$ 以及函数 $y \in C([-\tau, \alpha], \mathbb{R}^n)$ 使得 $y(t)$ 为积分包含

$$y(t) \in \int_0^t F(\sigma + s, \tilde{\phi}_{\sigma+s} + y_s)\mathrm{d}s, \quad y_0 = 0 \tag{3.1.16}$$

在区间 $[-\tau, \alpha]$ 上的解.

设 Ω 为 $\mathbb{R} \times C$ 的子集, 记

$$S(\Omega, \mathbb{R}^n) = \{F \mid F: \Omega \to P_{kc}(\mathbb{R}^n)\text{为上半连续集值映射}\}.$$

定理 3.1.7(存在性)[336]　若 $F \in S(\Omega, \mathbb{R}^n)$, 则对任意 $(\sigma, \phi) \in \Omega$, 泛函微分包含 (3.1.14) 存在满足初始条件 (σ, ϕ) 的解.

定理 3.1.8 (唯一性)[336]　假设 $F : \Omega \to P_0(\mathbb{R}^n)$ 为紧凸值上半连续映射, 且存在 Lebesgue 可积函数 $l(t)$ 使得对几乎所有的 $(t, \varphi), (t, \psi) \in \Omega$, 有

$$\langle \varphi(0) - \psi(0), \xi - \eta \rangle \leqslant l(t) \|\varphi - \psi\|_C^2, \quad \forall \xi \in F(t, \varphi), \ \eta \in F(t, \psi), \quad (3.1.17)$$

则对任意 $(\sigma, \phi) \in \Omega$, 泛函微分包含 (3.1.14) 满足初始条件 (σ, ϕ) 的解是存在唯一的.

定义 3.1.9 [336]　设 x 为泛函微分包含 (3.1.14) 在区间 $[\sigma - \tau, a)$ $(a > \sigma)$ 上的解. 若存在常数 $b > a$ 使得 $\hat{x}$ 在区间 $[\sigma - \tau, b)$ 上有定义, 在区间 $[\sigma - \tau, a)$ 上与 x 重合, 且 $\hat{x}$ 在 $[\sigma, b)$ 上几乎处处满足 (3.1.14), 则称 $\hat{x}$ 是解 x 的延拓. 若不存在上述延拓, 即 $[\sigma, a)$ 是解 x 的最大存在区间, 则称解 x 是不可延拓解.

注 3.1.3　由 Zorn 引理可知, 泛函微分包含 (3.1.14) 的不可延拓解是存在的, 且解的最大存在区间的右端是开的.

定理 3.1.9 [336]　设 $\Omega \subseteq \mathbb{R} \times C$ 为包含 (σ, ϕ) 的一个区域且 $F(\Omega)$ 有界. 如果泛函微分包含 (3.1.14) 的解 $x = x(\sigma, \phi)(t)$ 在区域 Ω 上的最大存在区间为 $[\sigma - \tau, b), b < +\infty$, 那么极限 $\lim\limits_{t \to b^-} x_t$ 存在, 记为

$$x_b = \lim_{t \to b^-} x_t,$$

且 $(b, x_b) \in \partial\Omega$, 其中 $\partial\Omega$ 为区域 Ω 的边界.

推论 3.1.4 [336]　设 $\Omega \subseteq \mathbb{R} \times C$ 为开区域, $F \in S(\Omega, \mathbb{R}^n)$. 若 $x(\sigma, \phi)(t)$ 为泛函微分包含 (3.1.14) 的不可延拓解且其最大存在区间为 $[\sigma - \tau, b)$, 则对任意紧集 $W \subseteq \Omega$, 存在 t_W 使得 $(t, x_t) \notin W, t_W \leqslant t < b$.

推论 3.1.5 [336]　设 $\Omega \subseteq \mathbb{R} \times C$ 为开区域, F 为 Ω 上的有界映射且 $F \in S(\Omega, \mathbb{R}^n)$. 若泛函微分包含 (3.1.14) 的解 $x(\sigma, \phi)(t)$ 的最大存在区间为 $[\sigma - \tau, b)$, 则对 Ω 中的任意一个有界闭集 U, 存在 t_U 使得 $(t, x_t) \notin U, t_U \leqslant t < b$.

如果将定理 3.1.9 中条件减弱, 去掉 $F(\Omega)$ 的有界性, 则有如下的延拓定理.

定理 3.1.10(延拓性)[336]　设 $\Omega \subseteq \mathbb{R} \times C$ 为包含 (σ, ϕ) 的开区域. 若 F 为 Ω 上的有界映射且 $F \in S(\Omega, \mathbb{R}^n)$, 则泛函微分包含 (3.1.14) 的解 $x(\sigma, \phi)(t)$ 能延拓到 Ω 的边界.

定义 3.1.10 [336]　称泛函微分包含 (3.1.14) 的解是全局存在的, 若对任意 $(\sigma, \phi) \in \mathbb{R} \times C$, (3.1.14) 满足初始条件 (σ, ϕ) 的解在 $[\sigma - \tau, +\infty)$ 上存在.

定理 3.1.11 (全局存在性)[336]　如果 $F \in S(\mathbb{R} \times C, \mathbb{R}^n)$ 且存在 Lebesgue 可积函数 $M(t) \geqslant 0, N(t) \geqslant 0$ 使得对几乎所有的 t,

$$\|F(t, \phi)\| \leqslant M(t)\|\phi\|_C + N(t), \quad (3.1.18)$$

则泛函微分包含 (3.1.14) 的解是全局存在的.

在定理 3.1.11 中, 令 $M(t) \equiv 0$, 则有下面的推论.

推论 3.1.6 [336]   如果 $F \in S(\mathbb{R} \times C, \mathbb{R}^n)$, 且存在 Lebesgue 可积函数 $N(t) \geqslant 0$ 使得对几乎所有的 t,

$$\|F(t, \phi)\| \leqslant N(t),$$

则泛函微分包含 (3.1.14) 的解是全局存在的.

如果在推论 3.1.6 中, 令 $N(t) \equiv N$(常数), 那么, 可得到下面的推论.

推论 3.1.7 [336]   若 $F \in S(\mathbb{R} \times C, \mathbb{R}^n)$, 且存在非负常数 N 使得

$$\|F(t, \phi)\| \leqslant N, \tag{3.1.19}$$

则泛函微分包含 (3.1.14) 的解是全局存在的.

3.2 自治系统的基本理论

设 $G \subseteq \mathbb{R}^n$ 为开集, 对 $t \in \mathbb{R}$, 在 $x \in G$ 内考虑自治微分包含

$$\frac{\mathrm{d}x}{\mathrm{d}t} \in F(x) \tag{3.2.1}$$

或可以转化为微分包含 (3.2.1) 的右端不连续微分方程, 并假设由定义 3.1.4 给出的基本条件成立. 本节主要介绍自治微分包含(3.2.1)的基本理论, 主要结果的证明见文献 [228].

定义 3.2.1   设 $p \in G$, 若 $0 \in F(p)$, 则称点 $x = p$ 为微分包含 (3.2.1) 的平衡点; 若 $0 \notin F(p)$, 则称点 $x = p$ 为微分包含 (3.2.1) 的常点.

注 3.2.1   由定义 3.2.1可知, 点 $x = p$ 为微分包含 (3.2.1) 的平衡点的充分必要条件是 $x = p$ 为微分包含 (3.2.1) 的常值解.

微分包含(3.2.1)的解具有如下性质: 若 $x = x(t)(\alpha \leqslant t \leqslant \beta)$ 为微分包含(3.2.1) 的解, 则对于任意常数 $c \in \mathbb{R}$, $x = x(t + c)(\alpha - c \leqslant t \leqslant \beta - c)$ 也为微分包含(3.2.1)的解, 且在相空间 $\mathbb{R}^n$ 中它们具有相同的轨线. 因此, 微分包含(3.2.1)在相空间 $\mathbb{R}^n$ 中满足初始条件 $x(t_0) = x_0$ 的轨线由初始位置 x_0 完全确定, 而与初始时刻 t_0 无关. 为简单起见, 除非特别说明, 下面都假设初始时刻 $t_0 = 0$, 并将微分包含(3.2.1)的解记为 $x = x(t; x_0) = x(t; 0, x_0)$. 当 t 取遍 $\mathbb{R}$ 时, 则称 $x(t; x_0)$ 是过 x_0 的轨线, 记为 L_{x_0}, 即

$$L_{x_0} = \{x(t; x_0) \mid t \in \mathbb{R}\};$$

那么, 由 x_0 出发的正半轨是

$$L_{x_0}^+ = \{x(t; x_0) \mid t \geqslant 0\};$$

负半轨是

$$L_{x_0}^- = \{x(t; x_0) \mid t \leqslant 0\}.$$

通常情况下, 利用时间变换 $t \to -t$ 可将负半轨问题转换为正半轨来考虑. 因此, 下面主要考虑微分包含(3.2.1)的正半轨. 微分包含(3.2.1)正半轨的类型由下面定理给出.

定理 3.2.1　若微分包含(3.2.1)的解满足右唯一性, 则微分包含(3.2.1)的轨线 $x(t; x_0)$ 属于下列五种类型之一:

(i) 平衡点, 即 $x(t) \equiv p$;

(ii) 非自相交的闭轨, 即 $x(t)$ 为非平凡的周期解;

(iii) 非自相交的开轨线;

(iv) 有限时间到达平衡点的轨线, 即该轨线由两段构成, 其中一段为不自相交的开轨线 $x = x(t; x_0)(t < t_1)$, 另一段为一个平衡点 $x \equiv p$ $(t \geqslant t_1)$;

(v) 有限时间到达闭轨的轨线, 即该轨线由两段构成, 其中一段为不自相交的开轨线 $x = x(t; x_0)(t < t_1)$, 另一段为非平凡闭轨 $x(t; x_0) = x(t + c; x_0)$ $(t \geqslant t_1, c$ 为常数).

在微分包含(3.2.1)的常点 $x = p$ 附近, 微分包含(3.2.1)的轨线具有如下性质.

定理 3.2.2　设 $x = p$ 为微分包含(3.2.1)的常点, 则存在向量 $v \in \mathbb{R}^n (\|v\| = 1)$, 常数 $\gamma > 0$, 以及 p 的闭邻域 $U(p, \varepsilon_0) = \{x \in \mathbb{R}^n \mid \|x - p\| \leqslant \varepsilon_0\}$ 使得位于邻域 $U(p, \varepsilon_0)$ 的轨线满足

$$\langle v, \dot{x}(t) \rangle \geqslant \gamma > 0, \tag{3.2.2}$$

且向量 v 和 $\dot{x}(t)$ 的夹角不大于

$$\alpha = \frac{\pi}{2} - \arcsin \frac{\gamma}{m}, \quad m = \max_{x \in U(p, \varepsilon_0)} |F(x)|. \tag{3.2.3}$$

进一步, 微分包含(3.2.1)从邻域 $U(p, \varepsilon_0)$ 内出发的轨线与截面

$$S = \{x \mid x \in \mathbb{R}^n, \langle v, x \rangle = \langle v, p \rangle, \|x - p\| \leqslant \varepsilon_0\}$$

沿内积 $\langle v, x \rangle$ 增加的方向横截相交.

下面介绍微分包含(3.2.1)极限集的基本理论.

定义 3.2.2　若存在序列 $\{t_n\}$: 当 $n \to +\infty$ 时, $t_n \to +\infty(-\infty)$, 使 $\lim\limits_{n \to +\infty} x(t_n; x_0) = p \in G$, 则称点 p 为 $x(t; x_0)$ 的 ω 极限点 (α 极限点), 也可称为 $L_{x_0}^+$ $(L_{x_0}^-)$ 的极限点. $x(t; x_0)$ 的所有 $\omega(\alpha)$ 极限点的全体称为它的 ω 极限集 (α 极限集), 记为 $\Omega(L_{x_0})$ $(A(L_{x_0}))$.

若 p 为微分包含(3.2.1)的平衡点或 L_p 为闭轨时, 显然由定义 3.2.2 可知, $\Omega(L_p) = A(L_p) = L_p$. 此外, 容易验证下面的命题成立.

命题 3.2.1 极限集 $\Omega(L_{x_0}^+)$ 具有如下性质:

(i) 设 L_k 为 $L_{x_0}^+$ 取 $t \in [t_k, +\infty)$ 的部分, 其中 $t_k > 0$ 且 $t_k \to +\infty$ $(k \to +\infty)$, 则 $\Omega(L_{x_0}^+) \subseteq \bar{L}_{x_0}, \Omega(L_{x_0}^+) = \bigcap\limits_{k=1}^{+\infty} \bar{L}_k$, 这里 $\bar{L}_{x_0}$ 表示轨线 L_{x_0} 的闭包.

(ii) $\Omega(L_{x_0}^+)$ 为闭集;

(iii) $\Omega(L_{x_0}^+)$ 非空当且仅当 $\lim\limits_{t \to +\infty} |x(t; x_0)| \neq +\infty$;

(iv) $\Omega(L_{x_0}^+)$ 有界当且仅当 $L_{x_0}^+$ 有界;

(v) 若 $\Omega(L_{x_0}^+)$ 有界, 则 $\lim\limits_{t \to +\infty} d(x(t; x_0), \Omega(L_{x_0}^+)) = 0$;

(vi) 一般地, $\lim\limits_{t \to +\infty} \dfrac{d(x(t; x_0), \Omega(L_{x_0}^+))}{1 + |x(t; x_0)|^2} = 0.$

极限集 $\Omega(L_{x_0})$ 的连通性和不变性分别由下面两个命题给出.

命题 3.2.2 如果 $\Omega(L_{x_0}^+)$ 有界, 则 $\Omega(L_{x_0}^+)$ 连通.

由命题 3.2.1的结论 (iv) 和命题 3.2.2, 可得下面的推论.

推论 3.2.1 如果 $L_{x_0}^+$ 有界, 则 $\Omega(L_{x_0}^+)$ 连通.

命题 3.2.3 任取 $p \in \Omega(L_{x_0}^+)(p \in A(L_{x_0}^-))$, 存在整条轨线 $L_p = \{x(t; p) \mid t \in \mathbb{R}\}$ 使得 $L_p \subseteq \Omega(L_{x_0}^+)$ $(L_p \subseteq A(L_{x_0}^-))$.

当微分包含(3.2.1)过 x_0 的解满足右唯一性时, 极限集 $\Omega(L_{x_0}^+)$ 具有如下性质.

命题 3.2.4 若 $L_{x_0}^+ \cap \Omega(L_{x_0}^+) \neq \varnothing$, 下面结论至少有一个成立:

(i) $L_{x_0}^+ \subseteq \Omega(L_{x_0}^+)$.

(ii) 存在 $t_1 > 0$ 使得当 $t \in [t_1, +\infty)$ 时, $x(t; x_0) \in \Omega(L_{x_0}^+)$; 当 $t \in (0, t_1)$ 时, $x(t; x_0)$ 不自相交且 $x(t; x_0) \notin \Omega(L_{x_0}^+)$.

利用命题 3.2.4, 下面给出微分包含(3.2.1)极限集 $\Omega(L_{x_0}^+)$ 的主要结果.

定理 3.2.3 设微分包含 (3.2.1) 在开区域 G 内满足解的右唯一性. 若 $L_{x_0}^+ \cap \Omega(L_{x_0}^+) \neq \varnothing$, 则下面的结论至少有一个成立:

(i) $\Omega(L_{x_0}^+) = L_{x_0}^+$ 或存在 $t \geqslant 0$ 使得

$$\Omega(L_{x_0}^+) = \{x(t; x_0) \mid t \geqslant t_1\}.$$

此时, $\Omega(L_{x_0}^+) \subseteq L_{x_0}^+$, 且为一个平衡点或一条闭轨;

(ii) 若存在 $p \in \Omega(L_{x_0}^+) \backslash L_{x_0}^+$, 则 $\Omega(L_{x_0}^+)$ 由不可数条轨线构成, 并且任给 $p \in \Omega(L_{x_0}^+)$, 其邻域内既包含 $L_{x_0}^+$ 中的点也包含 $\Omega(L_{x_0}^+) \backslash L_{x_0}^+$ 中的点.

根据命题 3.2.4 和定理 3.2.3, 利用极限集可对微分包含(3.2.1)的轨线进行更细致的分类, 见表 3.1.

表 3.1　微分包含 (3.2.1) 轨线的分类

类型	条件	定理 3.2.1的轨线类型
(a)	$\Omega(L_{x_0}^+) = L_{x_0}^+$	(i) 和 (iv)
(b)	$\Omega(L_{x_0}^+) \subseteq L_{x_0}^+$	(ii) 和 (v)
(c)	$\Omega(L_{x_0}^+) = \varnothing$	(iii)
(d)	$\Omega(L_{x_0}^+) \neq \varnothing$ 且 $\Omega(L_{x_0}^+) \cap L_{x_0}^+ = \varnothing$	(iii)
(e)	$L_{x_0}^+ \subseteq \Omega(L_{x_0}^+)$	(iii)
(f)	存在 $t_1 > 0$ 使得 $\{x(t; x_0) \mid 0 \leqslant t < t_1\} \cap \Omega(L_{x_0}^+) = \varnothing$ 且 $\{x(t; x_0) \mid t \geqslant t_1\} \subseteq \Omega(L_{x_0}^+)$	(iii)

3.3　周期解理论

在科学研究和工程技术领域, 对动力系统周期解的分析具有非常重要的意义. 例如, 在神经网络领域, 由于人类的大脑经常处于周期性的振荡和混乱状态中, 所以对不连续神经网络动力系统的周期性进行研究能更好地帮助人们理解大脑的运行机制[73,335,452,553]. 又由于动力系统的平衡点也可以看成是周期为任意数的周期解或者零振幅的周期解, 因而研究周期解比研究平衡点能得到一些更具一般性的结论. 鉴于现实当中, 很多动力系统都由右端不连续微分方程来描述, 而微分包含理论又是处理右端不连续微分方程解的问题的强有力的工具, 近些年来已有一些学者对微分包含的周期解问题进行了研究, 并获得了一些好的结果, 如: 文献 [50,399,750] 利用 Leray-Schauder 选择定理对微分包含周期解的存在性进行了研究; 文献 [178] 通过构造 Poincaré 算子的拓扑度研究了微分包含的周期解问题; 文献 [183] 推广了一些不连续集值算子的不动点定理并将之应用于解决微分包含周期解的存在性问题; 文献 [317] 和 [552] 利用选择定理研究了非凸微分包含周期解的存在性; 文献 [318] 利用度理论方法研究了非凸微分包含周期解的存在性; 文献 [430] 通过一般化 Halanay 定理、Yoshizawa 定理、Krasnoselskii 定理和 Mawhin 重合度定理, 对微分包含周期解的存在性进行了研究; 文献 [574] 基于 Schauder 不动点定理和 Kakutani 不动点定理, 对具有集值扰动的非线性微分包含的周期解存在性进行了研究. 然而, 上述所有被提到的文献在研究微分包含周期解问题时都没有考虑时滞因素. 因此考虑时滞因素, 利用泛函微分包含研究右端不连续的泛函微分方程的周期解问题是非常有意义的. 本节将综合考虑时滞和不连续因素的影响, 利用泛函微分包含对右端不连续泛函微分方程的周期解进行研究.

对 $\xi \leqslant +\infty$, 设 $L^1([0, \xi), \mathbb{R}^n)$ 表示由所有 Lebesgue 可积函数 $g : [0, \xi) \to \mathbb{R}^n$ 组成的 Banach 空间, 范数为 $\int_0^\xi \|g(t)\| \mathrm{d}t$. 对任意的定义在 $\mathbb{R}$ 上的连续 ω-周

期函数 $h(t)$, 记

$$\overline{h} = \frac{1}{\omega}\int_0^\omega h(t)\mathrm{d}t, \quad \widehat{h} = \frac{1}{\omega}\int_0^\omega |h(t)|\mathrm{d}t, \quad h^M = \sup_{t\in[0,\omega]}|h(t)|, \quad h^L = \inf_{t\in[0,\omega]}|h(t)|.$$

设 $\tau > 0$ 为给定的实数, $C = C([-\tau, 0], \mathbb{R}^n)$ 表示由所有从 $[-\tau, 0]$ 到 $\mathbb{R}^n$ 上的连续函数 $\phi = (\phi_1, \phi_2, \cdots, \phi_n)^{\mathrm{T}}$ 构成的 Banach 空间, 其范数为 $\|\phi\|_C = \sum_{i=1}^n |\phi_i|_0$, 其中 $|\phi_i|_0 = \sup_{-\tau \leqslant s \leqslant 0}|\phi_i(s)|$. 如果对 $\xi \in (0, +\infty)$, $x(t) : [-\tau, \xi) \to \mathbb{R}^n$ 是连续的, 则 $x_t \in C$ 定义为 $x_t(\theta) = x(t + \theta)$, $-\tau \leqslant \theta \leqslant 0$, $\forall t \in [0, \xi)$.

考虑下列时滞微分方程:

$$\frac{\mathrm{d}x_i(t)}{\mathrm{d}t} = -b_i(t)x_i(t) + f_i(t, x_t), \quad i = 1, 2, \cdots, n, \tag{3.3.1}$$

其中 $x_i(t)$ 表示状态变量, $x_t(\cdot)$ 表示从 $t-\tau$ 到当前时刻 t 的历史状态, $b_i : \mathbb{R} \to \mathbb{R}$ 是连续的, $f_i : \mathbb{R} \times C \to \mathbb{R}$ 是可测的且局部本性有界的. 在此情形下, $f_i(t, x_t)$ 可以是不连续的. 此外, 对固定的 $\omega > 0$, $b_i(t) = b_i(t + \omega)$ 且 $f_i(t, \phi) = f_i(t + \omega, \phi)$, $\phi \in C$.

方程 (3.3.1) 的向量形式为

$$\frac{\mathrm{d}x(t)}{\mathrm{d}t} = -B(t)x(t) + f(t, x_t), \tag{3.3.2}$$

其中

$$x(t) = (x_1(t), x_2(t), \cdots, x_n(t))^{\mathrm{T}}, \ f(t, x_t) = (f_1(t, x_t), f_2(t, x_t), \cdots, f_n(t, x_t))^{\mathrm{T}},$$

矩阵 $B(t) = \mathrm{diag}\{b_1(t), b_2(t), \cdots, b_n(t)\}$.

构造 Filippov 集值算子 $F = (F_1, F_2, \cdots, F_n)^{\mathrm{T}} : \mathbb{R} \times C \to 2^{\mathbb{R}^n}$ 如下:

$$F(t, x_t) = \bigcap_{\varrho > 0}\bigcap_{\mu(\mathcal{N})=0} \overline{\mathrm{co}}[f(t, \mathcal{B}(x_t, \varrho) \setminus \mathcal{N})]. \tag{3.3.3}$$

这里 $\mu(\mathcal{N})$ 表示集合 $\mathcal{N}$ 的 Lebesgue 测度, 交是在所有的零测集 $\mathcal{N}$ 和所有的 $\varrho > 0$ 上去取, $\mathcal{B}(x_t, \varrho) \triangleq \{x_t' \mid x_t' \in C, \|x_t' - x_t\|_C < \varrho\}$ 是以 x_t 为中心、以 ϱ 为半径的球; $\overline{\mathrm{co}}[\mathbb{E}]$ 表示取集合 $\mathbb{E}$ 的闭凸包.

定义 3.3.1 定义在非退化区间 $I \subseteq \mathbb{R}$ 上的函数 $x(t)$ 称为上述泛函微分方程(3.3.1)或(3.3.2)的 Filippov 解, 如果它在 I 的任意紧子区间 $[t_1, t_2]$ 是绝对连续的, 且满足

$$\frac{\mathrm{d}x(t)}{\mathrm{d}t} \in -B(t)x(t) + F(t, x_t), \quad \text{a.e. } t \in I. \tag{3.3.4}$$

泛函微分方程(3.3.1)或(3.3.2)的初始条件为

$$x_i(s) = \phi_i(s), \quad s \in [-\tau, 0], \quad i = 1, 2, \cdots, n,$$

其中 $\phi(s) = (\phi_1(s), \phi_2(s), \cdots, \phi_n(s))^{\mathrm{T}} \in C([-\tau, 0], \mathbb{R}^n)$. 因为 $f(t, x_t)$ 是局部本性有界的, 集值映射 $F : \mathbb{R} \times C \to 2^{\mathbb{R}^n}$ 为具有非空紧、凸值的上半连续映射, 且是局部有界的.

下面, 在 Filippov 解的框架内, 利用集值分析中的 Kakutani 不动点定理和矩阵理论, 我们将研究泛函微分包含 (3.3.4) 的周期解存在性问题. 首先, 记

$$C_\omega = \{x(t) = (x_1(t), x_2(t), \cdots, x_n(t))^{\mathrm{T}} \mid x(t) \in C(\mathbb{R}, \mathbb{R}^n),$$
$$x(t + \omega) = x(t), \ \forall t \in \mathbb{R}\}.$$

定义下列范数

$$\|x\|_{C_\omega} = \sum_{i=1}^{n} |x_i|_0, \quad |x_i|_0 = \sup_{t \in [0, \omega]} |x_i(t)|, \quad i = 1, 2, \cdots, n,$$

则 C_ω 是一个 Banach 空间, 其赋予的范数为 $\|\cdot\|_{C_\omega}$. 基于定义 3.3.1, 如果 $x(t) = (x_1(t), x_2(t), \cdots, x_n(t))^{\mathrm{T}} \in C_\omega$ 是泛函微分方程(3.3.1)或(3.3.2)的 Filippov 解, 则由泛函微分包含 (3.3.4) 可得

$$\frac{\mathrm{d}}{\mathrm{d}t}\left[x_i(t)\exp\left\{\int_0^t b_i(s)\mathrm{d}s\right\}\right] \in \exp\left\{\int_0^t b_i(s)\mathrm{d}s\right\} F_i(t, x_t), \quad \text{a.e. } t \geqslant 0, \quad (3.3.5)$$

其中 $i = 1, 2, \cdots, n$, $F_i(t, x_t)$ 为(3.3.3)式中 Filippov 集值算子 $F(t, x_t)$ 的第 i 个分量.

对泛函微分包含(3.3.5)的两边在区间 $[t, t + \omega]$ 上进行积分可得下列非线性积分包含

$$x_i(t) \in \int_t^{t+\omega} G_i(t, s) F_i(s, x_s)\mathrm{d}s, \quad t \geqslant 0, \ i = 1, 2, \cdots, n, \quad (3.3.6)$$

其中 $G_i(t, s)$ 表示 Green 函数, 其表达式如下

$$G_i(t, s) = \frac{1}{1 - \exp\{-\omega \overline{b_i}\}}\exp\left\{-\int_s^{t+\omega} b_i(\sigma)\mathrm{d}\sigma\right\}, \quad t \leqslant s \leqslant t + \omega. \quad (3.3.7)$$

显然, Green 函数 $G_i(t, s)$ 的分母不等于零, 且 $G_i(t, s) = G_i(t+\omega, s+\omega)$, $\forall (t, s) \in \mathbb{R}^2$. 如果 $x(t)$ 是方程 (3.3.1) 或 (3.3.2) 的 Filippov 意义下的 ω-周期解, 则不难发现泛函微分方程 (3.3.1) 或 (3.3.2) 的每一个 Filippov 意义下的 ω-周期解也是

积分包含(3.3.6)的 ω-周期解, 其逆也是成立的. 因此, 方程 (3.3.1) 或 (3.3.2) 的 ω-周期解的存在性等价于积分包含 (3.3.6) 的 ω-周期解的存在性. 对 $t \leqslant s \leqslant t+\omega$ 和 $i = 1, 2, \cdots, n$, 由 (3.3.7) 可得

$$G_i(t,s) \leqslant |G_i(t,s)| \leqslant \frac{\exp\{\omega\widehat{b_i}\}}{|1 - \exp\{-\omega\bar{b_i}\}|} \triangleq G_i^{\max}, \qquad (3.3.8)$$

其中 $\bar{b_i} = \dfrac{1}{\omega}\displaystyle\int_0^\omega b_i(t)\mathrm{d}t$, $\widehat{b_i} = \dfrac{1}{\omega}\displaystyle\int_0^\omega |b_i(t)|\mathrm{d}t$. 为方便起见, 记 $\Psi(u,v)$ 为

$$\Psi(u,v) = \frac{1}{1 - \exp\{-\omega\bar{v}\}} \sup_{t\in[0,\omega]} \int_0^\omega u(s+t)\cdot\exp\left\{-\int_s^\omega v(\sigma+t)\mathrm{d}\sigma\right\}\mathrm{d}s,$$

其中 $u(t)$ 和 $v(t)$ 表示 $\mathbb{R}$ 上任意的 ω-周期函数.

定理 3.3.1 [87]　若下列条件成立:

(H1) 对每一个 $i = 1, 2, \cdots, n$, $\bar{b_i} = \dfrac{1}{\omega}\displaystyle\int_0^\omega b_i(s)\mathrm{d}s > 0$;

(H2) 存在常数 $\mathcal{R}_j > 0$ 和连续的非负 ω-周期函数 $\alpha_{ij}(t)$ 与 $\beta_i(t)(i,j = 1, 2, \cdots, n)$ 使得

$$\sup_{\gamma_i\in F_i(t,\phi)} |\gamma_i| \leqslant \sum_{j=1}^n \alpha_{ij}(t)\mathcal{R}_j + \beta_i(t), \quad \forall\, \phi\in C, \quad |\phi_j|_0 \leqslant \mathcal{R}_j, \quad j = 1, 2, \cdots, n,$$

且 $(E_n - \Theta)(\mathcal{R}_1, \mathcal{R}_2, \cdots, \mathcal{R}_n)^{\mathrm{T}} > (\breve{\beta}_1, \breve{\beta}_2, \cdots, \breve{\beta}_n)^{\mathrm{T}}$, 其中 $\Theta = (\Psi(\alpha_{ij}, b_i))_{n\times n}$, $\breve{\beta}_i = \Psi(\beta_i, b_i)$, $i = 1, 2, \cdots, n$,
则泛函微分方程(3.3.1)或(3.3.2)至少存在一个 ω-周期解.

证明　定义紧凸子集 $\Omega \subseteq C_\omega$ 如下

$$\Omega = \left\{x(t) = (x_1(t), x_2(t), \cdots, x_n(t))^{\mathrm{T}} \mid x(t)\in C_\omega, |x_i|_0 \leqslant \mathcal{R}_i,\ i = 1, 2, \cdots, n\right\}. \qquad (3.3.9)$$

对任意的 $x\in C_\omega$, 定义集值算子 $\varphi: C_\omega \to P_{kc}(C_\omega)$ 如下

$$\varphi(x)(t) = (\varphi_1(x)(t), \varphi_2(x)(t), \cdots, \varphi_n(x)(t))^{\mathrm{T}}, \qquad (3.3.10)$$

其中

$$\varphi_i(x)(t) = \int_t^{t+\omega} G_i(t,s)F_i(s, x_s)\mathrm{d}s, \quad i = 1, 2, \cdots, n. \qquad (3.3.11)$$

由 (3.3.6), (3.3.10) 和 (3.3.11), 不难验证: 如果 $x^*(t) = (x_1^*(t), x_2^*(t), \cdots, x_n^*(t))^{\mathrm{T}} \in C_\omega$ 是集值映射 φ 在 Ω 上的不动点, 则 $x^*(t)$ 是泛函微分方程(3.3.1)或(3.3.2)的 ω-周期解. 事实上, 如果 $x^*(t) \in C_\omega$ 是集值映射 φ 在 Ω 上的不动点, 则

$$x^*(t) \in \varphi(x^*)(t) = (\varphi_1(x^*)(t), \varphi_2(x^*)(t), \cdots, \varphi_n(x^*)(t))^{\mathrm{T}},$$

其中 $\varphi_i(x^*)(t) = \displaystyle\int_t^{t+\omega} G_i(t,s) F_i(s, x_s^*) \mathrm{d}s$, $i = 1, 2, \cdots, n$. 也就是说, $x^*(t)$ 是积分包含(3.3.6)的解. 必须指出的是

$$x^*(t) \in C_\omega = \{x(t) = (x_1(t), x_2(t), \cdots, x_n(t))^{\mathrm{T}} \mid x(t) \in C(\mathbb{R}, \mathbb{R}^n),$$
$$x(t+\omega) = x(t), \; \forall t \in \mathbb{R}\}.$$

这意味着 $x^*(t+\omega) = x^*(t)$, 即 $x^*(t)$ 是一个 ω-周期函数. 因此, $x^*(t)$ 是积分包含(3.3.6)的 ω-周期函数, 从而 $x^*(t)$ 是泛函微分方程(3.3.1)或(3.3.2)的 ω-周期解.

接下来, 我们将利用 Kakutani 不动点定理 (引理 2.1.7) 证明周期解的存在性, 证明过程可分为 4 个步骤.

步骤 1　证明集值映射 φ 映 Ω 为 $P_{kc}(\Omega)$, 即对每一个固定的 $x \in \Omega$, 有 $\varphi(x) \in P_{kc}(\Omega)$.

为此, 令 $x = (x_1, x_2, \cdots, x_n)^{\mathrm{T}} \in \Omega$ 且 $\zeta = (\zeta_1, \zeta_2, \cdots, \zeta_n)^{\mathrm{T}} \in \varphi(x)$, 则存在可测函数 $\gamma = (\gamma_1, \gamma_2, \cdots, \gamma_n)^{\mathrm{T}} : [-\tau, \xi) \to \mathbb{R}^n$ 使得 $\gamma_i(t) \in F_i(t, x_t) (i = 1, 2, \cdots, n)$, a.e. $t \in [-\tau, \xi)$, 且有

$$\zeta_i(t) = \int_t^{t+\omega} G_i(t,s) \gamma_i(s) \mathrm{d}s \in \int_t^{t+\omega} G_i(t,s) F_i(s, x_s) \mathrm{d}s = \varphi_i(x)(t). \qquad (3.3.12)$$

注意到

$$\zeta_i(t) = \int_t^{t+\omega} G_i(t,s) \gamma_i(s) \mathrm{d}s$$
$$= \frac{1}{1 - \exp\{-\omega \overline{b}_i\}} \int_t^{t+\omega} \gamma_i(s) \exp\left\{ -\int_s^{t+\omega} b_i(\sigma) \mathrm{d}\sigma \right\} \mathrm{d}s$$
$$= \frac{1}{1 - \exp\{-\omega \overline{b}_i\}} \int_0^\omega \gamma_i(s+t) \exp\left\{ -\int_s^\omega b_i(\sigma + t) \mathrm{d}\sigma \right\} \mathrm{d}s. \qquad (3.3.13)$$

因此, 对任意的 $t \in [0, \omega]$, 满足 $|x_i|_0 \leqslant \mathcal{R}_i$ 的 $x \in C_\omega$, $i = 1, 2, \cdots, n$, 由假设条件 (H2) 和 (3.3.13) 可推得

$$|\zeta_i(t)| \leqslant \frac{1}{1 - \exp\{-\omega \overline{b}_i\}} \int_0^\omega |\gamma_i(s+t)| \exp\left\{ -\int_s^\omega b_i(\sigma + t) \mathrm{d}\sigma \right\} \mathrm{d}s$$

$$\leqslant \frac{1}{1 - \exp\{-\omega\bar{b}_i\}} \int_0^\omega \left(\sum_{j=1}^n \alpha_{ij}(s+t)\mathcal{R}_j + \beta_i(s+t) \right)$$

$$\cdot \exp\left\{ - \int_s^\omega b_i(\sigma+t)\mathrm{d}\sigma \right\} \mathrm{d}s$$

$$\leqslant \sum_{j=1}^n \mathcal{R}_j \frac{1}{1 - \exp\{-\omega\bar{b}_i\}} \sup_{t\in[0,\omega]} \int_0^\omega \alpha_{ij}(s+t)\exp\left\{ - \int_s^\omega b_i(\sigma+t)\mathrm{d}\sigma \right\} \mathrm{d}s$$

$$+ \frac{1}{1 - \exp\{-\omega\bar{b}_i\}} \sup_{t\in[0,\omega]} \int_0^\omega \beta_i(s+t)\exp\left\{ - \int_s^\omega b_i(\sigma+t)\mathrm{d}\sigma \right\} \mathrm{d}s$$

$$= \sum_{j=1}^n \Psi(\alpha_{ij}, b_i)\mathcal{R}_j + \breve{\beta}_i < \mathcal{R}_i, \quad i = 1, 2, \cdots, n. \tag{3.3.14}$$

因此, 对任意的 $x \in \Omega$ 和 $\zeta \in \varphi(x)$, 我们有 $\zeta \in \Omega$. 从而, 对每一个固定的 $x \in \Omega$, 有 $\varphi(x) \in P_{kc}(\Omega)$, 即 $\varphi : \Omega \to P_{kc}(\Omega)$.

步骤 2 证明对每一个固定的 $x \in \Omega$, 集值映射 $\varphi(x)$ 是凸的.

事实上, 对任意的 $x = (x_1, x_2, \cdots, x_n)^{\mathrm{T}} \in \Omega$, 令 $\zeta = (\zeta_1, \zeta_2, \cdots, \zeta_n)^{\mathrm{T}} \in \varphi(x)$ 且 $\zeta^* = (\zeta_1^*, \zeta_2^*, \cdots, \zeta_n^*)^{\mathrm{T}} \in \varphi(x)$, 则存在可测函数 $\gamma = (\gamma_1, \gamma_2, \cdots, \gamma_n)^{\mathrm{T}} : [-\tau, \xi) \to \mathbb{R}^n$ 使得 $\gamma_i(t) \in F_i(t, x_t)(i = 1, 2, \cdots, n)$, a.e. $t \in [-\tau, \xi)$ 且 (3.3.12) 成立. 同时, 可测选择函数 $\gamma^* = (\gamma_1^*, \gamma_2^*, \cdots, \gamma_n^*)^{\mathrm{T}} : [-\tau, \xi) \to \mathbb{R}^n$ 使得 $\gamma_i^*(t) \in F_i(t, x_t)(i = 1, 2, \cdots, n)$, a.e. $t \in [-\tau, \xi)$ 且

$$\zeta_i^*(t) = \int_t^{t+\omega} G_i(t, s)\gamma_i^*(s)\mathrm{d}s \in \int_t^{t+\omega} G_i(t, s)F_i(s, x_s)\mathrm{d}s = \varphi_i(x)(t). \tag{3.3.15}$$

由 (3.3.3), 易知 $F_i(s, x_s)$ 是凸的. 也就是说, 对 $0 \leqslant \lambda \leqslant 1$, $\lambda\gamma_i(s) + (1-\lambda)\gamma_i^*(s) \in F_i(s, x_s)$, a.e. $s \geqslant 0$, $i = 1, 2, \cdots, n$. 因此, 对所有的 $t \in [0, \omega]$, 可得

$$\lambda\zeta_i(t) + (1-\lambda)\zeta_i^*(t) = \int_t^{t+\omega} G_i(t, s)[\lambda\gamma_i(s) + (1-\lambda)\gamma_i^*(s)]\mathrm{d}s$$

$$\in \int_t^{t+\omega} G_i(t, s)F_i(s, x_s)\mathrm{d}s = \varphi_i(x), \quad i = 1, 2, \cdots, n,$$

且有

$$\lambda\zeta(t) + (1-\lambda)\zeta^*(t) \in \varphi(x).$$

这意味着对每一个 $x \in \Omega$, $\varphi(x)$ 为 Ω 中的凸集.

步骤 3 证明集值映射 $\varphi : \Omega \to P_{kc}(\Omega)$ 是紧的.

根据 Ascoli-Arzela 定理, 只需证明 $\varphi(\Omega)$ 是一致有界集和等度连续集. 首先, 我们证明 $\varphi(\Omega)$ 是一致有界集. 为此, 令 $x = (x_1, x_2, \cdots, x_n)^{\mathrm{T}} \in \Omega$ 且 $\zeta = $

$(\zeta_1, \zeta_2, \cdots, \zeta_n)^{\mathrm{T}} \in \varphi(x)$ 是任意的, 则存在可测选择函数 $\gamma = (\gamma_1, \gamma_2, \cdots, \gamma_n)^{\mathrm{T}} :$ $[-\tau, \xi) \to \mathbb{R}^n$ 使得 $\gamma_i(t) \in F_i(t, x_t)(i = 1, 2, \cdots, n)$, a.e. $t \in [-\tau, \xi)$ 且 (3.3.12) 仍然成立. 显然, 对任意的 $x \in \Omega$, 由 (3.3.14) 可得

$$\sum_{i=1}^{n} |\zeta_i(t)| < \sum_{i=1}^{n} \mathcal{R}_i \triangleq \mathcal{R}^{\text{sum}}, \qquad (3.3.16)$$

从而有

$$\|\zeta(t)\|_{C_\omega} = \sum_{i=1}^{n} \sup_{t \in [0,\omega]} |\zeta_i(t)| < \mathcal{R}^{\text{sum}}, \quad \forall \, x \in \Omega. \qquad (3.3.17)$$

这说明 $\varphi(\Omega)$ 是一致有界集.

接下来, 我们将证明 $\varphi(\Omega)$ 是等度连续集. 为此, 令 $t, t^* \in [0, \omega]$, 则对任意的 $\zeta \in \varphi(\Omega)$ 和每一个 $i = 1, 2, \cdots, n$, 由 (3.3.8) 和 (3.3.12) 可得

$$\begin{aligned}
|\zeta_i(t) - \zeta_i(t^*)| &= \left| \int_t^{t+\omega} G_i(t, s)\gamma_i(s)\mathrm{d}s - \int_{t^*}^{t^*+\omega} G_i(t^*, s)\gamma_i(s)\mathrm{d}s \right| \\
&\leqslant \left| \int_t^{t+\omega} G_i(t, s)\gamma_i(s)\mathrm{d}s - \int_t^{t+\omega} G_i(t^*, s)\gamma_i(s)\mathrm{d}s \right| \\
&\quad + \left| \int_t^{t+\omega} G_i(t^*, s)\gamma_i(s)\mathrm{d}s - \int_{t^*}^{t^*+\omega} G_i(t^*, s)\gamma_i(s)\mathrm{d}s \right| \\
&\leqslant \left| \int_t^{t+\omega} [G_i(t, s) - G_i(t^*, s)] \gamma_i(s)\mathrm{d}s \right| \\
&\quad + \left| \int_{t^*}^{t} G_i(t^*, s)\gamma_i(s)\mathrm{d}s \right| + \left| \int_{t^*+\omega}^{t+\omega} G_i(t^*, s)\gamma_i(s)\mathrm{d}s \right| \\
&\leqslant \max_{t \leqslant s \leqslant t+\omega} \{|G_i(t, s) - G_i(t^*, s)|\} \int_0^\omega |\gamma_i(s)|\mathrm{d}s \\
&\quad + G_i^{\max} \left| \int_{t^*}^{t} |\gamma_i(s)|\mathrm{d}s \right| + G_i^{\max} \left| \int_{t^*+\omega}^{t+\omega} |\gamma_i(s)|\mathrm{d}s \right|, \quad \forall \, x \in \Omega.
\end{aligned}$$
$$(3.3.18)$$

显然, 对任意的 $x \in \Omega$ 和每一个 $i = 1, 2, \cdots, n$, 由假设条件 (H2) 可得

$$|\gamma_i(t)| \leqslant \sup_{\gamma_i(t) \in F_i(t, \phi)} |\gamma_i(t)| \leqslant \sum_{j=1}^{n} \alpha_{ij}(t)\mathcal{R}_j + \beta_i(t) \leqslant \sum_{j=1}^{n} \alpha_{ij}^M \mathcal{R}_j + \beta_i^M \triangleq \mathscr{S}_i.$$
$$(3.3.19)$$

由(3.3.18) 和 (3.3.19), 可推得

$$|\zeta_i(t) - \zeta_i(t^*)| \leqslant \max_{t \leqslant s \leqslant t+\omega} \{|G_i(t, s) - G_i(t^*, s)|\} \omega \mathscr{S}_i + 2G_i^{\max} \mathscr{S}_i |t - t^*|, \, \forall \, x \in \Omega.$$

当 $t \to t^*$ 时, 上面不等式的右端趋于零. 因此, 当 $t \to t^*$ 时, 我们有 $\|\zeta(t) - \zeta(t^*)\| \to 0$, 其中 $\|\cdot\|$ 表示任意向量范数. 这说明 $\varphi(\Omega)$ 为 C_ω 中的等度连续集.

步骤 4 证明集值映射 $\varphi : \Omega \to P_{kc}(\Omega)$ 是上半连续的.

因为集值映射的上半连续性等价于该集值映射当它有非空紧值时是一个闭图像算子, 所以我们只需证明集值映射 φ 是一个闭图像算子. 事实上, 根据定义 2.1.17, 不难发现 (3.3.3) 中的集值映射 $F(t, x_t) = (F_1(t, x_t), F_2(t, x_t), \cdots, F_n(t, x_t))^{\mathrm{T}}$ 是一个 L^1-Carathéodory 集值映射. 根据 (3.3.6) 中定义的集值算子 $\mathscr{F}$, 由引理 2.1.2 可知, 对每一个固定的 $x \in C_\omega$, $\mathscr{F}(x) \neq \varnothing$. 下面, 我们定义一个连续线性算子 $\mathcal{L} : L^1(I^\omega, \mathbb{R}^n) \to C(I^\omega)$ 如下

$$
\mathcal{L}\gamma(t) = \begin{pmatrix} \displaystyle\int_t^{t+\omega} G_1(t,s)\gamma_1(s)\mathrm{d}s \\ \displaystyle\int_t^{t+\omega} G_2(t,s)\gamma_2(s)\mathrm{d}s \\ \vdots \\ \displaystyle\int_t^{t+\omega} G_n(t,s)\gamma_n(s)\mathrm{d}s \end{pmatrix}, \quad t \in I^\omega.
$$

根据引理 2.1.3, 可知 $\varphi = \mathcal{L} \circ \mathscr{F}$ 是一个闭图像算子. 因此, 我们便证明了集值映射 φ 是上半连续的.

由以上 4 个步骤, 我们已经证明了引理 2.1.7 的所有条件都满足, 所以集值映射 $\varphi : \Omega \to P_{kc}(\Omega)$ 至少存在一个不动点 $x^*(t) = (x_1^*(t), x_2^*(t), \cdots, x_n^*(t))^{\mathrm{T}} \in \Omega$ 使得 $x^*(t) \in \varphi(x^*)(t)$. 从而, 泛函微分方程 (3.3.1) 或 (3.3.2) 至少存在一个 ω-周期解. 证毕.

推论 3.3.1 [87] 假设 (H1) 成立, 进一步假定

(H3) 存在连续的非负 ω-周期函数 $\alpha_{ij}(t)$ 和 $\beta_i(t)$ $(i, j = 1, 2, \cdots, n)$ 使得对任意的 $\phi = (\phi_1, \phi_2, \cdots, \phi_n)^{\mathrm{T}} \in C$,

$$
\sup_{\gamma_i \in F_i(t,\phi)} |\gamma_i| \leqslant \sum_{j=1}^n \alpha_{ij}(t)|\phi_j|_0 + \beta_i(t), \quad i = 1, 2, \cdots, n;
$$

(H4) $E_n - \Theta$ 是一个 M-矩阵, 其中 $\Theta = (\Psi(\alpha_{ij}, b_i))_{n \times n}$, 则泛函微分方程 (3.3.1) 或 (3.3.2) 至少存在一个 ω-周期解.

证明 因为 $E_n - \Theta$ 是一个 M-矩阵, 由引理 2.2.4 知, 必存在向量 $\eta = (\eta_1, \eta_2, \cdots, \eta_n)^{\mathrm{T}} > (0, 0, \cdots, 0)^{\mathrm{T}}$ 使得

$$
\vartheta = (\vartheta_1, \vartheta_2, \cdots, \vartheta_n)^{\mathrm{T}} = (E_n - \Theta)\eta > 0.
$$

令 $\breve{\beta}_i = \Psi(\beta_i, b_i)$, $i = 1, 2, \cdots, n$. 我们可选择一个充分大的常数 $\mathscr{O} > 0$ 使得 $\mathscr{O}\vartheta_i > \breve{\beta}_i$, $i = 1, 2, \cdots, n$. 记 $\mathcal{R}_i = \mathscr{O}\eta_i$, $i = 1, 2, \cdots, n$, 则有

$$(E_n - \Theta)(\mathcal{R}_1, \mathcal{R}_2, \cdots, \mathcal{R}_n)^{\mathrm{T}} > (\breve{\beta}_1, \breve{\beta}_2, \cdots, \breve{\beta}_n)^{\mathrm{T}}.$$

另一方面, 由假设条件 (H3) 可得

$$\sup_{\gamma_i \in F_i(t, \phi)} |\gamma_i| \leqslant \sum_{j=1}^{n} \alpha_{ij}(t)\mathcal{R}_j + \beta_i(t), \quad \phi \in C, \ |\phi_j|_0 \leqslant \mathcal{R}_j, \ j = 1, 2, \cdots, n.$$

这说明条件 (H2) 满足. 根据定理 3.3.1, 泛函微分方程(3.3.1)或(3.3.2)至少存在一个 ω-周期解. 证毕.

根据引理 2.2.6 和推论 3.3.1, 可得下列推论.

推论 3.3.2 [87]　假设 (H1) 和 (H3) 成立, 进一步假定 $\rho(\Theta) < 1$, 其中 $\Theta = (\Psi(\alpha_{ij}, b_i))_{n \times n}$, 则泛函微分方程(3.3.1)或(3.3.2)至少存在一个 ω-周期解.

推论 3.3.3 [87]　假设 (H1) 和 (H3) 成立, 且 $b_i^L \geqslant 0$, $i = 1, 2, \cdots, n$, 进一步假定 $\rho(W) < 1$, 其中 $W = \left(\dfrac{\omega\alpha_{ij}^M}{1 - \exp\{-\omega\bar{b}_i\}} \right)_{n \times n}$, 则泛函微分方程(3.3.1)或(3.3.2)至少存在一个 ω-周期解.

证明　因为 $b_i^L \geqslant 0$, $i = 1, 2, \cdots, n$, 则有

$$
\begin{aligned}
\Psi(\alpha_{ij}, b_i) &= \frac{1}{1 - \exp\{-\omega\bar{b}_i\}} \sup_{t \in [0, \omega]} \int_0^\omega \alpha_{ij}(s+t) \cdot \exp\left\{ -\int_s^\omega b_i(\sigma+t)\mathrm{d}\sigma \right\} \mathrm{d}s \\
&\leqslant \frac{1}{1 - \exp\{-\omega\bar{b}_i\}} \sup_{t \in [0, \omega]} \int_0^\omega \alpha_{ij}(s+t)\mathrm{d}s \\
&\leqslant \frac{\omega\alpha_{ij}^M}{1 - \exp\{-\omega\bar{b}_i\}}.
\end{aligned}
$$

令 $W = \left(\dfrac{\omega\alpha_{ij}^M}{1 - \exp\{-\omega\bar{b}_i\}} \right)_{n \times n}$. 显然, $0 \leqslant \Theta \leqslant W$. 根据引理 2.2.7, 可得 $\rho(\Theta) \leqslant \rho(W)$. 根据推论 3.3.2, 可知泛函微分方程(3.3.1)或(3.3.2)至少存在一个 ω-周期解. 证毕.

推论 3.3.4 [87]　假设 (H1) 和 (H3) 成立, 且 $b_i^L > 0$, $i = 1, 2, \cdots, n$, 进一步假定 $\rho(Z) < 1$, 其中 $Z = \left(\dfrac{\alpha_{ij}^M}{b_i^L} \right)_{n \times n}$, 则泛函微分方程 (3.3.1) 或 (3.3.2) 至少存在一个 ω-周期解.

证明 因为 $b_i(t)$ 是一个 ω-周期函数, 且 $b_i^L > 0$, 易得

$$
\begin{aligned}
\Psi(\alpha_{ij}, b_i) &= \frac{1}{1 - \exp\{-\omega\overline{b}_i\}} \sup_{t\in[0,\omega]} \int_0^\omega \alpha_{ij}(s+t) \cdot \exp\left\{-\int_s^\omega b_i(\sigma+t)\mathrm{d}\sigma\right\} \mathrm{d}s \\
&\leqslant \frac{1}{1-\exp\{-\omega\overline{b}_i\}} \cdot \frac{\alpha_{ij}^M}{b_i^L} \cdot \sup_{t\in[0,\omega]} \int_0^\omega b_i(s+t) \cdot \exp\left\{-\int_s^\omega b_i(\sigma+t)\mathrm{d}\sigma\right\} \mathrm{d}s \\
&= \frac{1}{1-\exp\{-\omega\overline{b}_i\}} \cdot \frac{\alpha_{ij}^M}{b_i^L} \cdot \sup_{t\in[0,\omega]} \left[1 - \exp\left\{-\int_0^\omega b_i(\sigma+t)\mathrm{d}\sigma\right\}\right] \\
&= \frac{1}{1-\exp\{-\omega\overline{b}_i\}} \cdot \frac{\alpha_{ij}^M}{b_i^L} \cdot \sup_{t\in[0,\omega]} \left[1 - \exp\left\{-\int_0^\omega b_i(\theta)\mathrm{d}\theta\right\}\right] \\
&= \frac{1}{1-\exp\{-\omega\overline{b}_i\}} \cdot \frac{\alpha_{ij}^M}{b_i^L} \cdot \left(1 - \exp\{-\omega\overline{b}_i\}\right) \\
&= \frac{\alpha_{ij}^M}{b_i^L}.
\end{aligned}
$$

令 $Z = \left(\dfrac{\alpha_{ij}^M}{b_i^L}\right)_{n\times n}$. 显然, $0 \leqslant \Theta \leqslant Z$. 由引理 2.2.7, 可得 $\rho(\Theta) \leqslant \rho(Z)$. 根据推论 3.3.2, 可知泛函微分方程(3.3.1)或(3.3.2)至少存在一个 ω-周期解.

3.4 稳定性理论

微分方程稳定性理论由俄国数学家 Lyapunov 于 19 世纪末创立, 并在控制工程中得到了广泛应用. 在微分包含理论中, 稳定性是一个基本的问题. 然而在研究微分包含特别是时滞微分包含的时候, 传统的稳定性理论和方法就不再完全有效, 这就需要在理论和方法上进行一些推广和改进. 通常情况下, 求微分包含的解是非常困难的, 所以利用微分包含的精确解来判别稳定性是难以实施的, 于是推广并应用 Lyapunov 直接方法是必然的选择. 本节主要介绍微分包含关于 Filippov 解的 Lyapunov 稳定性理论与方法. 因为微分包含任意解的稳定性都可通过变量替换转化为零解 (即平凡解) 的稳定性, 本节主要讨论常微分包含 (3.1.3) 和泛函微分包含 (3.1.14) 零解的稳定性, 并总假定微分包含 (3.1.3) 和 (3.1.14) 关于初值问题的解是全局存在的, 且 $x = 0$ 为微分包含 (3.1.3) 和 (3.1.14) 的零解, 即 "对任意的 $t \in \mathbb{R}$, $0 \in F(t,0)$".

下面介绍正定函数、负定函数及 $\mathcal{K}$ 类函数 (Kamke 函数) 的基本概念和相关性质.

设 $H \in (0, +\infty)$, 记

$$
D \triangleq \{x \mid x \in \mathbb{R}^n, \|x\| \leqslant H\}, \qquad \Omega_H \triangleq \{(t,x) \mid (t,x) \in \mathbb{R} \times D\}.
$$

考虑函数 $W(x) \in C(D, \mathbb{R})$ 和 $V(t, x) \in C(\Omega_H, \mathbb{R})$.

定义 3.4.1[336,442,568]　设 $W(x)$ 是 D 上的函数. 若在 D 上 $W(x) \geqslant 0(W(x) \leqslant 0)$, 且 $W(x) = 0$ 仅有零解 $x = 0 \in D$, 则称 $W(x)$ 是 D 上的正定函数 (负定函数). 类似可定义 $\mathbb{R}^n$ 上的正定函数和负定函数. 若 $W(x)$ 是 $\mathbb{R}^n$ 上的正定函数, 且当 $\|x\| \to +\infty$ 时, $W(x) \to +\infty$, 则称 $W(x)$ 是 $\mathbb{R}^n$ 上的无穷大正定函数.

定义 3.4.2[336,442,568]　设 $V(t, x)$ 是 Ω_H 上的函数. 若对任意的 $t \in \mathbb{R}$, $V(t, 0) = 0$, 且存在 D 上的正定 (负定) 函数 $W(x)$, 使 $V(t, x) \geqslant W(x)$ ($V(t, x) \leqslant W(x)$), 则称 $V(t, x)$ 是 Ω_H 上的正定函数 (负定函数). 若对任意的 $t \in \mathbb{R}$, $V(t, 0) = 0$, 且存在无穷大正定函数 $W(x)$, 使 $V(t, x) \geqslant W(x)$, 则称 $V(t, x)$ 是 $\mathbb{R} \times \mathbb{R}^n$ 上的无穷大正定函数.

定义 3.4.3[336,442,568]　设 $V(t, x)$ 是 Ω_H 上的函数. 若存在 D 上的正定函数 $W_1(x)$, 使 $|V(t, x)| \leqslant W_1(x)$, 则称 $V(t, x)$ 在 Ω_H 上具有无穷小上界. 它的作用是: 当 $\|x\| \to 0$ 时, 对 t 一致地有 $V(t, x) \to 0$.

定义 3.4.4[336,442,568]　若连续纯量函数 $\varphi(s) \in C([0, b], \mathbb{R}_+)$ 或 $\varphi(s) \in C(\mathbb{R}_+, \mathbb{R}_+)$ 是严格单调增加的, 且 $\varphi(0) = 0$, 则称 φ 为 $\mathcal{K}$ 类函数, 记为 $\varphi \in \mathcal{K}$. 如果 $\varphi : \mathbb{R}_+ \to \mathbb{R}_+$ 是 $\mathcal{K}$ 类函数且满足 $\lim\limits_{s \to +\infty} \varphi(s) = +\infty$, 则称 φ 为无界 $\mathcal{K}$ 类函数, 记为 $\varphi \in \mathcal{K}_\infty$.

下面几个结论给出了正定函数与 $\mathcal{K}$ 类函数之间的关系.

命题 3.4.1[336,442,568]　若 $W(x)$ 是 D 上的正定函数, 则必存在两个函数 $\varphi_1, \varphi_2 \in \mathcal{K}$, 使得 $\varphi_1(\|x\|) \leqslant W(x) \leqslant \varphi_2(\|x\|)$.

命题 3.4.2[336,442,568]　若 $W(x)$ 是 $\mathbb{R}^n$ 上的无穷大正定函数, 则必存在两个 $\mathcal{K}_\infty$ 类函数 φ_1, φ_2 使得 $\varphi_1(\|x\|) \leqslant W(x) \leqslant \varphi_2(\|x\|)$.

命题 3.4.3[336,442,568]　对于函数 $V(t, x)$,

(i) 若 $V(t, x)$ 是 Ω_H 上的正定函数, 则存在函数 $\varphi_1 \in \mathcal{K}$ 使得 $\varphi_1(\|x\|) \leqslant V(t, x)$;

(ii) 若 $V(t, x)$ 在 Ω_H 上具有无穷小上界, 则存在函数 $\varphi_2 \in \mathcal{K}$ 使得 $V(t, x) \leqslant \varphi_2(\|x\|)$.

3.4.1　常微分包含的稳定性与基本判据

本小节将介绍常微分包含稳定性的 Lyapunov 判据. 首先, 我们给出零解稳定性的基本概念.

定义 3.4.5　若对任意的 $\varepsilon > 0$, $\forall t_0 \geqslant 0$, $\exists \delta = \delta(\varepsilon, t_0) > 0$ 使得对任意的 $x_0 \in \mathcal{B}(0, \delta) = \{x \mid x \in \mathbb{R}^n, \|x\| < \delta\}$, 每一个解 $x(t_0, x_0)(t)$ 满足 $\|x(t_0, x_0)(t)\| < \varepsilon$, $t \geqslant t_0$, 则称微分包含 (3.1.3) 的零解是稳定的; 如果 δ 不依赖于 t_0, 则称微分包含 (3.1.3) 的零解是一致稳定的.

若 $\forall t_0 \geqslant 0$ $\exists \delta = \delta(t_0) > 0$ 使得对任意的 $x_0 \in \mathcal{B}(0, \delta)$, 每一个解 $x(t_0, x_0)(t)$ 满足 $\lim\limits_{t \to +\infty} \|x(t_0, x_0)(t)\| = 0$, 也就是说, $\forall \varepsilon > 0$, $\forall t_0 \in \mathbb{R}_+$, $\exists \delta = \delta(t_0) > 0$ 且 $\exists T = T(\varepsilon, t_0, x_0) > 0$ 使得对任意的 $x_0 \in \mathcal{B}(0, \delta)$ 和所有的 $t \geqslant t_0 + T$, 每一个解 $x(t_0, x_0)(t)$ 满足 $\|x(t_0, x_0)(t)\| < \varepsilon$, 则称微分包含 (3.1.3) 的零解是吸引的; 如果 T 不依赖于 t_0 和 x_0, 则称微分包含 (3.1.3) 的零解是一致吸引的; 如果 δ 可以任意大, 则称微分包含 (3.1.3) 的零解为全局吸引或全局一致吸引的.

若微分包含 (3.1.3) 的零解是 (一致) 稳定的且是 (一致) 吸引的, 则称它是 (一致) 渐近稳定的.

若对任意的正数 $\varepsilon \in \mathbb{R}$, $\exists \lambda > 0$, $\exists \delta = \delta(\varepsilon, t_0) > 0$, 使得对任意的 $x_0 \in \mathcal{B}(0, \delta)$ 和所有的 $t \geqslant t_0$, 每一个解 $x(t_0, x_0)(t)$ 满足 $\|x(t_0, x_0)(t)\| \leqslant \varepsilon \mathrm{e}^{-\lambda(t-t_0)}$, 则称微分包含 (3.1.3) 的零解是指数稳定的.

若对任意的 $\delta > 0$, $\forall t_0 \in \mathbb{R}_+$, $\exists \lambda > 0$, $\exists M(\delta) > 0$, 使得对任意的 $x_0 \in \mathcal{B}(0, \delta)$ 和所有的 $t \geqslant t_0$, 每一个解 $x(t_0, x_0)(t)$ 满足 $\|x(t_0, x_0)(t)\| \leqslant M(\delta) \mathrm{e}^{-\lambda(t-t_0)}$, 则称微分包含 (3.1.3) 的零解是全局指数稳定的.

定理 3.4.1 [336] 若在区域 Ω_H 上存在正则的局部 Lipschitz 正定函数 $V(t, x)$ 使得微分包含 (3.1.3) 满足初始条件 $(t_0, x_0) \in \Omega_H$ 的任一解 $x(t) \triangleq x(t_0, x_0)(t)$ 满足

$$\left. \frac{\mathrm{d}}{\mathrm{d}t} V(t, x(t)) \right|_{(3.1.3)} \leqslant 0, \quad \text{a.e. } t \in [t_0, +\infty),$$

则下述结论成立:

(i) 微分包含 (3.1.3) 的零解 $x = 0$ 是稳定的;

(ii) 若函数 $V(t, x)$ 还具有无穷小上界, 则微分包含 (3.1.3) 的零解 $x = 0$ 是一致稳定的;

(iii) 若函数 $V(t, x)$ 还具有无穷小上界, 且存在 Ω_H 上的正定函数 $W(x)$ 使得

$$\left. \frac{\mathrm{d}}{\mathrm{d}t} V(t, x(t)) \right|_{(3.1.3)} \leqslant -W(x), \quad \text{a.e. } t \in [t_0, +\infty), \tag{3.4.1}$$

则微分包含 (3.1.3) 的零解 $x = 0$ 是一致渐近稳定的.

定理 3.4.2 [336] 假设 $V(t, x) : \Omega_H \to \mathbb{R}$ 为正则的局部 Lipschitz 正定函数, $x(t) \triangleq x(t_0, x_0)(t)$ 为微分包含 (3.1.3) 满足初始条件 $(t_0, x_0) \in \Omega_H$ 的任一解. 如果对几乎所有的 $t \geqslant t_0$, 有

$$\left. \frac{\mathrm{d}}{\mathrm{d}t} V(t, x(t)) \right|_{(3.1.3)} \leqslant -\Phi(t, V(t, x(t))), \tag{3.4.2}$$

其中 $\Phi : \mathbb{R} \times [0, +\infty) \to \mathbb{R}$ 是连续函数, 满足对任意的 $\vartheta \in (0, +\infty)$, $\inf\limits_{t \in [0, +\infty)} \Phi(t, \vartheta) > 0$ 且 $\lim\limits_{t \to +\infty} \Phi(t, \vartheta)$ 存在, 则微分包含 (3.1.3) 的零解是渐近稳定的.

定理 3.4.3 [336]　假设定理 3.4.2 的条件都成立, 特别地, 对 $t \in [t_0, +\infty)$, $\Phi(t, V(t, x(t))) = aV(t, x(t))$, 其中 $a > 0$. 如果存在常数 $c > 0$, $\tilde{c} > 0$, $r > 0$, $\tilde{r} > 0$ 和 $\lambda > 0$ 使得

$$0 \leqslant c\|x\|^r \leqslant V(x, t), \quad \forall x \in \mathbb{R}^n, \ t \geqslant t_0,$$

且

$$V(x(t_0), t_0) \leqslant \tilde{c}\|x(t_0)\|^{\tilde{r}},$$

那么

$$\|x(t)\| \leqslant \left(\frac{\tilde{c}}{c}\right)^{\frac{1}{r}} (\|x(t_0)\|)^{\frac{\tilde{r}}{r}} e^{-\frac{a}{r}(t-t_0)}, \quad t \geqslant t_0,$$

即微分包含 (3.1.3) 的零解是指数稳定的.

定理 3.4.4 [336]　假设 $V(t, x) : \Omega_H \to \mathbb{R}$ 为正则的局部 Lipschitz 无穷大正定函数, 且具有无穷小上界, $x(t) \triangleq x(t_0, x_0)(t)$ 为微分包含 (3.1.3) 满足初始条件 $(t_0, x_0) \in \Omega_H$ 的任一解. 如果存在正常数 $T_0 \geqslant t_0$ 使得对几乎所有的 $t \geqslant T_0$, 有

$$\left. \frac{\mathrm{d}}{\mathrm{d}t} V(t, x(t)) \right|_{(3.1.3)} \leqslant -\Phi(t, V(t, x(t))),$$

其中 $\Phi : \mathbb{R} \times [0, +\infty) \to \mathbb{R}$ 是连续函数, 满足对任意的 $\vartheta \in (0, +\infty)$, $\inf\limits_{t \in [T_0, +\infty)} \Phi(t, \vartheta) > 0$ 且 $\lim\limits_{t \to +\infty} \Phi(t, \vartheta)$ 存在, 那么不管 $x = 0$ 是否为微分包含 (3.1.3) 的零解, 微分包含 (3.1.3) 的所有解都收敛到 0, 即 $\lim\limits_{t \to +\infty} x(t) = 0$.

定理 3.4.5 [336]　假设定理 3.4.4 的所有条件都满足, 特别地, 对所有的 $t \in [T_0, +\infty)$, $\Phi(t, V(t, x(t))) = aV(t, x(t)) - b$, 其中 $a > 0$, b 为任意实数. 如果存在常数 $c > 0$, $r > 0$, $\lambda > 0$ 和 $T_1 \geqslant T_0$ 使得

$$0 \leqslant ce^{\lambda t}\|x\|_2^r \leqslant V(x, t), \quad \forall x \in \mathbb{R}^n, \ t > T_1, \qquad (3.4.3)$$

那么

$$\|x(t)\| \leqslant \left(\frac{F_0}{c}\right)^{\frac{1}{r}} e^{-\frac{\lambda}{r}t}, \quad t \geqslant T_1,$$

其中 $F_0 = \max\left\{\dfrac{b}{a}, e^{aT_0}V(x(T_0), T_0)\right\}$, 即微分包含 (3.1.3) 的任一解 $x(t)$ 以收敛率 $\dfrac{\lambda}{r}$ 指数收敛于 0.

3.4.2 泛函微分包含的稳定性与基本判据

下面给出泛函微分包含(3.1.14) 零解稳定性的定义.

定义 3.4.6 [83] 若对任意的 $\varepsilon > 0$, $\forall \sigma \in \mathbb{R}$, $\exists \delta = \delta(\varepsilon, \sigma) > 0$ 使得对任意的 $\phi \in \mathcal{B}(0, \delta) = \{\phi \mid \phi \in C([-\tau, 0], \mathbb{R}^n), \|\phi\|_C < \delta\}$, 每一个解 $x(\sigma, \phi)(t)$ 满足 $\|x(\sigma, \phi)(t)\| < \varepsilon, t \geqslant \sigma$, 则称泛函微分包含 (3.1.14) 的零解是稳定的; 若 δ 不依赖于 σ, 则称泛函微分包含 (3.1.14) 的零解是一致稳定的.

若 $\forall \sigma \in \mathbb{R}$, $\exists \delta = \delta(\sigma) > 0$ 使得对任意的 $\phi \in \mathcal{B}(0, \delta)$, 每一个解 $x(\sigma, \phi)(t)$ 满足 $\lim\limits_{t \to +\infty} \|x(\sigma, \phi)(t)\| = 0$, 也就是说, $\forall \varepsilon > 0$, $\forall \sigma \in \mathbb{R}, \exists \delta = \delta(\sigma) > 0$ 且 $\exists T = T(\varepsilon, \sigma, \phi) > 0$ 使得对任意的 $\phi \in \mathcal{B}(0, \delta)$ 和所有的 $t \geqslant \sigma + T$, 每一个解 $x(\sigma, \phi)(t)$ 满足 $\|x(\sigma, \phi)(t)\| < \varepsilon$, 则称泛函微分包含 (3.1.14) 的零解是吸引的; 如果 T 不依赖于 σ 和 ϕ, 则称泛函微分包含 (3.1.14) 的零解是一致吸引的; 如果 δ 可以任意大, 则称泛函微分包含 (3.1.14) 的零解为全局吸引或全局一致吸引的.

若泛函微分包含 (3.1.14) 的零解是 (一致) 稳定的且是 (一致) 吸引的, 则称它是 (一致) 渐近稳定的.

若对任意的正数 $\varepsilon \in \mathbb{R}$, $\exists \lambda > 0$, $\exists \delta = \delta(\varepsilon, \sigma) > 0$, 使得对任意的 $\phi \in \mathcal{B}(0, \delta)$ 和所有的 $t \geqslant \sigma$, 每一个解 $x(\sigma, \phi)(t)$ 满足 $\|x(\sigma, \phi)(t)\| \leqslant \varepsilon e^{-\lambda(t-\sigma)}$, 则称泛函微分包含 (3.1.14) 的零解是指数稳定的.

若对任意的 $\delta > 0$, $\forall \sigma \in \mathbb{R}$, $\exists \lambda > 0$, $\exists M(\delta) > 0$, 使得对任意的 $\phi \in \mathcal{B}(0, \delta)$ 和所有的 $t \geqslant \sigma$, 每一个解 $x(\sigma, \phi)(t)$ 满足 $\|x(\sigma, \phi)(t)\| \leqslant M(\delta) e^{-\lambda(t-\sigma)}$, 则称泛函微分包含 (3.1.14) 的零解是全局指数稳定的.

定理 3.4.6 [336] 若在区域 Ω_H 上存在正则的局部 Lipschitz 正定函数 $V(t, x)$, 使得

$$\frac{\mathrm{d}}{\mathrm{d}t} V(t, x(t)) \bigg|_{(3.1.14)} \leqslant 0, \quad \text{a.e.} \quad t \in [\sigma, +\infty), \tag{3.4.4}$$

则泛函微分包含 (3.1.14) 的零解 $x = 0$ 是稳定的.

定理 3.4.7 [336] 若在区域 Ω_H 上存在正则局部 Lipschitz 正定函数 $V(t, x)$, 以及正定函数 $W(x)$, 使得

$$\frac{\mathrm{d}}{\mathrm{d}t} V(t, x(t)) \bigg|_{(3.1.14)} \leqslant -W(x(t)), \quad \text{a.e.} \quad t \in [\sigma, +\infty), \tag{3.4.5}$$

则泛函微分包含 (3.1.14) 的零解 $x = 0$ 是渐近稳定的.

定理 3.4.8 [336] 若在区域 Ω_H 上存在正则的局部 Lipschitz 正定函数 $V(t, x)$, 具有无穷小上界, 且

$$\frac{\mathrm{d}}{\mathrm{d}t} V(t, x(t)) \bigg|_{(3.1.14)} \leqslant 0, \quad \text{a.e.} \quad t \in [\sigma, +\infty), \tag{3.4.6}$$

则泛函微分包含 (3.1.14) 的零解 $x = 0$ 是一致稳定的.

定理 3.4.9 [336]　若在区域 Ω_H 上存在正则局部 Lipschitz 正定函数 $V(t,x)$, 具有无穷小上界, 且存在正定函数 $W(x)$ 使得

$$\frac{\mathrm{d}}{\mathrm{d}t}V(t,x(t))\bigg|_{(3.1.14)} \leqslant -W(x(t)), \quad \text{a.e.} \quad t \in [\sigma, +\infty), \tag{3.4.7}$$

则泛函微分包含 (3.1.14) 的零解 $x = 0$ 是一致渐近稳定的.

定理 3.4.10 [336]　若在全空间 $\mathbb{R} \times \mathbb{R}^n$ 上存在正则局部 Lipschitz 无穷大正定函数 $V(t,x)$, 具有无穷小上界, 且存在正定函数 $W(x)$ 使得

$$\frac{\mathrm{d}}{\mathrm{d}t}V(t,x(t))\bigg|_{(3.1.14)} \leqslant -W(x(t)), \quad \text{a.e.} \quad t \in [\sigma, +\infty), \tag{3.4.8}$$

则泛函微分包含 (3.1.14) 的零解 $x = 0$ 是全局一致渐近稳定的.

定理 3.4.11 [336]　设 $V(t,x)$ 为 $\mathbb{R} \times \mathbb{R}^n$ 上的具有无穷小上界的局部 Lipschitz 正则函数. 若存在正常数 a,b,c 使得

$$a\|x\|^b \leqslant V(t,x), \quad \forall (t,x) \in \mathbb{R} \times \mathbb{R}^n, \tag{3.4.9}$$

且

$$\frac{\mathrm{d}}{\mathrm{d}t}V(t,x(t))\bigg|_{(3.1.14)} \leqslant -cV(t,x(t)), \quad \text{a.e.} \quad t \in [\sigma, +\infty), \tag{3.4.10}$$

则泛函微分包含 (3.1.14) 的零解 $x = 0$ 是全局指数稳定的, 且指数收敛率为 $\dfrac{c}{b}$.

下面通过一般化 Lyapunov-Krasovskii 泛函方法, 建立泛函微分包含 (3.1.14) 在 Filippov 解意义下的 Lyapunov-Krasovskii 稳定性定理. 这里我们仅讨论泛函微分包含 (3.1.14) 零解的稳定性, 并总是假定泛函微分包含 (3.1.14) 满足初始条件 $(\sigma, \phi) \in \mathbb{R}_+ \times C([-\tau, 0], \mathbb{R}^n)$ 的每一个 Filippov 解 $x(\sigma, \phi)(t)$ 的存在区间为 $[\sigma - \tau, +\infty)$.

定理 3.4.12 [93]　若存在 C-正则的且局部 Lipschitz 连续的函数 $V : \mathbb{R} \times C([-\tau, 0], \mathbb{R}^n) \to \mathbb{R}_+$ 满足 $V(t, 0) = 0$, $\forall t \in \mathbb{R}$, 并存在函数 $\varphi_1 \in \mathcal{K}_\infty$ 和连续函数 $\mathscr{D}(t) : \mathbb{R}_+ \to \mathbb{R}$ 使得

(i) $\varphi_1(\|\phi(0)\|) \leqslant V(t, \phi), \forall(t, \phi) \in \mathbb{R} \times C([-\tau, 0], \mathbb{R}^n)$;

(ii) $\dfrac{\mathrm{d}V(t,\phi)}{\mathrm{d}t}\bigg|_{(3.1.14)} \leqslant \mathscr{D}(t)\varphi_1(\|\phi(0)\|)$, a.e. $t \in [\sigma, +\infty), \forall \phi \in C([-\tau, 0], \mathbb{R}^n)$;

(iii) $\displaystyle\int_\sigma^{+\infty} \mathscr{D}^+(s)\mathrm{d}s < +\infty$, 其中 $\mathscr{D}^+(s) = \max\{\mathscr{D}(s), 0\}$,

则泛函微分包含(3.1.14)的零解是稳定的.

证明   因为 $\mathscr{D}(t) \leqslant \mathscr{D}^+(t)$, 根据条件 (i) 和 (ii), 可得

$$
\begin{aligned}
\left.\frac{\mathrm{d}V(t,\phi)}{\mathrm{d}t}\right|_{(3.1.14)} &\leqslant \mathscr{D}(t)\varphi_1(\|\phi(0)\|) \\
&\leqslant \mathscr{D}^+(t)\varphi_1(\|\phi(0)\|) \\
&\leqslant \mathscr{D}^+(t)V(t,\phi), \quad \text{a.e. } t \in [\sigma,+\infty), \quad \forall \phi \in C([-\tau,0],\mathbb{R}^n).
\end{aligned}
\tag{3.4.11}
$$

根据 $\phi \in C([-\tau,0],\mathbb{R}^n)$ 的任意性, 可取

$$
\phi(\theta) = x_t(\theta), \quad \theta \in [-\tau,0],
$$

由 (3.4.11) 可推得

$$
\frac{\mathrm{d}V(t,x_t)}{\mathrm{d}t} \leqslant \mathscr{D}^+(t)V(t,x_t), \quad \text{a.e. } t \in [\sigma,+\infty). \tag{3.4.12}
$$

在不等式 (3.4.12) 的两边乘以 $\mathrm{e}^{-\int_\sigma^t \mathscr{D}^+(s)\mathrm{d}s}$, 可得

$$
\mathrm{e}^{-\int_\sigma^t \mathscr{D}^+(s)\mathrm{d}s}\frac{\mathrm{d}V(t,x_t)}{\mathrm{d}t} \leqslant \mathscr{D}^+(t)V(t,x_t)\mathrm{e}^{-\int_\sigma^t \mathscr{D}^+(s)\mathrm{d}s}, \quad \text{a.e. } t \in [\sigma,+\infty). \tag{3.4.13}
$$

对上式从 σ 到 t 积分可得

$$
V(t,x_t) \leqslant V(\sigma,\phi)\mathrm{e}^{\int_\sigma^t \mathscr{D}^+(s)\mathrm{d}s} \leqslant V(\sigma,\phi)\mathrm{e}^{\int_\sigma^{+\infty} \mathscr{D}^+(s)\mathrm{d}s}, \quad \forall t \geqslant \sigma. \tag{3.4.14}
$$

为方便起见, 令 $\mathscr{S} = \mathrm{e}^{\int_\sigma^{+\infty} \mathscr{D}^+(s)\mathrm{d}s}$. 注意到 $V(\sigma,\phi)$ 在 ϕ 处是连续的且 $V(\sigma,0) = 0$, 则对任意的 $\varepsilon > 0$, $\forall \sigma \in \mathbb{R}$, 存在 $\delta = \delta(\varepsilon,\sigma) > 0$ 使得对任意的 $\phi \in \mathcal{B}(0,\delta) = \{\phi \in C([-\tau,0],\mathbb{R}^n) \mid \|\phi\|_C < \delta\}$ 有

$$
V(\sigma,\phi) < \frac{\varphi_1(\varepsilon)}{\mathscr{S}}. \tag{3.4.15}
$$

根据条件 (i), 由 (3.4.14) 和 (3.4.15) 可推得

$$
\|x(t)\| = \|x_t(0)\| \leqslant \varphi_1^{-1}(V(t,x_t)) \leqslant \varphi_1^{-1}(V(\sigma,\phi)\mathscr{S}) < \varphi_1^{-1}\left(\frac{\varphi_1(\varepsilon)}{\mathscr{S}}\mathscr{S}\right) = \varepsilon. \tag{3.4.16}
$$

这意味着泛函微分包含(3.1.14)的零解是稳定的. 证毕.

类似于定理 3.4.12 的证明可得到下列结论.

定理 3.4.13 [93]   若存在 C-正则的且局部 Lipschitz 连续的函数 $V : \mathbb{R} \times C([-\tau,0],\mathbb{R}^n) \to \mathbb{R}_+$ 满足 $V(t,0) = 0$, $\forall t \in \mathbb{R}$, 并且存在函数 $\varphi_1 \in \mathcal{K}_\infty$ 和连续函数 $\mathscr{D}(t) : \mathbb{R}_+ \to \mathbb{R}$ 使得

(i) $\varphi_1(\|\phi(0)\|) \leqslant V(t,\phi),\ \forall\ (t,\phi) \in \mathbb{R} \times C([-\tau,0],\mathbb{R}^n)$;

(ii) $\left.\dfrac{\mathrm{d}V(t,\phi)}{\mathrm{d}t}\right|_{(3.1.14)} \leqslant \mathscr{D}(t)V(t,\phi),$ a.e. $t \in [\sigma,+\infty),\ \forall\ \phi \in C([-\tau,0],\mathbb{R}^n)$;

(iii) $\displaystyle\int_\sigma^{+\infty} \mathscr{D}^+(s)\mathrm{d}s < +\infty,$ 其中 $\mathscr{D}^+(s) = \max\{D(s),0\}$,

则泛函微分包含 (3.1.14) 的零解是稳定的.

注 3.4.1　不同于文献 [283] 中的 Lyapunov-Krasovskii 泛函方法, 在定理 3.4.12 和定理 3.4.13 中, 不要求 Lyapunov-Krasovskii 泛函 $V(t,\phi)$ 有无穷小的上界, 此外, 只需 $V(t,\phi)$ 是关于时间 t 绝对连续的. 然而, 在文献 [283] 中要求 Lyapunov-Krasovskii 泛函关于时间 t 在每一处都是可导的. 因此, 定理 3.4.12 和定理 3.4.13 的结论更具一般性.

定理 3.4.14 [93]　若存在 C-正则的且局部 Lipschitz 连续的函数 $V : \mathbb{R} \times C([-\tau,0],\mathbb{R}^n) \to \mathbb{R}_+$ 满足 $V(t,0) = 0,\ \forall\ t \in \mathbb{R}$, 并且存在函数 $\varphi_1,\varphi_2 \in \mathcal{K}_\infty$ 和连续函数 $\mathscr{D}(t) : \mathbb{R}_+ \to \mathbb{R}$ 使得

(i) $\varphi_1(\|\phi(0)\|) \leqslant V(t,\phi) \leqslant \varphi_2(\|\phi\|_C),\ \forall\ (t,\phi) \in \mathbb{R} \times C([-\tau,0],\mathbb{R}^n)$;

(ii) $\left.\dfrac{\mathrm{d}V(t,\phi)}{\mathrm{d}t}\right|_{(3.1.14)} \leqslant \mathscr{D}(t)\varphi_1(\|\phi(0)\|),$ a.e. $t \in [\sigma,+\infty),\ \forall\ \phi \in C([-\tau,0],\mathbb{R}^n)$;

(iii) $\displaystyle\int_\sigma^{+\infty} \mathscr{D}^+(s)\mathrm{d}s < +\infty,$ 其中 $\mathscr{D}^+(s) = \max\{D(s),0\}$,

则泛函微分包含(3.1.14)的零解是一致稳定的.

证明　因为 Lyapunov-Krasovskii 泛函 $V(t,\phi)$ 有无穷小的上界, 即对任意的 $(t,\phi) \in \mathbb{R} \times C([-\tau,0],\mathbb{R}^n)$, 有 $V(t,\phi) \leqslant \varphi_2(\|\phi\|_C)$, 由此可得

$$V(\sigma,\phi) \leqslant \varphi_2(\|\phi\|_C). \tag{3.4.17}$$

根据定理 3.4.12 的证明, 由(3.4.14) 和 (3.4.17) 可得

$$V(t,x_t) \leqslant V(\sigma,\phi)\mathrm{e}^{\int_\sigma^{+\infty} \mathscr{D}^+(s)\mathrm{d}s} \leqslant \varphi_2(\|\phi\|_C)\mathscr{S},\quad \forall\ t \geqslant \sigma. \tag{3.4.18}$$

根据假设条件 (i), 由(3.4.18)可推得

$$\|x(t)\| = \|x_t(0)\| \leqslant \varphi_1^{-1}(V(t,x_t)) \leqslant \varphi_1^{-1}(\varphi_2(\|\phi\|_C)\mathscr{S}). \tag{3.4.19}$$

对任意的 $\varepsilon > 0$, 选取不依赖于 σ 的正常数 $\delta = \varphi_2^{-1}\left(\dfrac{\varphi_1(\varepsilon)}{\mathscr{S}}\right)$. 因此, 对任意的 $\phi \in \mathcal{B}(0,\delta) = \{\phi \in C([-\tau,0],\mathbb{R}^n)\mid \|\phi\|_C < \delta\}$, 由 (3.4.19) 可得

$$\|x(t)\| \leqslant \varphi_1^{-1}(\varphi_2(\|\phi\|_C)\mathscr{S}) < \varphi_1^{-1}\left(\varphi_2\left(\varphi_2^{-1}\left(\dfrac{\varphi_1(\varepsilon)}{\mathscr{S}}\right)\right)\mathscr{S}\right) = \varepsilon. \tag{3.4.20}$$

也就是说, $\|x(t)\| < \varepsilon.$ 这说明泛函微分包含 (3.1.14) 的零解是一致稳定的. 证毕.

类似于定理 3.4.14的证明, 可得到下列定理.

定理 3.4.15 [93] 若存在 C-正则的且局部 Lipschitz 连续的函数 $V : \mathbb{R} \times C([-\tau, 0], \mathbb{R}^n) \to \mathbb{R}_+$ 满足 $V(t, 0) = 0$, $\forall t \in \mathbb{R}$, 并且存在函数 $\varphi_1, \varphi_2 \in \mathcal{K}_\infty$ 和连续函数 $\mathscr{D}(t) : \mathbb{R}_+ \to \mathbb{R}$ 使得

(i) $\varphi_1(\|\phi(0)\|) \leqslant V(\sigma, \phi) \leqslant \varphi_2(\|\phi\|_C)$, $\forall (\sigma, \phi) \in \mathbb{R} \times C([-\tau, 0], \mathbb{R}^n)$;

(ii) $\left.\dfrac{\mathrm{d}V(t, \phi)}{\mathrm{d}t}\right|_{(3.1.14)} \leqslant \mathscr{D}(t)V(t, \phi)$, a.e. $t \in [\sigma, +\infty)$, $\forall \phi \in C([-\tau, 0], \mathbb{R}^n)$;

(iii) $\displaystyle\int_\sigma^{+\infty} \mathscr{D}^+(s)\mathrm{d}s < +\infty$, 其中 $\mathscr{D}^+(s) = \max\{D(s), 0\}$,

则泛函微分包含(3.1.14)的零解是一致稳定的.

注 3.4.2 一般情况下, Lyapunov-Krasovskii 泛函是并不容易构造出来的. 一个主要原因是 Lyapunov-Krasovskii 泛函通常要求其沿泛函微分包含解的导数是负定或半负定的. 然而, 在定理 3.4.12 — 定理 3.4.15中, Lyapunov-Krasovskii 泛函 $V(t, \phi)$ 沿着泛函微分包含(3.1.14) 的解的导数 (在存在的情况下) 可以允许是正的, 也允许它对 $t \in [\sigma, +\infty)$ 是几乎处处可微的. 此外, 定理 3.4.12 — 定理 3.4.15 中的 Lyapunov-Krasovskii 泛函 $V(t, \phi)$ 被放松为非光滑的函数. 因此, 定理 3.4.12 — 定理 3.4.15中的 Lyapunov-Krasovskii 泛函法改进了之前存在的有关结果.

定理 3.4.16 [93] 若存在 C-正则的且局部 Lipschitz 连续的函数 $V : \mathbb{R} \times C([-\tau, 0], \mathbb{R}^n) \to \mathbb{R}_+$ 满足 $V(t, 0) = 0$, $\forall t \in \mathbb{R}$, 并且存在函数 $\varphi_1, \varphi_2 \in \mathcal{K}_\infty$ 和连续函数 $\mathscr{D}(t) : \mathbb{R}_+ \to \mathbb{R}$ 使得

(i) $\varphi_1(\|\phi(0)\|) \leqslant V(t, \phi) \leqslant \varphi_2(\|\phi\|_C)$, $\forall (t, \phi) \in \mathbb{R} \times C([-\tau, 0], \mathbb{R}^n)$;

(ii) $\left.\dfrac{\mathrm{d}V(t, \phi)}{\mathrm{d}t}\right|_{(3.1.14)} \leqslant \mathscr{D}^+(t)\varphi_1(\|\phi(0)\|) - \mathscr{D}^-(t)\varphi_2(\|\phi\|_C)$, a.e. $t \in [\sigma, +\infty)$,

$\forall \phi \in C([-\tau, 0], \mathbb{R}^n)$, 其中 $\mathscr{D}^+(t) = \max\{D(t), 0\}$, $\mathscr{D}^-(t) = \max\{-\mathscr{D}(t), 0\}$;

(iii) $\displaystyle\int_\sigma^{+\infty} \mathscr{D}^+(s)\mathrm{d}s < +\infty$, 且存在常数 $\lambda > 0$ 使得对所有的 $t \geqslant \sigma$, 有

$$\int_\sigma^t \mathscr{D}^-(s)\mathrm{d}s \geqslant \lambda(t - \sigma), \tag{3.4.21}$$

则泛函微分包含(3.1.14)的零解是一致渐近稳定的.

证明 注意到

$$\mathscr{D}(t) = \mathscr{D}^+(t) - \mathscr{D}^-(t). \tag{3.4.22}$$

根据假设条件 (i) 和 (ii) 可得

$$
\begin{aligned}
\left.\frac{\mathrm{d}V(t,\phi)}{\mathrm{d}t}\right|_{(3.1.14)} & \leqslant \mathscr{D}^+(t)\varphi_1(\|\phi(0)\|) - \mathscr{D}^-(t)\varphi_2(\|\phi\|_C) \\
& \leqslant (\mathscr{D}^+(t) - \mathscr{D}^-(t))V(t,\phi) \\
& \leqslant \mathscr{D}(t)V(t,\phi), \quad \text{a.e. } t \in [\sigma,+\infty),\ \forall\, \phi \in C([-\tau,0],\mathbb{R}^n).
\end{aligned}
$$
$$(3.4.23)$$

根据定理 3.4.15, 可得泛函微分包含(3.1.14)的零解是一致稳定的. 下面, 我们只需证明泛函微分包含(3.1.14)的零解是一致吸引的. 由 $\phi \in C([-\tau,0],\mathbb{R}^n)$ 的任意性, 取

$$
\phi(\theta) = x_t(\theta), \quad \theta \in [-\tau,0],
$$

则由 (3.4.23) 可推出

$$
\frac{\mathrm{d}V(t,x_t)}{\mathrm{d}t} \leqslant \mathscr{D}(t)V(t,x_t), \quad \text{a.e. } \quad t \in [\sigma,+\infty). \tag{3.4.24}
$$

类似于 (3.4.14), 在不等式(3.4.24)的两边同时乘以 $\mathrm{e}^{-\int_\sigma^t \mathscr{D}(s)\mathrm{d}s}$ 再从 σ 到 t 积分可得

$$
V(t,x_t) \leqslant V(\sigma,\phi)\mathrm{e}^{\int_\sigma^t \mathscr{D}(s)\mathrm{d}s}, \quad \forall t \geqslant \sigma. \tag{3.4.25}
$$

由 (3.4.22) 可得

$$
\int_\sigma^t \mathscr{D}(s)\mathrm{d}s = \int_\sigma^t \mathscr{D}^+(s)\mathrm{d}s - \int_\sigma^t \mathscr{D}^-(s)\mathrm{d}s. \tag{3.4.26}
$$

根据条件 (i) 和 (iii), 由 (3.4.25) 和 (3.4.26) 可推得

$$
\begin{aligned}
V(t,x_t) & \leqslant V(\sigma,\phi)\mathrm{e}^{\int_\sigma^t \mathscr{D}^+(s)\mathrm{d}s} \cdot \mathrm{e}^{-\int_\sigma^t \mathscr{D}^-(s)\mathrm{d}s} \\
& \leqslant V(\sigma,\phi)\mathrm{e}^{\int_\sigma^{+\infty} \mathscr{D}^+(s)\mathrm{d}s} \cdot \mathrm{e}^{-\lambda(t-\sigma)} \\
& \leqslant \varphi_2(\|\phi\|_C)\mathrm{e}^{\int_\sigma^{+\infty} \mathscr{D}^+(s)\mathrm{d}s} \cdot \mathrm{e}^{-\lambda(t-\sigma)} \\
& = \varphi_2(\|\phi\|_C)\mathscr{S}\mathrm{e}^{-\lambda(t-\sigma)}, \quad \forall t \geqslant \sigma,
\end{aligned}
$$
$$(3.4.27)$$

其中 $\mathscr{S} = \mathrm{e}^{\int_\sigma^{+\infty} G^+(s)\mathrm{d}s}$. 再次利用条件 (i), 由 (3.4.27) 可得, 对任意的 $t \geqslant \sigma$, 有

$$
\|x(t)\| = \|x_t(0)\| \leqslant \varphi_1^{-1}(V(t,x_t)) \leqslant \varphi_1^{-1}\left(\varphi_2(\|\phi\|_C)\mathscr{S}\mathrm{e}^{-\lambda(t-\sigma)}\right). \tag{3.4.28}
$$

下面, 对任意的 $\varepsilon > 0$, $\forall \sigma \in \mathbb{R}_+$, 可选取正的常数 $\delta = \varphi_2^{-1}\left(\dfrac{\varphi_1(\varepsilon)}{\mathscr{S}}\right)$. 因此, 对任

意的 $\phi \in \mathcal{B}(0,\delta) = \{\phi \in C([-\tau,0],\mathbb{R}^n) \mid \|\phi\|_C < \delta\}$, 由 (3.4.28) 可推得

$$
\begin{aligned}
\|x(t)\| &\leqslant \varphi_1^{-1}\left(\varphi_2\left(\|\phi\|_C\right)\mathscr{S}\mathrm{e}^{-\lambda(t-\sigma)}\right) \\
&< \varphi_1^{-1}\left(\varphi_2\left(\varphi_2^{-1}\left(\frac{\varphi_1(\varepsilon)}{\mathscr{S}}\right)\right)\mathscr{S}\mathrm{e}^{-\lambda(t-\sigma)}\right) \\
&= \varphi_1^{-1}\left(\varphi_1(\varepsilon)\mathrm{e}^{-\lambda(t-\sigma)}\right).
\end{aligned} \tag{3.4.29}
$$

另一方面, 因为存在不依赖于 σ 和 ϕ 的正常数 T 使得

$$
\mathrm{e}^{-\lambda(t-\sigma)} \leqslant \mathrm{e}^{-\lambda T} \leqslant 1, \quad \forall t \geqslant \sigma + T, \tag{3.4.30}
$$

故由(3.4.29)和(3.4.30)可得

$$
\|x(t)\| < \varphi_1^{-1}\left(\varphi_1(\varepsilon)\right) = \varepsilon. \tag{3.4.31}
$$

这说明泛函微分包含(3.1.14)的零解是一致渐近稳定的. 证毕.

类似于定理 3.4.16 的证明可得下列定理.

定理 3.4.17 [93] 若存在 C-正则的且局部 Lipschitz 连续的函数 $V : \mathbb{R} \times C([-\tau,0],\mathbb{R}^n) \to \mathbb{R}_+$ 满足 $V(t,0) = 0$, $\forall t \in \mathbb{R}$, 并且存在函数 $\varphi_1, \varphi_2 \in \mathcal{K}_\infty$ 和连续函数 $\mathscr{D}(t) : \mathbb{R}_+ \to \mathbb{R}$ 使得

(i) $\varphi_1(\|\phi(0)\|) \leqslant V(t,\phi) \leqslant \varphi_2(\|\phi\|_C)$, $\forall\,(t,\phi) \in \mathbb{R} \times C([-\tau,0],\mathbb{R}^n)$;

(ii) $\dfrac{\mathrm{d}V(t,\phi)}{\mathrm{d}t}\bigg|_{(3.1.14)} \leqslant \mathscr{D}(t)V(t,\phi)$, a.e. $t \in [\sigma,+\infty)$, $\forall \phi \in C([-\tau,0],\mathbb{R}^n)$;

(iii) $\displaystyle\int_\sigma^{+\infty} \mathscr{D}^+(s)\mathrm{d}s < +\infty$, 且存在常数 $\lambda > 0$ 使得对所有的 $t \geqslant \sigma$, 有 $\displaystyle\int_\sigma^t \mathscr{D}^-(s)\mathrm{d}s \geqslant \lambda(t-\sigma)$, 其中 $\mathscr{D}^+(s) = \max\{\mathscr{D}(s),0\}$, $\mathscr{D}^-(s) = \max\{-\mathscr{D}(s),0\}$, 则泛函微分包含 (3.1.14) 的零解是一致渐近稳定的.

注 3.4.3 在 Filippov 意义下解的框架内, 定理 3.4.16 和定理 3.4.17 中的 Lyapunov-Krasovskii 泛函 $V(t,\phi)$ 沿着泛函微分包含(3.1.14)的解允许是几乎处处可微的, 且允许有正定或不定的导数. 这意味着一般化了文献 [283] 中的 Lyapunov-Krasovskii 定理.

注 3.4.4 如果在定理 3.4.16 中选取 $\varphi_1(\|\phi(0)\|) = \mathscr{C}\|\phi(0)\|^r$, 其中 $\mathscr{C}$ 和 r 是正的常数, 则由(3.4.28)进一步可得泛函微分包含(3.1.14) 的零解是全局指数稳定的. 在定理 3.4.16 和定理 3.4.17 中, 如果条件 (i) 替换为 $\varphi_1(\|\phi(0)\|) \leqslant V(t,\phi)$, $\forall(t,\phi) \in \mathbb{R} \times C([-\tau,0],\mathbb{R}^n)$ (即 Lyapunov-Krasovskii 泛函 $V(t,\phi)$ 不要求有无穷小的上界), 则只能得到泛函微分包含(3.1.14)的零解是渐近稳定的.

注 3.4.5　显然, 由条件 (3.4.21) 可得 $\int_{\sigma}^{+\infty} \mathscr{D}^{-}(s)\mathrm{d}s = +\infty$. 然而, 如果在定理 3.4.16 和定理 3.4.17 中把条件(3.4.21)替换为 $\int_{\sigma}^{+\infty} \mathscr{D}^{-}(s)\mathrm{d}s = +\infty$, 则只能得到泛函微分包含(3.1.14)的零解是渐近稳定的.

注 3.4.6　注意到 $\mathscr{D}^{+}(t) + \mathscr{D}^{-}(t) = |\mathscr{D}(t)| \geqslant \mathscr{D}^{+}(t)$. 如果在定理 3.4.12 —— 定理 3.4.17 中把条件 (iii) 中的 $\int_{\sigma}^{+\infty} \mathscr{D}^{+}(s)\mathrm{d}s < +\infty$ 替换为下列条件 (H), 则通过类似的证明可得定理 3.4.12 —— 定理 3.4.17 的结论仍然成立.

(H) $\int_{\sigma}^{+\infty} |\mathscr{D}(s)|\mathrm{d}s < +\infty$.

定理 3.4.18 [93]　若存在 C-正则的且局部 Lipschitz 连续的函数 $V : \mathbb{R} \times C([-\tau,0],\mathbb{R}^n) \to \mathbb{R}_{+}$ 满足 $V(t,0) = 0$, $\forall t \in \mathbb{R}$, 并且存在函数 $\varphi_1, \varphi_2 \in \mathcal{K}_{\infty}$, 非负连续函数 $\mathscr{D}(t) : \mathbb{R}_{+} \to \mathbb{R}_{+}$ 和连续函数 $\mathscr{P}(t) : \mathbb{R}_{+} \to \mathbb{R}$ 使得

(i) $\kappa e^{\mu t} \cdot \|\phi(0)\|^r \leqslant V(t,\phi) \leqslant \varphi_2(\|\phi\|_C)$, $\forall\,(t,\phi) \in \mathbb{R} \times C([-\tau,0],\mathbb{R}^n)$, 其中 $\kappa > 0$, $\mu > 0$, $r > 0$;

(ii) $\left. \dfrac{\mathrm{d}V(t,\phi)}{\mathrm{d}t} \right|_{(3.1.14)} \leqslant \mathscr{D}(t)V(t,\phi) + \mathscr{P}(t)$, a.e. $t \in [\sigma,+\infty)$, $\forall\,\phi \in C([-\tau,0],\mathbb{R}^n)$;

(iii) $\int_{\sigma}^{+\infty} \mathscr{D}(s)\mathrm{d}s < +\infty$, 且 $\int_{\sigma}^{+\infty} \mathscr{P}^{+}(s)\mathrm{d}s < +\infty$, 其中 $\mathscr{P}^{+}(s) = \max\{P(s),0\}$,

则泛函微分包含 (3.1.14) 的零解是全局指数稳定的.

证明　由于 $V(t,x_t)$ 是局部 Lipschitz 连续的, 故 $V(t,x_t)$ 在区间 $[\sigma,+\infty)$ 的任意紧子区间上是绝对连续的, 且有

$$V(t,x_t) = V(\sigma,\phi) + \int_{\sigma}^{t} \dot{V}(s,x_s)\mathrm{d}s, \quad \forall t \geqslant \sigma. \tag{3.4.32}$$

根据条件 (ii) 可得

$$\frac{\mathrm{d}V(t,x_t)}{\mathrm{d}t} \leqslant \mathscr{D}(t)V(t,x_t) + \mathscr{P}(t), \quad \text{a.e.} \quad t \in [\sigma,+\infty). \tag{3.4.33}$$

由 (3.4.32) 和 (3.4.33) 可推得

$$
\begin{aligned}
V(t,x_t) &\leqslant V(\sigma,\phi) + \int_{\sigma}^{t} [\mathscr{D}(s)V(s,x_s) + \mathscr{P}(s)]\,\mathrm{d}s \\
&\leqslant \left(V(\sigma,\phi) + \int_{\sigma}^{t} \mathscr{P}^{+}(s)\mathrm{d}s \right) + \int_{\sigma}^{t} \mathscr{D}(s)V(s,x_s)\mathrm{d}s, \quad \forall t \geqslant \sigma.
\end{aligned}
\tag{3.4.34}
$$

根据 Gronwall 不等式, 由 (3.4.34) 可推出

$$
\begin{aligned}
V(t,x_t) &\leqslant \left(V(\sigma,\phi) + \int_\sigma^t \mathscr{P}^+(s)\mathrm{d}s \right) \mathrm{e}^{\int_\sigma^t \mathscr{D}(s)\mathrm{d}s} \\
&\leqslant \left(V(\sigma,\phi) + \int_\sigma^{+\infty} \mathscr{P}^+(s)\mathrm{d}s \right) \mathrm{e}^{\int_\sigma^{+\infty} \mathscr{D}(s)\mathrm{d}s} \\
&= (V(\sigma,\phi) + \mathscr{P}^*)\mathscr{D}^*, \quad \forall t \geqslant \sigma,
\end{aligned} \tag{3.4.35}
$$

其中 $\mathscr{P}^* = \int_\sigma^{+\infty} \mathscr{P}^+(s)\mathrm{d}s$ 和 $\mathscr{D}^* = \mathrm{e}^{\int_\sigma^{+\infty} \mathscr{D}(s)\mathrm{d}s}$ 是非负常数. 根据条件 (i), 由 (3.4.35) 可得

$$
\begin{aligned}
\kappa \mathrm{e}^{\mu t} \cdot \|x(t)\|^r = \kappa \mathrm{e}^{\mu t} \cdot \|x_t(0)\|^r &\leqslant (V(\sigma,\phi) + \mathscr{P}^*)\mathscr{D}^* \\
&\leqslant (\varphi_2(\|\phi\|_C) + \mathscr{P}^*)\mathscr{D}^*, \quad \forall t \geqslant \sigma. \tag{3.4.36}
\end{aligned}
$$

由 (3.4.36) 可推出

$$
\begin{aligned}
\|x(t)\| &\leqslant \left(\frac{(\varphi_2(\|\phi\|_C) + \mathscr{P}^*)\mathscr{D}^*}{\kappa} \right)^{\frac{1}{r}} \mathrm{e}^{-\frac{\mu}{r}t} \\
&\leqslant \left(\frac{(\varphi_2(\|\phi\|_C) + \mathscr{P}^*)\mathscr{D}^*}{\kappa} \right)^{\frac{1}{r}} \mathrm{e}^{-\frac{\mu}{r}(t-\sigma)}, \quad \forall t \geqslant \sigma \geqslant 0. \tag{3.4.37}
\end{aligned}
$$

因此, 对任意的 $\delta > 0$, $\forall \sigma \in \mathbb{R}_+$ 和任意的 $\phi \in \mathcal{B}(0,\delta) = \{\phi \in C([-\tau,0],\mathbb{R}^n) \mid \|\phi\|_C < \delta\}$, 由 (3.4.37) 可得

$$
\|x(t)\| \leqslant \left(\frac{(\varphi_2(\delta) + \mathscr{P}^*)\mathscr{D}^*}{\kappa} \right)^{\frac{1}{r}} \mathrm{e}^{-\frac{\mu}{r}(t-\sigma)} = M(\delta)\mathrm{e}^{-\lambda(t-\sigma)}, \quad \forall t \geqslant \sigma, \tag{3.4.38}
$$

其中 $M(\delta) = \left(\frac{(\varphi_2(\delta) + \mathscr{P}^*)\mathscr{D}^*}{\kappa} \right)^{\frac{1}{r}} > 0$, $\lambda = \frac{\mu}{r} > 0$. 这意味着, 对任意的 $\delta > 0$, $\forall \sigma \in \mathbb{R}$, 存在 $\lambda > 0$ 和 $M(\delta) > 0$, 使得对任意的 $\phi \in \mathcal{B}(0,\delta)$ 和所有的 $t \geqslant \sigma$, 每一个解 $x(t)$ 满足 $\|x(t)\| \leqslant M(\delta)\mathrm{e}^{-\lambda(t-\sigma)}$. 也就是说, 泛函微分包含 (3.1.14) 的零解是全局指数稳定的. 证毕.

注 3.4.7 目前, 涉及右端不连续泛函微分方程或泛函微分包含 Filippov 解的框架和非光滑分析的 Lyapunov-Krasovskii 稳定性结论依然少见. 在文献 [93] 以前的结论中, 所构造的 Lyapunov-Krasovskii 泛函主要用来处理右端连续时滞微分方程解的稳定性, 且要求所构造的 Lyapunov-Krasovskii 泛函关于时间 t 处处可导, 甚至进一步要求所构造的 Lyapunov-Krasovskii 泛函沿方程或包含解的导数是负定或半负定的. 然而, 在定理 3.4.12 — 定理 3.4.18 中, Lyapunov-Krasovskii

泛函 $V(t, \phi)$ 可用来处理右端不连续时滞微分方程, 且 Lyapunov-Krasovskii 泛函 $V(t, \phi)$ 沿着系统的解求导时可以是几乎处处可微的, 同时 Lyapunov-Krasovskii 泛函 $V(t, \phi)$ 的导数 (其导数存在时) 允许是正定的或不定的. 此外, 定理 3.4.12 至定理 3.4.18 中的 Lyapunov-Krasovskii 泛函允许是非光滑的. 总之, 本节介绍的 Lyapunov-Krasovskii 泛函法在处理右端不连续时滞微分方程或泛函微分包含解的稳定性问题时非常有效.

上面我们通过一般化 Lyapunov-Krasovskii 泛函法研究了泛函微分包含关于 Filippov 解的稳定问题, 然而 Lyapunov-Krasovskii 泛函一般是比较难以构造的, 而且结构非常复杂. 为避免构造复杂的 Lyapunov-Krasovskii 泛函, 下面着重发展 Lyapunov-Razumikhin 方法, 建立泛函微分包含(3.1.14)在 Filippov 解意义下的 Lyapunov-Razumikhin 稳定性定理. 这里我们只研究泛函微分包含(3.1.14)零解的稳定性, 且总是假定泛函微分包含(3.1.14)满足初始条件 $(\sigma, \phi) \in \mathbb{R}_+ \times C([-\tau, 0], \mathbb{R}^n)$ 的每一个 Filippov 解 $x(\sigma, \phi)(t)$ 的存在区间为 $[\sigma - \tau, +\infty)$.

定理 3.4.19 [83]　假设存在 C-正则的和局部 Lipschitz 连续的函数 $V : \mathbb{R} \times \mathbb{R}^n \to \mathbb{R}_+$ 满足当 $t \in \mathbb{R}$ 时都有 $V(t, 0) = 0$, 并且存在函数 $\varphi_1 \in \mathcal{K}_\infty$ 和连续函数 $G(t) : \mathbb{R}_+ \to \mathbb{R}$ 使得

(i) $\varphi_1(\|x\|) \leqslant V(t, x), \forall (t, x) \in \mathbb{R} \times \mathbb{R}^n$;

(ii) 若 $V(t + \theta, \phi(\theta)) \leqslant V(t, \phi(0))$, 有 $\left. \dfrac{\mathrm{d}V(t, \phi(0))}{\mathrm{d}t} \right|_{(3.1.14)} \leqslant G(t)V(t, \phi(0))$ 几乎处处成立, $\forall \phi \in C([-\tau, 0], \mathbb{R}^n), \forall \theta \in [-\tau, 0]$;

(iii) $\displaystyle\int_\sigma^{+\infty} G^+(s)\mathrm{d}s < +\infty$, 其中 $G^+(s) = \max\{G(s), 0\}$,

则泛函微分包含 (3.1.14) 的零解是稳定的.

证明　对 $t \in \mathbb{R}$ 和 $\phi \in C$, 定义

$$W(t, \phi) = \sup_{-\tau \leqslant \theta \leqslant 0} V(t + \theta, \phi(\theta)). \tag{3.4.39}$$

因为函数 V 是连续的, 故存在 $\theta_0 \in [-\tau, 0]$ 使得 $W(\sigma, \phi) = V(t + \theta_0, \phi(\theta_0))$ 且要么 $\theta_0 = 0$ 成立, 要么 $\theta_0 < 0$.

情形 1　如果 $\theta_0 < 0$, 则有

$$V(t + \theta, \phi(\theta)) < V(t + \theta_0, \phi(\theta_0)), \quad \theta \in (\theta_0, 0].$$

因此, 对充分小的 $h > 0$, 可得

$$W(t + h, x_{t+h}(t, \phi)) = W(t, \phi),$$

所以 $\dfrac{\mathrm{d}W(t,\phi)}{\mathrm{d}t}=0.$

情形 2 如果 $\theta_0=0$, 可从条件 (ii) 推得下列不等式几乎处处成立.

$$\frac{\mathrm{d}W(t,\phi(0))}{\mathrm{d}t}\leqslant G(t)W(t,\phi(0)).$$

基于以上两种情形, 可得: 对几乎所有的 $t\geqslant\sigma$, 上述不等式成立.

因为 $G(t)\leqslant G^+(t)$, 所以有

$$\frac{\mathrm{d}W(t,\phi(0))}{\mathrm{d}t}\leqslant G(t)W(t,\phi(0))\leqslant G^+(t)W(t,\phi(0)). \tag{3.4.40}$$

在不等式 (3.4.40) 的两边同时乘以 $\mathrm{e}^{-\int_\sigma^t G^+(s)\mathrm{d}s}$, 再从 σ 到 t 积分可得

$$W(t,\phi(0))\leqslant W(\sigma,\phi)\mathrm{e}^{\int_\sigma^t G^+(s)\mathrm{d}s},\quad \forall t\geqslant\sigma. \tag{3.4.41}$$

由此可得

$$W(t,\phi(0))\leqslant W(\sigma,\phi)\mathrm{e}^{\int_\sigma^{+\infty} G^+(s)\mathrm{d}s},\quad \forall t\geqslant\sigma. \tag{3.4.42}$$

注意到条件 (iii) 中 $\displaystyle\int_\sigma^{+\infty}G^+(s)\mathrm{d}s<+\infty$, 设常数 $\mathscr{G}=\mathrm{e}^{\int_\sigma^{+\infty}G^+(s)\mathrm{d}s}$. 由于 $V(t+\theta,\phi)$ 对 ϕ 是连续的且 $V(\sigma,0)=0$, 可推出 $W(\sigma,\phi)$ 对 ϕ 是连续的且 $W(\sigma,0)=0$. 因此, 对任意的 $\varepsilon>0$, $\forall\sigma\in\mathbb{R}$, 存在 $\delta=\delta(\varepsilon,\sigma)>0$ 使得对任意的 $\phi\in\mathcal{B}(0,\delta)=\{\phi\in C\mid\|\phi\|_C<\delta\}$ 可推得

$$W(\sigma,\phi)<\frac{\varphi_1(\varepsilon)}{\mathscr{G}}. \tag{3.4.43}$$

根据条件 (i), 可得 $\varphi_1(\|\phi(\theta)\|)\leqslant V(t+\theta,\phi(\theta))$. 进一步可推出, 对任意的 $(t,\phi)\in\mathbb{R}\times C$ 有 $\varphi_1(\|\phi(\theta)\|)\leqslant W(t,\phi)$. 因而, 可得

$$\varphi_1(\|\phi(0)\|)\leqslant W(t,\phi(0)). \tag{3.4.44}$$

联合上式和 (3.4.42) 以及 (3.4.43), 可推得

$$\|\phi(0)\|\leqslant\varphi_1^{-1}(W(t,\phi(0)))\leqslant\varphi_1^{-1}(W(\sigma,\phi)\mathscr{G})<\varphi_1^{-1}\left(\frac{\varphi_1(\varepsilon)}{\mathscr{G}}\mathscr{G}\right)=\varepsilon. \tag{3.4.45}$$

由 $\phi\in C$ 的任意性, 取 $\phi(\theta)=x_t(\theta),\theta\in[-\tau,0]$, 则由 (3.4.45)可得

$$\|x(t)\|=\|x_t(0)\|=\|\phi(0)\|<\varepsilon.$$

由此可得, 泛函微分包含(3.1.14)的零解是稳定的. 证毕.

注 3.4.8　对比文献 [283] 中关于零解的 Razumikhin 类稳定性定理, 定理 3.4.19 并不要求 Lyapunov-Razumikhin 函数 $V(t, \phi(0))$ 具有无穷小的上界. 另外, 定理 3.4.19 中的 Lyapunov-Razumikhin 函数并不要求关于时间 t 是处处可微的, 换句话说, 仅仅要求 $V(t, \phi(0))$ 关于时间 $t \in \mathbb{R}$ 是连续且几乎处处可微的 (或者关于时间 t 是绝对连续的).

定理 3.4.20 [83]　假设存在 C-正则的和局部 Lipschitz 连续的函数 $V : \mathbb{R} \times \mathbb{R}^n \to \mathbb{R}_+$ 满足当 $t \in \mathbb{R}$ 时都有 $V(t, 0) = 0$, 并且存在函数 $\varphi_1, \varphi_2 \in \mathcal{K}_\infty$ 和连续函数 $G(t) : \mathbb{R}_+ \to \mathbb{R}$ 使得

(i) $\varphi_1(\|x\|) \leqslant V(t, x) \leqslant \varphi_2(\|x\|), \forall (t, x) \in \mathbb{R} \times \mathbb{R}^n$;

(ii) 若 $V(t + \theta, \phi(\theta)) \leqslant V(t, \phi(0))$, 有 $\left. \dfrac{\mathrm{d}V(t, \phi(0))}{\mathrm{d}t} \right|_{(3.1.14)} \leqslant G(t)V(t, \phi(0))$ 几乎处处成立, $\forall \phi \in C([-\tau, 0], \mathbb{R}^n), \forall \theta \in [-\tau, 0]$;

(iii) $\displaystyle\int_\sigma^{+\infty} G^+(s)\mathrm{d}s < +\infty$, 其中 $G^+(s) = \max\{G(s), 0\}$,

则泛函微分包含(3.1.14)的零解是一致稳定的.

证明　因为 Lyapunov 函数 $V(t, x)$ 有无穷小的上界, 即对任意的 $(t, x) \in \mathbb{R} \times \mathbb{R}^n$, 有 $V(t, x) \leqslant \varphi_2(\|x\|)$, 所以可推得

$$V(t + \theta, \phi(\theta)) \leqslant \varphi_2(\|\phi(\theta)\|) \leqslant \varphi_2(\|\phi\|_C),$$

由此可得

$$W(t, \phi) \leqslant \varphi_2(\|\phi\|_C), \quad \forall (t, \phi) \in \mathbb{R} \times C.$$

进一步可推出

$$W(t, \phi) \leqslant \varphi_2(\|\phi\|_C). \tag{3.4.46}$$

根据定理 3.4.19 的证明, 可从 (3.4.42) 和 (3.4.46) 推出

$$W(t, \phi(0)) \leqslant W(\sigma, \phi)\mathrm{e}^{\int_\sigma^{+\infty} G^+(s)\mathrm{d}s} \leqslant \varphi_2(\|\phi\|_C)\mathscr{G}, \quad \forall t \geqslant \sigma. \tag{3.4.47}$$

根据条件 (i), 可从 (3.4.44) 和 (3.4.47) 推得

$$\|\phi(0)\| \leqslant \varphi_1^{-1}(W(t, \phi(0))) \leqslant \varphi_1^{-1}\left(\varphi_2(\|\phi\|_C)\mathscr{G}\right). \tag{3.4.48}$$

由 $\phi \in C$ 的任意性, 取 $\phi(\theta) = x_t(\theta), \ \theta \in [-\tau, 0]$, 则由 (3.4.48) 可得

$$\|x(t)\| = \|x_t(0)\| = \|\phi(0)\| \leqslant \varphi_1^{-1}\left(\varphi_2(\|\phi\|_C)\mathscr{G}\right).$$

因此, 对任意的 $\varepsilon > 0$, 存在不依赖于 σ 的正常数 $\delta = \varphi_2^{-1}\left(\dfrac{\varphi_1(\varepsilon)}{\mathscr{G}}\right)$ 使得, 对任

意的 $\phi \in \mathcal{B}(0, \delta) = \{\phi \in C \mid \|\phi\|_C < \delta\}$, 有 $\|x(t)\| < \varepsilon$. 这意味着泛函微分包含 (3.1.14) 的零解是一致稳定的. 证毕.

注 3.4.9 较之以前的文献, 在定理 3.4.19 和定理 3.4.20 中, 对 Lyapunov-Razumikhin 函数 $V(t, \phi(0))$ 的一些限制条件已被放松. 一方面, Lyapunov-Razumikhin 函数允许是非光滑的, 而非光滑的 Lyapunov 函数对处理右端不连续时滞微分方程的稳定性是非常有效的. 另一方面, Lyapunov-Razumikhin 函数 $V(t, \phi(0))$ 沿着泛函微分包含(3.1.14)解关于时间 $t \in [\sigma, +\infty)$ 几乎处处可微的导数 (在导数存在的情形下) 允许是正的. 然而, 之前的 Lyapunov-Razumikhin 稳定性定理要求 Lyapunov-Razumikhin 函数具有负定或半负定的导数. 因此, 定理 3.4.19 和定理 3.4.20 改善了之前的有关结果.

注 3.4.10 如果定理 3.4.19 和定理 3.4.20 中的条件 (iii) 替换为下列条件 (C), 则通过类似的证明可得定理 3.4.19 和定理 3.4.20 的结论依然成立.

$$(C) \quad \int_{\sigma}^{+\infty} |G(s)| \mathrm{d}s < +\infty.$$

定理 3.4.21 [83] 假设存在 C-正则的和局部 Lipschitz 连续的函数 $V : \mathbb{R} \times \mathbb{R}^n \to \mathbb{R}_+$ 满足当 $t \in \mathbb{R}$ 时都有 $V(t, 0) = 0$, 并且存在函数 $\varphi_1, \varphi_2 \in \mathcal{K}_\infty$, 存在单调非减的连续函数 $p(\nu) > \nu$ $(\forall \nu > 0)$ 和连续函数 $G(t) : \mathbb{R}_+ \to \mathbb{R}$ 使得

(i) $\varphi_1(\|x\|) \leqslant V(t, x) \leqslant \varphi_2(\|x\|)$, $\forall (t, x) \in \mathbb{R} \times \mathbb{R}^n$;

(ii) 若 $V(t + \theta, \phi(\theta)) < p(V(t, \phi(0)))$, 有 $\left. \dfrac{\mathrm{d}V(t, \phi(0))}{\mathrm{d}t} \right|_{(3.1.14)} \leqslant G(t)V(t, \phi(0))$

几乎处处成立, $\forall \phi \in C([-\tau, 0], \mathbb{R}^n)$, $\forall \theta \in [-\tau, 0]$;

(iii) $\displaystyle\int_{\sigma}^{+\infty} |G(s)| \mathrm{d}s < +\infty$, 且存在常数 $\lambda > 0$ 使得对所有的 $t \geqslant \sigma$, 有

$$\int_{\sigma}^{t} G^-(s) \mathrm{d}s \geqslant \lambda(t - \sigma), \tag{3.4.49}$$

其中 $G^-(s) = \max\{-G(s), 0\}$,
则泛函微分包含(3.1.14)的零解是一致渐近稳定的.

证明 显然, 定理 3.4.20 和注 3.4.10 蕴含泛函微分包含(3.1.14)的零解是一致稳定的. 事实上, 如果

$$V(t, \phi(0)) \geqslant V(t + \theta, \phi(\theta)), \quad \theta \in [-\tau, 0] \tag{3.4.50}$$

或等价地

$$V(t, x(t)) \geqslant V(t + \theta, x(t + \theta)), \quad \theta \in [-\tau, 0]. \tag{3.4.51}$$

由函数 $p(\nu)$ 的性质, 可由 (3.4.50) 或 (3.4.51) 推得

$$p(V(t,\phi(0))) > V(t+\theta,\phi(\theta)), \quad \theta \in [-\tau,0]. \tag{3.4.52}$$

根据条件 (ii), 由 (3.4.52) 可得 $\dfrac{\mathrm{d}V(t,\phi(0))}{\mathrm{d}t} \leqslant G(t)V(t,\phi(0))$ 几乎处处成立. 这意味着定理 3.4.20 和注 3.4.10 的条件满足. 因此, 泛函微分包含 (3.1.14) 的零解是一致稳定的.

为了完成该定理的证明, 只需证明泛函微分包含(3.1.14)的零解是一致吸引的. 接下来我们采用数学归纳法进行证明, 证明之前首先做如下必要的准备.

由零解的一致稳定性, 对给定的 $H > 0$, 必存在常数 $\delta > 0$ 使得对任意的初始状态 $\phi \in \mathcal{B}(0,\delta) = \{\phi \in C \mid \|\phi\|_C < \delta\}$, 每一个解 $x(t) = x(\sigma,\phi)(t)$ 满足 $\|x(t)\| < H, t \geqslant \sigma$.

再次根据函数 $p(\nu)$ 的性质, 对任意的 $\varepsilon > 0$ $(\varepsilon < H)$, 可选择常数 a 满足

$$0 < a < \inf_{\frac{1}{2}\varphi_1(\varepsilon) \leqslant \nu \leqslant \varphi_2(H)} (p(\nu)-\nu), \quad a < \frac{\varphi_1(\varepsilon)}{2}. \tag{3.4.53}$$

令 $N \in \mathbb{N}$ 使得

$$\frac{\varphi_1(\varepsilon)}{2} + (N-1)a < \varphi_2(H) \leqslant \frac{\varphi_1(\varepsilon)}{2} + Na. \tag{3.4.54}$$

因为 $\displaystyle\int_\sigma^{+\infty} |G(s)|\mathrm{d}s < +\infty$, 故存在 $T = \sigma + \mu\tau$, 使得对 $t \geqslant T$, 有 $\displaystyle\int_T^t |G(s)|\mathrm{d}s < \dfrac{a}{2\varphi_2(H)}$, 其中 $\mu \geqslant 1$ 是常数.

此外, 注意到必存在常数 $\lambda > 0$ 使得对所有的 $t \geqslant \sigma$, 有 $\displaystyle\int_\sigma^t G^-(s)\mathrm{d}s \geqslant \lambda(t-\sigma)$. 这意味着存在 $T^* = \max\left\{1, \dfrac{1}{\lambda}\ln\dfrac{\mathscr{E}\varphi_2(H)}{Na}\right\} > 0$ 使得对所有的 $t \geqslant \sigma + T^*$, 下列估计式成立.

$$\mathrm{e}^{-\int_\sigma^t G^-(s)\mathrm{d}s} \leqslant \mathrm{e}^{-\lambda(t-\sigma)} \leqslant \frac{Na}{\mathscr{E}\varphi_2(H)}, \tag{3.4.55}$$

其中 $\mathscr{E} = \mathrm{e}^{\int_\sigma^{+\infty} |G(s)|\mathrm{d}s}$ 是一个正常数.

下面, 根据数学归纳法进行证明, 证明过程可分为三步.

步骤 1　本步骤采用反证法进行证明. 首先, 我们证明存在 $T_1 > T$ 使得

$$V(T_1, x(T_1)) < \frac{\varphi_1(\varepsilon)}{2} + (N-1)a. \tag{3.4.56}$$

假设上式不正确, 则对 $\forall t > T$, 有

$$V(t, x(t)) \geqslant \frac{\varphi_1(\varepsilon)}{2} + (N-1)a \geqslant \frac{\varphi_1(\varepsilon)}{2}. \tag{3.4.57}$$

由 (3.4.53), (3.4.54) 和 (3.4.57) 可得

$$\begin{aligned}
p(V(t, \phi(0))) &= p(V(t, x(t))) \\
&> V(t, x(t)) + a \\
&\geqslant \frac{\varphi_1(\varepsilon)}{2} + (N-1)a + a \\
&= \frac{\varphi_1(\varepsilon)}{2} + Na \\
&\geqslant \varphi_2(H) \\
&\geqslant V(t+\theta, x(t+\theta)), \quad \theta \in [-\tau, 0].
\end{aligned} \tag{3.4.58}$$

因此, 由条件 (ii) 可得

$$\frac{\mathrm{d}V(t, \phi(0))}{\mathrm{d}t} \leqslant G(t)V(t, \phi(0)), \quad \text{a.e. } t > T. \tag{3.4.59}$$

对上述不等式 (3.4.59) 两边同时乘以 $\mathrm{e}^{-\int_\sigma^t G(s)\mathrm{d}s}$, 可得

$$\mathrm{e}^{-\int_\sigma^t G(s)\mathrm{d}s}\frac{\mathrm{d}V(t, \phi(0))}{\mathrm{d}t} \leqslant G(t)V(t, \phi(0))\mathrm{e}^{-\int_\sigma^t G(s)\mathrm{d}s}, \quad \text{a.e. } t > T. \tag{3.4.60}$$

对上式在区间 $[T,\ T+T^*]$ 上进行积分可得

$$V(T+T^*, x(T+T^*)) \leqslant V(T, x(T))\mathrm{e}^{\int_T^{T+T^*} G(s)\mathrm{d}s}. \tag{3.4.61}$$

注意到

$$G(s) = G^+(s) - G^-(s), \tag{3.4.62}$$

$$G^+(s) + G^-(s) = |G(s)| \geqslant G^+(s). \tag{3.4.63}$$

由 (3.4.55) 和 (3.4.61)—(3.4.63) 可推得

$$\begin{aligned}
V(T+T^*, x(T+T^*)) &\leqslant V(T, x(T))\mathrm{e}^{\int_T^{T+T^*} G^+(s)\mathrm{d}s}\mathrm{e}^{-\int_T^{T+T^*} G^-(s)\mathrm{d}s} \\
&\leqslant \varphi_2(\|x(T)\|)\mathrm{e}^{\int_T^{T+T^*} |G(s)|\mathrm{d}s}\mathrm{e}^{-\int_\sigma^{T+T^*} G^-(s)\mathrm{d}s} \\
&\quad \times \mathrm{e}^{\int_\sigma^T G^-(s)\mathrm{d}s}\mathrm{e}^{\int_\sigma^T G^+(s)\mathrm{d}s}
\end{aligned}$$

$$= \varphi_2(\|x(T)\|) \mathrm{e}^{\int_\sigma^{T+T^*} |G(s)|\mathrm{d}s} \mathrm{e}^{-\int_\sigma^{\sigma+\mu\tau+T^*} G^-(s)\mathrm{d}s}$$

$$\leqslant \varphi_2(H) \mathrm{e}^{\int_\sigma^{+\infty} |G(s)|\mathrm{d}s} \mathrm{e}^{-\int_\sigma^{\sigma+\mu\tau+T^*} G^-(s)\mathrm{d}s}$$

$$\leqslant \mathscr{E} \varphi_2(H) \frac{Na}{\mathscr{E}\varphi_2(H)} = Na. \tag{3.4.64}$$

另一方面, 由 (3.4.57) 可得

$$V(T+T^*, x(T+T^*)) \geqslant \frac{\varphi_1(\varepsilon)}{2} + (N-1)a. \tag{3.4.65}$$

联合 (3.4.64) 和 (3.4.65), 可推出

$$Na \geqslant \frac{\varphi_1(\varepsilon)}{2} + (N-1)a, \quad 即 \quad a \geqslant \frac{\varphi_1(\varepsilon)}{2}. \tag{3.4.66}$$

这与 (3.4.53) 式中的 $a < \dfrac{\varphi_1(\varepsilon)}{2}$ 矛盾. 因此, (3.4.56) 式是正确的, 其中 T_1 可取为 $T_1 = T + T^*$.

步骤 2　再次利用矛盾法证明: 对所有的 $t \geqslant T_1$, 下列不等式成立:

$$V(t, x(t)) < \frac{\varphi_1(\varepsilon)}{2} + (N-1)a + \frac{a}{2}. \tag{3.4.67}$$

假设 (3.4.67) 式不正确, 考虑到 (3.4.56) 式, 则存在 $t_2 > t_1 > T_1$ 使得

$$V(t_1, x(t_1)) = \frac{\varphi_1(\varepsilon)}{2} + (N-1)a, \tag{3.4.68}$$

$$V(t_2, x(t_2)) = \frac{\varphi_1(\varepsilon)}{2} + (N-1)a + \frac{a}{2}. \tag{3.4.69}$$

同时, 我们有

$$V(t_1, x(t_1)) \leqslant V(t, x(t)) \leqslant V(t_2, x(t_2)), \quad t_1 \leqslant t \leqslant t_2. \tag{3.4.70}$$

由 (3.4.53), (3.4.68) 和 (3.4.70), 可推得

$$\begin{aligned}
p(V(t, \phi(0))) &= p(V(t, x(t))) \\
&> V(t, x(t)) + a \\
&\geqslant V(t_1, x(t_1)) + a \\
&= \frac{\varphi_1(\varepsilon)}{2} + (N-1)a + a \\
&= \frac{\varphi_1(\varepsilon)}{2} + Na
\end{aligned}$$

$$\geqslant \varphi_2(H)$$
$$\geqslant V(t+\theta, x(t+\theta)), \quad \theta \in [-\tau, 0], \ t_1 \leqslant t \leqslant t_2. \tag{3.4.71}$$

因此, 由条件 (ii), 可得

$$\frac{\mathrm{d}V(t,\phi(0))}{\mathrm{d}t} \leqslant G(t)V(t,\phi(0)), \quad \text{a.e.} \quad t_1 \leqslant t \leqslant t_2. \tag{3.4.72}$$

对上式 (3.4.72) 两边从 t_1 到 t_2 积分可得

$$\begin{aligned}
V(t_2, x(t_2)) &\leqslant V(t_1, x(t_1)) + \int_{t_1}^{t_2} G(s)V(s,\phi(0))\mathrm{d}s \\
&\leqslant V(t_1, x(t_1)) + \varphi_2(\|\phi(0)\|) \int_{t_1}^{t_2} |G(s)|\mathrm{d}s \\
&\leqslant V(t_1, x(t_1)) + \varphi_2(H) \int_{T}^{t_2} |G(s)|\mathrm{d}s \\
&< V(t_1, x(t_1)) + \varphi_2(H) \frac{a}{2\varphi_2(H)} \\
&= \frac{\varphi_1(\varepsilon)}{2} + (N-1)a + \frac{a}{2}. \tag{3.4.73}
\end{aligned}$$

这与 (3.4.69) 式矛盾. 因此, 对所有的 $t \geqslant T_1$, 不等式 (3.4.67) 成立.

步骤 3 由归纳的方式, 我们证明泛函微分包含(3.1.14)的零解是一致吸引的.

为此, 我们用 T_1 替换 T. 重复步骤 1 和步骤 2 的证明过程, 可推得必存在 $T_2 = T_1 + T^*$ 使得对所有的 $t \geqslant T_2$, 有

$$V(t, x(t)) < \frac{\varphi_1(\varepsilon)}{2} + (N-1)a. \tag{3.4.74}$$

类似地, 必存在 $T_3 = T_2 + T^*$ 使得对所有的 $t \geqslant T_3$, 有

$$V(t, x(t)) < \frac{\varphi_1(\varepsilon)}{2} + (N-1)a - \frac{a}{2}. \tag{3.4.75}$$

继续上述过程, 则存在 $T_{2N} = T_{2N-1} + T^*$, 使得对所有的 $t \geqslant T_{2N}$, 有

$$V(t, x(t)) < \frac{\varphi_1(\varepsilon)}{2} + (N-1)a - (2N-2)\frac{a}{2} < \frac{\varphi_1(\varepsilon)}{2} + a < \varphi_1(\varepsilon). \tag{3.4.76}$$

根据条件 (i), 可推得

$$\|x(t)\| \leqslant \varepsilon, \quad \forall t \geqslant T_{2N}. \tag{3.4.77}$$

因为 $T_{2N} = T + 2NT^* = \sigma + \mu\tau + 2NT^*$ 和 $\mu\tau + 2NT^*$ 是不依赖于 σ 的正常数, 由此可得泛函微分包含(3.1.14)的零解是一致渐近稳定的. 证毕.

注 3.4.11　定理 3.4.21一般化了文献 [283] 中的结论. 在 Filippov 解框架内, Lyapunov-Razumikhin 函数 $V(t, \phi(0))$ 沿泛函微分包含(3.1.14)的解可以是几乎处处可微的, 且允许有不定的或正定的导数.

定理 3.4.22 [83]　假设存在 C-正则的和局部 Lipschitz 连续的函数 $V : \mathbb{R} \times \mathbb{R}^n \to \mathbb{R}_+$ 满足当 $t \in \mathbb{R}$ 时都有 $V(t, 0) = 0$, 并且存在函数 $\varphi_1, \varphi_2 \in \mathcal{K}_\infty$ 和连续函数 $G(t) : \mathbb{R}_+ \to \mathbb{R}$ 使得

(i) $\varphi_1(\|x\|) \leqslant V(t, x) \leqslant \varphi_2(\|x\|)$, $\forall (t, x) \in \mathbb{R} \times \mathbb{R}^n$;

(ii) 若 $V(t + \theta, \phi(\theta)) < V(t, \phi(0))$, 有 $\left. \dfrac{\mathrm{d}V(t, \phi(0))}{\mathrm{d}t} \right|_{(3.1.14)} \leqslant G(t)V(t, \phi(0))$ 几乎处处成立, $\forall \phi \in C([-\tau, 0], \mathbb{R}^n)$, $\forall \theta \in [-\tau, 0]$;

(iii) $\displaystyle\int_\sigma^{+\infty} G^+ \mathrm{d}s < +\infty$, 且存在常数 $\lambda > 0$ 使得对所有的 $t \geqslant \sigma$, 有

$$\int_\sigma^t G^-(s)\mathrm{d}s \geqslant \lambda(t - \sigma), \tag{3.4.78}$$

其中 $G^+(s) = \max\{G(s), 0\}$, $G^-(s) = \max\{-G(s), 0\}$,
则泛函微分包含(3.1.14)的零解是一致渐近稳定的.

证明　在定理 3.4.20 中, 我们已经证明了泛函微分包含(3.1.14)的零解是一致稳定的. 下面, 我们只需证明泛函微分包含(3.1.14)的零解是一致吸引的. 同样地, 通过对不等式 (3.4.40) 两边从 σ 到 t 积分可得

$$W(t, \phi(0)) \leqslant W(\sigma, \phi)\mathrm{e}^{\int_\sigma^t G(s)\mathrm{d}s}, \quad \forall t \geqslant \sigma. \tag{3.4.79}$$

注意到

$$\int_\sigma^t G(s)\mathrm{d}s = \int_\sigma^t G^+(s)\mathrm{d}s - \int_\sigma^t G^-(s)\mathrm{d}s. \tag{3.4.80}$$

由(3.4.79), (3.4.80) 和条件 (i) 可得

$$\begin{aligned}
W(t, \phi(0)) &\leqslant W(\sigma, \phi)\mathrm{e}^{\int_\sigma^t G^+(s)\mathrm{d}s}\mathrm{e}^{-\int_\sigma^t G^-(s)\mathrm{d}s} \\
&\leqslant W(\sigma, \phi)\mathrm{e}^{\int_\sigma^{+\infty} G^+(s)\mathrm{d}s}\mathrm{e}^{-\lambda(t-\sigma)} \\
&\leqslant \varphi_2(\|\phi\|)\mathrm{e}^{\int_\sigma^{+\infty} G^+(s)\mathrm{d}s}\mathrm{e}^{-\lambda(t-\sigma)} \\
&\leqslant \varphi_2(\|\phi\|_C)\mathscr{G}\mathrm{e}^{-\lambda(t-\sigma)}, \quad \forall t \geqslant \sigma,
\end{aligned} \tag{3.4.81}$$

其中 $\mathscr{G} = \mathrm{e}^{\int_\sigma^{+\infty} G^+(s)\mathrm{d}s}$. 再次利用条件 (i), 可从 (3.4.44) 和 (3.4.81) 推得, 对所有的 $t \geqslant \sigma$, 有

$$\|\phi(0)\| \leqslant \varphi_1^{-1}\left(\varphi_2(\|\phi\|_C)\mathscr{G}\mathrm{e}^{-\lambda(t-\sigma)}\right). \tag{3.4.82}$$

由 $\phi \in C$ 的任意性, 可取 $\phi(\theta) = x_t(\theta)$, $\theta \in [-\tau, 0]$, 则由 (3.4.82) 可得

$$\|x(t)\| = \|x_t(0)\| = \|\phi(0)\| \leqslant \varphi_1^{-1}\left(\varphi_2(\|\phi\|_C)\mathscr{G}\mathrm{e}^{-\lambda(t-\sigma)}\right).$$

由上述不等式可知泛函微分包含 (3.1.14) 的零解是一致渐近稳定的. 证毕.

注 3.4.12 如果我们取 $\varphi_1(\|x\|) = c\|x\|^r$, 其中 c 和 r 是正的常数, 则我们可从 (3.4.82) 进一步推得泛函微分包含 (3.1.14) 的零解是全局指数稳定的. 必须指出的是, 如果把定理 3.4.22 中的条件 (i) 替换为 $\varphi_1(\|x\|) \leqslant V(t, x)$, $\forall (t, x) \in \mathbb{R} \times \mathbb{R}^n$ (这里, Lyapunov-Razumikhin 函数不要求有无穷小的上界), 则只能得到泛函微分包含 (3.1.14) 的零解是渐近稳定的.

注 3.4.13 在定理 3.4.22 中, 如果把条件 (3.4.78) 替换为 $\displaystyle\int_\sigma^{+\infty} G^-(s)\mathrm{d}s = +\infty$, 则只能推得泛函微分包含 (3.1.14) 的零解是渐近稳定的. 显然, 条件 (3.4.78) 蕴含 $\displaystyle\int_\sigma^{+\infty} G^-(s)\mathrm{d}s = +\infty$.

下一个定理也是关于一致渐近稳定性, 其证明可由定理 3.4.22 得到.

定理 3.4.23 [83] 假设存在 C-正则的和局部 Lipschitz 连续的函数 $V : \mathbb{R} \times \mathbb{R}^n \to \mathbb{R}_+$ 满足当 $t \in \mathbb{R}$ 时都有 $V(t, 0) = 0$, 并且存在函数 $\varphi_1, \varphi_2 \in \mathcal{K}_\infty$, 存在单调非减的连续函数 $p(\nu) > \nu$ ($\forall \nu > 0$) 和连续函数 $G(t) : \mathbb{R}_+ \to \mathbb{R}$ 使得

(i) $\varphi_1(\|x\|) \leqslant V(t, x) \leqslant \varphi_2(\|x\|)$, $\forall (t, x) \in \mathbb{R} \times \mathbb{R}^n$;

(ii) 若 $V(t+\theta, \phi(\theta)) < p(V(t, \phi(0)))$, 有 $\left.\dfrac{\mathrm{d}V(t, \phi(0))}{\mathrm{d}t}\right|_{(3.1.14)} \leqslant G(t)V(t, \phi(0))$ 几乎处处成立, $\forall \phi \in C([-\tau, 0], \mathbb{R}^n)$, $\forall \theta \in [-\tau, 0]$;

(iii) $\displaystyle\int_\sigma^{+\infty} G^+(s)\mathrm{d}s < +\infty$, 且存在常数 $\lambda > 0$ 使得对所有的 $t \geqslant \sigma$, 有

$$\int_\sigma^t G^-(s)\mathrm{d}s \geqslant \lambda(t-\sigma), \tag{3.4.83}$$

其中 $G^+(s) = \max\{G(s), 0\}$, $G^-(s) = \max\{-G(s), 0\}$, 则泛函微分包含 (3.1.14) 的零解是一致渐近稳定的.

注 3.4.14 关于泛函微分包含在 Filippov 意义下解的 Lyapunov-Razumikhin 稳定性研究文献至今并不多见. 必须指出的是, 在文献 [83] 以前文献中的 Lyapunov-Razumikhin 函数要求关于时间 t 是可导的, 而且其导数要求是负定的或是半负定的. 对比之下, 本节中定理 3.4.22 和定理 3.4.23 对一些已有文献中的限制条件进行了适当放松. 一方面, Lyapunov-Razumikhin 函数 $V(t, \phi(0))$ 沿泛函微分包含的解关于时间 $t \in [\sigma, +\infty)$ 求导时放松为几乎处处可微的, 且其导数符号允许

是不定的. 另一方面, Lyapunov-Razumikhin 函数放松为非光滑的. 此外, 定理 3.4.22 和定理 3.4.23 在处理泛函微分包含或右端不连续时滞微分方程解的一致渐近稳定性时很有效.

定理 3.4.24 [233]　设 $V(x(t)) : \mathbb{R}^n \to \mathbb{R}$ 是 C-正则的, $x(t) : [0, +\infty) \to \mathbb{R}^n$ 在 $[0, +\infty)$ 的任意紧子区间上是绝对连续的. 若存在连续函数 $\Upsilon : (0, +\infty) \to \mathbb{R}$, 使得对任意的 $\vartheta \in (0, +\infty)$ 有 $\Upsilon(\vartheta) > 0$, 且有

$$\frac{\mathrm{d}V(t)}{\mathrm{d}t} \leqslant -\Upsilon(V(t)), \quad \text{a.e.} \quad t \geqslant 0$$

和

$$\int_0^{V(0)} \frac{1}{\Upsilon(\vartheta)} \mathrm{d}\vartheta = t^* < +\infty,$$

则对 $t \geqslant t^*$ 有 $V(t) = 0$. 特别地, 有下列结论成立:

(i) 如果对所有的 $\vartheta \in (0, +\infty)$ 有 $\Upsilon(\vartheta) = \ell_1 \vartheta + \ell_2 \vartheta^\mu$, 其中 $\mu \in (0, 1)$, $\ell_1, \ell_2 > 0$, 则

$$t^* = \frac{1}{\ell_1(1-\mu)} \ln \frac{\ell_1 V^{1-\mu}(0) + \ell_2}{\ell_2}. \tag{3.4.84}$$

(ii) 如果对所有的 $\vartheta \in (0, +\infty)$ 有 $\Upsilon(\vartheta) = \ell \vartheta^\mu$, 其中 $\mu \in (0, 1)$, $\ell > 0$, 则

$$t^* = \frac{V^{1-\mu}(0)}{\ell(1-\mu)}. \tag{3.4.85}$$

(iii) 如果对所有的 $\vartheta \in (0, +\infty)$ 有 $\Upsilon(\vartheta) = \ell > 0$, 则

$$t^* = \frac{V(0)}{\ell}. \tag{3.4.86}$$

下面给出微分包含 (3.1.3) 关于 Filippov 解的更一般形式的有限时间收敛性定理.

定理 3.4.25 [270,336]　假设 $V(t, x) : \Omega_H \to \mathbb{R}$ 为正则的局部 Lipschitz 正定函数, $x(t) \triangleq x(t_0, x_0)(t)$ 为微分包含 (3.1.3) 满足初始条件 $(t_0, x_0) \in \Omega_H$ 的任一解. 如果对几乎所有的 $t \geqslant \sigma$, 有

$$\frac{\mathrm{d}}{\mathrm{d}t} V(t, x(t)) \bigg|_{(3.1.3)} \leqslant -\Upsilon(V(t, x(t))) h(t) \tag{3.4.87}$$

和

$$\int_0^{V(t_0,\, x(t_0))} \frac{1}{\Upsilon(\vartheta)} \mathrm{d}\vartheta = t^* < +\infty, \tag{3.4.88}$$

且

$$\int_0^t h(s)\mathrm{d}s \geqslant t, \quad t \geqslant t^*, \tag{3.4.89}$$

其中 $\Upsilon : [0, +\infty) \to \mathbb{R}$ 是一个连续的函数, 满足对任意的 $\vartheta \in (0, +\infty)$, $\Upsilon(\vartheta) > 0$, 则微分包含 (3.1.3) 的解 $x(t) = 0$, $t \geqslant t^*$, 即 $x(t)$ 通过有限的时间 t^* 收敛到 0.

在定理 3.4.25 中, 如果 $\Upsilon(\vartheta) = 1$, 可得到下列特殊情形.

推论 3.4.1 [270,336]   假设定理 3.4.25 的条件都成立, 特别地, $\Upsilon(\vartheta) = 1$ 且 $h(t)$ 满足

$$\int_0^t h(s)\mathrm{d}s \geqslant t, \quad \forall\, t \geqslant V(x(\sigma), \sigma) \triangleq t^*,$$

则 $x(t) = 0$, $t \geqslant t^*$, 即 $x(t)$ 通过有限时间 t^* 收敛到 0.

第 4 章　分片连续平面微分系统的定性理论及应用

如我们在 1.1 节所指出, 分片连续微分系统的研究难度通常与子系统本身的复杂性、子系统的个数、子系统与子系统之间的切换流形有关, 即使是分片线性平面微分系统, 系统的不连续性也能导致丰富的动力学性质. 对于一般的分片连续微分系统, 至今为止, 其定性研究的理论体系构建仍很不完备, 相对而言, 关于分片连续平面微分系统的定性研究文献较多, 其定性研究理论体系初具雏形. 本章的内容主要是介绍分片连续平面微分系统定性理论的一些基本概念、我们近期关于分片线性平面微分系统极限环研究的有关结果, 以及我们所获理论结果的一个应用举例.

4.1　Poincaré-Bendixson 理论

在闭区域 $\overline{G} \subseteq \mathbb{R}^2$ 内考虑平面自治微分包含系统

$$\frac{\mathrm{d}x}{\mathrm{d}t} \in F(x), \tag{4.1.1}$$

或者可以转化为微分包含(4.1.1)的右端不连续平面微分系统, 其中 $x \in \mathbb{R}^2$, $F(x)$ 在 $\overline{G}$ 内满足基本条件且 $|F(x)| \leqslant M$. 本小节只给出 Poincaré-Bendixson 理论的主要结果, 其证明参见文献 [228].

定义 4.1.1　任给 $\overline{G}$ 中直线段 $\overline{N_1 N_2}$ 上的点 x, 如果存在常向量 $v \in \overline{G}$ 使得对于任意 $u \in F(x)$ 都有 $\langle v, u \rangle \geqslant \gamma > 0$, 则称直线段 $\overline{N_1 N_2}$ 为微分包含(4.1.1)的无切线段.

设 p 为微分包含(4.1.1)的常点, 则由定理 3.2.2 可知必存在过 p 的无切线段 $\overline{N_1 N_2}$. 当存在过 ω 极限点的无切线段时, 则在该 ω 极限点附近微分包含(4.1.1)具有如下性质.

引理 4.1.1　如果 $\overline{N_1 N_2}$ 为过点 p 的无切线段且 $p \in \Omega(L_{x_0}^+)$, 则对于任意充分大的 t, 正半轨 $L_{x_0}^+$ 都会与 $\overline{N_1 N_2}$ 相交, 且存在交点序列 $\{p_i\}$ 使得

$$p_i = x(t_i; x_0) \to p, \quad t_i \to +\infty \quad (i \to +\infty).$$

当微分包含(4.1.1)满足初始条件 $x(0) = x_0$ 的解是右唯一的时, 则正半轨 $L_{x_0}^+$ 与无切线段相交具有相交依时性.

引理 4.1.2 设微分包含 (4.1.1) 满足初始条件 $x(0) = x_0$ 的解是右唯一的, $\overline{N_1 N_2}$ 为无切线段. 若轨线 $L_{x_0}^+$ 与 $\overline{N_1 N_2}$ 按时间顺序相交于点 M_1, M_2, M_3, 则在 $\overline{N_1 N_2}$ 上点 M_2 必在 M_1 与 M_3 之间.

引理 4.1.3 设微分包含 (4.1.1) 满足初始条件 $x(0) = x_0$ 的解是右唯一的, $\overline{N_1 N_2}$ 为无切线段. 如果 $\Omega(L_{x_0}^+) \cap \overline{N_1 N_2} = \{p\}$, 则 $L_{x_0}^+$ 与 $\overline{N_1 N_2}$ 的交点 p_i 满足

$$p_i = x(t_i; x_0), \quad t_i < t_{i+1} \ (i = 1, 2, \cdots), \quad t_i \to +\infty,$$

且在 $\overline{N_1 N_2}$ 上 p_i 单调收敛于 p.

根据引理 4.1.2 和引理 4.1.3, 下面的结论成立.

定理 4.1.1 如果微分包含 (4.1.1) 满足初始条件 $x(0) = x_0$ 的解是右唯一的且 $p \in L_{x_0}^+ \cap \Omega(L_{x_0}^+)$, 则 $\Omega(L_{x_0}^+)$ 只能为下列三种情形之一: (i) 一个平衡点; (ii) 一条闭轨, 且 $\Omega(L_{x_0}^+) = L_{x_0}^+$; (iii) 一条闭轨, 且 $\Omega(L_{x_0}^+) = L_p^+$.

推论 4.1.1 如果微分包含 (4.1.1) 满足初始条件 $x(0) = x_0$ 的解是右唯一的, 则表 3.1 中正半轨 $L_{x_0}^+$ 不能为类型 (e) 和 (f).

下面讨论极限集 $\Omega(L_{x_0}^+)$ 含有常点时的性质.

引理 4.1.4 如果微分包含 (4.1.1) 满足初始条件 $x(0) = x_0$ 的解是右唯一的且 $\Omega(L_{x_0}^+)$ 含有常点 p, 则存在点 p 的邻域 $U(p, \epsilon_0)$ 使得 $U(p, \epsilon_0) \cap \Omega(L_{x_0}^+)$ 仅为过 p 的一段简单开轨线.

引理 4.1.5 如果微分包含 (4.1.1) 满足初始条件 $x(0) = x_0$ 的解是右唯一的且 $\Omega(L_{x_0}^+)$ 含有闭轨线 Γ, 则 $\Omega(L_{x_0}^+) = \Gamma$.

引理 4.1.6 如果微分包含 (4.1.1) 满足初始条件 $x(0) = x_0$ 的解是右唯一的, $\Omega(L_{x_0}^+)$ 含有轨线 Γ, Γ 上不包含平衡点且 $\Omega(\Gamma) \neq \varnothing$, 则下列结论之一成立: (i) Γ 为闭轨且 $\Omega(L_{x_0}^+) = \Gamma$; (ii) $\Omega(\Gamma)$ 为平衡点集.

根据引理 4.1.4—引理 4.1.6, 下面的结论成立.

定理 4.1.2 设微分包含 (4.1.1) 满足初始条件 $x(0) = x_0$ 的解是右唯一的. 如果 $\Omega(L_{x_0}^+)$ 有界且不含有平衡点, 则 $\Omega(L_{x_0}^+)$ 为一条闭轨.

下面给出关于微分包含 (4.1.1) 的 Poincaré-Bendixson 定理.

定理 4.1.3 若 $L_{x_0}^+$ 有界, 则 $\Omega(L_{x_0}^+)$ 必包含一个平衡点或一条闭轨.

推论 4.1.2 若 $L_{x_0}^+$ 有界且 $\Omega(L_{x_0}^+)$ 不包含平衡点, 则 $\Omega(L_{x_0}^+)$ 必包含一条闭轨.

4.2 奇异点及其拓扑结构

设 $G \subseteq \mathbb{R}^2$, $h(\cdot): \overline{G} \to \mathbb{R}$ 为分片光滑函数. 记 $X = (x, y)^{\mathrm{T}}$, $\Sigma = \{X \mid X \in \mathbb{R}^2, h(X) = 0\}$, $G^+ = \{X \mid X \in \mathbb{R}^2, h(X) > 0\}$, $G^- = \{X \mid X \in \mathbb{R}^2, h(X) < 0\}$. 本章余下部分将在 $\overline{G}$ 上考虑如下具有两个连续子系统的分片连续平面自治微分系

统:
$$\frac{\mathrm{d}X}{\mathrm{d}t} = f(X), \tag{4.2.1}$$

其中右端函数 $f(X)$ 为 $\overline{G}$ 的分片连续函数, 且满足

$$f(X) = \begin{cases} f^+(X), & X \in G^+, \\ f^-(X), & X \in G^-, \end{cases}$$

这里, $f^+(X)$ 和 $f^-(X)$ 分别为 G^+ 和 G^- 上的连续函数, $\overline{G^+} \cap \overline{G^-} = \Sigma$ 为切换线, $\overline{G^+} \cup \overline{G^-} = \overline{G}$.

为了分析切换线附近的动力学行为, 下面引入李导数的概念. 假设 0 是 $h(\cdot)$ 的正则值, 即对于任意的 $p \in h^{-1}(0)$, $\nabla h(p) \neq 0$. 根据李导数的定义, h 关于向量场 f 的方向导数可记为 $L_f h = \langle \nabla h, f \rangle$, 这里 $\langle \cdot, \cdot \rangle$ 表示标准内积. h 关于向量场 f 的 $m \geqslant 2$ 阶方向导数记为

$$L_f^m h = \langle \nabla(L_f^{m-1}h), f \rangle.$$

下面总假设 ∇h 指向 G^+.

根据微分系统 (4.2.1) 的轨线在切换线 Σ 附近的动力学特征, 可将切换线上的点 (也称边界点) 分为穿越点、滑模点和切点, 其定义如下.

定义 4.2.1 [63]   假设 $p \in \Sigma$. 如果 $L_{f^+}h(p) \cdot L_{f^-}h(p) > 0(< 0)$, 那么称 p 为穿越点 (滑模点). 如果 $f^+(p) \neq 0$ 且 $L_{f^+}h(p) = 0$, 或 $f^-(p) \neq 0$ 且 $L_{f^-}h(p) = 0$, 那么称 p 为切点. 所有穿越点构成的集合称为穿越域, 记为 Σ_c, 即

$$\Sigma_c = \{p \mid p \in \Sigma, L_{f^+}h(p) \cdot L_{f^-}h(p) > 0\}.$$

所有滑模点构成的集合称为滑模域, 并分为吸引滑模和排斥滑模域, 分别记为 Σ_s 和 Σ_e, 即

$$\Sigma_s = \{p \mid p \in \Sigma, L_{f^+}h(p) < 0 \text{ 且 } L_{f^-}h(p) > 0\}$$

和

$$\Sigma_e = \{p \mid p \in \Sigma, L_{f^+}h(p) > 0 \text{ 且 } L_{f^-}h(p) < 0\}.$$

系统(4.2.1)在 Σ_s 和 Σ_e 上具有滑模动力学行为, 其动力学方程为

$$\frac{\mathrm{d}X}{\mathrm{d}t} = f_s(X) = (1 - \lambda)f^+(X) + \lambda f^-(X), \tag{4.2.2}$$

其中 $\lambda = \dfrac{L_{f^+}h(X)}{L_{f^+}h(X) - L_{f^-}h(X)} \in (0, 1)$.

关于系统 (4.2.1) 的平衡点, 可分类如下.

定义 4.2.2 [63] 对于系统 (4.2.1), 平衡点可分为以下四种类型:

(i) 若 $p \in G^+$ 且 $f^+(p) = 0$, 或 $p \in G^-$ 且 $f^-(p) = 0$, 则称 p 为实平衡点.

(i) 若 $p \in G^-$ 且 $f^+(p) = 0$, 或 $p \in G^+$ 且 $f^-(p) = 0$, 则称 p 为虚平衡点.

(iii) 若 $p \in \Sigma_s \cup \Sigma_e$ 且 $f_s(p) = 0$, 则称 p 为伪平衡点.

(iv) 若 $p \in \Sigma$ 且 $f^+(p) = 0$ 或 $f^-(p) = 0$, 则称 p 为边界平衡点.

根据切换线 Σ 上点附近的滑模动力学性质, 可将切换线上的点分为 Σ-奇异点 (Singular Point) 和 Σ-正则点 (Regular Point).

定义 4.2.3 [63] 假设 $p \in \Sigma$. 如果 $L_{f^+}h(p) \cdot L_{f^-}h(p) = 0$ 或 $f_s(p) = 0$, 那么称 p 为 Σ-奇异点, 否则称为 Σ-正则点.

由定义 4.2.3 可知, 伪平衡点、边界平衡点和切点都是 Σ-奇异点. 系统 (4.2.1) 的实平衡点和 Σ-奇异点统称为系统(4.2.1)的奇异点. 下面给出切点中一类常见的奇异点-折点 (Fold Point), 也称 Σ-折点[63], 其定义如下.

定义 4.2.4 [351] 假设 p 为系统(4.2.1)的切点. 如果 $L_{f^+}h(p) = 0$ 且 $L^2_{f^+}h(p) > 0$ ($L^2_{f^+}h(p) < 0$), 那么称 p 为系统(4.2.1)关于 f^+ 的可视折点 (不可视折点); 如果 $L_{f^-}h(p) = 0$ 且 $L^2_{f^-}h(p) < 0$ ($L^2_{f^-}h(p) > 0$), 那么称 p 为系统(4.2.1)关于 f^- 的可视折点 (不可视折点); 可视折点和不可视折点统称为折点.

在经典常微分系统的定性理论中, 线性微分系统奇点的类别有稳定 (不稳定) 焦点、稳定 (不稳定) 结点、鞍点以及中心, 与之对应奇点附近轨线的结构也相对简单. 比较而言, 非线性系统奇点附近轨线的拓扑结构就比较复杂了. 为了得到非线性奇点附近轨线的拓扑结构, 则需要把奇点的邻域分成一些曲边扇形, 然后讨论奇点附近究竟可能有多少种不同的曲边扇形. 当知道了奇点邻域附近曲边扇形的个数、位置和类别时, 这个奇点附近轨线的拓扑结构就确定了. 从而, 奇点附近轨线的定性结构也就确定了.

系统 (4.2.1) 在 $\overline{G}$ 上右端函数的不连续性导致系统 (4.2.1) 在 $\overline{G}$ 上是一个非线性系统. 那么, 在研究奇点附近轨线的拓扑结构时, 则需要考虑奇点邻域附近曲边扇形的个数、位置和类别. 当奇点位于 Σ 的一侧 (即 G^+ 或 G^-) 时, 我们可以用经典常微分系统理论去研究其定性结构. 因此, 在此处主要介绍 Σ-奇异点附近定性结构的相关结论. 不妨设 $O = (0,0)^{\mathrm{T}}$ 为系统 (4.2.1) 的一个 Σ-奇异点. 如果存在解能在有限时间到达 O, 那么用

$$\frac{\mathrm{d}X}{\mathrm{d}t} = \|X\|f(X) \tag{4.2.3}$$

替代系统 (4.2.1). 显然, 系统 (4.2.1) 和系统 (4.2.3) 在 $X \neq O$ 的区域中有相同的轨线. 在系统 (4.2.3) 中, 点 O 是一个平衡点且所有解都在无穷时间到达 O. 设在系统 (4.2.3) 中, 平衡点 O 满足下列条件:

(i) O 是一个既不是中心也不是中心-焦点的孤立 Σ-奇异点;

(ii) 存在 $\delta > 0$ 使得在邻域 $U_\delta(O)$ 内除 O 以外不存在其他的 Σ-奇异点且在 $U_\delta(O)$ 内没有围绕 O 的闭轨,

那么, $U_\delta(O)$ 可能被一些趋近于 O 的轨线分成有限个曲面扇形. Σ-奇异点 O 附近所有可能的扇形类别有十种 (图 4.1), 并分为三大类型:

(1) 椭圆扇形 E, F, G: 在扇形内, 除沿边界的轨线以外, 所有轨线从两端趋近 Σ-奇异点;

(2) 双曲扇形 H, K, L: 在扇形内, 除沿边界的轨线以外, 所有轨线从两端离开 Σ-奇异点的邻域;

(3) 抛物扇形 P, Q, R, S: 在扇形内, 所有轨线从一端到达 Σ-奇异点, 从另一端离开 Σ-奇异点的邻域.

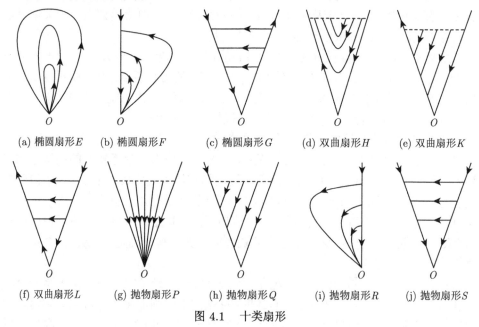

(a) 椭圆扇形 E　(b) 椭圆扇形 F　(c) 椭圆扇形 G　(d) 双曲扇形 H　(e) 双曲扇形 K

(f) 双曲扇形 L　(g) 抛物扇形 P　(h) 抛物扇形 Q　(i) 抛物扇形 R　(j) 抛物扇形 S

图 4.1　十类扇形

注 4.2.1　扇形 F, K, Q, R, S 在镜面映射下的像分别记为 $\overline{F}, \overline{K}, \overline{Q}, \overline{R}, \overline{S}$. 如果在上述十种扇形中, 包括边界在内所有轨线的方向同时反向, 本书仍使用原记号.

注 4.2.2 [812]　在光滑动力系统中, 曲面扇形只可能属于下面三类: 椭圆扇形 E、双曲扇形 H 和抛物扇形 P.

4.3　极　限　环

在分片连续自治微分系统研究中, 极限环问题备受关注. 事实上, 对于分片连续自治微分系统, 极限环的类型也比较丰富, 它可能就是某个子系统的孤立闭轨,也可能是由不同子系统的轨线组合而成的, 但并不含滑模域上任何点的闭轨, 也可能是部分轨线位于滑模域上的闭轨, 也可能是整个位于滑模域上的闭轨. 由系统 (4.2.1) 的分片连续性诱导出的极限环称为伪极限环, 其定义如下.

定义 4.3.1 [63]　曲线 Γ 称为分片连续微分系统 (4.2.1) 的伪极限环, 如果 Γ 是系统 (4.2.1) 的一条闭轨线且满足下列条件:

(1) Γ 至少包含 f^+, f^- 和 f_s 之中两个向量场的弧或 Γ 由向量场 F_s 的单一弧构成;

(2) 向量场 f^+ 和向量场 f^- 弧之间转变发生在穿越点处;

(3) 向量场 f^+ (或 f^-) 和向量场 f_s 弧之间的转变发生在折点或 Σ-正则点处, 如果 $\Gamma \neq \Sigma$, 那么在 $\Gamma \cap \Sigma$ 中至少包含一个可视折点;

(4) 存在 Γ 的内侧邻域或外侧邻域使从其中任意点出发的轨线均以 Γ 为 ω 极限集或 α 极限集.

定义 4.3.2　如果 Γ 为系统 (4.2.1) 的伪极限环且不含滑模点, 那么称 Γ 为系统 (4.2.1) 的穿越极限环, 否则称为滑模极限环.

定义 4.3.3　设 $\widehat{AB}_f$ 是连接可视折点 A 与点 B 的弧, 其中 $L_f h(B) \neq 0$. 如果点 A 与点 B 之间没有折点, 则称 $\widehat{AB}_f$ 为焦点型弧.

引理 4.3.1 [63]　假设系统 (4.2.1) 仅有一个折点 A 且为可视的. 记 Γ_1 为向量场 f^+ 或 f^- 的弧, 与 Σ 横截交于点 B. 那么系统 (4.2.1) 存在一个伪极限环 Γ 当且仅当下面条件成立:

(i) Γ 上过点 A 的弧 Γ_1 是焦点型弧;

(ii) 在线段 $\overline{AB}$ 上不包含端点 A 的任意一点处, $L_{f^+} h \cdot L_{f^-} h < 0$;

(iii) 在线段 $\overline{AB}$ 任意一点处, 向量 f^+ 和 f^- 不共线.

目前关于分片连续微分系统极限环的研究以分片线性平面微分系统所取得的成果相对较多. 对于分片线性平面微分系统, 尽管每一个子系统都是线性的, 线性系统的闭式解可以明确给出, 但是, 由于在很多情况下无法得知每个子系统的运行时间, 也就无法得知系统的整体解. 因此, 分片线性平面系统极限环问题的研究同样具有一定的难度和挑战性. 事实上, 关于微分系统的极限环问题, 即使对于右端连续的一般平面二次多项式微分系统, 可以说直到今天也没彻底研究清楚. 我们知道, 右端连续的一般平面二次多项式微分系统所含系数参数个数为 12 个, 而对于像由两个线性子系统 (1.1.7) 和 (1.1.8) 组成的一般分片线性平面系统 (1.1.6) 来说, 其含有的系数参数个数也为 12 个, 且其切换线还可具有不同的形式, 因此, 至少从这方面来看, 也可知道分片线性微分系统极限环的研究并不是一个简单的课题. 本节将考虑子系统的切换线为一条直线时的极限环问题. 对于切换线为曲线的情况, 目前极限环方面的结果不多, 该方面的研究更具挑战性. 例如, 在 $\overline{G} = \mathbb{R}^2$ 上考虑系统 (4.2.1) 中如下特殊情形:

$$f^+(X) = (-x - y, x - y)^{\mathrm{T}}, \quad f^-(X) = (x - y, x + y)^{\mathrm{T}}, \quad h(X) = \frac{x^2}{a^2} + \frac{y^2}{b^2} - 1,$$

即考虑系统:

$$\begin{pmatrix} \dot{x} \\ \dot{y} \end{pmatrix} = \begin{cases} \begin{pmatrix} -1 & -1 \\ 1 & -1 \end{pmatrix} \begin{pmatrix} x \\ y \end{pmatrix}, & \frac{x^2}{a^2} + \frac{y^2}{b^2} > 1, \\ \begin{pmatrix} 1 & -1 \\ 1 & 1 \end{pmatrix} \begin{pmatrix} x \\ y \end{pmatrix}, & \frac{x^2}{a^2} + \frac{y^2}{b^2} < 1, \end{cases} \tag{4.3.1}$$

这里 a, b 为正常数, 不妨假设 $a \geqslant b$. 由一些简单计算, 在闭曲线 $h(X) = 0$ 上, 有

$$\nabla h = \left(\frac{2x}{a^2}, \frac{2y}{b^2} \right)^{\mathrm{T}},$$

$$L_{f^+}h = \langle \nabla h, f^+ \rangle = -\frac{2}{a^2}x^2 - \left(\frac{2}{a^2} - \frac{2}{b^2} \right)xy - \frac{2}{b^2}y^2 = -2\left[1 + \left(\frac{1}{a^2} - \frac{1}{b^2} \right)xy \right],$$

$$L_{f^-}h = \langle \nabla h, f^- \rangle = \frac{2}{a^2}x^2 - \left(\frac{2}{a^2} - \frac{2}{b^2} \right)xy + \frac{2}{b^2}y^2 = 2\left[1 - \left(\frac{1}{a^2} - \frac{1}{b^2} \right)xy \right],$$

$$\lambda = \frac{L_{f^+}h}{L_{f^+}h - L_{f^-}h} = \frac{1}{2}\left[1 + \left(\frac{1}{a^2} - \frac{1}{b^2} \right)xy \right].$$

由此可知

$$L_{f^+}h \cdot L_{f^-}h = -4\left[1 - \left(\frac{1}{a^2} - \frac{1}{b^2} \right)^2 x^2 y^2 \right] < 0$$

$$\Leftrightarrow 1 - \left(\frac{1}{a^2} - \frac{1}{b^2} \right)^2 x^2 y^2 > 0 \Leftrightarrow \left| \frac{1}{a^2} - \frac{1}{b^2} \right| |xy| < 1.$$

注意到 $a \geqslant b$ 及在闭曲线 $h(X) = 0$ 上有 $\frac{x^2}{a^2} + \frac{y^2}{b^2} = 1$, 可得

$$1 - \left(\frac{1}{a^2} - \frac{1}{b^2} \right)^2 x^2 y^2 = \frac{(a^2 - b^2 + 2ab)(a - b + \sqrt{2}b)[(\sqrt{2} + 1)b - a]}{4a^2 b^2}$$

$$+ \frac{(a^2 - b^2)^2}{a^2 b^2}\left(\frac{x^2}{a^2} - \frac{1}{2} \right)^2.$$

由此易知, 当 $(\sqrt{2} + 1)b - a > 0$, 即 $a < (\sqrt{2} + 1)b$ 时, 有 $1 - \left(\frac{1}{a^2} - \frac{1}{b^2} \right)^2 x^2 y^2 > 0$, 从而 $L_{f^+}h \cdot L_{f^-}h < 0$. 因此, 当 $b \leqslant a < (\sqrt{2} + 1)b$ 时, 闭曲线

$$\Sigma = \left\{ (x, y)^{\mathrm{T}} \left| \frac{x^2}{a^2} + \frac{y^2}{b^2} = 1, (x, y)^{\mathrm{T}} \in \mathbb{R}^2 \right. \right\}$$

整个为滑模区域, 即 $\Sigma = \Sigma_s \cup \Sigma_e$; 而当 $a > (\sqrt{2}+1)b$ 时, 滑模区域:

$$\Sigma_s \cup \Sigma_e = \left\{ (x, y)^{\mathrm{T}} \;\middle|\; \frac{x^2}{a^2} + \frac{y^2}{b^2} = 1, |xy| < \frac{a^2 b^2}{a^2 - b^2}, (x, y)^{\mathrm{T}} \in \mathbb{R}^2 \right\}$$

由闭曲线:

$$\Sigma = \left\{ (x, y)^{\mathrm{T}} \;\middle|\; \frac{x^2}{a^2} + \frac{y^2}{b^2} = 1, (x, y)^{\mathrm{T}} \in \mathbb{R}^2 \right\}$$

上的四段组成.

再根据系统 (4.2.2), 在滑模域 $\Sigma_s \cup \Sigma_e$ 上的轨线由下列方程决定:

$$\begin{aligned}
\frac{\mathrm{d}X}{\mathrm{d}t} &= (1 - \lambda) f^+(X) + \lambda f^-(X) \\
&= \left(-y + \left(\frac{1}{a^2} - \frac{1}{b^2} \right) x^2 y, \, x + \left(\frac{1}{a^2} - \frac{1}{b^2} \right) x y^2 \right)^{\mathrm{T}},
\end{aligned}$$

即

$$\begin{cases}
\dfrac{\mathrm{d}x}{\mathrm{d}t} = \dfrac{-1}{b^2} y \left(x^2 + y^2 \right), \\[2mm]
\dfrac{\mathrm{d}y}{\mathrm{d}t} = \dfrac{1}{a^2} x \left(x^2 + y^2 \right),
\end{cases} \qquad (x, y)^{\mathrm{T}} \in \Sigma_s \cup \Sigma_e. \qquad (4.3.2)$$

从 (4.3.2) 可知, 当 $b \leqslant a < (\sqrt{2}+1)b$ 时, $\dfrac{x^2}{a^2} + \dfrac{y^2}{b^2} = 1$ 是系统 (4.3.1) 的滑模闭轨, 系统 (4.3.1) 从此闭轨内外其他点出发的轨线都在有限时间达到此闭轨, 然后沿闭轨滑动, 它是系统 (4.3.1) 的滑模极限环, 也是系统 (4.3.1) 的有限时间全局吸引子. 图 4.2 是 $a = b = 1$ 时的滑模极限环示意图.

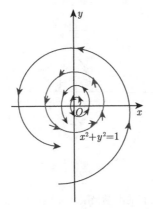

图 4.2　$a = b = 1$ 时系统 (4.3.1) 的滑模极限环

当 $a > (\sqrt{2}+1)b$ 时, $\mathbb{R}^2$ 上的分片线性平面微分系统 (4.3.1) 的切换线为椭圆, 可以证明在一定附加条件下系统 (4.3.1) 也可分别存在唯一的穿越极限环和滑模闭轨, 此时的滑模闭轨有部分轨线段位于滑模域, 从闭轨内外其他点 (除坐标原点外) 出发的轨线都在有限时间达到此闭轨, 然后沿闭轨运动, 它是系统 (4.3.1) 的滑模极限环, 也是系统 (4.3.1) 的有限时间全局吸引子. 图 4.3 是 $a = 4, b = 1$ 时的数值模拟图.

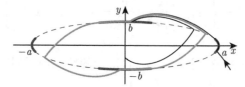

图 4.3　$a = 4, b = 1$ 时系统 (4.3.1) 的滑模极限环, 初始条件 $(4.5, -1)^{\mathrm{T}}, (0, -0.5)^{\mathrm{T}}$

类似地, 对正整数 $n \geqslant 2$, 容易证明系统

$$
\begin{pmatrix} \dot{x} \\ \dot{y} \end{pmatrix} = \begin{cases} \begin{pmatrix} 1 & -1 \\ 1 & 1 \end{pmatrix} \begin{pmatrix} x \\ y \end{pmatrix}, & 0 \leqslant \sqrt{x^2 + y^2} < 1, \\ \quad \cdots\cdots \\ \begin{pmatrix} (-1)^{n-1} & -1 \\ 1 & (-1)^{n-1} \end{pmatrix} \begin{pmatrix} x \\ y \end{pmatrix}, & n-1 \leqslant \sqrt{x^2 + y^2} < n, \\ \begin{pmatrix} (-1)^n & -1 \\ 1 & (-1)^n \end{pmatrix} \begin{pmatrix} x \\ y \end{pmatrix}, & n \leqslant \sqrt{x^2 + y^2} \end{cases}
$$

$$(4.3.3)$$

在 $\mathbb{R}^2$ 上具有 n 个极限环. 图 4.4 是 $n = 3$ 时的滑模极限环示意图.

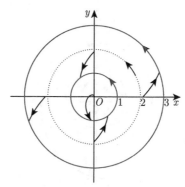

图 4.4　$n = 3$ 时系统 (4.3.3) 具有的滑模极限环 $x^2 + y^2 = k^2 (k = 1, 2, 3)$, k 为奇数时滑模环 (实线) 稳定且有限时间收敛, k 为偶数时滑模环 (虚线) 不稳定

　　上面例举系统所拥有的极限环都是由系统的不连续性所导致的, 且与子系统的个数和切换线密切相关. 下面介绍具有两个子系统且切换线为直线的分片线

性平面微分系统极限环的一些近期研究工作. 首先我们给出分片线性平面系统的
Liénard 标准型[236], 然后分鞍-焦、鞍-结、结-焦、鞍-鞍、结-结、焦-焦六种类型分
别讨论系统 (4.3.4) 的极限环. 我们将详细介绍鞍-焦类型系统的极限环问题[676],
其他类型只给出主要结果, 其证明可参考对应文献 [236, 322, 323, 675]. 除非特别
说明, 本节余下部分所涉及的极限环均为穿越极限环.

4.3.1 具两个子系统的分片线性微分系统的 Liénard 标准型

对于一般的切换线为直线的具有两个子系统的分片线性平面微分系统, 不失
一般性, 假设切换线为 $x = 0$, 其一般形式为

$$(\dot{x}, \dot{y})^{\mathrm{T}} = \begin{cases} f^+(x, y) = A^+ \begin{pmatrix} x \\ y \end{pmatrix} + b^+, & (x, y)^{\mathrm{T}} \in G^+, \\[3mm] f^-(x, y) = A^- \begin{pmatrix} x \\ y \end{pmatrix} + b^-, & (x, y)^{\mathrm{T}} \in G^-, \end{cases} \qquad (4.3.4)$$

其中 $A^+ = (a_{ij}^+)_{2\times2}, A^- = (a_{ij}^-)_{2\times2}$ 为常矩阵, $b^+ = (b_1^+, b_2^+)^{\mathrm{T}}$ 和 $b^- = (b_1^-, b_2^-)^{\mathrm{T}}$
为 $\mathbb{R}^2$ 中的常向量, 以及

$$G^- = \{(x, y)^{\mathrm{T}} \mid x < 0, (x, y)^{\mathrm{T}} \in \mathbb{R}^2\}, \quad G^+ = \{(x, y)^{\mathrm{T}} \mid x > 0, (x, y)^{\mathrm{T}} \in \mathbb{R}^2\}$$

分别为左半平面和右半平面. 注意到当 $a_{12}^+ a_{12}^- = 0$ 时, 不妨假设 $a_{12}^+ = 0$, 则
$f^+(0, y) = (b_1^+, a_{22}^+ y + b_2^+)^{\mathrm{T}}$, 从而从 G^+ 出发的轨线不可能穿越 $x = 0$ 两次, 因此
系统 (4.3.4) 此时不存在穿越极限环. 为了讨论系统 (4.3.4) 的极限环, 下面假设
$a_{12}^+ a_{12}^- \neq 0$.

一般形式的系统 (4.3.4) 具有 12 个参数, 这给极限环的研究带来了很大困难.
因此, 如何对系统 (4.3.4) 进行简化, 即寻找系统 (4.3.4) 的标准型成为首先需要解
决的问题. 通过对向量场进行定性分析, 当 $a_{12}^+ a_{12}^- \leqslant 0$ 时, 系统 (4.3.4) 不存在极
限环, 因此假设 $a_{12}^+ a_{12}^- > 0$.

记 T^- 和 D^- 分别为矩阵 A^- 的迹和行列式, T^+ 和 D^+ 分别为矩阵 A^+ 的
迹和行列式, 我们有下面的命题.

命题 4.3.1 假设 $a_{12}^+ a_{12}^- > 0$, 构造同胚映射 $(\tilde{x}, \tilde{y})^{\mathrm{T}} = H(x, y)$ 如下:

$$(\tilde{x}, \tilde{y})^{\mathrm{T}} = \begin{cases} \begin{pmatrix} 1 & 0 \\ a_{22}^- & -a_{12}^- \end{pmatrix} \begin{pmatrix} x \\ y \end{pmatrix} - \begin{pmatrix} 0 \\ b_1^- \end{pmatrix}, & x \leqslant 0, \\[5mm] \dfrac{1}{a_{12}^+} \begin{pmatrix} a_{12}^- & 0 \\ a_{12}^- a_{22}^+ & -a_{12}^- a_{12}^+ \end{pmatrix} \begin{pmatrix} x \\ y \end{pmatrix} - \begin{pmatrix} 0 \\ b_1^- \end{pmatrix}, & x > 0, \end{cases} \qquad (4.3.5)$$

则该同胚映射有如下性质:

(i) 将系统 (4.3.4) 变为标准型

$$(\dot{x}, \dot{y})^{\mathrm{T}} = \begin{cases} g^-(x,y) = \begin{pmatrix} T^- & -1 \\ D^- & 0 \end{pmatrix}\begin{pmatrix} x \\ y \end{pmatrix} - \begin{pmatrix} 0 \\ a^- \end{pmatrix}, & x < 0, \\ g^+(x,y) = \begin{pmatrix} T^+ & -1 \\ D^+ & 0 \end{pmatrix}\begin{pmatrix} x \\ y \end{pmatrix} - \begin{pmatrix} -b \\ a^+ \end{pmatrix}, & x > 0, \end{cases} \tag{4.3.6}$$

其中

$$a^- = a_{12}^- b_2^- - a_{22}^- b_1^-, \quad b = \frac{a_{12}^-}{a_{12}^+} b_1^+ - b_1^-, \quad a^+ = \frac{a_{12}^-}{a_{12}^+}(a_{12}^+ b_2^+ - a_{22}^+ b_1^+);$$

(ii) 将系统 (4.3.4) 的切换线 $x = 0$ 变为系统 (4.3.6) 的切换线 $x = 0$, 并且, 该同胚映射保持系统 (4.3.4) 和系统 (4.3.6) 的穿越域、滑模域、切点以及边界平衡点不变;

(iii) 若轨线与滑模域不相交, 在这个意义下系统 (4.3.4) 和系统 (4.3.6) 是拓扑等价的.

证明　令 $f^\pm = (f_1^\pm, f_2^\pm)^{\mathrm{T}}$ 和 $g^\pm = (g_1^\pm, g_2^\pm)^{\mathrm{T}}$. 结论 (i) 通过直接计算可得. 下面证明结论 (ii). 因为

$$g_1^+(H(0,y)) = a_{12}^- y + b_1^- + b = \frac{a_{12}^-}{a_{12}^+} f_1^+(0,y)$$

以及

$$g_1^-(H(0,y)) = a_{12}^- y + b_1^- = f_1^-(0,y),$$

并结合 $a_{12}^+ a_{12}^- > 0$, 所以结论 (ii) 成立. 结论 (iii) 可根据结论 (ii) 推出.　证毕.

4.3.2　鞍-焦类型分片线性微分系统的极限环

本小节主要讨论系统 (4.3.6) 为鞍-焦类型时的极限环问题[676]. 不妨假设在系统 (4.3.6) 中左半子系统具有一个鞍点和右半子系统具有一个焦点, 即 $D^- < 0$ 和 $D^+ = (\alpha^+)^2 + (\omega^+)^2 > 0$, 其中 $\alpha^+ \pm i\omega^+$ ($\omega^+ > 0$) 为矩阵 A^+ 的一对共轭复根. 下面我们对系统 (4.3.6) 进一步简化, 可得到鞍-焦类型系统的只有 5 个参数的简化标准型.

命题 4.3.2　设

$$\gamma_L = \frac{T^-}{2\sqrt{-D^-}}, \quad a_L = \frac{a^-}{\sqrt{-D^-}}, \quad \gamma_R = \frac{\alpha^+}{\omega^+}, \quad a_R = \frac{a^+}{\omega^+}, \quad \mu = b,$$

则同胚映射

$$(x,y,t) \to \begin{cases} \left(\dfrac{x}{\sqrt{-D^-}}, y, \dfrac{t}{\sqrt{-D^-}}\right), & x < 0, \\ \left(\dfrac{x}{\omega^+}, y, \dfrac{t}{\omega^+}\right), & x > 0, \end{cases}$$

将标准型 (4.3.6) 变为只有 5 个参数的简化标准型

$$
(\dot{x}, \dot{y})^{\mathrm{T}} = \begin{cases} \begin{pmatrix} 2\gamma_L & -1 \\ -1 & 0 \end{pmatrix} \begin{pmatrix} x \\ y \end{pmatrix} - \begin{pmatrix} 0 \\ a_L \end{pmatrix}, & x < 0, \\[4mm] \begin{pmatrix} 2\gamma_R & -1 \\ 1+\gamma_R^2 & 0 \end{pmatrix} \begin{pmatrix} x \\ y \end{pmatrix} - \begin{pmatrix} -\mu \\ a_R \end{pmatrix}, & x > 0. \end{cases} \tag{4.3.7}
$$

不难验证, 系统 (4.3.6) 的穿越极限环问题与简化系统 (4.3.7) 等价. 一方面, 系统 (4.3.7) 存在极限环的一个必要条件为 $a_L > 0$, 其证明见命题 4.3.4. 另一方面, 本节主要考虑 (4.3.7) 的右半子系统焦点为虚平衡点的情况, 即 $a_R < 0$. 因此, 本节我们假设系统 (4.3.7) 满足如下条件:

(SF0) $a_L > 0$, $a_R < 0$.

系统 (4.3.7) 由两个线性子系统

$$
\begin{cases} \dot{x} = 2\gamma_L x - y, \\ \dot{y} = -x - a_L, \end{cases} \quad x < 0 \tag{4.3.8}
$$

和

$$
\begin{cases} \dot{x} = 2\gamma_R x - y + \mu, \\ \dot{y} = (1+\gamma_R^2)x - a_R, \end{cases} \quad x > 0 \tag{4.3.9}
$$

构成, 分别称为左半子系统和右半子系统. 为了研究 Poincaré 映射的性质, 需利用下面两个辅助函数:

$$
\varphi_{\lambda_1, \lambda_2}(t) = \lambda_1 - \lambda_2 + \lambda_2 e^{\lambda_1 t} - \lambda_1 e^{\lambda_2 t},
$$

$$
\psi_\gamma(t) = 1 - e^{\gamma t}(\cos t - \gamma \sin t),
$$

其中 t 为自变量, $\lambda_1, \lambda_2, \gamma$ 为参数. 根据

$$
\varphi'_{\lambda_1, \lambda_2}(t) = \lambda_1 \lambda_2 (e^{\lambda_1 t} - e^{\lambda_2 t})
$$

以及

$$
\psi'_\gamma(t) = (1+\gamma^2)e^{\gamma t} \sin t,
$$

可得辅助函数的如下性质.

引理 4.3.2 当 $\lambda_1 > 0 > \lambda_2$ 以及 $t, \gamma \in \mathbb{R}$ 时, 下面结论成立:

(i) 当 $t \neq 0$ 时, $\varphi_{\lambda_1, \lambda_2}(0) = 0$ 且 $\varphi_{\lambda_1, \lambda_2}(t) < 0$;

(ii) $\lim\limits_{t \to -\infty} \varphi_{\lambda_1, \lambda_2}(t) = \lim\limits_{t \to +\infty} \varphi_{\lambda_1, \lambda_2}(t) = -\infty$;

(iii) 当 $t \in [-\pi, 0) \cup (0, \pi]$ 时, $\psi_\gamma(0) = 0$ 且 $\psi_\gamma(t) > 0$;

(iv) $\psi_{-\gamma}(-t) = \psi_\gamma(t)$, $\forall t, \gamma \in \mathbb{R}$.

设 $\lambda_1^L > \lambda_2^L$ 为矩阵 $\begin{pmatrix} 2\gamma_L & -1 \\ -1 & 0 \end{pmatrix}$ 的两个特征根，则 $\lambda_1^L = \gamma_L + \sqrt{1 + \gamma_L^2}$，
$\lambda_2^L = \gamma_L - \sqrt{1 + \gamma_L^2}$. 左半子系统 (4.3.8) 的稳定流形和不稳定流形分别为

$$l_s^L : y = \lambda_1^L x + y_s^L \quad \text{和} \quad l_u^L : y = \lambda_2^L x + y_u^L,$$

其中 $y_s^L = \dfrac{a_L}{\lambda_1^L}, y_u^L = \dfrac{a_L}{\lambda_2^L}$. 由此可得，$l_s^L$ 和 l_u^L 与直线 $x = 0$ 的交点分别为 $(0, y_s^L)^{\mathrm{T}}$
和 $(0, y_u^L)^{\mathrm{T}}$.

下面给出关于左半子系统的左半 Poincaré 映射的定义和性质. 当 $y_0^L \in (0, y_s^L)$
时，左半子系统从 $(0, y_0^L)^{\mathrm{T}}$ 出发的轨线将进入左半平面 $x < 0$，若存在 $y_1^L \in (y_u^L, 0)$
使得该轨线经过有限时间 $t^L > 0$ 能与 $x = 0$ 再次相交于 $(0, y_1^L)^{\mathrm{T}}$，则定义左半
Poincaré 映射 $P_L(\cdot)$ 为

$$P_L(y_0^L) = \begin{cases} 0, & y_0^L = 0, \\ y_1^L, & y_0^L \in (0, y_s^L), \\ y_u^L, & y_0^L = y_s^L. \end{cases} \tag{4.3.10}$$

由于左半 Poincaré 映射的显式表达式不易求出，所以我们给出其参数表达式. 左
半子系统 (4.3.8) 过初始条件 $X_0 = (0, y_0^L)^{\mathrm{T}}$ 的解为

$$\begin{cases} x(t) = \dfrac{(e^{\lambda_2^L t} - e^{\lambda_1^L t})y_0^L - a_L \varphi_{\lambda_1^L, \lambda_2^L}(t)}{\lambda_1^L - \lambda_2^L}, \\ y(t) = \dfrac{(\lambda_1^L e^{\lambda_2^L t} - \lambda_2^L e^{\lambda_1^L t})y_0^L + a_L[(\lambda_2^L)^2(1 - e^{\lambda_1^L t}) - (\lambda_1^L)^2(1 - e^{\lambda_2^L t})]}{\lambda_1^L - \lambda_2^L}. \end{cases}$$
$$\tag{4.3.11}$$

在 (4.3.11) 中令 $x(t) = 0$，则左半 Poincaré 映射的参数表达式可写为

$$\begin{cases} y_0^L(t) = -a_L \dfrac{\varphi_{\lambda_1^L, \lambda_2^L}(t)}{e^{\lambda_1^L t} - e^{\lambda_2^L t}}, \\ y_1^L(t) = a_L \dfrac{\varphi_{\lambda_1^L, \lambda_2^L}(-t)e^{2\gamma_L t}}{e^{\lambda_1^L t} - e^{\lambda_2^L t}}, \end{cases} \quad t > 0. \tag{4.3.12}$$

由引理 4.3.2 可知

$$\mathrm{sgn}(y_0^L(t)) = -\mathrm{sgn}(y_1^L(t)) = \mathrm{sgn}(a_L). \tag{4.3.13}$$

命题 4.3.3　系统 (4.3.7) 存在穿越极限环的一个必要条件为 $a_L > 0$.

证明　假设系统 (4.3.7) 存在一个穿越极限环，则该极限环与 y 轴相交于不同
的两点，不妨设交点为 $(0, y_0)^{\mathrm{T}}$ 和 $(0, y_1)^{\mathrm{T}}$，并假设 $y_0 > y_1$. 由向量场的分析可知

$$y_0 > \max\{0, \mu\}, \quad y_1 < \min\{0, \mu\}. \tag{4.3.14}$$

根据 (4.3.13) 可得, $a_L > 0$ 为系统 (4.3.7) 存在穿越极限环的一个必要条件. 证毕.

当 $a_L > 0$ 时, 左半 Poincaré 映射具有下列命题.

命题 4.3.4 当 $a_L > 0$ 时, 由 (4.3.10) 定义的左半 Poincaré 映射的定义域为 $[0, y_s^L]$, 值域为 $[y_u^L, 0]$, 且下列结论成立:

(i) $y_0^L(t)$ 关于 t 单调递增, $y_1^L(t)$ 关于 t 单调递减, 且

$$\lim_{t \to 0^+} y_0^L(t) = \lim_{t \to 0^+} y_1^L(t) = 0, \quad \lim_{t \to +\infty} y_0^L(t) = y_s^L, \quad \lim_{t \to +\infty} y_1^L(t) = y_u^L; \quad (4.3.15)$$

(ii) 对 $y_0^L \in (0, y_s^L)$, $P_L'(y_0^L) < 0$ 且 $\mathrm{sgn}(P_L''(y_0^L)) = -\mathrm{sgn}(\gamma_L)$;

(iii) 在 $y_0^L = 0$ 处, $P_L(y_0^L)$ 右连续, 一阶和二阶右导数为

$$P_L'(0) = -1, \quad P_L''(0) = -\frac{8\gamma_L}{3a_L},$$

并且当 $\gamma_L < 0$ 时 $\lim\limits_{y_0^L \to y_s^L} P_L'(y_0^L) = 0$, 当 $\gamma_L > 0$ 时 $\lim\limits_{y_0^L \to y_s^L} P_L'(y_0^L) = -\infty$.

证明 根据左半 Poincaré 映射的参数表达式 (4.3.12) 并对其求导, 可得

$$(y_0^L)'(t) = -a_L(\lambda_1^L - \lambda_2^L) \frac{e^{2\gamma_L t} \varphi_{\lambda_1^L, \lambda_2^L}(-t)}{(e^{\lambda_1^L t} - e^{\lambda_2^L t})^2}$$

以及

$$(y_1^L)'(t) = a_L(\lambda_1^L - \lambda_2^L) \frac{e^{2\gamma_L t} \varphi_{\lambda_1^L, \lambda_2^L}(t)}{(e^{\lambda_1^L t} - e^{\lambda_2^L t})^2}.$$

由 $a_L > 0$ 和命题 4.3.2 可知, 当 $t > 0$ 时 $(y_0^L)'(t) > 0$ 和 $(y_1^L)'(t) < 0$, 从而 $y_0^L(\cdot)$ 和 $y_1^L(\cdot)$ 的单调性得证. 利用洛必达法则, 我们可得 (4.3.15), 由此可知 $P_L(\cdot)$ 的定义域为 $[0, y_s^L]$, 值域为 $[y_u^L, 0]$.

根据

$$P_L'(y_0^L) = \frac{(y_1^L)'(t)}{(y_0^L)'(t)} = -\frac{\varphi_{\lambda_1^L, \lambda_2^L}(t)}{\varphi_{\lambda_1^L, \lambda_2^L}(-t)} \quad (4.3.16)$$

和命题 4.3.2 可得 $P_L'(y_0^L) < 0$, 且

$$P_L''(y_0^L) = \frac{(y_0^L)'(y_1^L)'' - (y_1^L)'(y_0^L)''}{[(y_0^L)']^3} = -\frac{e^{-4\gamma_L t}}{a_L(\lambda_1^L - \lambda_2^L)} \left[\frac{e^{\lambda_1^L t} - e^{\lambda_2^L t}}{\varphi_{\lambda_1^L, \lambda_2^L}(t)} \right]^3 \sigma(t), \quad (4.3.17)$$

其中

$$\sigma(t) = e^{2\gamma_L t} \varphi_{\lambda_1^L, \lambda_2^L}(-t) - \varphi_{\lambda_1^L, \lambda_2^L}(t).$$

所以 $\sigma'(t) = 2\gamma_L e^{2\gamma_L t} \varphi_{\lambda_1^L, \lambda_2^L}(-t)$. 由于 $\sigma(0) = 0$ 以及 $t > 0$, 从而 $\mathrm{sgn}(\sigma(t)) = -\mathrm{sgn}(\gamma_L)$, 因此 $\mathrm{sgn}(P_L''(y_0^L)) = -\mathrm{sgn}(\gamma_L)$. 根据 (4.3.16) 以及结论 (i), 有

$$P_L'(0) = \lim_{t \to 0^+} \left[-\frac{\varphi_{\lambda_1^L, \lambda_2^L}(t)}{\varphi_{\lambda_1^L, \lambda_2^L}(-t)} \right] = -1.$$

同理可得 $P_L''(0) = -\dfrac{8\gamma_L}{3a_L}$,

$$
\begin{aligned}
\lim_{y_0^L \to y_s^L} P_L'(y_0^L) &= \lim_{t \to +\infty} \left[-\frac{\varphi_{\lambda_1^L, \lambda_2^L}(t)}{\varphi_{\lambda_1^L, \lambda_2^L}(-t)} \right] \\
&= \lim_{t \to +\infty} \left[-\frac{(\lambda_1^L - \lambda_2^L)e^{\lambda_2^L t} + \lambda_2^L e^{2\gamma_L t} - \lambda_1^L e^{2\lambda_2^L t}}{(\lambda_1^L - \lambda_2^L)e^{\lambda_2^L t} + \lambda_2^L e^{(\lambda_2^L - \lambda_1^L)t} - \lambda_1^L} \right] = \lim_{t \to +\infty} \frac{\lambda_2^L}{\lambda_1^L} e^{2\gamma_L t},
\end{aligned}
$$

所以, 当 $\gamma_L < 0$ 时 $\displaystyle\lim_{y_0^L \to y_s^L} P_L'(y_0^L) = 0$, 当 $\gamma_L > 0$ 时 $\displaystyle\lim_{y_0^L \to y_s^L} P_L'(y_0^L) = -\infty$. 证毕.

当 $a_R < 0$ 以及 $y_0^R < \mu$ 时, 右半子系统 (4.3.9) 以 $(0, y_0^R)^{\mathrm{T}}$ 为初始点的轨线将进入右半平面 $x > 0$, 并经过有限时间与直线 $x = 0$ 再次相交, 不妨设交点为 $(0, y_1^R)^{\mathrm{T}}$, 此时 $y_1^R > \mu$. 因此, 定义右半 Poincaré 映射 $P_R(\cdot; \mu)$ 为

$$
P_R(\mu; \mu) = \mu, \quad P_R(y_0^R; \mu) = y_1^R, \quad y_0^R < \mu. \tag{4.3.18}
$$

类似于左半 Poincaré 映射, 可求出右半 Poincaré 映射 $P_R(\cdot; \mu)$ 参数表达式为

$$
\begin{cases}
y_0^R(t) = \mu + \dfrac{a_R}{1 + \gamma_R^2} \dfrac{e^{-\gamma_R t} \psi_{\gamma_R}(t)}{\sin t}, \\[3mm]
y_1^R(t) = \mu - \dfrac{a_R}{1 + \gamma_R^2} \dfrac{e^{\gamma_R t} \psi_{\gamma_R}(-t)}{\sin t},
\end{cases}
\quad t \in (0, \pi). \tag{4.3.19}
$$

右半 Poincaré 映射 $P_R(\cdot; \mu)$ 的性质如下, 其证明与命题 4.3.4 类似, 故略去.

命题 4.3.5　右半 Poincaré 映射 $P_R(\cdot; \mu)$ 的定义域为 $(-\infty, \mu]$, 值域为 $[\mu, +\infty)$, 且下列结论成立:

(i) $y_0^R(t)$ 关于 t 单调递增, $y_1^R(t)$ 关于 t 单调递减, 且

$$
\lim_{t \to 0^+} y_0^R(t) = \lim_{t \to 0^+} y_1^R(t) = 0, \quad \lim_{t \to \pi^+} y_0^R(t) = +\infty, \quad \lim_{t \to \pi^+} y_1^R(t) = -\infty;
$$

(ii) 当 $y_0^R \in (\mu, +\infty)$ 时, $P_R'(y_0^R; \mu) < 0$ 且 $\mathrm{sgn}(P_R''(y_0^R; \mu)) = \mathrm{sgn}(\gamma_R)$;

(iii) 在 $y_0^R = \mu$ 处, $P_R(\cdot; \mu)$ 右连续, 且一阶和二阶右导数为

$$
P_R'(\mu; \mu) = -1, \quad P_R''(\mu; \mu) = -\frac{8\gamma_R}{3a_R}.
$$

为了研究系统 (4.3.7) 的极限环, 我们需用到后继函数, 在给出后继函数的定义之前, 我们先引入两个函数 $d_L(\cdot)$ 和 $d_R(\cdot; \mu)$, 其定义如下

$$
d_L(y_0) = y_0 - P_L(y_0), \quad y_0 \in [0, y_s^L]
$$

和

$$
d_R(y_0; \mu) = y_0 - P_R^{-1}(y_0; \mu), \quad y_0 \in [\mu, +\infty), \tag{4.3.20}
$$

其中 $P_R^{-1}(\cdot; \mu)$ 为映射 $P_R(\cdot; \mu)$ 的逆. 根据命题 4.3.4 和命题 4.3.5, 经过简单计算, 可直接得到这两个函数的性质如下.

命题 4.3.6 关于函数 $d_L(\cdot)$ 和 $d_R(\cdot; \mu)$, 如下结论成立:

(i) 当 $y_0 \in (0, y_s^L)$ 时, $d_L'(y_0) > 1$; 当 $y_0 \in (\mu, +\infty)$ 时, $d_R'(y_0; \mu) > 1$.

(ii) 当 $y_0 \in (0, y_s^L)$ 时, $\operatorname{sgn}(d_L''(y_0)) = -\operatorname{sgn}(\gamma_L)$; 当 $y_0 \in (\mu, +\infty)$ 时, $\operatorname{sgn}(d_R''(y_0; \mu)) = -\operatorname{sgn}(\gamma_R)$.

(iii) $d_L(0) = d_R(\mu; \mu) = 0$, $d_L'(0) = d_R'(\mu; \mu) = 2$, $d_L''(0) = \dfrac{8\gamma_L}{3a_L}$ 和 $d_R''(\mu; \mu) = \dfrac{8\gamma_R}{3a_R}$.

(iv) 当 $\gamma_L < 0$ 时, $\lim\limits_{y_0 \to y_s^L} d_L'(y_0) = 1$; 当 $\gamma_L > 0$ 时, $\lim\limits_{y_0 \to y_s^L} d_L'(y_0) = +\infty$.

利用函数 $d_L(\cdot)$ 和 $d_R(\cdot; \mu)$, 对于给定的参数 μ, 可定义后继函数 $d(\cdot; \mu)$ 如下:

$$d(y_0; \mu) = y_0 - d_R^{-1}(d_L(y_0); \mu), \quad y_0 \in [0, y_s^L], \tag{4.3.21}$$

其中 $d_R^{-1}(\cdot; \mu)$ 为 $d_R(\cdot; \mu)$ 的逆. 后继函数 $d(\cdot; \mu)$ 的性质如下.

命题 4.3.7 函数 $d(\cdot; \mu)$ 具有如下性质:

(i) 当 $y_0 \in [0, y_s^L]$ 时 $d(y_0; \mu) = d(y_0; 0) - \mu$;

(ii) $\operatorname{sgn}(d(y_0; \mu)) = \operatorname{sgn}(P_L(y_0) - P_R^{-1}(y_0; \mu)) = \operatorname{sgn}(y_0 - P(y_0; \mu))$, 其中 $P(y_0; \mu) = P_R(P_L(y_0); \mu)$ 为全 Poincaré 映射;

(iii) 当 $y^* \in (0, y_s^L)$ 时, 系统 (4.3.7) 存在过 $(0, y^*)^{\mathrm{T}}$ 的极限环当且仅当 $d(y^*; \mu) = 0$.

证明 取 $(y_1, y_0) \in \operatorname{Graph}(P_R(\cdot; \mu))$, 则

$$y_1 = P_R^{-1}(y_0; \mu). \tag{4.3.22}$$

通过变换 $(x, y - \mu, t) \to (x, y, t)$ 可将右半系统 (4.3.9) 中的参数 μ 消除, 从而 $(y_1 - \mu, y_0 - \mu) \in \operatorname{Graph}(P_R(\cdot; 0))$. 所以

$$y_1 - \mu = P_R^{-1}(y_0 - \mu; 0). \tag{4.3.23}$$

进一步, 由 (4.3.22) 和 (4.3.23) 可得

$$P_R^{-1}(y_0; \mu) = P_R^{-1}(y_0 - \mu; 0) + \mu. \tag{4.3.24}$$

令 $w = d_R^{-1}(d_L(y_0); \mu)$, 则 $d_R(w, \mu) = d_L(y_0)$, 即

$$w - P_R^{-1}(w; \mu) = d_L(y_0).$$

因此根据 (4.3.24) 可得

$$w - \mu - P_R^{-1}(w - \mu; 0) = d_L(y_0),$$

即

$$d_R(w - \mu; 0) = d_L(y_0),$$

所以

$$w = d_R^{-1}(d_L(y_0); 0) + \mu.$$

这样

$$d(y_0; \mu) = y_0 - w = y_0 - d_R^{-1}(d_L(y_0); 0) - \mu,$$

即

$$d(y_0; \mu) = d(y_0; 0) - \mu.$$

下面证明结论 (ii). 由 $d(y_0; \mu) = d_R^{-1}(d_R(y_0); \mu) - d_R^{-1}(d_L(y_0); \mu)$ 以及命题 4.3.6 所给出的关于 $d_R^{-1}(\cdot; \mu)$ 的单调递增性, 有

$$\operatorname{sgn}(d(y_0; \mu)) = \operatorname{sgn}(d_R(y_0; \mu) - d_L(y_0)). \tag{4.3.25}$$

另一方面

$$d_R(y_0; \mu) - d_L(y_0) = P_L(y_0) - P_R^{-1}(y_0; \mu) = P_R^{-1}(P(y_0; \mu); \mu) - P_R^{-1}(y_0; \mu),$$

从而由 (4.3.25) 以及 $P_R^{-1}(\cdot; \mu)$ 的单调递减性可得

$$\operatorname{sgn}(d(y_0; \mu)) = \operatorname{sgn}(P_L(y_0) - P_R^{-1}(y_0; \mu)) = \operatorname{sgn}(y_0 - P(y_0; \mu)).$$

这就证明了结论 (ii), 同理可证结论 (iii). 证毕.

由上面命题可知, $d(\cdot; \mu) = d(\cdot; 0) - \mu$, 因此 $d(\cdot; \mu)$ 的零点可转化为方程 $d(\cdot; 0) = \mu$ 的根. 为了记号的简单, 下面我们用 $d(\cdot)$, $P_R(\cdot)$, $P_R^{-1}(\cdot)$, $d_R(\cdot)$ 和 $d_R^{-1}(\cdot)$ 分别表示 $d(\cdot; 0)$, $P_R(\cdot; 0)$, $P_R^{-1}(\cdot; 0)$, $d_R(\cdot; 0)$ 和 $d_R^{-1}(\cdot; 0)$.

命题 4.3.8　对于函数 $d(\cdot)$, 下面结论成立:

(i) $d(0) = d'(0) = 0$, $d''(0) = \dfrac{4}{3}\left(\dfrac{\gamma_R}{a_R} - \dfrac{\gamma_L}{a_L}\right)$.

(ii) 设 $y_0 \in (0, y_s^L)$, 则当 $\gamma_L \leqslant 0$ 且 $\gamma_R < 0$ 时 $d'(y_0) > 0$; 当 $\gamma_L \geqslant 0$ 且 $\gamma_R > 0$ 时 $d'(y_0) < 0$.

(iii) 当 $\gamma_L < 0$ 时 $\lim\limits_{y_0 \to y_s^L} d'(y_0) > 0$; 当 $\gamma_L > 0$ 时 $\lim\limits_{y_0 \to y_s^L} d'(y_0) = -\infty$.

(iv) 当 $y^* \in (0, y_s^L)$ 为 $d(\cdot)$ 的零点时, $\operatorname{sgn}(d'(y^*)) = \operatorname{sgn}(1 - P'(y^*))$.

证明　容易验证 $d(0) = 0$. 令 $w = w(y_0) = d_R^{-1}(d_L(y_0))$, 则 $d(y_0) = y_0 - w(y_0)$, $w'(y_0) = \dfrac{d_L'(y_0)}{d_R'(w)}$ 且

$$d'(y_0) = 1 - w'(y_0) = 1 - \frac{d_L'(y_0)}{d_R'(w)}. \tag{4.3.26}$$

由命题 4.3.6 知, $d'_L(0) = d'_R(0) = 2$, 从而 $d'(0) = 1 - \dfrac{d'_L(0)}{d'_R(0)} = 0$. 此外

$$d''(y_0) = \frac{d''_R(w)[d'_L(y_0)]^2 - d''_L(y_0)[d'_R(w)]^2}{[d'_R(w)]^3},$$

所以由命题 4.3.6 可得, $d''(0) = \dfrac{4}{3}\left(\dfrac{\gamma_R}{a_R} - \dfrac{\gamma_L}{a_L}\right)$. 注意到 $d'_R(w) > 1$, $\mathrm{sgn}(d''_R(w)) = -\mathrm{sgn}(\gamma_R)$ 以及 $\mathrm{sgn}(d''_L(y_0)) = \mathrm{sgn}(\gamma_L)$, 因此当 $\gamma_L \leqslant 0$ 且 $\gamma_R < 0$ 时 $d''(y_0) > 0$, 当 $\gamma_L \geqslant 0$ 且 $\gamma_R > 0$ 时 $d''(y_0) < 0$, 这就说明 $d'(y_0)$ 当 $\gamma_L \leqslant 0$ 且 $\gamma_R < 0$ 时单调递增, 当 $\gamma_L \geqslant 0$ 且 $\gamma_R > 0$ 时单调递减. 并由此可知 $d'(0) = 0$, 从而结论 (ii) 得证.

由 (4.3.26) 可得

$$\lim_{y_0 \to y_s^L} d'(y_0) = 1 - \frac{1}{d'_R(w^*)} \lim_{y_0 \to y_s^L} d'_L(y_0),$$

其中 $w^* = d_R^{-1}(d_L(y_s^L))$. 因此, 当 $\gamma_L < 0$ 时 $\displaystyle\lim_{y_0 \to y_s^L} d'(y_0) = 1 - \frac{1}{d'_R(w^*)} > 0$, 当 $\gamma_L > 0$ 时 $\displaystyle\lim_{y_0 \to y_s^L} d'(y_0) = -\infty$.

假设 $d(y^*) = 0$, $y^* \in (0, y_s^L)$, 则 $w^* = d_R^{-1}(d_L(y^*)) = y^*$ 且 $P_R^{-1}(y^*) = P_L(y^*)$. 注意到 $P'_R(P_L(y^*)) < 0$, $P'(y^*) = P'_R(P_L(y^*))P_L(y^*)$, $d'_L(y^*) = 1 - P'_L(y^*)$ 以及

$$d'_R(y^*) = 1 - \frac{1}{P'_R(P_R^{-1}(y^*))} = 1 - \frac{1}{P'_R(P_L(y^*))},$$

有

$$d'(y^*) = 1 - \frac{d'_L(y^*)}{d'_R(w^*)} = 1 - \frac{d'_L(y^*)}{d'_R(y^*)} = \frac{P'(y^*) - 1}{P'_R(P_L(y^*)) - 1}.$$

结论 (iv) 得证. 证毕.

下面这个命题说明函数 $d(\cdot)$ 还可用来研究极限环的稳定性.

命题 4.3.9 设 $y^* > 0$, $\Gamma_{y^*}^\mu$ 为系统 (4.3.7) 过 $(0, y^*)^{\mathrm{T}}$ 的极限环, 则

(i) 若 $d'(y^*) > 0$, 则 $\Gamma_{y^*}^\mu$ 渐近稳定;

(ii) 若 $d'(y^*) < 0$, 则 $\Gamma_{y^*}^\mu$ 不稳定.

当 $\mu = 0$ 时, 讨论极限环的唯一性需要下面的引理.

引理 4.3.3 假设 $\mu = 0$ 且 $\gamma_L \gamma_R < 0$, 则

(i) 当 $\gamma_L < 0$ 且 $\gamma_R > 0$ 时, 系统 (4.3.7) 存在极限环的必要条件为 $\dfrac{\gamma_L}{a_L} > \dfrac{\gamma_R}{a_R}$. 若极限环存在, 则必是唯一的, 且 $P'(y^*) < 1$, 其中 $y^* > 0$ 为该极限环与 y-轴正半轴的交点的纵坐标.

(ii) 当 $\gamma_L > 0$ 且 $\gamma_R < 0$ 时, 系统 (4.3.7) 存在极限环的必要条件为 $\dfrac{\gamma_L}{a_L} < \dfrac{\gamma_R}{a_R}$.

若极限环存在, 则必是唯一的, 且 $P'(y^*) > 1$, 其中 $y^* > 0$ 为该极限环与 y-轴正半轴的交点的纵坐标.

证明　假设 $\gamma_L < 0$ 且 $\gamma_R > 0$. 当 $\mu = 0$ 时系统为文献 [462] 中所讨论的 Liénard 系统. 取 $x_m = -a_L < 0$ 以及 $x_M > 0$ 充分大使得从 $(0, y_u^L)^{\mathrm{T}}$ 出发的轨道在到达 $(0, P_R(y_u^L))^{\mathrm{T}}$ 之前停留在左半平面 $x < x_M$, 则系统 (4.3.7) 的极限环位于带形区域 $x_m < x < x_M$ 中 (图 4.5). 为了利用文献 [462] 中的定理 1 和定理 2 证明该引理, 我们需验证文献 [462] 中所给出的假设条件 (H1)—(H3) 成立. 取如下函数 $f(x)$ 和 $g(x)$,

$$f(x) = \begin{cases} 2\gamma_L, & x < 0, \\ 2\gamma_R, & x > 0, \end{cases} \qquad g(x) = \begin{cases} -x - a_L, & x < 0, \\ (1 + \gamma_R^2)x - a_R, & x > 0, \end{cases}$$

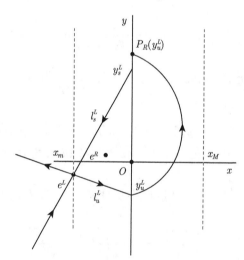

图 4.5　当 $\gamma_L < 0$ 且 $\gamma_R > 0$ 时系统 (4.3.7) 存在极限环的带形区域 $x_m < x < x_M$

以及

$$h_1(p) = -\frac{1}{4\gamma_L^2}p - \frac{a_L}{2\gamma_L}$$

和

$$h_2(p) = \frac{1 + \gamma_R^2}{4\gamma_R^2}p - \frac{a_R}{2\gamma_R},$$

则容易验证在带形区域 $x_m < x < x_M$ 中, 当 $x \neq 0$ 时 $xg(x) > 0$ 和 $xf(x) > 0$, 从而文献 [462] 中的假设 (H1)—(H2) 成立. 下面验证文献 [462] 中的假设 (H3). 由于

$$\lim_{x \to 0^-} \frac{g(x)}{f(x)} = -\frac{a_L}{2\gamma_L}, \qquad \lim_{x \to 0^+} \frac{g(x)}{f(x)} = -\frac{a_R}{2\gamma_R},$$

从而 $\dfrac{\gamma_L}{a_L} > \dfrac{\gamma_R}{a_R}$ 意味着假设 (H3) 也是成立的. 因此, 根据文献 [462] 中的定理 2 系统 (4.3.7) 存在极限环的必要条件是方程 $h_1(p) = h_2(p)$ 在 $(0, 2\gamma_L x_m) \cap (0, 2\gamma_R x_M)$ 上存在解, 从而

$$\left(\frac{1}{4\gamma_L^2} + \frac{1+\gamma_R^2}{4\gamma_R^2}\right)\left(\frac{a_L}{2\gamma_L} - \frac{a_R}{2\gamma_R}\right) < 0, \qquad (4.3.27)$$

即 $\dfrac{\gamma_L}{a_L} > \dfrac{\gamma_R}{a_R}$. 若系统 (4.3.7) 存在极限环, 则由文献 [462] 中的定理 3 可得极限环的唯一性并且该极限环具有负特征指数, 即 $P'(y^*) < 1$.

通过作变换 $(x, y, t) \to (x, -y, -t)$, 结论 (ii) 可类似证明. 证毕.

下面我们给出极限环存在性的主要定理.

定理 4.3.1 对于系统 (4.3.7), 下面的结论成立:

(i) 假设 $\gamma_L \leqslant 0$ 且 $\gamma_R < 0$, 则存在 $\mu_{\max}^{--} > 0$ 使得系统 (4.3.7) 当 $\mu \in (-\infty, 0] \cup (\mu_{\max}^{--}, +\infty)$ 不存在极限环, 当 $\mu = \mu_{\max}^{--}$ 时存在一个连接左半子系统鞍点 e_L 的同宿环, 当 $\mu \in (0, \mu_{\max}^{--})$ 时存在唯一极限环, 且渐近稳定;

(ii) 假设 $\gamma_L \geqslant 0$ 且 $\gamma_R > 0$, 则存在 $\mu_{\min}^{++} < 0$ 使得系统 (4.3.7) 当 $\mu \in (-\infty, \mu_{\min}^{++}]) \cup (0, +\infty)$ 时不存在极限环, 当 $\mu = \mu_{\min}^{++}$ 时存在连接左半子系统鞍点 e_L 的同宿环, 当 $\mu \in (\mu_{\min}^{++}, 0)$ 存在唯一极限环, 且不稳定;

(iii) 假设 $\gamma_L < 0$, $\gamma_R > 0$ 和 $\dfrac{\gamma_L}{a_L} > \dfrac{\gamma_R}{a_R}$, 则存在 $\mu_{\min}^{-+} < 0$, $\mu_{\max}^{-+} \geqslant 0$ 和 $\mu_1^{-+} \in (\mu_{\min}^{-+}, 0]$ 使得系统 (4.3.7) 当 $\mu \in (-\infty, \mu_{\min}^{-+}) \cup (\mu_{\max}^{-+}, +\infty)$ 时不存在极限环, 当 $\mu \in [\mu_1^{-+}, \mu_{\max}^{-+})$ 时至少存在一个极限环, 当 $\mu \in (\mu_{\min}^{-+}, \mu_1^{-+})$ 时至少存在两个极限环;

(iv) 假设 $\gamma_L < 0$, $\gamma_R > 0$ 且 $\dfrac{\gamma_L}{a_L} < \dfrac{\gamma_R}{a_R}$, 则存在 $\tilde{\mu}_{\max}^{-+} > 0$ 使得系统 (4.3.7) 当 $\mu \in (0, \tilde{\mu}_{\max}^{-+})$ 时至少存在一个极限环, 当 $\mu \in (-\infty, 0] \cup (\tilde{\mu}_{\max}^{-+}, +\infty)$ 时不存在极限环;

(v) 假设 $\gamma_L > 0$, $\gamma_R < 0$ 且 $\dfrac{\gamma_L}{a_L} < \dfrac{\gamma_R}{a_R}$, 则存在 $\mu_{\min}^{+-} \leqslant 0$, $\mu_{\max}^{+-} > 0$ 和 $\mu_1^{+-} \in (0, \mu_{\max}^{+-})$ 使得系统 (4.3.7) 当 $\mu \in (-\infty, \mu_{\min}^{-+}) \cup (\mu_{\max}^{-+}, +\infty)$ 时不存在极限环, 当 $\mu \in (\mu_1^{+-}, \mu_{\max}^{+-})$ 时至少存在两个极限环;

(vi) 假设 $\gamma_L > 0$, $\gamma_R < 0$ 和 $\dfrac{\gamma_L}{a_L} > \dfrac{\gamma_R}{a_R}$, 则存在 $\tilde{\mu}_{\min}^{+-} < 0$ 使得系统 (4.3.7) 当 $\mu \in (-\infty, \tilde{\mu}_{\min}^{-+}) \cup [0, +\infty)$ 时不存在极限环, 当 $\mu \in (\tilde{\mu}_{\min}^{+-}, 0)$ 至少存在一个极限环.

证明 假设 $\gamma_L \leqslant 0$ 且 $\gamma_R < 0$. 根据命题 4.3.8, $d(0) = 0$ 且 $d(\cdot)$ 在 $[0, y_s^L]$ 上单调递增. 取 $\mu_{\max}^{--} = d(y_s^L)$, 则 $\mu_{\max}^{--} > 0$. 注意到由命题 4.3.7 可知, $d(\cdot; \mu) = d(\cdot) - \mu$, 所以当 $\mu \in (-\infty, 0) \cup (\mu_{\max}^{--}, +\infty)$ 时不存在极限环, 当 $\mu \in (0, \mu_{\max}^{--})$

时存在唯一极限环. 而且, 当 $\mu \in (0, \mu_{\max}^{--})$ 时, 从命题 4.3.9 可推出极限环是渐近稳定的. 当 $\mu = \mu_{\max}^{--}$ 时, $d(y_s^L; \mu_{\max}^{--}) = d(y_s^L) - \mu_{\max}^{--} = 0$, 因此 $P_L(y_s^L) = P_R^{-1}(y_s^L; \mu_{\max}^{--})$. 由 $P_L(\cdot)$ 的定义 (4.3.10) 知, $y_u^L = P_R^{-1}(y_s^L; \mu_{\max}^{--})$, 所以此时存在连接左半子系统鞍点 e_L 的同宿环. 这就证明了结论 (i), 同理可证结论 (ii).

下面证明结论 (iii). 假设 $\gamma_L < 0$, $\gamma_R > 0$ 且 $\dfrac{\gamma_L}{a_L} > \dfrac{\gamma_R}{a_R}$. 由于 $d(0) = d'(0) = 0$ 和 $d''(0) = \dfrac{4}{3}\left(\dfrac{\gamma_R}{a_R} - \dfrac{\gamma_L}{a_L}\right) < 0$ 知, 存在充分小 $\delta_1 > 0$ 使得 $d(y_0)$ 在 $[0, \delta_1]$ 上单调递减. 另一方面, 由 $\lim\limits_{y_0 \to y_s^L} d'(y_0) > 0$ 可推出存在充分小 $\delta_2 > 0$ 使得 $\delta_2 < y_s^L$, 且 $d(y_0)$ 在 $[y_s^L - \delta_2, y_s^L)$ 上单调递增. 令 $\mu_{\min}^{-+} = d(y_m) = \min\limits_{y_0 \in [0, y_s^L]} d(y_0)$, $\mu_{\max}^{-+} = d(y_M) = \max\limits_{y_0 \in [0, y_s^L]} d(y_0)$ 和 $\mu_1^{-+} = \min\{0, d(y_s^L)\}$, 则 $\mu_{\min}^{-+} \leqslant d(\delta_1) < d(0) = 0$, $\mu_{\max}^{-+} \geqslant d(0) = 0$, $\mu_1^{-+} \in (\mu_{\min}^{-+}, 0]$ 以及 $y_m \in (\delta_1, y_s^L - \delta_2)$. 由于 $d(y_0; \mu) = d(y_0) - \mu$, 所以 $d(y_0; \mu)$ 在 $\mu \in (-\infty, \mu_{\min}^{-+}) \cup (\mu_{\max}^{-+}, +\infty)$ 上没有零点, 在 $\mu \in [\mu_1^{-+}, \mu_{\max}^{-+})$ 上至少存在一个零点; 在 $\mu \in (\mu_{\min}^{-+}, \mu_1^{-+})$ 上至少存在两个零点. 这就证明了结论 (iii), 同理可证结论 (v).

假设 $\gamma_L < 0$, $\gamma_R > 0$ 且 $\dfrac{\gamma_L}{a_L} < \dfrac{\gamma_R}{a_R}$. 根据命题 4.3.8 可得 $d(0) = d'(0) = 0$ 以及 $d''(0) > 0$, 从而存在充分小 $\tilde{\delta}_1 > 0$ 使得 $d(\cdot)$ 在 $[0, \tilde{\delta}_1]$ 上单调递增, 因此当 $y_0 \in (0, \tilde{\delta}_1)$ 时 $d(y_0) > 0$. 根据引理 4.3.3 的结论 (i), 当 $\mu = 0$ 时, 系统 (4.3.7) 不存在极限环, 即 $d(\cdot)$ 在 $(0, y_s^L)$ 上不存在零点. 所以当 $y_0 \in (0, y_s^L)$ 时 $d(y_0) > 0$, 从而当 $\mu \in (-\infty, 0)$ 时 $d(y_0; \mu) = d(y_0) - \mu > 0$. 令 $\tilde{\mu}_{\max}^{-+} = d(\tilde{y}_M) = \max\limits_{y_0 \in [0, y_s^L]} d(y_0)$, 其中 $\tilde{y}_M \in (0, y_s^L]$, 则 $\tilde{\mu}_{\max}^{-+} > 0$. 注意到 $\mu \in (0, \tilde{\mu}_{\max}^{-+})$, $d(0; \mu) = -\mu < 0$ 和 $d(\tilde{y}_M; \mu) = d(\tilde{y}_M) - \mu = \tilde{\mu}_{\max}^{-+} - \mu > 0$, 因此根据介值定理可推出结论 (iv). 同理可证结论 (vi). 证毕.

下面讨论极限环的唯一性和唯二性. 注意到当 $\gamma_L \gamma_R \geqslant 0$ 时, 若系统 (4.3.7) 存在极限环, 则极限环是唯一的. 因此, 本节下面主要考虑 $\gamma_L \gamma_R < 0$ 情形下极限环的唯一性和唯二性.

为了给出系统 (4.3.7) 当 $\mu = 0$ 时极限环存在的充分条件, 下面给出右半 Poincaré 映射 $P_R(\cdot)$ 的另一个性质. 首先将当 $\mu = 0$ 时右半子系统 (4.3.9) 写为

$$\frac{\mathrm{d}y}{\mathrm{d}x} = \frac{(1 + \gamma_R^2)x - a_R}{2\gamma_R x - y}, \tag{4.3.28}$$

可得隐式通解 $F(x, y) = C$, 其中 C 为任意常数,

$$F(x, y) = \gamma_R \arctan\left(\frac{y - e_y^R}{x - e_x^R} - \gamma_R\right) - \ln\sqrt{1 + \left(\frac{y - e_y^R}{x - e_x^R} - \gamma_R\right)^2} - \ln|x - e_x^R|. \tag{4.3.29}$$

令 $e_x^R = \dfrac{a_R}{1+\gamma_R^2}$ 和 $e_y^R = \dfrac{2\gamma_R a_R}{1+\gamma_R^2}$, 并定义

$$\Phi(y) = F(0, y), \tag{4.3.30}$$

则

$$\Phi(y) = \gamma_R \arctan\left(\gamma_R - \frac{1+\gamma_R^2}{a_R}y\right) - \ln\sqrt{1 + \left(\gamma_R - \frac{1+\gamma_R^2}{a_R}y\right)^2} - \ln\left|\frac{a_R}{1+\gamma_R^2}\right|.$$

引理 4.3.4 若 $y_1 < 0$ 且 $y_2 > 0$, 则 $\mathrm{sgn}(\Phi(y_1) - \Phi(y_2)) = \mathrm{sgn}(y_2 - P_R(y_1))$.

证明 由函数 $\Phi(y)$ 的定义 (4.3.30) 可得

$$\Phi'(y) = \frac{\mathrm{d}\Phi(y)}{\mathrm{d}y} = \frac{-y}{1 + \left(\gamma_R - \dfrac{1+\gamma_R^2}{a_R}y\right)^2},$$

从而 $\Phi(y)$ 在 $[0, +\infty)$ 上单调递减. 因此

$$\mathrm{sgn}(\Phi(P_R(y_1)) - \Phi(y_2)) = \mathrm{sgn}(y_2 - P_R(y_1)). \tag{4.3.31}$$

另一方面, 点 $(0, P_R(y_1))^{\mathrm{T}}$ 和 $(0, y_1)^{\mathrm{T}}$ 位于右半子系统的同一条轨线上, 所以

$$F(0, P_R(y_1)) = F(0, y_1),$$

其中 $F(x, y)$ 由 (4.3.29) 定义. 这样

$$\Phi(y_1) = \Phi(P_R(y_1)),$$

进一步有

$$\mathrm{sgn}(\Phi(P_R(y_1)) - \Phi(y_2)) = \mathrm{sgn}(\Phi(y_1) - \Phi(y_2)),$$

所以由 (4.3.31) 可得

$$\mathrm{sgn}(\Phi(y_1) - \Phi(y_2)) = \mathrm{sgn}(y_2 - P_R(y_1)).$$

证毕.

由命题 4.3.7 和引理 4.3.4 可得下面的推论.

推论 4.3.1 $\mathrm{sgn}(\Phi(y_u^L) - \Phi(y_s^L)) = \mathrm{sgn}(d(y_s^L))$.

当 $\gamma_L\gamma_R < 0$ 以及 $\mu = 0$ 时, 下面这个引理说明系统 (4.3.7) 的极限环与同宿环不能共存.

引理 4.3.5 假设 $\gamma_L\gamma_R < 0$, $\mu = 0$ 且 $\Phi(y_s^L) = \Phi(y_u^L)$, 则系统 (4.3.7) 存在连接左半子系统鞍点 e_L 的同宿环, 并且此时系统 (4.3.7) 不存在极限环.

证明　由引理 4.3.4 可知, $\Phi(y_s^L) = \Phi(y_u^L)$ 可推出 $P_R(y_u^L) = y_s^L$, 这就说明系统存在一条连接左半子系统鞍点 e_L 的同宿环. 下面用反证法证明此时系统 (4.3.7) 不存在极限环, 不失一般性, 我们假设 $\gamma_L < 0$ 且 $\gamma_R > 0$. 若存在过点 $(0, y^*)^{\mathrm{T}}$ 的极限环, 其中 $y^* > 0$, 则由引理 4.3.3 知此时极限环是唯一的, $P'(y^*) < 1$ 且 $\dfrac{\gamma_L}{a_L} > \dfrac{\gamma_R}{a_R}$, 从而 $d(\cdot)$ 存在唯一的零点 $y^* \in (0, y_s^L)$ 且 $d'(y^*) > 0$. 令 $d_M = \max\limits_{y_0 \in [0, y_s^L]} d(y_0)$, 则由 $d'(y^*) > 0$ 知 $d_M > 0$. 并且, 存在 $y_M \in (0, y_s^L)$ 使得 $d_M = d(y_M)$. 根据命题 4.3.8, 一方面由 $d(0) = d'(0) = 0$ 和 $d''(0) = \dfrac{4}{3}\left(\dfrac{\gamma_R}{a_R} - \dfrac{\gamma_L}{a_L}\right) < 0$ 可得存在充分小 $\delta_1 > 0$ 使得 $\delta_1 < y_M$, $d(y_0)$ 在 $[0, \delta_1]$ 上单调递减, 因此 $d(\delta_1) < d(0) = 0$. 另一方面, 由 $\lim\limits_{y_0 \to y_s^L} d'(y_0) > 0$ 可知存在充分小 $\delta_2 > 0$ 使得 $\delta_2 < y_s^L - y_M$ 且 $d(y_0)$ 在 $[y_s^L - \delta_2, y_s^L]$ 上单调递增, 因此 $d(y_s^L - \delta_2) < d(y_s^L) = 0$. 所以根据介值定理可知 $d(\cdot)$ 至少存在两个零点, 其中一个零点位于区间 (δ_1, y_M), 另一个零点位于区间 $(y_M, y_s^L - \delta_2)$, 这就与 $d(\cdot)$ 零点的唯一性矛盾. 证毕.

当 $\mu = 0$ 且 $\gamma_L \gamma_R < 0$ 时, 根据前面的引理我们可得系统 (4.3.7) 存在极限环的充分必要条件如下.

定理 4.3.2　假设 $\mu = 0$, 则下面的结论成立:

(i) 若 $\gamma_L < 0$ 且 $\gamma_R > 0$, 则系统 (4.3.7) 存在极限环的充分必要条件为 $\dfrac{\gamma_L}{a_L} > \dfrac{\gamma_R}{a_R}$ 且 $\Phi(y_s^L) < \Phi(y_u^L)$. 而且, 若极限环存在, 则唯一且渐近稳定.

(ii) 若 $\gamma_L > 0$ 且 $\gamma_R < 0$, 则系统 (4.3.7) 存在极限环的充分必要条件为 $\dfrac{\gamma_L}{a_L} < \dfrac{\gamma_R}{a_R}$ 且 $\Phi(y_s^L) > \Phi(y_u^L)$. 而且, 若极限环存在, 则唯一且不稳定.

当 $\gamma_L \gamma_R < 0$ 时, 系统 (4.3.7) 关于极限环的唯一性和唯二性, 我们有下面的定理.

定理 4.3.3　对于一般的系统 (4.3.7), 当 $\gamma_L < 0$ 且 $\gamma_R > 0$ 时, 下面的结论成立:

(i) 若 $\dfrac{\gamma_L}{a_L} > \dfrac{\gamma_R}{a_R}$ 且 $\Phi(y_s^L) < \Phi(y_u^L)$, 则存在 $\mu_2^{-+} < 0$ 和 $\mu_3^{-+} > 0$ 使得当 $\mu \in (\mu_2^{-+}, 0)$ 时系统 (4.3.7) 恰好存在两个极限环, 其中外侧极限环渐近稳定, 内侧极限环不稳定; 当 $\mu \in (0, \mu_3^{-+})$ 时系统 (4.3.7) 存在唯一极限环且该极限环渐近稳定.

(ii) 若 $\dfrac{\gamma_L}{a_L} > \dfrac{\gamma_R}{a_R}$ 且 $\Phi(y_s^L) > \Phi(y_u^L)$, 则存在 $\mu_4^{-+} < 0$ 使得当 $\mu \in (\mu_4^{-+}, 0)$ 时系统 (4.3.7) 存在唯一极限环且该极限环不稳定.

(iii) 若 $\dfrac{\gamma_L}{a_L} > \dfrac{\gamma_R}{a_R}$ 且 $\Phi(y_s^L) = \Phi(y_u^L)$, 则存在 $\mu_5^{-+} < 0$ 使得当 $\mu \in (\mu_5^{-+}, 0)$ 时

系统 (4.3.7) 恰好存在两个极限环, 其中外侧极限环渐近稳定, 内侧极限环不稳定.

(iv) 若 $\dfrac{\gamma_L}{a_L} < \dfrac{\gamma_R}{a_R}$ 时, 则存在 $\mu_6^{-+} > 0$ 使得系统 (4.3.7) 当 $\mu \in (0, \mu_6^{-+})$ 时存在唯一极限环且渐近稳定.

证明 假设 $\dfrac{\gamma_L}{a_L} > \dfrac{\gamma_R}{a_R}$ 且 $\Phi(y_s^L) < \Phi(y_u^L)$, 由定理 4.3.2 可得当 $\mu = 0$ 时系统 (4.3.7) 存在唯一极限环, 记该极限环为 $\Gamma_{y^*}^0$, 过点 $(0, y^*)^T$ 且 $y^* \in (0, y_s^L)$. 此外, 由命题 4.3.7 和引理 4.3.3 知 $d(y^*) = 0$ 和 $d'(y^*) > 0$, 从而存在充分小 $\delta_2 > 0$ 使得 $\delta_2 < \min\{y^*, y_s^L - y^*\}$ 且在 $y_0 \in (y^* - \delta_2, y^* + \delta_2)$ 时 $d'(y_0) > 0$. 根据命题 4.3.7, 我们有 $d(0) = d'(0) = 0$ 以及 $d''(0) < 0$, 再由已知条件 $\dfrac{\gamma_L}{a_L} > \dfrac{\gamma_R}{a_R}$, 可知存在充分小 $\delta_1 > 0$ 使得 $\delta_1 < y^* - \delta_2$ 且当 $y_0 \in (0, \delta_1)$ 时 $d'(y_0) < 0$, 从而 $d(\delta_1) < \delta(0) = 0$. 由极限环 $\Gamma_{y^*}^0$ 的唯一性可以推出当 $y_0 \in (0, y^*)$ 时 $d(y_0) < 0$ 且当 $y_0 \in (y^*, y_s^L]$ 时 $d(y_0) > 0$. 而根据推论 4.3.1 知 $d(y_s^L) > 0$. 取 $\mu_2^{-+} = \max\limits_{y_0 \in [\delta_1, y^* - \delta_2]} d(y_0)$ 和 $\mu_3^{+-} = \min\limits_{y_0 \in [y^* + \delta_2, y_s^L]} d(y_0)$, 则 $\mu_2^{-+} < 0$ 和 $\mu_3^{-+} > 0$. 若 $\mu \in (\mu_2^{-+}, 0)$, 则当 $y_0 \in [\delta_1, y^* - \delta_2]$ 时 $d(y_0; \mu) = d(y_0) - \mu < \mu_2^{-+} - \mu < 0$, 当 $y_0 \in [y^*, y_s^L]$ 时 $d(y_0; \mu) = d(y_0) - \mu > -\mu > 0$, 因此 $d(\cdot; \mu)$ 在 $[\delta_1, y^* - \delta_2] \cup [y^*, y_s^L]$ 上没有零点. 另一方面, 根据介值定理, 由 $d(0; \mu) = d(y^*; \mu) = -\mu > 0$, $d(\delta_1; \mu) = d(\delta_1) - \mu < \mu_2^{-+} - \mu < 0$ 和 $d(y^* - \delta_2; \mu) = d(y^* - \delta_2) - \mu < \mu_2^{-+} - \mu < 0$ 可知, $d(\cdot; \mu)$ 至少存在两个零点, 其中一个位于 $(0, \delta_1)$, 记为 y_1^μ, 另一个位于 $(y^* - \delta_2, y^*)$, 记为 y_2^μ. 并且, $d'(y_1^\mu; \mu) < 0$ 和 $d'(y_2^\mu; \mu) > 0$. 所以, 根据命题 4.3.7 和命题 4.3.9, 当 $\mu \in (\mu_2^{-+}, 0)$ 时, 系统 (4.3.7) 恰好存在两个极限环, 外侧极限环渐近稳定, 内侧极限环不稳定. 考虑 $\mu \in (0, \mu_3^{-+})$, 因为当 $y_0 \in [0, y^*]$ 时 $d(y_0; \mu) \leqslant -\mu < 0$, 而当 $y_0 \in [y^* + \delta_2, y_s^L]$ 时 $d(y_0; \mu) \geqslant \mu_3^{-+} - \mu > 0$, 所以 $d(\cdot; \mu)$ 的零点只能位于区间 $(y^*, y^* + \delta_2)$ 内. 注意到当 $\mu \in (0, \mu_3^{-+})$ 时 $d(y^*; \mu) = -\mu < 0$ 和 $d(y^* + \delta_2; \mu) \geqslant \mu_3^{-+} - \mu > 0$, 从而 $d(\cdot; \mu)$ 在区间 $[y^*, y^* + \delta_2]$ 内存在一个零点, 记为 y_3^μ. 由单调性知该零点是唯一的, 并且 $d'(y_3^\mu; \mu) = d'(y_3^\mu) > 0$. 这就证明了当 $\mu \in (0, \mu_3^{-+})$ 时, 系统 (4.3.7) 存在唯一极限环, 且渐近稳定.

下面证明结论 (ii). 一方面由结论 (i) 的证明知, 当 $y_0 \in (0, \delta_1)$ 时 $d'(y_0) < 0$ 且 $d(\delta_1) < 0$. 由于此时当 $\mu = 0$ 时系统 (4.3.7) 不存在极限环, 从而当 $y_0 \in (0, y_s^L]$ 时 $d(y_0) < 0$. 令 $\mu_4^{-+} = \max\limits_{y_0 \in [\delta_1, y_s^L]} d(y_0)$, 则 $\mu_4^{-+} < 0$. 若 $\mu \in (\mu_4^{-+}, 0)$, 则当 $y_0 \in [\delta_1, y_s^L]$ 时 $d(y_0; \mu) = d(y_0) - \mu \leqslant \mu_4^{-+} - \mu < 0$. 因此 $d(\cdot; \mu)$ 零点只能位于区间 $[0, \delta_1]$. 注意到 $d(0; \mu) = -\mu > 0$ 和 $d(\delta_1; \mu) = d(\delta_1) - \mu < \mu_4^{-+} - \mu < 0$, 从而由介值定理 $d(\cdot; \mu)$ 在 $(0, \delta_1)$ 内至少有一个零点, 记为 y_4^μ, 由单调性知该零点是唯一的且 $d'(y_4^\mu; \mu) < 0$. 所以当 $\mu \in (\mu_4^{-+}, 0)$ 时系统 (4.3.7) 存在唯一极限环且不

稳定.

根据结论 (i) 和 (ii) 的证明, 同理可证结论 (iii) 和 (iv). 证毕.

在情形 $\gamma_L > 0$ 且 $\gamma_R < 0$ 下, 我们有如下定理, 其证明与定理 4.3.3 类似, 故略去.

定理 4.3.4 对于一般的系统 (4.3.7), 当 $\gamma_L > 0$ 且 $\gamma_R < 0$ 时, 下面的结论成立:

(i) 若 $\dfrac{\gamma_L}{a_L} < \dfrac{\gamma_R}{a_R}$ 且 $\Phi(y_s^L) > \Phi(y_u^L)$, 则存在 $\mu_2^{+-} > 0$ 和 $\mu_3^{+-} < 0$ 使得当 $\mu \in (0, \mu_2^{+-})$ 时系统 (4.3.7) 恰好存在两个极限环, 且内侧极限环渐近稳定, 外侧极限环不稳定; 当 $\mu \in (\mu_3^{+-}, 0)$ 时, 系统 (4.3.7) 存在唯一极限环, 且不稳定.

(ii) 若 $\dfrac{\gamma_L}{a_L} < \dfrac{\gamma_R}{a_R}$ 且 $\Phi(y_s^L) < \Phi(y_u^L)$, 则存在 $\mu_4^{+-} > 0$ 使得当 $\mu \in (0, \mu_4^{+-})$ 时系统 (4.3.7) 存在唯一极限环, 且渐近稳定.

(iii) 若 $\dfrac{\gamma_L}{a_L} < \dfrac{\gamma_R}{a_R}$ 且 $\Phi(y_s^L) = \Phi(y_u^L)$, 则存在 $\mu_5^{+-} > 0$ 使得当 $\mu \in (0, \mu_5^{+-})$ 时系统 (4.3.7) 恰好存在两个极限环, 且内侧极限环渐近稳定, 外侧极限环不稳定.

(iv) 若 $\dfrac{\gamma_L}{a_L} > \dfrac{\gamma_R}{a_R}$, 则存在 $\mu_6^{+-} < 0$ 使得当 $\mu \in (\mu_6^{+-}, 0)$ 时系统 (4.3.7) 存在唯一极限环, 且不稳定.

关于鞍-焦类型系统极限环的结果, 归纳总结可见表 4.1. 为了验证表 4.1 中的结果, 我们在不同参数区域中取 γ_L, γ_R, a_L 和 a_R, 不同情形下的参数取值见表 4.2, 其函数 $d(\cdot)$ 的图形见图 4.6.

表 4.1   鞍-焦类型系统极限环的相关结果, 其中 "T" 表示 "定理"

情形	条件	结论
(a)	$\gamma_L \leqslant 0, \gamma_R < 0$	T4.3.1(i)
(b)	$\gamma_L \geqslant 0, \gamma_R > 0$	T4.3.1(ii)
(c)	$\gamma_L < 0, \gamma_R > 0, \dfrac{\gamma_L}{a_L} > \dfrac{\gamma_R}{a_R}, \Phi(y_s^L) < \Phi(y_u^L)$	T4.3.1(iii), T4.3.2(i), T4.3.3(i)
(d)	$\gamma_L < 0, \gamma_R > 0, \dfrac{\gamma_L}{a_L} > \dfrac{\gamma_R}{a_R}, \Phi(y_s^L) > \Phi(y_u^L)$	T4.3.1(iii), T4.3.2(i), T4.3.3(ii)
(e)	$\gamma_L < 0, \gamma_R > 0, \dfrac{\gamma_L}{a_L} > \dfrac{\gamma_R}{a_R}, \Phi(y_s^L) = \Phi(y_u^L)$	T4.3.1(iii), T4.3.2(i), T4.3.3(iii)
(f)	$\gamma_L < 0, \gamma_R > 0, \dfrac{\gamma_L}{a_L} < \dfrac{\gamma_R}{a_R}$	T4.3.1(iv), T4.3.2(i), T4.3.3(iv)
(g)	$\gamma_L > 0, \gamma_R < 0, \dfrac{\gamma_L}{a_L} < \dfrac{\gamma_R}{a_R}, \Phi(y_s^L) > \Phi(y_u^L)$	T4.3.1(v), T4.3.2(ii), T4.3.4(i)
(h)	$\gamma_L > 0, \gamma_R < 0, \dfrac{\gamma_L}{a_L} < \dfrac{\gamma_R}{a_R}, \Phi(y_s^L) < \Phi(y_u^L)$	T4.3.1(v), T4.3.2(ii), T4.3.4(ii)
(i)	$\gamma_L > 0, \gamma_R < 0, \dfrac{\gamma_L}{a_L} < \dfrac{\gamma_R}{a_R}, \Phi(y_s^L) = \Phi(y_u^L)$	T4.3.1(v), T4.3.2(ii), T4.3.4(iii)
(j)	$\gamma_L > 0, \gamma_R < 0, \dfrac{\gamma_L}{a_L} > \dfrac{\gamma_R}{a_R}$	T4.3.1(vi), T4.3.2(ii), T4.3.4(iv)

表 4.2　参数 γ_L, γ_R, a_L 和 a_R 在表 4.1中各种情形下的取值以及函数 $d(\cdot)$ 图形

情形	γ_L	γ_R	a_L	a_R	$\dfrac{\gamma_L}{a_L} - \dfrac{\gamma_R}{a_R}$	$\Phi(y_s^L) - \Phi(y_u^L)$	$d(\cdot)$ 图形
(a)	-1	-1	1	-1	-2	-3.0268	图 4.6(a)
(b)	1	1	1	-1	2	3.0268	图 4.6(b)
(c)	-2	3	1	-1	1	-0.7038	图 4.6(c)
(d)	-2	4	1	-1	2	1.9523	图 4.6(d)
(e)	-2	3.429	1	-1	1.429	0.0000	图 4.6(e)
(f)	-2	1	1	-1	-1	-1.1511	图 4.6(f)
(g)	2	-3	1	-1	-1	0.7038	图 4.6(g)
(h)	2	-4	1	-1	-2	-1.9523	图 4.6(h)
(i)	2	-3.429	1	-1	-1.429	0.0000	图 4.6(i)
(j)	3	-1	1	-1	2	1.5027	图 4.6(j)

以表 4.1中情形 (c) 为例. 取 $\gamma_L = -2, \gamma_R = 3, a_L = 1$ 和 $a_R = -1$, 则
$\dfrac{\gamma_L}{a_L} > \dfrac{\gamma_R}{a_R}$ 以及 $\Phi(y_s^L) < \Phi(y_u^L)$. 所以, 定理 4.3.1 的结论 (iii), 定理 4.3.2 的结论
(i) 以及定理 4.3.3 的结论 (i) 成立, 这就存在 $\mu_{\min}^{-+}, \mu_2^{-+}, \mu_1^{-+}, \mu_3^{-+}$ 和 $\mu_{\max}^{-+}$ 使得

$$\mu_{\min}^{-+} \leqslant \mu_2^{-+} < \mu_1^{-+} = 0 < \mu_3^{-+} \leqslant \mu_{\max}^{-+}$$

且系统 (4.3.7) 当 $\mu \in (\mu_{\min}^{-+}, \mu_2^{-+})$ 时至少存在两个极限环; 当 $\mu \in (\mu_2^{-+}, 0)$ 时恰
好存在两个极限环; 当 $\mu \in (0, \mu_3^{-+})$ 时存在唯一极限环; 当 $\mu \in (\mu_3^{-+}, \mu_{\max}^{-+})$ 时
至少存在一个极限环; 当 $\mu \in (-\infty, \mu_{\min}^{-+}) \cup (\mu_{\max}^{-+}, +\infty)$ 时不存在极限环. 如图
4.6(c) 所示, 取 $\mu_{\min}^{-+} = \mu_2^{-+} = -0.0301$ 和 $\mu_{\max}^{-+} = \mu_3^{-+} = 0.0336$. 当 $\mu = -0.025$
时, $\mu \in (\mu_2^{-+}, 0)$, 从而系统 (4.3.7) 恰好存在两个极限环, 且内侧极限环不稳定, 外
侧极限环渐近稳定, 见图 4.7.

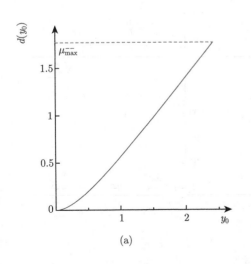

(a)

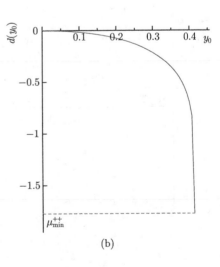

(b)

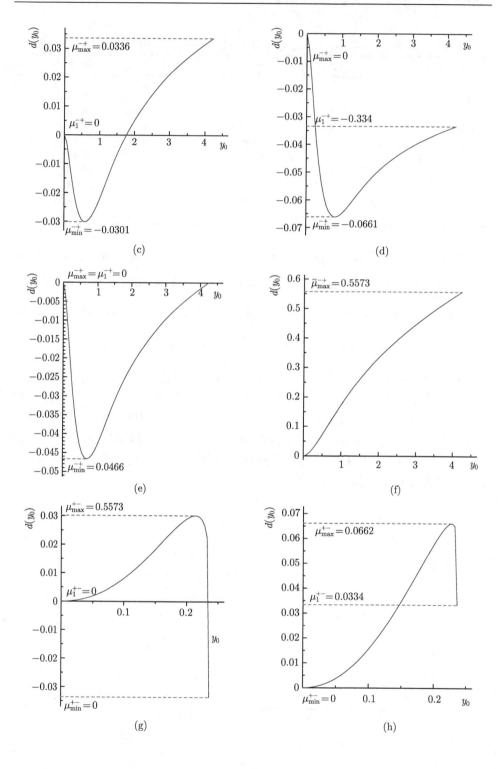

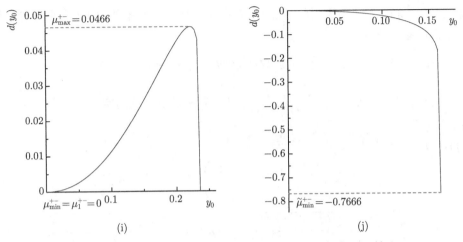

图 4.6 函数 $d(\cdot)$ 图形, 参数取值 $\gamma_L, a_L, \gamma_R, a_R$ 如表 4.2 所示

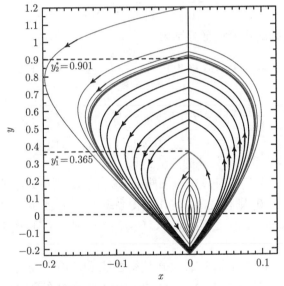

图 4.7 系统 (4.3.7) 的相平面图, 参数取值如下: $\gamma_L = -2, \gamma_R = 3, a_L = 1, a_R = -1$,
$\mu = -0.025$

4.3.3 鞍-结类型分片线性微分系统的极限环

本小节将讨论系统 (4.3.6) 为鞍-结类型时的极限环问题, 这里只给出主要结果, 其详细证明可参考文献 [675]. 不妨假设左半子系统具有一个鞍点和右半子系统具有一个结点, 即 $D^- < 0$ 和 $(T^+)^2 > 4D^+ > 0$. 此外, 由文献 [322] 和 [323]

知 $a^- > 0$ 和 $a^+ < 0$ 为系统 (4.3.6) 存在极限环的必要条件, 因此本小节我们假设下面的条件成立.

(SN0) $D^- < 0, a^- > 0, 0 < 4D^+ < (T^+)^2, a^+ < 0$.

这样, $T^+ \neq 0$, $e^- = \left(\dfrac{a^-}{D^-}, \dfrac{T^- a^-}{D^-} \right)^{\mathrm{T}}$ 为左半子系统的实鞍点, $e^+ = \left(\dfrac{a^+}{D^+}, \dfrac{T^+ a^+}{D^+} \right)^{\mathrm{T}}$ 为右半子系统的虚结点.

令 $\lambda_1^{\pm} > \lambda_2^{\pm}$ 为矩阵 $A^{\pm} = \begin{pmatrix} T^{\pm} & -1 \\ D^{\pm} & 0 \end{pmatrix}$ 的两个特征根, 则

$$\lambda_1^{\pm} = \frac{T^{\pm} + \sqrt{(T^{\pm})^2 - 4D^{\pm}}}{2}, \qquad \lambda_2^{\pm} = \frac{T^{\pm} - \sqrt{(T^{\pm})^2 - 4D^{\pm}}}{2}.$$

设

$$y_u^- = \frac{a^-}{\lambda_2^-}, \qquad y_s^- = \frac{a^-}{\lambda_1^-}, \qquad y_{u1}^+ = \frac{a^+}{\lambda_1^+}, \qquad y_{u2}^+ = \frac{a^+}{\lambda_2^+}, \qquad (4.3.32)$$

则左右两个子系统的不变流形分别为

$$l_1^- : \; y = \lambda_1^- x + y_s^-, \qquad l_2^- : \; y = \lambda_2^- x + y_u^-$$

和

$$l_1^+ : \; y = \lambda_1^+ x + y_{u1}^+ + b, \qquad l_2^+ : \; y = \lambda_2^+ x + y_{u2}^+ + b,$$

$l_1^-, l_2^-, l_1^+, l_2^+$ 与 $x = 0$ 交点分别为 $(0, y_s^-)^{\mathrm{T}}, (0, y_u^-)^{\mathrm{T}}, (0, y_{u1}^+ + b)^{\mathrm{T}}, (0, y_{u2}^+ + b)^{\mathrm{T}}$. 下面我们给出鞍-结系统极限环的主要结果.

定理 4.3.5　若 $T^+ T^- \geqslant 0$ 与条件 (SN0) 成立, 则下列结论成立:

(i) 如果 $T^+ < 0$, 则存在 $b_M > 0$ 使得系统 (4.3.6) 当 $b \in (0, b_M)$ 时存在唯一极限环, 且渐近稳定; 当 $b \in (-\infty, 0] \cup (b_M, +\infty)$ 时不存在极限环; 当 $b = b_M$ 时存在一条同宿轨.

(ii) 如果 $T^+ > 0$, 则存在 $b_m < 0$ 使得系统 (4.3.6) 当 $b \in (b_m, 0)$ 时存在唯一极限环, 且不稳定; 当 $b \in (-\infty, b_m) \cup [0, +\infty)$ 时不存在极限环; 当 $b = b_m$ 时存在一条同宿轨.

右半子系统可以写为

$$\frac{\mathrm{d}y}{\mathrm{d}x} = \frac{D^+ x - a^+}{T^+ x - y},$$

则可解得其隐式通解为 $\varphi(x, y) = C$, 其中 C 为任意常数,

$$\varphi(x, y) = \frac{|y - \lambda_1^+ x - y_{u1}^+|^{\lambda_2^+}}{|y - \lambda_2^+ x - y_{u2}^+|^{\lambda_1^+}}. \qquad (4.3.33)$$

令

$$F(y) = \varphi(0, y) = \frac{|y - y_{u1}^+|^{\lambda_2^+}}{|y - y_{u2}^+|^{\lambda_1^+}}, \tag{4.3.34}$$

并给出两个假设条件如下:

(SN1) $y_u^- > y_{u1}^+$, $\dfrac{T^-}{a^-} > \dfrac{T^+}{a^+}$ 且 $F(y_u^-) > F(y_s^-)$;

(SN2) $y_s^- < y_{u2}^+$, $\dfrac{T^-}{a^-} < \dfrac{T^+}{a^+}$ 且 $F(y_u^-) < F(y_s^-)$.

定理 4.3.6 假设 $T^- < 0$, $T^+ > 0$, $F(y_s^-) \neq F(y_u^-)$ 以及条件 (SN0) 成立, 则下面的结论成立:

(i) 若条件 (SN1) 成立, 则

(a) 存在 $b_m < 0$ 和 $b_M > 0$ 使得系统 (4.3.6) 当 $b \in (b_m, 0)$ 时至少存在两个极限环, 当 $b \in (0, b_M)$ 时至少存在一个极限环, 当 $b \in (-\infty, b_m) \cup (b_M, +\infty)$ 时, 不存在极限环;

(b) 存在 $b_1 \in [b_m, 0)$ 和 $b_2 \in (0, b_M]$ 使得系统 (4.3.6) 当 $b \in (b_1, 0)$ 时恰好存在两个极限环, 且内侧极限环渐近稳定, 外侧极限环不稳定, 当 $b \in (0, b_2)$ 时, 恰好存在一个极限环, 且渐近稳定.

(ii) 若条件 (SN1) 不成立, 则

(a) 如果 $\dfrac{T^-}{a^-} > \dfrac{T^+}{a^+}$, 那么存在 $b_m < 0$ 使得系统 (4.3.6) 当 $b \in (b_m, 0)$ 时至少存在一个极限环, 当 $b \in (-\infty, b_m) \cup (0, +\infty)$ 时不存在极限环, 另外, 存在 $b_1 \in (b_m, 0]$ 使得系统 (4.3.6) 当 $b \in (b_1, 0)$ 时存在唯一极限环, 且渐近稳定;

(b) 如果 $\dfrac{T^-}{a^-} < \dfrac{T^+}{a^+}$, 那么存在 $b_M > 0$ 使得系统 (4.3.6) 当 $b \in (0, b_M)$ 时至少存在一个极限环, 当 $b \in (-\infty, 0) \cup (b_M, +\infty)$ 时不存在极限环, 另外, 存在 $b_2 \in (0, b_M]$ 使得系统 (4.3.6) 当 $b \in (0, b_2)$ 时存在唯一极限环, 且不稳定.

定理 4.3.7 假设 $T^- > 0$, $T^+ < 0$, $F(y_s^-) \neq F(y_u^-)$ 以及条件 (SN0) 成立, 则下面的结论成立:

(i) 若条件 (SN2) 成立, 则

(a) 存在 $b_m < 0$ 和 $b_M > 0$ 使得系统 (4.3.6) 当 $b \in (0, b_M)$ 时至少存在两个极限环; 当 $b \in (b_m, 0)$ 时至少存在一个极限环; 当 $b \in (-\infty, b_m) \cup (b_M, +\infty)$ 时不存在极限环.

(b) 存在 $b_1 \in [b_m, 0)$ 和 $b_2 \in (0, b_M]$ 使得系统 (4.3.6) 当 $b \in (0, b_2)$ 时恰好存在两个极限环, 且内侧极限环渐近稳定, 外侧极限环不稳定; 当 $b \in (b_1, 0)$ 时存在唯一极限环, 且不稳定.

(ii) 若条件 (SN2) 不成立, 则

(a) 如果 $\dfrac{T^-}{a^-} > \dfrac{T^+}{a^+}$, 那么存在 $b_m < 0$ 使得系统 (4.3.6) 当 $b \in (b_m, 0)$ 时至少存在一个极限环; 当 $b \in (-\infty, b_m) \cup (0, +\infty)$ 时不存在极限环; 另外, 存在 $b_1 \in [b_m, 0)$ 使得系统 (4.3.6) 当 $b \in (b_1, 0)$ 时存在唯一极限环, 且不稳定.

(b) 如果 $\dfrac{T^-}{a^-} < \dfrac{T^+}{a^+}$, 那么存在 $b_M > 0$ 使得系统 (4.3.6) 当 $b \in (0, b_M)$ 时至少存在一个极限环; 当 $b \in (-\infty, 0) \cup (b_M, +\infty)$ 时不存在极限环; 另外, 存在 $b_2 \in (0, b_M]$ 使得系统 (4.3.6) 当 $b \in (0, b_2)$ 时存在唯一极限环, 且渐近稳定.

4.3.4　结-焦类型分片线性微分系统的极限环

本小节将讨论系统 (4.3.6) 为结-焦类型时的极限环问题, 这里只给出主要结果, 其详细证明可参考文献 [677]. 不失一般性, 假设左半子系统具有一个结点和右半子系统具有一个虚焦点, 即 $(T^-)^2 > 4D^- > 0$, $a^+ < 0$, 且 $D^+ = (\alpha^+)^2 \pm (\omega^+)^2 > 0$, 其中 $\alpha^+ \pm i\omega^+$ $(\omega^+ > 0)$ 为矩阵 A^+ 的一对共轭复根. 下面我们对系统 (4.3.6) 进一步简化, 可得到结-焦类型系统只有 5 个参数的简化标准型.

命题 4.3.10　设

$$\gamma_L = \frac{T^-}{\sqrt{(T^-)^2 - 4D^-}}, \quad a_L = \frac{2a^-}{\sqrt{(T^-)^2 - 4D^-}}, \quad \gamma_R = \frac{\alpha^+}{\omega^+}, \quad a_R = \frac{a^+}{\omega^+}, \quad \mu = b,$$

则同胚映射

$$(x, y, t) \to \begin{cases} \left(\dfrac{2x}{\sqrt{(T^-)^2 - 4D^-}}, y, \dfrac{2t}{\sqrt{(T^-)^2 - 4D^-}} \right), & x < 0, \\ \left(\dfrac{x}{\omega^+}, y, \dfrac{t}{\omega^+} \right), & x > 0 \end{cases}$$

将标准型 (4.3.6) 变为只有 5 个参数的简化标准型

$$\dot{X} = \begin{cases} \begin{pmatrix} 2\gamma_L & -1 \\ \gamma_L^2 - 1 & 0 \end{pmatrix} X - \begin{pmatrix} 0 \\ a_L \end{pmatrix}, & x < 0, \\ \begin{pmatrix} 2\gamma_R & -1 \\ \gamma_R^2 + 1 & 0 \end{pmatrix} X - \begin{pmatrix} -\mu \\ a_R \end{pmatrix}, & x > 0. \end{cases} \tag{4.3.35}$$

注意到系统 (4.3.6) 的穿越极限环问题与简化系统 (4.3.35) 等价. 一方面, 容易验证系统 (4.3.6) 存在极限环的一个必要条件为 $a_L > 0$. 另一方面, 本节主要考虑右半子系统的焦点为虚焦点情况, 即 $a_R < 0$. 因此, 本小节假设系统 (4.3.35) 满足如下条件:

(NF0) $|\gamma_L| > 1$, $a_L > 0$, $a_R < 0$.

下面我们给出结-焦系统(4.3.35)极限环存在性的主要结果.

定理 4.3.8 假设条件 (NF0) 成立, 则有下列结论:

(i) 若 $\gamma_L < -1$ 且 $\gamma_R < 0$, 则当 $\mu \leqslant 0$ 时系统 (4.3.35) 不存在极限环; 当 $\mu > 0$ 时系统 (4.3.35) 存在唯一极限环, 且渐近稳定.

(ii) 若 $\gamma_L > 1$ 且 $\gamma_R > 0$, 则当 $\mu \geqslant 0$ 时系统 (4.3.35) 不存在极限环; 当 $\mu < 0$ 时系统 (4.3.35) 存在唯一极限环, 且不稳定.

(iii) 若 $\gamma_L < -1$ 且 $\gamma_R > 0$, 则

(a) 如果 $\dfrac{\gamma_L}{a_L} > \dfrac{\gamma_R}{a_R}$, 则存在 $\mu_{\min}^{-+} < 0$ 使得当 $\mu \in (-\infty, \mu_{\min}^{-+})$ 时系统(4.3.35)不存在极限环; 当 $\mu \in (\mu_{\min}^{-+}, 0)$ 时至少存在两个极限环, 当 $\mu \in [0, +\infty)$ 时至少存在一个极限环.

(b) 如果 $\dfrac{\gamma_L}{a_L} \leqslant \dfrac{\gamma_R}{a_R}$, 则当 $\mu \leqslant 0$ 时系统(4.3.35)不存在极限环; 当 $\mu > 0$ 时至少存在一个极限环.

(iv) 若 $\gamma_L > 1$ 且 $\gamma_R < 0$, 则

(a) 如果 $\dfrac{\gamma_L}{a_L} < \dfrac{\gamma_R}{a_R}$, 则存在 $\mu_{\max}^{+-} > 0$ 使得当 $\mu \in (\mu_{\max}^{+-}, +\infty)$ 时系统(4.3.35)不存在极限环; 当 $\mu \in (0, \mu_{\max}^{+-})$ 时至少存在两个极限环; 当 $\mu \in (-\infty, 0]$ 时至少存在一个极限环.

(b) 如果 $\dfrac{\gamma_L}{a_L} \geqslant \dfrac{\gamma_R}{a_R}$, 则当 $\mu \geqslant 0$ 时系统(4.3.35)不存在极限环; 当 $\mu < 0$ 时至少存在一个极限环.

结-焦系统(4.3.35)极限环唯一性和唯二性的结果如下.

定理 4.3.9 假设条件 (NF0) 成立, 则

(i) 当 $\gamma_L < -1$ 且 $\gamma_R > 0$ 时,

(a) 如果 $\dfrac{\gamma_L}{a_L} > \dfrac{\gamma_R}{a_R}$, 则存在 $\mu_1^{-+} \in (\mu_{\min}^{-+}, 0)$, $\mu_2^{-+} > 0$ 以及 $\mu_3^{-+} \geqslant \mu_2^{-+}$ 使得当 $\mu \in (\mu_1^{-+}, 0)$ 时系统(4.3.35)恰好存在两个极限环, 且内极限环不稳定而外极限环渐近稳定; 当 $\mu \in [0, \mu_2^{-+}) \cup (\mu_3^{-+}, +\infty)$ 时存在唯一极限环, 且该极限环渐近稳定.

(b) 如果 $\dfrac{\gamma_L}{a_L} \leqslant \dfrac{\gamma_R}{a_R}$, 则存在 $\bar{\mu}_2^{-+} > 0$ 以及 $\bar{\mu}_3^{-+} \geqslant \bar{\mu}_2^{-+}$ 使得当 $\mu \in [0, \bar{\mu}_2^{-+}) \cup (\bar{\mu}_3^{-+}, +\infty)$ 时系统(4.3.35)存在唯一极限环, 且该极限环渐近稳定.

(ii) 当 $\gamma_L > 1$ 且 $\gamma_R < 0$ 时,

(a) 如果 $\dfrac{\gamma_L}{a_L} < \dfrac{\gamma_R}{a_R}$, 则存在 $\mu_1^{+-} \in (0, \mu_{\max}^{+-})$, $\mu_2^{+-} < 0$ 以及 $\mu_3^{+-} \leqslant \mu_2^{+-}$ 使得

当 $\mu \in (0, \mu_1^{+-})$ 时系统(4.3.35)恰好存在两个极限环, 且内极限环渐近稳定而外极限环不稳定; 当 $\mu \in (\mu_2^{+-}, 0] \cup (-\infty, \mu_3^{+-})$ 时存在唯一极限环, 且该极限环不稳定.

(b) 如果 $\dfrac{\gamma_L}{a_L} \geqslant \dfrac{\gamma_R}{a_R}$, 则存在 $\bar{\mu}_2^{+-} < 0$ 以及 $\bar{\mu}_3^{+-} \leqslant \bar{\mu}_2^{+-}$ 使得当 $\mu \in (\bar{\mu}_2^{+-}, 0] \cup (-\infty, \bar{\mu}_3^{+-})$ 时系统(4.3.35)存在唯一极限环, 且该极限环不稳定.

4.3.5　鞍-鞍类型分片线性微分系统的极限环

本小节将讨论系统 (4.3.6) 为鞍-鞍类型时的极限环问题, 这里只给出主要结果, 其详细证明可参考文献 [322]. 此时左右两个子系统各有一个鞍点, 即 $D^- < 0$ 和 $D^+ < 0$. 容易验证, 系统 (4.3.6) 存在极限环的一个必要条件为 $a^- > 0, a^+ < 0$. 因此, 本小节我们假设

(SS0) $D^- < 0, a^- > 0, D^+ < 0, a^+ < 0$.

这样, $e^- = \left(\dfrac{a^-}{D^-}, \dfrac{T^- a^-}{D^-}\right)^{\mathrm{T}}$ 为左半子系统的实鞍点, $e^+ = \left(\dfrac{a^+}{D^+}, \dfrac{T^+ a^+}{D^+}\right)^{\mathrm{T}}$ 为右半子系统的实鞍点.

令 $\lambda_1^{\pm} > \lambda_2^{\pm}$ 为矩阵 $A^{\pm} = \begin{pmatrix} T^{\pm} & -1 \\ D^{\pm} & 0 \end{pmatrix}$ 的两个特征根, 则

$$\lambda_1^{\pm} = \frac{T^{\pm} + \sqrt{(T^{\pm})^2 - 4D^{\pm}}}{2}, \qquad \lambda_2^{\pm} = \frac{T^{\pm} - \sqrt{(T^{\pm})^2 - 4D^{\pm}}}{2}.$$

设

$$y_u^- = \frac{a^-}{\lambda_2^-}, \qquad y_s^- = \frac{a^-}{\lambda_1^-}, \qquad y_s^+ = \frac{a^+}{\lambda_1^+}, \qquad y_u^+ = \frac{a^+}{\lambda_2^+}, \qquad (4.3.36)$$

则左右两个子系统的不变流形分别为

$$\Gamma^- : y = \lambda_1^- x + y_s^-, \qquad l_2^- : y = \lambda_2^- x + y_u^-$$

和

$$\Gamma^+ : y = \lambda_1^+ x + y_s^+ + b, \qquad l_2^+ : y = \lambda_2^+ x + y_u^+ + b,$$

$\Gamma^-, l_2^-, \Gamma^+, l_2^+$ 与 $x = 0$ 交点分别为 $(0, y_s^-)^{\mathrm{T}}, (0, y_u^-)^{\mathrm{T}}, (0, y_s^+ + b)^{\mathrm{T}}, (0, y_u^+ + b)^{\mathrm{T}}$. 下面我们给出鞍-鞍系统极限环的主要结果.

定理 4.3.10　假设系统 (4.3.6) 满足 $T^+ T^- \geqslant 0$ 以及条件 (SS0), 则下列结论成立:

(i) 若 $T^+ = T^- = 0$, 则当 $b = 0$ 时原点为中心且系统 (4.3.6) 存在一条异宿轨, 而当 $b \neq 0$ 时系统 (4.3.6) 不存在极限环;

(ii) 若 $T^+ + T^- > 0$, 则存在 $b_0 < 0$ 使得系统 (4.3.6) 当 $b \in (-\infty, b_0) \cup [0, +\infty)$ 时不存在极限环, 当 $b \in (b_0, 0)$ 时存在唯一极限环且不稳定, 当 $b = b_0$ 时存在一条异宿轨;

(iii) 若 $T^+ + T^- < 0$, 则存在 $b_0 > 0$ 使得系统 (4.3.6) 当 $b \in (-\infty, 0] \cup (b_0, +\infty)$ 时不存在极限环, 当 $b \in (0, b_0)$ 时存在唯一极限环且渐近稳定, 当 $b = b_0$ 时存在一条异宿轨.

下面给出 $T^+ T^- < 0$ 时的结果, 不失一般性, 假设 $T^+ > 0, T^- < 0$.

定理 4.3.11 假设系统 (4.3.6) 满足 $T^+ > 0, T^- < 0$ 以及条件 (SS0). 令

$$\Delta_1 = \operatorname{sgn}\left(\frac{T^-}{a^-} - \frac{T^+}{a^+}\right), \qquad \Delta_2 = \operatorname{sgn}(y_s^+ - y_u^-), \qquad \Delta_3 = \operatorname{sgn}(y_u^+ - y_s^-),$$

则下列结论成立:

(i) 若 $\Delta_1 = \Delta_2 = \Delta_3 = 0$, 则当 $b = 0$ 时原点为中心, 而当 $b \neq 0$ 时系统 (4.3.6) 不存在极限环.

(ii) 若 $\Delta_1^2 + \Delta_2^2 + \Delta_3^2 \neq 0$ 且条件 $\Delta_1 \Delta_2 \Delta_3 = 0$ 或 $\Delta_1 = \Delta_2 = \Delta_3 = 0$ 成立, 则存在 b_0 使得系统 (4.3.6) 当 $b \in (-\infty, \min\{0, b_0\}) \cup (\max\{0, b_0\}, +\infty)$ 时不存在极限环; 当 $b \in (\min\{0, b_0\}, \max\{0, b_0\})$ 时至少存在一个极限环.

(iii) 若 $\Delta_1 < 0, \Delta_2 > 0, \Delta_3 < 0$, 则

(a) 如果 $P_L(y_u^+) < y_s^+$, 那么存在 $b_0 < 0$ 使得系统 (4.3.6) 当 $b \in (-\infty, b_0) \cup [0, +\infty) \cup \{0\}$ 时不存在极限环; 当 $b \in (b_0, 0)$ 时至少存在一个极限环.

(b) 如果 $P_L(y_u^+) > y_s^+$, 那么存在 $b_0 < 0$ 和 $b_1 > 0$ 使得系统 (4.3.6) 当 $b \in (-\infty, b_0) \cup (b_1, +\infty)$ 时不存在极限环; 当 $b \in (0, b_1)$ 时至少存在一个极限环; 当 $b \in (b_0, 0)$ 时至少存在两个极限环.

(c) 如果 $P_L(y_u^+) = y_s^+$, 那么存在 $b_0 < 0$ 使得系统 (4.3.6) 当 $b \in (-\infty, b_0) \cup [0, +\infty)$ 时不存在极限环; 当 $b \in (b_0, 0)$ 时至少存在两个极限环.

(iv) 若 $\Delta_1 < 0, \Delta_2 < 0, \Delta_3 > 0$, 则

(a) 如果 $(P_R^{-1} \mid_{b=0})(y_s^-) < y_u^-$, 那么存在 $b_0 > 0$ 使得系统 (4.3.6) 当 $b \in (-\infty, 0] \cup (b_0, +\infty)$ 时不存在极限环; 当 $b \in (0, b_0)$ 时至少存在一个极限环.

(b) 如果 $(P_R^{-1} \mid_{b=0})(y_s^-) > y_u^-$, 那么存在 $b_0 < 0$ 和 $b_1 > 0$ 使得系统 (4.3.6) 当 $b \in (-\infty, b_0) \cup (b_1, +\infty)$ 时不存在极限环; 当 $b \in (b_0, 0]$ 时至少存在一个极限环; 当 $b \in (0, b_1)$ 时至少存在两个极限环.

(c) 如果 $(P_R^{-1} \mid_{b=0})(y_s^-) = y_u^-$, 那么存在 $b_0 > 0$ 使得系统 (4.3.6) 当 $b \in (-\infty, 0] \cup [b_0, +\infty)$ 时不存在极限环; 当 $b \in (0, b_0)$ 时至少存在两个极限环.

(v) 若 $\Delta_1 > 0, \Delta_2 < 0, \Delta_3 > 0$, 则

(a) 如果 $(P_R^{-1} \mid_{b=0})(y_s^-) > y_u^-$, 那么存在 $b_0 < 0$ 使得系统 (4.3.6) 当 $b \in (-\infty, b_0) \cup [0, +\infty) \cup \{0\}$ 时不存在极限环; 当 $b \in (b_0, 0)$ 时至少存在一个极限环.

(b) 如果 $(P_R^{-1}\,|_{b=0})(y_s^-) < y_u^-$，那么存在 $b_0 < 0$ 和 $b_1 > 0$ 使得系统 (4.3.6) 当 $b \in (-\infty, b_0) \cup (b_1, +\infty)$ 时不存在极限环; 当 $b \in (0, b_1)$ 时至少存在一个极限环; 当 $b \in (b_0, 0)$ 时至少存在两个极限环.

(c) 如果 $(P_R^{-1}\,|_{b=0})(y_s^-) = y_u^-$，那么存在 $b_0 < 0$ 使得系统 (4.3.6) 当 $b \in (-\infty, b_0) \cup [0, +\infty)$ 时不存在极限环; 当 $b \in (b_0, 0)$ 时至少存在两个极限环.

(vi) 若 $\Delta_1 < 0, \Delta_2 > 0, \Delta_3 > 0$，则

(a) 如果 $P_L(y_u^+) > y_s^+$，那么存在 $b_0 > 0$ 使得系统 (4.3.6) 当 $b \in (-\infty, 0] \cup (b_0, +\infty)$ 时不存在极限环; 当 $b \in (0, b_0)$ 时至少存在一个极限环.

(b) 如果 $P_L(y_u^+) < y_s^+$，那么存在 $b_0 < 0$ 和 $b_1 > 0$ 使得系统 (4.3.6) 当 $b \in (-\infty, b_0) \cup (b_1, +\infty)$ 时不存在极限环; 当 $b \in (b_0, 0]$ 时至少存在一个极限环; 当 $b \in (0, b_1)$ 时至少存在两个极限环.

(c) 如果 $P_L(y_u^+) = y_s^+$，那么存在 $b_0 > 0$ 使得系统 (4.3.6) 当 $b \in (-\infty, 0] \cup [b_0, +\infty)$ 时不存在极限环; 当 $b \in (0, b_0)$ 时至少存在两个极限环.

4.3.6　结-结类型分片线性微分系统的极限环

本小节将讨论系统 (4.3.6) 为结-结类型时的极限环问题, 这里只给出主要结果, 其详细证明可参考文献 [323]. 此时左右两个子系统各有一个结点. 即 $(T^-)^2 > 4D^- > 0$ 和 $(T^+)^2 > 4D^+ > 0$. 容易验证, 系统 (4.3.6) 存在极限环的一个必要条件为 $a^- > 0, a^+ < 0$. 因此, 本小节我们假设

(NN0)　$(T^-)^2 > 4D^- > 0,\ a^- > 0,\ (T^+)^2 > 4D^+ > 0,\ a^+ < 0.$

这样, $e^- = \left(\dfrac{a^-}{D^-}, \dfrac{T^- a^-}{D^-}\right)^{\mathrm{T}}$ 为左半子系统的虚结点, $e^+ = \left(\dfrac{a^+}{D^+}, \dfrac{T^+ a^+}{D^+}\right)^{\mathrm{T}}$ 为右半子系统的虚结点.

令 $\lambda_1^{\pm} > \lambda_2^{\pm}$ 为矩阵 $A^{\pm} = \begin{pmatrix} T^{\pm} & -1 \\ D^{\pm} & 0 \end{pmatrix}$ 的两个特征根, 则

$$\lambda_1^{\pm} = \frac{T^{\pm} + \sqrt{(T^{\pm})^2 - 4D^{\pm}}}{2}, \qquad \lambda_2^{\pm} = \frac{T^{\pm} - \sqrt{(T^{\pm})^2 - 4D^{\pm}}}{2}.$$

设

$$y_{m_1}^- = \frac{a^-}{\lambda_2^-}, \qquad y_{m_2}^- = \frac{a^-}{\lambda_1^-}, \qquad y_{m_1}^+ = \frac{a^+}{\lambda_2^+}, \qquad y_{m_2}^+ = \frac{a^+}{\lambda_1^+}, \tag{4.3.37}$$

则左右两个子系统的不变流形分别为

$$\Gamma^- : y = \lambda_1^- x + y_{m_2}^-, \quad l_2^- : y = \lambda_2^- x + y_{m_1}^-$$

和

$$\Gamma^+ : y = \lambda_1^+ x + y_{m_2}^+ + b, \quad l_2^+ : y = \lambda_2^+ x + y_{m_1}^+ + b,$$

$\Gamma^-, l_2^-, \Gamma^+, l_2^+$ 与 $x = 0$ 交点分别为 $(0, y_{m_2}^-)^{\mathrm{T}}, (0, y_{m_1}^-)^{\mathrm{T}}, (0, y_{m_2}^+ + b)^{\mathrm{T}}, (0, y_{m_1}^+ + b)^{\mathrm{T}}.$ 下面我们给出结-结系统极限环的主要结果. 记

$$\Delta_1 = \frac{T^-}{a^-} - \frac{T^+}{a^+}, \qquad \Delta_2 = \frac{\lambda_2^-}{a^-} - \frac{\lambda_1^+}{a^+} \qquad \Delta_3 = \frac{\lambda_1^-}{a^-} - \frac{\lambda_2^+}{a^+}.$$

定理 4.3.12 假设 $b = 0$ 以及条件 (NN0) 成立, 则

(i) 若 $T^+ T^- > 0$, 则系统 (4.3.6) 不存在极限环.

(ii) 若 $\Delta_1 = \Delta_2 = 0$, 则原点为系统 (4.3.6) 的中心.

(iii) 若 $T^- < 0, T^+ > 0$, 则下列结论成立:

(a) 如果 $\Delta_1 \cdot \Delta_2 \geqslant 0$ 且 $\Delta_1 + \Delta_2 \neq 0$, 那么系统 (4.3.6) 不存在极限环;

(b) 如果 $\Delta_1 \cdot \Delta_2 < 0$, 那么系统 (4.3.6) 存在唯一极限环, 且当 $\Delta_2 < 0$ 时渐近稳定; 当 $\Delta_2 > 0$ 时不稳定.

(iv) 若 $T^- > 0, T^+ < 0$, 则下列结论成立:

(a) 如果 $\Delta_1 \cdot \Delta_3 \geqslant 0$ 且 $\Delta_1 + \Delta_3 \neq 0$, 那么系统 (4.3.6) 不存在极限环.

(b) 如果 $\Delta_1 \cdot \Delta_3 < 0$, 那么系统 (4.3.6) 存在唯一极限环, 且当 $\Delta_3 < 0$ 时渐近稳定; 当 $\Delta_3 > 0$ 时不稳定.

定理 4.3.13 假设 $b \neq 0, T^+ T^- > 0$ 以及条件 (NN0) 成立, 则

(i) 若 $T^+ b > 0$, 则系统 (4.3.6) 不存在极限环.

(ii) 若 $T^+ b < 0$, 则系统 (4.3.6) 存在唯一极限环, 当 $b > 0$ 时渐近稳定; 当 $b < 0$ 时不稳定.

定理 4.3.14 假设 $b \neq 0, T^+ T^- < 0$ 以及条件 (NN0) 成立, 则

(i) 若 $T^+ > 0, T^- < 0$, 则下列结论成立:

(a) 如果 $b \cdot \Delta_1 \geqslant 0$ 且 $b \cdot \Delta_2 \geqslant 0$, 那么系统 (4.3.6) 不存在极限环.

(b) 如果 $b \cdot \Delta_1 < 0$ 且 $b \cdot \Delta_2 \geqslant 0$, 那么存在 $b_0 > 0$ 使得系统 (4.3.6) 当 $|b| \in (0, b_0)$ 时至少存在两个极限环; 当 $|b| \in (b_0, +\infty)$ 时不存在极限环; 另外, 当 $|b| \in (0, b_0)$ 且充分小时系统 (4.3.6) 当 $|b| \in (0, b_0)$ 时恰好存在两个极限环; 且当 $b > 0 (b < 0)$ 时外侧极限环不稳定 (渐近稳定), 内侧极限环渐近稳定 (不稳定).

(c) 如果 $b \cdot \Delta_2 < 0$, 那么存在 $b_0 > 0$ 使得系统 (4.3.6) 当 $|b| \in (0, |y_{m_1}^- - y_{m_2}^+|)$ 时至少存在一个极限环, 且当 $b > 0 (b < 0)$ 时渐近稳定 (不稳定); 当 $b \in (-\infty, y_{m_1}^-) \cup (-y_{m_2}^+, +\infty)$ 时不存在极限环.

(ii) 若 $T^+ < 0, T^- > 0$, 则下列结论成立:

(a) 如果 $b \cdot \Delta_1 \geqslant 0$ 且 $b \cdot \Delta_3 \geqslant 0$, 那么系统 (4.3.6) 不存在极限环.

(b) 如果 $b \cdot \Delta_1 < 0$ 且 $b \cdot \Delta_3 \geqslant 0$, 那么存在 $b_0 > 0$ 使得系统 (4.3.6) 当 $|b| \in (0, b_0)$ 时至少存在两个极限环; 当 $|b| \in (b_0, +\infty)$ 时不存在极限环. 另外, 当

$|b| \in (0, b_0)$ 且充分小时系统 (4.3.6) 当 $|b| \in (0, b_0)$ 时恰好存在两个极限环, 且当 $b > 0 (b < 0)$ 时外侧极限环不稳定 (渐近稳定), 内侧极限环渐近稳定 (不稳定).

(c) 如果 $b \cdot \Delta_3 < 0$, 那么存在 $b_0 > 0$ 使得系统 (4.3.6) 当 $|b| \in (0, |y_{m_2}^- - y_{m_1}^+|)$ 时至少存在一个极限环, 且当 $b > 0 (b < 0)$ 时渐近稳定 (不稳定); 当 $b \in (-\infty, y_{m_1}^+) \cup (y_{m_2}^-, +\infty)$ 时不存在极限环.

4.3.7　焦-焦类型分片线性微分系统的极限环

本小节将讨论系统 (4.3.6) 为焦-焦类型时的极限环问题, 这里只给出主要结果, 其详细证明可参考文献 [236]. 此时左右两个子系统各有一个焦点, 并假设都是虚焦点, 即 $a^- > 0, a^+ < 0$, 且 $D^\pm = (\alpha^\pm)^2 \pm (\omega^\pm)^2 > 0$, 其中 $\alpha^\pm \pm i\omega^\pm$ ($\omega^\pm > 0$) 为矩阵 $A^\pm$ 的一对共轭复根. 本小节我们假设条件

(FF0) $D^\pm > 0, a^- > 0, a^+ < 0$

成立. 下面对系统 (4.3.6) 进一步简化, 可得到焦-焦类型系统的只有 5 个参数的简化标准型.

命题 4.3.11　设
$$\gamma_L = \frac{\alpha^-}{\omega^-}, \quad a_L = \frac{a^-}{\omega^-}, \quad \gamma_R = \frac{\alpha^+}{\omega^+}, \quad a_R = \frac{a^+}{\omega^+}, \quad \mu = b,$$
则同胚映射
$$(x, y, t) \to \begin{cases} \left(\dfrac{x}{\omega^-}, y, \dfrac{t}{\omega^-} \right), & x < 0, \\[2mm] \left(\dfrac{x}{\omega^+}, y, \dfrac{t}{\omega^+} \right), & x > 0 \end{cases}$$
将标准型 (4.3.6) 变为只有 5 个参数的简化标准型
$$\dot{X} = \begin{cases} \begin{pmatrix} 2\gamma_L & -1 \\ 1 + \gamma_L^2 & 0 \end{pmatrix} X - \begin{pmatrix} 0 \\ a_L \end{pmatrix}, & x < 0, \\[4mm] \begin{pmatrix} 2\gamma_R & -1 \\ 1 + \gamma_R^2 & 0 \end{pmatrix} X - \begin{pmatrix} -\mu \\ a_R \end{pmatrix}, & x > 0. \end{cases} \tag{4.3.38}$$

下面我们给出焦-焦系统极限环的主要结果.

定理 4.3.15　假设 $\mu = 0$ 以及条件 (FF0) 成立, 则有下列结论:

(i) 若 $\gamma_R + \gamma_L = 0$, 则当 $a_L \gamma_R = a_R \gamma_L$ 时原点为系统 (4.3.38) 的中心; 当 $a_L \gamma_R \neq a_R \gamma_L$ 时系统 (4.3.38) 不存在极限环.

(ii) 若 $\gamma_R + \gamma_L \neq 0$ 且 $\gamma_R \gamma_L \geqslant 0$, 则系统 (4.3.38) 不存在极限环.

(iii) 若 $\gamma_R + \gamma_L \neq 0$ 且 $\gamma_R \gamma_L < 0$, 则系统 (4.3.38) 当 $(\gamma_L + \gamma_R)(a_L \gamma_R - a_R \gamma_L) < 0$ 时存在唯一极限环, 且当 $\gamma_L + \gamma_R < 0$ 时渐近稳定; 当 $\gamma_L + \gamma_R > 0$ 时不稳定; 当 $(\gamma_L + \gamma_R)(a_L \gamma_R - a_R \gamma_L) \geqslant 0$ 时不存在极限环.

定理 4.3.16 假设 $\mu > 0$ 以及条件 (FF0) 成立, 则有下列结论:

(i) 若 $\gamma_R\gamma_L \geqslant 0$, 则系统 (4.3.38) 当 $\gamma_R+\gamma_L \geqslant 0$ 时不存在极限环, 当 $\gamma_R+\gamma_L < 0$ 时存在唯一极限环且渐近稳定.

(ii) 若 $\gamma_R\gamma_L < 0$, 则

(a) 如果 $\gamma_R + \gamma_L \geqslant 0$ 且 $a_L\gamma_R \geqslant a_R\gamma_L$, 那么系统 (4.3.38) 不存在极限环.

(b) 如果 $\gamma_R + \gamma_L \geqslant 0$, $a_L\gamma_R < a_R\gamma_L$, 并取

$$\mu_\infty = 2(a_L + a_R)\frac{\gamma_L}{1 + \gamma_L^2} = 2(a_L + a_R)\frac{\gamma_R}{1 + \gamma_R^2},$$

那么 $\mu_\infty > 0$ 且系统 (4.3.38) 当 $b \in (0, \mu_\infty)$ 时存在唯一极限环且渐近稳定, 当 $b \in (\mu_\infty, +\infty)$ 时不存在极限环.

(c) 如果 $\gamma_R + \gamma_L > 0$ 且 $a_L\gamma_R < a_R\gamma_L$, 那么系统 (4.3.38) 当 b 充分小时至少存在两个极限环, 当 μ 充分大时不存在极限环.

(d) 如果 $\gamma_L + \gamma_R < 0$, 那么系统 (4.3.38) 至少存在一个极限环且渐近稳定.

定理 4.3.17 假设 $\mu < 0$ 以及条件 (FF0) 成立, 则有下列结论:

(i) 若 $\gamma_R\gamma_L \geqslant 0$, 则系统 (4.3.38) 当 $\gamma_R+\gamma_L \leqslant 0$ 时不存在极限环; 当 $\gamma_R+\gamma_L > 0$ 时存在唯一极限环且不稳定.

(ii) 若 $\gamma_R\gamma_L < 0$, 则

(a) 如果 $\gamma_R + \gamma_L \leqslant 0$ 且 $a_L\gamma_R \leqslant a_R\gamma_L$, 那么系统 (4.3.38) 不存在极限环.

(b) 如果 $\gamma_R + \gamma_L = 0$, $a_L\gamma_R > a_R\gamma_L$, 并取

$$\mu_\infty = 2(a_L + a_R)\frac{\gamma_L}{1 + \gamma_L^2} = -2(a_L + a_R)\frac{\gamma_R}{1 + \gamma_R^2},$$

那么 $\mu_\infty < 0$ 且系统 (4.3.38) 当 $\mu \in (\mu_\infty, 0)$ 时存在唯一极限环且不稳定; 当 $\mu \in (-\infty, \mu_\infty)$ 时不存在极限环.

(c) 如果 $\gamma_R + \gamma_L < 0$ 且 $a_L\gamma_R > a_R\gamma_L$, 那么系统 (4.3.38) 当 $|\mu|$ 充分小时至少存在两个极限环; 当 $|\mu|$ 充分大时不存在极限环.

(d) 如果 $\gamma_L + \gamma_R > 0$, 那么系统 (4.3.38) 至少存在一个极限环且不稳定.

4.4 分片线性 Morris-Lecar 神经元模型的极限环

考虑分片线性 Morris-Lecar 神经元模型[641]:

$$\begin{cases} \dfrac{dv}{dt} = -\dfrac{v}{\tau} - w + \mu h(v - \vartheta) + I, \\ \dfrac{dw}{dt} = \delta[\beta v - \gamma w + \alpha h(v - \vartheta)], \end{cases} \tag{4.4.1}$$

其中 v 表示神经元膜电位变量, w 表示恢复变量, $h(\cdot)$ 表示 Heaviside 函数, 参数 $\alpha, \beta, \gamma, \delta, \tau, \vartheta$ 为正常数, 其意义见文献 [641]. 下面利用本章上节理论分析模型 (4.4.1) 的极限环.

作线性变化 $x = v - \vartheta, y = w$, 则系统 (4.4.1) 变为

$$\dot{X} = \begin{pmatrix} -\dfrac{1}{\tau} & -1 \\ \delta\beta & -\delta\gamma \end{pmatrix} X - \begin{pmatrix} I - \dfrac{\theta}{\tau} + \mu h(x) \\ \delta\beta\vartheta + \delta\alpha h(x) \end{pmatrix}. \tag{4.4.2}$$

进一步利用同胚映射 (4.3.5) 将系统变为标准型 (4.3.6), 并且可得

$$T = T^- = T^+ = -\frac{1}{\tau} - \delta\gamma, \quad D = D^- = D^+ = \delta\left(\beta + \frac{\gamma}{\tau}\right), \quad b = \mu > 0,$$

$$a^- = \delta\gamma\left(I - \theta\left(\frac{1}{\tau} + \frac{\beta}{\gamma}\right)\right), \quad a^+ = \delta\gamma\left(I - \theta\left(\frac{1}{\tau} + \frac{\beta}{\gamma}\right) + \mu - \frac{\alpha}{\gamma}\right).$$

当 $T^2 - 4D < 0$ 即 $\beta > \dfrac{\left(\dfrac{1}{\tau} - \delta\gamma\right)^2}{4\delta}$ 时, 模型 (4.4.1) 为焦-焦类型系统; 当

$T^2 - 4D > 0$, 即 $\beta < \dfrac{\left(\dfrac{1}{\tau} - \delta\gamma\right)^2}{4\delta}$ 时, 模型 (4.4.1) 为结-结类型系统.

定理 4.4.1　如果 $\beta \neq \dfrac{\left(\dfrac{1}{\tau} - \delta\gamma\right)^2}{4\delta}$ 且 $\vartheta\left(\dfrac{1}{\tau} + \dfrac{\beta}{\gamma}\right) < I\vartheta\left(\dfrac{1}{\tau} + \dfrac{\beta}{\gamma}\right) + \dfrac{\alpha}{\gamma} - \mu$, 那么模型 (4.4.1) 存在唯一极限环, 且渐近稳定.

证明　不难验证, 条件 $\vartheta\left(\dfrac{1}{\tau} + \dfrac{\beta}{\gamma}\right) < I\vartheta\left(\dfrac{1}{\tau} + \dfrac{\beta}{\gamma}\right) + \dfrac{\alpha}{\gamma} - \mu$ 等价于 $a^+ \leqslant 0 \leqslant a^-$. 注意到 $T^- = T^+ = -\dfrac{1}{\tau} - \delta\gamma < 0$ 以及 $b = \mu > 0$, 下面分两种情况给出定理的证明.

情形 1　$\beta > \dfrac{\left(\dfrac{1}{\tau} - \delta\gamma\right)^2}{4\delta}$. 此时模型 (4.4.1) 为焦-焦类型系统, 由 $T^- = T^+ < 0$ 可知简化标准型 (4.3.38) 中 $\gamma_L = \gamma_R < 0$, 从而 $\gamma_L\gamma_R > 0$ 且 $\gamma_L + \gamma_R < 0$. 因此, 根据定理 4.3.16 结论 (i) 可得, 模型存在唯一极限环且渐近稳定.

情形 2　$\beta < \dfrac{\left(\dfrac{1}{\tau} - \delta\gamma\right)^2}{4\delta}$. 此时模型 (4.4.1) 为结-结类型系统, 注意到 $T^- = T^+ < 0$. 因此, 根据定理 4.3.13 结论 (ii) 可得, 模型存在唯一极限环且渐近稳定.　证毕.

第 5 章 弹簧振子模型及动力学分析

变化率不连续的现象广泛存在于机械工程领域, 如涡轮的转动、物体间的干摩擦以及弹簧的受迫振动等, 其数学模型通常用右端不连续微分方程来描述. 实践中, 此类系统的动力学性质特别是能否保持周期运动具有重要意义. 因此, 相应不连续模型动力学性质分析以及是否存在周期解已成为当前理论研究的热点问题. 本章针对三类不连续阻尼弹簧振子模型, 利用右端不连续微分方程理论, 分析模型的动力学性质. 特别地, 对后两类模型给出各自解在子系统切换线附近的切换条件, 并对这两类模型中包含穿越流和滑模流的周期解作解析预测和数值模拟.

5.1 模型介绍

考虑如图 5.1 所示的阻尼弹簧振子系统, 其中 x 表示物质的位移, t 表示运动时间, $\dot{x} = \dfrac{\mathrm{d}x}{\mathrm{d}t}$ 表示运动速度, $\ddot{x} = \dfrac{\mathrm{d}\dot{x}}{\mathrm{d}t}$ 表示运动加速度. 由于客观条件的影响, 振子的运动方式将受到位移和速度两个因素的制约. 为此, 我们假定该系统由 N 个子动力系统所组成, 其定义域分别为 $xO\dot{x}$ 平面上的 N 个连通子区域 $\Sigma_i\,(i \in \{1, 2, \cdots, N\})$. 相邻子区域 Σ_i 和 Σ_j 之间的切换线记为 $\partial\Sigma_{ij} = \overline{\Sigma}_i \cap \overline{\Sigma}_j$, 即由各自闭包的交集形成.

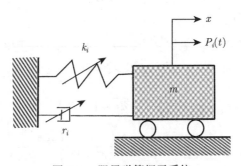

图 5.1 阻尼弹簧振子系统

在子区域 Σ_i 中, 阻尼弹簧振子由光滑平面上运动的物体 (质量为 m)、牵拉弹簧 (弹性系数为 k_i) 以及阻尼器 (阻尼系数为 r_i) 所构成, 弹簧和阻尼器的一端

固定在墙上. 作用在物体上的周期外力为

$$P_i(t) = Q_0 \cos(\Omega t + \phi) - U_i,$$

其中, Q_0 是激励振幅, Ω 是激励频率, ϕ 是初相位, U_i 是恒定外力. 根据牛顿第一运动定律, 该阻尼弹簧振子在 Σ_i 中的运动方程为

$$\ddot{x} + 2d_i\dot{x} + c_i x = A_0 \cos(\Omega t + \phi) - b_i, \quad i \in \{1, 2, \cdots, N\}, \tag{5.1.1}$$

其中,

$$c_i = \frac{k_i}{m}, \quad d_i = \frac{r_i}{2m}, \quad A_0 = \frac{Q_0}{m}, \quad b_i = \frac{U_i}{m}.$$

令 $y = \dot{x}$, 则方程(5.1.1)可写成如下的等价系统:

$$\begin{cases} \dot{x} = y, \\ \dot{y} = -c_i x - 2d_i y + A_0 \cos(\Omega t + \phi) - b_i, \quad (x, y) \in \Sigma_i, \quad i = 1, 2, \cdots, N. \end{cases} \tag{5.1.2}$$

显然, 一般情况下, 系统(5.1.2)在 $\bigcup\limits_{i=1}^{N} \overline{\Sigma_i}$ 上为右端不连续微分系统.

为了本章后面讨论的需要, 先考虑与方程 (5.1.1) 相对应的如下常微分方程组的初值问题:

$$\begin{cases} \dot{x} = y, \\ \dot{y} = -c_i x - 2d_i y + A_0 \cos(\Omega t + \phi) - b_i^*, \\ (x(t_0), y(t_0)) = (x_0, y_0), \end{cases}$$

其中 b_i^* 可取为 b_i, $-b_i$ 或者 0. 该初值问题的解析解 $(x^{(i)}(t; x_0, y_0, t_0), y^{(i)}(t; x_0, y_0, t_0))$ (为表述方便, 简记为 $(x^{(i)}(t), y^{(i)}(t))$) 如下.

情形 1　$d_i^2 > c_i$.

$$\begin{cases} x^{(i)}(t) = C_1^{(i)} e^{\lambda_1^{(i)}(t-t_0)} + C_2^{(i)} e^{\lambda_2^{(i)}(t-t_0)} + A^{(i)} \cos \Omega t + B^{(i)} \sin \Omega t + C^{(i)}, \\ y^{(i)}(t) = \lambda_1^{(i)} C_1^{(i)} e^{\lambda_1^{(i)}(t-t_0)} + \lambda_2^{(i)} C_2^{(i)} e^{\lambda_2^{(i)}(t-t_0)} - A^{(i)} \Omega \sin \Omega t + B^{(i)} \Omega \cos \Omega t, \end{cases}$$

其中, $\lambda_{1,2}^{(i)} = -d_i \pm \sqrt{d_i^2 - c_i}$, $\omega_d^{(i)} = \sqrt{d_i^2 - c_i}$, 以及

$$A^{(i)} = \frac{A_0(c_i - \Omega^2)}{(c_i - \Omega^2)^2 + (2d_i\Omega)^2}, \quad B^{(i)} = \frac{2d_i\Omega A_0}{(c_i - \Omega^2)^2 + (2d_i\Omega)^2}, \quad C^{(i)} = -\frac{b_i^*}{c_i},$$

$$C_1^{(i)} = \frac{1}{2\omega_d^{(i)}} \Big\{ -\Big[B^{(i)}\Omega + A^{(i)}(d_i + \omega_d^{(i)}) \Big] \cos \Omega t_0$$

$$+ \Big[A^{(i)}\Omega - B^{(i)}(d_i + \omega_d^{(i)}) \Big] \sin \Omega t_0 - (d_i + \omega_d^{(i)})(C^{(i)} - x_0) + \dot{x}_0 \Big\},$$

$$C_2^{(i)} = \frac{1}{2\omega_d^{(i)}} \left\{ \left[B^{(i)}\Omega + A^{(i)}(d_i - \omega_d^{(i)}) \right] \cos\Omega t_0 \right.$$
$$\left. - \left[A^{(i)}\Omega + B^{(i)}(-d_i + \omega_d^{(i)}) \right] \sin\Omega t_0 + (d_i - \omega_d^{(i)})(C^{(i)} - x_0) - \dot{x}_0 \right\}.$$

情形 2　$d_i^2 < c_i$.

$$
\begin{cases}
x^{(i)}(t) = \left[C_1^{(i)} \cos\omega_d^{(i)}(t - t_0) + C_2^{(i)} \sin\omega_d^{(i)}(t - t_0) \right] \mathrm{e}^{-d_i(t-t_0)} \\
\qquad\quad + A^{(i)} \cos\Omega t + B^{(i)} \sin\Omega t + C^{(i)}, \\
y^{(i)}(t) = \left[(-d_i C_1^{(i)} + \omega_d^{(i)} C_2^{(i)}) \cos\omega_d^{(i)}(t - t_0) - (\omega_d^{(i)} C_1^{(i)} + d_i C_2^{(i)}) \right. \\
\qquad\quad \times \sin\omega_d^{(i)}(t - t_0) \Big] \mathrm{e}^{-d_i(t-t_0)} - A^{(i)}\Omega \sin\Omega t + B^{(i)}\Omega \cos\Omega t,
\end{cases}
$$

其中, $\omega_d^{(i)} = \sqrt{c_i - d_i^2}$, 常数 $A^{(i)}$, $B^{(i)}$ 和 $C^{(i)}$ 与情形 1 同, 以及

$$C_1^{(i)} = x_0 - (A^{(i)} \cos\Omega t_0 + B^{(i)} \sin\Omega t_0 + C^{(i)}),$$
$$C_2^{(i)} = \frac{1}{\omega_d^{(i)}} \left[\dot{x}_0 - (A^{(i)} d_i + B^{(i)}\Omega) \cos\Omega t_0 \right.$$
$$\left. + (A^{(i)}\Omega - B^{(i)} d_i) \sin\Omega t_0 + d_i(x_0 - C^{(i)}) \right].$$

情形 3　$d_i^2 = c_i$.

$$
\begin{cases}
x^{(i)}(t) = [C_1^{(i)} + C_2^{(i)}(t - t_0)]\mathrm{e}^{\lambda_1^{(i)}(t-t_0)} + A^{(i)} \cos\Omega t + B^{(i)} \sin\Omega t + C^{(i)}, \\
y^{(i)}(t) = [\lambda_1^{(i)} C_1^{(i)} + C_2^{(i)} + \lambda_1^{(i)} C_2^{(i)}(t - t_0)]\mathrm{e}^{\lambda_1^{(i)}(t-t_0)} - A^{(i)}\Omega \sin\Omega t + B^{(i)}\Omega \cos\Omega t,
\end{cases}
$$

其中, $\lambda_1^{(i)} = -2d_i$, 常数 $A^{(i)}$, $B^{(i)}$ 和 $C^{(i)}$ 与情形 1 同, 以及

$$C_1^{(i)} = x_0 - (A^{(i)} \cos\Omega t_0 + B^{(i)} \sin\Omega t_0 + C^{(i)}),$$
$$C_2^{(i)} = \dot{x}_0 - (A^{(i)} d_i + B^{(i)}\Omega) \cos\Omega t_0 + (A^{(i)}\Omega - B^{(i)} d_i) \sin\Omega t_0 + d_i(x_0 - C^{(i)}).$$

在方程 (5.1.1) 中, 若物体上的周期外力 $P_i(t) \equiv 0$, 阻尼器视为地面对物体的摩擦力 (假设地面不光滑), 此时系统 (5.1.1) 就是 Coulomb 摩擦系统 (图 5.2). 假设在运动过程中物体所受的摩擦力的大小 p_0 是恒定的, 方向与其运动方向相反, 则方程 (5.1.1) 可写为

$$m\ddot{x} + p(\dot{x}) + kx = 0, \tag{5.1.3}$$

其中, k 为弹簧的弹力系数, 以及

$$p(\dot{x}) = \begin{cases} p_0, & \dot{x} > 0, \\ -p_0, & \dot{x} < 0. \end{cases} \tag{5.1.4}$$

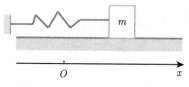

图 5.2　Coulomb 摩擦系统

对以上阻尼弹簧振子数学模型, 尽管在每个子区域中, 系统 (5.1.1) 或 (5.1.2) 具有与连续动力系统相同的运动特征, 然而一旦系统的流运行到子区域切换线附近, 将表现出非常复杂的动力学行为. 2005 年, Luo 首次提出了非光滑动力系统切换线附近的局部奇异性理论[499–501], 系统介绍了虚流、源流和汇流的概念并讨论了非光滑动力系统的滑模运动和源流运动. 目前, 基于该局部奇异性理论, 对不同切换线条件下的不连续微分系统 (5.1.1) 的周期解存在性研究已有诸多结果, 如文献 [407, 504, 505]. 另外, 考虑到外力产生的作用存在时间滞后性, 文献 [409] 研究了具有时滞的不连续阻尼弹簧振子的周期振动行为, 获得了一些初步成果.

5.2　Coulomb 摩擦系统模型及动力学分析

令 $\dot{x} = y$, 则方程 (5.1.3) 变为等价的平面微分系统:

$$
\begin{cases}
\dot{x} = y, \\
\dot{y} = -\dfrac{kx}{m} - \dfrac{p(y)}{m},
\end{cases}
\tag{5.2.1}
$$

其中

$$
p(y) = \begin{cases}
p_0, & y > 0, \\
-p_0, & y < 0.
\end{cases}
\tag{5.2.2}
$$

显然, 当 $p_0 \neq 0$ 时, 系统 (5.2.1) 在 $\mathbb{R}^2$ 上为右端不连续平面微分系统. 考虑系统 (5.2.1) 在 Filippov 意义下的解 (见定义 3.1.2), 根据定理 3.1.1 不难验证系统 (5.2.1) 满足初始条件 $x(0) = x_0, y(0) = y_0$ 的解是存在的, 存在区间为 $[0, +\infty)$, 且是右唯一的. (5.2.1) 的两个线性子系统:

$$
\begin{cases}
\dot{x} = y, \\
\dot{y} = -\dfrac{kx}{m} - \dfrac{p_0}{m},
\end{cases} \qquad y > 0
\tag{5.2.3}
$$

和

$$
\begin{cases}
\dot{x} = y, \\
\dot{y} = -\dfrac{kx}{m} + \dfrac{p_0}{m},
\end{cases} \qquad y < 0
\tag{5.2.4}
$$

分别称为上半线性子系统和下半线性子系统. 它们分别以 $e_U = \left(-\dfrac{p_0}{k}, 0\right)$ 和 $e_L = \left(\dfrac{p_0}{k}, 0\right)$ 为中心, 通解分别为

$$my^2 + k\left(x + \frac{p_0}{k}\right)^2 = C_1 \tag{5.2.5}$$

和

$$my^2 + k\left(x - \frac{p_0}{k}\right)^2 = C_2, \tag{5.2.6}$$

其中 C_1 和 C_2 均为非负常数.

假设弹簧的伸缩范围为 $\{x \mid -A \leqslant x \leqslant B\}$ 以及 $A > \dfrac{3p_0}{k}, B > \dfrac{3p_0}{k}$(为了后面讨论的方便), 则系统 (5.2.1) 的切换线为

$$\Sigma = \{(x, y) \mid -A \leqslant x \leqslant B, y = 0\},$$

滑模域为

$$\Sigma_s = \left\{(x, y)\,\middle|\,|x| \leqslant \frac{p_0}{k}, y = 0\right\},$$

且是吸引的, 穿越域为 $\Sigma_c = \Sigma_{c_1} \cup \Sigma_{c_2}$, 其中

$$\Sigma_{c_1} = \left\{(x, y)\,\middle|\, -A < x < -\frac{p_0}{k}, y = 0\right\}, \quad \Sigma_{c_2} = \left\{(x, y)\,\middle|\,\frac{p_0}{k} < x < B, y = 0\right\}.$$

由(4.2.2)可得, 滑模域 Σ_s 上的滑模动力学方程为

$$\begin{cases} \dot{x} = y, \\ \dot{y} = 0. \end{cases} \tag{5.2.7}$$

根据定义 4.2.2 可知, Σ_s 上的点均为系统 (5.2.1) 的伪平衡点, 即 Σ_s 为系统 (5.2.1) 的伪平衡点集.

下面通过构造 Poincaré 映射来分析系统 (5.2.1) 的全局动力学行为. 由系统 (5.2.1) 向量场的方向可得, 从 $(x_0, 0) \in \Sigma_{c_2}$ 出发的解将进入下半平面 $y < 0$, 并经过有限时间再次与 $\Sigma = \{(x, y) \mid y = 0\}$ 相交, 不妨设交点为 $(x^L, 0)$, 且 $x^L < \dfrac{p_0}{k}$, 则定义下半 Poincaré 映射 $P_L(\cdot)$ 如下:

$$P_L(x_0) = \begin{cases} x^L, & x_0 \in \left(\dfrac{p_0}{k}, B\right], \\ x_0, & x_0 \in \left[-A, \dfrac{p_0}{k}\right]. \end{cases}$$

另一方面, 从 $(x_0, 0) \in \Sigma_{c_1}$ 出发的解将进入上半平面 $y > 0$, 并经过有限时间

再次与 Σ 相交. 不妨设交点为 $(x^U,0)$, 且 $x^U > -\dfrac{p_0}{k}$. 同理, 可定义上半 Poincaré 映射 $P_U(\cdot)$ 如下:

$$P_U(x_0) = \begin{cases} x^U, & x_0 \in \left[-A, -\dfrac{p_0}{k}\right), \\ x_0, & x_0 \in \left[\dfrac{p_0}{k}, B\right]. \end{cases}$$

由 (5.2.5) 和 (5.2.6) 可得, 上半子系统的解是以 e_U 为中心的椭圆, 而下半子系统的解是以 e_L 为中心的椭圆. 因此

$$x^U = P_U(x_0) = -x_0 - \frac{2p_0}{k}, \quad x_0 \in \left[-A, -\frac{p_0}{k}\right), \tag{5.2.8}$$

以及

$$x^L = P_L(x_0) = -x_0 + \frac{2p_0}{k}, \quad x_0 \in \left(\frac{p_0}{k}, B\right]. \tag{5.2.9}$$

当 $x_0 \in [-A, B]$ 时, 定义全 Poincaré 映射如下:

$$P(x_0) = P_U(P_L(x_0)).$$

根据 (5.2.8) 和 (5.2.9), 经计算可得

$$P(x_0) = \begin{cases} -x_0 - \dfrac{2p_0}{k}, & x_0 \in \left[-A, -\dfrac{p_0}{k}\right), \\ x_0, & x_0 \in \left[-\dfrac{p_0}{k}, \dfrac{p_0}{k}\right), \\ -x_0 + \dfrac{2p_0}{k}, & x_0 \in \left[\dfrac{p_0}{k}, \dfrac{3p_0}{k}\right), \\ x_0 - \dfrac{4p_0}{k}, & x_0 \in \left[\dfrac{3p_0}{k}, B\right]. \end{cases} \tag{5.2.10}$$

从而有下面关于系统 (5.2.1) 全局动力学的结论.

定理 5.2.1　伪平衡点集 $\Sigma_s = \left\{(x,0) \,\middle|\, |x| \leqslant \dfrac{p_0}{k}\right\}$ 为系统 (5.2.1) 的全局吸引子, 且系统 (5.2.1) 的任意一个解都在有限时间内收敛到 Σ_s.

证明　由子系统的通解公式 (5.2.5) 和 (5.2.6) 可知, 系统 (5.2.1) 的任意一个解都将在有限时间内到达切换线 Σ, 下面只需证明从切换线 Σ 出发的解在有限时间内收敛到平衡点集 Σ_s, 从而只需证明对于任意 $x_0 \in \Sigma$, 存在正整数 N 使得

$$P^N(x_0) \in \Sigma_s, \quad \text{这里} \quad P^N = \underbrace{P \circ P \circ \cdots \circ P}_{N}.$$

事实上, 根据全 Poincaré 映射的表达式 (5.2.10), 当 $x_0 \in \left[-\dfrac{3p_0}{k}, \dfrac{3p_0}{k}\right]$ 时, 则

$P(x_0) \in \Sigma_s$, 即此时取 $N = 1$; 当 $x_0 \in \left(\dfrac{3p_0}{k}, B\right]$ 时, 由于 $|P(x_0) - x_0| = \dfrac{4p_0}{k}$,

因此取 $N = \left[\dfrac{kx_0 - p_0}{4p_0}\right] + 1$, 则 $P^N(x_0) \in \Sigma_s$; 而当 $x_0 \in \left[-A, -\dfrac{3p_0}{k}\right)$ 时,

$P(x_0) \in \left(\dfrac{3p_0}{k}, B\right]$, 从而取 $N = \left[\dfrac{-kx_0 - 3p_0}{4p_0}\right] + 2$ 可得 $P^N(x_0) \in \Sigma_s$. 证毕.

注 5.2.1 定理 5.2.1 的物理意义是系统 (5.1.3) 中弹簧振子在有限时间内将停止运动, 且静止在滑模区域 Σ_s 中的某个位置, 这与实际情况相吻合. 因此, 右端不连续微分方程 Filippov 意义下的解在物理学中具有一定的实际意义.

5.3 具有椭圆切换线的阻尼弹簧振子模型的周期解

右端不连续微分系统的复杂动力学与切换流形密切相关. 本节以椭圆切换线为例, 对阻尼弹簧振子系统 (5.1.1) 的周期运动进行分析. 首先, 讨论系统 (5.1.1) 的解在切换曲线上的可达性条件、穿越条件、滑模条件以及擦边条件. 然后, 结合映射动力学理论, 对系统 (5.1.1) 的周期运动进行解析预测. 最后, 给出椭圆切换线条件下系统 (5.1.1) 的三个典型周期解数值实例.

5.3.1 解对椭圆切换线的可达性和横截性

假设系统 (5.1.1) 由两个子系统构成 $(N = 2)$, 且具有如下椭圆切换线

$$\frac{x^2}{a^2} + \frac{\dot{x}^2}{b^2} = 1, \tag{5.3.1}$$

其中 $a > 0$, $b > 0$. 显然, 该切换曲线将平面 $xO\dot{x}$ 分成了内外两个子区域 Σ_1 和 Σ_2, 如图 5.3 所示. 为了讨论的方便, 令 $y = \dot{x}$ 以及

$$\varphi(x, y) \triangleq \frac{x^2}{a^2} + \frac{y^2}{b^2} - 1. \tag{5.3.2}$$

这样, 在相平面 xOy 内, 内外两个子区域及椭圆切换曲线可分别表示为

$$\Sigma_1 = \{(x, y) \mid (x, y) \in \mathbb{R}^2, \varphi(x, y) < 0\}, \ \Sigma_2 = \{(x, y) \mid (x, y) \in \mathbb{R}^2, \varphi(x, y) > 0\}, \tag{5.3.3}$$

以及

$$\partial\Sigma_{12} = \overline{\Sigma}_1 \cap \overline{\Sigma}_2 = \{(x, y) \mid (x, y) \in \mathbb{R}^2, \varphi(x, y) = 0\}. \tag{5.3.4}$$

系统 (5.1.2) 的解相对于切换曲线有不同的运动方式, 需要对其进行拓扑分类. 如果一个解 (周期解) 在子区域 Σ_i 内运动但始终不与切换线接触, 则称这个解 (周期解) 为不可达的; 否则, 若一个解 (周期解) 能与切换线相接触, 则称这个

解 (周期解) 为可达的. 进一步, 在切换线接触点附近, 可达解按接触方式的不同又分为以下三种类型:

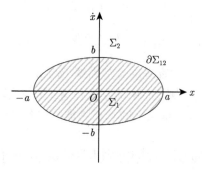

图 5.3　系统 (5.1.1) 的椭圆切换线

(I) 如果可达解的一段是从子区域 Σ_i 出发, 穿过切换线 $\partial\Sigma_{ij}$ 后到达另一个子区域 Σ_j, 则称这部分解为穿越流;

(II) 如果可达解的一段与切换线 $\partial\Sigma_{ij}$ 仅相切于一点, 则称这部分解为擦边流;

(III) 如果可达解的一段沿切换线 $\partial\Sigma_{ij}$ 运动, 则称这部分解为滑模流.

根据文献 [501], 系统 (5.1.1) 的滑模流在椭圆切换线 $\partial\Sigma_{12}$ 上的运动方程为

$$\dot{x} = y, \quad \dot{y} = -\frac{b^2}{a^2}x. \tag{5.3.5}$$

令

$$F_i(\boldsymbol{x}, t) = -c_i x - 2d_i y + A_0\cos(\Omega t + \phi) - b_i, \quad i \in \{1, 2\},$$

则由 (5.3.2) 和 (5.3.5), 系统 (5.1.1) 可转化为如下的向量形式

$$\dot{\boldsymbol{x}} = \boldsymbol{F}^{(\lambda)}(\boldsymbol{x}, t), \quad \lambda \in \{0, 1, 2\}, \tag{5.3.6}$$

其中

$$\begin{cases} \boldsymbol{F}^{(i)}(\boldsymbol{x}, t) = (y, F_i(\boldsymbol{x}, t)), & \text{对于 } \Sigma_i (i \in \{1, 2\}) \text{ 内的不可达解}, \\ \boldsymbol{F}^{(0)}(\boldsymbol{x}, t) = \left(y, -\dfrac{b^2}{a^2}x\right), & \text{对于 } \partial\Sigma_{12} \text{ 上的滑模流}, \\ \boldsymbol{F}^{(0)}(\boldsymbol{x}, t) \in \left\{\boldsymbol{F}^{(1)}(\boldsymbol{x}, t), \boldsymbol{F}^{(2)}(\boldsymbol{x}, t)\right\}, & \text{对于 } \partial\Sigma_{12} \text{ 附近的穿越流}. \end{cases}$$

在此之后, 我们仅考虑平面不连续微分系统 (5.3.6) 的相关性质.

从前面不连续微分系统解的分类可知, 不可达解实际上是右端连续微分方程组的解, 而这属于连续动力系统的研究对象. 换句话说, 对于不连续微分系统

(5.3.6) 的研究, 其可达解的动力学行为更值得人们关注. 由于平面不可达解一般都包含于单个子系统的周期解内部, 所以若能预先确定系统 (5.3.6) 在 Σ_1 和 Σ_2 内都不存在不可达周期解, 这将为后续可达解的横截性判定, 以及可达周期解的解析预测带来便利. 鉴于此, 我们首先给出如下定理.

定理 5.3.1 对于 $i \in \{1, 2\}$, 若记

$$G_i = \frac{A_0}{\sqrt{(c_i - \Omega^2)^2 + (2d_i\Omega)^2}}$$

和

$$\Delta_i^* = (ac_iG_i)^2\Omega^4 + b^2(b_i^2 - a^2c_i^2 - G_i^2c_i^2)\Omega^2 + b^4c_i^2,$$

则下列结论成立:

(i) 方程组 (5.3.6) 在 Σ_1 内不存在周期解当且仅当以下三个条件之一成立:

(a) $ac_1 < G_1c_1 + |b_1|$;

(b) $ac_1 > G_1c_1 + |b_1|$, $\Delta_1^* > 0$;

(c) $b_1 = 0$, $a = G_1$, $G_1\Omega \geqslant b$.

(ii) 方程组 (5.3.6) 在 Σ_2 内不存在周期解当且仅当以下三个条件之一成立:

(a) $|G_2c_2 + b_2| \leqslant ac_2$;

(b) $|G_2c_2 - b_2| \leqslant ac_2$;

(c) $ac_2 \leqslant \min\{G_2c_2 - b_2, G_2c_2 + b_2\}$, $\Delta_2^* > 0$.

证明 根据文献 [812], 方程组 $\dot{\boldsymbol{x}} = \boldsymbol{F}^{(i)}(\boldsymbol{x}, t)$ $(i \in \{1, 2\})$ 在 $\mathbb{R}^2$ 内存在唯一的周期轨 Γ_i:

$$(x_i(t), y_i(t)) = \left(G_i\sin(\Omega t + \phi + \psi_i) - \frac{b_i}{c_i}, \ G_i\Omega\cos(\Omega t + \phi + \psi_i)\right),$$

其中 $\psi_i = \arctan\dfrac{c_i - \Omega^2}{2d_i\Omega}$, 而且, 对于系统的其他任意解 $(\tilde{x}_i(t), \tilde{y}_i(t))$ 都有

$$\lim_{t \to +\infty}(\tilde{x}_i(t) - x_i(t)) = 0, \quad \lim_{t \to +\infty}(\tilde{y}_i(t) - y_i(t)) = 0.$$

由于 Γ_i 在相平面 xOy 内的表达式为

$$\frac{\left(x_i + \dfrac{b_i}{c_i}\right)^2}{G_i^2} + \frac{y_i^2}{(G_i\Omega)^2} = 1, \tag{5.3.7}$$

故根据其几何特征有以下两个断言:

(1) 系统 (5.3.6) 在 Σ_1 中不存在周期轨当且仅当下列条件之一成立:

(a) 点 $\left(-\dfrac{b_1}{c_1} - G_1, 0\right) \in \Gamma_1$ 落在点 $(-a, 0) \in \partial\Sigma_{12}$ 的左边, 或者点 $\left(-\dfrac{b_1}{c_1} + G_1, 0\right) \in \Gamma_1$ 落在点 $(a, 0) \in \partial\Sigma_{12}$ 的右边;

(b) 点 $\left(-\dfrac{b_1}{c_1} - G_1, 0\right) \in \Gamma_1$ 落在点 $(-a, 0) \in \partial\Sigma_{12}$ 的右边, 点 $\left(-\dfrac{b_1}{c_1} + G_1, 0\right) \in \Gamma_1$ 落在点 $(a, 0) \in \partial\Sigma_{12}$ 的左边, 而且 Γ_1 与 Σ_{12} 有四个交点;

(c) $\left(-\dfrac{b_1}{c_1} - G_1, 0\right) = (-a, 0)$, $\left(-\dfrac{b_1}{c_1} + G_1, 0\right) = (a, 0)$, 然而点 $(0, G_1\Omega) \in \Gamma_1$ 落在点 $(0, b) \in \partial\Sigma_{12}$ 的上方.

另一方面, 通过联立周期解 Γ_1 的方程 (即 (5.3.7) 中令 $i = 1$) 和切换线 $\partial\Sigma_{12}$ 的方程 (即 $\varphi(x_1, y_1) = 0$) 并消去变量 y_1, 可得

$$[(ac_1\Omega)^2 - (bc_1)^2]x_1^2 + 2(a\Omega)^2 b_1 c_1 x_1 + (ab_1\Omega)^2 + (abc_1)^2 - (ac_1 G_1\Omega)^2 = 0,$$

其根的判别式为

$$\Delta_1 = 4a^2 c_1^2 \Delta_1^*.$$

由此容易验证, 以上断言即等价于定理 5.3.1(i) 的结论.

(2) 系统 (5.3.6) 在 Σ_2 中不存在周期轨当且仅当下列条件之一成立:

(a) 点 $\left(-\dfrac{b_2}{c_2} - G_2, 0\right) \in \Gamma_2$ 夹在点 $(-a, 0) \in \partial\Sigma_{12}$ 与点 $(a, 0) \in \partial\Sigma_{12}$ 之间;

(b) 点 $\left(-\dfrac{b_2}{c_2} + G_2, 0\right) \in \Gamma_2$ 夹在点 $(-a, 0) \in \partial\Sigma_{12}$ 与点 $(a, 0) \in \partial\Sigma_{12}$ 之间;

(c) 点 $\left(-\dfrac{b_2}{c_2} - G_2, 0\right) \in \Gamma_2$ 落在点 $(-a, 0) \in \partial\Sigma_{12}$ 的左边, 点 $\left(-\dfrac{b_2}{c_2} + G_2, 0\right) \in \Gamma_2$ 落在点 $(a, 0) \in \partial\Sigma_{12}$ 的右边, 而且 Γ_2 与 Σ_{12} 有四个交点.

类似于结论 (1) 的证明可知定理 5.3.1(ii) 成立.   证毕.

接下来将采用文献 [501] 中的理论和方法, 给出椭圆切换线附近分别存在穿越流、滑模流和擦边流的充分条件. 为此, 令 $\boldsymbol{n_x} = (\boldsymbol{n}_x, \boldsymbol{n}_y)$ 为切换线上的点 $\boldsymbol{x} = (x, y) \in \partial\Sigma_{12}$ 处的一个法向量, 正向朝着子区域 Σ_2, 根据 [501] 有如下定理.

定理 5.3.2   如果系统 (5.3.6) 的解在 $t = t_m$ 时与切换线上的点 $\boldsymbol{x}_m = (x_m, y_m) \in \partial\Sigma_{12}$ 相接触, 则下列结论成立:

(i) 对于 $i, j \in \{1, 2\}$ 且 $i \neq j$, 系统 (5.3.6) 的解在点 $\boldsymbol{x}_m$ 处做滑模运动的充要条件是

$$\begin{cases} G^{(0,i)}(\boldsymbol{x}_m, t_m) = \boldsymbol{n}_{\boldsymbol{x}_m} \cdot \boldsymbol{F}^{(i)}(\boldsymbol{x}_m, t_m) < 0, \\ G^{(0,j)}(\boldsymbol{x}_m, t_m) = \boldsymbol{n}_{\boldsymbol{x}_m} \cdot \boldsymbol{F}^{(j)}(\boldsymbol{x}_m, t_m) > 0. \end{cases}$$

(ii) 对于 $i, j \in \{1, 2\}$ 且 $i \neq j$, 系统 (5.3.6) 的解在点 $\boldsymbol{x}_m$ 处做穿越运动的充要条件是

$$
\begin{cases}
G^{(0,i)}(\boldsymbol{x}_m, t_m) = \boldsymbol{n}_{\boldsymbol{x}_m} \cdot \boldsymbol{F}^{(i)}(\boldsymbol{x}_m, t_m) < 0, \\
G^{(0,j)}(\boldsymbol{x}_m, t_m) = \boldsymbol{n}_{\boldsymbol{x}_m} \cdot \boldsymbol{F}^{(j)}(\boldsymbol{x}_m, t_m) < 0,
\end{cases}
\qquad \text{若从 } \Sigma_i \text{ 穿越到 } \Sigma_j;
$$

或者

$$
\begin{cases}
G^{(0,j)}(\boldsymbol{x}_m, t_m) = \boldsymbol{n}_{\boldsymbol{x}_m} \cdot \boldsymbol{F}^{(j)}(\boldsymbol{x}_m, t_m) > 0, \\
G^{(0,i)}(\boldsymbol{x}_m, t_m) = \boldsymbol{n}_{\boldsymbol{x}_m} \cdot \boldsymbol{F}^{(i)}(\boldsymbol{x}_m, t_m) > 0,
\end{cases}
\qquad \text{若从 } \Sigma_j \text{ 穿越到 } \Sigma_i.
$$

(iii) 对于 $i \in \{1, 2\}$, 系统 (5.3.6) 的解在点 $\boldsymbol{x}_m$ 处做擦边运动的充要条件是

$$
\begin{cases}
G^{(0,i)}(\boldsymbol{x}_m, t_m) = \boldsymbol{n}_{\boldsymbol{x}_m} \cdot \boldsymbol{F}^{(i)}(\boldsymbol{x}_m, t_m) = 0, \\
G^{(1,i)}(\boldsymbol{x}_m, t_m) > 0.
\end{cases}
$$

不失一般性, 取

$$
\boldsymbol{n}_{\boldsymbol{x}} = \frac{a^2 b^2}{2} \nabla \varphi = (b^2 x, a^2 y), \tag{5.3.8}
$$

其中 $\nabla = \left(\dfrac{\partial}{\partial x}, \dfrac{\partial}{\partial y} \right)$ 为 Hamilton 算子. 由方程 (5.3.6), (5.3.8) 以及 $G^{(1,i)}$ 的定义 (见文献 [501]), 可得定理 5.3.2 中的零阶和一阶 G-函数分别为

$$
G^{(0,i)}(\boldsymbol{x}_m, t_m) = \boldsymbol{n}_{\boldsymbol{x}_m} \cdot \boldsymbol{F}^{(i)}(\boldsymbol{x}_m, t_m) = b^2 x_m y_m + a^2 y_m F_i(\boldsymbol{x}_m, t_m) \tag{5.3.9}
$$

和

$$
\begin{aligned}
G^{(1,i)}(\boldsymbol{x}_m, t_m) =\ & 2 D \boldsymbol{n}_{\boldsymbol{x}}|_{\boldsymbol{x}_m} \cdot (\boldsymbol{F}^{(i)}(\boldsymbol{x}_m, t_m) - \boldsymbol{F}^{(0)}(\boldsymbol{x}_m, t_m)) \\
& + \boldsymbol{n}_{\boldsymbol{x}_m} \cdot (D\boldsymbol{F}^{(i)} - D\boldsymbol{F}^{(0)})|_{(\boldsymbol{x}_m, t_m)} \\
=\ & b^2 \left(y_m^2 - x_m F_i(\boldsymbol{x}_m, t_m) - \frac{b^2}{a^2} x^2 \right) \\
& - a^2 y_m \left(2 d_i F_i(\boldsymbol{x}_m, t_m) + c_i y_m + A_0 \Omega \sin(\Omega t_m + \phi) \right), \tag{5.3.10}
\end{aligned}
$$

其中, $D = \dfrac{\mathrm{d}}{\mathrm{d}t}$ 为一阶微分算子且

$$
\begin{cases}
D\boldsymbol{n}_{\boldsymbol{x}} = (b^2 y, -b^2 x), \\
D\boldsymbol{F}^{(0)}|_{(\boldsymbol{x}_m, t_m)} = \left(-\dfrac{b^2}{a^2} x, -\dfrac{b^2}{a^2} y \right), \\
D\boldsymbol{F}^{(i)}|_{(\boldsymbol{x}_m, t_m)} = \left(F_i(\boldsymbol{x}_m, t_m),\ \nabla F_i|_{(\boldsymbol{x}_m, t_m)} \cdot \boldsymbol{F}^{(i)}(\boldsymbol{x}_m, t_m) + \dfrac{\partial F_i}{\partial t} \bigg|_{(\boldsymbol{x}_m, t_m)} \right).
\end{cases}
$$

根据定理 5.3.2 并由方程 (5.3.8)—(5.3.10), 可得如下推论.

推论 5.3.1　考虑具有椭圆切换线 $\partial\Sigma_{12}$ 的不连续微分系统 (5.3.6)，并设 $\boldsymbol{x}_m$ 为边界点，以下结论成立:

(i) 系统 (5.3.6) 的解在点 $\boldsymbol{x}_m$ 处做滑模运动的充要条件是

$$G^{(0,1)}(\boldsymbol{x}_m, t_m) > 0 \quad \text{且} \quad G^{(0,2)}(\boldsymbol{x}_m, t_m) < 0.$$

(ii) 系统 (5.3.6) 的解在点 $\boldsymbol{x}_m$ 处做穿越运动的充要条件是

$$G^{(0,1)}(\boldsymbol{x}_m, t_m) > 0 \quad \text{且} \quad G^{(0,2)}(\boldsymbol{x}_m, t_m) > 0, \text{ 当解从 } \Sigma_1 \text{ 穿越 } \Sigma_2 \text{ 时;}$$

或者

$$G^{(0,1)}(\boldsymbol{x}_m, t_m) < 0 \quad \text{且} \quad G^{(0,2)}(\boldsymbol{x}_m, t_m) < 0, \text{ 当解从 } \Sigma_2 \text{ 穿越 } \Sigma_1 \text{ 时.}$$

(iii) 系统 (5.3.6) 的解在点 $\boldsymbol{x}_m$ 处结束滑模运动的充要条件是

$$\begin{cases} G^{(0,1)}(\boldsymbol{x}_m, t_m) > 0, \\ G^{(0,2)}(\boldsymbol{x}_m, t_m) = 0, \quad \text{当解在滑模运动结束后进入 } \Sigma_2 \text{ 时;} \\ G^{(1,2)}(\boldsymbol{x}_m, t_m) > 0, \end{cases}$$

或者

$$\begin{cases} G^{(0,1)}(\boldsymbol{x}_m, t_m) = 0, \\ G^{(1,1)}(\boldsymbol{x}_m, t_m) < 0, \quad \text{当解在滑模运动结束后进入 } \Sigma_1 \text{ 时.} \\ G^{(0,2)}(\boldsymbol{x}_m, t_m) < 0, \end{cases}$$

(iv) 系统 (5.3.6) 的解在点 $\boldsymbol{x}_m$ 处开始滑模运动的充要条件是

$$\begin{cases} G^{(0,1)}(\boldsymbol{x}_m, t_m) > 0, \\ G^{(0,2)}(\boldsymbol{x}_m, t_m) = 0, \quad \text{当解从 } \Sigma_2 \text{ 中到达 } \boldsymbol{x}_m \text{ 并开始滑模运动时;} \\ G^{(1,2)}(\boldsymbol{x}_m, t_m) > 0, \end{cases}$$

或者

$$\begin{cases} G^{(0,1)}(\boldsymbol{x}_m, t_m) = 0, \\ G^{(1,1)}(\boldsymbol{x}_m, t_m) < 0, \quad \text{当解从 } \Sigma_1 \text{ 中到达 } \boldsymbol{x}_m \text{ 并开始滑模运动时,} \\ G^{(0,2)}(\boldsymbol{x}_m, t_m) < 0, \end{cases}$$

其中, $G^{(0,i)}$, $G^{(1,i)}$ $(i \in \{1,2\})$ 分别由 (5.3.9),(5.3.10) 给出.

5.3.2　解映射和周期解预测

为了分析 (5.3.6) 的可达解在 $\partial\Sigma_{12}$ 上的映射结构，我们记 $\boldsymbol{x}(t) = (x(t), y(t))$ 为该系统满足初始条件 $\boldsymbol{x}(t_k) = \boldsymbol{x}_k \triangleq (x_k, y_k)$ 的解，其中 $t_k \in \mathbb{R}$, $k \in \mathbb{N}$, $\boldsymbol{x}_k \in \partial\Sigma_{12}$ (即初始点 $\boldsymbol{x}_k$ 选定在椭圆切换线 $\partial\Sigma_{12}$ 上). 如前所述，$\boldsymbol{x}(t)$ 在 $\boldsymbol{x}_k$ 处具有

滑模、穿越和擦边三种运动趋势, 其控制方程可从定理 5.3.2 分别获得. 进一步, 当 $t > t_k$ 时, $\boldsymbol{x}(t)$ 将继续沿 $\partial\Sigma_{12}$ 滑动至滑模流消失点, 或者进入 Σ_i 运动并到达 $\partial\Sigma_{12}$ 上的某一点. 这样, 我们可以建立相应的解映射.

首先考虑滑模流的解映射. 假设 $\boldsymbol{x}(t)$ 从点 $\boldsymbol{x}_k$ 处开始进入滑模状态, 然后沿 $\partial\Sigma_{12}$ 运动至点 $\boldsymbol{x}_{k+1} = (x_{k+1}, y_{k+1})$ 时滑模消失, 其对应的时刻为 t_{k+1}. 易知, 滑模流 $\boldsymbol{x}(t)$ 在 (t_k, t_{k+1}) 内的运动由方程 (5.3.5) 确定且满足 $\boldsymbol{x}_{k+1} = \boldsymbol{x}(t_{k+1})$. 由于 $(x_k, y_k) \in \partial\Sigma_{12}$, 即

$$y_k = \pm b\sqrt{1 - \frac{x_k^2}{a^2}}, \tag{5.3.11}$$

故对满足初始条件 $\boldsymbol{x}(t_k) = (x_k, y_k)$ 的方程 (5.3.5) 求解可得

$$\begin{cases} x(t) = a\sin\left(\dfrac{b}{a}(t - t_k) + \arcsin\dfrac{x_k}{a}\right), \\ y(t) = b\cos\left(\dfrac{b}{a}(t - t_k) + \arcsin\dfrac{x_k}{a}\right), \end{cases} t \in [t_k, t_{k+1}], \ y_k \geqslant 0 \tag{5.3.12}$$

或者

$$\begin{cases} x(t) = -a\sin\left(\dfrac{b}{a}(t - t_k) - \arcsin\dfrac{x_k}{a}\right), \\ y(t) = -b\cos\left(\dfrac{b}{a}(t - t_k) - \arcsin\dfrac{x_k}{a}\right), \end{cases} t \in [t_k, t_{k+1}], \ y_k < 0. \tag{5.3.13}$$

这样便确定了一个从 $\boldsymbol{x}_k$ 到 $\boldsymbol{x}_{k+1}$ 的解映射 (滑模映射), 记为

$$P_0 : (x_k, y_k, t_k) \to (x_{k+1}, y_{k+1}, t_{k+1}).$$

再考虑穿越流和擦边流的解映射. 假设 $\boldsymbol{x}_k$ 为 $\boldsymbol{x}(t)$ 的穿越点或者擦边点, 则当 $t > t_k$ 时, $\boldsymbol{x}(t)$ 将持续在某个子区域 Σ_i 内运动, 直至 $t = t_{k+1}$ 时到达切换线上的另一点 $\boldsymbol{x}_{k+1} = (x_{k+1}, y_{k+1})$. 注意到在 $\overline{\Sigma}_i$ 内, $\boldsymbol{x}(t) \, (t \in (t_k, t_{k+1}))$ 的表达式与相应子区域内的可达解表达式相同, 因此对于进入该区域内部的穿越流和擦边流, 可共同定义一个从 $\boldsymbol{x}_k$ 到 $\boldsymbol{x}_{k+1}$ 的解映射 (局部映射), 记为

$$P_i : (x_k, y_k, t_k) \to (x_{k+1}, y_{k+1}, t_{k+1}), \quad i \in \{1, 2\}.$$

我们将滑模映射 P_0、局部映射 P_1 和 P_2 统称为不连续微分系统 (5.3.6) 的基本映射, 其结构如图 5.4 所示. 根据推论 5.3.1(i) 和 (iii) 以及表达式 (5.3.12) 和 (5.3.13), 若滑模流在 $t > t_{k+1}$ 时停止滑动而后进入 Σ_i, 则基本映射 P_0 的控制方程为

$$
\begin{cases}
\begin{cases}
x_{k+1} = a\sin\left(\dfrac{b}{a}(t_{k+1}-t_k) + \arcsin\dfrac{x_k}{a}\right), \\[3mm]
y_{k+1} = b\cos\left(\dfrac{b}{a}(t_{k+1}-t_k) + \arcsin\dfrac{x_k}{a}\right),
\end{cases} & y_k = b\sqrt{1-\dfrac{x_k^2}{a^2}}, \\[10mm]
\begin{cases}
x_{k+1} = -a\sin\left(\dfrac{b}{a}(t_{k+1}-t_k) - \arcsin\dfrac{x_k}{a}\right), \\[3mm]
y_{k+1} = -b\cos\left(\dfrac{b}{a}(t_{k+1}-t_k) - \arcsin\dfrac{x_k}{a}\right),
\end{cases} & y_k = -b\sqrt{1-\dfrac{x_k^2}{a^2}}, \\[10mm]
G^{(0,i)}(\boldsymbol{x}_{k+1}, t_{k+1}) = 0, \\[2mm]
G^{(0,1)}(\boldsymbol{x}(t),t) \times G^{(0,2)}(\boldsymbol{x}(t),t) < 0,
\end{cases}
$$

$$(5.3.14)$$

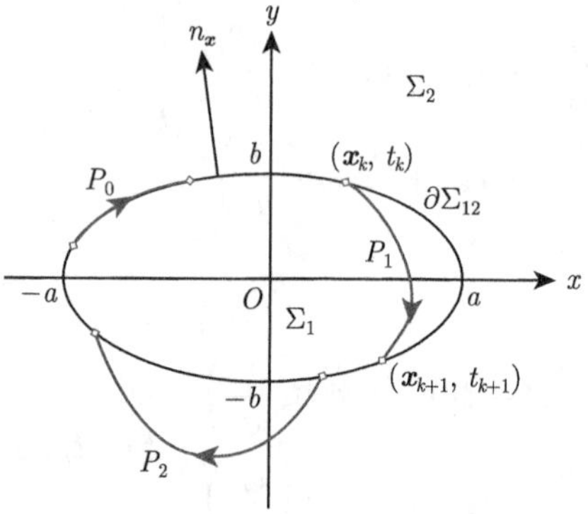

图 5.4　系统 (5.3.6) 的基本映射

其中 $i \in \{1,2\}, t \in (t_k, t_{k+1})$ 且 $\boldsymbol{x}(t) \in \partial\Sigma_{12}$. 类似可得基本映射 $P_i(i \in \{1,2\})$ 的控制方程为

$$
\begin{cases}
\dfrac{x_k^2}{a^2} + \dfrac{y_k^2}{b^2} = 1, \\[3mm]
\dfrac{x_{k+1}^2}{a^2} + \dfrac{y_{k+1}^2}{b^2} = 1, \\[3mm]
x_{k+1} = x^{(i)}(t_{k+1}; x_k, y_k, t_k), \\[2mm]
y_{k+1} = y^{(i)}(t_{k+1}; x_k, y_k, t_k),
\end{cases}
\tag{5.3.15}
$$

其中 $(x^{(i)}(t; x_k, y_k, t_k), y^{(i)}(t; x_k, y_k, t_k))$ 表示 $\overline{\Sigma}_i$ 内过点 $\boldsymbol{x}(t_k)$ 的解, 具体表达式见 5.1 节.

　　综合以上两方面的考虑可知, 可达解 $\boldsymbol{x}(t)$ 从一个边界点连续运动到下一个边界点的映射必为 P_0, P_1 和 P_2 三者之一. 因此, $\boldsymbol{x}(t)$ 在切换线上的任意解映射都可以表示成基本映射的复合形式:

$$P = \underbrace{\left(P_2^{k_{n2}} \circ P_1^{k_{n1}} \circ P_0^{k_{n0}}\right) \circ \cdots \circ \left(P_2^{k_{12}} \circ P_1^{k_{11}} \circ P_0^{k_{10}}\right)}_{n\text{项}} : (x_0, y_0, t_0) \to (x_n, y_n, t_n),$$

$$(5.3.16)$$

其中 $n \in \mathbb{N}$, $k_{l\lambda} \in \{0,1\}, l \in \{1, 2, \cdots, n\}, \lambda \in \{0, 1, 2\}$, 而且 $P_\lambda^{k_{l\lambda}}$ 满足

$$P_\lambda^0 = I, \quad P_\lambda^1 = P_\lambda.$$

为简便起见, 我们将 (5.3.16) 中的映射写成

$$P = P_{\underbrace{(2^{k_{n2}}1^{k_{n1}}0^{k_{n0}})\ldots(2^{k_{12}}1^{k_{11}}0^{k_{10}})}_{n\text{项}}} : (x_0, y_0, t_0) \to (x_n, y_n, t_n). \tag{5.3.17}$$

在解映射 (5.3.17) 中, 若有 $(x_n, y_n, t_n) = \left(x_0, y_0, t_0 + \dfrac{2\pi}{\Omega}\right)$, 则 $\boldsymbol{x}(t)$ 即为一个可达周期解. 为了更好地理解周期映射结构, 下面以两个具体例子进行说明. 对于 (5.3.16), 首先假设 $n = 2$, $k_{22} = k_{21} = k_{12} = k_{11} = 1$ 且 $k_{20} = k_{10} = 0$, 即相应的周期运动在一个周期内穿越椭圆切换线四次 (图 5.5(a)). 采用 (5.3.17) 的记号, 该周期映射为

$$P_{2121} \triangleq P_2 \circ P_1 \circ P_2 \circ P_1 : \partial\Sigma_{12} \to \partial\Sigma_{12}.$$

对于复合映射 $P_2 \circ P_1 \circ P_2 \circ P_1$, 其从右到左的关系为

$$\begin{cases} P_1 : (x_k, y_k, t_k) \to (x_{k+1}, y_{k+1}, t_{k+1}), \\ P_2 : (x_{k+1}, y_{k+1}, t_{k+1}) \to (x_{k+2}, y_{k+2}, t_{k+2}), \\ P_1 : (x_{k+2}, y_{k+2}, t_{k+2}) \to (x_{k+3}, y_{k+3}, t_{k+3}), \\ P_2 : (x_{k+3}, y_{k+3}, t_{k+3}) \to (x_{k+4}, y_{k+4}, t_{k+4}), \end{cases}$$

且满足

$$x_{k+4} = x_k, \quad y_{k+4} = y_k, \quad t_{k+4} = t_k + \frac{2\pi}{\Omega}. \tag{5.3.18}$$

根据 (5.3.15) 易知, 周期轨 P_{2121} 共由 15 个代数方程所控制, 即方程组 (5.3.18) 以及方程组

$$\begin{cases} \dfrac{x_{k+1+l}^2}{a^2} + \dfrac{y_{k+1+l}^2}{b^2} = 1, \\ x_{k+1+l} = x^{(i)}(t_{k+1+l}; x_{k+l}, y_{k+l}, t_{k+l}), \\ y_{k+1+l} = y^{(i)}(t_{k+1+l}; x_{k+l}, y_{k+l}, t_{k+l}), \end{cases}$$

其中 $l \in \{0, 1, 2, 3\}$, 当 $l = 0, 2$ 时 $i = 1$, 当 $l = 1, 3$ 时 $i = 2$.

在 (5.3.16) 中再设 $n = k_{12} = k_{11} = k_{10} = 1$, 即相应周期运动含有滑模流 (图 5.5(b)). 由 (5.3.17) 该周期映射记成

$$P_{021} \triangleq P_0 \circ P_2 \circ P_1 : \partial\Sigma_{12} \to \partial\Sigma_{12},$$

其中

$$
\begin{cases}
P_1 : (x_k, y_k, t_k) \rightarrow (x_{k+1}, y_{k+1}, t_{k+1}), \\
P_2 : (x_{k+1}, y_{k+1}, t_{k+1}) \rightarrow (x_{k+2}, y_{k+2}, t_{k+2}), \\
P_0 : (x_{k+2}, y_{k+2}, t_{k+2}) \rightarrow (x_{k+3}, y_{k+3}, t_{k+3}).
\end{cases}
$$

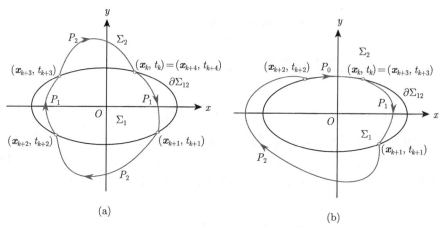

图 5.5　周期轨的映射结构: (a) $P_{2121} = P_2 \circ P_1 \circ P_2 \circ P_1$;　(b) $P_{021} = P_0 \circ P_2 \circ P_1$

根据 (5.3.14) 和 (5.3.15) 可知, 周期轨 P_{021} 被以下 12 个代数方程所控制, 即

$$
\begin{cases}
\dfrac{x_{k+1+l}^2}{a^2} + \dfrac{y_{k+1+l}^2}{b^2} = 1, \\[2mm]
x_{k+3} = x_k, y_{k+3} = y_k, t_{k+3} = t_k + \dfrac{2\pi}{\Omega}, \\[2mm]
x_{k+1+l} = x^{(i)}(t_{k+1+l}; x_{k+l}, y_{k+l}, t_{k+l}), \\[2mm]
y_{k+1+l} = y^{(i)}(t_{k+1+l}; x_{k+l}, y_{k+l}, t_{k+l}), \\[2mm]
x_{k+3} = a \sin\left(\dfrac{b}{a}(t_{k+3} - t_{k+2}) + \arcsin\dfrac{x_{k+2}}{a}\right),\ y_k \geqslant 0, \\[2mm]
x_{k+3} = -a \sin\left(\dfrac{b}{a}(t_{k+3} - t_{k+2}) - \arcsin\dfrac{x_{k+2}}{a}\right),\ y_k \leqslant 0, \\[2mm]
G^{(0,1)}(\boldsymbol{x}_{k+3}, t_{k+3}) = b^2 x_{k+3} y_{k+3} + a^2 y_{k+3} F_1(\boldsymbol{x}_{k+3}, t_{k+3}) = 0,
\end{cases}
$$

其中 $l \in \{0, 1, 2\}$, 当 $l = 0, 2$ 时 $i = 1$; 当 $l = 1$ 时 $i = 2$.

5.3.3　数值仿真

　　本小节将针对不连续微分系统 (5.3.6) 的三个不同周期轨进行数值分析及模拟. 在确定了参数的前提下, 我们给出其相空间轨线图、位移变化图以及速度变化图. 同时, 还将结合相应的 G-函数变化规律来验证系统在切换线转换点处的穿越运动、滑模运动以及擦边运动. 数值模拟中所有基本映射的计算都源于 5.1 节中提供的 (5.3.6) 的解析解.

考虑一个具有 P_{2121} 映射结构的周期运动, 其系统参数设定为

$$d_1 = 0.5, \quad d_2 = 1, \quad c_1 = 50, \quad c_2 = 90, \quad b_1 = b_2 = -1,$$

$$A_0 = 60, \quad \Omega = 4.2, \quad \phi = 0, \quad a = 3, \quad b = 2.$$

在椭圆切换线上, 初始时刻和初始位置分别取为 $t_0 \approx 0.9555$ 和 $(x_0, y_0) \approx (-1.2269, 1.8250)$. 相空间轨线、位移-时间曲线、速度-时间曲线、$G$-函数随位移、速度和时间的变化曲线如图 5.6 所示. 其中, 图中所有实心圆点均表示切换线上初始位置点, 空心圆点表示切换线上的其他转换点; 图 5.6(a) 中的虚曲线表示椭圆切换线; 图 5.6(a)—(c) 中的实曲线分别表示相空间轨线、位移-时间曲线和速度-时间曲线; 图 5.6(d)—(f) 中的实曲线分别表示实际向量场中 G-函数随位移、速度和时间的变化曲线, 虚曲线分别表示虚拟向量场中 G-函数随位移、速度和时间的变化曲线. 需要指出的是, 虚拟向量场中的 G-函数并不能用于判断边界点的转换条件, 在此仅限于与实际向量场中的 G-函数作对比.

由图 5.6(d)—(f) 可知, 在初始时刻 $t_0 \approx 0.9555$、初始点 $(x_0, y_0) \approx (-1.2269, 1.8250)$ 处, 有 $G^{(0,1)}(x_0, y_0, t_0) > 0$ 以及 $G^{(0,2)}(x_0, y_0, t_0) > 0$. 根据推论 5.3.1(ii), 相空间中的轨线将离开 (x_0, y_0) 并进入子区域 Σ_2 内运动, 如图 5.6(a) 所示. 其位移响应和速度响应分别见图 5.6(b) 和 (c), G-函数对于位移、速度及时间的变化分别由图 5.6(d)、(e) 和 (f) 所描绘. 之后, 轨线经过 Σ_2 并在 $t_1 \approx 1.3167$ 时到达第二个边界点 $(x_1, y_1) \approx (0.9955, 1.8868)$. 从图 5.6(d)—(f) 的观察可知, $G^{(0,1)}(x_1, y_1, t_1) < 0$ 且 $G^{(0,2)}(x_1, y_1, t_1) < 0$. 这样根据推论 5.3.1(ii), 轨线在 (x_1, y_1) 处将穿越切换线进入 Σ_1 中, 如图 5.6(a)—(c) 所示. 对应的 G-函数变化由图 5.6(d)—(f) 给出. 再后, Σ_1 中的轨线在 $t_2 \approx 1.7115$ 时到达第三个边界点 $(x_2, y_2) \approx (1.3110, -1.7988)$. 由图 5.6(d)—(f) 可知 $G^{(0,1)}(x_2, y_2, t_2) > 0$ 且 $G^{(0,2)}(x_2, y_2, t_2) > 0$. 同样根据推论 5.3.1的结论 (ii), 轨线将在该点离开切换线 $\partial\Sigma_{12}$ 并进入 Σ_2 内, 如图 5.6(a)—(c) 所示. 相应的 G-函数反馈情况见图 5.6(d)—(f). 接着, 在 Σ_2 内运动的轨线于 $t_3 \approx 2.0702$ 时到达第四个边界点 $(x_3, y_3) \approx (-1.0478, -1.8741)$. 由图 5.6(d)—(f) 可知, $G^{(0,1)}(x_3, y_3, t_3) < 0$ 且 $G^{(0,2)}(x_3, y_3, t_3) < 0$. 再次由推论 5.3.1(ii) 可知, 轨线将在 (x_3, y_3) 处穿过切换线进入 Σ_1 中. 相应的 G-函数变化如图 5.6(d)—(f) 所示. 在此之后, Σ_1 中的轨线将在 $t_4 \approx 2.4515$ 时返回到切换线上的初始出发点 (x_0, y_0). 综上所述, 我们获得了一条仅含有穿越流的周期轨线 P_{1212}, 其运动周期为 $T \approx 1.4960$.

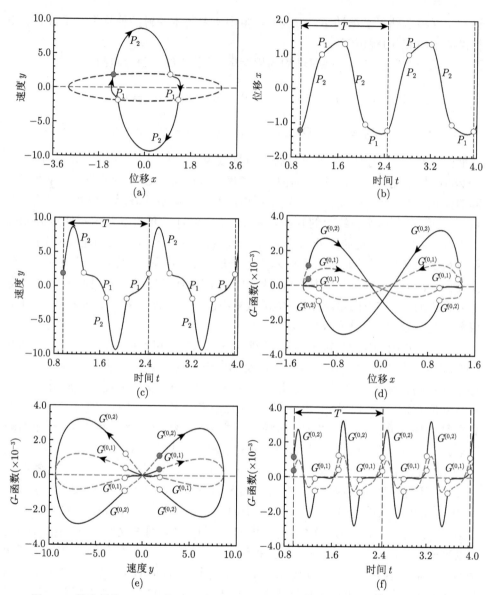

图 5.6   微分系统 (5.3.6) 的周期运动 P_{1212}, 其中参数为 $d_1 = 0.5, d_2 = 1, c_1 = 50$, $c_2 = 90, b_1 = b_2 = -1, A_0 = 60, \Omega = 4.2, \phi = 0, a = 3, b = 2$. (a) 相轨线; (b) 位移与时间曲线; (c) 速度与时间曲线; (d) G-函数与位移曲线; (e) G-函数与速度曲线; (f) G-函数与时间曲线. 初始位置为 $(x_0, y_0) \approx (-1.2269, 1.8250)$, 初始时刻为 $t_0 \approx 0.9555$, 运动周期为
$$T \approx 1.4960$$

下面考虑另一个周期运动 P_{102}, 选择系统参数为

$$d_1 = 0.8, \quad d_2 = 0.4, \quad c_1 = 10, \quad c_2 = 15, \quad b_1 = b_2 = -1,$$

$$A_0 = 25, \quad \Omega = 2.2, \quad \phi = 0, \quad a = 3, \quad b = 2.$$

在 $\partial\Sigma_{12}$ 上, 取初始时刻和初始位置分别为 $t_0 \approx 0.4550$ 和 $(x_0, y_0) \approx (2.6238, -0.9695)$. 相空间轨线、位移-时间曲线、速度-时间曲线、$G$-函数随位移、速度和时间的变化曲线如图 5.7 所示. 图 5.7 中的曲线和点与图 5.6 有相同的意义. 对于初始时刻 t_0 和初始点 (x_0, y_0), 由图 5.7(d)—(f) 可知, $G^{(0,1)}(x_0, y_0, t_0) > 0$ 和 $G^{(0,2)}(x_0, y_0, t_0) > 0$ 成立. 根据推论 5.3.1(ii), 相空间中的轨线将离开 (x_0, y_0) 并进入子区域 Σ_2 内运动, 如图 5.7(a) 所示. 其位移响应和速度响应分别见图 5.7(b) 和 (c), G-函数对于位移、速度及时间的变化分别由图 5.7(d)、(e) 和 (f) 所描绘. 一旦 Σ_2 内的运动在时刻 $t_1 \approx 2.6114$ 到达第二个边界点 $(x_1, y_1) \approx (2.0642, 1.4513)$, 我们从图 5.7(d)—(f) 可以观察到 $G^{(0,1)}(x_1, y_1, t_1) > 0$ 以及 $G^{(0,2)}(x_1, y_1, t_1) < 0$. 此时, 由推论 5.3.1(i) 可知, 轨线开始沿着椭圆切换线 $\partial\Sigma_{12}$ 滑动, 其滑模区间包含在图 5.7 中的灰色矩形区域内. 当滑模流在 $t_2 \approx 2.9407$ 到达第三个转换点 $(x_2, y_2) \approx (2.4887, 1.1168)$ 时, 图 5.7(d)—(f) 表明 $G^{(0,1)}(x_2, y_2, t_2) = 0, G^{(1,1)}(x_2, y_2, t_2) < 0$ 以及 $G^{(0,2)}(x_2, y_2, t_2) < 0$ 成立. 根据推论 5.3.1(iii), 滑模运动在点 (x_2, y_2) 处消失, 而轨线将继续从该点进入子区域 Σ_1 中, 如图 5.7(a) 所示. 图 5.7(b) 和 (c) 记录了相应的位移响应和速度响应情况. 接下来, Σ_1 中的轨线将在 $t_3 \approx 3.3110$ 时重新返回到初始出发点 (x_0, y_0). 至此, 我们获得了一条含有滑模流的周期轨线 P_{102}, 其运动周期为 $T \approx 2.8560$.

最后考虑一个复杂的周期运动 P_{102102}, 其参数选定为

$$d_1 = 0.5, \quad d_2 = 1, \quad c_1 = 10, \quad c_2 = 30, \quad b_1 = b_2 = -1,$$

$$A_0 = 20, \quad \Omega = 2.8, \quad \phi = 0, \quad a = 3, \quad b = 2.$$

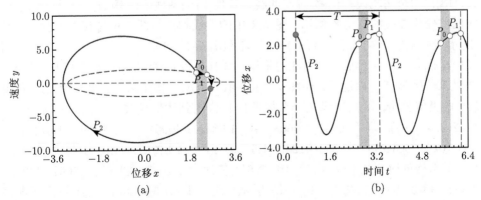

(a)

(b)

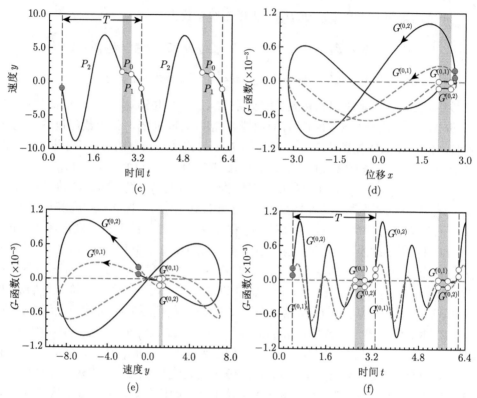

图 5.7　微分系统 (5.3.6) 的周期运动 P_{102}, 其中参数为 $d_1 = 0.8, d_2 = 0.4, c_1 = 10$, $c_2 = 15, b_1 = b_2 = -1, A_0 = 25, \Omega = 2.2, \phi = 0, a = 3, b = 2$. (a) 相轨线; (b) 位移与时间曲线; (c) 速度与时间曲线; (d) G-函数与位移曲线; (e) G-函数与速度曲线; (f) G-函数与时间曲线. 初始位置为 $(x_0, y_0) \approx (2.6238, -0.9695)$, 初始时刻为 $t_0 \approx 0.4550$, 运动周期为
$$T \approx 2.8560$$

在椭圆切换线上, 取初始时刻和初始位置分别为 $t_0 \approx 1.5615$ 和 $(x_0, y_0) \approx (-2.0796, 1.4413)$. 相空间轨线、位移-时间曲线、速度-时间曲线、$G$-函数随位移、速度和时间的变化曲线如图 5.8 所示. 图 5.8 中的曲线和点与图 5.6 有相同的意义. 对于初始时刻 t_0 和初始点 (x_0, y_0), 由图 5.8(d)—(f) 可知, $G^{(0,1)}(x_0, y_0, t_0) > 0$ 和 $G^{(0,2)}(x_0, y_0, t_0) > 0$ 成立. 因此由推论 5.3.1(ii), 相空间中的轨线将离开 (x_0, y_0) 并进入子区域 Σ_2 内运动, 如图 5.8(a)—(c) 所示. 接下来, 采用对图 5.6 和图 5.7 的类似分析, 可知轨线在一个周期内将依次到达切换线转换点 $(x_k, y_k)(k \in \{1, 2, 3, 4, 5, 6\})$, 即 $(1.6947, 1.6503) \to (1.9852, 1.4995) \to (2.1779, -1.3754) \to (-1.7025, -1.6467) \to (-1.8220, -1.5889) \to (-2.07961.4413)$, 如图 5.8(a) 所示. 其对应的时刻 $t_k(k \in \{1, 2, 3, 4, 5, 6\})$ 依次为 2.1423, 2.3265, 2.7092, 3.2883, 3.3621 和 3.8055, 如图 5.8(b)—(c) 所示. 进一步, 从图 5.8(d)—(f) 我们还观察

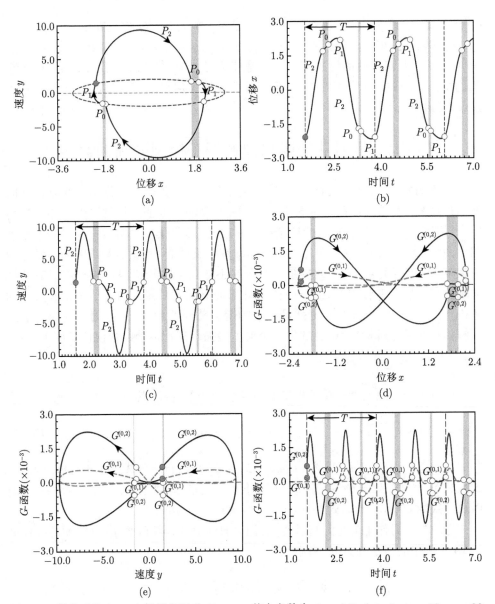

图 5.8 微分系统 (5.3.6) 的周期运动 P_{102102}, 其中参数为 $d_1 = 0.5, d_2 = 1, c_1 = 10, c_2 = 30,$ $b_1 = b_2 = -1, A_0 = 20, \Omega = 2.8, \phi = 0, a = 3, b = 2.$ (a) 相轨线; (b) 位移与时间曲线; (c) 速度与时间曲线; (d) G-函数与位移曲线; (e) G-函数与速度曲线; (f) G-函数与时间曲线. 初始位置为 $(x_0, y_0) \approx (-2.0796, 1.4413)$, 初始时刻为 $t_0 \approx 1.5615$, 运动周期为 $T \approx 2.2440$

到: 当 $t \in [t_1, t_2) \cup [t_4, t_5)$ 时 $G^{(0,1)}(x, y, t) \times G^{(0,2)}(x, y, t) < 0$; 当 $k \in \{2, 5\}$ 时 $G^{(0,1)}(x_k, y_k, t_k) = G^{(0,2)}(x_k, y_k, t_k) = 0$; 当 $k \in \{3, 6\}$ 时 $G^{(0,1)}(x_k, y_k, t_k) \times$

$G^{(0,2)}(x_k, y_k, t_k) > 0$. 故由推论 5.3.1(i)—(iii) 可知, 在相空间中, (x_3, y_3) 和 (x_6, y_6) 为该运动的穿越边界点, (x_1, y_1) 和 (x_4, y_4) 为该运动的滑模起点, (x_2, y_2) 和 (x_5, y_5) 为该运动的滑模终点 (也是擦边点), 如图 5.8(a) 所示. 综上所述, 我们得到了一条含有不相邻的两部分滑模流的周期轨线 P_{102102}, 其运动周期为 $T \approx 2.2440$.

5.4   具时滞的阻尼弹簧振子模型的周期解

众所周知, 当外力施加于一个物理运动模型时, 其产生的作用往往会出现时间滞后现象, 对不连续阻尼弹簧振子来说也是如此. 因此, 将时滞因素加入模型 (5.1.1) 中进行研究具有重要的理论和实际意义, 该类模型通常被称为时滞不连续动力系统. 然而, 由于受到时滞和不连续双重因素的影响, 该类系统的动力学行为更加复杂. 迄今为止, 对于此类系统的研究还鲜有文献出现. 特别地, 在具有滑模运动的周期解存在性方面还少有研究. 本节将在改进和推广 5.3 节理论和方法的基础上, 探讨时滞不连续阻尼弹簧振子的慢振荡周期运动行为, 对不同慢振荡周期解的存在性作解析预测, 并提供三个典型慢振荡周期运动的数值仿真例子.

5.4.1   切换线上的切换条件

假设不连续阻尼弹簧振子模型的切换线为一条直线, 其方程为

$$ax + b\dot{x} - c = 0, \tag{5.4.1}$$

其中 $a > 0, b > 0, c \in \mathbb{R}$. 显然, 平面 $(x, \dot{x}) \in \mathbb{R}^2$ 被该直线分成三个子区域, 即上半子区域 $\Sigma_1 \triangleq \{(x, \dot{x}) \mid ax + b\dot{x} - c > 0\}$、下半子区域 $\Sigma_2 \triangleq \{(x, \dot{x}) \mid ax + b\dot{x} - c < 0\}$ 以及切换线 $\partial\Sigma_{12} \triangleq \{(x, \dot{x}) \mid ax + b\dot{x} - c = 0\}$.

考虑到外力作用的时间滞后性, 我们以时滞分片连续函数 $f_i(x(t), x(t-\tau))$ 替代 (5.1.1) 中的恒定外力 b_i, 并假设

$$f_i(x(t), x(t-\tau)) = \begin{cases} -b_i, & (x(t), \dot{x}(t)) \in \Sigma_i, \ (x(t-\tau), \dot{x}(t-\tau)) \in \Sigma_1, \\ 0, & (x(t), \dot{x}(t)) \in \Sigma_i, \ (x(t-\tau), \dot{x}(t-\tau)) \in \partial\Sigma_{12}, \\ b_i, & (x(t), \dot{x}(t)) \in \Sigma_i, \ (x(t-\tau), \dot{x}(t-\tau)) \in \Sigma_2, \end{cases} \tag{5.4.2}$$

其中 $i \in \{1, 2\}$, $\tau > 0$ 表示时滞常数, $b_i > 0$ 表示外力常数. 这样, (5.1.1) 被推广为如下具有负反馈控制的不连续时滞微分方程模型:

$$\ddot{x}(t) + 2d_i\dot{x}(t) + c_i x(t) = A_0 \cos(\Omega t + \phi) + f_i(x(t), x(t-\tau)), \quad i \in \{1, 2\}. \tag{5.4.3}$$

注意到在闭子区域 $\overline{\Sigma}_i(i \in \{1,2\})$ 中, 系统 (5.4.3) 的解的连续运动时间可能大于或等于或小于 τ. 为了讨论方便, 本节仅考虑所述运动时间都大于或等于 τ 的解. 此时, 利用连续微分系统意义下慢振荡解概念 (参见文献 [189]), 可以类似给出不连续二阶时滞微分方程 (5.4.3) 的慢振荡解定义. 为此, 令

$$\theta(t) \triangleq \{t \mid ax(t) + b\dot{x}(t) - c = 0\}.$$

对于 $\theta(t)$ 中任意不相等的两点 t_j 和 t_k(其中 $t_j < t_k, j, k \in \mathbb{N}$), 若 $t \in (t_j, t_k)$ 时 $x(t) \in \Sigma_i$, 则记 $d_{ijk} \triangleq t_k - t_j$. 我们称方程 (5.4.3) 的解 $x(t)$ 在 $[t_0 - \tau, +\infty)$ 上为慢振荡的, 如果 $\theta(t)$ 在 $[t_0 - \tau, +\infty)$ 上无界, 而且 $\forall i \in \{1,2\}, d_{ijk} \geqslant \tau$ 以及 $\{d_{ijk}\}$ 有上界. 进一步, 称方程 (5.4.3) 的慢振荡解 $x(t)$ 为 T-周期的, 如果存在 $T > 0$, 则对任意 $t \in [t_0 - \tau, +\infty)$ 都有 $x(t + T) = x(t)$.

由上述定义可知, 慢振荡周期解存在的一个必要条件是初始函数曲线整体包含于某个闭子区域内. 因此, 我们假定方程 (5.4.3) 的初始函数空间 $C_1([t_0 - \tau, t_0], \overline{\Sigma}_i)$ 由连续可微函数 $\varphi(s)$ 和它的导数 $\dot{\varphi}(s)$ 所构成, 并且满足 $(\varphi(s), \dot{\varphi}(s)) \in \Sigma_i, s \in [t_0 - \tau, t_0), i \in \{1,2\}$ 以及 $(\varphi(t_0), \dot{\varphi}(t_0)) \in \partial\Sigma_{12}$.

类似于 (5.1.1) 的变换, 令

$$\boldsymbol{x} = (x, \dot{x}) \triangleq (x, y) \quad \text{和} \quad L(x, y) \triangleq ax + by - c,$$

则在 xOy 平面内, 两个子区域及它们的切换线分别变成

$$\Sigma_1 = \{(x, y) \mid (x, y) \in \mathbb{R}^2, L(x, y) > 0\},$$

$$\Sigma_2 = \{(x, y) \mid (x, y) \in \mathbb{R}^2, L(x, y) < 0\}$$

和

$$\partial\Sigma_{12} = \overline{\Sigma}_1 \cap \overline{\Sigma}_2 = \{(x, y) \mid (x, y) \in \mathbb{R}^2, L(x, y) = 0\}.$$

这样, 系统 (5.4.3) 的 Cauchy 问题可表示为如下的向量形式:

$$\begin{cases} \dot{\boldsymbol{x}}(t) = \boldsymbol{F}^{(i)}(t, \boldsymbol{x}(t), \boldsymbol{x}(t - \tau)), & i \in \{1,2\}, \\ \boldsymbol{x}(s) = \Phi(s), & s \in [t_0 - \tau, t_0], \end{cases} \tag{5.4.4}$$

其中, $\Phi(s) = (\varphi(s), \dot{\varphi}(s)) \in C_1([t_0 - \tau, t_0], \overline{\Sigma}_i)$, 以及

$$\boldsymbol{F}^{(i)}(t, \boldsymbol{x}(t), \boldsymbol{x}(t-\tau)) = (y(t), -c_i x(t) - 2d_i y(t) + A_0 \cos(\Omega t + \phi) + f_i(x(t), x(t-\tau))). \tag{5.4.5}$$

需要指出的是, 尽管 (5.4.4) 在区间 $[t_0, t_0 + \tau]$ 上是一个形式上的线性微分方程组, 但并不意味着能立刻求出相应解 $\boldsymbol{x}(t)$ 的表达式. 这是因为当 $t > t_0$ 时, $\boldsymbol{x}(t)$

的运动趋势及约束方程仍然未知. 事实上, 当系统 (5.4.4) 的解达到切换线上的点 $\boldsymbol{x}_m = (x_m, y_m) \in \partial\Sigma_{12}$ 时, 接下来也存在与非时滞系统 (5.1.1) 的解相同的三种运动趋势, 即穿越运动、擦边运动及滑模运动. 特别地, 若为滑模运动, 则根据 Luo 的理论[501], $\boldsymbol{x}(t)$ 在滑模上的控制方程为

$$\dot{\boldsymbol{x}}(t) = \boldsymbol{F}^{(0)}(t, \boldsymbol{x}(t), \boldsymbol{x}(t-\tau)) = \left(y(t), -\frac{a}{b}y(t)\right). \tag{5.4.6}$$

上式右端函数仅与变量 $y(t)$ 有关, 此处表示成 $\boldsymbol{F}^{(0)}(t, \boldsymbol{x}(t), \boldsymbol{x}(t-\tau))$ 是为了与 (5.4.4) 的记号保持一致.

下面给出 $\boldsymbol{x}(t)$ 在边界点处开始穿越运动、擦边运动及滑模运动的充要条件. 令 $\boldsymbol{n}_{\boldsymbol{x}_m} = (n_{x_m}, n_{y_m})$ 为切换直线在点 $\boldsymbol{x}_m \triangleq \boldsymbol{x}(t_m) \in \partial\Sigma_{12}$ 处的法向量, 正方向朝子区域 Σ_1(记为 $\boldsymbol{n}_{\boldsymbol{x}_m} \to \Sigma_1$). 由于 (5.4.6) 为自治方程, 根据文献 [501] 可知, (5.4.4) 的子系统在 $\boldsymbol{x}_m$ 处的零阶 G-函数和一阶 G-函数分别为

$$G^{(0,i)}(t_m, \boldsymbol{x}(t_m), \boldsymbol{x}(t_m-\tau)) = \boldsymbol{n}_{\boldsymbol{x}_m} \cdot \boldsymbol{F}^{(i)}(t_m, \boldsymbol{x}(t_m), \boldsymbol{x}(t_m-\tau)), \quad i \in \{1, 2\} \tag{5.4.7}$$

和

$$G^{(1,i)}(t_m, \boldsymbol{x}(t_m), \boldsymbol{x}(t_m-\tau)) = \boldsymbol{n}_{\boldsymbol{x}_m} \cdot D\boldsymbol{F}^{(i)}(t_m, \boldsymbol{x}(t_m), \boldsymbol{x}(t_m-\tau)), \quad i \in \{1, 2\}, \tag{5.4.8}$$

其中 "·" 表示向量的内积, $D = \dfrac{\mathrm{d}}{\mathrm{d}t}$ 为一阶微分算子. 这样, 结合穿越运动、滑模运动及擦边运动的几何特征, 有如下命题成立.

命题 5.4.1　如果右端不连续时滞微分系统 (5.4.4) 的解 $\boldsymbol{x}(t)$ 在 t_m 时刻与边界点 $\boldsymbol{x}_m = (x_m, y_m)$ 相接触, 那么在区间 $(t_m - \delta, t_m + \delta)$ (其中 δ 为足够小的正数) 内, 下列结论成立:

(i) $\boldsymbol{x}(t)$ 在 $\boldsymbol{x}_m$ 处穿越切换线 $\partial\Sigma_{12}$ 的充要条件是

$$G^{(0,1)}(t_m, \boldsymbol{x}(t_m), \boldsymbol{x}(t_m-\tau)) \times G^{(0,2)}(t_m, \boldsymbol{x}(t_m), \boldsymbol{x}(t_m-\tau)) > 0,$$

即向量场 $\boldsymbol{F}^{(1)}$, $\boldsymbol{F}^{(2)}$ 在 $\boldsymbol{n}_{\boldsymbol{x}_m}$ 上的分量同向.

(ii) $\boldsymbol{x}(t)$ 在 $\boldsymbol{x}_m$ 处沿切换线 $\partial\Sigma_{12}$ 滑动的充要条件是

$$\begin{cases} G^{(0,1)}(t_m, \boldsymbol{x}(t_m), \boldsymbol{x}(t_m-\tau)) < 0, \\ G^{(0,2)}(t_m, \boldsymbol{x}(t_m), \boldsymbol{x}(t_m-\tau)) > 0, \end{cases}$$

即向量场 $\boldsymbol{F}^{(1)}$, $\boldsymbol{F}^{(2)}$ 在 $\boldsymbol{n}_{\boldsymbol{x}_m}$ 上的分量都朝向 $\partial\Sigma_{12}$.

(iii) 子区域 Σ_i $(i \in \{1, 2\})$ 内的解 $\boldsymbol{x}(t)$ 在 $\boldsymbol{x}_m$ 处做擦边运动的充要条件是

$$\begin{cases} G^{(0,i)}(t_m, \boldsymbol{x}(t_m), \boldsymbol{x}(t_m-\tau)) = 0, \\ (-1)^{i+1} G^{(1,i)}(t_m, \boldsymbol{x}(t_m), \boldsymbol{x}(t_m-\tau)) > 0. \end{cases}$$

从这以后, 我们记系统 (5.4.4) 的慢振荡解为 $\tilde{\boldsymbol{x}}(t)$, 并假设 $\tilde{\boldsymbol{x}}(t)$ 在 $t_m (\geqslant t_0)$ 时刻到达边界点 $\boldsymbol{x}_m = (x_m, y_m)$. 此时, 一方面易知, 定义在 $[t_m - \tau, t_m)$ 上的慢振荡解在相平面内具有以下三种类型:

类型 (I): $\{\tilde{\boldsymbol{x}}(t) \mid t \in [t_m - \tau, t_m)\} \subseteq \Sigma_i, \ i \in \{1, 2\}$.

类型 (II): $\{\tilde{\boldsymbol{x}}(t) \mid t \in [t_m - \tau, t_m)\} \subseteq \partial\Sigma_{12}$, 即 $\tilde{\boldsymbol{x}}(t)$ 在该区间上沿 $\partial\Sigma_{12}$ 滑动.

类型 (III): 存在 $t'_m \in [t_m - \tau, t_m)$, 使得 $\{\tilde{\boldsymbol{x}}(t) \mid t \in [t_m - \tau, t'_m)\} \subseteq \Sigma_i$ ($i \in \{1, 2\}$) 和 $\{\tilde{\boldsymbol{x}}(t) \mid t \in [t'_m, t_m)\} \subseteq \partial\Sigma_{12}$.

另一方面, 若取定 $\boldsymbol{n}_{\boldsymbol{x}_m} = (a, b)$, 则从 (5.4.2) 和 (5.4.5)—(5.4.7) 可得 $\tilde{\boldsymbol{x}}(t_m)$ 处的零阶 G-函数为

$$G_{\mp}^{(0,i)}(t_m, \tilde{\boldsymbol{x}}(t_m), \tilde{\boldsymbol{x}}(t_m - \tau)) = -bc_i x_m + (a - 2bd_i)y_m + b[A_0 \cos(\Omega t_m + \phi) \mp b_i], \tag{5.4.9}$$

以及

$$G_0^{(0,i)}(t_m, \tilde{\boldsymbol{x}}(t_m), \tilde{\boldsymbol{x}}(t_m - \tau)) = -bc_i x_m + (a - 2bd_i)y_m + bA_0 \cos(\Omega t_m + \phi), \tag{5.4.10}$$

其中 $i \in \{1, 2\}$, G 的下标 "$-$", "$+$" 和 "0" 分别代表 $\tilde{\boldsymbol{x}}(t_m - \tau) \in \Sigma_1$, $\tilde{\boldsymbol{x}}(t_m - \tau) \in \Sigma_2$ 和 $\tilde{\boldsymbol{x}}(t_m - \tau) \in \partial\Sigma_{12}$. 根据命题 5.4.1, 我们获得如下一些定理.

定理 5.4.1 如果系统 (5.4.4) 的解 $\tilde{\boldsymbol{x}}(t)$ 满足类型 (I), 那么 $\tilde{\boldsymbol{x}}(t)$ 在 $\boldsymbol{x}_m$ 处穿越切换线 $\partial\Sigma_{12}$ 的充要条件是

$$\begin{cases} G_-^{(0,1)}(t_m, \tilde{\boldsymbol{x}}(t_m), \tilde{\boldsymbol{x}}(t_m - \tau)) < 0, \\ G_-^{(0,2)}(t_m, \tilde{\boldsymbol{x}}(t_m), \tilde{\boldsymbol{x}}(t_m - \tau)) < 0, \end{cases} \quad \tilde{\boldsymbol{x}}(t) \text{ 从 } \Sigma_1 \text{ 穿越到 } \Sigma_2 \tag{5.4.11}$$

或者

$$\begin{cases} G_+^{(0,1)}(t_m, \tilde{\boldsymbol{x}}(t_m), \tilde{\boldsymbol{x}}(t_m - \tau)) > 0, \\ G_+^{(0,2)}(t_m, \tilde{\boldsymbol{x}}(t_m), \tilde{\boldsymbol{x}}(t_m - \tau)) > 0, \end{cases} \quad \tilde{\boldsymbol{x}}(t) \text{ 从 } \Sigma_2 \text{ 穿越到 } \Sigma_1. \tag{5.4.12}$$

而且, 在进入另一个子区域后, $\tilde{\boldsymbol{x}}(t)$ 在 $(t_m, t_m + \tau)$ 上的控制方程分别为

$$\begin{cases} \dot{x} = y, \\ \dot{y} = -c_2 x - 2d_2 y + A_0 \cos(\Omega t + \phi) - b_2, \end{cases} \quad \tilde{\boldsymbol{x}}(t) \in \Sigma_2, \tilde{\boldsymbol{x}}(t_m - \tau) \in \Sigma_1 \tag{5.4.13}$$

或者

$$\begin{cases} \dot{x} = y, \\ \dot{y} = -c_1 x - 2d_1 y + A_0 \cos(\Omega t + \phi) + b_1, \end{cases} \quad \tilde{\boldsymbol{x}}(t) \in \Sigma_1, \tilde{\boldsymbol{x}}(t_m - \tau) \in \Sigma_2. \tag{5.4.14}$$

证明　我们仅考虑 $i = 1$ 的情形, $i = 2$ 时类似可得. 如果 $\{\tilde{\boldsymbol{x}}(t) \mid t \in [t_m - \tau, t_m)\} \subseteq \Sigma_1$, 那么当 $t \in [t_m, t_m + \tau)$ 时, 由 (5.4.3) 可知

$$f_i(\tilde{x}(t), \tilde{x}(t - \tau)) = -b_i, \quad i \in \{1, 2\}, \tag{5.4.15}$$

从而 $\boldsymbol{x}_m$ 处的 G-函数应取为 (5.4.9) 中带下标 "$-$" 的形式. 因此根据命题 5.4.1(i), $\tilde{\boldsymbol{x}}(t)$ 从 Σ_1 越过边界点 $\boldsymbol{x}_m$ 进入 Σ_2 的充要条件是不等式 (5.4.11) 成立. 进一步, 由于 $\{\tilde{\boldsymbol{x}}(t) \mid t \in (t_m, t_m + \tau)\} \subseteq \Sigma_2$, 故从 (5.4.4) (5.4.5) 和 (5.4.15) 可知, 当 $t \in (t_m, t_m + \tau)$ 时 $\tilde{\boldsymbol{x}}(t)$ 满足 (5.4.13) 式. 证毕.

定理 5.4.2　如果系统 (5.4.4) 的解 $\tilde{\boldsymbol{x}}(t)$ 满足类型 (I), 那么 $\tilde{\boldsymbol{x}}(t)$ 在 $[t_m, t_m + \delta_{t_m})$ 内沿切换线 $\partial\Sigma_{12}$ 滑动的充要条件是

$$\begin{cases} G_-^{(0,1)}(t_m, \tilde{\boldsymbol{x}}(t_m), \tilde{\boldsymbol{x}}(t_m - \tau)) < 0, \\ G_-^{(0,2)}(t_m, \tilde{\boldsymbol{x}}(t_m), \tilde{\boldsymbol{x}}(t_m - \tau)) > 0, \end{cases} \quad \{\tilde{\boldsymbol{x}}(t) \mid t \in [t_m - \tau, t_m)\} \subseteq \Sigma_1 \tag{5.4.16}$$

或者

$$\begin{cases} G_+^{(0,1)}(t_m, \tilde{\boldsymbol{x}}(t_m), \tilde{\boldsymbol{x}}(t_m - \tau)) < 0, \\ G_+^{(0,2)}(t_m, \tilde{\boldsymbol{x}}(t_m), \tilde{\boldsymbol{x}}(t_m - \tau)) > 0, \end{cases} \quad \{\tilde{\boldsymbol{x}}(t) \mid t \in [t_m - \tau, t_m)\} \subseteq \Sigma_2, \tag{5.4.17}$$

其中, $\delta_{t_m} \in (0, \tau]$. 进一步, 区间 $[t_m, t_m + \delta_{t_m})$ 上的滑模流 $\tilde{\boldsymbol{x}}(t)$ 由以下方程确定

$$\begin{cases} \dot{x} = y, \\ \dot{y} = -\dfrac{ay}{b}. \end{cases} \tag{5.4.18}$$

证明　根据命题 5.4.1(ii), 定理的必要性是显然的. 下面我们考虑充分性并且只证明 $i = 1$ 的情形, $i = 2$ 时类似可得.

假设 $\{\tilde{\boldsymbol{x}}(t) \mid t \in [t_m - \tau, t_m)\} \subseteq \Sigma_1$. 记 $\bar{\boldsymbol{x}}(t)$ 为系统 (5.4.4) 在 $\bar{t}_m(> t_m)$ 时刻到达边界点 $\bar{\boldsymbol{x}}_m = (\bar{x}_m, \bar{y}_m)$ 的解. 根据解对初值的连续依赖性, $\forall \varepsilon > 0$, 存在 $\sigma_{\boldsymbol{x}_m} > 0$ 和 $\sigma_{t_m} \in (0, \tau]$, 使得当 $(\bar{x}_m - x_m)^2 + (\bar{y}_m - y_m)^2 < \sigma_{\boldsymbol{x}_m}^2$, $0 < \bar{t}_m - t_m < \sigma_{t_m}$, $t \in [\bar{t}_m - \tau, t_m)$ 时, 有 $\|\bar{\boldsymbol{x}}(t) - \tilde{\boldsymbol{x}}(t)\| < \varepsilon$, 故而

$$\bar{\boldsymbol{x}}(t) \subseteq \Sigma_1, \quad \forall t \in [\bar{t}_m - \tau, \bar{t}_m). \tag{5.4.19}$$

由 (5.4.16) 式, 必存在 $\delta_{\boldsymbol{x}_m} \in (0, \sigma_{\boldsymbol{x}_m}]$ 和 $\delta_{t_m} \in (0, \sigma_{t_m}]$, 使得当 $(\bar{x}_m - x_m)^2 + (\bar{y}_m - y_m)^2 < \delta_{\boldsymbol{x}_m}^2$ 以及 $0 < \bar{t}_m - t_m < \delta_{t_m}$ 时, (5.4.19) 式成立且

$$\begin{cases} G_-^{(0,1)}(\bar{t}_m, \bar{\boldsymbol{x}}(\bar{t}_m), \bar{\boldsymbol{x}}(\bar{t}_m - \tau)) < 0, \\ G_-^{(0,2)}(\bar{t}_m, \bar{\boldsymbol{x}}(\bar{t}_m), \bar{\boldsymbol{x}}(\bar{t}_m - \tau)) > 0, \end{cases}$$

即边界点 $(\bar{x}_m, \bar{y}_m)$ 也是 $\bar{\boldsymbol{x}}(t)$ 的滑模点. 因此, $\tilde{\boldsymbol{x}}(t)$ 在区间 $[t_m, t_m + \delta_{t_m})$ 内必沿切换线 $\partial\Sigma_{12}$ 滑动. 另外, 据 (5.4.6) 知, $\tilde{\boldsymbol{x}}(t)$ 在 $[t_m, t_m + \delta_{t_m})$ 内由方程组 (5.4.18) 确定. 证毕.

定理 5.4.3 如果系统 (5.4.4) 的解 $\tilde{\boldsymbol{x}}(t)$ 满足类型 (II), 那么下列结论成立:

(i) $\tilde{\boldsymbol{x}}(t)$ 在 $\boldsymbol{x}_m$ 处结束滑模运动的充要条件是

$$
\begin{cases}
G_0^{(0,1)}(t_m, \tilde{\boldsymbol{x}}(t_m), \tilde{\boldsymbol{x}}(t_m - \tau)) = 0, \\
G_0^{(1,1)}(t_m, \tilde{\boldsymbol{x}}(t_m), \tilde{\boldsymbol{x}}(t_m - \tau)) > 0, \\
G_0^{(0,2)}(t_m, \tilde{\boldsymbol{x}}(t_m), \tilde{\boldsymbol{x}}(t_m - \tau)) > 0
\end{cases}
\tag{5.4.20}
$$

或者

$$
\begin{cases}
G_0^{(0,1)}(t_m, \tilde{\boldsymbol{x}}(t_m), \tilde{\boldsymbol{x}}(t_m - \tau)) < 0, \\
G_0^{(0,2)}(t_m, \tilde{\boldsymbol{x}}(t_m), \tilde{\boldsymbol{x}}(t_m - \tau)) = 0, \\
G_0^{(1,2)}(t_m, \tilde{\boldsymbol{x}}(t_m), \tilde{\boldsymbol{x}}(t_m - \tau)) < 0,
\end{cases}
\tag{5.4.21}
$$

其中, $G_0^{(1,i)}(t_m, \tilde{\boldsymbol{x}}(t_m), \tilde{\boldsymbol{x}}(t_m - \tau))$ $(i \in \{1, 2\})$ 表示 $G_0^{(0,i)}(t, \tilde{\boldsymbol{x}}(t), \tilde{\boldsymbol{x}}(t - \tau))$ 在 $t = t_m$ 时的一阶导数.

(ii) $\tilde{\boldsymbol{x}}(t)$ 在 $\boldsymbol{x}_m$ 处继续沿切换线滑动的充要条件是

$$
\begin{cases}
G_0^{(0,1)}(t_m, \tilde{\boldsymbol{x}}(t_m), \tilde{\boldsymbol{x}}(t_m - \tau)) < 0, \\
G_0^{(0,2)}(t_m, \tilde{\boldsymbol{x}}(t_m), \tilde{\boldsymbol{x}}(t_m - \tau)) > 0.
\end{cases}
\tag{5.4.22}
$$

证明 必要性显然, 下证充分性.

(i) 因为 $\{\tilde{\boldsymbol{x}}(t) \mid t \in [t_m - \tau, t_m)\} \subseteq \partial\Sigma_{12}$, 由 (5.4.2) 知, $\forall s \in [t_m, t_m + \tau)$,

$$
f_i(\tilde{x}(s), \tilde{x}(s - \tau)) = 0, \quad i \in \{1, 2\},
\tag{5.4.23}
$$

故在 $(\boldsymbol{x}_m, t_m)$ 的充分小邻域内 G-函数由 (5.4.10) 给出. 令 $0 < \varepsilon_{t_m} \ll 1$, 则对 $G_0^{(0,i)}$ 进行 Taylor 展开可得

$$
\begin{aligned}
&G_0^{(0,i)}(t_m + \varepsilon_{t_m}, \tilde{\boldsymbol{x}}(t_m + \varepsilon_{t_m}), \tilde{\boldsymbol{x}}(t_m + \varepsilon_{t_m} - \tau)) \\
&= G_0^{(0,i)}(t_m, \tilde{\boldsymbol{x}}(t_m), \tilde{\boldsymbol{x}}(t_m - \tau)) \\
&\quad + G_0^{(1,i)}(t_m, \tilde{\boldsymbol{x}}(t_m), \tilde{\boldsymbol{x}}(t_m - \tau))\varepsilon_{t_m} + o(\varepsilon_{t_m}), \quad i \in \{1, 2\}.
\end{aligned}
\tag{5.4.24}
$$

将 (5.4.20), (5.4.21) 代入 (5.4.24) 得到

$$
\begin{cases}
G_0^{(0,1)}(t_m + \varepsilon_{t_m}, \tilde{\boldsymbol{x}}(t_m + \varepsilon_{t_m}), \tilde{\boldsymbol{x}}(t_m + \varepsilon_{t_m} - \tau)) > 0, \\
G_0^{(0,2)}(t_m + \varepsilon_{t_m}, \tilde{\boldsymbol{x}}(t_m + \varepsilon_{t_m}), \tilde{\boldsymbol{x}}(t_m + \varepsilon_{t_m} - \tau)) > 0
\end{cases}
\tag{5.4.25}
$$

和

$$\begin{cases} G_0^{(0,1)}(t_m + \varepsilon_{t_m}, \tilde{\boldsymbol{x}}(t_m + \varepsilon_{t_m}), \tilde{\boldsymbol{x}}(t_m + \varepsilon_{t_m} - \tau)) < 0, \\ G_0^{(0,2)}(t_m + \varepsilon_{t_m}, \tilde{\boldsymbol{x}}(t_m + \varepsilon_{t_m}), \tilde{\boldsymbol{x}}(t_m + \varepsilon_{t_m} - \tau)) < 0. \end{cases} \tag{5.4.26}$$

根据命题 5.4.1(i), 当 $t > t_m$ 时滑模流 $\tilde{\boldsymbol{x}}(t)$ 将相应进入 Σ_1 或 Σ_2 中, 即在 t_m 时刻滑模状态结束 (图 5.9). 定理 5.4.3(i) 获证. 证毕.

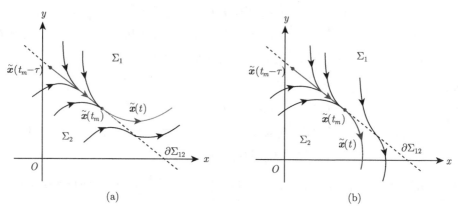

图 5.9　满足类型 (II) 的解 $\tilde{\boldsymbol{x}}(t)$ 的滑模消失图: (a) 由 (5.4.20) 确定; (b) 由 (5.4.21) 确定

(ii) 在上面证明过程中, 将 (5.4.22) 代入 (5.4.24) 可得

$$\begin{cases} G_0^{(0,1)}(t_m + \varepsilon_{t_m}, \tilde{\boldsymbol{x}}(t_m + \varepsilon_{t_m}), \tilde{\boldsymbol{x}}(t_m + \varepsilon_{t_m} - \tau)) < 0, \\ G_0^{(0,2)}(t_m + \varepsilon_{t_m}, \tilde{\boldsymbol{x}}(t_m + \varepsilon_{t_m}), \tilde{\boldsymbol{x}}(t_m + \varepsilon_{t_m} - \tau)) > 0. \end{cases} \tag{5.4.27}$$

根据命题 5.4.1(ii), $\tilde{\boldsymbol{x}}(t)$ 在 t_m 的某个右邻域内沿 $\partial\Sigma_{12}$ 滑动. 定理 5.4.3(ii) 获证. 证毕.

由定理 5.4.3 可以得到如下推论.

推论 5.4.1　如果系统 (5.4.4) 的解 $\tilde{\boldsymbol{x}}(t)$ 满足类型 (II), 则当 (5.4.20) 或 (5.4.21) 成立时, $\tilde{\boldsymbol{x}}(t)$ 在区间 $[t_m, t_m + \tau)$ 上的控制方程分别为

$$\begin{cases} \dot{x} = y, \\ \dot{y} = -c_1 x - 2d_1 y + A_0 \cos(\Omega t + \phi) \end{cases} \tag{5.4.28}$$

或者

$$\begin{cases} \dot{x} = y, \\ \dot{y} = -c_2 x - 2d_2 y + A_0 \cos(\Omega t + \phi). \end{cases} \tag{5.4.29}$$

另一方面, 若不等式 (5.4.22) 成立, 则 $\tilde{\boldsymbol{x}}(t)$ 在 $[t_m, t_m + \delta_{t_m})$ $(\delta_{t_m} \in (0, \tau))$ 上的控制方程为 (5.4.18).

定理 5.4.4 如果系统 (5.4.4) 的解 $\tilde{\boldsymbol{x}}(t)$ 满足类型 (III), 那么下列结论成立:

(i) $\tilde{\boldsymbol{x}}(t)$ 在 $\boldsymbol{x}_m$ 处结束滑模运动的充要条件是

$$
\begin{cases}
G_{\mp}^{(0,1)}(t_m, \tilde{\boldsymbol{x}}(t_m), \tilde{\boldsymbol{x}}(t_m - \tau)) = 0, \\
G_{\mp}^{(1,1)}(t_m, \tilde{\boldsymbol{x}}(t_m), \tilde{\boldsymbol{x}}(t_m - \tau)) > 0, \\
G_{\mp}^{(0,2)}(t_m, \tilde{\boldsymbol{x}}(t_m), \tilde{\boldsymbol{x}}(t_m - \tau)) > 0
\end{cases}
\tag{5.4.30}
$$

或者

$$
\begin{cases}
G_{\mp}^{(0,1)}(t_m, \tilde{\boldsymbol{x}}(t_m), \tilde{\boldsymbol{x}}(t_m - \tau)) < 0, \\
G_{\mp}^{(0,2)}(t_m, \tilde{\boldsymbol{x}}(t_m), \tilde{\boldsymbol{x}}(t_m - \tau)) = 0, \\
G_{\mp}^{(1,2)}(t_m, \tilde{\boldsymbol{x}}(t_m), \tilde{\boldsymbol{x}}(t_m - \tau)) < 0,
\end{cases}
\tag{5.4.31}
$$

其中, $G_{\mp}^{(1,i)}(t_m, \tilde{\boldsymbol{x}}(t_m), \tilde{\boldsymbol{x}}(t_m - \tau))$ $(i \in \{1, 2\})$ 表示 $G_{\mp}^{(0,i)}(t, \tilde{\boldsymbol{x}}(t), \tilde{\boldsymbol{x}}(t-\tau))$ 在 $t = t_m$ 时的一阶导数.

(ii) $\tilde{\boldsymbol{x}}(t)$ 在 $\boldsymbol{x}_m$ 处继续沿切换线滑动的充要条件是

$$
\begin{cases}
G_{+}^{(0,1)}(t_m, \tilde{\boldsymbol{x}}(t_m), \tilde{\boldsymbol{x}}(t_m - \tau)) < 0, \\
G_{+}^{(0,2)}(t_m, \tilde{\boldsymbol{x}}(t_m), \tilde{\boldsymbol{x}}(t_m - \tau)) > 0
\end{cases}
\tag{5.4.32}
$$

或者

$$
\begin{cases}
G_{-}^{(0,1)}(t_m, \tilde{\boldsymbol{x}}(t_m), \tilde{\boldsymbol{x}}(t_m - \tau)) < 0, \\
G_{-}^{(0,2)}(t_m, \tilde{\boldsymbol{x}}(t_m), \tilde{\boldsymbol{x}}(t_m - \tau)) > 0.
\end{cases}
\tag{5.4.33}
$$

证明 (i) 必要性显然, 这里仅证明充分性. 假设 $\tilde{\boldsymbol{x}}(t)$ 满足类型 (III) 且 $\{\tilde{\boldsymbol{x}}(t) \mid t \in [t_m - \tau, t_m')\} \subseteq \Sigma_1$, 则由 (5.4.2) 可知, 当 $t \in [t_m - \tau, t_m')$ 时 (5.4.15) 式成立. 因此, 在点 $\tilde{\boldsymbol{x}}(t_m)$ 处的 G-函数应取为 (5.4.9) 中的 $G_{-}^{(0,i)}$, $i \in \{1, 2\}$. 类似运用定理 5.4.3(i) 证明过程中的 Taylor 级数展开法可知, 任意 (5.4.30) 和 (5.4.31) 中带下标 "$-$" 的条件式都能保证 $\tilde{\boldsymbol{x}}(t)$ 的滑模流在 $\boldsymbol{x}_m$ 处消失 (图 5.10(a) 和 (b)). 若 $\{\tilde{\boldsymbol{x}}(t) \mid t \in [t_m - \tau, t_m')\} \subseteq \Sigma_2$, 同理可得任意 (5.4.30) 和 (5.4.31) 中带下标 "$+$" 的条件式都能保证 $\tilde{\boldsymbol{x}}(t)$ 的滑模流在 $\boldsymbol{x}_m$ 处消失 (图 5.10(c) 和 (d)).

(ii) 类似运用定理 5.4.3(ii) 的证明可得, 在此省略. 证毕.

由定理 5.4.4 可得如下推论.

推论 5.4.2 如果系统 (5.4.4) 的解 $\tilde{\boldsymbol{x}}(t)$ 满足类型 (III), 则当 (5.4.30) 或 (5.4.31) 成立时, 有以下结论成立:

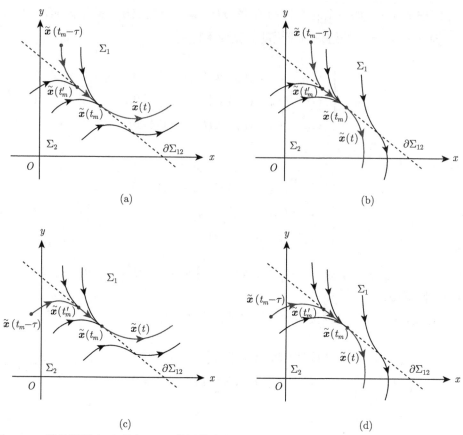

图 5.10　满足类型 (III) 的解 $\tilde{\boldsymbol{x}}(t)$ 的滑模消失图: (a) 由 (5.4.30) 中带下标 "−" 的条件式确定; (b) 由 (5.4.31) 中带下标 "−" 的条件式确定; (c) 由 (5.4.30) 中带下标 "+" 的条件式确定; (d) 由 (5.4.31) 中带下标 "+" 的条件式确定

(i) $\{\tilde{\boldsymbol{x}}(t) \mid t \in [t_m, t_m + \tau]\} \subseteq \Sigma_1$ 的控制方程为

$$
\begin{pmatrix} \dot{x} \\ \dot{y} \end{pmatrix} = \begin{cases} \begin{pmatrix} y \\ -c_1 x - 2d_1 y + A_0 \cos(\Omega t + \phi) - b_1 \end{pmatrix}, \\ \qquad t \in [t_m, t'_m + \tau), \quad \tilde{\boldsymbol{x}}(t - \tau) \in \Sigma_1, \\ \begin{pmatrix} y \\ -c_1 x - 2d_1 y + A_0 \cos(\Omega t + \phi) \end{pmatrix}, \\ \qquad t \in [t'_m + \tau, t_m + \tau), \quad \tilde{\boldsymbol{x}}(t - \tau) \in \partial\Sigma_{12} \end{cases} \tag{5.4.34}
$$

或者

$$\begin{pmatrix} \dot{x} \\ \dot{y} \end{pmatrix} = \begin{cases} \begin{pmatrix} y \\ -c_1 x - 2d_1 y + A_0 \cos(\Omega t + \phi) + b_1 \end{pmatrix}, \\ \qquad t \in [t_m, t'_m + \tau), \quad \tilde{\boldsymbol{x}}(t - \tau) \in \Sigma_2, \\ \begin{pmatrix} y \\ -c_1 x - 2d_1 y + A_0 \cos(\Omega t + \phi) \end{pmatrix}, \\ \qquad t \in [t'_m + \tau, t_m + \tau), \quad \tilde{\boldsymbol{x}}(t - \tau) \in \partial\Sigma_{12}. \end{cases} \tag{5.4.35}$$

(ii) $\{\tilde{\boldsymbol{x}}(t) \mid t \in [t_m, t_m + \tau)\} \subseteq \Sigma_2$ 的控制方程为

$$\begin{pmatrix} \dot{x} \\ \dot{y} \end{pmatrix} = \begin{cases} \begin{pmatrix} y \\ -c_2 x - 2d_2 y + A_0 \cos(\Omega t + \phi) - b_2 \end{pmatrix}, \\ \qquad t \in [t_m, t'_m + \tau), \quad \tilde{\boldsymbol{x}}(t - \tau) \in \Sigma_1, \\ \begin{pmatrix} y \\ -c_2 x - 2d_2 y + A_0 \cos(\Omega t + \phi) \end{pmatrix}, \\ \qquad t \in [t'_m + \tau, t_m + \tau), \quad \tilde{\boldsymbol{x}}(t - \tau) \in \partial\Sigma_{12} \end{cases} \tag{5.4.36}$$

或者

$$\begin{pmatrix} \dot{x} \\ \dot{y} \end{pmatrix} = \begin{cases} \begin{pmatrix} y \\ -c_2 x - 2d_2 y + A_0 \cos(\Omega t + \phi) + b_2 \end{pmatrix}, \\ \qquad t \in [t_m, t'_m + \tau), \quad \tilde{\boldsymbol{x}}(t - \tau) \in \Sigma_2, \\ \begin{pmatrix} y \\ -c_2 x - 2d_2 y + A_0 \cos(\Omega t + \phi) \end{pmatrix}, \\ \qquad t \in [t'_m + \tau, t_m + \tau), \quad \tilde{\boldsymbol{x}}(t - \tau) \in \partial\Sigma_{12} \end{cases} \tag{5.4.37}$$

另一方面, 若不等式 (5.4.32) 或 (5.4.33) 成立, 则 $\tilde{\boldsymbol{x}}(t)$ 在 $[t_m, t_m + \delta_{t_m})$ $(\delta_{t_m} \in (0, \tau])$ 的控制方程为 (5.4.18).

注 5.4.1 如果条件 (5.4.20), (5.4.21), (5.4.30), (5.4.31) 之一成立, 则从定理 5.4.3 或定理 5.4.4 的相应结论可知, 边界点 $\boldsymbol{x}_m$ 实际是系统 (5.4.4) 某个解的擦边接触点. 几何上看, 该擦边接触点附近的一侧切换线由滑模点构成, 而另一侧由穿越点构成. 一般地, 我们称具有这种性质的点为滑模分岔点, 称穿越流和滑模流之间的转换分岔为滑模分岔, 而表达式 (5.4.20), (5.4.21), (5.4.30) 和 (5.4.31) 被称为滑模分岔条件. 滑模分岔现象是不连续动力系统特有的动力学行为之一.

注 5.4.2 类型 (I)—(III) 同样适合对初始函数 $\Phi(s)$ 在 $[t_0 - \tau, t_0)$ 上的分类. 此时, 若固定 $\Phi(s)$ 在区间 $[t_0 - \tau, t_0)$ 上的所属类型, 则由上述定理和推论, 可

以确定出 $\tilde{\boldsymbol{x}}(t)$ 在 $[t_0, t_0 + \tau)$ 的控制方程并求出其解析解. 接着继续运用逐步迭代法, 即可得到 $\tilde{\boldsymbol{x}}(t)$ 在 $[t_0, +\infty)$ 上的表达式.

5.4.2 解映射和周期解预测

本小节首先分析右端不连续时滞微分系统 (5.4.4) 慢振荡解 $\tilde{\boldsymbol{x}}(t)$ 的映射结构. 在此基础上, 再对慢振荡周期解的存在性作解析预测. 为此, 假设系统 (5.4.4) 的初始函数 $\Phi(s)$ 在 $[t_0 - \tau, t_0]$ 上满足分类条件 (I)—(III) 之一. 由注 5.4.2 可知, $\tilde{\boldsymbol{x}}(t)$ 全局存在, 即存在区间为 $[t_0, +\infty)$. 同时能求出其具体的解析表达式.

我们首先构建和分析基本映射.

任取 $t_1^*, t_2^* \geqslant t_0$ 满足 $0 < t_2^* - t_1^* \leqslant \tau$. 若 $\{\tilde{\boldsymbol{x}}(t) \mid t \in (t_1^*, t_2^*)\} \subseteq \Sigma_i$ 且 $\{\tilde{\boldsymbol{x}}(t_1^*), \tilde{\boldsymbol{x}}(t_2^*)\} \subseteq \overline{\Sigma}_i$, 则记为

$$\{\tilde{\boldsymbol{x}}(t) \mid t \in [t_1^*, t_2^*]\} \sqsubset \overline{\Sigma}_i. \tag{5.4.38}$$

这样, 当 $\tilde{\boldsymbol{x}}(t)$ 在 $[t_1^*, t_2^*]$ 内满足 (5.4.38) 或整体落在 $\partial\Sigma_{12}$ 上时, 在相应闭子区域内或切换线上可以定义如下映射

$$P_k^l: \tilde{\boldsymbol{x}}(t_1^*) \mapsto \tilde{\boldsymbol{x}}(t_2^*),$$

其中 $k \in \{0, 1, 2\}$ 和 $l \in \{0, 1, 2\}$ 分别表示当前和过去时刻 $\tilde{\boldsymbol{x}}(t)$ 所在的闭子区域或切换线, 即

$$k = \begin{cases} 1, & \{\tilde{\boldsymbol{x}}(t) \mid t \in [t_1^*, t_2^*]\} \sqsubset \overline{\Sigma}_1, \\ 0, & \{\tilde{\boldsymbol{x}}(t) \mid t \in [t_1^*, t_2^*]\} \subseteq \partial\Sigma_{12}, \\ 2, & \{\tilde{\boldsymbol{x}}(t) \mid t \in [t_1^*, t_2^*]\} \sqsubset \overline{\Sigma}_2; \end{cases}$$

$$l = \begin{cases} 1, & \{\tilde{\boldsymbol{x}}(t) \mid t \in [t_1^* - \tau, t_2^* - \tau]\} \sqsubset \overline{\Sigma}_1, \\ 0, & \{\tilde{\boldsymbol{x}}(t) \mid t \in [t_1^* - \tau, t_2^* - \tau]\} \subseteq \partial\Sigma_{12}, \\ 2, & \{\tilde{\boldsymbol{x}}(t) \mid t \in [t_1^* - \tau, t_2^* - \tau]\} \sqsubset \overline{\Sigma}_2. \end{cases}$$

映射 $P_{k_1}^{l_1}: \tilde{\boldsymbol{x}}(t_1^*) \mapsto \tilde{\boldsymbol{x}}(t_2^*)$ 与 $P_{k_2}^{l_2}: \tilde{\boldsymbol{x}}(t_2^*) \mapsto \tilde{\boldsymbol{x}}(t_3^*)$ 的复合映射为

$$P_{k_2}^{l_2} \circ P_{k_1}^{l_1}: \tilde{\boldsymbol{x}}(t_1^*) \mapsto \tilde{\boldsymbol{x}}(t_3^*).$$

特别地, 若 $k_1 = k_2 = k$ 且 $l_1 = l_2 = l$, 则为了方便仍记成

$$P_k^l \triangleq P_k^l \circ P_k^l: \tilde{\boldsymbol{x}}(t_1^*) \mapsto \tilde{\boldsymbol{x}}(t_3^*).$$

我们称 P_k^l 为 $\tilde{\boldsymbol{x}}(t)$ 的基本映射, 如果它由 $\tilde{\boldsymbol{x}}(t)$ 在单个闭子区域或切换线上的所有同型映射 P_k^l 复合而成. 显然, 基本映射共有 9 种类型.

定理 5.4.5　如果 $\{\tilde{\boldsymbol{x}}(t) \mid t \in [t_1^* - \tau, t_1^*]\} \subseteq \Sigma_i, i \in \{1, 2\}$, 则在 $\overline{\Sigma}_i$ 内存在一个基本映射

$$P_i^i: \tilde{\boldsymbol{x}}(t_1^*) \mapsto \tilde{\boldsymbol{x}}(t_1),$$

其中 t_1 表示 $\tilde{x}(t)$ 在 t_1^* 之后第一次与切换线相接触的时刻. 进一步, 映射 P_i^i 由方程

$$\begin{cases} \dot{x} = y, \\ \dot{y} = -c_1 x - 2d_1 y + A_0 \cos(\Omega t + \phi) - b_1, \end{cases} \quad i = 1 \quad (5.4.39)$$

或者

$$\begin{cases} \dot{x} = y, \\ \dot{y} = -c_2 x - 2d_2 y + A_0 \cos(\Omega t + \phi) + b_2, \end{cases} \quad i = 2 \quad (5.4.40)$$

确定.

证明 因为 $\{\tilde{x}(t) \mid t \in [t_1^* - \tau, t_1^*]\} \subseteq \Sigma_i (i \in \{1,2\})$, 故当 $t > t_1^*$ 时, $\tilde{x}(t)$ 将一直停留在 Σ_i 内直到 $t = t_1$ 时与切换线接触. 因此, $\forall t \in [t_1^* - \tau, t_1]$, $\tilde{x}(t) \in \Sigma_i$, 即当 $t \in [t_1^*, t_1]$ 时, $\tilde{x}(t)$ 可从方程 (5.4.39) 或 (5.4.40) 解得, 由此确定了一个基本映射 $P_i^i : \tilde{x}(t_1^*) \mapsto \tilde{x}(t_1)$. 证毕.

由 5.4.1 小节转换条件并结合逐步迭代方法, 可以确定 9 个基本映射相应的控制方程, 如表 5.1 所列.

表 5.1 9 个基本映射及其控制方程

基本映射	P_1^1	P_1^0	P_1^2	P_0^1	P_0^0	P_0^2	P_2^1	P_2^0	P_2^2
控制方程	(5.4.39)	(5.4.28)	(5.4.14)	(5.4.18)	(5.4.18)	(5.4.18)	(5.4.13)	(5.4.29)	(5.4.40)

下面我们来构建和分析从 $\tilde{x}(t_m)$ 到 $\tilde{x}(t_m + \tau)$ 的映射.

对于满足类型 (I)—(III) 的慢振荡解 $\tilde{x}(t)$, 其从 $\tilde{x}(t_m - \tau)$ 到 $\tilde{x}(t_m)$ 的映射分别记为 P_i^τ, P_0^τ 和 $P_0^\tau \circ P_i^\tau$, 其中 $i \in \{1,2\}$. 从 5.4.1 小节我们知道 $\tilde{x}(t)$ 在 t_m 的右邻域内有不同的拓扑结构. 因此, 从 $\tilde{x}(t_m)$ 到 $\tilde{x}(t_m + \tau)$ 的映射方式也将不同. 下面对此给出详细的讨论.

首先, 假设 $\tilde{x}(t)$ 满足类型 (I). 随着时间 t 的增加, $\tilde{x}(t)$ 在 x_m 处将以穿越形式或擦边形式进入 Σ_i 内, 或者沿切换线做滑模运动. 对于前两种情形, $\tilde{x}(t)$ 在 $[t_m, t_m + \tau]$ 上的运动分别由方程 (5.4.13)(或 (5.4.14)) 和 (5.4.39)(或 (5.4.40)) 确定. 因此, 从 $\tilde{x}(t_m)$ 到 $\tilde{x}(t_m + \tau)$ 的基本映射对应为 P_2^1(或 P_1^2) 和 P_1^1(或 P_2^2). 对于第三种情形, $\tilde{x}(t)$ 将或者在 t_{m+1}(其中 $t_m < t_{m+1} < t_m + \tau$) 处结束滑模并进入 Σ_i, 或者继续沿切换线滑动至 $t = t_m + \tau$. 前者在 $[t_m, t_m + \tau]$ 上的运动由 (5.4.18), (5.4.13) 或 (5.4.18), (5.4.14) 确定, 对应的映射为 $P_2^1 \circ P_0^1$, $P_2^1 \circ P_0^2$, $P_1^1 \circ P_0^1$ 和 $P_1^1 \circ P_0^2$ 等四种之一. 后者在 $[t_m, t_m + \tau]$ 上的运动仅由 (5.4.18) 确定, 对应的映射为 P_0^1 或 P_0^2. 因此, 在类型 (I) 条件下, 从 $\tilde{x}(t_m)$ 到 $\tilde{x}(t_m + \tau)$ 共有 10 种映射方式, 如表 5.2 中所列. 另外, 满足类型 (I) 中 $\{\tilde{x}(t) \mid t \in [t_m - \tau, t_m)\} \subseteq \Sigma_1$ 的映射 (序号为 1—5) 可参见图 5.11.

表 5.2　　类型 (I) 条件下从 $\tilde{x}(t_m)$ 到 $\tilde{x}(t_m + \tau)$ 的映射

序号	1	2	3	4	5	6	7	8	9	10
映射	P_2^1	P_1^1	$P_2^1 \circ P_0^1$	$P_1^1 \circ P_0^1$	P_0^1	P_1^2	P_2^2	$P_2^2 \circ P_0^2$	$P_1^2 \circ P_0^2$	P_0^2

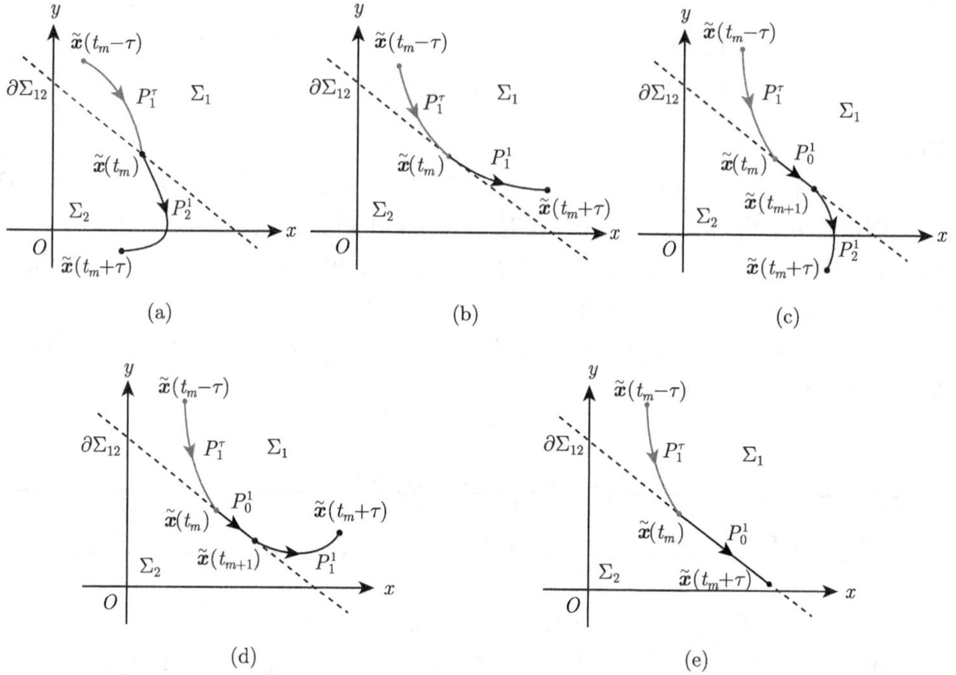

图 5.11　类型 (I) 条件中 $i = 1$ 时从 $\tilde{x}(t_m)$ 到 $\tilde{x}(t_m + \tau)$ 的映射: (a) P_2^1; (b) P_1^1; (c) $P_2^1 \circ P_0^1$; (d) $P_1^1 \circ P_0^1$; (e) P_0^1

其次, 考虑 $\tilde{x}(t)$ 满足类型 (II) 的情形. 此时, $\tilde{x}(t)$ 在 $[t_m, t_m + \tau]$ 上有三种运动趋势. 第一, $\tilde{x}(t)$ 进入 Σ_2 或 Σ_1 中直到 $t = t_m + \tau$, 其控制方程分别为 (5.4.29) 或 (5.4.28), 对应的映射分别为 P_2^0 或 P_1^0. 第二, $\tilde{x}(t)$ 在 t_{m+1} ($t_m < t_{m+1} < t_m + \tau$) 时刻结束滑模并进入 Σ_2 或 Σ_1 内直到 $t = t_m + \tau$, 其控制方程分别为 (5.4.18)(5.4.29) 或者 (5.4.18)(5.4.28), 对应的映射分别为 $P_2^0 \circ P_0^0$ 或 $P_1^0 \circ P_0^0$. 第三, $\tilde{x}(t)$ 沿切换线继续滑动直到 $t = t_m + \tau$, 其映射为 P_0^0. 所有 5 种映射方式如表 5.3 所列 (序号为 11—15), 并如图 5.12 所示.

表 5.3　　类型 (II) 条件下从 $\tilde{x}(t_m)$ 到 $\tilde{x}(t_m + \tau)$ 的映射

序号	11	12	13	14	15
映射	P_2^0	P_1^0	$P_2^0 \circ P_0^0$	$P_1^0 \circ P_0^0$	P_0^0

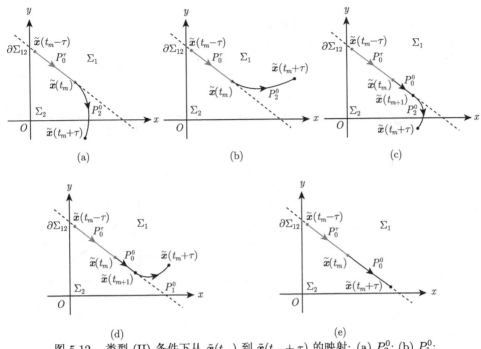

图 5.12 类型 (II) 条件下从 $\tilde{x}(t_m)$ 到 $\tilde{x}(t_m + \tau)$ 的映射: (a) P_2^0; (b) P_1^0;
(c) $P_2^0 \circ P_0^0$; (d) $P_1^0 \circ P_0^0$; (e) P_0^0

最后, 考虑 $\tilde{x}(t)$ 满足类型 (III) 的情形. 从作用的效果来看, 类型 (III) 的条件可以理解为由类型 (I) 和类型 (II) 的条件组合而成. 因此, $\tilde{x}(t)$ 在 $[t_m, t_m + \tau]$ 的运动方式可以由后两种中的运动拼接而成. 经分析可知, 在类型 (III) 条件下, 从 $\tilde{x}(t_m)$ 到 $\tilde{x}(t_m + \tau)$ 共有 18 种映射方式, 如表 5.4 中所列. 另外, 满足类型 (III) 中 $\{\tilde{x}(t) \mid t \in [t_m - \tau, t_m')\} \subseteq \Sigma_1$ 和 $\{\tilde{x}(t) \mid t \in [t_m', t_m)\} \subseteq \partial\Sigma_{12}$ 的映射 (序号为 16—24) 可参见图 5.13.

表 5.4   类型 (III) 条件下从 $\tilde{x}(t_m)$ 到 $\tilde{x}(t_m + \tau)$ 的映射

序号	16	17	18	19	20
映射	$P_2^0 \circ P_2^1$	$P_1^0 \circ P_1^1$	$P_2^0 \circ P_2^1 \circ P_0^1$	$P_1^0 \circ P_1^1 \circ P_0^1$	$P_2^0 \circ P_0^1$
序号	21	22	23	24	25
映射	$P_1^0 \circ P_0^1$	$P_2^0 \circ P_0^0 \circ P_0^1$	$P_1^0 \circ P_0^0 \circ P_0^1$	$P_0^0 \circ P_0^1$	$P_2^0 \circ P_2^2$
序号	26	27	28	29	30
映射	$P_1^0 \circ P_2^2$	$P_2^0 \circ P_2^2 \circ P_0^2$	$P_1^0 \circ P_2^2 \circ P_0^2$	$P_2^0 \circ P_0^2$	$P_1^0 \circ P_0^2$
序号	31	32	33		
映射	$P_2^0 \circ P_0^0 \circ P_0^2$	$P_1^0 \circ P_0^0 \circ P_0^2$	$P_0^0 \circ P_0^2$		

定理 5.4.6   系统 (5.4.4) 的慢振荡解 $\tilde{x}(t)$ 不可能以最终滑模运动形式出现.

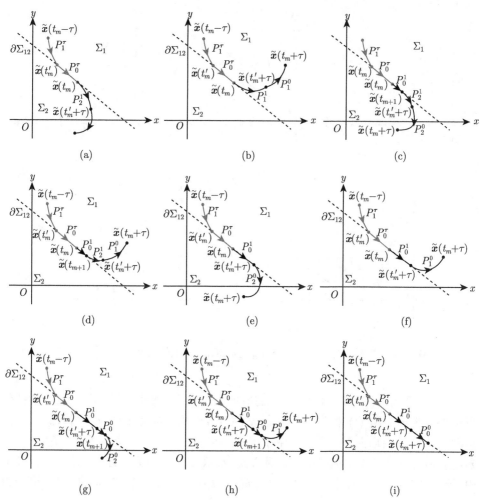

图 5.13　类型 (III) 条件下当 $i = 1$ 时从 $\tilde{\boldsymbol{x}}(t_m)$ 到 $\tilde{\boldsymbol{x}}(t_m + \tau)$ 的映射: (a) $P_2^0 \circ P_2^1$;
(b) $P_1^0 \circ P_1^1$; (c) $P_2^0 \circ P_2^1 \circ P_0^0$; (d) $P_1^0 \circ P_1^1 \circ P_0^0$; (e) $P_2^0 \circ P_0^0$; (f) $P_1^0 \circ P_0^0$; (g) $P_2^0 \circ P_0^0 \circ P_0^0$;
(h) $P_1^0 \circ P_0^0 \circ P_0^1$; (i)$P_0^0 \circ P_0^1$

证明　在以上所有 33 种映射方式中, 除序号为 5, 10, 15, 24, 33 之外, 其余映射终点 $\tilde{\boldsymbol{x}}(t_m + \tau)$ 都落在 Σ_1 或 Σ_2 内. 尽管前 5 种映射的终点都是滑模点, 若再以 $\{\tilde{\boldsymbol{x}}(t) \mid t \in [t_m, t_m + \tau]\}$ 作为初始条件, 则由类型 (II) 的分析可知, 从 $\tilde{\boldsymbol{x}}(t_m + \tau)$ 到 $\tilde{\boldsymbol{x}}(t_m + 2\tau)$ 的映射方式属于表 5.3 中所列之一, 且仅有序号为 15 的映射终点 $\tilde{\boldsymbol{x}}(t_m + 2\tau)$ 仍为滑模点 (此时 $\tilde{\boldsymbol{x}}(t)$ 实际是 $[t_m + \tau, t_m + 2\tau]$ 上的滑模流, 由 (5.4.22) 控制). 重复以上步骤, 假使 $\tilde{\boldsymbol{x}}(t)$ 能沿切换线滑动至无穷远处, 那么切换线上的 G-函数 (5.4.10) 将最终恒大于或恒小于 0, 即 (5.4.22) 的两个不等式不

可能同时成立. 因此, $\tilde{\boldsymbol{x}}(t)$ 的滑模运动必在某时刻结束. 　证毕.

现在, 我们来构建和分析 Poincaré 映射, 并进行周期解预测.

设 $C^1([t_0 - \tau, t_0], \overline{\Sigma}_1)$ 表示从 $[t_0 - \tau, t_0]$ 到 $\overline{\Sigma}_1$ 上全体连续可微函数构成的
Banach 空间. 不失一般性, 设系统 (5.4.4) 的初值满足

$$\Phi(s) \in C^1([t_0 - \tau, t_0], \overline{\Sigma}_1),$$

即假定初始函数曲线包含于闭子区域 $\overline{\Sigma}_1$ 中. 根据定理 5.4.6, $\tilde{\boldsymbol{x}}(t)$ 将在 t^r, t^l 时
刻依次进入 Σ_2, Σ_1, 然后在 t_n 时刻再次回到切换线 $\partial\Sigma_{12}$. 这样, 可以定义如下的
Poincaré 映射

$$P : \ \tilde{\boldsymbol{x}}(t_0) \to \tilde{\boldsymbol{x}}(t_n),$$

其中 P 由表 5.1 中的基本映射复合而成. 特别地, 如果 $t_n = t_0 + \dfrac{2\pi}{\Omega}$ 且 $\tilde{\boldsymbol{x}}(t_n) =$
$P(\tilde{\boldsymbol{x}}(t_0))$, 则由系统 (5.4.4) 向量场的周期性, 该系统存在一个慢振荡周期解. 其初
始函数后置为

$$\tilde{\Phi}(s) = \tilde{\boldsymbol{x}}\left(s + \frac{2\pi}{\Omega}\right) \in C^1([t_0 - \tau, t_0], \overline{\Sigma}_1). \tag{5.4.41}$$

为了更好地理解时滞不连续微分系统周期解的构成, 下面给出两个例子详细
说明. 首先考虑仅含有穿越流的慢振荡周期轨, 其周期映射为

$$P = P_1^1 \circ P_1^2 \circ P_2^2 \circ P_2^1 : \ \tilde{\boldsymbol{x}}(t_0) \to \tilde{\boldsymbol{x}}(t_2),$$

参见图 5.14(a). 上式中从右到左的子映射分别为

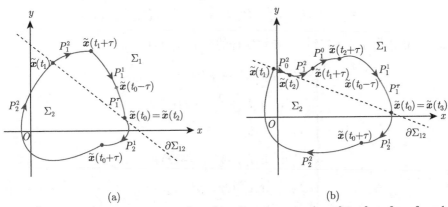

图 5.14　周期轨的映射结构: (a) $P_1^1 \circ P_1^2 \circ P_2^2 \circ P_2^1$; (b) $P_1^1 \circ P_1^0 \circ P_1^2 \circ P_0^2 \circ P_2^2 \circ P_2^1$

$$\begin{cases} P_2^1: & \tilde{\boldsymbol{x}}(t_0) \to \tilde{\boldsymbol{x}}(t_0 + \tau), \\ P_2^2: & \tilde{\boldsymbol{x}}(t_0 + \tau) \to \tilde{\boldsymbol{x}}(t_1), \\ P_1^2: & \tilde{\boldsymbol{x}}(t_1) \to \tilde{\boldsymbol{x}}(t_1 + \tau), \\ P_1^1: & \tilde{\boldsymbol{x}}(t_1 + \tau) \to \tilde{\boldsymbol{x}}(t_2). \end{cases}$$

沿用前面的记号 $\tilde{\boldsymbol{x}}(t_m) \triangleq \boldsymbol{x}_m = (x_m, y_m)$ 和 $\tilde{\boldsymbol{x}}(t_m + \tau) \triangleq \boldsymbol{x}_m^\tau = (x_m^\tau, y_m^\tau)$, 周期运动 $P_1^1 \circ P_1^2 \circ P_2^2 \circ P_2^1$ 由以下 13 个代数方程确定:

$$\begin{cases} x_2 = x_0, \quad y_2 = y_0, \quad t_2 = t_0 + \dfrac{2\pi}{\Omega}, \\ ax_{j-1} + by_{j-1} - c = 0, \\ x_{j-1}^\tau = x^{(j-1,\tau)}(t_{j-1} + \tau; \, x_{j-1}, y_{j-1}, t_{j-1}), \\ y_{j-1}^\tau = y^{(j-1,\tau)}(t_{j-1} + \tau; \, x_{j-1}, y_{j-1}, t_{j-1}), \\ x_j = x^{(j)}(t_j; \, x_{j-1}^\tau, y_{j-1}^\tau, t_{j-1} + \tau), \\ y_j = y^{(j)}(t_j; \, x_{j-1}^\tau, y_{j-1}^\tau, t_{j-1} + \tau), \end{cases} \qquad (5.4.42)$$

其中, $j \in \{1, 2\}$, 函数对 $(x^{(0,\tau)}, y^{(0,\tau)})$, $(x^{(1)}, y^{(1)})$, $(x^{(1,\tau)}, y^{(1,\tau)})$ 和 $(x^{(2)}, y^{(2)})$ 分别表示方程 (5.4.13), (5.4.40), (5.4.14) 和 (5.4.39) 的解向量 (具体表达式见 5.1 节部分). 初始函数后置为

$$\tilde{\Phi}(s) = \left(x^{(2)}\left(s + \frac{2\pi}{\Omega}; \, x_1^\tau, y_1^\tau, t_1 + \tau \right), \, y^{(2)}\left(s + \frac{2\pi}{\Omega}; \, x_1^\tau, y_1^\tau, t_1 + \tau \right) \right),$$

$$s \in [t_0 - \tau, t_0].$$

接下来考虑一个包含滑模流的周期运动:

$$P = P_1^1 \circ P_1^0 \circ P_1^2 \circ P_0^2 \circ P_2^2 \circ P_2^1: \ \tilde{\boldsymbol{x}}(t_0) \to \tilde{\boldsymbol{x}}(t_3),$$

如图 5.14(b) 所示. 从右到左, 参与复合的映射分别为

$$\begin{cases} P_2^1: & \tilde{\boldsymbol{x}}(t_0) \to \tilde{\boldsymbol{x}}(t_0 + \tau), \\ P_2^2: & \tilde{\boldsymbol{x}}(t_0 + \tau) \to \tilde{\boldsymbol{x}}(t_1), \\ P_0^2: & \tilde{\boldsymbol{x}}(t_1) \to \tilde{\boldsymbol{x}}(t_2), \\ P_1^2: & \tilde{\boldsymbol{x}}(t_2) \to \tilde{\boldsymbol{x}}(t_1 + \tau), \\ P_1^0: & \tilde{\boldsymbol{x}}(t_1 + \tau) \to \tilde{\boldsymbol{x}}(t_2 + \tau), \\ P_1^1: & \tilde{\boldsymbol{x}}(t_2 + \tau) \to \tilde{\boldsymbol{x}}(t_3). \end{cases}$$

该周期映射 P 由以下 18 个代数方程确定:

$$
\begin{cases}
ax_{j-1} + by_{j-1} - c = 0, \quad j \in \{1, 2, 3\}, \\
x_3 = x_0, \quad y_3 = y_0, \quad t_3 = t_0 + \dfrac{2\pi}{\Omega}, \\
x_0^\tau = x^{(0,\tau)}(t_0 + \tau;\, x_0,\, y_0,\, t_0), \\
y_0^\tau = y^{(0,\tau)}(t_0 + \tau;\, x_0,\, y_0,\, t_0), \\
x_1 = x^{(1)}(t_1;\, x_0^\tau,\, y_0^\tau,\, t_0 + \tau), \\
y_1 = y^{(1)}(t_1;\, x_0^\tau,\, y_0^\tau,\, t_0 + \tau), \\
x_2 = x^{(2)}(t_2;\, x_1,\, y_1,\, t_1), \\
y_2 = y^{(2)}(t_2;\, x_1,\, y_1,\, t_1), \\
x_1^\tau = x^{(1,\tau)}(t_1 + \tau;\, x_2,\, y_2,\, t_2), \\
y_1^\tau = y^{(1,\tau)}(t_1 + \tau;\, x_2,\, y_2,\, t_2), \\
x_2^\tau = x^{(2,\tau)}(t_2 + \tau;\, x_1^\tau,\, y_1^\tau,\, t_1 + \tau), \\
y_2^\tau = y^{(2,\tau)}(t_2 + \tau;\, x_1^\tau,\, y_1^\tau,\, t_1 + \tau), \\
x_3 = x^{(3)}(t_3;\, x_2^\tau,\, y_2^\tau,\, t_2 + \tau), \\
y_3 = y^{(3)}(t_3;\, x_2^\tau,\, y_2^\tau,\, t_2 + \tau).
\end{cases}
\tag{5.4.43}
$$

函数对 $(x^{(0,\tau)}, y^{(0,\tau)})$, $(x^{(1)}, y^{(1)})$, $(x^{(2)}, y^{(2)})$, $(x^{(1,\tau)}, y^{(1,\tau)})$, $(x^{(2,\tau)}, y^{(2,\tau)})$ 和 $(x^{(3)}, y^{(3)})$ 分别表示方程 (5.4.13), (5.4.40), (5.4.18), (5.4.14), (5.4.28) 和 (5.4.39) 的解向量 (具体表达式见 5.1 节部分). 初始函数后置为

$$
\tilde{\Phi}(s) = \left(x^{(3)}\left(s + \frac{2\pi}{\Omega};\, x_2^\tau,\, y_2^\tau,\, t_2 + \tau \right),\ y^{(3)}\left(t + \frac{2\pi}{\Omega};\, x_2^\tau,\, y_2^\tau,\, t_2 + \tau \right) \right),
$$

$$
s \in [t_0 - \tau,\, t_0].
$$

5.4.3 数值仿真

本小节提供三个典型数值仿真例子, 以验证前述周期解解析预测的可行性和有效性. 在系统参数确定的情况下, 我们给出其周期轨线图、位移曲线图和速度曲线图, 并利用 G-函数曲线来判断周期轨的穿越运动、滑模运动和擦边运动. 另外, 每个系统的初始函数都将以常微分方程初值问题的解的形式给出.

首先, 考虑一个慢振荡周期运动 $P_1^1 \circ P_1^2 \circ P_2^2 \circ P_2^1$, 其系统参数设置为

$$
\tau = 0.2, \quad d_1 = 0.5, \quad d_2 = 1, \quad c_1 = b_1 = 4, \quad c_2 = b_2 = 2,
$$

$$
A_0 = 5, \quad \Omega = 2, \quad \phi = 0, \quad a = 1, \quad b = c = 2.
$$

相空间轨线、位移-时间曲线、速度-时间曲线、G-函数随时间的变化曲线分别如图 5.15(a)—(d) 所示, 且都以实线表示. 初值函数 $\Phi(s)(s \in [t_0 - \tau, t_0])$ 曲线在图 5.15(a)—(c) 中对应于映射 P_1^τ 所表示的那一段. 直线切换线在图 5.15(a) 中用虚线表示. 实心和空心圆点在图 5.15(a)—(c) 中分别代表切换线上和子区域内的间断点, 在 5.15(d) 中表示相应点处的 G-函数值. 图 5.15(d) 中的实曲线表示实际向量场中 G-函数随时间的变化曲线, 点曲线表示虚拟向量场中 G-函数随时间的变化曲线. 虚拟向量场中的 G-函数并不用于判断边界点的转换条件, 在此仅限于与实际向量场中的 G-函数曲线作比较.

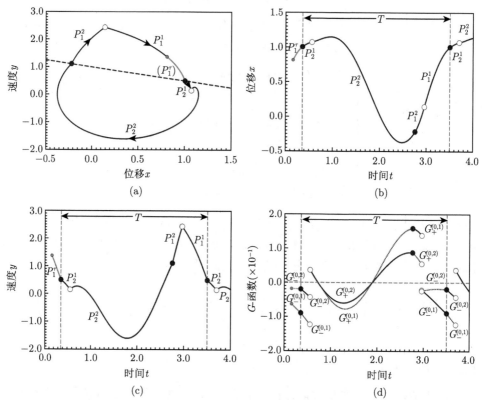

图 5.15　慢振荡周期运动 $P_1^1 \circ P_1^2 \circ P_2^2 \circ P_2^1$, 其中系统参数为 $\tau = 0.2, d_1 = 0.5, d_2 = 1, c_1 = b_1 = 4, c_2 = b_2 = 2, A_0 = 5, \Omega = 2, \phi = 0, a = 1, b = c = 2$. (a) 相轨线; (b) 位移与时间曲线; (c) 速度与时间曲线; (d) G-函数与时间曲线. 切换线上初始点 $(x_0, y_0) \approx (1.0041, 0.4986)$, 初始时刻 $t_0 \approx 0.3611$, 运动周期 $T \approx 3.1416$

该系统的初值函数预先假设整体落在 $\overline{\Sigma}_1$ 中. 在切换线 $\partial\Sigma_{12}$ 上, 选取初值函数的右端点 $(x_0, y_0) \approx (1.0041, 0.4986)$ 作为该周期运动的起点, 起始时刻取为 $t_0 \approx 0.3611$. 由图 5.15(d) 可知, $G_-^{(0,1)}(t_0, \tilde{\boldsymbol{x}}(t_0), \tilde{\boldsymbol{x}}(t_0 - \tau)) < 0$ 和 $G_-^{(0,2)}(t_0, \tilde{\boldsymbol{x}}(t_0),$

$\tilde{x}(t_0 - \tau)) < 0$. 根据定理图 5.4.1, 相空间中的轨线将进入 Σ_2, 如图 5.15(a) 所示, 其位移和速度反馈见图 5.15(b)—(c). 在经历了一个时滞常数 $\tau = 0.2$ 的时间后, Σ_2 内的运动在 $t_0^\tau \approx 0.5611$ 时到达点 $(x_0^\tau, y_0^\tau) \approx (1.0718, 0.1454)$. 之后, $\tilde{x}(t)$ 由方程 (5.4.40) 控制, 直至 $t_1 \approx 2.7577$ 时到达第二边界点 $(x_1, y_1) \approx (-0.2158, 1.1078)$. 此时, 由图 5.15(d) 得知, $G_+^{(0,1)}(t_1, \tilde{x}(t_1), \tilde{x}(t_1 - \tau)) > 0$ 和 $G_+^{(0,2)}(t_1, \tilde{x}(t_1), \tilde{x}(t_1 - \tau)) > 0$. 再次利用定理 5.4.1, 相空间中的轨线将进入 Σ_1, 然后经过 τ 时间 (即在 $t_1^\tau \approx 2.9577$ 时刻) 到达 $(x_1^\tau, y_1^\tau) \approx (0.1434, 2.4310)$. 随着 $t(> t_1^\tau)$ 的增加, $\tilde{x}(t)$ 由方程 (5.4.39) 确定并在 $t_2 \approx 3.5027$ 时刻返回到出发点 (x_0, y_0). 至此, 若给出方程:

$$\begin{cases} \dot{x} = y, \\ \dot{y} = -4x - y + 5\cos 2t - 4, \end{cases} \tag{5.4.44}$$

并选取初始函数为方程 (5.4.44) 从 $(x_0^{-\tau}, y_0^{-\tau}) \approx (0.8136, 1.3695)$ $(t_0^{-\tau} \approx 0.1611)$ 到 $(x_0, y_0) \approx (1.0041, 0.4986)$ $(t_0 \approx 0.3611)$ 的那段解曲线, 便获得了一条周期为 $T \approx 3.1416$ 且仅含有穿越流的周期轨线 $P_1^1 \circ P_1^2 \circ P_2^2 \circ P_2^1$.

其次, 考虑另一个慢振荡周期运动 $P_1^1 \circ P_1^0 \circ P_1^2 \circ P_0^2 \circ P_2^2 \circ P_2^1$, 其系统参数设置为

$$\tau = 0.8, \quad d_1 = 0.5, \quad d_2 = 2, \quad c_1 = 3, \quad c_2 = 10, \quad b_1 = 5,$$

$$b_2 = 10, \quad A_0 = 10, \quad \Omega = 2, \quad \phi = 0, \quad a = 1, \quad b = c = 2.$$

相空间轨线、位移和速度反馈曲线、G-函数随时间的变化曲线分别见图 5.16(a)—(d), 其中的曲线和圆点所代表的意义与图 5.15 中相同.

预先假定初值函数整体存在于 $\overline{\Sigma}_1$ 内. 在切换线上, 选取 $t_0 \approx 3.6629$ 作为初始时刻, $(x_0, y_0) \approx (2.3790, -0.1893)$ 作为初始起点. 从图 5.16(d) 观察得 $G_-^{(0,1)}(t_0, \tilde{x}(t_0), \tilde{x}(t_0 - \tau)) < 0$ 和 $G_-^{(0,2)}(t_0, \tilde{x}(t_0), \tilde{x}(t_0 - \tau)) < 0$. 根据定理 5.4.1, 相空间中的轨线将进入 Σ_2, 如图 5.16(a) 所示, 其位移和速度反馈见图 5.16(b)—(c). 在运行了一个时滞常数 $\tau = 0.8$ 的时间后, Σ_2 内的运动在 $t_0^\tau \approx 4.4629$ 时到达点 $(x_0^\tau, y_0^\tau) \approx (-0.9590, -3.8089)$. 之后, $\tilde{x}(t)$ 由方程 (5.4.40) 控制, 并在 $t_1 \approx 4.8380$ 时到达第二边界点 $(x_1, y_1) \approx (-1.13638, 1.56819)$. 此时, 由图 5.16(d) 看出, $G_+^{(0,1)}(t_1, \tilde{x}(t_1), \tilde{x}(t_1 - \tau)) < 0$ 和 $G_+^{(0,2)}(t_1, \tilde{x}(t_1), \tilde{x}(t_1 - \tau)) > 0$. 因此根据定理 5.4.2, 轨线将从 (x_1, y_1) 开始沿切换线滑动, 并在 $t_2 \approx 5.1528$ 时滑动到 $(x_2, y_2) \approx (-0.6800, 1.3400)$. 该滑模区间在图 5.16 中包含于一个灰色的矩形区域内. 继续由图 5.16(d) 知, $G_+^{(0,1)}(t_2, \tilde{x}(t_2), \tilde{x}(t_2 - \tau)) = 0$, $G_+^{(1,1)}(t_2, \tilde{x}(t_2), \tilde{x}(t_2 - \tau)) > 0$ 及 $G_+^{(0,2)}(t_2, \tilde{x}(t_2), \tilde{x}(t_2 - \tau)) > 0$. 这样根据定理 5.4.4(i), $\tilde{x}(t)$ 在 (x_2, y_2) 处滑模结束并开始进入 Σ_1. 进一步, 由于 $t_2 - t_1 < \tau$, 故此时出现了表 5.4 中的 26 号映射 $P_1^0 \circ P_1^2$. 据推论 5.4.2, 相应的运动由方程 (5.4.35) 确定且在 $t_1^\tau \approx 5.6380$ 和

$t_2^\tau \approx 5.9528$ 时依次到达 $(x_1^\tau, y_1^\tau) \approx (0.1315, 2.4717)$ 和 $(x_2^\tau, y_2^\tau) \approx (0.9543, 2.8806)$. 接下来, $\tilde{\boldsymbol{x}}(t)$ 将由 (5.4.39) 确定, 在 $t_3 \approx 6.8045$ 时刻返回到初始点 (x_0, y_0). 同上, 若给出方程:

$$\begin{cases} \dot{x} = y, \\ \dot{y} = -3x - y + 10\cos 2t - 5, \end{cases} \tag{5.4.45}$$

并选取初始函数为方程 (5.4.45) 从 $(x_0^{-\tau}, y_0^{-\tau}) \approx (1.1000, 2.7409)$ $(t_0^{-\tau} \approx 2.8629)$ 到 $(x_0, y_0) \approx (2.3790, -0.1893)(t_0 \approx 3.6629)$ 的那段解曲线, 则获得了一条周期为 $T \approx 3.1416$ 且含有一段滑模流的周期轨线 $P_1^1 \circ P_1^0 \circ P_1^2 \circ P_0^2 \circ P_2^2 \circ P_2^1$.

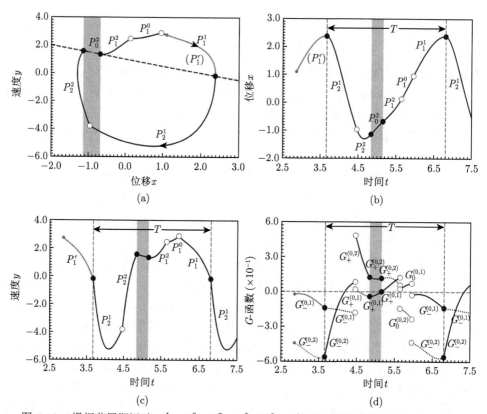

图 5.16　慢振荡周期运动 $P_1^1 \circ P_1^0 \circ P_1^2 \circ P_0^2 \circ P_2^2 \circ P_2^1$, 其中系统参数为 $\tau = 0.8, d_1 = 0.5, d_2 = 2, c_1 = 3, c_2 = 10, b_1 = 5, b_2 = 10, A_0 = 10, \Omega = 2, \phi = 0, a = 1, b = c = 2$. (a) 相轨线; (b) 位移与时间曲线; (c) 速度与时间曲线; (d) G-函数与时间曲线. 切换线上初始点 $(x_0, y_0) \approx (2.3790, -0.1893)$, 初始时刻 $t_0 \approx 3.6629$, 运动周期 $T \approx 3.1416$

最后, 给出一个包含两条相邻滑模流 (G-函数不相同) 的慢振荡周期运动 $P_1^1 \circ P_1^0 \circ P_0^0 \circ P_0^2 \circ P_2^2 \circ P_2^1$. 该运动的系统参数取为

$$\tau = 0.3, \quad d_1 = 0.5, \quad d_2 = 1, \quad c_1 = 2, \quad c_2 = 10, \quad b_1 = 0.5,$$

$$b_2 = 9, \quad A_0 = 5, \quad \Omega = 2, \quad \phi = 0, \quad a = 1, \quad b = 4, \quad c = 2.$$

相空间轨线、位移和速度反馈曲线、G-函数随时间变化曲线分别见图 5.17(a)—(d),
其曲线和圆点所代表的意义与图 5.15 中相同.

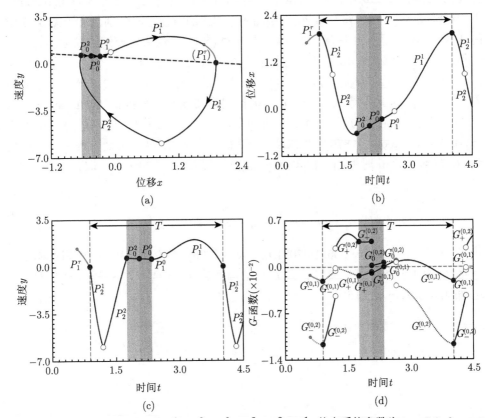

(a)   (b)

(c)   (d)

图 5.17   慢振荡周期运动 $P_1^1 \circ P_1^0 \circ P_0^0 \circ P_0^2 \circ P_2^2 \circ P_2^1$, 其中系统参数为 $\tau = 0.3, d_1 = 0.5, d_2 = 1, c_1 = 2, c_2 = 10, b_1 = 0.5, b_2 = 9, A_0 = 5, \Omega = 2, \phi = 0, a = 1, b = 4, c = 2$. (a) 相轨线; (b) 位移与时间曲线; (c) 速度与时间曲线; (d) G-函数与时间曲线. 切换线上初始点 $(x_0, y_0) \approx (1.9181, 0.0232)$, 初始时刻 $t_0 \approx 0.8910$, 运动周期 $T \approx 3.1416$

同上面两例一样, 预先假定初始函数整体存在于 $\overline{\Sigma}_1$ 内. 该运动在切换线
上的起始点为 $(x_0, y_0) \approx (1.9181, 0.0232)$, 起始时刻为 $t_0 \approx 0.8910$. 观察图
5.16(d) 可知, $G_-^{(0,1)}(t_0, \tilde{\boldsymbol{x}}(t_0), \tilde{\boldsymbol{x}}(t_0 - \tau)) < 0$ 和 $G_-^{(0,2)}(t_0, \tilde{\boldsymbol{x}}(t_0), \tilde{\boldsymbol{x}}(t_0 - \tau)) < 0$.
根据定理 5.4.1, 轨线将穿过切换线进入 Σ_2, 如图 5.17(a) 所示. 其位移和速度
反馈见图 5.17(b)—(c). 经过 $\tau = 0.3$ 时间后, Σ_2 内的运动在 $t_0^\tau \approx 1.1910$

时到达点 $(x_0^\tau, y_0^\tau) \approx (0.8782, -5.9567)$. 之后, $\tilde{x}(t)$ 由方程 (5.4.40) 控制, 在 $t_1 \approx 1.7569$ 时到达第二边界点 $(x_1, y_1) \approx (-0.6268, 0.6567)$, 如图 5.17(a)—(c) 所示. 又据图 5.16(d) 可知, 当 $t \in [t_1, t_1^\tau] \approx [1.7569, 2.0569]$ 时, $G_+^{(0,1)}(t, \tilde{x}(t), \tilde{x}(t-\tau)) < 0$, $G_+^{(0,2)}(t, \tilde{x}(t), \tilde{x}(t-\tau)) > 0$; 且当 $t \in [t_1^\tau, t_2] \approx [2.0569, 2.3453]$ 时, $G_0^{(0,1)}(t, \tilde{x}(t), \tilde{x}(t-\tau)) < 0$, $G_0^{(0,2)}(t, \tilde{x}(t), \tilde{x}(t-\tau)) > 0$. 因此, 定理 5.4.2 和定理 5.4.3(ii) 说明该运动将沿切换线从 (x_1, y_1) 先滑动至 $(x_1^\tau, y_1^\tau) \approx (-0.4370, 0.6093)$, 再继续滑动到 $(x_2, y_2) \approx (-0.2675, 0.5669)$; 相应的滑模区间分别包含于图 5.17 中的浅灰色和深灰色矩形区域内. 显然, 受方程 (5.4.18) 约束的连续滑模运动的总时间超过了时滞常数 $\tau = 0.3$. 在 t_2 时刻, 从图 5.16(d) 观察知 $G_0^{(0,1)}(t_2, \tilde{x}(t_2), \tilde{x}(t_2-\tau)) = 0$, $G_0^{(1,1)}(t_2, \tilde{x}(t_2), \tilde{x}(t_2-\tau)) > 0$ 和 $G_0^{(0,2)}(t_2, \tilde{x}(t_2), \tilde{x}(t_2-\tau)) > 0$, 即边界点 (x_2, y_2) 满足不等式 (5.4.20). 根据定理 5.4.3(i) 和推论 5.4.1, $\tilde{x}(t)$ 在该点停止滑动, 然后受方程 (5.4.28) 的约束、在 $t_2^\tau \approx 2.6453$ 时到达 Σ_1 内的点 $(x_2^\tau, y_2^\tau) \approx (-0.0672, 0.8767)$ 处. 最后, 随着 t 的增加, $\tilde{x}(t)$ 将受方程 (5.4.39) 控制, 在 $t_3 \approx 4.0326$ 时返回到出发点 (x_0, y_0). 该运动的初始函数选取为方程

$$\begin{cases} \dot{x} = y, \\ \dot{y} = -2x - y + 5\cos 2t - 0.5 \end{cases} \tag{5.4.46}$$

从点 $(x_0^{-\tau}, y_0^{-\tau}) \approx (1.6935, 1.3708)(t_0^{-\tau} \approx 3.7326)$ 到 $(x_0, y_0)(t_0)$ 的那段解曲线. 至此, 获得了一条含有滑模时长大于 τ 的周期轨 $P_1^1 \circ P_1^0 \circ P_0^0 \circ P_0^2 \circ P_2^2 \circ P_2^1$, 其运动周期为 $T \approx 3.1416$.

第 6 章　生物细胞与种群模型及动力学分析

本章介绍的几项工作是在经典微分方程模型或其推广形式的基础上根据客观实际需要在模型右端引入不连续项得到新模型, 包括: 一类具有不连续损耗项的动物体内血红细胞动力学模型, 一类具有不连续捕获项的时滞单种群动力学模型, 以及一类食饵拥有避难所的食饵-捕食者模型, 并对这些新模型的动力学性质进行分析.

6.1　具有不连续损耗项的 Lasota-Wazewska 模型及动力学分析

1976 年, Wazewska-Czyzewska 和 Lasota 利用如下时滞微分方程作为描述动物体内血红细胞的产生和生存的动力学模型[706]:

$$\frac{\mathrm{d}x(t)}{\mathrm{d}t} = -ax(t) + p\mathrm{e}^{-qx(t-\tau)}, \quad t \geqslant 0, \tag{6.1.1}$$

这里, $x(t)$ 表示 t 时刻血红细胞的数量, $a > 0$ 表示血红细胞的死亡率, p 和 q 是单位时间内与血红细胞产生有关的正常数, τ 为血红细胞产生所需的时间. 随后, 鉴于方程 (6.1.1) 在理论研究和实际应用方面的重要性, 方程 (6.1.1) 及其推广形式得到了广泛关注[286,343,447,451,616,678,751].

众所周知, 动物体内的血红细胞来源于骨髓中的干细胞, 它们的基本功能是将氧分布在动物体内. 由于自然老化、感染、疾病及其他外部, 如献血或急剧的碰撞等, 这些细胞会死亡或将遭到破坏[44]. 当这种情形发生时, 考虑将损耗项引入 Lasota-Wazewska 模型是很自然的. 此外, 在现实世界中, 由于外在因素的影响, 损耗影响往往是不连续的. 通常地, 人们会对损耗影响进行适当干预, 比如对破坏的强度进行限制等. 因此, 在 Lasota-Wazewska 模型中考虑不连续损耗影响是有现实意义的.

本节考虑如下具不连续损耗项的 Lasota-Wazewska 模型[207]:

$$\frac{\mathrm{d}x(t)}{\mathrm{d}t} = -a(t)x(t) + \sum_{i=1}^{m} p_i(t)\mathrm{e}^{-q_i(t)x(t-\tau_i(t))} - b(t)H(x(t)), \tag{6.1.2}$$

其中, $b(t)$ 代表技术系数, 如在 t 时刻破坏的强度等. 当损耗影响不存在时, 可以通过取 $b(t)$ 为 0 来反映. $H(\cdot)$ 是损耗函数, 假设其满足:

(H1) $H(\cdot)$ 是 $\mathbb{R}_+$ 上非负有界、非减的函数, 除了可数个点 $\{\rho_j\}$ 外连续, 在这些点处的左右极限 $H(\rho_j^-)$ 和 $H(\rho_j^+)$ 存在并满足 $H(\rho_j^+) > H(\rho_j^-)$. 而且, 在 $\mathbb{R}_+$ 上的任一闭子区间上, $H(\cdot)$ 至多只有有限个间断点, 其中 $\mathbb{R}_+ = [0, +\infty)$.

(H2) $H(0) = H(0^+) = 0$.

注意到这样的损耗函数 $H(\cdot)$ 具有一般性, 它包含有递增分段常值函数、多个跳跃间断点或阈值的分段线性函数, 甚至一般的不连续严格递增函数等. 方程 (6.1.2) 中的其他变量和参数的生物意义同方程 (6.1.1), 不同之处是它们现在是依赖于时间的. 进一步, 我们假设:

(H3) $a(\cdot)$, $p_i(\cdot)$, $q_i(\cdot)$, $\tau_i(\cdot)$ 及 $b(\cdot)$ 均是连续 T-周期函数, $a(\cdot)$, $p_i(\cdot)$ 和 $q_i(\cdot)$ 是正函数, $\tau_i(\cdot)$ 及 $b(\cdot)$ 是非负函数, $1 \leqslant i \leqslant m$.

在本节, 我们拟采用以下记号: 对于有界函数 $g : \mathbb{R} \to \mathbb{R}$, 记 $g^+ = \sup\limits_{t \in \mathbb{R}} g(t)$ 及 $g^- = \inf\limits_{t \in \mathbb{R}} g(t)$. 令 $\tau = \max\{\tau_i^+ \mid 1 \leqslant i \leqslant m\}$ 及 $C = C([-\tau, 0], \mathbb{R})$ 为实值连续函数空间, 并定义其范数为上确界范数 $\|\cdot\|$, 易见, C 为 Banach 空间. 注意到 $C_+ = \{\varphi \in C \mid \varphi(\theta) \in \mathbb{R}_+, \theta \in [-\tau, 0]\}$ 是 C 中的一个正锥. 通常地, 如果 $x(t)$ 为定义在区间 $[-\tau + t_0, \varrho)$ 上的连续函数, 其中 $t_0 < \varrho$, 那么, 对于 $\forall t \in [t_0, \varrho)$, 我们定义 $x_t \in C$ 为 $x_t(\theta) = x(t + \theta)$, $\forall \theta \in [-\tau, 0]$.

由于损耗函数 H 满足假设 (H1), 方程 (6.1.2) 的右端在 $\mathbb{R}^n \times \mathbb{R}_+$ 上允许为关于状态变量 x 的不连续函数, 因而有必要给出方程 (6.1.2) 解的合理定义. 这里, 我们按照 3.1 节中的方式给出方程(6.1.2) Filippov 意义下解的定义.

定义 6.1.1　函数 $x(t)$ 称为方程 (6.1.2) 在 $[t_0 - \tau, t_1), t_0 < t_1$ 上的解, 如果

(i) $x(t)$ 在 $[t_0 - \tau, t_1)$ 上是连续的, 且在 $[t_0, t_1)$ 的任意闭子区间上是绝对连续的;

(ii) 存在可测函数 $\gamma : [t_0, t_1) \to \mathbb{R}$, 使得 $\gamma(t) \in K[H(x(t))]$, a.e. $t \in [t_0, t_1)$, 且有

$$\frac{\mathrm{d}x(t)}{\mathrm{d}t} = -a(t)x(t) + \sum_{i=1}^m p_i(t)\mathrm{e}^{-q_i(t)x(t-\tau_i(t))} - b(t)\gamma(t), \quad \text{a.e. } t \in [t_0, t_1). \quad (6.1.3)$$

注 6.1.1　方程 (6.1.2) 与方程 (6.1.3) 看似是不同的, 但事实上, 根据假设 (H1), 有 $K[H(x)] = [H(x^-), H(x^+)]$, 如果 H 在 x 处是连续的, 则 $K[H(x)] = \{H(x)\}$ 为单点集. 显然, 集值映射

$$x(t) \to -a(t)x(t) + \sum_{i=1}^m p_i(t)\mathrm{e}^{-q_i(t)x(t-\tau_i(t))} - b(t)K[H(x(t))] \quad (6.1.4)$$

是非空的且具有紧凸值, 进而是上半连续的 ([228], 引理 1, P.67), 因此是可测的[16]. 根据可测选择定理, 如果 $x(t)$ 是方程 (6.1.2) 的解, 则存在可测函数 $\gamma(t) \in$

$K[H(x(t))]$, 使得 (6.1.3) 成立.

鉴于方程 (6.1.2) 的生物学背景, 仅考虑其正解. 所以本章将考虑如下初始条件

$$x_{t_0} = \varphi \in \hat{C}_+ \triangleq \{\varphi \in C_+ \mid \varphi(0) > 0\}. \tag{6.1.5}$$

根据右端不连续微分方程理论, 方程 (6.1.2) 满足初始条件 (6.1.5) 时具有唯一解, 记为 $x_t(t_0, \varphi)$ 或 $x(t; t_0, \varphi)$, 并记其右端最大存在区间为 $[t_0 - \tau, \eta(t_0, \varphi))$.

引理 6.1.1 如果假设 (H1)—(H3) 成立, 则方程 (6.1.2) 满足初始条件 (6.1.5) 时的解 $x(t; t_0, \varphi)$ 的右端最大存在区间为 $[t_0 - \tau, +\infty)$, 且当 $t \in [t_0, +\infty)$ 时, 有 $x(t; t_0, \varphi) > 0$. 此外, $\limsup\limits_{t \to +\infty} x(t; t_0, \varphi) \leqslant \dfrac{1}{a^-} \sum\limits_{i=1}^{m} p_i^+$.

证明 为简单起见, 记 $x(t)$ 及 $\eta(\varphi)$ 分别表示 $x(t; t_0, \varphi)$ 及 $\eta(t_0, \varphi)$. 首先, 证明, 对于 $t \in (t_0, \eta(\varphi))$, 有

$$x(t) > 0. \tag{6.1.6}$$

否则, 存在 $t_1 \in (t_0, \eta(\varphi))$, 使得对于 $t \in [t_0, t_1)$, $x(t) > 0$ 且 $x(t_1) = 0$. 由假设 (H1)—(H3) 可知

$$
\begin{aligned}
0 \geqslant D^- x(t_1) &= -a(t_1)x(t_1) + \sum_{i=1}^{m} p_i(t_1) \mathrm{e}^{-q_i(t_1)x(t_1 - \tau_i(t_1))} - b(t_1)\gamma(t_1) \\
&= \sum_{i=1}^{m} p_i(t_1) \mathrm{e}^{-q_i(t_1)x(t_1 - \tau_i(t_1))} \\
&> 0,
\end{aligned}
$$

得出矛盾. 从而 (6.1.6) 成立.

其次, 证明 $\eta(\varphi) = +\infty$. 由 (6.1.6), 对于 $t \in [t_0, \eta(\varphi))$, 有

$$\frac{\mathrm{d}x(t)}{\mathrm{d}t} \leqslant -a^- x(t) + \sum_{i=1}^{m} p_i^+.$$

对于 $t \in [t_0, \eta(\varphi))$, 通过直接计算, 可得

$$x(t) \leqslant \mathrm{e}^{-a^-(t-t_0)} x(t_0) + \frac{1}{a^-}\big(1 - \mathrm{e}^{-a^-(t-t_0)}\big) \sum_{i=1}^{m} p_i^+. \tag{6.1.7}$$

(6.1.6) 结合 (6.1.7) 及延拓定理 (见 [228]; 定理 2, P.78), 可知 $\eta(\varphi) = +\infty$.

最后, 根据 $\eta(\varphi) = +\infty$ 及式 (6.1.7), 得 $\limsup\limits_{t \to +\infty} x(t) \leqslant \dfrac{1}{a^-} \sum\limits_{i=1}^{m} p_i^+$. 证毕.

下面给出方程 (6.1.2) 正不变集存在性的充分条件, 不变集是由相互指数吸引的解所构成的.

引理 6.1.2　如果假设 (H1)—(H3) 成立且

$$\sum_{i=1}^{m} p_i^- e^{-q_i^+ R_1} > b^+ H^+,$$

其中 $R_1 = \dfrac{1}{a^-} \sum_{i=1}^{m} p_i^+$, 那么集合 $C_0 = \{\varphi \in C \mid R_2 < \varphi(\theta) < R_1, \forall \theta \in [-\tau, 0]\}$ 是方程 (6.1.2) 的一个正不变集, 这里 $R_2 = \dfrac{1}{a^+} \Big(\sum_{i=1}^{m} p_i^- e^{-q_i^+ R_1} - b^+ H^+ \Big)$.

证明　令 $\varphi \in C_0$. 根据引理 6.1.1, 方程(6.1.2)满足初始条件(6.1.5) 时在 $[t_0 - \tau, +\infty)$ 上具有唯一解 $x(t; t_0, \varphi)$, 并对于 $\forall t \in [t_0 - \tau, +\infty)$, 有 $x(t; t_0, \varphi) > 0$. 为方便起见, 记 $x(t; t_0, \varphi)$ 为 $x(t)$. 只需证明, 对于 $\forall t \in [t_0 - \tau, +\infty)$ 有

$$R_2 < x(t) < R_1. \tag{6.1.8}$$

首先, 证明对于 $\forall t \in [t_0 - \tau, +\infty)$, 有

$$0 < x(t) < R_1. \tag{6.1.9}$$

否则, 存在 $t_1 \in (t_0, +\infty)$, 使得 $x(t_1) = R_1$, 并且对于 $\forall t \in [t_0 - \tau, t_1)$, 有 $0 < x(t) < R_1$, 则

$$0 \leqslant D^- x(t_1) = -a(t_1)x(t_1) + \sum_{i=1}^{m} p_i(t_1) e^{-q_i(t_1)x(t_1 - \tau_i(t_1))} - b(t_1)\gamma(t_1)$$

$$< -a^- R_1 + \sum_{i=1}^{m} p_i^+ = 0,$$

矛盾. (6.1.9) 得证.

现在证明, 对于 $\forall t \in [t_0 - \tau, +\infty)$ 有

$$x(t) > R_2. \tag{6.1.10}$$

利用反证法. 假设存在 $t_2 \in (t_0, +\infty)$, 使得 $x(t_2) = R_2$, 并且对于 $t \in [t_0 - \tau, t_2)$, 有 $x(t) > R_2$, 那么, 利用式 (6.1.9), 可得

$$0 \geqslant D^- x(t_2) = -a(t_2)x(t_2) + \sum_{i=1}^{m} p_i(t_2) e^{-q_i(t_2)x(t - \tau_i(t_2))} - b(t_2)\gamma(t_2)$$

$$> -a^+ R_2 + \sum_{i=1}^{m} p_i^- e^{-q_i^+ R_1} - b^+ H^+ = 0.$$

得出矛盾, 因而式 (6.1.10) 成立. 结合式 (6.1.9) 与式 (6.1.10) 即知式 (6.1.8) 成立. 证毕.

引理 6.1.3 在引理 6.1.2 的条件下, 进一步假设

$$-a^- + \sum_{i=1}^{m} p_i^+ q_i^+ < 0, \tag{6.1.11}$$

则存在一个正常数 $\varepsilon > 0$, 使得对 $\varphi, \varphi^* \in C_0$ 及 $t \geqslant t_0$, 有

$$|x(t; t_0, \varphi) - x(t; t_0, \varphi^*)| \leqslant (R_1 - R_2)e^{-\varepsilon(t-t_0)}. \tag{6.1.12}$$

证明 根据式 (6.1.11) 可知, 存在 $\varepsilon > 0$, 使得

$$-(a^- - \varepsilon) + \sum_{i=1}^{m} p_i^+ q_i^+ e^{\varepsilon\tau} < 0.$$

令 $\varphi, \varphi^* \in C_0$, 分别记 $x(t; t_0, \varphi)$ 及 $x(t; t_0, \varphi^*)$ 为 $x(t)$ 及 $x^*(t)$. 由引理 6.1.2, 对 $\forall t \in [t_0 - \tau, +\infty)$, 可得

$$R_2 < x(t), x^*(t) < R_1.$$

根据文献 [233] 性质 1 可得, 对 a.e. $t \in [t_0, +\infty)$, 有

$$\frac{\mathrm{d}}{\mathrm{d}t}|x(t) - x^*(t)| = \nu(t)(\dot{x}(t) - \dot{x}^*(t)),$$

其中

$$\nu(t) = \begin{cases} \mathrm{sgn}(x(t) - x^*(t)), & x(t) \neq x^*(t), \\ \mathrm{sgn}(\gamma(t) - \gamma^*(t)), & x(t) = x^*(t) \ \text{及} \ \gamma(t) \neq \gamma^*(t), \\ 0, & x(t) = x^*(t) \ \text{及} \ \gamma(t) = \gamma^*(t). \end{cases}$$

故有

$$\nu(t)(x(t) - x^*(t)) = |x(t) - x^*(t)|, \qquad \nu(t)(\gamma(t) - \gamma^*(t)) = |\gamma(t) - \gamma^*(t)|.$$

考虑如下广义 Lyapunov 函数:

$$V(t) = |x(t) - x^*(t)|e^{\varepsilon t}, \qquad t \geqslant t_0.$$

显然, $V(t)$ 是绝对连续的. 注意到

$$V(t) = |x(t) - x^*(t)|e^{\varepsilon t} < (R_1 - R_2)e^{\varepsilon t_0}, \qquad \forall t \in [t_0 - \tau, t_0].$$

我们断言

$$V(t) < (R_1 - R_2)e^{\varepsilon t_0}, \quad \forall t \geqslant t_0 - \tau.$$

否则, 存在 $t_3 > t_0$, 使得

$$V(t_3) = (R_1 - R_2)e^{\varepsilon t_0} \quad \text{及} \quad V(t) < (R_1 - R_2)e^{\varepsilon t_0}, \qquad \forall t \in [t_0 - \tau, t_3).$$

从而

$$
\begin{aligned}
0 \leqslant D_- V(t_3) &= \varepsilon e^{\varepsilon t_3}|x(t_3) - x^*(t_3)| + \nu(t_3)e^{\varepsilon t_3}\Big[- a(t_3)\big(x(t_3) - x^*(t_3)\big) \\
&\quad + \sum_{i=1}^m p_i(t_3)\Big(e^{-q_i(t_3)x(t_3-\tau_i(t_3))} - e^{-q_i(t_3)x^*(t_3-\tau_i(t_3))}\Big) \\
&\quad - b(t_3)\big(\gamma(t_3) - \gamma^*(t_3)\big)\Big] \\
&\leqslant (\varepsilon - a^-)|x(t_3) - x^*(t_3)|e^{\varepsilon t_3} \\
&\quad + \sum_{i=1}^m p_i^+ e^{\varepsilon t_3}\big|e^{-q_i(t_3)x(t_3-\tau_i(t_3))} - e^{-q_i(t_3)x^*(t_3-\tau_i(t_3))}\big| \\
&\quad - b^- e^{\varepsilon t_3}|\gamma(t_3) - \gamma^*(t_3)| \\
&\leqslant (\varepsilon - a^-)|x(t_3) - x^*(t_3)|e^{\varepsilon t_3} \\
&\quad + \sum_{i=1}^m p_i^+ q_i^+\big|x(t_3-\tau_i(t_3)) - x^*(t_3-\tau_i(t_3))\big|e^{\varepsilon(t_3-\tau_i(t_3))}e^{\varepsilon\tau_i(t_3)} \\
&\leqslant \Big(\varepsilon - a^- + \sum_{i=1}^m p_i^+ q_i^+ e^{\varepsilon\tau}\Big)(R_1 - R_2)e^{\varepsilon t_0} < 0,
\end{aligned}
$$

这与 ε 的选取矛盾. 因而断言成立. 根据函数 V 的定义和断言, 可知 (6.1.12) 成立. 证毕.

下面, 我们叙述并证明本节的主要结果.

定理 6.1.1　在引理 6.1.3 的条件下, 方程 (6.1.2) 具有唯一指数稳定的 T 周期解.

证明　取 $\varphi \in C_0$. 由引理 6.1.2 可知 $R_2 < x(t; t_0, \varphi) < R_1, \forall t \geqslant t_0 - \tau$. 根据假设 (H3), 易见 $x(t + kT; t_0, \varphi)$ 也是方程 (6.1.2) 在区间 $[t_0 - \tau - kT, +\infty)$ 上的 Filippov 意义下的解, 其中 $k \in \mathbb{N}$. 记 $\psi = x_{t_0+T}(\cdot; t_0, \varphi)$. 根据引理 6.1.3, 对于 $\forall k \in \mathbb{N}$ 及 $t + kT \geqslant t_0$, 有

$$
\begin{aligned}
&\big|x(t + (k+1)T; t_0, \varphi) - x(t + kT; t_0, \varphi)\big| \\
&= \big|x(t + kT; t_0, \psi) - x(t + kT; t_0, \varphi)\big|
\end{aligned}
$$

$$\leqslant (R_1 - R_2)\mathrm{e}^{-\varepsilon(t+kT-t_0)}. \tag{6.1.13}$$

现在, 我们证明 $\{x(t+kT;t_0,\varphi)\}_{k\in\mathbb{N}}$ 是收敛的. 首先证明其在 $\mathbb{R}$ 的任一闭子区间是收敛的. 事实上, 令 $[a,b]\subseteq\mathbb{R}$ 为任一闭子区间, 且选取 $k_0\in\mathbb{N}$ 使得当 $t\in[a,b]$ 及 $k>k_0$ 时, 有 $t+k_0T\geqslant t_0$ 成立. 注意到

$$x(t+kT;t_0,\varphi) = x(t+k_0T;t_0,\varphi)$$
$$+ \sum_{l=k_0}^{k-1}[x(t+(l+1)T;t_0,\varphi) - x(t+lT;t_0,\varphi)].$$

由此式及式 (6.1.13), 容易看出 $\{x(t+kT;t_0,\varphi)\}_{k\in\mathbb{N}}$ 在 $\mathbb{R}$ 的任一紧子区间 $[a,b]$ 上一致收敛到连续函数 $x^*(t)$. 由区间 $[a,b]$ 的任意性以及对角线法则, 当 $k\to+\infty$ 时, $x(t+kT;t_0,\varphi)\to x^*(t)$, 且对于 $\forall t\in\mathbb{R}$, 有 $R_2\leqslant x^*(t)\leqslant R_1$. 此外, 对 $\forall t\in [t_0-\tau,+\infty)$, 由假设 (H1) 知 $K[H(x(t+kT;t_0,\varphi))]$ 是有界的, 进而 $\{\gamma(t+kT)\}_{k\in\mathbb{N}}$ 也是有界的. 因此, $\forall t\in[t_0-\tau,+\infty)$, 选择序列 $\{kT\}$ 的一个子列 (为方便, 记为本身), 使得当 $k\to+\infty$ 时, $\gamma(t+kT)$ 收敛到一个可测函数 $\gamma^*(t)$.

下面证明 $x(t)$ 是方程 (6.1.2) 在区间 $[t_0-\tau,+\infty)$ 上的周期解. 我们首先断言对 a.e. $t\in[t_0-\tau,+\infty)$, 有 $\gamma^*(t)\in K[H(x^*(t))]$ 成立. 事实上, 基于 $K[H(\cdot)]$ 是上半连续集值映射以及对 $\forall t\in[t_0-\tau,+\infty)$, 当 $k\to+\infty$ 时, 有 $x(t+kT;t_0,\varphi)\to x^*(t)$ 成立, 由此可得对 $\forall\epsilon>0$, $\exists K^*>0$ 使得当 $k>K^*$ 及 $t\in[t_0-\tau,+\infty)$ 时,

$$K[H(x(t+kT;t_0,\varphi))] \subseteq K[H(x^*(t))] + [-\epsilon,\epsilon].$$

那么, 对 $\forall k>K^*$, 有 $\gamma(t+kT)\in K[H(x^*(t))]+[-\epsilon,\epsilon]$. 根据 $K[H(x^*(t))]+[-\epsilon,\epsilon]$ 的紧性可得

$$\gamma^*(t) = \lim_{k\to+\infty}\gamma(t+kT) \in K[H(x^*(t))] + [-\epsilon,\epsilon],$$

由 ϵ 的任意性, 对于 a.e. $t\in[t_0-\tau,+\infty)$, 有 $\gamma^*(t)\in K[H(x^*(t))]$.

其次我们说明 $x^*(t)$ 是方程 (6.1.2) 的 T-周期解. 易见,

$$x^*(t+T) = \lim_{k\to+\infty}x\big((t+T)+kT;t_0,\varphi\big) = \lim_{k\to+\infty}x\big(t+(k+1)T;t_0,\varphi\big) = x^*(t),$$

这意味着 $x^*(t)$ 是 T-周期的. 余下只需证明 $x^*(t)$ 是方程 (4.1.2) 的解. 事实上, 对 $\forall t\geqslant t_0$, 有

$$x^*(t) - x^*(t_0) = \lim_{k\to+\infty}\big[x(t+kT;t_0,\varphi) - x(t_0+kT;t_0,\varphi)\big]$$
$$= \lim_{k\to+\infty}\int_{t_0}^{t}\bigg[-a(s+kT)x(s+kT;t_0,\varphi)$$

$$
\begin{aligned}
&+ \sum_{i=1}^{m} p_i(s+kT)\mathrm{e}^{-q_i(s+kT)x(s+kT-\tau_i(s+kT);t_0,\varphi)} \\
&- b(s+kT)\gamma(s+kT)\Big]\mathrm{d}t \\
&= \lim_{k\to+\infty}\int_{t_0}^{t}\Big[-a(s)x(s+kT;t_0,\varphi) \\
&+ \sum_{i=1}^{m} p_i(s)\mathrm{e}^{-q_i(s)x(s+kT-\tau_i(s);t_0,\varphi)} - b(s)\gamma(s+kT)\Big]\mathrm{d}t \\
&= \int_{t_0}^{t}\Big[-a(s)x^*(s) + \sum_{i=1}^{m} p_i(s)\mathrm{e}^{-q_i(s)x^*(s-\tau_i(s))} - b(s)\gamma^*(s)\Big]\mathrm{d}t.
\end{aligned}
$$

上式意味着

$$
\frac{\mathrm{d}x^*(t)}{\mathrm{d}t} = -a(t)x^*(t) + \sum_{i=1}^{m} p_i(t)\mathrm{e}^{-q_i(t)x^*(t-\tau_i(t))} - b(t)\gamma^*(t).
$$

这就证明了 $x^*(t)$ 为方程 (6.1.2) 的解.

最后, 采取与引理 6.1.3 相似的证明过程, 可证 $x^*(t)$ 是指数稳定的, 进而 T-周期解是唯一的. 证毕.

注 6.1.2　平衡点可看作是具任意周期的周期解, 一旦方程 (6.1.2) 中的生物参数为常数 (即常值环境), 由定理 6.1.1 可得平衡点的指数稳定性的结果.

注 6.1.3　易见定理 6.1.1 的证明方法可同时得到方程 (6.1.2) 周期解的存在性和指数稳定性, 所以本节所建立的判据很具一般性. 然而, 由于这些结果是与时滞无关的, 因而所建立的稳定性判据较强, 所以时滞是否对不连续方程 (6.1.2) 周期解的存在性和稳定性有影响, 有待进一步研究.

注 6.1.4　若不考虑损耗项, 方程(6.1.2)简化为

$$
\frac{\mathrm{d}x(t)}{\mathrm{d}t} = -a(t)x(t) + \sum_{i=1}^{m} p_i(t)\mathrm{e}^{-q_i(t)x(t-\tau_i(t))}, \tag{6.1.14}
$$

式中, $a(\cdot)$, $p_i(\cdot)$, $q_i(\cdot)$ 与 $\tau_i(\cdot)$ 均为正的连续 T-周期函数. 根据定理 6.1.1 可知, 如果

$$
\sum_{i=1}^{m} p_i^+ q_i^+ < a^- \tag{6.1.15}
$$

成立, 则方程 (6.1.14) 具有唯一的 T-周期解并且是全局指数稳定的. 这恰是文献 [343] 中利用压缩映射原理所得的结果.

本节所得的结果是现有文献中部分结果的推广. 将文献 [616] 中的定理 1 应用于 $\tau_i \equiv h$ 的情形, 可以得到如下结果: 如果

$$\sum_{i=1}^{m} p_i^+ < a^+ \tag{6.1.16}$$

成立, 则方程 (6.1.14) 具有唯一的全局指数稳定的周期解. 当 $\tau_i(t) \equiv m_i T$ ($i = 1, 2, \cdots, m$) 时, 其中 m_i 是一个非负整数, 根据文献 [447] 中定理 4.1 及定理 4.2 可得: 如果

$$\sum_{i=1}^{m} p_i(t)q_i(t) \leqslant a(t), \quad \forall\, t \in [0, T] \tag{6.1.17}$$

成立, 那么方程 (6.1.14) 具有一个 T-周期的全局吸引子. 然而, 在现实世界中, 假设时滞是常值的, 或在时变环境中, 多个时滞具有相同的周期是不太符合现实情况的. 对于非常数时滞情形, 文献 [447] 得到如下结果: 如果

$$\frac{e^{\int_0^T a(s)\mathrm{d}s}}{e^{\int_0^T a(s)\mathrm{d}s} - 1} \left(\sum_{i=1}^{m} \int_0^T p_i(s)\mathrm{d}s \right) \max_{1 \leqslant i \leqslant m} q_i^+ \leqslant 1, \tag{6.1.18}$$

则方程 (6.1.14) 具有唯一的 T-周期解, 且该周期解是方程 (6.1.14) 的全局吸引子.

在条件 (6.1.15)—(6.1.18) 中, 一些条件包含了上确界或下确界或参数的平均值, 并且有些是逐点的. 由此可见, 这里所建立的结果与前面所提及文献所建立的结果是不同的, 彼此之间不能相互替代, 各有不同的适用范围, 因此, 本节所介绍结果推广和完善了已有结果. 此外, 易见 (6.1.15) 相比于 (6.1.17) 或 (6.1.18) 更加容易验证.

下面, 我们将通过一个数值算例验证本节所建立理论结果的有效性.

考虑如下具有不连续损耗项的 π-周期 Lasota-Wazewska 模型:

$$\begin{aligned}
\frac{\mathrm{d}x(t)}{\mathrm{d}t} = &-(12 + \sin 2t)x(t) + (4.4 + 0.3\sin 2t)e^{-(0.8+0.2\cos 2t)x(t-2-\cos 2t)} \\
&+ (5.4 + 0.2\cos 2t)e^{-(0.5+0.4\sin 2t)x(t-2-\sin 2t)} \\
&- (0.5 + 0.25\sin 2t)H(x(t)),
\end{aligned} \tag{6.1.19}$$

其中 $H(x)$ 定义如下:

$$H(x) = \begin{cases} 0, & 0 \leqslant x < 0.5, \\ 1, & x \geqslant 0.5. \end{cases}$$

这里, $a(t) = 12 + \sin 2t$, $p_1(t) = 4.4 + 0.3\sin 2t$, $p_2(t) = 5.4 + 0.2\cos 2t$, $q_1(t) = 0.8 + 0.2\cos 2t$, $q_2(t) = 0.5 + 0.4\sin 2t$, $\tau_1(t) = 2 + \cos 2t$, $\tau_2(t) = 2 + \sin 2t$,

$b(t) = 0.5 + 0.25\sin 2t$, 易见, 这些参数满足假设 (H3), 且 $H(\cdot)$ 满足假设 (H1) 与 (H2), 并有 $R_1 = \dfrac{p_1^+ + p_2^+}{a^-} - = \dfrac{103}{110}$. 经过计算可知

$$p_1^- \mathrm{e}^{-q_1^+ R_1} + p_2^- \mathrm{e}^{-q_2^+ R_1} \approx 3.8476 > 0.75 = b^+ H^+,$$

此外, 我们有

$$p_1^+ q_1^+ + p_2^+ q_2^+ = 9.74 < 11 = a^-.$$

定理 6.1.1 中的所有假设得到验证, 所以方程 (6.1.19) 具有唯一全局指数稳定的 π-周期解 (图 6.1). 现在, 如果不考虑损耗影响, 即考虑

$$\begin{aligned}
\frac{\mathrm{d}x(t)}{\mathrm{d}t} = {} & -(12 + \sin 2t)x(t) + (4.4 + 0.3\sin 2t)\mathrm{e}^{-(0.8 + 0.2\cos 2t)x(t-2-\cos 2t)} \\
& + (5.4 + 0.2\cos 2t)\mathrm{e}^{-(0.5 + 0.4\sin 2t)x(t-2-\sin 2t)}.
\end{aligned} \tag{6.1.20}$$

我们已经验证条件 (6.1.15), 可知 (6.1.20) 具有唯一的全局指数稳定的 π-周期解. 注意到

$$\frac{\mathrm{e}^{\int_0^\pi a(s)\mathrm{d}s}}{\mathrm{e}^{\int_0^\pi a(s)\mathrm{d}s} - 1}\left(\sum_{i=1}^2 \int_0^\pi p_i(s)\mathrm{d}s\right)\max\{q_1^+, q_2^+\} = \frac{\mathrm{e}^{12\pi}}{\mathrm{e}^{12\pi} - 1} \cdot 9.8\pi \approx 30.79 > 1,$$

这意味着条件 (6.1.18) 不成立, 因此文献 [447] 中所建立的结果对方程 (6.1.20) 来说将不再成立.

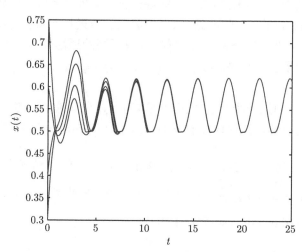

图 6.1　方程 (6.1.19) 的全局指数稳定 π-周期解

6.2　具有不连续捕获项的 Nicholson 果蝇模型及动力学分析

为了研究果蝇种群的变化规律, Gurney 等建立了下列时滞微分方程模型[280]:

$$\frac{\mathrm{d}x(t)}{\mathrm{d}t} = -\delta x(t) + px(t-\tau)\mathrm{e}^{-ax(t-\tau)}, \tag{6.2.1}$$

其中, $x(t)$ 表示果蝇种群在时刻 t 的数量, p 指按种群数量计算每天平均产卵率的最大值, $\frac{1}{a}$ 指以最大产卵率繁殖的种群数量, δ 指成虫每天的平均死亡率, τ 表示孵化时间. Nicholson 果蝇方程作为一类重要的生物种群模型, 近年来收到了广泛关注, 特别是关于模型正解的存在性、持久性、振荡性和稳定性等问题得到了广泛的研究, 见参考文献 [39, 135, 313, 327, 328, 401, 594].

本节考虑具有不连续捕获项的 Nicholson 果蝇模型[211]:

$$\frac{\mathrm{d}x(t)}{\mathrm{d}t} = -\delta(t)x(t) + p(t)x(t-\tau(t))\mathrm{e}^{-a(t)x(t-\tau(t))} - q(t)H(x(t)). \tag{6.2.2}$$

这里, $q(t)$ 表示技术系数, 如在时刻 t 的捕获强度, 出于资源的可持续性角度考虑, 当种群 (部分或完全) 禁止捕获时, 可以通过取 $q(t)$ 为 0 来反映; $H(\cdot)$ 是捕获函数, 假设其满足:

(H4) $H(\cdot)$ 是 $\mathbb{R}_+$ 上单调非减、非负的函数, 并除了可数个点 $\{\rho_j\}$ 外连续, 在这些点处的左右极限 $H(\rho_j^-)$ 和 $H(\rho_j^+)$ 存在并满足 $H(\rho_j^+) > H(\rho_j^-)$. 而且, 在 $\mathbb{R}_+$ 中的任一闭子区间上至多存在有限个间断点.

(H5) $H(0) = H(0^+) = 0$, 且存在非负常数 N, 使得对于任何不相等的 $x, y \in \mathbb{R}_+$ 以及任意 $\gamma \in K[H(x)], \eta \in K[H(y)]$,

$$\frac{\gamma - \eta}{x - y} \leqslant N, \tag{6.2.3}$$

其中 $K[H(x)] = [\min\{H(x^-), H(x^+)\}, \max\{H(x^-), H(x^+)\}]$.

方程 (6.2.2) 中的其他变量和参数的生物意义同方程 (6.2.1), 不同之处是它们现在是依赖于时间的.

注 6.2.1 假设 (H5) 是所谓的单边 Lipschitz 条件, 被成功应用于具有不连续信号传输函数的神经网络模型动力学的研究 (如 [204, 454]). 另一方面, 由假设 (H4) 和 (H5) 容易得到

$$0 \leqslant \sup_{\gamma \in K[H(x)]} \gamma \leqslant Nx, \quad x \in \mathbb{R} \tag{6.2.4}$$

成立.

假设 $\tau(t)$ 在 $[0, +\infty)$ 上有界, 并记 $\tau^+ = \sup_{t \in [0,+\infty)} \tau(t)$. 与方程 (6.1.2) 的解定义类似, 将方程 (6.2.2) 的解定义如下.

定义 6.2.1 设 $\eta(\varphi) \in (t_0, +\infty]$, 若函数 $x: [t_0 - \tau^+, \eta(\varphi)) \to \mathbb{R}_+$ 满足

(i) 函数 $x(t)$ 在 $[t_0 - \tau^+, \eta(\varphi))$ 上连续且在 $[t_0, \eta(\varphi))$ 的任一闭子区间上绝对连续;

(ii) 存在可测函数 $\gamma(\cdot) : [t_0 - \tau^+, \eta(\varphi)) \to \mathbb{R}$ 使得 $\gamma(t) \in K[H(x(t))]$ 且

$$\frac{\mathrm{d}x(t)}{\mathrm{d}t} = -\delta(t)x(t) + p(t)x(t - \tau(t))\mathrm{e}^{-a(t)x(t-\tau(t))} - q(t)\gamma(t), \quad \text{a.e. } t \in [t_0, \eta(\varphi)),$$
$$(6.2.5)$$

那么, 函数 $x : [t_0 - \tau^+, \eta(\varphi)) \to \mathbb{R}, \eta(\varphi) \in (t_0, +\infty]$ 称为方程 (6.2.2) 在区间 $[t_0 - \tau^+, \eta(\varphi))$ 上的解.

对于方程 (6.2.2), 主要考虑其概周期振荡行为. 下面介绍概周期函数的一些基本知识.

定义 6.2.2 [229]　考虑在 $\mathbb{R}$ 上的复值或实值连续函数 $f(t)$, 记为 $f(t) \in C(\mathbb{R}, \mathbb{C})$ 或 $f(t) \in C(\mathbb{R}, \mathbb{R})$, 称 $f(t)$ 是 (Bohr) 概周期的, 如果对任给 $\epsilon > 0$, 集合

$$T(f, \epsilon) = \{w \mid |f(t + w) - f(t)| < \epsilon, \forall t \in \mathbb{R}\}$$

是相对稠密的, 即对任给 $\epsilon > 0$, 存在 $l = l(\epsilon) > 0$, 使得在每个长度为 l 的区间内至少有一个 $w = w(\epsilon) \in T(f, \epsilon)$, 使 $|f(t + w) - f(t)| < \epsilon$ 对一切 $t \in \mathbb{R}$ 成立. 记上述全体概周期函数的集合为 $AP(\mathbb{R}, \mathbb{R})$.

定义中, 集合 $T(f, \epsilon)$ 称作 $f(t)$ 的 ϵ-移位数集或 ϵ-概周期集, w 称作 $f(t)$ 的 ϵ-移位数或 ϵ-概周期, $l(\epsilon)$ 称作 $T(f, \epsilon)$ 的包含区间长.

定义 6.2.3 [229, 296, 792]　设 $x \in \mathbb{R}^n$, $Q(t)$ 是定义在 $\mathbb{R}$ 上的一个 $n \times n$ 连续矩阵, 称线性系统

$$\frac{\mathrm{d}x(t)}{\mathrm{d}t} = Q(t)x(t) \tag{6.2.6}$$

满足指数二分性, 是指如果存在投影 P 和正常数 k, α, β, 使得系统 (6.2.6) 的基解矩阵 $X(t)$ 满足

$$\|X(t)PX^{-1}(s)\| \leqslant k\mathrm{e}^{-\alpha(t-s)}, \quad t \geqslant s,$$

$$\|X(t)(E - P)X^{-1}(s)\| \leqslant k\mathrm{e}^{-\beta(s-t)}, \quad t \leqslant s,$$

其中 E 是单位矩阵, $\|\cdot\|$ 表示上确界范数.

引理 6.2.1 [229, 296, 792]　如果线性系统 (6.2.6) 满足指数二分性, 那么概周期系统

$$\frac{\mathrm{d}x(t)}{\mathrm{d}t} = Q(t)x(t) + g(t)$$

具有唯一的概周期解 $x(t)$, 并且有

$$x(t) = \int_{-\infty}^{t} X(t)PX^{-1}(s)g(s)\mathrm{d}s - \int_{t}^{+\infty} X(t)(E - P)X^{-1}(s)g(s)\mathrm{d}s.$$

引理 6.2.2 [229]　如果 $c_i(t)$ 是 $\mathbb{R}$ 上的概周期函数, 并且

$$M[c_i] = \lim_{t \to +\infty} \frac{1}{T} \int_t^{t+T} c_i(s)\mathrm{d}s > 0, \quad i = 1, 2, \cdots, n,$$

则线性系统

$$\frac{\mathrm{d}x(t)}{\mathrm{d}t} = \mathrm{diag}\{-c_1(t), -c_2(t), \cdots, -c_n(t)\}x(t)$$

在 $\mathbb{R}$ 上满足指数二分性.

假设 (6.2.2) 中的参数满足如下假设:

(H6) $\delta(\cdot), p(\cdot), a(\cdot) \in AP(\mathbb{R}, (0, +\infty)); \tau(\cdot), q(\cdot) \in AP(\mathbb{R}, \mathbb{R}_+)$.

本节旨在利用指数二分性并结合不动点定理等理论和方法讨论具有不连续捕获项的 Nicholson 果蝇方程概周期解的存在性, 并通过构建恰当的 Lyapunov 泛函与不等式技巧研究概周期解的收敛性问题.

满足假设条件 (H4) 和 (H5) 的捕获函数可以是不连续的, 因此仍采用 6.1 节的方式给出模型 (6.1.2) 的 Filippov 解的定义及相关记号, 在此就不再赘述.

引理 6.2.3　如果 $H(\cdot)$ 满足假设 (H4) 和 (H5), 那么初值问题 (6.2.2) 和 (6.1.5) 的解的右端最大存在区间为 $[t_0 - \tau^+, +\infty)$, 且 $x(t; t_0, \varphi) > 0$, 对 $t \in [t_0, +\infty)$. 此外, $\limsup\limits_{t \to +\infty} x(t; t_0, \varphi) \leqslant \dfrac{p^+}{\mathrm{e}\delta^- a^-}$.

证明　易见, 方程 (6.2.2) 右端函数满足基本条件, 根据右端不连续微分方程理论知, 存在 $\eta(t_0, \varphi) > 0$, 使得方程 (6.2.2) 在 $[t_0, \eta(t_0, \varphi))$ 上的解存在. 为方便起见, 分别记 $x(t; t_0, \varphi)$ 和 $\eta(t_0, \varphi)$ 为 $x(t)$ 和 $\eta(\varphi)$.

容易看出

$$x(t) > 0, \qquad t \in (t_0, \eta(\varphi)). \tag{6.2.7}$$

事实上, 如果式 (6.2.7) 不成立, 则存在 $t_1 \in (t_0, \eta(\varphi))$, 使得 $x(t_1) = 0$, 当 $t \in [t_0, t_1)$ 时, 有 $x(t) > 0$. 由 (H4), (H5) 和 (H6) 可知

$$
\begin{aligned}
0 \geqslant D^- x(t_1) &= -\delta(t_1)x(t_1) + p(t_1)x(t_1 - \tau(t_1))\mathrm{e}^{-a(t_1)x(t_1 - \tau(t_1))} - q(t_1)\gamma(t_1) \\
&= p(t_1)x(t_1 - \tau(t_1))\mathrm{e}^{-a(t_1)x(t_1 - \tau(t_1))} \\
&> 0,
\end{aligned}
$$

矛盾, 因此式 (6.2.7) 成立. 其次, 我们证明 $\eta(\varphi) = +\infty$. 根据式 (6.2.7), 并注意到 $\sup\limits_{u \in \mathbb{R}} u\mathrm{e}^{-u} = \dfrac{1}{\mathrm{e}}$, 可得

$$\frac{\mathrm{d}x(t)}{\mathrm{d}t} \leqslant -\delta(t)x(t) + \frac{p(t)}{a(t)}a(t)x(t - \tau(t))\mathrm{e}^{-a(t)x(t - \tau(t))}$$

$$\leqslant -\delta^- x(t) + \frac{p^+}{ea^-}, \quad t \in [t_0, \eta(\varphi)). \tag{6.2.8}$$

这意味着, 当 $t \in [t_0, \eta(\varphi))$ 时, 有

$$x(t) \leqslant e^{-\delta^-(t-t_0)} x(t_0) + \frac{p^+}{e\delta^- a^-}(1 - e^{-\delta^-(t-t_0)}). \tag{6.2.9}$$

上式结合式 (6.2.8) 以及延拓定理 (见 [228], 定理 2, P.78), 可知 $\eta(\varphi) = +\infty$.

最后, 根据 $\eta(\varphi) = +\infty$ 以及式 (6.2.9) 得到 $\limsup\limits_{t \to +\infty} x(t) \leqslant \frac{p^+}{e\delta^- a^-}$. 证毕.

注 6.2.2　由于函数 $\dfrac{1-x}{e^x}$ 在区间 $[0,1]$ 上是递减的, 故存在唯一常数 $\kappa_1 \in$ $(0,1)$ 使得 $\dfrac{1-\kappa_1}{e^{\kappa_1}} = \dfrac{1}{e^2}$. 显然, $\sup\limits_{x \geqslant \kappa_1} \left| \dfrac{1-x}{e^x} \right| = \dfrac{1}{e^2}$. 此外, 由于 xe^{-x} 在 $[0,1]$ 上是递增的, 在 $[1, +\infty)$ 上是递减的, 故存在唯一常数 $\kappa_2 \in (1, +\infty)$, 使得 $\kappa_1 e^{-\kappa_1} = \kappa_2 e^{-\kappa_2}$.

下面, 我们给出方程 (6.2.2) 正不变集存在性的充分条件, 不变集由相互吸引的解构成.

引理 6.2.4　设 $H(\cdot)$ 满足 (H4) 和 (H5), 且假设 (H6) 成立. 如果存在正常数 $M > \kappa_1$, 使得对任意 $t \in \mathbb{R}$, 有

$$\frac{1}{eM} \frac{p(t)}{a(t)} < \delta(t) < e^{-\kappa_1} \frac{p(t)}{a(t)} - q(t)N, \tag{6.2.10}$$

以及

$$1 \leqslant a^- \leqslant a^+ \leqslant \frac{\kappa_2}{M} \tag{6.2.11}$$

成立. 那么集合 $C_0 = \{\varphi \mid \varphi \in C, \kappa_1 < \varphi(t) < M, \forall t \in [-\tau^+, 0]\}$ 是方程 (6.2.2) 的一个正不变集, 其中 κ_1, κ_2 如注 6.2.2 中所推导.

证明　令 $\varphi \in C_0$, 根据引理 6.2.3 可知, 初值问题 (6.2.2) 和 (6.1.5) 在区间 $[t_0 - \tau^+, +\infty)$ 上具有唯一解 $x(t; t_0, \varphi)$ 且 $x(t; t_0, \varphi) > 0$, $t \in [t_0 - \tau^+, +\infty)$. 为方便起见, 记 $x(t; t_0, \varphi)$ 为 $x(t)$. 只需证明对于 $t \in [t_0 - \tau^+, +\infty)$, 有

$$\kappa_1 < x(t) < M.$$

首先, 我们断言

$$x(t) < M, \quad t \in [t_0, +\infty). \tag{6.2.12}$$

否则, 存在 $t_1 \in (t_0, \eta(\varphi))$, 使得

$$x(t_1) = M; \quad x(t) < M, \quad t \in [t_0 - \tau^+, t_1). \tag{6.2.13}$$

根据(6.2.4), (6.2.5), (6.2.12) 以及 $\sup\limits_{u\in\mathbb{R}} ue^{-u} = \dfrac{1}{e}$, 可得

$$
\begin{aligned}
0 \leqslant D_- x(t_1) &= -\delta(t_1)x(t_1) + \frac{p(t_1)}{a(t_1)}a(t_1)x(t_1-\tau(t_1))e^{-a(t_1)x(t_1-\tau(t_1))} \\
&\quad - q(t_1)\gamma(t_1) \\
&\leqslant -\delta(t_1)M + \frac{p(t_1)}{ea(t_1)} < 0,
\end{aligned}
$$

得出矛盾, 因此 (6.2.12) 成立. 证毕.

下面, 我们证明当 $t \in [t_0, +\infty)$ 时, 有

$$x(t) > \kappa_1. \tag{6.2.14}$$

同样, 采取反证法. 否则, 存在 $t_2 \in (t_0, +\infty)$, 使得

$$x(t_2) = \kappa_1; \quad x(t) > \kappa_1, \quad t \in [t_0 - \tau^+, t_2). \tag{6.2.15}$$

从而有

$$\kappa_1 \leqslant a(t_2)x(t_2 - \tau(t_2)) \leqslant a(t_2)M \leqslant \kappa_2,$$

因此

$$a(t_2)x(t_2-\tau(t_2))e^{-a(t_2)x(t_2-\tau(t_2))} \geqslant \min\{\kappa_1 e^{-\kappa_1}, \kappa_2 e^{-\kappa_2}\} = \kappa_1 e^{-\kappa_1}. \tag{6.2.16}$$

综合 (6.2.2), (6.2.4), (6.2.10) 及 (6.2.16), 得

$$
\begin{aligned}
0 \geqslant D^- x(t_2) &= -\delta(t_2)x(t_2) + \frac{p(t_2)}{a(t_2)}a(t_2)x(t_2-\tau(t_2))e^{-a(t_2)x(t_2-\tau(t_2))} \\
&\quad - q(t_2)\frac{\gamma(t_2)}{x(t_2)}x(t_2) \\
&\geqslant -\delta(t_2)\kappa_1 + \frac{p(t_2)}{a(t_2)}\kappa_1 e^{-\kappa_1} - q(t_2)N\kappa_1 \\
&= \kappa_1\left[-\delta(t_2) + \frac{p(t_2)}{a(t_2)}e^{-\kappa_1} - q(t_2)N \right] \\
&> 0,
\end{aligned}
$$

得出矛盾, 因此 (6.2.14) 成立. 综合 (6.2.12) 及 (6.2.14), 容易得到引理 6.2.4 成立. 证毕.

接下来, 利用指数二分性理论并结合不动点定理来证明方程 (6.2.2) 概周期解的存在性.

定理 6.2.1　假设引理 6.2.4 中的条件成立, 进一步假设

$$\rho = \frac{1}{\delta^-}\left(\frac{1}{e^2}p^+ + q^+N\right) < 1, \tag{6.2.17}$$

则方程 (6.2.2) 在区域

$$\Omega = \big\{x \mid x \in AP(\mathbb{R},\mathbb{R}), \kappa_1 \leqslant x(t) \leqslant M,\ t \in \mathbb{R}\big\}$$

内具有唯一的概周期解.

证明　对于函数 $\phi \in AP(\mathbb{R},\mathbb{R})$, 考虑方程

$$\frac{\mathrm{d}x(t)}{\mathrm{d}t} = -\delta(t)x(t) + p(t)\phi(t - \tau(t))e^{-a(t)\phi(t-\tau(t))} - q(t)\gamma_\phi(t), \tag{6.2.18}$$

其中 $\gamma_\phi(t) \in K[H(\phi(t))]$ 为可测函数. 注意到 $M[\delta] > 0$, 根据引理 6.2.2 可知线性方程

$$\frac{\mathrm{d}x(t)}{\mathrm{d}t} = -\delta(t)x(t)$$

在 $\mathbb{R}$ 上具有指数二分性. 因此, 由引理 6.2.1 可知方程 (6.2.18) 具有一个概周期解, 并可表示为

$$x_\phi(t) = \int_{-\infty}^{t} e^{-\int_s^t \delta(u)\mathrm{d}u}\left[p(s)\phi(s - \tau(s))e^{-a(s)\phi(s-\tau(s))} - q(s)\gamma_\phi(s)\right]\mathrm{d}s. \tag{6.2.19}$$

记

$$\Omega = \big\{x \mid x \in AP(\mathbb{R},\mathbb{R}), \kappa_1 \leqslant x(t) \leqslant M,\ t \in \mathbb{R}\big\},$$

易见, Ω 为 $AP(\mathbb{R},\mathbb{R})$ 中的一个闭子集.

定义空间 Ω 上的算子如下

$$(\Gamma\phi)(t) = \int_{-\infty}^{t} e^{-\int_s^t \delta(u)\mathrm{d}u}\left[p(s)\phi(s - \tau(s))e^{-a(s)\phi(s-\tau(s))} - q(s)\gamma_\phi(s)\right]\mathrm{d}s. \tag{6.2.20}$$

不难看出, 为证明方程 (6.2.2) 或 (6.2.18) 具有唯一的概周期解, 只需证明算子 Γ 在 Ω 中具有唯一的不动点.

首先证明算子 Γ 为从 Ω 到 Ω 上的自身映射. 事实上, 对于任一 $\phi \in \Omega$, 由式 (6.2.10)、式 (6.2.20) 并结合 $\sup\limits_{u \geqslant 0} ue^{-u} = \dfrac{1}{e}$, 对 $\forall t \in \mathbb{R}$ 可得

$$(\Gamma\phi)(t) \leqslant \int_{-\infty}^{t} e^{-\delta^-(t-s)}\left[\frac{p(s)}{a(s)}a(s)\phi(s - \tau(s))e^{-a(s)\phi(s-\tau(s))}\right]\mathrm{d}s$$

$$\leqslant \int_{-\infty}^{t} e^{-\delta^-(t-s)}\frac{p(s)}{a(s)e}\mathrm{d}s$$

$$\leqslant \frac{1}{\mathrm{e}\delta^-}\left(\frac{p}{a}\right)^+$$

$$\leqslant M. \tag{6.2.21}$$

另一方面, 根据式 (6.2.10)、式(6.2.16) 和式(6.2.20), 对 $\forall t \in \mathbb{R}$ 可以得到

$$
\begin{aligned}
(\Gamma\phi)(t) &\geqslant \int_{-\infty}^{t} \mathrm{e}^{-\delta^+(t-s)}\left[\frac{p(s)}{a(s)}a(s)\phi(s-\tau(s))\mathrm{e}^{-a(s)\phi(s-\tau(s))} - q(s)\gamma_\phi(s)\right]\mathrm{d}s \\
&\geqslant \int_{-\infty}^{t} \mathrm{e}^{-\delta^+(t-s)}\left[\frac{p(s)}{a(s)}\kappa_1\mathrm{e}^{-\kappa_1} - q^+N\kappa_1\right]\mathrm{d}s \\
&\geqslant \frac{1}{\delta^+}\kappa_1\left[\left(\frac{p}{a}\right)^-\mathrm{e}^{-\kappa_1} - q^+N\right] \\
&\geqslant \kappa_1. \tag{6.2.22}
\end{aligned}
$$

由式 (6.2.21) 及式 (6.2.22) 可知 Γ 为从 Ω 到 Ω 上的自身映射.

其次, 证明 Γ 为 Ω 上的压缩映射. 对于任意 $\phi_1, \phi_2 \in \Omega$, 有

$$
\begin{aligned}
&\|(\Gamma\phi_1)(t) - (\Gamma\phi_2)(t)\| \\
&= \sup_{t\in\mathbb{R}}\left|(\Gamma\phi_1)(t) - (\Gamma\phi_2)(t)\right| \\
&= \sup_{t\in\mathbb{R}}\left|\int_{-\infty}^{t}\mathrm{e}^{-\int_s^t\delta(u)\mathrm{d}u}\left\{\frac{p(s)}{a(s)}\left[a(s)\phi_1(s-\tau(s))\mathrm{e}^{-a(s)\phi_1(s-\tau(s))}\right.\right.\right. \\
&\qquad \left.\left.\left. - a(s)\phi_2(s-\tau(s))\mathrm{e}^{-a(s)\phi_2(s-\tau(s))}\right] - q(s)\left(\gamma_{\phi_1}(s) - \gamma_{\phi_1}(s)\right)\right\}\mathrm{d}s\right| \\
&\leqslant \sup_{t\in\mathbb{R}}\int_{-\infty}^{t}\mathrm{e}^{-\int_s^t\delta(u)\mathrm{d}u}\left[\frac{p(s)}{a(s)}\left|a(s)\phi_1(s-\tau(s))\mathrm{e}^{-a(s)\phi_1(s-\tau(s))}\right.\right. \\
&\qquad \left.\left. - a(s)\phi_2(s-\tau(s))\mathrm{e}^{-a(s)\phi_2(s-\tau(s))}\right| + q(s)\left|\gamma_\phi(s) - \gamma_\phi(s)\right|\right]\mathrm{d}s \\
&\leqslant \sup_{t\in\mathbb{R}}\int_{-\infty}^{t}\mathrm{e}^{-\int_s^t\delta(u)\mathrm{d}u}\left[p(s)\frac{1}{\mathrm{e}^2} + q(s)N\right]\mathrm{d}s\|\phi_1 - \phi_2\| \\
&\leqslant \left(\frac{1}{\delta^-\mathrm{e}^2}p^+ + \frac{q^+N}{\delta^-}\right)\|\phi_1 - \phi_2\| \\
&= \rho\|\phi_1 - \phi_2\|,
\end{aligned}
$$

即, $\|(\Gamma\phi_1)(t) - (\Gamma\phi_2)(t)\| \leqslant \rho\|\phi_1 - \phi_2\|$.

由 $\rho < 1$ 可得 Γ 为压缩映射. 因此, 根据 Banach 不动点定理可知 Γ 具有一个与方程 (6.2.2) 在 $\Omega \subseteq AP(\mathbb{R}, \mathbb{R})$ 中的解相对应的唯一不动点. 证毕.

下面, 利用 Halanay 不等式来建立方程 (6.2.2) 概周期解的指数收敛性判据.

定理 6.2.2　如果定理 6.2.1中的条件成立, 那么方程 (6.2.2) 存在唯一的概周期解, 且是指数收敛的.

证明　设 $x(t)$ 为方程 (6.2.2) 的任一解, $x^*(t)$ 为方程 (6.2.2) 的概周期解, 定义 Lyapunov 泛函

$$V(y(t)) = \frac{1}{2}y^2(t),$$

其中 $y(t) = x(t) - x^*(t)$. 利用捕获函数的单调性, 可以得到

$$
\begin{aligned}
\frac{\mathrm{d}V(y(t))}{\mathrm{d}t} &= y(t)\Bigg[-\delta(t)y(t) + \big(p(t)x(t-\tau(t))\mathrm{e}^{-a(t)x(t-\tau(t))} \\
&\quad - p(t)x^*(t-\tau(t))\mathrm{e}^{-a(t)x^*(t-\tau(t))}\big) - q(t)\big(\gamma(t) - \gamma^*(t)\big)\Bigg] \\
&\leqslant -\delta^- y^2(t) + p^+ \frac{1}{2\mathrm{e}^2}(y^2(t) + y^2(t-\tau(t))) \\
&\leqslant -\left(\delta^- - \frac{1}{2\mathrm{e}^2}p^+\right)y^2(t) + \frac{1}{\mathrm{e}^2}p^+ \sup_{t-\tau^+ \leqslant s \leqslant t} V(y(s)) \\
&= -V(y(t)) + \zeta \sup_{t-\tau^+ \leqslant s \leqslant t} V(y(s)), \quad \forall t \geqslant 0,
\end{aligned}
$$

其中

$$\beta \triangleq 2\delta^- - \frac{1}{\mathrm{e}^2}p^+, \qquad \zeta \triangleq \frac{1}{\mathrm{e}^2}p^+.$$

根据式(6.2.17), 有 $\beta > \zeta > 0$. 借助引理 2.3.7, 可知

$$V(y(s)) \leqslant \left(\sup_{-\tau^+ \leqslant s \leqslant 0} V(y(s))\right)\mathrm{e}^{-\mu t}, \text{对任意 } t \geqslant 0,$$

其中 μ 为 $\mu = \beta - \zeta\mathrm{e}^{\mu\tau^+}$ 的唯一解, 进而

$$|x(t) - x^*(t)| \leqslant \sup_{-\tau^+ \leqslant s \leqslant 0} |x(s) - x^*(s)|\mathrm{e}^{-\frac{1}{2}\mu t}.$$

这说明方程 (6.2.2) 的概周期解 $x^*(t)$ 是指数收敛的.　证毕.

推论 6.2.1　如果时滞 $\tau(t)$ 是常数, 并且定理 6.2.2 中的假设条件成立, 那么在 $\rho < 1$ 时, 方程 (6.2.2) 的其他解指数收敛到唯一的概周期解.

注 6.2.3　值得一提的是, 将定理 6.2.1 及定理 6.2.2 中的参数替换为周期参数或者常值参数, 可以相应地得到周期动力学和平衡点动力学结果.

下面, 我们给出一个数值模拟例子. 考虑如下具有不连续捕获项的时滞概周期 Nicholson 果蝇模型:

$$\frac{\mathrm{d}x(t)}{\mathrm{d}t} = -(0.34 + 0.01\sin\sqrt{2}t)x(t)$$

$$+ (1 + 0.01 \sin t)x(t - 0.02 \sin^2 t)\mathrm{e}^{-(1+0.01|\cos\sqrt{3}t|)x(t-0.02\sin^2 t)}$$

$$- \left(0.005 + \frac{1}{20}\cos^2 t\right)H(x(t)), \tag{6.2.23}$$

其中不连续捕获函数为

$$H(x) = \begin{cases} 0, & 0 \leqslant x < 1, \\ \arctan x, & x \geqslant 1. \end{cases}$$

显然, $\delta^- = 0.33, \delta^+ = 0.35, p^- = 0.99, p^+ = 1.01, a^- = 1, a^+ = 1.01, q^+ = 0.055, \tau^* = 0.02$, 且 $H(s)$ 满足 (H4)—(H5), 其中 $N = \dfrac{\pi}{2}$. 注意到 $\kappa_1 \approx 0.7215355$ 及 $\kappa_2 \approx 1.342276$. 取 $M = 1.2178$, 通过直接计算可得

$$\sup_{t\in\mathbb{R}}\left\{\frac{1}{\mathrm{e}M}\frac{p(t)}{a(t)}\right\} \approx 0.3051 < 0.33 = \inf_{t\in\mathbb{R}}\delta(t),$$

$$\sup_{t\in\mathbb{R}}\delta(t) = 0.35 < 0.39 \approx \inf_{t\in\mathbb{R}}\left\{\mathrm{e}^{-\kappa_1}\frac{p(t)}{a(t)} - q(t)N\right\},$$

$$\frac{\kappa_2}{M} \approx 1.1022 > 1.01 = a^+ > a^- = 1.$$

此外,

$$\frac{1}{\delta^-}\left(\frac{1}{\mathrm{e}^2}p^+ + q^+N\right) \approx 0.676 < 1.$$

因而, 定理 6.2.1 及定理 6.2.2 中的所有条件均满足. 所以, 方程 (6.2.23) 存在一个正概周期解且是指数收敛的. 基于图 6.2 中的仿真可见, 本节所提出的捕获策略是有效的, 实现了所考虑系统的概周期性和收敛性.

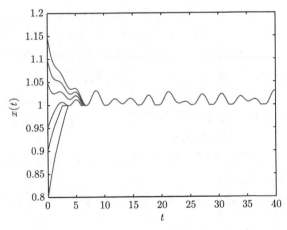

图 6.2   方程 (6.2.23) 的指数收敛的概周期解

注 6.2.4　一些文献中, 不连续捕获策略被引入 Ricker 模型[164]、食饵-捕食者模型[507,508] 以及 Stock-Effort 捕鱼模型[274] 等, 且其模型平衡点动力学或周期动力学得到了很好的研究. 然而, 据我们所知, 像本节开展的具有不连续捕获项的 Nicholson 果蝇模型的概周期动力学研究, 即使是对于其他具不连续捕获策略的生物种群模型, 至今也还没有相关的研究成果出现. 特别地, Berezansky 等在文献 [39] 中提出了如下公开问题: 揭示具有捕获项的 Nicholson 果蝇模型的全局动力学行为. 在本节的工作中[211], 考虑的捕获策略是不连续的, 这完全不同于文献 [18,484,819] 中的捕获策略 (线性或非线性的), 同时, 这里提出了新的研究方法来建立一些判据以保证方程 (6.2.2) 的概周期动力学, 在这个意义上, 从更一般和实际的观点给出了上述公开问题的一个正面回答.

6.3　食饵拥有避难所的食饵-捕食者模型及动力学分析

在大自然中, 食饵和捕食者的接触与它们之间的数量比率有关, 尤其是群体生活的生物, 如狼捕食蹄类动物时, 往往是通过群体合作的方式进行捕食[586]. 对于这类食饵和捕食者的接触方式, Roger 和 Ginzburg 建立了下列微分方程来刻画食饵和捕食者的变化规律[586,587]:

$$
\begin{cases}
\dfrac{\mathrm{d}u}{\mathrm{d}s} = au\left(1 - \dfrac{u}{k}\right) - c\dfrac{uv}{mv + u}, \\
\dfrac{\mathrm{d}v}{\mathrm{d}s} = -dv + b\dfrac{uv}{mv + u},
\end{cases}
\tag{6.3.1}
$$

其中, $u = u(s)$ 和 $v = v(s)$ 分别为食饵和捕食者在时刻 s 时的数量; a, k, c, m, b 和 d 为正常数, 分别代表食饵自然增长率、承载力、捕获率、半饱和常数、转化率及捕食者的死亡率. 模型 (6.3.1) 被称为比率依赖的食饵-捕食者模型. 受 Gause 在文献 [243] 中工作的启发, 我们在文献 [130] 中建立了一个具有不连续功能反应函数的食饵-捕食者模型来描述对于比率依赖的食饵-捕食者种群, 当食饵为逃避捕食者而使用避难所时二者的变化趋势. 为此, 我们给出下列假设:

(H7) 食饵进入还是跑出避难所取决于食饵-捕食者数量比率, 即存在一个食饵-捕食者数量比率阈值, 如果食饵-捕食者数量比率高于该阈值, 那么食饵将跑出避难所. 否则, 食饵将待在避难所内.

(H8) 食饵的主要生活资源在避难所外, 这使得当食饵-捕食者比率比较高时, 所有食饵将全部跑出避难所.

(H9) 在避难所内, 食饵的生活资源是比较少的, 但能保证食饵存活且呈现 Logistic 增长趋势.

(H10) 食饵是该捕食者的唯一生活资源.

在上述的假设下, 我们可以用如下具有不连续功能反应函数的捕食者和食饵模型来刻画整个过程中食饵和捕食者的变化规律[130]:

$$
\begin{cases}
\dfrac{\mathrm{d}u}{\mathrm{d}s} = au\left(1 - \dfrac{u}{k}\right) - c\phi(u, v), \\
\dfrac{\mathrm{d}v}{\mathrm{d}s} = -dv + b\phi(u, v),
\end{cases}
\tag{6.3.2}
$$

其中,

$$
\phi(u, v) = \begin{cases}
0, & \dfrac{u}{v} < \lambda, \\
\dfrac{uv}{mv + u}, & \dfrac{u}{v} > \lambda,
\end{cases}
$$

λ 为食饵-捕食者比率阈值, 其他参数和变量的意义和模型 (6.3.1) 一致.

根据模型 (6.3.2) 可知, 当食饵-捕食者比率低于比率阈值时 $\left(\dfrac{u}{v} < \lambda\right)$, 食饵将待在避难所内且呈现 Logistic 增长趋势, 而捕食者则以指数形式的速率死亡, 即

$$
\begin{cases}
\dfrac{\mathrm{d}u}{\mathrm{d}s} = au\left(1 - \dfrac{u}{k}\right), \\
\dfrac{\mathrm{d}v}{\mathrm{d}s} = -dv.
\end{cases}
\tag{6.3.3}
$$

当食饵-捕食者比率高于比率阈值时 $\left(\dfrac{u}{v} > \lambda\right)$, 食饵-捕食者的变化趋势可由模型 (6.3.1) 来刻画.

6.3.1 子系统与滑模动力学

为了减少模型 (6.3.2) 中独立参数的个数, 我们作如下变量替换 $(u, v, s) \rightarrow (x_1, x_2, t)$, 其中,

$$
u = kx_1, \quad v = \frac{k}{m}x_2, \quad s = \frac{1}{a}t.
$$

这样, 模型 (6.3.2) 转化为: 当 $\dfrac{x_1}{x_2} < \xi$ 时, 有

$$
\begin{cases}
\dfrac{\mathrm{d}x_1}{\mathrm{d}t} = x_1(1 - x_1), \\
\dfrac{\mathrm{d}x_2}{\mathrm{d}t} = -\gamma x_2;
\end{cases}
\tag{6.3.4}
$$

当 $\dfrac{x_1}{x_2} > \xi$ 时, 有

$$
\begin{cases}
\dfrac{\mathrm{d}x_1}{\mathrm{d}t} = x_1(1 - x_1) - \dfrac{\nu x_1 x_2}{x_1 + x_2}, \\
\dfrac{\mathrm{d}x_2}{\mathrm{d}t} = -\gamma x_2 + \dfrac{\mu x_1 x_2}{x_1 + x_2},
\end{cases}
\tag{6.3.5}
$$

其中

$$\xi = \frac{\lambda}{m}, \quad \nu = \frac{c}{ma}, \quad \mu = \frac{b}{a}, \quad \gamma = \frac{d}{a}.$$

我们将从生物学角度去研究模型 (6.3.4) 和模型 (6.3.5) 的动力学行为, 即将分析限制在相平面 (x_1, x_2) 的第一象限 $\mathbb{R}_+^2$ 内.

显然, 模型 (6.3.4) 的平衡点为 $E_0 = (0,0)$ 和 $E_1 = (1,0)$, E_0 是鞍点, E_1 为稳定结点.

下面我们将文献 [40, 383, 735] 中有关模型 (6.3.5) 的结论归纳如下.

模型 (6.3.5) 的平衡点为 E_0, E_1 及 $E_2 = (E_{21}, E_{22})$, 其中

$$E_{21} = 1 - \frac{\nu(\mu - \gamma)}{\mu}, \qquad E_{22} = \frac{(\mu - \gamma)E_{21}}{\gamma}.$$

显然, 对于所有的参数, 平衡点 E_0 和 E_1 均存在. 平衡点 E_2 位于第一象限内部当且仅当

$$\mu > \gamma, \qquad \nu < \frac{\mu}{\mu - \gamma}.$$

引理 6.3.1 [40]　在模型 (6.3.5) 中,

(i) 当 $\mu > \gamma$ 时, E_1 是鞍点; 当 $0 < \mu < \gamma$ 时, E_1 是稳定结点; 当 $\mu = \gamma$ 时, E_1 是鞍结点.

(ii) 所有轨线沿曲线 l_1 或 l_2 或 l_3 趋近 E_1, 其中, $l_1 = \{x = (x_1, x_2) \mid x \in \mathbb{R}_+^2, x_1 > 1, x_2 = 0\}$, $l_2 = \{x = (x_1, x_2) \mid x \in \mathbb{R}_+^2, 0 < x_1 < 1, x_2 = 0\}$, $l_3 = \left\{x = (x_1, x_2) \mid x \in \mathbb{R}_+^2, x_2 = \frac{\gamma - 1 - \mu}{\nu}(x_1 - 1)(1 + o(1))\right\}$.

引理 6.3.2 [40]　设 $O_\rho(E_0)$ 表示以 E_0 为中心, ρ 为半径的邻域. 在模型 (6.3.5) 中, 对于不同的正参数值 γ, μ, ν, 存在 $\rho > 0$ 使得在 $O_\rho(E_0) \cap \mathbb{R}_+^2$ 内的轨线具有四种不同的拓扑结构 (图 6.3):

(i) 扇形 H: 当 $0 < \mu \leqslant \gamma + 1$, $0 < \nu < \gamma + 1$ 时, $O_\rho(E_0) \cap \mathbb{R}_+^2$ 由一个边界为 $x_1 = 0$ 和 $x_2 = 0$ 的双曲扇形构成;

(ii) 扇形 PH: 当 $0 < \mu < \gamma + 1$, $\gamma + 1 \leqslant \nu < \frac{\mu}{\mu - \gamma}$ 时, $O_\rho(E_0) \cap \mathbb{R}_+^2$ 由一个边界为 $x_2 = 0$ 的双曲扇形和一个 "吸引" 的抛物扇形组成 (当 $t \to +\infty$ 时, 轨线趋向 E_0);

(iii) 扇形 HP: 当 $\mu > \gamma + 1$ 时, $0 < \nu < \frac{\mu}{\mu - \gamma}$, $O_\rho(E_0) \cap \mathbb{R}_+^2$ 由一个边界为 $x_1 = 0$ 的双曲扇形和 "排斥" 的抛物扇形组成 (当 $t \to -\infty$ 时, 轨线趋向 E_0);

(iv) 扇形 E: 当 $\nu \geqslant \frac{\mu}{\mu - \gamma}$ 时, $O_\rho(E_0) \cap \mathbb{R}_+^2$ 由一个椭圆扇形构成.

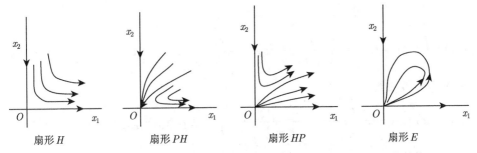

扇形 H   扇形 PH   扇形 HP   扇形 E

图 6.3   模型 (6.3.5) 中平衡点 E_0 附近的轨线在第一象限内的拓扑结构

注 6.3.1 若 $\dfrac{\mu-\gamma-1}{\gamma+1-\nu}>0$, 则 $l_4=\left\{x=(x_1,x_2)\ \middle|\ x\in\mathbb{R}_+^2, x_2=\right.$ $\left.\dfrac{\mu-\gamma-1}{\gamma+1-\nu}x_1(1+o(1))\right\}$ 为平衡点 E_0 的一条分界线.

引理 6.3.3 [40,735] 在模型 (6.3.5) 中, 假设地方病平衡点 E_2 存在, 那么, 对于不同的正参数值 γ,μ,ν,E_2 附近的轨线有四种不同的结构:

(i) 当 $\mu>\gamma,\nu<\dfrac{\mu}{\mu+\gamma}\left(\gamma+\dfrac{\mu}{\mu-\gamma}\right)$ 时, E_1 是局部渐近稳定的;

(ii) 当 $\gamma<\mu<\gamma+1,\dfrac{\mu}{\mu+\gamma}\left(\gamma+\dfrac{\mu}{\mu-\gamma}\right)<\nu<\dfrac{\mu}{\mu-\gamma}$ 时, E_1 是不稳定的;

(iii) 在曲线 $l_5=\left\{(\mu,\nu)\ \middle|\ (\mu,\nu)\in\mathbb{R}_+^2,\gamma<\mu<\gamma+1,v=\dfrac{\mu}{\mu+\gamma}\left(\gamma+\dfrac{\mu}{\mu-\gamma}\right)\right\}$ 处, Andronov-Hopf 分支发生, 即在 l_5 上, E_2 的稳定性发生改变且伴随着极限环的出现或消失; 当极限环存在时, 它是唯一的而且稳定的;

(iv) 在区域 $D=\left\{(\mu,\nu)\ \middle|\ (\mu,\nu)\in\mathbb{R}_+^2,\gamma+1<\nu<\dfrac{\mu}{\mu-\gamma},\gamma<\mu<\gamma+1\right\}$ 上存在一条曲线 l_6, 在曲线 l_6 处异宿轨分支发生, 即当曲线 l_3 和曲线 l_4 重合时, 极限环变为一条异宿轨.

下面讨论系统 (6.3.2) 的滑模动力学性质. 设

$$\Sigma=\{x=(x_1,x_2)\mid x\in\mathbb{R}_+^2,h(x)=0\},$$

其中 $h(x)=x_1-\xi x_2=0$. 记

$$G^+=\{x\mid x\in\mathbb{R}_+^2,h(x)>0\},\quad G^-=\{x\mid x\in\mathbb{R}_+^2,h(x)<0\},$$

则模型 (6.3.4) 和模型 (6.3.5) 可用下列方程表示:

$$\frac{\mathrm{d}x}{\mathrm{d}t}=\begin{cases}f^+(x),&x\in G^+,\\f^-(x),&x\in G^-,\end{cases}\tag{6.3.6}$$

其中,

$$f^+(x) = \left(x_1(1-x_1) - \frac{\nu x_1 x_2}{x_1 + x_2}, -\gamma x_2 + \frac{\mu x_1 x_2}{x_1 + x_2} \right), \quad f^-(x) = (x_1(1-x_1), -\gamma x_2).$$

通过简单计算可得

$$L_{f^+}h(x)\,|_{x\in\Sigma} = x_1\left(1 + \gamma - \frac{\nu + \mu\xi}{\xi + 1} - x_1 \right), \quad L_{f^-}h(x)\,|_{x\in\Sigma} = x_1(1 + \gamma - x_1).$$

设

$$x_1^+ = 1 + \gamma - \frac{\nu + \mu\xi}{\xi + 1}, \quad x_1^- = 1 + \gamma.$$

那么, $x_1^+ > 0$ 当且仅当下列条件之一成立:

(A$_0$) $0 < \mu < \gamma + 1, \nu > \gamma + 1, \xi > \dfrac{\nu - \gamma - 1}{1 + \gamma - \mu}$;

(A$_1$) $0 < \mu < \gamma + 1, 0 < \nu \leqslant \gamma + 1, \xi > 0$;

(A$_2$) $\mu = \gamma + 1, 0 < \nu < \gamma + 1, \xi > 0$;

(A$_3$) $\mu > \gamma + 1, 0 < \nu < \gamma + 1, 0 < \xi < \dfrac{\nu - \gamma - 1}{1 + \gamma - \mu}$.

$x_1^+ \leqslant 0$ 当且仅当下列条件之一成立:

(A$_4$) $0 < \mu < \gamma + 1, \nu > \gamma + 1, 0 < \xi \leqslant \dfrac{\nu - \gamma - 1}{1 + \gamma - \mu}$;

(A$_5$) $\mu = \gamma + 1, \nu \geqslant \gamma + 1, \xi > 0$;

(A$_6$) $\mu > \gamma + 1, 0 < \nu < \gamma + 1, \xi \geqslant \dfrac{\nu - \gamma - 1}{1 + \gamma - \mu}$;

(A$_7$) $\mu > \gamma + 1, \nu \geqslant \gamma + 1, \xi > 0$.

设

$$x^- = \left(x_1^-, \frac{x_1^-}{\xi} \right), \quad x^+ = \left(x_1^+, \frac{x_1^+}{\xi} \right).$$

易得, $(L_{f^-}h)^{-1}(0)|_\Sigma = \{E_0, x^-\}$. 当 $x_1^+ > 0$ 时, $(L_{f^+}h)^{-1}(0)|_\Sigma = \{E_0, x^+\}$; 当 $x_1^+ \leqslant 0$ 时, $(L_{f^+}h)^{-1}(0)|_\Sigma = \{E_0\}$.

从以上分析可得下面两个命题.

命题 6.3.1　如果 $x_1^+ > 0$, 那么 $\Sigma_s = \Sigma_{s_1}, \Sigma_c = \Sigma_{c_1} \cup \Sigma_{c_2}$, 其中 $\Sigma_{s_1} = \{x \mid x \in \Sigma, x_1^+ < x_1 < x_1^-\}, \Sigma_{c_1} = \{x \mid x \in \Sigma, 0 < x_1 < x_1^+\}, \Sigma_{c_2} = \{x \mid x \in \Sigma, x_1 > x_1^-\}$.

命题 6.3.2　如果 $x_1^+ \leqslant 0$, 那么 $\Sigma_s = \Sigma_{s_2}, \Sigma_c = \Sigma_{c_2}$, 其中 $\Sigma_{s_2} = \{x \mid x \in \Sigma, 0 < x_1 < x_1^-\}, \Sigma_{c_2} = \{x \mid x \in \Sigma, x_1 > x_1^-\}$.

由第 4 章可知, 在系统 (6.3.6) 中, 在切换线 Σ 上滑模区域的轨线可由下面方程所决定:

$$\frac{\mathrm{d}x_s^*}{\mathrm{d}t} = f_s(x_s^*), \tag{6.3.7}$$

其中 $f_s = (f_{s1}, f_{s2})$, 且

$$\xi f_{s2}(x) = f_{s1}(x) = \frac{x_1}{\nu + \mu\xi}(\mu\xi - \nu\gamma - \mu\xi x_1).$$

显然, 系统 (6.3.7) 的平衡点为 E_0 和 x_s, 其中

$$x_s = \left(1 - \frac{\nu\gamma}{\mu\xi}, \frac{1}{\xi} - \frac{\nu\gamma}{\mu\xi^2}\right).$$

从而, E_0, x_s, x^-, x^+ 是系统 (6.3.6) 的 Σ-奇异点.

下面, 我们将逐一研究这些 Σ-奇异点附近轨线的拓扑结构. 设

$$x^*(t, x_0), \quad x^{**}(t, x_0), \quad x_s^*(t, x_0)$$

分别为 f^+, f^- 和 f_s 所对应系统的轨线且分别满足

$$x^*(0, x_0) = x_0, \quad x^{**}(0, x_0) = x_0, \quad x_s^*(0, x_0) = x_0.$$

假设 $x(t, x_0)$ 为系统 (6.3.6) 的任一解, 则 $x(t, x_0)$ 的 ω 极限集和 α 极限集分别记为

$$\omega(x_0) = \left\{ q \;\middle|\; \lim_{n \to +\infty} x(t_n, x_0) = q, \; t_n \to +\infty, \; n \to +\infty \right\}$$

和

$$\alpha(x_0) = \left\{ q \;\middle|\; \lim_{n \to +\infty} x(t_n, x_0) = q, \; t_n \to -\infty, \; n \to +\infty \right\}.$$

引理 6.3.4　对于任意的 $x_0 \in \Sigma_{c_2}$, 令 $T_{x_0}^- = \inf\{t \mid t > 0, x^{**}(t, x_0) \in \Sigma\}$ 且 $D_\rho = \Sigma_{c_2} \cap O_\rho(x^-)$, 其中 $\rho > 0$. 那么, 存在 $\rho > 0$ 使得 $T_{x_0}^- < +\infty$ 且对于所有 $x_0 \in D_\rho$, $\max\{1, x_1^+\} < x_1^{**}(T_{x_0}^-, x_0) < x_1^-$.

证明　取 $\rho_1 > 0$ 且 $x_0 \in D_{\rho_1}$. 设 $g_1(t) = h(x^{**}(t, x_0))$, 那么 $\dfrac{\mathrm{d}g_1(t)}{\mathrm{d}t} = L_{f^-}h(x^{**}(t, x_0))$. 从而,

$$g_1(0) = 0, \qquad \left.\frac{\mathrm{d}g_1(t)}{\mathrm{d}t}\right|_{t=0} < 0.$$

因此, 可得 $\{x^{**}(t, x_0) \mid 0 < t \ll 1\} \subseteq G^-$. 那么, 对于 $0 < t \ll 1$, 有

$$x_1^{**}(t, x_0) = \frac{-x_{01}\mathrm{e}^t}{x_{01} - 1 - x_{01}\mathrm{e}^t}, \quad x_2^{**}(t, x_0) = x_{02}\mathrm{e}^{-\gamma t}, \tag{6.3.8}$$

这里, x_{01} 和 x_{02} 分别表示 x_0 的第一个分量和第二个分量, 即 $x_0 = (x_{01}, x_{02})$. 在本章余下部分中将采用类似记号, 不再作特别说明.

下面, 我们将证明 $T_{x_0}^- < +\infty$. 运用反证法. 假设 $T_{x_0}^- = +\infty$, 那么 $\{x^{**}(t, x_0) \mid t > 0\} \subseteq G^-$. 但是, 根据 (6.3.8) 可知, $\omega(x_0) = \{E_1\}$, 这与 $E_1 \in G^+$ 相矛盾.

显然, $x_1^{**}(T_{x_0}^-, x_0) < x_{01}$. 设 D 是由 Γ_0 和 $\{x^{**}(t, x_0) \mid t \in [0, T_{x_0}^-]\}$ 围成的区域, 其中

$$\Gamma_0 = \{x \mid x \in \Sigma, x_1 \in [x_1^{**}(T_{x_0}^-, x_0), x_{01}]\},$$

那么存在 $x_p \in (\max\{1, x_1^+\}, x_1^-)$ 和 $t_p < 0$ 使得 $x^{**}(t_p, x_p) \in \Sigma_{c_2}$. 事实上, 如果 $x^{**}(T_{x_0}^-, x_0) \in (\max\{1, x_1^+\}, x_1^-)$, 那么该论断显然成立. 否则, 根据对于任意给定的 $x_q \in (\max\{1, x_1^+\}, x_1^-)$,

$$\{x^{**}(t, x_q) \mid -1 \ll t < 0\} \subseteq D, \quad \alpha(x_q) = \{(0, +\infty)\},$$

可知该论断成立.

取 $\rho = x_1^{**}(t_p, x_p) - x_1^-$. 根据以上分析可得 $0 < T_{x_0}^- < +\infty$ 且对于所有 $x_0 \in D_\rho$, $x_1^{**}(T_{x_0}^-, x_0) \in (\max\{1, x_1^+\}, x_1^-)$. 证毕.

引理 6.3.5　对于任意的 $x_0 \in G^+$, 令 $T_{x_0}^+ = \inf\{t \mid t > 0, x^*(t, x_0) \in \Sigma\}$. 如果存在常数 $M_0 < 0$ 使得对于任意的 $t \in [0, T_{x_0}^+)$, 有 $L_{f+}h(x^*(t, x_0)) \leqslant M_0$, 那么 $T_{x_0}^+ \leqslant -\dfrac{h(x_0)}{M_0} < +\infty$.

证明　运用反证法. 假设 $T_{x_0}^+ = +\infty$, 那么

$$L_{f+}h(x^*(t, x_0)) \leqslant M_0, \quad t \geqslant 0.$$

若令 $g_2(t) = h(x^*(t, x_0))$, 则

$$\frac{\mathrm{d}g_2(t)}{\mathrm{d}t} \leqslant M_0, \quad t \geqslant 0.$$

将其与 $g_2(0) > 0$ 结合可得, 存在 $0 < t_0 < +\infty$ 使得 $g_2(t_0) = 0$. 因而, $T_{x_0}^+ \leqslant t_0$, 产生矛盾. 进一步, 根据

$$g_2(T_{x_0}^+) - g_2(0) = \int_0^{T_{x_0}^+} \frac{\mathrm{d}g_2(s)}{\mathrm{d}s} \mathrm{d}s \leqslant M_0 T_{x_0}^+$$

可知, $T_{x_0}^+ \leqslant -\dfrac{h(x_0)}{M_0}$. 证毕.

引理 6.3.6　假设 $x_p \in \Sigma$ 且 $L_{f+}h(x_p) \leqslant M_1 < 0$, 其中 M_1 是固定常数, 那么, 存在 $\rho_1 > 0$ 使得对于所有的 $x_0 \in \overline{O_{\rho_1}}(x_p) \cap G^+$, 有 $T_{x_0}^+ < +\infty$.

证明　显然, 存在两个常数 $\rho_0 > 0$ 和 $M_2 < 0$ 使得对于所有 $x \in \overline{O_{\rho_0}}(x_p)$, 有 $L_{f+}h(x) \leqslant M_2$. 设 $N_0 = \sup\limits_{x \in \overline{O_{\rho_0}}(x_p) \cap G^+} \| f^+(x) \|$, 取

$$N_1 = -\frac{\rho_0 M_2}{4N_0}, \quad 0 < \rho_1 < \frac{\rho_0}{2}$$

且满足 $\sup\limits_{x \in \overline{O_{\rho_1}}(x_p) \cap G^+} h(x) \leqslant N_1$. 对任意的 $x_0 \in \overline{O_{\rho_1}}(x_p) \cap G^+$, 令

$$\eta_{x_0} = \sup\left\{t \mid t \geqslant 0; x^*(s, x_0) \in \overline{O_{\rho_0}}(x_p) \cap G^+, \forall s \in [0, t]\right\}.$$

由于

$$x^*(t, x_0) = x_0 + \int_0^t f^+(x^*(s, x_0)) \mathrm{d}s,$$

从而

$$\| x^*(t, x_0) - x_p \| \leqslant \int_0^t \| f^+(x^*(s, x_0)) \| \, \mathrm{d}s + \| x_0 - x_p \|. \tag{6.3.9}$$

如果对于所有的 $t \geqslant 0$, 有 $x^*(t, x_0) \in \overline{O_{\rho_0}}(x_p)$, 那么根据引理 6.3.5 可知

$$T_{x_0}^+ \leqslant -\frac{h(x_0)}{M_2}.$$

否则, 假设 $t_0 > 0$ 为 $x^*(t, x_0)$ 到达 $\partial(\overline{O_{\rho_0}}(x_p))$ 的第一时刻, 即

$$\| x^*(t_0, x_0) - x_p \| = \rho_0,$$

那么, 根据 (6.3.9) 可知 $\rho_0 \leqslant \eta_{x_0} N_0 + \rho_1$. 因此 $\eta_{x_0} \geqslant \dfrac{\rho_0}{2N_0}$. 另一方面, 注意到 $-\dfrac{h(x_0)}{M_2} < \dfrac{\rho_0}{2N_0}$, 将其结合引理 6.3.5, 可得 $T_{x_0}^+ \leqslant -\dfrac{h(x_0)}{M_2}$. 证毕.

根据上面两个引理可得如下推论.

推论 6.3.1　对于任意 $x_0 \in G^-$, 令 $T_{x_0}^{-'} = \inf\{t \mid t > 0, x^{**}(t, x_0) \in \Sigma\}$. 假设 $x_q \in \Sigma, 0 < M_3 \leqslant L_{f^-} h(x_q)$, 其中 M_3 是一固定常数, 那么, 存在 $\rho > 0$ 使得对于所有 $x_0 \in G^- \cap \overline{O_\rho}(x_q)$, 有 $T_{x_0}^{-'} \leqslant -\dfrac{h(x_q)}{M_3} < +\infty$.

引理 6.3.7　对于所有的正参数 μ, ν, γ, ξ, x^- 是系统 (6.3.6) 关于 f^- 的不可视折点且存在一个 x^- 的邻域由公共边界为 Σ_{s_1} 的两个双曲扇形构成, 即扇形 $K\overline{K}$(图 6.4(1)).

证明　通过简单的计算可得

$$L_{f^-} h(x^-) = 0, \quad L_{f^-}^2 h(x^-) = \gamma(1 + \gamma)^2 > 0.$$

因此, x^- 是系统 (6.3.6) 关于 f^- 的不可视折点.

由 $x_1^+ < x_1^-$ 可知, $L_{f^+} h(x^-) < 0$. 从而, 存在两个常数 $\rho > 0$ 和 $M < 0$ 使得

$$L_{f^+} h(x) < M, \quad x \in O_\rho(x^-) \cap G^+.$$

根据引理 6.3.4—引理 6.3.6, 可知存在 $0 < \rho_1 < \rho$ 使得下列结论成立:

(i) 对于所有 $x_0 \in O_{\rho_1}(x^-) \cap G^+$, 存在 $0 < T_{x_0}^+ < +\infty$ 使得 $x^*(T_{x_0}^+, x_0) \in \Sigma$;

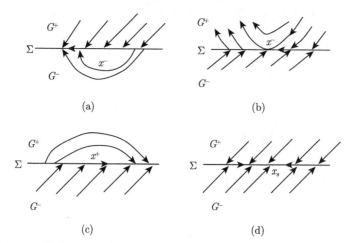

(a)　　　　　　　　　　　　　　(b)

(c)　　　　　　　　　　　　　　(d)

图 6.4　模型 (6.3.6) 中, Σ-奇异点 x^+, x^- 和 x_s 附近轨线的拓扑结构

(ii) 对于所有 $x_0 \in O_{\rho_1}(x^-) \cap \Sigma_{c_2}$, 存在 $0 < T_{x_0}^- < +\infty$ 使得

$$\{x^{**}(t, x_0) \mid t \in (0, T_{x_0}^-)\} \subseteq G^-, \quad x_1^{**}(T_{x_0}^-, x_0) \in \Sigma_{s_1}.$$

从而, 存在 $\epsilon > 0$ 使得对于所有 $T_{x_0}^- < t < T_{x_0}^- + \epsilon$, 有

$$x^{**}(t, x_0) \in \Sigma_{s_1} \cap O_{\rho_1}(x^-), \quad f_{s1}(x^{**}(t, x_0)) < 0.$$

因此, $O_{\rho_1}(x^-)$ 由扇形 $K\overline{K}$ 构成, 且扇形的侧边界为

$$\{x^*(t, x^-) \mid t < 0\} \cap O_{\rho_1}(x^-), \quad \Sigma_{s_1} \cap O_{\rho_1}(x^-).$$

证毕.

引理 6.3.8　$x_s \in \Sigma_s$ 当且仅当下列条件之一成立:

(i) $x_1^+ > 0$, $\mu > \gamma$, $\xi > \dfrac{\gamma}{\mu - \gamma}$;

(ii) $x_1^+ \leqslant 0$, $\xi < \dfrac{\nu\gamma}{\mu}$.

如果 $x_s \in \Sigma_s$, 那么存在 x_s 的由四个 "吸引" 抛物扇形构成的邻域, 即扇形 $\overline{Q}Q\overline{Q}Q$. 也就是说 x_s 是一个稳定结点 (图 6.4(d)).

证明　根据命题 6.3.1 和命题 6.3.2 可知, 当 $x_1^+ > 0$ ($x_1^+ \leqslant 0$) 时, $\Sigma_s = \Sigma_{s_1}$ ($\Sigma_s = \Sigma_{s_2}$). 另一方面, $x_s \in \Sigma_{s_1}$ ($x_s \in \Sigma_{s_2}$) 当且仅当 $x_1^+ < x_{s1} < x_1^-$ ($0 < x_{s1} < x_1^-$). 显然, 对于所有 $\xi > 0$, $x_{s1} < x_1^-$. 注意到 $x_1^+ < x_{s1}$ ($x_{s1} > 0$) 与

$$\frac{(1+\gamma-\mu)\xi-(\nu-\gamma-1)}{\xi+1}<1-\frac{\nu\gamma}{\mu\xi}\Leftrightarrow(\mu-\gamma)\xi>\gamma\quad\left(\xi>\frac{\nu\gamma}{\mu}\right)$$

等价. 因此, 根据 $\mu>\gamma$ 可得第一个结论.

由 Σ_s 的定义和系统 (6.3.7) 可得, 存在 $\rho>0$ 使得对于所有的 $x\in\Sigma_s\cap O_\rho(x_s)$, 有

$$L_{f^+}h(x)<0<L_{f^-}h(x),\quad(x_1-x_{s1})f_{s1}(x)<0.$$

从而, 根据引理 6.3.6 和推论 6.3.1 可知, 对于任何从 $G^-\cap O_\rho(x_s)$ 和 $G^+\cap O_\rho(x_s)$ 内出发的轨线都将在有限时间内到达 Σ_s. 因此, $O_\rho(x_s)$ 由扇形 $\overline{Q}Q\overline{Q}Q$ 组成且下列曲线构成了这些扇形的侧边界:

$$\{x^*(t,x_s)\mid t<0\}\cap O_\rho(x_s),\quad\{x^{**}(t,x_s)\mid t<0\}\cap O_\rho(x_s),$$

$$\Gamma_1\cap O_\rho(x_s),\quad\Gamma_2\cap O_\rho(x_s),$$

其中, $\Gamma_1=\{x\mid x\in\Sigma_s,x_1<x_{s1}\}$, $\Gamma_2=\{x\mid x\in\Sigma_s,x_1>x_{s1}\}$. 证毕.

引理 6.3.9 若设 $x_1^+>0$, 则下列结论成立:

(i) 如果 "$\mu>\gamma,\xi<\dfrac{\gamma}{\mu-\gamma}$" 或 "$0<\mu\leqslant\gamma,\xi>0$", 那么 x^+ 是系统 (6.3.6) 关于 f^+ 的可视折点且存在 x^+ 的由两个双曲扇形和两个 "吸引" 抛物扇形构成的邻域, 即扇形 $H\overline{Q}QH$ (图 6.4(2));

(ii) 如果 $\mu>\gamma,\xi>\dfrac{\gamma}{\mu-\gamma}$, 那么 x^+ 是系统 (6.3.6) 关于 f^+ 的不可视折点且存在 x^+ 的由两个双曲扇形构成的邻域, 即扇形 $\overline{K}K$ (图 6.4(3)).

证明 通过简单的计算可得

$$L_{f^+}^2 h(x^+)=-x_1^{+2}\frac{(\mu-\gamma)\xi-\gamma}{\xi+1}.$$

因此, (i) 和 (ii) 的第一部分结论成立.

令 $g_3(t)=h(x^*(t,x^+))$. 当 x^+ 为可视折点时,

$$\left.\frac{\mathrm{d}g_3(t)}{\mathrm{d}t}\right|_{t=0}=0,\quad\left.\frac{\mathrm{d}^2 g_3(t)}{\mathrm{d}t^2}\right|_{t=0}>0.$$

因此, $\{x^*(t,x^+)\mid|t|\ll1\}\subseteq G^+$. 由于当 $x\in\Sigma_{c_1}$ 时有 $L_{f^+}h(x)>0$, 以及当 $x\in\Sigma_{s_1}$ 时有 $L_{f^+}h(x)<0$. 因此,

$$\{x^*(t,x_0)\mid0<t\ll1\}\subseteq G^+,\quad x_0\in\Sigma_{c_1}$$

且

$$\{x^*(t,x_0)\mid-1\ll t<0\}\subseteq G^+,\quad x_0\in\Sigma_{s_1}.$$

如果 x^+ 是一个可视折点, 那么

$$f_{s1}(x^+) < 0, \quad L_{f-}h(x^+) > 0.$$

从而, 存在 $\rho_1 > 0$ 和 $0 < T_{x_0}^- < +\infty$ 使得

$$x^{**}(T_{x_0}^-, x_0) \in \Sigma, \quad x_0 \in \Sigma_- \cap O_{\rho_1}(x^+)$$

且

$$f_{s1}(x) < 0, \quad x \in \Sigma_{s_1} \cap O_{\rho_1}(x^+).$$

因此, $O_{\rho_1}(x^+)$ 由扇形 $H\overline{Q}QH$ 组成, 下列曲线构成了这些扇形的侧边界:

$$\{x^*(t, x^+) \mid t \in \mathbb{R}\} \cap O_{\rho_1}(x^+), \quad \Sigma_{s_1} \cap O_{\rho_1}(x^+), \quad \{x^{**}(t, x^+) \mid t < 0\} \cap O_{\rho_1}(x^+).$$

当 x^+ 为不可视折点时, 则对于所有 $x_0 \in \Sigma_{c_1}$, 存在 $0 < t_0 < +\infty$ 使得

$$\{x^*(t, x_0) \mid t \in (0, t_0)\} \subseteq G^+, \quad x^*(t_0, x_0) \in \Sigma_{s_1}.$$

下面, 我们将证明这一论断. 显然, $\{x^*(t, x_0) \mid 0 < t \ll 1\} \subset G^+$. 运用反证法. 假设 $t_0 = +\infty$, 那么 $\{x^*(t, x_0) \mid t > 0\} \subseteq G^+$. 根据 $\mu > \gamma$ 和文献 [40] 中定理 A 可知, $\omega(x_0)$ 可能为 E_0, E_2, 极限环 ϑ_T 或异宿轨 ϑ_h. 显然, 当 $\xi > \dfrac{\gamma}{\mu - \gamma}$ 时, 有 $E_2 \in G^-$; 如果 $x^*(t, x_0) \subseteq G^+$, $\dfrac{\mathrm{d}x_2^*(t, x_0)}{\mathrm{d}t} > 0$. 另一方面, 注意到 E_2 位于边界为 ϑ_T 或 ϑ_h 的区域内部. 这些与 $\{x^*(t, x_0) \mid t > 0\} \subseteq G^+$ 相矛盾. 将以上分析结合 $x_1^+ < 1$, 可得

$$0 < t_0 < +\infty, \quad x^*(t_0, x_0) \in \Sigma_{s_1}.$$

当 $x_1^+ > 0$, $\mu > \gamma$ 且 $\xi > \dfrac{\gamma}{\mu - \gamma}$ 时, 有 $f_{s1}(x^+) > 0$. 注意到 $L_{f-}h(x^+) > 0$. 因此, 根据上面的分析可得, 存在 $\rho_2 > 0$ 使得 $O_{\rho_2}(x^+)$ 由扇形 $\overline{K}K$ 组成, 下列曲线构成了这些扇形的侧边界:

$$\Sigma_{s_1} \cap O_{\rho_2}(x^+), \quad \{x^{**}(t, x^+) \mid t < 0\} \cap O_{\rho_2}(x^+).$$

根据条件 (A_0)—(A_7), 我们将 μ-ν 平面的第一象限分成四个子区域:

$$D_1 = \{(\mu, \nu) \mid (\mu, \nu) \in \mathbb{R}^2, 0 < \mu < \gamma + 1, \nu > \gamma + 1\},$$

$$D_2 = \{(\mu, \nu) \mid (\mu, \nu) \in \mathbb{R}^2, \mu \geqslant \gamma + 1, \nu > \gamma + 1\},$$

$$D_3 = \{(\mu, \nu) \mid (\mu, \nu) \in \mathbb{R}^2, 0 < \mu \leqslant \gamma + 1, 0 < \nu \leqslant \gamma + 1\},$$

$$D_4 = \{(\mu, \nu) \mid (\mu, \nu) \in \mathbb{R}^2, \mu > \gamma + 1, 0 < \nu < \gamma + 1\}.$$

令 $l_7 = \left\{ (\mu, \nu) \,\middle|\, \mu > \gamma, \nu = \dfrac{\mu}{\mu - \gamma} \right\}$，那么 l_7 将 D_1 和 D_4 分别分成两个子区域，即

$$D_1 = D_{11} \cup D_{12}, \quad D_4 = D_{41} \cup D_{42},$$

其中，

$$D_{11} = \left\{ (\mu, \nu) \,\middle|\, (\mu, \nu) \in D_1, \nu < \dfrac{\mu}{\mu - \gamma} \right\}, \quad \text{在 } D_{11} \text{ 上} \dfrac{\nu - \gamma - 1}{1 + \gamma - \mu} < \dfrac{\nu \gamma}{\mu} < \dfrac{\gamma}{\mu - \gamma};$$

$$D_{12} = \left\{ (\mu, \nu) \,\middle|\, (\mu, \nu) \in D_1, \nu > \dfrac{\mu}{\mu - \gamma} \right\}, \quad \text{在 } D_{12} \text{ 上} \dfrac{\gamma}{\mu - \gamma} < \dfrac{\nu \gamma}{\mu} < \dfrac{\nu - \gamma - 1}{1 + \gamma - \mu};$$

$$D_{41} = \left\{ (\mu, \nu) \,\middle|\, (\mu, \nu) \in D_4, \nu < \dfrac{\mu}{\mu - \gamma} \right\}, \quad \text{在 } D_{41} \text{ 上} \dfrac{\nu \gamma}{\mu} < \dfrac{\gamma}{\mu - \gamma} < \dfrac{\nu - \gamma - 1}{1 + \gamma - \mu};$$

$$D_{42} = \left\{ (\mu, \nu) \,\middle|\, (\mu, \nu) \in D_4, \nu > \dfrac{\mu}{\mu - \gamma} \right\}, \quad \text{在 } D_{42} \text{ 上} \dfrac{\nu - \gamma - 1}{1 + \gamma - \mu} < \dfrac{\gamma}{\mu - \gamma} < \dfrac{\nu \gamma}{\mu}.$$

证毕.

引理 6.3.10 在系统 (6.3.6) 中，对于不同的正参数值 γ, μ, ν, ξ, 存在 $\rho > 0$ 使得在 $O_\rho(E_0) \cap \mathbb{R}_+^2$ 内的轨线具有如下六种不同的拓扑结构 (图 6.5)：

(i) 扇形 H：若条件 "$(\mu, \nu) \in D_{11}, \xi > \dfrac{\nu - \gamma - 1}{1 + \gamma - \mu}$" 或 "$(\mu, \nu) \in D_3, \xi > 0$" 成立，那么 $O_\rho(E_0) \cap \mathbb{R}_+^2$ 由边界为 $x_1 = 0$ 和 $x_2 = 0$ 的双曲扇形构成；

(ii) 扇形 $\overline{Q}QH$：若 $(\mu, \nu) \in D_{11}, 0 < \xi \leqslant \dfrac{\nu - \gamma - 1}{1 + \gamma - \mu}$，那么 $O_\rho(E_0) \cap \mathbb{R}_+^2$ 由边界为 $x_2 = 0$ 和 l_4 的双曲扇形以及两个 "吸引" 抛物扇形构成，这两个抛物扇形的公共边界是 Σ_{s_2} 且当 $\xi = \dfrac{\nu - \gamma - 1}{1 + \gamma - \mu}$ 时，二者重合；

(iii) 扇形 HP：若条件 "$(\mu, \nu) \in D_{12}, \xi > \dfrac{\nu - \gamma - 1}{1 + \gamma - \mu}$" 或 "$(\mu, \nu) \in D_{41}, 0 < \xi < \dfrac{\nu - \gamma - 1}{1 + \gamma - \mu}$" 成立，那么 $O_\rho(E_0) \cap \mathbb{R}_+^2$ 由边界为 $x_1 = 0$ 和 l_4 的双曲扇形以及两个 "排斥" 抛物扇形构成；

(iv) 扇形 $\overline{K}R$：若条件 "$(\mu, \nu) \in D_{12}, \dfrac{\nu \gamma}{\mu} < \xi \leqslant \dfrac{\nu - \gamma - 1}{1 + \gamma - \mu}$" 或 "$(\mu, \nu) \in D_2, \xi > \dfrac{\nu \gamma}{\mu}$" 或 "$(\mu, \nu) \in D_{41}, \xi \geqslant \dfrac{\nu - \gamma - 1}{1 + \gamma - \mu}$" 或 "$(\mu, \nu) \in D_{42}, \xi > \dfrac{\nu \gamma}{\mu}$" 成立，那么 $O_\rho(E_0) \cap \mathbb{R}_+^2$ 由边界为 $x_1 = 0$ 和 Σ_{s_2} 的双曲扇形和一个 "排斥" 抛物扇形构成；

(v) 扇形 $\overline{Q}F$：若条件 "$(\mu, \nu) \in D_{12}, 0 < \xi \leqslant \dfrac{\nu \gamma}{\mu}$" 或 "$(\mu, \nu) \in D_2, 0 < \xi \leqslant$

$\dfrac{\nu\gamma}{\mu}$" 或 "$(\mu,\nu)\in D_{42}$, $\dfrac{\nu-\gamma-1}{1+\gamma-\mu}\leqslant\xi\leqslant\dfrac{\nu\gamma}{\mu}$" 成立, 那么 $O_{\rho}(E_0)\cap\mathbb{R}_+^2$ 由边界为 $x_1=0$ 和 Σ_{s_2} 的 "吸引" 抛物扇形和一个椭圆扇形构成;

(vi) 扇形 PE: 若 $(\mu,\nu)\in D_{42}$, $0<\xi<\dfrac{\nu-\gamma-1}{1+\gamma-\mu}$, 那么 $O_{\rho}(E_0)\cap\mathbb{R}_+^2$ 由边界为 $x_1=0$ 和 l_4 的 "吸引" 抛物扇形和一个椭圆扇形构成.

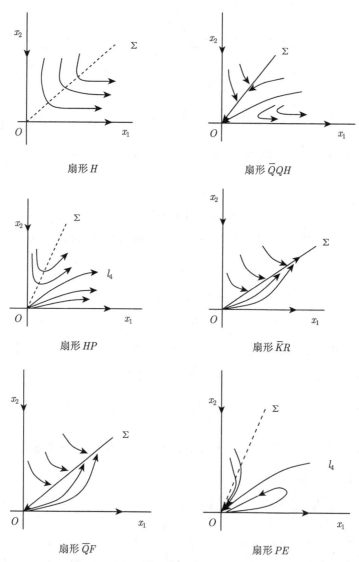

图 6.5　模型 (6.3.6) 中, 对不同参数值 γ, μ, ν, ξ, E_0 附近轨线的拓扑结构

证明　我们首先分析在 G^- 内轨线的特点. 显然, 参数值 μ, ν, γ, ξ 的变化不

影响 G^- 内轨线的特点. 根据推论 6.3.1可知, 存在 $\rho_0 > 0$ 和 $0 < T_{x_0}^{-'} < +\infty$ 使得对于任意 $x_0 \in G^- \cap O_{\rho_0}(E_0)$, 有 $x^{**}(T_{x_0}^{-'}, x_0) \in \Sigma$. 在系统 (6.3.4) 中, 由于 E_0 是鞍点, 因此 $x^{**}(t, x_0)$ 将从负方向离开 $O_{\rho_0}(E_0)$.

设 $x^{**}(T_{x_0}^{-'}, x_0) = x_0^{**}$ 且 $x(t, x_0^{**})$ 是系统 (6.3.6) 满足初始条件 $x(0, x_0^{**}) = x_0^{**}$ 的一个解. 下面, 我们将结合引理 6.3.2 来确定对于不同参数值 μ, ν, γ, ξ, 在 $(G^+ \cup \Sigma) \cap O_{\rho_0}(E_0)$ 内轨线的结构特点.

如果 $(\mu, \nu) \in D_{11}$, 对于系统 (6.3.5), 存在 $0 < \rho_1 < \max\{\rho_0, \min\{\rho_0, x_1^+\}\}$ 使得在 $O_{\rho_1}(E_0) \cap \mathbb{R}_+^2$ 内轨线的拓扑结构为一个 "吸引" 抛物扇形和一个双曲扇形的组合, 即扇形 PH. 如果 (A_0) 成立, 那么

$$(\Sigma \cup G^+) \cap O_{\rho_1}(E_0) \subseteq H.$$

因此,

$$x(t, x_0^{**}) = x^*(t, x_0^{**}) \in G^+, \quad 0 < t \ll 1$$

且 $x^*(t, x_0^{**})$ 最终从正方向离开 $O_{\rho_1}(E_0)$. 从而, 在系统 (6.3.6) 中, $O_{\rho_1}(E_0) \cap \mathbb{R}_+^2$ 由一个边界为 $x_1 = 0$ 和 $x_2 = 0$ 的双曲扇形构成, 即扇形 H. 如果 (A_4) 成立, 那么

$$\Sigma \cap O_{\rho_1}(E_0) \subseteq P.$$

令 D_0 为由 l_4 和 Σ 围成的区域. 因为当 (A_4) 成立时, 有

$$\Sigma_s = \Sigma_{s_2}, \quad 0 < \xi < \frac{\nu - \gamma - 1}{1 + \gamma - \mu} < \frac{\nu\gamma}{\mu},$$

所以对于 $0 < t \ll 1$, 有 $x(t, x_0^{**}) = x_s(t, x_0^{**})$ 且

$$x_s(t, x_0^{**}) \to E_0, \quad t \to +\infty.$$

又根据引理 6.3.5 知, 存在 $0 < \rho_2 < \rho_1$ 和 $0 < T_{x_0}^+ < +\infty$ 使得

$$x^*(T_{x_0}^+, x_0) \in \Sigma, \quad x_0 \in D_0 \cap O_{\rho_2}(E_0).$$

根据以上分析可得在系统 (6.3.6) 中, $O_{\rho_2}(E_0) \cap \mathbb{R}_+^2$ 由一个边界为 l_4 和 $x_2 = 0$ 的双曲扇形和两个公共边界为 $\Sigma_{s_2} \cap O_{\rho_2}(E_0)$ 的 "吸引" 抛物扇形构成, 即扇形 $\overline{Q}QH$. 当 $\xi = \dfrac{\nu - \gamma - 1}{1 + \gamma - \mu}$ 时, 适当地选取 ρ_2, 区域 $D_0 \cap O_{\rho_2}(E_0)$ 将退化为一条曲线. 从而, 两个抛物扇形 $\overline{Q}Q$ 将重合.

如果 $(\mu, \nu) \in D_{12}$, 对于系统 (6.3.5), 存在 $\rho_3 > 0$ 使得在 $O_{\rho_3}(E_0) \cap \mathbb{R}_+^2$ 内轨线的拓扑结构为一个椭圆扇形和一个 "排斥" 的抛物扇形组合, 即扇形 EP. 如果 (A_0) 成立, 那么

$$(G^+ \cup \Sigma) \cap O_{\rho_3}(E_0) \subseteq P.$$

因此, 有

$$x(t, x_0^{**}) = x^*(t, x_0^{**}), \quad 0 < t \ll 1$$

且最终从正方向离开 $O_{\rho_3}(E_0)$. 从而, 在系统 (6.3.6) 中, $O_{\rho_3}(E_0) \cap \mathbb{R}_+^2$ 由一个边界为 $x_1 = 0$ 和 l_4 的双曲扇形和一个 "排斥" 抛物扇形构成, 即扇形 HP.

当 (A_4) 成立时, 则

$$\Sigma \cap O_{\rho_3}(E_0) \subseteq E, \quad \Sigma_s = \Sigma_{s_2}, \quad \frac{\gamma}{\mu - \gamma} < \frac{\nu\gamma}{\mu} < \frac{\nu - \gamma - 1}{1 + \gamma - \mu}.$$

从而, 存在 $0 < \rho_4 < \rho_3$ 使得对于 $0 < \xi \leqslant \dfrac{\nu\gamma}{\mu}$ 有 $f_{s1}(x_0) < 0$, 且当 $\dfrac{\nu\gamma}{\mu} < \xi \leqslant \dfrac{\nu - \gamma - 1}{1 + \gamma - \mu}$ 时有 $f_{s1}(x_0) > 0$, 其中, $x_0 \in \Sigma_{s_2} \cap O_{\rho_3}(E_0)$. 因此, 在系统 (6.3.6) 中, 有:

(1) 当 $0 < \xi \leqslant \dfrac{\nu\gamma}{\mu}$ 时, 则 $O_{\rho_4}(E_0) \cap \mathbb{R}_+^2$ 由一个 "吸引" 抛物扇形和一个椭圆扇形构成, 即扇形 $\overline{QF}$;

(2) 当 $\dfrac{\nu\gamma}{\mu} < \xi \leqslant \dfrac{\nu - \gamma - 1}{1 + \gamma - \mu}$ 时, 则 $O_{\rho_4}(E_0) \cap \mathbb{R}_+^2$ 由一个双曲扇形和一个 "排斥" 抛物扇形构成, 即扇形 $\overline{KR}$.

在其他区域上应用类似的推理, 可得结论. 证毕.

6.3.2　全局动力学

本小节将分析系统 (6.3.6) 的全局动力学行为. 注意到 $x_1 = 0$ 和 $x_2 = 0$ 是系统 (6.3.6) 的不变集. 这里首先讨论极限环的存在性.

定理 6.3.1　假设 ϑ_T 是系统 (6.3.6) 的一条闭轨, 那么 $\vartheta_T \subseteq G^+ \cup \Sigma$ (即 $\vartheta_T \cap G^- = \varnothing$) 且 E_2 是不稳定实平衡点.

证明　运用反证法. 假设 $\vartheta_T \cap G^- \neq \varnothing$, 则有 (1) $\vartheta_T \subseteq G^- \cup \Sigma$ 或 (2) $\vartheta_T \nsubseteq G^- \cup \Sigma$, 即 $\vartheta_T \cap G^+ \neq \varnothing$. 显然, 由于在 G^- 内无实平衡点存在, 则 (1) 不成立. 下面, 我们将情形 (2) 分成两种子情形进行讨论: (i) $\vartheta_T \cap \Sigma_s = \varnothing$; (ii) $\vartheta_T \cap \Sigma_s \neq \varnothing$.

显然, 如果 $\vartheta_T \cap \Sigma_s = \varnothing$, 那么

$$\Sigma_c = \Sigma_{c_1} \cup \Sigma_{c_2}, \quad \vartheta_T \cap \Sigma_{c_1} \neq \varnothing, \quad \vartheta_T \cap \Sigma_{c_2} \neq \varnothing.$$

令

$$\vartheta_T \cap \Sigma_{c_1} = \{x_{c_1}\}, \quad \vartheta_T \cap \Sigma_{c_2} = \{x_{c_2}\}.$$

设 $\Gamma_0 = \vartheta_T \cap G^+$, 即 Γ_0 为连接 x_{c_1} 和 x_{c_2} 的轨线. 因此, $\dfrac{\mathrm{d}x}{\mathrm{d}t}\bigg|_{x \in \Gamma_0} = f^+(x)$. 因为对于任意的 $x_0 \in \Gamma_0$, $f_{11}(x_0) < x_{01}(1 - x_{01})$, 所以: 如果 $x_{c_11} \leqslant 1$, 那么根据比较

定理可知 $x_{01} < 1$, 这与 $x_{c_2} \in \Gamma_0$ 矛盾; 由于 $x_{c_1 1} > 1$ 隐含 $f_{11}(x_{c_1}) < 0$, 因此从 x_{c_1} 出发的轨线不能到达点 x_{c_2}, 这是一个矛盾.

由 $L_{F_i}h(\ i = 1, 2)$ 在 Σ 上的符号, 可知 ϑ_T 在 Σ_{c_1} 或 $\partial(\Sigma_s)(\ \Sigma_{c_2})$ 处从 Σ 进入 $G^+(\ G^-)$. 由 $\vartheta_T \cap G^+ \neq \varnothing$ 可知 $\vartheta_T \cap \Sigma_{c_2} \neq \varnothing$. 更进一步, 将 $\vartheta_T \cap \Sigma_s \neq \varnothing$ 和 $\vartheta_T \cap G^+ \neq \varnothing$ 与引理 6.3.7 和引理 6.3.9 结合, 可得 $x^+ \in \vartheta_T \cap \partial(\Sigma_s)$ 且 x^+ 为一个可视折点. 运用类似于 (i) 的推理可知, 从 x^+ 出发的轨线不能到达 Σ_{c_2}, 即 $\vartheta_T \cap \Sigma_{c_2} \neq \varnothing$ 与 $\vartheta_T \cap \Sigma_s \neq \varnothing$ 不能共存.

根据以上分析, 可得 $\vartheta_T \subseteq G^+ \cup \Sigma$.

下面, 我们将证明 $\vartheta_T \subseteq G^+ \cup \Sigma$ 隐含 E_2 是一个不稳定的实平衡点. 显然, 由于在 G^+ 内, E_2 是唯一的平衡点, 因此它是实平衡点. 运用反证法. 假设 E_2 是稳定的, 由引理 6.3.3 可知极限环 ϑ_T 不可能全部位于 G^+ 内. 因此, 可设 $\vartheta_T = \Gamma_1 \cup \Gamma_2$, 其中 $\Gamma_1 \subseteq G^+, \Gamma_2 \subseteq \Sigma_s$. 令 O 为 E_2 的吸引域且 D 是由 $\partial(O)$ 和 ϑ_T 围成的环形区域. 将其结合

$$L_{f^+}h(x) < 0, \qquad x \in \Gamma_2,$$

则根据 Poincaré-Bendixson 环域定理[812] 可知, 系统 (6.3.5) 在 D 内有一闭轨. 这与引理 6.3.3 相矛盾. 因此, E_2 是不稳定的. 证毕.

设 Ω_1 是边界为 l_5 和 l_6 的开区域, Ω_2 是边界为 l_6 和 l_7 的开区域.

定理 6.3.2 如果下列条件之一成立:

(i) $(\mu, \nu) \in \Omega_1, 0 < \xi < \dfrac{\gamma}{\mu - \gamma}$;

(ii) $(\mu, \nu) \in \Omega_2, \dfrac{\nu - \gamma - 1}{1 + \gamma - \mu} < \xi < \dfrac{\gamma}{\mu - \gamma}$,

那么, 系统 (6.3.6) 有唯一的极限环. 如果极限环是滑模极限环, 则它为全局有限时间稳定的.

证明 根据引理 6.3.2 和引理 6.3.3 可知, 当 $(\mu, \nu) \in \Omega_1$ 时, 系统 (6.3.5) 有唯一稳定极限环. 设该极限环为 $\vartheta_T(t) = (x_1^T(t), x_2^T(t))$ 且周期为 T. 假设

$$\kappa(t) = \frac{x_1^T(t)}{x_2^T(t)}, \qquad k_0 = \min_{t \in [0, T]} \kappa(t),$$

则 $k_0 \in (\kappa')^{-1}(0)$. 从而 $k_0 > \dfrac{\nu - \gamma - 1}{1 + \gamma - \mu}$. 又因为 E_2 位于 ϑ_T 所围区域的内部, 所以 $k_0 < \dfrac{\gamma}{\mu - \gamma}$. 因此, 当 $(\mu, \nu) \in \Omega_1$ 时, 我们可得下列结论:

(1) 若 $0 < \xi < k_0$, 则 $\vartheta_T \subseteq G^+$.

(2) 若 $\xi = k_0$, 则 Σ 与 ϑ_T 相切.

(3) 若 $k_0 < \xi < \dfrac{\gamma}{\mu - \gamma}$, 则 Σ 与 ϑ_T 横截相交.

下面, 我们将证明在情形 (3) 下, 虽然 ϑ_T 不再是系统 (6.3.6) 的极限环, 但是此时将有一个滑模极限环出现.

论断 1　如果 (3) 成立, 那么 $\vartheta_T \cap \Sigma = \{x_{m_1}, x_{m_2}\}$, 其中

$$x_{m_1} \in \Sigma_{c_1}, \quad x_{m_2} \in \Sigma_{s_1}.$$

论断 1 的证明　如果 (3) 成立, 则 $N(\vartheta_T \cap \Sigma) \geqslant 2$, 这里 $N(\vartheta_T \cap \Sigma)$ 代表 $\vartheta_T \cap \Sigma$ 中元素的个数. 运用反证法. 假设 $\vartheta_T \cap \Sigma$ 中至少有三个元素, 不失一般性, 假设 $x_{m_i} \in \vartheta_T \cap \Sigma$ 且对于 $i \neq j$, $x_{m_i} \neq x_{m_j}$, 即存在 $t_i \in [0, T]$, $t_1 < t_2 < t_3$, 使得 $\vartheta_T(t_i) = x_{m_i}, x_{m_i} \in \Sigma \ (i = 1, 2, 3)$. 令 $g_4(\vartheta_T(t)) = h(\vartheta_T(t))$, 那么 $t_i \in (g_4)^{-1}(0)$, $i = 1, 2, 3$. 因此, 存在 $\tau_1 \in (t_1, t_2), \tau_2 \in (t_2, t_3)$, 使得

$$\left. \frac{\mathrm{d}g_4(t)}{\mathrm{d}t} \right|_{t = \tau_i} = 0, \quad i = 1, 2,$$

即 $L_{f^+} h(\vartheta_T(\tau_i)) = 0$, $i = 1, 2$. 由系统 (6.3.5) 初值问题解的唯一性可知 $\vartheta_T(\tau_1) \neq \vartheta_T(\tau_2)$, 这与 x^+ 是 f^+ 的唯一非零折点相矛盾.

令 $\vartheta_T \cap \Sigma = \{x_{m_1}, x_{m_2}\}$ 且 $x_{m_1 1} < x_{m_2 1}$. 易得, 对于所有 $t \in [0, T]$, $x_1^T(t) < 1$. 因此, $x_{m_1} \in \Sigma_{c_1}, x_{m_2} \in \Sigma_{s_1}$.

令 D_1 是边界为 $\vartheta_T \cap G^+$ 和 Γ_0 的有界区域, 其中

$$\Gamma_0 = \{x \in \Sigma \mid x_{m_1 1} < x_1 < x_{m_2 1}\}.$$

显然, $x^+ \in \Gamma_0$ 且当 $(\mu, \nu) \in \Omega_1$, $\xi < \dfrac{\gamma}{\mu - \gamma}$ 时, x^+ 是一个可视折点. 从而,

$$\{x^*(t, x^+) \mid 0 < t \ll 1\} \subseteq D_1.$$

那么, 存在 $0 < t_0 < +\infty$ 使得 $x^*(t_0, x^+) \in \Gamma_0$. 否则, $\{x^*(t, x^+) \mid t > 0\} \subseteq D_1$. 因为当 $(\mu, \nu) \in \Omega_1$ 时, E_2 是不稳定的, 所以 $\omega(x^+) \subseteq D_1$ 非空、有界且不包含平衡点. 因此, $\omega(x^+)$ 为一个闭轨[812]. 这与系统 (6.3.5) 极限环的唯一性矛盾. 将以上分析与引理 4.3.1 和引理 6.3.8 结合可得 $x^*(t, x^+)$ 为一个滑模极限环.

根据引理 6.3.3 可得, 当 $(\mu, \nu) \in \Omega_2$ 时, 系统 (6.3.5) 存在一条异宿轨 ϑ_h 且 ϑ_h 是由 E_0 的一条分界线 l_4, E_1 的一条分界线 l_3, E_0 和 E_1 的公共分界线 l_2, 以及 E_0 和 E_1 共同构成. 因此, 可令

$$\vartheta_h = \{(x_1^h(t), x_2^h(t)) \mid t > 0\} \cup \{E_0, E_1\} \cup l_2,$$

其中 $\{(x_1^h(t), x_2^h(t)) \mid t > 0\} \subseteq \mathbb{R}_+^2$ 为从 E_1 出发最终沿 l_4 趋近 E_0 的一条轨线.

论断 2 对于所有 $t > 0$, 有 $\dfrac{x_1^h(t)}{x_2^h(t)} \geqslant \dfrac{\nu - \gamma - 1}{1 + \gamma - \mu}$. 如果 $\xi > \dfrac{\nu - \gamma - 1}{1 + \gamma - \mu}$, 那么 $\vartheta_h \cap \Sigma = \{E_0, x_{m_3}\}$, 其中 $x_{m_31} \in (x_1^+, 1)$.

论断 2 的证明 显然, 对于 $0 < t \ll 1$, 有 $\dfrac{x_1^h(t)}{x_2^h(t)} > \dfrac{\nu - \gamma - 1}{1 + \gamma - \mu}$. 运用反证法. 假设存在 $0 < t_0 < +\infty$ 使得

$$\frac{x_1^h(t_0)}{x_2^h(t_0)} < \frac{\nu - \gamma - 1}{1 + \gamma - \mu}.$$

注意到当 $t \to +\infty$ 时, $(x_1^h(t), x_2^h(t))$ 沿着 l_4 趋近 E_0, 从而必存在 t_1 和 t_2, 其中 $0 < t_1 < t_0 < t_2 \leqslant +\infty$, 使得

$$\frac{x_1^h(t_i)}{x_2^h(t_i)} = \frac{\nu - \gamma - 1}{1 + \gamma - \mu}, \quad i = 1, 2,$$

且对于所有 $t \in (t_1, t_2)$, 有 $\dfrac{x_1^h(t)}{x_2^h(t)} < \dfrac{\nu - \gamma - 1}{1 + \gamma - \mu}$. 因此, 存在 $t_3 \in (t_1, t_2)$ 使得 $\dfrac{\mathrm{d}}{\mathrm{d}t}\left(\dfrac{x_1^h(t)}{x_2^h(t)}\right)\Big|_{t = t_3} = 0$, 即

$$\frac{x_1^h(t_3)}{x_2^h(t_3)}\left[1 + \gamma - x_1^h(t_3) - \frac{\mu x_1^h(t_3) + \nu x_2^h(t_3)}{x_1^h(t_3) + x_2^h(t_3)}\right] = 0. \tag{6.3.10}$$

根据 (6.3.10) 可得

$$\frac{x_1^h(t_3)}{x_2^h(t_3)} = \frac{\nu - \gamma - 1 + x_1^h(t_3)}{1 + \gamma - \mu - x_1^h(t_3)} > \frac{\nu - \gamma - 1}{1 + \gamma - \mu},$$

这是一个矛盾.

显然, 如果 $\xi > \dfrac{\nu - \gamma - 1}{1 + \gamma - \mu}$, 那么 Σ 将横截穿过 $\{(x_1^h(t), x_2^h(t)) \mid t > 0\}$. 运用类似于论断 1 的推理可得 $N(\vartheta_h \cap \Sigma) = 2$, 且对于所有 $t > 0$ 有 $x_1^h(t) < 1$. 因为 $E_0 \in \vartheta_h \cap \Sigma$, 所以可令 $\vartheta_h \cap \Sigma = \{E_0, x_{m_3}\}$. 又因为

$$(x_1^h(t), x_2^h(t)) \to E_0, \quad t \to +\infty,$$

所以

$$\{(x_1^h(t), x_2^h(t)) \mid t > 0\} \cap \Sigma = \{x_{m_3}\} \quad \text{且} \quad L_{f+h}(x_{m_3}) < 0.$$

因此, $x_{m_31} \in (x_1^+, 1)$.

令 D_2 是由边界为 $\overline{l_2} \cup \Gamma_1 \cup \Gamma_2$ 所围成的有界区域, 其中

$$\Gamma_1 = \{x \mid x \in \Sigma, 0 \leqslant x_1 \leqslant x_{m_31}\}, \quad \Gamma_2 = \{(x_1^h(t), x_2^h(t)) \mid x_{m_31} \leqslant x_1^h(t) < 1\},$$

那么, 存在 $0 < t_1 < +\infty$ 使得 $x^*(t_1, x^+) \in \Gamma_1$. 否则, 根据当 $(\mu, \nu) \in \Omega_2$, $\xi < \dfrac{\gamma}{\mu - \gamma}$ 时, x^+ 是可视折点可知 $\{x^*(t, x^+) \mid t > 0\} \subseteq D_2$. 一方面, 当 $(\mu, \nu) \in \Omega_2$, $\xi > \dfrac{\nu - \gamma - 1}{1 + \gamma - \mu}$ 时, 根据引理 6.3.2 和注 6.3.1 可得, 存在 $\rho > 0$ 使得 $G^+ \cap O_\rho(E_0)$ 位于一双曲扇形内. 另一方面, 当 $(\mu, \nu) \in \Omega_2$ 时, E_1 是一个鞍点且 E_2 是不稳定的. 因此, $\omega(x^+) \subseteq D_2$ 为一条闭轨[812]. 这与系统 (6.3.5) 极限环的唯一性相矛盾. 将以上分析与引理 4.3.1 和引理 6.3.8 结合可得, $x^*(t, x^+)$ 是一个滑模极限环.

因此, 我们可以说如果 (3) 或 (ii) 成立, $x^*(t, x^+)$ 是一个滑模极限环. 令 $\vartheta_c = \{x^*(t, x^+), t \in \mathbb{R}\}$ 且 $\vartheta_c \cap \Sigma = \{x_{m_4}, x^+\}$.

论断 3   如果 (3) 或 (ii) 成立, 那么滑模极限环 ϑ_c 是全局有限时间稳定的.

论断 3 的证明   首先, 我们证明从 $\mathbb{R}_+^2$ 任意一点出发的轨线将在有限时间内到达 Σ. 令 D_3 是以 ϑ_c 为边界的有界区域. 设

$$\Gamma_3 = \{x \mid x \in \mathbb{R}_+^2, 0 \leqslant x_1 \leqslant M, x_2 = 0\},$$
$$\Gamma_4 = \left\{x \mid x \in \mathbb{R}_+^2, x_1 = M, 0 \leqslant x_2 \leqslant \frac{M}{\xi}\right\},$$
$$\Gamma_5 = \{x \mid x \in \Sigma, 0 \leqslant x_1 \leqslant M\},$$

其中 M 是待定常数. 令 D_4 是以 Γ_3, Γ_4 和 Γ_5 为边界的区域且 $D_5 = D_4 \setminus D_3$.

对于任意 $x_0 \in D_3$, 存在 $0 < T_{x_0}^+ < +\infty$ 使得 $x^*(T_{x_0}^+, x_0) \in \Sigma$. 运用反证法. 假设对于所有 $t > 0$, 有 $x^*(t, x_0) \in D_3$. 由于 E_2 是不稳定的, 因此 $\omega(x_0)$ 为一闭轨. 这是一个矛盾.

对于任意 $x_0 \in \Sigma_{c_2} \cup G^-$, 存在 $0 < T_{x_0}^- < +\infty$ 使得 $x^{**}(T_{x_0}^-, x_0) \in \Sigma$. 运用反证法. 假设对于所有 $t > 0$, 有 $x^{**}(t, x_0) \in G^-$. 但是,

$$x^{**}(t, x_0) \to E_1, \quad t \to +\infty,$$

这与 $E_1 \in G^+$ 相矛盾.

对于任意 $x_0 \in D_5 \cup \Sigma_{c_1}$, 当 $x_{01} < 1$ 时, 取 $M = 1$; 当 $x_{01} \geqslant 1$ 时, 取 $M = x_{01}$. 那么, 存在 $0 < T_{x_0}^+ < +\infty$ 使得 $x^*(T_{x_0}^+, x_0) \in \Sigma$. 运用反证法, 假设对于所有 $t > 0$, 有 $x^*(t, x_0) \in D_5$. 一方面, 如果 (3) 或 (ii) 成立, 那么根据引理 6.3.2 和注 6.3.1 可知存在 ρ 使得 $O_\rho(E_0) \cap G^+$ 位于一个双曲扇形内. 另一方面, E_1 是一个鞍点. 因此, $\omega(x_0) \subseteq D_5$ 为一个闭轨. 这是一个矛盾.

下面, 我们将计算轨线达到滑模极限环 ϑ_c 的时间.

考虑在 Σ_{s_1} 上的轨线. 根据系统 (6.3.7) 可得, 对于在 Σ_{s_1} 上且满足 $x_{01} >$

x_{m_41} 的点 x_0, 有 $x_s^*(t_0(x_0), x_0) = x_{m_4}$, 其中,

$$t_0(x_0) = \frac{\nu + \mu\xi}{\mu\xi x_{s1}} \ln \frac{x_{m_41}(x_{01} - x_{s1})}{x_{01}(x_{m_41} - x_{s1})}.$$

设 $x(t, x_0)$ 为系统 (6.3.6) 的任一解, 其中 $x_0 \in \mathbb{R}_+^2$. 令

$$T_f(x_0) = \inf\{t \mid t \geqslant 0, x(t, x_0) \in \vartheta_c\},$$

$$\Sigma_1' = \vartheta_c \cap \Sigma, \qquad \Sigma_2' = \Sigma_{s_1} \setminus \Sigma_1',$$

$$x_0^* = x^*(T_{x_0}^+, x_0), \qquad x_0^{**} = x^{**}(T_{x_0}^-, x_0).$$

那么, 从上面的分析可得

$$T_f(x_0) = \begin{cases} T_{f1}(x_0), & x_0 \in \Sigma, \\ T_{f2}(x_0), & x_0 \in G^+, \\ T_{f3}(x_0), & x_0 \in G^-, \end{cases}$$

其中

$$T_{f1}(x_0) = \begin{cases} 0, & x_0 \in \Sigma_1', \\ t_0(x_0), & x_0 \in \Sigma_2', \\ T_{x_0}^+ + t_0(x_0^*), & x_0 \in \Sigma_{c_1}, \\ T_{x_0}^- + t_0(x_0^{**}), & x_0 \in \Sigma_{c_2}; \end{cases}$$

$$T_{f2}(x_0) = \begin{cases} T_{x_0}^+, & x_0 \in G^+, \ x_0^* \in \Sigma_1', \\ T_{x_0}^+ + t_0(x_0^*), & x_0 \in G^+, \ x_0^* \in \Sigma_2', \\ T_{x_0}^+ + T_{f1}(x_0^*), & x_0 \in G^+, \ x_0^* \in \Sigma_{c_2}; \end{cases}$$

$$T_{f3}(x_0) = \begin{cases} T_{x_0}^-, & x_0 \in G^-, \ x_0^{**} \in \Sigma_1', \\ T_{x_0}^- + t_0(x_0^{**}), & x_0 \in G^-, \ x_0^{**} \in \Sigma_2', \\ T_{x_0}^- + T_{f1}(x_0^{**}), & x_0 \in G^-, \ x_0^{**} \in \Sigma_{c_1}. \end{cases}$$

因为 $T_{x_0}^+$, $T_{x_0}^-$ 和 $t_0(x_0)$ 都是有限值, 所以 ϑ_c 是全局有限时间稳定的.

极限环的唯一性是显然的. 证毕.

注 6.3.2 从定理 6.3.2 的证明过程可知, 轨线以下列方式到达滑模极限环: 先到达滑模区域 Σ_{s_1}, 然后沿着滑模到达滑模极限环. 对于固定参数 μ, ν, γ, 可知当 $\xi_2 < \xi_1$ 时, 有 $\vartheta_c(\xi_1) \subseteq \vartheta_c(\xi_2)$. 这隐含当 ξ 增加时, 滑模极限环的幅度减少. 事实上, 这可由 $x_1^+(\xi)$ 是关于 ξ 的单调递增函数可知. 另外, 当 $\xi = \dfrac{\gamma}{\mu - \gamma}$ 时, $\vartheta_c(\xi)$ 将退缩为一边界平衡点.

现在, 我们来讨论系统 (6.3.6) 的渐近行为, 并结合 6.3.1 小节和上面关于极限环存在性讨论中的结论得到系统 (6.3.6) 的全局动力学行为.

引理 6.3.11　在系统 (6.3.6) 中, 实平衡点 E_2 和伪平衡点 x_s 不能共存.

证明　一方面, E_2 为实平衡点当且仅当

$$\mu > \gamma, \quad \nu < \frac{\mu}{\mu - \gamma}, \quad \xi \leqslant \frac{\gamma}{\mu - \gamma}.$$

另一方面, 根据引理 6.3.8 可知 x_s 为伪平衡点当且当下列条件之一成立:

(1) $x_1^+ > 0, \xi > \dfrac{\gamma}{\mu - \gamma}$;

(2) $x_1^+ \leqslant 0, \xi > \dfrac{\nu\gamma}{\mu}$.

显然, 当 $x_1^+ > 0$ 时, 结论成立.

假设 $x_1^+ \leqslant 0$ 且 E_2 为实平衡点. 易得在 (A_4)—(A_7) 中, 只有 (A_4) 成立. 因此

$$(\mu, \nu) \in D_{11}, \quad \xi \leqslant \frac{\nu - \gamma - 1}{1 + \gamma - \mu} < \frac{\nu\gamma}{\mu}.$$

从而, x_s 不是伪平衡点.

假设 $x_1^+ \leqslant 0$ 且 x_s 是伪平衡点, 那么, 在 (A_4)—(A_7) 中, 只有当 (A_6) 成立时, E_2 存在. 因此

$$(\mu, \nu) \in D_{41}, \quad \xi \geqslant \frac{\nu - \gamma - 1}{1 + \gamma - \mu} > \frac{\gamma}{\mu - \gamma}.$$

从而, E_2 不是实平衡点. 证毕.

显然, 对于任意的正参数值, E_0 和 E_1 都是系统 (6.3.6) 的实平衡点且系统 (6.3.6) 的解有界. 下面定理都是在系统 (6.3.6) 中考虑的且设在定理 6.3.2 中的极限环为 ϑ_T.

定理 6.3.3　假设 $x_1^+ > 0$ 且 E_2 为实平衡点, 那么下列结论成立:

(i) 如果 E_2 是不稳定的, 那么 ϑ_T 是全局吸引的 (图 6.6(a), (b));

(ii) 如果 E_2 是稳定的, 那么 E_2 是全局吸引的 (图 6.6(c), (d)).

证明　通过简单的计算可得, 如果 $x_1^+ > 0$ 且 E_2 是实平衡点, 那么下列条件之一成立:

(1) $\gamma < \mu < \gamma + 1, \gamma + 1 < \nu < \dfrac{\mu}{\mu - \gamma}, \dfrac{\nu - \gamma - 1}{1 + \gamma - \mu} < \xi \leqslant \dfrac{\gamma}{\mu - \gamma}$;

(2) $\gamma < \mu \leqslant \gamma + 1, 0 < \nu \leqslant \gamma + 1, 0 < \xi \leqslant \dfrac{\gamma}{\mu - \gamma}$;

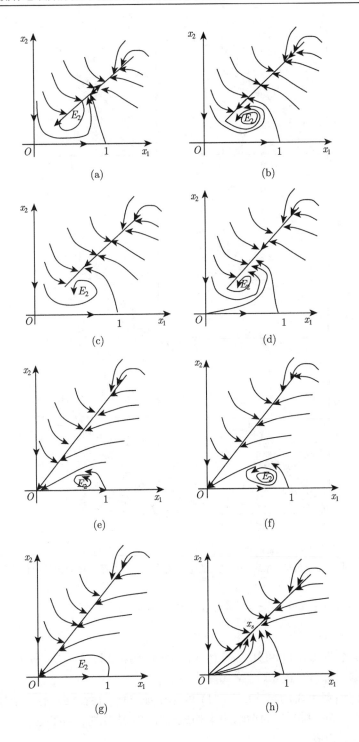

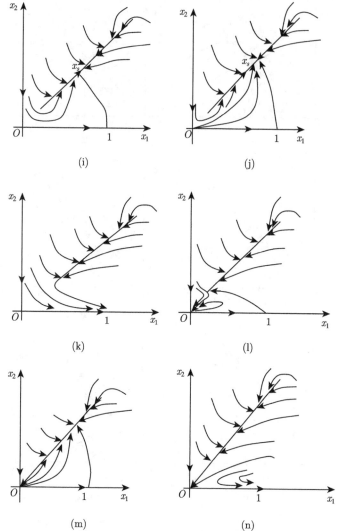

图 6.6　对于不同的参数值, 系统 (6.3.6) 的全局动力学行为. 第一象限内的粗体线为切换线 Σ_s.

　　(3) $\mu > \gamma + 1, 0 < \nu < \dfrac{\mu}{\mu - \gamma}, 0 < \xi \leqslant \dfrac{\gamma}{\mu - \gamma}$.

从而, 有

　　① 根据引理 6.3.11 可知系统 (6.3.6) 的实平衡点为 E_0, E_1 和 E_2.

　　② 根据引理 6.3.1 可知 E_1 为鞍点.

　　③ 根据引理 6.3.10 可知: 当 (1) 或 (2) 成立时, 存在 E_0 的一个邻域由一个双曲扇形和一个 "排斥" 的抛物扇形构成; 当 (3) 成立时, 存在 E_0 的一个邻域由一个双曲扇形构成.

④ 根据定理 6.3.1 和定理 6.3.2 可知: 如果 E_2 是稳定的, 系统 (6.3.6) 没有极限环存在; 如果 E_2 是不稳定的, 系统 (6.3.6) 存在唯一的极限环.

因此, 根据 ①—④ 和解的有界性可得定理结论.   证毕.

注 6.3.3   在定理 6.3.3 中, 当极限环 ϑ_T 存在时, 它可能是滑模极限环. 从而, ϑ_T 可能是全局有限时间稳定的.

定理 6.3.4   假设 $x_1^+ \leqslant 0$ 且 E_2 为实平衡点, 那么下列结论成立:

(i) 如果 $(\mu, \nu) \in D_{11}$ 且 $\nu < \dfrac{\mu}{\mu + \gamma}\left(\gamma + \dfrac{\mu}{\mu - \gamma}\right)$, 那么 E_0 和 E_2 是吸引子 (图 6.6(e));

(ii) 如果 $(\mu, \nu) \in \Omega_1$, 那么 E_0 和 ϑ_T 是吸引子 (图 6.6(f));

(iii) 如果 $(\mu, \nu) \in \Omega_2$, 那么存在一条异宿轨且 E_0 是吸引子 (图 6.6(g)).

证明   通过简单计算可得, 如果 $x_1^+ \leqslant 0$ 和 E_2 是实平衡点, 那么

$$\gamma < \mu < \gamma + 1, \quad \gamma + 1 < \nu < \frac{\mu}{\mu - \gamma}, \quad 0 < \xi \leqslant \frac{\nu - \gamma - 1}{1 + \gamma - \mu}.$$

从而, 我们可得下列结论成立:

① 根据引理 6.3.11 可知系统 (6.3.6) 的实平衡点为 E_0, E_1 和 E_2.

② 根据引理 6.3.1 可知 E_1 为鞍点.

③ 根据引理 6.3.10 可知, 存在 E_0 的一个邻域由一个双曲扇形和两个 "吸引" 抛物扇形构成.

将 ①—③ 结合引理 6.3.3, 可得定理结论.   证毕.

注 6.3.4   在定理 6.3.4中, 如果 ϑ_T 存在, 由 $0 < \xi \leqslant \dfrac{\nu - \gamma - 1}{1 + \gamma - \mu}$ 可知 ϑ_T 不可能为滑模极限环. 因此, ϑ_T 是渐近稳定的.

定理 6.3.5   假设 x_s 是伪平衡点, 那么 x_s 是全局吸引的 (图 6.6 (h)—(j)).

证明   显然, 如果 x_s 是伪平衡点, 那么下列条件之一成立:

(1) $\mu > \gamma,\ 0 < \nu < \dfrac{\mu}{\mu - \gamma},\ \xi > \dfrac{\gamma}{\mu - \gamma}$;

(2) $\mu > \gamma,\ \nu \geqslant \dfrac{\mu}{\mu - \gamma},\ \xi > \dfrac{\nu\gamma}{\mu}$.

因此, 可得如下结论:

① 根据引理 6.3.11 可知系统 (6.3.6) 的实平衡点为 E_0, E_1 和 x_s.

② 根据引理 6.3.1 可知 E_1 为鞍点.

③ 根据引理 6.3.8 可知 x_s 是稳定结点.

④ 根据引理 6.3.10 可知: 当 (1) 成立且 $\mu \leqslant \gamma + 1$ 时, 存在 E_0 的一个邻域由一个双曲扇形构成; 当 (2) 或 (1) 成立且 $\mu > \gamma + 1$ 时, 存在 E_0 的一个邻域由一个双曲扇形和一个 "排斥" 的抛物扇形构成.

⑤ 根据定理 6.3.1可知, 当 x_s 是伪平衡点时, 系统 (6.3.6) 不存在极限环.

将①—⑤与解的有界性相结合, 可得定理结论. 证毕.

注 6.3.5　在定理 6.3.5 证明过程中的条件 (2) 隐含着对于任意的 $M \in (0, 1]$, 存在 ξ_0 使得 $M = x_{s1}(\xi_0)$.

定理 6.3.6　假设 $x_1^+ > 0$ 且 E_0 和 E_1 为实平衡点, 那么下列结论成立:

(i) 如果 $0 < \mu \leqslant \gamma$, 那么 E_1 是全局吸引的 (图 6.6(k));

(ii) 如果 $\mu > \gamma$, 那么 E_0 是全局吸引的 (图 6.6(l)).

证明　易得, 如果 $x_1^+ > 0$ 且 E_0 和 E_1 为实平衡点, 那么下列条件之一成立:

(1) $0 < \mu < \gamma, \nu > \gamma + 1, \ \xi > \dfrac{\nu - \gamma - 1}{1 + \gamma - \mu}$;

(2) $0 < \mu < \gamma, 0 < \nu \leqslant \gamma + 1, \xi > 0$;

(3) $\mu > \gamma + 1, \dfrac{\mu}{\mu - \gamma} < \nu < \gamma + 1, 0 < \xi < \dfrac{\nu - \gamma - 1}{1 + \gamma - \mu}$.

因此, 可得下列结论:

① 根据引理 6.3.1 可知: 当 $0 < \mu < \gamma$ 时, E_1 为稳定结点; 当 $\mu = \gamma$ 时, E_1 为鞍结点; 当 $\mu > \gamma$ 时, E_1 为鞍点.

② 根据引理 6.3.10 可知: 当 (1) 或 (2) 成立时, 存在 E_0 的一个邻域由一个双曲扇形构成; 当 (3) 成立时, 存在 E_0 的一个邻域由椭圆扇形和一个 "吸引" 抛物扇形构成.

③ 根据定理 6.3.1 可知, 在 (1)—(3) 任意条件下, 系统 (6.3.6) 不存在极限环.

将①—③与解的有界性相结合, 可得定理结论. 证毕.

定理 6.3.7　假设 $x_1^+ \leqslant 0$ 且 E_0 和 E_1 为实平衡点, 那么下列结论成立:

(i) 如果 $\mu > \gamma$, 那么 E_0 全局吸引的 (图 6.6(m));

(ii) 如果 $0 < \mu \leqslant \gamma$, 那么 E_0 和 E_1 是吸引的 (图 6.6(n)).

证明　易得, 如果 $x_1^+ \leqslant 0$ 且 E_0 和 E_1 为实平衡点, 那么下列条件之一成立:

(1) $0 < \mu \leqslant \gamma, \nu > \gamma + 1, 0 < \xi \leqslant \dfrac{\nu - \gamma - 1}{1 + \gamma - \mu}$;

(2) $\mu > \dfrac{\nu\gamma}{\nu - 1}, \nu > \gamma + 1, 0 < \xi \leqslant \dfrac{\nu\gamma}{\mu}$;

(3) $\mu > \gamma + 1, \dfrac{\mu}{\mu - \gamma} < \nu < \gamma + 1, \dfrac{\nu - \gamma - 1}{1 + \gamma - \mu} < \xi \leqslant \dfrac{\nu\gamma}{\mu}$.

因此, 可得如下结论:

① 根据引理 6.3.1 可知: 当 $0 < \mu < \gamma$ 时, E_1 为稳定结点; 当 $\mu = \gamma$ 时, E_1 为鞍结点; 当 $\mu > \gamma$ 时, E_1 为鞍点.

② 根据引理 6.3.10可知: 当 (1) 成立时, 存在 E_0 的一个邻域由一个双曲扇形

和两个 "吸引" 抛物扇形构成; 当 (2) 或 (3) 成立时, 存在 E_0 的一个邻域由一个椭圆扇形和一个 "吸引" 抛物扇形构成.

③ 根据定理 6.3.1 可知, 当条件 (1)—(3) 任意一个成立时, 系统 (6.3.6) 不存在极限环.

将 ①—③ 与解的有界性相结合, 可得定理结论. 证毕.

下面, 我们将从生物学角度解释图 6.6 中丰富的动力学行为. 根据参考文献 [40], 我们将分 $0 < \mu < \gamma,\ \gamma < \mu < \gamma + 1$ 和 $\mu > \gamma + 1$ 三类不同的捕食者增长率来讨论这些动力学行为.

根据引理 6.3.1—引理 6.3.3, 我们将 (μ, ν) 平面分成八个区域 (图 6.7).

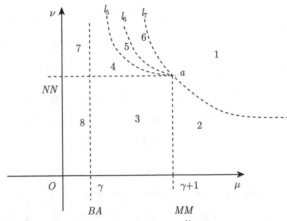

图 6.7　(μ, ν) 平面被分成八个区域, 其中, l_7: $\nu = \dfrac{\mu}{\mu - \gamma}$; BA: $\mu = \gamma$——非零平衡点 E_2 出现/消失; MM: $\mu = \gamma + 1,\ \nu < \gamma + 1$; NN: $\nu = \gamma + 1,\ \mu < \gamma + 1$——$E_0$ 附近轨线拓扑结构发生变化, 抛物扇形出现/消失; l_5: $\nu = \dfrac{\mu}{\mu + \gamma}\left(\gamma + \dfrac{\mu}{\mu - \gamma}\right),\ \gamma < \mu < \gamma + 1$——$E_2$ 的 Andronov-Hopf 分支发生; l_6: E_0 和 E_1 的分界线形成异宿轨; $a = (\gamma + 1, \gamma + 1)$

低增长率情形　$0 < \mu < \gamma$.

这相应于区域 7 和区域 8. 根据定理 6.3.6 和定理 6.3.7 可知, 系统 (6.3.6) 的解要么收敛到 E_0 要么收敛到 E_1, 这意味着不管捕食者消耗多少食饵, 它们最终将要灭绝. 这是由于捕食者的增长率 μ 不能弥补死亡率 γ.

下面我们分析区域 7 和区域 8 的不同之处. 在区域 8 中 $(0 < \nu \leqslant \gamma + 1)$, 低消耗率使得食饵能生存下来 (图 6.6 (k)). 在区域 7 中 $(\nu > \gamma + 1)$, 消耗率较高使得食饵要生存下来需要明智地选择和捕食者接触的时机. 如果食饵在高的食饵-捕食者比率下 $\left(\xi > \dfrac{\nu - \gamma - 1}{1 + \gamma - \mu}\right)$ 或在低的食饵-捕食者比率下 $\left(0 < \xi \leqslant \dfrac{\nu - \gamma - 1}{1 + \gamma - \mu}\right),$

但初始食饵-捕食者比率比较高的前提下与捕食者接触, 那么食饵最终将生存下来 (图 6.6 (k), (n)). 但是, 如果在低的食饵-捕食者比率下 $\left(0 < \xi \leqslant \dfrac{\nu - \gamma - 1}{1 + \gamma - \mu}\right)$ 且初始食饵-捕食者比率比较低的前提下与捕食者接触, 食饵最终将要被捕食者消耗完 (图 6.6(n)).

中等增长率情形　　$\gamma < \mu < \gamma + 1$.

这对应于区域 3—区域 6. 在区域 3 中 $(0 < \nu \leqslant \gamma + 1)$, 消耗率和增长率抗衡, 从而食饵和捕食者以平衡态 E_2 或 x_s 的方式共存 (图 6.6(c), (i)).

在区域 4—区域 6, 我们可得下列事实: 如果食饵和捕食者在食饵-捕食者比率高 $\left(\xi > \dfrac{\nu - \gamma - 1}{1 + \gamma - \mu}\right)$ 的条件下接触, 那么不管初始条件如何, 食饵和捕食者将以平衡态 E_2 或 x_s 或极限环的方式共存 (图 6.6(a), (b), (i)); 如果食饵和捕食者在食饵-捕食者比率低 $\left(0 < \xi \leqslant \dfrac{\nu - \gamma - 1}{1 + \gamma - \mu}\right)$ 的条件下接触, 那么它们将共存还是一起灭绝依赖于初始条件, 更确切地说, 在高 (低) 初始食饵-捕食者比率前提下接触, 二者最终将共存 (一起灭绝) (图 6.6 (e)—(g)). 下面, 我们将呈现在区域 5 和区域 6 中, 滑模极限环上的运动过程, 具体可表述为

$$x_1 \uparrow x_2 \uparrow \ \Rightarrow \ x_1 \downarrow x_2 \uparrow \ \Rightarrow \ x_1 \downarrow x_2 \downarrow \ \Rightarrow \ x_1 \uparrow x_2 \downarrow.$$

我们可将上面的式子解释为: 第一阶段, 食饵和捕食者同时增长; 第二阶段, 捕食者的增长导致食饵减少; 第三阶段, 食饵减少捕食者也随之减少; 第四阶段, 捕食者的减少导致食饵增多. 该过程反复进行, 最终形成极限环. 特别地, 在第三阶段, 二者以固定的比率 ξ 同时减少. 根据注 6.3.2 可知, 滑模极限环是关于比率阈值 ξ 的递减函数. 这可能可以解释在文献 [9] 中所提到的有关哺乳动物的数据显示, 一些哺乳动物的数量呈现周期现象且周期解的幅度往向南的方向递减.

高增长率情形　　$\mu > \gamma + 1$.

这相应于区域 1 和区域 2. 在区域 2 中 $\left(\nu < \dfrac{\mu}{\mu - \gamma}\right)$, 食饵和捕食者以平衡态 E_2 或 x_s 的方式共存 (图 6.6(d), (j)). 在区域 1 中 $\left(\nu > \dfrac{\mu}{\mu - \gamma}\right)$, 当食饵和捕食者在高食饵 -捕食者比率 $\left(\xi > \dfrac{\nu \gamma}{\mu}\right)$ 的条件下接触时, 二者将共存 (图 6.6(h)); 当食饵和捕食者在低食饵 - 捕食者比率 $\left(\xi \leqslant \dfrac{\nu \gamma}{\mu}\right)$ 的条件下接触时, 二者将最终灭绝 (图 6.6(h)); 特别地, 根据注 6.3.5 可知 x_{s1} 可以是任意小的非零正数. 这可能可以解释在参考文献 [497] 中所观察到的现象: 在引入天敌后, 害虫的密度稳定

在原密度的百分之二左右. 具体可以这样解释这一现象: 在引入天敌的初始阶段, 由于大量害虫的存在以及害虫对该天敌无防御力, 捕食者的消耗率和增长率都很高, 但是一段时间以后, 害虫对该天敌产生了一点的防御力且当天敌太多时, 害虫会选择躲避起来, 但由于害虫数量的庞大, 害虫-天敌比率阈值 ξ 始终很高. 因此, 当用我们的模型来描述这一现象时, 参数值应该位于区域 1 中. 在此处平衡点 x_s 存在且 x_{s1} 可以充分小, 这能够合理地解释引入天敌后害虫密度仅稳定在原密度的百分之二.

第 7 章   植物病虫害模型及动力学分析

由植物病原体所引起的植物传染病曾给许多国家和地区造成巨大损失, 甚至对全球粮食安全和食品安全造成严重威胁. 例如, 现代历史上第一次大规模迁徙是由一种植物病原体引起的, 这种病原体为疫霉菌, 是马铃薯疫病的主要病原, 这也是 19 世纪爱尔兰大饥荒的主要原因[653]. 因此, 如何有效地控制植物传染病引起了科学家和各国政府的高度重视.

在植物病虫害防控中, 利用化学药物是其方法之一, 但由于化学残留物对环境有较严重的负面影响, 所以目前已越来越不提倡使用单一的化学药物控制方法, 取而代之的是采用多种控制措施相结合的控制策略. 早在 1972 年人们就提出疾病综合治理 (IDM) 的概念, IDM 是结合生物防治和栽培控制措施等策略来预防和控制传染病传播[368,369] 的, 其中移除染病植株和补植健康植株就是一种有效的栽培控制措施[48,111,506]. 利用微分方程来刻画植物病虫害生物模型, 通过研究微分方程的动力学行为来分析疾病传播的潜在机理在植物病虫害控制中发挥着重要作用. 例如, 文献 [230] 研究了柑橘病毒的传播与控制; 文献 [111] 研究了具有再植易感植株和移除染病植株控制措施传染病模型, 通过定性分析揭示了疾病持续存在的动力学行为和阈值条件; 文献 [48] 开展了以再植和移除为控制策略的果园传染病模型的动力学研究; 文献 [352] 研究分析了一种植物病毒传播特性; 文献 [49] 提出并研究了具有连续控制策略的植物病虫害数学模型; 文献 [506] 利用后向 Euler 方法, 研究了一个具有再植和移除控制措施的离散植物病毒模型.

在现实生活中, 完全消灭植物病虫害往往是比较困难的, 甚至是不可能实现的. 因此, 为了降低经济成本, 人们引入了经济阈值控制策略, 即只有当染病植株的数量或比例超过某个可接受的经济阈值水平时才采取控制措施[630,818]. 本章主要介绍三类经济阈值策略下植物病虫害模型并对其动力学行为进行分析, 揭示不同经济阈值策略下模型动力学性质的一些本质特征.

7.1   切换线为水平线的植物病虫害模型及动力学分析

7.1.1   模型介绍

本节在 $\mathbb{R}_+^2$ 上考虑具有经济阈值的植物病虫害模型[674]:

$$\begin{cases} \dfrac{\mathrm{d}S}{\mathrm{d}t} = A - \beta SI - \eta_1 S + \psi(I)pS, \\[2mm] \dfrac{\mathrm{d}I}{\mathrm{d}t} = \beta SI - \eta_2 I - \psi(I)vI, \end{cases} \tag{7.1.1}$$

其中, $S = S(t)$ 和 $I = I(t)$ 分别表示易感植株 (健康植株) 和染病植株在 t 时刻的数量; $A \geqslant 0$ 是易感植株的种植率; $\beta > 0$ 代表感染率; $\eta_1 > 0$ 和 $\eta_2 > 0$ 分别表示易感植株和染病植株的死亡率或者收获率; $p \geqslant 0$ 和 $v \geqslant 0$ 分别表示补植率和移除率;

$$\psi(I) = \begin{cases} 0, & I < \vartheta, \\ 1, & I > \vartheta, \end{cases} \tag{7.1.2}$$

其中 $\vartheta > 0$ 为经济阈值. 当 $p = 0$ 且 $\nu = 0$ 时意味着模型 (7.1.1) 在 $\mathbb{R}_+^2$ 上是一个右端连续的微分方程, 因此在本节中我们可设 $p + \nu > 0$. 另外, 本节总假设易感植株的补植率小于它的死亡率 (收获率), 即 $p < \eta_1$.

令

$$\Sigma = \{(S, I) \mid (S, I) \in \mathbb{R}_+^2, I = \vartheta\} \tag{7.1.3}$$

且

$$G^- = \{(S, I) \mid (S, I) \in \mathbb{R}_+^2, I < \vartheta\}, \quad G^+ = \{(S, I) \mid (S, I) \in \mathbb{R}_+^2, I > \vartheta\}.$$

在 G^- 内模型 (7.1.1) 变为

$$\begin{cases} \dfrac{\mathrm{d}S}{\mathrm{d}t} = A - \beta SI - \eta_1 S, \\[2mm] \dfrac{\mathrm{d}I}{\mathrm{d}t} = \beta SI - \eta_2 I, \end{cases} \quad I < \vartheta, \tag{7.1.4}$$

且在 G^+ 内模型 (7.1.1) 变为

$$\begin{cases} \dfrac{\mathrm{d}S}{\mathrm{d}t} = A - \beta SI - (\eta_1 - p)S, \\[2mm] \dfrac{\mathrm{d}I}{\mathrm{d}t} = \beta SI - (\eta_2 + v)I, \end{cases} \quad I > \vartheta. \tag{7.1.5}$$

考虑模型 (7.1.1) 在 Filippov 意义下的解, 其初值问题的解由定义 3.1.2 给出. 根据定义 4.2.1 和一些简单计算, 易得系统 (7.1.1) 的滑模区域为

$$\Sigma_s = \{(S, I) \mid S_1^* < S < S_2^*, I = \vartheta\}, \tag{7.1.6}$$

且为吸引的, 其中

$$S_1^* = \frac{\eta_2}{\beta}, \qquad S_2^* = \frac{\eta_2 + v}{\beta}.$$

由 (4.2.2) 可知, 系统 (7.1.1) 的滑模动力学方程为

$$\frac{\mathrm{d}S}{\mathrm{d}t} = f(S), I = \vartheta, \tag{7.1.7}$$

其中

$$f(S) = A - \left(\beta\vartheta + \eta_1 + \frac{p\eta_2}{v}\right)S + \frac{\beta p}{v}S^2. \tag{7.1.8}$$

下面验证模型 (7.1.1) 解的正性和有界性.

命题 7.1.1　假设 $(S(t), I(t))$ 为模型 (7.1.1) 在区间 $[0, \mathcal{T})$ $(\mathcal{T} \in (0, +\infty])$ 上满足初始条件 $S(0) = S_0 > 0$ 和 $I(0) = I_0 > 0$ 的解, 则对所有的 $t \in [0, \mathcal{T})$ 有 $S(t) > 0$ 且 $I(t) > 0$.

证明　由模型 (7.1.1) 的第一个方程, 可得 $\left.\dfrac{\mathrm{d}S}{\mathrm{d}t}\right|_{S=0} = A > 0$. 所以由 $S_0 > 0$ 可知 $S(t) > 0$. 接下来利用反证法证明 $I(t) > 0$. 假设存在 t_0 使得 $I(t_0) \leqslant 0$, 那么存在 $t^* > 0$ 使得 $I(t^*) = 0$ 且对所有的 $t \in [0, t^*)$, 有 $I(t) > 0$. 由模型 (7.1.1) 的第二个方程可得对所有的 $t \in [0, t^*]$ 有

$$\frac{\mathrm{d}I}{\mathrm{d}t} = I[\beta S - \eta_2 - \psi(I)v] \geqslant -(\eta_2 + v)I,$$

因此, 当 $t \in [0, t^*]$ 时有 $I(t) \geqslant I_0 \mathrm{e}^{-(\eta_2+v)t}$. 特别地, $I(t^*) \geqslant I_0 \mathrm{e}^{-(\eta_2+v)t^*} > 0$, 这和 $I(t^*) = 0$ 矛盾. 证毕.

命题 7.1.2　模型 (7.1.1) 满足初始条件 $S(0) = S_0 > 0$ 和 $I(0) = I_0 > 0$ 的解 $(S(t), I(t))$ 的存在区间为 $[0, +\infty)$, 且在 $[0, +\infty)$ 上 $(S(t), I(t))$ 有界.

证明　假设 $(S(t), I(t))$ 的最大存在区间为 $[0, \mathcal{T})$, 其中 $\mathcal{T} \in (0, +\infty]$. 由 (7.1.1) 可得

$$\begin{aligned}
\frac{\mathrm{d}(S+I)}{\mathrm{d}t} &= A - \eta_1 S - \eta_2 I + \psi(I)pS - \psi(I)vI \\
&\leqslant A - (\eta_1 - p)S - \eta_2 I \\
&\leqslant A - \lambda(S + I),
\end{aligned}$$

其中 $\lambda = \min\{\eta_1 - p, \eta_2\} > 0$. 从而有

$$S + I \leqslant \frac{A}{\lambda} + \left(S_0 + I_0 - \frac{A}{\lambda}\right)\mathrm{e}^{-\lambda t} \leqslant \frac{A}{\lambda} + \left|S_0 + I_0 - \frac{A}{\lambda}\right|,$$

这说明解 $(S(t), I(t))$ 在 $[0, \mathcal{T})$ 上有界, 特别地, 对于 $\mathcal{T} = +\infty$ 也成立. 利用定理 3.1.4 可得解 $(S(t), I(t))$ 的存在区间为 $[0, +\infty)$. 证毕.

对于子系统 (7.1.4), 基本再生数 $\mathcal{R}_0 = \dfrac{A\beta}{\eta_1\eta_2}$, 且无病平衡点和地方病平衡点分别为

$$E_0^- = \left(\frac{A}{\eta_1}, 0\right), \quad E^- = (S_1^*, I_1^*) = \left(\frac{\eta_2}{\beta}, \frac{A}{\eta_2} - \frac{\eta_1}{\beta}\right).$$

而对于子系统 (7.1.5), 基本再生数 $\hat{\mathcal{R}}_0 = \dfrac{A\beta}{(\eta_1 - p)(\eta_2 + v)}$, 且无病平衡点和地方病平衡点分别为

$$E_0^+ = \left(\frac{A}{\eta_1 - p}, 0 \right), \quad E^+ = (S_2^*, I_2^*) = \left(\frac{\eta_2 + v}{\beta}, \frac{A}{\eta_2 + v} - \frac{\eta_1 - p}{\beta} \right).$$

根据定义 4.2.2, 无病平衡点 E_0^- 和 E_0^+ 分别为实平衡点和虚平衡点, 且若 $I_1^* < \vartheta$ $(I_2^* > \vartheta)$, 则 E^- (E^+) 为实平衡点; 若 $I_1^* > \vartheta$ $(I_2^* < \vartheta)$, 则 E^- (E^+) 为虚平衡点; 若 $I_1^* = \vartheta$ $(I_2^* = \vartheta)$, 则 E^- (E^+) 为边界平衡点.

7.1.2 全局动力学

利用子系统 (7.1.4) 的基本再生数 $\mathcal{R}_0$, 下面分三种情形分析模型 (7.1.1) 的全局动力学行为.

当 $\mathcal{R}_0 \leqslant 1$ 时, 下面的结论成立.

定理 7.1.1 若 $\mathcal{R}_0 \leqslant 1$ 且 $p \leqslant \dfrac{4\eta_2\vartheta(1-\mathcal{R}_0)}{A + 4\eta_2\vartheta(1-\mathcal{R}_0)}\eta_1$, 则无病平衡点 $E_0^- = \left(\dfrac{A}{\eta_1}, 0 \right)$ 是全局渐近稳定的.

证明 假设 $(S(t), I(t))$ 为模型 (7.1.1) 满足初始条件 $S(0) = S_0 > 0$ 和 $I(0) = I_0 > 0$ 的解, 则存在一个可测函数 $\gamma(t) : [0,1) \to \mathbb{R}$ 使得对几乎所有的 $t \in [0, +\infty)$

$$\begin{cases} \dfrac{\mathrm{d}S}{\mathrm{d}t} = A - \beta SI - \eta_1 S + \gamma p S, \\ \dfrac{\mathrm{d}I}{\mathrm{d}t} = \beta SI - \eta_2 I - \gamma v I, \end{cases} \tag{7.1.9}$$

其中

$$\begin{cases} \gamma = 0, & I < \vartheta, \\ \gamma = 1, & I > \vartheta, \\ \gamma \in [0,1], & I = \vartheta. \end{cases}$$

取 $g(\gamma, I) = \dfrac{A^2 p^2 \gamma^2}{4(\eta_1 - \gamma p)\eta_1^2} - \dfrac{A\eta_2(1-\mathcal{R}_0)}{\eta_1}I$, 则有 $g(\gamma, I) \leqslant 0$. 事实上, 若 $I < \vartheta$, 则有 $\gamma = 0$ 且

$$g(\gamma, I) = -\frac{A\eta_2(1-\mathcal{R}_0)}{\eta_1}I \leqslant 0.$$

当 $I \geqslant \vartheta$ 时, 由 $p \leqslant \dfrac{4\eta_2\vartheta(1-\mathcal{R}_0)}{A + 4\eta_2\vartheta(1-\mathcal{R}_0)}\eta_1$ 可得

$$g(1, \vartheta) = \frac{A^2 p}{4(\eta_1 - p)\eta_1} - \frac{A\eta_2(1-\mathcal{R}_0)}{\eta_1}\vartheta \leqslant 0.$$

由于 $I \geqslant \vartheta$, $\mathcal{R}_0 \leqslant 1$, $p < \eta_1$ 以及 $0 \leqslant \gamma \leqslant 1$, 可得

$$g(\gamma, I) \leqslant g(1, \vartheta) \leqslant 0.$$

构造 Lyapunov 函数

$$V(S, I) = \frac{1}{2}\left(S - \frac{A}{\eta_1}\right)^2 + \frac{A}{\eta_1}I,$$

那么

$$\frac{\mathrm{d}}{\mathrm{d}t}V(S(t), I(t))$$
$$= \left(S - \frac{A}{\eta_1}\right)(A - \beta SI - \eta_1 S + \gamma pS) + \frac{A}{\eta_1}(\beta SI - \eta_2 I - \gamma vI)$$
$$\leqslant \left(S - \frac{A}{\eta_1}\right)(A - \beta SI - \eta_1 S + \gamma pS) + \frac{A}{\eta_1}(\beta SI - \eta_2 I)$$
$$= -(\eta_1 - \gamma p)S^2 + \frac{A(2\eta_1 - \gamma p)}{\eta_1}S - \frac{A^2}{\eta_1} + I\left(-\beta S^2 + \frac{2A\beta}{\eta_1}S - \frac{A\eta_2}{\eta_1}\right)$$
$$= -(\eta_1 - \gamma p)\left[S - \frac{A(2\eta_1 - \gamma p)}{2(\eta_1 - \gamma p)\eta_1}\right]^2 - \beta I\left(S - \frac{A}{\eta_1}\right)^2 + g(\gamma, I)$$
$$\leqslant 0.$$

由 $\lim\limits_{\sqrt{S^2+I^2}\to+\infty} V(S, I) = +\infty$ 以及最大弱不变子集为 $\{E_0^-\}$ 可知, E_0^- 是全局渐近稳定的. 证毕.

当 $\mathcal{R}_0 > 1$ 时, 下面这个引理对分析模型 (7.1.1) 的全局动力学具有重要作用.

引理 7.1.1　令 $(S(t), I(t))$ 为模型 (7.1.1) 满足初始条件 $S(0) = S_0 > 0$ 和 $I(0) = I_0 > 0$ 的轨线. 假设 $\mathcal{R}_0 > 1$, 那么

(i) 如果存在 $t_0 > 0$ 使得当 $t > t_0$ 时有 $I(t) < \vartheta$, 则轨线 $(S(t), I(t))$ 将趋向于点 E^-;

(ii) 如果存在 $t_0 > 0$ 使得当 $t > t_0$ 时有 $I(t) > \vartheta$, 则轨线 $(S(t), I(t))$ 将趋向于点 E^+;

(iii) 如果 $v > 0$ 且不存在 t_0 使得当 $t > t_0$ 时 $I(t) < \vartheta$ 或 $I(t) > \vartheta$, 则存在 $t_1 > 0$ 使得 $(S(t_1), I(t_1)) \in \overline{\Sigma_s}$.

证明　假设存在 $t_0 > 0$ 使得当 $t > t_0$ 时有 $I(t) < \vartheta$, 则轨线 $(S(t), I(t)) \in G^-$. 将 (7.1.4) 转化为如下形式

$$\begin{cases} \dfrac{\mathrm{d}S}{\mathrm{d}t} = -\eta_1(S - S_1^*) - \beta(S - S_1^*)I - \beta S_1^*(I - I_1^*), \\ \dfrac{\mathrm{d}I}{\mathrm{d}t} = \beta I(S - S_1^*). \end{cases}$$

构建 Lyapunov 函数

$$V^-(S, I) = \frac{1}{2}(S - S_1^*)^2 + S_1^* W(I, I_1^*), \tag{7.1.10}$$

其中

$$W(I, I^*) = I - I^* - I^* \ln \frac{I}{I^*}, \tag{7.1.11}$$

则

$$\begin{aligned}
\frac{\mathrm{d}}{\mathrm{d}t} V^-(S(t), I(t)) = & -\eta_1(S - S_1^*)^2 - \beta(S - S_1^*)^2 I - \beta S_1^*(S - S_1^*)(I - I_1^*) \\
& + \beta S_1^*(S - S_1^*)(I - I_1^*) \\
= & -(\eta_1 + \beta I)(S - S_1^*)^2 \leqslant 0,
\end{aligned} \tag{7.1.12}$$

这就证明了结论 (i) 成立.

通过构造下面的 Lyapunov 函数

$$V^+(S, I) = \frac{1}{2}(S - S_2^*)^2 + S_2^* W(I, I_2^*), \tag{7.1.13}$$

结论 (ii) 可类似证明.

下面用反证法证明结论 (iii) 成立. 假设结论 (iii) 不成立, 则存在序列 $\{\tau_i\}_{i=1}^{+\infty}$ 且 $\tau_i < \tau_{i+1}$ 使得对于 $i \in \{1, 2, \cdots\}$ 有

$$I(\tau_i) = \vartheta, \quad S(\tau_{2i-1}) < S_1^* = \frac{\eta_2}{\beta}, \quad S(\tau_{2i}) > S_2^* = \frac{\eta_2 + v}{\beta}, \tag{7.1.14}$$

$$(S(t), I(t)) \in G^-, \quad t \in (\tau_{2i-1}, \tau_{2i})$$

且

$$(S(t), I(t)) \in G^+, \quad t \in (\tau_{2i}, \tau_{2i+1}).$$

由 (7.1.12) 可得

$$V^-(S(\tau_{2i-1}), I(\tau_{2i-1})) \geqslant V^-(S(\tau_{2i}), I(\tau_{2i})),$$

从而

$$-S(\tau_{2i}) - S(\tau_{2i-1}) \geqslant -2S_1^*. \tag{7.1.15}$$

同理可得

$$S(\tau_{2i}) + S(\tau_{2i+1}) \geqslant 2S_2^*. \tag{7.1.16}$$

由不等式 (7.1.15) 和 (7.1.16) 可知

$$S(\tau_{2i+1}) - S(\tau_{2i-1}) \geqslant 2S_2^* - 2S_1^* = \frac{2v}{\beta}.$$

因此 $S(\tau_{2i-1}) \geqslant S(\tau_1) + \frac{2v}{\beta}(i-1)$, 从而只要 i 充分大就有 $S(\tau_{2i-1}) > S_1^*$, 这与 (7.1.14) 矛盾. 证毕.

注意到 $1 < \mathcal{R}_0 < 1 + \frac{\beta}{\eta_1}\vartheta$ 等价于 $0 < I_1^* = \frac{A}{\eta_2} - \frac{\eta_1}{\beta} < \vartheta$. 因此, 当 $1 < \mathcal{R}_0 < 1 + \frac{\beta}{\eta_1}\vartheta$ 时, E^- 是实平衡点.

定理 7.1.2　假设 $1 < \mathcal{R}_0 < 1 + \frac{\beta}{\eta_1}\vartheta$ 且 $I_2^* = \frac{A}{\eta_2+v} - \frac{\eta_1-p}{\beta} < \vartheta$, 则 E^- 是全局渐近稳定的.

证明　令 $(S(t), I(t))$ 为模型 (7.1.1) 满足初始条件 $S(0) = S_0 > 0$ 和 $I(0) = I_0 > 0$ 的轨线. 分 $v > 0$ 和 $v = 0$ 两种情况来证明. 首先, 假设 $v > 0$. 由 (7.1.12) 可得实平衡点 E^- 是局部渐近稳定的以及吸引集

$$\Omega^- = \{(S, I) \mid V^-(S, I) \leqslant V^-(S_1^*, \vartheta)\}.$$

此外, E^- 吸引滑模区域 $\overline{\Sigma_s}$. 事实上, 从 $\mathcal{R}_0 < 1 + \frac{\beta}{\eta_1}\vartheta$ 且 $I_2^* < \vartheta$ 可得

$$f(S_1^*) = \frac{\eta_1\eta_2}{\beta}\left(\mathcal{R}_0 - 1 - \frac{\beta}{\eta_1}\vartheta\right) < 0$$

和

$$f(S_2^*) = (\eta_2 + v)(I_2^* - \vartheta) < 0.$$

因此, 当 $S \in [S_1^*, S_2^*]$ 时有 $f(S) < 0$. 这说明从 $\overline{\Sigma_s}$ 出发的每条轨线将先到达点 (S_1^*, ϑ), 由于 $(S_1^*, \vartheta) \in \Omega^-$, 则轨线将进一步趋向于 E^-. 接下来证明 $(S(t), I(t))$ 趋向于 E^-. 注意到 E^+ 为虚平衡点, 由引理 7.1.1 中的 (ii) 可知不存在 t_0, 使得当 $t > t_0$ 时有 $I(t) > \vartheta$. 假设存在 t_0, 使得当 $t > t_0$ 时有 $I(t) < \vartheta$, 则由引理 7.1.1 中的 (ii) 可推导出 $(S(t), I(t))$ 趋向于 E^-. 否则, 不存在 t_0, 使得当 $t > t_0$ 时有 $I(t) > \vartheta$ 或 $I(t) < \vartheta$, 那么从引理 7.1.1 中的 (iii) 可知存在 $t_1 > 0$ 使得 $(S(t_1), I(t_1)) \in \overline{\Sigma_s}$, 因此由 E^- 吸引滑模区域 $\overline{\Sigma_s}$ 可得当 $v > 0$ 时 $(S(t), I(t))$ 趋向于 E^-.

假设 $v = 0$. 构造非光滑的 Lyapunov 函数

$$V(S, I) = \begin{cases} \frac{1}{2}(S - S_1^*)^2 + S_1^* W(I, I_1^*), & I \leqslant \vartheta, \\ \frac{1}{2}(S - S_1^*)^2 + S_1^*[W(I, I_2^*) - W(\vartheta, I_2^*) + W(\vartheta, I_1^*)], & I > \vartheta, \end{cases}$$

(7.1.17)

则

$$\partial V(S, I) = \left\{ \left(S - S_1^*, S_1^*\frac{I-\xi}{I}\right) \ \middle| \ \xi \in [I_1^*, I_2^*] \right\}.$$

注意到系统 (7.1.9) 可以写成如下形式:

$$
\begin{cases}
\dfrac{\mathrm{d}S}{\mathrm{d}t} = -(\eta_1 - \gamma p)(S - S_1^*) - \beta(S - S_1^*)I - \beta S_1^*(I - \hat{I}^*), \\
\dfrac{\mathrm{d}I}{\mathrm{d}t} = \beta I(S - S_1^*),
\end{cases}
$$

其中 $\hat{I}^* = (1-\gamma)I_1^* + \gamma I_2^*$. 由 $\left(S - S_1^*, S_1^* \dfrac{I - \hat{I}^*}{I}\right) \in \partial V(S, I)$ 可得

$$
\begin{aligned}
\frac{\mathrm{d}}{\mathrm{d}t} V(S(t), I(t)) &= (S - S_1^*)\frac{\mathrm{d}S}{\mathrm{d}t} + S_1^* \frac{I - \hat{I}^*}{I} \frac{\mathrm{d}I}{\mathrm{d}t} \\
&= -(\eta_1 - \gamma p)(S - S_1^*)^2 - \beta(S - S_1^*)^2 I \\
&\leqslant -(\eta_1 - p)(S - S_1^*)^2 - \beta(S - S_1^*)^2 I \leqslant 0.
\end{aligned}
$$

进一步可得, 系统 (7.1.1) 的最大弱不变子集为 $\{E^-\}$, 因此 E^- 是全局渐近稳定的. 证毕.

定理 7.1.3 假设 $v > 0, 1 < \mathcal{R}_0 < 1 + \dfrac{\beta}{\eta_1}\vartheta$ 且 $I_2^* = \dfrac{A}{\eta_2 + v} - \dfrac{\eta_1 - p}{\beta} > \vartheta$, 则

(i) E^- 和 E^+ 都为局部渐近稳定的实平衡点, 且与不稳定的伪平衡点 E_p^{rr} 共存;

(ii) 系统 (7.1.1) 的解 (在相平面上称为轨线) 收敛于平衡点 E^+, E^- 或 E_p^{rr};

(iii) 系统 (7.1.1) 存在两条滑模异宿轨, 其中一条连接平衡点 E_p^{rr} 和 E^-, 另一条连接平衡点 E_p^{rr} 和 E^+.

证明 由 $1 < \mathcal{R}_0 < 1 + \dfrac{\beta}{\eta_1}\vartheta$ 且 $I_2^* > \vartheta$ 可知 E^- 和 E^+ 都是实平衡点, 并且由引理 7.1.1 可知 E^- 和 E^+ 都是局部渐近稳定的.

由条件 $v > 0, \mathcal{R}_0 < 1 + \dfrac{\beta}{\eta_1}\vartheta$ 和 $I_2^* > \vartheta$ 可得

$$
f(S_1^*) = \frac{\eta_1 \eta_2}{\beta}\left(\mathcal{R}_0 - 1 - \frac{\beta}{\eta_1}\vartheta\right) < 0 \tag{7.1.18}
$$

和

$$
f(S_2^*) = (\eta_2 + v)(I_2^* - \vartheta) > 0. \tag{7.1.19}
$$

因此, 函数 $f(S)$ 在 $[S_1^*, S_2^*]$ 上有唯一零点 $S = S_p^{rr}$, 这说明系统 (7.1.1) 存在唯一的伪平衡点 $E_p^{rr} = (S_p^{rr}, \vartheta)$. 由于 $f'(S_p^{rr}) > 0$, 从而 E_p^{rr} 是不稳定的.

若存在 t_0 使得当 $t > t_0$ 时有 $I(t) < \vartheta$ ($I(t) > \vartheta$), 由引理 7.1.1 可得轨线 $(S(t), I(t))$ 收敛于 E^- (E^+). 下面假设 $v > 0$ 且不存在 t_0 使得当 $t > t_0$ 时有 $I(t) > \vartheta$ 或 $I(t) < \vartheta$. 根据引理 7.1.1 可知, 存在 $t_1 > 0$ 使得 $(S(t_1), I(t_1)) \in \overline{\Sigma_s}$. 下面分 $S(t_1) = S_p^{rr}$, $S(t_1) \in [S_1^*, S_p^{rr})$ 和 $S(t_1) \in (S_p^{rr}, S_2^*]$ 三种情形证明

$(S(t), I(t))$ 收敛到平衡点 E^+, E^- 或 E_p^{rr}. 若 $S(t_1) = S_p^{rr}$, 这说明轨线 $(S(t), I(t))$ 在有限时间 t_1 内收敛于 E_p^{rr}. 由不等式 (7.1.18) 和 (7.1.19) 可得当 $S \in [S_1^*, S_p^{rr})$ 时, $f(S) < 0$ 而当 $S \in (S_p^{rr}, S_2^*]$ 时 $f(S) > 0$. 因此, 从 $\{(S, I) \mid S \in [S_1^*, S_p^{rr}), I = \vartheta\} \subseteq \overline{\Sigma_s}$ 内出发的轨线将在有限时间先到达点 (S_1^*, ϑ) 并收敛于 E^-. 同理, 从 $\{(S, I) \mid S \in (S_p^{rr}, S_2^*], I = \vartheta\} \subseteq \overline{\Sigma_s}$ 内出发的轨线收敛于 E^+. 所以, 当 $S(t_1) \in [S_1^*, S_p^{rr})$ $(S(t_1) \in (S_p^{rr}, S_2^*])$ 时, 轨线 $(S(t), I(t))$ 收敛于 E^- (E^+). 这也证明了存在连接 E_p^{rr} 和 E^+ 以及连接 E_p^{rr} 和 E^- 的两条滑模异宿轨. 证毕.

由于 $\mathcal{R}_0 > 1 + \dfrac{\beta}{\eta_1}\vartheta$ 等价于 $I_1^* = \dfrac{A}{\eta_2} - \dfrac{\eta_1}{\beta} > \vartheta$, 因此 E^- 是虚平衡点. 令

$$\Delta = \left(\beta\vartheta + \eta_1 + \frac{p\eta_2}{v}\right)^2 - 4A\frac{\beta p}{v}, \tag{7.1.20}$$

以及

$$\bar{S} = \frac{\beta v\vartheta + v\eta_1 + p\eta_2}{2\beta p}. \tag{7.1.21}$$

下面给出 $\mathcal{R}_0 > 1 + \dfrac{\beta}{\eta_1}\vartheta$ 时的全局动力学结果.

定理 7.1.4 假设 $v > 0$, $\mathcal{R}_0 > 1 + \dfrac{\beta}{\eta_1}\vartheta$ 且 $I_2^* = \dfrac{A}{\eta_2 + v} - \dfrac{\eta_1 - p}{\beta} > \vartheta$, 则有

(i) 若 $\Delta > 0$ 且 $S_1^* < \bar{S} < S_2^*$, 那么 E^+ 局部渐近稳定且存在一个稳定伪平衡点 E_p^{vr1} 和一个不稳定伪平衡点 E_p^{vr2}, 进一步, 系统 (7.1.1) 的轨线收敛于平衡点 E^+, E_p^{vr1} 或 E_p^{vr2}, 且存在连接 E_p^{vr2} 和 E_p^{rv1} 以及连接 E_p^{vr2} 和 E^+ 的两条滑模异宿轨;

(ii) 若 $\Delta < 0$, $\bar{S} < S_1^*$ 或者 $\bar{S} > S_2^*$, 那么 E^+ 全局渐近稳定.

证明 首先证明结论 (i). 由 $\mathcal{R}_0 > 1 + \dfrac{\beta}{\eta_1}\vartheta$ 和 $I_2^* > \vartheta$ 可得

$$f(S_1^*) = \frac{\eta_1\eta_2}{\beta}\left(\mathcal{R}_0 - 1 - \frac{\beta}{\eta_1}\vartheta\right) > 0 \tag{7.1.22}$$

和

$$f(S_2^*) = (\eta_2 + v)(I_2^* - \vartheta) > 0. \tag{7.1.23}$$

注意到 $f(S)$ 是关于 S 的二次函数, 且 $\Delta > 0$, $S_1^* < \bar{S} < S_2^*$, 则可知函数 $f(S)$ 在区间 (S_1^*, S_2^*) 上有两个零点 S_p^{vr1} 和 S_p^{vr2}. 不失一般性, 假设 $S_p^{vr1} < S_p^{vr2}$, 则可知当 $S \in (S_1^*, S_p^{vr1}) \cup (S_p^{vr2}, S_2^*)$ 时有 $f(S) > 0$ 且当 $S \in (S_p^{vr1}, S_p^{vr2})$ 时有 $f(S) < 0$, 这意味着 $E_p^{vr1} = (S_p^{vr1}, \vartheta)$ 和 $E_p^{vr2} = (S_p^{vr2}, \vartheta)$ 分别是稳定和不稳定的伪平衡点. 注意到由 $S_1^* < \bar{S} < S_2^*$ 可得 $v > 0$, 故轨线收敛于平衡点 E^+, E_p^{vr1} 或 E_p^{vr2}. 余下的证明与定理 7.1.3 类似.

下面证明结论 (ii). 由条件 $\Delta > 0$, $\bar{S} < S_1^*$ 或者 $\bar{S} > S_2^*$ 可得, 当 $S \in (S_1^*, S_2^*)$ 时 $f(S) > 0$. 因此类似于定理 7.1.2 的证明, 可得 $v > 0$ 时 E^+ 全局渐近稳定. 若 $v = 0$, 则构造非光滑 Lyapunov 函数

$$
V(S, I) = \begin{cases} \dfrac{1}{2}(S - S_2^*)^2 + S_2^*[W(I, I_1^*) - W(\vartheta, I_1^*) + W(\vartheta, I_2^*)], & I \leqslant \vartheta, \\[3mm] \dfrac{1}{2}(S - S_2^*)^2 + S_2^* W(I, I_2^*), & I > \vartheta, \end{cases}
\tag{7.1.24}
$$

进一步可得 E^+ 全局渐近稳定. 证毕.

定理 7.1.5 假设 $v > 0$, $\mathcal{R}_0 > 1 + \dfrac{\beta}{\eta_1}\vartheta$ 且 $I_2^* = \dfrac{A}{\eta_2 + v} - \dfrac{\eta_1 - p}{\beta} < \vartheta$, 则存在唯一的伪平衡点且全局渐近稳定.

证明 由 $\mathcal{R}_0 > 1 + \dfrac{\beta}{\eta_1}\vartheta$ 和 $I_2^* < \vartheta$ 可得

$$
f(S_1^*) = \frac{\eta_1 \eta_2}{\beta}\left(\mathcal{R}_0 - 1 - \frac{\beta}{\eta_1}\vartheta\right) > 0
$$

和

$$
f(S_2^*) = (\eta_2 + v)(I_2^* - \vartheta) < 0.
$$

因此, $f(S)$ 在区间 (S_1^*, S_2^*) 上存在唯一零点, 从而系统 (7.1.1) 存在唯一伪平衡点 $E_p^{vv} = (S_p^{vv}, \vartheta)$. 进一步, 根据 $f(S)$ 的定义可知, 当 $S \in [S_1^*, S_p^{vv})$ 时 $f(S) > 0$ 且当 $S \in (S_p^{vv}, S_2^*]$ 时 $f(S) < 0$. 因此, E_p^{vv} 是稳定的且从 $\overline{\Sigma_s}$ 上出发的轨线收敛于 E_p^{vv}.

由于 $\mathcal{R}_0 > 1 + \dfrac{\beta}{\eta_1}\vartheta$ 和 $I_2^* < \vartheta$, 从而 $v > 0$ 且 E^- 和 E^+ 都是虚平衡点. 由引理 7.1.1 可知存在 $t_1 > 0$ 使得 $(S(t_1), I(t_1)) \in \overline{\Sigma_s}$, 因此 $(S(t), I(t))$ 收敛于 E_p^{vv}, 从而 E_p^{vv} 全局渐近稳定. 证毕.

7.1.3 生物学意义

本小节分三种情形介绍上述结果的生物学意义, 并分析如何利用这些结果实现或更好实现染病植株不超过给定经济阈值 ϑ 的控制目标.

情形 1 $\mathcal{R}_0 \leqslant 1$.

根据定理 7.1.1 可知, 当 $p \leqslant \dfrac{4\eta_2 \vartheta(1 - \mathcal{R}_0)}{A + 4\eta_2 \vartheta(1 - \mathcal{R}_0)}\eta_1$ 时, 无病平衡点 E_0^- 全局渐近稳定且染病植株将灭绝, 如图 7.1(a) 所示. 因此, 染病植株的数量最终可以维持在给定的 ϑ 以下. 如果不施行控制策略, 即 $p = v = 0$, 也可以实现控制目标. 然而, 为了使损失更小, 由定理 7.1.1 可知适当选取补植率 p 和移除率 v 可以更快

实现控制目标. 例如, 取定参数如下:

$$\vartheta = 15, \quad A = 25, \quad \eta_1 = 0.8, \quad \eta_2 = 0.4, \quad \beta = 0.01. \tag{7.1.25}$$

此时 $\mathcal{R}_0 = 0.78 < 1$. 在没有任何控制措施情况下, 即 $p = v = 0$, 取定初始条件为 $(S(0), I(0)) = (70, 20)$, 则染病植株数量在时间 $t_2 = 4.8098$ 以后将不会超过 ϑ, 如图 7.1(b) 所示. 然而, 若取控制参数 $p = 0.1$ 和 $v = 0.2$ 而其他参数取值如 (7.1.25) 以及取初始条件仍然为 $(S(0), I(0)) = (70, 20)$, 则 $p < \dfrac{4\eta_2\vartheta(1 - \mathcal{R}_0)}{A + 4\eta_2\vartheta(1 - \mathcal{R}_0)}\eta_1 = 0.1388$ 且图 7.1(b) 表明在时间 $t_1 = 2.1516$ 以后, 染病植株数量可以控制在给定的 ϑ 以下. 这表明适当采取控制措施可以迅速减少染病植株的数量, 从而最大限度地减少损失.

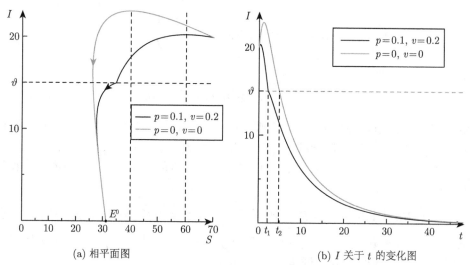

(a) 相平面图　　　　　　　　　　　　　　　(b) I 关于 t 的变化图

图 7.1　系统 (7.1.1) 在参数 p 和 v 不同取值下轨线的情况, 其他参数如 (7.1.25) 取值, 初始条件为 $(S(0), I(0)) = (70, 20)$

情形 2　$1 < \mathcal{R}_0 < 1 + \dfrac{\beta}{\eta_1}\vartheta$.

定理 7.1.2 和图 7.4(a) 表明若控制参数 p 和 v 取自于图 7.2 中的区域 Ω_1, 则 E^- 是全局渐近稳定的. 尽管此时可以在不执行任何控制策略的情况下达到控制目标, 但如果选取适当的控制参数 p 和 v, 则可更好地实现控制目标. 然而, 根据定理 7.1.3, 此时如果参数取得不合适, 例如从区域 Ω_2 中选取控制参数, 则可能无法实现控制目标 (图 7.3).

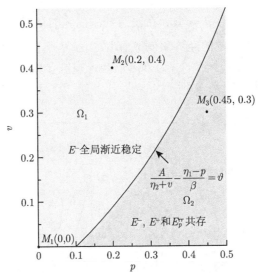

图 7.2 情形 $1 < \mathcal{R}_0 < 1 + \dfrac{\beta}{\eta_1}\vartheta$ 下平衡点分布的 p-v 参数平面, 其他参数取值为 (7.1.26)

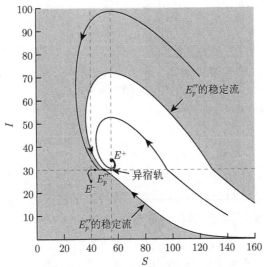

图 7.3 情形 $1 < \mathcal{R}_0 < 1 + \dfrac{\beta}{\eta_1}\vartheta$ 下平衡点 E^- 和 E^+ 的吸引域, 其中 $p = 0.45$, $v = 0.3$, 其他参数取值为 (7.1.26)

当选取如下参数

$$\vartheta = 30, \quad A = 40, \quad \eta_1 = 0.5, \quad \eta_2 = 0.8, \quad \beta = 0.02 \tag{7.1.26}$$

时, $1 < \mathcal{R}_0 = 2 < 1 + \dfrac{\beta}{\eta_1}\vartheta = 13$. 在没有控制措施的情况下, 染病植株的数量在 $t_1 = 3.9576$ 月后低于给定的经济阈值 ϑ (图 7.4(b)). 然而, 取控制参数 $p = 0.2$ 和 $v = 0.4$ 可将控制时间减少到 $t_2 = 1.6585$. 当选控制参数 $p = 0.45$ 和 $v = 0.3$ 时, 图 7.4 说明控制目标将无法实现.

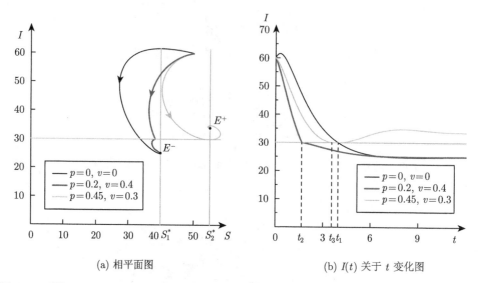

(a) 相平面图　　　　　　　　　　　(b) $I(t)$ 关于 t 变化图

图 7.4　系统 (7.1.1) 在取不同控制参数 p 和 v 时轨线的情况, 其他参数取值为 (7.1.26), 初始条件为 $(S(0), I(0)) = (50, 60)$

情形 3　$\mathcal{R}_0 > 1 + \dfrac{\beta}{\eta_1}\vartheta$.

根据定理 7.1.4 的结论 (ii), 此时如果没有控制措施, 染病植株的数量最终会超过给定的 ϑ. 如果控制参数 p 和 v 取自图 7.5 中的区域 Ω_3, 由定理 7.1.5 可得染病植株的数量将保持为 ϑ. 例如选取参数值如下:

$$\vartheta = 15, \quad A = 30, \quad \eta_1 = 0.6, \quad \eta_2 = 0.3, \quad \beta = 0.01, \tag{7.1.27}$$

则 $\mathcal{R}_0 = 1.6667 > 1 + \dfrac{\beta}{\eta_1}\vartheta = 1.25$.

取初始条件 $(S(0), I(0)) = (160, 25)$, 图 7.6 表明当 $(p, v) = (0, 0)$ 时染病植株数量一直高于经济阈值 ϑ, 当 $(p, v) = (0.5, 0.8)$ 和 $(p, v) = (0.2, 0.6)$ 时分别经过 $t_1 = 6.6795$ 和 $t_2 = 4.377$ 以后染病植株将维持为 ϑ.

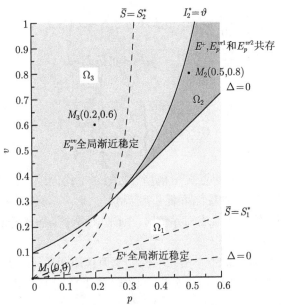

图 7.5 情形 $\mathcal{R}_0 > 1 + \dfrac{\beta}{\eta_1}\vartheta$ 下平衡点分布的 $p\text{-}v$ 参数平面, 其他参数取值为 (7.1.27)

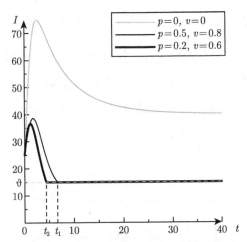

图 7.6 $I(t)$ 在取不同控制参数 p 和 v 时的情况, 其他参数取值为 (7.1.27), 初始条件为 $(S(0), I(0)) = (160, 25)$

7.2 切换线为斜线的植物病虫害模型及动力学分析

7.2.1 模型介绍

本节在 $\mathbb{R}_+^2$ 上考虑具有比率控制阈值策略的植物病虫害模型[425]:

$$\begin{cases} \dfrac{\mathrm{d}S}{\mathrm{d}t} = \alpha S - \beta SI - \eta_1 S + \psi(S, I)pS, \\ \dfrac{\mathrm{d}I}{\mathrm{d}t} = \beta SI - \eta_2 I - \psi(S, I)\nu I, \end{cases} \tag{7.2.1}$$

这里

$$\psi(S, I) = \begin{cases} 0, & \dfrac{I}{S} < \xi, \\ 1, & \dfrac{I}{S} > \xi, \end{cases} \tag{7.2.2}$$

其中, $S,\ I, \beta, \eta_1, \eta_2, p, \nu$ 的意义与模型 (7.1.1) 中相同; $\alpha > 0$ 表示种植率; 当染病植株和易感植株的数量比率低于临界值 ξ 时, 不采取任何控制措施, 这时 $\psi(S, I) = 0$; 当比率超过上述临界值时, 则采取移除染病植株和补植易感植株两项控制措施, 此时 $\psi(S, I) = 1$.

最近, 我们在文献 [338] 中用比率控制阈值策略函数 (7.2.2) 替代模型 (7.1.1) 中的阈值策略函数 (7.1.2), 然后分析了模型 (7.1.1) 相应修改形式的全局动力学性质.

记

$$h(S, I) = I - \xi S, \qquad \Sigma = \left\{ (S, I) \mid (S, I) \in \mathbb{R}_+^2, h(S, I) = 0 \right\},$$

$$G^- = \left\{ (S, I) \mid (S, I) \in \mathbb{R}_+^2, h(S, I) < 0 \right\},$$

$$G^+ = \left\{ (S, I) \mid (S, I) \in \mathbb{R}_+^2, h(S, I) > 0 \right\}.$$

模型 (7.2.1) 在区域 G^- 和 G^+ 中的系统分别为

$$\begin{cases} \dfrac{\mathrm{d}S}{\mathrm{d}t} = \alpha S - \beta SI - \eta_1 S, \\ \dfrac{\mathrm{d}I}{\mathrm{d}t} = \beta SI - \eta_2 I \end{cases} \tag{7.2.3}$$

和

$$\begin{cases} \dfrac{\mathrm{d}S}{\mathrm{d}t} = \alpha S - \beta SI - \eta_1 S + pS, \\ \dfrac{\mathrm{d}I}{\mathrm{d}t} = \beta SI - \eta_2 I - \nu I. \end{cases} \tag{7.2.4}$$

通常情况下, 假设易感植株的种植率大于它的死亡率, 即 $\alpha > \eta_1$. 另外, 当 $p = 0$ 且 $\nu = 0$ 时意味着模型 (7.2.1) 在 $\mathbb{R}_+^2$ 上是一个右端连续的微分方程, 因此在本节中我们可设 $p + \nu > 0$. 系统 (7.2.3) 和系统 (7.2.4) 有唯一正平衡点, 分别表示为

$$E^- = (S_1^*, I_1^*) = \left(\frac{\eta_2}{\beta}, \frac{\alpha - \eta_1}{\beta} \right), \quad E^+ = (S_2^*, I_2^*) = \left(\frac{\eta_2 + \nu}{\beta}, \frac{\alpha + p - \eta_1}{\beta} \right).$$

令

$$f^-(S,I) = (\alpha S - \beta SI - \eta_1 S, \beta SI - \eta_2 I)$$

以及

$$f^+(S,I) = (\alpha S - \beta SI - \eta_1 S + pS, \beta SI - \eta_2 I - \nu I),$$

则

$$L_{f^-}h = \xi(\beta + \beta\xi)S(S - S^-),$$
$$L_{f^+}h = \xi(\beta + \beta\xi)S(S - S^+),$$

其中

$$S^- = \frac{\alpha + \eta_2 - \eta_1}{\beta + \beta\xi}, \quad S^+ = \frac{\alpha + \eta_2 - \eta_1 + \nu + p}{\beta + \beta\xi}.$$

系统 (7.2.1) 的滑模区域和穿越区域分别为

$$\Sigma_s = \left\{ (S,I) \mid (S,I) \in \Sigma, S^- < S < S^+ \right\}$$

和

$$\Sigma_c = \Sigma_{c_1} \cup \Sigma_{c_2},$$

其中 $\Sigma_{c_1} = \{(S,I) \mid (S,I) \in \Sigma, 0 < S < S^-\}$ 和 $\Sigma_{c_2} = \{(S,I) \mid (S,I) \in \Sigma, S > S^+\}$.

由定义 4.2.1, 系统 (7.2.1) 存在两个切点: $T_1 = (S^-, \xi S^-), T_2 = (S^+, \xi S^+)$, 显然切点 T_1 和 T_2 为滑模区域 Σ_s 的端点. 同时, 根据 (4.2.2) 可得系统 (7.2.1) 在滑模区域 Σ_s 上的滑模动力学方程为

$$\begin{cases} \dfrac{\mathrm{d}S}{\mathrm{d}t} = \dfrac{S}{\nu + p}[(\beta p - \beta\xi\nu)S - (\eta_1\nu + p\eta_2 - \nu\alpha)] \triangleq f_{s_1}(S), \\ \dfrac{\mathrm{d}I}{\mathrm{d}t} = \xi f_{s_1}(S). \end{cases} \tag{7.2.5}$$

显然, 若 $(p - \xi\nu)(\eta_1\nu + p\eta_2 - \nu\alpha) \neq 0$, 则系统 (7.2.5) 存在两个平衡点 $O = (0,0)$ 和 $E_p = \left(\dfrac{\eta_1\nu + p\eta_2 - \nu\alpha}{\beta p - \beta\xi\nu}, \dfrac{\xi(\eta_1\nu + p\eta_2 - \nu\alpha)}{\beta p - \beta\xi\nu} \right)$; 若 $p - \xi\nu \neq 0, \eta_1\nu + p\eta_2 - \nu\alpha = 0$ 或者 $p - \xi\nu = 0, \eta_1\nu + p\eta_2 - \nu\alpha \neq 0$, 则系统 (7.2.5) 存在唯一平衡点 O. 容易证明, 下面的命题成立.

命题 7.2.1 若 $(p - \xi\nu)(\eta_1\nu + p\eta_2 - \nu\alpha) > 0$, 则 E_p 是系统 (7.2.1) 的伪平衡点当且仅当 $\left(\xi - \dfrac{\alpha - \eta_1}{\eta_2} \right)\left(\xi - \dfrac{\alpha + p - \eta_1}{\eta_2 + \nu} \right) < 0$; 若 $(p - \xi\nu)(\eta_1\nu + p\eta_2 - \nu\alpha) < 0$, 则系统 (7.2.1) 不存在伪平衡点; 若 $(p - \xi\nu)^2 + (\eta_1\nu + p\eta_2 - \nu\alpha)^2 = 0$, 则滑模区域 Σ_s 为伪平衡点集.

7.2.2 全局动力学

本小节将讨论系统 (7.2.1) 的全局动力学行为. 首先, 下面的引理表明系统 (7.2.1) 不存在穿越极限环.

引理 7.2.1 系统 (7.2.1) 不存在环绕滑模区域 Σ_s 的闭轨.

证明 假设 Γ 是 $\mathbb{R}_+^2$ 中环绕滑模区域 Σ_s 的闭轨. 令 $\Gamma \cap \Sigma = \{A_1, A_2\}$, 这里 $A_1 = (P_1, \xi P_1) \in \Sigma_{c_1}$ 和 $A_2 = (P_2, \xi P_2) \in \Sigma_{c_2}$, 且 $P_1 \neq P_2$, 则由系统 (7.2.3) 和系统 (7.2.4) 的首次积分得到

$$\beta(\xi+1)(P_1 - P_2) = (\alpha + \eta_2 - \eta_1)(\ln P_1 - \ln P_2),$$
$$\beta(\xi+1)(P_1 - P_2) = (\alpha + \eta_2 - \eta_1 + \nu + p)(\ln P_1 - \ln P_2).$$

因此, $(\nu+p)(\ln P_1 - \ln P_2) = 0$. 这与 $\nu+p > 0$ 和 $P_1 \neq P_2$ 矛盾, 所以系统 (7.2.1) 不存在环绕滑模区域 Σ_s 的闭轨. 证毕.

下面利用 Poincaré 映射来研究系统 (7.2.1) 的动力学行为. 由于系统 (7.2.3) 和系统 (7.2.4) 的非平凡轨线分别是环绕平衡点 E^- 和 E^+ 的闭轨, 因此从 $(S_0, I_0) \in \Sigma_{c_1}$ 出发的轨线将进入区域 G^- 并且能再次到达切换线 Σ 上的点 $(\bar{S}_0, \bar{I}_0) \in \Sigma$ 且 $\bar{S}_0 > S^-$. 因此, 由系统 (7.2.3) 所诱导的半 Poincaré 映射可定义为

$$P_1(S_0) = \begin{cases} \bar{S}_0, & S_0 \in (0, S^-), \\ S_0, & S_0 \in [S^-, +\infty). \end{cases} \tag{7.2.6}$$

类似地, 从 $(S_0', I_0') \in \Sigma_{c_2}$ 出发的轨线将进入区域 G^+ 并且能再次到达切换线 Σ 上的点 $(\bar{S}_0', \bar{I}_0') \in \Sigma$ 且 $\bar{S}_0' \in (0, S^+)$. 因此由系统 (7.2.4) 所诱导的半 Poincaré 映射可定义为

$$P_2(S_0') = \begin{cases} \bar{S}_0', & S_0' \in [S^+, +\infty), \\ S_0', & S_0' \in (0, S^+). \end{cases} \tag{7.2.7}$$

进一步, 全 Poincaré 映射可定义为两个半 Poincaré 映射的复合映射:

$$P(S_0) = P_2(P_1(S_0)), \quad S_0 \in (0, +\infty). \tag{7.2.8}$$

引理 7.2.2 对于全 Poincaré 映射, 存在正整数 N 使得 $P^N(S_0) \in \Sigma_s$ 且 $S_0 \in (0, +\infty)$, 这里 $P^1(S_0) = P(S_0)$, $P^N(S_0) = P(P^{N-1}(S_0))$.

证明 令 $S_1 = P_1^{-1}(S^+)$, $S_2 = P_2^{-1}(S^-)$ 和 $S_3 = P_1^{-1}(S_2)$ (图 7.7), 这里 $P_1^{-1}(\cdot)$ 和 $P_2^{-1}(\cdot)$ 分别是 $P_1(\cdot)$ 和 $P_2(\cdot)$ 的逆映射. 首先, 利用反证法证明当 $S_0 \in (0, S_3)$ 时, 有 $P(S_0) > S_0$. 假设存在 $\hat{S} \in (0, S_3)$ 使得 $P(\hat{S}) < \hat{S}$, 这意味着 $d(\hat{S}) < 0$, 这里后继函数定义为

$$d(S_0) = P(S_0) - S_0.$$

注意到 $P(S_3) = S^- > S_3$, 则 $d(S_3) > 0$ 且由介值定理可知一定存在 $S^\star \in (\hat{S}, S_3)$ 使得 $P(S^\star) = S^\star$. 这说明系统 (7.2.1) 存在环绕滑模区域 Σ_s 的闭轨, 这和引理 7.2.1 矛盾. 接下来再次利用反证法证明对于任意的 $S_0 \in (0, S_3)$, 存在正整数 $N = N(S_0)$ 使得 $P^N(S_0) \in \Sigma_s$. 假设对于任意 $n \in \mathbb{N}$, 存在 $\tilde{S} \in (0, S_3)$ 使得 $P^n(\tilde{S}) \in (0, S_3)$. 由上述讨论可得 $P^{n+1}(\tilde{S}) = P(P^n(\tilde{S})) > P^n(\tilde{S})$, 则序列 $\{P^n(\tilde{S})\}$ 单调递增. 因此, $\lim\limits_{n \to +\infty} P^n(\tilde{S})$ 一定存在. 令 $\lim\limits_{n \to +\infty} P^n(\tilde{S}) = S^*$, 则我们得到 $S^* \in (0, S_3)$ 且

$$P(S^*) = P\left(\lim_{n \to +\infty} P^n(\tilde{S})\right) = \lim_{n \to +\infty} P^{n+1}(\tilde{S}) = S^*,$$

这和当 $S_0 \in (0, S_3)$ 时, 有 $P(S_0) > S_0$ 矛盾.

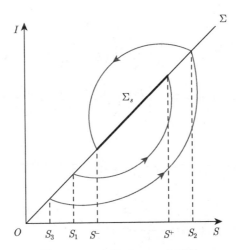

图 7.7 Σ 上的 Poincaré 映射

从图 7.7 可以看出: 当 $S_0 \in [S_3, S_2]$ 时有 $P(S_0) \in \Sigma_s$, 且当 $S_0 \in (S_2, +\infty)$ 时有 $P(S_0) \in (0, S^-)$, 故存在 $N = 1$ 使得当 $S_0 \in (S_3, S_2)$ 时有 $P^N(S_0) \in \Sigma_2$. 对于任意的初值 $S_0 \in (S_2, +\infty)$, 若 $P(S_0) \in (S_3, S^-)$, 则存在 $N = 1$ 使得 $P^N(S_0) \in \Sigma_s$; 若 $P(S_0) \in (0, S_3)$, 则存在 $N = N(P(S_0))$ 使得 $P^N(P(S_0)) \in \Sigma_s$, 即 $P^{N+1}(S_0) \in \Sigma_s$, 这说明 $N(S_0) = N(P(S_0)) + 1$. 证毕.

根据平衡点 E^- 和 E^+ 的类型, 下面分九种情况来研究系统 (7.2.1) 的全局动力学行为.

情形 1 $\xi > \max\left\{\dfrac{\alpha - \eta_1}{\eta_2}, \dfrac{\alpha - \eta_1 + p}{\eta_2 + \nu}\right\}$.

此时, E^- 为实平衡点, 记为 E_R^1, E^+ 为虚平衡点, 记为 E_V^2, 且由命题 7.2.1 可知系统 (7.2.1) 不存在伪平衡点. 此外, 由于平衡点 E^- 是系统 (7.2.3) 的中

心, 故对于任意的 ξ, 在区域 G^- 上都存在一条闭轨 Γ_1 和 Σ 相切, 切点为 $T_1 = (S^-, \xi S^-)$.

定理 7.2.1　若 $\xi > \max\left\{\dfrac{\alpha - \eta_1}{\eta_2}, \dfrac{\alpha - \eta_1 + p}{\eta_2 + \nu}\right\}$, 则系统 (7.2.1) 从闭轨 Γ_1 外部出发的轨线将在有限时间到达 Γ_1, 从闭轨 Γ_1 内部出发的非平凡轨线都为环绕平衡点 E_R^1 的闭轨.

证明　注意到系统 (7.2.3) 和系统 (7.2.4) 的非平凡轨线分别是环绕平衡点 E^- 和 E^+ 的闭轨, 所以从闭轨 Γ_1 外部出发且初始条件为 $(S_0, I_0) \in \mathbb{R}_+^2$ 的轨线 $(S(t), I(t))$ 将在有限时间内到达 Σ. 由引理 7.2.2 可得轨线 $(S(t), I(t))$ 将进一步在有限时间内到达滑模区域 Σ_s. 令

$$g(S) = (\beta P - \beta \xi \nu)S - (\eta_1 \nu + p\eta_2 - \nu\alpha), \tag{7.2.9}$$

则可得

$$g(S^-) = \frac{-(p+\nu)\eta_2}{1+\xi}\left(\xi - \frac{\alpha - \eta_1}{\eta_2}\right) < 0,$$

$$g(S^+) = \frac{-(p+\nu)\eta_2}{1+\xi}\left(\xi - \frac{\alpha - \eta_1 + p}{\eta_2 + \nu}\right) < 0.$$

这意味着

$$g(S) \leqslant \max_{S^- \leqslant S \leqslant S^+} g(S) = \max\left\{g(S^-), g(S^+)\right\} < 0, \quad S^- < S < S^+.$$

因此

$$\frac{\mathrm{d}S}{\mathrm{d}t} = f_{s_1}(S) = \frac{S}{\nu + p}g(S) < 0, \quad S^- < S < S^+.$$

因而, 轨线 $(S(t), I(t))$ 在到达滑模区域 Σ_s 后将沿着 Σ_s 滑动并在有限时间内到达切点 T_1, 这意味着轨线 $(S(t), I(t))$ 最终将在有限时间内到达闭轨 Γ_1 (图 7.8). 证毕.

注 7.2.1　从 Γ_1 外部出发的轨线将先到达滑模区域 Σ_s, 然后向左滑动到达切点 T_1, 即到达 Γ_1. 从 Γ_1 内部出发的非平凡轨线是完全位于 Γ_1 内部的闭轨. 采取控制措施的目的是将易感植株和染病植株的数量控制在切换线上或者切换线以下, 因此在情形 1 条件下, 目的可以达到.

情形 2　$\xi < \min\left\{\dfrac{\alpha - \eta_1}{\eta_2}, \dfrac{\alpha - \eta_1 + p}{\eta_2 + \nu}\right\}$.

这种情形下, E^- 为虚平衡点, 记为 E_V^1, E^+ 为实平衡点, 记为 E_R^2, 且此时系统 (7.2.1) 不存在伪平衡点. 此外, 对于任意的 ξ, 在区域 G^+ 内都存在一条闭轨 Γ_2 和 Σ 相切, 切点为 $T_2 = (S^+, \xi S^+)$.

定理 7.2.2 若 $\xi < \min\left\{\dfrac{\alpha - \eta_1}{\eta_2}, \dfrac{\alpha - \eta_1 + p}{\eta_2 + \nu}\right\}$，则系统 (7.2.1) 从闭轨 Γ_2 外部出发的轨线将在有限时间到达 Γ_2，从闭轨 Γ_2 内部出发的非平凡轨线都为环绕平衡点 E_R^2 的闭轨.

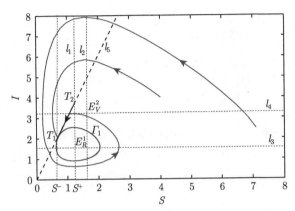

图 7.8 情形 1 下系统 (7.2.1) 的全局动力学行为，其中参数取值如下: $\alpha = 1$, $\beta = 0.5$, $\eta_1 = 0.2$, $\eta_2 = 0.6$, $p = 0.8$, $\nu = 0.2$, $\xi = 3$; $l_1 : S = \dfrac{\eta_2}{\beta}$; $l_2 : S = \dfrac{\eta_2 + \nu}{\beta}$; $l_3 : I = \dfrac{\alpha - \eta_1}{\beta}$;
$$l_4 : I = \dfrac{\alpha - \eta_1 + p}{\beta}; \quad l_5 : I - \xi S = 0$$

证明 由于系统 (7.2.3) 和系统 (7.2.4) 的非平凡轨线分别是环绕平衡点 E^- 和 E^+ 的闭轨，所以从闭轨 Γ_2 外部出发且初始条件为 $(S_0, I_0) \in \mathbb{R}_+^2$ 的轨线 $(S(t), I(t))$ 将在有限时间内到达 Σ. 由引理 7.2.2 可得轨线 $(S(t), I(t))$ 将进一步在有限时间内到达滑模区域 Σ_s. 另外，

$$g(S^-) = \frac{-(p+\nu)\eta_2}{1+\xi}\left(\xi - \frac{\alpha - \eta_1}{\eta_2}\right) > 0,$$

$$g(S^+) = \frac{-(p+\nu)\eta_2}{1+\xi}\left(\xi - \frac{\alpha - \eta_1 + p}{\eta_2 + \nu}\right) > 0,$$

这里 $g(S)$ 由 (7.2.9) 给出. 由此可以得到

$$g(S) \geqslant \min_{S^- \leqslant S \leqslant S^+} g(S) = \min\{g(S^-), g(S^+)\} > 0, \quad S^- < S < S^+,$$

因此

$$\frac{\mathrm{d}S}{\mathrm{d}t} = f_{s_1}(S) = \frac{S}{\nu + p}g(S) > 0, \quad S^- < S < S^+.$$

所以轨线 $(S(t), I(t))$ 在到达滑模线段 Σ_s 后将沿着 Σ_s 向右滑动并在有限时间内到达切点 T_2，并且轨线 $(S(t), I(t))$ 在有限时间内到达闭轨 Γ_2 (图 7.9). 证毕.

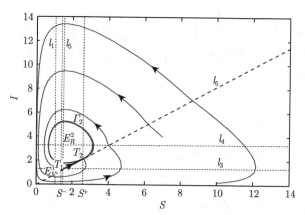

图 7.9　情形 2 下系统 (7.2.1) 的全局动力学行为. 其中参数取值如下: $\alpha = 1$, $\beta = 0.5$, $\eta_1 = 0.2$, $\eta_2 = 0.6$, $p = 0.8$, $\nu = 0.2$, $\xi = 0.8$. 这里 $l_1 : S = \dfrac{\eta_2}{\beta}$; $l_2 : S = \dfrac{\eta_2 + \nu}{\beta}$;
$l_3 : I = \dfrac{\alpha - \eta_1}{\beta}$; $l_4 : I = \dfrac{\alpha - \eta_1 + p}{\beta}$; $l_5 : I - \xi S = 0$

注 7.2.2　从 Γ_2 外部出发的轨线将先到达滑模区域 Σ_s, 然后向右滑动到达切点 T_2, 即在有限时间内达到 Γ_2. 从 Γ_2 内部出发的非平凡轨线是完全位于 Γ_2 内部的闭轨. 因此在这种情况下易感植株和感染植株的数量最终将在切换线上面区域, 这不是我们所希望的, 因为这会造成巨大的经济损失, 因此我们应该尽力避免这种情形的发生.

情形 3　$\dfrac{\alpha - \eta_1}{\eta_2} < \xi < \dfrac{\alpha - \eta_1 + p}{\eta_2 + \nu}$ 且 $\eta_1\nu + p\eta_2 - \nu\alpha > 0$.

在这种情形下有 $p > \xi\nu$ 且 E^- 和 E^+ 都为实平衡点, 分别记为 E_R^1 和 E_R^2. 由命题 7.2.1 可知 E_p 是系统 (7.2.1) 的伪平衡点, 并且由 $f'_{s_1}(S_p) = \dfrac{\eta_1\nu + p\eta_2 - \nu\alpha}{\nu + p} > 0$ 可知 E_p 是不稳定的.

在情形 3 下, 对于任意的 ξ, 在区域 G^- 内存在一条闭轨 Γ_1 和 Σ 相切于 T_1, 同时在区域 G^+ 存在一条闭轨 Γ_2 和 Σ 相切于 T_2. 此外, 当系统 (7.2.1) 的轨线到达线段 $\overline{T_1 E_p}$ 时, 则将向左滑动到切点 T_1 并趋向于闭轨 Γ_1. 类似地, 一旦系统 (7.2.1) 的轨线到达线段 $\overline{E_p T_2}$ 时, 则将向右滑动到切点 T_2 并趋向于闭轨 Γ_2. 事实上, 由 $p > \xi\nu$ 可得

$$f_{s_1}(S) = \dfrac{\beta(p - \xi\nu)S}{\nu + p}(S - S_p) < 0, \quad S \in (S^-, S_p)$$

且

$$f_{s_1}(S) = \dfrac{\beta(p - \xi\nu)S}{\nu + p}(S - S_p) > 0, \quad S \in (S_p, S^+),$$

这意味着 E_p 是一个伪鞍点.

由于系统 (7.2.3) 和系统 (7.2.4) 的非平凡轨线分别是环绕平衡点 E^- 和 E^+ 的闭轨, 因此所有从闭轨 Γ_1 和闭轨 Γ_2 外部出发且初始条件为 $(S_0, I_0) \in \mathbb{R}_+^2$ 的轨线 $(S(t), I(t))$ 将在有限时间内到达 Σ, 所以我们只考虑从初值点 $(S_0, I_0) \in \Sigma$ 出发的轨线. 为了便于分析, 我们将利用图 7.10 来分析系统 (7.2.1) 的全局动力学. 由 Poincaré 映射 (7.2.6), (7.2.7) 和 (7.2.8), 存在点 $D_i = (S_i, I_i) \in \Sigma$ 和点 $D_i' = (S_i', I_i') \in \Sigma$ 使得 $P_1(S_1') = S_p$, $P_1(S_2') = S^+$, $P_1(S_{i+2}') = S_i$, $P_2(S_1) = S_p$, $P_1(S_2) = S^-$ 和 $P_1(S_{i+2}) = S_i'$ $(i = 1, 2, 3, \cdots)$. 从图 7.10 所示, 如果初值点位于 $\overline{D_1' T_1}$, $\overline{D_{4N+1} D_{4N+2}}$, $\overline{D_{4N+2} D_{4N+3}}$, $\overline{D_{4N+3}' D_{4N+4}'}$ 和 $\overline{D_{4N+4}' D_{4N+5}'}$ 这些线段内, 则轨线将先到达 $\overline{T_1 E_p}$ 然后向左滑动到切点 T_1 并趋向于闭轨 Γ_1. 另外, 若初值点位于 $\overline{T_2 D_1}$, $\overline{D_{4N+1}' D_{4N+2}'}$, $\overline{D_{4N+2}' D_{4N+3}'}$, $\overline{D_{4N+3} D_{4N+4}}$ 和 $\overline{D_{4N+4} D_{4N+5}}$ 这些线段内, 则轨线将先到达 $\overline{E_p T_2}$ 然后向右滑动到切点 T_2 并趋向于闭轨 Γ_2. 由全 Poincaré 映射 (7.2.8), 可以得到下面的引理 7.2.3.

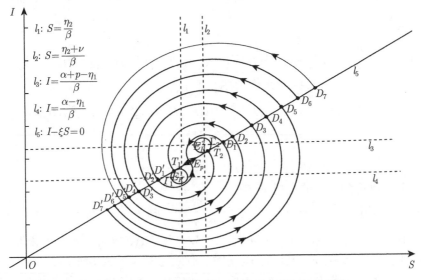

图 7.10 情形 3 下系统 (7.2.1) 的动力学行为示意图

引理 7.2.3 对于全 Poincaré 映射 (7.2.8) 有

$$P^{-(k+1)}((S^-, S_p)) \supseteq P^{-k}((S^-, S_p)), \quad P^{-(k+1)}((S_p, S^+)) \supseteq P^{-k}((S_p, S^+)),$$
$$(7.2.10)$$

即

$$\bigcup_{k=1}^{+\infty} P^{-k}((S^-, S_p)) = P^{-\infty}((S^-, S_p)), \quad \bigcup_{k=1}^{+\infty} P^{-k}((S_p, S^+)) = P^{-\infty}((S_p, S^+)),$$

这里 $P^{-1}(\cdot)$ 为 $P(\cdot)$ 的逆映射且 $k \geqslant 1$.

证明   我们利用归纳法来证明引理 7.2.3. 当 $k = 1$ 时, 可得

$$P^{-1}((S^-, S_p)) = (S_1', S_p) \cup (S_1, S_2) \cup (S_3', S_4'),$$

$$\begin{aligned} P^{-2}((S^-, S_p)) &= (S_1', S_p) \cup (S_1, S_2) \cup (S_3', S_4') \cup (S_2, S_3) \\ &\quad \cup (S_3', S_4') \cup (S_4', S_5') \cup (S_5, S_6) \cup (S_7', S_8'); \end{aligned}$$

$$P^{-1}((S_p, S^+)) = (S_p, S_1) \cup (S_1', S_2') \cup (S_2', S_3'),$$

$$\begin{aligned} P^{-2}((S_p, S^+)) &= (S_p, S_1) \cup (S_1', S_2') \cup (S_2', S_3') \cup (S_3, S_4) \\ &\quad \cup (S_4, S_5) \cup (S_5', S_6') \cup (S_6', S_7'). \end{aligned}$$

因而, 容易验证当 $k = 1$ 时 (7.2.10) 成立. 假设当 $k = N$ 时 (7.2.10) 成立, 即

$$P^{-(N+1)}((S^-, S_p)) \supseteq P^{-N}((S^-, S_p)), \quad P^{-(N+1)}((S_p, S^+)) \supseteq P^{-N}((S_p, S^+)),$$

则当 $k = N + 1$ 时有

$$\begin{aligned} P^{-(N+2)}((S^-, S_p)) &= P^{-1}(P^{-(N+1)}((S^-, S_p))) \supseteq P^{-1}(P^{-N}((S^-, S_p))) \\ &= P^{-(N+1)}((S_p, S^+)), \\ P^{-(N+2)}((S_p, S^+)) &= P^{-1}(P^{-(N+1)}((S_p, S^+))) \supseteq P^{-1}(P^{-N}((S_p, S^+))) \\ &= P^{-(N+1)}((S_p, S^+)), \end{aligned}$$

因此, 当 $k = N + 1$ 时 (7.2.10) 也成立.

由此可以得到下面的定理.

定理 7.2.3   若 $\dfrac{\alpha - \eta_1}{\eta_2} < \xi < \dfrac{\alpha - \eta_1 + p}{\eta_2 + \nu}$ 且 $\eta_1 \nu + p\eta_2 - \nu\alpha > 0$, 则系统 (7.2.1) 满足初始条件 (S_0, I_0) 的轨线, 当 $S_0 \in P^{-\infty}((S^-, S_p))$ 时在有限时间内到达闭轨 Γ_1, 而当 $S_0 \in P^{-\infty}((S_p, S^+))$ 时在有限时间内到达闭轨 Γ_2.

注 7.2.3   定理 7.2.3 的结论表明, 系统 (7.2.1) 的轨线存在两个趋势, 初值点满足 $S_0 \in P^{-\infty}((S^-, S_p))$ 和 $S_0 \in P^{-\infty}((S_p, S^+))$ 的轨线将分别在有限时间内趋向于闭轨 Γ_1 和 Γ_2. 因而在这种情形下为了达到控制植物传染病的目的, 最好是控制初值满足 $S_0 \in P^{-\infty}((S^-, S_p))$, 这样易感植株和染病植株的数量最终将维持在切换线的下方.

情形 4 $\dfrac{\alpha - \eta_1 + p}{\eta_2 + \nu} < \xi < \dfrac{\alpha - \eta_1}{\eta_2}$ 且 $\eta_1 \nu + p\eta_2 - \nu\alpha < 0$.

在该情形下有 $p < \xi\nu$, 且 E^- 和 E^+ 都为虚平衡点, 分别记为 E_V^1 和 E_V^2. 由命题 7.2.1 可知 E_p 是系统 (7.2.1) 的伪平衡点, 并且由 $f'_{s_1}(S_p) = \dfrac{\eta_1 \nu + p\eta_2 - \nu\alpha}{\nu + p} < 0$ 可知 E_p 是稳定的. 因此可得到下面的定理.

定理 7.2.4 若 $\dfrac{\alpha - \eta_1 + p}{\eta_2 + \nu} < \xi < \dfrac{\alpha - \eta_1}{\eta_2}$ 且 $\eta_1 \nu + p\eta_2 - \nu\alpha < 0$, 则系统 (7.2.1) 满足初始条件 $(S_0, I_0) \in \mathbb{R}_+^2$ 的轨线将趋向于伪平衡点 E_p.

证明 由系统 (7.2.3) 和系统 (7.2.4) 的非平凡轨线分别是环绕平衡点 E^- 和 E^+ 的闭轨可知, 系统 (7.2.1) 从任意初值点 $(S_0, I_0) \in \mathbb{R}_+^2$ 出发的轨线将在有限时间内到达 Σ, 且由引理 7.2.2 可知, 轨线将进一步在有限时间内到达 Σ_s. 此外, E_p 是系统 (7.2.1) 唯一的稳定伪平衡点, 因此轨线将趋向于伪平衡点 E_p (图 7.11). 证毕.

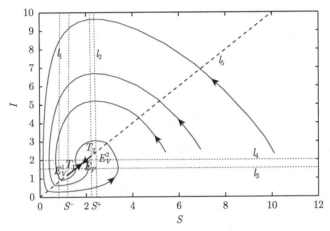

图 7.11 情形 4 下系统 (7.2.1) 的全局动力学行为. 参数取值如下: $\alpha = 1$, $\beta = 0.5$, $\eta_1 = 0.2$, $\eta_2 = 0.4$, $p = 0.2$, $\nu = 0.8$, $\xi = 1$. 这里 $l_1 : S = \dfrac{\eta_2}{\beta}$; $l_2 : S = \dfrac{\eta_2 + \nu}{\beta}$; $l_3 : I = \dfrac{\alpha - \eta_1}{\beta}$; $l_4 : I = \dfrac{\alpha - \eta_1 + p}{\beta}$; $l_5 : I - \xi S = 0$

情形 5 $\xi = \dfrac{\alpha - \eta_1}{\eta_2} < \dfrac{\alpha - \eta_1 + p}{\eta_2 + \nu}$ 且 $\eta_1 \nu + p\eta_2 - \nu\alpha > 0$.

在该情形下, E^- 是边界平衡点, 记为 E_B^1, E^+ 为实平衡点, 记为 E_R^2, 此时 E_p, E_B^1 和切点 T_1 重合.

定理 7.2.5 若 $\xi = \dfrac{\alpha - \eta_1}{\eta_2} < \dfrac{\alpha - \eta_1 + p}{\eta_2 + \nu}$ 且 $\eta_1 \nu + p\eta_2 - \nu\alpha > 0$, 则系统 (7.2.1) 从闭轨 Γ_2 外部出发的轨线将在有限时间内达到 Γ_2, 从闭轨 Γ_2 内部出发的非平凡轨线都为环绕平衡点 E_R^2 的闭轨.

证明 E^- 是边界平衡点, E^+ 为实平衡点且 E_p, E_B^1 和切点 T_1 重合. 从闭轨 Γ_2 外部的点 $(S_0, I_0) \in \mathbb{R}_+^2$ 出发的轨线 $(S(t), I(t))$ 将在有限时间内到达滑模区域 Σ_s. 由 $\xi = \dfrac{\alpha - \eta_1}{\eta_2} < \dfrac{\alpha - \eta_1 + p}{\eta_2 + \nu}$ 且 $\eta_1 \nu + p\eta_2 - \nu\alpha > 0$, 得到

$$\frac{\mathrm{d}S}{\mathrm{d}t} = f_{s_1} = \frac{\beta(\eta_1\nu + p\eta_2 - \nu\alpha)S}{\eta_2(\nu+p)}(S - S_1^*) > 0, \quad S_1^* = S^- < S < S^+.$$

因此, 轨线 $(S(t), I(t))$ 在到达滑模区域 Σ_s 后将沿着 Σ_s 向右滑动并在有限时间内到达切点 T_2, 即在有限时间内到达闭轨 Γ_2 (图 7.12). 证毕.

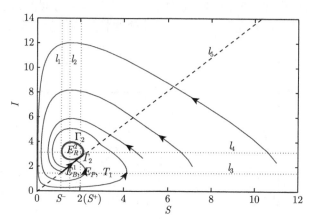

图 7.12　情形 5 下系统 (7.2.1) 的全局动力学行为. 参数取值如下: $\alpha = 1$, $\beta = 0.5$, $\eta_1 = 0.2$, $\eta_2 = 0.6$, $p = 0.8$, $\nu = 0.2$, $\xi = 4/3$. 这里 $l_1 : S = \frac{\eta_2}{\beta}$; $l_2 : S = \frac{\eta_2 + \nu}{\beta}$; $l_3 : I = \frac{\alpha - \eta_1}{\beta}$; $l_4 : I = \frac{\alpha - \eta_1 + p}{\beta}$; $l_5 : I - \xi S = 0$

情形 6　$\xi = \frac{\alpha - \eta_1}{\eta_2} > \frac{\alpha - \eta_1 + p}{\eta_2 + \nu}$ 且 $\eta_1\nu + p\eta_2 - \nu\alpha < 0$.

在该情形下, E^- 是边界平衡点, 记为 E_B^1, E^+ 为虚平衡点, 记为 E_V^2, 此时 E_p, E_B^1 和切点 T_1 重合.

定理 7.2.6　若 $\xi = \frac{\alpha - \eta_1}{\eta_2} > \frac{\alpha - \eta_1 + p}{\eta_2 + \nu}$ 且 $\eta_1\nu + p\eta_2 - \nu\alpha < 0$, 则系统 (7.2.1) 的轨线将趋向于伪平衡点 E_p.

证明　不难看出, 从闭轨 Γ_2 外部的点 $(S_0, I_0) \in \mathbb{R}_+^2$ 出发的轨线 $(S(t), I(t))$ 将在有限时间内到达滑模区域 Σ_s. 由 $\xi = \frac{\alpha - \eta_1}{\eta_2} > \frac{\alpha - \eta_1 + p}{\eta_2 + \nu}$ 且 $\eta_1\nu + p\eta_2 - \nu\alpha < 0$ 可得

$$\frac{\mathrm{d}S}{\mathrm{d}t} = f_{s_1} = \frac{\beta(\eta_1\nu + p\eta_2 - \nu\alpha)S}{\eta_2(\nu+p)}(S - S_1^*) < 0, \quad S_1^* = S^- < S < S^+.$$

这说明系统 (7.2.1) 的轨线到达滑模区域 Σ_s 后将趋向于伪平衡点 E_p (图 7.13). 证毕.

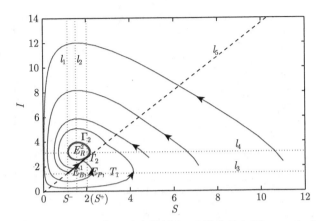

图 7.13 情形 6 下系统 (7.2.1) 的全局动力学行为. 参数取值如下: $\alpha = 1$, $\beta = 0.5$, $\eta_1 = 0.2$, $\eta_2 = 0.4$, $p = 0.2$, $\nu = 0.8$, $\xi = 2$. 这里 $l_1 : S = \dfrac{\eta_2}{\beta}$; $l_2 : S = \dfrac{\eta_2 + \nu}{\beta}$; $l_3 : I = \dfrac{\alpha - \eta_1}{\beta}$;

$$l_4 : I = \frac{\alpha - \eta_1 + p}{\beta}; \quad l_5 : I - \xi S = 0$$

情形 7 $\xi = \dfrac{\alpha - \eta_1 + p}{\eta_2 + \nu} > \dfrac{\alpha - \eta_1}{\eta_2}$ 且 $\eta_1 \nu + p\eta_2 - \nu\alpha > 0$.

在此情形的条件下, E^- 是实平衡点, 记为 E_R^1, E^+ 为边界平衡点, 记为 E_B^2, 且 E_p, E_B^2 和切点 T_2 重合.

定理 7.2.7 若 $\xi = \dfrac{\alpha - \eta_1 + p}{\eta_2 + \nu} > \dfrac{\alpha - \eta_1}{\eta_2}$ 且 $\eta_1 \nu + p\eta_2 - \nu\alpha > 0$, 则系统 (7.2.1) 从闭轨 Γ_1 外部出发的轨线将在有限时间内到达 Γ_1, 从闭轨 Γ_1 内部出发的非平凡轨线都为环绕平衡点 E_R^1 的闭轨.

证明 不难看出, 从闭轨 Γ_1 外部出发的轨线 $(S(t), I(t))$ 将在有限时间内到达滑模区域 Σ_s. 由 $\xi = \dfrac{\alpha - \eta_1 + p}{\eta_2 + \nu} > \dfrac{\alpha - \eta_1}{\eta_2}$ 且 $\eta_1 \nu + p\eta_2 - \nu\alpha > 0$ 可得

$$\frac{\mathrm{d}S}{\mathrm{d}t} = f_{s_1} = \frac{\beta(\eta_1 \nu + p\eta_2 - \nu\alpha)S}{(\eta_2 + \nu)(\nu + p)}(S - S_2^*) < 0, \quad S^- < S < S^+ = S_2^*.$$

因此, 从 Γ_1 外部初值点出发的轨线将先到达滑模区域 Σ_s, 然后向左滑动到达切点 T_1, 即在有限时间内到达 Γ_1 (图 7.14). 证毕.

情形 8 $\xi = \dfrac{\alpha - \eta_1 + p}{\eta_2 + \nu} < \dfrac{\alpha - \eta_1}{\eta_2}$ 且 $\eta_1 \nu + p\eta_2 - \nu\alpha < 0$.

在此情形的条件下, E^- 是虚平衡点, 记为 E_V^1, E^+ 为边界平衡点, 记为 E_B^2, 且 E_p, E_B^2 和切点 T_2 重合.

定理 7.2.8 若 $\xi = \dfrac{\alpha - \eta_1 + p}{\eta_2 + \nu} < \dfrac{\alpha - \eta_1}{\eta_2}$ 且 $\eta_1 \nu + p\eta_2 - \nu\alpha < 0$, 则系统 (7.2.1) 的轨线将趋向于伪平衡点 E_p.

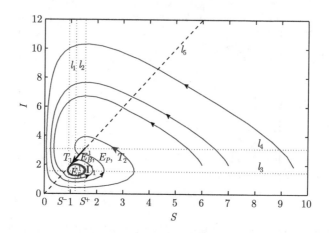

图 7.14　情形 7 下系统 (7.2.1) 的全局动力学行为. 参数取值如下: $\alpha = 1$, $\beta = 0.5$, $\eta_1 = 0.2$, $\eta_2 = 0.6$, $p = 0.8$, $\nu = 0.2$, $\xi = 2$. 这里 $l_1 : S = \dfrac{\eta_2}{\beta}$; $l_2 : S = \dfrac{\eta_2 + \nu}{\beta}$; $l_3 : I = \dfrac{\alpha - \eta_1}{\beta}$;

$$l_4 : I = \frac{\alpha - \eta_1 + p}{\beta}; \quad l_5 : I - \xi S = 0$$

证明　不难看出, 系统 (7.2.1) 从任意初值点 $(S_0, I_0) \in \mathbb{R}_+^2$ 出发的轨线将在有限时间内到达滑模区域 Σ_s. 由 $\xi = \dfrac{\alpha - \eta_1 + p}{\eta_2 + \nu} < \dfrac{\alpha - \eta_1}{\eta_2}$ 且 $\eta_1 \nu + p \eta_2 - \nu \alpha < 0$ 得到

$$\frac{\mathrm{d}S}{\mathrm{d}t} = f_{s_1} = \frac{\beta(\eta_1 \nu + p \eta_2 - \nu \alpha) S}{(\eta_2 + \nu)(\nu + p)}(S - S_2^*) > 0, \quad S^- < S < S^+ = S_2^*.$$

因此, 系统 (7.2.1) 的轨线将趋向于平衡点 E_p (图 7.15). 证毕.

情形 9　$\xi = \dfrac{\alpha - \eta_1 + p}{\eta_2 + \nu} = \dfrac{\alpha - \eta_1}{\eta_2}$.

在此情形的条件下, E^- 是边界平衡点, 记为 E_B^1, E^+ 为边界平衡点, 记为 E_B^2, 此时 E_B^1, E_B^2 和切点 T_2 重合. 系统 (7.2.1) 的轨线将在有限时间内到达滑模区域 Σ_s. 由条件 $\xi = \dfrac{\alpha - \eta_1 + p}{\eta_2 + \nu} = \dfrac{\alpha - \eta_1}{\eta_2}$ 可得

$$\frac{\mathrm{d}S}{\mathrm{d}t} = f_{s_1} = 0, \quad S^- < S < S^+,$$

这意味着滑模区域 Σ_s 上的所有点都是伪平衡点, 因而该情形下滑模区域 Σ_s 是一个伪平衡点集, 且系统 (7.2.1) 的轨线最终都会在有限的时间内到达伪平衡点集 Σ_s (图 7.16).

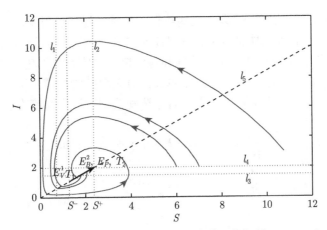

图 7.15 情形 8 下系统 (7.2.1) 的全局动力学行为. 参数取值如下: $\alpha = 1$, $\beta = 0.5$, $\eta_1 = 0.2$, $\eta_2 = 0.4$, $p = 0.2$, $\nu = 0.8$, $\xi = \dfrac{5}{6}$. 这里 $l_1: S = \dfrac{\eta_2}{\beta}$; $l_2: S = \dfrac{\eta_2 + \nu}{\beta}$; $l_3: I = \dfrac{\alpha - \eta_1}{\beta}$; $l_4: I = \dfrac{\alpha - \eta_1 + p}{\beta}$; $l_5: I - \xi S = 0$

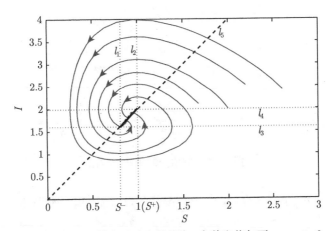

图 7.16 情形 9 下系统 (7.2.1) 的全局动力学行为. 参数取值如下: $\alpha = 1$, $\beta = 0.5$, $\eta_1 = 0.2$, $\eta_2 = 0.4$, $p = 0.2$, $\nu = 0.1$, $\xi = 2$. 这里 $l_1: S = \dfrac{\eta_2}{\beta}$; $l_2: S = \dfrac{\eta_2 + \nu}{\beta}$; $l_3: I = \dfrac{\alpha - \eta_1}{\beta}$; $l_4: I = \dfrac{\alpha - \eta_1 + p}{\beta}$; $l_5: I - \xi S = 0$

7.3 切换线为折线的植物病虫害模型及动力学分析

7.3.1 模型介绍

基于最小化损失及最大化回报的目的, 人们在植物病虫害防控中往往会采取这样的阈值控制策略: 当易感植株的数量较小时, 是否采取控制措施依赖于染病植株的数量是否超过阈值 ϑ, 即当染病植株的数量超过阈值时采取控制措施, 当染病植株的数量小于阈值时则不采取任何控制措施. 然而, 当易感植株的数量较大时, 是否采取控制措施依赖于染病植株和易感植株的比率是否超过比率阈值 ξ, 仅当染病植株和易感植株的比率超过比率阈值时采取控制措施, 否则不采取控制措施, 参见图 7.17. 本节在 $\mathbb{R}^2_+$ 上考虑带有上述阈值控制策略的植物病虫害模型[424]:

$$
\begin{cases}
\dfrac{\mathrm{d}S}{\mathrm{d}t} = \alpha S - \beta SI - \eta_1 S + \psi(S,I)pS, \\[2mm]
\dfrac{\mathrm{d}I}{\mathrm{d}t} = \beta SI - \eta_2 I - \psi(S,I)\nu I,
\end{cases}
\tag{7.3.1}
$$

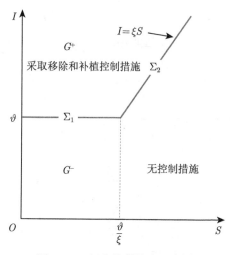

图 7.17　阈值控制策略示意图

其中, $S, I, \alpha, \beta, \eta_1, \eta_2, p, \nu$ 的意义与模型 (7.2.1) 中相同; 阈值控制策略函数为

$$
\psi(S,I) = \begin{cases}
0, & I - \max\{\vartheta, \xi S\} < 0, \\
1, & I - \max\{\vartheta, \xi S\} > 0,
\end{cases}
$$

这里, ϑ 和 ξ 为阈值常数. 当 $p=0$ 且 $\nu=0$ 时意味着模型 (7.3.1) 在 $\mathbb{R}^2_+$ 上是一个右端连续的微分方程, 因此在本节中我们设 $p+\nu>0$. 实际上, 模型 (7.3.1) 是文献 [818] 中所讨论的具有光滑水平切换线的植物病虫害模型的推广. 若 $\xi=0$, 则模型 (7.3.1) 即为文献 [818] 所讨论的模型. 在本节中, 我们考虑 $\xi>0$ 和 $\vartheta>0$ 的情况.

记

$$
f^-(S,I) = (\alpha S - \beta SI - \eta_1 S, \quad \beta SI - \eta_2 I),
$$

$$f^+(S,I) = (\alpha S - \beta SI - \eta_1 S + pS, \quad \beta SI - \eta_2 I - \nu I),$$

$$\Sigma_1 = \left\{ (S,I) \,\bigg|\, (S,I) \in \mathbb{R}_+^2, I = \vartheta, S < \frac{\vartheta}{\xi} \right\},$$

$$\Sigma_2 = \left\{ (S,I) \,\bigg|\, (S,I) \in \mathbb{R}_+^2, I = \xi S, S > \frac{\vartheta}{\xi} \right\},$$

$$h(S,I) = I - \max\{\vartheta, \xi S\},$$

$$\Sigma = \left\{ (S,I) \mid (S,I) \in \mathbb{R}_+^2, h(S,I) = 0 \right\} = \overline{\Sigma_1} \cup \overline{\Sigma_2},$$

$$G^- = \left\{ (S,I) \mid (S,I) \in \mathbb{R}_+^2, h(S,I) < 0 \right\},$$

$$G^+ = \left\{ (S,I) \mid (S,I) \in \mathbb{R}_+^2, h(S,I) > 0 \right\}.$$

在区域 G^- 内模型 (7.3.1) 可表示为

$$\begin{cases} \dfrac{\mathrm{d}S}{\mathrm{d}t} = \alpha S - \beta SI - \eta_1 S, \\ \dfrac{\mathrm{d}I}{\mathrm{d}t} = \beta SI - \eta_2 I. \end{cases} \tag{7.3.2}$$

在区域 G^+ 内模型 (7.3.1) 可表示为

$$\begin{cases} \dfrac{\mathrm{d}S}{\mathrm{d}t} = \alpha S - \beta SI - \eta_1 S + pS, \\ \dfrac{\mathrm{d}I}{\mathrm{d}t} = \beta SI - \eta_2 I - \nu I. \end{cases} \tag{7.3.3}$$

本节中我们假设易感植株的种植率比它的死亡率大, 即 $\alpha > \eta_1$. 系统 (7.3.2) 和 (7.3.3) 都存在唯一的正平衡点, 可分别表示为

$$E^- = (S_1^*, I_1^*) = \left(\frac{\eta_2}{\beta}, \frac{\alpha - \eta_1}{\beta} \right), \qquad E^+ = (S_2^*, I_2^*) = \left(\frac{\eta_2 + \nu}{\beta}, \frac{\alpha - \eta_1 + p}{\beta} \right).$$

令

$$\begin{aligned} V_1(S,I) &= S - S_1^* - S_1^* \ln\left(\frac{S}{S_1^*}\right) + I - I_1^* - I_1^* \ln\left(\frac{I}{I_1^*}\right), \\ V_2(S,I) &= S - S_2^* - S_2^* \ln\left(\frac{S}{S_2^*}\right) + I - I_2^* - I_2^* \ln\left(\frac{I}{I_2^*}\right), \end{aligned} \tag{7.3.4}$$

则函数 V_1 和 V_2 分别为系统 (7.3.2) 和 (7.3.3) 的 Lyapunov 函数.

7.3.2　全局动力学

本小节我们考虑系统 (7.3.1) 的全局动力学行为. 注意到 $S_1^* < S_2^*$, 下面分三种情形来分析, 即 $S_1^* < S_2^* < \dfrac{\vartheta}{\xi}$, $S_1^* < \dfrac{\vartheta}{\xi} < S_2^*$ 和 $\dfrac{\vartheta}{\xi} < S_1^* < S_2^*$.

情形 1　$S_1^* < S_2^* < \dfrac{\vartheta}{\xi}$.

首先, 我们考虑在 Σ_1 和 Σ_2 上的滑模动力学. 经过简单计算可得在 Σ_1 上有

$$L_{f-}h = \beta\vartheta(S - S_1^*), \qquad L_{f+}h = \beta\vartheta(S - S_2^*). \tag{7.3.5}$$

由此可得到在 Σ_1 上的滑模域为

$$\Sigma_{s_1} = \{(S, I) \mid (S, I) \in \Sigma_1, S_1^* < S < S_2^*\}.$$

根据 (4.2.2) 可得模型 (7.3.1) 位于滑模区域 Σ_{s_1} 上的滑模动力学行为由下面方程决定:

$$\begin{cases} \dfrac{\mathrm{d}S}{\mathrm{d}t} = \dfrac{\beta p}{\nu}S^2 + \left(\alpha - \beta\vartheta - \eta_1 - \dfrac{p\eta_2}{\nu}\right)S = f_1(S), \\[2mm] \dfrac{\mathrm{d}I}{\mathrm{d}t} = 0. \end{cases} \tag{7.3.6}$$

显然, 方程 (7.3.6) 存在两个平衡点 $(0, 0)$ 和 $E_{p_1} = (S_{p_1}, \vartheta)$, 其中 $S_{p_1} = \dfrac{\eta_1\nu + p\eta_2 - \nu\alpha + \beta\nu\vartheta}{\beta p}$. 因此 E_{p_1} 成为伪平衡点当且仅当 $S_1^* < S_{p_1} < S_2^*$, 即 $I_1^* < \vartheta < I_2^*$. 此外, 由于 $\left.\dfrac{\mathrm{d}f_1(S)}{\mathrm{d}S}\right|_{S=S_{p_1}} = \dfrac{\beta\nu\vartheta + \eta_1\nu + p\eta_2 - \nu\alpha}{\nu} > 0$, 若伪平衡点 E_{p_1} 存在, 则它是稳定的.

同理, 在 Σ_2 上有

$$L_{f-}h = \xi(\beta + \beta\xi)S(S - S^-), \qquad L_{f+}h = \xi(\beta + \beta\xi)S(S - S^+), \tag{7.3.7}$$

这里

$$S^- = \frac{\alpha + \eta_2 - \eta_1}{\beta + \beta\xi}, \qquad S^+ = \frac{\alpha + \eta_2 - \eta_1 + \nu + p}{\beta + \beta\xi}.$$

记

$$H_1 = \frac{\beta\vartheta}{\alpha - \eta_1 + \eta_2 - \beta\vartheta}, \qquad H_2 = \frac{\beta\vartheta}{\alpha - \eta_1 + \eta_2 + \nu + p - \beta\vartheta},$$

$$H_3 = \frac{\beta p\vartheta}{\eta_1\nu + p\eta_2 - \nu\alpha + \beta\nu\vartheta}, \qquad H_4 = \frac{(\eta_1\nu + p\eta_2 - \nu\alpha)\xi}{\beta(p - \xi\nu)},$$

则关于在 Σ_2 上的滑模域, 我们可以得到下面的命题.

命题 7.3.1 根据 ξ 和 ϑ, 我们有

(i) 若 $\vartheta < S_2^* + I_2^*$ 且 $\xi < H_2$ 成立或者 $\vartheta > S_2^* + I_2^*$ 成立, 则有 $S^+ < \dfrac{\vartheta}{\xi}$, 这说明在 Σ_2 上没有滑模域;

(ii) 若 $\vartheta < S_1^* + I_1^*$ 且 $\xi > H_1$ 成立, 则有 $S^- > \dfrac{\vartheta}{\xi}$, 那么在 Σ_2 上滑模域为

$$\Sigma_{s_2} = \left\{ (S,I) \mid (S,I) \in \Sigma_2, S^- < S < S^+ \right\}; \tag{7.3.8}$$

(iii) 若 $\vartheta < S_1^* + I_1^*$ 且 $H_2 < \xi < H_1$ 成立或者 $S_1^* + I_1^* < \vartheta < S_2^* + I_2^*$ 且 $\xi > H_2$ 成立, 则有 $S^- < \dfrac{\vartheta}{\xi} < S^+$, 那么在 Σ_2 上的滑模域为

$$\Sigma_{s_2}' = \left\{ (S,I) \;\middle|\; (S,I) \in \Sigma_2, \frac{\vartheta}{\xi} < S < S^+ \right\}. \tag{7.3.9}$$

由 (4.2.2) 可知系统 (7.3.1) 在滑模域 Σ_{s_2} 或者 Σ_{s_2}' 上的滑模动力学行为由下面方程决定:

$$\begin{cases} \dfrac{\mathrm{d}S}{\mathrm{d}t} = \dfrac{S}{\nu + p}[(\beta p - \beta \xi \nu)S - (\eta_1 \nu + p\eta_2 - \nu\alpha)] = f_2(S), \\[2mm] \dfrac{\mathrm{d}I}{\mathrm{d}t} = \xi f_2(S). \end{cases} \tag{7.3.10}$$

显然, 若 $(p - \xi\nu)(\eta_1\nu + p\eta_2 - \nu\alpha) > 0$, 那么方程 (7.3.10) 有一个正平衡点 $E_{p_2} = (S_{p_2}, \xi S_{p_2})$, 其中 $S_{p_2} = \dfrac{\eta_1\nu + p\eta_2 - \nu\alpha}{\beta p - \beta\xi\nu}$.

命题 7.3.2 若 $S^- > \dfrac{\vartheta}{\xi}$, 则 E_{p_2} 成为 $\Sigma_{s_2} \subseteq \Sigma_2$ 上的伪平衡点当且仅当 $(p - \xi\nu)(\eta_1\nu + p\eta_2 - \nu\alpha) > 0$ 且 $\left(\xi - \dfrac{\alpha - \eta_1}{\eta_2}\right)\left(\xi - \dfrac{\alpha + p - \eta_1}{\eta_2 + \nu}\right) < 0$. 此外, 若 $S^- < \dfrac{\vartheta}{\xi} < S^+$, 则 E_{p_2} 成为 $\Sigma_{s_2}' \subseteq \Sigma_2$ 上的伪平衡点当且仅当下面任一条件成立:

(i) $p - \xi\nu > 0$, $\eta_1\nu + p\eta_2 - \nu\alpha > 0$, $\vartheta < I_2^*$ 和 $H_3 < \xi < \dfrac{\alpha - \eta_1 + p}{\eta_2 + \nu}$;

(ii) $p - \xi\nu < 0$, $\eta_1\nu + p\eta_2 - \nu\alpha < 0$, $I_1^* - \dfrac{p\eta_2}{\beta\nu} < \vartheta < I_2^*$ 和 $\dfrac{\alpha - \eta_1 + p}{\eta_2 + \nu} < \xi < H_3$;

(iii) $p - \xi\nu < 0$, $\eta_1\nu + p\eta_2 - \nu\alpha < 0$, $\vartheta < I_1^* - \dfrac{p\eta_2}{\beta\nu}$ 和 $\xi > \dfrac{\alpha - \eta_1 + p}{\eta_2 + \nu}$.

接下来我们考虑系统 (7.3.1) 在情形 1 下的全局动力学行为. 注意到系统 (7.3.2) 和 (7.3.3) 的非平凡轨线分别为环绕平衡点 E^- 和 E^+ 的闭轨. 在情形 1 下, 平衡点 E^- 和 E^+ 的类型会随着 ϑ 的变化而不同.

引理 7.3.1　若 $S_1^* < S_2^* < \dfrac{\vartheta}{\xi}$，则系统 (7.3.1) 不存在穿越极限环.

证明　假设 Γ 是一个穿越极限环, 则有下面四种情况:

(1) $\Gamma \cap \Sigma_1 = \{A_1, A_2\}$ 且 $\Gamma \cap \Sigma_2 = \varnothing$;

(2) $\Gamma \cap \Sigma_1 = \{B_1\}$ 且 $\Gamma \cap \Sigma_2 = \{B_2\}$;

(3) $\Gamma \cap \Sigma_1 = \varnothing$ 且 $\Gamma \cap \Sigma_2 = \{C_1, C_2\}$;

(4) $\Gamma \cap \Sigma_1 = \{D_1, D_2\}$ 且 $\Gamma \cap \Sigma_2 = \{D_3, D_4\}$.

下面我们将用反证法来排除穿越极限环的存在.

对于情况 (1), 记 $A_1 = (a_1, \vartheta)$, $A_2 = (a_2, \vartheta)$, 且这里 $a_1 < a_2$, 则有 $V_1(a_1, \vartheta) = V_1(a_2, \vartheta)$ 和 $V_2(a_1, \vartheta) = V_2(a_2, \vartheta)$, 即

$$V_2(a_1, \vartheta) - V_1(a_1, \vartheta) = V_2(a_2, \vartheta) - V_1(a_2, \vartheta), \tag{7.3.11}$$

其中 $V_1(S, I)$ 和 $V_2(S, I)$ 由 (7.3.4) 定义.

设 $V(S, I) = V_2(S, I) - V_1(S, I)$, 则

$$\begin{aligned}
V(S, I) = {} & S_1^* - S_2^* + S_1^* \ln\left(\frac{S}{S_1^*}\right) - S_2^* \ln\left(\frac{S}{S_2^*}\right) \\
& + I_1^* - I_2^* + I_1^* \ln\left(\frac{I}{I_1^*}\right) - I_2^* \ln\left(\frac{I}{I_2^*}\right).
\end{aligned} \tag{7.3.12}$$

此外, 我们可得

$$\frac{\partial V(S, I)}{\partial S} = \frac{S_1^* - S_2^*}{S} < 0, \qquad \frac{\partial V(S, I)}{\partial I} = \frac{I_1^* - I_2^*}{I} < 0.$$

从而有 $V_2(a_1, \vartheta) - V_1(a_1, \vartheta) > V_2(a_2, \vartheta) - V_1(a_2, \vartheta)$, 这和 (7.3.11) 矛盾.

情况 (2) 和情况 (3) 可用同样的方法排除.

对于情况 (4), 如图 7.20(a) 所示, $\Gamma \cap \Sigma = \{D_1, D_2, D_3, D_4\}$, 这里 $D_1 = (d_1, \vartheta)$, $D_2 = (d_2, \vartheta)$, $D_3 = (d_3, \xi d_3)$ 和 $D_4 = (d_4, \xi d_4)$. 由系统 (7.3.2) 和 (7.3.3) 的首次积分, 我们可得

$$\begin{aligned}
& (d_1 - d_2) - S_1^* (\ln d_1 - \ln d_2) = 0, \\
& (d_3 - d_4) - S_1^* (\ln d_3 - \ln d_4) = (\xi d_4 - \xi d_3) - I_1^* (\ln d_4 - \ln d_3), \\
& (d_1 - d_4) - S_2^* (\ln d_1 - \ln d_4) = (\xi d_4 - \vartheta) - I_2^* (\ln(\xi d_4) - \ln \vartheta), \\
& (d_2 - d_3) - S_2^* (\ln d_2 - \ln d_3) = (\xi d_3 - \vartheta) - I_2^* (\ln(\xi d_3) - \ln \vartheta).
\end{aligned} \tag{7.3.13}$$

将上述第一个等式和第二个等式相加以及第四个等式减去第三个等式可得

$$(d_1 - d_2) - (d_4 - d_3) - S_1^* [(\ln d_1 - \ln d_2) - (\ln d_4 - \ln d_3)]$$

$$= (\xi d_4 - \xi d_3) - I_1^*(\ln d_4 - \ln d_3),$$

$$(d_1 - d_2) - (d_4 - d_3) - S_2^*[(\ln d_1 - \ln d_2) - (\ln d_4 - \ln d_3)]$$

$$= (\xi d_4 - \xi d_3) - I_2^*(\ln d_4 - \ln d_3),$$

从而有 $\nu(\ln d_1 - \ln d_2) = (p + \nu)(\ln d_4 - \ln d_3)$. 然而, 这是不可能成立的, 因为 $\nu(\ln d_1 - \ln d_2) < 0$ 和 $(p + \nu)(\ln d_4 - \ln d_3) > 0$. 因此系统 (7.3.1) 不存在穿越极限环. 证毕.

为了研究系统 (7.3.1) 的全局动力学行为, 我们需要判定平衡点 E^- 和 E^+ 的类型, 因此在情形 1 下, 我们又分下面三种子情形来讨论.

情形 1.1 $\vartheta > I_2^*$.

在这种情形下, E^- 是实平衡点而 E^+ 是虚平衡点, 分别记作 E_R^1 和 E_V^2. 显然, E_{p_1} 不是伪平衡点. 此外, 这时在区域 G^- 内存在与 Σ_1 相切的闭轨线 Γ_1, 切点为 (S_1^*, ϑ). 此时我们可以得到下面的结果.

定理 7.3.1 假设 $S_1^* < S_2^* < \dfrac{\vartheta}{\xi}$ 和 $\vartheta > I_2^*$ 成立, 则由闭轨线 Γ_1 所围成的闭区域是一个全局吸引子 (图 7.18).

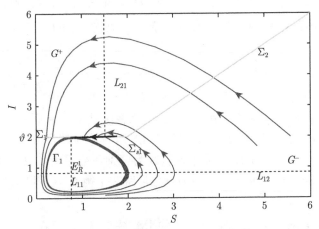

图 7.18 情形 1.1 下系统 (7.3.1) 的全局动力学行为. 对应参数 $\alpha = 0.8$, $\beta = 0.5$, $\eta_1 = 0.4$, $\eta_2 = 0.4$, $p = 0.4$, $\nu = 0.4$, $\vartheta = 2$, $\xi = 1$ 使得在 Σ_2 上不存在滑模域

证明 由条件 $S_1^* < S_2^* < \dfrac{\vartheta}{\xi}$ 和 $\vartheta > I_2^*$ 可得 $S^+ < \dfrac{\vartheta}{\xi}$, 这说明在 Σ_2 上不存在滑模域. 由引理 7.3.1 可排除穿越极限环的存在性. 由于系统 (7.3.2) 的非平凡轨线为环绕实平衡点 E_R^1 的闭轨线, 所以在闭轨线 Γ_1 里面的非平凡轨线都为环绕实平衡点 E_R^1 的闭轨线. 因此由闭轨线 Γ_1 所围成的闭区域是一个全局吸引子.

证毕.

情形 1.2　$I_1^* < \vartheta < I_2^*$.

在该情形下, E^- 和 E^+ 都是实平衡点, 分别记作 E_R^1 和 E_R^2, 且 E_{p_1} 是 $\Sigma_{s_1} \subseteq \Sigma_1$ 上一个不稳定的伪平衡点. 此外, 在区域 G^- 内存在与 Σ_1 相切的闭轨线 Γ_1, 而在区域 G^+ 内存在与 Σ_1 或者 Σ_2 相切的闭轨线 Γ_2, 这时闭轨线 Γ_2 有三种情形: 当 $V_2(S^+, \xi S^+) > V_2(S_2^*, \vartheta)$ 时, 在区域 G^+ 内 Γ_2 和 Σ_1 相切, 切点为 (S_2^*, ϑ); 当 $V_2(S^+, \xi S^+) = V_2(S_2^*, \vartheta)$ 时, 在区域 G^+ 内 Γ_2 同时与 Σ_1 和 Σ_2 相切, 切点分别为 (S_2^*, ϑ) 和 $(S^+, \xi S^+)$; 当 $V_2(S^+, \xi S^+) < V_2(S_2^*, \vartheta)$ 时, 在区域 G^+ 内 Γ_2 与 Σ_2 相切, 切点为 $(S^+, \xi S^+)$. 接下来根据命题 7.3.1 和命题 7.3.2, 我们将讨论在 Σ_2 上滑模域的存在性.

命题 7.3.3　假设 $S_1^* < S_2^* < \dfrac{\vartheta}{\xi}$ 和 $I_1^* < \vartheta < I_2^*$ 成立, 由此可得 $H_2 < \dfrac{\beta\vartheta}{\eta_2 + \nu} < \min\left\{ H_3, \dfrac{\alpha - \eta_1 + p}{\eta_2 + \nu} \right\}$, 则有

(i) 若 $\xi < H_2$, 那么在 Σ_2 上不存在滑模域;

(ii) 若 $H_2 < \xi < \dfrac{\beta\vartheta}{\eta_2 + \nu}$, 那么在 Σ_2 上的滑模域是 Σ'_{s_2}, 并且 $E_{p_2} \notin \Sigma'_{s_2} \subseteq \Sigma_2$.

定理 7.3.2　假设 $S_1^* < S_2^* < \dfrac{\vartheta}{\xi}$ 和 $I_1^* < \vartheta < I_2^*$ 成立, 则由闭轨线 Γ_1 和 Γ_2 围成的两个闭区域为吸引子, 且 E_{p_1} 是 $\Sigma_{s_1} \subseteq \Sigma_1$ 上的不稳定的伪平衡点 (图 7.19).

证明　由命题 7.3.3, 我们将分 $\xi < H_2$ 和 $H_2 < \xi < \dfrac{\beta\vartheta}{\eta_2 + \nu}$ 这两种情况来证明.

当 $\xi < H_2$ 时, Σ_2 上不存在滑模域, 因而在区域 G^- 和区域 G^+ 上分别存在相切于 Σ_1 的闭轨线 Γ_1 和 Γ_2. 由引理 7.3.1 可排除穿越极限环的存在性. 此外, 由于系统 (7.3.2) 和 (7.3.3) 的非平凡轨线为分别环绕平衡点 E^- 和 E^+ 的闭轨线, 故在 Γ_1 和 Γ_2 内的非平凡轨线为分别环绕实平衡点 E_R^1 和 E_R^2 的闭轨线 (图 7.19(a)).

当 $H_2 < \xi < \dfrac{\beta\vartheta}{\eta_2 + \nu}$ 时, Σ_2 上的滑模域是 Σ'_{s_2}, 且在 Σ'_{s_2} 上不存在伪平衡点. 因而在区域 G^- 内存在与 Σ_1 相切的闭轨线 Γ_1, 而在区域 G^+ 内存在与 Σ_1 或者 Σ_2 相切的闭轨线 Γ_2, 这时闭轨线 Γ_2 有下面三种可能情形. 情形 (1): 当 $V_2(S^+, \xi S^+) > V_2(S_2^*, \vartheta)$ 时, 在区域 G^+ 内 Γ_2 和 Σ_1 相切; 情形 (2): 当 $V_2(S^+, \xi S^+) = V_2(S_2^*, \vartheta)$ 时, 在区域 G^+ 内 Γ_2 同时与 Σ_1 和 Σ_2 相切; 情形 (3): 当 $V_2(S^+, \xi S^+) < V_2(S_2^*, \vartheta)$ 时, 在区域 G^+ 内 Γ_2 与 Σ_2 相切. 由引理 7.3.1 可知不存在穿越极限环. 显然, 对于情形 (2) 和情形 (3) 这两种情况来说, 不存在滑模极限环. 然而对于情形 (1), 我们要考虑图 7.20(b) 中这类滑模极限环是否存在.

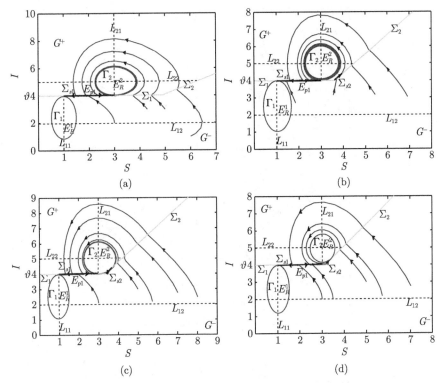

图 7.19 情形 1.2 下系统 (7.3.1) 的全局动力学行为. 对于 (a), 选取 $\alpha = 0.8$, $\beta = 0.2$, $\eta_1 = 0.4$, $\eta_2 = 0.2$, $p = 0.6$, $\nu = 0.4$, $\vartheta = 4$, $\xi = 0.8$ 使得在 Σ_2 上不存在滑模域; 对于 (b), 选取 $\alpha = 0.8$, $\beta = 0.2$, $\eta_1 = 0.4$, $\eta_2 = 0.2$, $p = 0.6$, $\nu = 0.4$, $\vartheta = 4$, $\xi = 1.1$ 使得在 Σ_2 上的滑模域是 Σ'_{s_2} 且 $V_2(S^+, \xi S^+) > V_2(S_2^*, \vartheta)$; 对于 (c), 选取 $\alpha = 0.8$, $\beta = 0.2$, $\eta_1 = 0.4$, $\eta_2 = 0.2$, $p = 0.6$, $\nu = 0.4$, $\vartheta = 4$, $\xi = 1.1779$ 使得在 Σ_2 上的滑模域是 Σ'_{s_2} 且 $V_2(S^+, \xi S^+) = V_2(S_2^*, \vartheta)$; 对于 (d), 选取 $\alpha = 0.8$, $\beta = 0.2$, $\eta_1 = 0.4$, $\eta_2 = 0.2$, $p = 0.6$, $\nu = 0.4$, $\vartheta = 4$, $\xi = 1.27$ 使得在 Σ_2 上的滑模域是 Σ'_{s_2} 且 $V_2(S^+, \xi S^+) < V_2(S_2^*, \vartheta)$

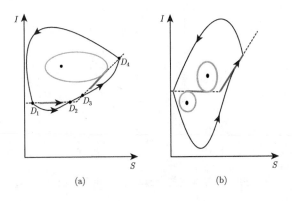

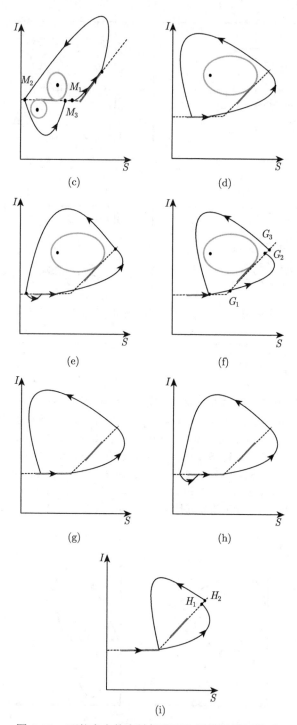

图 7.20　可能存在的穿越极限环和滑模极限环类型

见图 7.20(c), 设存在点 $M_1 = (m_1, \vartheta) \in \Sigma_{c_2}$ 使得从点 M_1 出发的轨线 $(S(t), I(t))$ 将到达点 $(S^+, \xi S^+)$, 这里 $\Sigma_{c_2} = \left\{ (S, I) \;\middle|\; (S, I) \in \Sigma_1, S_2^* < S < \dfrac{\vartheta}{\xi} \right\}$. 此外, 假设从点 $(S^+, \xi S^+)$ 出发的轨线 $(S(t), I(t))$ 将到达 $\Sigma_{c_1} = \{(S, I) \mid (S, I) \in \Sigma_1, 0 < S < S_1^*\}$ 上点 $M_2 = (m_2, \vartheta) \in \Sigma_{c_2}$. 由 (7.3.12) 以及 $m_2 < S_1^* < S_2^* < m_1$, 有 $V(m_1, \vartheta) < V(m_2, \vartheta)$, 也就是

$$V_2(m_1, \vartheta) - V_1(m_1, \vartheta) < V_2(m_2, \vartheta) - V_1(m_2, \vartheta). \tag{7.3.14}$$

由 $V_2(m_1, \vartheta) = V_2(m_2, \vartheta) = V_2(S^+, \xi S^+)$ 和 $V_1(m_2, \vartheta) = V_1(m_3, \vartheta)$, 则 (7.3.14) 可简化为

$$V_1(m_1, \vartheta) > V_1(m_3, \vartheta).$$

由 $\dfrac{\partial V_1(S, I)}{\partial S} = \dfrac{S - S_1^*}{S}$, $m_3 > S_1^*$ 和 $m_1 > S_1^*$ 三个式子, 可得 $m_1 > m_3$, 这说明不存在图 7.20(b) 中这类滑模极限环. 证毕.

情形 1.3 $\vartheta < I_1^*$.

该情形意味着 E^- 是虚平衡点, 记为 E_V^1, 而 E^+ 是实平衡点, 记为 E_R^2, 且在 $\Sigma_{s_1} \subseteq \Sigma_1$ 上不存在伪平衡点. 此外, 这时在区域 G^+ 内存在和 Σ_1 或者 Σ_2 相切的闭轨线 Γ_2.

命题 7.3.4 假设 $S_1^* < S_2^* < \dfrac{\vartheta}{\xi}$ 和 $\vartheta < I_1^*$ 成立, 则可得 $H_2 < \min\left\{ H_1, \dfrac{\beta\vartheta}{\eta_2 + \nu} \right\}$ 和 $\xi < \dfrac{\beta\vartheta}{\eta_2 + \nu} < \min\left\{ \dfrac{\alpha - \eta_1}{\eta_2}, \dfrac{\alpha - \eta_1 + p}{\eta_2 + \nu} \right\}$, 且

(i) 当 $H_1 > \dfrac{\beta\vartheta}{\eta_2 + \nu}$ 时, 若 $\xi < H_2$, 那么在 Σ_2 上不存在滑模域; 若 $H_2 < \xi < \dfrac{\beta\vartheta}{\eta_2 + \nu}$, 那么在 Σ_2 上存在的滑模域是 Σ_{s_2}', 且 $E_{p_2} \notin \Sigma_{s_2}' \subseteq \Sigma_2$.

(ii) 当 $H_1 < \dfrac{\beta\vartheta}{\eta_2 + \nu}$ 时, 若 $\xi < H_2$, 那么在 Σ_2 上不存在滑模域; 若 $H_2 < \xi < H_1$, 那么在 Σ_2 上存在的滑模域是 Σ_{s_2}', 且 $E_{p_2} \notin \Sigma_{s_2}' \subseteq \Sigma_2$; 若 $H_1 < \xi < \dfrac{\beta\vartheta}{\eta_2 + \nu}$, 那么在 Σ_2 上存在的滑模域是 Σ_{s_2}, 且 $E_{p_2} \notin \Sigma_{s_2} \subseteq \Sigma_2$.

定理 7.3.3 假设 $S_1^* < S_2^* < \dfrac{\vartheta}{\xi}$ 和 $\vartheta < I_1^*$ 成立, 则以闭轨线 Γ_2 所围成的闭区域是一个全局吸引子 (图 7.21 和图 7.22).

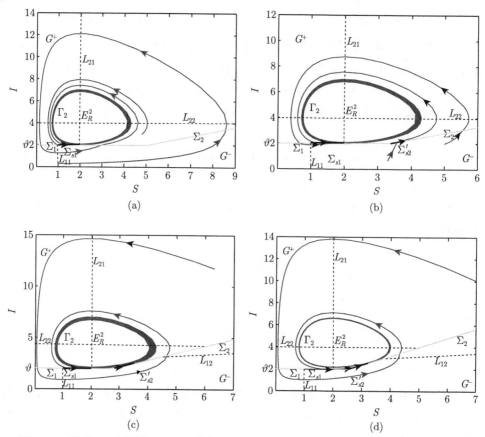

图 7.21　情形 1.3 下系统 (7.3.1) 的全局动力学行为. 对于 (a), 选取 $\alpha = 0.8$, $\beta = 0.2$, $\eta_1 = 0.1$, $\eta_2 = 0.2$, $p = 0.1$, $\nu = 0.2$, $\vartheta = 2$, $\xi = 0.4$ 使得在 Σ_2 上不存在滑模域; 对于 (b), 选取 $\alpha = 0.8$, $\beta = 0.2$, $\eta_1 = 0.1$, $\eta_2 = 0.2$, $p = 0.1$, $\nu = 0.2$, $\vartheta = 2$, $\xi = 0.6$ 使得在 Σ_2 上的滑模域是 Σ'_{s_2} 且 $V_2(S^+, \xi S^+) > V_2(S_2^*, \vartheta)$; 对于 (c), 选取 $\alpha = 0.8$, $\beta = 0.2$, $\eta_1 = 0.1$, $\eta_2 = 0.2$, $p = 0.1$, $\nu = 0.2$, $\vartheta = 2$, $\xi = 0.708707$ 使得在 Σ_2 上的滑模域是 Σ'_{s_2} 且 $V_2(S^+, \xi S^+) = V_2(S_2^*, \vartheta)$; 对于 (d), 选取 $\alpha = 0.8$, $\beta = 0.2$, $\eta_1 = 0.1$, $\eta_2 = 0.2$, $p = 0.1$, $\nu = 0.2$, $\vartheta = 2$, $\xi = 0.79$ 使得在 Σ_2 上的滑模域是 Σ'_{s_2} 且 $V_2(S^+, \xi S^+) < V_2(S_2^*, \vartheta)$

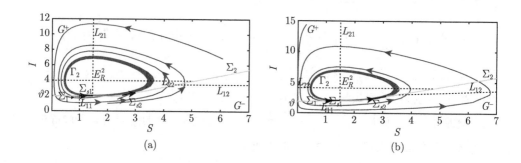

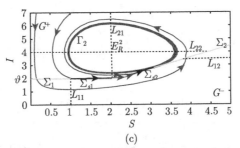

(c)

图 7.22 情形 1.3 下系统 (7.3.1) 的全局动力学行为. 对于 (a), 选取 $\alpha = 0.8$, $\beta = 0.2$, $\eta_1 = 0.1$, $\eta_2 = 0.2$, $p = 0.1$, $\nu = 0.1$, $\vartheta = 2$, $\xi = 0.82$ 使得在 Σ_2 上的滑模域是 Σ_{s_2} 且 $V_2(S^+, \xi S^+) > V_2(S_2^*, \vartheta)$; 对于 (b), 选取 $\alpha = 0.8$, $\beta = 0.2$, $\eta_1 = 0.1$, $\eta_2 = 0.2$, $p = 0.1$, $\nu = 0.1$, $\vartheta = 2$, $\xi = 0.872653$ 使得在 Σ_2 上的滑模域是 Σ_{s_2} 且 $V_2(S^+, \xi S^+) = V_2(S_2^*, \vartheta)$; 对于 (c), 选取 $\alpha = 0.8$, $\beta = 0.2$, $\eta_1 = 0.1$, $\eta_2 = 0.2$, $p = 0.1$, $\nu = 0.2$, $\vartheta = 2$, $\xi = 0.9$ 使得在 Σ_2 上的滑模域是 Σ_{s_2} 且 $V_2(S^+, \xi S^+) < V_2(S_2^*, \vartheta)$

证明 由命题 7.3.4, 可得: (I) 当 $\xi < H_2$ 时, Σ_2 上不存在滑模域; (II) 当 $H_2 < \xi < \min\left\{\dfrac{\beta\vartheta}{\eta_2 + \nu}, H_1\right\}$ 时, 在 Σ_2 上的滑模域是 Σ_{s_2}'; (III) 当 $H_1 < \dfrac{\beta\vartheta}{\eta_2 + \nu}$, $H_1 < \xi < \dfrac{\beta\vartheta}{\eta_2 + \nu}$ 时, 在 Σ_2 上存在的滑模域是 Σ_{s_2}. 同时也可得出在 Σ_2 上不存在伪平衡点. 此外, 在区域 G^+ 内存在和 Σ_1 或者 Σ_2 相切的闭轨线 Γ_2, 且由引理 7.3.1 可知不存在穿越极限环. 对于上述的 (I) 和 (II), 余下的证明和定理 7.3.2 中的证明类似, 因而在这里省略. 关于上述的 (III), 对于闭轨线 Γ_2 同样有类似于定理 7.3.2 证明中的情形 (1)、情形 (2) 和情形 (3) 这三种情形. 而情形 (1) 和情形 (2) 中的滑模极限环可以利用类似于定理 7.3.2 证明中的方法排除. 对于情形 (3), 我们需要考虑图 7.20(d) 和 7.20(e) 中类型的滑模极限环是否存在.

见图 7.20(f), 假设从点 (S_2^*, ϑ) 出发的轨线将到达点 $G_1 = (g_1, \xi g_1) \in \left\{(S, I) \,\middle|\, (S, I) \in \Sigma_2, \dfrac{\vartheta}{\xi} < S < S^-\right\}$, 并且它将进一步到达点 $G_2 = (g_2, \xi g_2) \in \{(S, I) \mid (S, I) \in \Sigma_2, S^+ < S < +\infty\}$, 则必存在点 $G_3 = (g_3, \xi g_3) \in \{(S, I) \mid (S, I) \in \Sigma_2, S^+ < S < +\infty\}$ 使得从点 G_3 出发的轨线 $(S(t), I(t))$ 将到达点 (S_2^*, ϑ). 因此有 $V(g_3, \xi g_3) < V(g_1, \xi g_1)$, 即

$$V_2(g_3, \xi g_3) - V_1(g_3, \xi g_3) < V_2(g_1, \xi g_1) - V_1(g_1, \xi g_1). \tag{7.3.15}$$

另外, 我们有 $V_2(g_3, \xi g_3) = V_2(g_1, \xi g_1) = V_2(S_2^*, \vartheta)$ 和 $V_1(g_1, \xi g_1) = V_1(g_2, \xi g_2)$, 从而 (7.3.15) 可简化为

$$V_1(g_3, \xi g_3) > V_1(g_2, \xi g_2).$$

显然

$$V_1(S, \xi S) = S - S_1^* - S_1^* \ln \frac{S}{S_1^*} + \xi S - I_1^* - I_1^* \ln \frac{\xi S}{I_1^*}$$

和

$$\frac{\mathrm{d}V_1}{\mathrm{d}S} = \frac{(1+\xi)(S-S^-)}{S}.$$

由于 $g_3 > S^-$ 和 $g_2 > S^-$, 因而可得到 $g_3 > g_2$, 这说明图 7.20(d) 和 7.20(e) 中类型的滑模极限环不存在. 所以由闭轨线 Γ_2 所围成的闭区域是一个全局吸引子. 证毕.

情形 2　$S_1^* < \dfrac{\vartheta}{\xi} < S_2^*$.

根据此情形的条件和 (7.3.5), 容易得到这时在 Σ_1 上的滑模域可表示为

$$\Sigma'_{s_1} = \left\{ (S, I) \,\middle|\, (S, I) \in \Sigma_1, S_1^* < S < \frac{\vartheta}{\xi} \right\},$$

且在滑模域 Σ'_{s_1} 的滑模动力学由方程 (7.3.6) 决定, 同时方程 (7.3.6) 存在平衡点 $E_{p_1} = (S_{p_1}, \vartheta)$.

命题 7.3.5　E_{p_1} 是 $\Sigma'_{s_1} \subseteq \Sigma_1$ 上的伪平衡点当且仅当下面任一条件成立:

(i) $p - \xi\nu > 0$, $\eta_1\nu + p\eta_2 - \nu\alpha > 0$ 和 $\vartheta > \max\{I_1^*, H_4\}$;

(ii) $p - \xi\nu > 0$, $\eta_1\nu + p\eta_2 - \nu\alpha < 0$ 和 $\vartheta > I_1^*$;

(iii) $p - \xi\nu < 0$, $\eta_1\nu + p\eta_2 - \nu\alpha < 0$, $\xi < \dfrac{\alpha - \eta_1}{\eta_2}$ 和 $I_1^* < \vartheta < H_4$.

关于在 Σ_2 上滑模域的存在性和情形 1 一样, 见命题 7.3.1. 即: 若 $S^+ < \dfrac{\vartheta}{\xi}$, 那么在 Σ_2 上不存在滑模域; 若 $S^- > \dfrac{\vartheta}{\xi}$, 那么在 Σ_2 上的滑模域是 Σ_{s_2}, 其表达式为 (7.3.8); 若 $S^- < \dfrac{\vartheta}{\xi} < S^+$, 那么在 Σ_{s_2} 上的滑模域是 Σ'_{s_2}, 其表达式为 (7.3.9). 在滑模域 Σ_{s_2} 或者 Σ'_{s_2} 的滑模动力学由方程 (7.3.10)决定. 若 $(p-\xi\nu)(\eta_1\nu+p\eta_2-\nu\alpha) > 0$, 那么方程 (7.3.10) 存在一个正平衡点 $E_{p_2} = (S_{p_2}, \xi S_{p_2})$. E_{p_2} 为伪平衡点的条件见命题 7.3.2.

接下来研究在情形 2 下系统 (7.3.1) 的全局动力学行为, 同样我们需要判定平衡点 E^- 和 E^+ 的类型, 因此又分下面四种子情形来讨论.

情形 2.1　$\vartheta < I_1^*$, $\dfrac{\alpha - \eta_1 + p}{\eta_2 + \nu} < \dfrac{\beta\vartheta}{\eta_2}$ 和 $\xi > \dfrac{\alpha - \eta_1 + p}{\eta_2 + \nu}$.

在该情形下, E^- 和 E^+ 都是虚平衡点, 分别记作 E_V^1 和 E_V^2. 由条件 $S_1^* < \dfrac{\vartheta}{\xi} < S_2^*$, $\vartheta < I_1^*$, $\dfrac{\alpha - \eta_1 + p}{\eta_2 + \nu} < \dfrac{\beta\vartheta}{\eta_2}$ 和 $\xi > \dfrac{\alpha - \eta_1 + p}{\eta_2 + \nu}$ 可得 $p - \xi\nu < 0$, $\eta_1\nu +$

$p\eta_2 - \nu\alpha < 0$, $H_2 < \dfrac{\beta\vartheta}{\eta_2 + \nu} < \dfrac{\alpha - \eta_1 + p}{\eta_2 + \nu} < \xi < \dfrac{\beta\vartheta}{\eta_2}$ 和 $H_2 < H_1 < \dfrac{\beta\vartheta}{\eta_2} < \dfrac{\alpha - \eta_1}{\eta_2}$.
此外, 由命题 7.3.5 可知 E_{p_1} 不是 $\Sigma'_{s_1} \subseteq \Sigma_1$ 上的伪平衡点.

命题 7.3.6 假设 $S_1^* < \dfrac{\vartheta}{\xi} < S_2^*$, $\vartheta < I_1^*$, $\dfrac{\alpha - \eta_1 + p}{\eta_2 + \nu} < \dfrac{\beta\vartheta}{\eta_2}$ 和 $\xi > \dfrac{\alpha - \eta_1 + p}{\eta_2 + \nu}$, 则下面结论成立:

(i) 当 $\dfrac{\alpha - \eta_1 + p}{\eta_2 + \nu} < H_1$ 时, 若 $\dfrac{\alpha - \eta_1 + p}{\eta_2 + \nu} < \xi < H_1$, 那么在 Σ_2 上的滑模域是 Σ'_{s_2}, 且 $E_{p_2} \in \Sigma'_{s_2} \subseteq \Sigma_2$; 若 $H_1 < \xi < \dfrac{\beta\vartheta}{\eta_2}$, 那么在 Σ_2 上的滑模域是 Σ_{s_2}, 且 $E_{p_2} \in \Sigma_{s_2} \subseteq \Sigma_2$.

(ii) 当 $\dfrac{\alpha - \eta_1 + p}{\eta_2 + \nu} > H_1$ 时, 这说明 $\xi > H_1$, 那么在 Σ_2 上的滑模域是 Σ_{s_2}, 且 $E_{p_2} \in \Sigma_{s_2} \subseteq \Sigma_2$.

定理 7.3.4 假设 $S_1^* < \dfrac{\vartheta}{\xi} < S_2^*$, $\vartheta < I_1^*$, $\dfrac{\alpha - \eta_1 + p}{\eta_2 + \nu} < \dfrac{\beta\vartheta}{\eta_2}$ 和 $\xi > \dfrac{\alpha - \eta_1 + p}{\eta_2 + \nu}$ 成立, 那么伪平衡点 E_{p_2} 是一个全局吸引子 (图 7.23).

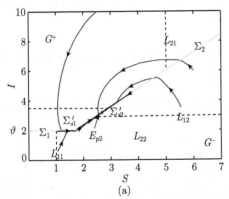
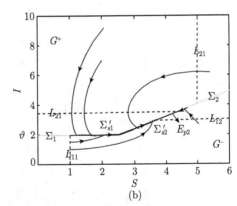

图 7.23 情形 2.1 下系统 (7.3.1) 的全局动力学行为. 对于 (a), 选取 $\alpha = 0.8$, $\beta = 0.2$, $\eta_1 = 0.2$, $\eta_2 = 0.2$, $p = 0.1$, $\nu = 0.8$, $\vartheta = 2$, $\xi = 1.2$ 使得在 Σ_2 上的滑模域是 Σ_{s_2} 且 $E_{p_1} \notin \Sigma'_{s_1}$, $E_{p_2} \in \Sigma_{s_2}$; 对于 (b), 选取 $\alpha = 0.8$, $\beta = 0.2$, $\eta_1 = 0.2$, $\eta_2 = 0.2$, $p = 0.1$, $\nu = 0.8$, $\vartheta = 2$, $\xi = 0.8$ 使得在 Σ_2 上的滑模域是 Σ'_{s_2} 且 $E_{p_1} \notin \Sigma'_{s_1}$, $E_{p_2} \in \Sigma'_{s_2}$

证明 由命题 7.3.6 可知在 Σ_2 上的滑模域是 Σ_{s_2} 或者 Σ'_{s_2}, 并且 E_{p_2} 是 Σ_{s_2} 或者 Σ'_{s_2} 上的伪平衡点. 由 $f_2'(S_{p_2}) = \dfrac{\eta_1\nu + p\eta_2 - \nu\alpha}{\nu + p} < 0$ 可知 E_{p_2} 是局部渐近稳定的伪平衡点. 同理, 由引理 7.3.1 可排除穿越极限环的存在性. 然而在该情形下我们需要考虑图 7.20(g) 和图 7.20(h) 中类型的滑模极限环是否存在.

如图 7.20(i) 所示, 假设从点 $\left(\dfrac{\vartheta}{\xi}, \vartheta\right)$ 出发的轨线 $(S(t), I(t))$ 将到达点 $H_1 = (h_1, \xi h_1) \in \{(S, I) \mid (S, I) \in \Sigma_2, S^+ < S < +\infty\}$, 则存在点 $H_2 = (h_2, \xi h_2) \in \{(S, I) \mid (S, I) \in \Sigma_2, S^+ < S < +\infty\}$ 使得从点 H_2 出发的轨线将到达点 $\left(\dfrac{\vartheta}{\xi}, \vartheta\right)$. 从而有

$$V_2\left(\frac{\vartheta}{\xi}, \vartheta\right) - V_1\left(\frac{\vartheta}{\xi}, \vartheta\right) > V_2(h_2, \xi h_2) - V_1(h_2, \xi h_2).$$

由 $V_2\left(\dfrac{\vartheta}{\xi}, \vartheta\right) = V_2(h_2, \xi h_2)$ 和 $V_1\left(\dfrac{\vartheta}{\xi}, \vartheta\right) = V_1(h_1, \xi h_1)$, 可得 $V_1(h_1, \xi h_1) < V_1(h_2, \xi h_2)$, 因此有 $h_1 < h_2$, 这意味着图 7.20(g) 和图 7.20(h) 中所示类型的滑模极限环不存在. 所以 E_{p_2} 是一个全局吸引子. 证毕.

情形 2.2　$\vartheta < I_1^*$ 和 $\xi < \dfrac{\alpha - \eta_1 + p}{\eta_2 + \nu}$.

这时 E^- 是虚平衡点, E^+ 是实平衡点, 分别记作 E_V^1 和 E_R^2. 从条件 $S_1^* < \dfrac{\vartheta}{\xi} < S_2^*$, $\vartheta < I_1^*$ 和 $\xi < \dfrac{\alpha - \eta_1 + p}{\eta_2 + \nu}$ 可得 $H_2 < \dfrac{\beta \vartheta}{\eta_2 + \nu} < \xi < \min\left\{\dfrac{\alpha - \eta_1 + p}{\eta_2 + \nu}, \dfrac{\beta \vartheta}{\eta_2}\right\}$ 和 $H_2 < H_1 < \dfrac{\beta \vartheta}{\eta_2} < \dfrac{\alpha - \eta_1}{\eta_2}$. 显然, 从命题 7.3.5 可知 E_{p_1} 不是伪平衡点, 且在区域 G^+ 内存在与 Σ_2 相切的闭轨线 Γ_2.

命题 7.3.7　假设 $S_1^* < \dfrac{\vartheta}{\xi} < S_2^*$, $\vartheta < I_1^*$ 和 $\xi < \dfrac{\alpha - \eta_1 + p}{\eta_2 + \nu}$, 则下面结论成立:

(i) 当 $H_1 < \dfrac{\beta \vartheta}{\eta_2 + \nu}$ 时, 则有 $\xi > H_1$, 那么在 Σ_2 上的滑模域是 Σ_{s_2}, 且 $E_{p_2} \notin \Sigma_{s_2} \subseteq \Sigma_2$.

(ii) 当 $\dfrac{\beta \vartheta}{\eta_2 + \nu} < H_1 < \dfrac{\alpha - \eta_1 + p}{\eta_2 + \nu}$ 时, 若 $H_1 < \xi < \min\left\{\dfrac{\alpha - \eta_1 + p}{\eta_2 + \nu}, \dfrac{\beta \vartheta}{\eta_2}\right\}$, 那么在 Σ_2 上的滑模域是 Σ_{s_2}, 且 $E_{p_2} \notin \Sigma_{s_2} \subseteq \Sigma_2$; 若 $\dfrac{\beta \vartheta}{\eta_2 + \nu} < \xi < H_1$, 那么在 Σ_2 上的滑模域是 Σ'_{s_2}, 且 $E_{p_2} \notin \Sigma'_{s_2} \subseteq \Sigma_2$.

(iii) 当 $\dfrac{\alpha - \eta_1 + p}{\eta_2 + \nu} < H_1 < \dfrac{\beta \vartheta}{\eta_2}$ 时, 则有 $\eta_1 \nu + p \eta_2 - \nu \alpha < 0$ 和 $H_2 < \xi < H_1$, 那么在 Σ_2 上的滑模域是 Σ'_{s_2}, 且 $E_{p_2} \notin \Sigma'_{s_2} \subseteq \Sigma_2$.

定理 7.3.5　假设 $S_1^* < \dfrac{\vartheta}{\xi} < S_2^*$, $\vartheta < I_1^*$ 和 $\xi < \dfrac{\alpha - \eta_1 + p}{\eta_2 + \nu}$ 成立, 那么以闭轨线 Γ_2 所围成的闭区域是一个全局吸引子 (图 7.24).

证明　在定理条件下, Σ_1 上的滑模域是 Σ'_{s_1} 且 Σ'_{s_1} 上不存在伪平衡点. 由命题 7.3.7 可知在 Σ_2 上的滑模域是 Σ_{s_2} 或 Σ'_{s_2} 并且 E_{p_2} 不是 Σ_{s_2} 或 Σ'_{s_2} 上的伪平衡点. 由引理 7.3.1 可知不存在穿越极限环, 且由类似于定理 7.3.4 证明中的方法

可以排除滑模极限环的存在性. 因此以闭轨线 Γ_2 所围成的闭区域是一个全局吸引子. 证毕.

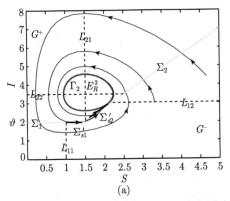 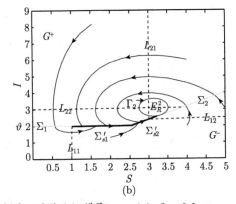

图 7.24　情形 2.2 下系统 (7.3.1) 的全局动力学行为. 对于 (a), 选取 $\alpha = 0.8$, $\beta = 0.2$, $\eta_1 = 0.2$, $\eta_2 = 0.2$, $p = 0.1$, $\nu = 0.1$, $\vartheta = 2$, $\xi = 1.4$ 使得在 Σ_2 上的滑模域是 Σ_{s_2} 且 $E_{p_1} \notin \Sigma'_{s_1}$, $E_{p_2} \notin \Sigma_{s_2}$; 对于 (b), 选取 $\alpha = 0.8$, $\beta = 0.2$, $\eta_1 = 0.3$, $\eta_2 = 0.2$, $p = 0.1$, $\nu = 0.4$, $\vartheta = 2$, $\xi = 0.8$ 使得在 Σ_2 上的滑模域是 Σ'_{s_2} 且 $E_{p_1} \notin \Sigma'_{s_1}$, $E_{p_2} \notin \Sigma'_{s_2}$

情形 2.3　$\vartheta > I_1^*$, $\dfrac{\alpha - \eta_1 + p}{\eta_2 + \nu} < \dfrac{\beta\vartheta}{\eta_2}$ 和 $\xi > \dfrac{\alpha - \eta_1 + p}{\eta_2 + \nu}$.

这种情形意味着 E^- 是实平衡点, 记作 E_R^1, 而 E^+ 是一个虚平衡点, 记作 E_V^2. 由条件 $S_1^* < \dfrac{\vartheta}{\xi} < S_2^*$, $\vartheta > I_1^*$, $\dfrac{\alpha - \eta_1 + p}{\eta_2 + \nu} < \dfrac{\beta\vartheta}{\eta_2}$ 和 $\xi > \dfrac{\alpha - \eta_1 + p}{\eta_2 + \nu}$ 可得 $\max\left\{\dfrac{\beta\vartheta}{\eta_2 + \nu}, \dfrac{\alpha - \eta_1 + p}{\eta_2 + \nu}\right\} < \xi < \dfrac{\beta\vartheta}{\eta_2}$ 和 $S^- < \dfrac{\vartheta}{\xi}$. 此外, 在区域 G^- 中存在与 Σ_1 相切的闭轨线 Γ_1. 为了研究系统 (7.3.1) 的全局动力学行为, 我们首先将分析在 Σ_1 和 Σ_2 上的滑模动力学.

命题 7.3.8　假设 $S_1^* < \dfrac{\vartheta}{\xi} < S_2^*$, $\vartheta > I_1^*$, $\dfrac{\alpha - \eta_1 + p}{\eta_2 + \nu} < \dfrac{\beta\vartheta}{\eta_2}$ 和 $\xi > \dfrac{\alpha - \eta_1 + p}{\eta_2 + \nu}$, 则下面结论成立:

(i) 当 $I_1^* < \vartheta < I_2^*$ 时, 必有 $\dfrac{\beta\vartheta}{\eta_2 + \nu} < \dfrac{\alpha - \eta_1 + p}{\eta_2 + \nu} < \dfrac{\beta\vartheta}{\eta_2}$, 若 $\eta_1\nu + p\eta_2 - \nu\alpha > 0$, 则有 $H_2 < H_3 < \dfrac{\alpha - \eta_1 + p}{\eta_2 + \nu}$ 和 $\xi > H_2$, 那么在 Σ_2 上的滑模域是 Σ'_{s_2}, 且有 $E_{p_1} \notin \Sigma'_{s_1} \subseteq \Sigma_1$, $E_{p_2} \notin \Sigma'_{s_2} \subseteq \Sigma_2$. 若 $\eta_1\nu + p\eta_2 - \nu\alpha < 0$, 则有 $p - \xi\nu < 0$ 和 $H_2 < \dfrac{\alpha - \eta_1 + p}{\eta_2 + \nu} < H_3 < \dfrac{\beta\vartheta}{\eta_2}$, 那么在 Σ_2 上的滑模域是 Σ'_{s_2}, 且进一步有:

(1) 如果 $\dfrac{\alpha - \eta_1 + p}{\eta_2 + \nu} < \xi < H_3$, 这说明 $\vartheta < H_4$ 以及 $H_3 < \dfrac{\alpha - \eta_1}{\eta_2}$, 那么 $E_{p_1} \in \Sigma'_{s_1} \subseteq \Sigma_1$ 且 $E_{p_2} \in \Sigma'_{s_2} \subseteq \Sigma_2$;

(2) 如果 $H_3 < \xi < \dfrac{\beta\vartheta}{\eta_2}$, 这说明 $\vartheta > H_4$, 那么 $E_{p_1} \notin \Sigma'_{s_1} \subseteq \Sigma_1$ 且 $E_{p_2} \notin \Sigma'_{s_2} \subseteq \Sigma_2$.

(ii) 当 $I_2^* < \vartheta < I_2^* + S_2^*$ 时, 必有 $\dfrac{\alpha - \eta_1 + p}{\eta_2 + \nu} < \dfrac{\beta\vartheta}{\eta_2 + \nu} < \dfrac{\beta\vartheta}{\eta_2}$ 和 $H_3 < \dfrac{\beta\vartheta}{\eta_2 + \nu} < H_2$, $E_{p_1} \notin \Sigma'_{s_1} \subseteq \Sigma_1$, 若 $H_2 > \dfrac{\beta\vartheta}{\eta_2}$, 那么在 Σ_2 上不存在滑模域. 若 $H_2 < \dfrac{\beta\vartheta}{\eta_2}$, 则有:

(1) 如果 $\dfrac{\beta\vartheta}{\eta_2 + \nu} < \xi < H_2$, 那么在 Σ_2 上不存在滑模域;

(2) 如果 $H_2 < \xi < \dfrac{\beta\vartheta}{\eta_2}$, 那么在 Σ_2 上的滑模域是 Σ'_{s_2}, 且 $E_{p_2} \notin \Sigma'_{s_2} \subseteq \Sigma_2$.

(iii) 当 $\vartheta > I_2^* + S_2^*$ 时, 必有 $\dfrac{\alpha - \eta_1 + p}{\eta_2 + \nu} < \dfrac{\beta\vartheta}{\eta_2 + \nu} < \dfrac{\beta\vartheta}{\eta_2}$ 和 $H_3 < \dfrac{\beta\vartheta}{\eta_2 + \nu}$, 那么有 $E_{p_1} \notin \Sigma'_{s_1} \subseteq \Sigma_1$ 且在 Σ_2 上不存在滑模域.

定理 7.3.6　假设 $S_1^* < \dfrac{\vartheta}{\xi} < S_2^*, \vartheta > I_1^*, \dfrac{\alpha - \eta_1 + p}{\eta_2 + \nu} < \dfrac{\beta\vartheta}{\eta_2}$ 和 $\xi > \dfrac{\alpha - \eta_1 + p}{\eta_2 + \nu}$, 则有下面的结论.

(i) 若下面条件之一成立:

(1) $E_{p_1} \notin \Sigma'_{s_1}$ 且在 Σ_2 上没有滑模域;

(2) $E_{p_1} \notin \Sigma'_{s_1}$, 在 Σ_2 上的滑模域是 Σ'_{s_2} 且 $E_{p_2} \notin \Sigma'_{s_2}$, 那么以闭轨线 Γ_1 所围成的闭区域是一个全局吸引子 (图 7.25(a) 和图 7.25(c)).

(ii) 若 $E_{p_1} \in \Sigma'_{s_1}$, 在 Σ_2 上的滑模域是 Σ'_{s_2} 且 $E_{p_2} \in \Sigma'_{s_2}$, 那么以闭轨线 Γ_1 所围成的闭区域是一个局部吸引子, E_{p_1} 是 Σ'_{s_1} 上不稳定的平衡点, 并且 E_{p_2} 是 Σ'_{s_2} 上稳定的平衡点 (图 7.25(b)).

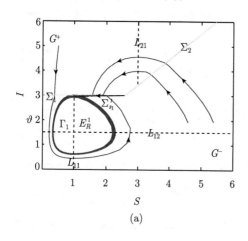

(a)

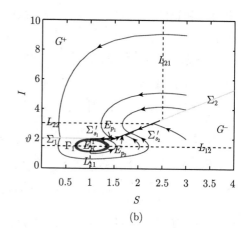

(b)

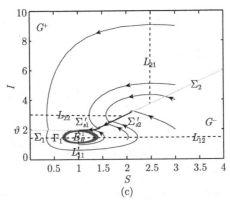

(c)

图 7.25 情形 2.3 下系统 (7.3.1) 的全局动力学行为. 对于 (a), 选取 $\alpha = 0.8$, $\beta = 0.2$, $\eta_1 = 0.5$, $\eta_2 = 0.2$, $p = 0.2$, $\nu = 0.4$, $\vartheta = 3$, $\xi = 1.1$ 使得在 Σ_2 上不存在滑模域且 $E_{p_1} \in \Sigma'_{s_1}$; 对于 (b), 选取 $\alpha = 0.8$, $\beta = 0.2$, $\eta_1 = 0.5$, $\eta_2 = 0.2$, $p = 0.3$, $\nu = 0.3$, $\vartheta = 2$, $\xi = 1.3$ 使得在 Σ_2 上的滑模域是 Σ'_{s_2} 且 $E_{p_1} \in \Sigma'_{s_1}$, $E_{p_2} \in \Sigma'_{s_2}$; 对于 (c), 选取 $\alpha = 0.8$, $\beta = 0.2$, $\eta_1 = 0.5$, $\eta_2 = 0.2$, $p = 0.3$, $\nu = 0.3$, $\vartheta = 2$, $\xi = 1.5$ 使得在 Σ_2 上的滑模域是 Σ'_{s_2} 且 $E_{p_1} \notin \Sigma'_{s_1}$, $E_{p_2} \notin \Sigma'_{s_2}$

证明 由命题 7.3.8 可知在 Σ_2 上要么没有滑模域要么滑模域是 Σ'_{s_2}. 若条件 (1) 或者 (2) 成立, 这意味着在 Σ_1 和 Σ_2 上不存在伪平衡点. 此外, 我们能排除穿越极限环和滑模极限环的存在性. 因此以闭轨线 Γ_1 所围成的闭区域 (集合) 是一个全局吸引子.

若 $E_{p_1} \in \Sigma'_{s_1}$, 在 Σ_2 上的滑模域是 Σ'_{s_2} 且 $E_{p_2} \in \Sigma'_{s_2}$, 由命题 7.3.8, 有 $f'_1(S_{p_1}) = \dfrac{\beta\nu\vartheta + \eta_1\nu + p\eta_2 - \nu\alpha}{\nu} > 0$ 且 $f'_2(S_{p_2}) = \dfrac{\eta_1\nu + p\eta_2 - \nu\alpha}{\nu + p} < 0$, 从而得到 E_{p_1} 在 Σ'_{s_1} 上是不稳定的伪平衡点, 而 E_{p_2} 在 Σ'_{s_2} 上是稳定的伪平衡点. 类似地, 我们能排除穿越极限环和滑模极限环的存在性. 证毕.

情形 2.4 $\vartheta > I_1^*$, $\dfrac{\alpha - \eta_1 + p}{\eta_2 + \nu} > \dfrac{\beta\vartheta}{\eta_2 + \nu}$ 和 $\xi < \dfrac{\alpha - \eta_1 + p}{\eta_2 + \nu}$.

在该情形下, E^- 和 E^+ 都是实平衡点, 分别记作 E_R^1 和 E_R^2. 由条件 $S_1^* < \dfrac{\vartheta}{\xi} < S_2^*$, $\vartheta > I_1^*$, $\dfrac{\alpha - \eta_1 + p}{\eta_2 + \nu} > \dfrac{\beta\vartheta}{\eta_2 + \nu}$ 和 $\xi < \dfrac{\alpha - \eta_1 + p}{\eta_2 + \nu}$, 可得 $I_1^* < \vartheta < I_2^*$ 和 $H_2 < \dfrac{\beta\vartheta}{\eta_2 + \nu} < \xi < \min\left\{ \dfrac{\alpha - \eta_1 + p}{\eta_2 + \nu}, \dfrac{\beta\vartheta}{\eta_2} \right\}$, 从而可知在 Σ_2 上的滑模域是 Σ'_{s_2}. 此外, 在区域 G^- 内存在与 Σ_1 相切的闭轨线 Γ_1, 且在区域 G^+ 内存在与 Σ_2 相切的闭轨线 Γ_2.

命题 7.3.9 假设 $S_1^* < \dfrac{\vartheta}{\xi} < S_2^*$, $\vartheta > I_1^*$, $\dfrac{\alpha - \eta_1 + p}{\eta_2 + \nu} > \dfrac{\beta\vartheta}{\eta_2 + \nu}$ 和 $\xi < \dfrac{\alpha - \eta_1 + p}{\eta_2 + \nu}$, 则下面结论成立:

(i) 若 $\eta_1\nu + p\eta_2 - \nu\alpha > 0$, 这意味着 $p - \xi\nu > 0$ 和 $\dfrac{\beta\vartheta}{\eta_2+\nu} < H_3 <$ $\min\left\{\dfrac{\alpha-\eta_1+p}{\eta_2+\nu}, \dfrac{\beta\vartheta}{\eta_2}\right\}$, 那么有

(1) 如果 $\dfrac{\beta\vartheta}{\eta_2+\nu} < \xi < H_3$, 这说明 $\vartheta > H_4$, 那么 $E_{p_1} \in \Sigma'_{s_1} \subseteq \Sigma_1$ 且 $E_{p_2} \notin \Sigma'_{s_2} \subseteq \Sigma_2$;

(2) 如果 $H_3 < \xi < \min\left\{\dfrac{\alpha-\eta_1+p}{\eta_2+\nu}, \dfrac{\beta\vartheta}{\eta_2}\right\}$, 这说明 $\vartheta < H_4$, 那么 $E_{p_1} \notin \Sigma'_{s_1} \subseteq \Sigma_1$ 且 $E_{p_2} \in \Sigma'_{s_2} \subseteq \Sigma_2$.

(ii) 若 $\eta_1\nu+p\eta_2-\nu\alpha < 0$, 这意味着 $\dfrac{\beta\vartheta}{\eta_2+\nu} < \min\left\{\dfrac{\alpha-\eta_1+p}{\eta_2+\nu}, \dfrac{\beta\vartheta}{\eta_2}\right\} < H_3$, 那么 $E_{p_1} \in \Sigma'_{s_1} \subseteq \Sigma_1$ 且 $E_{p_2} \notin \Sigma'_{s_2} \subseteq \Sigma_2$.

定理 7.3.7　假设 $S_1^* < \dfrac{\vartheta}{\xi} < S_2^*$, $\vartheta > I_1^*$, $\dfrac{\alpha-\eta_1+p}{\eta_2+\nu} > \dfrac{\beta\vartheta}{\eta_2+\nu}$ 和 $\xi < \dfrac{\alpha-\eta_1+p}{\eta_2+\nu}$ 成立, 则有下面的结论:

(i) 若 $E_{p_1} \in \Sigma'_{s_1}$ 且 $E_{p_2} \notin \Sigma'_{s_2}$, 那么以闭轨线 Γ_1 和 Γ_2 所围成的两个闭区域是局部吸引子, 并且 E_{p_1} 是 Σ'_{s_1} 上不稳定的伪平衡点 (图 7.26(a)).

(ii) 若 $E_{p_1} \notin \Sigma'_{s_1}$ 且 $E_{p_2} \in \Sigma'_{s_2}$, 那么以闭轨线 Γ_1 和 Γ_2 所围成的两个闭区域是局部吸引子, 并且 E_{p_2} 是 Σ'_{s_2} 上不稳定的伪平衡点 (图 7.26(b)).

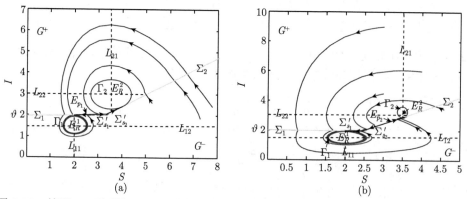

图 7.26　情形 2.4 下系统 (7.3.1) 的全局动力学行为. 对于 (a), 选取 $\alpha = 0.8$, $\beta = 0.2$, $\eta_1 = 0.5$, $\eta_2 = 0.4$, $p = 0.3$, $\nu = 0.3$, $\vartheta = 2$, $\xi = 0.6$ 使得在 Σ_2 上的滑模域是 Σ'_{s_2} 且 $E_{p_1} \in \Sigma'_{s_1}$, $E_{p_2} \notin \Sigma'_{s_2}$; 对于 (b), 选取 $\alpha = 0.8$, $\beta = 0.2$, $\eta_1 = 0.5$, $\eta_2 = 0.4$, $p = 0.3$, $\nu = 0.3$, $\vartheta = 2$, $\xi = 0.85$ 使得在 Σ_2 上滑模域是 Σ'_{s_2} 且 $E_{p_1} \notin \Sigma'_{s_1}$, $E_{p_2} \in \Sigma'_{s_2}$

证明　在该定理条件下, Σ_2 上的滑模域是 Σ'_{s_2}. 由命题 7.3.9 可知, 要么 $E_{p_1} \in \Sigma'_{s_1}$ 且 $E_{p_2} \notin \Sigma'_{s_2}$ 要么 $E_{p_1} \notin \Sigma'_{s_1}$ 且 $E_{p_2} \in \Sigma'_{s_2}$. 当 $E_{p_1} \in \Sigma'_{s_1}$ 且 $E_{p_2} \notin \Sigma'_{s_2}$ 时,

由于 $f_1'(S_{p_1}) = \dfrac{\beta\nu\vartheta + \eta_1\nu + p\eta_2 - \alpha\nu}{\nu} > 0$, 故 E_{p_1} 是 Σ_{s_1}' 上不稳定的伪平衡点. 当 $E_{p_1} \notin \Sigma_{s_1}'$ 且 $E_{p_2} \in \Sigma_{s_2}'$ 时, 由 $f_2'(S_{p_2}) = \dfrac{\eta_1\nu + p\eta_2 - \nu\alpha}{\nu + p} > 0$ 可知 E_{p_2} 是 Σ_{s_2}' 上不稳定的伪平衡点. 同理可以排除穿越极限环和滑模极限环的存在性. 证毕.

情形 3 $\dfrac{\vartheta}{\xi} < S_1^* < S_2^*$.

在该情形下有 $\xi > \dfrac{\beta\vartheta}{\eta_2}$. 由 (7.3.5), 显然在 Σ_1 上不存在滑模域. 在 Σ_2 上的滑模域和情形 1 相同. 为了研究在此情形下系统 (7.3.1) 的全局动力学行为, 同样地我们需要判定平衡点 E^- 和 E^+ 的类型, 为此我们分下面四种子情形来讨论.

情形 3.1 $\xi > \max\left\{\dfrac{\alpha - \eta_1 + p}{\eta_2 + \nu}, \dfrac{\alpha - \eta_1}{\eta_2}, \dfrac{\beta\vartheta}{\eta_2}\right\}$.

此时, E^- 是实平衡点, 记作 E_R^1, E^+ 是虚平衡点, 记作 E_V^2, 且在区域 G^- 内存在和 Σ_2 相切的闭轨线 Γ_1.

命题 7.3.10 假设 $\xi > \max\left\{\dfrac{\alpha - \eta_1 + p}{\eta_2 + \nu}, \dfrac{\alpha - \eta_1}{\eta_2}, \dfrac{\beta\vartheta}{\eta_2}\right\}$, 则下面结论成立:

(i) 当 $\vartheta > S_2^* + I_2^*$ 时, 那么在 Σ_2 上不存在滑模域.

(ii) 当 $\max\{S_1^* + I_1^*, I_2^*\} < \vartheta < S_2^* + I_2^*$ 时, 必有 $\max\left\{\dfrac{\alpha - \eta_1 + p}{\eta_2 + \nu}, \dfrac{\alpha - \eta_1}{\eta_2}\right\} < \dfrac{\beta\vartheta}{\eta_2}$ 和 $H_2 > \dfrac{\alpha - \eta_1 + p}{\eta_2 + \nu}$, 若 $H_2 < \dfrac{\beta\vartheta}{\eta_2}$, 那么在 Σ_2 上的滑模域是 Σ_{s_2}', 且 $E_{p_2} \notin \Sigma_{s_2}' \subseteq \Sigma_2$; 若 $H_2 > \dfrac{\beta\vartheta}{\eta_2}$, 则有:

(1) 如果 $\dfrac{\beta\vartheta}{\eta_2} < \xi < H_2$, 那么在 Σ_2 上不存在滑模域;

(2) 如果 $\xi > H_2$, 那么在 Σ_2 上的滑模域是 Σ_{s_2}', 且 $E_{p_2} \notin \Sigma_{s_2}' \subseteq \Sigma_2$.

(iii) 当 $S_1^* + I_1^* < I_2^*$ 和 $S_1^* + I_1^* < \vartheta < I_2^*$ 时, 必有 $H_2 < \max\left\{\dfrac{\alpha - \eta_1 + p}{\eta_2 + \nu}, \dfrac{\alpha - \eta_1}{\eta_2}, \dfrac{\beta\vartheta}{\eta_2}\right\}$ 和 $H_3 < \dfrac{\beta\vartheta}{\eta_2}$, 那么在 Σ_2 上的滑模域是 Σ_{s_2}', 且 $E_{p_2} \notin \Sigma_{s_2}' \subseteq \Sigma_2$.

(iv) 当 $S_1^* + I_1^* > I_2^*$ 和 $I_2^* < \vartheta < S_1^* + I_1^*$ 时, 必有 $\max\left\{\dfrac{\alpha - \eta_1 + p}{\eta_2 + \nu}, \dfrac{\alpha - \eta_1}{\eta_2}\right\} < \dfrac{\beta\vartheta}{\eta_2} < H_1$, 若 $H_2 < \dfrac{\beta\vartheta}{\eta_2}$, 则有:

(1) 如果 $\dfrac{\beta\vartheta}{\eta_2} < \xi < H_1$, 那么在 Σ_2 上的滑模域是 Σ_{s_2}', 且 $E_{p_2} \notin \Sigma_{s_2}' \subseteq \Sigma_2$;

(2) 如果 $\xi > H_1$, 那么在 Σ_2 上的滑模域是 Σ_{s_2}, 且 $E_{p_2} \notin \Sigma_{s_2} \subseteq \Sigma_2$;

若 $H_2 > \dfrac{\beta\vartheta}{\eta_2}$, 则有:

(1) 如果 $\dfrac{\beta\vartheta}{\eta_2} < \xi < H_2$, 那么在 Σ_2 上不存在滑模域;

(2) 如果 $H_2 < \xi < H_1$, 那么在 Σ_2 上的滑模域是 Σ'_{s_2}, 且 $E_{p_2} \notin \Sigma'_{s_2} \subseteq \Sigma_2$;

(3) 如果 $\xi > H_1$, 那么在 Σ_2 上的滑模域是 Σ_{s_2}, 且 $E_{p_2} \notin \Sigma_{s_2} \subseteq \Sigma_2$.

(v) 当 $I_1^* < \vartheta < \min\{S_1^* + I_1^*, I_2^*\}$ 时, 必有 $\dfrac{\alpha - \eta_1}{\eta_2} < \dfrac{\beta\vartheta}{\eta_2} < H_1$ 和 $H_2 < \min\left\{\dfrac{\alpha - \eta_1 + p}{\eta_2 + \nu}, \dfrac{\beta\vartheta}{\eta_2}\right\}$, 若 $H_1 < \dfrac{\alpha - \eta_1 + p}{\eta_2 + \nu}$, 那么在 Σ_2 上的滑模域是 Σ_{s_2}, 且 $E_{p_2} \notin \Sigma_{s_2} \subseteq \Sigma_2$. 若 $H_1 > \dfrac{\alpha - \eta_1 + p}{\eta_2 + \nu}$, 必有 $H_3 < \max\left\{\dfrac{\alpha - \eta_1 + p}{\eta_2 + \nu}, \dfrac{\alpha - \eta_1}{\eta_2}, \dfrac{\beta\vartheta}{\eta_2}\right\} < H_1$, 那么有:

(1) 如果 $\max\left\{\dfrac{\alpha - \eta_1 + p}{\eta_2 + \nu}, \dfrac{\alpha - \eta_1}{\eta_2}, \dfrac{\beta\vartheta}{\eta_2}\right\} < \xi < H_1$, 那么在 Σ_2 上的滑模域是 Σ'_{s_2}, 且 $E_{p_2} \notin \Sigma'_{s_2} \subseteq \Sigma_2$;

(2) 如果 $\xi > H_1$, 那么在 Σ_2 上的滑模域是 Σ_{s_2}, 且 $E_{p_2} \notin \Sigma_{s_2} \subseteq \Sigma_2$.

(vi) 当 $\vartheta < I_1^*$ 时, 必有 $H_1 < \dfrac{\beta\vartheta}{\eta_2} < \dfrac{\alpha - \eta_1}{\eta_2}$, 那么在 Σ_2 上的滑模域是 Σ_{s_2}, 且 $E_{p_2} \notin \Sigma_{s_2} \subseteq \Sigma_2$.

定理 7.3.8 假设 $\xi > \max\left\{\dfrac{\alpha - \eta_1 + p}{\eta_2 + \nu}, \dfrac{\alpha - \eta_1}{\eta_2}, \dfrac{\beta\vartheta}{\eta_2}\right\}$ 成立, 那么以闭轨线 Γ_1 所围成的闭区域是一个全局吸引子 (图 7.27).

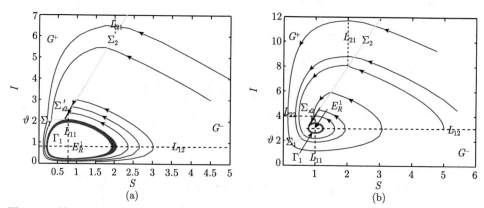

图 7.27　情形 3.1 下系统 (7.3.1) 的全局动力学行为. 对于 (a), 选取 $\alpha = 0.8$, $\beta = 0.5$, $\eta_1 = 0.4$, $\eta_2 = 0.4$, $p = 0.4$, $\nu = 0.6$, $\vartheta = 2$, $\xi = 3$ 使得在 Σ_2 上的滑模域是 Σ'_{s_2} 且 $E_{p_2} \notin \Sigma'_{s_2}$; 对于 (b), 选取 $\alpha = 0.8$, $\beta = 0.2$, $\eta_1 = 0.2$, $\eta_2 = 0.2$, $p = 0.2$, $\nu = 0.2$, $\vartheta = 2$, $\xi = 4$ 使得在 Σ_2 上的滑模域是 Σ_{s_2} 且 $E_{p_2} \notin \Sigma_{s_2}$

证明　根据命题 7.3.10, 易知在 Σ_2 上不存在滑模域. 由引理 7.3.1 可知不存在穿越极限环. 此外, 该情形下不存在滑模极限环. 所以以闭轨线 Γ_1 所围成的闭区域是一个全局吸引子.　证毕.

情形 3.2 $\dfrac{\beta\vartheta}{\eta_2} < \xi < \min\left\{\dfrac{\alpha - \eta_1 + p}{\eta_2 + \nu}, \dfrac{\alpha - \eta_1}{\eta_2}\right\}$, $\vartheta < I_1^*$ 和 $\dfrac{\alpha - \eta_1 + p}{\eta_2 + \nu} > \dfrac{\beta\vartheta}{\eta_2}$.

在这种情形下, 区域 G^+ 内存在与 Σ_2 相切的闭轨线 Γ_2.

定理 7.3.9 假设 $\dfrac{\beta\vartheta}{\eta_2} < \xi < \min\left\{\dfrac{\alpha - \eta_1 + p}{\eta_2 + \nu}, \dfrac{\alpha - \eta_1}{\eta_2}\right\}$, $\vartheta < I_1^*$ 和 $\dfrac{\alpha - \eta_1 + p}{\eta_2 + \nu} > \dfrac{\beta\vartheta}{\eta_2}$ 成立, 那么以闭轨线 Γ_2 所围成的闭区域是一个全局吸引子 (图 7.28(a)).

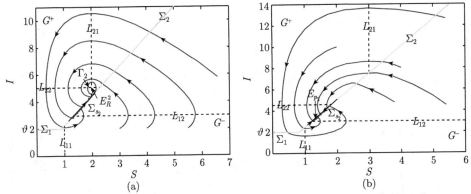

图 7.28　情形 3.2 和情形 3.3 下系统 (7.3.1) 的全局动力学行为. 对于 (a), 选取 $\alpha = 0.8$, $\beta = 0.2$, $\eta_1 = 0.2$, $\eta_2 = 0.2$, $p = 0.4$, $\nu = 0.2$, $\vartheta = 2$, $\xi = 2.2$ 使得在 Σ_2 上的滑模域是 Σ_{s_2} 且 $E_{p_2} \notin \Sigma_{s_2}$; 对于 (b), 选取 $\alpha = 0.8$, $\beta = 0.2$, $\eta_1 = 0.2$, $\eta_2 = 0.2$, $p = 0.3$, $\nu = 0.4$, $\vartheta = 2$, $\xi = 2.5$ 使得在 Σ_2 上的滑模域是 Σ_{s_2} 且 $E_{p_2} \in \Sigma_{s_2}$

证明 易知 E^- 是虚平衡点, 记作 E_V^1, E^+ 是实平衡点, 记作 E_R^2. 由假设条件可得 $H_1 < \dfrac{\beta\vartheta}{\eta_2}$, 从而有 $\xi > H_1$, 这意味着在 Σ_2 上的滑模域是 Σ_{s_2}. 此外, 根据命题 7.3.2 可知 E_{p_2} 不是 Σ_{s_2} 上的伪平衡点. 类似地, 我们能排除穿越极限环和滑模极限环的存在性. 因此以闭轨线 Γ_2 所围成的闭区域是一个全局吸引子. 证毕.

情形 3.3 $\max\left\{\dfrac{\alpha - \eta_1 + p}{\eta_2 + \nu}, \dfrac{\beta\vartheta}{\eta_2}\right\} < \xi < \dfrac{\alpha - \eta_1}{\eta_2}$, $\vartheta < I_1^*$ 和 $\eta_1\nu + p\eta_2 - \nu\alpha < 0$.

由情形 3.3 的条件可得 $p < \xi\nu$, 且 E^- 和 E^+ 都是虚平衡点, 分别记作 E_V^1 和 E_V^2, 此时有下面的结果.

定理 7.3.10 假设 $\max\left\{\dfrac{\alpha - \eta_1 + p}{\eta_2 + \nu}, \dfrac{\beta\vartheta}{\eta_2}\right\} < \xi < \dfrac{\alpha - \eta_1}{\eta_2}$, $\vartheta < I_1^*$ 和 $\eta_1\nu + p\eta_2 - \nu\alpha < 0$ 成立, 那么伪平衡点 E_{p_2} 是一个全局吸引子 (图 7.28(b)).

证明 由假设条件可得 $H_2 < H_1 < \dfrac{\beta\vartheta}{\eta_2}$, 从而有 $\xi > H_1$, 这说明在 Σ_2 上的

滑模域是 Σ_{s_2}. 根据命题 7.3.2, 易知 E_{p_2} 是 Σ_{s_2} 上的伪平衡点. 由于 $f_2'(S_{p_2}) = \dfrac{\eta_1\nu + p\eta_2 - \nu\alpha}{\nu + p} < 0$, 故 E_{p_2} 是局部渐近稳定的. 此外, 易知该情形下不存在穿越极限环和滑模极限环. 因此伪平衡点 E_{p_2} 是一个全局吸引子. 证毕.

情形 3.4 $\max\left\{\dfrac{\alpha - \eta_1}{\eta_2}, \dfrac{\beta\vartheta}{\eta_2}\right\} < \xi < \dfrac{\alpha - \eta_1 + p}{\eta_2 + \nu}, \dfrac{\beta\vartheta}{\eta_2} < \dfrac{\alpha - \eta_1 + p}{\eta_2 + \nu}$ 和 $\eta_1\nu + p\eta_2 - \nu\alpha > 0$.

此时, 我们有 $p > \xi\nu$ 和 $\vartheta < I_2^*$; E^- 和 E^+ 都是实平衡点, 分别记作 E_R^1 和 E_R^2; 此外, 在区域 G^- 内存在与 Σ_2 相切的闭轨线 Γ_1, 且在区域 G^+ 内存在与 Σ_2 相切的闭轨线 Γ_2.

命题 7.3.11 假设 $\max\left\{\dfrac{\alpha - \eta_1}{\eta_2}, \dfrac{\beta\vartheta}{\eta_2}\right\} < \xi < \dfrac{\alpha - \eta_1 + p}{\eta_2 + \nu}, \dfrac{\beta\vartheta}{\eta_2} < \dfrac{\alpha - \eta_1 + p}{\eta_2 + \nu}$ 和 $\eta_1\nu + p\eta_2 - \nu\alpha > 0$, 则下面结论成立:

(i) 当 $\vartheta < I_1^*$ 时, 必有 $H_1 < \dfrac{\beta\vartheta}{\eta_2}$, 那么在 Σ_2 上的滑模域是 Σ_{s_2}, 且 $E_{p_2} \in \Sigma_{s_2} \subseteq \Sigma_2$.

(ii) 当 $I_1^* < \vartheta < \min\{S_1^* + I_1^*, I_2^*\}$ 时, 必有 $H_2 < \dfrac{\beta\vartheta}{\eta_2} < H_1$ 和 $H_3 < \dfrac{\beta\vartheta}{\eta_2}$, 若 $H_1 > \dfrac{\alpha - \eta_1 + p}{\eta_2 + \nu}$, 那么在 Σ_2 上的滑模域是 Σ_{s_2}', 且 $E_{p_2} \in \Sigma_{s_2}' \subseteq \Sigma_2$. 若 $H_1 < \dfrac{\alpha - \eta_1 + p}{\eta_2 + \nu}$, 则有:

(1) 如果 $\dfrac{\beta\vartheta}{\eta_2} < \xi < H_1$, 那么在 Σ_2 上的滑模域是 Σ_{s_2}', 且 $E_{p_2} \in \Sigma_{s_2}' \subseteq \Sigma_2$;

(2) 如果 $H_1 < \xi < \dfrac{\alpha - \eta_1 + p}{\eta_2 + \nu}$, 那么在 Σ_2 上的滑模域是 Σ_{s_2}, 且 $E_{p_2} \in \Sigma_{s_2} \subseteq \Sigma_2$.

(iii) 当 $S_1^* + I_1^* < I_2^*$ 和 $S_1^* + I_1^* < \vartheta < I_2^*$ 时, 必有 $H_2 < \dfrac{\beta\vartheta}{\eta_2}$ 和 $H_3 < \dfrac{\beta\vartheta}{\eta_2}$, 那么在 Σ_2 上的滑模域是 Σ_{s_2}', 且 $E_{p_2} \in \Sigma_{s_2}' \subseteq \Sigma_2$.

定理 7.3.11 假设 $\max\left\{\dfrac{\alpha - \eta_1}{\eta_2}, \dfrac{\beta\vartheta}{\eta_2}\right\} < \xi < \dfrac{\alpha - \eta_1 + p}{\eta_2 + \nu}, \dfrac{\beta\vartheta}{\eta_2} < \dfrac{\alpha - \eta_1 + p}{\eta_2 + \nu}$ 和 $\eta_1\nu + p\eta_2 - \nu\alpha > 0$, 那么以闭轨线 Γ_1 和 Γ_2 所围成的两个闭区域是局部吸引子, 而 E_{p_2} 是 Σ_{s_2} 或 Σ_{s_2}' 上不稳定的伪平衡点 (图 7.29).

证明 根据命题 7.3.11 可知 E_{p_2} 是滑模域 Σ_{s_2} 或 Σ_{s_2}' 上的伪平衡点. 再由 $\dfrac{\mathrm{d}f_2(S)}{\mathrm{d}S}\bigg|_{S=S_{p_2}} = \dfrac{\eta_1\nu + p\eta_2 - \nu\alpha}{\nu + p} > 0$ 可知 E_{p_2} 是不稳定的. 此外, 容易排除穿越极限环和滑模极限环的存在性. 证毕.

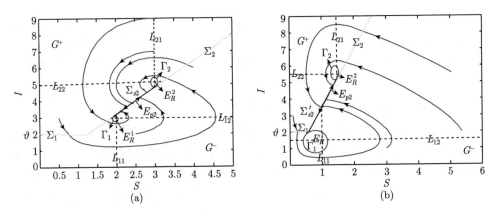

图 7.29　情形 3.4 下系统 (7.3.1) 的全局动力学行为. 对于 (a), 选取 $\alpha = 0.8$, $\beta = 0.2$, $\eta_1 = 0.2$, $\eta_2 = 0.4$, $p = 0.4$, $\nu = 0.2$, $\vartheta = 2$, $\xi = 1.6$ 使得在 Σ_2 上的滑模域是 Σ_{s_2} 且 $E_{p_2} \in \Sigma_{s_2}$; 对于 (b), 选取 $\alpha = 0.8$, $\beta = 0.2$, $\eta_1 = 0.5$, $\eta_2 = 0.2$, $p = 0.8$, $\nu = 0.1$, $\vartheta = 2$, $\xi = 3.5$ 使得在 Σ_2 上的滑模域是 Σ_{s_2}' 且 $E_{p_2} \in \Sigma_{s_2}'$

7.3.3　生物学意义

从本节前面对模型 (7.3.1) 的动力学分析可知, 特别是对照 7.2 节中模型 (7.2.1) 的动力学分析结果, 我们可以发现阈值策略的变化 (从数学上来说就是切换线的变化) 可以带来模型动力学性质的根本改变. 下面我们对前面关于模型 (7.3.1) 所获得的一些主要动力学结果所对应的生物学意义进行简要说明.

本节对模型 (7.3.1) 所获得的主要动力学结果包括:

(i) 从闭轨线 Γ_1 外出发的所有轨线将趋向于位于切换线 $\Sigma = \Sigma_1 \cup \Sigma_2$ 下方的 Γ_1, 见图 7.18, 图 7.25(a), 图 7.25(c) 和图 7.27.

(ii) 以闭轨线 Γ_1 所围成的闭区域是一个局部吸引子, 而 E_{p_1} 是一个不稳定的伪平衡点且 E_{p_2} 是一个稳定的伪平衡点, 见图 7.25(b).

(iii) 系统 (7.3.1) 存在唯一全局渐近稳定的伪平衡点 E_{p_2}, 见图 7.23 和图 7.28(b).

(iv) 从闭轨线 Γ_2 外出发的所有轨线将趋向于位于切换线 $\Sigma = \Sigma_1 \cup \Sigma_2$ 上方的 Γ_2, 见图 7.21, 图 7.22, 图 7.24 和图 7.28(a).

(v) 以闭轨线 Γ_1 和 Γ_2 所围成的两个闭区域是局部吸引子, 且存在不稳定的伪平衡点 E_{p_1} 或 E_{p_2}, 见图 7.19, 图 7.25(c), 图 7.26 和图 7.29.

从经济学或生物学的观点来看, 完全消除染病植株是不必要或不可能的. 事实上, 将染病植株的数量控制在切换线 $\Sigma = \overline{\Sigma_1} \cup \overline{\Sigma_2}$ 上或者在 Σ 下方才合理, 这也是我们采取控制措施的目标. 对于上述的 (i), (ii) 和 (iii), 最终能将染病植株的数量控制在切换线 Σ 上或者在 Σ 下方. 然而, 在 (iv) 中染病植株的数量将最终在

切换线 Σ 上方, 这不是我们的目标, 因为这将造成巨大的经济损失. 对于 (v), 染病植株的数量最终在 Σ 上方还是下方取决于易感植株和染病植株的初值.

　　需指出的是种植率 p 和移除率 ν 在控制植物病害的传播方面具有很大的作用, 这表明可以选取适当的控制参数 p 和 ν 来实现控制目标. 首先, 当 ξ 取值较小而 ϑ 取值相对较大, 也就是 $\xi < \frac{\beta\vartheta}{\eta_2}$ 且 $\vartheta > I_1^*$ 时, 若控制参数 p 和 ν 从图 7.30(a) 中区域 Ω_1, Ω_3 以及 Ω_5 中取值, 则我们能达到控制目标; 然而, 如果控制参数 p 和 ν 选取得不合适, 则可能无法实现控制目标, 例如当从图 7.30(a) 中区域 Ω_2 和 Ω_4 中选取控制参数 p 和 ν 值时, 是否能够实现控制目标取决于初值. 其次, 当 ξ 和 ϑ 取值都较小, 也就是 $\xi < \frac{\beta\vartheta}{\eta_2}$ 和 $\vartheta < I_1^*$ 时, 一方面, 若从图 7.30(b) 的区域 Ω_2' 中选取控制参数 p 和 ν 值, 则染病植株的数量将最终维持在切换线 Σ 上面; 另一方面, 若从图 7.30(b) 的区域 Ω_1' 和 Ω_3' 中选取控制参数 p 和 ν 值, 则会导致我们控制目标的失败. 接下来, 当 ξ 满足 $\frac{\beta\vartheta}{\eta_2} < \xi < \frac{\alpha - \eta_1}{\eta_2}$ 时, 我们能达到控制目标当且仅当 p 和 ν 满足 $\nu\xi - p > \alpha - \eta_1 - \eta_2\xi$, 否则不能达到控制目标. 最后, 当 ξ 取值相对较大时, 即 $\xi > \max\left\{\frac{\beta\vartheta}{\eta_2}, \frac{\alpha - \eta_1}{\eta_2}\right\}$, 当 p 和 ν 满足 $\nu\xi - p > \alpha - \eta_1 - \eta_2\xi$ 时能达到控制目标. 因此, 选取合适的种植率和移除率可使染病植株的数量控制在可接受的水平.

　　值得注意的是, 对于模型 (7.3.1) 中 $\xi = 0$ 的情形, 即文献 [818] 中所讨论的切换线为水平直线的植物病虫害模型, 容易得到对应于图 7.30(a) 和图 7.30(b) 中利用控制参数 p 和 ν 所描述的稳定区域. 相较于文献 [818] 中模型, 切换线为折线的模型 (7.3.1) ($\xi > 0$ 的情形) 具有许多的优点. 一方面, 若控制参数 p 和 ν 从图 7.30(a) 的区域 Ω_5 中取值, 那么当 $\xi > 0$ 时能达到控制目标, 然而, 当 $\xi = 0$ 时, 控制目标是否能达到取决于初值. 另一方面, 若从图 7.30(b) 的区域 Ω_2' 中选取控制参数 p 和 ν 的值, 那么当 $\xi > 0$ 时能达到控制目标, 然而当 $\xi = 0$ 时则不能达到控制目标. 此外, 若控制参数 p 和 ν 从图 7.30(a) 的区域 Ω_1 和 Ω_3 中取值, 那么当 $\xi > 0$ 和 $\xi = 0$ 时都能实现控制目标, 但是当 $\xi > 0$ 时可以更快地达到控制目标, 见图 7.30(c) 和图 7.30(d). 图 7.30(c) 说明当 $\xi > 0$ 时, 若选取初值为 $(S(0), I(0)) = (6, 4)$ 且控制参数 p 和 ν 从图 7.30(a) 的区域 Ω_1 中取值, 则染病植株的数量在经过时间 t_1 后将趋向于闭轨 Γ_1 所对应的染病植株分量值; 当 $\xi = 0$ 时, 选取和上述相同的初值和参数值, 可知染病植株的数量在经过时间 t_2 后将趋向于闭轨 Γ_1 所对应的染病植株分量值. 我们有 $t_1 < t_2$, 这意味着当 $\xi > 0$ 时可以更快地将染病植株的数量控制在一个可容忍的水平, 从而将损失降到最低. 类似地, 若我们从区域 Ω_3 中选取参数 $p = 0.2$ 和 $\nu = 0.2$, 如图 7.30(d) 所示, 选取相同的初值 $(S(0), I(0)) = (6, 4)$, 当 $\xi > 0$ 时染病植株的数量在经过时间 t_3 后

将趋向于闭轨 Γ_1 所对应的染病植株分量值, 而当 $\xi = 0$ 时染病植株的数量在经过时间 t_4 后将趋向于闭轨 Γ_1 所对应的染病植株分量值. 从图 7.30(d) 可知 $t_3 < t_4$.

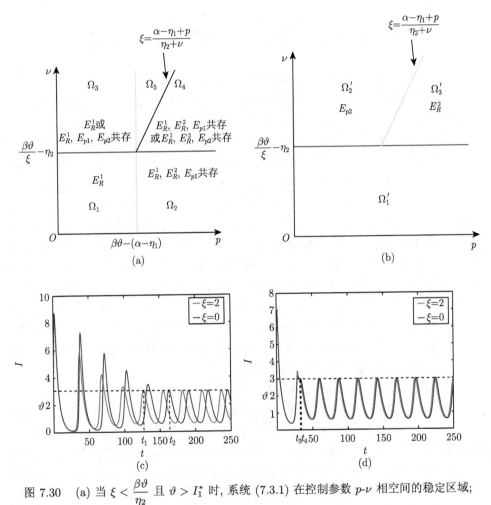

图 7.30 (a) 当 $\xi < \dfrac{\beta\vartheta}{\eta_2}$ 且 $\vartheta > I_1^*$ 时, 系统 (7.3.1) 在控制参数 p-ν 相空间的稳定区域; (b) 当 $\xi < \dfrac{\beta\vartheta}{\eta_2}$ 且 $\vartheta < I_1^*$ 时, 系统 (7.3.1) 在控制参数 p-ν 相空间的稳定区域; (c) 和 (d) I 关于时间的变化图, 这里 $\alpha = 0.8$, $\beta = 0.2$, $\eta_1 = 0.5$, $\eta_2 = 0.2$, $\vartheta = 3$; 对于 (c), $p = 0.2$, $\nu = 0.05$ 从区域 Ω_1 中选取; 对于 (d), $p = 0.2$, $\nu = 0.2$ 从 Ω_3 中选取

第 8 章 传染病模型及动力学分析

瑞典病理学家 Folke Henschen 说过: "人类的历史即其疾病的历史." 香港科技大学丁学良教授指出, 疾病和传染病流行对人类文明产生深刻而全面的影响, 它往往比战争、革命、暴动来得还要剧烈, 因为它直接打击了文明的核心和所有生产力要素中最根本的——人类本身, 打击了他们的身体, 打击了他们的心灵. 历史上, 鼠疫、天花、黑死病、西班牙流感、瘟疫、霍乱、麻风、白喉、梅毒、斑疹伤寒、疟疾、狂犬病、肺结核、黄热病等传染病曾给人类带来巨大的灾难, 整个人类文明的历史同时也是一部与疾病, 特别是大规模传染性疾病作斗争的历史. 虽然在全人类的共同努力下, 一些如白喉、麻疹、破伤风、天花等传染病得到了有效的遏制, 甚至被消灭, 但人类与传染病的斗争远未结束, 埃博拉出血热 (EBHF)、军团病 (Legionellosis)、艾滋病 (AIDS)、莱姆病 (Lyme Disease) 等新的传染病不断袭来, 进入 21 世纪短短 20 年来, 就已有了非典型肺炎 (SARS)、A/H1N1 流感、中东呼吸综合征 (MERS)、埃博拉出血热等几次大的疫情, 特别是 2019 年底开始局部爆发并很快席卷全球的新冠肺炎 (COVID-19) 疫情, 给全球众多国家造成了大量人员死亡和巨大经济损失. 因此, 关于传染病流行规律和防控策略研究的重要性日益突出, 且将是一项长期而艰巨的任务.

利用数学研究分析传染病传播的工作至少可以追溯到 1760 年 Bernoulli 对天花传播的研究, 但确定性传染病模型的研究源于 1906 年 Hamer 关于麻疹反复流行的研究[288]. 之后, 传染病动力学的数学建模与研究开始蓬勃地发展, 涌现了大量文献, 如 [19,30,36,190,374,375,511,536,583,590,609,615,687,714,715,775,806], 特别是近 30 年来, 传染病动力学更是持续成为国际热点研究领域, 发展十分迅速, 参见文献 [7,20,56,151,308,643,734,737,807] 及其所引用的文献. 本章的主要内容有两部分, 第一部分 (8.1节) 介绍一类不连续治疗策略下的传染病模型并对其进行动力学分析, 第二部分 (8.2节) 讨论一类媒体报道下具有不连续有效感染率的传染病模型并分析其动力学行为.

8.1 不连续治疗策略下的传染病模型及动力学分析

对某些传染病, 例如, 麻疹、肺结核和流感等, 治疗是控制其传播的一个重要途径[226,344,686,730]. 而实际中, 对一个危害严重的传染病, 例如黑死病和艾滋病等, 在其传播早期, 人们往往意识不到其严重性而不能给予足够的重视, 那么感染者就得不到及时或充分的治疗, 甚至得不到治疗. 一段时间后, 当人们意识到严重性时, 就会立即启动治疗或加大治疗力度. 也就是说, 治疗会有一个很大的跳跃, 这样就造成了治疗的实施关于感染人数是不连续的. 另一方面, 从经济的角度来说, 如果传染病危害不严重, 例如流感, 感染者往往会主观地把病情分成几个状态, 然后根据所处状态的严重程度作相应的治疗, 这也就造成了治疗的实施是跳跃式分段连续的. 基于此, 本节考虑如下具有不连续治疗策略下的传染病模型[271]:

$$
\begin{cases}
\dfrac{\mathrm{d}S}{\mathrm{d}t} = A - dS - \lambda SI, \\[2mm]
\dfrac{\mathrm{d}I}{\mathrm{d}t} = \lambda SI - (d + \gamma + \epsilon)I - h(I), \\[2mm]
\dfrac{\mathrm{d}R}{\mathrm{d}t} = \gamma I + h(I) - dR,
\end{cases}
\tag{8.1.1}
$$

其中, 状态变量 $S = S(t)$, $I = I(t)$ 和 $R = R(t)$ 分别表示 t 时刻易感者、感染者和康复者的数目. 假设所有的模型参数都为正常数, A 是人口的补充率; d 是人口的自然死亡率; γ 是感染者的自然康复率; ϵ 是疾病导致的死亡率; λ 是感染系数; 函数 $h(I)$ 表示治疗率, 在文献 [687] 中治疗率连续依赖于感染者数目 I, 但是出于实际情况的考虑, 治疗率函数允许一些跳跃型间断点存在, 因此本节给出下面的假设.

假设 8.1.1 治疗率函数为 $h(I) = \varphi(I)I$, 其中 $\varphi : \mathbb{R}_+ \to \mathbb{R}_+$ 是分段连续的单调不减函数, 且除了可数个孤立的点 $\{\rho_k\}$ 外, 在其他点处都连续, 在这些孤立的点处的左右极限 $\varphi(\rho_k^-)$ 和 $\varphi(\rho_k^+)$ 满足 $\varphi(\rho_k^+) > \varphi(\rho_k^-)$. 而且, 在 $\mathbb{R}_+$ 的每一个紧子集上, φ 只有有限个间断点.

注 8.1.1 若定义 φ 在 0 处的取值为 $\varphi(0^+)$, 则 φ 在 0 处右连续. 因此, 不失一般性本节总假设 φ 在 0 处右连续.

由于系统 (8.1.1) 中的前两个方程不依赖于变量 R, 因此下面主要分析系统

$$
\begin{cases}
\dfrac{\mathrm{d}S}{\mathrm{d}t} = A - dS - \lambda SI, \\[2mm]
\dfrac{\mathrm{d}I}{\mathrm{d}t} = \lambda SI - (d + \gamma + \epsilon)I - h(I)
\end{cases}
\tag{8.1.2}
$$

的动力学性质. 通常情况下系统 (8.1.2) 在 $\mathbb{R}_+^2$ 上为右端不连续微分系统, 本节仍根据右端不连续微分方程解的定义 3.1.2 考虑系统 (8.1.2) Filippov 意义下的解. 因此, 若向量函数 $(S(t), I(t))$ 为系统 (8.1.2) 在区间 $[0, \mathcal{T}]$, $\mathcal{T} \in (0, +\infty]$ 上满足初始条件 $S(0) = S_0 \geqslant 0$ 和 $I(0) = I_0 \geqslant 0$ 的解, 则对几乎所有的 $t \in [0, \mathcal{T})$, $(S(t), I(t))$ 满足下面的微分包含

$$\begin{cases} \dfrac{\mathrm{d}S}{\mathrm{d}t} = A - dS - \lambda SI, \\ \dfrac{\mathrm{d}I}{\mathrm{d}t} \in \lambda SI - (d + \gamma + \epsilon)I - \overline{\mathrm{co}}[h(I)], \end{cases} \tag{8.1.3}$$

其中 $\overline{\mathrm{co}}[h(I)] = [h(I^-), h(I^+)]$, $h(I^-), h(I^+)$ 分别代表函数 $h(\cdot)$ 在点 I 处的左右极限.

注意到当 $h(\cdot)$ 在 I 处不连续时, $\overline{\mathrm{co}}[h(I)]$ 是一个具有内点的区间, 而当 $h(\cdot)$ 在 I 处连续时, $\overline{\mathrm{co}}[h(I)] = \{h(I)\}$ 是一个单点集. 容易验证 $(S, I) \rightarrow (A - dS - \lambda SI, \lambda SI - (d + \gamma + \epsilon)I - \overline{\mathrm{co}}[h(I)])$ 为具有非空紧凸像的上半连续集值映射. 由可测选择定理[26], 如果 $x(t)$ 是系统 (8.1.2) 在区间 $[0, \mathcal{T})$ 上的解, 则存在可测函数 $m(t) \in \overline{\mathrm{co}}[h(I)]$ 使得对几乎所有的 $t \in [0, \mathcal{T})$,

$$\begin{cases} \dfrac{\mathrm{d}S}{\mathrm{d}t} = A - dS - \lambda SI, \\ \dfrac{\mathrm{d}I}{\mathrm{d}t} = \lambda SI - (d + \gamma + \epsilon)I - m(t). \end{cases} \tag{8.1.4}$$

下面讨论系统 (8.1.2) 解的正性 (非负性) 和有界性.

命题 8.1.1 令 $(S(t), I(t))$ 为系统 (8.1.2) 在区间为 $[0, \mathcal{T})$ 上满足初始条件 $S(0) = S_0 \geqslant 0$, $I(0) = I_0 \geqslant 0$ 的解. 若假设 8.1.1 成立, 则对所有的 $t \in [0, \mathcal{T})$, $S(t) \geqslant 0$ 且 $I(t) \geqslant 0$.

证明 根据模型 (8.1.2) 在 Filippov 意义下解的定义, $(S(t), I(t))$ 是微分包含 (8.1.3) 的解. 根据 (8.1.3) 中的第一个方程, 有

$$\left. \dfrac{\mathrm{d}S}{\mathrm{d}t} \right|_{S=0} = (A - dS - \lambda SI)|_{S=0} = A > 0.$$

由于 $S(0) = S_0 \geqslant 0$, 从而 $S(t) \geqslant 0$, $t \in [0, \mathcal{T})$.

注意到假设 8.1.1 意味着 $\overline{\mathrm{co}}[h(0)] = \{0\}$ 并且 $h(I)$ 在 0 连续. 根据 φ 在 $I = 0$ 的连续性 (见注 8.1.1), 存在正常数 δ 使得当 $|I| < \delta$ 时, $\varphi(I)$ 连续并且 (8.1.3) 中的微分包含式变成下面的右端连续的微分方程:

$$\dfrac{\mathrm{d}I}{\mathrm{d}t} = \lambda SI - (d + \gamma + \epsilon)I - \varphi(I)I = I[\lambda S - (d + \gamma - \epsilon) - \varphi(I)]. \tag{8.1.5}$$

这样, 如果 $I_0 = 0$, 根据 (8.1.5) 可得, 对所有的 $t \in [0, T)$, $I(t) = 0$. 当 $I_0 > 0$ 时, 下面证明对所有的 $t \in [0, \mathcal{T})$, $I(t) > 0$. 否则, 令 $t_1 = \inf\{t \mid I(t) = 0\}$, 那么, $t_1 > 0$ 且 $I(t_1) = 0$. 由 $I(t)$ 在 $[0, \mathcal{T})$ 上的连续性可知存在正常数 θ 使得 $t_1 - \theta > 0$ 且 $0 < I(t) < \delta$, $t \in [t_1 - \theta, t_1)$. 接下来, 从 $t_1 - \theta$ 到 t_1 对 (8.1.5) 进行积分, 可得

$$0 = I(t_1) = I(t_1 - \theta) \exp \left\{ \int_{t_1-\theta}^{t_1} [\lambda S(\xi) - (d + \gamma - \epsilon) - \varphi(\xi)] \, d\xi \right\} > 0,$$

这就产生了矛盾. 因此, 对所有的 $t \in [0, \mathcal{T})$, $I(t) > 0$. 证毕.

系统 (8.1.2) 解的全局存在性以及有界性由下面的命题给出.

命题 8.1.2 如果假设 8.1.1 成立, 则对任意的 $S_0 \geqslant 0$ 和 $I_0 \geqslant 0$, 系统 (8.1.2) 存在满足初始条件 $S(0) = S_0$ 和 $I(0) = I_0$ 的解. 而且, 系统 (8.1.2) 的解有界且存在区间为 $[0, +\infty)$.

证明 解的存在性可直接由定理 3.1.1 得到. 由命题 8.1.1 可知, 对所有的 $t \in [0, \mathcal{T})$, $S(t) \geqslant 0$ 且 $I(t) \geqslant 0$.

由 (8.1.3) 可得

$$\frac{d(S+I)}{dt} \in A - d(S+I) - (\gamma + \epsilon)I - \overline{co}[h(I)].$$

选取任意的 $v \in \overline{co}[h(I)]$. 当 $S + I > \dfrac{A}{d}$ 时, 我们有 $A - d(S+I) - (\gamma + \epsilon)I - v < 0$. 因此, $0 \leqslant S + I \leqslant \max \left\{ S_0 + I_0, \dfrac{A}{d} \right\}$, 从而解 $(S(t), I(t))$ 在存在区间 $[0, \mathcal{T})$ 上有界, 特别地对于 $\mathcal{T} = +\infty$ 也成立. 根据延拓定理 (定理 3.1.4), 解 $(S(t), I(t))$ 的存在区间为 $[0, +\infty)$. 证毕.

接下来, 讨论系统 (8.1.2) 的稳定性. 根据右端不连续微分方程平衡点的定义 (见定义 3.2.1), (S^*, I^*) 为系统 (8.1.2) 的平衡点当且仅当

$$\begin{cases} 0 = A - dS^* - \lambda S^* I^*, \\ 0 \in \lambda S^* I^* - (d + \gamma + \epsilon)I^* - \overline{co}[h(I^*)], \end{cases} \tag{8.1.6}$$

即存在常数 $\xi^* \in \overline{co}[h(I^*)]$ 使得

$$\begin{cases} A - dS^* - \lambda S^* I^* = 0, \\ \lambda S^* I^* - (d + \gamma + \epsilon)I^* - \xi^* = 0. \end{cases} \tag{8.1.7}$$

显然, 这样的常数 ξ^* 是唯一的, 并且 $\xi^* = S^* I^* - (d + \gamma + \epsilon)I^* \in \overline{co}[h(I^*)]$.

在假设 8.1.1 成立的情况下, 通过解下面的微分包含:

$$\begin{cases} 0 = A - dS - \lambda SI, \\ 0 \in \lambda SI - (d + \gamma + \epsilon)I - \overline{co}[\varphi(I)]I, \end{cases} \tag{8.1.8}$$

其中 $\overline{\mathrm{co}}[\varphi(I)] = [\varphi(I^-), \varphi(I^+)]$, 系统 (8.1.2) 存在一个无病平衡点 $E_0 = \left(\dfrac{A}{d}, 0\right)$, 而地方病平衡点满足

$$\begin{cases} 0 = A - dS - \lambda SI, \\ 0 \in \lambda S - (d + \gamma + \epsilon) - \overline{\mathrm{co}}[\varphi(I)]. \end{cases} \tag{8.1.9}$$

根据 (8.1.9) 的第一个方程可得 $S = \dfrac{A}{d + \lambda I}$, 并将其代入 (8.1.9) 的第二个方程, 可得

$$\frac{A\lambda}{d + \lambda I} - (d + \gamma + \epsilon) \in \overline{\mathrm{co}}[\varphi(I)] = [\varphi(I^-), \varphi(I^+)]. \tag{8.1.10}$$

记

$$g(I) = \frac{A\lambda}{d + \lambda I} - (d + \gamma + \epsilon),$$

并且令

$$\mathcal{R}_0 = \frac{\lambda A}{d(d + \gamma + \epsilon + \varphi(0))}, \tag{8.1.11}$$

其中 $\mathcal{R}_0$ 为系统 (8.1.2) 的基本再生数.

引理 8.1.1　如果 $\mathcal{R}_0 > 1$, 那么 (8.1.10) 存在唯一正解 $\tilde{I}$, 且满足

$$\tilde{I} \leqslant \frac{A\lambda - d(d + \gamma + \epsilon)}{\lambda(d + \gamma + \epsilon)}.$$

证明　首先证明 $\tilde{I}$ 的存在性. 由 $\mathcal{R}_0 > 1$ 可得, $g(0) > \varphi(0) \geqslant 0$. 因为在 $\mathbb{R}_+$ 上 $g(I)$ 关于 I 单调递减, 而 $\varphi(I)$ 关于 I 单调不减, 且当 $I \geqslant \dfrac{A\lambda - d(d + \gamma + \epsilon)}{\lambda(d + \gamma + \epsilon)}$ 时, $g(I) \leqslant 0$, 因此集合 $\{I \mid g(I) \geqslant \varphi(I^+), I > 0\}$ 有界. 令

$$\tilde{I} = \sup\{I \mid g(I) \geqslant \varphi(I^+), I > 0\}.$$

则 $g(\tilde{I}) \geqslant \varphi(\tilde{I}^-)$ 且 $0 < \tilde{I} \leqslant \dfrac{A\lambda - d(d + \gamma + \epsilon)}{\lambda(d + \gamma + \epsilon)}$.

下面利用反证法证明 $g(\tilde{I}) \in [\varphi(\tilde{I}^-), \varphi(\tilde{I}^+)]$. 如若不然, $g(\tilde{I}) > \varphi(\tilde{I}^+) = \lim_{I \to \tilde{I}^+} \varphi(I)$. 根据假设 8.1.1, 存在正常数 $\delta > 0$ 使得 $g(\tilde{I} + \delta) > \varphi(\tilde{I} + \delta) = \varphi((\tilde{I} + \delta)^+)$. 这就和 $\tilde{I}$ 的定义相矛盾. 故 $g(\tilde{I}) \in [\varphi(\tilde{I}^-), \varphi(\tilde{I}^+)]$, 即 $\tilde{I}$ 是包含 (8.1.10) 的正解.

接下来证明 $\tilde{I}$ 的唯一性. 令 $I_1^* = \tilde{I}$ 并且假设 $I_2^* \neq I_1^*$ 是 (8.1.10) 的另外一个正解. 那么, 存在 $\eta_1^* \in \overline{\mathrm{co}}[\varphi(I_1^*)]$ 和 $\eta_2^* \in \overline{\mathrm{co}}[\varphi(I_2^*)]$ 使得

$$\begin{cases} A\lambda = (d + \lambda I_1^*)(\eta_1^* + d + \gamma + \epsilon), \\ A\lambda = (d + \lambda I_2^*)(\eta_2^* + d + \gamma + \epsilon). \end{cases} \tag{8.1.12}$$

由 φ 的单调性 (见假设 8.1.1), 有

$$H = \frac{\eta_1^* - \eta_2^*}{I_1^* - I_2^*} \geqslant 0.$$

(8.1.12) 中的两个方程相减可得

$$
\begin{aligned}
0 &= d(\eta_1^* - \eta_2^*) + \lambda(d + \gamma + \epsilon)(I_1^* - I_2^*) + \lambda(I_1^*\eta_1^* - I_2^*\eta_2^*) \\
&= d(\eta_1^* - \eta_2^*) + \lambda(d + \gamma + \epsilon)(I_1^* - I_2^*) + \lambda(I_1^*\eta_1^* - I_1^*\eta_2^* + I_1^*\eta_2^* - I_2^*\eta_2^*) \\
&= (d + \lambda I_1^*)(\eta_1^* - \eta_2^*) + \lambda(d + \gamma + \epsilon + \eta_2^*)(I_1^* - I_2^*) \\
&= (d + \lambda I_1^*)H(I_1^* - I_2^*) + \lambda(d + \gamma + \epsilon + \eta_2^*)(I_1^* - I_2^*) \\
&= [(d + \lambda I_1^*)H + \lambda(d + \gamma + \epsilon + \eta_2^*)](I_1^* - I_2^*).
\end{aligned}
$$

这样, 就进一步得到 $(d + \lambda I_1^*)H + \lambda(d + \gamma + \epsilon + \eta_2^*) = 0$. 另一方面, $I_1^* > 0$ 和 $\eta_2^* \geqslant 0$ 意味着 $(d + \lambda I_1^*)H + \lambda(d + \gamma + \epsilon + \eta_2^*) > 0$, 这就导致了矛盾的产生. 因此, (8.1.10) 有唯一正解 $\tilde{I}$. 证毕.

地方病平衡点的唯一性定理可由引理 8.1.1 直接得到.

定理 8.1.1 设假设 8.1.1 成立. 如果 $\mathcal{R}_0 > 1$, 那么系统 (8.1.2) 存在唯一的地方病平衡点 $E^* = (S^*, I^*)$, 其中 $I^* = \tilde{I}$ 为引理 8.1.1 中所给 (8.1.10) 的唯一解且 $S^* = \dfrac{A}{d + \lambda I^*}$.

根据假设 8.1.1 和注 8.1.1, 下面通过考察 (8.1.2) 在无病平衡点 E_0 的雅可比矩阵的特征值来分析系统在 E_0 的稳定性. 雅可比矩阵为

$$
J_0 = \begin{pmatrix} -d & -\dfrac{\lambda A}{d} \\ 0 & \dfrac{\lambda A}{d} - (d + \gamma + \epsilon) - \varphi(0) \end{pmatrix}.
$$

显然, E_0 的稳定性可以完全由项 $\dfrac{\lambda A}{d} - (d + \gamma + \epsilon) - \varphi(0)$ 的符号决定: 如果 $\dfrac{\lambda A}{d} - (d + \gamma + \epsilon) - \varphi(0) < 0$, 那么 E_0 是渐近稳定的; 如果 $\dfrac{\lambda A}{d} - (d + \gamma + \epsilon) - \varphi(0) > 0$, 那么它是不稳定的. 上面的稳定性准则可根据 $\mathcal{R}_0$ 来陈述.

定理 8.1.2 设假设 8.1.1 成立. 如果 $\mathcal{R}_0 < 1$, 那么无病平衡点 E_0 是渐近稳定的, 而当 $\mathcal{R}_0 > 1$ 时, 它变为不稳定的.

现在我们分析唯一的地方病平衡点 $E^* = (S^*, I^*)$ 的稳定性. 由引理 8.1.1 可知, $\mathcal{R}_0 > 1$ 是地方病平衡点 $E^* = (S^*, I^*)$ 存在的充分条件. 我们可以证明 $\mathcal{R}_0 > 1$ 也是地方病平衡点 $E^* = (S^*, I^*)$ 存在的必要条件. 事实上, 假设 E^* 存在, 由 (8.1.9) 可知 $\lambda A = (\eta^* + d + \gamma + \epsilon)(d + \lambda I^*)$, 其中 $\eta^* \in \overline{\mathrm{co}}[\varphi(I^*)]$. 因此,

根据 φ 的单调性, 我们有

$$
\begin{aligned}
0 < I^* &= \frac{d}{\lambda}\left(\frac{\lambda A}{d(d+\gamma+\epsilon+\eta^*)} - 1\right) \\
&\leqslant \frac{d}{\lambda}\left(\frac{\lambda A}{d(d+\gamma+\epsilon+\varphi(0))} - 1\right) \\
&= \frac{d}{\lambda}\left(\mathcal{R}_0 - 1\right),
\end{aligned}
$$

这意味着 $\mathcal{R}_0 > 1$. 因此, $\mathcal{R}_0 > 1$ 是唯一的地方病平衡点 $E^* = (S^*, I^*)$ 存在的充分必要条件.

假设 $\mathcal{R}_0 > 1$ 并且 φ 在 I^* 是可微的, 那么 (8.1.2) 在地方病平衡点 E^* 处的雅可比矩阵为

$$
J^* = \begin{pmatrix} -d - \lambda I^* & -\lambda S^* \\ \lambda I^* & -\varphi'(I^*)I^* \end{pmatrix}.
$$

注意到

$$
\mathrm{tr}(J^*) = -d - \lambda I^* - \varphi'(I^*)I^* < 0,
$$
$$
\det(J^*) = (d + \lambda I^*)\varphi'(I^*)I^* + \lambda^2 S^* I^* > 0,
$$

其中, $\mathrm{tr}(J^*)$ 表示矩阵 J^* 的迹, $\det(J^*)$ 表示矩阵 J^* 的行列式.

基于上面的讨论, 我们有下面的定理.

定理 8.1.3　设假设 8.1.1 成立. 如果 $\mathcal{R}_0 > 1$ 并且 φ 在 I^* 处可微, 那么地方病平衡点 E^* 是渐近稳定的.

上面讨论的是系统 (8.1.2) 平衡点的局部稳定性, 那么它的全局稳定性如何呢? 接下来, 我们要证明: 当 $\mathcal{R}_0 \leqslant 1$ 时, E_0 是全局渐近稳定的; 并且当 $\mathcal{R}_0 > 1$ 时, 无论 φ 在 I^* 处是否可微, E^* 是全局渐近稳定的. 为了得到这些结论, 我们需要应用不连续微分系统的 Lyapunov 理论 (参见文献 [26, 29]). 首先, 我们介绍下面的广义 LaSalle 不变原理.

考虑如下由微分包含来刻画的系统:

$$
\frac{\mathrm{d}x}{\mathrm{d}t} \in F(x), \quad x \in \mathbb{R}^n, \tag{8.1.13}
$$

其中 F 是一个具有非空紧凸像的上半连续的集值映射. 我们假设 $0 \in F(0)$, 也就是说, 0 是 (8.1.13) 的一个平衡点.

定义 8.1.1　设 $V : \mathbb{R}^n \to \mathbb{R}$ 为光滑函数, 并满足下面的条件:

(L1) $V(0) = 0$, 且对所有 $x \neq 0$ 有 $V(x) > 0$;

(L2) 对每个 $a \geqslant 0$, 水平集 $\{x \mid x \in \mathbb{R}^n, V(x) \leqslant a\}$ 是有界的;

(L3) $\max\limits_{v \in F(x)} \langle \nabla V(x), v \rangle \leqslant 0, \quad \forall x \neq 0$,

则称 $V(x)$ 为系统 (8.1.13) 的 Lyapunov 函数.

假设 W 为一个集合. 如果对任意的 $x_0 \in W$, 系统 (8.1.13) 至少存在一个满足 $x(0) = x_0$ 的解 $x(t)$ 使得对 $x(t)$ 存在区间上的所有 t 有 $x(t) \in W$, 那么称集合 W 为 (8.1.13) 的弱不变集.

令 V 为 (8.1.13) 的 Lyapunov 函数. 对任意 $l > 0$, 由 (L1) 和 V 的连续性可得, 水平集 $\{x \mid x \in \mathbb{R}^n, V(x) \leqslant l\}$ 为包含 0 点的一个邻域. 记 V_l 为包含 0 点的水平集 $\{x \mid x \in \mathbb{R}^n, V(x) \leqslant l\}$ 的最大连通子集. 基于文献 [29] 中的定理 3, 可得下面的广义 LaSalle 不变原理.

引理 8.1.2 假设 $V : \mathbb{R}^n \to \mathbb{R}$ 为系统 (8.1.13) 的 Lyapunov 函数. 令

$$Z_V = \{x \mid x \in \mathbb{R}^n, \exists v \in F(x) \text{ 使 } \langle \nabla V(x), v \rangle = 0\},$$

记 M 为 $\overline{Z_V} \cap V_l$ 的最大弱不变集. 设 $x_0 \in V_l$ 且 $x(t)$ 是满足 $x(0) = x_0$ 的任意解, 那么当 $t \to +\infty$ 时有 $d(\varphi(t), M) \to 0$. 特别地, 如果 $M = \{0\}$, $l = +\infty$, 那么系统 (8.1.13) 的零解是全局渐近稳定的.

下面给出系统 (8.1.2) 的无病平衡点 E_0 全局渐近稳定的一个定理.

定理 8.1.4 设假设 8.1.1 成立. 如果 $\mathcal{R}_0 \leqslant 1$, 那么无病平衡点 E_0 是全局渐近稳定的.

证明 为了应用引理 8.1.2, 需要把无病平衡点 E_0 移到原点. 令 $x = S - \dfrac{A}{d}$, 那么 (8.1.3) 可以转换成下面的形式:

$$\begin{cases} \dfrac{\mathrm{d}x}{\mathrm{d}t} = -dx - \lambda xI - \dfrac{\lambda A}{d}I, \\ \dfrac{\mathrm{d}I}{\mathrm{d}t} \in \lambda xI + \left(\dfrac{\lambda A}{d} - (d + \gamma + \epsilon) \right) I - \overline{\mathrm{co}}[\varphi(I)]I. \end{cases} \tag{8.1.14}$$

构建 Lyapunov 函数

$$V_1(x, I) = \frac{x^2}{2} + \frac{A}{d}I.$$

这个函数是关于变量 $(x, I) \in \mathbb{R}^2$ 的光滑函数, 并满足定义 8.1.1 中的条件 (L1) 和 (L2). 记

$$G(x, I) = \left(-dx - \lambda xI - \frac{\lambda A}{d}I, \lambda xI + \left(\frac{\lambda A}{d} - (d + \gamma + \epsilon) \right) I - \overline{\mathrm{co}}[\varphi(I)]I \right).$$

由假设 8.1.1 可知, G 是一个具有非空紧凸值的上半连续集值映射. 然后, 任意选取 $v = (v_1, v_2) \in G(x, I)$. 根据可测性选择定理 (文献 [26] 第 90 页定理 1), 存在一个与 $(x(t), I(t))$ 对应的可测函数 $\eta(t) \in \overline{\mathrm{co}}[\psi(x)]$ 使得

$$v = \left(-dx - \lambda xI - \frac{\lambda A}{d}I, \ \lambda xI + \left(\frac{\lambda A}{d} - (d + \gamma + \epsilon) \right) I - \eta(t)I \right).$$

由于 $V_1(x, I)$ 是一个关于 $(x, I) \in \mathbb{R}^2$ 的光滑函数, 且 $V_1(x, I)$ 的梯度为 $\nabla V_1(x, I) = \left(x, \dfrac{A}{d}\right)$, 这样, $V_1(x, I)$ 沿着系统 (8.1.14) 解的导数为

$$
\begin{aligned}
&\langle \nabla V_1(x, I), v \rangle \\
&= \left(x, \frac{A}{d}\right) \cdot \left(-dx - \lambda xI - \frac{\lambda A}{d}I,\ \lambda xI + \left(\frac{\lambda A}{d} - (d + \gamma + \epsilon)\right)I - \eta(t)I\right) \\
&= -dx^2 - \lambda x^2 I - \frac{A}{d}\left(d + \gamma + \epsilon + \eta(t) - \frac{\lambda A}{d}\right)I.
\end{aligned}
$$

当 $\mathcal{R}_0 \leqslant 1$ 时, 根据 φ 在 $\mathbb{R}_+$ 上的单调不减性可得

$$
d + \gamma + \epsilon + \eta(t) - \frac{\lambda A}{d} \geqslant d + \gamma + \epsilon + \varphi(0) - \frac{\lambda A}{d} \geqslant 0.
$$

从而, $\langle \nabla V_1(x, I), v \rangle \leqslant 0$, 这就验证了条件 (L3) 成立. 因此, V_1 是 (8.1.14) 的一个 Lyapunov 函数.

进一步, 当 $R_0 < 1$ 时, $Z_{V_1} = \{(0, 0)\}$; 当 $R_0 = 1$ 时, $Z_{V_1} = \{(0, 0)\} \cup \{(0, I) \mid \eta(t) = \varphi(0), I \neq 0\}$. 如果 $x \equiv 0$, 由 (8.1.14) 的第一个方程我们可知 $I = 0$. 因此, 对任意的 $l > 0$, $Z_{V_1} \cap V_l$ 的最大弱不变集 M 满足 $M = \{(0, 0)\}$. 由引理 8.1.2, 对于 (8.1.14), 如果 $\mathcal{R}_0 \leqslant 1$, 那么 $(0, 0)$ 是全局渐近稳定的, 即对于系统 (8.1.2), 如果 $\mathcal{R}_0 \leqslant 1$, 那么 E_0 是全局渐近稳定的. 证毕.

当 $\mathcal{R}_0 > 1$ 时, 关于地方病平衡点 E^* 有如下的全局渐近稳定性结果.

定理 8.1.5　设假设 8.1.1 成立. 如果 $\mathcal{R}_0 > 1$, 那么系统 (8.1.2) 有唯一的全局渐近稳定的地方病平衡点 E^*.

证明　地方病平衡点 E^* 的存在性和唯一性可由定理 8.1.1 直接得到. 下面我们证明地方病平衡点 E^* 的全局渐近稳定性.

令 $x = S - S^*$ 和 $y = I - I^*$, 那么 (8.1.3) 可以转化为

$$
\begin{cases}
\dfrac{\mathrm{d}x}{\mathrm{d}t} = -dx - \lambda x(I^* + y) - (d + \lambda + \epsilon + \eta^*)y, \\[2mm]
\dfrac{\mathrm{d}y}{\mathrm{d}t} \in \lambda x(I^* + y) + (\eta^* - \overline{\mathrm{co}}[\varphi(I^* + y)])(I^* + y),
\end{cases}
\tag{8.1.15}
$$

其中 $\eta^* = \dfrac{\lambda A}{d + \lambda I^*} - (d + \gamma + \epsilon) \in \overline{\mathrm{co}}[\varphi(I^*)]$.

考虑函数

$$
V_2(x, y) = \frac{x^2}{2} + \frac{d + \lambda + \epsilon + \eta^*}{\lambda}\left(y - I^* \ln \frac{I^* + y}{I^*}\right).
$$

这是一个关于 $(x, y) \in \mathbb{R}^2$ 的光滑函数. 很容易验证定义 8.1.1 中的 (L1) 和 (L2) 满足.

记

$$H(x,y) = (-dx - \lambda x(I^* + y) - (d + \lambda + \epsilon + \eta^*)y, \lambda x(I^* + y)$$
$$+ (\eta^* - \overline{\text{co}}[\varphi(I^* + y)])(I^* + y)).$$

容易验证映射 $H(x,y)$ 是一个具有非空紧凸像的上半连续的集值映射. 对任意的 $v = (v_1, v_2) \in H(x,y)$, 存在对应的函数 $\eta(t) \in \overline{\text{co}}[\varphi(I^* + y)]$ 使得

$$v = (-dx - \lambda x(I^* + y) - (d + \lambda + \epsilon + \eta^*)y, \quad \lambda x(I^* + y) + (\eta^* - \eta(t))(I^* + y)).$$

$V_2(x,y)$ 的梯度为

$$\nabla V_2(x,y) = \left(x, \; \frac{(d + \lambda + \epsilon + \eta^*)y}{\lambda(I^* + y)} \right).$$

因此有

$$\langle \nabla V_2(x,y), v \rangle$$
$$= \left(x, \; \frac{(d + \lambda + \epsilon + \eta^*)y}{\lambda(I^* + y)} \right) \cdot (-dx - \lambda x(I^* + y) - (d + \lambda + \epsilon + \eta^*)y,$$
$$\lambda x(I^* + y) + (\eta^* - \eta(t))(I^* + y))$$
$$= -dx^2 - \lambda x^2(I^* + y) - \frac{d + \lambda + \epsilon + \eta^*}{\lambda}(\eta(t) - \eta^*)y.$$

注意到 φ 的单调性意味着 $(\eta(t) - \eta^*)y \geqslant 0$, 从而有

$$dx^2 + \lambda x^2(I^* + y) + \frac{d + \lambda + \epsilon + \eta^*}{\lambda}(\eta(t) - \eta^*)y \geqslant 0.$$

所以 $\langle \nabla V_2(x,y), v \rangle \leqslant 0$, 这就验证了定义 8.1.1 中的 (L3). 因此, V_2 是 (8.1.15) 的一个 Lyapunov 函数.

令 $\langle \nabla V_2(x,y), v \rangle = 0$, 我们可以得到 $Z_{V_2} = \{(0,0)\} \cup \{(0,y) \mid \eta(t) = \eta^*, y \neq 0\}$. 如果 $x \equiv 0$, 那么根据 (8.1.15) 的第一个方程, 可得 $y = 0$. 因此, 对 (8.1.15)来说, 对任意的 $l > 0$, $\overline{Z_{V_2}} \cap V_l$ 的最大弱不变集是 $M = \{(0,0)\}$. 根据引理 8.1.2, 对于系统 (8.1.15), $(0,0)$ 是全局渐近稳定的, 即对于系统 (8.1.2), E^* 是全局渐近稳定的. 证毕.

有限时间收敛性是右端不连续微分系统的重要动力学性质之一. 为了在有限时间内控制感染者 I 的数量, 下面讨论系统 (8.1.2) 解的分量 I 在有限时间内收敛到地方病平衡点分量 I^* 的可能性, 这在传染病控制中具有重要意义. 首先, 假设系统 (8.1.2) 满足如下条件.

假设 8.1.2 假设 $\mathcal{R}_0 > 1$ 且 $\varphi(I)$ 有一个跳跃型间断点 I^*, 其中 I^* 是 (8.1.10) 的唯一解. 而且, $\eta^* = \lambda S^* - (d + \gamma + \epsilon) \in (\varphi(I^{*-}), \varphi(I^{*+}))$, 其中 $S^* = \dfrac{A}{d + \lambda I^*}$.

由假设 8.1.2 知, $\delta \overset{\Delta}{=} \min\{\varphi(I^{*+}) - \eta^*, \eta^* - \varphi(I^{*-})\} > 0$, 且 $\Sigma = \{(S, I) \mid (S, I) \in \mathbb{R}_2^+, I = I^*\}$ 为系统 (8.1.2) 的切换线. 根据定义 4.2.1 知, 位于切换线 Σ 上的滑模域为

$$\Sigma_s = \left\{ (S, I) \,\bigg|\, (S, I) \in \Sigma, \ \frac{d + \lambda + \epsilon + \phi(I^{*-})}{\lambda} < S < \frac{d + \lambda + \epsilon + \phi(I^{*+})}{\lambda} \right\},$$

其上的滑模动力学方程为

$$\begin{cases} \dfrac{\mathrm{d}S}{\mathrm{d}t} = A - (d + \lambda I^*)S, \\ I = I^*. \end{cases} \tag{8.1.16}$$

由假设 8.1.2 可知, 系统 (8.1.2) 存在唯一的伪平衡点 $E_p^* = (S^*, I^*)$. 根据滑模动力学方程 (8.1.16) 可得, 滑模域的闭包 $\overline{\Sigma_s}$ 为系统 (8.1.2) 的正向不变集, 且从 $\overline{\Sigma_s}$ 上出发的轨线都收敛到 E_p^*. 下面给出正向不变集 $\overline{\Sigma_s}$ 有限时间收敛的结果.

定理 8.1.6　设假设 8.1.1 和假设 8.1.2 成立, 那么, 模型 (8.1.2) 满足初始条件 $S(0) = S_0 \geqslant 0$ 和 $I(0) = I_0 > 0$ 的所有轨线 $(S(t), I(t))$ 在有限时间内收敛到 $\overline{\Sigma_s}$, 更具体地, 对任意的

$$t \geqslant t^* = \frac{\lambda^2 B(S_0, I_0)}{d \delta^2}, \tag{8.1.17}$$

$(S(t), I(t)) \in \overline{\Sigma_s}$, 其中

$$\begin{aligned} B(S_0, I_0) =\ & \frac{(S_0 - S^*)^2}{2} + \frac{d + \lambda + \epsilon + \eta^*}{\lambda} \left(I_0 - I^* - I^* \ln \frac{I_0}{I^*} \right) \\ & + \frac{2d}{\lambda^2} \int_0^{I_0 - I^*} \frac{\varphi(\rho + I^*) - \eta^*}{\rho + I^*} \mathrm{d}\rho. \end{aligned}$$

特别地, 解 $(S(t), I(t))$ 的分量 $I(t)$ 在有限时间 t^* 内收敛到 I^*, 即当 $t \geqslant t^*$ 时有 $I(t) = I^*$.

证明　令 $x(t) = S(t) - S^*$ 且 $y(t) = I(t) - I^*$. 由 (8.1.15) 知存在一个可测函数 $\eta(t) \in \overline{\mathrm{co}}[\varphi(I^* + y(t))]$ 使得

$$\begin{cases} \dfrac{\mathrm{d}x}{\mathrm{d}t} = -dx - \lambda x(I^* + y) - (d + \lambda + \epsilon + \eta^*)y, \\ \dfrac{\mathrm{d}y}{\mathrm{d}t} = \lambda x(I^* + y) + (\eta^* - \eta(t))(I^* + y). \end{cases} \tag{8.1.18}$$

考虑下面的 Lyapunov 函数

$$V_3(x, y) = \frac{x^2}{2} + \frac{d + \lambda + \epsilon + \eta^*}{\lambda} \left(y - I^* \ln \frac{I^* + y}{I^*} \right) + \alpha \int_0^y \frac{\varphi(I^* + \rho) - \eta^*}{I^* + \rho} \mathrm{d}\rho, \tag{8.1.19}$$

其中 α 是待定的一个正常数. 不难验证 $V_3(x,y)$ 是关于 $(x,y) \in \mathbb{R}^2$ 的正则函数, $V_3(0,0) = 0$, 当 $(x,y) \neq 0$ 时 $V_3(x,y) > 0$, 且当 $\sqrt{x^2+y^2} \to +\infty$ 时, $V_3(x,y) \to +\infty$. 注意到

$$\partial V_3(x,y) = \left(x, \ \frac{d+\lambda+\epsilon+\eta^*}{\lambda}\frac{y}{I^*+y} + \alpha\frac{\overline{\mathrm{co}}[\varphi(I^*+y)]-\eta^*}{I^*+y} \right).$$

根据求导法则可知, 对几乎所有的 $t \geq 0$, 有

$$\frac{\mathrm{d}V_3(x(t),y(t))}{\mathrm{d}t} = \langle \xi(t),(\dot{x}(t),\dot{y}(t))\rangle, \quad \forall \xi(t) \in \partial V_3(x(t),y(t)).$$

特别地, 对于

$$\xi(t) = x(t) + \frac{(d+\lambda+\epsilon+\eta^*)y(t)}{\lambda(I^*+y(t))} + \alpha\frac{\eta(t)-\eta^*}{I^*+y(t)} \in \partial V_3(x(t),y(t)),$$

有

$$\begin{aligned}
\frac{\mathrm{d}V_3(x(t),y(t))}{\mathrm{d}t} =& -dx^2 - \lambda x^2(I^*+y) - \frac{d+\lambda+\epsilon+\eta^*}{\lambda}(\eta(t)-\eta^*)y \\
& + \alpha\lambda x(\eta(t)-\eta^*) - \alpha(\eta(t)-\eta^*)^2 \\
\leq& -dx^2 + \alpha\lambda x(\eta(t)-\eta^*) - \alpha(\eta(t)-\eta^*)^2 \\
\leq& -d\left(x - \frac{\alpha\lambda}{2d}(\eta(t)-\eta^*) \right)^2 - \frac{4d\alpha-\lambda^2\alpha^2}{4d}(\eta(t)-\eta^*)^2 \\
\leq& -\frac{4d\alpha-\lambda^2\alpha^2}{4d}(\eta(t)-\eta^*)^2.
\end{aligned}$$

选取充分小的 $\alpha > 0$ 使得 $4d-\lambda^2\alpha > 0$. 由假设 8.1.2 可得, 如果 $(S(t),I(t)) \notin \overline{\Sigma_s}$, 则 $(\eta(t)-\eta^*)^2 \geq \delta^2$. 因此, 对几乎所有的 $t \in \{t \mid (S(t),I(t)) \notin \overline{\Sigma_s}\}$, 有

$$\frac{\mathrm{d}V_3(x(t),y(t))}{\mathrm{d}t} \leq -\frac{4d\alpha-\lambda^2\alpha^2}{4d}\delta^2.$$

从 0 到 $t \geq 0$ 对上面不等式的两端进行积分, 可得

$$0 \leq V_3(x(t),y(t)) \leq V_3(x(0),y(0)) - \frac{4d\alpha-\lambda^2\alpha^2}{4d}\delta^2 t = B(S_0,I_0) - \frac{4d\alpha-\lambda^2\alpha^2}{4d}\delta^2 t.$$

这意味着 $V_3(x(t),y(t))$ 在 $t = t^*$ 时到达 0, 这里

$$t^* = \frac{4dV_3(S_0,I_0)}{(4d\alpha-\lambda^2\alpha^2)\delta^2},$$

并且在 t^* 以后仍然保持为 0. 这就证明了系统 (8.1.2) 的所有解 $(S(t),I(t))$ 在有限时间 t^* 内收敛到 $\overline{\Sigma_s}$. 特别地, 当 $t \geq t^*$ 时 $I(t) = I^*$.

最后, 令 $\alpha = \dfrac{2d}{\lambda^2}$, 在此处, $4d\alpha - \lambda^2\alpha^2$ 取最大值 $\dfrac{4d^2}{\lambda^2}$, 因此, 我们可以得到

$$t^* = \frac{\lambda^2 B(S_0, I_0)}{d\delta^2}.$$

证毕.

8.2　媒体报道下的传染病模型及动力学分析

在当今信息化时代, 媒体的宣传报道在传染病防控中的重要作用可以说是人尽皆知的, 2020 年, 席卷全球的 "COVID-19" 疫情防控战更是充分证明了这一点. 人们普遍通过手机、电视或其他媒介来了解传染病疫情的相关情况, 获得防控知识, 从而提高自身防范意识, 积极采取相应的有效举措, 减少和患者接触的机会, 极大地降低感染风险, 有效地阻断疫情的传播. 至今, 已有一些学者在建立和研究传染病模型时考虑了媒体宣传报道因素对其影响[155,171,173,450,630]. 本节中我们在 $\mathbb{R}_+^2$ 上考虑如下基于媒体报道的 Filippov 传染病模型[47]:

$$\begin{cases} \dfrac{\mathrm{d}S}{\mathrm{d}t} = A - \beta SI - \lambda S, \\ \dfrac{\mathrm{d}I}{\mathrm{d}t} = \beta SI - \eta I - \lambda I, \end{cases} \tag{8.2.1}$$

其中, $S = S(t)$ 和 $I = I(t)$ 分别表示 t 时刻易感个体和已感染个体的数量; A, λ 和 η 为正常数, 分别表示人口的补充率、自然死亡率和疾病导致的死亡率; β 表示人口的有效感染率.

我们考虑的阈值策略如下: 当已感染个体的数量在易感染个体的总人数中所占比例小于一个正常数 $\left(\text{即 } \dfrac{I}{S} < \xi\right)$ 时, 媒体仅作适当报道或不作任何报道, 一旦该比例大于此正常数 $\left(\text{即 } \dfrac{I}{S} > \xi\right)$, 媒体将会加大对疾病的宣传力度, 提醒人们采取相应措施 (勤洗手、戴口罩、减少外出等) 避免疾病传播, 此时感染率 β 将会减小, 感染人数亦会减少. 本节中, 我们取有效感染率 β 为 $\mathbb{R}_+^2$ 上如下的不连续函数:

$$\beta = \beta(S, I) = \begin{cases} \beta_1, & \dfrac{I}{S} < \xi, \\ \beta_2, & \dfrac{I}{S} > \xi, \end{cases} \tag{8.2.2}$$

其中 β_1 和 β_2 为非负常数, 且 $\beta_1 > \beta_2$.

记

$$\Sigma = \{(S, I) \mid (S, I) \in \mathbb{R}_+^2, I = \xi S\},$$

$$G^- = \{(S, I) \mid (S, I) \in \mathbb{R}_+^2, I < \xi S\},$$

$$G^+ = \{(S, I) \mid (S, I) \in \mathbb{R}_+^2, I > \xi S\},$$

则在区域 G^- 中, 模型 (8.2.1) 可写作

$$\begin{cases} \dfrac{\mathrm{d}S}{\mathrm{d}t} = A - \beta_1 SI - \lambda S, \\[2mm] \dfrac{\mathrm{d}I}{\mathrm{d}t} = \beta_1 SI - \eta I - \lambda I, \end{cases} \tag{8.2.3}$$

在区域 G^+ 中, 模型 (8.2.1) 可写作

$$\begin{cases} \dfrac{\mathrm{d}S}{\mathrm{d}t} = A - \beta_2 SI - \lambda S, \\[2mm] \dfrac{\mathrm{d}I}{\mathrm{d}t} = \beta_2 SI - \eta I - \lambda I. \end{cases} \tag{8.2.4}$$

记

$$f^-(S, I) = (A - \beta_1 SI - \lambda S, \quad \beta_1 SI - \eta I - \lambda I),$$

$$f^+(S, I) = (A - \beta_2 SI - \lambda S, \quad \beta_2 SI - \eta I - \lambda I).$$

于是, 系统 (8.2.1) 可以写成下面的 Filippov 系统:

$$\left(\dfrac{\mathrm{d}S}{\mathrm{d}t}, \ \dfrac{\mathrm{d}I}{\mathrm{d}t}\right) = \begin{cases} f^-(S, I), & (S, I) \in G^-, \\ f^+(S, I), & (S, I) \in G^+. \end{cases} \tag{8.2.5}$$

下面验证系统 (8.2.1) 解的正性 (非负性) 和有界性.

命题 8.2.1 若 $(S(t), I(t))$ 是系统 (8.2.1) 满足初始条件 $S(0) = S_0 \geqslant 0$, $I(0) = I_0 \geqslant 0$ 的解, 存在区间为 $[0, \mathcal{T})$, 其中 $\mathcal{T} \in (0, +\infty]$, 则对所有的 $t \in [0, \mathcal{T})$, 有 $S(t) \geqslant 0$, $I(t) \geqslant 0$.

证明 根据系统 (8.2.1) 的第一个方程, 得

$$\left.\dfrac{\mathrm{d}S}{\mathrm{d}t}\right|_{S=0} = (A - \beta SI - \lambda S)|_{S=0} = A > 0.$$

又由于 $S(0) = S_0 \geqslant 0$, 可得 $S(t) \geqslant 0$, $t \in [0, \mathcal{T})$.

由系统 (8.2.1) 的第二个方程, 得

$$\left.\dfrac{\mathrm{d}I}{\mathrm{d}t}\right|_{I=0} = (\beta SI - \eta I - \lambda I)|_{I=0} = 0.$$

若 $I_0 = 0$, 则对所有的 $t \in [0, \mathcal{T})$, 都有 $I(t) = 0$; 若 $I_0 > 0$, 假设存在 $t_0 > 0$, 使 $I(t_0) \leqslant 0$, 那么将存在 $t^* > 0$, 使 $I(t^*) = 0$ 且对任意的 $t \in [0, t^*)$, 有 $I(t) > 0$. 由 (8.2.1) 的第二个式子, 得

$$\frac{\mathrm{d}I}{\mathrm{d}t} = \beta SI - \eta I - \lambda I \geqslant -(\eta + \lambda) I.$$

对任意的 $t \in [0, t^*]$, 有

$$I(t) \geqslant I_0 \mathrm{e}^{-(\eta + \lambda)t}.$$

特别地, $I(t^*) \geqslant I_0 \mathrm{e}^{-(\eta + \lambda)t} > 0$. 这与 $I(t^*) = 0$ 矛盾. 因此, 只要解满足 $S(0) = S_0 \geqslant 0$, $I(0) = I_0 \geqslant 0$, 则对任意的 $t \in [0, \mathcal{T})$, 有 $S(t) \geqslant 0$, $I(t) \geqslant 0$. 证毕.

命题 8.2.2　系统 (8.2.1) 满足初始条件 $S(0) = S_0 \geqslant 0$, $I(0) = I_0 \geqslant 0$ 的解 $(S(t), I(t))$ 的最大存在区间为 $[0, +\infty)$, 且在 $[0, +\infty)$ 上有界.

证明　假设 $(S(t), I(t))$ 是系统 (8.2.1) 的满足初始条件 $S(0) = S_0 \geqslant 0$, $I(0) = I_0 \geqslant 0$ 的解, 存在区间为 $[0, \mathcal{T})$, 其中 $\mathcal{T} \in (0, +\infty]$. 由 (8.2.1) 得

$$\frac{\mathrm{d}(S+I)}{\mathrm{d}t} = (A - \lambda S - \eta I - \lambda I) \leqslant A - \lambda(S+I).$$

因此

$$S + I \leqslant \frac{A}{\lambda} + \left(S_0 + I_0 - \frac{A}{\lambda} \right) \mathrm{e}^{-\lambda t} \leqslant \frac{A}{\lambda} + \left| S_0 + I_0 - \frac{A}{\lambda} \right|.$$

这意味着 $S(t) + I(t)$ 在 $[0, \mathcal{T})$ 是有界的. 也就是说, $(S(t), I(t))$ 在 $[0, \mathcal{T})$ 上是有界的. 根据延拓定理[336], 系统 (8.2.1) 满足初始条件 $S(0) = S_0 \geqslant 0$, $I(0) = I_0 \geqslant 0$ 的解 $(S(t), I(t))$ 在区间 $[0, +\infty)$ 上有定义且有界. 证毕.

对于子系统 (8.2.3), 基本再生数[196] 为

$$\mathcal{R}_{01} = \frac{\beta_1 A}{\lambda(\lambda + \eta)}.$$

令 $f^-(S, I) = (0, 0)$, 可得系统 (8.2.3) 的无病平衡点为 $E_0 = \left(\dfrac{A}{\lambda}, 0 \right)$, 且当 $\mathcal{R}_{01} > 1$ 时, 系统 (8.2.3) 具有唯一的地方病平衡点 $E_1 = (S_1^*, I_1^*) = \left(\dfrac{\lambda + \eta}{\beta_1}, \dfrac{A}{\lambda + \eta} - \dfrac{\lambda}{\beta_1} \right)$.

相应地, 对于子系统 (8.2.4), 基本再生数为

$$\mathcal{R}_{02} = \frac{\beta_2 A}{\lambda(\lambda + \eta)}.$$

令 $f^+(S, I) = (0, 0)$, 可得系统 (8.2.4) 的无病平衡点为 $E_0 = \left(\dfrac{A}{\lambda}, 0 \right)$, 且当 $\mathcal{R}_{02} > 1$ 时, 系统 (8.2.4) 具有唯一的地方病平衡点 $E_2 = (S_2^*, I_2^*) = \left(\dfrac{\lambda + \eta}{\beta_2}, \dfrac{A}{\lambda + \eta} - \dfrac{\lambda}{\beta_2} \right)$.

子系统 (8.2.3) 和 (8.2.4) 的动力学行为由下面两个引理给出.

引理 8.2.1 对于子系统 (8.2.3), 下面的结论成立:

(i) 当 $\mathcal{R}_{01} < 1$ 时, E_0 为全局渐近稳定的无病平衡点.

(ii) 当 $\mathcal{R}_{01} > 1$ 时, E_1 为全局渐近稳定的地方病平衡点.

引理 8.2.2 对于子系统 (8.2.4), 下面的结论成立:

(i) 当 $\mathcal{R}_{02} < 1$ 时, E_0 为全局渐近稳定的无病平衡点.

(ii) 当 $\mathcal{R}_{02} > 1$ 时, E_2 为全局渐近稳定的地方病平衡点.

接下来分析系统 (8.2.1) 伪平衡点的存在性和局部稳定性. 令 $h(S, I) = I - \xi S$, 由定义 4.2.1 可得滑模域为

$$\Sigma_s = \left\{ (S, I) \mid (S, I) \in \Sigma, S^- < S < S^+, I = \xi S \right\},$$

且为吸引滑模域, 其中 $S^- = \dfrac{\eta + \sqrt{\eta^2 + 4\beta_1(\xi+1)A}}{2\beta_1(\xi+1)}$, $S^+ = \dfrac{\eta + \sqrt{\eta^2 + 4\beta_2(\xi+1)A}}{2\beta_2(\xi+1)}$.

进一步, 由 (4.2.2) 可得滑模动力学方程

$$\begin{cases} \dfrac{\mathrm{d}S}{\mathrm{d}t} = \dfrac{A - \lambda S \xi - \lambda S - \eta S \xi}{\xi + 1} \triangleq f_{s_1}(S), \\ \dfrac{\mathrm{d}I}{\mathrm{d}t} = \xi f_{s_1}(S) \triangleq f_{s_2}(S). \end{cases}$$

令 $(f_{s_1}(S), f_{s_2}(S)) = (0, 0)$, 可得系统 (8.2.1) 的伪平衡点只可能为

$$E_p = (S_p, I_p) = \left(\frac{A}{\lambda(\xi+1) + \eta\xi}, \frac{A\xi}{\lambda(\xi+1) + \eta\xi} \right).$$

因此, 根据定义 4.2.2 知 E_p 为 Filippov 系统 (8.2.1) 的伪平衡点当且仅当 $S^- < S_p < S^+$. 又由于 $\left. \dfrac{\partial f_{s_1}(S)}{\partial S} \right|_{E_p} = -\lambda - \dfrac{\eta\xi}{\xi+1} < 0$, 故若 E_p 存在, 则必是局部稳定的.

为了更好地验证伪平衡点的存在性, 需要用到下面的引理.

引理 8.2.3 对于系统 (8.2.1), 下面的结论成立:

(i) $\operatorname{sgn}(I_1^* - \xi S_1^*) = \operatorname{sgn}(S_p - S^-)$.

(ii) $\operatorname{sgn}(I_2^* - \xi S_2^*) = \operatorname{sgn}(S_p - S^+)$.

为了讨论系统 (8.2.1) 的全局动力学, 下面分析其穿越极限环的存在性.

引理 8.2.4 系统 (8.2.1)不存在环绕滑模域 Σ_s 的穿越极限环.

证明 假设存在一条环绕实平衡点 E_2 及滑模域 Σ_s 的闭轨 Γ, 记 $\Gamma = \Gamma_1 \cup \Gamma_2$, 其中 $\Gamma_1 = \Gamma \cap G^-$, $\Gamma_2 = \Gamma \cap G^+$. 用 U 表示由 Γ 围成的有界区域, 且 $U_1 \triangleq U \cap G^-$, $U_2 \triangleq U \cap G^+$. 设 $\tilde{U}_i$ $(i = 1, 2)$ 表示由 Γ_i 和 P_i 所围成的有界区域 (图 8.1), 满足 $\tilde{U}_i \to U_i$, $(\varepsilon \to 0)$, 其中 P_1 和 P_2 分别表示直线 $I = \xi S - \varepsilon$ 和 $I = \xi S + \varepsilon$.

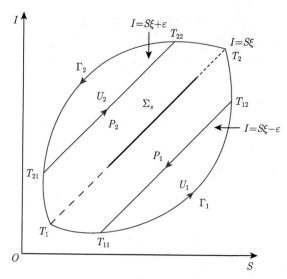

图 8.1　当 E_2 为实平衡点时系统 (8.2.5) 可能存在的闭轨示意图

令 $f^- = (f_{11}, f_{12})$ 和 $f^+ = (f_{21}, f_{22})$. 取 Dulac 函数 $D(S, I) = \dfrac{1}{SI}$, 则

$$\sum_{i=1}^{2} \iint_{U_i} \left(\frac{\partial(Df_{i1})}{\partial S} + \frac{\partial(Df_{i2})}{\partial I} \right) \mathrm{d}S\mathrm{d}I = \sum_{i=1}^{2} \iint_{U_i} \frac{-2A}{S^2 I} \mathrm{d}S\mathrm{d}I < 0.$$

当 $\varepsilon \to 0$ 时, $\tilde{U}_i \to U_i$, 则

$$\iint_{U_i} \left(\frac{\partial(Df_{i1})}{\partial S} + \frac{\partial(Df_{i2})}{\partial I} \right) \mathrm{d}S\mathrm{d}I = \lim_{\varepsilon \to 0} \iint_{\tilde{U}_i} \left(\frac{\partial(Df_{i1})}{\partial S} + \frac{\partial(Df_{i2})}{\partial I} \right) \mathrm{d}S\mathrm{d}I.$$

沿着 Γ_1 时, $\mathrm{d}S = f_{11}\mathrm{d}t$, $\mathrm{d}I = f_{12}\mathrm{d}t$.

在区域 $\tilde{U}_1$ 上应用 Green 公式

$$\iint_{\tilde{U}_1} \left(\frac{\partial(Df_{11})}{\partial S} + \frac{\partial(Df_{12})}{\partial I} \right) \mathrm{d}S\mathrm{d}I$$

$$= \oint_{\partial \tilde{U}_1} Df_{11}\mathrm{d}I - Df_{12}\mathrm{d}S$$

$$= \int_{\Gamma_1} Df_{11}\mathrm{d}I - Df_{12}\mathrm{d}S + \int_{P_1} (Df_{11}\xi - Df_{12})\mathrm{d}S$$

$$= \int_{P_1} (Df_{11}\xi - Df_{12})\mathrm{d}S.$$

类似地, 我们可以得到

$$\iint_{\tilde{U}_2} \left(\frac{\partial(Df_{21})}{\partial S} + \frac{\partial(Df_{22})}{\partial I} \right) \mathrm{d}S\mathrm{d}I = \int_{P_2} (Df_{21}\xi - Df_{22})\mathrm{d}S.$$

从而

$$0 > \sum_{i=1}^2 \iint_{U_i} \left(\frac{\partial(Df_{i1})}{\partial S} + \frac{\partial(Df_{i2})}{\partial I} \right) \mathrm{d}S\mathrm{d}I$$

$$= \lim_{\varepsilon \to 0} \sum_{i=1}^2 \iint_{\tilde{U}_i} \left(\frac{\partial(Df_{i1})}{\partial S} + \frac{\partial(Df_{i2})}{\partial I} \right) \mathrm{d}S\mathrm{d}I$$

$$= \lim_{\varepsilon \to 0} \left(\int_{P_1} (Df_{11}\xi - Df_{12})\mathrm{d}S + \int_{P_2} (Df_{21}\xi - Df_{22})\mathrm{d}S \right).$$

记 T_1 和 T_2 为闭轨 Γ 与直线 $I = \xi S$ 的左右两个交点的横坐标, T_{11} 和 T_{12} 为直线 $I = S\xi - \varepsilon$ 与 Γ_1 的左右两个交点的横坐标, T_{21} 和 T_{22} 为直线 $I = S\xi + \varepsilon$ 与 Γ_2 的左右两个交点的横坐标, 如图 8.1 所示, 则上述不等式可写为

$$0 > \lim_{\varepsilon \to 0} \left(\int_{T_{12}}^{T_{11}} (Df_{11}\xi - Df_{12})\mathrm{d}S - \int_{T_{21}}^{T_{22}} (Df_{21}\xi - Df_{22})\mathrm{d}S \right)$$

$$= \int_{T_2}^{T_1} (Df_{11}\xi - Df_{12})\mathrm{d}S + \int_{T_1}^{T_2} (Df_{21}\xi - Df_{22})\mathrm{d}S$$

$$= (\xi + 1)(\beta_1 - \beta_2)(T_2 - T_1) > 0,$$

此时产生矛盾, 从而排除了环绕滑模域 Σ_s 的闭轨的存在性. 证毕.

注意到由 $\beta_1 > \beta_2$ 可得 $\mathcal{R}_{01} > \mathcal{R}_{02}$. 下面分 $\mathcal{R}_{01} < 1$, $\mathcal{R}_{02} < 1 < \mathcal{R}_{01}$ 和 $\mathcal{R}_{02} > 1$ 三种情形分析系统 (8.2.1) 的全局动力学行为.

定理 8.2.1 若 $\mathcal{R}_{01} < 1$, 则无病平衡点 E_0 是全局渐近稳定的.

证明 当 $\mathcal{R}_{01} < 1$ 时, $I_2^* < I_1^* < 0$. 因此, 从引理 8.2.3 可推出 $S_p < S^-$, 从而系统 (8.2.1) 不存在伪平衡点, 这意味着 E_0 是系统 (8.2.1) 唯一的平衡点. 由引理 8.2.1 知 E_0 为子系统 (8.2.3) 的全局渐近稳定平衡点, 从而系统 (8.2.1) 不存在滑模闭轨. 同时, 引理 8.2.4 说明系统 (8.2.1) 也不存在穿越极限环. 根据定理 4.1.3 可得, 无病平衡点 E_0 是全局渐近稳定的. 证毕.

定理 8.2.2 假设 $\mathcal{R}_{02} < 1 < \mathcal{R}_{01}$, 则下面的结论成立:

(i) 如果 $\xi > \dfrac{I_1^*}{S_1^*}$, 那么地方病平衡点 E_1 是全局渐近稳定的.

(ii) 如果 $\xi < \dfrac{I_1^*}{S_1^*}$, 那么伪平衡点 E_p 是全局渐近稳定的.

证明　当 $\xi > \dfrac{I_1^*}{S_1^*}$ 时, 由引理 8.2.3 可得 $S_p < S^-$, 从而系统 (8.2.1) 不存在伪平衡点. 因此, 由 $\mathcal{R}_{01} > 1$ 知系统 (8.2.1) 存在唯一的地方病平衡点 E_1. 根据引理 8.2.1 可得, E_1 为子系统 (8.2.3) 的全局渐近稳定平衡点, 从而系统 (8.2.1) 不存在滑模闭轨. 再由引理 8.2.4 知系统 (8.2.1) 也不存在穿越极限环. 因此, 由定理 4.1.3 可得, E_1 是全局渐近稳定的.

当 $\xi < \dfrac{I_1^*}{S_1^*}$ 时, E_1 为虚平衡点且由引理 8.2.3 可得 $S_p > S^-$. 而由 $\mathcal{R}_{02} < 1$ 可推出 $I_2^* < 0$, 从而再次根据引理 8.2.3 可得 $S_p < S^+$. 这说明系统 (8.2.1) 存在伪平衡点 E_p, 且是系统 (8.2.1) 唯一的平衡点. 类似于结论 (i) 的证明, 可得伪平衡点 E_p 是全局渐近稳定的.　证毕.

注意到由 $\beta_1 > \beta_2$ 可得 $\dfrac{I_1^*}{S_1^*} > \dfrac{I_2^*}{S_2^*}$. 下面给出情形 $\mathcal{R}_{02} > 1$ 下系统 (8.2.1) 全局动力学行为的结果.

定理 8.2.3　假设 $\mathcal{R}_{02} > 1$, 则下面的结论成立:

(i) 如果 $\xi > \dfrac{I_1^*}{S_1^*}$, 那么地方病平衡点 E_1 是全局渐近稳定的.

(ii) 如果 $\dfrac{I_2^*}{S_2^*} < \xi < \dfrac{I_1^*}{S_1^*}$, 那么伪平衡点 E_p 是全局渐近稳定的.

(iii) 如果 $\xi < \dfrac{I_2^*}{S_2^*}$, 那么地方病平衡点 E_2 是全局渐近稳定的.

证明　类似于定理 8.2.2 结论 (i) 的证明, 可得结论 (i) 和 (iii). 类似于定理 8.2.2 结论 (ii) 的证明, 可得结论 (ii).　证毕.

第 9 章　产业经济学模型及动力学分析

微分方程在经济学中有着广泛的应用, 有关经济量的变化、变化率及各经济量间的依赖关系问题常转化为微分方程解的研究问题. 一般应先根据有关的经济法则或经济假说建立用微分方程描述的数学模型, 即以所研究的经济量为未知函数, 时间 t 为自变量的微分方程模型, 然后研究微分方程解的有关动力学性质, 通过所得到的性质来解释相应的经济量的意义或规律, 最后作出预测或决策. 本章将主要介绍一个基于不连续捕捞策略的渔业捕捞模型和一个多种产品价格调整模型及动力学分析.

9.1　不连续捕捞策略下的渔业捕捞模型及动力学分析

例 1.2.4 介绍了渔业捕捞模型. 本节中, 我们介绍文献 [274] 中关于例 1.2.4 中模型 (1.2.29) 的研究工作, 即在 $\mathbb{R}_+^2$ 上考虑如下模型:

$$
\begin{cases}
\dfrac{\mathrm{d}x}{\mathrm{d}t} = rx\left(1 - \dfrac{x}{K}\right) - \psi(x)Ex, \\[3mm]
\dfrac{\mathrm{d}E}{\mathrm{d}t} = k\psi(x)E(px - c),
\end{cases}
\tag{9.1.1}
$$

这里, 模型中各变量、参数和函数的意义均同例 1.2.4.

9.1.1　一般不连续捕捞策略下模型的动力学分析

本小节中, 假设模型 (9.1.1) 中捕捞策略函数 $\psi(x)$ 满足例 1.2.4 中给出的性质 (i) 和 (ii). 为表述简单, 我们称这样的函数 $\psi(x)$ 为 Ψ 类函数, 记作 $\psi \in \Psi$.

由于 $\psi(x)$ 在 $\mathbb{R}_+$ 允许是不连续的, 模型 (9.1.1) 的右端关于状态变量 x 在 $\mathbb{R}_+^2$ 上可以不连续, 这就需要说明什么是模型 (9.1.1) 初值问题的解. 这里采用 Filippov 意义下解的定义.

定义 9.1.1　如果向量函数 $(x(t), E(t))$ 在 $I = [t_0, \mathcal{T})(\mathcal{T} > t_0)$ 的任意子区间 $[t_a, t_b]$ 上是绝对连续的, $x(t_0) = x_0$, $E(t_0) = E_0$, 并且对几乎所有的 $t \in I$,

$(x(t), E(t))$ 满足微分包含

$$
\begin{cases}
\dfrac{\mathrm{d}x}{\mathrm{d}t} \in rx\left(1 - \dfrac{x}{K}\right) - \overline{\mathrm{co}}[\psi(x)]Ex, \\[3mm]
\dfrac{\mathrm{d}E}{\mathrm{d}t} \in k\overline{\mathrm{co}}[\psi(x)]E(px - c),
\end{cases}
\tag{9.1.2}
$$

其中 $\overline{\mathrm{co}}[\psi(x)] = [\psi(x^-), \psi(x^+)]$, 则称 $(x(t), E(t))$ 为系统 (9.1.1) 满足初始条件 $x(t_0) = x_0 \in \mathbb{R}_+$ 和 $E(t_0) = E_0 \in \mathbb{R}_+$ 的解.

当 ψ 在点 x 处不连续时, $\overline{\mathrm{co}}[\psi(x)]$ 是一个具有内点的区间, 而当 ψ 在 x 处连续时, $\overline{\mathrm{co}}[\psi(x)] = \{\psi(x)\}$ 是一个单点集. 容易验证

$$
(x, E) \to \left(rx\left(1 - \dfrac{x}{K}\right) - \overline{\mathrm{co}}[\psi(x)]Ex,\ k\overline{\mathrm{co}}[\psi(x)]E(px - c)\right)
\tag{9.1.3}
$$

是一个具有非空紧凸像的上半连续集值映射. 由引理 2.1.1, 存在可测函数 $\gamma = \gamma(t) \in \overline{\mathrm{co}}[\psi(t)]$ 使得对几乎所有的 $t \in I$, 有

$$
\begin{cases}
\dfrac{\mathrm{d}x}{\mathrm{d}t} = rx\left(1 - \dfrac{x}{K}\right) - \gamma Ex, \\[3mm]
\dfrac{\mathrm{d}E}{\mathrm{d}t} = k\gamma E(px - c).
\end{cases}
\tag{9.1.4}
$$

为了保障捕鱼活动的顺利进行, 捕鱼区对渔船数通常会设置一个最大容纳量, 因此, 本节假设 $E < E_{\max}$.

下面考虑在生物学意义下模型 (9.1.1) 的适定性, 即模型 (9.1.1) 解的局部 (整体) 存在性、正性等.

考虑到 (9.1.3) 是一个具有非空紧凸像的上半连续集值映射. 由定理 3.1.1, 满足初始条件 $x(t_0) = x_0, E(t_0) = E_0$ 的模型 (9.1.1) 至少存在一个定义在 $[t_0, \mathcal{T}]$ ($\mathcal{T} \in (t_0, +\infty]$), $t_0 > 0$ 上的解.

首先考虑模型 (9.1.1) 解的正性, 为此, 我们先介绍一个重要的引理.

引理 9.1.1 ([636], 引理 A.2)　考虑系统

$$
\frac{\mathrm{d}x}{\mathrm{d}t} = F(t, x),
\tag{9.1.5}
$$

其中连续的向量场 F 把 $\mathbb{R}^{n+1}$ 的开子集 D 映到 $\mathbb{R}^n$. 假设 F 的第 j 个分量具有形式

$$
F_j(t, x) = x_j G_j(t, x),
$$

其中 G_j 是连续的标量函数. 如果 $x(t)$ 是系统 (9.1.5) 的解, 且满足 $x_j(t_0) > 0$ (或者 $x_j(t_0) \geqslant 0$), 那么, 在 $x(t)$ 的存在区间上, 对所有的 $t > t_0$, $x_j(t) > 0$ (或者 $x_j(t) \geqslant 0$).

命题 9.1.1 设 $\psi \in \Psi$. 令 $(x(t), E(t))$ 为模型 (9.1.1) 满足初始条件 $x(0) = x_0 > 0 \,(\geqslant 0)$, $E(0) = E_0 > 0 \,(\geqslant 0)$ 的解, 定义区间为 $[0, \mathcal{T})$, 其中 $\mathcal{T} \in (0, +\infty]$, 那么对任意的 $t \in [0, \mathcal{T})$, $x(t) > 0 \,(\geqslant 0)$, $E(t) > 0 \,(\geqslant 0)$.

证明 令 $(x(t), E(t))$ 为模型 (9.1.1) 定义在 $[0, \mathcal{T})$ 上的解, 其中 $\mathcal{T} \in (0, +\infty]$. 那么, 由 Filippov 意义下模型 (9.1.1) 的解的定义, $(x(t), E(t))$ 是微分包含 (9.1.2) 的解.

由不连续捕捞策略函数 $\psi(x)$ 满足例 1.2.4 中给出的性质 (ii), 可知函数 $\psi(x)$ 在 $x = 0$ 是右连续的. 根据连续函数的性质, 存在一个充分小的正常数 δ, 使得在 $[0, \delta]$ 上, $\psi(x)$ 是连续的. 也就是说, 当 $x \in [0, \delta]$ 时, (9.1.2) 中的第一个微分包含式转化为下面的右端连续微分方程

$$\frac{\mathrm{d}x}{\mathrm{d}t} = rx\left(1 - \frac{x}{K}\right) - \psi(x)Ex.$$

由此可得

$$x(t) = x_0 \exp\left\{\int_0^t \left[r\left(1 - \frac{x(s)}{K}\right)|x| \leqslant \delta - \psi(x(s))E(s)\right]\mathrm{d}s\right\}.$$

又因为 $x(0) = x_0 > 0$, 所以当 $x \in [0, \delta]$ 时, $x(t) > 0$. 显然, 在 $[0, \mathcal{T})$ 上, $x(t) > 0$.

下面分情形讨论 $E(t)$ 的正性.

情形 1 $x > \dfrac{c}{p}$.

由于 $E(t)$ 是绝对连续的, 且 $E(0) = E_0 > 0$, 因此存在 $\epsilon_1 > 0$, 使得在 $[0, \epsilon_1)$ 上 $E(t) > 0$, 且 $E(t)$ 是单调增加的. 再利用 $E(t)$ 的连续性可得, 存在 $\epsilon_2 > 0$, 使得在 $[\epsilon_1, \epsilon_2)$ 上 $E(t) > 0$ 且 $E(t)$ 是单调增加的. 这样继续下去, 就可以延伸到整个定义区间 $[0, \mathcal{T})$.

情形 2 $x \leqslant \dfrac{c}{p}$.

考虑下面的初值问题:

$$\begin{cases} \dfrac{\mathrm{d}x}{\mathrm{d}t} = rx\left(1 - \dfrac{x}{K}\right) - Ex, \\ \dfrac{\mathrm{d}E}{\mathrm{d}t} = kE(px - c), \\ x(0) = x_0 > 0, \quad E(0) = E_0 > 0. \end{cases} \tag{9.1.6}$$

容易验证 (9.1.6) 满足引理 9.1.1 的所有条件. 因此, 对所有的 $t \geqslant 0$, 系统 (9.1.6) 的解 $(\tilde{x}(t), \tilde{E}(t))$ 满足 $\tilde{x}(t) > 0$, $\tilde{E}(t) > 0$.

根据 $\psi(x)$ 满足例 1.2.4 中给出的性质可得 $0 \leqslant \psi(x) \leqslant 1$. 从而, 对于任意的 $v_1 \in rx\left(1 - \dfrac{x}{K}\right) - \overline{\mathrm{co}}[\psi(x)]Ex$, $v_2 \in k\overline{\mathrm{co}}[\psi(x)]E(px - c)$, 当 $0 < x < \dfrac{c}{p}$,

$\tilde{E} > 0$ 时, $v_1 \geqslant rx\left(1 - \dfrac{x}{K}\right) - Ex$, $v_2 \geqslant kE(px - c)$. 这样, 利用定理 3.1.2, 类似于文献 [608] 中第 78 页定理 1.1 的证明, 我们可以得到 (9.1.2) 在初始条件 $x(0) = x_0 > 0$, $E(0) = E_0 > 0$ 下的解 $(x(t), E(t))$ 满足 $x(t) \geqslant \tilde{x}(t) > 0$, $E(t) \geqslant \tilde{E}(t) > 0$.

综合以上两种情形可得, 在 $[0, \mathcal{T})$ 上 $E(t) > 0$. 证毕.

下面的结果给出了系统 (9.1.1) 的解的整体存在性, 这是讨论解的收敛性的前提.

命题 9.1.2　假设 $\psi \in \Psi$. 那么, 对任意的 $(x_0, E_0) \in \mathbb{R}_+^2$, 系统 (9.1.1) 的满足初始条件 $(x(0), E(0)) = (x_0, E_0)$ 的解是有界的, 且存在区间为 $[0, +\infty)$.

证明　令 $(x(t), E(t))$ 为系统 (9.1.1) 满足初始条件 $(x(0), E(0)) = (x_0, E_0)$ 的解, 定义区间为 $[0, \mathcal{T})$, 其中 $\mathcal{T} \in (0, +\infty]$. 因为 $(x_0, E_0) \in \mathbb{R}_+^2$, 由命题 9.1.1, 对任意的 $t \in [0, \mathcal{T})$, $x(t) \geqslant 0$, $E(t) \geqslant 0$.

选取任意的 $v \in \overline{\mathrm{co}}[\psi(x)]$. 当 $x(t) > K$ 时, $rx\left(1 - \dfrac{x}{K}\right) - vEx < 0$. 也就是说, 对于几乎所有的 $t \in [0, \mathcal{T})$, $\dfrac{\mathrm{d}x}{\mathrm{d}t} < 0$. 对于任意的 $t \in [0, \mathcal{T})$, 对不等式 $\dfrac{\mathrm{d}x}{\mathrm{d}t} < 0$ 的两边从 0 到 t 取积分可得 $x(t) \leqslant x_0$. 因此, $x(t) \leqslant \max\{x_0, K\}$. 再结合假设 $E(t) \leqslant E_{\max}$ 可知 $(x(t), E(t))$ 在 $[0, \mathcal{T})$ 上有界.

如果 $\mathcal{T} = +\infty$, 命题 9.1.2 的结论就被证明. 如果 $\mathcal{T}$ 是一个有限的数, 根据延拓定理 (定理 3.1.4), 可以得到 $(x(t), E(t))$ 在 $[0, +\infty)$ 上存在且有界. 证毕.

根据右端不连续微分方程平衡点的定义, (x^*, E^*) 称为模型 (9.1.1) 的平衡点, 意味着存在常向量 $\gamma^* \in \overline{\mathrm{co}}[\psi(x^*)]$ 满足

$$\begin{cases} rx^*\left(1 - \dfrac{x^*}{K}\right) - \gamma^* E^* x^* = 0, \\ k\gamma^* E^*(px^* - c) = 0. \end{cases} \tag{9.1.7}$$

因此, 为了得到模型 (9.1.1) 的平衡点, 求解方程 (9.1.7).

对方程 (9.1.7), 容易得到下面的结论:

(i) 因为 $\overline{\mathrm{co}}[\psi(0)] = \{0\}$, 故对任意的 $E^* \in [0, E_{\max}]$, $(0, E^*)$ 是方程 (9.1.7) 的解;

(ii) 由于 $0 \notin \overline{\mathrm{co}}[\psi(K)]$, 因此 $(K, 0)$ 是方程 (9.1.7) 的解;

(iii) 如果 $\overline{\mathrm{co}}\left[\psi\left(\dfrac{c}{p}\right)\right] \neq \{0\}$, 那么, 对任意的 $\gamma^* \in \overline{\mathrm{co}}\left[\psi\left(\dfrac{c}{p}\right)\right]$ 且 $\gamma^* \neq 0$, $\left(\dfrac{c}{p}, \dfrac{r}{\gamma^*}\left(1 - \dfrac{c}{pK}\right)\right)$ 是方程 (9.1.7) 的解.

假设 (x^*, E^*) 是模型 (9.1.1) 的一个平衡点. 如果捕捞策略函数 ψ 在 x^* 可

微, 那么在 (x^*, E^*) 的邻域中的雅可比矩阵为

$$J|_{(x^*, E^*)} = \begin{pmatrix} r - \dfrac{2rx^*}{K} - \psi'(x^*)E^*x^* - \psi(x^*)E^* & -\psi(x^*)x^* \\ k\psi'(x^*)E^*(px^* - c) + kp\psi(x^*)E^* & k\psi(x^*)(px^* - c) \end{pmatrix}. \quad (9.1.8)$$

下面, 分别考虑模型 (9.1.1) 的两种类型的孤立平衡点的局部稳定性.

假设 ψ 在点 K 可微. 把平衡点 $(K, 0)$ 代入 (9.1.8), 可得

$$J|_{(K, 0)} = \begin{pmatrix} -r & -\psi(K)K \\ 0 & k\psi(K)(pK - c) \end{pmatrix}.$$

如果 $pK > c$, 那么 $(K, 0)$ 是一个鞍点. 而当 $pK < c$ 时, $(K, 0)$ 是一个稳定的结点.

假设 ψ 在 $\dfrac{c}{p}$ 可微且 $\psi\left(\dfrac{c}{p}\right) \neq 0$. 把平衡点 $\left(\dfrac{c}{p}, \dfrac{r}{\psi\left(\dfrac{c}{p}\right)}\left(1 - \dfrac{c}{pK}\right)\right)$ 代入

(9.1.8), 可得

$$J|_{\left(\frac{c}{p}, E^*\right)} = \begin{pmatrix} r - \dfrac{2rc}{pK} - \psi'\left(\dfrac{c}{p}\right)E^*\dfrac{c}{p} - \psi\left(\dfrac{c}{p}\right)E^* & -\psi\left(\dfrac{c}{p}\right)\dfrac{c}{p} \\ kp\psi\left(\dfrac{c}{p}\right)E^* & 0 \end{pmatrix},$$

其中 $E^* = \dfrac{r}{\psi\left(\dfrac{c}{p}\right)}\left(1 - \dfrac{c}{pK}\right)$. 计算 $J|_{\left(\frac{c}{p}, E^*\right)}$ 的行列式如下:

$$\det\left(J|_{\left(\frac{c}{p}, E^*\right)}\right) = \psi\left(\dfrac{c}{p}\right)\dfrac{c}{p}kp\psi\left(\dfrac{c}{p}\right)E^* = krc\psi\left(\dfrac{c}{p}\right)\left(1 - \dfrac{c}{pK}\right).$$

考虑下面两种情形.

情形 1 $pK > c$.

此时, $\det\left(J|_{\left(\frac{c}{p}, E^*\right)}\right) > 0$. 计算 $J|_{\left(\frac{c}{p}, E^*\right)}$ 的迹如下:

$$\mathrm{tr}(J)|_{\left(\frac{c}{p}, E^*\right)} = r - \dfrac{2rc}{pK} - \psi'\left(\dfrac{c}{p}\right)E^*\dfrac{c}{p} - \psi\left(\dfrac{c}{p}\right)E^*.$$

如果 $\mathrm{tr}(J)|_{\left(\frac{c}{p}, E^*\right)} < 0$, 那么平衡点 $\left(\dfrac{c}{p}, \dfrac{r}{\psi\left(\dfrac{c}{p}\right)}\left(1 - \dfrac{c}{pK}\right)\right)$ 是稳定的. 而当

$\left. \mathrm{tr}(J)\right|_{\left(\frac{c}{p}, E^*\right)} > 0$ 时, 平衡点 $\left(\dfrac{c}{p}, \dfrac{r}{\psi\left(\frac{c}{p}\right)}\left(1 - \dfrac{c}{pK}\right)\right)$ 是不稳定的.

情形 2 $pK < c$.

此时, 平衡点 $\left(\dfrac{c}{p}, \dfrac{r}{\psi\left(\frac{c}{p}\right)}\left(1 - \dfrac{c}{pK}\right)\right)$ 是一个鞍点.

基于上面的讨论可知, $pK > c$ 是 $\psi\left(\dfrac{c}{p}\right) \neq 0$ 时能够维持正常捕鱼活动所需的必要条件. 下面给出正平衡点 $\left(\dfrac{c}{p}, \dfrac{r}{\gamma^*}\left(1 - \dfrac{c}{pK}\right)\right)$ 全局渐近稳定的结果.

定理 9.1.1　假定 $\psi \in \Psi$ 且 $\overline{\mathrm{co}}\left[\psi\left(\dfrac{c}{p}\right)\right] \neq \{0\}$. 如果 $pK > c$, 那么正平衡点 $(x^*, E^*) = \left(\dfrac{c}{p}, \dfrac{r}{\gamma^*}\left(1 - \dfrac{c}{pK}\right)\right)$ 是全局渐近稳定的.

证明　由条件 $\overline{\mathrm{co}}\left[\psi\left(\dfrac{c}{p}\right)\right] \neq \{0\}$ 可知 $\left(\dfrac{c}{p}, \dfrac{r}{\gamma^*}\left(1 - \dfrac{c}{pK}\right)\right)$ 是模型 (9.1.1) 的平衡点. 构造 Lyapunov 函数

$$V(x, E) = \left(x - x^* - x^* \ln \dfrac{x}{x^*}\right) + \dfrac{1}{kp}\left(E - E^* - E^* \ln \dfrac{E}{E^*}\right).$$

这是一个在 x-E 平面的第一象限内关于 (x, E) 的 C^∞ 函数. 而且, 容易验证: 对任意的 $(x, E) \neq (x^*, E^*)$, $V(x, E) > 0$, $V(x^*, E^*) = 0$, 且 $\displaystyle\lim_{\|(x,E)\| \to +\infty} V(x, E) = +\infty$. 因此, $V(x, E)$ 是正定的, 且具有无穷大上界.

记

$$\Omega(x, E) = \left(rx\left(1 - \dfrac{x}{K}\right) - \overline{\mathrm{co}}[\psi(x)]Ex, \quad k\overline{\mathrm{co}}[\psi(x)]E(px - c)\right),$$

选取任意的 $v = (v_1, v_2) \in \Omega(x, E)$. 由于 $\psi \in \Psi$, 容易验证 Ω 是一个具有非空的紧凸像的上半连续的集值映射. 由引理 2.1.1, 存在一个和 $x(t)$ 对应的有界的可测函数 $\gamma = \gamma(t) \in \overline{\mathrm{co}}[\psi(x(t))]$ 使得

$$v = \left(rx\left(1 - \dfrac{x}{K}\right) - \gamma Ex, \quad k\gamma E(px - c)\right).$$

由于 $V(x, E)$ 是一个关于 (x, E) 的 C^∞ 函数, 计算 $V(x, E)$ 的梯度如下:

$$\nabla V(x, E) = \left(\dfrac{x - x^*}{x}, \quad \dfrac{1}{kp}\dfrac{E - E^*}{E}\right).$$

沿着系统 (9.1.1) 的解计算 $\langle \nabla V(x,E), v \rangle$, 可得

$$
\begin{aligned}
&\langle \nabla V(x,E), v \rangle \\
&= \left(\frac{x-x^*}{x}, \ \frac{1}{kp}\frac{E-E^*}{E} \right) \cdot \left(rx\left(1-\frac{x}{K}\right) - \gamma Ex, \ k\gamma E(px-c) \right) \\
&= (x-x^*)\left[r\left(1-\frac{x}{K}\right) - \gamma E + (E-E^*)\gamma(x-x^*) \right] \\
&= (x-x^*)\left[r\left(1-\frac{x}{K}\right) - E^*\gamma \right] \\
&= (x-x^*)\left[r\left(1-\frac{x}{K}\right) - \frac{r}{\gamma^*}\left(1-\frac{c}{pK}\right)\gamma \right].
\end{aligned}
$$

如果 $x > x^*$, 由 ψ 在 $\mathbb{R}_+$ 上的单调不减性, 可得 $\frac{\gamma}{\gamma^*} \geqslant 1$. 因此

$$
\langle \nabla V(x,E), v \rangle \leqslant -\frac{r}{K}(x-x^*)^2 < 0.
$$

如果 $x < x^*$, 那么 $x - x^* < 0$ 且 $\frac{\gamma}{\gamma^*} \leqslant 1$. 因此

$$
r\left(1-\frac{x}{K}\right) - \frac{r}{\gamma^*}\left(1-\frac{c}{pK}\right)\gamma \geqslant r\left(1-\frac{x}{K}\right) - r\left(1-\frac{x^*}{K}\right) = -\frac{r}{K}(x-x^*) > 0.
$$

从而

$$
\langle \nabla V(x,E), v \rangle = (x-x^*)\left[r\left(1-\frac{x}{K}\right) - \frac{r}{\gamma^*}\left(1-\frac{c}{pK}\right)\gamma \right] < 0.
$$

总之, 对任意的 $v = (v_1, v_2) \in \Omega(x,E)$, 都有 $\langle \nabla V(x,E), v \rangle < 0$. 因此, 由定理 3.4.4, 正平衡点 $(x^*, E^*) = \left(\frac{c}{p}, \frac{r}{\gamma^*}\left(1-\frac{c}{pK}\right) \right)$ 是全局渐近稳定的. 证毕.

9.1.2 Heaviside 型不连续捕捞策略下模型的动力学分析

本小节考虑一个简单且特殊的不连续捕捞策略函数, 并从优化捕捞的观点[146], 把模型 (9.1.1) 和捕捞策略函数是连续的情形进行比较. 通过比较可知不连续的捕捞策略相对来说是优越的.

我们考虑的捕捞策略函数为如下的 Heaviside 型函数:

$$
\psi(x) = \begin{cases} 0, & x < S, \\ 1, & x > S, \end{cases} \tag{9.1.9}
$$

其中 S 表示鱼群允许被捕捞的固定界限. 显然, (9.1.9) 中捕捞策略函数 $\psi(x)$ 满足例 1.2.4 中给出的性质 (i) 和 (ii).

如果 $S \leqslant \dfrac{c}{p}$, 那么 $\overline{\mathrm{co}}\left[\psi\left(\dfrac{c}{p}\right)\right] \neq \{0\}$. 因此, 由定理 9.1.1, 可以得到下面的在捕捞策略函数 (9.1.9) 下模型 (9.1.1) 的结果.

如果 $S \leqslant \dfrac{c}{p} < K$, 那么正平衡点 $\left(\dfrac{c}{p}, \dfrac{r}{\gamma^*}\left(1 - \dfrac{c}{pK}\right)\right)$ 是全局渐近稳定的.

下面考虑 $S > \dfrac{c}{p}$ 时的情形.

模型 (9.1.1) 由两种结构构成: (i) 当 $\psi = 0$ 时, 非捕捞结构; (ii) 当 $\psi = 1$ 时, 捕捞结构. 这两种结构对应 x-E 平面第一象限内由切换线 $x = S$ 分成的两个区域内的子模型. 相应地, 平面 x-E 的第一象限被分成两个区域: 一个是捕捞区 (切换线上方), 另一个是非捕捞区 (切换线下方). 为了更好地说明两种结构的正平衡点及向量场方向, 列出两种结构如下:

$$\begin{cases} \dfrac{\mathrm{d}x}{\mathrm{d}t} = rx\left(1 - \dfrac{x}{K}\right), \\ \dfrac{\mathrm{d}E}{\mathrm{d}t} = 0, \end{cases} \qquad x < S \qquad (9.1.10)$$

和

$$\begin{cases} \dfrac{\mathrm{d}x}{\mathrm{d}t} = rx\left(1 - \dfrac{x}{K}\right) - Ex, \\ \dfrac{\mathrm{d}E}{\mathrm{d}t} = kE(px - c), \end{cases} \qquad x > S. \qquad (9.1.11)$$

对于子系统 (9.1.10), 平衡点 $(0, E)$ 是不稳定的, 且对任意的 $E > 0$, 平衡点 (K, E) 是稳定的. 对于子系统 (9.1.11), 平衡点 $(0, 0)$ 和 $(K, 0)$ 都是鞍点, 而平衡点 $\left(\dfrac{c}{p}, r\left(1 - \dfrac{c}{pK}\right)\right)$ 是稳定的. 由上面的分析, 可以知道当捕捞策略函数取为 (9.1.9) 时系统 (9.1.1) 稳定的平衡点都是虚的. 因此, 从两个区域 (捕捞区和非捕捞区) 中的任何一个区域出发的轨线都在有限时间内到达切换线 $x = S$. 图 9.1 给出了切换线的位置、两个结构的向量场方向示意及平衡点.

当 $\dfrac{c}{p} < S < K$ 时, 在捕捞策略 (9.1.9) 下模型 (9.1.1) 具有如下的滑模动力学性质.

定理 9.1.2　如果 $\dfrac{c}{p} < S < K$, 那么在捕捞策略 (9.1.9) 下, 模型 (9.1.1) 存在滑模区域 $\Sigma_s = \left\{(x, E) \; \middle| \; x = S, r\left(1 - \dfrac{S}{K}\right) < E\right\}$. 而且, 满足初始条件 $x(0) = x_0 > 0$ 和 $E(0) = E_0 > 0$ 的轨线在有限时间内到达 Σ_s, 并且不再离开这个区域.

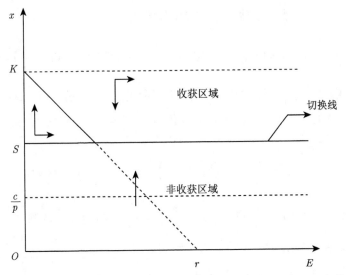

图 9.1 在不连续捕捞策略 (9.1.9) 下模型 (9.1.1) 的相平面 x-E, 切换线,
以及两种结构的平衡点和向量场

证明 类似于文献 [646], 考虑由下面的方程刻画的动力系统:

$$\frac{\mathrm{d}x}{\mathrm{d}t} = f(x, t, u),$$

其中 $x \in \mathbb{R}^n$ 和 $f : \mathbb{R}^n \times \mathbb{R}_+ \times \mathbb{R} \to \mathbb{R}^n$ 是连续函数, u 是曲面 $h(x) = 0$ 上的不连续标量函数:

$$u = \begin{cases} u^+, & h(x) > 0, \\ u^-, & h(x) < 0, \end{cases}$$

其中 $u^+ = u^+(x, t), u^- = u^-(x, t)$ 是 $\mathbb{R}^n \times \mathbb{R}_+$ 上的连续函数, $h(x)$ 是 $\mathbb{R}^n$ 上的连续函数, 并且 $u^+ \neq u^-$.

滑模区域是满足下面条件的区域:

$$\lim_{h \to 0^+} \frac{\mathrm{d}h}{\mathrm{d}t} < 0, \quad \lim_{h \to 0^-} \frac{\mathrm{d}h}{\mathrm{d}t} > 0. \tag{9.1.12}$$

令 $h(x) = x - S$. 把它代入 (9.1.12) 中, 可得 $E > r\left(1 - \dfrac{S}{K}\right)$. 因此, Σ_s 是在捕捞策略 (9.1.9) 下模型 (9.1.1) 的滑模区域. 证毕.

下面, 通过引进收益泛函来把本小节介绍的结果和目前已存在的一些有关结果做比较.

假设捕鱼船队的目标是最大化捕鱼获得的贴现后的总净收入. 众所周知, 一般来说, 船队的目标和渔业管理部门的目标是一致的. 如果 $\delta > 0$ 是一个常数, 表

示贴现率, 这个目标就是使贴现值 $R(E)$ 最大化, 其中

$$R(E) = \int_0^{+\infty} \mathrm{e}^{-\delta t} E\psi(x)(px - c)\mathrm{d}t = \int_0^{+\infty} \mathrm{e}^{-\delta t} E\psi(x)x\left(p - \frac{c}{x}\right)\mathrm{d}t. \quad (9.1.13)$$

这个表达式的经济意义及时间贴现的含义可参见文献 [146].

由模型 (9.1.1) 可得: $E\psi(x)x = rx\left(1 - \dfrac{x}{K}\right) - \dot{x}$. 把它代入 (9.1.13), 则

$$R(E) = \int_0^{+\infty} \mathrm{e}^{-\delta t}\left(p - \frac{c}{x}\right)\left[rx\left(1 - \frac{x}{K}\right) - \dot{x}\right]\mathrm{d}t. \quad (9.1.14)$$

令 $\phi(t, x, \dot{x}) = \mathrm{e}^{-\delta t}\left(p - \dfrac{c}{x}\right)\left[rx\left(1 - \dfrac{x}{K}\right) - \dot{x}\right]$. 考虑到 ϕ 的形式, 应用下面的 Euler 必要条件来分析 $R(E)$ 的最大化问题:

$$\frac{\partial \phi}{\partial x} = \frac{\mathrm{d}}{\mathrm{d}t}\frac{\partial \phi}{\partial \dot{x}}. \quad (9.1.15)$$

由模型 (9.1.1) 可得

$$\frac{\partial \phi}{\partial x} = \mathrm{e}^{-\delta t}\left[\frac{cr}{K} - \frac{c\dot{x}}{x^2} + pr - \frac{2prx}{K}\right]$$

且

$$\frac{\mathrm{d}}{\mathrm{d}t}\frac{\partial \phi}{\partial \dot{x}} = \mathrm{e}^{-\delta t}\left[p\delta - \frac{c\delta}{x} - \frac{c\dot{x}}{x^2}\right].$$

因此

$$\frac{2pr}{K}x^2 + \left(p\delta - pr - \frac{cr}{K}\right)x - c\delta = 0.$$

这是一个关于 x 的二次方程, 其正解为

$$\bar{x} = \frac{K}{4}\left[\left(\frac{c}{pK} + 1 - \frac{\delta}{r}\right) + \sqrt{\left(\frac{c}{pK} + 1 - \frac{\delta}{r}\right)^2 + \frac{8c\delta}{pKr}}\right].$$

正如在文献 [146] 中的说明, 最优的策略就是能使鱼的种群数量 $x = x(t)$ 最快收敛到 $\bar{x}$ 的策略, 利用这种观点把本节的结果和捕捞策略函数是连续的情形作比较.

令 $S = \bar{x}$. 由定理 9.1.2, 如果 $\dfrac{c}{p} < S < K$, 那么在捕捞策略 (9.1.9) 下, 模型 (9.1.1) 满足初始条件 $x(0) = x_0 > 0$ 和 $E(0) = E_0 > 0$ 的轨线在有限时间内到达 $\left\{(x, E)\ \middle|\ x = \bar{x}, r\left(1 - \dfrac{\bar{x}}{K}\right) < E\right\}$, 并且不再离开这个区域. 考虑捕捞策略函数是

连续的情形, 例如例 1.2.4 中介绍的模型 (1.2.28). 假设 $(\tilde{x}, \tilde{E})$ 是全局稳定的平衡点. 如果 $\tilde{x} \neq \bar{x}$, 在任何初始条件下鱼的种群数量 $x = x(t)$ 都不会收敛到 $\bar{x}$. 即使 $\tilde{x} = \bar{x}$, 在任何初始条件下鱼的种群数量 $x = x(t)$ 也都不会到达 $\bar{x}$ 后不再离开. 如果模型 (1.2.28) 没有全局稳定的正平衡点, 那么在某些初值下鱼的种群数量 $x = x(t)$ 将不会收敛到 $\bar{x}$. 总之, 在不连续捕捞策略 (9.1.9) 下模型 (9.1.1) 优于捕捞策略是连续的情形.

值得注意的是: 本节中所考虑的模型还是比较简单的, 没有考虑更多因素的影响. 为了更好地说明实际问题, 还应考虑更多因素诸如年龄结构、鱼群的生长、食物、捕食者、光线、习性、在多区域中鱼和船只的迁移、所捕获物价格及捕获花费的变化等的影响. 毫无疑问, 考察不连续捕捞策略下更为复杂的种群数量——努力量渔业模型的动力学性质将更有趣, 这是因为动力学性质将会更加丰富, 对研究工具及方法的要求将会更高, 所得到的结果对现实更具有指导意义.

9.2　多种产品价格调整模型及动力学分析

经济学家认为经济变量是动态的, 会随着时间的变化而改变, 所以对经济系统进行数学建模和动态分析是非常必要的. 对经济系统进行建模和动态分析的工作最早可追溯到 20 世纪 30 年代末, 如 Samuelson 在 1939 年就利用动态分析理论对经济周期模型进行了研究, 并且指出如果经济学研究者没有掌握一定的动态分析理论, 将会影响对现代经济学的理解[595]; 1986 年, Romer 对经济动态增长问题进行了研究[588], 并掀起了动态经济学的研究高潮. 目前动态经济学已经成为经济学中一个重要的研究方向, 并渗透到了宏观经济学和微观经济学的许多领域. 此外, 经济学与控制论是密切相关的, 在经济系统模型中引入政策变量和决策变量等控制变量对经济的宏观调控能起到积极的指导作用, 例如财政支出、利率调整、货币发行、消费策略等都可作为经济控制变量. Sengupta 和 Fanchon 于 1997 年建立了 LQG(Linear Quadratic Gaussian) 问题中的分离定理与控制论有密切的关系[599], 后来不少学者基于 LQG 基准开展了预测控制系统经济性能评估与优化的研究, 在充分考虑执行器约束的情况下为经济问题给出实际可行的最优控制策略. 随着模型预测控制技术在众多经济产业的迅速发展和广泛应用, 企业不仅安全生产得到了保障, 而且经济效益也得到了明显提高.

实际中, 经济系统不仅是动态的, 而且一些动态变化是随机的、不连续的、人为强制的, 这就使得它往往是变量众多的、变量间关系错综复杂的大系统, 因此, 其数学模型的建立及动力学分析并不是容易的事情. 随着经济的发展、研究的深入, 动态经济学的数学建模及动力学分析不但要运用到众多经典的数学理论知识和方法, 还需要综合运用相关的经济学原理、现代控制理论、计算机软件编程等专业知识和一些新颖的数学理论、工具和方法, 例如, Akira[13] 探讨了非线性规划、不确定性和最优控制理论等经济学分析方法; Clarke[147] 介绍了非光滑分析方法; Filippov[228] 阐述了微分包含理论; Forti 等[233] 推广了 Lyapunov 方法; 文献 [690] 利用 MATLAB 工具研究了动态经济学问题.

　　历史上, 已有大量的微分方程经济模型被建立和研究[13,389], 近年中, 这方面的工作仍在不断出现, 如文献 [136] 建立了基于金融混沌系统的线性控制模型, 并实现了对系统的稳定性控制; 文献 [748] 利用动力学原理建立经济学模型, 并研究了均衡解的稳定性. 然而, 这些模型基本上为右端连续微分方程. 本节中, 我们介绍一类用右端不连续微分方程描述的动态经济模型及有关动力学分析结果[89].

9.2.1　模型建立

　　在市场经济条件下, 动态经济系统由非均衡状态向均衡增长轨道转移过程中必然伴随着价格的优化调整. 众所周知, 产品的价格由市场供求来决定, 当产品供大于求时, 产品的价格将会下降, 而当产品供不应求时, 产品价格就会上涨. 这种产品价格的变化过程可近似由微分方程系统来描述. 因为经济系统是动态的, 经济变量随着时间的变化而改变. 当产品价格的变化与供求差额成正比时, 可得到如下由常微分方程描述的 n 种产品的非线性价格调整模型:

$$\frac{\mathrm{d}p_i}{\mathrm{d}t} = \frac{1}{\kappa_i}\left[D_i(p_1, p_2, \cdots, p_n) - S_i(p_1, p_2, \cdots, p_n)\right] \triangleq \frac{1}{\kappa_i}E_i, \quad i = 1, 2, \cdots, n,$$
$$(9.2.1)$$

其中 p_i 表示第 i 种商品的价格, $D_i(p_1, p_2, \cdots, p_n)$ 和 $S_i(p_1, p_2, \cdots, p_n)$ 分别表示第 i 种商品的需求函数和供给函数, E_i 表示第 i 种商品的供求差额, $\kappa_i > 0$ 为描述反应速度的常数.

　　鉴于需求函数和供给函数都可能受到许多复杂因素的影响, 在建模过程中考虑 $D_i(p_1, p_2, \cdots, p_n)$ 和 $S_i(p_1, p_2, \cdots, p_n)$ 都是关于价格不连续的非线性函数, 其描述如下:

$$D_i(p_1, p_2, \cdots, p_n) = \sum_{j=1}^{n} a_{ij}f_j(p_j) + c_i, \qquad (9.2.2)$$

$$S_i(p_1, p_2, \cdots, p_n) = \sum_{j=1}^{n} b_{ij}g_j(p_j) + d_i, \qquad (9.2.3)$$

这里 a_{ij}, b_{ij}, c_i, d_i 都是常数, 函数 $f_j(p_j)$ 和 $g_j(p_j)$ 在 $\mathbb{R}_+$ 上关于状态 p_j 不连续. 考虑到经济控制变量 (例如政策变量和决策变量) 能对经济系统产生重要的影响,

在需求函数中还可进一步引进一个能影响需求量的控制策略变量 $u_i(t)$, 即假设

$$D_i(p_1, p_2, \cdots, p_n) = \sum_{j=1}^{n} a_{ij} f_j(p_j) + c_i + u_i(t). \tag{9.2.4}$$

例如, 2007 年底, 开始在我国部分省市陆续实行的家用电器下乡的优惠政策活动就是一种可以影响需求的控制策略变量. 因此, 根据 (9.2.1)—(9.2.4) 式可建立如下由右端不连续微分方程刻画的价格调整模型:

$$\frac{\mathrm{d}p_i}{\mathrm{d}t} = \frac{1}{\kappa_i} \left[\sum_{j=1}^{n} a_{ij} f_j(p_j) - \sum_{j=1}^{n} b_{ij} g_j(p_j) + c_i - d_i \right] + \frac{1}{\kappa_i} u_i(t), \quad i = 1, 2, \cdots, n. \tag{9.2.5}$$

假定函数 $f_j(p_j)$ 和 $g_j(p_j)$ 满足下列条件:

(H1) 对每一个 $j = 1, 2, \cdots, n$, 函数 $f_j : \mathbb{R}_+ \to \mathbb{R}$ 和 $g_j : \mathbb{R}_+ \to \mathbb{R}$ 是分段连续的函数, 即除了至多可数个点外, f_j 和 g_j 在 $\mathbb{R}_+$ 上的其他点处是连续的. 此外, f_j 和 g_j 在这些间断点处存在左右极限, 且在 $\mathbb{R}_+$ 中的每一个紧子区间上至多存在有限个间断点.

(H2) 对任意的 $j = 1, 2, \cdots, n$, 存在非负常数 l_j 和 s_j 使得

$$\sup_{\xi_j \in \overline{\mathrm{co}}[f_j(u)], \, \zeta_j \in \overline{\mathrm{co}}[f_j(v)]} |\xi_j - \zeta_j| \leqslant l_j |u - v| + s_j, \quad \forall u, v \in \mathbb{R}_+, \tag{9.2.6}$$

其中

$$\overline{\mathrm{co}}\,[f_j(\theta)] = \left[\min\{f_j(\theta^-), f_j(\theta^+)\}, \max\{f_j(\theta^-), f_j(\theta^+)\} \right], \quad \theta \in \mathbb{R}_+.$$

(H3) 对任意的 $j = 1, 2, \cdots, n$, 存在非负常数 α_j 和 β_j 使得

$$\sup_{\gamma_j \in \overline{\mathrm{co}}[g_j(u)], \, \eta_j \in \overline{\mathrm{co}}[g_j(v)]} |\gamma_j - \eta_j| \leqslant \alpha_j |u - v| + \beta_j, \quad \forall u, v \in \mathbb{R}_+, \tag{9.2.7}$$

其中

$$\overline{\mathrm{co}}[g_j(\theta)] = \left[\min\{g_j(\theta^-), g_j(\theta^+)\}, \max\{g_j(\theta^-), g_j(\theta^+)\} \right], \quad \theta \in \mathbb{R}_+.$$

因为 f_j 和 g_j 在 $\mathbb{R}_+$ 上是关于状态不连续的函数, 所以通过数学建模所得到的动态经济学模型 (9.2.5), 从本质上来看在 $\mathbb{R}^n$ 上是由右端关于状态不连续的微分方程刻画的. 这种不连续且依赖于状态的动态经济学模型具有丰富的动力学行为. 然而, 现阶段对右端不连续的动态经济学微分方程模型的研究工作还不多见, 这需要相关的研究学者付出更多的努力.

9.2.2　稳定化控制

市场繁荣且物价稳定, 这是人们所渴求的. 在动态经济学模型 (9.2.5)中, 为了在时间足够大之后能使得产品的市场价格稳定在平衡价格, 即价格平衡点 $p^* = (p_1^*, p_2^*, \cdots, p_n^*)^{\mathrm{T}}$ (假设存在), 需要设计合适的控制策略 $u(t) = (u_1(t), u_2(t), \cdots, u_n(t))^{\mathrm{T}}$ 使得系统 (9.2.5)中市场价格保持稳定.

定义 9.2.1　给定初值 $p(0) = p_0$, 向量值函数 $p(t) = (p_1(t), p_2(t), \cdots, p_n(t))^{\mathrm{T}} : [0, \mathcal{T}) \to \mathbb{R}^n$ ($\mathcal{T} \in (0, +\infty]$) 称为系统 (9.2.5) 在区间 $[0, \mathcal{T})$ 上的状态解, 若

(i) 函数 $p = p(t)$ 在 $[0, \mathcal{T})$ 的任意一个紧子区间上绝对连续;

(ii) 对几乎所有的 $t \in [0, \mathcal{T})$, $p(t)$ 满足微分包含

$$\frac{\mathrm{d}p_i}{\mathrm{d}t} \in \frac{1}{\kappa_i} \left[\sum_{j=1}^n a_{ij} \overline{\mathrm{co}}[f_j(p_j)] - \sum_{j=1}^n b_{ij} \overline{\mathrm{co}}[g_j(p_j)] + c_i - d_i \right] + \frac{1}{\kappa_i} u_i(t) \triangleq \overline{F}_i(p). \tag{9.2.8}$$

显然集值映射 $p \to \overline{F}(p) = (\overline{F}_1(p), \overline{F}_2(p), \cdots, \overline{F}_n(p))^{\mathrm{T}}$ 具有非空紧凸值, 而且它是上半连续且可测的. 根据可测选择定理, 如果 $p(t)$ 是系统 (9.2.5) 的解, 则存在可测函数 $\xi_j(t) \in \overline{\mathrm{co}}[f_j(p_j(t))]$ 和 $\gamma_j(t) \in \overline{\mathrm{co}}[g_j(p_j(t))]$ 使得对几乎所有的 $t \geqslant 0$ 有

$$\frac{\mathrm{d}p_i(t)}{\mathrm{d}t} = \frac{1}{\kappa_i} \left[\sum_{j=1}^n a_{ij} \xi_j(t) - \sum_{j=1}^n b_{ij} \gamma_j(t) + c_i - d_i \right] + \frac{1}{\kappa_i} u_i(t). \tag{9.2.9}$$

为了把产品的市场价格在有限时间内控制收敛到供求平衡价格 p^*, 首先做变量替换 $x_i(t) = p_i(t) - p_i^*$, 则得到下面右端不连续的价格调整模型:

$$\frac{\mathrm{d}x_i(t)}{\mathrm{d}t} = \frac{1}{\kappa_i} \left[\sum_{j=1}^n a_{ij}(f_j(p_j) - f_j(p_j^*)) - \sum_{j=1}^n b_{ij}(g_j(p_j) - g_j(p_j^*)) \right] + \frac{1}{\kappa_i} u_i(t). \tag{9.2.10}$$

记 $x(t) = (x_1(t), x_2(t), \cdots, x_n(t))^{\mathrm{T}}$, 则价格调整模型 (9.2.10) 可等价地写成下列向量形式:

$$\frac{\mathrm{d}x(t)}{\mathrm{d}t} = K^{-1} A \widetilde{F}(x(t)) - K^{-1} B \widetilde{G}(x(t)) + K^{-1} u(t), \tag{9.2.11}$$

其中 $K^{-1} = \mathrm{diag}\left\{ \dfrac{1}{\kappa_1}, \dfrac{1}{\kappa_2}, \cdots, \dfrac{1}{\kappa_n} \right\}$, $A = (a_{ij})_{n \times n}$, $B = (b_{ij})_{n \times n}$, $\widetilde{F}(x(t)) = F(p(t)) - F(p^*)$, $\widetilde{G}(x(t)) = G(p(t)) - G(p^*)$. 不连续的切换控制策略 $u(t) =$

$(u_1(t), u_2(t), \cdots, u_n(t))^{\mathrm{T}}$ 设计如下:

$$u(t) = -h_1 K x(t) - h_2 K \mathrm{sgn}(x(t)), \tag{9.2.12}$$

其中 $\mathrm{sgn}(x(t)) = (\mathrm{sgn}(x_1(t)), \mathrm{sgn}(x_2(t)), \cdots, \mathrm{sgn}(x_n(t)))^{\mathrm{T}}$, $K = \mathrm{diag}\{\kappa_1, \kappa_2, \cdots, \kappa_n\}$, h_1 和 h_2 为待定的控制系数.

定义 9.2.2　如果对任意给定的初值 $x(0) = p_0 - p^*$, 存在时间 t^* 使得当 $t \geqslant t^*$ 时有 $\|x(t)\| = \|p(t) - p^*\| = 0$, 则称价格调整模型 (9.2.5) 能通过适当的控制器 $u(t)$ 实现有限时间稳定化控制, 即在有限时间内把价格控制收敛到供求平衡价格.

根据微分包含和集值映射理论, 由 (9.2.11) 可得

$$\frac{\mathrm{d}x(t)}{\mathrm{d}t} \in K^{-1} A \overline{\mathrm{co}}[\widetilde{F}(x(t))] - K^{-1} B \overline{\mathrm{co}}[\widetilde{G}(x(t))] + K^{-1} u(t)$$
$$\subseteq K^{-1} A (\overline{\mathrm{co}}[F(p(t))] - \overline{\mathrm{co}}[F(p^*)]) - K^{-1} B (\overline{\mathrm{co}}[G(p(t))] - \overline{\mathrm{co}}[G(p^*)]) + K^{-1} u(t).$$

或等价地, 存在可测函数 $\xi_j(t) \in \overline{\mathrm{co}}[f_j(p_j(t))]$, $\gamma_j(t) \in \overline{\mathrm{co}}[g_j(p_j(t))]$, $\xi_j^* \in \overline{\mathrm{co}}[f_j(p_j^*)]$, $\gamma_j^* \in \overline{\mathrm{co}}[g_j(p_j^*)]$ 使得对几乎所有的 $t \geqslant 0$ 有

$$\frac{\mathrm{d}x(t)}{\mathrm{d}t} = K^{-1} A \widetilde{\xi}(t) - K^{-1} B \widetilde{\gamma}(t) + K^{-1} u(t), \tag{9.2.13}$$

其中 $\widetilde{\xi}(t) = \xi(t) - \xi^*$, $\widetilde{\gamma}(t) = \gamma(t) - \gamma^*$, $\xi(t) = (\xi_1(t), \xi_2(t), \cdots, \xi_n(t))^{\mathrm{T}}$, $\xi^* = (\xi_1^*, \xi_2^*, \cdots, \xi_n^*)^{\mathrm{T}}$, $\gamma(t) = (\gamma_1(t), \gamma_2(t), \cdots, \gamma_n(t))^{\mathrm{T}}$, $\gamma^* = (\gamma_1^*, \gamma_2^*, \cdots, \gamma_n^*)^{\mathrm{T}}$.

为方便起见, 引入下列记号:

$$\hat{A} = \Theta K^{-1} A = (\hat{a}_{ij})_{n \times n}, \quad \hat{a}^{\max} = \max_{1 \leqslant i,j \leqslant n} \{|\hat{a}_{ij}|\},$$

$$\hat{B} = \Theta K^{-1} B = (\hat{b}_{ij})_{n \times n}, \quad \hat{b}^{\max} = \max_{1 \leqslant i,j \leqslant n} \{|\hat{b}_{ij}|\}.$$

对假设 (H2) 和 (H3) 中给定的常数 l_j, s_j, α_j, β_j, 令 $l^{\max} = \max_{1 \leqslant j \leqslant n} \{l_j\}$, $s^{\max} = \max_{1 \leqslant j \leqslant n} \{s_j\}$, $\alpha^{\max} = \max_{1 \leqslant j \leqslant n} \{\alpha_j\}$, $\beta^{\max} = \max_{1 \leqslant j \leqslant n} \{\beta_j\}$. $\lambda_{\max}(\Theta)$ 和 $\lambda_{\min}(\Theta)$ 分别表示 Θ 的最大和最小特征值.

定理 9.2.1[89]　若条件 (H1)—(H3) 成立, 进一步假定下列条件满足:

(H4) 存在一个正定矩阵 $\Theta = (q_{ij})_{n \times n}$ 使得

$$h_1 > \frac{n \hat{a}^{\max} l^{\max} + n \hat{b}^{\max} \alpha^{\max}}{\lambda_{\min}(\Theta)}, \quad h_2 > \frac{n \hat{a}^{\max} s^{\max} + n \hat{b}^{\max} \beta^{\max}}{\lambda_{\min}(\Theta)},$$

则通过控制策略 (9.2.12), 价格调整模型 (9.2.5) 能实现有限时间稳定化控制, 即在有限时间 t_1 内把价格控制收敛到供求平衡价格, 且

$$t_1 \leqslant \frac{\lambda_{\min}(\Theta)}{h_1\lambda_{\min}(\Theta) - n\hat{a}^{\max}l^{\max} - n\hat{b}^{\max}\alpha^{\max}}$$

$$\cdot \ln\left(1 + \frac{\left(h_1 - \dfrac{n\hat{a}^{\max}l^{\max} + n\hat{b}^{\max}\alpha^{\max}}{\lambda_{\min}(\Theta)}\right)\lambda_{\max}(\Theta)\|x(0)\|_2}{h_2\lambda_{\min}(\Theta) - n\hat{a}^{\max}s^{\max} - n\hat{b}^{\max}\beta^{\max}}\right).$$

证明 把控制策略 (9.2.12) 代入系统 (9.2.13) 可得

$$\frac{\mathrm{d}x(t)}{\mathrm{d}t} = K^{-1}A\widetilde{\xi}(t) - K^{-1}B\widetilde{\gamma}(t) - h_1x(t) - h_2\mathrm{sgn}(x(t)), \quad \text{a.e. } t \geqslant 0. \quad (9.2.14)$$

构造合适的 Lyapunov 函数 $V(t) = V(x(t)) = x^{\mathrm{T}}(t)\Theta x(t)$. 显然 $V(t)$ 是 C-正则的. 根据引理 2.2.1, 沿着系统 (9.2.14) 的解计算 $V(x(t))$ 的导数得

$$\begin{aligned}
\frac{\mathrm{d}V(t)}{\mathrm{d}t} &= 2x^{\mathrm{T}}(t)\Theta\dot{x}(t) \\
&= 2x^{\mathrm{T}}(t)\Theta[K^{-1}A\widetilde{\xi}(t) - K^{-1}B\widetilde{\gamma}(t) - h_1x(t) - h_2\mathrm{sgn}(x(t))] \\
&= -2h_1x^{\mathrm{T}}(t)\Theta x(t) + 2x^{\mathrm{T}}(t)\Theta K^{-1}A\widetilde{\xi}(t) - 2x^{\mathrm{T}}(t)\Theta K^{-1}B\widetilde{\gamma}(t) \\
&\quad -2h_2x^{\mathrm{T}}(t)\Theta\mathrm{sgn}(x(t)) \\
&\leqslant -2h_1x^{\mathrm{T}}(t)\Theta x(t) + 2x^{\mathrm{T}}(t)\Theta K^{-1}A\widetilde{\xi}(t) \\
&\quad -2x^{\mathrm{T}}(t)\Theta K^{-1}B\widetilde{\gamma}(t) - 2h_2\lambda_{\min}(\Theta)\sum_{i=1}^{n}|x_i(t)|. \quad (9.2.15)
\end{aligned}$$

根据假设 (H2) 和 (H3) 可得

$$\begin{aligned}
&x^{\mathrm{T}}(t)\Theta K^{-1}A\widetilde{\xi}(t) - x^{\mathrm{T}}(t)\Theta K^{-1}B\widetilde{\gamma}(t) \\
&= \sum_{i=1}^{n}\sum_{j=1}^{n}x_i(t)\hat{a}_{ij}\widetilde{\xi}_j(t) - \sum_{i=1}^{n}\sum_{j=1}^{n}x_i(t)\hat{b}_{ij}\widetilde{\gamma}_j(t) \\
&\leqslant \hat{a}^{\max}\sum_{i=1}^{n}\sum_{j=1}^{n}|x_i(t)||\widetilde{\xi}_j(t)| + \hat{b}^{\max}\sum_{i=1}^{n}\sum_{j=1}^{n}|x_i(t)||\widetilde{\gamma}_j(t)| \\
&\leqslant \hat{a}^{\max}\sum_{i=1}^{n}\sum_{j=1}^{n}|x_i(t)|(l_j|x_j(t)| + s_j) + \hat{b}^{\max}\sum_{i=1}^{n}\sum_{j=1}^{n}|x_i(t)|(\alpha_j|x_j(t)| + \beta_j) \\
&\leqslant (\hat{a}^{\max}l^{\max} + \hat{b}^{\max}\alpha^{\max})\sum_{i=1}^{n}\sum_{j=1}^{n}|x_i(t)||x_j(t)| + (\hat{a}^{\max}s^{\max} \\
&\quad + \hat{b}^{\max}\beta^{\max})\sum_{i=1}^{n}\sum_{j=1}^{n}|x_i(t)|
\end{aligned}$$

$$\leqslant (n\hat{a}^{\max}l^{\max} + n\hat{b}^{\max}\alpha^{\max})\sum_{i=1}^{n}\sum_{j=1}^{n}x_i^2(t) + (n\hat{a}^{\max}s^{\max} + n\hat{b}^{\max}\beta^{\max})\sum_{i=1}^{n}|x_i(t)|$$

$$\leqslant \frac{n\hat{a}^{\max}l^{\max} + n\hat{b}^{\max}\alpha^{\max}}{\lambda_{\min}(\Theta)}V(t) + (n\hat{a}^{\max}s^{\max} + n\hat{b}^{\max}\beta^{\max})\sum_{i=1}^{n}|x_i(t)|. \quad (9.2.16)$$

根据引理 2.3.2, 可得

$$\sum_{i=1}^{n}|x_i(t)| \geqslant \left(\sum_{i=1}^{n}|x_i(t)|^2\right)^{\frac{1}{2}} = \left(x^{\mathrm{T}}(t)x(t)\right)^{\frac{1}{2}} \geqslant \lambda_{\max}^{-\frac{1}{2}}(\Theta) \cdot V^{\frac{1}{2}}(t). \quad (9.2.17)$$

由 (9.2.15)—(9.2.17)式可得

$$\frac{\mathrm{d}V(t)}{\mathrm{d}t} \leqslant -2h_1 x^{\mathrm{T}}(t)\Theta x(t) + \frac{2n\hat{a}^{\max}l^{\max} + 2n\hat{b}^{\max}\alpha^{\max}}{\lambda_{\min}(\Theta)}V(t)$$

$$- (2h_2\lambda_{\min}(\Theta) - 2n\hat{a}^{\max}s^{\max} - 2n\hat{b}^{\max}\beta^{\max})\sum_{i=1}^{n}|x_i(t)|$$

$$\leqslant -\left(2h_1 - \frac{2n\hat{a}^{\max}l^{\max} + 2n\hat{b}^{\max}\alpha^{\max}}{\lambda_{\min}(\Theta)}\right)V(t)$$

$$- (2h_2\lambda_{\min}(\Theta) - 2n\hat{a}^{\max}s^{\max} - 2n\hat{b}^{\max}\beta^{\max})\lambda_{\max}^{-\frac{1}{2}}(\Theta) \cdot V^{\frac{1}{2}}(t). \quad (9.2.18)$$

根据假设 (H4) 和定理 3.4.24 的情形 (i), 价格调整模型 (9.2.5) 能实现有限时间稳定化控制. 注意到 $\Upsilon(\vartheta) = \ell_1\vartheta + \ell_2\vartheta^{\frac{1}{2}}$, 其中 $\ell_1 = 2h_1 - \dfrac{2n\hat{a}^{\max}l^{\max} + 2n\hat{b}^{\max}\alpha^{\max}}{\lambda_{\min}(\Theta)} > 0$, $\ell_2 = (2h_2\lambda_{\min}(\Theta) - 2n\hat{a}^{\max}s^{\max} - 2n\hat{b}^{\max}\beta^{\max})\lambda_{\max}^{-\frac{1}{2}}(\Theta) > 0$, 则

$$t_1 = \int_0^{V(0)}\frac{1}{\Upsilon(\vartheta)}\mathrm{d}\vartheta = \frac{1}{\frac{1}{2}\left(2h_1 - \dfrac{2n\hat{a}^{\max}l^{\max} + 2n\hat{b}^{\max}\alpha^{\max}}{\lambda_{\min}(\Theta)}\right)}$$

$$\times \ln\left(\frac{\left(2h_1 - \dfrac{2n\hat{a}^{\max}l^{\max} + 2n\hat{b}^{\max}\alpha^{\max}}{\lambda_{\min}(\Theta)}\right)V^{\frac{1}{2}}(0) + (2h_2\lambda_{\min}(\Theta) - 2n\hat{a}^{\max}s^{\max} - 2n\hat{b}^{\max}\beta^{\max})\lambda_{\max}^{-\frac{1}{2}}(\Theta)}{(2h_2\lambda_{\min}(\Theta) - 2n\hat{a}^{\max}s^{\max} - 2n\hat{b}^{\max}\beta^{\max})\lambda_{\max}^{-\frac{1}{2}}(\Theta)}\right)$$

$$\leqslant \frac{\lambda_{\min}(\Theta)}{h_1\lambda_{\min}(\Theta) - n\hat{a}^{\max}l^{\max} - n\hat{b}^{\max}\alpha^{\max}}\ln\left(1 + \frac{\left(h_1 - \dfrac{n\hat{a}^{\max}l^{\max} + n\hat{b}^{\max}\alpha^{\max}}{\lambda_{\min}(\Theta)}\right)\lambda_{\max}(\Theta)\|x(0)\|_2}{h_2\lambda_{\min}(\Theta) - n\hat{a}^{\max}s^{\max} - n\hat{b}^{\max}\beta^{\max}}\right).$$

证毕.

令 $\Theta = E$ (这里 E 表示单位矩阵), 则 $\lambda_{\max}(\Theta) = \lambda_{\min}(\Theta) = 1$. 由定理 9.2.1 可得下列结论.

推论 9.2.1 [89]　　若条件 (H1)—(H3) 成立, 进一步假定下列条件满足

$$h_1 > na^{\max}l^{\max} + nb^{\max}\alpha^{\max}, \quad h_2 > na^{\max}s^{\max} + nb^{\max}\beta^{\max},$$

其中 $a^{\max} = \max\limits_{1 \leqslant i,j \leqslant n}\left\{\dfrac{|a_{ij}|}{\kappa_i}\right\}$ 和 $b^{\max} = \max\limits_{1 \leqslant i,j \leqslant n}\left\{\dfrac{|b_{ij}|}{\kappa_i}\right\}$, 则通过控制策略 (9.2.12), 价格调整模型 (9.2.5) 能实现有限时间稳定化控制, 即在有限时间 t_1^* 内把价格控制收敛到供求平衡价格, 且

$$t_1^* \leqslant \frac{1}{h_1 - na^{\max}l^{\max} - nb^{\max}\alpha^{\max}} \ln\left(1 + \frac{(h_1 - na^{\max}l^{\max} - nb^{\max}\alpha^{\max})\|x(0)\|_2}{h_2 - na^{\max}s^{\max} - nb^{\max}\beta^{\max}}\right).$$

定理 9.2.2 [89]　　若条件 (H1)—(H3) 成立, 进一步假定下列条件满足
(H5) 存在一个正定矩阵 $\Theta = (q_{ij})_{n \times n}$ 使得

$$-h_1\Theta + n\hat{a}^{\max}l^{\max}E + n\hat{b}^{\max}\alpha^{\max}E$$

半负定, 且

$$h_2 > \frac{n\hat{a}^{\max}s^{\max} + n\hat{b}^{\max}\beta^{\max}}{\lambda_{\min}(\Theta)},$$

则通过控制策略 (9.2.12), 价格调整模型 (9.2.5) 能实现有限时间稳定化控制, 即在有限时间 t_2 内把价格控制收敛到供求平衡价格, 且

$$t_2 \leqslant \frac{\lambda_{\max}(\Theta)\|x(0)\|_2}{h_1\lambda_{\min}(\Theta) - n\hat{a}^{\max}s^{\max} - n\hat{b}^{\max}\beta^{\max}}.$$

证明　　根据定理 9.2.1 的证明过程中公式 (9.2.16), 可得

$$x^{\mathrm{T}}(t)\Theta K^{-1}A\widetilde{\xi}(t) - x^{\mathrm{T}}(t)\Theta K^{-1}B\widetilde{\gamma}(t)$$

$$\leqslant (n\hat{a}^{\max}l^{\max} + n\hat{b}^{\max}\alpha^{\max})\sum_{i=1}^{n}\sum_{j=1}^{n}x_i^2(t) + (n\hat{a}^{\max}s^{\max} + n\hat{b}^{\max}\beta^{\max})\sum_{i=1}^{n}|x_i(t)|$$

$$\leqslant (n\hat{a}^{\max}l^{\max} + n\hat{b}^{\max}\alpha^{\max})x^{\mathrm{T}}(t)x(t) + (n\hat{a}^{\max}s^{\max} + n\hat{b}^{\max}\beta^{\max})\sum_{i=1}^{n}|x_i(t)|.$$

$$(9.2.19)$$

由 (9.2.15), (9.2.19) 和假设 (H5) 可推出

$$\frac{\mathrm{d}V(t)}{\mathrm{d}t} \leqslant x^{\mathrm{T}}(t)\left(-2h_1\Theta + 2n\hat{a}^{\max}l^{\max}E + 2n\hat{b}^{\max}\alpha^{\max}E\right)x(t)$$

$$- (2h_2\lambda_{\min}(\Theta) - 2n\hat{a}^{\max}s^{\max} - 2n\hat{b}^{\max}\beta^{\max})\sum_{i=1}^{n}|x_i(t)|$$

$$\leqslant -\left(2h_2\lambda_{\min}(\Theta) - 2n\hat{a}^{\max}s^{\max} - 2n\hat{b}^{\max}\beta^{\max}\right)\sum_{i=1}^{n}|x_i(t)|$$

$$\leqslant -\left(2h_2\lambda_{\min}(\Theta) - 2n\hat{a}^{\max}s^{\max} - 2n\hat{b}^{\max}\beta^{\max}\right)\lambda_{\max}^{-\frac{1}{2}}(\Theta)\cdot V^{\frac{1}{2}}(t). \quad (9.2.20)$$

根据假设 (H5) 和定理 3.4.24 的结论 (ii), 价格调整模型 (9.2.5) 能实现有限时间稳定化控制. 注意到 $\Upsilon(\vartheta) = \ell\vartheta^{\frac{1}{2}}$, 其中 $\ell = (2h_2\lambda_{\min}(\Theta) - 2n\hat{a}^{\max}s^{\max} - 2n\hat{b}^{\max}\beta^{\max})\lambda_{\max}^{-\frac{1}{2}}(\Theta) > 0$, 所以

$$t_2 = \int_0^{V(0)} \frac{1}{\Upsilon(\vartheta)}\mathrm{d}\vartheta = \frac{V^{\frac{1}{2}}(0)}{\frac{1}{2}\left((2h_2\lambda_{\min}(\Theta) - 2n\hat{a}^{\max}s^{\max} - 2n\hat{b}^{\max}\beta^{\max})\lambda_{\max}^{-\frac{1}{2}}(\Theta)\right)}$$

$$\leqslant \frac{\lambda_{\max}(\Theta)\|x(0)\|_2}{h_1\lambda_{\min}(\Theta) - n\hat{a}^{\max}s^{\max} - n\hat{b}^{\max}\beta^{\max}}.$$

证毕.

令 $\Theta = E$ (E 表示单位矩阵), 则 $\lambda_{\max}(\Theta) = \lambda_{\min}(\Theta) = 1$. 由定理 9.2.2 可得下列结论.

推论 9.2.2[89]   若条件 (H1)—(H3) 成立, 进一步假定下列条件满足

$$-h_1E + na^{\max}l^{\max}E + nb^{\max}\alpha^{\max}E$$

半负定, 且

$$h_2 > na^{\max}s^{\max} + nb^{\max}\beta^{\max},$$

其中 $a^{\max} = \max\limits_{1\leqslant i,j\leqslant n}\left\{\dfrac{|a_{ij}|}{\kappa_i}\right\}$ 和 $b^{\max} = \max\limits_{1\leqslant i,j\leqslant n}\left\{\dfrac{|b_{ij}|}{\kappa_i}\right\}$, 则通过控制策略 (9.2.12), 价格调整模型 (9.2.5) 能实现有限时间稳定化控制, 即在有限时间 t_2^* 内把价格控制收敛到供求平衡价格, 且

$$t_2^* \leqslant \frac{\|x(0)\|_2}{h_1 - na^{\max}s^{\max} - nb^{\max}\beta^{\max}}.$$

为了验证上面的主要结论, 下面利用 MATLAB 进行数值模拟实验. 为简单起见, 考虑价格调整模型 (9.2.5) 的特殊情形, 即把产品价格控制到供求平衡价格 $p^* = 0$. 这种情况在现实生活中也是经常出现的, 例如某大型零售商在搞促销活动时, 把某一产品作为赠品而不收取任何费用送给顾客, 即价格为零. 在模型 (9.2.5) 中, 取 $n = 2$, $\kappa_1 = \kappa_2 = 1$, $a_{11} = a_{21} = 2.5$, $a_{12} = b_{11} = 0.1$, $a_{22} = b_{21} = 1$, $b_{12} = 1.5$, $b_{22} = 2$, $c_1 = c_2 = d_1 = d_2 = 0$, 控制系数 $h_1 = h_2 = 5$,

$$f_j(\theta) = g_j(\theta) = \begin{cases} 0.2\sin\theta, & 0 \leqslant \theta < \dfrac{\pi}{2}, \\[2mm] 0.2\sin\theta + 0.2, & \theta \geqslant \dfrac{\pi}{2}, \end{cases}$$

初始条件为 $p(0) = (2,3)^\mathrm{T}$. 不难验证推论 9.2.1 中所有条件均满足, 故价格调整模型 (9.2.5) 在控制策略 (9.2.12) 下能实现有限时间稳定化控制, 即在有限的时间内把价格控制收敛到供求平衡价格 $p^* = 0$. 通过 MATLAB 软件编程进行数值模拟也验证了结论是正确的 (图 9.2 和图 9.3).

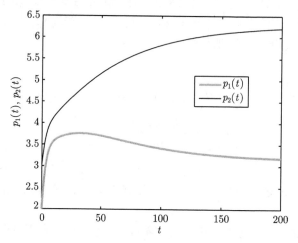

图 9.2　没有控制器时系统 (9.2.5) 的价格 $p_1(t), p_2(t)$ 关于时间 t 的轨迹图

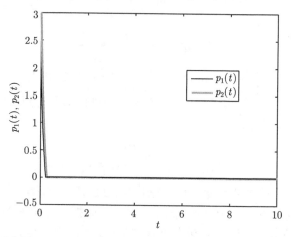

图 9.3　在控制器 (9.2.12) 下系统 (9.2.5) 的价格 $p_1(t), p_2(t)$ 关于时间 t 的轨迹图

第 10 章　切换神经网络模型及动力学分析

　　人工智能是 21 世纪尖端技术之一. 国务院发布的《新一代人工智能发展规划》也标志着人工智能在科学技术日新月异的发展中占据至关重要的地位. 人工智能实现诸如自然语言处理、图像和语音识别等的成就, 大多是通过人工神经网络来实现的. 人工神经网络之所以能起到如此作用, 主要源于人工神经网络可以对任意连续函数进行任意逼近. 因此, 随着国家对人工智能领域的日益重视, 人工神经网络的地位也变得异常突出. 人工神经网络是一种类似于大脑神经突触联结并进行信息处理的数学模型, 首次出现是于 1943 年由 McCulloch 和 Pitts 所建立的 M-P 神经元模型[520]. 在此之后, 各种不同类型的神经网络纷至沓来. 尤其, 在 1982 年和 1984 年, Hopfield 利用 S 型输出函数建立了新的网络模型, 即 Hopfield 神经网络[310,311], 同时引入能量函数提供了网络稳定性的判据, 设计与研制了所提出的神经网络模型的电路, 成功地解决了复杂度为 NP 的旅行商 (TSP) 计算难题, 由此神经网络研究进入了的兴盛时期.

　　在传统人工神经网络的大规模电路实现时, 电阻用来模拟神经元间的突触. 众所周知, 突触在神经元中具有长期记忆性, 电阻显然不具备这一功能, 这就导致了神经网络的模拟受到了极大的约束. 然而, 人脑作为一个高效且复杂的生物神经网络, 一直以来是人工神经网络模拟的重点对象, 因此需要找到有记忆性的电阻替代元件. 正在研究者一筹莫展, 停滞不前之际, 忆阻器的问世为解决这一问题带来了曙光. 忆阻器是由 California 大学 Leon O. Chua(蔡少棠) 教授在 1971 年根据电路的完备性提出的用来表示磁通量和电荷之间关系的电路元件[140]. 顾名思义, 忆阻器是具有记忆功能的电阻器, 那是因为其阻值与通过的电流 (或电荷) 有紧密的关系. 即当通过的电流不再发生变化时, 电阻就会停留在最后通过的值而不再改变. Chua 只是在理论上证明了忆阻器的存在性, 但是由于缺少实验设施和科学技术的支撑, 它并没有受到很多研究者的关注. 直到 2008 年, 惠普实验室 (Hewlett-Packard, HP) 以无机二氧化钛为原料首次制造出忆阻的实物器件[618], 是忆阻器从理论层面转到物理实现的重大突破. 忆阻的实现极大地激发了材料科学、物理以及信息科学等领域研究者的兴趣, 掀起了研究的热潮[346,347,651,717]. 研究表明忆阻器具有纳米级尺寸、低耗能和记忆功能等良好特性, 是与突触最相近的电子元件, 这些显著的特性为人工神经网络在电路上的模拟提供了可行性. 因此, 在神经网络电路实现中, 用忆阻器代替电阻模拟神经元间的突触并建立新型的神经网络, 即忆阻神经网络能够更好地模拟人类大脑[347,364,600,603,712,713].

忆阻神经网络属于切换神经网络, 本章主要对几类切换神经网络模型的有关动力学性质进行分析, 包括忆阻神经网络的耗散性、无源性和无源化、驱动-响应同步分析, 以及具有 S 型信号传输函数和具有分段线性信号传递函数的切换神经网络模型的多稳定性分析等.

10.1　忆阻切换神经网络的耗散性

在神经网络的很多应用中, 我们需要考虑神经网络的状态变量是否在有限时间内进入一个有界区域后再也不离开这个区域. 这种行为被称为耗散性, 于 20 世纪 70 年代初首次引入, 并在 [377,439] 等文献中进行了广泛的研究. 事实上, 它推广了 Lyapunov 稳定性的概念, 并在稳定性理论、混沌与同步理论、系统范数估计和鲁棒控制等领域中有着广泛的应用. 在耗散性的研究中不难发现, 一旦找到一个全局吸引集, 若它是不变的, 就可以估计出平衡态、周期态和混沌吸引子的一个粗糙界. 因此, 对全局耗散性的研究可以为动力系统稳定性的研究提供更多的先验知识. 关于神经网络耗散性的研究可参见文献 [24,100,342,440,441,612]. 本节主要介绍忆阻神经网络的一些耗散性结果.

10.1.1　模型介绍

根据文献 [140,144] 可知, 忆阻值可以描述成

$$w(\varphi) = \frac{\mathrm{d}\hat{q}(\varphi)}{\mathrm{d}\varphi},$$

其中 φ 表示磁通量, $q = \hat{q}(\varphi)$ 表示通过忆阻器的电荷. 又因为

$$q(t) = \int_{-\infty}^{t} i(\tau)\mathrm{d}\tau, \quad \varphi(t) = \int_{-\infty}^{t} v(\tau)\mathrm{d}\tau,$$

故忆阻值 w 可表示成电压 v 的函数, 即

$$w(v) = \frac{\mathrm{d}\hat{q}(\varphi)}{\mathrm{d}\varphi} = \frac{\mathrm{d}q}{\mathrm{d}t}\left(\frac{\mathrm{d}\varphi}{\mathrm{d}t}\right)^{-1} = \frac{i(t)}{v(t)},$$

这里 $i(t)$ 表示 t 时刻的电流. 为了更好地描述电阻器磁滞现象和记忆性能, 定义忆阻值如下:

$$w(v(t)) = \begin{cases} w'(v(t)), & \dot{v}(s) < 0, s \in (t-\mathrm{d}t, t], \\ w''(v(t)), & \dot{v}(s) > 0, s \in (t-\mathrm{d}t, t], \\ \lim_{s \to t^-} w(v(s)), & \dot{v}(s) = 0, s \in (t-\mathrm{d}t, t], \end{cases} \tag{10.1.1}$$

其中 dt 是充分小的正数.

将忆阻器代替电阻器引入到神经网络中, 其模型可以描述为

$$\frac{dx_i(t)}{dt} = - d_i x_i(t) + \sum_{j=1}^{n} (a_{ij}(f_j(x_j(t)) - x_i(t))f_j(x_j(t))$$
$$+ b_{ij}(f_j(x_j(t - \tau_{ij}(t))) - x_i(t))f_j(x_j(t - \tau_{ij}(t)))) + v_i, \qquad (10.1.2)$$

$i = 1, 2, \cdots, n$, 或写成等价的向量形式:

$$\frac{dx(t)}{dt} = -Dx(t) + A(x)f(x(t)) + B(x)f(x(t - \tau(t))) + v \triangleq P(t, x), \qquad (10.1.3)$$

其中, $x = x(t) = (x_1(t), x_2(t), \cdots, x_n(t))^{\mathrm{T}}$ 是状态向量; 正定对角矩阵 $D = \mathrm{diag}\{d_1, d_2, \cdots, d_n\}$ 表示神经元间的自抑制; $\tau_{ij}(t)$ 表示传递时滞, $i, j = 1, 2, \cdots, n$; $A(x) = (a_{ij}(f_j(x_j(t)) - x_i(t)))_{n \times n}$ 和 $B(x) = (b_{ij}(f_j(x_j(t - \tau_{ij}(t))) - x_i(t)))_{n \times n}$ 分别表示反馈连接矩阵和时滞反馈连接矩阵; $f(x(t)) = (f_1(x_1(t)), f_2(x_2(t)), \cdots, f_n(x_n(t)))^{\mathrm{T}}$ 表示神经网络的信号传输函数; $v = (v_1, v_2, \cdots, v_n)^{\mathrm{T}} \in \mathbb{R}^n$ 是外部输入向量. 不失一般性, 假设 $f_i(0) = 0, i = 1, 2, \cdots, n$.

记 $a_{ij}(t) = a_{ij}(f_j(x_j(t)) - x_i(t))$, $b_{ij}(t) = b_{ij}(f_j(x_j(t - \tau_{ij}(t))) - x_i(t))$, $a_{ij}^0 = a_{ij}(t_0)$, $b_{ij}^0 = b_{ij}(t_0)$, $x_0 = x(t_0)$, $f_{ij}(t) = f_j(x_j(t)) - x_i(t)$, $f_{ij}(t - \tau_{ij}(t)) = f_j(x_j(t - \tau_{ij}(t))) - x_i(t)$, $i, j = 1, 2, \cdots, n$. 本节假设 $a_{ii}(t)$ 为常数 a_{ii}, 即 $a_{ii}(t) \equiv a_{ii}$. 根据定义式 (10.1.1), 可知

$$a_{ij}(t) = \begin{cases} a_{ij}', & \dot{f}_{ij}(s) < 0, \ s \in (t - dt, t], \\ a_{ij}'', & \dot{f}_{ij}(s) > 0, \ s \in (t - dt, t], \\ \lim\limits_{s \to t^-} a_{ij}(s), & \dot{f}_{ij}(s) = 0, \ s \in (t - dt, t], \end{cases} \qquad (10.1.4)$$

$$b_{ij}(t) = \begin{cases} b_{ij}', & \dot{f}_{ij}(s - \tau_{ij}(s)) < 0, \ s \in (t - dt, t], \\ b_{ij}'', & \dot{f}_{ij}(s - \tau_{ij}(s)) > 0, \ s \in (t - dt, t], \\ \lim\limits_{s \to t^-} b_{ij}(s), & \dot{f}_{ij}(s - \tau_{ij}(s)) = 0, \ s \in (t - dt, t]. \end{cases} \qquad (10.1.5)$$

设对所有 $i, j = 1, 2, \cdots, n$ 和 $t \in \mathbb{R}$, $\tau_{ij}(t)$ 是非负有界的, 令

$$\tau = \max_{i, j = 1, 2, \cdots, n} \left\{ \sup_{t \in \mathbb{R}} \tau_{ij}(t) \right\},$$

则有 $0 \leqslant \tau_{ij}(t) \leqslant \tau$.

设 $t_0 \in \mathbb{R}$, $C = C([t_0 - \tau, t_0], \mathbb{R}^n)$ 是连续函数 $\phi : [t_0 - \tau, t_0] \to \mathbb{R}^n$ 的全体. 由 $a_{ij}(t)$ 和 $b_{ij}(t)$ 关于 $t \in \mathbb{R}$ 的不连续性, 系统 (10.1.2) 的右端在 $\mathbb{R} \times C$ 上是不连续的. 令

$$\check{a}_{ij} = \min\{a_{ij}', a_{ij}''\}, \quad \hat{a}_{ij} = \max\{a_{ij}', a_{ij}''\},$$
$$\check{b}_{ij} = \min\{b_{ij}', b_{ij}''\}, \quad \hat{b}_{ij} = \max\{b_{ij}', b_{ij}''\},$$

系统 (10.1.2) 的解定义为下面微分包含的解:

$$\frac{\mathrm{d}x_i(t)}{\mathrm{d}t} \in - d_i x_i(t) + \sum_{j=1}^{n} \Big([\check{a}_{ij}, \hat{a}_{ij}] f_j(x_j(t))$$

$$+ [\check{b}_{ij}, \hat{b}_{ij}] f_j(x_j(t - \tau_{ij}(t))) \Big) + v_i, \quad i = 1, 2, \cdots, n. \tag{10.1.6}$$

本节总假设信号传输函数 $f_i(x)$ 是局部有界的. 根据定理 3.1.7 知, 给定初始条件 $x(s) = \phi(s)$, $s \in [t_0 - \tau, t_0]$, 其中 $\phi \in C([t_0 - \tau, t_0], \mathbb{R}^n)$, 系统 (10.1.2) 的解是存在的, 且在存在区间的任意紧子区间上绝对连续, 记为 $x(t; t_0, \phi)$.

为了更好地研究忆阻神经网络的耗散性, 需要给出一些假设和定义.

假设 10.1.1　信号传输函数 $f_i(\cdot)$ 在 $\mathbb{R}$ 上是单调不减的, $i = 1, 2, \cdots, n$.

假设 10.1.2　时滞 $\tau_{ij}(t)$ 在 $\mathbb{R}$ 上是可微的, 且 $\frac{\mathrm{d}\tau_{ij}(t)}{\mathrm{d}t} \leqslant 0, i, j = 1, 2, \cdots, n$.

定义 10.1.1　若存在紧集 $\Omega \subseteq \mathbb{R}^n$, 对于任意的 $\phi \in C$, 存在 $\epsilon > 0$ 和 $T > 0$ 使得当 $t \geqslant t_0 + T$ 时, 有 $x(t; t_0, \phi) \subseteq \Omega_\epsilon$, 其中 Ω_ϵ 是 Ω 的 ϵ-邻域, 则称忆阻神经网络 (10.1.2) 为耗散的, Ω 称为全局吸引域.

定义 10.1.2　存在紧集 $\Omega \subseteq \mathbb{R}^n$, $M > 0$, $\alpha > 0$, 对任意的 $\epsilon > 0$ 和 $\phi \in C$, 使得

$$\inf_{y \in \Omega_\epsilon} \{\|x(t; t_0, \phi) - y\|\} \leqslant M e^{-\alpha(t - t_0)},$$

其中 Ω_ϵ 是 Ω 的 ϵ-邻域, 则称系统 (10.1.2) 是全局指数耗散的. 这里的 M 可与初值 ϕ 有关.

对于一个常向量 $x = (x_1, x_2, \cdots, x_n)^{\mathrm{T}}$, 有 $f_j(x_j) - x_i$ 是常数, 进而其导数为 0, 因此, $a_{ij}(f_j(x_j) - x_i) = a_{ij}^0$, $b_{ij}(f_j(x_j) - x_i) = b_{ij}^0$, $i, j = 1, 2, \cdots, n$. 下面给出系统 (10.1.2) 平衡点的定义.

定义 10.1.3　若有

$$-d_i x_i^* + \sum_{j=1}^{n} a_{ij}^0 f_j(x_j^*) + \sum_{j=1}^{n} b_{ij}^0 f_j(x_j^*) + v_i = 0$$

成立, $i, j = 1, 2, \cdots, n$, 则称常向量 $x^* = (x_1^*, x_2^*, \cdots, x_n^*)^{\mathrm{T}}$ 为系统 (10.1.2) 的平衡点.

定义 10.1.4 [168]　$f(x): \Omega \to \mathbb{R}^n$ 是连续且可微的函数, 若 $p \notin f(\partial\Omega)$, $J_f(x) \neq 0$, $\forall x \in f^{-1}(p)$, 则其拓扑度定义如下

$$\deg(f, \Omega, p) = \sum_{x \in f^{-1}(p)} \mathrm{sgn}\,(J_f(x)),$$

其中, $\Omega \subseteq \mathbb{R}^n$ 是有界开集, $J_f(x) = \det\left((f_{i,j}(x))_{n\times n}\right)$, $f_{i,j}(x) = \dfrac{\partial f_i}{\partial x_j}$, $i,j = 1,2,\cdots,n$.

10.1.2 全局指数耗散性

本小节将给出系统 (10.1.2) 全局指数耗散性的结果, 并分析基于模型参数的全局指数吸引集和正不变集的精确估计.

定理 10.1.1 若假设 10.1.1 和假设 10.1.2 成立, $-C = -(c_{ij})_{n\times n}$ 是 M-矩阵, 其中

$$c_{ij} = \begin{cases} a_{ii} + |b_{ii}|_{\max}, & i = j, \\ |a_{ij}|_{\max} + |b_{ij}|_{\max}, & i \neq j, \end{cases}$$

$|a_{ij}|_{\max} = \max\left\{|a_{ij}'|, |a_{ij}''|\right\}, i \neq j$; $|b_{ij}|_{\max} = \max\left\{|b_{ij}'|, |b_{ij}''|\right\}, i,j = 1,2,\cdots,n$, 则

(i) 系统 (10.1.2) 的解是全局存在的;

(ii) 系统 (10.1.2) 是全局指数耗散的, $\mathcal{S} = \left\{x \mid x = (x_1,x_2,\cdots,x_n)^{\mathrm{T}}, |x_i| \leqslant \dfrac{|v_i|}{d_i - \delta}, i = 1,2,\cdots,n\right\}$ 是其对应的全局指数吸引域且是正不变的, 这里 $\delta < \min\{d_1,d_2,\cdots,d_n\}$ 为正常数.

证明 由于 $-C$ 是 M-矩阵, 故存在正常数 $\beta_i, i = 1,2,\cdots,n$ 使得

$$C^j \triangleq \beta_j a_{jj} + \sum_{i\neq j}\beta_i|a_{ij}|_{\max} + \sum_{i=1}^n \beta_i|b_{ij}|_{\max} < 0, \quad j = 1,2,\cdots,n. \quad (10.1.7)$$

对任意的 $\delta \geqslant 0$, 考虑

$$C_\delta^j \triangleq \beta_j a_{jj} + \sum_{i\neq j}\beta_i|a_{ij}|_{\max} + \sum_{i=1}^n \beta_i|b_{ij}|_{\max}e^{\delta\tau}, \quad j = 1,2,\cdots,n,$$

则有 $C_0^j = C^j < 0$, $j = 1,2,\cdots,n$.

根据连续函数的性质可知对充分小的正常数 δ 有

$$C_\delta^j < 0, \quad j = 1,2,\cdots,n. \quad (10.1.8)$$

考虑下面的 Lyapunov 函数:

$$V_1(t,x) = e^{\delta t}\sum_{i=1}^n \beta_i|x_i(t)| + \sum_{i=1}^n\sum_{j=1}^n \beta_j|b_{ji}|_{\max}\int_{t-\tau_{ji}(t)}^t |f_i(x_i(s))|e^{\delta(s+\tau_{ji}(s))}\mathrm{d}s.$$

$$(10.1.9)$$

计算 $V_1(t,x)$ 沿系统 (10.1.2) 解的右上 Dini 导数, 当 $x \in \mathbb{R}^n \setminus \mathcal{S}$, 即 $x \notin \mathcal{S}$ 时, 有

$$D^+V_1(t,x)$$
$$= \delta \mathrm{e}^{\delta t} \sum_{i=1}^n \beta_i |x_i(t)| + \mathrm{e}^{\delta t} \sum_{i=1}^n \beta_i \mathrm{sgn} x_i$$
$$\cdot \left[-d_i x_i + \sum_{j=1}^n a_{ij}(t) f_j(x_j(t)) + \sum_{j=1}^n b_{ij}(t) f_j(x_j(t - \tau_{ij}(t))) + v_i \right]$$
$$+ \mathrm{e}^{\delta t} \sum_{i=1}^n \sum_{j=1}^n \beta_j |b_{ji}|_{\max} \left[\mathrm{e}^{\delta \tau_{ji}(t)} |f_i(x_i(t))| \right.$$
$$\left. - (1 - \dot{\tau}_{ji}(t)) \mathrm{e}^{-\tau_{ji}(t) + \tau_{ji}(t - \tau_{ji}(t))} |f_i(x_i(t - \tau_{ji}(t)))| \right]$$
$$\leqslant \delta \mathrm{e}^{\delta t} \sum_{i=1}^n \beta_i |x_i(t)| - \mathrm{e}^{\delta t} \sum_{i=1}^n \beta_i d_i |x_i|$$
$$+ \mathrm{e}^{\delta t} \sum_{i=1}^n \beta_i a_{ii} |f_i(x_i)| + \mathrm{e}^{\delta t} \sum_{i=1}^n \sum_{j \neq i} \beta_i |a_{ij}|_{\max} |f_j(x_j(t))|$$
$$+ \mathrm{e}^{\delta t} \sum_{i=1}^n \sum_{j=1}^n \beta_i |b_{ij}|_{\max} |f_j(x_j(t - \tau_{ij}(t)))| + \mathrm{e}^{\delta t} \sum_{i=1}^n \beta_i |v_i|$$
$$+ \mathrm{e}^{\delta t} \sum_{i=1}^n \sum_{j=1}^n \beta_j |b_{ji}|_{\max} \mathrm{e}^{\delta \tau} |f_i(x_i(t))| - \mathrm{e}^{\delta t} \sum_{i=1}^n \sum_{j=1}^n \beta_j |b_{ji}|_{\max} |f_i(x_i(t - \tau_{ji}(t)))|$$
$$\leqslant - \mathrm{e}^{\delta t} \sum_{i=1}^n \beta_i (d_i - \delta) |x_i(t)| + \mathrm{e}^{\delta t} \sum_{i=1}^n \beta_i a_{ii} |f_i(x_i)|$$
$$+ \mathrm{e}^{\delta t} \sum_{i=1}^n \sum_{j \neq i} \beta_i |a_{ij}|_{\max} |f_j(x_j(t))|$$
$$+ \mathrm{e}^{\delta t} \sum_{i=1}^n \sum_{j=1}^n \beta_i |b_{ij}|_{\max} |f_j(x_j(t - \tau_{ij}(t)))| + \mathrm{e}^{\delta t} \sum_{i=1}^n \beta_i |v_i|$$
$$+ \mathrm{e}^{\delta t} \sum_{i=1}^n \sum_{j=1}^n \beta_j |b_{ji}|_{\max} \mathrm{e}^{\delta \tau} |f_i(x_i(t))| - \mathrm{e}^{\delta t} \sum_{i=1}^n \sum_{j=1}^n \beta_j |b_{ji}|_{\max} |f_i(x_i(t - \tau_{ji}(t)))|$$
$$\leqslant - \mathrm{e}^{\delta t} \sum_{j=1}^n \beta_j (d_j - \delta) |x_j(t)| + \mathrm{e}^{\delta t} \sum_{i=1}^n \beta_i a_{ii} |f_i(x_i)|$$
$$+ \mathrm{e}^{\delta t} \sum_{i=1}^n \sum_{j \neq i} \beta_i |a_{ij}|_{\max} |f_j(x_j(t))|$$
$$+ \mathrm{e}^{\delta t} \sum_{j=1}^n \sum_{i=1}^n \beta_i |b_{ij}|_{\max} \mathrm{e}^{\delta \tau} |f_j(x_j(t))| + \mathrm{e}^{\delta t} \sum_{i=1}^n \beta_i |v_i|$$

$$\leqslant \mathrm{e}^{\delta t} \sum_{j=1}^{n} \beta_j [(-d_j + \delta)|x_j(t)| + |v_j|]$$

$$+ \mathrm{e}^{\delta t} \sum_{j=1}^{n} \left(\beta_j a_{jj} + \sum_{i \neq j} \beta_i |a_{ij}|_{\max} + \sum_{i=1}^{n} \beta_i |b_{ij}|_{\max} \mathrm{e}^{\delta \tau} \right) |f(x_j(t))|$$

$$\leqslant \mathrm{e}^{\delta t} \sum_{j=1}^{n} \beta_j [(-d_j + \delta)|x_j(t)| + |v_j|] < 0. \tag{10.1.10}$$

根据 (10.1.10) 可知, 对 $\forall \phi \in C([t_0 - \tau, t_0], \mathbb{R}^n)$, 若 $\phi(t_0) \in \mathcal{S}$, 则当 $t \geqslant t_0$ 时, 有 $x(t; t_0, \phi) \in \mathcal{S}$; 若 $\phi(t_0) \notin \mathcal{S}$, 则存在 $T > 0$ 使得当 $t \geqslant T + t_0$ 时, 有

$$x(t; t_0, \phi) \in \mathcal{S},$$

即 $\mathcal{S}$ 是正不变且全局吸引的.

再根据 (10.1.10), 可得 $V_1(t, x(t)) \leqslant V_1(t_0, x(t_0))$. 因此

$$\sum_{i=1}^{n} \beta_i |x_i(t)| \leqslant \mathrm{e}^{-\delta t} V_1(t, x(t)) \leqslant \mathrm{e}^{-\delta t} V_1(t_0, x(t_0)). \tag{10.1.11}$$

令 $\|x(t)\| = \sum_{i=1}^{n} \beta_i |x_i(t)|$, $M(\|\phi\|) = \mathrm{e}^{-\delta t_0} V_1(t_0, x(t_0))$, 则有

$$\inf_{y \in \mathcal{S}} \{\|x(t; t_0, \phi) - y\|\} \leqslant \|x(t; t_0, \phi) - 0\| \leqslant M(\|\phi\|) \exp\{-\delta(t - t_0)\}.$$

根据定理 3.1.11 可知, 系统 (10.1.2) 的解是全局存在的. 而且, $\mathcal{S}$ 是全局指数吸引域, 即系统 (10.1.2) 是全局指数耗散的. 证毕.

假设 10.1.3 时滞 $\tau_{ij}(t)$ 在 $\mathbb{R}$ 上是可微的, $\tau_{ij}(0) = 0$ 且 $\dfrac{\mathrm{d}\tau_{ij}(t)}{\mathrm{d}t} \leqslant \mu < 1$, $i, j = 1, 2, \cdots, n$.

定理 10.1.2 若假设 10.1.1 和假设 10.1.3 成立, 且 $-C(\mu) = -(c_{ij}(\mu))_{n \times n}$ 是 M-矩阵, 其中

$$c_{ij}(\mu) = \begin{cases} a_{ii} + \dfrac{1}{1-\mu}|b_{ii}|_{\max}, & i = j, \\[3mm] |a_{ij}|_{\max} + \dfrac{1}{1-\mu}|b_{ij}|_{\max}, & i \neq j, \end{cases}$$

则有如下结论:

(i) 系统 (10.1.2) 的解是全局存在的;

(ii) 系统 (10.1.2) 是全局指数耗散的, 且对应的全局指数吸引域为 $\mathcal{S}$, 这里 $\mathcal{S}$ 如定理 10.1.1 中所定义.

证明　由于 $-C(\mu)$ 是 M-矩阵, 故存在正常数 $\beta_i, i = 1, 2, \cdots, n$, 使得

$$
C^j(\mu) \triangleq \beta_j a_{jj} + \sum_{i \neq j} \beta_i |a_{ij}|_{\max} + \sum_{i=1}^{n} \beta_i \frac{1}{1-\mu} |b_{ij}|_{\max} < 0, \quad j = 1, 2, \cdots, n.
$$

$$
(10.1.12)
$$

对任意的 $\delta \geqslant 0$, 考虑

$$
C_\delta^j(\mu) \triangleq \beta_j a_{jj} + \sum_{i \neq j} \beta_i |a_{ij}|_{\max} + \mathrm{e}^{\delta\tau} \sum_{i=1}^{n} \beta_i \frac{1}{1-\mu} |b_{ij}|_{\max}, \quad j = 1, 2, \cdots, n,
$$

则有 $C_0^j(\mu) = C^j(\mu) < 0, j = 1, 2, \cdots, n$.

根据连续函数的性质, 必存在充分小的正数 δ 使得

$$
C_\delta^j(\mu) < 0, \quad j = 1, 2, \cdots, n. \tag{10.1.13}
$$

考虑下面的 Lyapunov 函数:

$$
V_2(t, x) = \mathrm{e}^{\delta(t-\tau)} \sum_{i=1}^{n} \beta_i |x_i(t)|
$$

$$
+ \sum_{i=1}^{n} \sum_{j=1}^{n} \beta_j |b_{ji}|_{\max} \int_{\sigma_{ji}(t)}^{t} |f_i(x_i(s - \tau_{ji}(s)))| \mathrm{e}^{\delta(s - \tau_{ji}(s))} \mathrm{d}s, \tag{10.1.14}
$$

其中 $\sigma_{ji}(t) \triangleq t - \tau_{ji}(t)$.

计算 $V_2(t, x)$ 沿系统 (10.1.2) 解的右上 Dini 导数, 当 $x \in \mathbb{R}^n \setminus \mathcal{S}$ 时, 有

$$
D^+ V_2(t, x)
$$

$$
= \delta \mathrm{e}^{\delta(t-\tau)} \sum_{i=1}^{n} \beta_i |x_i(t)| + \mathrm{e}^{\delta(t-\tau)} \sum_{i=1}^{n} \beta_i \mathrm{sgn} x_i
$$

$$
\cdot \left[-d_i x_i + \sum_{j=1}^{n} a_{ij}(t) f_j(x_j(t)) + \sum_{j=1}^{n} b_{ij}(t) f_j(x_j(t - \tau_{ij}(t))) + v_i \right]
$$

$$
+ \mathrm{e}^{\delta t} \sum_{i=1}^{n} \sum_{j=1}^{n} \beta_j |b_{ji}|_{\max} \left[\dot{\sigma}_{ij}(t) |f_i(x_i(t))| - \mathrm{e}^{-\delta\tau_{ji}(t)} |f_i(x_i(t - \tau_{ji}(t)))| \right]
$$

$$
\leqslant \delta \mathrm{e}^{\delta(t-\tau)} \sum_{i=1}^{n} \beta_i |x_i(t)| - \mathrm{e}^{\delta(t-\tau)} \sum_{i=1}^{n} \beta_i d_i |x_i|
$$

$$
+ \mathrm{e}^{\delta(t-\tau)} \sum_{i=1}^{n} \beta_i a_{ii} |f_i(x_i)| + \mathrm{e}^{\delta(t-\tau)} \sum_{i=1}^{n} \sum_{j \neq i} \beta_i |a_{ij}|_{\max} |f_j(x_j(t))|
$$

$$+ \mathrm{e}^{\delta(t-\tau)} \sum_{i=1}^{n} \sum_{j=1}^{n} \beta_i |b_{ij}|_{\max} |f_j(x_j(t - \tau_{ij}(t)))| + \mathrm{e}^{\delta(t-\tau)} \sum_{i=1}^{n} \beta_i |v_i|$$

$$+ \mathrm{e}^{\delta t} \sum_{i=1}^{n} \sum_{j=1}^{n} \beta_j |b_{ji}|_{\max} \frac{1}{1-\mu} |f_i(x_i(t))|$$

$$- \mathrm{e}^{\delta t} \sum_{i=1}^{n} \sum_{j=1}^{n} \mathrm{e}^{-\delta\tau} \beta_j |b_{ji}|_{\max} |f_i(x_i(t - \tau_{ji}(t)))|$$

$$\leqslant - \mathrm{e}^{\delta(t-\tau)} \sum_{i=1}^{n} \beta_i (d_i - \delta) |x_i(t)| + \mathrm{e}^{\delta(t-\tau)} \sum_{i=1}^{n} \beta_i a_{ii} |f_i(x_i)|$$

$$+ \mathrm{e}^{\delta(t-\tau)} \sum_{i=1}^{n} \sum_{j \neq i} \beta_i |a_{ij}|_{\max} |f_j(x_j(t))|$$

$$+ \mathrm{e}^{\delta(t-\tau)} \sum_{i=1}^{n} \beta_i |v_i| + \mathrm{e}^{\delta t} \sum_{i=1}^{n} \sum_{j=1}^{n} \beta_j |b_{ji}|_{\max} \frac{1}{1-\mu} |f_i(x_i(t))|$$

$$\leqslant - \mathrm{e}^{\delta(t-\tau)} \sum_{j=1}^{n} \beta_j (d_j - \delta) |x_j(t)| + \mathrm{e}^{\delta(t-\tau)} \sum_{i=1}^{n} \beta_i a_{ii} |f_i(x_i)| + \mathrm{e}^{\delta(t-\tau)} \sum_{i=1}^{n} \beta_i |v_i|$$

$$+ \mathrm{e}^{\delta(t-\tau)} \sum_{i=1}^{n} \sum_{j \neq i} \beta_i |a_{ij}|_{\max} |f_j(x_j(t))| + \mathrm{e}^{\delta t} \sum_{j=1}^{n} \sum_{i=1}^{n} \beta_i |b_{ij}|_{\max} \frac{1}{1-\mu} |f_j(x_j(t))|$$

$$\leqslant \mathrm{e}^{\delta(t-\tau)} \sum_{j=1}^{n} \beta_j \left[(-d_j + \delta) |x_j(t)| + |v_j| \right]$$

$$+ \mathrm{e}^{\delta(t-\tau)} \sum_{j=1}^{n} \left(\beta_j a_{jj} + \sum_{i \neq j} \beta_i |a_{ij}|_{\max} + \mathrm{e}^{\delta\tau} \sum_{i=1}^{n} \beta_i |b_{ij}|_{\max} \frac{1}{1-\mu} \right) |f(x_j(t))|$$

$$\leqslant \mathrm{e}^{\delta(t-\tau)} \sum_{j=1}^{n} \beta_j \left[(-d_j + \delta) |x_j(t)| + |v_j| \right] < 0.$$

余下的证明类似于定理 10.1.1. 证毕.

为了进一步讨论系统 (10.1.2) 的耗散性, 需要用到下面的引理.

引理 10.1.1 若 $P\tilde{A} + \tilde{A}^{\mathrm{T}} P$ 负定, 则有 $PA(t) + A^{\mathrm{T}}(t)P$ 负定, 其中 $P = \mathrm{diag}\{p_1, p_2, \cdots, p_n\}$ 是正对角矩阵, $A(t) = (a_{ij}(t))_{n \times n}$, $\tilde{A} = (\tilde{a}_{ij})_{n \times n}$, $\tilde{a}_{ij}$ 满足

$$\tilde{a}_{ij} = \begin{cases} a_{ii}, & i = j, \\ \max\left\{ |a'_{ij}|, |a''_{ij}| \right\}, & i \neq j. \end{cases}$$

证明 若 $P\tilde{A} + \tilde{A}^{\mathrm{T}} P$ 负定, 则对任意的 $x = (x_1, x_2, \cdots, x_n)^{\mathrm{T}} \in \mathbb{R}^n$, $x \neq 0$,

有

$$x^{\mathrm{T}}\left(PA(t)+A^{\mathrm{T}}(t)P\right)x = 2\sum_{i,j=1}^{n}x_ip_ia_{ij}(t)x_j$$

$$= 2\sum_{i\neq j}x_ip_ia_{ij}(t)x_j + 2\sum_{i=1}^{n}p_ia_{ii}x_i^2$$

$$\leqslant 2\sum_{i\neq j}|x_i|p_i\tilde{a}_{ij}||x_j| + 2\sum_{i=1}^{n}p_ia_{ii}|x_i|^2$$

$$= 2\left(\sum_{i\neq j}|x_i|(p_i\tilde{a}_{ij})|x_j| + \sum_{i=1}^{n}(p_ia_{ii})|x_i|^2\right)$$

$$= 2|x|^{\mathrm{T}}\left(P\tilde{A}+\tilde{A}^{\mathrm{T}}P\right)|x| < 0,$$

其中 $|x| = (|x_1|,|x_2|,\cdots,|x_n|)^{\mathrm{T}}$. 因此, $PA(t)+A^{\mathrm{T}}(t)P$ 负定. 证毕.

定理 10.1.3　若假设 10.1.1 和假设 10.1.2 成立, 且存在正定对角矩阵 $P = \mathrm{diag}\{p_1,p_2,\cdots,p_n\}$ 使得

$$P\tilde{A}+\tilde{A}^{\mathrm{T}}P+(\|P\tilde{B}\|_{\infty}+\|P\tilde{B}\|_1)E$$

负定, 其中 $\tilde{B} = (|b_{ij}|_{\max})_{n\times n}$, E 表示单位矩阵, 则

(i) 系统 (10.1.2) 的解是全局存在的;

(ii) 系统 (10.1.2) 是全局指数耗散的, 对应的全局指数吸引域为 $\mathcal{S}$, 这里 $\mathcal{S}$ 如定理 10.1.1 中所定义.

证明　由于 $P\tilde{A}+\tilde{A}^{\mathrm{T}}P+(\|P\tilde{B}\|_{\infty}+\|P\tilde{B}\|_1)E$ 负定, 因此结合连续函数的性质, 对充分小的正数 δ, 有 $P\tilde{A}+\tilde{A}^{\mathrm{T}}P+(\|P\tilde{B}\|_{\infty}+\mathrm{e}^{\delta\tau}\|P\tilde{B}\|_1)E$ 负定.

考虑下面的 Lyapunov 函数:

$$V_3(t,x) = 2\mathrm{e}^{\delta t}\sum_{i=1}^{n}p_i\int_{0}^{x_i(t)}f_i(s)\mathrm{d}s$$

$$+ \sum_{i=1}^{n}\sum_{j=1}^{n}p_j|b_{ji}|_{\max}\int_{t-\tau_{ji}(t)}^{t}f_i^2(x_i(s))\mathrm{e}^{\delta(s+\tau_{ji}(s))}\mathrm{d}s. \tag{10.1.15}$$

计算 $V_3(t,x)$ 沿系统 (10.1.2) 解的右上 Dini 导数, 可得

$$D^+V_3(t,x)$$

$$= 2\delta\mathrm{e}^{\delta t}\sum_{i=1}^{n}p_i\int_{0}^{x_i(t)}f_i(s)\mathrm{d}s + 2\mathrm{e}^{\delta t}\sum_{i=1}^{n}p_if_i(x_i(t))\left[-d_ix_i+\sum_{j=1}^{n}a_{ij}(t)f_j(x_j(t))\right.$$

$$+ \sum_{j=1}^{n} b_{ij}(t) f_j(x_j(t - \tau_{ij}(t))) + v_i \Bigg]$$

$$+ \mathrm{e}^{\delta t} \sum_{i=1}^{n} \sum_{j=1}^{n} \beta_j |b_{ji}|_{\max} \big[\mathrm{e}^{\delta \tau_{ji}(t)} f_i^2(x_i(t))$$

$$- (1 - \dot{\tau}_{ji}(t)) \mathrm{e}^{-\tau_{ji}(t) + \tau_{ji}(t - \tau_{ji}(t))} f_i^2(x_i(t - \tau_{ji}(t))) \big]$$

$$\leqslant 2\delta \mathrm{e}^{\delta t} \sum_{i=1}^{n} p_i f_i(x_i(t)) x_i(t) - 2 \mathrm{e}^{\delta t} \sum_{i=1}^{n} p_i d_i f_i(x_i(t)) x_i(t)$$

$$+ 2 \mathrm{e}^{\delta t} \sum_{i=1}^{n} \sum_{j=1}^{n} p_i a_{ij}(t) f_i(x_i(t)) f_j(x_j(t))$$

$$+ 2 \mathrm{e}^{\delta t} \sum_{i=1}^{n} \sum_{j=1}^{n} p_i b_{ij}(t) f_i(x_i(t)) f_j(x_j(t - \tau_{ij}(t))) + 2 \mathrm{e}^{\delta t} \sum_{i=1}^{n} p_i |f_i(x_i(t))||v_i|$$

$$+ \mathrm{e}^{\delta t} \sum_{i=1}^{n} \sum_{j=1}^{n} p_j |b_{ji}|_{\max} \mathrm{e}^{\delta \tau} f_i^2(x_i(t)) - \mathrm{e}^{\delta t} \sum_{i=1}^{n} \sum_{j=1}^{n} p_j |b_{ji}|_{\max} f_i^2(x_i(t - \tau_{ji}(t)))$$

$$\leqslant - 2 \mathrm{e}^{\delta t} \sum_{i=1}^{n} p_i (d_i - \delta) |f_i(x_i(t))||x_i(t)| + 2 \mathrm{e}^{\delta t} \sum_{i=1}^{n} \sum_{j=1}^{n} p_i a_{ij}(t) f_i(x_i(t)) f_j(x_j(t))$$

$$+ 2 \mathrm{e}^{\delta t} \sum_{i=1}^{n} \sum_{j=1}^{n} p_i |b_{ij}|_{\max} |f_i(x_i(t))||f_j(x_j(t - \tau_{ij}(t)))| + 2 \mathrm{e}^{\delta t} \sum_{i=1}^{n} p_i |f_i(x_i(t))||v_i|$$

$$+ \mathrm{e}^{\delta t} \sum_{i=1}^{n} \sum_{j=1}^{n} p_j |b_{ji}|_{\max} \mathrm{e}^{\delta \tau} f_i^2(x_i(t)) - \mathrm{e}^{\delta t} \sum_{i=1}^{n} \sum_{j=1}^{n} p_j |b_{ji}|_{\max} f_i^2(x_i(t - \tau_{ji}(t))).$$

由于

$$2|f_i(x_i(t))||f_j(x_j(t - \tau_{ij}(t)))| \leqslant f_i^2(x_i(t)) + f_j^2(x_j(t - \tau_{ij}(t))),$$

故当 $x \in \mathbb{R}^n \setminus \mathcal{S}$, 即 $x \notin \mathcal{S}$ 时, 有

$$D^+ V_3(t, x)$$

$$\leqslant - 2 \mathrm{e}^{\delta t} \sum_{i=1}^{n} p_i (d_i - \delta) |f_i(x_i(t))||x_i(t)| + 2 \mathrm{e}^{\delta t} \sum_{i=1}^{n} \sum_{j=1}^{n} p_i a_{ij}(t) f_i(x_i(t)) f_j(x_j(t))$$

$$+ \mathrm{e}^{\delta t} \sum_{i=1}^{n} \sum_{j=1}^{n} p_i |b_{ij}|_{\max} f_i^2(x_i(t)) + \mathrm{e}^{\delta t} \sum_{i=1}^{n} \sum_{j=1}^{n} p_i |b_{ij}|_{\max} f_j^2(x_j(t - \tau_{ij}(t)))$$

$$+ 2 \mathrm{e}^{\delta t} \sum_{i=1}^{n} p_i |f_i(x_i(t))||v_i| + \mathrm{e}^{\delta t} \sum_{i=1}^{n} \sum_{j=1}^{n} p_j |b_{ji}|_{\max} \mathrm{e}^{\delta \tau} f_i^2(x_i(t))$$

$$- \mathrm{e}^{\delta t} \sum_{i=1}^{n} \sum_{j=1}^{n} p_j |b_{ji}|_{\max} f_i^2 (x_i(t - \tau_{ji}(t)))$$

$$= - 2\mathrm{e}^{\delta t} \sum_{i=1}^{n} p_i(d_i - \delta)|f_i(x_i(t))||x_i(t)| + 2\mathrm{e}^{\delta t} \sum_{i=1}^{n} \sum_{j=1}^{n} p_i a_{ij}(t) f_i(x_i(t)) f_j(x_j(t))$$

$$+ \mathrm{e}^{\delta t} \sum_{i=1}^{n} \sum_{j=1}^{n} p_i |b_{ij}|_{\max} f_i^2(x_i(t)) + 2\mathrm{e}^{\delta t} \sum_{i=1}^{n} p_i |f_i(x_i(t))||v_i|$$

$$+ \mathrm{e}^{\delta t} \sum_{i=1}^{n} \sum_{j=1}^{n} p_j |b_{ji}|_{\max} \mathrm{e}^{\delta \tau} f_i^2(x_i(t))$$

$$\leqslant - 2\mathrm{e}^{\delta t} \sum_{i=1}^{n} p_i(d_i - \delta)|f_i(x_i(t))||x_i(t)| + 2\mathrm{e}^{\delta t} \sum_{i=1}^{n} p_i |f_i(x_i(t))||v_i|$$

$$+ f^{\mathrm{T}}(x(t))(PA(t) + A^{\mathrm{T}}(t)P + \|P\tilde{B}\|_\infty + \mathrm{e}^{\delta \tau}\|P\tilde{B}\|_1) f(x(t))$$

$$\leqslant - 2\mathrm{e}^{\delta t} \sum_{i=1}^{n} p_i(d_i - \delta)|f_i(x_i(t))||x_i(t)| + 2\mathrm{e}^{\delta t} \sum_{i=1}^{n} p_i |f_i(x_i(t))||v_i|$$

$$+ |f^{\mathrm{T}}(x(t))|(P\tilde{A} + \tilde{A}^{\mathrm{T}}P + \|P\tilde{B}\|_\infty + \mathrm{e}^{\delta \tau}\|P\tilde{B}\|_1)|f(x(t))|$$

$$\leqslant - 2\mathrm{e}^{\delta t} \sum_{i=1}^{n} p_i(d_i - \delta)|f_i(x_i(t))||x_i(t)| + 2\mathrm{e}^{\delta t} \sum_{i=1}^{n} p_i |f_i(x_i(t))||v_i|$$

$$\leqslant - 2\mathrm{e}^{\delta t} \sum_{i=1}^{n} p_i |f_i(x_i(t))|((d_i - \delta)|x_i(t)| - |v_i|) < 0. \tag{10.1.16}$$

根据 (10.1.16) 可知, 对于 $\forall \phi \in C([t_0 - \tau, t_0], \mathbb{R}^n)$, 当 $\phi(t_0) \in \mathcal{S}$ 和 $t \geqslant t_0$ 时, 有 $x(t; t_0, \phi) \in \mathcal{S}$; 当 $\phi(t_0) \notin \mathcal{S}$ 时, 存在 $T > 0$ 使得当 $t \geqslant T + t_0$ 时, 有

$$x(t; t_0, \phi) \subseteq \mathcal{S},$$

即 $\mathcal{S}$ 是正不变且全局指数吸引的.

再根据 (10.1.16), 有 $V_3(t, x(t)) \leqslant V_3(t_0, x(t_0))$, 因此

$$\sum_{i=1}^{n} p_i \int_{0}^{x_i(t)} f_i(s)\mathrm{d}s \leqslant \mathrm{e}^{-\delta t} V_3(t, x(t)) \leqslant \mathrm{e}^{-\delta t} V_3(t_0, x(t_0)). \tag{10.1.17}$$

由文献 [438], 可知存在常数 $\tilde{\alpha}$ 使得

$$\sum_{i=1}^{n} p_i \int_{0}^{x_i(t)} f_i(s)\mathrm{d}s \geqslant \|x(t)\|^{\tilde{\alpha}}.$$

进而

$$\|x(t)\| \leqslant (\mathrm{e}^{-\delta t} V_3(t_0, x(t_0)))^{\frac{1}{\tilde{\alpha}}} \leqslant \mathrm{e}^{-\frac{\delta}{\tilde{\alpha}}t} (V_3(t_0, x(t_0)))^{\frac{1}{\tilde{\alpha}}}.$$

令

$$M(\|\phi\|) = \mathrm{e}^{-\frac{\delta}{\alpha}t_0}(V_3(t_0, x(t_0)))^{\frac{1}{\alpha}},$$

则

$$\inf_{y \in \mathcal{S}} \{\|x(t; t_0, \phi) - y\|\} \leqslant \|x(t; t_0, \phi) - 0\| \leqslant M(\|\phi\|) \exp\left\{-\frac{\delta}{\alpha}(t - t_0)\right\}.$$

根据定理 3.1.11 可知, 系统 (10.1.2) 的解是全局存在的. 而且, $\mathcal{S}$ 是全局指数吸引域, 且系统 (10.1.2) 是全局指数耗散的. 证毕.

若 $P = E$, 则有下面的推论.

推论 10.1.1 若假设 10.1.1 和假设 10.1.2 成立, 且 $\tilde{A} + \tilde{A}^{\mathrm{T}} + (\|\tilde{B}\|_\infty + \|\tilde{B}\|_1)E$ 负定, 则系统 (10.1.2) 是全局指数耗散的, 且对应的全局指数吸引域为 $\mathcal{S}$, 其中 $\mathcal{S}$ 如定理 10.1.1 中所定义.

定理 10.1.4 若假设 10.1.1 和假设 10.1.3 成立, 且存在正定对角矩阵 $P = \mathrm{diag}\{p_1, p_2, \cdots, p_n\}$ 使得

$$P\tilde{A} + \tilde{A}^{\mathrm{T}}P + \left(\frac{1}{1-\mu}\|P\tilde{B}\|_\infty + \|P\tilde{B}\|_1\right)E$$

负定, 则

(i) 系统 (10.1.2) 的解是全局存在的;

(ii) 系统 (10.1.2) 是全局指数耗散的, 对应的全局指数吸引域为 $\mathcal{S}$, 其中 $\mathcal{S}$ 如定理 10.1.1 中所定义.

证明 根据 $P\tilde{A} + \tilde{A}^{\mathrm{T}}P + \left(\frac{1}{1-\mu}\|P\tilde{B}\|_\infty + \|P\tilde{B}\|_1\right)E$ 负定, 再结合连续函数的性质, 则对充分小的正数 δ, 有 $P\tilde{A} + \tilde{A}^{\mathrm{T}}P + \left(\frac{\mathrm{e}^{\delta\tau}}{1-\mu}\|P\tilde{B}\|_\infty + \|P\tilde{B}\|_1\right)E$ 负定.

考察下面的 Lyapunov 函数:

$$V_4(t, x) = 2\mathrm{e}^{\delta(t-\tau)}\sum_{i=1}^{n} p_i \int_0^{x_i(t)} f_i(s)\mathrm{d}s$$

$$+ \sum_{i=1}^{n}\sum_{j=1}^{n} p_j|b_{ji}|_{\max} \int_{\sigma_{ji}(t)}^t f_i^2(x_i(s - \tau_{ji}(s)))\mathrm{e}^{\delta(s-\tau_{ji}(s))}\mathrm{d}s. \quad (10.1.18)$$

计算 $V_4(t, x)$ 沿系统 (10.1.2) 解的右上 Dini 导数, 有

$$D^+V_4(t, x)$$

$$= 2\delta\mathrm{e}^{\delta(t-\tau)}\sum_{i=1}^{n} p_i \int_0^{x_i(t)} f_i(s)\mathrm{d}s + 2\mathrm{e}^{\delta(t-\tau)}\sum_{i=1}^{n} p_i f_i(x_i(t))$$

$$\cdot \left[-d_i x_i + \sum_{j=1}^{n} a_{ij}(t) f_j(x_j(t)) + \sum_{j=1}^{n} b_{ij}(t) f_j(x_j(t - \tau_{ij}(t))) + v_i \right]$$

$$+ \mathrm{e}^{\delta t} \sum_{i=1}^{n} \sum_{j=1}^{n} p_j |b_{ji}|_{\max} \left[\dot{\sigma}_{ij}(t) f_i^2(x_i(t)) - \mathrm{e}^{-\delta \tau_{ij}(t)} f_i^2(x_i(t - \tau_{ji}(t))) \right]$$

$$\leqslant 2\delta \mathrm{e}^{\delta(t-\tau)} \sum_{i=1}^{n} p_i f_i(x_i(t)) x_i(t) - 2\mathrm{e}^{\delta(t-\tau)} \sum_{i=1}^{n} p_i d_i f_i(x_i(t)) x_i(t)$$

$$+ 2\mathrm{e}^{\delta(t-\tau)} \sum_{i=1}^{n} \sum_{j=1}^{n} p_i a_{ij}(t) f_i(x_i(t)) f_j(x_j(t))$$

$$+ 2\mathrm{e}^{\delta(t-\tau)} \sum_{i=1}^{n} \sum_{j=1}^{n} p_i b_{ij}(t) f_i(x_i(t)) f_j(x_j(t - \tau_{ij}(t)))$$

$$+ 2\mathrm{e}^{\delta(t-\tau)} \sum_{i=1}^{n} p_i |f_i(x_i(t))| |v_i| + \mathrm{e}^{\delta t} \sum_{i=1}^{n} \sum_{j=1}^{n} p_j |b_{ji}|_{\max} \frac{1}{1-\mu} f_i^2(x_i(t))$$

$$- \mathrm{e}^{\delta t} \mathrm{e}^{-\delta \tau} \sum_{i=1}^{n} \sum_{j=1}^{n} p_j |b_{ji}|_{\max} f_i^2(x_i(t - \tau_{ji}(t)))$$

$$\leqslant - 2\mathrm{e}^{\delta(t-\tau)} \sum_{i=1}^{n} p_i (d_i - \delta) |f_i(x_i(t))| |x_i(t)|$$

$$+ 2\mathrm{e}^{\delta(t-\tau)} \sum_{i=1}^{n} \sum_{j=1}^{n} p_i a_{ij}(t) f_i(x_i(t)) f_j(x_j(t))$$

$$+ 2\mathrm{e}^{\delta(t-\tau)} \sum_{i=1}^{n} \sum_{j=1}^{n} p_i |b_{ij}|_{\max} |f_i(x_i(t))| |f_j(x_j(t - \tau_{ij}(t)))|$$

$$+ 2\mathrm{e}^{\delta(t-\tau)} \sum_{i=1}^{n} p_i |f_i(x_i(t))| |v_i|$$

$$+ \mathrm{e}^{\delta t} \sum_{i=1}^{n} \sum_{j=1}^{n} p_j |b_{ji}|_{\max} \frac{1}{1-\mu} f_i^2(x_i(t))$$

$$- \mathrm{e}^{\delta(t-\tau)} \sum_{i=1}^{n} \sum_{j=1}^{n} p_j |b_{ji}|_{\max} f_i^2(x_i(t - \tau_{ji}(t))).$$

又因为

$$2|f_i(x_i(t))| |f_j(x_j(t - \tau_{ij}(t)))| \leqslant f_i^2(x_i(t)) + f_j^2(x_j(t - \tau_{ij}(t))),$$

故当 $x \in \mathbb{R}^n \setminus \mathcal{S}$ 时, 有

$$D^+ V_4(x)$$

$$\leqslant -2\mathrm{e}^{\delta(t-\tau)}\sum_{i=1}^{n}p_i(d_i-\delta)|f_i(x_i(t))||x_i(t)|$$

$$+2\mathrm{e}^{\delta(t-\tau)}\sum_{i=1}^{n}\sum_{j=1}^{n}p_i a_{ij}(t)f_i(x_i(t))f_j(x_j(t))$$

$$+\mathrm{e}^{\delta(t-\tau)}\sum_{i=1}^{n}\sum_{j=1}^{n}p_i|b_{ij}|_{\max}f_i^2(x_i(t))+\mathrm{e}^{\delta(t-\tau)}\sum_{i=1}^{n}\sum_{j=1}^{n}p_i|b_{ij}|_{\max}f_j^2(x_j(t-\tau_{ij}(t)))$$

$$+2\mathrm{e}^{\delta(t-\tau)}\sum_{i=1}^{n}p_i|f_i(x_i(t))||v_i|+\mathrm{e}^{\delta t}\sum_{i=1}^{n}\sum_{j=1}^{n}p_j|b_{ji}|_{\max}\frac{1}{1-\mu}f_i^2(x_i(t))$$

$$-\mathrm{e}^{\delta(t-\tau)}\sum_{i=1}^{n}\sum_{j=1}^{n}p_j|b_{ji}|_{\max}f_i^2(x_i(t-\tau_{ji}(t)))$$

$$=-2\mathrm{e}^{\delta(t-\tau)}\sum_{i=1}^{n}p_i(d_i-\delta)|f_i(x_i(t))||x_i(t)|$$

$$+2\mathrm{e}^{\delta(t-\tau)}\sum_{i=1}^{n}\sum_{j=1}^{n}p_i a_{ij}(t)f_i(x_i(t))f_j(x_j(t))$$

$$+\mathrm{e}^{\delta(t-\tau)}\sum_{i=1}^{n}\sum_{j=1}^{n}p_i|b_{ij}|_{\max}f_i^2(x_i(t))+2\mathrm{e}^{\delta(t-\tau)}\sum_{i=1}^{n}p_i|f_i(x_i(t))||v_i|$$

$$+\mathrm{e}^{\delta t}\sum_{i=1}^{n}\sum_{j=1}^{n}p_j|b_{ji}|_{\max}\frac{1}{1-\mu}f_i^2(x_i(t))$$

$$\leqslant -2\mathrm{e}^{\delta(t-\tau)}\sum_{i=1}^{n}p_i(d_i-\delta)|f_i(x_i(t))||x_i(t)|+2\mathrm{e}^{\delta(t-\tau)}\sum_{i=1}^{n}p_i|f_i(x_i(t))||v_i|$$

$$+\mathrm{e}^{\delta(t-\tau)}f^{\mathrm{T}}(x(t))\left(PA(t)+A^{\mathrm{T}}(t)P+\frac{\mathrm{e}^{\delta\tau}}{1-\mu}\|P\tilde{B}\|_\infty+\|P\tilde{B}\|_1\right)f(x(t))$$

$$\leqslant -2\mathrm{e}^{\delta(t-\tau)}\sum_{i=1}^{n}p_i(d_i-\delta)|f_i(x_i(t))||x_i(t)|+2\mathrm{e}^{\delta(t-\tau)}\sum_{i=1}^{n}p_i|f_i(x_i(t))||v_i|$$

$$+\mathrm{e}^{\delta(t-\tau)}|f^{\mathrm{T}}(x(t))|\left(P\tilde{A}+\tilde{A}^{\mathrm{T}}P+\frac{\mathrm{e}^{\delta\tau}}{1-\mu}\|P\tilde{B}\|_\infty+\|P\tilde{B}\|_1\right)|f(x(t))|$$

$$\leqslant -2\mathrm{e}^{\delta(t-\tau)}\sum_{i=1}^{n}p_i(d_i-\delta)|f_i(x_i(t))||x_i(t)|+2\mathrm{e}^{\delta(t-\tau)}\sum_{i=1}^{n}p_i|f_i(x_i(t))||v_i|$$

$$\leqslant -2\mathrm{e}^{\delta(t-\tau)}\sum_{i=1}^{n}p_i|f_i(x_i(t))|((d_i-\delta)|x_i(t)|-|v_i|)<0.$$

类似于定理 10.1.3 的证明, 系统 (10.1.2) 的解是全局存在的. 而且, 系统

(10.1.2) 是全局指数耗散的, 且吸引域为 $\mathcal{S}$. 证毕.

对于定理 10.1.4, 若 $P = E$, 则有下面的推论.

推论 10.1.2　若假设 10.1.1 和假设 10.1.3 成立, 且 $\tilde{A} + \tilde{A}^{\mathrm{T}} + \left(\dfrac{1}{1-\mu} \|\tilde{B}\|_\infty + \|\tilde{B}\|_1 \right) E$ 负定, 则系统 (10.1.2) 是全局指数耗散的, 且相应的全局指数吸引域为 $\mathcal{S}$, 其中 $\mathcal{S}$ 如定理 10.1.1 中所定义.

注 10.1.1　相较于文献 $[24, 395, 440, 441, 612, 817]$, 这里关于信号传输函数的有界性和 Lipschitz 连续性被放宽.

10.1.3　吸引域内平衡点

下面讨论忆阻神经网络系统 (10.1.2) 平衡点的分布.

定理 10.1.5　若假设 10.1.1 和假设 10.1.2 成立, 且 $-C = -(c_{ij})_{n \times n}$ 是 M-矩阵, 则系统 (10.1.2) 有 $2^{2n^2 - n}$ 个平衡点, 且它们均位于集合 $\mathcal{S} = \left\{ x \ \middle| \ |x_i| \leqslant \dfrac{|v_i|}{d_i} \right\}$ 内.

证明　根据定义 10.1.3 可知, 若 $x^* = (x_1^*, x_2^*, \cdots, x_n^*)^{\mathrm{T}}$ 是系统 (10.1.2) 的平衡点, 则有

$$-d_i x_i^* + \sum_{j=1}^{n} a_{ij}^0 f_j(x_j^*) + \sum_{j=1}^{n} b_{ij}^0 f_j(x_j^*) + v_i = 0, \quad i, j = 1, 2, \cdots, n. \quad (10.1.19)$$

首先, 证明 (10.1.19) 解的存在性.

考虑同伦映射族

$$\Psi_\lambda(x) = -Dx + \lambda A_0 f(x) + \lambda B_0 f(x) + \lambda v,$$

其中 $\lambda \in [0, 1], x \in \mathbb{R}^n$, $A_0 = \left(a_{ij}^0 \right)_{n \times n}$, $B_0 = \left(b_{ij}^0 \right)_{n \times n}$. 根据 (10.1.19), 对于每一个平衡点 x 必有 $\Psi_1(x) = 0$.

令 $\tilde{v}(x) = (\beta_1 \operatorname{sgn} x_1, \beta_2 \operatorname{sgn} x_2, \cdots, \beta_n \operatorname{sgn} x_n)^{\mathrm{T}}$, 其中 $\beta_i \ (i = 1, 2, \cdots, n)$ 如 (10.1.7) 所定义, 则有

$$\tilde{v}^{\mathrm{T}} \Psi_\lambda(x)$$
$$= \tilde{v}^{\mathrm{T}} \left(-Dx + \lambda A_0 f(x) + \lambda B_0 f(x) + \lambda v \right)$$
$$= -\sum_{i=1}^{n} \beta_i d_i |x_i| + \lambda \sum_{i=1}^{n} \sum_{j=1}^{n} \beta_i \operatorname{sgn} x_i a_{ij}^0 f_j(x_j)$$
$$\quad + \lambda \sum_{i=1}^{n} \sum_{j=1}^{n} \beta_i \operatorname{sgn} x_i b_{ij}^0 f_j(x_j) + \lambda \tilde{v}^{\mathrm{T}} v$$

$$\leqslant - \sum_{i=1}^{n} \beta_i d_i |x_i| + \lambda \sum_{i=1}^{n} \beta_i a_{ii} |f_i(x_i)| + \lambda \sum_{i=1}^{n} \sum_{j\neq i}^{n} \beta_i |a_{ij}|_{\max} |f_j(x_j)|$$

$$+ \lambda \sum_{i=1}^{n} \sum_{j=1}^{n} \beta_i |b_{ij}|_{\max} |f_j(x_j)| + \lambda \tilde{v}^{\mathrm{T}} v$$

$$\leqslant - \sum_{i=1}^{n} \beta_i (d_i |x_i| - \lambda |v_i|) - \lambda (\beta_1, \beta_2, \cdots, \beta_n)(-C)(|f_1(x_1(t))|, \cdots, |f_n(x_n(t))|)^{\mathrm{T}}$$

$$\leqslant - \sum_{i=1}^{n} \beta_i (d_i |x_i| - \lambda |v_i|).$$

当 $x \notin \mathcal{S} \setminus \partial \mathcal{S}$, $\lambda \in [0,1)$ 时, 有 $\tilde{v}^{\mathrm{T}} \Psi_\lambda(x) < 0$. 也就是说, $0 \in \Psi_\lambda(x)$ 在 $\mathcal{S} \setminus \partial \mathcal{S}$ 的外部不存在解. 然而, 又因为 $|\deg(\Psi_0, \mathcal{S} \setminus \partial \mathcal{S}, 0)| = 1$, 根据同伦不变性和拓扑度定理可知 $0 \in \Psi_1(x)$ 在 $\mathcal{S}$ 内至少存在一个解.

下面, 证明 (10.1.19) 解的唯一性.

假设 $y^* = (y_1^*, y_2^*, \cdots, y_n^*)^{\mathrm{T}}$ 是 (10.1.19) 的另一个解, 则有

$$-d_i y_i^* + \sum_{j=1}^{n} a_{ij}^0 f_j(y_j^*) + \sum_{j=1}^{n} b_{ij}^0 f_j(y_j^*) + v_i = 0, \quad i,j = 1,2,\cdots,n. \quad (10.1.20)$$

根据 (10.1.19) 和 (10.1.20), 可得

$$d_i(x_i^* - y_i^*) = \sum_{j=1}^{n} a_{ij}^0 (f_j(x_j^*) - f_j(y_j^*)) + \sum_{j=1}^{n} b_{ij}^0 (f_j(x_j^*) - f_j(y_j^*)).$$

从而

$$d_i(x_i^* - y_i^*) \left[\operatorname{sgn}(x_i^* - y_i^*)\right]$$

$$= \left[\operatorname{sgn}(x_i^* - y_i^*)\right] \left[\sum_{j=1}^{n} a_{ij}^0 (f_j(x_j^*) - f_j(y_j^*)) + \sum_{j=1}^{n} b_{ij}^0 (f_j(x_j^*) - f_j(y_j^*))\right].$$

再结合 $-C$ 是 M-矩阵, 即有

$$d_i |x_i^* - y_i^*| \leqslant a_{ii} |f_j(x_j^*) - f_j(y_j^*)| + \sum_{j=1,j\neq i}^{n} |a_{ij}|_{\max} |f_j(x_j^*) - f_j(y_j^*)|$$

$$+ \sum_{j=1}^{n} |b_{ij}|_{\max} |f_j(x_j^*) - f_j(y_j^*)| \leqslant 0, \quad i = 1,2,\cdots,n.$$

注意到 $d_i > 0$, $i = 1,2,\cdots,n$, 上式蕴含 $|x_i^* - y_i^*| \leqslant 0$, 从而有 $x_i^* = y_i^*$, 即 $x^* = y^*$. 因此, (10.1.19) 的解唯一.

因为当 $i \neq j$ 时 a_{ij}^0 有两种选择, 即 $a_{ij}^0 = a_{ij}'$ 或 a_{ij}'', 同理, b_{ij}^0 也有两种选择, 因此, 对所有的 $i, j = 1, 2, \cdots, n$, $(a_{ij}^0)_{n \times n}$ 和 $(b_{ij}^0)_{n \times n}$ 共有 2^{2n^2-n} 种可能. 也就是说, 系统 (10.1.2) 的平衡点个数为 2^{2n^2-n}, 且它们都位于集合 $\mathcal{S}$ 内. 证毕.

定理 10.1.6　若假设 10.1.1 和假设 10.1.2 成立, 且存在正定对角矩阵 $P = \text{diag}\{p_1, p_2, \cdots, p_n\}$ 使得

$$P\tilde{A} + \tilde{A}^{\mathrm{T}} P + \left(\|P\tilde{B}\|_\infty + \|P\tilde{B}\|_1 \right) E \tag{10.1.21}$$

负定, 则系统 (10.1.2) 有 2^{2n^2-n} 个平衡点, 且它们都存在于集合 $\mathcal{S} = \left\{ x \ \middle| \ |x_i| \leqslant \dfrac{|v_i|}{d_i} \right\}$ 内.

证明　类似于定理 10.1.5 的证明, 考虑相同的同伦映射族

$$\Psi_\lambda(x) = -Dx + \lambda A_0 f(x) + \lambda B_0 f(x) + \lambda v, \quad \lambda \in [0, 1], \quad x \in \mathbb{R}^n,$$

根据 (10.1.19), 对任意的平衡点 x 必有 $\Psi_1(x) = 0$.

令 $q(x) = (p_1 f_1(x_1), p_2 f_2(x_2), \cdots, p_n f_n(x_n))^{\mathrm{T}}$, 则有

$$
\begin{aligned}
2q(x)^{\mathrm{T}} \Psi_\lambda(x) &= 2q(x)^{\mathrm{T}} (-Dx + \lambda A_0 f(x) + \lambda B_0 f(x) + \lambda v) \\
&= - \sum_{i=1}^n 2 p_i d_i f_i(x_i) x_i + 2\lambda \sum_{i=1}^n \sum_{j=1}^n p_i a_{ij}^0 f_i(x_i) f_j(x_j) \\
&\quad + 2\lambda \sum_{i=1}^n \sum_{j=1}^n p_i b_{ij}^0 f_i(x_i) f_j(x_j) + 2\lambda q(x)^{\mathrm{T}} v \\
&\leqslant - \sum_{i=1}^n 2 p_i d_i |f_i(x_i)| |x_i| + 2\lambda \sum_{i=1}^n \sum_{j=1}^n p_i a_{ij}^0 f_i(x_i) f_j(x_j) \\
&\quad + 2\lambda \sum_{i=1}^n \sum_{j=1}^n p_i |b_{ij}^0|_{\max} |f_i(x_i)| |f_j(x_j)| + 2\lambda q(x)^{\mathrm{T}} v \\
&\leqslant - \sum_{i=1}^n 2 p_i d_i |f_i(x_i)| |x_i| + 2\lambda \sum_{i=1}^n \sum_{j=1}^n p_i a_{ij}^0 f_i(x_i) f_j(x_j) \\
&\quad + \lambda \sum_{i=1}^n \sum_{j=1}^n p_i |b_{ij}^0|_{\max} \left(f_i^2(x_i) + f_j^2(x_j) \right) + \lambda \sum_{i=1}^n 2 p_i |f_i(x_i)| |v_i| \\
&\leqslant - \sum_{i=1}^n 2 p_i \left(d_i |f_i(x_i)| |x_i| - \lambda |f_i(x_i)| |v_i| \right) \\
&\quad + f^{\mathrm{T}}(x) \left(P A_0 + A_0^{\mathrm{T}} P + \|P\tilde{B}\|_\infty + \|P\tilde{B}\|_1 \right) f(x)
\end{aligned}
$$

$$\leqslant -\sum_{i=1}^{n} 2p_i \left(d_i |f_i(x_i)| |x_i| - \lambda |f_i(x_i)| |x_i| \right).$$

当 $x \notin \mathcal{S} \setminus \partial \mathcal{S}$, $\lambda \in [0,1)$ 时, 有 $q(x)^{\mathrm{T}} \Psi_\lambda(x) < 0$, 也就是说, $0 \in \Psi_\lambda(x)$ 在 $\mathcal{S} \setminus \partial \mathcal{S}$ 的外部不存在解. 然而, 因为 $|\deg(\Psi_0, \mathcal{S} \setminus \partial \mathcal{S}, 0)| = 1$, $0 \in \Psi_1(x)$ 在集合 $\mathcal{S}$ 内至少存在一个解.

下面, 证明 (10.1.19) 解的唯一性.

假设 x^*, y^* 是 (10.1.19) 的两个解, 则有

$$d_i(x_i^* - y_i^*) = \sum_{j=1}^{n} a_{ij}^0 \left(f_j(x_j^*) - f_j(y_j^*) \right) + \sum_{j=1}^{n} b_{ij}^0 \left(f_j(x_j^*) - f_j(y_j^*) \right).$$

因此

$$\sum_{i=1}^{n} 2p_i d_i f_i(x_i^*, y_i^*)(x_i^* - y_i^*)$$

$$= \sum_{i=1}^{n} \sum_{j=1}^{n} 2p_i a_{ij}^0 f_i(x_i^*, y_i^*) f_j(x_j^*, y_j^*) + \sum_{i=1}^{n} \sum_{j=1}^{n} 2p_i \sum_{j=1}^{n} b_{ij}^0 f_i(x_i^*, y_i^*) f_j(x_j^*, y_j^*)$$

$$\leqslant \sum_{i=1}^{n} \sum_{j=1}^{n} 2p_i a_{ij}^0 f_i(x_i^*, y_i^*) f_j(x_j^*, y_j^*)$$

$$+ \sum_{i=1}^{n} \sum_{j=1}^{n} p_i \sum_{j=1}^{n} |b_{ij}|_{\max} \left(f_i^2(x_i^*, y_i^*) + f_j^2(x_j^*, y_j^*) \right)$$

$$\leqslant f^{\mathrm{T}}(x^*, y^*) \left(PA_0 + A_0^{\mathrm{T}} P + \|P\tilde{B}\|_\infty + \|P\tilde{B}\|_1 \right) f(x^*, y^*)$$

$$\leqslant |f^{\mathrm{T}}(x^*, y^*)| \left(P\tilde{A} + \tilde{A}^{\mathrm{T}} P + \|P\tilde{B}\|_\infty + \|P\tilde{B}\|_1 \right) |f(x^*, y^*)| \leqslant 0,$$

其中 $f(x^*, y^*) = (f_1(x_1^*, y_1^*), f_2(x_2^*, y_2^*), f_n(x_n^*, y_n^*))^{\mathrm{T}}$, $f_i(x_i^*, y_i^*) = f_i(x_i^*) - f_i(y_i^*)$, $i = 1, 2, \cdots, n$. 故有

$$2PD \left(f_1(x_1^*, y_1^*)(x_1^* - y_1^*), f_2(x_2^*, y_2^*)(x_2^* - y_2^*), \cdots, f_n(x_n^*, y_n^*)(x_n^* - y_n^*) \right)^{\mathrm{T}} \leqslant 0.$$

由于 PD 是正定对角矩阵, 因此可得

$$\left(f_1(x_1^*, y_1^*)(x_1^* - y_1^*), f_2(x_2^*, y_2^*)(x_2^* - y_2^*), \cdots, f_n(x_n^*, y_n^*)(x_n^* - y_n^*) \right)^{\mathrm{T}} \leqslant 0.$$

再根据假设 10.1.1, 可得 $x^* = y^*$. 因此, (10.1.19) 的解是唯一的. 证毕.

10.2　忆阻切换神经网络的无源性和无源化

无源性是从电网络和物理学中提出的, 且与系统的能量存储函数以及输入和输出信号有密切的关系[570,648]. 此外, 无源性可以降低系统的噪声, 是解决非线性系统、不确定系统以及高阶系统稳定性的一种有效方式. 将无源性方法和控制技巧结合起来, 可以简化控制方法. 例如, 减少非线性观察器的观测参数, 简化自适应控制、鲁棒控制、模糊控制等. 因此, 无源性可以广泛地应用到稳定性[306]、复杂性[143]、信号处理[742]、组织协调[23]、网络控制[98]、混沌控制[724] 和模糊控制[96]等领域. 鉴于无源性的良好特性, 至今已有不少关于神经网络的无源性研究文献出现[400,554,613,614,787]. 然而, 关于忆阻神经网络的无源性研究至今很少. 本节中, 我们将介绍忆阻切换神经网络的一些无源性方面的结果.

10.2.1　模型介绍及假设

考虑具有外部输出的忆阻神经网络模型:

$$
\begin{cases}
\dfrac{\mathrm{d}x(t)}{\mathrm{d}t} = -Dx(t) + A(x)f(x(t)) + B(x)f(x(t-\tau(t))) + v(t), \\
y(t) = f(x(t)),
\end{cases}
\tag{10.2.1}
$$

其中 $y(t) = f(x(t)) = (f_1(x_1(t)), f_2(x_2(t)), \cdots, f_n(x_n(t)))^{\mathrm{T}}$ 表示输出向量, 忆阻连接权 $A(x) = (a_{ij}(t))_{n\times n}$, $B(x) = (b_{ij}(t))_{n\times n}$ 如 (10.1.4) 和 (10.1.5) 所定义, 模型中其他符号的意义参见模型 (10.1.3).

设 $\tau(t)$ 在 $\mathbb{R}$ 上是非负有界的, 令 $\tau = \sup\limits_{t\in\mathbb{R}} \tau(t)$, 则有 $0 \leqslant \tau(t) \leqslant \tau$.

由 $a_{ij}(t)$ 和 $b_{ij}(t)$ 的二值切换性, $i,j = 1, 2, \cdots, n$, $A(x)$ 和 $B(x)$ 共有 2^{2n^2} 种组合. 把它们排列如下

$$
(A_1, B_1), (A_2, B_2), \cdots, (A_{2^{2n^2}}, B_{2^{2n^2}}).
$$

因此, 对任意固定时间 $t \geqslant 0$, $A(x)$ 和 $B(x)$ 的形式必是这 2^{2n^2} 种情形中的一种, 即存在 $i_0 \in \{1, 2, \cdots, 2^{2n^2}\}$ 使得 $A(x) = A_{i_0}$, $B(x) = B_{i_0}$. 从而, 系统 (10.2.1) 可写成

$$
\begin{cases}
\dfrac{\mathrm{d}x(t)}{\mathrm{d}t} = -Dx(t) + A_{i_0}f(x(t)) + B_{i_0}f(x(t-\tau(t))) + v(t), \\
y(t) = f(x(t)).
\end{cases}
\tag{10.2.2}
$$

下面, 对于固定时间 t, 定义 A_i 和 B_i 的特征函数, $i = 1, 2, \cdots, 2^{2n^2}$,

$$
\mu_i(t) = \begin{cases}
1 & A(x(t)) = A_i \text{ 且 } B(x(t)) = B_i, \\
0, & \text{否则.}
\end{cases}
\tag{10.2.3}
$$

显然, 有 $\sum\limits_{i=1}^{2^{2n^2}} \mu_i(t) = 1$. 因此, 系统 (10.2.1) 又能写成

$$\begin{cases} \dfrac{\mathrm{d}x(t)}{\mathrm{d}t} = \sum\limits_{i=1}^{2^{2n^2}} \mu_i(t)[-Dx(t) + A_i f(x(t)) + B_i f(x(t-\tau(t))) + v(t)] \\ \qquad\quad = -Dx(t) + A(t)f(x(t)) + B(t)f(x(t-\tau(t))) + v(t), \\ y(t) = f(x(t)), \end{cases} \tag{10.2.4}$$

其中

$$A(t) = \sum\limits_{i=1}^{2^{2n^2}} \mu_i(t)A_i, \quad B(t) = \sum\limits_{i=1}^{2^{2n^2}} \mu_i(t)B_i. \tag{10.2.5}$$

定义 10.2.1 [486] 若存在非负常数 γ 使得系统 (10.2.1) 具有零初始条件 $\phi(s) \equiv 0, s \in [-\tau, 0]$ 的解满足当 $T \geqslant 0$ 时, 有

$$2\int_0^T v^{\mathrm{T}}(t)y(t)\mathrm{d}t \geqslant -\gamma \int_0^T v^{\mathrm{T}}(t)v(t)\mathrm{d}t, \tag{10.2.6}$$

则称系统 (10.2.1) 是无源的.

在下面对系统 (10.2.1) 的无源性研究中, 需要如下假设和引理.

假设 10.2.1 时滞 $\tau(t)$ 在 $\mathbb{R}$ 上是可微的, 且存在常数 h 使对任意的 $t \in \mathbb{R}$ 有 $\dfrac{\mathrm{d}\tau(t)}{\mathrm{d}t} \leqslant h$.

假设 10.2.2 存在常数 $l > 0$ 使得 $f_j(x_j)(f_j(x_j) - lx_j) \leqslant 0, j = 1, 2, \cdots, n$.

引理 10.2.1 [52] 设矩阵 Q 和 R 为对称矩阵, 则矩阵 $\begin{pmatrix} Q & S \\ S^{\mathrm{T}} & R \end{pmatrix}$ 正定的充分必要条件为 R 和 $Q - SR^{-1}S^{\mathrm{T}}$ 都正定.

10.2.2 无源性

本小节利用 Lyapunov 方法和 LMI(Linear Matrix Inequality) 技巧, 给出依赖时滞和与时滞无关的无源性准则.

定理 10.2.1 若假设 10.2.1 和假设 10.2.2 成立, 且存在 $\gamma > 0$, 正定矩阵 P, Q 和正定对角矩阵 $S = \mathrm{diag}\{s_1, s_2, \cdots, s_n\}$ 使得

$$\begin{pmatrix} -(DP+PD) & PA_i & PB_i & P \\ * & \Omega_{22}^{(i)} & SB_i & S-E \\ * & * & -(1-h)Q & 0 \\ * & * & * & -\gamma E \end{pmatrix} \tag{10.2.7}$$

负定, $i = 1, 2, \cdots, 2^{2n^2}$, 其中 $\Omega_{22}^{(i)} = -\dfrac{2}{l}SD + SA_i + A_i^{\mathrm{T}}S + Q$, 则系统 (10.2.1) 是无源的.

证明　考虑 Lyapunov 函数

$$V(t) = V_1 + V_2 + V_3, \tag{10.2.8}$$

其中

$$V_1 = x^{\mathrm{T}}(t)Px(t), \quad V_2 = 2\sum_{i=1}^{n} s_i \int_0^{x_i(t)} f_i(s)\mathrm{d}s, \quad V_3 = \int_{t-\tau(t)}^{t} f^{\mathrm{T}}(x(s))Qf(x(s))\mathrm{d}s.$$

计算 V_i, $i = 1, 2, 3$, 沿系统 (10.2.4) 解的右上 Dini 导数, 有

D^+V_1
$= 2x^{\mathrm{T}}(t)P\dot{x}(t) = 2x^{\mathrm{T}}(t)P(-Dx(t) + A(t)f(x(t)) + B(t)f(x(t-\tau(t))) + v(t))$
$= -x^{\mathrm{T}}(t)(PD + DP)x(t) + x^{\mathrm{T}}(t)PA(t)f(x(t))$
$\quad + f^{\mathrm{T}}(x(t))A^{\mathrm{T}}(t)Px(t) + x^{\mathrm{T}}(t)PB(t)f(x(t-\tau(t)))$
$\quad + f^{\mathrm{T}}(x(t-\tau(t)))B^{\mathrm{T}}(t)Px(t) + x^{\mathrm{T}}(t)Pv(t) + v^{\mathrm{T}}(t)Px(t),$

$D^+V_2 = 2f^{\mathrm{T}}(x(t))S\dot{x}(t) = 2f^{\mathrm{T}}(x(t))S(-Dx(t) + A(t)f(x(t))$
$\qquad + B(t)f(x(t-\tau(t))) + v(t))$
$\leqslant -\dfrac{2}{l}f^{\mathrm{T}}(x(t))SDf(x(t)) + f^{\mathrm{T}}(x(t))SA(t)f(x(t)) + f^{\mathrm{T}}(x(t))A^{\mathrm{T}}(t)Sf(x(t))$
$\qquad + f^{\mathrm{T}}(x(t))SB(t)f(x(t-\tau(t))) + f^{\mathrm{T}}(x(t-\tau(t)))B^{\mathrm{T}}(t)Sf(x(t))$
$\qquad + f^{\mathrm{T}}(x(t))Sv(t) + v^{\mathrm{T}}(t)Sf(x(t)).$

$D^+V_3 = f^{\mathrm{T}}(x(t))Qf(x(t)) - (1 - \dot{\tau}(t))f^{\mathrm{T}}(x(t-\tau(t)))Qf(x(t-\tau(t)))$
$\qquad \leqslant f^{\mathrm{T}}(x(t))Qf(x(t)) - (1 - h)f^{\mathrm{T}}(x(t-\tau(t)))Qf(x(t-\tau(t))).$

因此, 有

$$D^+V(t) - 2y^{\mathrm{T}}(t)v(t) - \gamma v^{\mathrm{T}}(t)v(t)$$
$$\leqslant \xi^{\mathrm{T}} \begin{pmatrix} -(DP+PD) & PA(t) & PB(t) & P \\ * & \Omega_{22} & SB(t) & S-E \\ * & * & -(1-h)Q & 0 \\ * & * & * & -\gamma E \end{pmatrix} \xi,$$

其中

$$\xi = \left(x^{\mathrm{T}}, f^{\mathrm{T}}(x(t)), f^{\mathrm{T}}(x(t-\tau(t))), v^{\mathrm{T}}(t)\right)^{\mathrm{T}}, \quad \Omega_{22} = -\frac{2}{l}SD + SA(t) + A^{\mathrm{T}}(t)S + Q.$$

根据矩阵 (10.2.7) 的负定性, 易知矩阵

$$
\sum_{i=1}^{2^{2n^2}} \mu_i(t)
\begin{pmatrix}
-(DP+PD) & PA_i & PB_i & P \\
* & \Omega_{22}^{(i)} & SB_i & S-E \\
* & * & -(1-h)Q & 0 \\
* & * & * & -\gamma E
\end{pmatrix}
$$

$$
=
\begin{pmatrix}
-(DP+PD) & PA(t) & PB(t) & P \\
* & \Omega_{22} & SB(t) & S-E \\
* & * & -(1-h)Q & 0 \\
* & * & * & -\gamma E
\end{pmatrix}
$$

半负定. 所以

$$D^{+}V(t) - 2y^{\mathrm{T}}(t)v(t) - \gamma v^{\mathrm{T}}(t)v(t) \leqslant 0. \tag{10.2.9}$$

考虑系统 (10.2.1) 具有零初始条件 $\phi(s) \equiv 0, s \in [-\tau, 0]$ 的解, 不等式 (10.2.9) 两边关于时间 t 从 0 到 T 积分可得

$$2\int_0^T v^{\mathrm{T}}(t)y(t)\mathrm{d}t \geqslant V(T) - V(0) - \gamma \int_0^T v^{\mathrm{T}}(t)v(t)\mathrm{d}t.$$

由于 $V(0) = 0$, $V(T) \geqslant 0$, 故 (10.2.6) 成立. 也就是说 (10.2.1) 是无源的. 证毕.

倘若系统 (10.2.1) 中不存在时滞项, 即 $B(x) = 0$, 构造 Lyapunov 函数 $V(t) = V_1 + V_2$, 可得下面的推论.

推论 10.2.1 若假设 10.2.1 和假设 10.2.2 成立, 且存在常数 $\gamma > 0$, 正定矩阵 P, 正定对角矩阵 $S = \mathrm{diag}\{s_1, s_2, \cdots, s_n\}$ 使得对 $i = 1, 2, \cdots, 2^{2n^2}$, 矩阵

$$
\begin{pmatrix}
-(DP+PD) & PA_i & P \\
* & \frac{2}{l}SD + SA_i + A_i^{\mathrm{T}}S & S-E \\
* & * & -\gamma E
\end{pmatrix}
\tag{10.2.10}
$$

负定, 则不具有时滞项的系统 (10.2.1) 是无源的.

定理 10.2.1 和推论 10.2.1 是在假设 10.2.2 成立下得到的. 然而, 我们可以构造 Lyapunov 函数 $V(t) = V_1 + V_3$ 使得在不需要假设 10.2.2 成立的情况下仍能得到如下无源性的结论.

定理 10.2.2 若假设 10.2.1 成立, 且存在常数 $\gamma > 0$, 正定矩阵 P, Q 使得

对 $i = 1, 2, \cdots, 2^{2n^2}$, 矩阵

$$
\begin{pmatrix}
-(DP+PD) & PA_i & PB_i & P \\
* & Q & 0 & -E \\
* & * & -(1-h)Q & 0 \\
* & * & * & -\gamma E
\end{pmatrix}
\tag{10.2.11}
$$

负定, 则系统 (10.2.1) 是无源的.

定理 10.2.3　若假设 10.2.1 和假设 10.2.2 成立, 且存在常数 $\gamma > 0$, 正定矩阵 M, N_1, N_2, R, 以及半正定对角矩阵 Y_1, Y_2 使得对 $i = 1, 2, \cdots, 2^{2n^2}$, 矩阵

$$
\begin{pmatrix}
\Delta_{11} & 0 & \Delta_{13}^{(i)} & \Delta_{14}^{(i)} & 0 & M & -\tau RD \\
* & \Delta_{22} & 0 & lY_2 & 0 & 0 & 0 \\
* & * & \Delta_{33} & 0 & 0 & -E & \tau RA_i \\
* & * & * & \Delta_{44} & 0 & 0 & \tau RB_i \\
* & * & * & * & -R & 0 & 0 \\
* & * & * & * & * & -\gamma E & \tau R \\
* & * & * & * & * & * & -R
\end{pmatrix}
\tag{10.2.12}
$$

负定, 其中 $\Delta_{11} = -(DM+MD)+N_2, \Delta_{22} = -(1-h)N_2, \Delta_{13}^{(i)} = MA_i+lY_1, \Delta_{33} = N_1 - 2Y_1, \Delta_{14}^{(i)} = MB_i, \Delta_{44} = -(1-h)N_2 - 2Y_2$, 则系统 (10.2.1) 是无源的.

证明　考虑 Lyapunov 函数

$$
\tilde{V}(t) = V_4 + V_5 + V_6,
\tag{10.2.13}
$$

其中

$$
V_4 = x^{\mathrm{T}}(t)Mx(t), \quad V_5 = \tau \int_{-\tau}^{0} \int_{t+\beta}^{t} \dot{x}^{\mathrm{T}}(\alpha)R\dot{x}(\alpha)\mathrm{d}\alpha\mathrm{d}\beta,
$$

$$
V_6 = \int_{t-\tau(t)}^{t} f^{\mathrm{T}}(x(s))N_1 f(x(s))\mathrm{d}s + \int_{t-\tau(t)}^{t} x^{\mathrm{T}}(s)N_2 x(s)\mathrm{d}s.
$$

计算 V_4, V_5, V_6 沿系统 (10.2.4) 解的右上 Dini 导数, 可得

$$
\begin{aligned}
D^+V_4 &= 2x^{\mathrm{T}}(t)M\dot{x}(t) \\
&= 2x^{\mathrm{T}}(t)M(-Dx(t) + A(t)f(x(t)) + B(t)f(x(t-\tau(t))) + v(t)) \\
&= -x^{\mathrm{T}}(t)(MD + DM)x(t) + x^{\mathrm{T}}(t)MA(t)f(x(t)) \\
&\quad + f^{\mathrm{T}}(x(t))A^{\mathrm{T}}(t)Mx(t) + x^{\mathrm{T}}(t)MB(t)f(x(t-\tau(t))) \\
&\quad + f^{\mathrm{T}}(x(t-\tau(t)))B^{\mathrm{T}}(t)Mx(t) + x^{\mathrm{T}}(t)Mv(t) + v^{\mathrm{T}}(t)Mx(t).
\end{aligned}
$$

根据引理 2.3.6, 有

$$\begin{aligned}
D^+V_5 &= \tau^2 \dot{x}^{\mathrm{T}}(t)R\dot{x}(t) - \tau \int_{t-\tau}^t \dot{x}^{\mathrm{T}}(\alpha)R\dot{x}(\alpha)\mathrm{d}\alpha \\
&\leqslant \tau^2 \dot{x}^{\mathrm{T}}(t)R\dot{x}(t) - \tau(t)\int_{t-\tau(t)}^t \dot{x}^{\mathrm{T}}(\alpha)R\dot{x}(\alpha)\mathrm{d}\alpha \\
&\leqslant \tau^2 \dot{x}^{\mathrm{T}}(t)R\dot{x}(t) - \int_{t-\tau(t)}^t \dot{x}^{\mathrm{T}}(\alpha)\mathrm{d}\alpha R \int_{t-\tau(t)}^t \dot{x}(\alpha)\mathrm{d}\alpha.
\end{aligned}$$

令

$$\eta = \left(x^{\mathrm{T}}(t), x^{\mathrm{T}}(t-\tau(t)), f^{\mathrm{T}}(x(t)), f^{\mathrm{T}}(x(t-\tau(t))), \int_{t-\tau(t)}^t \dot{x}^{\mathrm{T}}(\alpha)\mathrm{d}\alpha, v^{\mathrm{T}}(t) \right)^{\mathrm{T}},$$

$$\Gamma = (-\tau RD, 0, \tau RA(t), \tau RB(t), 0, \tau R),$$

则有

$$\begin{aligned}
D^+V_5 &\leqslant \tau^2 \dot{x}^{\mathrm{T}}(t)R\dot{x}(t) - \int_{t-\tau(t)}^t \dot{x}^{\mathrm{T}}(\alpha)\mathrm{d}\alpha R \int_{t-\tau(t)}^t \dot{x}(\alpha)\mathrm{d}\alpha \\
&\leqslant \eta^{\mathrm{T}}\Gamma^{\mathrm{T}}R^{-1}\Gamma\eta - \int_{t-\tau(t)}^t \dot{x}^{\mathrm{T}}(\alpha)\mathrm{d}\alpha R \int_{t-\tau(t)}^t \dot{x}(\alpha)\mathrm{d}\alpha.
\end{aligned}$$

此外

$$\begin{aligned}
D^+V_6 &= f^{\mathrm{T}}(x(t))N_1 f(x(t)) - (1-\dot{\tau}(t))f^{\mathrm{T}}(x(t-\tau(t)))N_1 f(x(t-\tau(t))) \\
&\quad + x^{\mathrm{T}}(t)N_2 x(t) - (1-\dot{\tau}(t))x^{\mathrm{T}}(t-\tau(t))N_2 x(t-\tau(t)) \\
&\leqslant f^{\mathrm{T}}(x(t))N_1 f(x(t)) - (1-h)f^{\mathrm{T}}(x(t-\tau(t)))N_1 f(x(t-\tau(t))) \\
&\quad + x^{\mathrm{T}}(t)N_2 x(t) - (1-h)x^{\mathrm{T}}(t-\tau(t))N_2 x(t-\tau(t)).
\end{aligned}$$

基于假设 10.2.2, 对于任意的半正定对角矩阵 Y_1 和 Y_2, 有

$$0 \leqslant 2f^{\mathrm{T}}(x(t))Y_1[lx(t) - f(x(t))],$$

$$0 \leqslant 2f^{\mathrm{T}}(x(t-\tau(t)))Y_2[lx(t-\tau(t)) - f(x(t-\tau(t)))].$$

因此

$$\begin{aligned}
&D^+\tilde{V}(t) - 2y^{\mathrm{T}}(t)v(t) - \gamma v^{\mathrm{T}}(t)v(t) \\
&\leqslant -x^{\mathrm{T}}(t)(MD + DM)x(t) + x^{\mathrm{T}}(t)MA(t)f(x(t)) \\
&\quad + f^{\mathrm{T}}(x(t))A^{\mathrm{T}}(t)Mx(t) + x^{\mathrm{T}}(t)MB(t)f(x(t-\tau(t)))
\end{aligned}$$

$$+ f^{\mathrm{T}}(x(t - \tau(t)))B^{\mathrm{T}}(t)Mx(t) + x^{\mathrm{T}}(t)Mv(t) + v^{\mathrm{T}}(t)Mx(t)$$

$$+ \eta^{\mathrm{T}}\Gamma^{\mathrm{T}}R^{-1}\Gamma\eta - \int_{t-\tau(t)}^{t} \dot{x}^{\mathrm{T}}(\alpha)\mathrm{d}\alpha R \int_{t-\tau(t)}^{t} \dot{x}(\alpha)\mathrm{d}\alpha$$

$$+ f^{\mathrm{T}}(x(t))N_1 f(x(t)) - (1 - d)f^{\mathrm{T}}(x(t - \tau(t)))N_1 f(x(t - \tau(t)))$$

$$+ x^{\mathrm{T}}(t)N_2 x(t) - (1-d)x^{\mathrm{T}}(t-\tau(t))N_2 x(t-\tau(t)) + 2f^{\mathrm{T}}(x(t))Y_1[lx(t) - f(x(t))]$$

$$+ 2f^{\mathrm{T}}(x(t - \tau(t)))Y_2[lx(t - \tau(t)) - f(x(t - \tau(t)))] - 2y^{\mathrm{T}}(t)v(t) - \gamma v^{\mathrm{T}}(t)v(t)$$

$$\leqslant \eta^{\mathrm{T}}\begin{pmatrix} \Delta_{11} & 0 & \Delta_{13} & \Delta_{14} & 0 & M \\ * & \Delta_{22} & 0 & lY_2 & 0 & 0 \\ * & * & \Delta_{33} & 0 & 0 & -E \\ * & * & * & \Delta_{44} & 0 & 0 \\ * & * & * & * & -R & 0 \\ * & * & * & * & * & -\gamma E \end{pmatrix}\eta + \eta^{\mathrm{T}}\Gamma^{\mathrm{T}}R^{-1}\Gamma\eta,$$

其中 $\Delta_{13} = MA(t) + lY_1, \Delta_{14} = MB(t)$.

根据矩阵 (10.2.12) 的负定性, 有

$$\sum_{i=1}^{2^{2n^2}} \mu_i(t)\begin{pmatrix} \Delta_{11} & 0 & \Delta_{13}^{(i)} & \Delta_{14}^{(i)} & 0 & M & -\tau RD \\ * & \Delta_{22} & 0 & lY_2 & 0 & 0 & 0 \\ * & * & \Delta_{33} & 0 & 0 & -E & \tau RA_i \\ * & * & * & \Delta_{44} & 0 & 0 & \tau RB_i \\ * & * & * & * & -R & 0 & 0 \\ * & * & * & * & * & -\gamma E & \tau R \\ * & * & * & * & * & * & -R \end{pmatrix}$$

$$= \begin{pmatrix} \Delta_{11} & 0 & \Delta_{13} & \Delta_{14} & 0 & M & -\tau RD \\ * & \Delta_{22} & 0 & lY_2 & 0 & 0 & 0 \\ * & * & \Delta_{33} & 0 & 0 & -E & \tau RA(t) \\ * & * & * & \Delta_{44} & 0 & 0 & \tau RB(t) \\ * & * & * & * & -R & 0 & 0 \\ * & * & * & * & * & -\gamma E & \tau R \\ * & * & * & * & * & * & -R \end{pmatrix} \tag{10.2.14}$$

半负定, 故根据引理 10.2.1, 有

$$\begin{pmatrix} \Delta_{11} & 0 & \Delta_{13} & \Delta_{14} & 0 & M \\ * & \Delta_{22} & 0 & lY_2 & 0 & 0 \\ * & * & \Delta_{33} & 0 & 0 & -E \\ * & * & * & \Delta_{44} & 0 & 0 \\ * & * & * & * & -R & 0 \\ * & * & * & * & * & -\gamma E \end{pmatrix} + \Gamma^{\mathrm{T}} R^{-1} \Gamma$$

半负定, 因此

$$D^+ \tilde{V}(t) - 2y^{\mathrm{T}}(t)v(t) - \gamma v^{\mathrm{T}}(t)v(t) \tag{10.2.15}$$

半负定. 考虑系统 (10.2.1) 具有零初始条件 $\phi(s) \equiv 0$, $s \in [-\tau, 0]$ 的解, 对 (10.2.15) 两边关于时间 t 从 0 到 T 积分, 有

$$2 \int_0^T v^{\mathrm{T}}(t)y(t)\mathrm{d}t \geqslant \tilde{V}(T) - \tilde{V}(0) - \gamma \int_0^T v^{\mathrm{T}}(t)v(t)\mathrm{d}t.$$

从而, 系统 (10.2.1) 是无源的. 证毕.

注 10.2.1 注意到定理 10.2.1 的无源性条件 "显形" 依赖于时滞的导数, 而不 "显形" 依赖于时滞; 定理 10.2.3 的无源性条件既 "显形" 依赖于时滞的导数又 "显形" 依赖于时滞. 因此, 定理 10.2.1 可以适用于时滞很大的情况. 然而, 文献 [711] 所提出的定理 1 不适用于时滞 τ 非常大的情形.

10.2.3 无源化

本小节将讨论如何设计合适的状态反馈控制来实现忆阻神经网络的无源性.

对忆阻神经网络 (10.2.1) 施加控制器 $u(t)$ 后可写成

$$\begin{cases} \dfrac{\mathrm{d}x(t)}{\mathrm{d}t} = -Dx(t) + A(x)f(x(t)) + B(x)f(x(t-\tau(t))) + v(t) + \Upsilon u(t), \\ y(t) = f(x(t)), \end{cases} \tag{10.2.16}$$

其中 $u(t) \in \mathbb{R}^m$ 是控制输入向量, Υ 是常矩阵.

为了实现系统 (10.2.16) 的无源性, 设计控制器如下:

$$u(t) = \sum_{j=1}^{2^{2n^2}} \mu_j(t) K_j x(t). \tag{10.2.17}$$

这样, 系统 (10.2.16) 可以改写成:

$$
\begin{cases}
\dfrac{\mathrm{d}x(t)}{\mathrm{d}t} = \displaystyle\sum_{i=1}^{2^{2n^2}} \sum_{j=1}^{2^{2n^2}} \mu_i(t)\mu_j(t)[(-D+\Upsilon K_j)x(t)+A_i f(x(t))+B_i f(x(t-\tau(t)))+v(t)] \\
\qquad = \displaystyle\sum_{i=1}^{2^{2n^2}} \mu_i(t)[(-D+\Upsilon K_i)x(t)+A_i f(x(t))+B_i f(x(t-\tau(t)))+v(t)] \\
\qquad = (-D+\Upsilon K(t))x(t)+A(t)f(x(t))+B(t)f(x(t-\tau(t)))+v(t), \\
y(t) = f(x(t)),
\end{cases}
$$

$$(10.2.18)$$

其中 $K(t) = \displaystyle\sum_{i=1}^{2^{2n^2}} \mu_i(t)K_i$.

定理 10.2.4 若假设 10.2.1 和假设 10.2.2 成立, 且存在常数 $\gamma > 0$, 正定矩阵 $\bar{P}$ 和 $\bar{Q}$, 正定对角矩阵 $\bar{S} = \mathrm{diag}\{\bar{s}_1, \bar{s}_2, \cdots, \bar{s}_n\}$ 和矩阵 $\bar{K}_i$ 使得对 $i = 1, 2, \cdots, 2^{2n^2}$, 矩阵

$$
\begin{pmatrix}
\bar{\Omega}_{11}^{(i)} & A_i\bar{S} & B_i\bar{S} & E \\
* & \bar{\Omega}_{22}^{(i)} & B_i\bar{S} & E-\bar{S} \\
* & * & -(1-h)\bar{Q} & 0 \\
* & * & * & -\gamma E
\end{pmatrix}
$$

$$(10.2.19)$$

负定, 其中 $\bar{\Omega}_{11}^{(i)} = -(\bar{P}D+D\bar{P}-\Upsilon\bar{K}_i-\bar{K}_i^{\mathrm{T}}\Upsilon^{\mathrm{T}})$, $\bar{\Omega}_{22}^{(i)} = -\dfrac{2}{l}D\bar{S}+A_i\bar{S}+\bar{S}A_i^{\mathrm{T}}+\bar{Q}$, 则系统 (10.2.16) 是无源的. 此时, 控制器 (10.2.17) 中的增益矩阵 K_i 为 $K_i = \bar{K}_i\bar{P}^{-1}$, $i = 1, 2, \cdots, 2^{2n^2}$.

证明 考虑 Lyapunov 函数

$$
V(t) = V_1 + V_2 + V_3,
$$

其中 V_1, V_2, V_3 如 (10.2.8) 所定义.

类似于定理 10.2.1 的证明, 计算 $V(t)$ 沿系统 (10.2.16) 解的右上 Dini 导数, 有

$$
D^+V(t)-2y^{\mathrm{T}}(t)v(t)-\gamma v^{\mathrm{T}}(t)v(t) = \sum_{i=1}^{2^{2n^2}} \xi^{\mathrm{T}}
\begin{pmatrix}
\bar{\Omega}_{11}^{(i)} & PA_i & PB_i & P \\
* & \bar{\Omega}_{22}^{(i)} & SB_i & S-E \\
* & * & -(1-h)Q & 0 \\
* & * & * & -\gamma E
\end{pmatrix} \xi,
$$

$$(10.2.20)$$

其中 $\xi = \left(x^{\mathrm{T}}, f^{\mathrm{T}}(x(t)), f^{\mathrm{T}}(x(t-\tau(t))), v^{\mathrm{T}}(t)\right)^{\mathrm{T}}$, $\bar{\Omega}_{11}^{(i)} = -(DP + PD - K_i^{\mathrm{T}}\Upsilon^{\mathrm{T}}P - P\Upsilon K_i)$, $\bar{\Omega}_{22}^{(i)} = -\dfrac{2}{l}SD + SA_i + A_i^{\mathrm{T}}S + Q$.

从定理 10.2.1 的证明来看, 只需证明 $D^+V(t) - 2y^{\mathrm{T}}(t)v(t) - \gamma v^{\mathrm{T}}(t)v(t) < 0$ 成立, 即可证得系统 (10.2.16) 是无源的. 鉴于 (10.2.20), 只需证明矩阵

$$
\begin{pmatrix}
\bar{\Omega}_{11}^{(i)} & PA_i & PB_i & P \\
* & \bar{\Omega}_{22}^{(i)} & SB_i & S-E \\
* & * & -(1-h)Q & 0 \\
* & * & * & -\gamma E
\end{pmatrix}
\tag{10.2.21}
$$

负定 $(i = 1, 2, \cdots, 2^{2n^2})$ 即可. 通过 $\mathrm{diag}\{P^{-1}, S^{-1}, S^{-1}, E\}$ 对 (10.2.21) 进行合同变换, 再结合矩阵变换 $\bar{P} = P^{-1}$, $\bar{S} = S^{-1}$, $\bar{Q} = S^{-1}QS^{-1}$, $\bar{K}_i = K_iP^{-1}$, 即可得条件 (10.2.19). 证毕.

定理 10.2.5 若假设 10.2.1 和假设 10.2.2 成立, 且存在常数 $\gamma > 0$, 正定矩阵 $\bar{M}, \bar{N}_1, \bar{N}_2, \bar{R}$ 使得对 $i = 1, 2, \cdots, 2^{2n^2}$, 矩阵

$$
\begin{pmatrix}
\bar{\Delta}_{11}^{(i)} & 0 & \bar{\Delta}_{13}^{(i)} & \bar{\Delta}_{14}^{(i)} & 0 & E & \bar{\Delta}_{17}^{(i)} \\
* & \bar{\Delta}_{22} & 0 & l\bar{Y}_2 & 0 & 0 & 0 \\
* & * & \bar{\Delta}_{33} & 0 & 0 & -R & \tau\bar{M}A_i^{\mathrm{T}} \\
* & * & * & \bar{\Delta}_{44} & 0 & 0 & \tau\bar{M}B_i^{\mathrm{T}} \\
* & * & * & * & -\bar{R} & 0 & 0 \\
* & * & * & * & * & -\gamma E & \tau E \\
* & * & * & * & * & * & -\bar{R}
\end{pmatrix}
\tag{10.2.22}
$$

负定, 其中 $\bar{\Delta}_{11}^{(i)} = -(\bar{M}D + D\bar{M} - \bar{K}_i^{\mathrm{T}}\Upsilon^{\mathrm{T}} - \Upsilon\bar{K}_i) + \bar{N}_2$, $\bar{\Delta}_{22} = -(1-h)\bar{N}_2$, $\bar{\Delta}_{13}^{(i)} = A_i\bar{M} + l\bar{Y}_1$, $\bar{\Delta}_{33} = \bar{N}_1 - 2\bar{Y}_1$, $\bar{\Delta}_{14}^{(i)} = B_i\bar{M}$, $\bar{\Delta}_{44} = -(1-h)\bar{N}_2 - 2\bar{Y}_2$, $\bar{\Delta}_{17}^{(i)} = -\tau\bar{M}D + \tau\bar{K}_i^{\mathrm{T}}\Upsilon^{\mathrm{T}}$, 则系统 (10.2.16) 是无源的. 此时, 控制器 (10.2.17) 中的增益矩阵 K_i 为 $K_i = \bar{K}_i\bar{M}^{-1}$, $i = 1, 2, \cdots, 2^{2n^2}$.

证明 考虑 Lyapunov 函数

$$
\tilde{V}(t) = V_4 + V_5 + V_6,
$$

其中 V_4, V_5, V_6 如 (10.2.13) 所定义.

类似于定理 10.2.3 的证明, 计算 $\tilde{V}(t)$ 沿系统 (10.2.16) 解的右上 Dini 导数, 有

$$
D^+\tilde{V}(t) - 2y^{\mathrm{T}}(t)v(t) - \gamma v^{\mathrm{T}}(t)v(t)
$$

$$= \sum_{i=1}^{2^{2n^2}} \mu_i(t) \eta^{\mathrm{T}} \begin{pmatrix} \Delta_{11}^i & 0 & \Delta_{13}^{(i)} & \Delta_{14}^{(i)} & 0 & M \\ * & \Delta_{22} & 0 & lY_2 & 0 & 0 \\ * & * & \Delta_{33} & 0 & 0 & -E \\ * & * & * & \Delta_{44} & 0 & 0 \\ * & * & * & * & -R & 0 \\ * & * & * & * & * & -\gamma E \end{pmatrix} \eta + \eta^{\mathrm{T}} \bar{\Gamma}^{\mathrm{T}} R^{-1} \bar{\Gamma} \eta,$$

$$\text{(10.2.23)}$$

其中

$$\eta = \left(x^{\mathrm{T}}(t), x^{\mathrm{T}}(t-\tau(t)), f^{\mathrm{T}}(x(t)), f^{\mathrm{T}}(x(t-\tau(t))), \int_{t-\tau(t)}^{t} \dot{x}^{\mathrm{T}}(\alpha) \mathrm{d}\alpha, v^{\mathrm{T}}(t) \right)^{\mathrm{T}},$$

$$\bar{\Gamma} = \left(\tau(-RD + R\Upsilon K(t)), 0, \tau RA(t), \tau RB(t), 0, \tau R \right),$$

$$\Delta_{11}^{(i)} = -\left(DM + MD - K_i^{\mathrm{T}} \Upsilon^{\mathrm{T}} M - M \Upsilon K_i \right).$$

从定理 10.2.3 来看, 只需证明 $D^+ \tilde{V}(t) - 2y^{\mathrm{T}}(t)v(t) - \gamma v^{\mathrm{T}}(t)v(t) < 0$ 成立即可保证系统 (10.2.16) 的无源性. 基于 (10.2.23) 和引理 10.2.1, 若下列矩阵

$$\begin{pmatrix} \Delta_{11}^{(i)} & 0 & \Delta_{13}^{(i)} & \Delta_{14}^{(i)} & 0 & M & \Delta_{17}^{(i)} \\ * & \Delta_{22} & 0 & lY_2 & 0 & 0 & 0 \\ * & * & \Delta_{33} & 0 & 0 & -E & \tau A_i^{\mathrm{T}} R \\ * & * & * & \Delta_{44} & 0 & 0 & \tau B_i^{\mathrm{T}} R \\ * & * & * & * & -R & 0 & 0 \\ * & * & * & * & * & -\gamma E & \tau R \\ * & * & * & * & * & * & -R \end{pmatrix}$$

$$\text{(10.2.24)}$$

负定 $(i = 1, 2, \cdots, 2^{2n^2})$, 即可实现证明目的, 其中 $\Delta_{17}^{(i)} = \tau(-DR + K_i^{\mathrm{T}} \Upsilon^{\mathrm{T}} R)$.

通过 $\mathrm{diag}\{M^{-1}, M^{-1}, M^{-1}, M^{-1}, R^{-1}, E, R^{-1}\}$ 对 (10.2.24) 进行合同变换, 再结合矩阵变换 $\bar{M} = M^{-1}, \bar{N}_1 = M^{-1} N_1 M^{-1}, \bar{N}_2 = M^{-1} N_1 M^{-2}, \bar{Y}_1 = M^{-1} Y_1 M^{-1}, \bar{Y}_2 = M^{-1} Y_2 M^{-1}, \bar{R} = R^{-1}, \bar{K}_i = K_i M^{-1}$, 即可得条件 (10.2.22). 证毕.

10.3　忆阻切换神经网络的同步性

同步就是两个或更多的系统通过相互耦合从而产生相同的动力学行为, 在生态网络、保密通信和化学反应等领域有着广泛的应用. 在当今信息化时代, 数据通信蓬勃发展的同时也带来了数据失密问题. 信息被非法截取和数据库资料被窃

的事例经常发生, 数据失密如发生在金融信息、军事情报等方面将会造成不可估量的后果, 所以数据通信保密成了十分重要的问题. 研究表明, 同步能够成功地应用到保密通信中. 因此, 同步问题的研究有助于提高数据通信的安全性. 在工程应用中, 同步不仅可以应用到保密通信上, 还可以应用到图像处理[312,649]、联想记忆[625]、信息科学[370,487,695,793] 和生物技术[461,801] 等领域中. Pecora 和 Carroll 提出驱动-响应同步的原理并成功在电路中实现后[555], 神经网络的同步引起了人们的广泛关注[458,525,601,763-769,798,808]. 基于忆阻神经网络和同步的重要性, 忆阻神经网络同步的问题受到高度重视[1,650,766]. 然而, 在研究忆阻神经网络驱动-响应同步的过程中, 由于忆阻连接权依赖状态的特性, 当所考察系统初值不同时, 可能会出现参数失配的现象. 那么, 又该如何解决两个忆阻神经网络的驱动-响应同步的问题呢? 当所研究的忆阻神经网络个数从 2 个增加到 N $(N > 2)$ 个时, 需要设计什么样的耦合方式以及耦合结构来保证它们是同步的呢? 这些问题都值得深入思考. 本节将介绍两个忆阻神经网络以及多个耦合忆阻神经网络全局指数同步问题分析的一些结果.

10.3.1 忆阻神经网络的驱动–响应同步

考虑常时滞的忆阻神经网络模型:

$$\frac{\mathrm{d}x_i(t)}{\mathrm{d}t} = -d_i x_i(t) + \sum_{j=1}^{n}[a_{ij}(x)f_j(x_j(t)) + b_{ij}(x)f_j(x_j(t-\tau))] + v_i, \quad i=1,2,\cdots,n,$$

(10.3.1)

或其等价形式:

$$\frac{\mathrm{d}x(t)}{\mathrm{d}t} = -Dx(t) + A(x)f(x(t)) + B(x)f(x(t-\tau)) + v,$$

(10.3.2)

这里的参数、符号意义以及初始条件参见模型 (10.1.2) 和 (10.1.3) 的说明.

基于驱动-响应装置的定义, 令 (10.3.1) 作为驱动系统, 其对应的响应系统如下:

$$\frac{\mathrm{d}y_i(t)}{\mathrm{d}t} = -d_i y_i(t) + \sum_{j=1}^{n}[a_{ij}(y) + b_{ij}(y)f_j(y_j(t-\tau_j))] + v_i + u_i(t), \quad i=1,2,\cdots,n,$$

(10.3.3)

其中 $u_i(t)$ 是为保证系统 (10.3.1) 与系统 (10.3.3) 实现同步而所要设计的控制器. 系统 (10.3.3) 的初值为: $y_i(s) = \varphi_i(s), s \in [t_0 - \tau, t_0]$, 其中 $\varphi_i \in C([t_0 - \tau, t_0], \mathbb{R})$.

为了讨论系统 (10.3.1) 与系统 (10.3.3) 的全局指数同步, 我们先介绍一些假设、定义以及引理.

假设 10.3.1　信号传输函数 $f_i(\cdot)$ 在 $\mathbb{R}$ 上是全局 Lipschitz 连续且有界的, 即存在正常数 l_i 和 $\bar{K}_i$ 使得

$$|f_i(x) - f_i(y)| \leqslant l_i|x - y|, \quad |f_i(x)| \leqslant M_i, \quad \forall x, y \in \mathbb{R}, \quad i = 1, 2, \cdots, n$$

成立.

注 10.3.1　事实上, 满足假设 10.3.1 的常用信号传输函数有很多, 比如 Hopfield 神经网络模型[311] 中的 S 型信号传输函数 $f_i(x) = \tanh(x)$, CNN 模型[141,142] 中的分段线性信号传输函数 $f_i(x) = \dfrac{|x+1| - |x-1|}{2}$.

注 10.3.2　在研究忆阻神经网络同步问题时, 由于忆阻连接权的依赖状态切换性可能会引起参数失配的现象. 为了解决这一现象, 文献 [669, 718, 719, 721, 794-796] 假设信号传输函数满足

$$[a'_{ij}, a''_{ij}]f_j(x_j) - [a'_{ij}, a''_{ij}]f_j(y_j) \subseteq [a'_{ij}, a''_{ij}](f_j(x_j) - f_j(y_j)),$$

$$[b'_{ij}, b''_{ij}]f_j(x_j) - [b'_{ij}, b''_{ij}]f_j(y_j) \subseteq [b'_{ij}, b''_{ij}](f_j(x_j) - f_j(y_j)),$$

$i, j = 1, 2, \cdots, n$. 但是, 这一假设在文献 [766] 中被指出是不容易验证的.

定义 10.3.1　若存在正常数 N, δ 使得

$$|x_i(t) - y_i(t)| \leqslant N\|\varphi - \phi\|e^{-\delta t}, \quad t \geqslant 0, \quad i = 1, 2, \cdots, n,$$

其中 $\|\varphi - \phi\| = \sup\limits_{-\tau \leqslant s \leqslant 0} \max |\varphi_i(s) - \phi_i(s)|$, 则称系统 (10.3.1) 与系统 (10.3.3) 是全局指数同步的.

令 $e_i(t) = x_i(t) - y_i(t)$, $i = 1, 2, \cdots, n$. 从定义 10.3.1 可以看出, 若系统 (10.3.1) 与系统 (10.3.3) 是全局指数同步的, 也就是 $|x_i(t) - y_i(t)|$ 依指数趋于 0, $i = 1, 2, \cdots, n$. 从而, 同步问题可转化为下面差系统的稳定性问题:

$$\begin{aligned}
\frac{\mathrm{d}e_i(t)}{\mathrm{d}t} = &-d_ie_i(t) + \sum_{j=1}^{n}[a_{ij}(x)f_j(x_j(t)) - a_{ij}(y)f_j(y_j(t))] \\
&+ \sum_{j=1}^{n}[b_{ij}(x)f_j(x_j(t-\tau)) - b_{ij}(y)f_j(y_j(t-\tau))] - u_i(t) \\
= &-d_ie_i(t) + \sum_{j=1}^{n}[a_{ij}(x)g_j(e_j(t)) + b_{ij}(x)g_j(e_j(t-\tau))] \\
&+ \sum_{j=1}^{n}[a_{ij}(x) - a_{ij}(y)]f_j(y_j(t))
\end{aligned}$$

$$+ \sum_{j=1}^{n} [b_{ij}(x) - b_{ij}(y)] f_j(y_j(t-\tau)) - u_i(t), \tag{10.3.4}$$

$i = 1, 2, \cdots, n$, 其中 $g_j(e_j(t)) = f_j(x_j(t)) - f_j(y_j(t))$, $g_j(e_j(t-\tau)) = f_j(x_j(t-\tau)) - f_j(y_j(t-\tau))$.

对于不能实现同步的忆阻神经网络, 需要施加额外的控制策略来实现同步的目的. 那么, 需要对系统 (10.3.3) 施加怎样的控制策略以实现与系统 (10.3.1) 的同步目的呢? 基于先前的研究和忆阻神经网络参数失配现象, 设计一个包含线性项和符号项的非线性状态反馈控制:

$$u(t) = \begin{pmatrix} p_1 e_1(t) + q_1 \mathrm{sgn}(e_1(t)) \\ p_2 e_2(t) + q_2 \mathrm{sgn}(e_2(t)) \\ \vdots \\ p_n e_n(t) + q_n \mathrm{sgn}(e_n(t)) \end{pmatrix} = Pe(t) + Q\mathrm{sgn}(e(t)), \tag{10.3.5}$$

其中 $P = \mathrm{diag}\{p_1, p_2, \cdots, p_n\}$ 和 $Q = \mathrm{diag}\{q_1, q_2, \cdots, q_n\}$ 是两个正定对角矩阵, $e(t) = (e_1(t), e_2(t), \cdots, e_n(t))^{\mathrm{T}}$, $\mathrm{sgn}(e(t)) = (\mathrm{sgn}(e_1(t)), \mathrm{sgn}(e_2(t)), \cdots, \mathrm{sgn}(e_n(t)))^{\mathrm{T}}$.

若控制 (10.3.5) 是静态控制, 即控制增益 p_i, q_i 是固定常数, 系统需要满足什么条件才能实现同步呢? 本小节将基于 Lyapunov 稳定性理论和一些不等式技巧来建立一些同步准则.

定理 10.3.1 若假设 10.3.1 成立, 且存在正常数 r_i 使得

$$p_i > -d_i + \sum_{j=1}^{n} \frac{r_j}{r_i} l_i \left(\bar{a}_{ji} + \bar{b}_{ji} \right), \quad i = 1, 2, \cdots, n, \tag{10.3.6}$$

$$q_i \geqslant \sum_{j=1}^{n} \left[|a'_{ij} - a''_{ij}| + |b'_{ij} - b''_{ij}| \right] M_j, \quad i = 1, 2, \cdots, n, \tag{10.3.7}$$

其中 $\bar{a}_{ij} = \max\{|a'_{ij}|, |a''_{ij}|\}$, $\bar{b}_{ij} = \max\{|b'_{ij}|, |b''_{ij}|\}$, 则响应系统 (10.3.3) 与驱动系统 (10.3.1) 是全局指数同步的.

证明 从条件 (10.3.6), 可知存在正常数 r_i, $i = 1, 2, \cdots, n$, 使得

$$\Theta_j \triangleq -r_j(d_j + p_j) + \sum_{i=1}^{n} r_i l_j \bar{a}_{ij} + \sum_{i=1}^{n} r_i l_j \bar{b}_{ij} < 0, \quad j = 1, 2, \cdots, n. \tag{10.3.8}$$

对任意的 $\delta \geqslant 0$, 考虑

$$\Theta_j(\delta) \triangleq -r_j(d_j + p_j - \delta) + \sum_{i=1}^{n} r_i l_j \bar{a}_{ij} + \sum_{i=1}^{n} r_i l_j \bar{b}_{ij} e^{\delta \tau}, \quad j = 1, 2, \cdots, n,$$

则有 $\Theta_j(0) = \Theta_j < 0$, $j = 1, 2, \cdots, n$. 根据连续函数的性质, 对充分小的正常数 δ, 有

$$\Theta_j(\delta) < 0, \quad j = 1, 2, \cdots, n. \tag{10.3.9}$$

考虑如下泛函:

$$V(t) = \mathrm{e}^{\delta t} \sum_{i=1}^{n} r_i |e_i(t)| + \sum_{i=1}^{n} \sum_{j=1}^{n} r_j \bar{b}_{ji} \int_{t-\tau}^{t} |g_i(e_i(s))| \mathrm{e}^{\delta(s+\tau)} \mathrm{d}s. \tag{10.3.10}$$

计算 $V(t)$ 沿系统 (10.3.4) 解的右上 Dini 导数, 则有

$$
\begin{aligned}
D^+ V_1(t) = {} & \delta \mathrm{e}^{\delta t} \sum_{i=1}^{n} r_i |e_i(t)| + \mathrm{e}^{\delta t} \sum_{i=1}^{n} r_i \mathrm{sgn}(e_i(t)) \\
& \cdot \Bigg\{ -d_i e_i(t) + \sum_{j=1}^{n} [a_{ij}(x) g_j(e_j(t)) + b_{ij}(x) g_j(e_j(t-\tau))] \\
& \quad + \sum_{j=1}^{n} [a_{ij}(x) - a_{ij}(y)] f_j(y_j(t)) \\
& \quad + \sum_{j=1}^{n} [b_{ij}(x) - b_{ij}(y)] f_j(y_j(t-\tau)) - p_i e_i(t) - q_i \mathrm{sgn}(e_i(t)) \Bigg\} \\
& + \mathrm{e}^{\delta t} \sum_{i=1}^{n} \sum_{j=1}^{n} r_j \bar{b}_{ji} \left[\mathrm{e}^{\delta \tau_i} |g_i(e_i(t))| - |g_i(e_i(t-\tau))| \right] \\
\leqslant {} & \mathrm{e}^{\delta t} \sum_{i=1}^{n} r_i (\delta - d_i - p_i) |e_i(t)| + \mathrm{e}^{\delta t} \sum_{i=1}^{n} \sum_{j=1}^{n} r_i \bar{a}_{ij} |g_j(e_j(t))| \\
& + \mathrm{e}^{\delta t} \sum_{i=1}^{n} \sum_{j=1}^{n} r_i \bar{b}_{ij} |g_j(e_j(t-\tau))| \\
& - \mathrm{e}^{\delta t} \sum_{i=1}^{n} r_i q_i + \mathrm{e}^{\delta t} \sum_{i=1}^{n} \sum_{j=1}^{n} r_i |a_{ij}(x) - a_{ij}(y)| |f_j(y_j(t))| \\
& + \mathrm{e}^{\delta t} \sum_{i=1}^{n} \sum_{j=1}^{n} r_i |b_{ij}(x) - b_{ij}(y)| |f_j(y_j(t-\tau))| \\
& + \mathrm{e}^{\delta t} \sum_{i=1}^{n} \sum_{j=1}^{n} r_j \bar{b}_{ji} \mathrm{e}^{\delta \tau} |g_i(e_i(t))| - \mathrm{e}^{\delta t} \sum_{i=1}^{n} \sum_{j=1}^{n} r_j \bar{b}_{ji} |g_i(e_i(t-\tau))| \\
\leqslant {} & \mathrm{e}^{\delta t} \sum_{i=1}^{n} r_i (\delta - d_i - p_i) |e_i(t)| + \mathrm{e}^{\delta t} \sum_{i=1}^{n} \sum_{j=1}^{n} r_i l_j (\bar{a}_{ij} + \bar{b}_{ij} \mathrm{e}^{\delta \tau}) |e_j(t)|
\end{aligned}
$$

$$- \mathrm{e}^{\delta t} \sum_{i=1}^{n} r_i q_i + \mathrm{e}^{\delta t} \sum_{i=1}^{n} \sum_{j=1}^{n} r_i \left[|a'_{ij} - a''_{ij}| + |b'_{ij} - b''_{ij}| \right] M_j$$

$$\leqslant \mathrm{e}^{\delta t} \sum_{j=1}^{n} \left[r_j \left(\delta - d_j - p_j \right) + \sum_{i=1}^{n} r_i l_j \left(\bar{a}_{ij} + \bar{b}_{ij} \mathrm{e}^{\delta \tau} \right) \right] |e_j(t)|$$

$$- \mathrm{e}^{\delta t} \sum_{i=1}^{n} r_i \left\{ q_i - \sum_{j=1}^{n} \left[|a'_{ij} - a_{ij}''| + |b'_{ij}(u) - b''_{ij}(u)| \right] M_j \right\}.$$

根据 (10.3.7) 和 (10.3.9), 有

$$D^{+} V(t, e_t) \leqslant 0. \tag{10.3.11}$$

因此

$$|x_i(t) - y_i(t)| = |e_i(t)| \leqslant \mathrm{e}^{-\delta t} \frac{1}{r_m} \left(\mathrm{e}^{\delta t} r_i |e_i(t)| \right)$$

$$\leqslant \mathrm{e}^{-\delta t} \frac{1}{r_m} \left(\mathrm{e}^{\delta t} \sum_{i=1}^{n} r_i |e_i(t)| \right)$$

$$\leqslant \mathrm{e}^{-\delta t} \frac{1}{r_m} V_1(t, e_t)$$

$$\leqslant \mathrm{e}^{-\delta t} \frac{1}{r_m} V_1(0, e_0)$$

$$\leqslant \frac{r_M}{r_m} \left(1 + l_M \tau \max_i \sum_{j=1}^{n} \bar{b}_{ji} \mathrm{e}^{\delta \tau} \right) \|\varphi - \phi\| \mathrm{e}^{-\delta t}, \quad i = 1, 2, \cdots, n,$$

其中 $r_m = \min\limits_{i=1,2,\cdots,n} r_i$, $r_M = \max\limits_{i=1,2,\cdots,n} r_i$, $l_M = \max\limits_{i=1,2,\cdots,n} l_i$. 令 $N = \dfrac{r_M}{r_m} \Big(1 + l_M \tau \max\limits_i \sum\limits_{j=1}^{n} \bar{b}_{ji} \mathrm{e}^{\delta \tau} \Big)$, 再根据定义 10.3.1 可知, 响应系统 (10.3.3) 在控制 (10.3.5) 下能够实现与驱动系统 (10.3.1) 的全局指数同步. 证毕.

注 10.3.3 注意到控制器 (10.3.5) 在 $\mathbb{R}$ 上可能是不连续的, 这将会导致震颤现象产生[216,444]. 为了消去震颤现象, 可以将控制 (10.3.5) 改写成:

$$u_i(t) = p_i e_i(t) + q_i e_i(t) \frac{1}{|e_i(t)| + \varepsilon_i}, \quad \varepsilon_i \text{ 是任意小的正常数}, \quad i = 1, 2, \cdots, n.$$

这一处理技术已在文献 [766] 中得到成功应用.

若控制 (10.3.5) 是非静态控制, 即控制增益 p_i, q_i 能够随时间自我调节, 那么增益该满足什么样的规则才能实现响应系统 (10.3.3) 与驱动系统 (10.3.1) 的全局指数同步呢? 对此, 我们介绍下面的动态控制结果.

定理 10.3.2　若假设 10.3.1 成立, 且控制增益 p_i, q_i 满足下面规则:

$$\dot{p}_i = \alpha_i e^{\delta t} e_i^2(t), \quad i = 1, 2, \cdots, n, \tag{10.3.12}$$

$$\dot{q}_i = \beta_i e^{\delta t} |e_i(t)|, \quad i = 1, 2, \cdots, n, \tag{10.3.13}$$

其中 $\delta > 0$, α_i 和 β_i 是任意的正数, $i = 1, 2, \cdots, n$, 则响应系统 (10.3.3) 在控制 (10.3.5) 下与驱动系统 (10.3.1) 是全局指数同步的.

证明　考虑下面的函数:

$$\tilde{V}(t) = \frac{1}{2} e^{\delta t} \sum_{i=1}^{n} e_i^2(t) + \frac{1}{2} \sum_{i=1}^{n} \sum_{j=1}^{n} \int_{t-\tau_i}^{t} \bar{b}_{ji}^2 g_i^2(e_i(s)) e^{\delta(s+\tau)} ds$$

$$+ \sum_{i=1}^{n} \frac{1}{2\alpha_i} (p_i - \zeta_i)^2 + \sum_{i=1}^{n} \frac{1}{2\beta_i} (q_i - \eta_i)^2, \tag{10.3.14}$$

其中 ζ_i, η_i 是稍后要确定的正常数, $i = 1, 2, \cdots, n$.

计算 $\tilde{V}(t)$ 沿系统 (10.3.4) 解的右上 Dini 导数, 可得

$$D^+ \tilde{V}(t) = \frac{\delta}{2} e^{\delta t} \sum_{i=1}^{n} e_i^2(t) + e^{\delta t} \sum_{i=1}^{n} e_i(t)$$

$$\cdot \left\{ -d_i e_i(t) + \sum_{j=1}^{n} [a_{ij}(x) g_j(e_j(t)) + b_{ij}(x) g_j(e_j(t-\tau))] \right.$$

$$+ \sum_{j=1}^{n} [a_{ij}(x) - a_{ij}(y)] f_j(y_j(t))$$

$$\left. + \sum_{j=1}^{n} [b_{ij}(x) - b_{ij}(y)] f_j(y_j(t-\tau)) - p_i e_i(t) - q_i \operatorname{sgn}(e_i(t)) \right\}$$

$$+ \frac{1}{2} e^{\delta t} \sum_{i=1}^{n} \sum_{j=1}^{n} \bar{b}_{ji}^2 \left[e^{\delta \tau_i} g_i^2(e_i(t)) - g_i^2(e_i(t-\tau)) \right]$$

$$+ e^{\delta t} \sum_{i=1}^{n} (p_i - \zeta_i) e_i^2(t) + e^{\delta t} \sum_{i=1}^{n} (q_i - \eta_i) |e_i(t)|$$

$$= e^{\delta t} \sum_{i=1}^{n} \left(\frac{\delta}{2} - d_i - \zeta_i \right) e_i^2(t) + e^{\delta t} \sum_{i=1}^{n} \sum_{j=1}^{n} e_i(t) a_{ij}(x) g_j(e_j(t))$$

$$+ e^{\delta t} \sum_{i=1}^{n} \sum_{j=1}^{n} e_i(t) b_{ij}(x) g_j(e_j(t-\tau)) - e^{\delta t} \sum_{i=1}^{n} \eta_i |e_i(t)|$$

$$+ e^{\delta t} \sum_{i=1}^{n} \sum_{j=1}^{n} [a_{ij}(x) - a_{ij}(y)] e_i(t) f_j(y_j(t))$$

$$+ \mathrm{e}^{\delta t} \sum_{i=1}^{n} \sum_{j=1}^{n} \left[b_{ij}(x) - b_{ij}(y) \right] e_i(t) f_j(y_j(t - \tau))$$

$$+ \frac{1}{2} \mathrm{e}^{\delta t} \sum_{i=1}^{n} \sum_{j=1}^{n} \bar{b}_{ji}^2 \mathrm{e}^{\delta \tau_i} g_i^2(e_i(t)) - \frac{1}{2} \mathrm{e}^{\delta t} \sum_{i=1}^{n} \sum_{j=1}^{n} \bar{b}_{ji}^2 g_i^2(e_i(t - \tau)),$$

由于

$$\sum_{i=1}^{n} \sum_{j=1}^{n} e_i(t) a_{ij}(x) g_j(e_j(t)) \leqslant \sum_{i=1}^{n} \sum_{j=1}^{n} |e_i(t)| \bar{a}_{ij} |g_j(e_j(t))|$$

$$\leqslant \sum_{i=1}^{n} \sum_{j=1}^{n} \left[\frac{1}{2} e_i^2(t) + \frac{1}{2} \bar{a}_{ij}^2 g_j^2(e_j(t)) \right]$$

$$= \sum_{i=1}^{n} \frac{n}{2} e_i^2(t) + \sum_{i=1}^{n} \sum_{j=1}^{n} \frac{1}{2} \bar{a}_{ij}^2 g_j^2(e_j(t)),$$

$$\sum_{i=1}^{n} \sum_{j=1}^{n} e_i(t) b_{ij}(x) g_j(e_j(t - \tau)) \leqslant \sum_{i=1}^{n} \sum_{j=1}^{n} |e_i(t)| \bar{b}_{ij} |g_j(e_j(t - \tau))|$$

$$\leqslant \sum_{i=1}^{n} \sum_{j=1}^{n} \left[\frac{1}{2} e_i^2(t) + \frac{1}{2} \bar{b}_{ij}^2 g_j^2(e_j(t - \tau)) \right]$$

$$= \sum_{i=1}^{n} \frac{n}{2} e_i^2(t) + \sum_{i=1}^{n} \sum_{j=1}^{n} \frac{1}{2} \bar{b}_{ij}^2 g_j^2(e_j(t - \tau)),$$

因此有

$$D^+ \tilde{V}(t) \leqslant \mathrm{e}^{\delta t} \sum_{i=1}^{n} \left(\frac{\delta}{2} - d_i - \zeta_i - n \right) e_i^2(t) + \mathrm{e}^{\delta t} \sum_{i=1}^{n} \sum_{j=1}^{n} \left(\bar{a}_{ij} + \bar{b}_{ij} \mathrm{e}^{\delta \tau_j} \right) g_j^2(e_j(t))$$

$$- \mathrm{e}^{\delta t} \sum_{i=1}^{n} \eta_i |e_i(t)| + \mathrm{e}^{\delta t} \sum_{i=1}^{n} \sum_{j=1}^{n} |a_{ij}(x) - a_{ij}(y)| |f_j(y_j(t))| |e_i(t)|$$

$$+ \mathrm{e}^{\delta t} \sum_{i=1}^{n} \sum_{j=1}^{n} |b_{ij}(x) - b_{ij}(y)| |f_j(y_j(t - \tau_j))| |e_i(t)|$$

$$\leqslant \mathrm{e}^{\delta t} \sum_{j=1}^{n} \left\{ \frac{\delta}{2} - d_j - \zeta_j + n + \sum_{i=1}^{n} \left(\bar{a}_{ij} + \bar{b}_{ij} \mathrm{e}^{\delta \tau} \right) l_j^2 \right\} e_j^2(t)$$

$$- \mathrm{e}^{\delta t} \sum_{i=1}^{n} \left\{ \eta_i - \sum_{j=1}^{n} \left[|a'_{ij}(u) - a''_{ij}| + |b'_{ij} - b''_{ij}| \right] M_j \right\} |e_i(t)|.$$

常数 $\zeta_j, \eta_j, j = 1, 2, \cdots, n$, 选取如下:

$$\zeta_j = \frac{\delta}{2} - d_j + n + \sum_{i=1}^{n} \left(\bar{a}_{ij} + \bar{b}_{ij} e^{\delta \tau_j} \right) l_j^2 + 1, \quad \eta_j = \sum_{i=1}^{n} \left(|a_{ji}' - a_{ji}''| + |b_{ji}' - b_{ji}''| \right) M_i.$$

根据条件 (10.3.13), 可知

$$D^+ \tilde{V}(t) \leqslant -\mathrm{e}^{\delta t} e^{\mathrm{T}}(t) e(t) \leqslant 0. \tag{10.3.15}$$

余下的证明类似于定理 10.3.1 中证明. 因此, 响应系统 (10.3.3) 在控制 (10.3.5) 与驱动系统 (10.3.1) 是全局指数同步的. 证毕.

10.3.2　耦合忆阻神经网络的同步

考虑由 N 个忆阻神经网络 (10.3.2) 通过非线性耦合方式耦合而成的网络, 模型如下:

$$\begin{aligned}
\frac{\mathrm{d}x_i(t)}{\mathrm{d}t} = {} & -Cx_i(t) + A(x_i)f(x_i(t)) + B(x_i)f(x_i(t-\tau)) + E \\
& + \sum_{j=1}^{N} g_{ij} \Gamma \phi(x_j - x_i), \quad i = 1, 2, \cdots, N,
\end{aligned} \tag{10.3.16}$$

其中 $x_i(t) = (x_{i1}(t), x_{i2}(t), \cdots, x_{in}(t))^{\mathrm{T}} \in \mathbb{R}^n$ 是第 i 个忆阻神经网络的状态向量; $f(\cdot) : \mathbb{R}^n \to \mathbb{R}^n$ 表示神经网络的信号传输函数; $\Gamma = \mathrm{diag}\{\gamma_1, \gamma_2, \cdots, \gamma_n\} \in \mathbb{R}^{n \times n}$ 是非负对角矩阵, 表示两个状态分量间的耦合强度; g_{ij} 表示耦合配置, 满足 $g_{ii} = 0$ 且 $g_{ij} \geqslant 0$; $\phi : \mathbb{R}^n \to \mathbb{R}^n$ 为非线性耦合函数; 模型中其他参数和符号的意义参见模型 (10.3.2). 记 $G = (g_{ij})_{N \times N}$, 称为耦合矩阵, 本小节中不要求 G 是对称矩阵, 即它对应的图可以是有向的也可以是无向的.

定义非线性耦合函数 $\phi : \mathbb{R}^n \to \mathbb{R}^n$ 如下:

$$\phi(v) = v + \mathrm{sgn}(v), \tag{10.3.17}$$

其中, $\mathrm{sgn}(v) = (\mathrm{sgn}\, v_1, \mathrm{sgn}\, v_2, \cdots, \mathrm{sgn}\, v_n)^{\mathrm{T}}$.

定义矩阵 $L = (l_{ij})_{N \times N} \in \mathbb{R}^{N \times N}$, 其中

$$l_{ij} = \begin{cases} g_{ij}, & i \neq j, \\ -\displaystyle\sum_{k=1}^{N} g_{ik}, & i = j, \end{cases} \tag{10.3.18}$$

则称 $-L$ 是 G 对应的 Laplace 矩阵. 若向量 $x \in \mathbb{R}^N$, 易得 Lx 的第 i 个分量 $(Lx)_i$ 满足

$$(Lx)_i = \sum_{j=1}^{N} g_{ij}(x_j - x_i).$$

记

$$\boldsymbol{C} = E_N \otimes C, \quad \boldsymbol{L} = L \otimes \Gamma, \quad \boldsymbol{x} = (x_1^{\mathrm{T}}, x_2^{\mathrm{T}}, \cdots, x_N^{\mathrm{T}})^{\mathrm{T}},$$

$$\boldsymbol{A}(\boldsymbol{x}) = \mathrm{diag}\{A(x_1), A(x_2), \cdots, A(x_N)\},$$

$$\boldsymbol{B}(\boldsymbol{x}) = \mathrm{diag}\{B(x_1), B(x_2), \cdots, B(x_N)\},$$

$$\boldsymbol{E} = (E^{\mathrm{T}}, E^{\mathrm{T}}, \cdots, E^{\mathrm{T}})^{\mathrm{T}}, \quad \boldsymbol{f}(\boldsymbol{x}) = (f^{\mathrm{T}}(x_1), f^{\mathrm{T}}(x_2), \cdots, f^{\mathrm{T}}(x_N))^{\mathrm{T}},$$

其中, $\otimes$ 是 Kronecker 乘积算子, E_N 是 N 阶单位矩阵, 则耦合系统 (10.3.16) 可以写成下列向量形式:

$$\frac{\mathrm{d}\boldsymbol{x}(t)}{\mathrm{d}t} = -\boldsymbol{C}\boldsymbol{x}(t) + \boldsymbol{A}(\boldsymbol{x})\boldsymbol{f}(\boldsymbol{x}(t)) + \boldsymbol{B}(\boldsymbol{x})\boldsymbol{f}(\boldsymbol{x}(t-\tau)) + \boldsymbol{E} + \boldsymbol{L}\boldsymbol{x}(t) + \boldsymbol{\psi},$$

$$(10.3.19)$$

这里

$$\boldsymbol{\psi} = \begin{pmatrix} \sum\limits_{j=1}^{N} g_{1j}\Gamma\mathrm{sgn}(x_j - x_1) \\ \sum\limits_{j=1}^{N} g_{2j}\Gamma\mathrm{sgn}(x_j - x_2) \\ \vdots \\ \sum\limits_{j=1}^{N} g_{Nj}\Gamma\mathrm{sgn}(x_j - x_N) \end{pmatrix} \in \mathbb{R}^{nN}. \qquad (10.3.20)$$

为了下面讨论的需要, 我们介绍一些定义和引理.

定义 10.3.2 集合 $\boldsymbol{S} = \{\boldsymbol{x}(s) = (x_1^{\mathrm{T}}(s), x_2^{\mathrm{T}}(s), \cdots, x_N^{\mathrm{T}}(s))^{\mathrm{T}} \mid x_i(s) \in C([-\tau, +\infty), \mathbb{R}^n), \ x_i(s) = x_j(s), \ i, j = 1, 2, \cdots, N\}$ 称为系统 (10.3.16) 的同步流形.

定义 10.3.3 对任意初值 $\boldsymbol{\varphi}_0 = (\varphi_{10}^{\mathrm{T}}, \varphi_{20}^{\mathrm{T}}, \cdots, \varphi_{N0}^{\mathrm{T}})^{\mathrm{T}} \in C([-\tau, 0], \mathbb{R}^{nN})$, 若存在常数 $\varepsilon > 0$, $K > 0$ 使得

$$\|x_i(t) - x_j(t)\| \leqslant K\mathrm{e}^{-\varepsilon t}, \quad t > t_0, \quad i, j = 1, 2, \cdots, N$$

成立, 则称耦合网络 (10.3.16) 或 (10.3.19) 是全局指数同步的. ε 称为耦合系统 (10.3.16) 或 (10.3.19) 的同步收敛速率.

定义 10.3.4 [488]　若矩阵 $M = (M_{ij})_{m \times N} \in \mathbb{R}^{m \times N}$ 的每行元素中仅有两个非零元且互为相反数, 其余元全为 0, 即对任意的 $i = 1, 2, \cdots, m$, 存在 i_1, i_2 使得 $M_{ii_1} = -M_{ii_2} = \alpha_i$ 和 $M_{ij} = 0, j \neq i_1, i_2$, 则称 $M \in \mathcal{M}_1^N$.

定义 10.3.5 [488]　对任意矩阵 $M \in \mathcal{M}_1^N$ 及其指标 i, j, 若存在指标 $i_1, i_2, \cdots,$ i_l 和 $p_1, p_2, \cdots, p_{l-1}$ 使得 $i_1 = i$, $i_l = j$, $M_{p_q i_q} = -M_{p_q i_{q+1}} \neq 0, 1 \leqslant q \leqslant l - 1$, 则称 $M \in \mathcal{M}_2^N$.

定义 10.3.6 [488]　若 $T = (T_{ij})_{N \times N} \in \mathbb{R}^{N \times N}$ 是对称矩阵且 $T_{ii} = -\sum_{k=1}^{N} T_{ik}$, $T_{ij} \geqslant 0, i \neq j, i, j = 1, 2, \cdots, N$, 则称 $T \in \mathcal{T}_1^N(0)$.

引理 10.3.1 [723]　矩阵 $A \in \mathcal{T}_1^N(0)$ 当且仅当存在矩阵 $M \in \mathcal{M}_1^N$ 使得 $A = -M^{\mathrm{T}}M$. 尤其, 若 A 还是不可约矩阵, 则必存在矩阵 $M \in \mathcal{M}_2^N$ 使得 $A = -M^{\mathrm{T}}M$.

下面, 我们利用 Lyapunov 方法和一些不等式技巧给出耦合系统 (10.3.16) 的同步准则. 记

$$\varsigma_{ij} = g_{ij} + g_{ji} - \sum_{\substack{k=1 \\ k \neq i, j}}^{N} (g_{ik} + g_{jk}), \quad \kappa_i = 2 \sum_{s=1}^{n} \bar{K}_s (d_{is}^a + d_{is}^b), \quad i, j = 1, 2, \cdots, N.$$

定理 10.3.3　若假设 10.3.1 成立, 且存在 $\varepsilon > 0$, 正定对角矩阵 $P = \mathrm{diag}\{p_1, p_2, \cdots, p_n\}$, 对角矩阵 $\Theta = \mathrm{diag}\{\theta_1, \theta_2, \cdots, \theta_n\}$, $r_1 \in [0, 1]$, $r_2 \in [0, 1]$ 和 $M \in \mathcal{M}_1^N$ 使得

$$\left\{ M^{\mathrm{T}}M(\gamma_r L + \theta_r E_N) \right\}^s \tag{10.3.21}$$

半负定, 且

$$\left(\frac{\varepsilon}{2} - c_r - \theta_r \right) p_r + \frac{1}{2} \sum_{s=1}^{n} \left(p_r |\hat{a}_{rs}| l_s^{2r_1} + p_s |\hat{a}_{sr}| l_r^{2 - 2r_1} \right)$$

$$+ \frac{1}{2} \sum_{s=1}^{n} \left(p_r |\hat{b}_{rs}| l_s^{2r_2} + p_s |\hat{b}_{sr}| l_r^{2 - 2r_2} e^{\varepsilon \tau} \right) \leqslant 0, \tag{10.3.22}$$

$$\kappa_r - \gamma_r \varsigma_{i_1 i_2} \leqslant 0, \tag{10.3.23}$$

其中, $r = 1, 2, \cdots, n$; i_1, i_2 是矩阵 M 第 i 行非零元对应的列指标; 对矩阵 A, $\{A\}^s \triangleq \frac{1}{2}(A + A^{\mathrm{T}})$, 则耦合系统 (10.3.16) 是全局指数同步的.

证明　记 $\boldsymbol{M} = M \otimes E_n$, $\boldsymbol{y}(t) = \boldsymbol{M}\boldsymbol{x}(t) = \left(y_1^{\mathrm{T}}(t), y_2^{\mathrm{T}}(t), \cdots, y_m^{\mathrm{T}}(t) \right)^{\mathrm{T}}$. 根据矩阵 $\boldsymbol{M}$ 的结构可知, $y_i(t) = \alpha_i(x_{i_1}(t) - x_{i_2}(t))$, $i = 1, 2, \cdots, m$. 注意到, $\|\boldsymbol{y}\| = \|\boldsymbol{M}\boldsymbol{x}\|$ 可以用来表示 $\boldsymbol{x}$ 到同步流形 $\boldsymbol{S}$ 的距离. 易得 $\|\boldsymbol{y}\| = 0$ 当且仅当 $\boldsymbol{x} \in \boldsymbol{S}$.

令 $\boldsymbol{P} = E_m \otimes P$. 考虑如下的 Lyapunov 函数:

$$V(t, \boldsymbol{x}(t)) = \frac{1}{2}\boldsymbol{x}^{\mathrm{T}}(t)\boldsymbol{M}^{\mathrm{T}}\boldsymbol{P}\boldsymbol{M}\boldsymbol{x}(t)\mathrm{e}^{\varepsilon t}$$
$$+ \frac{1}{2}\sum_{i=1}^{m}\sum_{r=1}^{n}\sum_{s=1}^{n}p_r|\hat{b}_{rs}|l_s^{2(1-r_2)}\int_{t-\tau}^{t}y_{is}^2(u)\mathrm{e}^{\varepsilon(u+\tau)}\mathrm{d}u. \quad (10.3.24)$$

容易验证

$$V(t, \boldsymbol{x}(t)) \geqslant \frac{1}{2}p_{\min}\mathrm{e}^{\varepsilon t}\|\boldsymbol{y}(t)\|, \quad (10.3.25)$$

其中 $p_{\min} = \min\limits_{1\leqslant r\leqslant n}\{p_r\} > 0$.

令 $\boldsymbol{\Theta} = E_N \otimes \Theta$, 计算 V 沿系统 (10.3.19) 解的右上 Dini 导数, 有

$$D^+V(t, \boldsymbol{x}(t)) = \frac{1}{2}\varepsilon\mathrm{e}^{\varepsilon t}\boldsymbol{x}^{\mathrm{T}}(t)\boldsymbol{M}^{\mathrm{T}}\boldsymbol{P}\boldsymbol{M}\boldsymbol{x}(t) + \mathrm{e}^{\varepsilon t}\boldsymbol{x}^{\mathrm{T}}(t)\boldsymbol{M}^{\mathrm{T}}\boldsymbol{P}\boldsymbol{M}\Big(-\boldsymbol{C}\boldsymbol{x}(t) - \boldsymbol{\Theta}\boldsymbol{x}(t)$$
$$+ \boldsymbol{A}\boldsymbol{f}(\boldsymbol{x}(t)) + \boldsymbol{B}\boldsymbol{f}(\boldsymbol{x}(t-\tau)) + E + \boldsymbol{L}\boldsymbol{x}(t) + \boldsymbol{\Theta}\boldsymbol{x}(t) + \boldsymbol{\psi}\Big)$$
$$+ \frac{1}{2}\sum_{i=1}^{m}\sum_{r=1}^{n}\sum_{s=1}^{n}p_r|\hat{b}_{rs}|l_s^{2(1-r_2)}\Big(y_{is}^2(t)\mathrm{e}^{\varepsilon(t+\tau)} - y_{is}^2(t-\tau)\mathrm{e}^{\varepsilon t}\Big).$$
$$(10.3.26)$$

记

$$\boldsymbol{C}_1 = E_m \otimes C, \quad \hat{A} = (\hat{a}_{ij})_{n\times n}, \quad \hat{B} = (\hat{b}_{ij})_{n\times n}, \quad \hat{\boldsymbol{A}} = \hat{A} \otimes E_n,$$
$$\hat{\boldsymbol{B}} = \hat{B} \otimes E_n, \quad \hat{\boldsymbol{A}}_1 = E_m \otimes \hat{A}, \quad \hat{\boldsymbol{B}}_1 = E_m \otimes \hat{B}, \quad \boldsymbol{\Theta}_1 = E_m \otimes \Theta,$$

易得

$$\boldsymbol{M}\boldsymbol{C} = \boldsymbol{C}_1\boldsymbol{M}, \quad \boldsymbol{M}\boldsymbol{\Theta} = \boldsymbol{\Theta}_1\boldsymbol{M}, \quad \boldsymbol{M}E = \boldsymbol{0}, \quad (10.3.27)$$
$$\boldsymbol{M}\hat{\boldsymbol{A}} = \hat{\boldsymbol{A}}_1\boldsymbol{M}, \quad \boldsymbol{M}\hat{\boldsymbol{B}} = \hat{\boldsymbol{B}}_1\boldsymbol{M}, \quad (10.3.28)$$

$$\boldsymbol{M}\boldsymbol{A}\boldsymbol{f}(\boldsymbol{x}) = \boldsymbol{M}\hat{\boldsymbol{A}}\boldsymbol{f}(\boldsymbol{x}) + \boldsymbol{M}(\boldsymbol{A} - \hat{\boldsymbol{A}})\boldsymbol{f}(\boldsymbol{x}) = \hat{\boldsymbol{A}}_1\boldsymbol{M}\boldsymbol{f}(\boldsymbol{x}) + \boldsymbol{M}(\boldsymbol{A} - \hat{\boldsymbol{A}})\boldsymbol{f}(\boldsymbol{x}),$$
$$(10.3.29)$$

$$\boldsymbol{M}\boldsymbol{B}\boldsymbol{f}(\boldsymbol{x}(t-\tau)) = \boldsymbol{M}\hat{\boldsymbol{B}}\boldsymbol{f}(\boldsymbol{x}(t-\tau)) + \boldsymbol{M}(\boldsymbol{B} - \hat{\boldsymbol{B}})\boldsymbol{f}(\boldsymbol{x}(t-\tau))$$
$$= \hat{\boldsymbol{B}}_1\boldsymbol{M}\boldsymbol{f}(\boldsymbol{x}(t-\tau)) + \boldsymbol{M}(\boldsymbol{B} - \hat{\boldsymbol{B}})\boldsymbol{f}(\boldsymbol{x}(t-\tau)), \quad (10.3.30)$$

$$\boldsymbol{M}\boldsymbol{f}(\boldsymbol{x}) = \begin{pmatrix} \alpha_1(f(x_{1_1}) - f(x_{1_2})) \\ \vdots \\ \alpha_i(f(x_{i_1}) - f(x_{i_2})) \\ \vdots \\ \alpha_m(f(x_{m_1}) - f(x_{m_2})) \end{pmatrix} = \begin{pmatrix} \alpha_1\tilde{f}(\alpha_1^{-1}y_1) \\ \vdots \\ \alpha_i\tilde{f}(\alpha_i^{-1}y_i) \\ \vdots \\ \alpha_m\tilde{f}(\alpha_m^{-1}y_m) \end{pmatrix} \triangleq \begin{pmatrix} h(y_1) \\ h(y_2) \\ \vdots \\ h(y_m) \end{pmatrix} = \boldsymbol{h}(\boldsymbol{y}),$$
$$(10.3.31)$$

其中 $\tilde{f}(x_1 - x_2) \triangleq f(x_1) - f(x_2)$, $h(y_i) = (h_1(y_{i1}), h_2(y_{i2}), \cdots, h_n(y_{in}))^{\mathrm{T}}$.

根据假设 10.3.1, 易得 $|h_j(y_{ij})| \leqslant l_j|y_{ij}|$, $i = 1, 2, \cdots, m, j = 1, 2, \cdots, n$, 进而有

$$
\boldsymbol{x}^{\mathrm{T}}(t)\boldsymbol{M}^{\mathrm{T}}\boldsymbol{P}\boldsymbol{M}\left[(\boldsymbol{A} - \hat{\boldsymbol{A}})\boldsymbol{f}(\boldsymbol{x}) + (\boldsymbol{B} - \hat{\boldsymbol{B}})\boldsymbol{f}(\boldsymbol{x}(t - \tau))\right]
$$

$$
= \sum_{i=1}^{m}\sum_{r=1}^{n}\alpha_i p_r y_{ir}(t)\sum_{s=1}^{n}\Big((a_{rs}(x_{i_1}) - \hat{a}_{rs})f_s(x_{i_1s}(t)) - (a_{rs}(x_{i_2}) - \hat{a}_{rs})f_s(x_{i_2s}(t))
$$

$$
+ (b_{rs}(x_{i_1}) - \hat{b}_{rs})f_s(x_{i_1s}(t - \tau)) - (b_{rs}(x_{i_2}) - \hat{b}_{rs})f_s(x_{i_2s}(t - \tau))\Big)
$$

$$
\leqslant \sum_{i=1}^{m}\sum_{r=1}^{n}\alpha_i p_r \sum_{s=1}^{n}2\bar{K}_s(d_{rs}^a + d_{rs}^b)|y_{ir}(t)|
$$

$$
= \sum_{i=1}^{m}\sum_{r=1}^{n}\alpha_i p_r \kappa_r |y_{ir}(t)|, \tag{10.3.32}
$$

$$
\boldsymbol{x}^{\mathrm{T}}(t)\boldsymbol{M}^{\mathrm{T}}\boldsymbol{P}\boldsymbol{M}\boldsymbol{\psi}
$$

$$
= \sum_{i=1}^{m}\sum_{r=1}^{n}\alpha_i p_r \gamma_r (x_{i_1r} - x_{i_2r})\left[\sum_{j=1}^{N}g_{i_1j}\mathrm{sgn}(x_{jr} - x_{i_1r}) - \sum_{j=1}^{N}g_{i_2j}\mathrm{sgn}(x_{jr} - x_{i_2r})\right]
$$

$$
= \sum_{i=1}^{m}\sum_{r=1}^{n}\alpha_i p_r \gamma_r \left[-(g_{i_1i_2} + g_{i_2i_1})|x_{i_1r} - x_{i_2r}|\right.
$$

$$
\left. + (x_{i_1r} - x_{i_2r})\left(\sum_{\substack{j=1\\j\neq i_2}}^{N}g_{i_1j}\mathrm{sgn}(x_{jr} - x_{i_1r}) - \sum_{\substack{j=1\\j\neq i_1}}^{N}g_{i_2j}\mathrm{sgn}(x_{jr} - x_{i_2r})\right)\right]
$$

$$
\leqslant \sum_{i=1}^{m}\sum_{r=1}^{n}\alpha_i p_r \gamma_r |x_{i_1r} - x_{i_2r}|\left(-(g_{i_1i_2} + g_{i_2i_1}) + \sum_{\substack{j=1\\j\neq i_1,i_2}}^{N}(g_{i_1j} + g_{i_2j})\right)
$$

$$
\leqslant -\sum_{i=1}^{m}\sum_{r=1}^{n}\alpha_i p_r \gamma_r \varsigma_{i_1i_2}|y_{ir}(t)|. \tag{10.3.33}
$$

将 (10.3.27)—(10.3.33) 代入 (10.3.26), 有

$$
D^+V(t, \boldsymbol{x}(t))
$$

$$
\leqslant \sum_{i=1}^{m}\sum_{r=1}^{n}p_r\mathrm{e}^{\varepsilon t}\left[\frac{\varepsilon}{2}y_{ir}^2(t) + y_{ir}(t)\Big(-(c_r + \theta_r)y_{ir}(t)\right.
$$

$$+ \sum_{s=1}^{n} \left(\hat{a}_{rs} h_s(y_{is}(t)) + \hat{b}_{rs} h_s(y_{is}(t-\tau)) \right) \Big)$$

$$+ \alpha_i (\kappa_r - \gamma_r \varsigma_{i_1 i_2}) |y_{ir}| + \frac{1}{2} \sum_{s=1}^{n} |\hat{b}_{rs}| l_s^{2(1-r_2)} \left(y_{is}^2(t) e^{\varepsilon\tau} - y_{is}^2(t-\tau) \right) \Big]$$

$$+ e^{\varepsilon t} \boldsymbol{x}^{\mathrm{T}}(t) \boldsymbol{M}^{\mathrm{T}} \boldsymbol{P} \boldsymbol{M} (\boldsymbol{L} + \boldsymbol{\Theta}) \boldsymbol{x}(t)$$

$$\leqslant \sum_{i=1}^{m} \sum_{r=1}^{n} p_r e^{\varepsilon t} \left[\left(\frac{\varepsilon}{2} - c_r - \theta_r \right) y_{ir}^2(t) + \sum_{s=1}^{n} \left(\hat{a}_{rs} y_{ir}(t) h_s(y_{is}(t)) \right. \right.$$

$$+ \hat{b}_{rs} y_{ir}(t) h_s(y_{is}(t-\tau)) \Big)$$

$$+ \frac{1}{2} \sum_{s=1}^{n} |\hat{b}_{rs}| l_s^{2(1-r_2)} \left(y_{is}^2(t) e^{\varepsilon\tau} - y_{is}^2(t-\tau) \right) \Big]$$

$$+ e^{\varepsilon t} \boldsymbol{x}^{\mathrm{T}}(t) \boldsymbol{M}^{\mathrm{T}} \boldsymbol{P} \boldsymbol{M} (\boldsymbol{L} + \boldsymbol{\Theta}) \boldsymbol{x}(t)$$

$$\leqslant \sum_{i=1}^{m} \sum_{r=1}^{n} p_r e^{\varepsilon t} \left[\left(\frac{\varepsilon}{2} - c_r - \theta_r \right) y_{ir}^2(t) + \sum_{s=1}^{n} \left(|\hat{a}_{rs}| |y_{ir}(t)| l_s |y_{is}(t)| \right. \right.$$

$$+ |\hat{b}_{rs}| |y_{ir}(t)| l_s |y_{is}(t-\tau)| \Big)$$

$$+ \frac{1}{2} \sum_{s=1}^{n} |\hat{b}_{rs}| l_s^{2(1-r_2)} \left(y_{is}^2(t) e^{\varepsilon\tau} - y_{is}^2(t-\tau) \right) \Big]$$

$$+ e^{\varepsilon t} \boldsymbol{x}^{\mathrm{T}}(t) \boldsymbol{M}^{\mathrm{T}} \boldsymbol{P} \boldsymbol{M} (\boldsymbol{L} + \boldsymbol{\Theta}) \boldsymbol{x}(t)$$

$$\leqslant \sum_{i=1}^{m} \sum_{r=1}^{n} p_r e^{\varepsilon t} \left[\left(\frac{\varepsilon}{2} - c_r - \theta_r \right) y_{ir}^2(t) \right.$$

$$+ \sum_{s=1}^{n} \left(|\hat{a}_{rs}| \cdot \frac{1}{2} \left((|y_{ir}(t)| l_s^{r_1})^2 + (|y_{is}(t)| l_s^{1-r_1})^2 \right) \right.$$

$$+ |\hat{b}_{rs}| \cdot \frac{1}{2} \left((|y_{ir}(t)| l_s^{r_2})^2 + (|y_{is}(t-\tau)| l_s^{1-r_2})^2 \right) \Big)$$

$$+ \frac{1}{2} \sum_{s=1}^{n} |\hat{b}_{rs}| l_s^{2(1-r_2)} \left(y_{is}^2(t) e^{\varepsilon\tau} - y_{is}^2(t-\tau) \right) \Big]$$

$$+ e^{\varepsilon t} \boldsymbol{x}^{\mathrm{T}}(t) \boldsymbol{M}^{\mathrm{T}} \boldsymbol{P} \boldsymbol{M} (\boldsymbol{L} + \boldsymbol{\Theta}) \boldsymbol{x}(t)$$

$$\leqslant \sum_{i=1}^{m} \sum_{r=1}^{n} e^{\varepsilon t} \left[\left(\left(\frac{\varepsilon}{2} - c_r - \theta_r \right) p_r + \frac{1}{2} \sum_{s=1}^{n} \left(p_r |\hat{a}_{rs}| l_s^{2r_1} + p_s |\hat{a}_{sr}| l_r^{2(1-r_1)} \right) \right. \right.$$

$$+ \frac{1}{2} \sum_{s=1}^{n} \left(p_r |\hat{b}_{rs}| l_s^{2r_2} + p_s |\hat{b}_{sr}| l_r^{2(1-r_2)} e^{\varepsilon\tau} \right) \Big) y_{ir}^2(t) \Big]$$

$$+ e^{\varepsilon t} \boldsymbol{x}^{\mathrm{T}}(t) \boldsymbol{M}^{\mathrm{T}} \boldsymbol{P} \boldsymbol{M} (\boldsymbol{L} + \boldsymbol{\Theta}) \boldsymbol{x}(t)$$

$$\leqslant \mathrm{e}^{\varepsilon t} \boldsymbol{x}^{\mathrm{T}}(t) \boldsymbol{M}^{\mathrm{T}} \boldsymbol{P} \boldsymbol{M} (\boldsymbol{L} + \boldsymbol{\Theta}) \boldsymbol{x}(t). \tag{10.3.34}$$

记 $\bar{y}_j(t) = (y_{1j}(t), y_{2j}(t), \cdots, y_{mj}(t))^{\mathrm{T}}$, $\bar{x}_j(t) = (x_{1j}(t), x_{2j}(t), \cdots, x_{Nj}(t))^{\mathrm{T}}$, 则有 $\bar{y}_j(t) = M\bar{x}_j(t)$, $j = 1, 2, \cdots, n$. 因此

$$\boldsymbol{x}^{\mathrm{T}}(t) \boldsymbol{M}^{\mathrm{T}} \boldsymbol{P} \boldsymbol{M} (\boldsymbol{L} + \boldsymbol{\Theta}) \boldsymbol{x}(t) = \sum_{i=1}^{n} p_i \bar{x}_i^{\mathrm{T}}(t) M^{\mathrm{T}} M (\gamma_i L + \theta_i E_N) \bar{x}_i(t) \leqslant 0. \tag{10.3.35}$$

根据条件 (10.3.21) 可得

$$D^+ V(t, \boldsymbol{x}(t)) \leqslant 0.$$

即有

$$V(t, \boldsymbol{x}(t)) \leqslant V(0, \boldsymbol{x}(0)), \quad \forall t \geqslant 0.$$

再由 (10.3.25), 有

$$\|\boldsymbol{y}(t)\| \leqslant 2 p_{\min}^{-1} V(t, \boldsymbol{x}(t)) \mathrm{e}^{-\varepsilon t} \leqslant 2 p_{\min}^{-1} V(0, \boldsymbol{x}(0)) \mathrm{e}^{-\varepsilon t}.$$

根据定义 10.3.3 可知耦合系统 (10.3.16) 是全局指数同步的. 证毕.

注 10.3.4 从定理 10.3.3 的证明过程来看, 耦合项中的符号函数发挥了重要作用. 由于忆阻神经网络是依赖状态切换的, 当每个子系统的初值不同时, 也就会产生参数失配现象. 这里的符号函数能抑制参数失配的影响, 使整个系统达到同步. 这也是忆阻神经网络与传统神经网络的主要区别之处.

在应用定理 10.3.3 时, 最关键的是寻找合适的矩阵 $M \in \mathcal{M}_1^N$. 注意到, 若 G 表示一个无向图, 则 $L \in \mathcal{T}_1^N(0)$. 此外, 若此图还是连通的, 则 L 是不可约的. 根据引理 10.3.1 可知存在一个 $m \times N$ 的矩阵 $M \in \mathcal{M}_1^N$ 使得 $L = -M^{\mathrm{T}} M$. 根据对称 Laplace 矩阵的性质可知, L 的特征值满足 $0 = \lambda_1 > \lambda_2 \geqslant \lambda_3 \geqslant \cdots \geqslant \lambda_N$, 其中 0 是单特征根, λ_2 是 L 最大的非零特征值. 如果用 $-L$ 代替定理 10.3.3 中的 $M^{\mathrm{T}} M$, 则有下面的结论.

推论 10.3.1 若假设 10.3.1 成立, G 是对称不可约矩阵, 且存在 $\varepsilon > 0$, 正定对角矩阵 $P = \mathrm{diag}\{p_1, p_2, \cdots, p_n\}$, $r_1 \in [0, 1]$, $r_2 \in [0, 1]$ 使得

$$p_r \gamma_r \lambda_2^2 + \delta_r \lambda_2 \geqslant 0, \quad r = 1, 2, \cdots, n, \tag{10.3.36}$$

$$\kappa_r - \gamma_r \varsigma_{i_1 i_2} \leqslant 0, \quad r = 1, 2, \cdots, n, \tag{10.3.37}$$

其中, i_1, i_2 如定理 10.3.3 所定义,

$$\delta_r = \left(\frac{\varepsilon}{2} - c_r \right) p_r + \frac{1}{2} \sum_{s=1}^{n} \left(p_r |\hat{a}_{rs}| l_s^{2r_1} + p_s |\hat{a}_{sr}| l_r^{2-2r_1} \right)$$

$$+ \frac{1}{2} \sum_{s=1}^{n} \left(p_r |\hat{b}_{rs}| l_s^{2r_2} + p_s |\hat{b}_{sr}| l_r^{2-2r_2} \mathrm{e}^{\varepsilon \tau} \right),$$

则耦合系统 (10.3.16) 是全局指数同步的.

证明   考虑由 (10.3.24) 定义的 Lyapunov 函数. 令 $\boldsymbol{\Theta} = 0$, 与定理 10.3.3 分析类似, 再结合 $L = -M^{\mathrm{T}} M$, 则式 (10.3.35) 可变成:

$$\boldsymbol{x}^{\mathrm{T}}(t) \boldsymbol{M}^{\mathrm{T}} \boldsymbol{P} \boldsymbol{M} \boldsymbol{L} \boldsymbol{x}(t) = \sum_{i=1}^{n} p_i \bar{x}_i^{\mathrm{T}}(t) M^{\mathrm{T}} M \gamma_i L \bar{x}_i(t) = -\sum_{i=1}^{n} p_i \gamma_i \bar{x}_i^{\mathrm{T}}(t) L^2 \bar{x}_i(t) \leqslant 0.$$

再由于

$$\sum_{i=1}^{m} \sum_{r=1}^{n} \delta_r y_{ir}^2(t) = \sum_{i=1}^{n} \delta_i \bar{y}_i^{\mathrm{T}}(t) \bar{y}_i(t) = \sum_{i=1}^{n} \delta_i \bar{x}_i^{\mathrm{T}}(t) M^{\mathrm{T}} M \bar{x}_i(t) = -\sum_{i=1}^{n} \delta_i \bar{x}_i^{\mathrm{T}}(t) L \bar{x}_i(t),$$

因此有

$$D^+ V(t, \boldsymbol{x}(t)) \leqslant -\sum_{i=1}^{n} \bar{x}_i^{\mathrm{T}}(t) \left[p_i \gamma_i L^2 + \delta_i L \right] \bar{x}_i(t).$$

根据条件 (10.3.36), 可知 $p_i \gamma_i L^2 + \delta_i L$ 的特征值不小于 0, 进而有

$$D^+ V(t, \boldsymbol{x}(t)) \leqslant 0. \tag{10.3.38}$$

余下的证明类似于定理 10.3.3.   证毕.

在经典的神经网络中, 信号传输函数在其定义域上通常是单调不减的. 例如, Hopfield 神经网络[311]的 S 型信号传输函数、细胞神经网络[141]的分段线性信号传输函数. 如信号传输函数是单调不减的, 则有

$$\hat{a}_{rr} y_{ir}(t) h_r(y_{ir}(t)) \leqslant (\hat{a}_{rr})^+ l_r y_{ir}^2(t),$$

其中 $(\hat{a}_{rr})^+ = \max\{\hat{a}_{rr}, 0\}$. 因此

$$\sum_{s=1}^{n} \left(\hat{a}_{rs} y_{ir}(t) h_s(y_{is}(t)) + \hat{b}_{rs} y_{ir}(t) h_s(y_{is}(t - \tau)) \right)$$

$$\leqslant (\hat{a}_{rr})^+ l_r y_{ir}^2(t) + \sum_{\substack{s=1 \\ s \neq r}}^{n} |\hat{a}_{rs}| |y_{ir}(t)| l_s |y_{is}(t)| + \sum_{s=1}^{n} |\hat{b}_{rs}| |y_{ir}(t)| l_s |y_{is}(t - \tau)|.$$

$$\tag{10.3.39}$$

把 (10.3.39) 应用到 (10.3.34) 的第三个不等式中, 可得下面的推论.

推论 10.3.2　若假设 10.3.1 成立, 信号传输函数在其定义域上是单调不减的, 且存在 $\varepsilon > 0$, 正定对角矩阵 $P = \mathrm{diag}\{p_1, p_2, \cdots, p_n\}$, 对角矩阵 $\Theta = \mathrm{diag}\{\theta_1, \theta_2, \cdots, \theta_n\}$, $r_1 \in [0, 1]$, $r_2 \in [0, 1]$, 以及 $m \times N$ 矩阵 $M \in \mathcal{M}_1^N$ 使得对 $r = 1, 2, \cdots, n$ 有

$$\left\{ M^{\mathrm{T}} M (\gamma_r L + \theta_r E_N) \right\}^s \tag{10.3.40}$$

半负定, 且

$$\left(\frac{\varepsilon}{2} - c_r - \theta_r + (\hat{a}_{rr})^+ l_r \right) p_r + \frac{1}{2} \sum_{\substack{s=1 \\ s \neq r}}^{n} \left(p_r |\hat{a}_{rs}| l_s^{2r_1} + p_s |\hat{a}_{sr}| l_r^{2-2r_1} \right)$$

$$+ \frac{1}{2} \sum_{s=1}^{n} \left(p_r |\hat{b}_{rs}| l_s^{2r_2} + p_s |\hat{b}_{sr}| l_r^{2-2r_2} \mathrm{e}^{\varepsilon \tau} \right) \leqslant 0, \tag{10.3.41}$$

$$\kappa_r - \gamma_r \varsigma_{i_1 i_2} \leqslant 0, \tag{10.3.42}$$

其中 i_1, i_2 如定理 10.3.3 中所定义, 则耦合系统 (10.3.16) 是全局指数同步的.

下面通过构造一个新的 Lyapunov 函数给出另一个结果, 该结果易于使用 MATLAB 工具箱进行验证.

定理 10.3.4　令 $\bar{L} = \mathrm{diag}\{l_1, l_2, \cdots, l_n\}$, 若假设 10.3.1 成立, 存在 $\varepsilon > 0$, 正定对角矩阵 $P = \mathrm{diag}\{p_1, p_2, \cdots, p_n\}$, $\Sigma = \mathrm{diag}\{\sigma_1, \sigma_2, \cdots, \sigma_n\}$, 对角矩阵 $\Theta = \mathrm{diag}\{\theta_1, \theta_2, \cdots, \theta_n\}$, 半正定矩阵 $Q \in \mathbb{R}^{n \times n}$ 和 $m \times N$ 矩阵 $M \in \mathcal{M}_1^N$ 使得

$$\Omega = \begin{pmatrix} 2P(\varepsilon E_n - C - \Theta) \\ + \bar{L}\Sigma\bar{L} & P\hat{A} & P\hat{B} \\ \hat{A}^{\mathrm{T}} P & -\Sigma + Q\mathrm{e}^{2\varepsilon\tau} & 0 \\ \hat{B}^{\mathrm{T}} P & 0 & -Q \end{pmatrix} \tag{10.3.43}$$

和

$$\left\{ M^{\mathrm{T}} M (\gamma_r L + \theta_r E_N) \right\}^s, \quad r = 1, 2, \cdots, n \tag{10.3.44}$$

半负定, 且

$$\kappa_r - \gamma_r \varsigma_{i_1 i_2} \leqslant 0, \quad r = 1, 2, \cdots, n, \tag{10.3.45}$$

其中 i_1, i_2 如定理 10.3.3 中所定义, 则耦合系统 (10.3.16) 是全局指数同步的.

证明　构造 Lyapunov 函数如下:

$$V(t, \boldsymbol{x}(t)) = \boldsymbol{x}^{\mathrm{T}}(t) \boldsymbol{M}^{\mathrm{T}} \boldsymbol{P} \boldsymbol{M} \boldsymbol{x}(t) \mathrm{e}^{2\varepsilon t} + \int_{t-\tau}^{t} \boldsymbol{f}(\boldsymbol{x}(s))^{\mathrm{T}} \boldsymbol{M}^{\mathrm{T}} \boldsymbol{Q} \boldsymbol{f}(\boldsymbol{x}(s)) \mathrm{e}^{2\varepsilon(s+\tau)} \mathrm{d}s.$$

$$\tag{10.3.46}$$

计算 $V(t, \boldsymbol{x}(t))$ 沿系统 (10.3.19) 解的右上 Dini 导数, 有

$$
\begin{aligned}
&D^+ V(t, \boldsymbol{x}(t)) \\
&= 2\varepsilon \mathrm{e}^{2\varepsilon t} \boldsymbol{x}^{\mathrm{T}}(t) \boldsymbol{M}^{\mathrm{T}} \boldsymbol{P} \boldsymbol{M} \boldsymbol{x}(t) \\
&\quad + 2\mathrm{e}^{2\varepsilon t} \boldsymbol{x}^{\mathrm{T}}(t) \boldsymbol{M}^{\mathrm{T}} \boldsymbol{P} \boldsymbol{M} [-\boldsymbol{C} \boldsymbol{x}(t) + \boldsymbol{A} \boldsymbol{f}(\boldsymbol{x}(t)) + \boldsymbol{B} \boldsymbol{f}(x(t-\tau)) \\
&\quad + \boldsymbol{u}(t) + \boldsymbol{L} \boldsymbol{x}(t) + \boldsymbol{\psi} - \boldsymbol{\Theta} \boldsymbol{x} + \boldsymbol{\Theta} \boldsymbol{x}] + \mathrm{e}^{2\varepsilon(t+\tau)} \boldsymbol{f}^{\mathrm{T}}(\boldsymbol{x}(t)) \boldsymbol{M}^{\mathrm{T}} \boldsymbol{Q} \boldsymbol{M} \boldsymbol{f}(\boldsymbol{x}(t)) \\
&\quad - \mathrm{e}^{2\varepsilon t} \boldsymbol{f}^{\mathrm{T}}(\boldsymbol{x}(t-\tau)) \boldsymbol{M}^{\mathrm{T}} \boldsymbol{Q} \boldsymbol{M} \boldsymbol{f}(\boldsymbol{x}(t-\tau)),
\end{aligned}
$$

其中 $\boldsymbol{\Theta} = E_N \otimes \Theta$.

记 $\boldsymbol{\Theta}_1 = E_m \otimes \Theta$, $\boldsymbol{\Sigma} = E_m \otimes \Sigma$. 类似于定理 10.3.3 的证明, 可得

$$
\begin{aligned}
&D^+(V(t, \boldsymbol{x}(t))) \\
&\leqslant 2\mathrm{e}^{2\varepsilon t} \boldsymbol{x}^{\mathrm{T}}(t) \boldsymbol{M}^{\mathrm{T}} \boldsymbol{P} \left[(\varepsilon E_{Nn} - \boldsymbol{C}_1 - \boldsymbol{\Theta}_1) \boldsymbol{M} \boldsymbol{x}(t) + \hat{\boldsymbol{A}}_1 \boldsymbol{M} \boldsymbol{f}(\boldsymbol{x}) + \hat{\boldsymbol{B}}_1 \boldsymbol{M} \boldsymbol{f}(\boldsymbol{x}(t-\tau)) \right] \\
&\quad + 2\mathrm{e}^{2\varepsilon t} \boldsymbol{x}^{\mathrm{T}}(t) \boldsymbol{M}^{\mathrm{T}} \boldsymbol{P} \boldsymbol{M} (\boldsymbol{L} + \boldsymbol{\Theta}) \boldsymbol{x}(t) + \mathrm{e}^{2\varepsilon t} \boldsymbol{f}^{\mathrm{T}}(\boldsymbol{x}(t)) \boldsymbol{M}^{\mathrm{T}} \boldsymbol{\Sigma} \boldsymbol{M} \boldsymbol{f}(\boldsymbol{x}(t)) \\
&\quad - \mathrm{e}^{2\varepsilon t} \boldsymbol{f}^{\mathrm{T}}(\boldsymbol{x}(t)) \boldsymbol{M}^{\mathrm{T}} \boldsymbol{\Sigma} \boldsymbol{M} \boldsymbol{f}(\boldsymbol{x}(t)) + \mathrm{e}^{2\varepsilon(t+\tau)} \boldsymbol{f}^{\mathrm{T}}(\boldsymbol{x}(t)) \boldsymbol{M}^{\mathrm{T}} \boldsymbol{Q} \boldsymbol{M} \boldsymbol{f}(\boldsymbol{x}(t)) \\
&\quad - \mathrm{e}^{2\varepsilon t} \boldsymbol{f}^{\mathrm{T}}(\boldsymbol{x}(t-\tau)) \boldsymbol{M}^{\mathrm{T}} \boldsymbol{Q} \boldsymbol{M} \boldsymbol{f}(\boldsymbol{x}(t-\tau)).
\end{aligned}
$$

根据 (10.3.31) 和假设 10.3.1, 可得

$$
\boldsymbol{f}^{\mathrm{T}}(\boldsymbol{x}(t)) \boldsymbol{M}^{\mathrm{T}} \boldsymbol{\Sigma} \boldsymbol{M} \boldsymbol{f}(\boldsymbol{x}(t)) = \sum_{i=1}^{m} h^{\mathrm{T}}(y_i(t)) \Sigma h(y_i(t)) \leqslant \sum_{i=1}^{m} y_i^{\mathrm{T}}(t) \bar{L} \Sigma \bar{L} y_i(t).
$$

令 $\eta_i = \left(y_i^{\mathrm{T}}(t), h^{\mathrm{T}}(y_i(t)), h^{\mathrm{T}}(y_i(t-\tau)) \right)^{\mathrm{T}}$, 则

$$
D^+ V(t, \boldsymbol{x}(t)) \leqslant 2\mathrm{e}^{2\varepsilon t} \boldsymbol{x}^{\mathrm{T}}(t) \boldsymbol{M}^{\mathrm{T}} \boldsymbol{P} \boldsymbol{M} (\boldsymbol{L} + \boldsymbol{\Theta}) \boldsymbol{x}(t) + \sum_{i=1}^{m} \mathrm{e}^{2\varepsilon t} \eta_i^{\mathrm{T}} \Omega \eta_i.
$$

由条件 (10.3.44) 和 (10.3.35), 有

$$
\boldsymbol{x}^{\mathrm{T}}(t) \boldsymbol{M}^{\mathrm{T}} \boldsymbol{P} \boldsymbol{M} (\boldsymbol{L} + \boldsymbol{\Theta}) \boldsymbol{x}(t) = \sum_{i=1}^{n} p_i \bar{x}_i^{\mathrm{T}}(t) \boldsymbol{M}^{\mathrm{T}} M (\gamma_i L + \theta_i E_N) \bar{x}_i(t) \leqslant 0.
$$

$$
(10.3.47)
$$

由于 Ω 半负定, 再结合 (10.3.47), 可知

$$
D^+ V(t, \boldsymbol{x}(t)) \leqslant 0.
$$

余下的证明类似于定理 10.3.3. 证毕.

注 10.3.5 注意到在 (10.3.29) 和 (10.3.30) 中, 若

$$MAf(x) = M\tilde{A}f(x) + M(A - \tilde{A})f(x) = \tilde{A}_1 Mf(x) + M(A - \tilde{A})f(x),$$
$$\tag{10.3.48}$$

$$MBf(x(t - \tau)) = M\tilde{B}f(x(t - \tau)) + M(B - \tilde{B})f(x(t - \tau))$$
$$= \tilde{B}_1 Mf(x(t - \tau)) + M(B - \tilde{B})f(x(t - \tau)), \tag{10.3.49}$$

其中, $\tilde{A} = (\tilde{a}_{ij})_{n \times n}$, $\tilde{B} = (\tilde{b}_{ij})_{n \times n}$, $\tilde{a}_{ij} \in [\check{a}_{ij}, \hat{a}_{ij}]$, $\tilde{b}_{ij} \in [\check{b}_{ij}, \hat{b}_{ij}]$, $\tilde{A} = E_N \otimes \tilde{A}$, $\tilde{B} = E_N \otimes \tilde{B}$, $\tilde{A}_1 = E_m \otimes \tilde{A}$, $\tilde{B}_1 = E_m \otimes \tilde{B}$, 则定理 10.3.3 和定理 10.3.4 中的 $\hat{A}, \hat{B}$ 用 $\tilde{A}, \tilde{B}$ 代替结论仍然成立. 因此, 可以寻找 $\tilde{A}$ 和 $\tilde{B}$ 的更好选择使得定理的条件更宽松. 由于

$$\left(\frac{\varepsilon}{2} - c_r - \theta_r \right) p_r + \frac{1}{2} \sum_{s=1}^{n} \left(p_r |\tilde{a}_{rs}| l_s^{2r_1} + p_s |\tilde{a}_{sr}| l_r^{2-2r_1} \right)$$

$$+ \frac{1}{2} \sum_{s=1}^{n} \left(p_r |\tilde{b}_{rs}| l_s^{2r_2} + p_s |\tilde{b}_{sr}| l_r^{2-2r_2} e^{\varepsilon\tau} \right)$$

$$\leqslant \left(\frac{\varepsilon}{2} - c_r - \theta_r \right) p_r + \frac{1}{2} \sum_{s=1}^{n} \left(p_r |\hat{a}_{rs}| l_s^{2r_1} + p_s |\hat{a}_{sr}| l_r^{2-2r_1} \right)$$

$$+ \frac{1}{2} \sum_{s=1}^{n} \left(p_r |\hat{b}_{rs}| l_s^{2r_2} + p_s |\hat{b}_{sr}| l_r^{2-2r_2} e^{\varepsilon\tau} \right),$$

故用 $\tilde{a}_{ij}, \tilde{b}_{ij}$ 代替条件 (10.3.22) 中的 $\hat{a}_{ij}, \hat{b}_{ij}$ 可使得定理 10.3.3 的条件更宽松, 其中 $\tilde{a}_{ij} = \min\{|\hat{a}_{ij}|, |\check{a}_{ij}|\}$, $\tilde{b}_{ij} = \min\{|\hat{b}_{ij}|, |\check{b}_{ij}|\}$.

10.4　具有 S 型信号传输函数的切换神经网络模型的多稳定性

稳定性是微分方程动力学研究的一个重要的方面, 其包括单稳定性和多稳定性两种类型. 单稳定性是指系统具有唯一的全局稳定的平衡点或周期轨等吸引子, 而多稳定性是指系统具有多个局部稳定的吸引子. 在神经网络的实际应用中, 如联想记忆, 稳定平衡点的数目代表着记忆的存储能力. 因此, 多稳定性分析在基于神经网络的联想记忆中扮演着重要的角色. 目前已有大量关于神经网络多个稳定吸引子, 包括稳定的平衡点、周期解、概周期解等研究的文献出现, 如 [101, 128, 138, 139, 341, 492, 774]. 然而, 这些文献基本上都是在信号传输函数连续的情况下得到的. 从多稳定性问题的研究中可以发现, 吸引子位置的确定常常采用空间划

分的方法. 但是, 对于右端不连续的系统来说, 此方法就会失效, 比如忆阻神经网络. 对于忆阻神经网络多稳定性研究也已存在少量的结果, 见文献 [32,545,722]. 从前面几节可以看到忆阻神经网络的忆阻参数是依赖于状态的, 或者说忆阻神经网络是根据状态变化率不同, 而在不同的子系统之间切换的, 所以忆阻神经网络其实是一类特殊的切换神经网络. 切换神经网络主要分两大类: 一类是依赖于时间的切换; 另一类是依赖于状态的切换. 作为忆阻神经网络的推广, 本节着重讨论依赖于状态本身的切换神经网络的多稳定性.

10.4.1 模型介绍

考虑 n 维状态依赖切换神经网络系统, 模型如下:

$$\frac{\mathrm{d}x_i(t)}{\mathrm{d}t} = -b_i(x_i(t))x_i(t) + \sum_{j=1}^{n}\omega_{ij}(x_i(t))g_j(x_j(t)) + u_i, \quad i = 1, 2, \cdots, n,$$

$$(10.4.1)$$

或写成向量形式:

$$\frac{\mathrm{d}x}{\mathrm{d}t} = -B(x)x + W(x)\overline{g}(x) + u, \tag{10.4.2}$$

其中, $x = x(t) = (x_1(t), x_2(t), \cdots, x_n(t))^{\mathrm{T}} \in \mathbb{R}^n$ 表示状态向量; $B(x) = \mathrm{diag}\{b_1(x_1(t)), b_2(x_2(t)), \cdots, b_n(x_n(t))\}$ 表示实正定对角矩阵; $W(x) = (w_{ij}(x_i(t)))_{n\times n}$ 表示神经元之间的连接强度矩阵; $u = (u_1, u_2, \cdots, u_n)^{\mathrm{T}}$ 表示外部输入向量; $\overline{g}(x) = (g_1(x_1(t)), g_2(x_2(t)), \cdots, g_n(x_n(t)))^{\mathrm{T}}$ 表示信号传输函数, g_j 是 $\mathbb{R}^n$ 上单调非减的饱和 S 型函数, 比如, g_j 可以是 Logistic 或者 Fermi 函数. g_j 的一般形式可以定义如下:

$$\begin{cases} m_j < g_j(\eta) < n_j, & g_j'(\eta) > 0, \\ (\eta - \sigma_j)g_j''(\eta) < 0, \\ \lim_{\eta \to +\infty} g_j(\eta) = n_j, & \lim_{\eta \to -\infty} g_j(\eta) = m_j, \end{cases} \tag{10.4.3}$$

其中 $\eta \in \mathbb{R}$, m_i, n_i 与 σ_i 均为常数.

为了方便叙述和简便计算, 在这里我们选择下面的特殊信号传输函数:

$$g_j(\eta) = g(\eta) = \frac{1}{1 + \mathrm{e}^{-\frac{1}{\varepsilon}\eta}}, \quad \varepsilon > 0 为常数, \quad j = 1, 2, \cdots, n, \tag{10.4.4}$$

而具有一般形式的信号传输函数的切换神经网络可以类似讨论.

系统参数的切换法则定义如下:

$$b_i(x_i(t)) = \begin{cases} b_i', & x_i(t) \leqslant T, \\ b_i'', & x_i(t) > T, \end{cases} \tag{10.4.5}$$

$$w_{ij}(x_i(t)) = \begin{cases} w'_{ij}, & x_i(t) \leqslant T, \\ w''_{ij}, & x_i(t) > T, \end{cases} \tag{10.4.6}$$

其中切换阈值 $T \in \mathbb{R}$, $b'_i > 0$, $b''_i > 0$, w'_{ij} 以及 w''_{ij} 均为常数. 令 $\check{b}_i = \min\{b'_i, b''_i\}$, $\check{w}_{ij} = \min\{w'_{ij}, w''_{ij}\}$, $\hat{b}_i = \max\{b'_i, b''_i\}$, $\hat{w}_{ij} = \max\{w'_{ij}, w''_{ij}\}$.

由于切换系统右端的不连续性, 本节中系统 (10.4.1) 的解为定义 3.1.2 给出的 Filippov 意义下的解. 若 $x(t)$ 为系统 (10.4.1) 在 $[0, +\infty)$ 上的解, 则

$$\frac{\mathrm{d}x_i(t)}{\mathrm{d}t} \in K[\Phi_i(x_i(t))], \quad i = 1, 2, \cdots, n, \tag{10.4.7}$$

且

$$K[\Phi_i(x_i(t))] = \begin{cases} \{\Phi'_i(x_i(t))\}, & x_i(t) < T, \\ \{\Phi''_i(x_i(t))\}, & x_i(t) > T, \\ [\check{\Phi}_i(T), \hat{\Phi}_i(T)], & x_i(t) = T, \end{cases} \tag{10.4.8}$$

$$\Phi_i(x_i) = -b_i(x_i(t))x_i(t) + \sum_{j=1}^{n} w_{ij}(x_i(t))g(x_j(t)) + u_i,$$

$$\Phi'_i(x_i) = -b'_i x_i(t) + \sum_{j=1}^{n} w'_{ij}g(x_j(t)) + u_i,$$

$$\Phi''_i(x_i) = -b''_i x_i(t) + \sum_{j=1}^{n} w''_{ij}g(x_j(t)) + u_i,$$

$$\check{\Phi}_i(T) = \min\{\Phi'_i(T), \Phi''_i(T)\}, \quad \hat{\Phi}_i(T) = \max\{\Phi'_i(T), \Phi''_i(T)\},$$

$$\Phi'_i(T) = \lim_{x_i \to T^-} \Phi'_i(x_i), \quad \Phi''_i(T) = \lim_{x_i \to T^+} \Phi''_i(x_i).$$

10.4.2　多稳定性

这一小节, 我们将分析具有信号传输函数 (10.4.4) 的状态依赖切换系统 (10.4.1) 的多稳定性.

根据切换阈值 T, 可分下面三种情况讨论: (I): $T \in (-\infty, 0)$; (II): $T = 0$; (III): $T \in (0, +\infty)$.

先考虑第一种情况, 即 $T \in (-\infty, 0)$.

当只考虑一个神经元时, 我们可把模型描述如下:

$$\frac{\mathrm{d}\eta}{\mathrm{d}t} = f_i(\eta) = \begin{cases} -b'_i\eta + w'_{ii}g(\eta) + u_i, & \eta \leqslant T, \\ -b''_i\eta + w''_{ii}g(\eta) + u_i, & \eta > T. \end{cases}$$

引理 10.4.1 如果参数 b_i', b_i'', w_{ij}', w_{ij}'' 满足下列条件:

$$0 < \frac{b_i'\varepsilon}{w_{ii}'} < h(g(T)) < \frac{b_i''\varepsilon}{w_{ii}''} < \frac{1}{4}, \tag{10.4.9}$$

其中 $h(g(\eta)) = g(\eta) - g^2(\eta)$, 则存在满足 $p_i' < T < p_i'' < 0 < q_i''$ 的三点 p', p'' 和 q'' 使得

$$\left.\frac{\mathrm{d}f_i(\eta)}{\mathrm{d}\eta}\right|_{\eta=p_i'} = \left.\frac{\mathrm{d}f_i(\eta)}{\mathrm{d}\eta}\right|_{\eta=p_i''} = \left.\frac{\mathrm{d}f_i(\eta)}{\mathrm{d}\eta}\right|_{\eta=q_i''} = 0, \tag{10.4.10}$$

并且 p_i' 和 p_i'' 是 f_i 的极小值点, q_i'' 是 f_i 的极大值点.

证明 考虑下面方程:

$$\frac{\mathrm{d}f_i(\eta)}{\mathrm{d}\eta} = \begin{cases} -b_i' + w_{ii}'\dfrac{\mathrm{d}g(\eta)}{\mathrm{d}\eta} = 0, & \eta < T, \\[2mm] -b_i'' + w_{ii}''\dfrac{\mathrm{d}g(\eta)}{\mathrm{d}\eta} = 0, & \eta > T. \end{cases}$$

把上述方程转换如下:

$$\frac{\mathrm{d}g(\eta)}{\mathrm{d}\eta} = \begin{cases} \dfrac{b_i'}{w_{ii}'}, & \eta < T, \\[3mm] \dfrac{b_i''}{w_{ii}''}, & \eta > T. \end{cases}$$

从 (10.4.4) 可以看出

$$\frac{\mathrm{d}g(\eta)}{\mathrm{d}\eta} = \frac{1}{\varepsilon}\left(1 + \mathrm{e}^{-\frac{1}{\varepsilon}\eta}\right)^{-2}\mathrm{e}^{-\frac{1}{\varepsilon}\eta} > 0. \tag{10.4.11}$$

因此, g_i 在 $\mathbb{R}$ 上是一个严格递增函数, $\dot{g}_i(\eta)$ 上凸并在 $\eta = 0$ 取得最大值. 为了方便, 记 $y = g(\eta)$, 则我们有 $y \in (0,1)$ 和 $g(0) = \dfrac{1}{2}$, 并且把 (10.4.11) 用 $y = g(\eta)$ 表示, 我们有

$$\frac{\mathrm{d}y}{\mathrm{d}\eta} = \frac{1}{\varepsilon}y^2\left(\frac{1}{y} - 1\right) = \frac{1}{\varepsilon}(y - y^2).$$

因此

$$h(y) = y - y^2 = \begin{cases} \dfrac{b_i'\varepsilon}{w_{ii}'}, & y < g(T), \\[3mm] \dfrac{b_i''\varepsilon}{w_{ii}''}, & y > g(T). \end{cases}$$

因为 $T \in (-\infty, 0)$, 故 $g(T) \in \left(0, \dfrac{1}{2}\right)$. 从图 10.1 可以看出, 对每一个 i, 都存

在三点 p_i', p_i'' 和 q_i'', 其满足 $p_i' < T < p_i'' < 0 < q_i''$, 使得 (10.4.10) 成立. 又因为 $\lim\limits_{\eta \to -\infty} f_i(\eta) = +\infty$, $\lim\limits_{\eta \to +\infty} f_i(\eta) = -\infty$, 故 p_i' 和 p_i'' 是 f_i 的极小值点, q_i'' 是 f_i 的极大值点. 证毕.

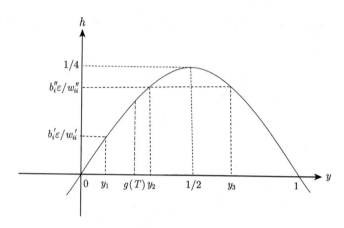

图 10.1　$h(y) = y - y^2$ 且 $y_1 = g(p_i')$, $y_2 = g(p_i'')$, $y_3 = g(q_i'')$

注 10.4.1　对于具有信号传输函数 (10.4.3) 的系统, 同样也有类似的结论. 当然, 随着信号传输函数的改变, 切换阈值也会发生相应的变化. 比如在具有信号传输函数 (10.4.3) 的切换系统 (10.4.1) 中, 若考虑 $T < \sigma_i$, 当系统参数满足下面条件时:

$$0 = \inf_{\eta \in \mathbb{R}} \frac{\mathrm{d}g_i(\eta)}{\mathrm{d}\eta} < \frac{b_i'}{w_{ii}'} < \frac{\mathrm{d}g_i(T)}{\mathrm{d}\eta} < \frac{b_i''}{w_{ii}''} < \max_{\eta \in \mathbb{R}} \frac{\mathrm{d}g_i(\eta)}{\mathrm{d}\eta} = \frac{\mathrm{d}g_i(\sigma_i)}{\mathrm{d}\eta},$$

则存在满足 $p_i' < T < p_i'' < \sigma_i < q_i''$ 的三点 p_i', p_i'' 和 q_i'' 使得 (10.4.10) 成立, 并且 p_i' 与 p_i'' 是 f_i 的极小值点, q_i'' 是 f_i 的极大值点.

注意到条件 (10.4.9) 意味着 $w_{ii}' > 0$ 和 $w_{ii}'' > 0$. 对于 $i = 1, 2, \cdots, n$, 上下界函数分别定义如下:

$$\hat{f}_i(\eta) = \begin{cases} \hat{f}_i'(\eta) = -b_i'\eta + w_{ii}'g(\eta) + k_i'^+, & \eta \leqslant T, \\ \hat{f}_i''(\eta) = -b_i''\eta + w_{ii}''g(\eta) + k_i''^+, & \eta > T, \end{cases} \tag{10.4.12}$$

$$\check{f}_i(\eta) = \begin{cases} \check{f}_i'(\eta) = -b_i'\eta + w_{ii}'g(\eta) + k_i'^-, & \eta \leqslant T, \\ \check{f}_i''(\eta) = -b_i''\eta + w_{ii}''g(\eta) + k_i''^-, & \eta > T, \end{cases} \tag{10.4.13}$$

其中

$$k_i'^+ = \sum_{j=1, j \neq i}^{n} |w_{ij}'| + u_i, \quad k_i''^+ = \sum_{j=1, j \neq i}^{n} |w_{ij}''| + u_i,$$

以及

$$k_i'^- = -\sum_{j=1,j\neq i}^{n} |w_{ij}'| + u_i, \quad k_i''^- = -\sum_{j=1,j\neq i}^{n} |w_{ij}''| + u_i.$$

因为 $0 \leqslant g_i \leqslant 1$ 对于所有的 i 都成立, 所以当 $x_i \neq T$ 时我们有

$$\check{f}_i(x_i) \leqslant \Phi_i(x_i) \leqslant \hat{f}_i(x_i). \tag{10.4.14}$$

为了分析系统 (10.4.1) 的多稳定性, 根据 $\check{f}_i(T)$ 和 $\hat{f}_i(T)$ 符号的不确定性, 记

$$N_1 = \left\{ i \mid \check{f}_i'(T) > 0, \check{f}_i''(T) > 0, \hat{f}_i'(p_i') < 0, \hat{f}_i''(p_i'') < 0, \check{f}_i''(q_i'') > 0 \right\},$$

$$N_2 = \left\{ i \mid \hat{f}_i'(T) < 0, \check{f}_i''(T) > 0, \hat{f}_i'(p_i') < 0, \hat{f}_i''(p_i'') < 0, \check{f}_i''(q_i'') > 0 \right\},$$

$$N_3 = \left\{ i \mid \check{f}_i'(T) > 0, \hat{f}_i''(T) < 0, \hat{f}_i'(p_i') < 0, \hat{f}_i''(p_i'') < 0, \check{f}_i''(q_i'') > 0 \right\},$$

$$N_4 = \left\{ i \mid \hat{f}_i'(T) < 0, \hat{f}_i''(T) < 0, \hat{f}_i'(p_i') < 0, \hat{f}_i''(p_i'') < 0, \check{f}_i''(q_i'') > 0 \right\},$$

其中, $\check{f}_i''(T) = \lim_{\eta \to T^+} \check{f}_i''(\eta)$, $\hat{f}_i''(T) = \lim_{\eta \to T^+} \hat{f}_i''(\eta)$. 我们用 $|N_i|$ 表示集合 N_i 中元素的个数, $i = 1, 2, 3, 4$.

定理 10.4.1   如果 $|N_1| + |N_2| + |N_3| + |N_4| = n$, 并且条件 (10.4.9) 成立, 那么系统 (10.4.1) 存在 $5^{|N_1|+|N_2|+|N_3|} \cdot 3^{|N_4|}$ 个平衡点.

证明   我们分两步考虑. 第一步: 平衡点所有的分量均不为 T.

当 $i \in N_1$ 时, 根据引理 10.4.1, 上下界函数 $\check{f}_i'$, $\check{f}_i''$, $\hat{f}_i'$ 以及 $\hat{f}_i''$ 的构造如图 10.2 所示. 我们很容易看到, 上下界函数存在零点 $\check{a}_i'$, $\hat{b}_i'$, $\hat{a}_i''$, $\hat{b}_i''$, $\check{c}_i''$, $\check{a}_i'$, $\check{b}_i'$, $\check{a}_i''$, $\check{b}_i''$, $\check{c}_i''$ 且 $\check{a}_i' < \hat{a}_i' < \hat{b}_i' < \check{b}_i' < T < \check{a}_i'' < \hat{a}_i'' < \hat{b}_i'' < \check{b}_i'' < \check{c}_i'' < \hat{c}_i''$ 使得 $\hat{f}_i'(\hat{a}_i') = \hat{f}_i'(\hat{b}_i') = \hat{f}_i''(\hat{a}_i'') = \hat{f}_i''(\hat{b}_i'') = \hat{f}_i''(\hat{c}_i'') = \check{f}_i'(\check{a}_i') = \check{f}_i'(\check{b}_i') = \check{f}_i''(\check{a}_i'') = \check{f}_i''(\check{b}_i'') = \check{f}_i''(\check{c}_i'') = 0$.

下面定义五个互不相交的区域:

$$\Omega_{iN_1}^{l'} = \{x \mid x \in \mathbb{R}, \check{a}_i' \leqslant x \leqslant \hat{a}_i'\},$$

$$\Omega_{iN_1}^{m'} = \left\{x \mid x \in \mathbb{R}, \hat{b}_i' \leqslant x \leqslant \check{b}_i'\right\},$$

$$\Omega_{iN_1}^{l''} = \{x \mid x \in \mathbb{R}, \check{a}_i'' \leqslant x \leqslant \hat{a}_i''\},$$

$$\Omega_{iN_1}^{m''} = \left\{x \mid x \in \mathbb{R}, \hat{b}_i'' \leqslant x \leqslant \check{b}_i''\right\},$$

$$\Omega_{iN_1}^{r''} = \{x \mid x \in \mathbb{R}, \check{c}_i'' \leqslant x \leqslant \hat{c}_i''\},$$

其中用 "$'$" 和 "$''$" 来区分两个不同的子系统.

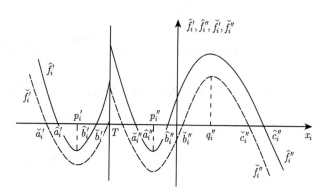

图 10.2　当 $i \in N_1$ 时, $\hat{f}_i'$, $\hat{f}_i''$, $\check{f}_i'$ 和 $\check{f}_i''$ 的构造

记 $N^i = iN_1$ 和 $\alpha_i = l', m', l'', m''$ 或者 r''. 用 $\Omega_{N^i}^{\alpha_i}$ 来表示 $\Omega_{iN_1}^{l'}$, $\Omega_{iN_1}^{m'}$, $\Omega_{iN_1}^{l''}$, $\Omega_{iN_1}^{m''}$ 以及 $\Omega_{iN_1}^{r''}$ 这五个区域其中之一.

当 $i \in N_2$ 时, 上下界函数构造如图 10.3 所示. 与 $i \in N_1$ 类似, 我们定义四个互不相交的区域: $\Omega_{iN_2}^{l'} = \{x \mid x \in \mathbb{R},\ \check{a}_i' \leqslant x \leqslant \hat{a}_i'\}$, $\Omega_{iN_2}^{l''} = \{x \mid x \in \mathbb{R},\ \check{a}_i'' \leqslant x \leqslant \hat{a}_i''\}$, $\Omega_{iN_2}^{m''} = \left\{x \mid x \in \mathbb{R},\ \hat{b}_i'' \leqslant x \leqslant \check{b}_i''\right\}$ 和 $\Omega_{iN_2}^{r''} = \{x \mid x \in \mathbb{R},\ \check{c}_i'' \leqslant x \leqslant \hat{c}_i''\}$. 同样, 记 $N^i = iN_2$, $\alpha_i = l', l'', m''$ 或 r'', 那么 $\Omega_{N^i}^{\alpha_i}$ 可以表示 $\Omega_{iN_2}^{l'}$, $\Omega_{iN_2}^{l''}$, $\Omega_{iN_2}^{m''}$ 和 $\Omega_{iN_2}^{r''}$ 中任一个.

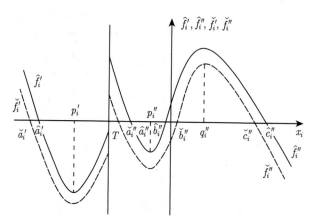

图 10.3　当 $i \in N_2$ 时, $\hat{f}_i'$, $\hat{f}_i''$, $\check{f}_i'$ 和 $\check{f}_i''$ 的构造

当 $i \in N_3$ 时, 上下界函数构造如图 10.4 所示. 与 $i \in N_1$ 类似, 我们定义四个互不相交的区域: $\Omega_{iN_3}^{l'} = \{x \mid x \in \mathbb{R},\ \check{a}_i' \leqslant x \leqslant \hat{a}_i'\}$, $\Omega_{iN_3}^{m'} = \left\{x \mid x \in \mathbb{R},\ \hat{b}_i' \leqslant x \leqslant \check{b}_i'\right\}$, $\Omega_{iN_3}^{m''} = \left\{x \mid x \in \mathbb{R},\ \hat{b}_i'' \leqslant x \leqslant \check{b}_i''\right\}$ 以及 $\Omega_{iN_3}^{r''} = \{x \mid x \in \mathbb{R},\ \check{c}_i'' \leqslant x \leqslant \hat{c}_i''\}$. 同

样, 记 $N^i = iN_3$, $\alpha_i = l', m', m''$ 或者 r'', 那么 $\Omega_{N^i}^{\alpha_i}$ 可以表示 $\Omega_{iN_3}^{l'}, \Omega_{iN_3}^{m'}, \Omega_{iN_3}^{m''}$ 以及 $\Omega_{iN_3}^{r''}$ 中任一个.

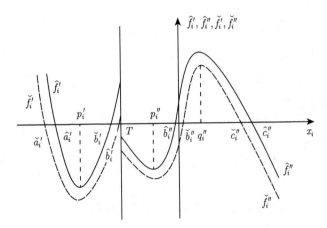

图 10.4 当 $i \in N_3$ 时, $\hat{f}_i', \hat{f}_i'', \check{f}_i'$ 和 $\check{f}_i''$ 的构造

当 $i \in N_4$ 时, 上下界函数构造如图 10.5 所示. 与 $i \in N_1$ 类似, 我们定义三个互不相交的区域: $\Omega_{iN_4}^{l'} = \{x \mid x \in \mathbb{R}, \check{a}_i' \leqslant x \leqslant \hat{a}_i'\}$, $\Omega_{iN_4}^{m''} = \{x \mid x \in \mathbb{R}, \hat{b}_i'' \leqslant x \leqslant \check{b}_i''\}$ 和 $\Omega_{iN_4}^{r''} = \{x \mid x \in \mathbb{R}, \check{c}_i'' \leqslant x \leqslant \hat{c}_i''\}$. 同样, 记 $N^i = iN_4$, $\alpha_i = l', m''$ 或者 r''. 那么 $\Omega_{N^i}^{\alpha_i}$ 可以表示 $\Omega_{iN_4}^{l'}, \Omega_{iN_4}^{m''}$ 以及 $\Omega_{iN_4}^{r''}$ 这三个区域中任一个.

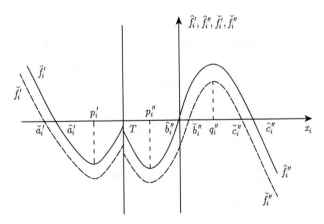

图 10.5 当 $i \in N_4$ 时, $\hat{f}_i', \hat{f}_i'', \check{f}_i'$ 和 $\check{f}_i''$ 的构造

令 $\Omega = \left\{\Omega^{\alpha} = \prod\limits_{i=1}^{n} \Omega_{N^i}^{\alpha_i}\right\}$, 易得 Ω 由 $5^{|N_1|} \cdot 4^{|N_2|+|N_3|} \cdot 3^{|N_4|}$ 个区域组成, 取其中之一记为 Ω^{α}, 则对于给定的 $\tilde{x} \in \Omega^{\alpha}$, 解 $\tilde{h}(x) = (\tilde{h}_1(\tilde{x}_1), \tilde{h}_2(\tilde{x}_2), \cdots, \tilde{h}_n(\tilde{x}_n))^{\mathrm{T}} = 0$, 有

$$\tilde{h}_i(\tilde{x}_i) = -b_i'\tilde{x}_i + w_{ii}'g(\tilde{x}_i) + \sum_{j=1,j\neq i}^{n} w_{ij}'g(\tilde{x}_j) + u_i = 0, \quad x_i < T,$$

$$\tilde{h}_i(\tilde{x}_i) = -b_i''\tilde{x}_i + w_{ii}''g(\tilde{x}_i) + \sum_{j=1,j\neq i}^{n} w_{ij}''g(\tilde{x}_j) + u_i = 0, \quad x_i > T.$$

因为对于所有的 i, 有

$$\check{f}_i(\tilde{x}_i) \leqslant \tilde{h}_i(\tilde{x}_i) \leqslant \hat{f}_i(\tilde{x}_i), \quad x_i \neq T. \tag{10.4.15}$$

从而有下面结论成立:

(1) 当 $i \in N_1$ 时, $\tilde{h}_i(\tilde{x}_i) = 0$ 有 5 个解, 分别位于 $\Omega_{iN_1}^{l'}$, $\Omega_{iN_1}^{m'}$, $\Omega_{iN_1}^{l''}$, $\Omega_{iN_1}^{m''}$ 以及 $\Omega_{iN_1}^{r''}$ 五个区域;

(2) 当 $i \in N_2$ 时, $\tilde{h}_i(\tilde{x}_i) = 0$ 有 4 个解, 分别位于 $\Omega_{iN_2}^{l'}$, $\Omega_{iN_2}^{l''}$, $\Omega_{iN_2}^{m''}$ 和 $\Omega_{iN_2}^{r''}$ 四个区域;

(3) 当 $i \in N_3$ 时, $\tilde{h}_i(\tilde{x}_i) = 0$ 有 4 个解, 分别位于 $\Omega_{iN_3}^{l'}$, $\Omega_{iN_3}^{m'}$, $\Omega_{iN_3}^{m''}$ 和 $\Omega_{iN_3}^{r''}$ 四个区域;

(4) 当 $i \in N_4$ 时, $\tilde{h}_i(\tilde{x}_i) = 0$ 有 3 个解, 分别位于 $\Omega_{iN_4}^{l'}$, $\Omega_{iN_4}^{m''}$ 以及 $\Omega_{iN_4}^{r''}$ 三个区域.

因此, 对于 Ω 中的任一个区域, 总可以找到一个解使得 $\tilde{h}_i(\tilde{x}_i) = 0$. 那么, 选取其中任一个区域 Ω^α, 其 $\tilde{h}_i(\tilde{x}_i) = 0$ 的解记为 $\underline{x} = (\underline{x}_1, \underline{x}_2, \cdots, \underline{x}_n)^{\mathrm{T}}$.

接下来, 定义一个从区域 Ω^α 到 Ω^α 的映射:

$$H_\alpha(\tilde{x}) = \underline{x}.$$

由于 H_α 的连续性, 利用不动点定理可得 H_α 在 Ω^α 中存在一个不动点, 且此不动点就是 Φ 的零点. 我们知道 $\Phi = (\Phi_1, \Phi_2, \cdots, \Phi_n)^{\mathrm{T}}$ 在 Ω 中总共有 $5^{|N_1|} \cdot 4^{|N_2|+|N_3|} \cdot 3^{|N_4|}$ 个零点. 换句话说, 系统有 $5^{|N_1|} \cdot 4^{|N_2|+|N_3|} \cdot 3^{|N_4|}$ 个平衡点, 并且每个平衡点的分量均不为 T.

第二步: 平衡点至少存在一个分量为 T.

当 $i \in N_1$ 时, 有

$$0 < \check{f}_i'(T) \leqslant \lim_{x_i \to T^-} \Phi_i(x_i) = \Phi_i'(T) \leqslant \hat{f}_i'(T),$$

$$0 < \check{f}_i''(T) \leqslant \lim_{x_i \to T^+} \Phi_i(x_i) = \Phi_i''(T) \leqslant \hat{f}_i''(T),$$

从而

$$0 \notin [\check{\Phi}_i(T), \hat{\Phi}_i(T)].$$

同理, 当 $i \in N_4$ 时, 有

$$\check{f}_i'(T) \leqslant \Phi_i'(T) \leqslant \hat{f}_i'(T) < 0, \quad \check{f}_i''(T) \leqslant \Phi_i''(T) \leqslant \hat{f}_i''(T) < 0,$$

从而

$$0 \notin [\check{\Phi}_i(T), \hat{\Phi}_i(T)].$$

因此, 如果 $i \in N_1 \cup N_4$, 系统 (10.4.1) 的平衡点的任一个分量均不为 T.

当 $i \in N_2$ 时, 有

$$\check{f}_i'(T) \leqslant \Phi_i'(T) \leqslant \hat{f}_i'(T) < 0, \quad 0 < \check{f}_i''(T) \leqslant \Phi_i''(T) \leqslant \hat{f}_i''(T),$$

从而

$$0 \in [\check{\Phi}_i(T), \hat{\Phi}_i(T)].$$

同理, 当 $i \in N_3$ 时, 有

$$0 < \check{f}_i'(T) \leqslant \Phi_i'(T) \leqslant \hat{f}_i'(T), \quad \check{f}_i''(T) \leqslant \Phi_i''(T) \leqslant \hat{f}_i''(T) < 0,$$

从而

$$0 \in [\check{\Phi}_i(T), \hat{\Phi}_i(T)].$$

根据平衡点的定义, 如果 $i \in N_2 \cup N_3$, 那么系统 (10.4.1) 的平衡点的分量可以为 T.

假设 $x^* = (x_1^*, x_2^*, \cdots, x_n^*)^{\mathrm{T}}$ 为系统的平衡点, 并且其中至少一个分量为 T. 对于 $\prod\limits_{i \notin \Lambda} \Omega_{N^i}^{\alpha_i}$, 类似于第一步中的讨论, 那么对于第一步中的 Ω^α, 可用 T 代替 $\tilde{x}_i$, 其中 $i \in \Lambda$, 并且 $\Lambda = \{i \mid i \in N_2 \cup N_3, x_i^* = T\}$. 显然, $|\Lambda|$ 可以在集合 $\{1, 2, \cdots, |N_2| + |N_3|\}$ 中取值, 那么对于固定的 Λ 且 $|\Lambda| = k$, 平衡点的个数为 $5^{|N_1|} \cdot 4^{|N_2|+|N_3|-k} \cdot 3^{|N_4|}$. 因此, 至少有一个分量为 T 的平衡点的总数为

$$\sum_{k=1}^{|N_2|+|N_3|} \mathrm{C}_{|N_2|+|N_3|}^k 5^{|N_1|} \cdot 4^{|N_2|+|N_3|-k} \cdot 3^{|N_4|}.$$

由于

$$5^{|N_1|} \cdot 4^{|N_2|+|N_3|} \cdot 3^{|N_4|} + \sum_{k=1}^{|N_2|+|N_3|} \mathrm{C}_{|N_2|+|N_3|}^k 5^{|N_1|} \cdot 4^{|N_2|+|N_3|-k} \cdot 3^{|N_4|}$$

$$= 5^{|N_1|+|N_2|+|N_3|} \cdot 3^{|N_4|},$$

因此在条件 (10.4.9) 下, 可得系统存在 $5^{|N_1|+|N_2|+|N_3|} \cdot 3^{|N_4|}$ 个平衡点的结论.

定义 $\tilde{\Omega} = \left\{ \tilde{\Omega}^\alpha = \prod\limits_{i=1}^n \tilde{\Omega}_{\tilde{N}^i}^{\tilde{\alpha}_i} \right\}$ 如下 (其中 ϵ_0 足够小):

若 $i \in N_1, \tilde{N}^i = iN_1, \tilde{\alpha}_i = l', l''$ 或者 r'', 则定义 $\tilde{\Omega}_{iN_1}^{l'} = \left\{ \xi \mid \xi \in \mathbb{R}, \xi \leqslant \hat{b}_i' - \epsilon_0 \right\}$, $\tilde{\Omega}_{iN_1}^{l''} = \left\{ \xi \mid \xi \in \mathbb{R}, T + \epsilon_0 \leqslant \xi \leqslant \hat{b}_i'' - \epsilon_0 \right\}$, $\tilde{\Omega}_{iN_1}^{r''} = \left\{ \xi \mid \xi \in \mathbb{R}, \xi \geqslant \check{b}_i'' + \epsilon_0 \right\}$.

若 $i \in N_2$, $\tilde{N}^i = iN_2$, $\tilde{\alpha}_i = l', l''$ 或者 r'', 则定义 $\tilde{\Omega}^{l'}_{iN_2} = \{\xi \mid \xi \leqslant T - \epsilon_0\}$, $\tilde{\Omega}^{l''}_{iN_2} = \left\{\xi \mid T + \epsilon_0 \leqslant \xi \leqslant \check{b}''_i - \epsilon_0\right\}$, $\tilde{\Omega}^{r''}_{iN_2} = \{\xi \mid \xi \geqslant \check{b}''_i + \epsilon_0\}$.

若 $i \in N_3$, $\tilde{N}^i = iN_3$, $\tilde{\alpha}_i = l', T$ 或者 r'', 则定义 $\tilde{\Omega}^{l'}_{iN_3} = \left\{\xi \mid \xi \leqslant \hat{b}'_i - \epsilon_0\right\}$, $\tilde{\Omega}^{T}_{iN_3} = \left\{\xi \mid \check{b}'_i + \epsilon_0 \leqslant \xi \leqslant \hat{b}''_i - \epsilon_0\right\}$, $\tilde{\Omega}^{r''}_{iN_3} = \{\xi \mid \xi \geqslant \check{b}''_i + \epsilon_0\}$.

若 $i \in N_4$, $\tilde{N}^i = iN_4$, $\tilde{\alpha}_i = l'$ 或者 r'', 则定义 $\tilde{\Omega}^{l'}_{iN_4} = \{\xi \mid \xi \leqslant T - \epsilon_0\}$, $\tilde{\Omega}^{r''}_{iN_4} = \left\{\xi \mid \xi \geqslant \check{b}''_i + \epsilon_0\right\}$.

显然, $\tilde{\Omega}$ 包含 $3^{|N_1|+|N_2|+|N_3|} \cdot 2^{|N_4|}$ 个元素. 证毕.

关于 $\tilde{\Omega}$ 为不变集的讨论, 有下面的结论.

引理 10.4.2 若 $i \in N_1 \cup N_3$, 则从初值 $x_i(0) \in (-\infty, \hat{b}'_i - \epsilon_0]$ 出发的解 $x_i(t)$ 不会逃离 $(-\infty, \hat{b}'_i - \epsilon_0]$.

证明 当 $i \in N_1 \cup N_3$ 时, 根据引理 10.4.1, 可得

$$
\begin{aligned}
\hat{f}'_i(x_i(\hat{b}'_i - \epsilon_0)) &= -b'_i(x_i(\hat{b}'_i - \epsilon_0)) + w'_{ii}g(x_i(\hat{b}'_i - \epsilon_0)) + k'^{+}_i \\
&= -b'_i(x_i(\hat{b}'_i - \epsilon_0)) + w'_{ii}g(x_i(\hat{b}'_i - \epsilon_0)) + \sum_{j=1, j\neq i}^{n} \mid w'_{ij} \mid + u_i < 0.
\end{aligned}
$$

$$(10.4.16)$$

此外, 由 $\mid g(\cdot) \mid \leqslant 1$ 以及 (10.4.16), 有

$$
\begin{aligned}
\frac{\mathrm{d}x_i(\hat{b}'_i - \epsilon_0)}{\mathrm{d}t} &= -b'_i(x_i(\hat{b}'_i - \epsilon_0)) + w'_{ii}g(x_i(\hat{b}'_i - \epsilon_0)) + \sum_{j=1, j\neq i}^{n} w'_{ij}g_j(x_j(\hat{b}'_i - \epsilon_0)) + u_i \\
&\leqslant -b'_i(x_i(\hat{b}'_i - \epsilon_0)) + w'_{ii}g(x_i(\hat{b}'_i - \epsilon_0)) + \sum_{j=1, j\neq i}^{n} \mid w'_{ij} \mid + u_i < 0.
\end{aligned}
$$

因此, 当 $x_i(0) \in (-\infty, \hat{b}'_i - \epsilon_0]$ 时, $x_i(t)$ 不会逃离区域 $(-\infty, \hat{b}'_i - \epsilon_0]$. 证毕.

引理 10.4.2 只考虑了初值 $x_i(0) \in (-\infty, \hat{b}'_i - \epsilon_0]$ 的情况, 对于其他情况进行同样的分析, 可以得到下面的引理.

引理 10.4.3 若 $i \in N_1 \cup N_2$, 则从初值 $x_i(0) \in [T + \epsilon_0, \hat{b}''_i - \epsilon_0]$ 出发的解 $x_i(t)$ 不会逃离 $[T + \epsilon_0, \hat{b}''_i - \epsilon_0]$.

引理 10.4.4 若 $i \in N_1 \cup N_2 \cup N_3 \cup N_4$, 则从初值 $x_i(0) \in [\check{b}''_i + \epsilon_0, +\infty)$ 出发的解 $x_i(t)$ 不会逃离 $[\check{b}''_i + \epsilon_0, +\infty)$.

引理 10.4.5 若 $i \in N_3$, 则从初值 $x_i(0) \in [\check{b}'_i + \epsilon_0, \hat{b}''_i - \epsilon_0]$ 出发的解 $x_i(t)$ 不会逃离 $[\check{b}'_i + \epsilon_0, \hat{b}''_i - \epsilon_0]$.

引理 10.4.6 若 $i \in N_2 \cup N_4$, 则从初值 $x_i(0) \in (-\infty, T - \epsilon_0]$ 出发的解 $x_i(t)$ 不会逃离 $(-\infty, T - \epsilon_0]$.

引理 10.4.3—引理 10.4.6 与引理 10.4.2 的证明方法类似, 所以在这里省略其证明过程.

从上面的引理可以看出 $\tilde{\Omega}$ 是不变集, 接下来讨论其平衡点的稳定性.

定理 10.4.2　如果 $|N_1| + |N_2| + |N_3| + |N_4| = n$, 条件 (10.4.9) 成立, 且

$$b_i' > \sum_{j=1}^n | w_{ij}' | \dot{g}(\hat{a}_j'), \quad i = 1, 2, \cdots, n, \tag{10.4.17}$$

$$b_i'' > \begin{cases} \sum_{j=1}^n | w_{ij}'' | \max\{\dot{g}(\hat{a}_j''), \dot{g}(\check{c}_j'')\}, & i \in N_1 \cup N_2, \\ \sum_{j=1}^n | w_{ij}'' | \dot{g}(\check{c}_j''), & i \in N_3 \cup N_4, \end{cases} \tag{10.4.18}$$

那么系统 (10.4.1) 在每个 $\tilde{\Omega}^{\tilde{\alpha}}$ 中都存在一个渐近稳定的平衡点, 且平衡点的总数为 $3^{|N_1|+|N_2|+|N_3|} \cdot 2^{|N_4|}$.

证明　分两种情况证明平衡点 $\bar{x}$ 的稳定性.

(1) $\bar{x}_i \neq T$, $i = 1, 2, \cdots, n$.

将系统 (10.4.1) 在平衡点 $\bar{x}$ 处线性化, 可得

$$\frac{\mathrm{d}x_i}{\mathrm{d}t} = \begin{cases} -b_i' x_i + \sum_{j=1}^n w_{ij}' \dot{g}(\bar{x}_j) x_j, & x_i < T, \\ -b_i'' x_i + \sum_{j=1}^n w_{ij}'' \dot{g}(\bar{x}_j) x_j, & x_i > T. \end{cases}$$

把上述线性化系统写成向量形式:

$$\frac{\mathrm{d}x(t)}{\mathrm{d}t} = Ax(t),$$

其中 $x = (x_1, x_2, \cdots, x_n)^{\mathrm{T}}$, $A = (A_1^{\mathrm{T}}, A_2^{\mathrm{T}}, \cdots, A_n^{\mathrm{T}})^{\mathrm{T}}$, $A_i = (w_{i1}' \dot{g}(\bar{x}_1), w_{i2}' \dot{g}(\bar{x}_2), \cdots, w_{ii}' \dot{g}(\bar{x}_i) - b_i', \cdots, w_{in}' \dot{g}(\bar{x}_n))$ 或者 $(w_{i1}'' \dot{g}(\bar{x}_1), w_{i2}'' \dot{g}(\bar{x}_2), \cdots, w_{ii}'' \dot{g}(\bar{x}_i) - b_i'', \cdots, w_{in}'' \dot{g}(\bar{x}_n))$, $i = 1, 2, \cdots, n$.

根据定理中的条件不难证明矩阵 A 是严格对角占优的, 由引理 2.2.8 可知, A 的所有特征值均有负实部, 从而不难得出平衡点 $\bar{x}$ 是渐近稳定的.

(2) 至少存在一个分量 i 使得 $\bar{x}_i = T$.

当 $i \in N_3$ 时, 有

$$0 < \check{f}_i'(T) \leqslant \lim_{x_i \to T^-} \Phi_i(x_i) = \Phi_i'(T) \leqslant \hat{f}_i'(T),$$

$$\check{f}_i''(T) \leqslant \lim_{x_i \to T^+} \Phi_i(x_i) = \Phi_i''(T) \leqslant \hat{f}_i''(T) < 0.$$

因此, 存在正常数 $\epsilon > 0$ 使得

$$0 < \dot{x}_i = \Phi_i'(x_i), \quad x_i \in (T - \epsilon, T); \quad \dot{x}_i = \Phi_i''(x_i) < 0, \quad x_i \in (T, T + \epsilon).$$

从而, 存在 t_1 使得

$$x_i(t; t_0, x_0) = T, \quad t \geqslant t_1, \quad x(t_0) = x_0 \in (T - \epsilon, T + \epsilon).$$

记 $N_{31} = \{i \mid i \in N_3, \bar{x}_i \neq T\}$, $N_{32} = \{i \mid i \in N_3, \bar{x}_i = T\}$. 当 $i \notin N_{32}$ 时,

$$\frac{\mathrm{d}x_i(t)}{\mathrm{d}t} = -b_i(x_i(t))x_i(t) + \sum_{j \in N_1 \cup N_2 \cup N_{31} \cup N_4}^{n} \omega_{ij}(x_i(t))g_j(x_j(t))$$
$$+ \sum_{j \in N_{32}}^{n} \omega_{ij}(x_i(t))g_j(T) + u_i, \tag{10.4.19}$$

从而对系统 (10.4.19) 在平衡点 $\bar{x}$ 处线性化可得

$$\frac{\mathrm{d}x_i}{\mathrm{d}t} = \begin{cases} -b_i'x_i + \displaystyle\sum_{j \notin N_{32}} w_{ij}'\dot{g}(\bar{x}_j)x_j, & i \notin N_{32}, \ x_i < T, \\ -b_i''x_i + \displaystyle\sum_{j \notin N_{32}} w_{ij}''\dot{g}(\bar{x}_j)x_j, & i \notin N_{32}, \ x_i > T, \end{cases}$$

那么, 与 (1) 中类似的讨论, 可得平衡点 $\bar{x}$ 是渐近稳定的.　证毕.

注 10.4.2　如果 $|N_k| = n \ (k = 1, 2, 3)$, 系统 (10.4.1) 存在 5^n 个平衡点, 其中 3^n 个是渐近稳定的. 如果 $|N_4| = n$, 系统 (10.4.1) 存在 3^n 个平衡点, 其中 2^n 个是渐近稳定的. 此外, 可以注意到 $\hat{f}_i'(T)\check{f}_i'(T) < 0$ 或者 $\hat{f}_i''(T)\check{f}_i''(T) < 0$ 的情况并没有纳入考虑范围, 因为这两种情况下很难确定平衡点的数量. 也可以看到与相应的非切换模型相比, 稳定平衡点的数量可以从 2^n 增加到 3^n.

当 $T = 0$ 时, 系统的多稳定性分析过程就不详细地阐述了, 相应的结果列举如下.

引理 10.4.7　如果

$$0 < \frac{b_i'\varepsilon}{w_{ii}'} < \frac{1}{4}, \quad 0 < \frac{b_i''\varepsilon}{w_{ii}''} < \frac{1}{4}, \tag{10.4.20}$$

那么存在满足 $p_i' < 0 < q_i''$ 的点 p_i' 和 q_i'' 使得 $\dot{f}_i(p_i') = \dot{f}_i(q_i'') = 0$.

重新表述 $N_i, i = 1, 2, 3, 4$, 如下:

$$N_1 = \left\{i \mid \check{f}_i'(T) > 0, \ \check{f}_i''(T) > 0, \ \hat{f}_i'(p_i') < 0, \ \check{f}_i''(q_i'') > 0\right\},$$

$$N_2 = \left\{ i \mid \check{f}_i'(T) < 0, \ \hat{f}_i''(T) > 0, \ \hat{f}_i'(p_i') < 0, \ \check{f}_i''(q_i'') > 0 \right\},$$

$$N_3 = \left\{ i \mid \check{f}_i'(T) > 0, \ \hat{f}_i''(T) < 0, \ \hat{f}_i'(p_i') < 0, \ \check{f}_i''(q_i'') > 0 \right\},$$

$$N_4 = \left\{ i \mid \hat{f}_i'(T) < 0, \ \hat{f}_i''(T) < 0, \ \hat{f}_i'(p_i') < 0, \ \check{f}_i''(q_i'') > 0 \right\}.$$

定理 10.4.3 如果条件 (10.4.20) 成立, $|N_1| + |N_2| + |N_3| + |N_4| = n$, 且

$$b_i' > \sum_{j=1}^{n} \mid w_{ij}' \mid \dot{g}(\hat{a}_j'), \quad b_i'' > \sum_{j=1}^{n} \mid w_{ij}'' \mid \dot{g}(\check{c}_j'').$$

那么系统 (10.4.1) 存在 $5^{|N_3|} \cdot 3^{|N_1|+|N_2|+|N_4|}$ 个平衡点, 其中 $3^{|N_3|} \cdot 2^{|N_1|+|N_2|+|N_4|}$ 个平衡点渐近稳定.

当 $T \in (0, +\infty)$ 时, 相应的多稳定性结果如下.

引理 10.4.8 如果

$$0 < \frac{b_i'' \varepsilon}{w_{ii}''} < h(g(T)) < \frac{b_i' \varepsilon}{w_{ii}'} < \frac{1}{4}, \tag{10.4.21}$$

那么必存在满足 $p_i' < 0 < q_i' < T < q_i''$ 的三点 p_i', q_i' 和 q_i'', 使得 $\dot{f}_i(p_i') = \dot{f}_i(q_i') = \dot{f}_i(q_i'') = 0$.

对于 $T \in (0, +\infty)$, 重新表述 N_i, $i = 1, 2, 3, 4$, 如下:

$$N_1 = \left\{ i \mid \hat{f}_i'(T) > 0, \hat{f}_i''(T) > 0, \hat{f}_i'(p_i') < 0, \check{f}_i'(q_i') > 0, \check{f}_i''(q_i'') > 0 \right\},$$

$$N_2 = \left\{ i \mid \check{f}_i'(T) < 0, \ \hat{f}_i''(T) > 0, \ \hat{f}_i'(p_i') < 0, \ \check{f}_i'(q_i') > 0, \ \check{f}_i''(q_i'') > 0 \right\},$$

$$N_3 = \left\{ i \mid \check{f}_i'(T) > 0, \ \check{f}_i''(T) < 0, \ \hat{f}_i'(p_i') < 0, \ \check{f}_i'(q_i') > 0, \ \check{f}_i''(q_i'') > 0 \right\},$$

$$N_4 = \left\{ i \mid \hat{f}_i'(T) < 0, \ \check{f}_i''(T) < 0, \ \hat{f}_i'(p_i') < 0, \ \check{f}_i'(q_i') > 0, \ \check{f}_i''(q_i'') > 0 \right\}.$$

同样可以得到如下相应的定理.

定理 10.4.4 假设 $|N_1| + |N_2| + |N_3| + |N_4| = n$, 条件 (10.4.21) 成立, 且

$$b_i'' > \sum_{j=1}^{n} \mid w_{ij}'' \mid \dot{g}(\check{c}_j''), \quad i = 1, 2, \cdots, n,$$

$$b_i' > \begin{cases} \displaystyle\sum_{j=1}^{n} \mid w_{ij}' \mid \max\left\{ \dot{g}(\hat{a}_j'), \dot{g}(\check{c}_j') \right\}, & i \in N_2 \cup N_4, \\ \displaystyle\sum_{j=1}^{n} \mid w_{ij}' \mid \dot{g}(\hat{a}_j'), & i \in N_1 \cup N_3, \end{cases}$$

则系统 (10.4.1) 存在 $5^{|N_2|+|N_3|+|N_4|} \cdot 3^{|N_1|}$ 个平衡点, 其中 $3^{|N_2|+|N_3|+|N_4|} \cdot 2^{|N_1|}$ 个平衡点渐近稳定.

10.5　具有分段线性信号传输函数的切换神经网络 模型的多稳定性

这一节对具有分段线性信号传输函数的状态依赖切换神经网络系统进行多稳定性分析. 与上一节不同的是, 这里考虑绝对值切换.

10.5.1　模型介绍

考虑下面状态依赖切换模型:

$$\frac{\mathrm{d}x_i(t)}{\mathrm{d}t} = -d_i(x_i(t))x_i(t) + \sum_{j=1}^{n} a_{ij}(x_i(t))f(x_j(t)) + I_i, \quad i = 1, 2, \cdots, n, \quad (10.5.1)$$

或其等价形式:

$$\frac{\mathrm{d}x(t)}{\mathrm{d}t} = -Dx(t) + Af(x(t)) + I,$$

其中 $x(t) = (x_1(t), x_2(t), \cdots, x_n(t))^{\mathrm{T}}$ 是状态向量, $D = D(x) = \mathrm{diag}\,\{d_1(x_1(t)), d_2(x_2(t)), \cdots, d_n(x_n(t))\}$ 表示抑制矩阵, $A = A(x) = (a_{ij}(x_i(t)))_{n \times n}$ 是神经元之间的反馈连接矩阵, $f(\cdot)$ 是信号传输函数, $I = (I_1, I_2, \cdots, I_n)^{\mathrm{T}}$ 是外部输入向量. 对于 $i, j = 1, 2, \cdots, n$, $D(x)$ 与 $A(x)$ 的分量满足

$$d_i(x_i(t)) = \begin{cases} d_i', & |x_i(t)| \leqslant T, \\ d_i'', & |x_i(t)| > T, \end{cases} \quad (10.5.2)$$

$$a_{ij}(x_i(t)) = \begin{cases} a_{ij}', & |x_i(t)| \leqslant T, \\ a_{ij}'', & |x_i(t)| > T, \end{cases} \quad (10.5.3)$$

其中, 切换阈值 $T > 0$; $d_i' > 0$, $d_i'' > 0$, a_{ij}' 与 a_{ij}'' 是常数. 令 $\check{d}_i = \min\{d_i', d_i''\}$, $\check{a}_{ij} = \min\{a_{ij}', a_{ij}''\}$, $\hat{d}_i = \max\{d_i', d_i''\}$, $\hat{a}_{ij} = \max\{a_{ij}', a_{ij}''\}$. 根据 (10.5.2) 和 (10.5.3), 系统参数在两个不同的值之间切换. 因此, 系统 (10.5.1) 由 3^n 个子系统组成.

本节中, 我们考虑信号传输函数 $f(\cdot)$ 是如下形式的分段线性函数 (图 10.6):

$$f(\xi) = \frac{|\,\xi + 1\,| - |\,\xi - 1\,|}{2}, \quad (10.5.4)$$

其中 $(-\infty, -1] \cup [1, +\infty)$ 称为 f 的饱和区域, $(-1, 1)$ 称为 f 的非饱和区域.

设 $\dot{x}(t)$ 表示 $x(t)$ 在时间 t 处的导数, $\|x\| = \max\limits_{1 \leqslant i \leqslant n}\{|x_i|\}$ 表示向量 $x = (x_1, x_2, \cdots, x_n)^{\mathrm{T}} \in \mathbb{R}^n$ 的模, $x(t; x_0)$ 表示系统 (10.5.1) 满足初始条件 $x(0) = x_0$ 的解, 简记为 $x(t)$.

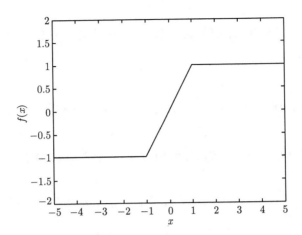

图 10.6 分段线性信号传输函数

根据 T 的值, 下面分 $0 < T < 1$ 和 $T \geqslant 1$ 两种情况讨论.

当 $0 < T < 1$ 时, 记

$$(-\infty, -1] = (-\infty, -1]^1 \times (-1, -T)^0 \times [-T, T]^0 \times (T, 1)^0 \times [1, +\infty)^0,$$

$$(-1, -T) = (-\infty, -1]^0 \times (-1, -T)^1 \times [-T, T]^0 \times (T, 1)^0 \times [1, +\infty)^0,$$

$$[-T, T] = (-\infty, -1]^0 \times (-1, -T)^0 \times [-T, T]^1 \times (T, 1)^0 \times [1, +\infty)^0,$$

$$(T, 1) = (-\infty, -1]^0 \times (-1, -T)^0 \times [-T, T]^0 \times (T, 1)^1 \times [1, +\infty)^0,$$

$$[1, +\infty) = (-\infty, -1]^0 \times (-1, -T)^0 \times [-T, T]^0 \times (T, 1)^0 \times [1, +\infty)^1,$$

$$\mathbb{R} = (-\infty, -1] \times (-1, -T) \times [-T, T] \times (T, 1) \times [1, +\infty).$$

这样, $\mathbb{R}^n$ 可以被分成 5^n 个子区域, 定义 Ω 如下 (表示 5^n 个子区域中的任意一个):

$$\Omega = \left\{ \prod_{i=1}^{n} \left((-\infty, -1]^{\delta_1^{(i)}} \times (-1, -T)^{\delta_2^{(i)}} \times [-T, T]^{\delta_3^{(i)}} \times (T, 1)^{\delta_4^{(i)}} \times [1, +\infty)^{\delta_5^{(i)}} \right), \right.$$

$$\left(\delta_1^{(i)}, \delta_2^{(i)}, \delta_3^{(i)}, \delta_4^{(i)}, \delta_5^{(i)} \right) = (1, 0, 0, 0, 0) \text{ 或者 } (0, 1, 0, 0, 0) \text{ 或者 } (0, 0, 1, 0, 0)$$

$$\left. \text{ 或者 } (0, 0, 0, 1, 0) \text{ 或者 } (0, 0, 0, 0, 1), \ i = 1, 2, \cdots, n \right\}.$$

此外, 定义 Ω_4, Ω_2, $\Omega_{2,4}$ 和 Ω_4^ϵ 如下:

$$\Omega_4$$

$$= \left\{ \prod_{i=1}^{n} \left((-\infty, -1]^{\delta_1^{(i)}} \times (-1, -T)^{\delta_2^{(i)}} \times [-T, T]^{\delta_3^{(i)}} \times [1, +\infty)^{\delta_5^{(i)}} \right), \left(\delta_1^{(i)}, \delta_2^{(i)}, \delta_3^{(i)}, \delta_5^{(i)} \right) \right.$$

$$= (1,0,0,0) \text{ 或者 } (0,1,0,0) \text{ 或者 } (0,0,1,0) \text{ 或者} (0,0,0,1), \ i = 1,2,\cdots, n \Big\},$$

$$\Omega_2$$
$$= \left\{ \prod_{i=1}^{n} \left((-\infty, -1]^{\delta_1^{(i)}} \times [-T, T]^{\delta_3^{(i)}} \times (T, 1)^{\delta_4^{(i)}} \times [1, +\infty)^{\delta_5^{(i)}} \right), \ \left(\delta_1^{(i)}, \delta_3^{(i)}, \delta_4^{(i)}, \delta_5^{(i)} \right) \right.$$

$$\left. = (1,0,0,0) \text{ 或者 } (0,1,0,0) \text{ 或者 } (0,0,1,0) \text{ 或者 } (0,0,0,1), \ i = 1,2,\cdots, n \right\},$$

$$\Omega_{2,4} = \left\{ \prod_{i=1}^{n} \left((-\infty, -1]^{\delta_1^{(i)}} \times [-T, T]^{\delta_3^{(i)}} \times [1, +\infty)^{\delta_5^{(i)}} \right), \ \left(\delta_1^{(i)}, \delta_3^{(i)}, \delta_5^{(i)} \right) \right.$$

$$\left. = (1,0,0) \text{ 或者 } (0,1,0) \text{ 或者 } (0,0,1), \quad i = 1,2,\cdots, n \right\},$$

$$\Omega_4^{\epsilon} = \left\{ \prod_{i=1}^{n} \left(\left[-\frac{1}{\epsilon}, -1 \right]^{\delta_1^{(i)}} \times [-1+\epsilon, -T-\epsilon]^{\delta_2^{(i)}} \right. \right.$$

$$\left. \left. \times [-T, T]^{\delta_3^{(i)}} \times \left[1, \frac{1}{\epsilon} \right]^{\delta_5^{(i)}} \right), \ \left(\delta_1^{(i)}, \delta_2^{(i)}, \delta_3^{(i)}, \delta_5^{(i)} \right) \right.$$

$$\left. = (1,0,0,0) \text{ 或者 } (0,1,0,0) \text{ 或者 } (0,0,1,0) \text{ 或者 } (0,0,0,1), i=1,2,\cdots,n \right\},$$

其中 $\epsilon > 0$ 是充分小的数. 显然, Ω_2 和 Ω_4 包含了 4^n 个元素, $\Omega_{2,4}$ 包含了 3^n 个元素. 此外, 有 $\Omega_{2,4} \subseteq \Omega_2 \subseteq \Omega$ 和 $\Omega_{2,4} \subseteq \Omega_4 \subseteq \Omega$.

当 $T \geqslant 1$ 时, 记

$$(-\infty, -T] = (-\infty, -T]^1 \times (-T, -1)^0 \times [-1, 1]^0 \times (1, T)^0 \times [T, +\infty)^0,$$
$$(-T, -1) = (-\infty, -T]^0 \times (-T, -1)^1 \times [-1, 1]^0 \times (1, T)^0 \times [T, +\infty)^0,$$
$$[-1, 1] = (-\infty, -T]^0 \times (-T, -1)^0 \times [-1, 1]^1 \times (1, T)^0 \times [T, +\infty)^0,$$
$$(1, T) = (-\infty, -T]^0 \times (-T, -1)^0 \times [-1, 1]^0 \times (1, T)^1 \times [T, +\infty)^0,$$
$$[T, +\infty) = (-\infty, -T]^0 \times (-T, -1)^0 \times [-1, 1]^0 \times (1, T)^0 \times [T, +\infty)^1,$$

$$\mathbb{R} = (-\infty, -T] \times (-T, -1) \times [-1, 1] \times (1, T) \times [T, +\infty).$$

同样, $\mathbb{R}^n$ 能被分成 5^n 个子区域, 并定义 Λ 表示 5^n 个子区域中的任一个:

$$\Lambda = \left\{ \prod_{i=1}^{n} \left((-\infty, -T]^{\delta_1^{(i)}} \times (-T, -1)^{\delta_2^{(i)}} \times [-1, 1]^{\delta_3^{(i)}} \times (1, T)^{\delta_4^{(i)}} \times [T, +\infty)^{\delta_5^{(i)}} \right), \right.$$

$$(\delta_1^{(i)}, \delta_2^{(i)}, \delta_3^{(i)}, \delta_4^{(i)}, \delta_5^{(i)}) = (1,0,0,0,0) \text{ 或者 } (0,1,0,0,0) \text{ 或者 } (0,0,1,0,0)$$

$$\left. \text{ 或者 } (0,0,0,1,0) \text{ 或者 } (0,0,0,0,1), \quad i = 1,2,\cdots,n \right\}.$$

定义

$$\Lambda_{2,4} = \left\{ \prod_{i=1}^{n} \left((-\infty, -T]^{\delta_1^{(i)}} \times [-1,1]^{\delta_3^{(i)}} \times (T, +\infty)^{\delta_5^{(i)}} \right), \ (\delta_1^{(i)}, \delta_3^{(i)}, \delta_5^{(i)}) \right.$$

$$\left. = (1,0,0) \text{ 或者 } (0,1,0) \text{ 或者 } (0,0,1), \ i = 1,2,\cdots,n \right\}.$$

容易看出 $\Lambda_{2,4}$ 含有 3^n 个元素, 且满足 $\Lambda_{2,4} \subseteq \Lambda$.

10.5.2 多稳定性

这一小节, 我们将讨论具有信号传输函数 (10.5.4) 的状态依赖切换系统 (10.5.1) 的多稳定性.

首先考虑情况: $0 < T < 1$.

利用压缩映射引理 (引理 2.1.12) 给出系统 (10.5.1) 多个平衡点共存结果.

定理 10.5.1 如果

$$d_i'' - a_{ii}'' + \sum_{j \neq i, j=1}^{n} |a_{ij}''| + I_i < 0, \tag{10.5.5}$$

$$(\check{d}_i - \hat{a}_{ii})T - \sum_{j \neq i, j=1}^{n} \max\{|a_{ij}'|, |a_{ij}''|\} + I_i > 0 \tag{10.5.6}$$

和

$$-d_i'T + a_{ii}'T + \sum_{j \neq i, j=1}^{n} |a_{ij}'| + I_i < 0 \tag{10.5.7}$$

成立, 那么系统 (10.5.1) 存在 4^n 个平衡点, 且 Ω_4 中的每个元素内存在唯一的平衡点.

在证明定理之前, 我们先对定理中的条件进行如下注释.

注 10.5.1 注意到条件 (10.5.6) 意味着

$$(d_i' - a_{ii}')T - \sum_{j \neq i, j=1}^{n} |a_{ij}'| + I_i > 0 \tag{10.5.8}$$

和

$$(d_i'' - a_{ii}'')T - \sum_{j \neq i, j=1}^{n} |a_{ij}''| + I_i > 0. \tag{10.5.9}$$

根据条件 (10.5.5) 和条件 (10.5.9) 可得 $d_i'' - a_{ii}'' < (d_i'' - a_{ii}'')T$, 这意味着 $a_{ii}'' > d_i'' > 0$ $(i = 1, 2, \cdots, n)$. 因此, $(a_{ii}'' - d_i'')T - \sum\limits_{j \neq i, j=1}^{n} |a_{ij}''| + I_i > 0.$ 当 $0 < T < 1$ 时, 有

$$a_{ii}'' - d_i'' - \sum_{j \neq i, j=1}^{n} |a_{ij}''| + I_i > 0. \tag{10.5.10}$$

类似地, 根据条件 (10.5.7) 和条件 (10.5.8), 可知 $a_{ii}'T < d_i'T$, 即 $d_i' - a_{ii}' > 0, i = 1, 2, \cdots, n$. 此外, 根据 (10.5.5) 和 (10.5.10), 有

$$a_{ii}'' - d_i'' > \sum_{j \neq i, j=1}^{n} |a_{ij}''|. \tag{10.5.11}$$

再根据 (10.5.7) 和 (10.5.8), 可得

$$d_i' - a_{ii}' > \frac{1}{T} \sum_{j \neq i, j=1}^{n} |a_{ij}'| > \sum_{j \neq i, j=1}^{n} |a_{ij}'|. \tag{10.5.12}$$

定理 10.5.1 的证明　设 ϵ 是充分小的数, 并且满足 $0 < \epsilon \ll 1$, 定义

$$\tilde{\Omega}_4^\epsilon = \prod_{i \in N_1} \left[-\frac{1}{\epsilon}, -1 \right] \times \prod_{i \in N_2} [-1 + \epsilon, -T - \epsilon] \times \prod_{i \in N_3} [-T, T] \times \prod_{i \in N_5} \left[1, \frac{1}{\epsilon} \right] \in \Omega_4^\epsilon,$$

其中 $N_i (i = 1, 2, 3, 5)$ 表示 $\{1, 2, \cdots, n\}$ 的子集, 且 $N_1 \cup N_2 \cup N_3 \cup N_5 = \{1, 2, \cdots, n\}, N_i \cap N_j = \varnothing$ $(i \neq j, i, j = 1, 2, 3, 5)$. 显然, $\tilde{\Omega}_4^\epsilon$ 是一个有界闭集. 此外, 对任意的 $x = (x_1, x_2, \cdots, x_n)^{\mathrm{T}} \in \tilde{\Omega}_4^\epsilon$, 我们有: 当 $i \in N_1$ 时, $x_i \in \left[-\frac{1}{\epsilon}, -1 \right]$; 当 $i \in N_2$ 时, $x_i \in [-1 + \epsilon, -T - \epsilon]$; 当 $i \in N_3$ 时, $x_i \in [-T, T]$; 当 $i \in N_5$ 时, $x_i \in \left[1, \frac{1}{\epsilon} \right]$.

根据条件 (10.5.5) 和 (10.5.6), 我们有

$$d_i'' - a_{ii}'' - d_i'' \epsilon + a_{ii}'' \epsilon + \sum_{j \neq i, j=1}^{n} |a_{ij}''| + I_i \leqslant 0, \tag{10.5.13}$$

$$d_i'' T - a_{ii}'' T + d_i'' \epsilon - a_{ii}'' \epsilon - \sum_{j \neq i, j=1}^{n} |a_{ij}''| + I_i \geqslant 0. \tag{10.5.14}$$

下面, 我们将证明系统 (10.5.1) 在区域 $\tilde{\Omega}_4^\epsilon$ 中只有唯一的平衡点.

假设 $s_1, s_2, \cdots, s_k$ 是 $N_2 \cup N_3$ 中的元素, 记 $x_s = (x_{s_1}, x_{s_2}, \cdots, x_{s_k})^{\mathrm{T}}$. 定义

$$H(x_s) = (H_1(x_s), H_2(x_s), \cdots, H_k(x_s))^{\mathrm{T}} : \prod_{i \in N_2} [-1 + \epsilon, -T - \epsilon] \times \prod_{i \in N_3} [-T, T] \to \mathbb{R}^k,$$

其中

$$H_i(x_s)$$
$$= \begin{cases} \dfrac{1}{d''_{s_i} - a''_{s_i s_i}} \left[-\sum_{j \in N_1} a''_{s_i j} + \sum_{j \neq s_i, j \in N_2 \cup N_3} a''_{s_i j} x_j + \sum_{j \in N_5} a''_{s_i j} + I_{s_i} \right], & s_i \in N_2, \\[4mm] \dfrac{1}{d'_{s_i} - a'_{s_i s_i}} \left[-\sum_{j \in N_1} a'_{s_i j} + \sum_{j \neq s_i, j \in N_2 \cup N_3} a'_{s_i j} x_j + \sum_{j \in N_5} a'_{s_i j} + I_{s_i} \right], & s_i \in N_3. \end{cases}$$

若 $s_i \in N_2$, 即 $x_{s_i} \in [-1 + \epsilon, -T - \epsilon]$, 通过条件 (10.5.13) 以及注 10.5.1, 我们有

$$H_i(x_s) \geqslant \frac{1}{d''_{s_i} - a''_{s_i s_i}} \left[\sum_{j \neq s_i, j=1}^{n} |a''_{s_i j}| + I_{s_i} \right] \geqslant -1 + \epsilon.$$

同时, 通过条件 (10.5.14) 和注 10.5.1, 我们有

$$H_i(x_s) \leqslant \frac{1}{d''_{s_i} - a''_{s_i s_i}} \left[-\sum_{j \neq s_i, j=1}^{n} |a''_{s_i j}| + I_{s_i} \right] \leqslant -T - \epsilon.$$

因此, $H_i(x_s) \in [-1 + \epsilon, -T - \epsilon]$.

若 $s_i \in N_3$, 即 $x_{s_i} \in [-T, T]$, 通过条件 (10.5.7) 和 (10.5.8), 我们可以得到

$$H_i(x_s) \geqslant \frac{1}{d'_{s_i} - a'_{s_i s_i}} \left[-\sum_{j \neq s_i, j=1}^{n} |a'_{s_i j}| + I_{s_i} \right] \geqslant -T,$$

$$H_i(x_s) \leqslant \frac{1}{d'_{s_i} - a'_{s_i s_i}} \left[\sum_{j \neq s_i, j=1}^{n} |a'_{s_i j}| + I_{s_i} \right] \leqslant T.$$

因此, $H_i(x_s) \in [-T, T]$.

通过以上讨论, 有

$$x_s \in \prod_{i \in N_2} [-1 + \epsilon, -T - \epsilon] \times \prod_{i \in N_3} [-T, T], \quad H(x_s) \in \prod_{i \in N_2} [-1 + \epsilon, -T - \epsilon] \times \prod_{i \in N_3} [-T, T],$$

那就是说 H 是从 $\displaystyle\prod_{i \in N_2} [-1 + \epsilon, -T - \epsilon] \times \prod_{i \in N_3} [-T, T]$ 映射到其自身的一个映射.

此外, 从 H 的定义, 可以得到

$$|H_i(x_s) - H_i(y_s)| = \frac{1}{a''_{s_i s_i} - d''_{s_i}} \left| \sum_{j \neq s_i, j \in N_2 \cup N_3} a''_{s_i j} (x_j - y_j) \right|$$

$$\leqslant \frac{\displaystyle\sum_{j\neq s_i, j\in N_2\cup N_3} |a''_{s_i j}|}{a''_{s_i s_i} - d''_{s_i}} \|x_s - y_s\|$$

$$\leqslant \frac{\displaystyle\sum_{j\neq s_i, j=1}^{n} |a''_{s_i j}|}{a''_{s_i s_i} - d''_{s_i}} \|x_s - y_s\|, \quad s_i \in N_2, \qquad (10.5.15)$$

$$|H_i(x_s) - H_i(y_s)| = \frac{1}{d'_{s_i} - a'_{s_i s_i}} \left| \sum_{j\neq s_i, j\in N_2\cup N_3} a'_{s_i j}(x_j - y_j) \right|$$

$$\leqslant \frac{1}{d'_{s_i} - a'_{s_i s_i}} \sum_{j\neq s_i, j\in N_2\cup N_3} |a'_{s_i j}| |x_j - y_j|$$

$$\leqslant \frac{\displaystyle\sum_{j\neq s_i, j=1}^{n} |a'_{s_i j}|}{d'_{s_i} - a'_{s_i s_i}} \|x_s - y_s\|, \quad s_i \in N_3. \qquad (10.5.16)$$

令

$$\alpha = \max_{1\leqslant i\leqslant k} \left\{ \frac{\displaystyle\sum_{j\neq s_i, j=1}^{n} |a'_{s_i j}|}{d'_{s_i} - a'_{s_i s_i}}, \quad \frac{\displaystyle\sum_{j\neq s_i, j=1}^{n} |a''_{s_i j}|}{a''_{s_i s_i} - d''_{s_i}} \right\},$$

那么通过条件 (10.5.11) 和 (10.5.12), 有 $\|H(x_s) - H(y_s)\| \leqslant \alpha\|x_s - y_s\|$, $\alpha < 1$.

通过引理 2.1.12, 可以得到系统存在 $x_s^* = (x_{s1}^*, x_{s2}^*, \cdots, x_{sk}^*)^{\mathrm{T}} \in \prod\limits_{i\in N_2} [-1 + \epsilon, -T - \epsilon] \times \prod\limits_{i\in N_3} [-T, T]$ 使得 $H(x_s^*) = x_s^*$, 即 $H_i(x_s^*) = x_{si}^*$, $i = 1, 2, \cdots, k$.

若 $i \in N_1$, 即 $x_i \in \left[-\dfrac{1}{\epsilon}, -1\right]$, 定义

$$\bar{H}_i(x_i) = -d''_i x_i - a''_{ii} - \sum_{j\neq i, j\in N_1} a''_{ij} + \sum_{j\in N_2\cup N_3} a''_{ij} x_j^* + \sum_{j\in N_5} a''_{ij} + I_i.$$

易得 $\lim\limits_{\zeta\to-\infty} \bar{H}_i(\zeta) = +\infty$, 以及

$$\bar{H}_i(-1) \leqslant d''_i - a''_{ii} + \sum_{j\neq i, j=1}^{n} |a''_{ij}| + I_i < 0,$$

通过 $\bar{H}_i(\cdot)$ 的连续性, 可以找到唯一的点 $x_i^* \in \left[-\dfrac{1}{\epsilon}, -1\right]$ 使得 $\bar{H}_i(x_i^*) = 0$.

若 $i \in N_5$, 即 $x_i(t) \in \left[1, \dfrac{1}{\epsilon}\right]$, 那么定义

$$\tilde{H}_i(x_i) = -d_i'' x_i + a_{ii}'' - \sum_{j \in N_1} a_{ij}'' + \sum_{j \in N_2 \cup N_3} a_{ij}'' x_j^* + \sum_{j \neq i, j \in N_5} a_{ij}'' + I_i.$$

同样可以得到 $\displaystyle\lim_{\zeta_1 \to +\infty} \tilde{H}_i(\zeta_1) = -\infty$, 以及

$$\tilde{H}_i(1) \geqslant -d_i'' + a_{ii}'' - \sum_{j \neq i, j=1}^{n} |a_{ij}''| + I_i > 0,$$

这时也可以找到唯一的点 $x_i^* \in \left[1, \dfrac{1}{\epsilon}\right]$ 使得 $\tilde{H}_i(x_i^*) = 0$.

基于以上讨论, 对于 $i = 1, 2, \cdots, n$, 有

$$-d_i(x_i^*) x_i^* + \sum_{j=1}^{n} a_{ij}(x_i^*) f(x_j^*) + I_i = 0.$$

根据平衡点的定义, 可知 x^* 是系统 (10.5.1) 在 $\tilde{\Omega}_4^\epsilon$ 内唯一的平衡点. 因为 ϵ 是个充分小的数, 从而系统在 Ω_4 的每个元素内都存在唯一的平衡点. 由于 Ω_4 内共有 4^n 个元素, 因此 (10.5.1) 共有 4^n 个平衡点. 证毕.

注 10.5.2 通过 Ω 和 Ω_4 的定义, 可以看到 Ω 与 Ω_4 的不同仅在于 $(T, 1)$ 存在与否. 但是, 如果 $x_i(0) \in (T, 1)$, 那么 $x_i(t)$ 单调增直到进入 $[1, +\infty)$. 这是因为当 $x_i(0) \in (T, 1)$ 时, 我们有

$$\begin{aligned}
\frac{\mathrm{d}x_i(t)}{\mathrm{d}t} &= -d_i'' x_i(t) + a_{ii}'' f(x_i(t)) + \sum_{j \neq i, j=1}^{n} a_{ij}'' f(x_j(t)) + I_i \\
&= -d_i'' x_i(t) + a_{ii}'' x_i(t) + \sum_{j \neq i, j=1}^{n} a_{ij}'' f(x_j(t)) + I_i \\
&> (-d_i'' + a_{ii}'') T - \sum_{j \neq i, j=1}^{n} |a_{ij}''| + I_i \\
&> (d_i'' - a_{ii}'') T - \sum_{j \neq i, j=1}^{n} |a_{ij}''| + I_i > 0,
\end{aligned}$$

其中最后一个不等式根据条件 (10.5.9) 成立. 因此, 我们只需要讨论在 Ω_4 内平衡点的存在性.

接下来, 将分别分析具有初值 $x(0) \in \Omega_{2,4}$ 和 $x(0) \in \Omega_4 \setminus \Omega_{2,4}$ 的解的动力学行为.

定理 10.5.2　如果条件 (10.5.5)—(10.5.7) 成立, 则 $\Omega_{2,4}$ 是正不变集, 并且系统 (10.5.1) 有 4^n 个平衡点, 其中 3^n 个是局部稳定的, $4^n - 3^n$ 个是不稳定的.

证明　根据定理 10.5.1 可知, 4^n 个平衡点的共同存在性能够保证. 下面, 我们分两步证明定理的其他结论.

第一步: 证明区域 $\Omega_{2,4}$ 的正不变性.

根据条件 (10.5.5)—(10.5.7) 和 (10.5.10), 可选择充分小的正数 ϵ 使得

$$d_i'' + d_i''\epsilon - a_{ii}'' + \sum_{j \neq i, j=1}^{n} |a_{ij}''| + I_i < 0, \tag{10.5.17}$$

$$(d_i' - a_{ii}')(T - \epsilon) - \sum_{j \neq i, j=1}^{n} |a_{ij}'| + I_i > 0, \tag{10.5.18}$$

$$(-d_i' + a_{ii}')(T - \epsilon) + \sum_{j \neq i, j=1}^{n} |a_{ij}'| + I_i < 0, \tag{10.5.19}$$

$$-d_i'' - d_i''\epsilon + a_{ii}'' - \sum_{j \neq i, j=1}^{n} |a_{ij}''| + I_i > 0. \tag{10.5.20}$$

用 $\tilde{\Omega}_{2,4}$ 表示 $\Omega_{2,4}$ 中的任一元素, 定义如下:

$$\tilde{\Omega}_{2,4} = \prod_{i \in N_1} (-\infty, -1] \times \prod_{i \in N_3} [-T, T] \times \prod_{i \in N_5} [1, +\infty),$$

其中, N_i 是 $\{1, 2, \cdots, n\}$ 的子集且 $N_1 \cup N_3 \cup N_5 = \{1, 2, \cdots, n\}$; $N_i \cap N_j = \varnothing, i \neq j; i, j = 1, 3, 5$.

设 $x(t)$ 是系统 (10.5.1) 满足初始条件 $x(0) = x_0 \in \tilde{\Omega}_{2,4}$ 的解, 对于 $t \geqslant 0$, 可以证明 $x(t)$ 将不会逃离 $\tilde{\Omega}_{2,4}$.

设 $i \in N_1, x_i(0) \in (-\infty, -1]$. 在这种情况下, 如果 $x_i(t)$ 逃离区间 $(-\infty, -1]$, 即存在 $t_1 \geqslant 0$ 使得 $1 \geqslant x_i(t_1) \geqslant -1 - \epsilon$, $\dot{x}_i(t_1) > 0$, 且当 $0 \leqslant t \leqslant t_1$ 时, $x_i(t) \leqslant -1$, 那么, 在 t_1 处有 $d_i(x_i(t_1)) = d_i''$, $a_{ij}(x_i(t_1)) = a_{ij}''$. 因此, 根据 (10.5.1) 和 (10.5.17) 以及 $f(\cdot)$ 的定义, 我们有

$$\left.\frac{\mathrm{d}x_i(t)}{\mathrm{d}t}\right|_{t=t_1} = -d_i''x_i(t_1) + a_{ii}''f(x_i(t_1)) + \sum_{j \neq i, j=1}^{n} a_{ij}''f(x_j(t_1)) + I_i$$

$$\leqslant -d_i''(-1 - \epsilon) - a_{ii}'' + \sum_{j \neq i, j=1}^{n} |a_{ij}''| + I_i$$

$$= d_i'' + d_i''\epsilon - a_{ii}'' + \sum_{j \neq i, j=1}^{n} |a_{ij}''| + I_i < 0,$$

这与假设相矛盾. 因此, 对 $t \geqslant 0$, $x_i(t)$ 不会逃离区间 $(-\infty, -1]$.

设 $i \in N_3, x_i(0) \in [-T, T]$. 若 $x_i(t)$ 从左边逃离 $[-T, T]$, 那么会存在 $t_1 \geqslant 0$ 使得 $-T \leqslant x_i(t_1) \leqslant -T + \epsilon$, $\dot{x}_i(t_1) < 0$ 和 $x_i(t) \in [-T, T]$, $0 \leqslant t \leqslant t_1$. 然而, 在 t_1 时刻, $d_i(x_i(t_1)) = d_i', a_{ij}(x_i(t_1)) = a_{ij}'$, 且根据 (10.5.1), (10.5.18) 以及注 10.5.1, 有

$$\left.\frac{\mathrm{d}x_i(t)}{\mathrm{d}t}\right|_{t=t_1} = -d_i'x_i(t_1) + a_{ii}'x_i(t_1) + \sum_{j \neq i, j=1}^{n} a_{ij}'f(x_j(t_1)) + I_i$$

$$\geqslant -(d_i' - a_{ii}')(-T + \epsilon) - \sum_{j \neq i, j=1}^{n} |a_{ij}'| + I_i > 0,$$

这与假设相矛盾, 因此, $x_i(t)$ 不会从左边逃离 $[-T, T]$. 如果 $x_i(t)$ 从右边逃离 $[-T, T]$, 则会存在 $t_1 \geqslant 0$ 使得 $T \geqslant x_i(t_1) \geqslant T - \epsilon$, $\dot{x}_i(t_1) > 0$, 以及当 $0 \leqslant t \leqslant t_1$ 时, $x_i(t) \in [-T, T]$. 此时, $d_i(x_i(t_1)) = d_i', a_{ij}(x_i(t_1)) = a_{ij}'$. 因此, 根据 (10.5.1), (10.5.19) 以及注 10.5.1, 有

$$\left.\frac{\mathrm{d}x_i(t)}{\mathrm{d}t}\right|_{t=t_1} = -d_i'x_i(t_1) + a_{ii}'x_i(t_1) + \sum_{j \neq i, j=1}^{n} a_{ij}'f(x_j(t_1)) + I_i$$

$$\leqslant (-d_i' + a_{ii}')(T - \epsilon) + \sum_{j \neq i, j=1}^{n} |a_{ij}'| + I_i < 0,$$

这与假设相矛盾. 结合两种情况, $x_i(t)$ 不会逃离区间 $[-T, T]$.

设 $i \in N_5$, 类似地可证明 $x_i(t)$ 不会逃离 $[1, +\infty)$.

综合以上讨论, 当 $x(0) \in \tilde{\Omega}_{2,4}$ 时, $x(t)$ 不会逃离 $\tilde{\Omega}_{2,4}$, 从而 $\tilde{\Omega}_{2,4}$ 是正不变集.

第二步: 讨论每个平衡点的稳定性.

首先证明位于区域 $\tilde{\Omega}_{2,4} \in \Omega_{2,4}$ 内的平衡点是局部指数稳定的.

设 $x(t; x(0))$ 表示系统 (10.5.1) 以 $x(0) \in \tilde{\Omega}_{2,4}$ 为初值的解, x^* 表示系统 (10.5.1) 位于 $\tilde{\Omega}_{2,4}$ 内的平衡点. 由 $\tilde{\Omega}_{2,4}$ 的正不变性可知, 对所有 $t \geqslant 0$, $x(t; x(0)) \in \tilde{\Omega}_{2,4}$. 因此, 有 $d_i(x_i(t)) = d_i(x_i^*)$ 和 $a_{ij}(x_i(t)) = a_{ij}(x_i^*)$ 成立. 从 (10.5.1) 可以看出

$$\frac{\mathrm{d}x_i(t)}{\mathrm{d}t}$$
$$= -d_i(x_i(t))x_i(t) + \sum_{j \in N_1} a_{ij}(x_i(t))f(x_j(t))$$
$$+ \sum_{j \in N_3} a_{ij}(x_i(t))f(x_j(t)) + \sum_{j \in N_5} a_{ij}(x_i(t))f(x_j(t)) + I_i$$

$$= -d_i(x_i(t))x_i(t) - \sum_{j \in N_1} a_{ij}(x_i(t)) + \sum_{j \in N_3} a_{ij}(x_i(t))x_j(t) + \sum_{j \in N_5} a_{ij}(x_i(t)) + I_i,$$

以及

$$\frac{\mathrm{d}x_i^*}{\mathrm{d}t} = -d_i(x_i^*)x_i^* + \sum_{j \in N_1} a_{ij}(x_i^*)f(x_j^*) + \sum_{j \in N_3} a_{ij}(x_i^*)f(x_j^*) + \sum_{j \in N_5} a_{ij}(x_i^*)f(x_j^*) + I_i$$

$$= -d_i(x_i^*)x_i^* - \sum_{j \in N_1} a_{ij}(x_i^*) + \sum_{j \in N_3} a_{ij}(x_i^*)x_j^* + \sum_{j \in N_5} a_{ij}(x_i^*) + I_i.$$

令 $y(t) = x(t; x(0)) - x^*$, 有

$$\frac{\mathrm{d}y_i(t)}{\mathrm{d}t} = -d_i(x_i^*)y_i(t) + \sum_{j \in N_3} a_{ij}(x_i^*)y_j(t). \tag{10.5.21}$$

不失一般性, 假设 $N_3 = \{1, 2, \cdots, s\}, s \leqslant n$, 则 (10.5.21) 可以写成

$$\frac{\mathrm{d}y_i(t)}{\mathrm{d}t} = -d_i(x_i^*)y_i(t) + \sum_{j=1}^{s} a_{ij}(x_i^*)y_j(t). \tag{10.5.22}$$

注意到, 如果 $i \in N_3$, 那么 $d_i(x_i^*) = d_i'$, $a_{ij}(x_i^*) = a_{ij}'$, 否则 $d_i(x_i^*) = d_i''$, $a_{ij}(x_i^*) = a_{ij}''$.

系统 (10.5.22) 的系数矩阵为

$$\tilde{A}_1 = \begin{pmatrix} -d_1' + a_{11}' & a_{12}' & \cdots & a_{1s}' & 0 & \cdots & 0 \\ a_{21}' & -d_2' + a_{22}' & \cdots & a_{2s}' & 0 & \cdots & 0 \\ \vdots & \vdots & & \vdots & \vdots & & \vdots \\ a_{s1}' & a_{s2}' & \cdots & -d_s' + a_{ss}' & 0 & \cdots & 0 \\ a_{(s+1)1}'' & a_{(s+1)2}'' & \cdots & a_{(s+1)s}'' & -d_{s+1}'' & \cdots & 0 \\ \vdots & \vdots & & \vdots & \vdots & & \vdots \\ a_{n1}'' & a_{n2}'' & \cdots & a_{ns}'' & 0 & \cdots & -d_n'' \end{pmatrix}$$

$$\triangleq \begin{pmatrix} \tilde{A}_{11}^1 & 0 \\ \tilde{A}_{21}^1 & \tilde{A}_{22}^1 \end{pmatrix}.$$

从 $\tilde{A}_1$ 的划分以及注 10.5.1 可知 $\tilde{A}_{11}^1$ 是一个严格对角占优矩阵. 又因为对 $i = 1, 2, \cdots, s$, 有 $a_{ii}' - d_i' < 0$, 故由引理 2.2.8 可知 $\tilde{A}_{11}^1$ 的所有特征值均有负实部. 结合 $\tilde{A}_{22}^1$ 是一个对角矩阵以及 $-d_i'' < 0$ ($i = s+1, \cdots, n$), 则 $|\lambda E_n - \tilde{A}_1| = |\lambda E_s - \tilde{A}_{11}^1||\lambda E_{n-s} - \tilde{A}_{22}^1|$, 其中 E_n, E_s 和 E_{n-s} 分别表示 n 阶, s 阶和 $n-s$ 阶单位矩阵. 所以, $\tilde{A}_1$ 的所有特征值均有负实部. 同时, 注意到 (10.5.22) 是一个

线性系统, 且 $\tilde{\Omega}_{2,4}$ 是正不变的, 位于 $\tilde{\Omega}_{2,4}$ 内的平衡点是唯一的. 因此, $\tilde{\Omega}_{2,4}$ 内的平衡点 x^* 是局部指数稳定的. 这样, 由 $\tilde{\Omega}_{2,4} \in \Omega_{2,4}$ 的任意性, 即可以得到系统 (10.5.1) 有 3^n 个局部稳定的平衡点的结论.

接下来, 我们证明任意 $\tilde{\Phi} \in \Omega_4 \setminus \Omega_{2,4} \triangleq \Phi$ 内的平衡点是不稳定的.

根据 Ω_4 的定义, $\tilde{\Phi}$ 表述如下:

$$\tilde{\Phi} = \prod_{i \in N_1} (-\infty, -1] \times \prod_{i \in N_2} (-1, -T) \times \prod_{i \in N_3} [-T, T] \times \prod_{i \in N_5} [1, +\infty),$$

其中 $N_2 \neq \varnothing$. 不失一般性, 令 $N_2 = \{1, 2, \cdots, m\}$ 和 $N_3 = \{m+1, m+2, \cdots, p\}$, 那么由 $N_2 \neq \varnothing$, 有 $m \geqslant 1$. 设 $x(t; x(0))$ 表示系统 (10.5.1) 满足初始条件 $x(0) = x_0$ 的解, 其中 $x(0)$ 位于 $x^* \in \tilde{\Phi}$ 的邻域内. 通过不稳定性的定义可知, 如果 $x(t; x(0))$ 逃离 $\tilde{\Phi}$, 那么平衡点 x^* 是不稳定的.

假设对 $t \geqslant 0$, $x(t; x(0)) \in \tilde{\Phi}$. 令 $y(t) = x(t; x(0)) - x^*$, 则系统 (10.5.1) 可以转换成

$$\frac{\mathrm{d}y_i(t)}{\mathrm{d}t} = -d_i(x_i^*)y_i(t) + \sum_{j \in N_2} a_{ij}(x_i^*)y_j(t) + \sum_{j \in N_3} a_{ij}(x_i^*)y_j(t),$$

即

$$\frac{\mathrm{d}y_i(t)}{\mathrm{d}t} = -d_i(x_i^*)y_i(t) + \sum_{j=1}^{m} a_{ij}(x_i^*)y_j(t) + \sum_{j=m+1}^{p} a_{ij}(x_i^*)y_j(t). \tag{10.5.23}$$

如果 $i \in N_3$, 则 $d_i(x_i^*) = d_i'$, $a_{ij}(x_i^*) = a_{ij}'$, 否则 $d_i(x_i^*) = d_i''$ 和 $a_{ij}(x_i^*) = a_{ij}''$. 系统 (10.5.23) 的系数矩阵为

$$\tilde{A}_2 = \begin{pmatrix} -d_1'' + a_{11}'' & a_{12}'' & \cdots & a_{1m}'' & a_{1(m+1)}'' & \cdots & a_{1p}'' & 0 & \cdots & 0 \\ \vdots & \vdots & & \vdots & \vdots & & \vdots & \vdots & & \vdots \\ a_{m1}'' & a_{m2}'' & \cdots -d_m'' + a_{mm}'' & a_{m(m+1)}'' & \cdots & a_{mp}'' & 0 & \cdots & 0 \\ a_{(m+1)1}' & a_{(m+1)2}' & \cdots & a_{(m+1)m}' & -d_{(m+1)}' + a_{(m+1)(m+1)}' & \cdots & a_{(m+1)p}' & 0 & \cdots & 0 \\ \vdots & \vdots & & \vdots & \vdots & & \vdots & \vdots & & \vdots \\ a_{p1}' & a_{p2}' & \cdots & a_{pm}' & a_{p(m+1)}' & \cdots -d_p' + a_{pp}' & 0 & \cdots & 0 \\ a_{(p+1)1}'' & a_{(p+1)2}'' & \cdots & a_{(p+1)m}'' & a_{(p+1)(m+1)}'' & \cdots & a_{(p+1)p}'' & -d_{p+1}'' & \cdots & 0 \\ \vdots & \vdots & & \vdots & \vdots & & \vdots & \vdots & & \vdots \\ a_{n1}'' & a_{n2}'' & \cdots & a_{nm}'' & a_{n(m+1)}'' & \cdots & a_{np}'' & 0 & \cdots -d_n'' \end{pmatrix}$$

$$\triangleq \begin{pmatrix} \tilde{A}_{11}^2 & 0 \\ \tilde{A}_{21}^2 & \tilde{A}_{22}^2 \end{pmatrix}.$$

通过矩阵划分以及注 10.5.1 可知, $\tilde{A}_{11}^2$ 是一个严格对角占优矩阵, 且有 $-d_i'' + a_{ii}'' > 0$ $(i = 1, 2, \cdots, m)$, $-d_i' + a_{ii}' < 0$ $(i = m+1, m+2, \cdots, p)$. 根据引理 2.2.8, 我

们可以得知 $\tilde{A}_{11}^2$ 有 m 个正实部的特征值和 $p-m$ 个负实部的特征值. 此外, 由于 $\tilde{A}_{22}^2$ 是一个对角矩阵, 且 $-d_i'' < 0,\ i = p+1, p+2, \cdots, n$, 故 $\tilde{A}_2$ 有 m 个正实部特征值和 $(p-m)+(n-p) = n-m$ 个负实部特征值, 这意味着 x^* 不稳定. 再由 $\tilde{\Phi} \in \Phi$ 的任意性, 则可以得到系统 (10.5.1) 含有 $4^n - 3^n$ 个不稳定平衡点的结论. 证毕.

注 10.5.3　实际上, 系统 (10.5.1) 在区域 Ω_2 内含有 4^n 个平衡点, 在 Ω_2 的每个元素内都有唯一的平衡点. 此外, 如果条件 (10.5.6) 和 (10.5.7) 换成下面的条件:

$$d_i'T - a_{ii}'T - \sum_{j \neq i, j=1}^{n} |a_{ij}'| + I_i > 0 \tag{10.5.24}$$

和

$$(-\check{d}_i + \hat{a}_{ii})T + \sum_{j \neq i, j=1}^{n} \max\left\{|a_{ij}'|, |a_{ij}''|\right\} + I_i < 0, \tag{10.5.25}$$

而定理 10.5.1 中的其他条件不变, 即可以得到在 $\Omega_{2,4}$ 中所有的元素都是正不变集, 且系统 (10.5.1) 有 4^n 个平衡点, 其中 3^n 个是局部指数稳定的, $4^n - 3^n$ 个是不稳定的. 证明方法与定理 10.5.1 和定理 10.5.2 类似. 同时, 可以发现, 当条件 (10.5.6) 和 (10.5.25) 同时成立时, 有 $d'' > a_{ii}''$, 这就与条件 (10.5.5) 和 (10.5.15) 矛盾了. 因此, 系统 (10.5.1) 不会有多于 4^n 个平衡点.

接下来考虑情况: $T \geqslant 1$.

定理 10.5.3　若 $T \geqslant 1$, 如果对于 $i = 1, 2, \cdots, n$, 有下面的条件成立:

$$d_i''T - a_{ii}'' + \sum_{j \neq i, j=1}^{n} |a_{ij}''| + I_i < 0, \tag{10.5.26}$$

$$d_i' - a_{ii}' - \sum_{j \neq i, j=1}^{n} |a_{ij}'| + I_i > 0, \tag{10.5.27}$$

$$-d_i' + a_{ii}' + \sum_{j \neq i, j=1}^{n} |a_{ij}'| + I_i < 0, \tag{10.5.28}$$

$$-d_i''T + a_{ii}'' - \sum_{j \neq i, j=1}^{n} |a_{ij}''| + I_i > 0, \tag{10.5.29}$$

则系统 (10.5.1) 在区域 $\Lambda_{2,4}$ 内有 3^n 个局部指数稳定的平衡点, $\Lambda_{2,4}$ 中每一个元素均是正不变集且含有唯一的平衡点.

利用定理 10.5.1 和定理 10.5.2 证明中同样的方法, 即可证明定理 10.5.3 的结论, 所以在这里不再详述.

注 10.5.4 当 $d_i' = d_i'' = d_i$, $a_{ij}' = a_{ij}'' = a_{ij}$ $(i, j = 1, 2, \cdots, n)$ 时, 本小节定理中的多稳定性结果能够应用到细胞神经网络. 当 $d_i' = d_i'' = d_i$ 时, 多个平衡点的结果可以应用到一些忆阻神经网络模型. 可参见文献 [542, 546].

注 10.5.5 当 $T \geqslant 1$ 时, 系统 (10.5.1) 的平衡点个数不超过 3^n, 这是因为系统 (10.5.1) 在 $\Lambda \setminus \Lambda_{2,4}$ 内不存在平衡点.

注 10.5.6 根据文献 [680], 在适当的条件下, 传统 n 维细胞神经网络在饱和区域最多有 2^n 个局部稳定的平衡点. 然而, 这一小节的研究表明: 系统 (10.5.1) 稳定平衡点的数量增加到 3^n 个. 这说明切换阈值在非饱和区域增加平衡点的数量扮演着重要的作用; 也说明了切换神经网络与相应的传统神经网络相比, 具有更强的存储能力.

10.5.3 吸引域

本小节以系统 (10.5.1) 中 $n = 2$ 的特殊情形为例, 分析 $0 < T < 1$ 时具信号传输函数 (10.5.4) 的二维神经网络系统 (10.5.1) 的平衡点的吸引域. 对于 $n > 2$ 的情形, 关于吸引域的分析要复杂得多, 本书将不作介绍.

定义子空间如下:

$$
\begin{aligned}
&S_1 = (-\infty, -1] \times (T, +\infty), \quad S_2 = [-T, T] \times (T, +\infty), \\
&S_3 = (T, +\infty) \times (T, +\infty), \quad S_4 = (-\infty, -1] \times [-T, T], \\
&S_5 = [-T, T] \times [-T, T], \quad S_6 = (T, +\infty) \times [-T, T], \\
&S_7 = (-\infty, -1] \times (-\infty, -1], \quad S_8 = [-T, T] \times (-\infty, -1], \\
&S_9 = (T, +\infty) \times (-\infty, -1], \quad U_1 = (-1, -T) \times (T, +\infty), \\
&U_2 = (-1, -T) \times [-T, T], \quad U_3 = (-\infty, -1] \times (-1, -T), \\
&U_4 = (-1, -T) \times (-1, -T), \quad U_5 = [-T, T] \times (-1, -T), \\
&U_6 = (T, +\infty) \times (-1, -T), \quad U_7 = (-1, -T) \times (-\infty, -1],
\end{aligned}
$$

参见图 10.7. 位于区域 S_i 和 U_i 内的平衡点分别记为 x^{S_i} 和 x^{U_i}.

由定理 10.5.1 可知, 此时系统 (10.5.1) 存在 4^2 个平衡点, 其中位于 $\bigcup_{i=1}^{9} S_i$ 内的 3^2 个平衡点局部稳定, 而其他平衡点不稳定. 即存在 9 个局部稳定的平衡点 $x^{S_1}, x^{S_2}, \cdots, x^{S_9}$, 分别位于 $S_1, S_2, \cdots, S_9$ 内, 以及 7 个不稳定的平衡点 $x^{U_1}, x^{U_2}, \cdots, x^{U_7}$, 分别位于 $U_1, U_2, \cdots, U_7$ 内.

首先考虑子区域 $U_1 = (-1, -T) \times (T, +\infty)$. 如果 $x(t) \in (-1, -T) \times [1, +\infty)$, 令 $u(t) = x(t) - x^{U_1}$, 则相应的动力系统可以被描述如下:

$$
\begin{cases}
\dfrac{\mathrm{d}u_1}{\mathrm{d}t} = (-d_1'' + a_{11}'')u_1, \\
\dfrac{\mathrm{d}u_2}{\mathrm{d}t} = -d_2'' u_2 + a_{21}'' u_1.
\end{cases} \tag{10.5.30}
$$

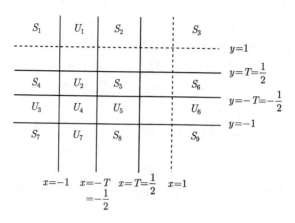

图 10.7　$\mathbb{R}^2$ 被分划为 16 个区域

相应的系数矩阵为

$$A = \begin{pmatrix} -d_1'' + a_{11}'' & 0 \\ a_{21}'' & -d_2'' \end{pmatrix}.$$

显然, $\det(A) < 0$, 这说明 A 有两个符号相反的特征值, 且 x^{U_1} 是鞍点. 由微分方程有关理论, 可以得到:

(i) $\left\{(x_1, x_2)^{\mathrm{T}} \mid x_1 = x_1^{U_1}, x_2 \geqslant 1\right\} \cap U_1$ 是 x^{U_1} 的稳定流形, 记作 $\Gamma(x^{U_1})$;

(ii) $\left\{(x_1, x_2)^{\mathrm{T}} \mid x_1 < x_1^{U_1}, x_2 \geqslant 1\right\} \cap U_1$ 位于 x^{S_1} 的吸引域内;

(iii) $\left\{(x_1, x_2)^{\mathrm{T}} \mid x_1 > x_1^{U_1}, x_2 \geqslant 1\right\} \cap U_1$ 位于 x^{S_2} 的吸引域内.

除此之外, 容易看到 $\left\{(x_1, x_2)^{\mathrm{T}} \mid x_1 = x_1^{U_1}, x_2 \geqslant 1\right\} \cap U_1$ 与 $\left\{(x_1, x_2)^{\mathrm{T}} \mid -1 < x_1 < -T, x_2 = 1\right\}$ 在 $(x_1^{U_1}, 1)^{\mathrm{T}}$ 处相交.

在区域 $(-1, -T) \times (T, 1)$ 内的相应动力系统可以描述为

$$\begin{cases} \dfrac{\mathrm{d}x_1}{\mathrm{d}t} = (-d_1'' + a_{11}'')x_1 + a_{12}''x_2 + I_1, \\ \dfrac{\mathrm{d}x_2}{\mathrm{d}t} = (-d_2'' + a_{22}'')x_2 + a_{21}''x_1 + I_2. \end{cases} \tag{10.5.31}$$

对应的向量形式为

$$\frac{\mathrm{d}x}{\mathrm{d}t} = \tilde{A}x + I, \tag{10.5.32}$$

其中

$$x = (x_1, x_2)^{\mathrm{T}}, \quad \tilde{A} = \begin{pmatrix} -d_1'' + a_{11}'' & a_{12}'' \\ a_{21}'' & -d_2'' + a_{22}'' \end{pmatrix}, \quad I = (I_1, I_2)^{\mathrm{T}}.$$

设 $\psi(t, x(0))$ 是系统 (10.5.32) 满足初始条件 $x(0) = x_0$ 的解, 那么有

$$\psi(t, x(0)) = \mathrm{e}^{\tilde{A}t}x(0) + (\mathrm{e}^{\tilde{A}t} - E_2)\tilde{A}^{-1}I.$$

定义

$$\Gamma(x_1^{U_1}, 1) = \{\ \tilde{x}(t) \mid \tilde{x}(t) = e^{-\tilde{A}t}[(x_1^{U_1}, 1)^{\mathrm{T}} + \tilde{A}^{-1}I] - \tilde{A}^{-1}I, t \geqslant 0\}$$

表示系统 (10.5.32) 从初值 $(x_1^{U_1}, 1)^{\mathrm{T}}$ 出发的负半轨线. 因为在定理 10.5.2 中已经证明当 $x_1(0) \in (-\infty, -1]$ 以及 $t \geqslant 0$ 时, $x_1(t) \in (-\infty, -1]$. 同时, 当 $x_1(0) \in [-T, T]$ 以及 $t \geqslant 0$ 时, $x_1(t) \in [-T, T]$, 所以 $\Gamma(x_1^{U_1}, 1)$ 会在 $(\hat{x}_1, T)^{\mathrm{T}}$ 处与 $\{(x_1, x_2)^{\mathrm{T}} \mid -1 < x_1 < -T, x_2 = T\}$ 相交. 那么 x^{U_1} 的吸引域位于 $\Gamma(x^{U_1}) \cup \Gamma(x_1^{U_1}, 1)$. 当 $x_2(0) \in (T, 1)$ 时, $x_1(t)$ 会进入 $[1, +\infty)$, 在 $(-1, -T) \times (T, 1)$ 中, $\Gamma(x_1^{U_1}, 1)$ 左右的区域位于 x^{S_1} 和 x^{S_2} 的吸引区域内, $\Gamma(x^{U_1}) \cup \Gamma(x_1^{U_1}, 1)$ 在 U_1 左边和右边的区域分别表示为 U_{11} 和 U_{12}.

接下来, 考虑 $U_2 = (-1, -T) \times [-T, T]$ 内对应的动力系统. 令 $u(t) = x(t) - x^{U_2}$, 那么动力系统可以描述如下:

$$\begin{cases} \dfrac{\mathrm{d}u_1}{\mathrm{d}t} = (-d_1'' + a_{11}'')u_1 + a_{12}''u_2, \\[2mm] \dfrac{\mathrm{d}u_2}{\mathrm{d}t} = (-d_2' + a_{22}')u_2 + a_{21}'u_1. \end{cases} \tag{10.5.33}$$

相应的系数矩阵为

$$\check{A} = \begin{pmatrix} -d_1'' + a_{11}'' & a_{12}'' \\ a_{21}' & -d_2' + a_{22}' \end{pmatrix}.$$

显然, $\det(\check{A}) < 0$, 这意味着 $\check{A}$ 有两个符号相反的平衡点, 且 x^{U_2} 是鞍点.

记 $\Gamma(x^{U_2})$ 表示 x^{U_2} 的稳定流形. 通过对负特征值特征空间的计算, 可以得到 $\Gamma(x^{U_2})$:

$$x_1 = k(x_2 - x_2^{U_2}) + x_1^{U_2},$$

其中

$$\frac{1}{k} = \frac{d_1'' - a_{11}'' - d_2' + a_{22}' - \sqrt{(a_{11}'' - d_1'' - a_{22}' + d_2')^2 + 4a_{21}'a_{12}''}}{2a_{12}''},$$

$a_{12}'' \neq 0$, 且 $k = 0$ 时 $a_{12}'' = 0$.

根据定理 10.5.2 的证明可知, $\Gamma(x^{U_2})$ 会与 $\{(x_1, x_2)^{\mathrm{T}} \mid -1 < x_1 < -T, x_2 = T\}$ 和 $\{(x_1, x_2)^{\mathrm{T}} \mid -1 < x_1 < -T, x_2 = -T\}$ 相交, 交点分别记为 $(\tilde{x}_1, T)$ 和 $x^{U_2}(0)$. 此外, $\{(x_1, x_2)^{\mathrm{T}} \mid x_1 < k(x_2 - x_2^{U_2}) + x_1^{U_2}\} \cap U_2$ 和 $\{(x_1, x_2)^{\mathrm{T}} \mid x_1 > k(x_2 - x_2^{U_2}) + x_1^{U_2}\} \cap U_2$ 分别位于 x^{S_4} 和 x^{S_5} 的吸引域内. $\Gamma(x^{U_2})$ 在 U_2 的左边区域和右边区域分别记为 U_{21} 和 U_{22}.

接下来, 考虑区域 $U_7 = (-1, -T) \times (-\infty, -1]$ 内相应的动力系统. 令 $u(t) = x(t) - x^{U_7}$, 动力系统可以描述为

$$\begin{cases} \dfrac{\mathrm{d}u_1}{\mathrm{d}t} = & (-d_1'' + a_{11}'')u_1, \\ \dfrac{\mathrm{d}u_2}{\mathrm{d}t} = & -d_2''u_2 + a_{21}''u_1. \end{cases} \tag{10.5.34}$$

相应的系数矩阵为

$$\bar{A} = \begin{pmatrix} -d_1'' + a_{11}'' & 0 \\ a_{21}'' & -d_2'' \end{pmatrix}.$$

显然, $\det(\bar{A}) < 0$, 这意味着 $\bar{A}$ 有两个符号相反的特征值, 且 x^{U_7} 是鞍点. 这时, 可以得到:

(iv) $\{(x_1, x_2)^{\mathrm{T}} \mid x_1 = x_1^{U_7}\} \cap U_7$ 是 x^{U_7} 的稳定流形, 记为 $\Gamma(x^{U_7})$;

(v) $\{(x_1, x_2)^{\mathrm{T}} \mid x_1 < x_1^{U_7}\} \cap U_7 \triangleq U_{71}$ 是 x^{S_7} 的吸引域;

(vi) $\{(x_1, x_2)^{\mathrm{T}} \mid x_1 > x_1^{U_7}\} \cap U_7 \triangleq U_{72}$ 是 x^{S_8} 的吸引域.

此外, $\{(x_1, x_2)^{\mathrm{T}} \mid x_1 = x_1^{U_7}\} \cap U_7$ 与 $\{(x_1, x_2)^{\mathrm{T}} \mid -1 < x_1 < -T, x_2 = -1\}$ 一定相交, 且交点为 $(x_1^{U_7}, -1)^{\mathrm{T}}$.

类似地, 分析 U_3, U_5 和 U_6 内平衡点的稳定流形与不稳定流形, 可得到下面的结果:

(vii) $\{(x_1, x_2)^{\mathrm{T}} \mid x_2 = x_2^{U_3}\} \cap U_3$ 是 x^{U_3} 的稳定流形, 记为 $\Gamma(x^{U_3})$. $\Gamma(x^{U_3})$ 与 $\{(x_1, x_2)^{\mathrm{T}} \mid x_1 = -1, -1 < x_2 < -T\}$ 在 $(-1, x_2^{U_3})^{\mathrm{T}}$ 处相交. 此外, $\{(x_1, x_2)^{\mathrm{T}} \mid x_2 > x_2^{U_3}\} \cap U_3$ 和 $\{(x_1, x_2)^{\mathrm{T}} \mid x_2 < x_2^{U_3}\} \cap U_3$ 分别位于 x^{S_4} 和 x^{S_5} 的吸引域, 这两个区域分别记为 U_{31} 和 U_{32};

(viii) x^{U_5} 的稳定流形 $\Gamma(x^{U_5})$ 满足

$$x_2 = k_1(x_1 - x_1^{U_5}) + x_2^{U_5},$$

其中

$$k_1 = \frac{-a_{11}' + d_1' + a_{22}'' - d_2''}{2a_{12}'} - \frac{\sqrt{(a_{11}' - d_1' - a_{22}'' + d_2'')^2 + 4a_{21}''a_{12}'}}{2a_{12}'},$$

$a_{12}' \neq 0$, 当 $k_1 = 0$ 时有 $a_{12}' = 0$. 此外, $\Gamma(x^{U_5})$ 会与 $\{(x_1, x_2)^{\mathrm{T}} \mid x_1 = T, -1 < x_2 < -T\}$ 和 $\{(x_1, x_2)^{\mathrm{T}} \mid x_1 = -T, -1 < x_2 < -T\}$ 相交. 交点分别记为 $(T, \tilde{x}_2)$ 和 $x^{U_5}(0)$. $\{(x_1, x_2)^{\mathrm{T}} \mid x_2 > k_1(x_1 - x_1^{U_5}) + x_2^{U_5}\} \cap U_5$ 和 $\{(x_1, x_2)^{\mathrm{T}} \mid x_2 < k_1(x_1 - x_1^{U_5}) + x_2^{U_5}\} \cap U_5$ 分别位于 x^{S_5} 和 x^{S_8} 的吸引域内. 这两个区域分别记为 U_{51} 和 U_{52}.

(ix) $\{(x_1, x_2)^{\mathrm{T}} \mid x_1 \geqslant 1, x_2 = x_2^{U_6}\} \cap U_6$ 是 x^{U_6} 的稳定流形, 记为 $\Gamma(x^{U_6})$. $\Gamma(x^{U_6})$ 与 $\{(x_1, x_2)^{\mathrm{T}} \mid x_1 = 1, -1 < x_2 < -T\}$ 在 $(1, x_2^{U_6})^{\mathrm{T}}$ 相交. 此外, $\{(x_1, x_2)^{\mathrm{T}} \mid x_1 \geqslant 1, x_2 > x_2^{U_6}\} \cap U_6$ 和 $\{(x_1, x_2)^{\mathrm{T}} \mid x_1 \geqslant 1, x_2 < x_2^{U_6}\} \cap U_6$ 分别位于 x^{S_6} 和 x^{S_9} 的吸引域内. 在区域 $(T, 1) \times (-1, -T)$ 内, 系统 (10.5.1) 过初值 $(1, x_2^{U_6})$ 的负半轨 $\Gamma(1, x_2^{U_6})$ 将与 $\{(x_1, x_2)^{\mathrm{T}} \mid x_1 = T, -1 < x_2 < -T\}$ 相交, 且交点为 $(T, \hat{x}_2)^{\mathrm{T}}$. $\Gamma(1, x_2^{U_6})$ 在 $(T, 1) \times (-1, -T)$ 处的上下区域分别位于 x^{S_6} 和 x^{S_9} 的吸引域内. $\Gamma(x^{U_6}) \cup \Gamma(1, x_2^{U_6})$ 在 U_6 处的上下区域分别记为 U_{61} 和 U_{62}.

最后, 考虑 $U_4 = (-1, -T) \times (-1, -T)$ 内相应的动力系统. 动力系统可以被描述成

$$\begin{cases} \dfrac{\mathrm{d}x_1}{\mathrm{d}t} = (-d_1'' + a_{11}'')x_1 + a_{12}''x_2 + I_1, \\[2mm] \dfrac{\mathrm{d}x_2}{\mathrm{d}t} = a_{21}''x_1 + (-d_2'' + a_{22}'')x_2 + I_2. \end{cases} \tag{10.5.35}$$

记

$$\hat{A} = \begin{pmatrix} -d_1'' + a_{11}'' & a_{12}'' \\ a_{21}'' & -d_2'' + a_{22}'' \end{pmatrix}, \quad I = (I_1, I_2)^{\mathrm{T}}.$$

容易得到 $\det(\hat{A}) > 0$, 然而 $\mathrm{Tr}(\hat{A}) = (-d_1'' + a_{11}'') + (-d_2'' + a_{22}'') > 0$, 所以 $\hat{A}$ 有两个正的特征值, 相应地, $-\hat{A}$ 有两个负的特征值, 故系统 (10.5.35) 的时间的逆系统是稳定的.

定义

$$\Gamma_1 : \tilde{x}(t) = \mathrm{e}^{-\hat{A}t}[x^{U_2}(0) + \hat{A}^{-1}I] - \hat{A}^{-1}I$$

表示系统 (10.5.35) 从初值 $x^{U_2}(0)$ 出发的轨线, 这意味着系统 (10.5.35) 从 x^{U_4} 邻域出发的轨线会经过 $x^{U_2}(0)$, 故 U_2 的吸引域位于 $\Gamma(x^{U_2}) \cup \Gamma_1$.

同样, 定义

$$\Gamma_2 : \tilde{x}(t) = \mathrm{e}^{-\hat{A}t}[(-1, x_2^{U_3}) + \hat{A}^{-1}I] - \hat{A}^{-1}I,$$
$$\Gamma_3 : \tilde{x}(t) = \mathrm{e}^{-\hat{A}t}[(x_1^{U_7}, -1) + \hat{A}^{-1}I] - \hat{A}^{-1}I$$

和

$$\Gamma_4 : \tilde{x}(t) = \mathrm{e}^{-\hat{A}t}[x^{U_5}(0) + \hat{A}^{-1}I] - \hat{A}^{-1}I.$$

类似地, 我们可以得到 x^{U_3}, x^{U_7} 和 x^{U_5} 的吸引域分别位于 $\Gamma(x^{U_3}) \cup \Gamma_2$, $\Gamma(x^{U_7}) \cup \Gamma_3$ 和 $\Gamma(x^{U_5}) \cup \Gamma_4$. 此外, Γ_i, $i = 1, 2, 3, 4$, 收敛到 x^{U_4}. 设 Δ_1, Δ_2, Δ_3 和 Δ_4 分别是以 Γ_1 和 Γ_2, Γ_2 和 Γ_3, Γ_3 和 Γ_4, 以及 Γ_4 和 Γ_1 为界的 U_4 的区域. 接下来, 证明 Δ_1 位于 x^{S_4} 的吸引域内. 我们需要证明的是从初值 $x(0) \in \Delta_1$ 出发的轨线将会收敛到 x^{S_4}. 假设 $x(t)$ 是从 Δ_1 内出发的任意一条轨线. 由于唯一性, $x(t)$ 不

会和 Γ_1 以及 Γ_2 相交. 因此, $x(t)$ 将会进入 U_{21}, U_{31} 或者 S_4. 对于 $t \geqslant 0$, 假设 $x(t)$ 都待在 Δ_1 内, 那么 $x(t)$ 在 Δ_1 内是有界的. 设 $\omega(x)$ 是 $x(t)$ 的 ω 极限集, 则 $\omega(x) \neq \varnothing$ 且 $x^{U_4} \notin \omega(x)$. 通过 Poincaré-Bendixson 定理可知, $x(t)$ 是闭的或者 $\omega(x)$ 是闭的. 因为系统 (10.5.35) 的每条轨线的 α 极限集都为 x^{U_4}. 所以, 系统 (10.5.35) 没有闭轨. 因此, $x(t)$ 将进入 U_{21}, U_{31} 或者 S_4, 这意味着 $x(t)$ 将会收敛到 x^{S_4}.

同样可以证明 Δ_2, Δ_3 和 Δ_4 分别位于 x^{S_7}, x^{S_8} 和 x^{S_5} 的吸引域内.

基于以上讨论, 我们可以把 x^{S_1} 至 x^{S_9} 的吸引域表述为

$$\mathcal{AB}(x^{S_1}) = \text{int } (S_1 \cup U_{11}),$$
$$\mathcal{AB}(x^{S_2}) = \text{int } (S_2 \cup U_{12}),$$
$$\mathcal{AB}(x^{S_3}) = \text{int } S_3,$$
$$\mathcal{AB}(x^{S_4}) = \text{int } (S_4 \cup U_{21} \cup U_{31} \cup \Delta_1),$$
$$\mathcal{AB}(x^{S_5}) = \text{int } (S_5 \cup U_{22} \cup U_{51} \cup \Delta_4),$$
$$\mathcal{AB}(x^{S_6}) = \text{int } (S_6 \cup U_{61}),$$
$$\mathcal{AB}(x^{S_7}) = \text{int } (S_7 \cup U_{32} \cup U_{71} \cup \Delta_2),$$
$$\mathcal{AB}(x^{S_8}) = \text{int } (S_8 \cup U_{52} \cup U_{72} \cup \Delta_3),$$
$$\mathcal{AB}(x^{S_9}) = \text{int}(S_9 \cup U_{62}),$$

其中, $\text{int}(\cdot)$ 表示区域的内部.

综上所述, 无论初值 $x(0)$ 位于哪个区域, $x(t)$ 都会收敛到某些平衡点. 也就是说系统 (10.5.1) 完全稳定, 并且, 鞍点的稳定流形和切换线构成了稳定平衡点的吸引域的边界.

对于 $T > 1$ 的情况, $\mathbb{R}^2$ 可以被切换线 $x_1 = -T$, $x_1 = T$, $x_2 = -T$ 和 $x_2 = T$ 分成 9 个区域. 根据定理 10.5.3, 每个区域中只有一个稳定的平衡点, 而这个区域是稳定平衡点的吸引区域.

注 10.5.7　文献 [278] 研究了具有径向基信号传输函数的状态依赖切换神经网络的多稳定性问题, 但是, 该文并没有分析平衡点的吸引域.

考虑二元切换神经网络模型:

$$\begin{cases} \dot{x}_1(t) = -d_1\left(x_1(t)\right) x_1(t) + a_{11}\left(x_1(t)\right) f\left(x_1(t)\right) + a_{12}\left(x_1(t)\right) f\left(x_2(t)\right) + I_1, \\ \dot{x}_2(t) = -d_2\left(x_2(t)\right) x_2(t) + a_{21}\left(x_2(t)\right) f\left(x_1(t)\right) + a_{22}\left(x_2(t)\right) f\left(x_2(t)\right) + I_2, \end{cases}$$
$$\text{(10.5.36)}$$

其中信号传输函数 $f(\cdot)$ 为分段线性函数 (10.5.4).

下面利用本节所得理论结果, 对切换阈值分两种情况讨论系统 (10.5.36) 的多稳定性.

情形 1 切换阈值 T 满足 $0 < T < 1$.

例 10.5.1 系统 (10.5.36) 中的参数选取如下: $I_1 = I_2 = 0.875$,

$$
d_1(t) = \begin{cases} 1.50, & |x_1(t)| \leqslant \dfrac{1}{2}, \\[2mm] 2.00, & |x_1(t)| > \dfrac{1}{2}, \end{cases} \qquad
d_2(t) = \begin{cases} 0.50, & |x_2(t)| \leqslant \dfrac{1}{2}, \\[2mm] 1.00, & |x_2(t)| > \dfrac{1}{2}, \end{cases}
$$

$$
a_{11}(t) = \begin{cases} -1.00, & |x_1(t)| \leqslant \dfrac{1}{2}, \\[2mm] 3.00, & |x_1(t)| > \dfrac{1}{2}, \end{cases} \qquad
a_{12}(t) = \begin{cases} -0.10, & |x_1(t)| \leqslant \dfrac{1}{2}, \\[2mm] 0.11, & |x_1(t)| > \dfrac{1}{2}, \end{cases}
$$

$$
a_{21}(t) = \begin{cases} -0.10, & |x_2(t)| \leqslant \dfrac{1}{2}, \\[2mm] 0.11, & |x_2(t)| > \dfrac{1}{2}, \end{cases} \qquad
a_{22}(t) = \begin{cases} -2.00, & |x_2(t)| \leqslant \dfrac{1}{2}, \\[2mm] 2.00, & |x_2(t)| > \dfrac{1}{2}. \end{cases}
$$

根据定理 10.5.2 可知, 系统 (10.5.36) 存在 16 个平衡点, 其中 9 个平衡点是局部指数稳定的, 分别位于区域 $S_i(i = 1, 2, \cdots, 9)$, 另外 7 个平衡点是不稳定的, 分别位于区域 $U_i(i = 1, 2, \cdots, 7)$, 见图 10.7. 进一步可计算这 16 个平衡点的坐标如下:

$$
\begin{aligned}
& x^{S_1} = (-1.007, 2.764)^{\mathrm{T}}, \qquad x^{S_2} = (0.310, 2.909)^{\mathrm{T}}, \\
& x^{S_3} = (1.993, 2.986)^{\mathrm{T}}, \qquad\ x^{S_4} = (-1.041, 0.390)^{\mathrm{T}}, \\
& x^{S_5} = (0.337, 0.337)^{\mathrm{T}}, \qquad\ x^{S_6} = (1.956, 0.310)^{\mathrm{T}}, \\
& x^{S_7} = (-1.118, -1.236)^{\mathrm{T}}, \ x^{S_8} = (0.390, -1.082)^{\mathrm{T}}, \\
& x^{S_9} = (1.882, -1.014)^{\mathrm{T}}, \ \ x^{U_1} = (-0.986, 2.765)^{\mathrm{T}}, \\
& x^{U_2} = (-0.918, 0.387)^{\mathrm{T}}, \ x^{U_3} = (-1.105, -0.764)^{\mathrm{T}}, \\
& x^{U_4} = (-0.786, -0.786)^{\mathrm{T}}, \ x^{U_5} = (0.387, -0.918)^{\mathrm{T}}, \\
& x^{U_6} = (1.883, -0.986)^{\mathrm{T}}, \ \ x^{U_7} = (-0.764, -1.210)^{\mathrm{T}}.
\end{aligned}
$$

此外, 上述 7 个不稳定平衡点的稳定流形如下:

$$
\Gamma_1 : \begin{cases} x_1(t) = -0.195\mathrm{e}^{-1.11t} - 0.0933\mathrm{e}^{-0.89t} - 0.7883, \\ x_2(t) = 0.195\mathrm{e}^{-1.11t} - 0.0933\mathrm{e}^{-0.89t} - 0.7883; \end{cases}
$$

$$
\Gamma_2 : \begin{cases} x_1(t) = -0.118\mathrm{e}^{-1.11t} - 0.0937\mathrm{e}^{-0.89t} - 0.7883, \\ x_2(t) = 0.118\mathrm{e}^{-1.11t} - 0.0937\mathrm{e}^{-0.89t} - 0.7883; \end{cases}
$$

$$
\Gamma_3 : \begin{cases} x_1(t) = 0.118\mathrm{e}^{-1.11t} - 0.0937\mathrm{e}^{-0.89t} - 0.7883, \\ x_2(t) = -0.118\mathrm{e}^{-1.11t} - 0.0937\mathrm{e}^{-0.89t} - 0.7883; \end{cases}
$$

$$\Gamma_4 : \begin{cases} x_1(t) = -0.195\mathrm{e}^{-1.11t} - 0.0933\mathrm{e}^{-0.89t} - 0.7883, \\ x_2(t) = 0.195\mathrm{e}^{-1.11t} - 0.0933\mathrm{e}^{-0.89t} - 0.7883; \end{cases}$$

$$\Gamma(-0.986, 1) : \begin{cases} x_1(t) = -0.993\mathrm{e}^{-1.11t} + 0.7953\mathrm{e}^{-0.89t} - 0.7883, \\ x_2(t) = 0.993\mathrm{e}^{-1.11t} + 0.7953\mathrm{e}^{-0.89t} - 0.7883; \end{cases}$$

$$\Gamma(1, -0.986) : \begin{cases} x_1(t) = 0.993\mathrm{e}^{-1.11t} + 0.7953\mathrm{e}^{-0.89t} - 0.7883, \\ x_2(t) = -0.993\mathrm{e}^{-1.11t} + 0.7953\mathrm{e}^{-0.89t} - 0.7883; \end{cases}$$

$$\Gamma(x^{U_2}) = \left\{ (x_1, x_2)^{\mathrm{T}} \middle| x_2 = -31.79(x_1 + 0.918) + 0.387, -\frac{1}{2} \leqslant x_2 \right.$$
$$\left. \leqslant \frac{1}{2} \right\}, \quad x^{U_2}(0) = (-0.89, -0.5)^{\mathrm{T}};$$

$$\Gamma(x^{U_5}) = \left\{ (x_1, x_2)^{\mathrm{T}} \middle| x_2 = -0.0315(x_1 - 0.387) - 0.918, -\frac{1}{2} \leqslant x_1 \right.$$
$$\left. \leqslant \frac{1}{2} \right\}, \quad x^{U_5}(0) = (-0.5, -0.89)^{\mathrm{T}}.$$

随机选取 400 组初值 $x_0 \in [-3, 3] \times [-4, 4]$ 得到的数值模拟结果如图 10.8 和图 10.9 所示. 特别地, 图 10.8 给出了系统 (10.5.36) 存在 9 个局部稳定平衡点 $x^{S_i}, i = 1, 2, \cdots, 9$ 以及在相平面上相应的吸引域.

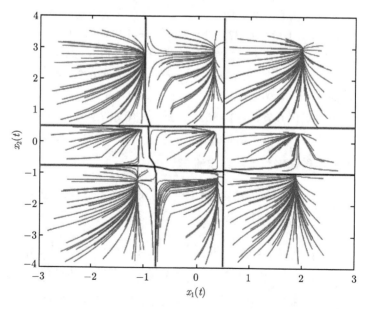

图 10.8　系统 (10.5.36) 状态 $(x_1, x_2)^{\mathrm{T}}$ 的相图

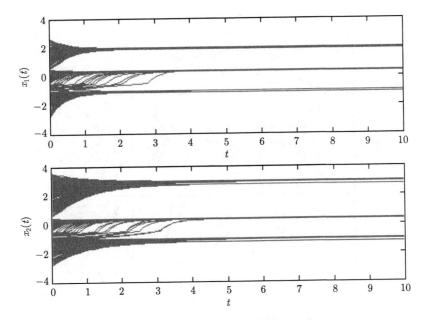

图 10.9 系统 (10.5.36) 状态 $(x_1, x_2)^{\mathrm{T}}$ 关于时间的变化趋势图

情形 2 切换阈值 T 满足 $T \geqslant 1$.

例 10.5.2 系统 (10.5.36) 中的参数选取如下: $I_1 = 0.2, I_2 = 0.33$,

$$d_1(t) = \begin{cases} 1.50, & |x_1(t)| \leqslant 2, \\ 2.00, & |x_1(t)| > 2, \end{cases} \qquad d_2(t) = \begin{cases} 0.50, & |x_2(t)| \leqslant 2, \\ 1.00, & |x_2(t)| > 2, \end{cases}$$

$$a_{11}(t) = \begin{cases} 1.00, & |x_1(t)| \leqslant 2, \\ 5.00, & |x_1(t)| > 2, \end{cases} \qquad a_{12}(t) = \begin{cases} 0.20, & |x_1(t)| \leqslant 2, \\ 0.25, & |x_1(t)| > 2, \end{cases}$$

$$a_{21}(t) = \begin{cases} 0.25, & |x_2(t)| \leqslant 2, \\ 0.33, & |x_2(t)| > 2, \end{cases} \qquad a_{22}(t) = \begin{cases} -2.00, & |x_2(t)| \leqslant 2, \\ 3.00, & |x_2(t)| > 2. \end{cases}$$

根据定理 10.5.3 可得, 系统 (10.5.36) 存在 9 个局部指数稳定平衡点. 随机选取 400 组初值 $x_0 \in [-5, 5]^2$ 得到的数值模拟结果如图 10.10 和图 10.11 所示.

注 10.5.8 从例 10.5.1 和例 10.5.2 来看, 由于模型中参数切换阈值的引入, 二元神经网络的稳定平衡点显著增加. 根据系统动力学行为可知, 神经网络的动态吸引子 (包括稳定平衡点、周期解和概周期解) 越多, 其存储容量越大. 因此, 在实践中使用如例 10.5.1 和例 10.5.2 中的神经网络进行联想记忆存储和模式识别时, 它们具有更大的存储容量.

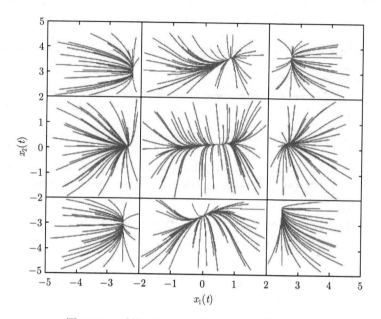

图 10.10　系统 (10.5.36) 状态 $(x_1, x_2)^{\mathrm{T}}$ 的相图

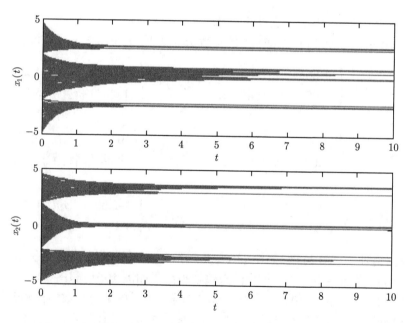

图 10.11　系统 (10.5.36) 状态 $(x_1, x_2)^{\mathrm{T}}$ 关于时间的变化趋势图

第 11 章 具不连续信号传输函数的神经网络 模型及动力学分析

在神经网络中, 由于神经元之间的信息传输或神经元的信号输出往往呈现出不连续的特征 (即神经网络模型中的信号传输函数关于状态是不连续的). 像我们在第 1 章所指出的一样, 不连续信号传输函数早已在神经网络的数学建模中被采用. 事实上, 早在 1943 年, 美国心理学家 McCulloch 和数学家 Pitts 在人工神经网络研究的开创性论文 [520] 中所建模型就是采用的不连续信号传输函数 (称为 McCulloch-Pitts 型信号传输函数). 我们在第 10 章也已看到, 基于客观实际, 用右端不连续微分方程来描述的神经网络模型已大量存在.

本章主要介绍几类典型的具不连续信号传输的神经网络模型, 并利用泛函微分包含等理论分析其动力学行为, 包括稳定性、周期解与多个周期解的存在性、耗散性、同步性等.

11.1 具时滞和不连续信号传输函数的 Hopfield 模型 及动力学分析

一般地, 具不连续信号传输的 Hopfield 神经网络系统可用如下模型描述:

$$\frac{\mathrm{d}x(t)}{\mathrm{d}t} = -D(t)x(t) + A(t)f(x(t)) + I(t), \tag{11.1.1}$$

其中 $x(t) = (x_1(t), x_2(t), \cdots, x_n(t))^{\mathrm{T}}$ 为状态向量, $x_i(t)$ 表示在 t 时刻第 i 个神经元的状态; n 表示网络中神经元的个数; $D(t) = \mathrm{diag}\{d_1(t), d_2(t), \cdots, d_n(t)\}$ 为对角矩阵, $d_i(t)$ 表示在没有外部附加电压差且与神经网络不连通的情况下第 i 个神经元在 t 时刻恢复静息状态的速率, 且假定 $d_i(t) > 0$; $A = (a_{ij}(t))_{n \times n}$ 为连接权矩阵, $a_{ij}(t)$ 表示在 t 时刻第 j 个神经元的输出对第 i 个神经元的影响强度; $I(t) = (I_1(t), I_2(t), \cdots, I_n(t))^{\mathrm{T}}$ 为外部输入向量, $I_i(t)$ 表示在 t 时刻第 i 个神经元的外部输入; $f(x) = (f_1(x_1), f_2(x_2), \cdots, f_n(x_n))^{\mathrm{T}}$ 为信号传输向量, $f_i(x_i)$ 表示第 i 个神经元的信号传输函数, 它在 $\mathbb{R}$ 或 $\mathbb{R}_+$ 上具有间断点; $i, j = 1, 2, \cdots, n$.

在神经网络的实际应用中, 由于诸如放大器的有限开关速度、信号传输时间等客观因素的存在, 时滞的发生是不可避免的, 如在控制、图像处理、模式识别、信号处理和联想记忆等过程中都会伴随时滞的产生. 时滞也会导致神经网络系统可能产生更加复杂的动力学行为, 如分岔和混沌等. 具有时滞和不连续信号传输的 Hopfield 神经网络系统[231-233] 可用如下模型描述:

$$\frac{\mathrm{d}x(t)}{\mathrm{d}t} = -D(t)x(t) + A(t)f(x(t)) + B(t)f(x(t-\tau)) + I(t), \quad (11.1.2)$$

其中, $B(t) = (b_{ij}(t))_{n\times n} \in \mathbb{R}^{n\times n}$ 为时滞反馈矩阵, $b_{ij}(t)$ 表示在 $t - \tau$ 时刻第 j 个神经元的输出对第 i 个神经元的影响强度; $\tau > 0$ 表示神经元之间的信号传输时滞.

如果考虑更为一般的连续变化和分布时滞, 上述模型可以推广到如下更为广泛的形式:

$$\begin{aligned}\frac{\mathrm{d}x(t)}{\mathrm{d}t} = &- D(t)x(t) + A(t)f(x(t)) + B(t)f(x(t-\tau(t))) \\ &+ C(t)\int_{t-\sigma(t)}^{t} f(x(s))\mathrm{d}s + I(t)\end{aligned} \quad (11.1.3)$$

或者

$$\begin{aligned}\frac{\mathrm{d}x(t)}{\mathrm{d}t} = &- D(t)x(t) + A(t)f(x(t)) + B(t)f(x(t-\tau(t))) \\ &+ C(t)\int_{0}^{+\infty} f(x(t-s))k(s)\mathrm{d}s + I(t),\end{aligned} \quad (11.1.4)$$

这里 $C(t) = (c_{ij}(t))_{n\times n}$ 为 t 时刻神经元之间具分布时滞或无穷时滞的反馈连接矩阵.

定义 11.1.1 如果函数 $h(\cdot)$ 满足以下条件:

(i) 在 $\mathbb{R}$ 上除了至多可数个点 $\{\rho_k\}$ 外处处连续, 并且在这些点处均存在有限的右极限值 $h(\rho_k{}^+)$ 和左极限值 $h(\rho_k{}^-)$;

(ii) 在 $\mathbb{R}$ 的每个紧子区间内至多存在有限个间断点;

那么称函数 $h(\cdot)$ 在 $\mathbb{R}$ 上是分段连续的.

本节将介绍具不连续信号传输函数和可变时滞的 Hopfield 神经网络系统的周期动力学和同步动力学问题, 模型中的信号传输函数为满足定义 11.1.1 中条件的分段连续函数.

11.1.1 模型介绍

考虑如下一类具有可变时滞和不连续信号传输函数的神经网络模型:

$$\frac{\mathrm{d}x_i(t)}{\mathrm{d}t} = -d_i(t)x_i(t) + \sum_{j=1}^{n} a_{ij}(t)f_j(x_j(t)) + \sum_{j=1}^{n} b_{ij}(t)g_j(x_j(t-\tau_{ij}(t))) + I_i(t),$$

$$(11.1.5)$$

其中, $i = 1, 2, \cdots, n$, n 表示网络中神经元的个数; $f_j(x_j(t))$ 和 $g_j(x_j(t - \tau_{ij}(t)))$ 分别表示在 t 时刻第 j 个神经元的无时滞信号和有时滞信号的传输函数; $b_{ij}(t)$ 表示在 $t - \tau_{ij}(t)$ 时刻第 j 个神经元的输出对第 i 个神经元的影响强度; $\tau_{ij}(t)$ 表示在 t 时刻第 i 个神经元沿第 j 个神经元的突触信号传输时滞; 其他符号和参数的意义与模型 (11.1.1) 中相同.

为了研究模型 (11.1.5) 周期解的存在性问题, 假定模型 (11.1.5) 的系数函数和时滞都是连续的 ω-周期函数. 也就是说, 对所有的 $i, j = 1, 2, \cdots, n$, $d_i(t)$, $a_{ij}(t)$, $b_{ij}(t)$, $\tau_{ij}(t)$, $I_i(t)$ 是 $\mathbb{R}$ 上连续的 ω-周期函数. 另外, 在本小节的讨论中, 我们假设 $\tau_{ij}(t)$ 在 $\mathbb{R}$ 上连续可微且满足下列条件:

$$0 \leqslant \tau_{ij}(t) \leqslant \tau, \quad \dot{\tau}_{ij}(t) \leqslant \tau_{ij}^D < 1, \quad i, j = 1, 2, \cdots, n, \tag{11.1.6}$$

其中, $\tau = \max\limits_{1 \leqslant i, j \leqslant n} \left\{ \max\limits_{t \in [0, \omega]} \tau_{ij}(t) \right\}$, τ 和 τ_{ij}^D 为非负常数.

设 $f_k(t)$ 为定义在 $\mathbb{R}$ 上的连续 ω-周期函数, 记

$$\bar{f}_k = \frac{1}{\omega} \int_0^\omega f_k(t) \mathrm{d}t, \quad f_k^M = \sup_{t \in [0, \omega]} |f_k(t)|, \quad f_k^L = \inf_{t \in [0, \omega]} |f_k(t)|.$$

对于模型 (11.1.5) 中信号传输函数和系数函数, 我们给出如下一些假设:

(H1) 对于 $i = 1, 2, \cdots, n$, f_i 和 g_i 在 $\mathbb{R}$ 上是分段连续的, 即 f_i 和 g_i 满足定义 11.1.1 中的条件.

(H2) 对于 $i = 1, 2, \cdots, n$, 存在非负常数 α_i^f, β_i^f, α_i^g 和 β_i^g 使得

$$\sup_{\gamma_i \in \overline{\mathrm{co}}[f_i(u)]} |\gamma_i| \leqslant \alpha_i^f |u| + \beta_i^f, \quad \sup_{\gamma_i \in \overline{\mathrm{co}}[g_i(u)]} |\gamma_i| \leqslant \alpha_i^g |u| + \beta_i^g, \quad \forall u \in \mathbb{R},$$

其中

$$\overline{\mathrm{co}}[f_i(u)] = \left[\min\{f_i(u^-), f_i(u^+)\}, \max\{f_i(u^-), f_i(u^+)\} \right],$$

$$\overline{\mathrm{co}}[g_i(u)] = \left[\min\{g_i(u^-), g_i(u^+)\}, \max\{g_i(u^-), g_i(u^+)\} \right].$$

(H3) $E_n - Q$ 是一个 M-矩阵, 其中, $Q = (q_{ij})_{n \times n}$,

$$q_{ij} = \frac{1}{d_i^L} \left(a_{ij}^M \alpha_j^f + \frac{b_{ij}^M \alpha_j^g}{\sqrt{1 - \tau_{ij}^D}} \right), \quad i, j = 1, 2, \cdots, n.$$

注 11.1.1 对分段连续函数 f_i 和 g_i 而言, 当 f_i 或 g_i 在 u 处不连续时, $\overline{\mathrm{co}}[f_i(u)]$ 或 $\overline{\mathrm{co}}[g_i(u)]$ 是一个含有非空内点的区间, 而当 f_i 或 g_i 在 u 处连续时, $\overline{\mathrm{co}}[f_i(u)]$ 或 $\overline{\mathrm{co}}[g_i(u)]$ 是一个单点集. 我们的条件 (H1) 并不要求以往许多文献[72,231-233,267,334,335,489-491,530,571,572,670-672,733,835] 关于不连续信号传输函数 f_i 和 g_i 在间断点处应满足右极限大于左极限这一假定.

11.1.2　周期解的存在性

由于具不连续信号传输函数的时滞神经网络模型 (11.1.5) 是由右端不连续泛函微分方程所刻画的, 因此对它的解及其初值问题 (IVP) 的定义, 我们采用 3.1 节中 Filippov 意义下的定义框架.

定义 11.1.2 [228,336]　如果函数 $x = (x_1, x_2, \cdots, x_n)^{\mathrm{T}} : [-\tau, \mathcal{T}) \to \mathbb{R}^n, \mathcal{T} \in (0, +\infty]$ 满足:

(i) $x(t) = (x_1(t), x_2(t), \cdots, x_n(t))^{\mathrm{T}}$ 在区间 $[-\tau, \mathcal{T})$ 上连续且在 $[0, \mathcal{T})$ 的任意紧子区间上绝对连续;

(ii) 存在可测函数 $\gamma^f = (\gamma_1^f, \gamma_2^f, \cdots, \gamma_n^f)^{\mathrm{T}} : [-\tau, \mathcal{T}) \to \mathbb{R}^n$ 和 $\gamma^g = (\gamma_1^g, \gamma_2^g, \cdots, \gamma_n^g)^{\mathrm{T}} : [-\tau, \mathcal{T}) \to \mathbb{R}^n$, 使得对几乎所有的 $t \in [-\tau, \mathcal{T})$ 有 $\gamma_j^f(t) \in \overline{\mathrm{co}}[f_j(x_j(t))]$ 和 $\gamma_j^g(t) \in \overline{\mathrm{co}}[g_j(x_j(t))]$, 且

$$\frac{\mathrm{d}x_i(t)}{\mathrm{d}t} = -d_i(t)x_i(t) + \sum_{j=1}^n a_{ij}(t)\gamma_j^f(t) + \sum_{j=1}^n b_{ij}(t)\gamma_j^g(t - \tau_{ij}(t)) + I_i(t),$$
$$\text{a.e.}\quad t \in [0, \mathcal{T}), \quad i = 1, 2, \cdots, n; \tag{11.1.7}$$

那么称 $x = x(t)$ 为系统 (11.1.5) 在区间 $[-\tau, \mathcal{T})$ 的状态解 (简称解).

可以看出, 按照这种方式定义的解 $x(t)$ 就是 Filippov 意义下的解, 并且对几乎所有的 $t \in [0, \mathcal{T})$, x 满足泛函微分包含:

$$\frac{\mathrm{d}x_i(t)}{\mathrm{d}t} \in -d_i(t)x_i(t) + \sum_{j=1}^n a_{ij}(t)\overline{\mathrm{co}}[f_j(x_j(t))] + \sum_{j=1}^n b_{ij}(t)\overline{\mathrm{co}}[g_j(x_j(t - \tau_{ij}(t)))]$$
$$+ I_i(t), \text{ a.e. } t \in [0, \mathcal{T}), \quad i = 1, 2, \cdots, n. \tag{11.1.8}$$

定义 11.1.3 [228,336](IVP)　给定连续函数 $\phi = (\phi_1, \phi_2, \cdots, \phi_n)^{\mathrm{T}} : [-\tau, 0] \to \mathbb{R}^n$ 与可测函数 $\psi^f = (\psi_1^f, \psi_2^f, \cdots, \psi_n^f)^{\mathrm{T}} : [-\tau, 0] \to \mathbb{R}^n$ 和 $\psi^g = (\psi_1^g, \psi_2^g, \cdots, \psi_n^g)^{\mathrm{T}} : [-\tau, 0] \to \mathbb{R}^n$ 满足 $\psi_j^f(s) \in \overline{\mathrm{co}}[f_j(\phi_j^f(s))], \psi_j^g(s) \in \overline{\mathrm{co}}[g_j(\phi_j^g(s))]$ $(j = 1, 2, \cdots, n)$, a.e. $s \in [-\tau, 0]$. 如果存在正的常数 $\mathcal{T}$ 使得在区间 $[-\tau, \mathcal{T})$ 上 $x = x(t)$ 是系统 (11.1.5) 的状态解, 且满足

$$\begin{cases} \dfrac{\mathrm{d}x_i(t)}{\mathrm{d}t} = -d_i(t)x_i(t) + \sum_{j=1}^n a_{ij}(t)\gamma_j^f(t) + \sum_{j=1}^n b_{ij}(t)\gamma_j^g(t - \tau_{ij}(t)) + I_i(t), \\ \qquad \text{a.e. } t \in [0, \mathcal{T}), \\ \gamma_j^f(t) \in \overline{\mathrm{co}}[f_j(x_j(t))], \ \gamma_j^g(t - \tau_{ij}(t)) \in \overline{\mathrm{co}}[g_j(x_j(t - \tau_{ij}(t)))], \text{ a.e. } t \in [0, \mathcal{T}), \\ x(s) = \phi(s), \ \forall s \in [-\tau, 0], \\ \gamma^f(s) = \psi^f(s), \ \gamma^g(s) = \psi^g(s), \text{ a.e. } s \in [-\tau, 0], \end{cases}$$
$$\tag{11.1.9}$$

那么称 $[x, \gamma^f, \gamma^g] : [-\tau, \mathcal{T}) \to \mathbb{R}^n \times \mathbb{R}^n \times \mathbb{R}^n$ 为系统 (11.1.5) 关于初始条件 $[\phi, \psi^f, \psi^g]$ 的解, 也称 $x = x(t)$ 为系统 (11.1.5) 在给定初始条件 $[\phi, \psi^f, \psi^g]$ 下的解.

关于具一元不连续信号传输函数的神经网络模型 Filippov 解的存在性, 已有一些文献对其进行了研究, 如文献 [300] 中的引理 2、文献 [432] 中的定理 3.1、文献 [455] 中的定理 1、文献 [671] 中的引理 2、文献 [691] 中的性质 2. 事实上, 我们可以利用 3.1 节中的有关定理来讨论解的存在性、延拓性和全局存在性, 也可参见 11.2 节中定理 11.2.1, 这里不再作此方面的讨论. 在本节后面的讨论中, 我们要求所讨论模型的 Filippov 解是全局存在的, 即 $\mathcal{T} = +\infty$.

定义 11.1.4　如果 $x = x(t)$ 为系统 (11.1.5) 在给定初始条件 $[\phi, \psi^f, \psi^g]$ 下的解, 且对一切的 $t \geqslant 0$ 均有 $x(t + \omega) = x(t)$ 成立, 那么称 $x(t)$ 为系统 (11.1.5) 在区间 $[0, +\infty)$ 上的 ω-周期解.

定理 11.1.1　如果条件 (H1)—(H3) 成立, 那么模型 (11.1.5) 至少存在一个 ω-周期解.

证明　记 $C_\omega = \{x(t) \mid x(t) \in C(\mathbb{R}, \mathbb{R}^n), x(t + \omega) = x(t)\}$ 和范数 $\|x(t)\|_{C_\omega} = \sum_{i=1}^n \max_{t \in [0, \omega]} |x_i(t)|$. 易知, C_ω 在赋予范数 $\|\cdot\|_{C_\omega}$ 下为 Banach 空间. 对任意的 $x(t) = (x_1(t), \cdots, x_n(t))^{\mathrm{T}} \in C_\omega$, 令 $F(t, x) = (F_1(t, x), F_2(t, x), \cdots, F_n(t, x))^{\mathrm{T}}$, 其中

$$
F_i(t, x) = -d_i(t) x_i(t) + \sum_{j=1}^n a_{ij}(t) \overline{\mathrm{co}}[f_j(x_j(t))]
$$
$$
+ \sum_{j=1}^n b_{ij}(t) \overline{\mathrm{co}}[g_j(x_j(t - \tau_{ij}(t)))] + I_i(t), \quad i = 1, 2, \cdots, n.
$$

由假设 (H2), 不难验证 $F(t, x)$ 是一个非空紧凸值上半连续映射. 为了应用引理 2.1.6, 需要构造一个合适的有界开子集 Ω. 对应于微分包含 $\dfrac{\mathrm{d}x}{\mathrm{d}t} \in \lambda F(t, x), \lambda \in (0, 1)$, 有

$$
\frac{\mathrm{d}x_i(t)}{\mathrm{d}t} \in \lambda \left\{ -d_i(t) x_i(t) + \sum_{j=1}^n a_{ij}(t) \overline{\mathrm{co}}[f_j(x_j(t))] \right.
$$
$$
\left. + \sum_{j=1}^n b_{ij}(t) \overline{\mathrm{co}}[g_j(x_j(t - \tau_{ij}(t)))] + I_i(t) \right\}, \quad i = 1, 2, \cdots, n. \quad (11.1.10)
$$

假设 $x(t) = (x_1(t), x_2(t), \cdots, x_n(t))^{\mathrm{T}}$ 是微分包含 (11.1.10) 对于 $\lambda \in (0, 1)$ 的任意 ω-周期解. 由可测选择定理 (参见文献 [26] 第 90 页定理 1), 存在可测的向量值函数 $\gamma^f = (\gamma_1^f, \gamma_2^f, \cdots, \gamma_n^f)^{\mathrm{T}} : [-\tau, +\infty) \to \mathbb{R}^n$ 和 $\gamma^g = (\gamma_1^g, \gamma_2^g, \cdots, \gamma_n^g)^{\mathrm{T}} :$

$[-\tau, +\infty) \to \mathbb{R}^n$ 使得对几乎所有的 $t \in [-\tau, +\infty)$ 有 $\gamma_j^f(t) \in \overline{\mathrm{co}}[f_j(x_j(t))]$ 和 $\gamma_j^g(t - \tau_{ij}(t)) \in \overline{\mathrm{co}}[g_j(x_j(t - \tau_{ij}(t)))]$, 并且

$$\frac{\mathrm{d}x_i(t)}{\mathrm{d}t} = \lambda \left[-d_i(t)x_i(t) + \sum_{j=1}^n a_{ij}(t)\gamma_j^f(t) + \sum_{j=1}^n b_{ij}(t)\gamma_j^g(t - \tau_{ij}(t)) + I_i(t) \right],$$

$$\text{a.e.} \quad t \in [0, +\infty), \quad i = 1, 2, \cdots, n. \tag{11.1.11}$$

在等式 (11.1.11) 的两边同时乘以 $x_i(t)$ 并在区间 $[0, \omega]$ 上积分可得

$$\int_0^\omega d_i(t)x_i^2(t)\mathrm{d}t = \int_0^\omega x_i(t) \left[\sum_{j=1}^n a_{ij}(t)\gamma_j^f(t) + \sum_{j=1}^n b_{ij}(t)\gamma_j^g(t - \tau_{ij}(t)) + I_i(t) \right] \mathrm{d}t. \tag{11.1.12}$$

对每一个 $i = 1, 2, \cdots, n$, 利用假设 (H2) 和 Cauchy-Schwarz 不等式, 由 (11.1.12) 式可推出

$$d_i^L \int_0^\omega |x_i(t)|^2 \mathrm{d}t$$

$$\leqslant \sum_{j=1}^n a_{ij}^M \int_0^\omega |x_i(t)||\gamma_j^f(t)|\mathrm{d}t + \sum_{j=1}^n b_{ij}^M \int_0^\omega |x_i(t)||\gamma_j^g(t - \tau_{ij}(t))|\mathrm{d}t$$

$$\quad + I_i^M \int_0^\omega |x_i(t)|\mathrm{d}t$$

$$\leqslant \sum_{j=1}^n a_{ij}^M \alpha_j^f \int_0^\omega |x_i(t)||x_j(t)|\mathrm{d}t$$

$$\quad + \sum_{j=1}^n b_{ij}^M \alpha_j^g \int_0^\omega |x_i(t)||x_j(t - \tau_{ij}(t))|\mathrm{d}t$$

$$\quad + \left(\sum_{j=1}^n \left(a_{ij}^M \beta_j^f + b_{ij}^M \beta_j^g \right) + I_i^M \right) \int_0^\omega |x_i(t)|\mathrm{d}t$$

$$\leqslant \sum_{j=1}^n a_{ij}^M \alpha_j^f \left(\int_0^\omega |x_i(t)|^2 \mathrm{d}t \right)^{\frac{1}{2}} \left(\int_0^\omega |x_j(t)|^2 \mathrm{d}t \right)^{\frac{1}{2}}$$

$$\quad + \sum_{j=1}^n b_{ij}^M \alpha_j^g \left(\int_0^\omega |x_i(t)|^2 \mathrm{d}t \right)^{\frac{1}{2}} \left(\int_0^\omega |x_j(t - \tau_{ij}(t))|^2 \mathrm{d}t \right)^{\frac{1}{2}}$$

$$\quad + \left(\sum_{j=1}^n \left(a_{ij}^M \beta_j^f + b_{ij}^M \beta_j^g \right) + I_i^M \right) \sqrt{\omega} \left(\int_0^\omega |x_i(t)|^2 \mathrm{d}t \right)^{\frac{1}{2}}. \tag{11.1.13}$$

注意到

$$\int_0^\omega |x_j(t-\tau_{ij}(t))|^2 \mathrm{d}t = \int_{-\tau_{ij}(0)}^{\omega-\tau_{ij}(\omega)} \frac{|x_j(t)|^2}{1-\dot{\tau}_{ij}(\varphi_{ij}^{-1}(t))} \mathrm{d}t$$

$$= \int_{-\tau_{ij}(0)}^{\omega-\tau_{ij}(0)} \frac{|x_j(t)|^2}{1-\dot{\tau}_{ij}(\varphi_{ij}^{-1}(t))} \mathrm{d}t$$

$$= \int_0^\omega \frac{|x_j(t)|^2}{1-\dot{\tau}_{ij}(\varphi_{ij}^{-1}(t))} \mathrm{d}t$$

$$\leqslant \frac{1}{1-\tau_{ij}^D} \int_0^\omega |x_j(t)|^2 \mathrm{d}t, \quad j=1,2,\cdots,n, \qquad (11.1.14)$$

其中 φ_{ij}^{-1} 是 $\varphi_{ij}(t)=t-\tau_{ij}(t)$ 的反函数, 由 (11.1.13) 和 (11.1.14) 可得

$$d_i^L \left(\int_0^\omega |x_i(t)|^2 \mathrm{d}t\right)^{\frac{1}{2}} \leqslant \sum_{j=1}^n \left(a_{ij}^M \alpha_j^f + \frac{b_{ij}^M \alpha_j^g}{\sqrt{1-\tau_{ij}^D}}\right) \left(\int_0^\omega |x_j(t)|^2 \mathrm{d}t\right)^{\frac{1}{2}}$$

$$+ \left(\sum_{j=1}^n \left(a_{ij}^M \beta_j^f + b_{ij}^M \beta_j^g\right) + I_i^M\right) \sqrt{\omega}. \qquad (11.1.15)$$

进而有

$$\left(\int_0^\omega |x_i(t)|^2 \mathrm{d}t\right)^{\frac{1}{2}} \leqslant \sum_{j=1}^n \frac{1}{d_i^L} \left(a_{ij}^M \alpha_j^f + \frac{b_{ij}^M \alpha_j^g}{\sqrt{1-\tau_{ij}^D}}\right) \left(\int_0^\omega |x_j(t)|^2 \mathrm{d}t\right)^{\frac{1}{2}}$$

$$+ \frac{\sqrt{\omega}}{d_i^L} \left(\sum_{j=1}^n \left(a_{ij}^M \beta_j^f + b_{ij}^M \beta_j^g\right) + I_i^M\right)$$

$$\triangleq \sum_{j=1}^n q_{ij} \left(\int_0^\omega |x_j(t)|^2 \mathrm{d}t\right)^{\frac{1}{2}} + \sqrt{\omega} G_i, \qquad (11.1.16)$$

其中

$$G_i = \frac{1}{d_i^L} \left(\sum_{j=1}^n \left(a_{ij}^M \beta_j^f + b_{ij}^M \beta_j^g\right) + I_i^M\right), \quad i=1,2,\cdots,n.$$

为了表示的方便, 我们定义

$$\|x_i\|_2^\omega = \left(\int_0^\omega |x_i(t)|^2 \mathrm{d}t\right)^{\frac{1}{2}}, \quad x_i \in C(\mathbb{R},\mathbb{R}), \quad i=1,2,\cdots,n.$$

显然, 由 (11.1.16) 可推出

$$(E_n - Q)\left(\|x_1\|_2^\omega, \|x_2\|_2^\omega, \cdots, \|x_n\|_2^\omega\right)^{\mathrm{T}} \leqslant \sqrt{\omega}(G_1, G_2, \cdots, G_n)^{\mathrm{T}} \triangleq \sqrt{\omega}G.$$

$$(11.1.17)$$

因为 $E_n - Q$ 是一个 M-矩阵, 根据假设 (H3) 和引理 2.2.4 可得: 必存在一个向量 $\xi = (\xi_1, \xi_2, \cdots, \xi_n) > 0$ 使得

$$\xi^* = (\xi_1^*, \xi_2^*, \cdots, \xi_n^*) = \xi(E_n - Q) > 0.$$

再利用 (11.1.17) 可推出

$$\min\{\xi_1^*, \xi_2^*, \cdots, \xi_n^*\} \left(\|x_1\|_2^\omega + \|x_2\|_2^\omega + \cdots + \|x_n\|_2^\omega \right)$$
$$\leqslant \xi_1^* \|x_1\|_2^\omega + \xi_2^* \|x_2\|_2^\omega + \cdots + \xi_n^* \|x_n\|_2^\omega$$
$$= \xi(E_n - Q) \left(\|x_1\|_2^\omega, \|x_2\|_2^\omega, \cdots, \|x_n\|_2^\omega \right)^{\mathrm{T}}$$
$$\leqslant \xi\sqrt{\omega} \, (G_1, G_2, \cdots, G_n)^{\mathrm{T}}$$
$$= \sqrt{\omega} \sum_{i=1}^n \xi_i G_i. \tag{11.1.18}$$

因此, 我们可得到如下不等式:

$$\left(\int_0^\omega |x_i(t)|^2 \mathrm{d}t \right)^{\frac{1}{2}} = \|x_i\|_2^\omega \leqslant \frac{\sqrt{\omega} \displaystyle\sum_{i=1}^n \xi_i G_i}{\min\{\xi_1^*, \xi_2^*, \cdots, \xi_n^*\}} \triangleq \sqrt{\omega} N, \quad i = 1, 2, \cdots, n. \tag{11.1.19}$$

从而必存在某个 $t_i \in [0, \omega]$ 使得

$$|x_i(t_i)| \leqslant N, \quad i = 1, 2, \cdots, n. \tag{11.1.20}$$

因为对所有的 $t \in [0, \omega]$, $x_i(t) = x_i(t_i) + \displaystyle\int_{t_i}^t \dot{x}_i(s)\mathrm{d}s$ 成立, 由 (11.1.20) 式可得

$$|x_i(t)| \leqslant N + \int_0^\omega |\dot{x}_i(t)|\mathrm{d}t, \quad i = 1, 2, \cdots, n. \tag{11.1.21}$$

再根据 (11.1.11) 式, 又可得到

$$\int_0^\omega |\dot{x}_i(t)|\mathrm{d}t$$
$$< \int_0^\omega |d_i(t)||x_i(t)|\mathrm{d}t + \sum_{j=1}^n \int_0^\omega |a_{ij}(t)||\gamma_j^f(t)|\mathrm{d}t$$
$$+ \sum_{j=1}^n \int_0^\omega |b_{ij}(t)||\gamma_j^g(t - \tau_{ij}(t))|\mathrm{d}t + \int_0^\omega |I_i(t)|\mathrm{d}t$$
$$\leqslant d_i^M \int_0^\omega |x_i(t)|\mathrm{d}t + \sum_{j=1}^n a_{ij}^M \int_0^\omega |\gamma_j^f(t)|\mathrm{d}t$$

$$+ \sum_{j=1}^{n} b_{ij}^M \int_0^\omega |\gamma_j^g(t - \tau_{ij}(t))| \mathrm{d}t + I_i^M \omega$$

$$\leqslant d_i^M \int_0^\omega |x_i(t)| \mathrm{d}t + \sum_{j=1}^{n} a_{ij}^M \alpha_j^f \int_0^\omega |x_j(t)| \mathrm{d}t$$

$$+ \sum_{j=1}^{n} b_{ij}^M \alpha_j^g \int_0^\omega |x_j(t - \tau_{ij}(t))| \mathrm{d}t + \omega \left(\sum_{j=1}^{n} \left(a_{ij}^M \beta_j^f + b_{ij}^M \beta_j^g \right) + I_i^M \right)$$

$$\leqslant d_i^M \sqrt{\omega} \|x_i\|_2^\omega + \sum_{j=1}^{n} \left(a_{ij}^M \alpha_j^f + \frac{b_{ij}^M \alpha_j^g}{\sqrt{1 - \tau_{ij}^D}} \right) \sqrt{\omega} \|x_j\|_2^\omega$$

$$+ \omega \left(\sum_{j=1}^{n} \left(a_{ij}^M \beta_j^f + b_{ij}^M \beta_j^g \right) + I_i^M \right)$$

$$\leqslant \omega N \left(d_i^M + \sum_{j=1}^{n} \left(a_{ij}^M \alpha_j^f + \frac{b_{ij}^M \alpha_j^g}{\sqrt{1 - \tau_{ij}^D}} \right) \right)$$

$$+ \omega \left(\sum_{j=1}^{n} \left(a_{ij}^M \beta_j^f + b_{ij}^M \beta_j^g \right) + I_i^M \right) \triangleq R_i. \tag{11.1.22}$$

综合 (11.1.21) 和 (11.1.22), 可得

$$|x_i(t)| < N + R_i \triangleq H_i, \quad i = 1, 2, \cdots, n. \tag{11.1.23}$$

显然, H_i $(i = 1, 2, \cdots, n)$ 是不依赖于 λ 的常数. 再次利用假设 (H3) 和引理 2.2.4 可得: 必存在一个向量 $\eta = (\eta_1, \eta_2, \cdots, \eta_n)^{\mathrm{T}} > 0$ 使得 $(E_n - Q)\eta > 0$. 因此, 我们可选择一个充分大的常数 σ 使得

$$\eta^* = (\eta_1^*, \eta_2^*, \cdots, \eta_n^*)^{\mathrm{T}} = (\sigma\eta_1, \sigma\eta_2, \cdots, \sigma\eta_n)^{\mathrm{T}} = \sigma\eta,$$

且有

$$\eta_i^* = \sigma\eta_i > H_i \quad (i = 1, 2, \cdots, n), \quad (E_n - Q)\eta^* > G. \tag{11.1.24}$$

令

$$\Omega = \left\{ x(t) \mid x(t) \in C_\omega, -\eta^* < x(t) < \eta^*, \forall t \in \mathbb{R} \right\}. \tag{11.1.25}$$

显然, Ω 是 C_ω 中的一个有界开集, 并且对任意的 $\lambda \in (0, 1)$, $x = x(t) \notin \partial\Omega$. 此时, 引理 2.1.6 中的条件 (i) 满足.

接下来将采用反证法来证明引理 2.1.6 中的条件 (ii) 也满足. 假设包含 $0 \in \frac{1}{\omega} \int_0^\omega F(t, u) \mathrm{d}t = g_0(u)$ 存在一个解 $u = (u_1, u_2, \cdots, u_n)^{\mathrm{T}}$ 满足 $u \in \partial\Omega \cap \mathbb{R}^n$,

则 u 是 $\mathbb{R}^n$ 中的一个常向量, 使得对某个 $i \in \{1, 2, \cdots, n\}$ 有 $|u_i| = \eta_i^*$, 同时也存在两个对应于 $u = (u_1, u_2, \cdots, u_n)^{\mathrm{T}}$ 的 n 维常向量 $\gamma^f = (\gamma_1^f, \gamma_2^f, \cdots, \gamma_n^f)^{\mathrm{T}}$, $\gamma^g = (\gamma_1^g, \gamma_2^g, \cdots, \gamma_n^g)^{\mathrm{T}}$, 使得 $\gamma^f \in \overline{\mathrm{co}}[f(u)]$, $\gamma^g \in \overline{\mathrm{co}}[g(u)]$. 因此, 有

$$
\begin{aligned}
0 \in (g_0(u))_i = {} & - u_i \frac{1}{\omega} \int_0^\omega d_i(t)\mathrm{d}t + \sum_{j=1}^n \overline{\mathrm{co}}[f_j(u_j)] \frac{1}{\omega} \int_0^\omega a_{ij}(t)\mathrm{d}t \\
& + \sum_{j=1}^n \overline{\mathrm{co}}[g_j(u_j)] \frac{1}{\omega} \int_0^\omega b_{ij}(t)\mathrm{d}t + \frac{1}{\omega} \int_0^\omega I_i(t)\mathrm{d}t, \quad i = 1, 2, \cdots, n.
\end{aligned}
$$
$$(11.1.26)$$

或者, 等价地有

$$
\begin{aligned}
0 = {} & - u_i \frac{1}{\omega} \int_0^\omega d_i(t)\mathrm{d}t + \sum_{j=1}^n \gamma_j^f \frac{1}{\omega} \int_0^\omega a_{ij}(t)\mathrm{d}t \\
& + \sum_{j=1}^n \gamma_j^g \frac{1}{\omega} \int_0^\omega b_{ij}(t)\mathrm{d}t + \frac{1}{\omega} \int_0^\omega I_i(t)\mathrm{d}t, \quad i = 1, 2, \cdots, n.
\end{aligned}
$$
$$(11.1.27)$$

由微分中值定理, 从 (11.1.27) 可得: 必存在某个 $t^* \in [0, \omega]$ 使得

$$
-u_i d_i(t^*) + \sum_{j=1}^n \left(a_{ij}(t^*)\gamma_j^f + b_{ij}(t^*)\gamma_j^g \right) + I_i(t^*) = 0.
$$
$$(11.1.28)$$

由 (11.1.28) 可推出

$$
\begin{aligned}
\eta_i^* = |u_i| & \leqslant \frac{1}{|d_i(t^*)|} \left[\sum_{j=1}^n \left(|a_{ij}(t^*)||\gamma_j^f| + |b_{ij}(t^*)||\gamma_j^g| \right) + |I_i(t^*)| \right] \\
& \leqslant \frac{1}{d_i^L} \left[\sum_{j=1}^n \left[a_{ij}^M \left(\alpha_j^f |u_j| + \beta_j^f \right) + b_{ij}^M \left(\alpha_j^g |u_j| + \beta_j^g \right) \right] + I_i^M \right] \\
& \leqslant \frac{1}{d_i^L} \left[\sum_{j=1}^n \left(a_{ij}^M \left(\alpha_j^f |u_j| + \beta_j^f \right) + \frac{b_{ij}^M \left(\alpha_j^g |u_j| + \beta_j^g \right)}{\sqrt{1 - \tau_{ij}^D}} \right) + I_i^M \right] \\
& = \sum_{j=1}^n q_{ij} |u_j| + G_i \\
& \leqslant \sum_{j=1}^n q_{ij} \eta_j^* + G_i.
\end{aligned}
$$

这意味着 $(E_n - Q)\eta^* \leqslant G$, 而与 $(E_n - Q)\eta^* > G$ 矛盾.

最后, 为了证明引理 2.1.6 中的条件 (iii) 满足, 我们在 $\Omega \cap \mathbb{R}^n \times [0,1]$ 上定义一个同伦集值映射 ϕ 如下

$$\phi(u, \hbar) = \hbar \,\mathrm{diag}\left\{-\bar{d}_1, -\bar{d}_2, \cdots, -\bar{d}_n\right\} u + (1-\hbar) g_0(u),$$

其中, $\hbar \in [0,1]$ 为一个实值参数, $\bar{d}_i = \dfrac{1}{\omega} \displaystyle\int_0^\omega d_i(t)\mathrm{d}t, i = 1, 2, \cdots, n.$

如果 $u = (u_1, u_2, \cdots, u_n)^\mathrm{T} \in \partial\Omega \cap \mathbb{R}^n$, 则 u 是 $\mathbb{R}^n$ 中的一个常向量, 使得对某个 $i \in \{1, 2, \cdots, n\}$ 有 $|u_i| = \eta_i^*.$ 易知

$$
\begin{aligned}
(\phi(u, \hbar))_i = {}& -\bar{d}_i u_i + (1-\hbar)\left(\sum_{j=1}^n \overline{\mathrm{co}}[f_j(u_j)] \frac{1}{\omega} \int_0^\omega a_{ij}(t)\mathrm{d}t \right. \\
& \left. + \sum_{j=1}^n \overline{\mathrm{co}}[g_j(u_j)] \frac{1}{\omega} \int_0^\omega b_{ij}(t)\mathrm{d}t + \frac{1}{\omega} \int_0^\omega I_i(t)\mathrm{d}t \right).
\end{aligned}
\tag{11.1.29}
$$

我们断言:

$$0 \notin (\phi(u, \hbar))_i, \quad i = 1, 2, \cdots, n. \tag{11.1.30}$$

否则, $0 \in (\phi(u, \hbar))_i, i = 1, 2, \cdots, n,$ 即

$$
\begin{aligned}
0 \in {}& -u_i \frac{1}{\omega} \int_0^\omega d_i(t)\mathrm{d}t + (1-\hbar)\left(\sum_{j=1}^n \overline{\mathrm{co}}[f_j(u_j)] \frac{1}{\omega} \int_0^\omega a_{ij}(t)\mathrm{d}t \right. \\
& \left. + \sum_{j=1}^n \overline{\mathrm{co}}[g_j(u_j)] \frac{1}{\omega} \int_0^\omega b_{ij}(t)\mathrm{d}t + \frac{1}{\omega} \int_0^\omega I_i(t)\mathrm{d}t \right).
\end{aligned}
\tag{11.1.31}
$$

或等价地, 存在 $\gamma_i \in \overline{\mathrm{co}}[g_i(u_i)], i = 1, 2, \cdots, n,$ 使得

$$
\begin{aligned}
0 = {}& -u_i \frac{1}{\omega} \int_0^\omega d_i(t)\mathrm{d}t \\
& + (1-\hbar)\left[\sum_{j=1}^n \left(\frac{\gamma_j^f}{\omega} \int_0^\omega a_{ij}(t)\mathrm{d}t + \frac{\gamma_j^g}{\omega} \int_0^\omega b_{ij}(t)\mathrm{d}t \right) + \frac{1}{\omega} \int_0^\omega I_i(t)\mathrm{d}t \right].
\end{aligned}
\tag{11.1.32}
$$

因此, 必存在某个 $t^{**} \in [0, \omega]$ 使得

$$-d_i(t^{**}) u_i + (1-\hbar)\left[\sum_{j=1}^n \left(a_{ij}(t^{**}) \gamma_j^f + b_{ij}(t^{**}) \gamma_j^g \right) + I_i(t^{**}) \right] = 0. \tag{11.1.33}$$

从 (11.1.33) 不难推得

$$
\eta_i^* = |u_i|
$$

$$
\leqslant \frac{1-\hbar}{|d_i(t^{**})|} \left[\sum_{j=1}^{n} \left(|a_{ij}(t^{**})||\gamma_j^f| + |b_{ij}(t^{**})||\gamma_j^g| \right) + |I_i(t^{**})| \right]
$$

$$
\leqslant \frac{1}{d_i^L} \left[\sum_{j=1}^{n} \left[a_{ij}^M \left(\alpha_j^f |u_j| + \beta_j^f \right) + b_{ij}^M \left(\alpha_j^g |u_j| + \beta_j^g \right) \right] + I_i^M \right]
$$

$$
\leqslant \frac{1}{d_i^L} \left[\sum_{j=1}^{n} \left(a_{ij}^M \left(\alpha_j^f |u_j| + \beta_j^f \right) + \frac{b_{ij}^M \left(\alpha_j^g |u_j| + \beta_j^g \right)}{\sqrt{1 - \tau_{ij}^D}} \right) + I_i^M \right]
$$

$$
= \sum_{j=1}^{n} q_{ij} |u_j| + G_i
$$

$$
\leqslant \sum_{j=1}^{n} q_{ij} \eta_j^* + G_i.
$$

这意味着 $(E_n - Q)\eta^* \leqslant G$, 与 $(E_n - Q)\eta^* > G$ 矛盾. 故 (11.1.30) 成立. 从而有

$$
(0, 0, \cdots, 0)^{\mathrm{T}} \notin \phi(u, \hbar), \quad \forall u = (u_1, u_2, \cdots, u_n)^{\mathrm{T}} \in \partial\Omega \cap \mathbb{R}^n, \quad \hbar \in [0, 1].
$$

根据集值映射拓扑度的同伦不变性以及解的性质可得

$$
\deg \{g_0, \Omega \cap \mathbb{R}^n, 0\}
$$

$$
= \deg \{\phi(u, 0), \Omega \cap \mathbb{R}^n, 0\}
$$

$$
= \deg \{\phi(u, 1), \Omega \cap \mathbb{R}^n, 0\}
$$

$$
= \deg \left\{ (-\bar{d}_1 u_1, -\bar{d}_2 u_2, \cdots, -\bar{d}_n u_n)^{\mathrm{T}}, \Omega \cap \mathbb{R}^n, (0, 0, \cdots, 0)^{\mathrm{T}} \right\}
$$

$$
= \operatorname{sgn} \begin{vmatrix} -\bar{d}_1 & \cdots & 0 \\ \vdots & & \vdots \\ 0 & \cdots & -\bar{d}_n \end{vmatrix}
$$

$$
= (-1)^n \neq 0,
$$

其中 $\deg\{\cdot, \cdot, \cdot\}$ 表示紧凸值的上半连续集值映射的拓扑度 (参见文献 [483]).

根据引理 2.1.6 可知神经网络模型 (11.1.5) 至少存在一个 ω-周期解. 证毕.

例 11.1.1 考虑下列具不连续信号传输函数和时滞的非自治神经网络模型:

$$
\begin{cases}
\dfrac{\mathrm{d}x_1(t)}{\mathrm{d}t} = -x_1(t) + (-4 - \sin t)f_1(x_1(t)) + \left(\dfrac{1}{2} + \dfrac{1}{2}\sin t\right)f_2(x_2(t)) \\
\qquad + \left(\dfrac{1}{4} + \dfrac{1}{4}\sin t\right)g_1(x_1(t - \tau_{11}(t))) \\
\qquad + \left(\dfrac{1}{2} + \dfrac{1}{2}\cos t\right)g_2(x_2(t - \tau_{12}(t))) + 1.5, \\
\dfrac{\mathrm{d}x_2(t)}{\mathrm{d}t} = -x_2(t) + (\sin t)f_1(x_1(t)) + (-4 - \cos t)f_2(x_2(t)) \\
\qquad + \dfrac{1}{2}(\cos t)g_1(x_1(t - \tau_{21}(t))) + 1.5 + \sin t,
\end{cases}
\tag{11.1.34}
$$

其中, $\tau_{ij}(t) \equiv 1, i, j = 1, 2$; 信号传输函数为

$$
f_i(s) = g_i(s) = \begin{cases} s + 0.5, & s \geqslant -2.5, \\ s + 4.5, & s < -2.5, \end{cases} \quad i = 1, 2.
$$

显然, $f(x) = (f_1(x_1), f_2(x_2))^{\mathrm{T}}$ 和 $g(x) = (g_1(x_1), g_2(x_2))^{\mathrm{T}}$ 在 $\mathbb{R}^2$ 上是无界且非单调的不连续函数. 同时, $s = -2.5$ 是函数 $f_i(s)$ 和 $g_i(s)$ 的间断点, 且 $\overline{\mathrm{co}}[f_i(-2.5)] = \overline{\mathrm{co}}[g_i(-2.5)] = [-2, 2], i = 1, 2$. 由模型 (11.1.34) 不难发现, $d_1(t) = d_2(t) = 1, a_{11}(t) = -4 - \sin t, a_{12}(t) = \dfrac{1}{2} + \dfrac{1}{2}\sin t, a_{21}(t) = \sin t, a_{22}(t) = -4 - \cos t,$ $b_{11}(t) = \dfrac{1}{4} + \dfrac{1}{4}\sin t, b_{12}(t) = \dfrac{1}{2} + \dfrac{1}{2}\cos t, b_{21}(t) = \dfrac{1}{2}\cos t$ 和 $b_{22}(t) = 0$ 是连续的 2π-周期函数. 显然

$$
d_1^L = d_2^L = a_{12}^M = a_{21}^M = b_{12}^M = 1, \quad a_{11}^M = a_{22}^M = -3, \quad b_{11}^M = b_{21}^M = \dfrac{1}{2}, \quad b_{22}^M = 0.
$$

取 $\alpha_1^f = \alpha_2^f = \alpha_1^g = \alpha_2^g = 1$, 不难算得

$$
E_2 - Q = \begin{pmatrix} \dfrac{7}{2} & -2 \\ -\dfrac{3}{2} & 4 \end{pmatrix}.
$$

容易验证 $E_2 - Q$ 是一个 M-矩阵. 因此, 由定理 11.1.1 可知模型 (11.1.34) 至少存在一个 2π-周期解. 给定初始条件: $\phi(t) = (1, 1)^{\mathrm{T}}$, $\psi^f(t) = \psi^g(t) = (-2, -2)^{\mathrm{T}}$, $\forall t \in [-1, 0]$. 数值模拟也说明了结论是正确的 (图 11.1).

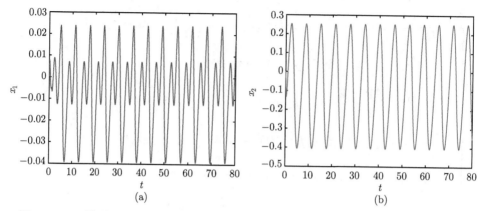

图 11.1　(a) 模型 (11.1.34) 的状态解分量 x_1 关于时间的轨迹图; (b) 模型 (11.1.34) 的
状态解分量 x_2 关于时间的轨迹图

11.1.3　驱动-响应同步

1990 年, Pecora 和 Carroll 研究了两个混沌系统之间的同步[555], 当然这两个系统并不是各自独立运行的, 而是其中一个系统的输出作为信号去驱动另一个系统. 这两个非线性动力系统存在驱动与响应的关系. 响应系统行为取决于驱动系统, 驱动系统行为与响应系统行为无关. 这种同步方法在电路、DSP 和 FPGA 等技术中有着实际应用. 近年的研究表明, 同步特征是网络的最重要特征之一, 对其研究不仅可以揭示客观世界的真实现象, 而且其研究成果在计算、保密通信、图像处理和控制等领域有着广泛的应用.

考虑如下具不连续信号传输的时滞神经网络系统作为驱动系统:

$$\frac{\mathrm{d}x_i(t)}{\mathrm{d}t} = -d_i(t)x_i(t) + \sum_{j=1}^{n} a_{ij}(t)f_j(x_j(t)) + \sum_{j=1}^{n} b_{ij}(t)f_j(x_j(t - \tau_{ij}(t))) + I_i(t),$$

(11.1.35)

$i = 1, 2, \cdots, n.$ 系统 (11.1.35) 可以看作模型 (11.1.5) 中 $g_j = f_j$ $(j = 1, 2, \cdots, n)$ 的特殊情形. (11.1.35) 中的其他符号意义与 (11.1.5) 中相应符号意义相同.

本小节假定 $d_i(t), a_{ij}(t), b_{ij}(t), I_i(t)$ 在 $\mathbb{R}$ 上都是连续的; f_i 在 $\mathbb{R}$ 上是分段连续的; $\tau_{ij}(t)$ 在 $\mathbb{R}$ 上是连续和非负有界的. 记 $\tau = \max\limits_{i,j=1,2,\cdots,n} \left\{ \sup\limits_{t\in\mathbb{R}} \tau_{ij}(t) \right\}$, 则有 $0 \leqslant \tau_{ij}(t) \leqslant \tau, i, j = 1, 2, \cdots, n.$ 另外, 我们对系统 (11.1.35) 中信号传输函数还给出如下假设:

(H4) 对信号传输函数 f_i $(i = 1, 2, \cdots, n)$, 在 $\mathbb{R}$ 上存在单调非减的函数 p_i 与单调非增的函数 h_i, 使得 $f_i = p_i + h_i$, 这里 p_i 和 h_i 在 $\mathbb{R}$ 上都是分段连续的, 且对任意的实数 u, v, 当 $u > v$ 时, 存在正常数 $L_i > 0$, 使得 $0 \leqslant p_i(u) - p_i(v) \leqslant L_i(u - v)$ 成立.

(H4*) 对信号传输函数 f_i $(i = 1, 2, \cdots, n)$, 在 $\mathbb{R}$ 上存在单调非减的函数 p_i 与单调非增的函数 h_i, 使得 $f_i = p_i + h_i$, p_i 和 h_i 在 $\mathbb{R}$ 上都是分段连续的, 且对任意的实数 u, v, 当 $u > v$ 时, 存在正常数 $L_i > 0$, 使得 $-L_i(u-v) \leqslant h_i(u) - h_i(v) \leqslant 0$ 成立.

因为系统 (11.1.35) 是系统 (11.1.5) 中 $g_j = f_j$ $(j = 1, 2, \cdots, n)$ 的特殊情形, 所以系统 (11.1.35) 解的定义采用定义 11.1.2 和定义 11.1.3. 事实上, 对于其状态解的定义, 我们只需将定义 11.1.2 中的函数 $\gamma^f = (\gamma_1^f, \gamma_2^f, \cdots, \gamma_n^f)^{\mathrm{T}}$ 和 $\gamma^g = (\gamma_1^g, \gamma_2^g, \cdots, \gamma_n^g)^{\mathrm{T}}$ 视为同一函数, 比如说统一记作 $\gamma = (\gamma_1, \gamma_2, \cdots, \gamma_n)^{\mathrm{T}}$ 即可, 此时方程 (11.1.7) 相应地替换为

$$\frac{\mathrm{d}x_i(t)}{\mathrm{d}t} = -d_i(t)x_i(t) + \sum_{j=1}^n a_{ij}(t)\gamma_j(t) + \sum_{j=1}^n b_{ij}(t)\gamma_j(t - \tau_{ij}(t)) + I_i(t),$$
$$\text{a.e.} \quad t \in [0, \mathcal{T}), \quad i = 1, 2, \cdots, n. \tag{11.1.36}$$

称其中的函数 $\gamma(t) = (\gamma_1(t), \gamma_2(t), \cdots, \gamma_n(t))^{\mathrm{T}}$ 为系统 (11.1.35) 对应于状态解 $x(t)$ 的输出解. 而对于其初值问题 (IVP) 解的定义, 只需将定义 11.1.3 中的函数 $\psi^f = (\psi_1^f, \psi_2^f, \cdots, \psi_n^f)^{\mathrm{T}}$ 和 $\psi^g = (\psi_1^g, \psi_2^g, \cdots, \psi_n^g)^{\mathrm{T}}$ 视为同一函数, 比如说统一记作 $\psi = (\psi_1, \psi_2, \cdots, \psi_n)^{\mathrm{T}}$, 相应地将记号 $[x, \gamma^f, \gamma^g]$ 替换为 $[x, \gamma]$, 将初始条件记号 $[\phi, \psi^f, \psi^g]$ 替换为 $[\phi, \psi]$ 即可, 此时方程 (11.1.9) 相应地替换为

$$\begin{cases} \dfrac{\mathrm{d}x_i(t)}{\mathrm{d}t} = -d_i(t)x_i(t) + \sum_{j=1}^n a_{ij}(t)\gamma_j(t) + \sum_{j=1}^n b_{ij}(t)\gamma_j(t - \tau_{ij}(t)) + I_i(t), \\ \qquad \text{a.e.} \quad t \in [0, \mathcal{T}), \\ \gamma_j(t) \in \overline{\mathrm{co}}[f_j(x_j(t))], \ \text{a.e.} \ t \in [0, \mathcal{T}), \\ x(s) = \phi(s), \ \forall s \in [-\tau, 0], \\ \gamma(s) = \psi(s), \ \text{a.e.} \ s \in [-\tau, 0]. \end{cases} \tag{11.1.37}$$

对应于驱动系统 (11.1.35) 的响应系统可以表示为

$$\frac{\mathrm{d}y_i(t)}{\mathrm{d}t} = -d_i(t)y_i(t) + \sum_{j=1}^n a_{ij}(t)f_j(y_j(t))$$
$$+ \sum_{j=1}^n b_{ij}(t)f_j(y_j(t - \tau_{ij}(t))) + I_i(t) + u_i(t), \quad i = 1, 2, \cdots, n. \tag{11.1.38}$$

记 $y(t) = (y_1(t), y_2(t), \cdots, y_n(t))^{\mathrm{T}}$ 和 $u(t) = (u_1(t), u_2(t), \cdots, u_n(t))^{\mathrm{T}}$ 分别表示

响应系统 (11.1.38) 的状态解和待设计的控制器. 系统 (11.1.38) 中其余符号和参数的意义与系统 (11.1.35) 中的一致.

由于若把响应系统 (11.1.38) 中最后两项的和 $I_i(t) + u_i(t)$ 视为一个整体, 则响应系统 (11.1.38) 和驱动系统 (11.1.35) 在数学形式上完全一致, 因此系统 (11.1.38) 解的定义可以沿用驱动系统 (11.1.35) 解的定义. 但是, 应该注意到的是: 由于控制器 $u_i(t)$ 在 $\mathbb{R}$ 上可能是连续的, 也可能是分段连续的. 于是, 我们在状态解和初值问题解的定义中, 除了把 x 变换为 y 外, 还应分别把方程 (11.1.36) 和 (11.1.37) 中的 $I_i(t)$ 项替换为 $I_i(t) + \eta_i(t)$, 其中, 当 $u_i(t)$ 在 t 处连续时, $\eta_i(t) = u_i(t)$; 而当 $u_i(t)$ 在 t 处不连续时, $\eta_i(t) \in \overline{\mathrm{co}}[u_i(t)]$.

等价于 10.3.1 节中的定义 10.3.1, 我们给出下面定义.

定义 11.1.5　如果存在正常数 M, α, 使得当 $t \geqslant 0$ 时, 有

$$\|y(t) - x(t)\| \leqslant M \exp\{-\alpha t\},$$

那么称驱动-响应系统 (11.1.35) 和 (11.1.38) 是 (全局) 指数同步的.

下面除非特别说明, 假设驱动-响应系统 (11.1.35) 和 (11.1.38) 的解是全局存在的. 令 $e(t) = (e_1(t), \cdots, e_n(t))^{\mathrm{T}} = y(t) - x(t)$ 为同步误差, 那么由驱动-响应系统 (11.1.35) 和 (11.1.38) 可以得到如下的同步误差系统:

$$\frac{\mathrm{d}e_i(t)}{\mathrm{d}t} = -d_i(t)e_i(t) + \sum_{j=1}^{n} a_{ij}(t)\widehat{f}_j(e_j(t)) + \sum_{j=1}^{n} b_{ij}(t)\widehat{f}_j(e_j(t - \tau_{ij}(t))) + u_i(t),$$

$$(11.1.39)$$

这里, $i = 1, 2, \cdots, n$, $\widehat{f}_j(e_j(t)) = f_j(y_j(t)) - f_j(x_j(t)) = f_j(x_j(t) + e_j(t)) - f_j(x_j(t))$.

设

$$\gamma = \gamma(t) = (\gamma_1(t), \gamma_2(t), \cdots, \gamma_n(t))^{\mathrm{T}} : [-\tau, +\infty) \to \mathbb{R}^n,$$

$$\widetilde{\gamma} = \widetilde{\gamma}(t) = (\widetilde{\gamma}_1(t), \widetilde{\gamma}_2(t), \cdots, \widetilde{\gamma}_n(t))^{\mathrm{T}} : [-\tau, +\infty) \to \mathbb{R}^n$$

分别是驱动系统 (11.1.35) 和响应系统 (11.1.38) 的输出解, 则有

$$\gamma_j(t) \in \overline{\mathrm{co}}[f_j(x_j(t))], \quad \widetilde{\gamma}_j(t) \in \overline{\mathrm{co}}[f_j(y_j(t))], \quad \text{a.e.} \quad t \in [-\tau, +\infty), \quad j = 1, 2, \cdots, n.$$

这样, 由前面对驱动-响应系统 (11.1.35) 和 (11.1.38) 解的定义的说明, 同步误差系统 (11.1.39) 也可以用下面的系统描述:

$$\frac{\mathrm{d}e_i(t)}{\mathrm{d}t} = -d_i(t)e_i(t) + \sum_{j=1}^{n} a_{ij}(t)\widehat{\gamma}_j(t) + \sum_{j=1}^{n} b_{ij}(t)\widehat{\gamma}_j(t - \tau_{ij}(t)) + \eta_i(t), \quad (11.1.40)$$

其中, $i = 1, 2, \cdots, n$, $\widehat{\gamma}_j(t) = \widetilde{\gamma}_j(t) - \gamma_j(t) \in \overline{\text{co}}[f_j(y_j(t))] - \overline{\text{co}}[f_j(x_j(t))] = \overline{\text{co}}[\widehat{f}_j(e_j(t))]$, $j = 1, 2, \cdots, n$.

显然, 当控制器 $u(t) \equiv 0$ 时, $e(t) = 0$ 是误差系统 (11.1.39) 或者 (11.1.40) 的零解. 于是, 为了研究不连续驱动-响应系统 (11.1.35) 和 (11.1.38) 的同步性, 只需要研究其同步误差系统 (11.1.39) 或者 (11.1.40) 零解的稳定性即可.

为了实现不连续驱动-响应系统的同步, 考虑如下的连续状态反馈控制器:

$$u_i(t) = k_i(t)e_i(t), \quad i = 1, 2, \cdots, n, \tag{11.1.41}$$

这里 $k_i(t)$ 是控制增益.

注意到 $\overline{\text{co}}[u_i(t)] = \{k_i(t)e_i(t)\}$, 将其代入 (11.1.40) 中有

$$\frac{\mathrm{d}e_i(t)}{\mathrm{d}t} = (k_i(t) - d_i(t)) e_i(t) + \sum_{j=1}^{n} a_{ij}(t)\widehat{\gamma}_j(t)$$

$$+ \sum_{j=1}^{n} b_{ij}(t)\widehat{\gamma}_j(t - \tau_{ij}(t)), \quad i = 1, 2, \cdots, n. \tag{11.1.42}$$

为了叙述方便, 在给出主要结果之前, 先给出一些假设条件.

(H5) 对 $i, j = 1, 2, \cdots, n$, $\tau_{ij}(t)$ 在 $\mathbb{R}$ 上是连续可微的且其导数满足 $\tau'_{ij}(t) < 1$. 另外, 存在正常数 $\xi_1, \xi_2, \cdots, \xi_n$ 和 $\alpha > 0$, 使得下列不等式成立:

$$\liminf_{t \to +\infty} \Gamma_i(t) > 0, \quad \liminf_{t \to +\infty} \Delta_i(t) > 0, \quad i = 1, 2, \cdots, n,$$

其中

$$\Gamma_i(t) = \xi_i (d_i(t) - k_i(t) - \alpha) - \sum_{j=1}^{n} \xi_j |a_{ji}(t)| L_i - \sum_{j=1}^{n} \frac{\xi_j L_i \exp\{\alpha \tau_{ji}^M\} |b_{ji}(\varphi_{ji}^{-1}(t))|}{1 - \tau'_{ji}(\varphi_{ji}^{-1}(t))},$$

$$\Delta_i(t) = \xi_i a_{ii}(t) - \sum_{j=1, j \neq i}^{n} \xi_j |a_{ji}(t)| - \sum_{j=1}^{n} \frac{\xi_j \exp\{\alpha \tau_{ji}^M\} |b_{ji}(\varphi_{ji}^{-1}(t))|}{1 - \tau'_{ji}(\varphi_{ji}^{-1}(t))},$$

且 φ_{ij}^{-1} 表示函数 $\varphi_{ij} = t - \tau_{ij}(t)$ 的反函数, $i, j = 1, 2, \cdots, n$.

(H5*) 对 $i, j = 1, 2, \cdots, n$, $\tau_{ij}(t)$ 在 $\mathbb{R}$ 上是连续可微的且其导数满足 $\tau'_{ij}(t) < 1$. 另外, 存在正常数 $\xi_1, \xi_2, \cdots, \xi_n$ 和 $\alpha > 0$, 使得下列不等式成立:

$$\liminf_{t \to +\infty} \Gamma_i(t) > 0, \quad \liminf_{t \to +\infty} \widetilde{\Delta}_i(t) > 0, \quad i = 1, 2, \cdots, n,$$

其中

$$\Gamma_i(t) = \xi_i (d_i(t) - k_i(t) - \alpha) - \sum_{j=1}^{n} \xi_j |a_{ji}(t)| L_i - \sum_{j=1}^{n} \frac{\xi_j L_i \exp\{\alpha \tau_{ji}^M\} |b_{ji}(\varphi_{ji}^{-1}(t))|}{1 - \tau'_{ji}(\varphi_{ji}^{-1}(t))},$$

$$\widetilde{\Delta}_i(t) = -\xi_i a_{ii}(t) - \sum_{j=1, j \neq i}^{n} \xi_j |a_{ji}(t)| - \sum_{j=1}^{n} \frac{\xi_j \exp\{\alpha \tau_{ji}^M\} |b_{ji}(\varphi_{ji}^{-1}(t))|}{1 - \tau_{ji}'(\varphi_{ji}^{-1}(t))},$$

且 φ_{ij}^{-1} 表示函数 $\varphi_{ij} = t - \tau_{ij}(t)$ 的反函数, $i, j = 1, 2, \cdots, n$.

定理 11.1.2　如果条件 (H4) 和 (H5) 成立, 那么误差系统 (11.1.42) 的零解是全局指数稳定的, 这意味着驱动-响应系统 (11.1.35) 和 (11.1.38) 是指数同步的, 且其收敛率为 α.

证明　由 $f_i = p_i + h_i$ 知存在 $\zeta_i(t) \in \overline{\mathrm{co}}[p_i(x_i(t))]$, $\eta_i(t) \in \overline{\mathrm{co}}[h_i(x_i(t))]$ 使得

$$\zeta_i(t) + \eta_i(t) = \gamma_i(t), \quad i = 1, 2, \cdots, n.$$

对 $i = 1, 2, \cdots, n$, 记

$$\widehat{\zeta}_i(t) = \widetilde{\zeta}_i(t) - \zeta_i(t) \in \overline{\mathrm{co}}[p_i(y_i(t))] - \overline{\mathrm{co}}[p_i(x_i(t))] = \overline{\mathrm{co}}[p_i(e_i(t))],$$

$$\widehat{\eta}_i(t) = \widetilde{\eta}_i(t) - \eta_i(t) \in \overline{\mathrm{co}}[h_i(y_i(t))] - \overline{\mathrm{co}}[h_i(x_i(t))] = \overline{\mathrm{co}}[\widehat{h}_i(e_i(t))],$$

那么误差系统 (11.1.42) 可以写成如下形式:

$$\frac{\mathrm{d}e_i(t)}{\mathrm{d}t} = (k_i(t) - d_i(t)) e_i(t) + \sum_{j=1}^{n} a_{ij}(t) \left(\widehat{\zeta}_j(t) + \widehat{\eta}_j(t) \right)$$

$$+ \sum_{j=1}^{n} b_{ij}(t) \left(\widehat{\zeta}_j(t - \tau_{ij}(t)) + \widehat{\eta}_j(t - \tau_{ij}(t)) \right), \quad i = 1, 2, \cdots, n.$$

$$(11.1.43)$$

显然, 当控制器 $u(t) \equiv 0$ 时, $e(t) = 0$ 是系统 (11.1.42) 的零解. 于是, 为了研究不连续驱动-响应系统 (11.1.35) 和 (11.1.38) 的同步性, 只需要研究其同步误差系统 (11.1.43) 在零解的稳定性即可.

考察如下的非光滑广义 Lyapunov 泛函:

$$V_1(t)$$
$$= \sum_{i=1}^{n} \exp\{\alpha t\} \xi_i |e_i(t)|$$
$$+ \sum_{i=1}^{n} \sum_{j=1}^{n} \xi_i \int_{t-\tau_{ij}(t)}^{t} \frac{|b_{ij}(\varphi_{ij}^{-1}(\rho))|}{1 - \tau_{ij}'(\varphi_{ij}^{-1}(\rho))} (|\widehat{\eta}_j(\rho)| + |\widehat{\zeta}_j(\rho)|) \exp\{\alpha(\rho + \tau_{ij}^M)\} \mathrm{d}\rho.$$

显然 $V_1(t)$ 是正则的[147,336]. 同时, 由于状态解 $x(t)$ 与 $y(t)$ 都是绝对连续的, 从而同步误差 $e_i(t)$ 是绝对连续的. 于是对 $t \geqslant 0$, $V_1(t)$ 是几乎处处可微的. 因此, 可以利用引理 2.2.2 中的链式法则来计算 $V_1(t)$ 的广义导数.

注意到

$$\frac{\mathrm{d}}{\mathrm{d}t}|e_i(t)| = \partial|e_i(t)| \times \frac{\mathrm{d}e_i(t)}{\mathrm{d}t} = \nu_i(t) \times \frac{\mathrm{d}e_i(t)}{\mathrm{d}t},$$

其中, 当 $e_i(t) \neq 0$ 时, 取 $\nu_i(t) = \mathrm{sgn}\{e_i(t)\}$; 而当 $e_i(t) = 0$ 时, $\nu_i(t)$ 能取到区间 $[-1, 1]$ 上的任意值. 特别地, 我们可以如下地选取 $\nu_i(t)$:

$$\nu_i(t) = \begin{cases} 0, & e_i(t) = \widehat{\eta}_i(t) = 0, \\ -\mathrm{sgn}\{\widehat{\eta}_i(t)\}, & e_i(t) = 0 \text{ 且 } \widehat{\eta}_i(t) \neq 0, \\ \mathrm{sgn}\{e_i(t)\}, & e_i(t) \neq 0. \end{cases}$$

于是有

$$\nu_i(t)e_i(t) = |e_i(t)|, \quad \nu_i(t)\widehat{\eta}_i(t) = -|\widehat{\eta}_i(t)|, \quad i = 1, 2, \cdots, n.$$

利用引理 2.2.2 中的链式法则, 沿误差系统 (11.1.43) 的解计算 $V_1(t)$ 的广义导数, 对几乎所有的 $t \geqslant 0$ 有

$$\begin{aligned}
&\frac{\mathrm{d}V_1(t)}{\mathrm{d}t} \\
&= \sum_{i=1}^{n} \exp\{\alpha t\}\alpha\xi_i|e_i(t)| + \sum_{i=1}^{n} \exp\{\alpha t\}\xi_i\nu_i(t)\bigg\{[k_i(t) - d_i(t)]e_i(t) \\
&\quad + \sum_{j=1}^{n} a_{ij}(t)[\widehat{\zeta}_j(t) + \widehat{\eta}_j(t)] + \sum_{j=1}^{n} b_{ij}(t)[\widehat{\zeta}_j(t - \tau_{ij}(t)) + \widehat{\eta}_j(t - \tau_{ij}(t))]\bigg\} \\
&\quad + \sum_{i=1}^{n}\sum_{j=1}^{n} \xi_i \frac{|b_{ij}(\varphi_{ij}^{-1}(t))|}{1 - \tau_{ij}'(\varphi_{ij}^{-1}(t))}[|\widehat{\eta}_j(t)| + |\widehat{\zeta}_j(t)|]\exp\{\alpha(t + \tau_{ij}^M)\} \\
&\quad - \sum_{i=1}^{n}\sum_{j=1}^{n} \xi_i|b_{ij}(t)|[|\widehat{\eta}_j(t - \tau_{ij}(t))| + |\widehat{\zeta}_j(t - \tau_{ij}(t))|]\exp\{\alpha[t - \tau_{ij}(t) + \tau_{ij}^M]\} \\
&\leqslant -\exp\{\alpha t\}\sum_{i=1}^{n} \Gamma_i(t)|e_i(t)| - \exp\{\alpha t\}\sum_{i=1}^{n} \Lambda_i(t)|\widehat{\zeta}_i(t)|.
\end{aligned}$$

由假设条件 (H5) 知, 存在正常数 $\theta_i, \lambda_i(i = 1, 2, \cdots, n)$ 以及 $t_0 \geqslant 0$, 使得当 $t \geqslant t_0$ 时有

$$\Gamma_i(t) \geqslant \theta_i > 0, \quad \Lambda_i(t) \geqslant \lambda_i > 0.$$

从而有

$$\|y(t) - x(t)\| = \sum_{i=1}^{n} |y_i(t) - x_i(t)| = \sum_{i=1}^{n} |e_i(t)| \leqslant \frac{V(t)}{\xi}\exp\{-\alpha t\} \leqslant \frac{V(t_0)}{\xi}\exp\{-\alpha t\},$$

其中 $\xi = \min\limits_{1 \leqslant i \leqslant n} \{\xi_i\} > 0$. 因此, 同步误差 $e(t)$ 以收敛率为 α 的速率指数收敛到零. 证毕.

类似于定理 11.1.2 的证明, 可以得到如下的结论.

定理 11.1.3 如果假设条件 (H4*) 和 (H5*) 成立, 那么误差系统 (11.1.42) 的零解是全局指数稳定的, 这意味着驱动-响应系统 (11.1.35) 和 (11.1.38) 指数同步, 且其收敛率为 α.

注 11.1.2 相较于 [455, 456, 728, 765, 767] 等文献的结果, 定理 11.1.2 和定理 11.1.3 做出了如下的推广和改进:

(i) 在定理 11.1.2 和定理 11.1.3 中, 信号传输函数允许在 $\mathbb{R}$ 上是非单调的, 而文献 [728] 中需要假定信号传输函数 f_i $(i = 1, 2, \cdots, n)$ 在 $\mathbb{R}$ 上是单调非减的.

(ii) 在定理 11.1.2 和定理 11.1.3 中, 信号传输函数允许是无界的、超线性的, 甚至是指数增长的, 而文献 [455, 456, 765, 767] 中需要对信号传输函数作如下一些假定:

(1) 存在非负常数 L 和 l, 使得 $\sup_{\xi \in \overline{\text{co}}[f(x)]} \|\xi\| \leqslant L\|x\| + l$ 成立, 这里 $\overline{\text{co}}[f(x)]$ $= (\overline{\text{co}}[f_1(x_1)], \cdots, \overline{\text{co}}[f_n(x_n)])^{\mathrm{T}}$ 且 $\overline{\text{co}}[f_i(x_i)] = [f_i^-(x_i), f_i^+(x_i)]$, $i = 1, 2, \cdots, n$;

(2) 存在非负常数 L_i 和 l_i, 使得对 $\forall u, v \in \mathbb{R}$ 都有 $\sup |\xi_i - \eta_i| \leqslant L_i|u - v| + l_i$ 成立, 这里 $\xi_i \in \overline{\text{co}}[f_i(u)]$, $\eta_i \in \overline{\text{co}}[f_i(v)]$.

(iii) 定理 11.1.2 和定理 11.1.3 得到的是全局指数同步的结果, 而文献 [455, 456] 得到的仅仅是拟同步的结果.

下面给出一个例子来说明上面所得结果.

例 11.1.2 考虑具有不连续信号传输函数的时滞神经网络系统如下

$$\frac{\mathrm{d}x(t)}{\mathrm{d}t} = -D(t)x(t) + A(t)f(x(t)) + B(t)f(x(t - \tau(t))) + I(t), \qquad (11.1.44)$$

其中, $x(t) = (x_1(t), x_2(t))^{\mathrm{T}}$, $I(t) = (-0.06 + 0.16\sin t, 0.06 - 0.16\cos t)^{\mathrm{T}}$, $\tau(t) = 1.08$, $D(t) = \mathrm{diag}\{1.05 + 0.1\sin t, 1.05 - 0.1\cos t\}$,

$$A(t) = \begin{pmatrix} 2.2 & -0.001 \\ -4.8 & 1.8 \end{pmatrix}, \quad B(t) = \begin{pmatrix} -1.4 & -0.001 \\ -0.3 & -0.8 \end{pmatrix},$$

信号传输函数 $f(x) = (f_1(x_1), f_2(x_2))^{\mathrm{T}}$ 为

$$f_1(s) = f_2(s) = \begin{cases} -0.1(s - 5)^2, & s \geqslant 5, \\ \tanh(s), & -5 < s < 5, \\ 0.1(s + 5)^2, & s \leqslant -5. \end{cases}$$

给定系统 (11.1.44) 的初始条件 $\phi(s) = (0,0)^{\mathrm{T}}$ 与 $\psi(s) = (0,0)^{\mathrm{T}}$, $s \in [-1.08, 0]$, 图 11.2 是系统 (11.1.44) 解的轨迹图. 从图 11.2可以看出该系统存在混沌吸引子.

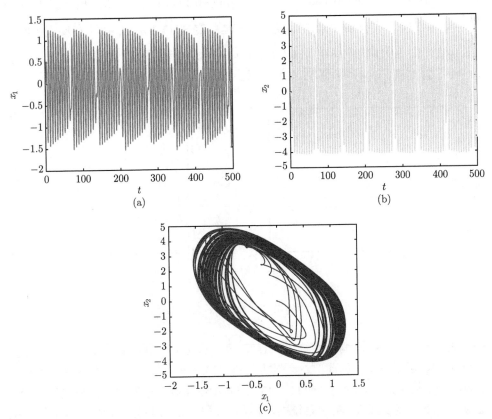

图 11.2　(a) 系统 (11.1.44) 的状态解分量 x_1 关于时间的轨迹图; (b) 系统 (11.1.44) 的状态解分量 x_2 关于时间的轨迹图; (c) 系统 (11.1.44) 的状态解的二维平面轨线图

取

$$g_1(s) = g_2(s) = \begin{cases} \tanh(5) - 0.1(s-5)^2, & s \geqslant 5, \\ 0, & -5 < s < 5, \\ 0.1(s+5)^2 - \tanh(5), & s \leqslant -5; \end{cases}$$

$$h_1(s) = h_2(s) = \begin{cases} -\tanh(5), & s \geqslant 5, \\ \tanh(s), & -5 < s < 5, \\ \tanh(5), & s \leqslant -5. \end{cases}$$

那么, 信号传输函数 f_1 和 f_2 满足假设条件 (H4*), 且有 $L_1 = L_2 = 1$. 将系统 (11.1.44) 作为驱动系统, 其对应的响应系统为

$$\frac{\mathrm{d}y(t)}{\mathrm{d}t} = -D(t)y(t) + A(t)f(y(t)) + B(t)f(y(t-\tau(t))) + I(t) + u(t). \quad (11.1.45)$$

取 $k_1(t) = -3.5 + 0.1\sin t$, $k_2(t) = -3 - 0.1\cos t$, $\xi_1 = 2.5$, $\xi_2 = 0.1$, $\alpha = \dfrac{\ln 1.4}{1.08}$, 可以验证假设条件 (H5*) 成立. 于是由定理 11.1.3 知, 在状态反馈控制器 (11.1.41) 下, 驱动-响应系统 (11.1.44) 和 (11.1.45) 指数同步. 如图 11.3 所示, 驱动-响应系统 (11.1.44) 和 (11.1.45) 是同步的.

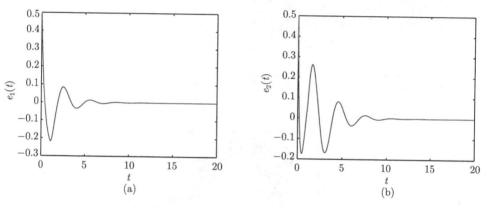

图 11.3　同步误差 $e_1(t)$ 和 $e_2(t)$ 的轨迹图

注 11.1.3　驱动-响应系统 (11.1.44) 与 (11.1.45) 中的不连续信号传输函数是无界的、超线性的. 因此, 文献 [455, 456, 728, 765, 767] 中的结果不适合用来讨论驱动-响应系统 (11.1.44) 与 (11.1.45) 的同步性问题. 定理 11.1.2 和定理 11.1.3 证明中研究不连续驱动-响应系统同步性的方法与 [455, 456, 728, 765, 767] 等文献中的方法是不同的.

11.2　具时滞和二元不连续信号传输函数的 BAM 模型及动力学分析

联想记忆网络是神经网络研究的一个重要分支, 在各种联想记忆网络模型中, 由 Kosko 于 1988 年提出的 BAM 网络的实际应用非常广泛, 如在信号和图像处理、模式识别等领域. 一般地, 具不连续信号传输函数的双向联想记忆神经网络模型可表示为

$$\begin{cases} \dfrac{\mathrm{d}x}{\mathrm{d}t} = -B(t)x + A(t)f(y) + I(t), \\ \dfrac{\mathrm{d}y}{\mathrm{d}t} = -D(t)y + C(t)g(x) + J(t), \end{cases} \quad (11.2.1)$$

其中, $x = x(t) = (x_1(t), x_2(t), \cdots, x_m(t))^{\mathrm{T}}$, $y = y(t) = (y_1(t), y_2(t), \cdots, y_m(t))^{\mathrm{T}}$, $x_i(t) \triangleq x_i$ 和 $y_j(t) \triangleq y_j$ 分别表示 t 时刻 F_X-层中的第 i 个神经元与 F_Y-层中的第 j 个神经元的状态; $B(t) = \mathrm{diag}\{b_1(t), b_2(t), \cdots, b_m(t)\}$, $D(t) = \mathrm{diag}\{d_1(t), d_2(t), \cdots, d_m(t)\}$, $b_i(t)$ 和 $d_j(t)$ 分别表示网络不连通且无外部附加电压差时 F_X-层中的第 i 个神经元和 F_Y-层中的第 j 个神经元在 t 时刻恢复静息状态的速率; $A(t) = (a_{ji}(t))_{m\times m}$, $C(t) = (c_{ij}(t))_{m\times m}$, $a_{ji}(t)$ 和 $c_{ij}(t)$ 分别表示 t 时刻 F_X-层中的第 j 个神经元与 F_Y-层中的第 i 个神经元之间的连接权值; $f(y) = (f_1(y_1), f_2(y_2), \cdots, f_m(y_m))^{\mathrm{T}}$, $g(x) = (g_1(x_1), g_2(x_2), \cdots, g_m(x_m))^{\mathrm{T}}$, f_j 和 g_i 分别表示 F_X-层中的第 j 个神经元与 F_Y-层中的第 i 个神经元信号传输函数, 这里的 f_j 和 g_i 都是 $\mathbb{R}$ 上的分段连续函数; $I(t) = (I_1(t), I_2(t), \cdots, I_m(t))^{\mathrm{T}}$, $J(t) = (J_1(t), J_2(t), \cdots, J_m(t))^{\mathrm{T}}$, $I_i(t)$ 和 $J_j(t)$ 分别表示 t 时刻 F_X-层中的第 i 个神经元和 F_Y-层中的第 j 个神经元的外部输入.

模型 (11.2.1) 中的信号传输函数是一元函数, 事实上, 现有关于神经网络研究的大量文献中所考虑的信号传输函数也主要是一元函数情形, 然而, 信号传输函数是二元或者多元函数的情形也是非常重要的, 具有很强的实际应用背景. 例如, 为了模拟实现 WTA (Winner-Take-All) 神经网络系统所装备的金属氧化物半导体场效应晶体管 (Metal-Oxide-Semiconductor Field-Effect Transistor, MOSFET), 实验结果表明, 从第 j 个神经元流入 MOSFET 的抑制可以用如下的 MOSFET 函数表示

$$f(x, y) = \begin{cases} K[2(x + V_T)y - (x + V_T)^2], & y \geqslant 0, \ 0 \leqslant x + V_T \leqslant y, \\ Ky^2, & y \geqslant 0, \ x + V_T > y, \\ 0, & \text{其他情形.} \end{cases}$$

显然, MOSFET 函数有两个自变量 x 和 y, 即为二元函数. 又如, 在复值神经网络模型的动力学研究中[8,110,197,213,250,307,315,316,341,371,580,581,611,699-703,741,778,816], 即使模型中的信号传输函数为单复变量函数, 当我们采取现有一些文献中常用的分离变量及参数的实部和虚部将复值模型转化为实变量实值模型来研究时, 其转化后模型的信号传输函数一般就是依赖于复变量实部和虚部的二元函数. 近些年, 已有一些文献考虑了信号传输函数是多元函数的情形[192,573,813-815]. 然而, 对于信号传输函数是多元不连续的情形, 至今还不多见[660,667]. 鉴于此, 本节介绍一些信号传输函数是二元函数的 BAM 神经网络的耗散动力学和同步动力学研究工作.

11.2.1 模型介绍及解的存在性

考虑如下的信号传输函数是二元函数的 BAM 神经网络模型:

$$\begin{cases} \dfrac{\mathrm{d}x(t)}{\mathrm{d}t} = -B(t)x(t) + U(t)f(x(t - \sigma(t)), y(t - \sigma(t))) + I(t), \\ \dfrac{\mathrm{d}y(t)}{\mathrm{d}t} = -D(t)y(t) + V(t)g(x(t - \tau(t)), y(t - \tau(t))) + J(t), \end{cases} \qquad (11.2.2)$$

其中, $U(t) = (u_{ji}(t))_{m \times m}$, $V(t) = (v_{ij}(t))_{m \times m}$, $u_{ji}(t)$ 和 $v_{ij}(t)$ 表示 t 时刻 F_X-层中的第 i 个神经元与 F_Y-层中的第 j 个神经元之间的连接权值; $f(x,y) = (f_1(x_1,y_1), f_2(x_2,y_2), \cdots, f_m(x_m,y_m))^{\mathrm{T}}$, $g(x,y) = (g_1(x_1,y_1), g_2(x_2,y_2), \cdots, g_m(x_m,y_m))^{\mathrm{T}}$, f_j 和 g_i 表示 F_X-层中的第 i 个神经元与 F_Y-层中的第 j 个神经元信号传输函数; $\sigma(t), \tau(t)$ 表示信号传输时滞; 其他符号的意义与模型 (11.2.1) 中相同.

在本小节的讨论中, 对 $i, j = 1, 2, \cdots, m$, 总是假定 $b_i(t), d_j(t), u_{ji}(t), v_{ij}(t)$, $\sigma(t), \tau(t), I_i(t), J_j(t)$ 都是 $\mathbb{R}$ 上的有界连续函数, 且 $\tau(t) \geqslant 0$, $\sigma(t) \geqslant 0$, $b_i(t) > 0$, $d_j(t) > 0$; 信号传输函数 $f_j(x_j, y_j)$ 和 $g_j(x_j, y_j)$ 为由如下定义给出的分片连续函数.

定义 11.2.1　如果二元函数 $h(x,y)$ 满足以下条件:

(i) 在 $\mathbb{R}^2$ 的可数个开区域 G_k^h $(k = 1, 2, \cdots)$ 上连续, 这里开区域 G_k^h 彼此互不相交, 即 $G_l^h \cap G_k^h = \varnothing, l \neq k$;

(ii) 在开区域 $G_k^h(k = 1, 2, \cdots)$ 的边界 ∂G_k^h 上不连续, 每个开区域 G_k^h 的边界 ∂G_k^h 由逐段光滑曲线构成且满足 $\bigcup\limits_{k=1}^{+\infty} (G_k^h \cup \partial G_k^h) = \mathbb{R}^2$;

(iii) $\forall (x_0, y_0) \in \partial G_k^h$, 极限 $\lim\limits_{(x,y) \to (x_0,y_0)} h(x,y) \triangleq h^k(x_0, y_0)$ 存在, 这里 $(x,y) \in G_k^h$, $(x_0, y_0) \in \partial G_k^h$,

那么称函数 $h(x,y)$ 在 $\mathbb{R}^2$ 上是分片连续的.

注11.2.1　满足定义 11.2.1 中条件 (i)—(iii) 的函数类是非常广泛的. 一方面, 这样定义的二元不连续函数可以仅在有限个区域上连续, 如: $h_1(u,v) = \mathrm{sgn}(u)$, $h_2(u,v) = \mathrm{sgn}(v)$, $h_3(u,v) = \mathrm{sgn}(u) + \mathrm{sgn}(v)$. 另一方面, 它也可以在无穷个区域上连续, 如: $h_4(u,v) = \mathrm{sgn}(\sin u)$, $h_5(u,v) = \mathrm{sgn}(\cos v)$, $h_6(u,v) = [u] + [v]$, 这里 $[\cdot]$ 表示取整函数.

对于系统 (11.2.2) 中的信号传输函数, 我们还给出如下假设:

(H6) $\forall x_j, y_j, x_i, y_i \in \mathbb{R}$, 存在非负常数 $\alpha_j, \beta_j, \eta_j$ 和 $\alpha_{m+i}, \beta_{m+i}, \eta_{m+i}$ 使得

$$\sup\{|\xi_j| \mid \xi_j \in \overline{\mathrm{co}}[f_j(x_j, y_j)]\} \leqslant \alpha_j |x_j| + \beta_j |y_j| + \eta_j,$$

$$\sup\{|\xi_{m+i}| \mid \xi_{m+i} \in \overline{\mathrm{co}}[g_i(x_i, y_i)]\} \leqslant \alpha_{m+i} |x_i| + \beta_{m+i} |y_i| + \eta_{m+i},$$

其中, $i = 1, 2, \cdots, n$,

$$\overline{\mathrm{co}}[f_j(u,v)] = [f_j^-(u,v), f_j^+(u,v)], \qquad \overline{\mathrm{co}}[g_i(u,v)] = [g_i^-(u,v), g_i^+(u,v)],$$

$$f_j^-(u,v) = \min_{k \in I^f(u,v)} \{f_j^k(u,v)\}, \qquad f_j^+(u,v) = \max_{k \in I^f(u,v)} \{f_j^k(u,v)\},$$

$$g_i^-(u,v) = \min_{k \in I^g(u,v)} \{g_i^k(u,v)\}, \qquad g_i^+(u,v) = \max_{k \in I^g(u,v)} \{g_i^k(u,v)\},$$

这里, $I^f(u,v) = \{k \mid (u,v) \in G_k^f \cup \partial G_k^f\}$ 和 $I^g(u,v) = \{k \mid (u,v) \in G_k^g \cup \partial G_k^g\}$ 表示指标集.

由第 10 章和本章前面的讨论可知, 即使对具有一元不连续信号传输函数的时滞神经网络系统而言, 其动力学行为也是非常丰富和复杂的. 对于具有多元不连续信号传输函数的神经网络系统, 再考虑到时滞的影响, 其动力学行为远比一元的情形丰富和复杂得多. 例如, 考虑到其不连续信号传输函数有多个变量, 该如何恰当地定义其对应的微分包含, 以及 Filippov 意义下的解就是首先要解决的一个非常关键的问题. 对于模型 (11.2.2), 由于信号传输函数 f_j, g_i 是二元函数, 其凸包和微分包含的定义无法采用一元不连续函数时的定义方法. 幸运的是, 通过对平面区域进行分块以及信号传输函数在每一块上都是连续的特点, 可以构造出二元函数的闭凸包. 当 f_j, g_i 在 (x_0, y_0) 点不连续时, $\overline{\text{co}}[f_j(x_j, y_j)]$, $\overline{\text{co}}[g_i(x_i, y_i)]$ 表示一个非空区间; 而当 f_j, g_i 在 (x_0, y_0) 点连续时, $\overline{\text{co}}[f_j(x_j, y_j)]$, $\overline{\text{co}}[g_i(x_i, y_i)]$ 表示一个单点集. 如图 11.4 所示, 给出了不连续二元函数在间断点 (x_0, y_0) 处的闭凸包.

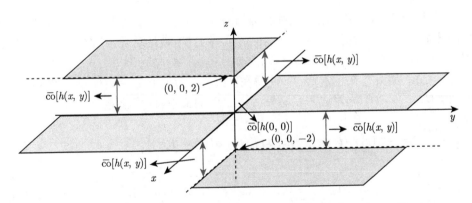

图 11.4 函数 $h(x,y) = -\text{sgn}(x) - \text{sgn}(y)$ 及其凸闭包 $\overline{\text{co}}[h(x,y)]$

令 $\varsigma = \max\left\{\sup\limits_{t \in \mathbb{R}} \sigma(t), \sup\limits_{t \in \mathbb{R}} \tau(t)\right\}$. 下面给出系统 (11.2.2) 解的定义.

定义 11.2.2 如果函数 $z = (x_1, x_2, \cdots, x_m, y_1, y_2, \cdots, y_m)^{\text{T}} : [-\varsigma, \mathcal{T}) \to \mathbb{R}^{2m}(\mathcal{T} \in (0, +\infty])$ 满足:

(i) $z(t)$ 在区间 $[-\varsigma, \mathcal{T})$ 上连续且在 $[0, \mathcal{T})$ 的任意紧子区间上绝对连续;

(ii) 存在可测函数 $\gamma = (\gamma_1, \gamma_2, \cdots, \gamma_{2m})^{\text{T}} : [-\varsigma, \mathcal{T}) \to \mathbb{R}^{2m}$ 使得对几乎所有的 $t \in [-\varsigma, \mathcal{T})$ 都有 $\gamma_j(t) \in \overline{\text{co}}[f_j(x_j(t), y_j(t))], \gamma_{m+i}(t) \in \overline{\text{co}}[g_i(x_i(t), y_i(t))],$ $i, j = 1, 2, \cdots, m$, 且对几乎所有的 $t \in [0, \mathcal{T})$ 有

$$
\begin{cases}
\dfrac{\mathrm{d}x_i(t)}{\mathrm{d}t} = -b_i(t)x_i(t) + \sum_{j=1}^{m} u_{ji}(t)\gamma_j(t-\sigma(t)) + I_i(t), & i=1,2,\cdots,m, \\[3mm]
\dfrac{\mathrm{d}y_j(t)}{\mathrm{d}t} = -d_j(t)y_j(t) + \sum_{i=1}^{m} v_{ij}(t)\gamma_{m+i}(t-\tau(t)) + J_j(t), & j=1,2,\cdots,m,
\end{cases}
$$
(11.2.3)

那么称 $z=z(t)$ 为系统 (11.2.2) 在区间 $[-\varsigma,\mathcal{T})$ 上的状态解 (简称解), 且称函数 $\gamma=\gamma(t)$ 为系统 (11.2.2) 对应于状态解 $z=z(t)$ 的输出解.

可以看出, 若 $z=z(t)$ 为系统 (11.2.2) 的解, 则对几乎所有的 $t\in[0,\mathcal{T})$ 及 $i,j=1,2,\cdots,m$, $z(t)$ 满足泛函微分包含:

$$
\begin{cases}
\dfrac{\mathrm{d}x_i(t)}{\mathrm{d}t} \in -b_i(t)x_i(t) + \sum_{j=1}^{m} u_{ji}(t)\overline{\mathrm{co}}[f_j(x_j(t-\sigma(t)),y_j(t-\sigma(t)))] + I_i(t), \\[3mm]
\dfrac{\mathrm{d}y_j(t)}{\mathrm{d}t} \in -d_j(t)y_j(t) + \sum_{i=1}^{m} v_{ij}(t)\overline{\mathrm{co}}[g_i(x_i(t-\tau(t)),y_i(t-\tau(t)))] + J_j(t).
\end{cases}
$$
(11.2.4)

定义 11.2.3(IVP)　给定连续函数 $\phi=(\phi_1,\phi_2,\cdots,\phi_{2m})^{\mathrm{T}}:[-\varsigma,0]\to\mathbb{R}^{2m}$ 与可测函数 $\psi=(\psi_1,\psi_2,\cdots,\psi_{2m})^{\mathrm{T}}:[-\varsigma,0]\to\mathbb{R}^{2m}$ 满足对几乎所有的 $s\in[-\varsigma,0]$ 都有 $\psi_j(s)\in\overline{\mathrm{co}}[f_j(\phi_j(s),\phi_{m+j}(s))]$ 与 $\psi_{m+i}(s)\in\overline{\mathrm{co}}[g_i(\phi_i(s),\phi_{m+i}(s))]$, $i,j=1,2,\cdots,m$. 如果存在正常数 $\mathcal{T}$, 使得在区间 $[-\varsigma,\mathcal{T})$ 上 $z=z(t)$ 是系统 (11.2.2) 的状态解, $\gamma=\gamma(t)$ 为对应于状态解 $z=z(t)$ 的输出解, 且满足

$$
\begin{cases}
\dfrac{\mathrm{d}x_i(t)}{\mathrm{d}t} = -b_i(t)x_i(t) + \sum_{j=1}^{m} u_{ji}(t)\gamma_j(t-\sigma(t)) + I_i(t), & \text{a.e. } t\in[-\varsigma,\mathcal{T}), \\[3mm]
\dfrac{\mathrm{d}y_j(t)}{\mathrm{d}t} = -d_j(t)y_j(t) + \sum_{i=1}^{m} v_{ij}(t)\gamma_{m+i}(t-\tau(t)) + J_j(t), & \text{a.e. } t\in[-\varsigma,\mathcal{T}), \\[3mm]
\gamma_j(t)\in\overline{\mathrm{co}}[f_j(x_j(t),y_j(t))],\ \gamma_{m+i}(t)\in\overline{\mathrm{co}}[g_i(x_i(t),y_i(t))], & \text{a.e. } t\in[0,\mathcal{T}), \\[2mm]
z(s)=\phi(s), & \forall s\in[-\varsigma,0], \\[2mm]
\gamma(s)=\psi(s), & \text{a.e. } s\in[-\varsigma,0],
\end{cases}
$$
(11.2.5)

那么称 $[z,\gamma]:[-\varsigma,\mathcal{T})\to\mathbb{R}^{2m}\times\mathbb{R}^{2m}$ 为系统 (11.2.2) 满足初始条件 $[\phi,\psi]$ 的解.

为了进一步研究系统 (11.2.2) 的动力学性质, 我们先给出其 Filippov 意义下解的存在性结果.

定理 11.2.1　如果假设条件 (H6) 成立, 那么在给定初始条件 $[\phi,\psi]$ 下, 系统 (11.2.2) 在 Filippov 意义下解 $[z,\gamma]$ 的存在区间为 $[0,+\infty)$, 即系统 (11.2.2) 的状态解 $z(t)=(x_1(t),x_2(t),\cdots,x_m(t),y_1(t),y_2(t),\cdots,y_m(t))^{\mathrm{T}}$ 对所有的 $t\in[0,+\infty)$

存在.

证明 考察集值映射:

$$z(t) \to \mathbb{F}(t, z) = (\mathbb{F}_1(t, z), \mathbb{F}_2(t, z), \cdots, \mathbb{F}_{2m}(t, z))^{\mathrm{T}},$$

其中

$$\mathbb{F}_i(t, z) = -b_i(t)x_i(t) + \sum_{j=1}^{m} u_{ji}(t)\overline{\mathrm{co}}[f_j(x_j(t - \sigma(t)), y_j(t - \sigma(t)))]$$

$$+ I_i(t), \quad i = 1, 2, \cdots, m,$$

$$\mathbb{F}_{m+j}(t, z) = -d_j(t)y_j(t) + \sum_{i=1}^{m} v_{ij}(t)\overline{\mathrm{co}}[g_i(x_i(t - \tau(t)), y_i(t - \tau(t)))]$$

$$+ J_j(t), \quad j = 1, 2, \cdots, m.$$

由假设条件 (H6) 知, 集值映射 $z(t) \to \mathbb{F}(t, z)$ 是上半连续的且具有非空紧凸值的映射, 于是泛函微分包含 (11.2.4) 局部解的存在性可由文献 [228, 336] 保证. 从而, 对于给定初始条件 $[\phi, \psi]$, 存在一个正常数 $\mathcal{T} > 0$ ($\mathcal{T} \in (0, +\infty]$), 使得系统 (11.2.2) 的解 $z(t) = (x_1(t), x_2(t), \cdots, x_m(t), y_1(t), y_2(t), \cdots, y_m(t))^{\mathrm{T}}$ 在区间 $[0, \mathcal{T})$ 上存在, 并且 $z(t)$ 的导数是闭凸包 $\mathbb{F}(t, z)$ 的一个可测选择. 于是有

$$z(t) \in \phi(0) + \int_0^t \mathbb{F}(s, z)\mathrm{d}s, \quad t \in [0, \mathcal{T}). \tag{11.2.6}$$

再根据假设条件 (H6) 可得

$$\|z(t)\|$$

$$= \|x(t)\| + \|y(t)\| = \sum_{i=1}^{m} |x_i(t)| + \sum_{j=1}^{m} |y_j(t)|$$

$$\leqslant \|\phi(0)\| + \sum_{i=1}^{m} \int_0^t |\mathbb{F}_i(s, z)|\mathrm{d}s + \sum_{j=1}^{m} \int_0^t |\mathbb{F}_{m+j}(s, z)|\mathrm{d}s$$

$$\leqslant \|\phi(0)\| + \sum_{i=1}^{m} \int_0^t |I_i(t)|\mathrm{d}t + \sum_{j=1}^{m} \int_0^t |J_j(t)|\mathrm{d}t$$

$$+ \sum_{i=1}^{m} \int_0^t \left\{ b^* |x_i(s)| + \sum_{j=1}^{m} u^* [\alpha^* |x_j(s - \sigma(s))| + \beta^* |y_j(s - \sigma(s))| + \eta^*] \right\} \mathrm{d}s$$

$$+ \sum_{j=1}^{m} \int_0^t \left\{ d^* |y_j(s)| + \sum_{i=1}^{m} v^* [\alpha^* |x_i(s - \tau(s))| + \beta^* |y_i(s - \tau(s))| + \eta^*] \right\} \mathrm{d}s$$

$$\leqslant M_1(t) + \int_0^t [M_2||z(s)|| + M_3||z(s - \tau(s))|| + M_3||z(s - \sigma(s))||]\mathrm{d}s, \quad (11.2.7)$$

其中, $b^* = \max_{1\leqslant i\leqslant m}\{b_i^M\}$, $d^* = \max_{1\leqslant i\leqslant m}\{d_i^M\}$, $\alpha^* = \max_{1\leqslant i\leqslant m}\{\alpha_i, \alpha_{m+i}\}$, $\beta^* = \max_{1\leqslant i\leqslant m}\{\beta_i,$ $\beta_{m+i}\}$, $\eta^* = \max_{1\leqslant i\leqslant m}\{\eta_i, \eta_{m+i}\}$, $u^* = \max_{1\leqslant i\leqslant m}\max_{1\leqslant j\leqslant m}\{u_{ij}^M\}$, $v^* = \max_{1\leqslant i\leqslant m}\max_{1\leqslant j\leqslant m}\{v_{ij}^M\}$, $I^* = \max_{1\leqslant i\leqslant m}\{I_i^M\}$, $J^* = \max_{1\leqslant i\leqslant m}\{J_i^M\}$, $M_1(t) = ||\phi(0)|| + (u^* + v^*)[(\alpha^* + \beta^*)||\phi(0)|| + 2m\eta^*]t + m(I^* + J^*)t$, $M_2 = b^* + d^*$, $M_3 = m(u^* + v^*)(\alpha^* + \beta^*)$.

由 (11.2.7) 可得

$$||z(t - \tau(t))||$$

$$\leqslant M_1(t) + \int_0^t [M_2||z(s)|| + M_3||z(s - \tau(s))|| + M_3||z(s - \sigma(s))||]\mathrm{d}s \quad (11.2.8)$$

和

$$||z(t - \sigma(t))||$$

$$\leqslant M_1(t) + \int_0^t [M_2||z(s)|| + M_3||z(s - \tau(s))|| + M_3||z(s - \sigma(s))||]\mathrm{d}s. \quad (11.2.9)$$

由 (11.2.7)—(11.2.9), 再应用 Gronwall 不等式可得到

$$||z(t)|| + ||z(t - \tau(t))|| + ||z(t - \sigma(t))|| \leqslant 3M_1(t)\exp\{M_0 t\},$$

其中 $M_0 = 3(M_2 + 2M_3)$.

于是, 根据延拓性定理 (参看文献 [228], 定理 2, P78), 定理 11.2.1 的结论成立. 证毕.

11.2.2　全局耗散性

本小节分析 BAM 神经网络系统 (11.2.2) 的全局耗散性.

定义 11.2.4　如果存在一个紧集 $S \subseteq \mathbb{R}^{2m}$, 使得对任意初始条件 $[\phi, \psi]$, $\exists T(\phi, \psi) > 0$, 当 $t \geqslant t_0 + T(\phi, \psi)$ 时, 系统 (11.2.2) 的 Filippov 解 $z(t) \in S$, 那么称系统 (11.2.2) 是全局耗散的. 如果对于 $\forall\phi \in S$(即 $\forall\theta \in [-\varsigma, 0]$ 有 $\phi(\theta) \in S$), 可以推出当 $t \geqslant t_0$ 时有 $z(t) \in S$, 则集合 S 称为系统 (11.2.2) 的一个正向不变集.

定理 11.2.2　如果条件 (H6) 成立, 并存在一个矩阵测度 $\mu_p(\cdot), p = 1, 2, +\infty$, 使得不等式:

$$(||U(t)||_p + ||V(t)||_p)\max\{\alpha^*, \beta^*\} + \min\{\mu_p(-B(t)), \mu_p(-D(t))\}$$

$$\leqslant -\varsigma^* < 0 \quad (\forall t \geqslant 0)$$

成立, 那么系统 (11.2.2) 是全局耗散的, 并且集合 $S = \left\{ x \,\middle|\, ||z(t)||_p \leqslant \dfrac{\Xi^*}{\varsigma^*} + \epsilon \right\}$ 是一个正向不变的全局吸引集, 这里 $\Xi^* = \max\limits_{t\in[0,\omega]} \{ (||U(t)||_p + ||V(t)||_p)\eta^* + ||I(t)||_p + ||J(t)||_p \}$, ϵ 是一个任意小的正常数.

证明　考察如下的径向无界辅助函数:

$$W_1(t) = ||x(t)||_p + ||y(t)||_p.$$

利用引理 2.2.2 中的链式法则, 沿系统 (11.2.2) 的解计算 $W_1(t)$ 的右上导数有

$$D^+W_1(t)$$

$$\leqslant \limsup_{h\to 0^+} \frac{||x(t+h)||_p - ||x(t)||_p}{h} + \limsup_{h\to 0^+} \frac{||y(t+h)||_p - ||y(t)||_p}{h}$$

$$= \limsup_{h\to 0^+} \frac{\left\| x(t) + h\dfrac{\mathrm{d}x(t)}{\mathrm{d}t} + o(h) \right\|_p - ||x(t)||_p}{h}$$

$$+ \limsup_{h\to 0^+} \frac{\left\| y(t) + h\dfrac{\mathrm{d}y(t)}{\mathrm{d}t} + o(h) \right\|_p - ||y(t)||_p}{h}$$

$$\leqslant \limsup_{h\to 0^+} \frac{||E - hB(t)||_p - 1}{h}||x(t)||_p + \limsup_{h\to 0^+} \frac{||E - hD(t)||_p - 1}{h}||y(t)||_p$$

$$+ ||I(t)||_p + ||U(t)||_p \times ||f[x(t-\sigma(t)), y(t-\sigma(t))]||_p$$

$$+ ||J(t)||_p + ||V(t)||_p \times ||g[x(t-\tau(t)), y(t-\tau(t))]||_p.$$

由假设条件 (H6) 可得

$$D^+W_1(t)$$

$$\leqslant \kappa_1(t)[||x(t)||_p + ||y(t)||_p] + \zeta_1(t) + \rho_1(t)\left[\sup_{-\varsigma\leqslant\xi\leqslant t} ||x(\xi)||_p + \sup_{-\varsigma\leqslant\xi\leqslant t} ||y(\xi)||_p \right]$$

$$\leqslant \kappa_1(t)W_1(t) + \rho_1(t) \sup_{-\varsigma\leqslant\xi\leqslant t} W_1(\xi) + \zeta_1(t),$$

这里, $\kappa_1(t) = \min\{\mu_p(-B(t)), \mu_p(-D(t))\}$, $\zeta_1(t) = (\|U(t)\|_p + \|V(t)\|_p)\eta^* + \|I(t)\|_p + \|J(t)\|_p$, $\rho_1(t) = (\|U(t)\|_p + \|V(t)\|_p)\max\{\alpha^*, \beta^*\}$. 于是, 由文献 [726] 中的命题 1 可得

$$\limsup_{t \to +\infty} W_1(t) \leqslant \frac{\Xi^*}{\varsigma^*}.$$

因此, 对充分小的 $\epsilon > 0$, 存在 $T > 0$, 使得当 $t \geqslant T$ 时有

$$\|z(t)\|_p \leqslant \|x(t)\|_p + \|y(t)\|_p \leqslant \frac{\Xi^*}{\varsigma^*} + \epsilon.$$

证毕.

接下来, 通过具体的例子进行数值模拟来说明系统 (11.2.2) 的耗散性.

例 11.2.1 考虑如下的 BAM 神经网络系统

$$\begin{cases} \dfrac{\mathrm{d}x_i(t)}{\mathrm{d}t} = -b_i(t)x_i(t) + \displaystyle\sum_{j=1}^{2} u_{ji}(t)f_j(x_j(t-0.2), y_j(t-0.2)) + I_i(t), & i = 1, 2, \\ \dfrac{\mathrm{d}y_j(t)}{\mathrm{d}t} = -d_j(t)y_j(t) + \displaystyle\sum_{i=1}^{2} v_{ij}(t)g_i(x_i(t-0.2), y_i(t-0.2)) + J_j(t), & j = 1, 2, \end{cases}$$

$$\tag{11.2.10}$$

其中

$$b_1(t) = 2, \quad b_2(t) = 2.1, \quad d_1(t) = 2.1, \quad d_2(t) = 2,$$
$$u_{11}(t) = 2, \quad u_{12}(t) = u_{21}(t) = 0.2, \quad u_{22}(t) = 2,$$
$$v_{11}(t) = 2, \quad v_{12}(t) = v_{21}(t) = 0.2, \quad v_{22}(t) = 2,$$
$$J_1(t) = J_2(t) = \cos 2\pi t, \quad I_1(t) = I_2(t) = 0.5 + 0.5\sin 2\pi t,$$
$$g_1(x_1, y_1) = 0.1x_1 + 0.1y_1 + \mathrm{sgn}(x_1) + \mathrm{sgn}(y_1),$$
$$g_2(x_2, y_2) = 0.1x_2 + 0.1y_2 + \mathrm{sgn}(x_2) - \mathrm{sgn}(y_2),$$
$$f_1(x_1, y_1) = 0.1x_1 + \mathrm{sgn}(x_1 + y_1), \quad f_2(x_2, y_2) = 0.1x_2 + \mathrm{sgn}(x_2 - y_2).$$

显然, 信号传输函数是 $\mathbb{R}^2$ 上的二元不连续函数, 且满足

$$|f_1(x_1, y_1)| = |0.1x_1 + \mathrm{sgn}(x_1 + y_1)| \leqslant 0.1|x_1| + 1,$$
$$|f_2(x_2, y_2)| = |0.1x_2 + \mathrm{sgn}(x_2 - y_2)| \leqslant 0.1|x_2| + 1,$$
$$|g_1(x_1, y_1)| = |0.1x_1 + 0.1y_1 + \mathrm{sgn}(x_1) + \mathrm{sgn}(y_1)| \leqslant 0.1|x_1| + 0.1|y_1| + 2,$$
$$|g_2(x_2, y_2)| = |0.1x_2 + 0.1y_2 + \mathrm{sgn}(x_2) - \mathrm{sgn}(y_2)| \leqslant 0.1|x_2| + 0.1|y_2| + 2.$$

经计算可得

$$\min\{\mu_1(-B(t)), \mu_1(-D(t))\} = -2, \quad (\|U(t)\|_1 + \|V(t)\|_1)\max\{\alpha^*, \beta^*\} = 0.44.$$

于是, 定理 11.2.2 中的假设条件成立. 取

$$\varsigma^* = 1.55, \quad \Xi^* = \max_{t\in[0,\omega]} \{2.2 \times 2 + 2|0.5 + 0.5\sin 2\pi t| + 2|\cos 2\pi t|\} = 8.4.$$

由定理 11.2.2 知系统 (11.2.10) 是全局耗散的, 且集合 $S = \{z \mid \|z(t)\| \leqslant 6\}$ 是全局吸引的正向不变集.

给定系统 (11.2.10) 如下 7 个初值: $\phi(s) \equiv (1.5, 1.5, 1.5, 1.5)^{\mathrm{T}}$, $(0.5, 0.5, 0.5, 0.5)^{\mathrm{T}}$, $(1, 1, 1, 1)^{\mathrm{T}}$, $(-0.5, -0.5, -0.5, -0.5)^{\mathrm{T}}$, $(-1, -1, -1, -1)^{\mathrm{T}}$, $(-1.5, -1.5, -1.5, -1.5)^{\mathrm{T}}$, $(0, 0, 0, 0)^{\mathrm{T}}$; $\psi(s) \equiv (1.15, 0.15, 2.3, 0.3)^{\mathrm{T}}$, $(1.05, 0.05, 2.1, 0.1)^{\mathrm{T}}$, $(1.1, 0.1, 2.2, 0.2)^{\mathrm{T}}$, $(-1.05, -0.05, -2.1, -0.1)^{\mathrm{T}}$, $(-1.1, -0.1, -2.2, -0.2)^{\mathrm{T}}$, $(-1.15, -0.15, -2.3, -0.3)^{\mathrm{T}}$, $(0, 0, 0, 0)^{\mathrm{T}}$, $s \in [-0.2, 0]$. 如图 11.5 所示, $S = \{z \mid \|z(t)\| \leqslant 6\}$ 是正向不变的吸引集.

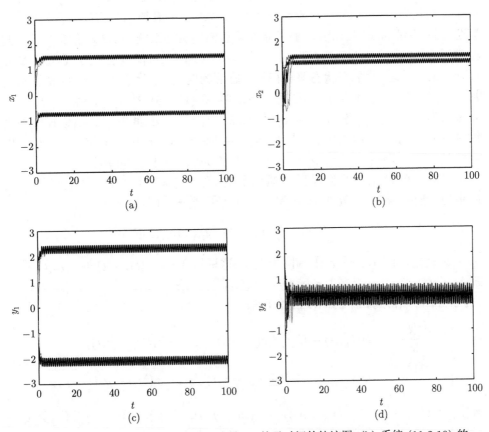

图 11.5　(a) 系统 (11.2.10) 的状态解分量 x_1 关于时间的轨迹图; (b) 系统 (11.2.10) 的状态解分量 x_2 关于时间的轨迹图; (c) 系统 (11.2.10) 的状态解分量 y_1 关于时间的轨迹图; (d) 系统 (11.2.10) 的状态解分量 y_2 关于时间的轨迹图

11.2.3　驱动-响应同步

将系统 (11.2.2) 看成驱动系统, 考虑对应的响应系统如下

$$
\begin{cases}
\dfrac{\mathrm{d}\widetilde{x}(t)}{\mathrm{d}t} = -B(t)\widetilde{x}(t) + U(t)f(\widetilde{x}(t-\sigma(t)),\widetilde{y}(t-\sigma(t))) + I(t) + \mu(t),\\[2mm]
\dfrac{\mathrm{d}\widetilde{y}(t)}{\mathrm{d}t} = -D(t)\widetilde{y}(t) + V(t)g(\widetilde{x}(t-\tau(t)),\widetilde{y}(t-\tau(t))) + J(t) + \nu(t),
\end{cases}
$$

$$(11.2.11)$$

这里, $\widetilde{x}(t) = (\widetilde{x}_1(t),\cdots,\widetilde{x}_m(t))^{\mathrm{T}}$, $\widetilde{y}(t) = (\widetilde{y}_1(t),\cdots,\widetilde{y}_m(t))^{\mathrm{T}}$, $\widetilde{x}_i(t)$ 和 $\widetilde{y}_j(t)$ 分别表示 t 时刻响应系统 F_X-层中的第 i 个神经元与 F_Y-层中的第 j 个神经元的状态; $\mu(t) = (\mu_1(t),\cdots,\mu_m(t))^{\mathrm{T}}$ 和 $\nu(t) = (\nu_1(t),\cdots,\nu_m(t))^{\mathrm{T}}$ 是待设计的控制器, 其余的符号意义与系统 (11.2.2) 中的一致.

由于若把响应系统 (11.2.11) 中每个方程的最后两项之和 $I(t)+\mu(t)$ 与 $J(t)+\nu(t)$ 分别视为一个整体, 则响应系统 (11.2.11) 和驱动系统 (11.2.2) 在数学形式上完全一致, 因此系统 (11.2.11) 解的定义可以沿用驱动系统 (11.2.2) 解的定义. 但是, 应该注意到的是由于控制器 $\mu_i(t)$ 和 $\nu_j(t)$ 在 $\mathbb{R}$ 上可能是连续的, 也可能是分段连续的. 于是, 我们在状态解和初值问题解的定义中, 除了把 x, y 和 z 分别变换为 $\widetilde{x}$, $\widetilde{y}$ 和 $\widetilde{z}$ 外, 还应分别把方程 (11.2.3) 和 (11.2.5) 中的 $I_i(t)$ 和 $J_j(t)$ 项分别替换为 $I_i(t)+\varsigma_i(t)$ 和 $J_j(t)+\upsilon_j(t)$, $i,j=1,2,\cdots,n$, 其中, 当 $\mu_i(t)$ 在 t 处连续时, $\varsigma_i(t)=\mu_i(t)$; 而当 $\mu_i(t)$ 在 t 处不连续时, $\varsigma_i(t)\in\overline{\mathrm{co}}[\mu_i(t)]$; 当 $\nu_j(t)$ 在 t 处连续时, $\upsilon_j(t)=\nu_j(t)$; 而当 $\nu_j(t)$ 在 t 处不连续时, $\upsilon_j(t)\in\overline{\mathrm{co}}[\nu_j(t)]$.

类似定义 11.1.5, 我们说驱动-响应系统 (11.2.2) 和 (11.2.11) 是 (全局) 指数同步的, 是指存在正常数 $M>0$ 和 $\alpha>0$, 使得当 $t\geqslant 0$ 时, 有

$$\|z(t)-\widetilde{z}(t)\| \leqslant M\exp\{-\alpha t\}.$$

令 $\Xi(t)=(e^{\mathrm{T}}(t),\varepsilon^{\mathrm{T}}(t))^{\mathrm{T}}$ 为同步误差, 这里 $e(t)=(e_1(t),e_2(t),\cdots,e_m(t))^{\mathrm{T}}=\widetilde{x}(t)-x(t)$, $\varepsilon(t)=(\varepsilon_1(t),\varepsilon_2(t),\cdots,\varepsilon_m(t))^{\mathrm{T}}=\widetilde{y}(t)-y(t)$, 那么由 (11.2.2) 和 (11.2.11) 可以得到如下的同步误差系统:

$$
\begin{cases}
\dfrac{\mathrm{d}e(t)}{\mathrm{d}t} = -B(t)e(t) + U(t)\widehat{f}(e(t-\sigma(t)),\varepsilon(t-\sigma(t))) + \mu(t),\\[2mm]
\dfrac{\mathrm{d}\varepsilon(t)}{\mathrm{d}t} = -D(t)\varepsilon_j(t) + V(t)\widehat{g}(e(t-\tau(t)),\varepsilon(t-\tau(t))) + \nu(t),
\end{cases}
$$

$$(11.2.12)$$

其中, $\widehat{f}(e(\cdot),\varepsilon(\cdot)) = f(\widetilde{x}(\cdot),\widetilde{y}(\cdot)) - f(x(\cdot),y(\cdot))$, $\widehat{g}(e(\cdot),\varepsilon(\cdot)) = g(\widetilde{x}(\cdot),\widetilde{y}(\cdot)) - g(x(\cdot),y(\cdot))$.

设

$$\gamma = \gamma(t) = (\gamma_1(t),\gamma_2(t),\cdots,\gamma_{2m}(t))^{\mathrm{T}} : [-\tau,+\infty) \to \mathbb{R}^{2m}$$

和

$$\widetilde{\gamma} = \widetilde{\gamma}(t) = (\widetilde{\gamma}_1(t), \widetilde{\gamma}_2(t), \cdots, \widetilde{\gamma}_{2m}(t))^{\mathrm{T}} : [-\tau, +\infty) \to \mathbb{R}^{2m}$$

分别是驱动系统 (11.2.2) 和响应系统 (11.2.11) 的输出解, 则有

$$\gamma_j(t) \in \overline{\mathrm{co}}[f_j(x_j(t), y_j(t))], \quad \gamma_{m+i}(t) \in \overline{\mathrm{co}}[g_i(x_i(t), y_i(t))], \quad i, j = 1, 2, \cdots, m;$$

$$\widetilde{\gamma}_j(t) \in \overline{\mathrm{co}}[f_j(\widetilde{x}_j(t), \widetilde{y}_j(t))], \quad \widetilde{\gamma}_{m+i}(t) \in \overline{\mathrm{co}}[g_i(\widetilde{x}_i(t), \widetilde{y}_i(t))], \quad i, j = 1, 2, \cdots, m.$$

这样, 由前面对驱动-响应系统 (11.2.2) 和 (11.2.11) 解的定义的说明, 同步误差系统 (11.2.12) 也可以用下面的系统描述:

$$
\begin{cases}
\dfrac{\mathrm{d}e_i(t)}{\mathrm{d}t} = -b_i(t)e_i(t) + \displaystyle\sum_{j=1}^{m} u_{ji}(t)\widehat{\gamma}_j(t - \sigma(t)) + \varsigma_i(t), \quad j = 1, 2, \cdots, m, \\[3mm]
\dfrac{\mathrm{d}\varepsilon_j(t)}{\mathrm{d}t} = -d_j(t)\varepsilon_j(t) + \displaystyle\sum_{i=1}^{m} v_{ij}(t)\widehat{\gamma}_{m+i}(t - \tau(t)) + \upsilon_j(t), \quad j = 1, 2, \cdots, m,
\end{cases}
$$

$$(11.2.13)$$

这里, 对于几乎所有的 $t \in [-\tau, +\infty)$, 有 $\widehat{\gamma}_j(\cdot) = \widetilde{\gamma}_j(\cdot) - \gamma_j(\cdot) \in \overline{\mathrm{co}}[f_j(\widetilde{x}_j(\cdot), \widetilde{y}_j(\cdot))] - \overline{\mathrm{co}}[f_j(x_j(\cdot), y_j(\cdot))] = \overline{\mathrm{co}}[\widehat{f}_j(e_j(\cdot), \varepsilon_j(\cdot))]$, $\widehat{\gamma}_{m+i}(\cdot) = \widetilde{\gamma}_{m+i}(\cdot) - \gamma_{m+i}(\cdot) \in \overline{\mathrm{co}}[g_i(\widetilde{x}_i(\cdot), \widetilde{y}_i(\cdot))] - \overline{\mathrm{co}}[g_i(x_i(\cdot), y_i(\cdot))] = \overline{\mathrm{co}}[\widehat{g}_i(e_i(\cdot), \varepsilon_i(\cdot))]$, $\varsigma_i(t) \in \overline{\mathrm{co}}[\mu_i(t)]$, $\upsilon_j(t) \in \overline{\mathrm{co}}[\nu_j(t)]$.

显然, 当控制器 $\mu(t) = \nu(t) \equiv 0$ 时, $\Xi(t) = 0$ 是误差系统 (11.2.12) 或者 (11.2.13) 的零解. 于是, 为了研究驱动-响应系统 (11.2.2) 和 (11.2.11) 的同步性, 只需要研究其同步误差系统 (11.2.12) 或者 (11.2.13) 在零解的稳定性即可.

为了实现对驱动-响应系统 (11.2.2) 和 (11.2.11) 的同步控制, 考察如下的不连续状态反馈控制器:

$$
\begin{cases}
\mu_i(t) = -a_i(t)e_i(t) - c_i(t)\mathrm{sgn}(e_i(t)), \\
\nu_j(t) = -r_j(t)\varepsilon_j(t) - s_j(t)\mathrm{sgn}(\varepsilon_j(t)),
\end{cases}
\tag{11.2.14}
$$

其中 $a_i(t), c_i(t), r_j(t), s_j(t)$ 表示控制增益, $i, j = 1, 2, \cdots, m$.

将 (11.2.14) 代入误差系统 (11.2.13) 中, 再根据集值映射的性质可得到

$$
\begin{cases}
\dfrac{\mathrm{d}e_i(t)}{\mathrm{d}t} = -[a_i(t) + b_i(t)]e_i(t) + \displaystyle\sum_{j=1}^{m} u_{ji}(t)\widehat{\gamma}_j(t - \sigma(t)) - c_i(t)\varpi_i(t), \\[3mm]
\dfrac{\mathrm{d}\varepsilon_j(t)}{\mathrm{d}t} = -[r_j(t) + d_j(t)]\varepsilon_j(t) + \displaystyle\sum_{i=1}^{m} v_{ij}(t)\widehat{\gamma}_{m+i}(t - \tau(t)) - s_j(t)\omega_j(t),
\end{cases}
$$

$$(11.2.15)$$

这里, $i, j = 1, 2, \cdots, m$, $\varpi_i(t) \in \mathrm{Sgn}(e_i(t))$, $\omega_j(t) \in \mathrm{Sgn}(\varepsilon_j(t))$, 且当 $s \neq 0$ 时, $\mathrm{Sgn}(s) = \{\mathrm{sgn}(s)\}$, 而当 $s = 0$ 时, $\mathrm{Sgn}(s) = [-1, 1]$.

为了便于叙述, 先介绍下面的两个假设条件.

(H7) 对 $i, j = 1, 2, \cdots, m$, $\forall x_j, \tilde{x}_j, y_j, \tilde{y}_j \in \mathbb{R}$ 及 $\forall x_i, \tilde{x}_i, y_i, \tilde{y}_i \in \mathbb{R}$, 存在非负常数 $\alpha_j, \beta_j, \eta_j$ 和 $\alpha_{m+i}, \beta_{m+i}, \eta_{m+i}$ 使得不等式:

$$\sup\left\{ |\xi_j - \tilde{\xi}_j| \mid \xi_j \in \overline{\mathrm{co}}[f_j(x_j, y_j)], \tilde{\xi}_j \in \overline{\mathrm{co}}[f_j(\tilde{x}_j, \tilde{y}_j)] \right\}$$
$$\leqslant \alpha_j |x_j - \tilde{x}_j| + \beta_j |y_j - \tilde{y}_j| + \eta_j,$$
$$\sup\left\{ |\xi_{m+i} - \tilde{\xi}_{m+i}| \mid \xi_{m+i} \in \overline{\mathrm{co}}[g_i(x_i, y_i)], \tilde{\xi}_{m+i} \in \overline{\mathrm{co}}[g_i(\tilde{x}_i, \tilde{y}_i)] \right\}$$
$$\leqslant \alpha_{m+i} |x_i - \tilde{x}_i| + \beta_{m+i} |y_i - \tilde{y}_i| + \eta_{m+i}$$

成立, 且

$$\overline{\mathrm{co}}[f_j(u, v)] = [f_j^-(u, v), f_j^+(u, v)], \quad \overline{\mathrm{co}}[g_i(u, v)] = [g_i^-(u, v), g_i^+(u, v)],$$
$$f_j^-(u, v) = \min_{k \in I^f(u,v)}\{f_j^k(u, v)\}, \quad f_j^+(u, v) = \max_{k \in I^f(u,v)}\{f_j^k(u, v)\},$$
$$g_i^-(u, v) = \min_{k \in I^g(u,v)}\{g_i^k(u, v)\}, \quad g_i^+(u, v) = \max_{k \in I^g(u,v)}\{g_i^k(u, v)\},$$

这里, $I^f(u, v) = \{k \mid (u, v) \in G_k^f \cup \partial G_k^f\}$ 和 $I^g(u, v) = \{k \mid (u, v) \in G_k^g \cup \partial G_k^g\}$ 表示指标集.

(H8) $\tau(t)$ 和 $\sigma(t)$ 在 $\mathbb{R}$ 上都是连续可微的, 且其导数满足 $\tau'(t) \leqslant \tau^* < 1$ 和 $\sigma'(t) \leqslant \sigma^* < 1$, 这里 τ^*, σ^* 都是常数. 另外, 对 $i, j = 1, 2, \cdots, m$, (11.2.14) 中控制增益满足下面的不等式:

(i) $2\delta\lambda_i - 2\lambda_i[a_i(t) + b_i(t)] + \|\hat{U}(t)\|^2 + \|\check{U}(t)\|^2 + \dfrac{\exp\{2\delta\tau\}}{1 - \tau^*}\Lambda_{m+i}^2 \dfrac{\exp\{2\delta\sigma\}}{1 - \sigma^*}\Lambda_i^2 \leqslant 0$;

(ii) $2\delta\lambda_{m+j} - 2\lambda_{m+j}[r_j(t) + d_j(t)] + \|\hat{V}(t)\|^2 + \|\check{V}(t)\|^2 + \dfrac{\exp\{2\delta\tau\}}{1 - \tau^*}\Lambda_{m+j}^2 + \dfrac{\exp\{2\delta\sigma\}}{1 - \sigma^*}\Lambda_j^2 \leqslant 0$;

(iii) $-c_i(t) + \Gamma_i(t) \leqslant 0$;

(iv) $-s_j(t) + \Upsilon_j(t) \leqslant 0$.

其中, $|U(t)| = (|u_{ji}(t)|)_{m \times m}$, $|V(t)| = (|v_{ij}(t)|)_{m \times m}$, $\hat{U}(t) = \hat{\lambda}|U(t)|\hat{\alpha}\hat{\Lambda}^{-1}$, $\check{U}(t) = \hat{\lambda}|U(t)|\hat{\beta}\check{\Lambda}^{-1}$, $\hat{V}(t) = \check{\lambda}|V(t)|\check{\alpha}\check{\Lambda}^{-1}$, $\check{V}(t) = \check{\lambda}|V(t)|\check{\beta}\check{\Lambda}^{-1}$, $\Gamma_i(t) = \sum\limits_{j=1}^{n}|u_{ji}(t)|\eta_j$, $\Upsilon_j(t) = \sum\limits_{i=1}^{n}|v_{ij}(t)|\eta_{m+i}$, $\hat{\alpha} = \mathrm{diag}\,\{\alpha_1, \cdots, \alpha_m\}$, $\check{\alpha} = \mathrm{diag}\,\{\alpha_{m+1}, \cdots, \alpha_{2m}\}$, $\hat{\beta} = \mathrm{diag}\,\{\beta_1, \cdots, \beta_m\}$, $\check{\beta} = \mathrm{diag}\,\{\beta_{m+1}, \cdots, \beta_{2m}\}$, $\hat{\lambda} = \mathrm{diag}\,\{\lambda_1, \cdots, \lambda_m\}$, $\check{\lambda} = \mathrm{diag}\,\{\lambda_{m+1}, \cdots, \lambda_{2m}\}$, $\hat{\Lambda} = \mathrm{diag}\,\{\Lambda_1, \cdots, \Lambda_m\}$, $\check{\Lambda} = \mathrm{diag}\,\{\Lambda_{m+1}, \cdots, \Lambda_{2m}\}$, 且 $\lambda_1, \cdots, \lambda_{2m}, \Lambda_1, \cdots, \Lambda_{2m}$ 是给定的正常数.

定理 11.2.3　如果假设条件 (H7) 和 (H8) 成立, 那么误差系统 (11.2.15) 的零解是全局指数稳定的, 这意味着驱动-响应系统 (11.2.2) 和 (11.2.11) 是全局指数同步的, 且其收敛率为 δ.

证明 由假设条件 (H7) 可得

$$2\sum_{i=1}^{m}\sum_{j=1}^{m}\lambda_i e_i(t)u_{ji}(t)\widehat{\gamma}_j(t-\sigma(t))$$

$$\leqslant 2\sum_{i=1}^{m}\sum_{j=1}^{m}\lambda_i|e_i(t)| \times |u_{ji}(t)| \times (\alpha_j|e_j(t-\sigma(t))| + \beta_j|\varepsilon_j(t-\sigma(t))| + \eta_j)$$

$$\leqslant 2|e^{\mathrm{T}}(t)| \times |\lambda U(t)|\hat{\alpha} \times |e(t-\sigma(t))|$$

$$+ |e^{\mathrm{T}}(t-\sigma(t))|\Lambda^2|e(t-\sigma(t))| + 2\sum_{i=1}^{m}\lambda_i\Gamma_i(t)|e_i(t)|$$

$$\leqslant \left(\|\hat{U}(t)\|^2 + \|\check{U}(t)\|^2\right)\sum_{i=1}^{m}e_i^2(t) + 2\sum_{i=1}^{m}\lambda_i\Gamma_i(t)|e_i(t)|$$

$$+ \sum_{j=1}^{m}\Lambda_j^2\left(e_j^2(t-\sigma(t)) + \varepsilon_j^2(t-\sigma(t))\right) \tag{11.2.16}$$

和

$$2\sum_{i=1}^{m}\sum_{j=1}^{m}\lambda_{m+j}\varepsilon_j(t)v_{ij}(t)\widehat{\gamma}_{m+i}(t-\tau(t))$$

$$\leqslant \left(\|\hat{V}(t)\|^2 + \|\check{V}(t)\|^2\right)\sum_{j=1}^{m}\varepsilon_j^2(t) + 2\sum_{j=1}^{m}\lambda_{m+j}\Upsilon_j(t)|\varepsilon_j(t)|$$

$$+ \sum_{i=1}^{m}\Lambda_{m+i}^2\left(e_i^2(t-\tau(t)) + \varepsilon_i^2(t-\tau(t))\right). \tag{11.2.17}$$

注意到 $\varpi_i(t) \in \mathrm{Sgn}(e_i(t))$ 及 $\omega_j(t) \in \mathrm{Sgn}(\varepsilon_j(t))$, 对 $i,j = 1,2,\cdots,m$, 有

$$e_i(t)c_i(t)\varpi_i(t) = c_i(t)|e_i(t)|, \qquad \varepsilon_j(t)s_j(t)\omega_j(t) = s_j(t)|\varepsilon_j(t)|. \tag{11.2.18}$$

考察如下的非光滑广义 Lyapunov 泛函:

$$W_2(t) = \sum_{i=1}^{m}\exp\{2\delta t\}\lambda_i e_i^2(t) + \sum_{j=1}^{m}\exp\{2\delta t\}\Lambda_j\varepsilon_j^2(t)$$

$$+ \frac{1}{1-\tau^*}\sum_{i=1}^{m}\int_{t-\tau(t)}^{t}\Lambda_{m+i}^2[e_i^2(s) + \varepsilon_i^2(s)]\exp\{2\delta(s+\tau)\}\mathrm{d}s$$

$$+ \frac{1}{1-\sigma^*}\sum_{j=1}^{m}\int_{t-\sigma(t)}^{t}\Lambda_j^2[e_j^2(s) + \varepsilon_j^2(s)]\exp\{2\delta(s+\sigma)\}\mathrm{d}s.$$

显然, $W_2(t)$ 是 C-正则的[147,336]. 于是当 $t \geqslant 0$ 时, $W_2(t)$ 是几乎处处可微的. 根据引理 2.2.2 中的链式法则, 沿误差系统 (11.2.15) 的解计算 $W_2(t)$ 的广义导数,

再根据 (11.2.16)—(11.2.18), 对几乎所有的 $t \geqslant 0$ 有

$$
\begin{aligned}
\frac{\mathrm{d}W_2(t)}{\mathrm{d}t} \leqslant & \sum_{i=1}^{m} \exp\{2\delta t\} \Big\{ 2\delta\lambda_i - 2\lambda_i[a_i(t) + b_i(t)] + \|\hat{U}(t)\|^2 + \|\check{U}(t)\|^2 \\
& + \frac{\exp\{2\delta\tau\}}{1 - \tau^*}\Lambda_{m+i}^2 + \frac{\exp\{2\delta\sigma\}}{1 - \sigma^*}\Lambda_i^2 \Big\} e_i^2(t) \\
& + \sum_{j=1}^{m} \exp\{2\delta t\} \Big\{ 2\delta\Lambda_j - 2\Lambda_j[r_j(t) + d_j(t)] + \|\hat{V}(t)\|^2 + \|\check{V}(t)\|^2 \\
& + \frac{\exp\{2\delta\tau\}}{1 - \tau^*}\Lambda_{m+j}^2 + \frac{\exp\{2\delta\sigma\}}{1 - \sigma^*}\Lambda_j^2 \Big\} \varepsilon_j^2(t) \\
& + 2\sum_{i=1}^{m} \exp\{2\delta t\}\lambda_i[-c_i(t) + \Gamma_i(t)]|e_i(t)| \\
& + 2\sum_{j=1}^{m} \exp\{2\delta t\}\lambda_{m+j}[-s_j(t) + \Upsilon_j(t)]|\varepsilon_j(t)|. \tag{11.2.19}
\end{aligned}
$$

因此, 对几乎所有的 $t \geqslant 0$ 有

$$
\frac{\mathrm{d}W_2(t)}{\mathrm{d}t} \leqslant 0.
$$

于是

$$
\widetilde{\lambda} \exp\{2\delta t\} \sum_{i=1}^{m} [e_i^2(t) + \varepsilon_i^2(t)] \leqslant W_2(t) \leqslant W_2(0) + \int_0^t \frac{\mathrm{d}W_2(s)}{\mathrm{d}s}\mathrm{d}s \leqslant W_2(0),
$$

这里 $\widetilde{\lambda} = \min\limits_{1 \leqslant i \leqslant m}\{\lambda_i, \lambda_{m+i}\}$.

因此

$$
\|\Xi(t)\| \leqslant \sqrt{\frac{W_2(0)}{\widetilde{\lambda}}} \exp\{-\delta t\}.
$$

这说明同步误差 $e(t)$ 和 $\varepsilon(t)$ 以收敛率 δ 指数收敛到零解. 从而驱动-响应系统 (11.2.2) 和 (11.2.11) 是指数同步的, 且其收敛率为 δ. 证毕.

注 11.2.2　由于信号传输函数的不连续性, 经典的线性反馈控制器 $\mu_i(t) = -a_i e_i(t)$ 或者 $\mu_i(t) = -a_i(t)e_i(t)$ 已经很难保证系统的同步性[455,456]. 因此, 对具不连续信号传输神经网络系统的同步控制问题, 需要寻找新的控制方法并考虑新的控制器. 关于这方面的研究已有一些为数不多的结果[455,456,765,767]. 通过对比, 本小节介绍的结果作出了如下一些推广和改进:

(i) 本小节给出的是具二元不连续信号传输函数的全局指数同步性. 然而, 文献 [455,456] 研究的是拟同步性. 应该指出的是, 不连续状态反馈控制器 $\mu_i(t) =$

$-a_i(t)e_i(t) - c_i(t)\mathrm{sgn}(e_i(t))$ 和 $\nu_j(t) = -r_j(t)\varepsilon_j(t) - s_j(t)\mathrm{sgn}(\varepsilon_j(t))$ 在实现全局指数同步性中起了非常重要的作用.

(ii) 在神经网络的同步控制设计中, 如何有效地降低成本也是一个重要的课题. 为了有效地控制成本, 本小节构造了一个比较复杂的广义 Lyapunov 泛函 $W_2(t)$. 事实上, 对角矩阵 $\hat{\lambda}$, $\tilde{\lambda}$, $\hat{\Lambda}$ 和 $\tilde{\Lambda}$ 在控制增益方面作用巨大. 从控制成本的角度来看, 本小节的结果要优于文献 [765, 767] 的一些结果.

(iii) 已有的一些关于一元不连续信号传输函数的同步性结果可以看成本小节所考虑的二元不连续信号传输函数的特殊情形. 易见, 如果在假设条件 (H7) 中所有的 $\eta_i = 0$, 所得的同步性结果仍然成立. 实际上, 此时信号传输函数 f_j 和 g_i 都是 $\mathbb{R}$ 上的连续函数. 也就是说, 不管信号传输函数是否连续本小节的结果对于神经网络系统都是适用的.

例 11.2.2 考虑如下具二元不连续信号传输函数的 BAM 神经网络系统:

$$\begin{cases} \dfrac{\mathrm{d}x_i(t)}{\mathrm{d}t} = -b_i(t)x_i(t) + \displaystyle\sum_{j=1}^{m} u_{ji}(t)f_j(x_j(t-1), y_j(t-1)) + I_i(t), \quad i = 1, 2, \\[4mm] \dfrac{\mathrm{d}y_j(t)}{\mathrm{d}t} = -d_j(t)y_j(t) + \displaystyle\sum_{i=1}^{m} v_{ij}(t)g_i(x_i(t-1), y_i(t-1)) + J_j(t), \quad j = 1, 2, \end{cases}$$

$$\tag{11.2.20}$$

其中

$$b_1(t) = 0.35 + 0.1\sin t, \quad b_2(t) = 0.35 - 0.1\sin t, \quad d_1(t) = 0.35 + 0.1\cos t,$$

$$d_2(t) = 0.35 - 0.1\cos t, \quad u_{11}(t) = -1.5, \quad u_{12}(t) = u_{21}(t) = -0.5,$$

$$u_{22}(t) = -3, \quad v_{12}(t) = v_{21}(t) = 0.35, \quad v_{11}(t) = -0.5, \quad v_{22}(t) = -1.5,$$

$$I_1(t) = 0.1, \quad I_2(t) = 0.2, \quad J_1(t) = 0.3, \quad J_2(t) = 0.4,$$

且二元不连续信号传输函数为

$$f_1(x_1, y_1) = \tanh(x_1 + y_1) + 0.5\mathrm{sgn}(x_1 + y_1),$$

$$f_2(x_2, y_2) = \tanh(x_2 - y_2) + 0.5\mathrm{sgn}(x_2 - y_2),$$

$$g_1(x_1, y_1) = x_1 + y_1 + 0.5\mathrm{sgn}(x_1 + y_1),$$

$$g_2(x_2, y_2) = x_2 - y_2 + 0.5\mathrm{sgn}(x_2 - y_2).$$

给定系统 (11.2.20) 的初始条件 $\phi(\theta) \equiv (0, 0, 0, 0)^{\mathrm{T}}$ 与 $\psi(\theta) \equiv (0, 0, 0, 0)^{\mathrm{T}}$, $\theta \in [-1, 0]$, 图 11.6 是系统 (11.2.20) 解分量的轨迹图, 从中可以看出系统 (11.2.20) 存在混沌吸引子. 显然, 不连续信号传输函数在 $\mathbb{R}^2$ 上是分片连续的且满足假设条件 (H7), 并且有 $\alpha_1 = \alpha_2 = \alpha_3 = \alpha_4 = 1$, $\beta_1 = \beta_2 = \beta_3 = \beta_4 = 1$ 和 $\eta_1 = \eta_2 = \eta_3 = \eta_4 = 1$. 将系统 (11.2.20) 看成驱动系统, 其对应的响应系统为

$$
\begin{cases}
\dfrac{\mathrm{d}\widetilde{x}_i(t)}{\mathrm{d}t}=-b_i(t)\widetilde{x}_i(t)+\displaystyle\sum_{j=1}^{2}u_{ji}(t)f_j\left(\widetilde{x}_j(t-1),\widetilde{y}_j(t-1)\right)+I_i(t)+\mu_i(t),\quad i=1,2,\\[4mm]
\dfrac{\mathrm{d}\widetilde{y}_j(t)}{\mathrm{d}t}=-d_j(t)\widetilde{y}_j(t)+\displaystyle\sum_{i=1}^{2}v_{ij}(t)g_i\left(\widetilde{x}_i(t-1),\widetilde{y}_i(t-1)\right)+J_j(t)+\nu_j(t),\quad j=1,2.
\end{cases}
$$

$$(11.2.21)$$

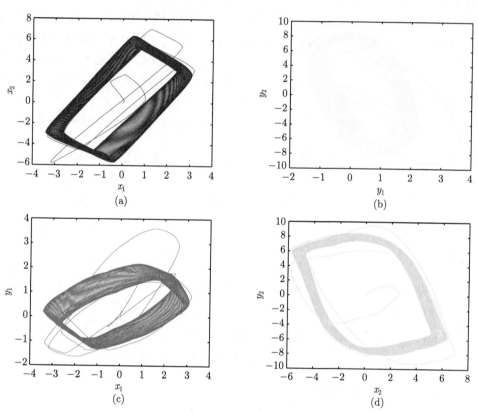

图 11.6   系统 (11.2.20) 解分量的轨迹图

其中, 状态反馈控制器为 (11.2.14) 且 $m=2$. 取 $\lambda=\mathrm{diag}\{1,0.5,1,1\}$, $\Lambda=\mathrm{diag}\left\{1,1,1,\dfrac{7}{6}\right\}$, 通过计算有 $\|\hat{U}(t)\|=\|\check{U}(t)\|=1.8802$, $\|\hat{V}(t)\|=\|\check{V}(t)\|=1.4031$, $\Gamma_1(t)=1.8$, $\Gamma_2(t)=3.5$, $\Upsilon_1(t)=0.85$, $\Upsilon_2(t)=1.85$. 取 $\delta=0.1$, $c_1(t)=2.2>1.8=\Gamma_1(t)$, $c_2(t)=3.7>3.5=\Gamma_2(t)$, $s_1(t)=1>0.85=\Upsilon_1(t)$, $s_2(t)=2>1.85=\Upsilon_2(t)$, 且

$$a_1(t)=4.6-0.1\sin(t)>4.5065-0.1\sin(t)$$

$$= 0.1 - b_1(t) + \frac{1}{2}\left(||\hat{U}||^2 + ||\check{U}(t)||^2\right) + \exp\{0.2\},$$

$$a_2(t) = 9.3 + 0.1\sin(t) > 9.263 + 0.1\sin(t)$$

$$= 0.1 - b_2(t) + ||\hat{U}||^2 + ||\check{U}(t)||^2 + 2\exp\{0.2\},$$

$$r_1(t) = 3.0 - 0.1\cos(t) > 2.94 - 0.1\cos(t)$$

$$= 0.1 - d_1(t) + \frac{1}{2}\left(||\hat{V}||^2 + ||\check{V}(t)||^2\right) + \exp\{0.2\},$$

$$r_2(t) = 3.3 + 0.1\cos(t) > 3.1605 + 0.1\cos(t)$$

$$= 0.1 - d_2(t) + \frac{1}{2}\left(||\hat{V}||^2 + ||\check{V}(t)||^2\right) + \frac{85}{72}\exp\{0.2\}.$$

根据定理 11.2.3, 在不连续状态反馈控制器 (11.2.14) 下, 驱动-响应系统 (11.2.20) 和 (11.2.21) 指数同步. 如图 11.7 所示, 驱动-响应系统 (11.2.20) 和 (11.2.21) 是同步的.

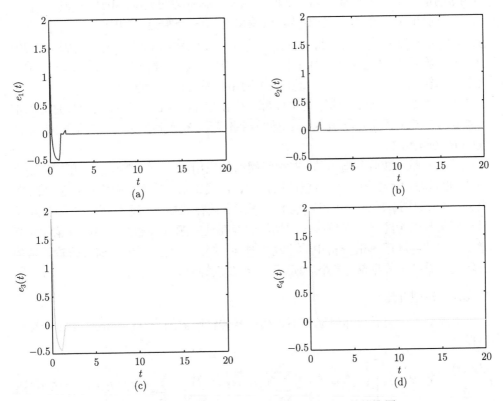

图 11.7 同步误差 $e_1(t)$, $e_2(t)$, $e_3(t)$ 和 $e_4(t)$ 的轨迹图

11.3　具分布时滞和不连续信号传输函数的 Cohen-Grossberg 模型及动力学分析

Cohen-Grossberg 神经网络是由 Cohen 和 Grossberg 在 1981 年提出来的一类重要的递归神经网络, 它在并行计算、信号和图像处理、非线性优化和模式识别等领域有着非常广泛的应用. 如果考虑放大函数对整个网络的影响, 我们可以得到如下的具不连续信号传输函数的 Cohen-Grossberg 神经网络模型:

$$\frac{\mathrm{d}x}{\mathrm{d}t} = Q(x)[-D(t)x + A(t)f(x) + I(t)], \tag{11.3.1}$$

这里, $x = (x_1, x_2, \cdots, x_n)^{\mathrm{T}}$, $x_i = x_i(t)$ 表示在 t 时刻第 i 个神经元的状态; $Q(x) = (q_1(x_1), q_2(x_2), \cdots, q_n(x_n))^{\mathrm{T}}$, $q_i(x_i)$ 表示第 i 个神经元的放大函数; $D(t) = \mathrm{diag}\{d_1(t), d_2(t), \cdots, d_n(t)\}$, $d_i(t)$ 表示在没有外部附加电压差且与神经网络不连通的情况下第 i 个神经元在 t 时刻恢复静息状态的速率; $A(t) = (a_{ij}(t))_{n \times n}$, $a_{ij}(t)$ 表示在 t 时刻第 j 个神经元的输出对第 i 个神经元的影响强度; $f(x) = (f_1(x_1), f_2(x_2), \cdots, f_n(x_n))^{\mathrm{T}}$, $f_j(x_j) = f_j(x_j(t))$ 表示在 t 时刻第 j 个神经元的输出信号传输函数; $I(t) = (I_1(t), I_2(t), \cdots, I_n(t))^{\mathrm{T}}$, $I_i(t)$ 表示在 t 时刻第 i 个神经元的外部输入; $i, j = 1, 2, \cdots, n$; n 表示网络中所含神经元的个数.

如果考虑到时滞的因素, 还可以考虑比模型 (11.3.1) 更为一般的具时滞和不连续信号传输的 Cohen-Grossberg 神经网络模型, 有兴趣的读者请参看文献 [489, 660-662, 664, 672].

正如文献 [139] 所指出的, 在神经网络的应用中多个平衡点的共存往往是必要的, 也是非常关键的, 如: 联想记忆存储、模式识别、决策、数字选择和类比等. 另外, 多个周期解的共存可以看成多个平衡点共存的推广, 因此, 研究具不连续信号传输函数的神经网络系统多个周期解的存在性问题有着非常重要的理论和实际意义. 本节将利用集值分析中的不动点理论, 探讨一类具不连续信号传输函数的神经网络系统的周期解 (多个周期解) 的存在性等问题.

11.3.1　模型介绍

考虑如下一类具分布时滞和不连续信号传输函数的 Cohen-Grossberg 神经网络模型:

$$\frac{\mathrm{d}x_i(t)}{\mathrm{d}t} = q_i(x_i(t))\left[-d_i(t)x_i(t) + \sum_{j=1}^{n} a_{ij}(t)f_j(x_j(t)) + \sum_{j=1}^{n} b_{ij}(t)g_j(x_j(t - \tau_{ij}(t)))\right.$$
$$\left. + \sum_{j=1}^{n} c_{ij}(t)\int_{t-\sigma_{ij}(t)}^{t} h_j(x_j(s))\mathrm{d}s + I_i(t)\right], \quad i = 1, 2, \cdots, n, \tag{11.3.2}$$

其中, $b_{ij}(t)$ 与 $c_{ij}(t)$ 分别表示 t 时刻第 j 个神经元的输出对第 i 个神经元的可变时滞和分布时滞的反馈强度; g_j 和 h_j 均为信号传输函数; $\tau_{ij}(t)$ 与 $\sigma_{ij}(t)$ 分别表示在 t 时刻第 i 个神经元关于第 j 个神经元的突触信号传输产生的可变时滞与分布时滞; 其余符号的意义与模型 (11.3.1) 中相同.

在本节的讨论中, 对 $i,j = 1,2,\cdots,n$, 假设 $q_i(x_i), d_i(t), a_{ij}(t), b_{ij}(t), c_{ij}(t),$ $I_i(t)$ 都是 $\mathbb{R}$ 上的连续函数; $\tau_{ij}(t)$ 与 $\sigma_{ij}(t)$ 在 $\mathbb{R}$ 上是非负连续且有界的; 存在正常数 q_i^l 和 q_i^M 使得对 $x_i \in \mathbb{R}$ 有 $q_i^l \leqslant q_i(x_i) \leqslant q_i^M$; 信号传输函数 f_i, g_i 和 h_i 在 $\mathbb{R}$ 上是分段连续的, 即 f_i, g_i 和 h_i 满足定义 11.1.1 中的条件. 另外, 为了研究系统 (11.3.2) 的周期解的存在性, 还总是假设 $d_i(t), a_{ij}(t), b_{ij}(t), c_{ij}(t), I_i(t), \tau_{ij}(t),$ $\sigma_{ij}(t)$ 都是 $\mathbb{R}$ 上的 ω-周期函数.

令

$$\varsigma = \max_{i,j=1,2,\cdots,n} \left\{ \sup_{t\in\mathbb{R}} \tau_{ij}(t), \sup_{t\in\mathbb{R}} \sigma_{ij}(t) \right\},$$

则对 $t \in \mathbb{R}$ 有

$$0 \leqslant \tau_{ij}(t) \leqslant \varsigma, \quad 0 \leqslant \sigma_{ij}(t) \leqslant \varsigma, \quad i,j = 1,2,\cdots,n.$$

对于模型 (11.3.2) 中的信号传输函数 f_i, g_i 和 h_i, 我们还给出如下假设.

(H9) 对于 $i = 1,2,\cdots,n$, 存在 $\mathbb{R}$ 上非负连续函数 W_i^f, W_i^g 和 W_i^h 使得下面的不等式成立:

$$\sup_{\gamma_i \in \overline{\mathrm{co}}[f_i(u)]} |\gamma_i| \leqslant W_i^f(u), \quad \forall \, u \in \mathbb{R},$$

$$\sup_{\gamma_i \in \overline{\mathrm{co}}[g_i(u)]} |\gamma_i| \leqslant W_i^g(u), \quad \forall \, u \in \mathbb{R},$$

$$\sup_{\gamma_i \in \overline{\mathrm{co}}[h_i(u)]} |\gamma_i| \leqslant W_i^h(u), \quad \forall \, u \in \mathbb{R},$$

其中

$$\overline{\mathrm{co}}[f_i(u)] = \left[\min\{f_i(u^-), f_i(u^+)\}, \ \max\{f_i(u^-), f_i(u^+)\}\right],$$

$$\overline{\mathrm{co}}[g_i(u)] = \left[\min\{g_i(u^-), g_i(u^+)\}, \ \max\{g_i(u^-), g_i(u^+)\}\right],$$

$$\overline{\mathrm{co}}[h_i(u)] = \left[\min\{h_i(u^-), h_i(u^+)\}, \ \max\{h_i(u^-), h_i(u^+)\}\right].$$

注意到模型 (11.3.2) 是由右端不连续泛函微分方程刻画的, 其 Filippov 意义下解的定义及其初值问题与模型 (11.1.5) 类似, 可分别参照定义 11.1.2 和定义 11.1.3 给出, 并且不难证明, 如果 $x(t) = (x_1(t), x_2(t), \cdots, x_n(t))^{\mathrm{T}}$ 是系统 (11.3.2)

在 $[0, \mathcal{T})$ 上 Filippov 意义下的解, 那么对几乎所有的 $t \in [0, \mathcal{T})$, $x = x(t)$ 满足泛函微分包含:

$$\frac{\mathrm{d}x_i(t)}{\mathrm{d}t} \in q_i(x_i(t)) \left[-d_i(t)x_i(t) + \sum_{j=1}^{n} a_{ij}(t)\overline{\mathrm{co}}[f_j(x_j(t))] \right.$$

$$+ \sum_{j=1}^{n} b_{ij}(t)\overline{\mathrm{co}}[g_j(x_j(t - \tau_{ij}(t)))]$$

$$\left. + \sum_{j=1}^{n} c_{ij}(t) \int_{t-\sigma_{ij}(t)}^{t} \overline{\mathrm{co}}[h_j(x_j(s))]\mathrm{d}s + I_i(t) \right], \quad i = 1, 2, \cdots, n.$$

$$(11.3.3)$$

关于模型 (11.3.2) 在 Filippov 意义下解的存在性, 我们可以利用 3.1 节中的有关定理来讨论, 也可以类似于定理 11.2.1 来讨论. 在本节余下的讨论中我们默认模型 (11.3.2) 在 Filippov 意义下的解是全局存在的, 即 $\mathcal{T} = +\infty$.

11.3.2　周期解的存在性

在给出主要结果之前, 我们先介绍一些记号和引理.

引理 11.3.1　$x(t) = (x_1(t), x_2(t), \cdots, x_n(t))^{\mathrm{T}}$ 是系统 (11.3.2) Filippov 意义下 ω-周期解的充要条件为它是积分包含

$$x_i(t) \in \int_{t}^{t+\omega} G_i(t, v)q_i(x_i(v))\mathfrak{F}_i(v, f, g, h)\mathrm{d}v, \quad t \in [0, \omega], \quad i = 1, 2, \cdots, n$$

$$(11.3.4)$$

的 ω-周期解, 其中

$$\mathfrak{F}_i(v, f, g, h) = \sum_{j=1}^{n} a_{ij}(v)\overline{\mathrm{co}}[f_j(x_j(v))] + \sum_{j=1}^{n} b_{ij}(v)\overline{\mathrm{co}}[g_j(x_j(v - \tau_{ij}(v)))]$$

$$+ \sum_{j=1}^{n} c_{ij}(v) \int_{v-\sigma_{ij}(v)}^{v} \overline{\mathrm{co}}[h_j(x_j(s))]\mathrm{d}s + I_i(v),$$

$$G_i(t, v) = \frac{\exp\left\{ \int_{t}^{v} q_i(x_i(s))d_i(s)\mathrm{d}s \right\}}{\exp\left\{ \int_{t}^{t+\omega} q_i(x_i(s))d_i(s)\mathrm{d}s \right\} - 1}, \quad i = 1, 2, \cdots, n.$$

证明　首先证明必要性. 如果 $x(t) = (x_1(t), x_2(t), \cdots, x_n(t))^{\mathrm{T}}$ 是系统 (11.3.2) Filippov 意义下的 ω-周期解, 由 (11.3.3) 式, 对几乎所有的 $t \in [0, +\infty)$ 有

$$\frac{\mathrm{d}x_i(t)}{\mathrm{d}t} \in q_i(x_i(t)) \left[-d_i(t)x_i(t) + \mathfrak{F}_i(t, f, g, h) \right], \quad i = 1, 2, \cdots, n.$$

于是, 对几乎所有的 $t \in [0, +\infty)$ 有

$$\frac{\mathrm{d}\left[x_i(t) \exp\left\{ \int_0^t q_i(x_i(s))d_i(s)\mathrm{d}s \right\} \right]}{\mathrm{d}t}$$
$$\in \exp\left\{ \int_0^t q_i(x_i(s))d_i(s)\mathrm{d}s \right\} q_i(x_i(t))\mathfrak{F}_i(t, f, g, h), \quad i = 1, 2, \cdots, n. \quad (11.3.5)$$

将泛函微分包含 (11.3.5) 在区间 $[t, t+\omega]$ $(0 \leqslant t \leqslant \omega)$ 上积分, 并注意到 $x(t)$ 是 ω-周期的, 得到下面的积分包含:

$$x_i(t) \in \int_t^{t+\omega} G_i(t, v)q_i(x_i(v))\mathfrak{F}_i(v, f, g, h)\mathrm{d}v, \quad i = 1, 2, \cdots, n.$$

也就是说, $x(t) = (x_1(t), x_2(t), \cdots, x_n(t))^{\mathrm{T}}$ 是积分包含 (11.3.4) 的 ω-周期解.

接下来证明充分性. 如果 $x(t)$ 是积分包含 (11.3.4) 的 ω-周期解, 根据积分表示定理 (参看文献 [26] 第 99 页) 可知, 存在可测函数 $\gamma^f = (\gamma_1^f, \gamma_2^f, \cdots, \gamma_n^f)^{\mathrm{T}}$: $[0, +\infty) \to \mathbb{R}^n$, $\gamma^g = (\gamma_1^g, \gamma_2^g, \cdots, \gamma_n^g)^{\mathrm{T}} : [0, +\infty) \to \mathbb{R}^n$ 和 $\gamma^h = (\gamma_1^h, \gamma_2^h, \cdots, \gamma_n^h)^{\mathrm{T}}$: $[0, +\infty) \to \mathbb{R}^n$, 使得对几乎所有的 $t \in [0, +\infty)$, 有 $\gamma_i^f(t) \in \overline{\mathrm{co}}[f_i(x_i(t))]$, $\gamma_i^g(t) \in \overline{\mathrm{co}}[g_i(x_i(t))]$ 和 $\gamma_i^h(t) \in \overline{\mathrm{co}}[h_i(x_i(t))]$, 并且, 对 $i = 1, 2, \cdots, n$, 有

$$x_i(t) = \int_t^{t+\omega} G_i(t, v)q_i(x_i(v))\mathfrak{F}_i(v, \gamma)\mathrm{d}v, \quad (11.3.6)$$

其中

$$\mathfrak{F}_i(v, \gamma) = \sum_{j=1}^n a_{ij}(v)\gamma_j^f(v) + \sum_{j=1}^n b_{ij}(v)\gamma_j^g(v - \tau(v))$$
$$+ \sum_{j=1}^n c_{ij}(v) \int_{v-\sigma_{ij}(v)}^v \gamma_j^h(s)\mathrm{d}s + I_i(v).$$

由于绝对连续的函数是几乎处处可导的, 再注意到 (11.3.6) 式的右端对 $t \in \mathbb{R}_+$ 是绝对连续的, 将 (11.3.6) 式的两端关于 t 求导, 则对几乎所有的 $t \in [0, +\infty)$, 有

$$\frac{\mathrm{d}x_i(t)}{\mathrm{d}t} = G_i(t, t+\omega)q_i(x_i(t+\omega))\mathfrak{F}_i(t+\omega, \gamma)$$
$$- G_i(t, t)q_i(x_i(t))\mathfrak{F}_i(t, \gamma), \quad i = 1, 2, \cdots, n.$$

由 $x(t)$ 的周期性及 $\gamma_i^f(t) \in \overline{\mathrm{co}}[f_i(x_i(t))]$, $\gamma_i^g(t) \in \overline{\mathrm{co}}[g_i(x_i(t))]$, $\gamma_i^h(t) \in \overline{\mathrm{co}}[h_i(x_i(t))]$ 知, 对几乎所有的 $t \in [0, +\infty)$ 有

$$\frac{\mathrm{d}x_i(t)}{\mathrm{d}t} = q_i(x_i(t))\mathfrak{F}_i(t, \gamma), \quad i = 1, 2, \cdots, n.$$

于是, 由定义可知, $x(t) = (x_1(t), x_2(t), \cdots, x_n(t))^{\mathrm{T}}$ 是系统 (11.3.2) 在 Filippov 意义下的 ω-周期解. 证毕.

令

$$X = \left\{ x(t) \mid x(t) = (x_1(t), x_2(t), \cdots, x_n(t))^{\mathrm{T}} \in C(\mathbb{R}, \mathbb{R}^n), x(t + \omega) = x(t) \right\},$$

在 X 中定义范数:

$$\|x\|_X = \max_{1 \leqslant i \leqslant n} |x_i|_\infty, \quad |x_i|_\infty = \max_{t \in [0, \omega]} |x_i(t)|, \quad i = 1, 2, \cdots, n,$$

则 X 在上述定义的范数 $\|\cdot\|_X$ 下是一个 Banach 空间. 对于 $\varrho > 0$, 采用 2.1.5 节中记号:

$$\Omega_\varrho = \{x \mid x \in X, \|x\|_X < \varrho\}, \quad \partial\Omega_\varrho = \{x \mid x \in X, \|x\|_X = \varrho\},$$
$$\overline{\Omega}_\varrho = \{x \mid x \in X, \|x\|_X \leqslant \varrho\}.$$

易见, 对每个给定的 $\varrho > 0$, $\overline{\Omega}_\varrho$ 是 Banach 空间 X 的有界凸集. 若函数 $f_k(t)$ 是 $\mathbb{R}$ 上的连续 ω-周期函数, 那么记

$$f_k^M = \max_{t \in [0, \omega]} f_k(t), \quad f_k^L = \min_{t \in [0, \omega]} f_k(t), \quad \overline{f}_k = \frac{1}{\omega} \int_0^\omega f_k(t)\mathrm{d}t.$$

在 X 中定义一个锥 $\mathcal{C}$ 如下

$$\mathcal{C} = \left\{ x(t) \mid x(t) = (x_1(t), x_2(t), \cdots, x_n(t))^{\mathrm{T}} \in X, \ x_i(t) \geqslant \kappa_i |x_i|_\infty, \ i = 1, 2, \cdots, n \right\},$$

其中, $\kappa_i = \dfrac{\check{G}_i}{\hat{G}_i}$, $\check{G}_i = \dfrac{1}{\exp\{q_i^M d_i^M\} - 1}$, $\hat{G}_i = \dfrac{\exp\{q_i^L d_i^L\}}{\exp\{q_i^L d_i^L\} - 1}$.

定义集值映射 $\mathbb{F} : X \to P(X)$ 如下

$$\mathbb{F}(x(t)) = (\mathbb{F}_1(x(t)), \mathbb{F}_2(x(t)), \cdots, \mathbb{F}_n(x(t)))^{\mathrm{T}},$$

其中, $\mathbb{F}_i(x(t)) = \displaystyle\int_t^{t+\omega} G_i(t, v) q_i(x_i(v)) \mathfrak{F}_i(v, f)\mathrm{d}v, \ i = 1, 2, \cdots, n.$

由引理 11.3.1 知, 系统 (11.3.2) 的 ω-周期解存在性问题与积分包含 (11.3.4) 的 ω-周期解存在性问题是等价的. 如果 $x^*(t) = (x_1^*(t), x_2^*(t), \cdots, x_n^*(t))^{\mathrm{T}} \in X$ 是集值映射 $\mathbb{F} : X \to P(X)$ 的一个不动点, 那么 $x^*(t) \in X$ 是系统 (11.3.2) 的 ω-周期解. 接下来, 我们将研究集值映射 $\mathbb{F} : X \to P(X)$ 的不动点.

对 $i = 1, 2, \cdots, n$, 记

$$\Phi_i(r) = \max_{t \in [0, \omega]} \sup_{x \in \partial\Omega_r \cap \mathcal{C}} \int_t^{t+\omega} G_i(t, v) q_i(x_i(v)) \mathfrak{F}_i(v, \gamma)\mathrm{d}v,$$

$$\Psi_i(r) = \min_{t \in [0,\omega]} \inf_{x \in \partial\Omega_r \cap \mathcal{C}} \int_t^{t+\omega} G_i(t,v) q_i(x_i(v)) \mathfrak{F}_i(v,\gamma) \mathrm{d}v,$$

这里 $\gamma_j(v) \in \overline{\mathrm{co}}[f_j(x_j(v))]$ 且 $\mathfrak{F}_i(v,\gamma)$ 如前面所记.

为了方便叙述, 先列出如下条件:

(H10) 对 $i = 1, 2, \cdots, n$ 及任意的 $x(t) \in \overline{\Omega}_R \cap \mathcal{C}$, 都有 $\displaystyle\inf_{\gamma_j(t) \in \overline{\mathrm{co}}[f_j(x_j(t))]} \{\mathfrak{F}_i(v, \gamma)\} > 0.$

(H11) 存在常数 R_0 和 R_1, $0 < R_0 < R_1$, 使得下面不等式成立:

$$\Phi(R_0) = \max_{1 \leqslant i \leqslant n} \Phi_i(R_0) \leqslant R_0, \qquad \Psi(R_1) = \min_{1 \leqslant i \leqslant n} \Psi_i(R_1) \geqslant R_1.$$

(H11*) 存在常数 R_0 和 R_1, $0 < R_0 < R_1$, 使得下面不等式成立:

$$\Phi(R_1) = \max_{1 \leqslant i \leqslant n} \Phi_i(R_1) \leqslant R_1, \qquad \Psi(R_0) = \min_{1 \leqslant i \leqslant n} \Psi_i(R_0) \geqslant R_0.$$

(H12) 存在常数 R_0, R_1, R_2 和 R_3, $0 < R_0 < R_1 < R_2 < R_3$, 使得下面不等式成立:

$$\Psi(R_0) = \min_{1 \leqslant i \leqslant n} \Psi_i(R_0) \leqslant R_0, \qquad \Phi(R_1) = \max_{1 \leqslant i \leqslant n} \Phi_i(R_1) \geqslant R_1,$$

$$\Psi(R_2) = \min_{1 \leqslant i \leqslant n} \Psi_i(R_2) \leqslant R_2, \qquad \Phi(R_3) = \max_{1 \leqslant i \leqslant n} \Phi_i(R_3) \geqslant R_3.$$

(H12*) 存在常数 R_0, R_1, R_2 和 R_3, $0 < R_0 < R_1 < R_2 < R_3$, 使得下面不等式成立:

$$\Psi(R_0) = \min_{1 \leqslant i \leqslant n} \Psi_i(R_0) \geqslant R_0, \qquad \Phi(R_1) = \max_{1 \leqslant i \leqslant n} \Phi_i(R_1) \leqslant R_1,$$

$$\Psi(R_2) = \min_{1 \leqslant i \leqslant n} \Psi_i(R_2) \geqslant R_2, \qquad \Phi(R_3) = \max_{1 \leqslant i \leqslant n} \Phi_i(R_3) \leqslant R_3.$$

(H13) 存在 $2m$ 个常数 $R_0, R_1, \cdots, R_{2m-2}$ 和 R_{2m-1}, $0 < R_0 < R_1 < \cdots < R_{2m-1}$, 使得下面不等式成立:

$$\Psi(R_{2k}) = \min_{1 \leqslant i \leqslant n} \Psi_i(R_{2k}) \leqslant R_{2k},$$

$$\Phi(R_{2k+1}) = \max_{1 \leqslant i \leqslant n} \Phi_i(R_{2k+1}) \geqslant R_{2k+1}, \quad k = 0, 1, \cdots, m-1.$$

(H13*) 存在 $2m$ 个常数 $R_0, R_1, \cdots, R_{2m-2}$ 和 R_{2m-1}, $0 < R_0 < R_1 < \cdots < R_{2m-1}$, 使得下面不等式成立:

$$\Psi(R_{2k}) = \min_{1 \leqslant i \leqslant n} \Psi_i(R_{2k}) \geqslant R_{2k},$$

$$\Phi(R_{2k+1}) = \max_{1 \leqslant i \leqslant n} \Phi_i(R_{2k+1}) \leqslant R_{2k+1}, \quad k = 0, 1, \cdots, m-1.$$

引理 11.3.2　如果条件 (H9) 和 (H10) 成立, 那么集值映射 $\mathbb{F}$ 将 $\overline{\Omega}_R \cap \mathcal{C}$ 映到 $P_{fc}(\mathcal{C})$, 即对每一固定的 $x(t) \in \overline{\Omega}_R \cap \mathcal{C}$, 都有 $\mathbb{F}(x(t)) \in P_{fc}(\mathcal{C})$ 成立.

证明　首先, 对 $x(t) = (x_1(t), x_2(t), \cdots, x_n(t))^{\mathrm{T}} \in \overline{\Omega}_R \cap \mathcal{C}$ 及 $y(t) = (y_1(t),$ $y_2(t), \cdots, y_n(t))^{\mathrm{T}} \in \mathbb{F}(x)$, 存在可测函数 $\gamma^f = (\gamma_1^f, \gamma_2^f, \cdots, \gamma_n^f)^{\mathrm{T}} : [0, +\infty) \to \mathbb{R}^n$, $\gamma^g = (\gamma_1^g, \gamma_2^g, \cdots, \gamma_n^g)^{\mathrm{T}} : [0, +\infty) \to \mathbb{R}^n$, $\gamma^h = (\gamma_1^h, \gamma_2^h, \cdots, \gamma_n^h)^{\mathrm{T}} : [0, +\infty) \to \mathbb{R}^n$, 使得对几乎所有的 $t \in [0, +\infty)$ 及 $i = 1, 2, \cdots, n$, 有 $\gamma_i^f(t) \in \overline{\mathrm{co}}[f_i(x_i(t))]$, $\gamma_i^g(t) \in \overline{\mathrm{co}}[g_i(x_i(t))]$, $\gamma_i^h(t) \in \overline{\mathrm{co}}[h_i(x_i(t))]$, 且满足

$$y_i(t) = \int_t^{t+\omega} G_i(t, v) q_i(x_i(v)) \mathfrak{F}_i(v, \gamma) \mathrm{d}v > 0, \quad i = 1, 2, \cdots, n, \tag{11.3.7}$$

这里 $\mathfrak{F}_i(v, \gamma)$ 如前面所记. 因此, 对 $x(t) \in \overline{\Omega}_R \cap \mathcal{C}$, 有

$$0 < y_i(t) \leqslant \hat{G}_i \int_t^{t+\omega} q_i(x_i(v)) \mathfrak{F}_i(v, \gamma) \mathrm{d}v.$$

于是

$$|y_i(t)|_\infty \leqslant \hat{G}_i \int_t^{t+\omega} q_i(x_i(v)) \mathfrak{F}_i(v, \gamma) \mathrm{d}v, \quad i = 1, 2, \cdots, n.$$

当 $x(t) \in \overline{\Omega}_R \cap \mathcal{C}$ 时, 类似由 (11.3.7) 可得

$$y_i(t) \geqslant \check{G}_i \int_t^{t+\omega} q_i(x_i(v)) \mathfrak{F}_i(v, \gamma) \mathrm{d}v \geqslant \frac{\check{G}_i}{\hat{G}_i} |y_i(t)|_\infty \geqslant \kappa_i |y_i(t)|_\infty, \quad i = 1, 2, \cdots, n.$$

因此, 对任意 $x(t) \in \overline{\Omega}_R \cap \mathcal{C}$ 与 $y(t) \in \mathbb{F}(x)$, 都有 $y(t) \in \mathcal{C}$. 也就是说对每一固定的 $x(t) \in \overline{\Omega}_R \cap \mathcal{C}$, 都有 $\mathbb{F}(x(t)) \subseteq \mathcal{C}$ 成立. 即获证 $\mathbb{F} : \overline{\Omega}_R \cap \mathcal{C} \to P(\mathcal{C})$.

其次, 对每一 $x(t) \in \overline{\Omega}_R \cap \mathcal{C}$, 我们断言 $\mathbb{F}(x(t))$ 是凸的. 事实上, 对任意的 $x(t) \in \overline{\Omega}_R \cap \mathcal{C}$ 而言, 如果 $y(t) \in \mathbb{F}(x(t))$ 与 $z(t) \in \mathbb{F}(x(t))$, 那么对应于 $y(t)$ 存在可测函数 $\gamma^f = (\gamma_1^f, \gamma_2^f, \cdots, \gamma_n^f)^{\mathrm{T}} : [0, +\infty) \to \mathbb{R}^n$, $\gamma^g = (\gamma_1^g, \gamma_2^g, \cdots, \gamma_n^g)^{\mathrm{T}} :$ $[0, +\infty) \to \mathbb{R}^n$, $\gamma^h = (\gamma_1^h, \gamma_2^h, \cdots, \gamma_n^h)^{\mathrm{T}} : [0, +\infty) \to \mathbb{R}^n$, 对几乎所有的 $t \in$ $[0, +\infty)$ 有 $\gamma_i^f(t) \in \overline{\mathrm{co}}[f_i(x_i(t))]$, $\gamma_i^g(t) \in \overline{\mathrm{co}}[g_i(x_i(t))]$ 和 $\gamma_i^h(t) \in \overline{\mathrm{co}}[h_i(x_i(t))]$ 成立. 同样地, 对应于 $z(t)$ 存在可测函数 $\eta^f = (\eta_1^f, \eta_2^f, \cdots, \eta_n^f)^{\mathrm{T}} : [0, +\infty) \to \mathbb{R}^n$, $\eta^g = (\eta_1^g, \eta_2^g, \cdots, \eta_n^g)^{\mathrm{T}} : [0, +\infty) \to \mathbb{R}^n$, $\eta^h = (\eta_1^h, \eta_2^h, \cdots, \eta_n^h)^{\mathrm{T}} : [0, +\infty) \to \mathbb{R}^n$, 对几乎所有的 $t \in [0, +\infty)$ 有 $\eta_i^f(t) \in \overline{\mathrm{co}}[f_i(x_i(t))]$, $\eta_i^g(t) \in \overline{\mathrm{co}}[g_i(x_i(t))]$, $\eta_i^h(t) \in \overline{\mathrm{co}}[h_i(x_i(t))]$ 成立. 并且对于 $t \in [0, +\infty)$ 都有

$$y_i(t) = \int_t^{t+\omega} G_i(t, v) q_i(x_i(v)) \mathfrak{F}_i(v, \gamma) \mathrm{d}v, \quad i = 1, 2, \cdots, n$$

和

$$z_i(t) = \int_t^{t+\omega} G_i(t,v) q_i(x_i(v)) \mathfrak{F}_i(v,\eta) \mathrm{d}v, \quad i = 1, 2, \cdots, n,$$

这里

$$\mathfrak{F}_i(v,\eta) = \sum_{j=1}^n a_{ij}(v) \eta_j^f(t) + \sum_{j=1}^n b_{ij}(v) \eta_j^g(v - \tau_{ij}(v))$$

$$+ \sum_{j=1}^n c_{ij}(v) \int_{t-\sigma_{ij}(t)}^t \eta_j^h(s) \mathrm{d}s + I_i(v).$$

令 $0 \leqslant \lambda \leqslant 1$. 由集值选择的性质知, 对 $i = 1, 2, \cdots, n$ 和几乎所有的 $t \in [0, +\infty)$, 有

$$\lambda \gamma_i^f(t) + (1-\lambda) \eta_i^f(t) \in \overline{\mathrm{co}}[f_i(x_i(t))],$$

$$\lambda \gamma_i^g(t) + (1-\lambda) \eta_i^g(t) \in \overline{\mathrm{co}}[g_i(x_i(t))],$$

$$\lambda \gamma_i^h(t) + (1-\lambda) \eta_i^h(t) \in \overline{\mathrm{co}}[h_i(x_i(t))].$$

于是, 对任意的 $t \in [0, \omega]$, 有

$$[\lambda y_i(t) + (1-\lambda) z_i(t)] = \int_t^{t+\omega} G_i(t,v) q_i(x_i(v)) \mathfrak{F}_i(v, \lambda\gamma + (1-\lambda)\eta) \mathrm{d}v$$

$$\in \int_t^{t+\omega} G_i(t,v) q_i(x_i(v)) \mathfrak{F}_i(v, \overline{\mathrm{co}}[f]) \mathrm{d}v,$$

其中

$$\mathfrak{F}_i(v, \lambda\gamma + (1-\lambda)\eta) = \sum_{j=1}^n a_{ij}(v) \left[\lambda\gamma_j^f(v) + (1-\lambda)\eta_j^f(v) \right]$$

$$+ \sum_{j=1}^n b_{ij}(v) \left[\lambda\gamma_j^g(v - \tau_{ij}(v)) + (1-\lambda)\eta_j^g(v - \tau_{ij}(v)) \right]$$

$$+ \sum_{j=1}^n c_{ij}(v) \int_{v-\sigma_{ij}(v)}^v \left[\lambda\gamma_j^h(s) + (1-\lambda)\eta_j^h(s) \right] \mathrm{d}s + I_i(v).$$

从而有

$$[\lambda y_i(t) + (1-\lambda) z_i(t)] \in \mathbb{F}_i(x), \quad i = 1, 2, \cdots, n.$$

因此

$$[\lambda y(t) + (1-\lambda) z(t)] \in \mathbb{F}(x).$$

即获证: 对任一 $x(t) \in \overline{\Omega}_R \cap \mathcal{C}$, $\mathbb{F}(x(t))$ 是 $P_{fc}(\mathcal{C})$ 中的凸集.

最后, 由对每一 $x(t) \in \overline{\Omega}_R \cap \mathcal{C}$, $\overline{\mathrm{co}}[f_i(x_i(t))], \overline{\mathrm{co}}[g_i(x_i(t))], \overline{\mathrm{co}}[h_i(x_i(t))]$ $(i = 1, 2, \cdots, n)$ 都是闭值的可知, $\mathbb{F}(x(t))$ 是闭的. 综上可知, $\mathbb{F}: \overline{\Omega}_R \cap \mathcal{C} \to P_{fc}(\mathcal{C})$. 证毕.

引理 11.3.3　如果条件 (H9) 和 (H10) 成立, 那么集值映射 $\mathbb{F}: \overline{\Omega}_R \cap \mathcal{C} \to P_{fc}(\mathcal{C})$ 是一个 0-集压缩映射.

证明　首先证明 $\mathbb{F}: \overline{\Omega}_R \cap \mathcal{C} \to P_{fc}(\mathcal{C})$ 是紧算子. 根据 Ascoli-Arzela 定理, 只需要证明 $\mathbb{F}(\overline{\Omega}_R \cap \mathcal{C})$ 是一致有界的等度连续集即可.

先证明 $\mathbb{F}(\overline{\Omega}_R \cap \mathcal{C})$ 是一致有界集. 对任意的 $x(t) = (x_1(t), x_2(t), \cdots, x_n(t))^{\mathrm{T}} \in \overline{\Omega}_R \cap \mathcal{C}$ 及 $y(t) = (y_1(t), y_2(t), \cdots, y_n(t))^{\mathrm{T}} \in \mathbb{F}(x)$, 存在可测函数 $\gamma^f = (\gamma_1^f, \gamma_2^f, \cdots, \gamma_n^f)^{\mathrm{T}} : [0, +\infty) \to \mathbb{R}^n$, $\gamma^g = (\gamma_1^g, \gamma_2^g, \cdots, \gamma_n^g)^{\mathrm{T}} : [0, +\infty) \to \mathbb{R}^n$ 和 $\gamma^h = (\gamma_1^h, \gamma_2^h, \cdots, \gamma_n^h)^{\mathrm{T}} : [0, +\infty) \to \mathbb{R}^n$, 使得对几乎所有的 $t \in [0, +\infty)$ 有 $\gamma_i^f(t) \in \overline{\mathrm{co}}[f_i(x_i(t))]$, $\gamma_i^g(t) \in \overline{\mathrm{co}}[g_i(x_i(t))]$, $\gamma_i^h(t) \in \overline{\mathrm{co}}[h_i(x_i(t))]$ 与 $|\gamma_i^f(t)| \leqslant \max\limits_{0 \leqslant s \leqslant R}\{W_i^f(s)\}$, $|\gamma_i^g(t)| \leqslant \max\limits_{0 \leqslant s \leqslant R}\{W_i^g(s)\}$, $|\gamma_i^h(t)| \leqslant \max\limits_{0 \leqslant s \leqslant R}\{W_i^h(s)\}$ $(i = 1, 2, \cdots, n)$ 成立, 并且还满足

$$y_i(t) = \int_t^{t+\omega} G_i(t, v) q_i(x_i(v)) \mathfrak{F}_i(v, \gamma) \mathrm{d}v > 0, \quad i = 1, 2, \cdots, n.$$

因此有

$$|y_i(t)|_\infty \leqslant \hat{G}_i q_i^M \int_t^{t+\omega} \mathfrak{F}_i(v, \gamma) \mathrm{d}v \leqslant \omega \Upsilon_i, \quad i = 1, 2, \cdots, n,$$

其中

$$\Upsilon_i = \hat{G}_i q_i^M \left\{ \sum_{j=1}^n \left[a_{ij}^M \max_{0 \leqslant s \leqslant R}\{W_j^f(s)\} + b_{ij}^M \left(\max_{0 \leqslant s \leqslant R}\{W_j^g(s)\} + \max_{0 \leqslant s \leqslant \|\phi\|}\{W_i^g(s)\} \right) \right. \right.$$
$$\left. \left. + c_{ij}^M \left(\max_{0 \leqslant s \leqslant R}\{W_j^h(s)\} + \max_{0 \leqslant s \leqslant \|\phi\|}\{W_i^h(s)\} \right) \right] + I_i^M \right\},$$

$$\|\phi\| = \max_{1 \leqslant i \leqslant n} \max_{s \in [-\varsigma, 0]}\{|\phi_i(s)|\}.$$

于是, 对 $\forall x(t) \in \overline{\Omega}_R \cap \mathcal{C}$ 有

$$\|y\|_X \leqslant \max_{1 \leqslant i \leqslant n}\{\Upsilon_i\}.$$

因此, 对一切 $x(t) \in \overline{\Omega}_R \cap \mathcal{C}$, $\mathbb{F}(\overline{\Omega}_R \cap \mathcal{C})$ 是一致有界集.

接下来将证明 $\mathbb{F}(\overline{\Omega}_R \cap \mathcal{C})$ 为 X 中的一个等度连续集. 取 $t_1, t_2 \in [0, \omega]$, 那么对任意 $x \in \overline{\Omega}_R \cap \mathcal{C}$ 有

$$|y_i(t_1) - y_i(t_2)|$$

$$= \left| \int_{t_1}^{t_1+\omega} G_i(t_1,v)q_i(x_i(v))\mathfrak{F}_i(v,\gamma)\mathrm{d}v - \int_{t_2}^{t_2+\omega} G_i(t_2,v)q_i(x_i(v))\mathfrak{F}_i(v,\gamma)\mathrm{d}v \right|$$

$$\leqslant \left| \int_{t_1}^{t_1+\omega} G_i(t_1,v)q_i(x_i(v))\mathfrak{F}_i(v,\gamma)\mathrm{d}v - \int_{t_1}^{t_1+\omega} G_i(t_2,v)q_i(x_i(v))\mathfrak{F}_i(v,\gamma)\mathrm{d}v \right|$$

$$+ \left| \int_{t_1}^{t_1+\omega} G_i(t_2,v)q_i(x_i(v))\mathfrak{F}_i(v,\gamma)\mathrm{d}v - \int_{t_2}^{t_2+\omega} G_i(t_2,v)q_i(x_i(v))\mathfrak{F}_i(v,\gamma)\mathrm{d}v \right|$$

$$= \left| \int_{t_1}^{t_1+\omega} [G_i(t_1,v) - G_i(t_2,v)]q_i(x_i(v))\mathfrak{F}_i(v,\gamma)\mathrm{d}v \right|$$

$$+ \left| \int_{t_1}^{t_2} G_i(t_2,v)q_i(x_i(v))\mathfrak{F}_i(v,\gamma)\mathrm{d}v \right| + \left| \int_{t_1+\omega}^{t_2+\omega} G_i(t_2,v)q_i(x_i(v))\mathfrak{F}_i(v,\gamma)\mathrm{d}v \right|.$$

由微分中值定理可得

$$|G_i(t_1,v) - G_i(t_2,v)|$$
$$= |G_i(t_1 + \lambda(t_2 - t_1),v),q_i(x_i(t_1 + \lambda(t_2 - t_1)))d_i(t_1 + \lambda(t_2 - t_1))||t_2 - t_1|$$
$$\leqslant \hat{G}_i q_i^M d_i^M |t_2 - t_1|,$$

这里 $0 < \lambda < 1$. 又由于

$$\left| \int_{t_1}^{t_2} G_i(t_2,v)q_i(x_i(v))\mathfrak{F}_i(v,\gamma)\mathrm{d}v \right| \leqslant \Upsilon_i |t_2 - t_1|,$$

$$\left| \int_{t_1+\omega}^{t_2+\omega} G_i(t_2,v)q_i(x_i(v))\mathfrak{F}_i(v,\gamma)\mathrm{d}v \right| \leqslant \Upsilon_i |t_2 - t_1|,$$

从而

$$|y_i(t_1) - y_i(t_2)| \leqslant \left(q_i^M d_i^M + 2 \right) \Upsilon_i |t_2 - t_1|.$$

因此, 当 $t_2 \to t_1$ 时, 有

$$\|y(t_1) - y(t_2)\|_X \leqslant \max_{1 \leqslant i \leqslant n} \left\{ (q_i^M d_i^M + 2)\Upsilon_i \right\} |t_2 - t_1| \to 0.$$

于是, $\mathbb{F}(\overline{\Omega}_R \cap \mathcal{C})$ 是 X 上的一个等度连续集.

至此, 我们就证明了 $\mathbb{F} : \overline{\Omega}_R \cap \mathcal{C} \to P_{fc}(\overline{\Omega}_R \cap \mathcal{C})$ 是一个 0-集压缩映射. 证毕.

引理 11.3.4 如果条件 (H9) 和 (H10) 成立, 那么集值映射 $\mathbb{F} : \overline{\Omega}_R \cap \mathcal{C} \to P_{kc}(\overline{\Omega}_R \cap \mathcal{C})$ 是上半连续的.

证明 首先证明 $\mathbb{F}$ 是一个闭图像算子. 记 $\mathcal{F}_i(t,x) = q_i(x_i(t))\mathfrak{F}_i(t,f)$, $i = 1, 2, \cdots, n$. 令

$$\mathcal{F}(t,x) = (\mathcal{F}_1(t,x), \mathcal{F}_2(t,x), \cdots, \mathcal{F}_n(t,x))^{\mathrm{T}},$$

$$|||\mathcal{F}(t,x)||| = \sup\{|u| \mid u \in \mathcal{F}(t,x)\},$$

并用 $L^1([0,\omega],\mathbb{R}^n)$ 表示所有 Lebesgue 可积函数 $u = (u_1, u_2, \cdots, u_n)^{\mathrm{T}} : [0,\omega] \to \mathbb{R}^n$ 构成的 Banach 空间. 定义集值算子

$$F = (F_1, F_2, \cdots, F_n)^{\mathrm{T}} : \overline{\Omega}_{R_0} \to L^1([0,\omega],\mathbb{R}^n),$$

其中

$$F_i(x) = \{u_i \mid u_i \in L^1([0,\omega],\mathbb{R}), u_i(t) \in \mathcal{F}_i(t, x(t)), \text{a.e. } t \in [0,\omega]\}, \quad i = 1, 2, \cdots, n.$$

显然, $\mathcal{F}(t,x)$ 是 L^1-Carathéodory 映射, 且对每一 $x \in \overline{\Omega}_R \cap \mathcal{C}$, 集合 $F(x)$ 非空.

考虑如下的连续线性算子 $\mathfrak{L}: L^1([0,\omega],\mathbb{R}^n) \to C([0,\omega],\mathbb{R}^n)$,

$$\mathfrak{L}u(t)$$

$$= \left(\int_t^{t+\omega} G_1(t,v)u_1(v)\mathrm{d}v, \int_t^{t+\omega} G_2(t,v)u_2(v)\mathrm{d}v, \cdots, \int_t^{t+\omega} G_n(t,v)u_n(v)\mathrm{d}v \right)^{\mathrm{T}},$$

这里, $t \in [0,\omega]$. 于是, $\mathbb{F} = \mathfrak{L} \circ F$ 是一个闭图像算子[309,549]. 注意到一个具有非空紧值的集值算子是上半连续的等价于它是一个闭图像算子, 从而集值映射 $\mathbb{F}: \overline{\Omega}_R \cap \mathcal{C} \to P_{kc}(\overline{\Omega}_R \cap \mathcal{C})$ 是上半连续的. 证毕.

定理 11.3.1 如果条件 (H9)—(H11) 成立, 那么系统 (11.3.2) 至少存在一个正的 ω-周期解.

证明 我们只需要证明集值映射 $\mathbb{F}$ 至少有一个不动点 $\{x \mid x \in \mathcal{C}$ 且满足 $R_0 \leqslant \|x\|_X \leqslant R_1\}$ 即可. 为了应用集值不动点定理 (引理 2.1.10) 研究系统 (11.3.2) 周期解的存在性, 由引理 11.3.1—引理 11.3.4, 接下来只需要验证引理 2.1.10 中的条件 (i) 和 (ii) 成立即可.

首先, 对任意的 $x = x(t) = (x_1(t), x_2(t), \cdots, x_n(t))^{\mathrm{T}} \in \overline{\Omega}_R \cap \mathcal{C}$, $\kappa_i |x_i|_\infty \leqslant x_i(t) \leqslant |x_i|_\infty$ 与 $y = y(t) = (y_1(t), y_2(t), \cdots, y_n(t))^{\mathrm{T}} \in \mathbb{F}(x)$, 存在可测函数 $\gamma^f = (\gamma_1^f, \gamma_2^f, \cdots, \gamma_n^f)^{\mathrm{T}} : [0,+\infty) \to \mathbb{R}^n$, $\gamma^g = (\gamma_1^g, \gamma_2^g, \cdots, \gamma_n^g)^{\mathrm{T}} : [0,+\infty) \to \mathbb{R}^n$ 和 $\gamma^h = (\gamma_1^h, \gamma_2^h, \cdots, \gamma_n^h)^{\mathrm{T}} : [0,+\infty) \to \mathbb{R}^n$, 使得对几乎所有的 $t \in [0,+\infty)$ 有 $\gamma_i^f(t) \in \overline{\mathrm{co}}[f_i(x_i(t))]$, $\gamma_i^g(t) \in \overline{\mathrm{co}}[g_i(x_i(t))]$, $\gamma_i^h(t) \in \overline{\mathrm{co}}[h_i(x_i(t))]$ 与 $|\gamma_i^f(t)| \leqslant \max\limits_{0 \leqslant s \leqslant R}\{W_i^f(s)\}$, $|\gamma_i^g(t)| \leqslant \max\limits_{0 \leqslant s \leqslant R}\{W_i^g(s)\}$, $|\gamma_i^h(t)| \leqslant \max\limits_{0 \leqslant s \leqslant R}\{W_i^h(s)\}$ $(i = 1, 2, \cdots, n)$ 成立, 并且还满足

$$y_i(t) = \int_t^{t+\omega} G_i(t,v)q_i(x_i(v))\mathfrak{F}_i(v,\gamma)\mathrm{d}v > 0, \quad i = 1, 2, \cdots, n.$$

从而

$$|y_i(t)|_\infty = \max_{t \in [0,\omega]} \left\{ \left| \int_t^{t+\omega} G_i(t,v)q_i(x_i(v))\mathfrak{F}_i(v,\gamma)\mathrm{d}v \right| \right\}$$

$$= \max_{t \in [0,\omega]} \left\{ \int_t^{t+\omega} G_i(t,v) q_i(x_i(v)) \mathfrak{F}_i(v,\gamma) \mathrm{d}v \right\}$$

$$\leqslant \Phi_i(R_1) \leqslant \Phi(R_1) \leqslant R_1.$$

于是, 对任意的 $x = (x_1, x_2, \cdots, x_n)^{\mathrm{T}} \in \partial\Omega_{R_1} \cap \mathcal{C}$, 都有

$$\|y\|_X = \max_{1 \leqslant i \leqslant n} |y_i(t)|_\infty \leqslant \max_{1 \leqslant i \leqslant n} \Phi_i(R_1) = \Phi(R_1) \leqslant R_1.$$

因此, 我们断言引理 2.1.10 中的条件 (i) 成立. 如若不然, 那么必存在某个 $x^0 \in \partial\Omega_{R_1} \cap \mathcal{C}$ 及某个 $\lambda_0 \in [0,1)$ 使得

$$x^0 \in \lambda_0 \mathbb{F}(x^0).$$

从而存在 $y^0 \in \mathbb{F}(x^0)$ 满足 $x^0 = \lambda_0 y^0$. 故有

$$R_1 = \|x^0\|_X = \|\lambda_0 y^0\|_X = |\lambda_0| \cdot \|y^0\|_X < \|y^0\|_X \leqslant \|y\|_X \leqslant R_1,$$

矛盾. 因此, 引理 2.1.10 中的条件 (i) 成立.

下面证明引理 2.1.10 中的条件 (ii) 成立. 对 $\eta = (\eta_1, \eta_2, \cdots, \eta_n)^{\mathrm{T}} \in \mathcal{C} \backslash \{0\}$, 我们将证明对任意的 $x = (x_1, x_2, \cdots, x_n)^{\mathrm{T}} \in \partial\Omega_{R_0} \cap \mathcal{C}$ 及 $\mu > 0$, 都有 $x \notin \mathbb{F}(x) + \mu\eta$. 如若不然, 那么必存在某个 $x^{00} = (x_1^{00}, x_2^{00}, \cdots, x_n^{00})^{\mathrm{T}} \in \partial\Omega_{R_0} \cap \mathcal{C}$ 及某个 $\mu_{00} > 0$, 使得

$$x^{00} \in \mathbb{F}(x^{00}) + \mu_{00}\eta.$$

从而存在 $y^{00} = (y_1^{00}, y_2^{00}, \cdots, y_n^{00})^{\mathrm{T}} \in \mathbb{F}(x^{00})$ 满足 $x^{00} = y^{00} + \mu_{00}\eta$. 注意到 $\eta = (\eta_1, \eta_2, \cdots, \eta_n)^{\mathrm{T}} \in \mathcal{C} \backslash \{0\}$, 不妨设 $\eta_{i_0} \neq 0$ ($i_0 \in \{1, 2, \cdots, n\}$). 于是

$$x_{i_0}^{00} = y_{i_0}^{00} + \mu_{00}\eta_{i_0}.$$

由于 $x^{00} = (x_1^{00}, x_2^{00}, \cdots, x_n^{00})^{\mathrm{T}} \in \partial\Omega_{R_0} \cap \mathcal{C}$, 那么有 $\kappa_{i_0} |x_{i_0}^{00}|_\infty \leqslant x_{i_0}^{00}(t) \leqslant |x_{i_0}^{00}|_\infty$. 又

$$\mathbb{F}_{i_0}(x^{00}) = \int_t^{t+\omega} G_{i_0}(t,v) a_{i_0}(x_{i_0}^{00}(v)) \left\{ \sum_{j=1}^n a_{i_0 j}(v) \overline{\mathrm{co}}[f_j(x_j^{00}(v))] \right.$$

$$+ \sum_{j=1}^n b_{i_0 j}(v) \overline{\mathrm{co}}[g_j(x_j^{00}(v - \tau(v)))]$$

$$\left. + \sum_{j=1}^n c_{i_0 j}(v) \int_{v-\sigma_{ij}(v)}^v \overline{\mathrm{co}}[h_j(x_j^{00}(s))] \mathrm{d}s + I_{i_0}(v) \right\} \mathrm{d}v,$$

于是有

$$y_{i_0}^{00} = \int_t^{t+\omega} G_{i_0}(t,v) a_{i_0}(x_{i_0}^{00}(v)) \left\{ \sum_{j=1}^n a_{i_0 j}(v) \gamma_j^{f00}(v) + \sum_{j=1}^n b_{i_0 j}(v) \gamma_j^{g00}(v - \tau(v)) \right.$$

$$\left. + \sum_{j=1}^n c_{i_0 j}(v) \int_{v-\sigma_{ij}(v)}^v \gamma_j^{h00}(s) \mathrm{d}s + I_{i_0}(v) \right\} \mathrm{d}v$$

$$\geqslant \Psi_{i_0}(R_0) \geqslant \Psi(R_0) \geqslant R_0,$$

其中, $\gamma_j^{f00}(t) \in \overline{\mathrm{co}}[f_j(x_j^{00}(t))], \gamma_j^{g00}(t) \in \overline{\mathrm{co}}[g_j(x_j^{00}(t))], \gamma_j^{h00}(t) \in \overline{\mathrm{co}}[h_j(x_j^{00}(t))], j = 1, 2, \cdots, n.$

从而

$$R_0 \geqslant |x_{i_0}^{00}|_\infty = |y_{i_0}^{00} + \mu_{00}\eta_{i_0}|_\infty \geqslant R_0 + \mu_{00}\eta_{i_0} > R_0,$$

矛盾. 这就证明了引理 2.1.10 中的条件 (ii) 成立.

由引理 2.1.10 知, 系统 (11.3.2) 至少有一个正的 ω-周期解. 证毕.

应用引理 2.1.11, 类似于定理 11.3.1 的证明可以得到下面的定理.

定理 11.3.2 如果条件 (H9), (H10) 和 (H11*) 成立, 那么系统 (11.3.2) 至少存在一个正的 ω-周期解.

注 11.3.1 相较于现有的一些研究具不连续信号传输函数的神经网络模型周期解或平衡点存在性的文献, 如 [231, 232, 334, 335, 452, 457, 489, 490, 530, 540, 553, 571, 670, 765, 767, 835], 定理 11.3.1 和定理 11.3.2 证明中所采用的方法和得到的结论都是不同的. 特别值得注意的是, 定理 11.3.1 和定理 11.3.2 中不连续信号传输函数允许是无界的、超线性增长的 (非线性增长), 甚至是指数增长的. 也就是说, 即使是对于模型 (11.3.2) 的某些特殊情形, 如 $b_{ij}(t) \equiv 0$ 或 $c_{ij}(t) \equiv 0$ ($t \in \mathbb{R}; i, j = 1, 2, \cdots, n$) 等情形, 定理 11.3.1 和定理 11.3.2 也拓宽或者去掉了一些现有文献中关于信号传输函数的某些限制条件. 例如, 文献 [231, 232, 299, 300, 452, 725-727] 要求: 对于 $i = 1, 2, \cdots, n$, 信号传输函数 f_i 在 $\mathbb{R}$ 上是有界的; 文献 [72, 73, 334, 335, 540, 670, 671, 736] 要求: 对于 $i = 1, 2, \cdots, n$, 信号传输函数 f_i 在 $\mathbb{R}$ 上满足线性增长条件, 即存在非负常数 k_i 和 h_i, 使得不等式 $\|\overline{\mathrm{co}}[f_i(x_i)]\| = \sup\limits_{\gamma_i \in \overline{\mathrm{co}}[f_i(x_i)]} |\gamma_i| \leqslant k_i|x_i| + h_i$ 成立; 文献 [432] 要求: 对于 $i = 1, 2, \cdots, n$, 信号传输函数 f_i 在 $\mathbb{R}$ 上满足这样一种非线性增长条件, 即存在非负常数 k 和 $0 < \alpha < 1$, 使得不等式 $\|\overline{\mathrm{co}}[f(x)]\| = \sup\limits_{\gamma \in \overline{\mathrm{co}}[F(x)]} \|\gamma\| \leqslant k(1 + \|x\|^\alpha)$ 成立, 其中, $x = (x_1, x_2, \cdots, x_n)^{\mathrm{T}}, \overline{\mathrm{co}}[f(x)] = (\overline{\mathrm{co}}[f_1(x_1)], \overline{\mathrm{co}}[f_2(x_2)], \cdots, \overline{\mathrm{co}}[f_n(x_n)])^{\mathrm{T}}$. 另外, 定理 11.3.1 与定理 11.3.2 也去掉了信号传输函数 f_i 在间断点 ρ_k^i 处右极限大于左极限 (即 $f_i(\rho_k^{i+}) > f_i(\rho_k^{i-}), i = 1, 2, \cdots, n$) 的要求, 而该条件在 [231, 232, 299, 300, 334, 432, 452, 489-491, 553, 571, 572, 670, 671, 725-728] 等文献中不能去掉.

接下来将研究系统 (11.3.2) 多个 ω-周期解的存在性问题.

定理 11.3.3　如果条件 (H9), (H10) 和 (H12) 成立, 那么系统 (11.3.2) 至少存在两个正的 ω-周期解.

证明　由定理 11.3.1 知集值映射 $\mathbb{F}$ 至少有一个不动点 $x^{(1)} \in \mathcal{C}$ 且 $R_0 \leqslant \|x^{(1)}\|_X \leqslant R_1$. 同时, 由定理 11.3.2 知集值映射 $\mathbb{F}$ 至少有一个不动点 $x^{(2)} \in \mathcal{C}$ 且 $R_2 \leqslant \|x^{(2)}\|_X \leqslant R_3$. 于是, 集值映射 $\mathbb{F}$ 至少有两个不动点 $x^{(1)}$ 和 $x^{(2)}$, $x^{(1)}, x^{(2)} \in \mathcal{C}$, 且 $R_0 \leqslant \|x^{(1)}\|_X \leqslant R_1 < R_2 \leqslant \|x^{(2)}\|_X \leqslant R_3$. 因此, 系统 (11.3.2) 至少有两个正的 ω-周期解.　证毕.

由定理 11.3.1—定理 11.3.2 的证明, 可以得到下面的结论.

定理 11.3.4　如果条件 (H9), (H10) 和 (H12*) 成立, 那么系统 (11.3.2) 至少存在两个正的 ω-周期解.

定理 11.3.5　如果条件 (H9), (H10) 和 (H13) 成立, 那么系统 (11.3.2) 至少存在 m 个正的 ω-周期解.

定理 11.3.6　如果条件 (H9), (H10) 和 (H13*) 成立, 那么系统 (11.3.2) 至少存在 m 个正的 ω-周期解.

注 11.3.2　关于神经网络模型多个周期解或者多个平衡点存在性的研究, 已有一些工作, 但是这些工作主要针对信号传输函数为连续函数或者给定了具体的信号传输函数表达式的情形, 参看文献 [101, 139, 339, 340, 493, 514, 541, 773, 788, 789, 825]. 文献 [339, 340] 研究了具 r-值不连续信号传输函数神经网络模型多个周期解的存在性问题, 但至今为止, 关于具不连续信号传输函数, 特别是信号传输函数为一般不连续函数情形的神经网络模型多个周期解或者多个平衡点存在性的研究工作仍不多见. 相较于文献 [101, 139, 339, 340, 493, 514, 541, 773, 788, 789, 825], 本节应用 Agarwal 和 O'Regan 建立的集值不动点定理所得出的模型 (11.3.2) 的多个不同正 ω-周期解存在定理 (定理 11.3.3—定理 11.3.6), 无论从所采用的方法还是从所得到的结论来看都是具有新颖性的.

例 11.3.1　考虑具不连续信号传输函数的时滞 Cohen-Grossberg 神经网络系统:

$$
\begin{cases}
\dfrac{\mathrm{d}x_1(t)}{\mathrm{d}t} = [0.4 + 0.1\tanh(x_1(t))] \times [-2x_1(t) + (2 + 0.01\exp\{\sin 2t\})f_1(x_1(t)) \\
\qquad\quad + 0.1f_2(x_2(t)) + (0.1 + 0.1\sin(\sin 2t))g_1(x_1(t-1)) \\
\qquad\quad + 0.1g_2(x_2(t-1)) + 0.2 + 0.01\sin(\sin 2t)], \\
\dfrac{\mathrm{d}x_2(t)}{\mathrm{d}t} = [0.4 + 0.1\tanh(x_2(t))] \times [-2x_2(t) + 0.1f_1(x_1(t)) \\
\qquad\quad + (2 + 0.01\exp\{\cos 2t\})f_2(x_2(t)) + 0.1g_1(x_1(t-1)) \\
\qquad\quad + (0.1 + 0.1\sin(\cos 2t))g_2(x_2(t-1)) + 0.2 + 0.01\cos(\cos 2t)],
\end{cases}
$$

$$(11.3.8)$$

其中 $f_1(s) = f_2(s) = g_1(s) = g_2(s) = \begin{cases} 0.01, & |s| \leqslant 2, \\ s^2 + 40, & |s| > 2. \end{cases}$

　　容易验证系统 (11.3.8) 满足定理 11.3.2 的所有条件, 由定理 11.3.2 可知, 系统 (11.3.8) 至少存在一个 π-周期解. 事实上, 若给定系统 (11.3.8) 的初值为: $\phi(s) \equiv (0.111, 0.115)^{\mathrm{T}}$, $\psi^f(s) = \psi^g(s) = \psi^h(s) \equiv (0.01, 0.01)^{\mathrm{T}}$, $s \in [-1, 0]$, 则系统 (11.3.8) 的解是 π 周期的, 如图 11.8 所示.

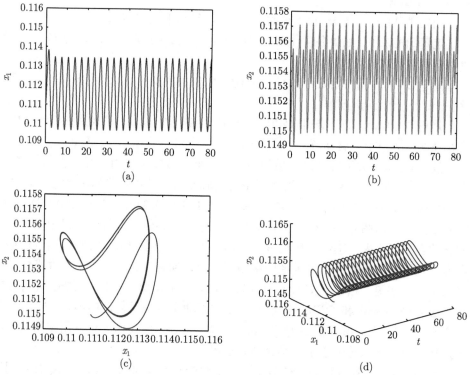

图 11.8　(a) 系统 (11.3.8) 的状态解分量 x_1 关于时间的轨迹图; (b) 系统 (11.3.8) 的状态解分量 x_2 关于时间的轨迹图; (c) 系统 (11.3.8) 的状态解的二维平面轨线图; (d) 系统 (11.3.8) 的状态解关于时间的三维轨迹图

　　注 11.3.3　注意到系统 (11.3.8) 的不连续信号传输函数是超线性的, 文献 [72, 73, 299, 300, 334, 335, 432, 452, 489, 490, 553, 670, 671, 725-727] 中的结论对判别系统 (11.3.8) 周期解的存在性将失效.

　　例 11.3.2　考虑具有不连续信号传输函数的时滞 Cohen-Grossberg 神经网络系统:

$$
\begin{cases}
\dfrac{dx_1(t)}{dt} = [1+0.01\arctan(x_1(t))] \times [-2x_1(t)+(1.5+0.1\tanh(\sin t+1))f_1(x_1(t)) \\
\qquad\qquad +0.01f_2(x_2(t))+(0.1+0.1\sin(2\sin t+t))g_1(x_1(t-0.5)) \\
\qquad\qquad +0.1g_2(x_2(t-0.5))+0.5+0.1\arctan(\sin t+1)], \\
\dfrac{dx_2(t)}{dt} = [1-0.01\arctan(x_2(t))] \times [-2x_2(t)+0.01f_1(x_1(t)) \\
\qquad\qquad +(1.5-0.1\tanh(\cos t+1))f_2(x_2(t))+0.1g_1(x_1(t-0.5)) \\
\qquad\qquad +(0.1-0.1\cos(2\cos t+t))g_2(x_2(t-0.5))+0.5-0.1\arctan(\cos t+1)],
\end{cases}
\tag{11.3.9}
$$

其中 $f_1(s)=f_2(s)=g_1(s)=g_2(s)=\begin{cases} 0.1s^2+0.4, & s\leqslant 0.5, \\ 0.01, & 0.5<s<1, \\ 0.1s^2+1, & s\geqslant 1. \end{cases}$

给定系统 (11.3.9) 的 9 个初值为: $\phi(s)\equiv(0,0)^{\mathrm{T}}$, $(0.25,0.25)^{\mathrm{T}}$, $(0.5,0.5)^{\mathrm{T}}$, $(0.75,0.75)^{\mathrm{T}}$, $(1.0,1.0)^{\mathrm{T}}$, $(1.25,1.25)^{\mathrm{T}}$, $(1.5,1.5)^{\mathrm{T}}$, $(1.75,1.75)^{\mathrm{T}}$, $(2.0,2.0)^{\mathrm{T}}$ 和 $\psi^f(s)=\psi^g(s)=\psi^h(s)\equiv(0.4,0.4)^{\mathrm{T}}$, $(0.40625,0.40625)^{\mathrm{T}}$, $(0.01,0.01)^{\mathrm{T}}$, $(0.01,0.01)^{\mathrm{T}}$, $(0.01,0.01)^{\mathrm{T}}$, $(1.15625,1.15625)^{\mathrm{T}}$, $(1.225,1.225)^{\mathrm{T}}$, $(1.30625,1.30625)^{\mathrm{T}}$, $(1.4,1.4)^{\mathrm{T}}$, $s\in[-0.5,0]$. 取 $R_0=0.1$, $R_1=0.5$, $R_2=1$ 和 $R_3=2$, 不难验证系统 (11.3.9) 满足定理 11.3.3 的条件. 由定理 11.3.3 知, 系统 (11.3.9) 至少有两个 2π-周期解. 数值模拟验证了上述理论结果, 见图 11.9.

注 11.3.4 由于系统 (11.3.9) 的不连续信号传输函数是超线性的, 文献 [101, 139, 339, 340, 493, 514, 541, 773, 788, 789, 825] 中用来判别多个周期解 (平衡点) 的方法和结论已经不再适用.

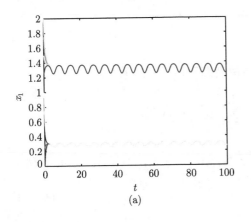

(a)

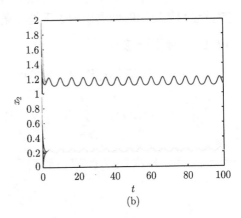

(b)

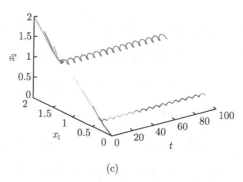

(c)

图 11.9   (a) 系统 (11.3.9) 的状态解分量 x_1 关于时间的轨迹图; (b) 系统 (11.3.9) 的状态解分量 x_2 关于时间的轨迹图; (c) 系统 (11.3.9) 的状态解关于时间的三维轨迹图

11.4   模糊神经网络模型及动力学分析

在细胞神经网络的电子实现中, 由于外部干扰、参数摄动和漂移以及建模误差等, 不可避免地存在不确定性或模糊性, 为了考虑这种因素, 文献 [761,762] 在传统细胞神经网络的基础上提出了所谓的模糊细胞神经网络 (Fuzzy Cellular Neural Network, FCNN), 即在网络模块与输入/输出之间除了 "求和" 运算外, 还具有模糊逻辑运算. 自此之后, 许多研究表明 FCNN 为图像处理和模式识别提供了一个有用的范例, 参见文献 [353, 426, 431, 610]. 同时, 在 FCNN 电子电路实现中, 由于运算放大器开关的切换速度限制以及信号传输中带宽、网络协议等因素, 不可避免地导致信号传输过程中出现时滞现象, 而时滞现象的存在可能会引起网络出现振荡、不稳定等行为, 进而影响所设计网络的性能[485,518]. 因此, 近年中研究具有时滞的 FCNN 的动力学行为成为理论界和工程应用界普遍关注的热点课题.

本节将基于右端不连续时滞微分方程理论建立具有不连续信号传输的时滞模糊神经网络有限时间同步的若干充分条件.

11.4.1   模型介绍

考虑如下具有不连续信号传输的时滞模糊细胞神经网络系统:

$$\frac{\mathrm{d}x_i(t)}{\mathrm{d}t} = -c_i x_i(t) + \sum_{j=1}^{n} a_{ij} f_j(x_j(t)) + \sum_{j=1}^{n} b_{ij} v_j + \bigwedge_{j=1}^{n} T_{ij} v_j$$
$$+ \bigwedge_{j=1}^{n} \alpha_{ij} f_j(x_j(t - \tau_j(t))) + \bigvee_{j=1}^{n} \beta_{ij} f_j(x_j(t - \tau_j(t))) + \bigvee_{j=1}^{n} S_{ij} v_j + I_i,$$

$$(11.4.1)$$

其中, $x_i(t)$ 表示第 i 个神经元在 t 时刻的状态; $c_i > 0$ 表示网络不连通和无外部附加电压差时第 i 个神经元恢复独立静息状态的速率; a_{ij} 表示第 j 个神经元与第 i 个神经元的连接权重; b_{ij} 表示自由向前模块的连接权重; α_{ij}, β_{ij} 分别表示模糊反馈最小模块和模糊反馈最大模块的连接权重; T_{ij} 及 S_{ij} 分别表示模糊前向最小模块和模糊前向最大模块的连接权重; $\bigwedge, \bigvee$ 分别表示模糊与 (取小) 和模糊或 (取大) 算子; v_i, I_i 分别表示第 i 个神经元的输入和偏差; f_i 为信号传输函数; $\tau_i(t) \geqslant 0$ 表示在 t 时刻第 i 个神经元关于第 j 个神经元的轴突信号传输时滞; $i, j = 1, 2, \cdots, n$.

在本节后面的讨论中, 对 $i, j = 1, 2, \cdots, n$, 假设 $c_i, a_{ij}, b_{ij}, \alpha_{ij}, \beta_{ij}, T_{ij}, S_{ij}, v_i,$ I_i 均为常数, $\tau_i(t)$ 为 $\mathbb{R}$ 上的有界连续函数, f_i 为 $\mathbb{R}$ 上的分段连续函数, 即 f_i 满足定义 11.1.1 中的条件. 另外, 为了后面讨论的需要, 我们还给出如下条件.

(H14) 对任意 $i = 1, 2, \cdots, n$, 存在非负常数 L_i 及 Q_i, 使得对任何不相等的 $x_i, y_i \in \mathbb{R}$, 以及任意 $\gamma_i \in \overline{\mathrm{co}}[f_i(x_i)], \eta_i \in \overline{\mathrm{co}}[f_i(y_i)]$, 有

$$|\gamma_i - \eta_i| \leqslant L_i|x_i - y_i| + Q_i. \tag{11.4.2}$$

记 $\tau = \max\limits_{1 \leqslant i \leqslant n} \sup\limits_{t \in \mathbb{R}} \tau_i(t)$, 我们先介绍系统 (11.4.1) 在 Filippov 意义下解的定义及初值问题.

定义 11.4.1 设 $\mathcal{T} \in (0, +\infty]$, 若函数 $x = (x_1, x_2, \cdots, x_n)^{\mathrm{T}} : [-\tau, \mathcal{T}) \to \mathbb{R}^n$ 满足:

(i) 在 $[-\tau, \mathcal{T})$ 上连续且在 $[0, \mathcal{T})$ 的任意闭子区间上绝对连续;

(ii) 存在可测函数 $\gamma = (\gamma_1, \gamma_2, \cdots, \gamma_n)^{\mathrm{T}} : [-\tau, \mathcal{T}) \to \mathbb{R}^n$ 使得 $\gamma_j(t) \in \overline{\mathrm{co}}[f_j(x_j(t))]$, 且

$$\frac{\mathrm{d}x_i(t)}{\mathrm{d}t} = -c_i x_i(t) + \sum_{j=1}^n a_{ij}\gamma_j(t) + \sum_{j=1}^n b_{ij}v_j + \bigwedge_{j=1}^n T_{ij}v_j + \bigwedge_{j=1}^n \alpha_{ij}\gamma_j(t - \tau_j(t))$$
$$+ \bigvee_{j=1}^n \beta_{ij}\gamma_j(t - \tau_j(t)) + \bigvee_{j=1}^n S_{ij}v_j + I_i,$$
$$\text{a.e.} \quad t \in [0, \mathcal{T}), \quad i = 1, 2, \cdots, n, \tag{11.4.3}$$

则称函数 $x(t) = (x_1(t), x_2(t), \cdots, x_n(t))^{\mathrm{T}}$ 为系统 (11.4.1) 在区间 $[-\tau, \mathcal{T})$ 上的状态解 (简称解), 且称函数 $\gamma = \gamma(t)$ 为系统 (11.4.1) 对应于状态解 $x(t)$ 的输出解.

注 11.4.1 可测选择函数 γ 存在的有效性和合理性已经在诸多文献中得到了深入的研究和描述, 如文献 [456], 此处略去.

定义 11.4.2 (IVP) 给定连续函数 $\phi = (\phi_1, \phi_2, \cdots, \phi_n)^{\mathrm{T}} : [-\tau, 0] \to \mathbb{R}^n$ 与可测函数 $\psi = (\psi_1, \psi_2, \cdots, \psi_n)^{\mathrm{T}} : [-\tau, 0] \to \mathbb{R}^n$, 满足 $\psi_j(s) \in \overline{\mathrm{co}}[f_j(\phi_j(s))] (j = 1, 2, \cdots, n)$, a.e. $s \in [-\tau, 0]$. 若存在常数 $\mathcal{T} > 0$ 使得在区间 $[-\tau, \mathcal{T})$ 上 $x(t)$ 为系统 (11.4.1) 的解, $\gamma(t)$ 为对应于 $x(t)$ 的输出解, 且

$$
\begin{cases}
\dfrac{\mathrm{d}x_i(t)}{\mathrm{d}t} = -c_i x_i(t) + \displaystyle\sum_{j=1}^{n} a_{ij}\gamma_j(t) + \sum_{j=1}^{n} b_{ij}v_j + \bigwedge_{j=1}^{n} T_{ij}v_j + \bigwedge_{j=1}^{n} \alpha_{ij}\gamma_j(t-\tau_j(t)) \\
\qquad\qquad + \displaystyle\bigvee_{j=1}^{n} \beta_{ij}\gamma_j(t-\tau_j(t)) + \bigvee_{j=1}^{n} S_{ij}v_j + I_i, \quad \text{a.e.} \quad t \in [0,\mathcal{T}), \\
\gamma_j(t) \in \overline{\mathrm{co}}[f_j(x_j(t))], \quad \text{a.e.} \quad t \in [0,\mathcal{T}), \\
x_i(s) = \phi_i(s), \quad \forall s \in [-\tau,0], \\
\gamma_j(s) = \psi_j(s), \quad \text{a.e.} \quad s \in [-\tau,0].
\end{cases}
$$

$$(11.4.4)$$

那么称 $[x,\gamma]:[-\tau,\mathcal{T}) \to \mathbb{R}^n \times \mathbb{R}^n$ 为系统 (11.4.1) 关于初始条件 $[\phi,\psi]$ 的解, 也称 $x = x(t)$ 为系统 (11.4.1) 在给定初始条件 $[\phi,\psi]$ 下的解.

关于模型 (11.4.1) 在 Filippov 意义下解的存在性, 我们可以利用 3.1 节中的有关定理来讨论, 也可以类似于 11.2 节中定理 11.2.1 来讨论. 在本节余下的讨论中默认模型 (11.4.1) 在 Filippov 意义下的解是全局存在的, 即 $\mathcal{T} = +\infty$.

11.4.2　有限时间的驱动-响应同步

在本小节, 我们视系统 (11.4.1) 为驱动系统, 设计一个外部控制器 $u_i(t)$ 施加到系统 (11.4.1) 上, 得到响应系统如下

$$
\begin{aligned}
\frac{\mathrm{d}y_i(t)}{\mathrm{d}t} = {}& -c_i y_i(t) + \sum_{j=1}^{n} a_{ij} f_j(y_j(t)) + \sum_{j=1}^{n} b_{ij}v_j + \bigwedge_{j=1}^{n} T_{ij}v_j \\
& + \bigwedge_{j=1}^{n} \alpha_{ij} f_j(y_j(t-\tau_j(t))) + \bigvee_{j=1}^{n} \beta_{ij} f_j(y_j(t-\tau_j(t))) + \bigvee_{j=1}^{n} S_{ij}v_j + I_i \\
& + u_i(t), \quad \text{a.e.} \quad t \in [0,+\infty), \quad i = 1,2,\cdots,n,
\end{aligned}
$$

$$(11.4.5)$$

其中, $y_i(t)$ 为响应系统第 i 个神经元的状态变量, $u_i(t)$ 为待设计的控制器, 其他符号和参数的意义同系统 (11.4.1). 类似于定义 11.4.2, 响应系统 (11.4.5) 的 IVP 由下面系统给出

$$
\begin{cases}
\dfrac{\mathrm{d}y_i(t)}{\mathrm{d}t} = -c_i y_i(t) + \displaystyle\sum_{j=1}^{n} a_{ij}\eta_j(t) + \sum_{j=1}^{n} b_{ij}v_j + \bigwedge_{j=1}^{n} T_{ij}v_j + \bigwedge_{j=1}^{n} \alpha_{ij}\eta_j(t-\tau_j(t)) \\
\qquad\qquad + \displaystyle\bigvee_{j=1}^{n} \beta_{ij}\eta_j(t-\tau_j(t)) + \bigvee_{j=1}^{n} S_{ij}v_j + I_i + u_i(t), \quad \text{a.e.} \quad t \in [0,+\infty), \\
\eta_j(t) \in \overline{\mathrm{co}}[f_j(y_j(t))], \quad \text{a.e.} \quad t \in [0,+\infty), \\
y_i(s) = \phi_i(s), \quad \forall s \in [-\tau,0], \\
\eta_j(s) = \chi_j(s), \quad \text{a.e.} \quad s \in [-\tau,0].
\end{cases}
$$

$$(11.4.6)$$

定义 11.4.3 [2]　对于驱动-响应 FCNN (11.4.1) 和 (11.4.5), 如果存在常数 $\mathbb{T} > 0$, 满足

$$\lim_{t \to \mathbb{T}} |y_i(t) - x_i(t)| = 0, \ 且对 \ t > \mathbb{T} \ 有 \quad |y_i(t) - x_i(t)| = 0, \quad i = 1, \cdots, n,$$

则称驱动系统 (11.4.1) 和 (11.4.6) 在有限时间内达到同步. $\mathbb{T}$ 称为实现有限时间同步的停息时间 (也称终止时间).

引理 11.4.1 [233]　假设函数 $V(x) : \mathbb{R}^n \to \mathbb{R}$ 是 C-正则的, 且 $x = x(t) : [0, +\infty) \to \mathbb{R}^n$ 在 $[0, +\infty)$ 的任一紧子区间上是绝对连续的. 令 $v(t) = V(x(t))$, 并进一步假设存在连续函数 $\Upsilon(\cdot) : (0, +\infty) \to (0, +\infty)$, 使得

$$\frac{\mathrm{d}v(t)}{\mathrm{d}t} \leqslant -\Upsilon(v(t)), \quad 且 \quad \int_0^{v(0)} \frac{1}{\Upsilon(\sigma)} \mathrm{d}\sigma = \mathbb{T} < +\infty,$$

则有

$$v(t) = 0, \quad t \geqslant \mathbb{T},$$

进一步有

$$x(t) = 0, \quad t \geqslant \mathbb{T},$$

即 $v(t)$ 和 $x(t)$ 在有限时间 $\mathbb{T}$ 收敛于 0; 特别地,

(i) 对任意 $\sigma \in (0, +\infty)$, 若 $\Upsilon(\sigma) = Q_1 \sigma + Q_2 \sigma^\mu$, 其中 $\mu \in (0, 1)$, $Q_1, Q_2 > 0$, 那么 $\mathbb{T} = \dfrac{1}{Q_1(1-\mu)} \ln \dfrac{Q_1 v^{1-\mu}(0) + Q_2}{Q_2}$;

(ii) 对任意 $\sigma \in (0, +\infty)$, 若 $\Upsilon(\sigma) = Q\sigma^\mu$, 其中 $\mu \in (0, 1)$, $Q > 0$, 那么 $\mathbb{T} = \dfrac{v^{1-\mu}(0)}{Q(1-\mu)}$.

引理 11.4.2 [761]　假设 $x(t) = (x_1(t), x_2(t), \cdots, x_n(t))^{\mathrm{T}}, \tilde{x}(t) = (\tilde{x}_1(t), \tilde{x}_2(t), \cdots, \tilde{x}_n(t))^{\mathrm{T}}$ 为系统 (11.4.1) 的两个解, 则对 $i = 1, 2, \cdots, n$, 有

$$\left| \bigwedge_{j=1}^n \alpha_{ij} f_j(x_j) - \bigwedge_{j=1}^n \alpha_{ij} f_j(\tilde{x}_j) \right| \leqslant \sum_{j=1}^n |\alpha_{ij}| |f_j(x_j) - f_j(\tilde{x}_j)|,$$

$$\left| \bigvee_{j=1}^n \beta_{ij} f_j(x_j) - \bigvee_{j=1}^n \beta_{ij} f_j(\tilde{x}_j) \right| \leqslant \sum_{j=1}^n |\beta_{ij}| |f_j(x_j) - f_j(\tilde{x}_j)|.$$

设 $x(t) = (x_1(t), x_2(t), \cdots, x_n(t))^{\mathrm{T}}, y(t) = (y_1(t), y_2(t), \cdots, y_n(t))^{\mathrm{T}}$ 分别为驱动系统 (11.4.1) 和响应系统 (11.4.5) 的解, 定义同步误差 $e_i(t) = y_i(t) - x_i(t)$ $(i = 1, \cdots, n)$, 则可得误差系统为

$$\frac{\mathrm{d}e_i(t)}{\mathrm{d}t} = -c_i e_i(t) + \sum_{j=1}^n a_{ij}(\eta_j(t) - \gamma_j(t)) + \bigwedge_{j=1}^n \alpha_{ij}\eta_j(t - \tau_j(t))$$

$$- \bigwedge_{j=1}^{n} \alpha_{ij}\gamma_j(t-\tau_j(t)) + \bigvee_{j=1}^{n} \beta_{ij}\eta_j(t-\tau_j(t)) - \bigvee_{j=1}^{n} \beta_{ij}\gamma_j(t-\tau_j(t)) + u_i(t).$$

$$(11.4.7)$$

由定义 11.4.3 可知, 驱动-响应系统 (11.4.1) 和 (11.4.5) 的有限时间同步问题可以等价地转化为误差系统 (11.4.7) 零解的有限时间稳定性问题.

定理 11.4.1　假设条件 (H14) 成立, 在状态反馈控制器

$$u_i(t) = -\rho_i e_i(t) - \mathrm{sgn}(e_i(t))(\lambda_i + k|e_i(t)|^\mu)$$
$$- \omega_i \mathrm{sgn}(e_i(t))|e_i(t-\tau_i(t))| \quad (i=1,2,\cdots,n)$$

的控制下, 系统 (11.4.1) 和 (11.4.5) 是有限时间同步的, 且停息时间为

$$\mathbb{T}_1 = \frac{1}{(1-\mu)\min\limits_{1\leqslant i\leqslant n}\left\{c_i+\rho_i-\sum\limits_{j=1}^{n}|a_{ji}|L_i\right\}}\ln\left(1+\min\limits_{1\leqslant i\leqslant n}\left\{c_i+\rho_i\right.\right.$$
$$\left.\left.-\sum_{j=1}^{n}|a_{ji}|L_i\right\}k^{-1}V_1^{1-\mu}(0)\right),$$

其中, $V_1(0) = \sum\limits_{i=1}^{n}|e_i(0)|$, 控制器中参数 $\rho_i, \lambda_i, \omega_i$ 为正常数并满足

$$\rho_i > \sum_{j=1}^{n}|a_{ji}|L_i - c_i, \quad \omega_i \geqslant \sum_{j=1}^{n}\left(|\alpha_{ji}|+|\beta_{ji}|\right)L_i, \quad \lambda_i \geqslant \sum_{j=1}^{n}(|a_{ij}|+|\alpha_{ij}|+|\beta_{ij}|)Q_j,$$

$k>0$ 表示可调常数, μ 为常数且 $0<\mu<1$.

证明　考虑如下 Lyapunov 函数:

$$V_1(t) = \sum_{i=1}^{n}|e_i(t)|. \tag{11.4.8}$$

根据文献 [233] 性质 1, 沿着系统 (11.4.7) 的解计算 $V_1(t)$ 的广义导数, 可得

$$\frac{\mathrm{d}V_1(t)}{\mathrm{d}t}$$
$$= \sum_{i=1}^{n}\nu_i(t)\left[-c_i e_i(t) + \sum_{j=1}^{n}a_{ij}(\eta_j(t)-\gamma_j(t)) + \bigwedge_{j=1}^{n}\alpha_{ij}\eta_j(t-\tau_j(t))\right.$$
$$\left.- \bigwedge_{j=1}^{n}\alpha_{ij}\gamma_j(t-\tau_j(t)) + \bigvee_{j=1}^{n}\beta_{ij}\eta_j(t-\tau_j(t)) - \bigvee_{j=1}^{n}\beta_{ij}\gamma_j(t-\tau_j(t)) + u_i(t)\right]$$

$$\leqslant -\sum_{i=1}^{n} c_i |e_i(t)| + \sum_{i=1}^{n}\sum_{j=1}^{n} |a_{ij}||\eta_j(t) - \gamma_j(t)|$$

$$+ \sum_{i=1}^{n}\left|\bigwedge_{j=1}^{n}\alpha_{ij}\eta_j(t-\tau_j(t)) - \bigwedge_{j=1}^{n}\alpha_{ij}\gamma_j(t-\tau_j(t))\right|$$

$$+ \sum_{i=1}^{n}\left|\bigvee_{j=1}^{n}\beta_{ij}\eta_j(t-\tau_j(t)) - \bigvee_{j=1}^{n}\beta_{ij}\gamma_j(t-\tau_j(t))\right| - \sum_{i=1}^{n}\rho_i|e_i(t)| - \sum_{i=1}^{n}\lambda_i$$

$$- k\sum_{i=1}^{n}|e_i(t)|^{\mu} - \sum_{i=1}^{n}\omega_i|e_i(t-\tau_i(t))|, \quad \text{a.e.} \quad t \geqslant 0. \tag{11.4.9}$$

应用式 (11.4.2), 可得

$$\sum_{i=1}^{n}\sum_{j=1}^{n}|a_{ij}||\eta_j(t)-\gamma_j(t)| \leqslant \sum_{i=1}^{n}\sum_{j=1}^{n}|a_{ij}|(L_j|e_j(t)|+Q_j)$$

$$= \sum_{i=1}^{n}\sum_{j=1}^{n}|a_{ji}|(L_i|e_i(t)|+Q_i). \tag{11.4.10}$$

另一方面, 根据引理 11.4.1 和假设条件 (H14), 可得

$$\left|\bigwedge_{j=1}^{n}\alpha_{ij}\eta_j(t-\tau_j(t)) - \bigwedge_{j=1}^{n}\alpha_{ij}\gamma_j(t-\tau_j(t))\right|$$

$$\leqslant \sum_{j=1}^{n}|\alpha_{ij}||\eta_j(t-\tau_j(t)) - \gamma_j(t-\tau_j(t))|$$

$$\leqslant \sum_{j=1}^{n}|\alpha_{ij}|(L_j|e_j(t-\tau_j(t))|+Q_j). \tag{11.4.11}$$

类似地, 有

$$\left|\bigvee_{j=1}^{n}\beta_{ij}\eta_j(t-\tau_j(t)) - \bigvee_{j=1}^{n}\beta_{ij}\gamma_j(t-\tau_j(t))\right|$$

$$\leqslant \sum_{j=1}^{n}|\beta_{ij}||\eta_j(t-\tau_j(t)) - \gamma_j(t-\tau_j(t))|$$

$$\leqslant \sum_{j=1}^{n}|\beta_{ij}|(L_j|e_j(t-\tau_j(t))|+Q_j). \tag{11.4.12}$$

将式 (11.4.10)—(11.4.12) 代入式 (11.4.9), 可得

$$\frac{\mathrm{d}V_1(t)}{\mathrm{d}t}$$

$$
\leqslant -\sum_{i=1}^{n} c_i |e_i(t)| + \sum_{i=1}^{n}\sum_{j=1}^{n} |a_{ij}||\eta_j(t) - \gamma_j(t)|
$$

$$
+ \sum_{i=1}^{n} \left| \bigwedge_{j=1}^{n} \alpha_{ij}\eta_j(t - \tau_j(t)) - \bigwedge_{j=1}^{n} \alpha_{ij}\gamma_j(t - \tau_j(t)) \right|
$$

$$
+ \sum_{i=1}^{n} \left| \bigvee_{j=1}^{n} \beta_{ij}\eta_j(t - \tau_j(t)) - \bigvee_{j=1}^{n} \beta_{ij}\gamma_j(t - \tau_j(t)) \right|
$$

$$
- \sum_{i=1}^{n} \rho_i |e_i(t)| - \sum_{i=1}^{n} \lambda_i - k \sum_{i=1}^{n} |e_i(t)|^{\mu} - \sum_{i=1}^{n} \omega_i |e_i(t - \tau_i(t))|
$$

$$
\leqslant -\sum_{i=1}^{n} \left(c_i + \rho_i - \sum_{j=1}^{n} |a_{ji}|L_i \right) |e_i(t)|
$$

$$
- \sum_{i=1}^{n} \left(\omega_i - \sum_{j=1}^{n} (|\alpha_{ji}| + |\beta_{ji}|)L_i \right) |e_i(t - \tau_i(t))|
$$

$$
- \sum_{i=1}^{n} \left(\lambda_i - \sum_{j=1}^{n} (|a_{ij}| + |\alpha_{ij}| + |\beta_{ij}|)Q_j \right) - k \sum_{i=1}^{n} |e_i(t)|^{\mu}, \quad \text{a.e.} \quad t \geqslant 0.
$$

$$
(11.4.13)
$$

由于 $0 < \mu < 1$, 根据引理 2.3.2 可得

$$
\sum_{i=1}^{n} |e_i(t)| \leqslant \left(\sum_{i=1}^{n} |e_i(t)|^{\mu} \right)^{\frac{1}{\mu}}.
\tag{11.4.14}
$$

又因为

$$
\rho_i > \sum_{j=1}^{n} |a_{ji}|L_i - c_i, \quad \omega_i \geqslant \sum_{j=1}^{n} (|\alpha_{ji}| + |\beta_{ji}|)L_i, \quad \lambda_i \geqslant \sum_{j=1}^{n} (|a_{ij}| + |\alpha_{ij}| + |\beta_{ij}|)Q_j,
$$

结合式 (11.4.13) 和式 (11.4.14), 则有

$$
\frac{\mathrm{d}V_1(t)}{\mathrm{d}t} \leqslant -\min_{1 \leqslant i \leqslant n} \left\{ c_i + \rho_i - \sum_{j=1}^{n} |a_{ji}|L_i \right\} V_1(t) - kV_1^{\mu}(t), \quad \text{a.e.} \quad t \geqslant 0.
$$

因此, 根据引理 11.4.1, 驱动-响应 FCNN (11.4.1) 和 (11.4.5) 在有限时间内达到同步, 并且停息时间为

$$
\mathbb{T}_1 = \frac{1}{(1 - \mu) \min\limits_{1 \leqslant i \leqslant n} \left\{ c_i + \rho_i - \sum\limits_{j=1}^{n} |a_{ji}|L_i \right\}}
$$

$$
\cdot \ln \left(1 + \min_{1 \leqslant i \leqslant n} \left\{ c_i + \rho_i - \sum_{j=1}^{n} |a_{ji}| L_i \right\} k^{-1} V_1^{1-\mu}(0) \right).
$$

证毕.

定理 11.4.2　假设条件 (H14) 成立, 在控制器

$$
u_i(t) = -\rho_i e_i(t) - \mathrm{sgn}(e_i(t))(\lambda_i + k|e_i(t)|^{\mu})
$$

$$
- \sum_{j=1}^{n} \omega_{ij} \mathrm{sgn}(e_i(t))|e_j(t - \tau_j(t))| \quad (i = 1, 2, \cdots, n)
$$

的控制下, 系统 (11.4.1) 和 (11.4.5) 是有限时间同步的, 且停息时间为 $\mathbb{T}_2 = \dfrac{1}{k(1-\mu)} V_2^{\frac{1-\mu}{p}}(0)$, 其中, $V_2(0) = \sum\limits_{i=1}^{n} |e_i(0)|^p, p \geqslant 2$, 控制器中参数 $\rho_i, \lambda_i, \omega_{ij}$ 为正常数, 满足 $\rho_i \geqslant -c_i + \mathrm{a}_i^* + \mathscr{A}_i^*$, $\lambda_i \geqslant \mathcal{A}_i^* + \alpha_i^* + \beta_i^*$, $\omega_{ij} \geqslant \tilde{\alpha}_{ij} + \tilde{\beta}_{ij}, \mathrm{a}_i^* = L_i|a_{ii}|$, $\mathcal{A}_i^* = \sum\limits_{j=1}^{n} Q_j |a_{ij}|$, $\mathscr{A}_i^* = \sum\limits_{\substack{j=1 \\ j \neq i}}^{n} \sum\limits_{m=1}^{p-1} |a_{ij}|^{p\mathbb{K}_m} L_j^{p\mathbb{L}_m} + \sum\limits_{\substack{j=1 \\ j \neq i}}^{n} |a_{ji}|^{p\mathbb{K}_p} L_i^{p\mathbb{L}_p}$, $\sum\limits_{m=1}^{p} \mathbb{K}_m = \sum\limits_{m=1}^{p} \mathbb{L}_m = 1, \tilde{\alpha}_{ij} = |\alpha_{ij}| L_j$, $\alpha_i^* = \sum\limits_{j=1}^{n} |\alpha_{ij}| Q_j$, $\tilde{\beta}_{ij} = |\beta_{ij}| L_j$, $\beta_i^* = \sum\limits_{j=1}^{n} |\beta_{ij}| Q_j$, $k > 0$ 表示可调常数.

证明　考虑如下 Lyapunov 函数:

$$
V_2(t) = \sum_{i=1}^{n} |e_i(t)|^p, \quad p \geqslant 2. \tag{11.4.15}
$$

根据文献 [233] 性质 1, 沿着误差系统 (11.4.7) 的解计算 $V_2(t)$ 的广义导数, 对于几乎所有的 $t \geqslant 0$, 有

$$
\begin{aligned}
\frac{\mathrm{d} V_2(t)}{\mathrm{d} t} &= \sum_{i=1}^{n} p|e_i(t)|^{p-1} \nu_i(t) \left[-c_i e_i(t) + \sum_{j=1}^{n} a_{ij}(\eta_j(t) - \gamma_j(t)) \right. \\
&\quad + \bigwedge_{j=1}^{n} \alpha_{ij} \eta_j(t - \tau_j(t)) - \bigwedge_{j=1}^{n} \alpha_{ij} \gamma_j(t - \tau_j(t)) \\
&\quad \left. + \bigvee_{j=1}^{n} \beta_{ij} \eta_j(t - \tau_j(t)) - \bigvee_{j=1}^{n} \beta_{ij} \gamma_j(t - \tau_j(t)) + u_i(t) \right] \\
&\leqslant -\sum_{i=1}^{n} p c_i |e_i(t)|^p + \sum_{i=1}^{n} \sum_{j=1}^{n} p|a_{ij}||e_i(t)|^{p-1}|\eta_j(t) - \gamma_j(t)| \\
&\quad + \sum_{i=1}^{n} p|e_i(t)|^{p-1} \left| \bigwedge_{j=1}^{n} \alpha_{ij} \eta_j(t - \tau_j(t)) - \bigwedge_{j=1}^{n} \alpha_{ij} \gamma_j(t - \tau_j(t)) \right|
\end{aligned}
$$

$$+ \sum_{i=1}^{n} p|e_i(t)|^{p-1} \left| \bigvee_{j=1}^{n} \beta_{ij}\eta_j(t-\tau_j(t)) - \bigvee_{j=1}^{n} \beta_{ij}\gamma_j(t-\tau_j(t)) \right|$$

$$- \sum_{i=1}^{n} p\rho_i|e_i(t)|^p - \sum_{i=1}^{n} p\lambda_i|e_i(t)|^{p-1} - \sum_{i=1}^{n} pk|e_i(t)|^{p-1+\mu}$$

$$- \sum_{i=1}^{n}\sum_{j=1}^{n} p\omega_{ij}|e_i(t)|^{p-1}|e_j(t-\tau_j(t))|. \tag{11.4.16}$$

下面对式 (11.4.16) 的右端进行逐项估计. 首先, 根据式 (11.4.2) 与引理 2.3.1, 得

$$\sum_{i=1}^{n}\sum_{j=1}^{n} p|a_{ij}||e_i(t)|^{p-1}|\eta_j(t)-\gamma_j(t)|$$

$$\leqslant \sum_{i=1}^{n}\sum_{j=1}^{n} p|a_{ij}||e_i(t)|^{p-1}\left(L_j|e_j(t)|+Q_j\right)$$

$$= \sum_{i=1}^{n} pL_i|a_{ii}||e_i(t)|^p + \sum_{i=1}^{n}\sum_{\substack{j=1\\j\neq i}}^{n} pL_j|a_{ij}||e_i(t)|^{p-1}|e_j(t)|$$

$$+ \sum_{i=1}^{n}\sum_{j=1}^{n} pQ_j|a_{ij}||e_i(t)|^{p-1}$$

$$= \sum_{i=1}^{n} p\mathbb{a}_i^*|e_i(t)|^p + \sum_{i=1}^{n} p\mathcal{A}_i^*|e_i(t)|^{p-1}$$

$$+ \sum_{i=1}^{n}\sum_{\substack{j=1\\j\neq i}}^{n} p\left(\prod_{m=1}^{p-1}|a_{ij}|^{\mathbb{K}_m}L_j^{\mathbb{L}_m}|e_i(t)|\right)\left(|a_{ij}|^{\mathbb{K}_p}L_j^{\mathbb{L}_p}|e_j(t)|\right)$$

$$\leqslant \sum_{i=1}^{n} p\mathbb{a}_i^*|e_i(t)|^p + \sum_{i=1}^{n} p\mathcal{A}_i^*|e_i(t)|^{p-1}$$

$$+ \sum_{i=1}^{n}\sum_{\substack{j=1\\j\neq i}}^{n}\left(\sum_{m=1}^{p-1}|a_{ij}|^{p\mathbb{K}_m}L_j^{p\mathbb{L}_m}|e_i(t)|^p + |a_{ij}|^{p\mathbb{K}_p}L_j^{p\mathbb{L}_p}|e_j(t)|^p\right)$$

$$= \sum_{i=1}^{n} p\mathbb{a}_i^*|e_i(t)|^p + \sum_{i=1}^{n} p\mathcal{A}_i^*|e_i(t)|^{p-1}$$

$$+ \sum_{i=1}^{n}\left(\sum_{\substack{j=1\\j\neq i}}^{n}\sum_{m=1}^{p-1}|a_{ij}|^{p\mathbb{K}_m}L_j^{p\mathbb{L}_m} + \sum_{\substack{j=1\\j\neq i}}^{n}|a_{ji}|^{p\mathbb{K}_p}L_i^{p\mathbb{L}_p}\right)|e_i(t)|^p$$

$$= \sum_{i=1}^{n} p(\mathbb{a}_i^* + \mathscr{A}_i^*)|e_i(t)|^p + \sum_{i=1}^{n} p\mathcal{A}_i^*|e_i(t)|^{p-1}. \tag{11.4.17}$$

其次, 应用引理 11.4.2 和式 (11.4.2), 有

$$\sum_{i=1}^{n} p|e_i(t)|^{p-1} \left| \bigwedge_{j=1}^{n} \alpha_{ij}\eta_j(t-\tau_j(t)) - \bigwedge_{j=1}^{n} \alpha_{ij}\gamma_j(t-\tau_j(t)) \right|$$

$$\leqslant \sum_{i=1}^{n}\sum_{j=1}^{n} p|e_i(t)|^{p-1}|\alpha_{ij}||\eta_j(t-\tau_j(t)) - \gamma_j(t-\tau_j(t))|$$

$$\leqslant \sum_{i=1}^{n}\sum_{j=1}^{n} p|e_i(t)|^{p-1}|\alpha_{ij}|(L_j|e_j(t-\tau_j(t))| + Q_j)$$

$$= \sum_{i=1}^{n}\sum_{j=1}^{n} p|\alpha_{ij}|L_j|e_i(t)|^{p-1}|e_j(t-\tau_j(t))| + \sum_{i=1}^{n}\sum_{j=1}^{n} p|\alpha_{ij}|Q_j|e_i(t)|^{p-1}$$

$$= \sum_{i=1}^{n}\sum_{j=1}^{n} p\tilde{\alpha}_{ij}|e_i(t)|^{p-1}|e_j(t-\tau_j(t))| + \sum_{i=1}^{n} p\alpha_i^*|e_i(t)|^{p-1}. \qquad (11.4.18)$$

类似地, 可得到

$$\sum_{i=1}^{n} p|e_i(t)|^{p-1} \left| \bigvee_{j=1}^{n} \beta_{ij}\eta_j(t-\tau_j(t)) - \bigvee_{j=1}^{n} \beta_{ij}\gamma_j(t-\tau_j(t)) \right|$$

$$\leqslant \sum_{i=1}^{n}\sum_{j=1}^{n} p|e_i(t)|^{p-1}|\beta_{ij}||\eta_j(t-\tau_j(t)) - \gamma_j(t-\tau_j(t))|$$

$$\leqslant \sum_{i=1}^{n}\sum_{j=1}^{n} p|e_i(t)|^{p-1}|\beta_{ij}|(L_j|e_j(t-\tau_j(t))| + Q_j)$$

$$= \sum_{i=1}^{n}\sum_{j=1}^{n} p|\beta_{ij}|L_j|e_i(t)|^{p-1}|e_j(t-\tau_j(t))| + \sum_{i=1}^{n}\sum_{j=1}^{n} p|\beta_{ij}|Q_j|e_i(t)|^{p-1}$$

$$= \sum_{i=1}^{n}\sum_{j=1}^{n} p\tilde{\beta}_{ij}|e_i(t)|^{p-1}|e_j(t-\tau_j(t))| + \sum_{i=1}^{n} p\beta_i^*|e_i(t)|^{p-1}. \qquad (11.4.19)$$

将式 (11.4.17)—(11.4.19) 代入式 (11.4.16), 并重新整理可得

$$\frac{\mathrm{d}V_2(t)}{\mathrm{d}t}$$

$$\leqslant -\sum_{i=1}^{n} p(-c_i + \mathrm{a}_i^* + \mathscr{A}_i^* - \rho_i)|e_i(t)|^p + \sum_{i=1}^{n} p(\mathcal{A}_i^* - \lambda_i + \alpha_i^* + \beta_i^*)|e_i(t)|^{p-1}$$

$$+ \sum_{i=1}^{n}\sum_{j=1}^{n} p(\tilde{\alpha}_{ij} + \tilde{\beta}_{ij} - \omega_{ij})|e_i(t)|^{p-1}|e_j(t-\tau_j(t))| - \sum_{i=1}^{n} pk|e_i(t)|^{p-1+\mu}.$$

$$(11.4.20)$$

注意到 $\rho_i \geqslant -c_i + \mathrm{a}_i^* + \mathscr{A}_i^*, \lambda_i \geqslant \mathscr{A}_i^* + \alpha_i^* + \beta_i^*, \omega_{ij} \geqslant \tilde{\alpha}_{ij} + \tilde{\beta}_{ij}$, 并记 $q = p - 1 + \mu$, 则从式 (11.4.20) 和引理 2.3.2 可得

$$\frac{\mathrm{d}V_2(t)}{\mathrm{d}t} \leqslant -\sum_{i=1}^{n} pk|e_i(t)|^q \leqslant -pk\left(\sum_{i=1}^{n}|e_i(t)|^p\right)^{\frac{q}{p}} = -pkV_2^{\frac{q}{p}}(t), \quad \text{a.e.} \quad t \geqslant 0.$$

因此, 应用引理 11.4.1 可知驱动-响应 FCNN (11.4.1) 和 (11.4.5) 在有限时间内达到同步, 并且停息时间为 $\mathbb{T}_2 = \dfrac{1}{k(1-\mu)}V_2^{\frac{1-\mu}{p}}(0)$. 证毕.

注 11.4.2 由定理 11.4.1 与定理 11.4.2 可知, 停息时间 $\mathbb{T}_1$ 和 $\mathbb{T}_2$ 是与可调常数 k 成反比的, 而控制输入 $u_i(t)$ 与可调常数 k 成正比, 因此在实际应用中, 为了达到理想的停息时间, 同时为了尽可能地降低控制成本, 可根据实际设计要求, 合理选择可调常数.

注 11.4.3 如果信号传输函数 f_i $(i = 1, 2, \cdots, n)$ 在 $\mathbb{R}$ 上是连续的并满足通常的 Lipschitz 条件, 那么假设条件 (H14) 中式 (11.4.2) 里的 Q_i 为 0. 此时, 定理 11.4.1 与定理 11.4.2 中的状态反馈控制器依然有效. 文献 [2] 和 [688] 曾研究过具有连续信号传输函数的 FCNN 的有限时间同步问题, 在信号传输函数满足有界性假设的基础上得到了网络系统有限时间同步的结果, 而本节介绍的定理 11.4.1 和定理 11.4.2 对于信号传输函数并不要求有界性.

下面给出两个数值算例来验证上面所介绍的有限时间同步方案的有效性.

例 11.4.1 考虑如下驱动系统:

$$\begin{cases} \dfrac{\mathrm{d}x_1(t)}{\mathrm{d}t} = -x_1(t) + \sum_{j=1}^{2} a_{ij}f_j(x_j(t)) + \bigwedge_{j=1}^{2}\alpha_{ij}f_j\left(x_j\left(t - \dfrac{\mathrm{e}^t}{1+\mathrm{e}^t}\right)\right) \\ \qquad + \bigvee_{j=1}^{2}\beta_{ij}f_j\left(x_j\left(t - \dfrac{\mathrm{e}^t}{1+\mathrm{e}^t}\right)\right) + 0.2, \\ \dfrac{\mathrm{d}x_2(t)}{\mathrm{d}t} = -x_2(t) + \sum_{j=1}^{2} a_{ij}f_j(x_j(t)) + \bigwedge_{j=1}^{2}\alpha_{ij}f_j\left(x_j\left(t - \dfrac{\mathrm{e}^t}{1+\mathrm{e}^t}\right)\right) \\ \qquad + \bigvee_{j=1}^{2}\beta_{ij}f_j\left(x_j\left(t - \dfrac{\mathrm{e}^t}{1+\mathrm{e}^t}\right)\right) + 0.1, \end{cases} \tag{11.4.21}$$

其中, 参数为 $a_{11} = 1.75, a_{12} = -4.8, a_{21} = -1.2, a_{22} = 2.5, \alpha_{11} = \beta_{11} = -1.5, \alpha_{12} = \beta_{12} = -0.4, \alpha_{21} = \beta_{21} = -0.3, \alpha_{22} = \beta_{22} = -1.8$; 信号传输函数为

$$f_i(u) = \begin{cases} \tanh(u) + 0.5, & u \geqslant 0, \\ \tanh(u) - 0.5, & u < 0, \end{cases} \quad i = 1, 2. \tag{11.4.22}$$

易见, 信号传输函数 (11.4.22) 满足假设 (H14), 且 $L_i = Q_i = 1, i = 1, 2.$

考虑对应于驱动系统 (11.4.21) 的响应系统为

$$
\begin{cases}
\dfrac{\mathrm{d}y_1(t)}{\mathrm{d}t} = -y_1(t) + \displaystyle\sum_{j=1}^{2} a_{ij} f_j(y_j(t)) + \bigwedge_{j=1}^{2} \alpha_{ij} f_j \left(y_j \left(t - \dfrac{\mathrm{e}^t}{1+\mathrm{e}^t} \right) \right) \\
\qquad + \displaystyle\bigvee_{j=1}^{2} \beta_{ij} f_j \left(y_j \left(t - \dfrac{\mathrm{e}^t}{1+\mathrm{e}^t} \right) \right) + 0.2 + u_1(t), \\
\dfrac{\mathrm{d}y_2(t)}{\mathrm{d}t} = -y_2(t) + \displaystyle\sum_{j=1}^{2} a_{ij} f_j(y_j(t)) + \bigwedge_{j=1}^{2} \alpha_{ij} f_j \left(y_j \left(t - \dfrac{\mathrm{e}^t}{1+\mathrm{e}^t} \right) \right) \\
\qquad + \displaystyle\bigvee_{j=1}^{2} \beta_{ij} f_j \left(y_j \left(t - \dfrac{\mathrm{e}^t}{1+\mathrm{e}^t} \right) \right) + 0.1 + u_2(t),
\end{cases} \tag{11.4.23}
$$

其中, 系统参数和信号传输函数同系统 (11.4.21), 有限时间控制器 $u_i(t)$ 为

$$
u_i(t) = -\rho_i e_i(t) - \mathrm{sgn}(e_i(t))(\lambda_i + 2|e_i(t)|^{\frac{1}{2}}) - \omega_i \mathrm{sgn}(e_i(t)) \left| e_i \left(t - \dfrac{\mathrm{e}^t}{1+\mathrm{e}^t} \right) \right|,
$$

这里 $e_i(t) = y_i(t) - x_i(t), i = 1, 2.$

选取 $\rho_1 = 3, \rho_2 = 9.5, \omega_1 = 4, \omega_2 = 5, \lambda_1 = 9.5, \lambda_2 = 8.$ 通过简单计算可知定理 11.4.1 的条件均满足. 所以, 驱动-响应系统 (11.4.21) 和 (11.4.23) 是有限时间同步的. 如图 11.10 所示.

例 11.4.2 考虑如下驱动系统:

$$
\begin{aligned}
\dfrac{\mathrm{d}x_i(t)}{\mathrm{d}t} = &-c_i x_i(t) + \sum_{j=1}^{3} a_{ij} f_j(x_j(t)) + \sum_{j=1}^{3} b_{ij} + \bigwedge_{j=1}^{3} T_{ij} + \bigwedge_{j=1}^{3} \alpha_{ij} f_j(x_j(t-0.5)) \\
&+ \bigvee_{j=1}^{3} \beta_{ij} f_j(x_j(t-0.5)) + \bigvee_{j=1}^{3} S_{ij} - 0.5, \quad i = 1, 2, 3,
\end{aligned} \tag{11.4.24}
$$

其中, 系统参数为 $c_1 = 1.5, c_2 = 1, c_3 = 1.2, a_{11} = 1.8, a_{12} = -3.4, a_{13} = -3.1,$ $a_{21} = -3.2, a_{22} = 1.5, a_{23} = 4.5, a_{31} = -4, a_{32} = -4.2, a_{33} = 1.3, b_{11} = T_{11} = S_{11} = 0.1, b_{22} = T_{22} = S_{22} = 0.2, b_{33} = T_{33} = S_{33} = 0.5, \alpha_{11} = \beta_{11} = -1.5, \alpha_{12} = \beta_{12} = -1.2, \alpha_{13} = \beta_{13} = -0.8, \alpha_{21} = \beta_{21} = -2.2, \alpha_{22} = \beta_{22} = -1.4, \alpha_{23} = \beta_{23} = -2.5, \alpha_{31} = \beta_{31} = -0.2, \alpha_{32} = \beta_{32} = -1.4, \alpha_{33} = \beta_{33} = -1.2, b_{ij} = T_{ij} = S_{ij} = 0, i \neq j, i, j = 1, 2, 3;$ 信号传输函数为

$$
f_i(u) = \begin{cases} \tanh(u) + 0.2\sin(u) + 0.8, & u \geqslant 0, \\ \tanh(u) + 0.2\cos(u) - 0.7, & u < 0, \end{cases} \quad i = 1, 2, 3. \tag{11.4.25}
$$

容易看出, 信号传输函数 (11.4.25) 满足假设条件 (H14), 且 $L_i = 1.2, Q_i = 0.8, i = 1, 2, 3$.

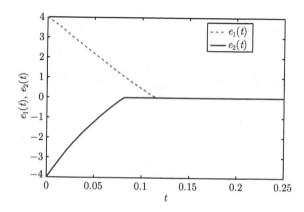

图 11.10　例 11.4.1 系统的同步误差曲线图

初值分别为 $\phi(s) \equiv (-1.5, 3.2)^{\mathrm{T}}$ 和 $\phi(s) \equiv (2.5, -1.8)^{\mathrm{T}}, s \in [-1, 0]$

考虑对应于驱动系统 (11.4.24) 的响应系统如下

$$\frac{\mathrm{d}y_i(t)}{\mathrm{d}t} = -c_i y_i(t) + \sum_{j=1}^{3} a_{ij} f_j(y_j(t)) + \sum_{j=1}^{3} b_{ij} + \bigwedge_{j=1}^{3} T_{ij} + \bigwedge_{j=1}^{3} \alpha_{ij} f_j(y_j(t-0.5))$$

$$+ \bigvee_{j=1}^{3} \beta_{ij} f_j(y_j(t-0.5)) + \bigvee_{j=1}^{3} S_{ij} - 0.5 + u_i(t), \quad i = 1, 2, 3, \quad (11.4.26)$$

其中, 系统参数和信号传输函数同系统 (11.4.24), 有限时间控制器 $u_i(t)$ 为

$$u_i(t) = -\rho_i e_i(t) - \mathrm{sgn}(e_i(t))(\lambda_i + |e_i(t)|^{\frac{1}{2}})$$

$$- \sum_{j=1}^{3} \omega_{ij} \mathrm{sgn}(e_i(t))|e_j(t-0.5)|,$$

这里 $e_i(t) = y_i(t) - x_i(t), i = 1, 2, 3$.

选取 $\rho_1 = 17.5, \rho_2 = 20, \rho_3 = 20.5, \lambda_1 = 13, \lambda_2 = 18, \lambda_3 = 13, \omega_{11} = 3.8, \omega_{12} = 3.7, \omega_{13} = 3, \omega_{21} = 5.4, \omega_{22} = 3.5, \omega_{23} = 6.5, \omega_{31} = 5, \omega_{32} = 3.4, \omega_{33} = 3.1, p = 2, \mathbb{K}_i = \mathbb{L}_i = 0.5, i = 1, 2$. 通过简单计算容易验证定理 11.4.2 中所有条件均满足. 所以, 系统 (11.4.24) 和 (11.4.26) 在有限时间内达到同步. 同步误差轨线如图 11.11 所示.

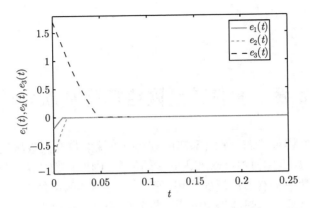

图 11.11　例 11.4.2 系统的同步误差曲线图

初值分别为 $\phi(s) \equiv (0.1, 0.2, -0.2)^{\mathrm{T}}$ 和 $\phi(s) \equiv (-0.1, -0.5, 1.5)^{\mathrm{T}}, s \in [-1, 0]$

第 12 章　复值神经网络模型及动力学分析

复值微分方程是状态变量 (未知函数) 和系统参数在复数域中取值的微分方程, 其特点是在数学建模中可以表达更多的信息, 因而在物理学、信息科学以及非线性系统动力学中都有着广泛的应用[292,567]. 在神经网络领域, 复值神经网络比传统的神经网络具有更强的学习能力、自组织能力和记忆贮存能力[110,307]. 关于复值神经网络的研究历史可以追溯到 20 世纪中期, Aizenberg 等于 1971 年首次在文献 [8] 中研究了复平面单位圆面上具有二元输出值 "0" 和 "1" 的神经网络. 2012 年, Hirose 在专著 [307] 中详细介绍了复值神经网络的基本理论及其应用, 文献 [315] 利用 M-矩阵给出了时滞复值神经网络平衡点存在唯一性以及全局稳定性的条件. 随后, 关于脉冲复值神经网络、忆阻复值神经网络、分数阶复值神经网络在平衡点存在性、稳定性, 有限时间稳定性, 周期解的存在性等方面的研究文献陆续出现[197,213,316,371,581,611,703,741,778,816].

在传统实值神经网络中, 一般选取有界且连续可微的函数作为信号传输函数. 但在复变函数理论中, 由 Liouville 定理可知整平面上的有界解析函数必然是常值函数, 这导致复值神经网络中的信号传输函数不能选择有界解析函数. 从而, 如何选择信号传输函数成为复值神经网络研究中的一个富有挑战性的问题. 由于自然规律以及多种客观因素的影响, 右端不连续复值微分方程大量存在于流体力学、神经网络、信息科学等领域. 比如在神经网络中, 像我们在第 11 章开始所指出的, 考虑到神经元相互影响以及各个状态之间转换的不连续性, 神经元之间的信号传输或神经元的信息输出通常会呈现不连续的特征[311,332]. 由神经网络信号传输和信号输出的不连续性可知: 有界不连续的非线性复值函数成为构建复值神经网络时的一种重要选择. 关于具不连续信号传输函数的复值神经网络模型的动力学研究, 至今虽已有一些工作[341,580,699-702], 但仍不多见. 本章首先介绍复值微分方程的一些相关概念, 然后利用 Filippov 理论给出右端不连续复值微分方程解的相关定义. 在此基础上, 我们研究具不连续信号传输函数的复值神经网络系统平衡点的存在性和稳定性, 以及周期解和同步性等动力学问题.

12.1　复值微分方程与模型介绍

考虑如下的复值微分方程:

$$\frac{\mathrm{d}z}{\mathrm{d}t} = g(t, z), \tag{12.1.1}$$

其中, $z = z(t) \in \mathbb{C}^n$, $g : \mathbb{R} \times \mathbb{C}^n \mapsto \mathbb{C}^n$ 是可测的且局部本性有界的函数, $\mathbb{C}$ 表示全体复数集合.

定义 12.1.1 设 Ξ, X 为 $\mathbb{C}^n$ 中的两个集合, $G : \Xi \to P(X)$ 为一个对应法则, 若对任意的 $z \in \Xi$, 通过 F 在 X 中有一个子集 $G(z)$ 与之对应, 则称 G 为 Ξ 到 X 的一个复值集值映射. $G(z)$ 称作 G 在 z 点处的像或值.

定义 12.1.2 设 $G : \Xi \to P_0(X)$ 为一个复值集值映射, 如果对包含 $G(z_0)$ 的任意一个开集 $\mathbb{V}$, 总存在一个 z_0 的邻域 $\mathbb{U} \subseteq E$, 使得 $G(\mathbb{U}) \subseteq \mathbb{V}$ ($G(\mathbb{U}) = \bigcup_{z \in \mathbb{U}} G(z)$), 则称集值映射 G 在点 z_0 处是上半连续的 (USC). 如果 G 在每一点 $z \in \Xi$ 处都是上半连续的, 就称集值映射 G 在 Ξ 上是上半连续的.

对右端不连续复值微分方程(12.1.1), 我们可定义一个复值集值映射 $G : \mathbb{R} \times \mathbb{C}^n \to 2^{\mathbb{C}^n}$ 如下

$$G(t, z) = \bigcap_{\delta > 0} \bigcap_{\mu(\mathcal{N}) = 0} \overline{\mathrm{co}}[g(t, \mathcal{B}(z, \delta) \backslash \mathcal{N})], \tag{12.1.2}$$

这里 $\mu(\mathcal{N})$ 表示集合 $\mathcal{N}$ 的 Lebesgue 测度; $\mathcal{B}(z, \delta) = \{u \mid u \in \mathbb{C}^n, \|u - z\| \leqslant \delta\}$ 表示以 z 为中心以 δ 为半径的球; $\overline{\mathrm{co}}[\mathbb{E}]$ 表示取集合 $\mathbb{E}$ 的闭凸包; 交是在所有的零测集 $\mathcal{N}$ 和所有的 $\delta > 0$ 上去取.

例 12.1.1 考虑如下复值函数:

$$f(z) = \begin{cases} [(\mathrm{Re}(z) - 1)\mathrm{sgn}(\mathrm{Re}(z)) + (\mathrm{Im}(z) + 1)] \\ +\mathbf{i}[(\mathrm{Im}(z) - 1)\mathrm{sgn}(\mathrm{Im}(z)) + (\mathrm{Re}(z) + 1)], & \mathrm{Im}(z) < 0, \\ \frac{1}{2}[(\mathrm{Re}(z) - 1)\mathrm{sgn}(\mathrm{Re}(z)) + (\mathrm{Im}(z) + 1)] \\ +\mathbf{i}[(\mathrm{Im}(z) - 1)\mathrm{sgn}(\mathrm{Im}(z)) + (\mathrm{Re}(z) + 1)], & \mathrm{Im}(z) > 0, \end{cases} \tag{12.1.3}$$

其中, $\mathrm{Re}(z)$ 和 $\mathrm{Im}(z)$ 分别表示复数 z 的实部和虚部, $\mathbf{i}$ 为虚数单位 ($\mathbf{i}^2 = -1$), $\mathrm{sgn}(\cdot)$ 为符号函数.

根据复值集值映射的定义式 (12.1.2), 我们可以定义 $f(z)$ 对应的集值映射 $F(z)$ 在 $z = 0$ 的集值 $F(0)$, 如图 12.1 所示.

类似于实值函数绝对连续的定义, 我们可以给出复值函数绝对连续的如下定义.

定义 12.1.3 设 $z(t)$ 是定义在区间 $[a, b]$ 上的复值函数, 如果对任意 $\varepsilon > 0$, 都存在 $\delta > 0$, 使得对任意有限个开区间 $(a_i, b_i) \subseteq [a, b], i = 1, 2, \cdots, n$, 当 $\sum_{i=1}^n (b_i - a_i) < \delta$ 时, 有 $\sum_{i=1}^n \|z(b_i) - z(a_i)\| < \varepsilon$ 成立, 则称 $z(t)$ 在 $[a, b]$ 上是绝对连续的.

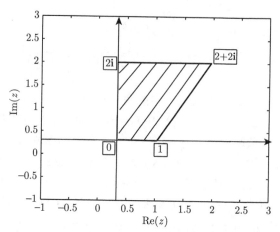

图 12.1　例 12.1.1中复值函数 $f(z)$ 所对应的集值映射 $F(z)$
在 $z = 0$ 的集值 $F(0)$

定义 12.1.3 中的记号 $\|z\|$ 表示复数 z 的模. 显然, 若记 $\mathrm{Re}(z(t)) = x(t)$, $\mathrm{Im}(z(t)) = y(t)$, 则复值函数 $z(t) = x(t) + \mathbf{i}y(t)$ 在 $[a, b]$ 上的绝对连续性等价于实部 $x(t)$ 和虚部 $y(t)$ 在 $[a, b]$ 上的绝对连续性.

　　类似于本书前面所讨论的右端不连续实值微分方程, 在复值集值映射(12.1.2)定义下, 我们可以给出右端不连续复值微分方程 (12.1.1) 的 Filippov 解的定义.

　　定义 12.1.4　设 $z = z(t) : [t_0, \mathcal{T}] \mapsto \mathbb{C}^n$ 是一个定义在区间 $[t_0, \mathcal{T}]$ 上的复值函数, 如果 $z(t)$ 在 $[t_0, \mathcal{T})$ 的任意紧子区间上绝对连续, 且对几乎所有的 $t \in [t_0, \mathcal{T})$, $z(t)$ 都满足如下的复值微分包含:

$$\frac{\mathrm{d}z(t)}{\mathrm{d}t} \in G(t, z), \tag{12.1.4}$$

则称函数 $z = z(t)$ 为右端不连续复值微分方程 (12.1.1) 在区间 $[t_0, \mathcal{T})$ 上的 Filippov 解.

　　若方程(12.1.1) 的初始条件为 $z(t_0) = z_0$, 那么可定义方程 (12.1.1) 的初值问题的解如下.

　　定义 12.1.5　定义在区间 $[t_0, \mathcal{T})$ 上的复值函数 $z = z(t)$, 如果它在区间 $[t_0, \mathcal{T})$ 的任意紧子区间上绝对连续, $z(t_0) = z_0$, 并且对几乎所有的 $t \in [t_0, \mathcal{T})$, $z(t)$ 满足复值微分包含 (12.1.4), 则称 $z = z(t)$ 为方程 (12.1.1) 满足初始条件 $z(t_0) = z_0$ 的 Filippov 解.

　　类似于第 3 章中实值常微分包含 Filippov 解的存在性定理和延拓定理, 我们不难给出复值微分包含 (12.1.4) 解的存在性定理和延拓性定理, 本书不再详细介绍.

　　如文献 [110] 所述, 具有不连续信号传输的常系数复值 Hopfield 神经网络模

型可以描述如下

$$\frac{\mathrm{d}z}{\mathrm{d}t} = -Dz + Af(z) + u, \tag{12.1.5}$$

其中, $z = z(t) = (z_1(t), z_2(t), \cdots, z_n(t))^{\mathrm{T}} \in \mathbb{C}^n$ 表示网络中神经元在 t 时刻的状态向量, n 表示网络中神经元的个数; $D = \mathrm{diag}\{d_1, d_2, \cdots, d_n\}$ 表示网络中神经元的自衰减矩阵, $d_i > 0$ 为常数 $(i = 1, 2, \cdots, n)$; $A = (a_{ij})_{n \times n} \in \mathbb{C}^{n \times n}$ 表示网络中神经元之间的复值连接权矩阵, a_{ij} 为常数 $(i, j = 1, 2, \cdots, n)$; $u = (u_1, u_2, \cdots, u_n)^{\mathrm{T}} \in \mathbb{C}^n$ 表示网络的外部输入向量, u_i 为常数 $(i = 1, 2, \cdots, n)$; $f(z) = (f_1(z_1), f_2(z_2), \cdots, f_n(z_n))^{\mathrm{T}} \in \mathbb{C}^n$ 表示信号传输函数, $z_i = z_i(t)$ $(i = 1, 2, \cdots, n)$.

为了本章后面讨论的需要, 我们对信号传输函数给出如下假设条件:

(H1) 对每一个 $i = 1, 2, \cdots, n$, 函数 $f_i : \mathbb{C} \to \mathbb{C}$ 是分片连续的, 即 f_i 在可数个开区域 $G_k^i \subseteq \mathbb{C}$ $(k = 1, 2, \cdots, s)$ 内都连续, 在这些开区域的边界 ∂G_k^i 上不连续, 边界 ∂G_k^i 由逐段光滑曲线构成, 且满足 $\bigcup_{k=1}^{s}(G_k^i \cup \partial G_k^i) = \mathbb{C}$, 当 $l \neq k$ 时 $G_l^i \cap G_k^i = \varnothing$.

(H2) 对任意的 $i = 1, 2, \cdots, n$, $k = 1, 2, \cdots, s$, $z_0 \in \partial G_k^i$, 极限

$$f_{ik}(z_0) \triangleq \lim_{z \to z_0, z \in G_k^i} f_i(z) \tag{12.1.6}$$

存在.

类似于文献 [234, 270, 455] 中集值映射的构造方式, 对满足上述条件 (H1) 和 (H2) 的信号传输函数 f_i $(i = 1, 2, \cdots, n)$, 构造其相应的复值集值映射如下: 当 $u \in \partial G_k^i$ 时, $K[f_i(u)] = \left\{ \sum_{k=1}^{s} \alpha_k f_{ik}(u) \ \middle| \ \alpha_k \geqslant 0, \sum_{k=1}^{s} \alpha_k = 1 \right\}$; 当 $u \in G_k^i$ 时, $K[f_i(u)] = f_i(u)$.

为了确保右端不连续复值 Hopfield 模型 (12.1.5) Filippov 解的全局存在性, 类似于文献 [270] 中提出的广义线性增长条件, 我们介绍如下不连续复值函数的广义线性增长条件.

(H3) 对任意的 $i = 1, 2, \cdots, n$, 存在非负常数 k_i 和 l_i 使得

$$\sup_{\zeta_i \in K[f_i(u)], \eta_i \in K[f_i(v)]} \|\zeta_i - \eta_i\| \leqslant k_i \|u - v\| + l_i, \quad \forall u, v \in \mathbb{C}. \tag{12.1.7}$$

记 $F(z) = K[f(z)] = (K[f_1(z_1)], K[f_2(z_2)], \cdots, K[f_n(z_n)])^{\mathrm{T}}$. 根据上面集值映射和微分包含的定义, 我们给出神经网络模型 (12.1.5) Filippov 解的定义.

定义 12.1.6 设 $z = z(t) : [t_0, \mathcal{T}) \mapsto \mathbb{C}^n$ 是定义在区间 $[t_0, \mathcal{T})$ 上的复值函数, 如果 $z(t)$ 在 $[t_0, \mathcal{T})$ 的任意紧子区间上绝对连续, 且对几乎所有的 $t \in [t_0, \mathcal{T})$,

$z(t)$ 都满足如下的复值微分包含:

$$\frac{\mathrm{d}z(t)}{\mathrm{d}t} \in -Dz(t) + AF(z) + u, \tag{12.1.8}$$

则称函数 $z = z(t)$ 为模型 (12.1.5) 在区间 $[t_0, \mathcal{T}]$ 上的 Filippov 解 (也称状态解, 简称解).

若给定模型 (12.1.5) 的初始条件 $z(t_0) = z_0$, 那么可定义模型 (12.1.5) 初值问题的解如下.

定义 12.1.7 定义在区间 $[t_0, \mathcal{T}]$ 上的复值函数 $z(t)$, 如果它在区间 $[t_0, \mathcal{T}]$ 的任意紧子区间上绝对连续, $z(t_0) = z_0$, 并且对几乎所有的 $t \in [t_0, \mathcal{T})$, $z(t)$ 满足复值微分包含 (12.1.8), 则称 $z(t)$ 为模型 (12.1.5) 满足初始条件 $z(t_0) = z_0$ 的 Filippov 解.

定义 12.1.8 设 $z^* = (z_1^*, z_2^*, \cdots, z_n^*)^{\mathrm{T}} \in \mathbb{C}^n$ 为常值向量, 且有

$$0 \in -Dz^* + AF(z^*) + u, \tag{12.1.9}$$

则称 z^* 为模型(12.1.5) 的平衡点.

根据可测选择引理 2.1.1, 如果 $z = z(t)$ 为模型 (12.1.5) 在区间 $[t_0, \mathcal{T}]$ 上的状态解, 则存在可测函数 $\zeta = (\zeta_1, \zeta_2, \cdots, \zeta_n)^{\mathrm{T}} : [t_0, \mathcal{T}) \to \mathbb{C}^n$, 使得对几乎所有的 $t \in [t_0, \mathcal{T})$ 有 $\zeta_j(t) \in K[f_j(z_j)]$ $(j = 1, 2, \cdots, n)$, 且

$$\frac{\mathrm{d}z_i(t)}{\mathrm{d}t} = -d_i z_i(t) + \sum_{j=1}^{n} a_{ij}\zeta_j(t) + u_i, \quad \text{a.e.} \quad t \in [t_0, \mathcal{T}), \ i = 1, 2, \cdots, n. \tag{12.1.10}$$

称其中的函数 $\zeta(t) = (\zeta_1(t), \zeta_2(t), \cdots, \zeta_n(t))^{\mathrm{T}}$ 为模型 (12.1.5) 对应于状态解 $z(t)$ 的输出解. 因为平衡点可以视为常值解, 从而, 如果 z^* 为模型 (12.1.5) 的一个平衡点, 则存在 $\zeta^* = (\zeta_1^*, \zeta_2^*, \cdots, \zeta_n^*)^{\mathrm{T}} \in K[f(z^*)]$ 使得

$$-Dz^* + A\zeta^* + u = 0, \tag{12.1.11}$$

其中, ζ^* 称为模型(12.1.5)对应于平衡点 z^* 的输出平衡点.

定义 12.1.9 设 z^* 是模型 (12.1.5) 的平衡点, 记 $z(t_0, z_0)(t)$ 表示模型(12.1.5) 满足初始条件 $z(t_0) = z_0$ 的 Filippov 解. 若 $\forall \varepsilon > 0, \forall t_0 \geqslant 0, \exists \delta = \delta(\varepsilon, t_0) > 0$ 使得对任意的 $z_0 \in \mathcal{B}(0, \delta) = \{z_0 \mid z_0 \in \mathbb{C}^n, \|z_0\| < \delta\}$, 每一个解 $z(t_0, z_0)(t)$ 当 $t \geqslant t_0$ 时满足 $\|z(t_0, z_0)(t) - z^*\| < \varepsilon$, 则称 z^* 是稳定的. 若 $\forall t_0 \geqslant 0, \exists \delta = \delta(t_0) > 0$ 使得对任意的 $z_0 \in \mathcal{B}(0, \delta)$, 每一个解 $z(t_0, z_0)(t)$ 满足 $\lim\limits_{t \to +\infty} z(t_0, z_0)(t) = z^*$, 也就是说, $\forall \varepsilon > 0, \forall t_0 \in \mathbb{R}_+, \exists \delta = \delta(t_0) > 0$ 且 $\exists T = T(\varepsilon, t_0, z_0) > 0$ 使得对任意的 $z_0 \in \mathcal{B}(0, \delta)$ 和所有的 $t \geqslant t_0 + T$, 每一个解 $z(t_0, z_0)(t)$ 满足 $\|z(t_0, z_0)(t) - z^*\| < \varepsilon$, 则称 z^* 是吸引的.

定义 12.1.10 设 $\zeta(t)$ 是模型 (12.1.5) 的状态解 $z(t)$ 对应的输出解, ζ^* 是模型 (12.1.5) 的平衡点 z^* 对应的输出平衡点. 如果 $\forall\,\varepsilon > 0,\ \exists\,t_\varepsilon > 0$ 使得 $\mu\{t \mid t \in [t_\varepsilon, +\infty), \|\zeta(t) - \zeta^*\| > \varepsilon\} < \varepsilon$, 则称输出平衡点 ζ^* 是依测度收敛的.

类似于文献 [270] 中解的存在性的证明, 我们可以得到如下的结论.

定理 12.1.1 如果条件 (H1)—(H3) 成立, 则系统 (12.1.5) 满足初始条件 $z(t_0) = z_0$ 的解是全局存在的.

12.2 平衡点的存在性和稳定性

众所周知, 广义 Lyapunov 方法是处理右端不连续微分系统稳定性的有效方法之一[551]. 对于一个给定的右端不连续微分系统, 构造一个非光滑的 Lyapunov 函数, 然后利用广义链式法则沿着给定系统的解求导数. 如果导数是负定的, 则给定系统就是稳定的. 但是, 对于一个复变量的 Lyapunov 函数, 我们还没有建立与实变量 Lyapunov 函数相对应的 Clarke 广义梯度和广义链式法则. 因此, 为了进一步研究模型 (12.1.5) 平衡点的存在性和稳定性, 我们把模型的实部和虚部拆开, 转化为右端不连续的实值微分系统来研究.

设 $x_i = \mathrm{Re}(z_i)$, $y_i = \mathrm{Im}(z_i)$; $a_{ij}^R = \mathrm{Re}(a_{ij})$, $a_{ij}^I = \mathrm{Im}(a_{ij})$; $u_i^R = \mathrm{Re}(u_i)$, $u_i^I = \mathrm{Im}(u_i)$; $f_i^R(x_i, y_i) = \mathrm{Re}(f_i(z_i))$, $f_i^I(x_i, y_i) = \mathrm{Im}(f_i(z_i))$; $i, j = 1, 2, \cdots, n$; 则系统 (12.1.5) 可以转化为如下的右端不连续实值微分系统:

$$\begin{cases} \dfrac{\mathrm{d}x}{\mathrm{d}t} = -Dx + A^R f^R(x, y) - A^I f^I(x, y) + u^R, \\[3mm] \dfrac{\mathrm{d}y}{\mathrm{d}t} = -Dy + A^I f^R(x, y) + A^R f^I(x, y) + u^I, \end{cases} \tag{12.2.1}$$

其中, $x = (x_1, x_2, \cdots, x_n)^{\mathrm{T}}$, $y = (y_1, y_2, \cdots, y_n)^{\mathrm{T}}$, $A^R = \left(a_{ij}^R\right)_{n \times n}$, $A^I = \left(a_{ij}^I\right)_{n \times n}$, $f^R(x, y) = \left(f_1^R(x_1, y_1), \cdots, f_n^R(x_n, y_n)\right)^{\mathrm{T}}$, $f^I(x, y) = \left(f_1^I(x_1, y_1), \cdots, f_n^I(x_n, y_n)\right)^{\mathrm{T}}$, $u^R = \left(u_1^R, \cdots, u_n^R\right)^{\mathrm{T}}$, $u^I = \left(u_1^I, \cdots, u_n^I\right)^{\mathrm{T}}$. 显然, $f_i^R(\cdot, \cdot)$ 和 $f_i^I(\cdot, \cdot)$ 是定义在 $\mathbb{R}^2$ 上的二元实值函数.

若不连续复值函数 $f_i(z_i)$ 满足假设条件 (H1)—(H3), 则相应地有二元实值函数 $f_i^R(\cdot, \cdot)$ 和 $f_i^I(\cdot, \cdot)$ 满足如下的假设:

(H1*) 对每一个 $i = 1, 2, \cdots, n$, 函数 $f_i^R : \mathbb{R}^2 \to \mathbb{R}$ 和 $f_i^I : \mathbb{R}^2 \to \mathbb{R}$ 是分片连续的, 即 f_i 在可数个开区域 $G_k^i \subseteq \mathbb{R}^2$ $(k = 1, 2, \cdots, s)$ 内都连续, 在边界 ∂G_k^i 上不连续, 边界 ∂G_k^i 由逐段光滑曲线构成, 且满足 $\bigcup\limits_{k=1}^{s} (G_k^i \cup \partial G_k^i) = \mathbb{R}^2$, 当 $l \neq k$ 时有 $G_l^i \cap G_k^i = \varnothing$.

(H2*) 对任意的 $i = 1, 2, \cdots, n$, $k = 1, 2, \cdots, s$, $(x_0, y_0)^{\mathrm{T}} \in \partial G_k^i$, 极限

$$f_{ik}^R(x_0, y_0) \triangleq \lim_{\substack{(x,y) \to (x_0, y_0) \\ (x,y)^{\mathrm{T}} \in G_k^i}} f_i^R(x, y), \qquad f_{ik}^I(x_0, y_0) \triangleq \lim_{\substack{(x,y) \to (x_0, y_0) \\ (x,y)^{\mathrm{T}} \in G_k^i}} f_i^I(x, y) \quad (12.2.2)$$

存在.

设 $I(x_i, y_i) \triangleq \{k \mid (x_i, y_i)^{\mathrm{T}} \in \partial G_k^i\}$, 记

$$f_i^{R-}(x_i, y_i) = \min_{k \in I(x_i, y_i)} f_{ik}^R(x_i, y_i), \qquad f_i^{R+}(x_i, y_i) = \max_{k \in I(x_i, y_i)} f_{ik}^R(x_i, y_i),$$

$$f_i^{I-}(x_i, y_i) = \min_{k \in I(x_i, y_i)} f_{ik}^I(x_i, y_i), \qquad f_i^{I+}(x_i, y_i) = \max_{k \in I(x_i, y_i)} f_{ik}^I(x_i, y_i).$$

在假设条件 (H1*) 和 (H2*) 下, 令

$$K\left[f_i^R(x_i, y_i)\right] = \left[f_i^{R-}(x_i, y_i), f_i^{R+}(x_i, y_i)\right],$$

$$K\left[f_i^I(x_i, y_i)\right] = \left[f_i^{I-}(x_i, y_i), f_i^{I+}(x_i, y_i)\right],$$

$$K\left[f^R(x, y)\right] = \left(K\left[f_1^R(x_1, y_1)\right], K\left[f_2^R(x_2, y_2)\right], \cdots, K\left[f_n^R(x_n, y_n)\right]\right)^{\mathrm{T}},$$

$$K\left[f^I(x, y)\right] = \left(K\left[f_1^I(x_1, y_1)\right], K\left[f_2^I(x_2, y_2)\right], \cdots, K\left[f_n^I(x_n, y_n)\right]\right)^{\mathrm{T}}.$$

(H3*) 对任意的 $i = 1, 2, \cdots, n$, 存在非负常数 $\alpha_i^R, \beta_i^R, \eta_i^R, \alpha_i^I, \beta_i^I$ 和 η_i^I, 使得

$$\sup_{\zeta_i^R \in K[f_i^R(x_i, y_i)]} |\zeta_i^R| \leqslant \alpha_i^R |x_i| + \beta_i^R |y_i| + \eta_i^R,$$

$$\sup_{\zeta_i^I \in K[f_i^I(x_i, y_i)]} |\zeta_i^I| \leqslant \alpha_i^I |x_i| + \beta_i^I |y_i| + \eta_i^I. \tag{12.2.3}$$

注 12.2.1　由于函数 $f_i^R(\cdot, \cdot)$ 和 $f_i^I(\cdot, \cdot)$ 在 $\mathbb{R}^2$ 上的不连续性, (H3*) 中的常数 η_i^R 和 η_i^I 一般不等于 0. 如果条件 (H3*) 中的常数 $\eta_i^R = \eta_i^I = 0$, 则 (H3*) 退化为传统的线性增长条件.

注 12.2.2　在假设条件 (H1*)—(H3*) 下, 可以采用如下的方法来构造复值集值映射:

$$\begin{aligned}
\hat{F}_i(z_i) &= \bigcap_{\delta > 0} \bigcap_{\mu(\mathcal{N}) = 0} K\left[f_i^R(B((x_i, y_i), \delta) \backslash \mathcal{N})\right] \\
&\quad + \mathrm{i} \bigcap_{\delta > 0} \bigcap_{\mu(\mathcal{N}) = 0} K\left[f_i^I(B((x_i, y_i), \delta) \backslash \mathcal{N})\right] \\
&\triangleq K\left[f_i^R(x_i, y_i)\right] + \mathrm{i} K\left[f_i^I(x_i, y_i)\right], \tag{12.2.4}
\end{aligned}$$

$$\hat{F}(z) = \left(\hat{F}_1(z_1), \hat{F}_2(z_2), \cdots, \hat{F}_n(z_n)\right)^{\mathrm{T}}. \tag{12.2.5}$$

比如对例 12.1.1 中的复值函数 (12.1.3), 利用 (12.2.4) 和 (12.2.5) 中的方法, 可以得到 $f(z)$ 对应的集值映射 $\hat{F}(z)$ 在 $z = 0$ 的集值 $\hat{F}(0)$, 如图 12.2所示. 显然, 可以得到 $F(z) \subseteq \hat{F}(z)$.

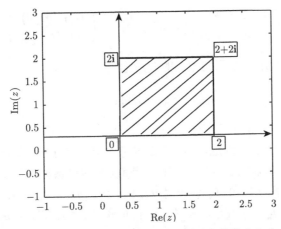

图 12.2　例 12.1.1 中的复值函数 $f(z)$ 所对应的微分包含 $\hat{F}(z)$

在 $z = 0$ 时的集值 $\hat{F}(0)$

显然, 如果 $(x^{\mathrm{T}}, y^{\mathrm{T}})^{\mathrm{T}} = (x^{\mathrm{T}}(t), y^{\mathrm{T}}(t))^{\mathrm{T}}$ 是实值微分方程 (12.2.1) 的解, 则 $z = z(t) = x(t) + \mathbf{i}y(t)$ 是复值微分方程 (12.1.5) 的解. 结合实值微分包含的理论, 右端不连续微分方程 (12.2.1) 可以转化为如下的微分包含系统:

$$\begin{cases} \dfrac{\mathrm{d}x}{\mathrm{d}t} \in -Dx + A^R K\left[f^R(x,y)\right] - A^I K\left[f^I(x,y)\right] + u^R, \\[3mm] \dfrac{\mathrm{d}y}{\mathrm{d}t} \in -Dy + A^I K\left[f^R(x,y)\right] + A^R K\left[f^I(x,y)\right] + u^I. \end{cases} \tag{12.2.6}$$

根据可测选择引理 2.1.1 可知: 存在两个可测函数 $\zeta^R = (\zeta_1^R, \zeta_2^R, \cdots, \zeta_n^R)^{\mathrm{T}} \in K[f^R(x,y)]$ 和 $\zeta^I = (\zeta_1^I, \zeta_2^I, \cdots, \zeta_n^I)^{\mathrm{T}} \in K[f^I(x,y)]$ 满足

$$\begin{cases} \dfrac{\mathrm{d}x}{\mathrm{d}t} = -Dx + A^R \zeta^R - A^I \zeta^I + u^R, \\[3mm] \dfrac{\mathrm{d}y}{\mathrm{d}t} = -Dy + A^I \zeta^R + A^R \zeta^I + u^I. \end{cases} \tag{12.2.7}$$

根据定义 12.1.8 可知: 如果 $((x^*)^{\mathrm{T}}, (y^*)^{\mathrm{T}})^{\mathrm{T}}$ 是实值系统 (12.2.1) 的平衡点, 则 $z^* = x^* + \mathbf{i}y^*$ 是复值系统 (12.1.5) 的平衡点. 根据可测选择引理 2.1.1 可知: 存在 $\zeta^{R*} = (\zeta_1^{R*}, \zeta_2^{R*}, \cdots, \zeta_n^{R*})^{\mathrm{T}}$ 和 $\zeta^{I*} = (\zeta_1^{I*}, \zeta_2^{I*}, \cdots, \zeta_n^{I*})^{\mathrm{T}}$ 满足

$$\begin{cases} 0 = -Dx^* + A^R\zeta^{R*} - A^I\zeta^{I*} + u^R, \\ 0 = -Dy^* + A^I\zeta^{R*} + A^R\zeta^{I*} + u^I, \end{cases} \tag{12.2.8}$$

其中, $\zeta_i^{R*} \in K[f_i^R(x_i^*, y_i^*)]$, $\zeta_i^{I*} \in K[f_i^I(x_i^*, y_i^*)]$, $i = 1, 2, \cdots, n$.

记

$$\bar{z} = \begin{pmatrix} x \\ y \end{pmatrix}, \quad \bar{A} = \begin{pmatrix} A^R & -A^I \\ A^I & A^R \end{pmatrix}, \quad K[f(\bar{z})] = \begin{pmatrix} K[f^R(x, y)] \\ K[f^I(x, y)] \end{pmatrix}, \quad \bar{u} = \begin{pmatrix} u^R \\ u^I \end{pmatrix},$$

则微分包含 (12.2.6) 可以写成如下的向量形式:

$$\dot{z} \in -\bar{D}\bar{z} + \bar{A}K[f(\bar{z})] + \bar{u}, \tag{12.2.9}$$

其中, $\bar{D} = \text{diag}\{D, D\}$.

接下来利用 Leray-Schauder 选择定理 (引理 2.1.8) 来分析微分包含系统 (12.2.9) 平衡点的存在性. 首先, 针对二元信号传输函数给出如下两个假设条件.

(H4) 存在常数 L_i^R 和 L_i^I 使得对 $\forall u_j, v_j \in \mathbb{R}, j = 1, 2$, 以及 $\forall \zeta_{i1}^R \in K[f_i^R(u_1, v_1)]$, $\zeta_{i2}^R \in K[f_i^R(u_2, v_1)]$, $\zeta_{i1}^I \in K[f_i^I(u_2, v_1)]$ 和 $\zeta_{i2}^I \in K[f_i^I(u_2, v_2)]$ 都有

$$\frac{\zeta_{i1}^R - \zeta_{i2}^R}{u_1 - u_2} \geqslant -L_i^R, \quad \frac{\zeta_{i1}^I - \zeta_{i2}^I}{v_1 - v_2} \geqslant -L_i^I, \qquad i = 1, 2, \cdots, n \tag{12.2.10}$$

成立.

(H5) 存在正常数 K_i^R 和 K_i^I 使得对 $\forall u_j, v_j \in \mathbb{R}, j = 1, 2$, 以及 $\forall \xi_{i1}^R \in K[f_i^R(u_1, v_1)]$, $\xi_{i2}^R \in K[f_i^R(u_1, v_2)]$, $\xi_{i1}^I \in K[f_i^I(u_1, v_1)]$ 和 $\xi_{i2}^I \in K[f_i^I(u_2, v_1)]$ 都有

$$\left| \frac{\xi_{i1}^R - \xi_{i2}^R}{v_1 - v_2} \right| \leqslant K_i^R, \qquad \left| \frac{\xi_{i1}^I - \xi_{i2}^I}{u_1 - u_2} \right| \leqslant K_i^I, \qquad i = 1, 2, \cdots, n \tag{12.2.11}$$

成立.

注 12.2.3　在假设条件 (H4) 和 (H5) 满足的情况下, 信号传输函数 $f_i^R(x_i, y_i)$ 在 $\mathbb{R}^2$ 上关于变量 y_i 是连续的, 但允许其关于变量 x_i 不连续; $f_i^I(x_i, y_i)$ 在 $\mathbb{R}^2$ 上关于变量 x_i 是连续的, 但允许其关于变量 y_i 不连续. 这是弱于文献 [315] 中信号传输函数在 $\mathbb{R}^2$ 上连续的要求的.

定理 12.2.1　如果假设条件 (H1*)—(H3*) 和 (H4)—(H5) 成立, 而且存在一个正对角矩阵 P 和一个常数 $\kappa > 0$ 使得矩阵

$$Q_1 = PA^R + (A^R)^{\mathrm{T}}P + 3P + (A^I)^{\mathrm{T}}PA^I \tag{12.2.12}$$

和

$$Q_2 = \frac{D}{2} - (P + 2|A^I|K + K(|A^R|)^{\mathrm{T}}P|A^R|K$$
$$+ \kappa[K(|A^R|)^{\mathrm{T}}P|A^R|K + K(|A^I|)^{\mathrm{T}}P|A^I|K]) \tag{12.2.13}$$

分别为负定和正定, 且

$$\frac{L_i p_i \|(A^R)^{\mathrm{T}}A^R + (A^I)^{\mathrm{T}}A^I\|}{d_m \lambda_m^1} < \frac{1}{8}, \tag{12.2.14}$$

其中, $d_m = \min\limits_{1 \leqslant i \leqslant n}\{d_i\}$, $\lambda_m^1 = -\lambda_M(Q_1)$, $L_i = \max\{L_i^R, L_i^I\}$, $|A^R| = (|a_{ij}^R|)_{n \times n}$, $|A^I| = (|a_{ij}^I|)_{n \times n}$, $K_i = \max\{K_i^R, K_i^I\}$, $K = \mathrm{diag}\{K_1, K_2, \cdots, K_n\}$, 则模型(12.1.5) 至少有一个平衡点.

证明 等价地, 我们只需证明系统 (12.2.9) 存在平衡点. 记 $\Phi(\bar{z}) = \bar{z} - \bar{D}\bar{z} + \bar{A}K[f(\bar{z})] + \bar{u}$, 则在假设条件 (H1*)—(H3*) 下, 集值映射 Φ 是上半连续的, 而且把有界集映射到相对紧集. 由引理 2.1.8 可知, 要证明系统 (12.2.9) 存在平衡点, 只需要证明集合 $\Gamma = \{\bar{z} \mid \bar{z} \in \mathbb{R}^{2n}, \bar{z} \in \theta\Phi(\bar{z}), \theta \in (0,1)\}$ 是有界的. 设

$$\Phi(\bar{z}, \theta) = -(1-\theta)\bar{z} + \theta[-\bar{D}\bar{z} + \bar{A}K[f(\bar{z})] + \bar{u}], \tag{12.2.15}$$

则 $\Gamma = \{\bar{z} \mid \bar{z} \in \mathbb{R}^{2n}, 0 \in \Phi(\bar{z}, \theta), \theta \in (0,1)\}$. (12.2.15)可以重写为

$$\Phi(\bar{z}, \theta) = -(1-\theta)\bar{z} + \theta[-\bar{D}\bar{z} + \bar{A}K[\tilde{f}(\bar{z})] + \tilde{\bar{u}}]$$
$$= -(1-\theta)\bar{z} + \theta[-\bar{D}\bar{z} + \bar{A}(K[f(\bar{z})] - K[f_\Delta(\bar{z})]) + \bar{A}K[\tilde{f}_2(\bar{z})] + \tilde{\bar{u}}], \tag{12.2.16}$$

其中

$$K[f(\bar{z})] = \begin{pmatrix} K[f^R(x,y)] \\ K[f^I(x,y)] \end{pmatrix}, \quad K[f_\Delta(\bar{z})] = \begin{pmatrix} K[f^R(x,0)] \\ K[f^I(0,y)] \end{pmatrix},$$

$$\tilde{f}_1(\bar{z}) = \begin{pmatrix} f^R(x,0) - \bar{\eta}^R \\ f^I(0,y) - \bar{\eta}^I \end{pmatrix}, \quad \tilde{\bar{u}} = \bar{A}\bar{\eta} + \bar{u},$$

$$\bar{\eta} = \begin{pmatrix} \bar{\eta}^R \\ \bar{\eta}^I \end{pmatrix} \in K[f(0)]$$ 是一个常值向量.

由假设条件 (H4) 可知: 如果 $L_i > 0$, 则可以选取一个正常数 $c < \kappa$ 满足

$$\frac{4\|(A^R)^{\mathrm{T}}A^R + (A^I)^{\mathrm{T}}A^I\|}{d_m \lambda_m^1} < c < \frac{1}{2L_i p_i}; \tag{12.2.17}$$

如果 $L_i < 0$, 则存在一个正常数 $c < \kappa$ 满足

$$\frac{4\|(A^R)^{\mathrm{T}}A^R + (A^I)^{\mathrm{T}}A^I\|}{d_m \lambda_m^1} < c. \tag{12.2.18}$$

由(12.2.17) 和(12.2.18) 可得

$$c\lambda_m^1 - \frac{4\|(A^I)^{\mathrm{T}}A^I + (A^R)^{\mathrm{T}}A^R\|}{d_m} > 0.$$

对任意的 $s \in \Phi(\bar{z}, \theta)$, 根据可测选择引理 2.1.1, 存在 $\zeta_1 \in K[f_1(\bar{z})]$, $\zeta_2 \in K[f_\Delta(\bar{z})]$ 使得 $s = -(1-\theta)\bar{z} + \theta[-\bar{D}\bar{z} + \bar{A}\hat{\zeta}_1 + \bar{A}\hat{\zeta}_2 + \tilde{u}]$, 其中, $\hat{\zeta}_1 = [(\hat{\zeta}_1^R)^{\mathrm{T}}, (\hat{\zeta}_1^I)^{\mathrm{T}}]^{\mathrm{T}}$, $\hat{\zeta}_1^R \in K[\tilde{f}_1^R(x, y)]$, $\tilde{f}_1^R(x, y) = f^R(x, 0) - \bar{\eta}^R$, $\bar{\eta}^R \in K[f^R(0, 0)]$, $\hat{\zeta}_1^I \in K[\tilde{f}_1^I(x, y)]$, $\tilde{f}_1^I(x, y) = f^I(0, y) - \bar{\eta}^I$, $\bar{\eta}^I \in K[f^I(0, 0)]$, $\hat{\zeta}_2 = [(\zeta_1^R - \zeta_2^R)^{\mathrm{T}}, (\zeta_1^I - \zeta_2^I)^{\mathrm{T}}]^{\mathrm{T}}$, $\zeta_1^R \in K[f^R(x, y)]$, $\zeta_2^R \in K[f^R(x, 0)]$, $\zeta_1^I \in K[f^I(x, y)]$, $\zeta_2^I \in K[f^I(0, y)]$, 由假设条件 (H4), 对任意的 $(x_i, y_i)^{\mathrm{T}} \in \mathbb{R}^2$ 和 $\hat{\zeta}_{1,i}^R \in K[\tilde{f}_{1,i}^R(x_i, y_i)]$, $\hat{\zeta}_{1,i}^I \in K[\tilde{f}_{1,i}^I(x_i, y_i)]$, 有

$$\frac{\hat{\zeta}_{1,i}^R}{x_i} \geqslant -L_i^R \geqslant -L_i, \quad \frac{\hat{\zeta}_{1,i}^I}{y_i} \geqslant -L_i^I \geqslant -L_i, \qquad (12.2.19)$$

故可得到

$$x_i^2 + 2c(\hat{\zeta}_{1,i}^R)p_i x_i \geqslant (1 - 2cp_i L_i)x_i^2, \quad y_i^2 + 2c(\hat{\zeta}_{1,i}^I)p_i y_i \geqslant (1 - 2cp_i L_i)y_i^2 \tag{12.2.20}$$

和

$$-(x^{\mathrm{T}}x + 2c(\hat{\zeta}_1^R)^{\mathrm{T}}Px) \leqslant -\varepsilon x^{\mathrm{T}}x, \quad -(y^{\mathrm{T}}y + 2c(\hat{\zeta}_1^I)^{\mathrm{T}}Py) \leqslant -\varepsilon y^{\mathrm{T}}y, \tag{12.2.21}$$

其中, $\varepsilon = \min\limits_{1 \leqslant i \leqslant n}(1 - 2cp_i L_i) > 0$. 又因为 $d_i > 0$, 从而

$$-(x^{\mathrm{T}}Dx + 2c(\hat{\zeta}_1^R)^{\mathrm{T}}PDx) \leqslant -\varepsilon x^{\mathrm{T}}Dx, \quad -(y^{\mathrm{T}}Dy + 2c(\hat{\zeta}_1^I)^{\mathrm{T}}PDy) \leqslant -\varepsilon y^{\mathrm{T}}Dy. \tag{12.2.22}$$

根据假设条件 (H3*) 可知: $\|\hat{\zeta}_1\| \leqslant \alpha^*\|\bar{z}\| + \beta^*$, 其中, $\alpha^* = \sqrt{2} \max\limits_{i=1,2,\cdots,n}\{\alpha_i^R + \alpha_i^I, \beta_i^R + \beta_i^I\}$, $\beta^* = \sum\limits_{i=1}^n (\eta_i^R + \eta_i^I)$. 记 $\bar{P} = \mathrm{diag}\{P, P\}$, $\alpha = \min\{2\varepsilon, \varepsilon d_m\}$, $p_M = \max\limits_{1 \leqslant i \leqslant n}\{p_i\}$, $M = 2(1 + cp_M\alpha^*)\|\tilde{u}\|$, $N = 2cp_M\beta^*\|\tilde{u}\|$, 则由(12.2.21) 和(12.2.22), 对任意的 $s \in \Phi(\bar{z}, \theta)$, 有

$$\begin{aligned}
&(2\bar{z} + 2c\bar{P}\hat{\zeta}_1)^{\mathrm{T}}s \\
&= (2\bar{z} + 2c\bar{P}\hat{\zeta}_1)^{\mathrm{T}}\big[-(1-\theta)\bar{z} + \theta(-\bar{D}\bar{z} + \bar{A}\hat{\zeta}_1 + \bar{A}\hat{\zeta}_2 + \tilde{u})\big] \\
&= -2(1-\theta)x^{\mathrm{T}}x - 2(1-\theta)c(\hat{\zeta}_1^R)^{\mathrm{T}}Px - 2\theta x^{\mathrm{T}}Dx - 2c\theta(\hat{\zeta}_1^R)^{\mathrm{T}}PDx \\
&\quad + \theta\big[2x^{\mathrm{T}}(A^R\hat{\zeta}_1^R - A^I\hat{\zeta}_1^I)\big] + 2\theta c(\hat{\zeta}_1^R)^{\mathrm{T}}P(A^R\hat{\zeta}_1^R - A^I\hat{\zeta}_1^I) \\
&\quad + \theta\big[2x^{\mathrm{T}}(A^R\hat{\zeta}_2^R - A^I\hat{\zeta}_2^I)\big] + 2\theta c(\hat{\zeta}_1^R)^{\mathrm{T}}P(A^R\hat{\zeta}_2^R - A^I\hat{\zeta}_2^I)
\end{aligned}$$

$$- 2(1-\theta)y^{\mathrm{T}}y - 2(1-\theta)c(\hat{\zeta}_1^I)^{\mathrm{T}}Py - 2\theta y^{\mathrm{T}}Dy - 2c\theta(\hat{\zeta}_1^I)^{\mathrm{T}}PDy$$
$$+ \theta\big[2y^{\mathrm{T}}(A^R\hat{\zeta}_1^I + A^I\hat{\zeta}_1^R)\big] + 2\theta c(\hat{\zeta}_1^I)^{\mathrm{T}}P(A^I\hat{\zeta}_1^R + A^R\hat{\zeta}_1^I)$$
$$+ \theta\big[2y^{\mathrm{T}}(A^R\hat{\zeta}_2^I + A^I\hat{\zeta}_2^R)\big] + 2\theta c(\hat{\zeta}_2^I)^{\mathrm{T}}P(A^I\hat{\zeta}_2^R + A^R\hat{\zeta}_2^I) + \theta(2w + 2c\bar{P}\hat{\zeta})^{\mathrm{T}}\tilde{u}$$
$$\leqslant - \alpha x^{\mathrm{T}}x - \theta x^{\mathrm{T}}Dx + \theta\big[2x^{\mathrm{T}}(A^R\hat{\zeta}_1^R - A^I\hat{\zeta}_1^I)\big] + 2\theta c(\hat{\zeta}_1^R)^{\mathrm{T}}P(A^R\hat{\zeta}_1^R - A^I\hat{\zeta}_1^I)$$
$$+ \theta\big[2x^{\mathrm{T}}(A^R\hat{\zeta}_2^R - A^I\hat{\zeta}_2^I)\big] + 2\theta c(\hat{\zeta}_1^R)^{\mathrm{T}}P(A^R\hat{\zeta}_2^R - A^I\hat{\zeta}_2^I)$$
$$- \alpha y^{\mathrm{T}}y - \theta y^{\mathrm{T}}Dy + \theta\big[2y^{\mathrm{T}}(A^R\hat{\zeta}_1^I + A^I\hat{\zeta}_1^R)\big] + 2\theta c(\hat{\zeta}_1^I)^{\mathrm{T}}P(A^I\hat{\zeta}_1^R + A^R\hat{\zeta}_1^I)$$
$$+ \theta\big[2y^{\mathrm{T}}(A^R\hat{\zeta}_2^I + A^I\hat{\zeta}_2^R)\big] + 2\theta c(\hat{\zeta}_1^I)^{\mathrm{T}}P(A^I\hat{\zeta}_2^R + A^R\hat{\zeta}_2^I)$$
$$+ 2(1 + cp_M\alpha^*)\|\tilde{u}\|\|\bar{z}\| + 2cp_M\beta^*\|\tilde{u}\|. \tag{12.2.23}$$

由假设条件 (H5), 对任意的 $(x_i, y_i)^{\mathrm{T}} \in \mathbb{R}^2$ 和 $\hat{\zeta}_{2,i}^R \in (K[f_{2,i}^R(x_i, y_i)] - K[f_{2,i}^R(x_i, 0)])$, $\hat{\zeta}_{2,i}^I \in (K[f_{2,i}^I(x_i, y_i)] - K[f_{2,i}^I(0, y_i)])$, 有

$$|\hat{\zeta}_{2,i}^R| \leqslant K_i^R|y_i|, \quad |\hat{\zeta}_{2,i}^I| \leqslant K_i^I|x_i|, \tag{12.2.24}$$

故由 $K_i = \max\{K_i^R, K_i^I\}$ 以及不等式 $2xy \leqslant x^2 + y^2$ 可得到

$$\theta\big[2x^{\mathrm{T}}(A^R\hat{\zeta}_2^R - A^I\hat{\zeta}_2^I)\big] \leqslant \theta\big[2|x|^{\mathrm{T}}|A^R|K^R|y| + 2|x|^{\mathrm{T}}|A^I|K^I|x|\big]$$
$$\leqslant \theta\big[x^{\mathrm{T}}(2|A^I|K^I + P)x + y^{\mathrm{T}}K^R|A^R|^{\mathrm{T}}P|A^R|K^Ry\big]$$
$$\leqslant \theta\big[x^{\mathrm{T}}(2|A^I|K + P)x + y^{\mathrm{T}}K|A^R|^{\mathrm{T}}P|A^R|Ky\big], \tag{12.2.25}$$
$$\theta\big[2y^{\mathrm{T}}(A^R\hat{\zeta}_2^I + A^I\hat{\zeta}_2^R)\big] \leqslant \theta\big[2|y|^{\mathrm{T}}|A^R|K^I|x| + 2|y|^{\mathrm{T}}|A^I|K^R|y|\big]$$
$$\leqslant \theta\big[y^{\mathrm{T}}(2|A^I|K + P)y + x^{\mathrm{T}}K|A^R|^{\mathrm{T}}P|A^R|Kx\big],$$

以及

$$2\theta c(\hat{\zeta}_1^R)^{\mathrm{T}}P(A^R\hat{\zeta}_1^R - A^I\hat{\zeta}_1^I) + 2\theta c(\hat{\zeta}_1^R)^{\mathrm{T}}P(A^R\hat{\zeta}_2^R - A^I\hat{\zeta}_2^I)$$
$$\leqslant \theta c\big[(\hat{\zeta}_1^R)^{\mathrm{T}}(PA^R + (A^R)^{\mathrm{T}}P)\hat{\zeta}_1^R + (\hat{\zeta}_1^R)^{\mathrm{T}}P\hat{\zeta}_1^R + (\hat{\zeta}_1^I)^{\mathrm{T}}(A^I)^{\mathrm{T}}PA^I\hat{\zeta}_1^I\big]$$
$$+ \theta c\big[(\hat{\zeta}_1^R)^{\mathrm{T}}P\hat{\zeta}_1^R + (\hat{\zeta}_2^R)^{\mathrm{T}}(A^R)^{\mathrm{T}}PA^R\hat{\zeta}_2^R + (\hat{\zeta}_1^R)^{\mathrm{T}}P\hat{\zeta}_1^R + (\hat{\zeta}_2^I)^{\mathrm{T}}(A^I)^{\mathrm{T}}PA^I\hat{\zeta}_2^I\big]$$
$$\leqslant \theta c\big[(\hat{\zeta}_1^R)^{\mathrm{T}}(PA^R + (A^R)^{\mathrm{T}}P + 3P)\hat{\zeta}_1^R + (\hat{\zeta}_1^I)^{\mathrm{T}}(A^I)^{\mathrm{T}}PA^I\hat{\zeta}_1^I\big]$$
$$+ \theta c\big[(\hat{\zeta}_2^R)^{\mathrm{T}}(A^R)^{\mathrm{T}}PA^R\hat{\zeta}_2^R + (\hat{\zeta}_2^I)^{\mathrm{T}}(A^I)^{\mathrm{T}}PA^I\hat{\zeta}_2^I\big]$$
$$\leqslant \theta c\big[(\hat{\zeta}_1^R)^{\mathrm{T}}(PA^R + (A^R)^{\mathrm{T}}P + 3P)\hat{\zeta}_1^R + (\hat{\zeta}_1^I)^{\mathrm{T}}(A^I)^{\mathrm{T}}PA^I\hat{\zeta}_1^I\big]$$
$$+ \theta\kappa\big[y^{\mathrm{T}}K(|A^R|)^{\mathrm{T}}P|A^R|Ky + x^{\mathrm{T}}K(|A^I|)^{\mathrm{T}}P|A^I|Kx\big],$$
$$2\theta c(\hat{\zeta}_1^I)^{\mathrm{T}}P(A^R\hat{\zeta}_1^I + A^I\hat{\zeta}_1^R) + 2\theta c(\hat{\zeta}_1^I)^{\mathrm{T}}P(A^R\hat{\zeta}_2^I + A^I\hat{\zeta}_2^R)$$
$$\leqslant \theta c\big[(\hat{\zeta}_1^I)^{\mathrm{T}}(PA^R + (A^R)^{\mathrm{T}}P + 3P)\hat{\zeta}_1^I + (\hat{\zeta}_1^R)^{\mathrm{T}}(A^I)^{\mathrm{T}}PA^I\hat{\zeta}_1^R\big]$$
$$+ \theta\kappa\big[x^{\mathrm{T}}K(|A^R|)^{\mathrm{T}}P|A^R|Kx + y^{\mathrm{T}}K(|A^I|)^{\mathrm{T}}P|A^I|Ky\big]. \tag{12.2.26}$$

结合 (12.2.23)—(12.2.26), 可以得到

$$
\begin{aligned}
(2\bar{z} + 2c\bar{P}\hat{\zeta}_1)^{\mathrm{T}}s \leqslant & - \alpha x^{\mathrm{T}}x - \theta x^{\mathrm{T}}\left(\frac{D}{2} - \bar{Q}_2\right)x - \frac{1}{2}\theta x^{\mathrm{T}}Dx \\
& + \theta\left[2x^{\mathrm{T}}(A^R\hat{\zeta}_1^R - A^I\hat{\zeta}_1^I)\right] + \theta c(\hat{\zeta}_1^R)^{\mathrm{T}}Q_1\hat{\zeta}_1^R \\
& - \alpha y^{\mathrm{T}}y - \theta y^{\mathrm{T}}\left(\frac{D}{2} - \bar{Q}_2\right)y - \frac{1}{2}\theta y^{\mathrm{T}}Dy \\
& + \theta\left[2y^{\mathrm{T}}(A^R\hat{\zeta}_1^I + A^I\hat{\zeta}_1^R)\right] + \theta c(\hat{\zeta}_1^I)^{\mathrm{T}}Q_1\hat{\zeta}_1^I \\
& + 2(1 + cp_M\alpha^*)\|\tilde{\tilde{u}}\|\|\tilde{z}\| + 2cp_M\beta^*\|\tilde{\tilde{u}}\| \\
\leqslant & - \alpha x^{\mathrm{T}}x - \frac{1}{2}\theta x^{\mathrm{T}}Dx + \theta\left[2x^{\mathrm{T}}(A^R\hat{\zeta}_1^R - A^I\hat{\zeta}_1^I)\right] + \theta c(\hat{\zeta}_1^R)^{\mathrm{T}}Q_1\hat{\zeta}_1^R \\
& - \alpha y^{\mathrm{T}}y - \frac{1}{2}\theta y^{\mathrm{T}}Dy + \theta\left[2y^{\mathrm{T}}(A^R\hat{\zeta}_1^I + A^I\hat{\zeta}_1^R)\right] + \theta c(\hat{\zeta}_1^I)^{\mathrm{T}}Q_1\hat{\zeta}_1^I \\
& + 2(1 + cp_M\alpha^*)\|\tilde{\tilde{u}}\|\|\tilde{z}\| + 2cp_M\beta^*\|\tilde{\tilde{u}}\|,
\end{aligned} \tag{12.2.27}
$$

其中, $\bar{Q}_2 = P + 2|A^I|K + K(|A^R|)^{\mathrm{T}}P|A^R|K + \kappa\big[K(|A^R|)^{\mathrm{T}}P|A^R|K + K(|A^I|)^{\mathrm{T}}\cdot P|A^I|K\big]$.

利用配方的思想, 可得

$$
\begin{aligned}
& -\frac{1}{2}\theta x^{\mathrm{T}}Dx + \theta\left[2x^{\mathrm{T}}(A^R\hat{\zeta}_1^R - A^I\hat{\zeta}_1^I)\right] \\
= & -\theta\left[\left(\frac{1}{2}D^{\frac{1}{2}}x - 2D^{-\frac{1}{2}}A^R\hat{\zeta}_1^R\right)^{\mathrm{T}}\left(\frac{1}{2}D^{\frac{1}{2}}x - 2D^{-\frac{1}{2}}A^R\hat{\zeta}_1^R\right)\right] \\
& -\theta\left[\left(\frac{1}{2}D^{\frac{1}{2}}x + 2D^{-\frac{1}{2}}A^I\hat{\zeta}_1^I\right)^{\mathrm{T}}\left(\frac{1}{2}D^{\frac{1}{2}}x + 2D^{-\frac{1}{2}}A^I\hat{\zeta}_1^I\right)\right] \\
& + 4\theta(\hat{\zeta}_1^R)^{\mathrm{T}}(A^R)^{\mathrm{T}}D^{-1}A^R\hat{\zeta}_1^R + 4\theta(\hat{\zeta}_1^I)^{\mathrm{T}}(A^I)^{\mathrm{T}}D^{-1}A^I\hat{\zeta}_1^I \\
\leqslant & 4\theta d_m^{-1}(\hat{\zeta}_1^R)^{\mathrm{T}}(A^R)^{\mathrm{T}}A^R\hat{\zeta}_1^R + 4\theta d_m^{-1}(\hat{\zeta}_1^I)^{\mathrm{T}}(A^I)^{\mathrm{T}}A^I\hat{\zeta}_1^I, \\
& -\frac{1}{2}\theta y^{\mathrm{T}}Dy + \theta\left[2y^{\mathrm{T}}(A^R\hat{\zeta}_1^I + A^I\hat{\zeta}_1^R)\right] \\
\leqslant & 4\theta d_m^{-1}(\hat{\zeta}_1^I)^{\mathrm{T}}(A^R)^{\mathrm{T}}A^R\hat{\zeta}_1^I + 4\theta d_m^{-1}(\hat{\zeta}_1^R)^{\mathrm{T}}(A^I)^{\mathrm{T}}A^I\hat{\zeta}_1^R.
\end{aligned} \tag{12.2.28}
$$

结合 (12.2.27) 和 (12.2.28), 可以得到

$$
\begin{aligned}
& (2\bar{z} + 2c\bar{P}\hat{\zeta}_1)^{\mathrm{T}}s \\
\leqslant & - \alpha x^{\mathrm{T}}x - \alpha y^{\mathrm{T}}y + M\|\bar{z}\| + N + \theta(\hat{\zeta}^R)_1^{\mathrm{T}}\bigg[cQ_1 + \frac{4}{d_m}((A^I)^{\mathrm{T}}A^I \\
& + (A^R)^{\mathrm{T}}A^R)\bigg]\hat{\zeta}_1^R + \theta(\hat{\zeta}_1^I)^{\mathrm{T}}\bigg[cQ_1 + \frac{4}{d_m}((A^I)^{\mathrm{T}}A^I + (A^R)^{\mathrm{T}}A^R)\bigg]\hat{\zeta}_1^I
\end{aligned}
$$

$$
\begin{aligned}
\leqslant & - \alpha \bar{z}^{\mathrm{T}} \bar{z} + M\|\bar{z}\| + N - \theta(\hat{\zeta}^R)_1^{\mathrm{T}} \left[c\lambda_m^1 - \frac{4}{d_m} \|(A^I)^{\mathrm{T}} A^I + (A^R)^{\mathrm{T}} A^R\| \right] \hat{\zeta}_1^R \\
& - \theta(\hat{\zeta}_1^I)^{\mathrm{T}} \left[c\lambda_m^1 - \frac{4}{d_m} \|(A^I)^{\mathrm{T}} A^I + (A^R)^{\mathrm{T}} A^R\| \right] \hat{\zeta}_1^I \\
\leqslant & - \alpha \|\bar{z}\|^2 + M\|\bar{z}\| + N.
\end{aligned}
\tag{12.2.29}
$$

由(12.2.29)可知, 对足够大的常数 R_0 来说, 当 $\|\bar{z}\| > R_0$ 时有 $(2\bar{z} + 2c\bar{P}\hat{\zeta})_1^{\mathrm{T}} s < 0$. 显然, 当 $\|\bar{z}\| > R_0$ 时, $0 \notin \Phi(\bar{z}, \theta)$. 换句话说, 如果 $0 \in \Phi(\bar{z}, \theta)$, 必 $\|\bar{z}\| \leqslant R_0$, 故集合 Γ 是有界的. 根据引理 2.1.8, 存在 $\bar{z}^* \in \mathbb{R}^{2n}$ 使得 $\bar{z}^* \in \Phi(\bar{z}^*)$. 因此, 微分包含系统(12.2.9)至少有一个平衡点, 即实值微分系统(12.2.1)至少有一个平衡点 $\bar{z}^* = (x^{*\mathrm{T}}, y^{*\mathrm{T}})^{\mathrm{T}}$. 由可测选择引理可知: 存在一个输出平衡点 $((\zeta^R)^{*\mathrm{T}}, (\zeta^I)^{*\mathrm{T}})^{\mathrm{T}}$ 与 $\bar{z}^* = (x^{*\mathrm{T}}, y^{*\mathrm{T}})^{\mathrm{T}}$ 相对应. 定义 $z^* = x^* + \mathbf{i}y^*$, $\zeta^* = (\zeta^R)^* + \mathbf{i}(\zeta^I)^*$, 则 z^* 和 ζ^* 分别是不连续复值 Hopfield 神经网络模型(12.1.5)的平衡点和输出平衡点. 证毕.

下面利用广义 Lyapunov 函数方法进一步研究模型(12.1.5)平衡点的稳定性. 为了表述方便, 定义 $\tilde{z} = z - z^*$, $\tilde{\zeta} = \zeta - \zeta^*$, 则有

$$
\frac{\mathrm{d}\tilde{z}}{\mathrm{d}t} = -D\tilde{z} + A\tilde{\zeta},
\tag{12.2.30}
$$

其中, $\tilde{f}_i(z_i(t)) = f_i(\tilde{z}_i(t) + z_i^*) - \zeta_i^*$, $\tilde{\zeta} \in K[\tilde{f}(z(t))]$. 显然, 函数 $\tilde{f}$ 满足假设条件 (H1)—(H3), 且有 $0 \in K[\tilde{f}(0)]$. 分离系统(12.2.30) 的实部和虚部, 可以得到如下的系统:

$$
\begin{cases}
\dfrac{\mathrm{d}\tilde{x}}{\mathrm{d}t} = -D\tilde{x} + A^R\tilde{\zeta}^R - A^I\tilde{\zeta}^I \triangleq -D\tilde{x} + A^R\tilde{\zeta}_1^R - A^I\tilde{\zeta}_1^I + A^R\tilde{\zeta}_2^R - A^I\tilde{\zeta}_2^I, \\[2mm]
\dfrac{\mathrm{d}\tilde{y}}{\mathrm{d}t} = -D\tilde{y} + A^I\tilde{\zeta}^R + A^R\tilde{\zeta}^I \triangleq -D\tilde{y} + A^I\tilde{\zeta}_1^R + A^R\tilde{\zeta}_1^I + A^I\tilde{\zeta}_2^R + A^R\tilde{\zeta}_2^I,
\end{cases}
\tag{12.2.31}
$$

其中

$$
\tilde{x} = x - x^*, \quad \tilde{f}_{1,i}^R(\tilde{x}_i, y_i^*) = f_i^R(x_i^* + \tilde{x}_i, y_i^*) - (\zeta^R)^*,
$$

$$
\tilde{\zeta}_{1,i}^R \in K[\tilde{f}_{1,i}^R(\tilde{x}_i, y_i^*)], \quad \tilde{\zeta}_1^R = (\tilde{\zeta}_{1,1}^R, \tilde{\zeta}_{1,2}^R, \cdots, \tilde{\zeta}_{1,n}^R)^{\mathrm{T}},
$$

$$
\tilde{y} = y - y^*, \quad \tilde{f}_{1,i}^I(x_i^*, \tilde{y}_i) = f_i^I(x_i^*, y_i^* + \tilde{y}_i) - (\zeta^I)^*,
$$

$$
\tilde{\zeta}_{1,i}^I \in K[\tilde{f}_{1,i}^I(x_i^*, \tilde{y}_i)], \quad \tilde{\zeta}_1^I = (\tilde{\zeta}_{1,1}^I, \tilde{\zeta}_{1,2}^I, \cdots, \tilde{\zeta}_{1,n}^I)^{\mathrm{T}}.
$$

$$
\tilde{\zeta}_{2,i}^R = \zeta_i^R - \zeta_{\Delta,i}^R, \quad \zeta_i^R \in K[f_i^R(x_i^* + \tilde{x}_i, y_i^* + \tilde{y}_i)],
$$

$$
\zeta_{\Delta,i}^R \in K[f_i^R(x_i^* + \tilde{x}_i, y_i^*)], \quad \tilde{\zeta}_2^R = (\tilde{\zeta}_{2,1}^R, \tilde{\zeta}_{2,2}^R, \cdots, \tilde{\zeta}_{2,n}^R)^{\mathrm{T}},
$$

$$
\tilde{\zeta}_{2,i}^I = \zeta_i^I - \zeta_{\Delta,i}^I, \quad \zeta_i^I \in K[f_i^I(x_i^* + \tilde{x}_i, y_i^* + \tilde{y}_i)],
$$

$$\zeta^I_{\Delta,i} \in K[f^I_i(x^*_i, y^*_i + \tilde{y}_i)], \quad \tilde{\zeta}^I_2 = (\tilde{\zeta}^I_{2,1}, \tilde{\zeta}^I_{2,2}, \cdots, \tilde{\zeta}^I_{2,n})^{\mathrm{T}}.$$

由假设条件 (H4) 可得: 对任意的 $(u,v) \in \mathbb{R}^2$, $\tilde{\zeta}^R_{1,i} \in K[\tilde{f}^R_{1,i}(u,v)]$, $\tilde{\zeta}^I_{1,i} \in K[\tilde{f}^I_{1,i}(u,v)]$ 都有 $\dfrac{\tilde{\zeta}^R_{1,i}}{u} \geqslant -L^R_i$, $\dfrac{\tilde{\zeta}^I_{1,i}}{v} \geqslant -L^I_i$ 成立. 由假设条件 (H5) 可得: 对任意的 $(u,v) \in \mathbb{R}^2$ 和 (12.2.31) 中的 $\tilde{\zeta}^R_{2,i}$, $\tilde{\zeta}^I_{2,i}$ 都有 $\left|\dfrac{\tilde{\zeta}^R_{1,i}}{v}\right| \leqslant K^R_i$, $\left|\dfrac{\tilde{\zeta}^I_{2,i}}{u}\right| \leqslant K^I_i$ 成立.

定理 12.2.2　如果条件 (H1*)—(H3*), (H4) 和 (H5) 成立, 而且存在一个正对角矩阵 P 和一个常数 $\kappa > 0$ 使得矩阵(12.2.12)和(12.2.13)分别为负定的和正定的, 且(12.2.14)成立, 则模型(12.1.5)有唯一的平衡点 z^*, 而且, z^* 是全局渐近稳定的.

证明　根据定理 12.2.1, 模型 (12.1.5) 至少有一个平衡点. 类似于定理 12.2.1 的分析, 由不等式 (12.2.14) 可知: 如果 $L_i > 0$, 则存在正常数 $c < \kappa$ 使得

$$\frac{4\|(A^R)^{\mathrm{T}}A^R + (A^I)^{\mathrm{T}}A^I\|}{d_m \lambda^1_m} < c < \frac{1}{2L_i p_i}. \tag{12.2.32}$$

否则, 可以选取一个正常数 $\kappa > c > 0$ 使得

$$\frac{4\|(A^R)^{\mathrm{T}}A^R + (A^I)^{\mathrm{T}}A^I\|}{d_m \lambda^1_m} < c. \tag{12.2.33}$$

综合 (12.2.32) 和 (12.2.33), 可得到 $\rho = c\lambda^1_m - \dfrac{2\|(A^R)^{\mathrm{T}}A^R + (A^I)^{\mathrm{T}}A^I\|}{d_m} > 0$.

构造如下的 Lyapunov 函数:

$$V = \sum_{i=1}^n \tilde{x}^2_i + \sum_{i=1}^n \tilde{y}^2_i + 2c\sum_{i=1}^n p_i \int_0^{\tilde{x}_i} \tilde{f}^R_{1,i}(\sigma, y^*_i)\mathrm{d}\sigma + 2c\sum_{i=1}^n p_i \int_0^{\tilde{y}_i} \tilde{f}^I_{1,i}(x^*_i, \sigma)\mathrm{d}\sigma. \tag{12.2.34}$$

由 (12.2.32) 或 (12.2.33) 可知: 当 $\tilde{x} \neq 0$ 或 $\tilde{y} \neq 0$ 时, $V > 0$ 且 $V(0) = 0$; 当 $\|\tilde{z}\| \to +\infty$ 时, 有 $V \to +\infty$, 从而 V_1 是正定且径向无界的, 且是 C-正则的. 利用引理 2.2.1, 沿着系统(12.2.31) 的解对 V 求导, 可得

$$\begin{aligned}
\frac{\mathrm{d}V}{\mathrm{d}t} &= 2\sum_{i=1}^n \tilde{x}_i \dot{\tilde{x}}_i + 2c\sum_{i=1}^n p_i \tilde{\zeta}^R_{1,i} \dot{\tilde{x}}_i + 2\sum_{i=1}^n \tilde{y}_i \dot{\tilde{y}}_i + 2c\sum_{i=1}^n p_i \tilde{\zeta}^I_{1,i} \dot{\tilde{y}}_i \\
&= (2\tilde{x} + 2cP\tilde{\zeta}^R_1)^{\mathrm{T}} \big[-D\tilde{x} + A^R\tilde{\zeta}^R_1 - A^I\tilde{\zeta}^I_1 + A^R\tilde{\zeta}^R_2 - A^I\tilde{\zeta}^I_2\big] \\
&\quad + (2\tilde{y} + 2cP\tilde{\zeta}^I_1)^{\mathrm{T}} \big[-D\tilde{y} + A^R\tilde{\zeta}^I_1 + A^I\tilde{\zeta}^R_1 + A^R\tilde{\zeta}^I_2 + A^I\tilde{\zeta}^R_2\big].
\end{aligned} \tag{12.2.35}$$

类似于定理 12.2.1 中 (12.2.20) 和 (12.2.21)的推导, 可得

$$-(\tilde{x}^{\mathrm{T}}D\tilde{x} + 2c(\tilde{\zeta}^R_1)^{\mathrm{T}}PD\tilde{x}) \leqslant -\varepsilon d_m \tilde{x}^{\mathrm{T}}\tilde{x}, \qquad -(\tilde{y}^{\mathrm{T}}D\tilde{y} + 2c(\tilde{\zeta}^I_1)^{\mathrm{T}}PD\tilde{y}) \leqslant -\varepsilon d_m \tilde{y}^{\mathrm{T}}\tilde{y}. \tag{12.2.36}$$

类似于定理 12.2.1 中 (12.2.25) 的推导, 可得

$$
\begin{aligned}
2x^{\mathrm{T}}(A^R\hat{\zeta}_2^R - A^I\hat{\zeta}_2^I) &\leqslant x^{\mathrm{T}}(2|A^I|K+P)x + y^{\mathrm{T}}K|A^R|^{\mathrm{T}}P|A^R|Ky,\\
2y^{\mathrm{T}}(A^R\hat{\zeta}_2^I + A^I\hat{\zeta}_2^R) &\leqslant y^{\mathrm{T}}(2|A^I|K+P)y + x^{\mathrm{T}}K|A^R|^{\mathrm{T}}P|A^R|Kx.
\end{aligned}
\tag{12.2.37}
$$

类似于定理 12.2.1 中 (12.2.26) 的推导, 可得

$$
\begin{aligned}
&2c(\hat{\zeta}_1^R)^{\mathrm{T}}P(A^R\hat{\zeta}_1^R - A^I\hat{\zeta}_1^I) + 2c(\hat{\zeta}_1^R)^{\mathrm{T}}P(A^R\hat{\zeta}_2^R - A^I\hat{\zeta}_2^I)\\
&\leqslant c\big[(\hat{\zeta}_1^R)^{\mathrm{T}}(PA^R + (A^R)^{\mathrm{T}}P + 3P)\hat{\zeta}_1^R + (\hat{\zeta}_1^I)^{\mathrm{T}}(A^I)^{\mathrm{T}}PA^I\hat{\zeta}_1^I\big]\\
&\quad + \kappa\big[y^{\mathrm{T}}K(|A^R|)^{\mathrm{T}}P|A^R|Ky + x^{\mathrm{T}}K(|A^I|)^{\mathrm{T}}P|A^I|Kx\big],\\
&2c(\hat{\zeta}_1^I)^{\mathrm{T}}P(A^R\hat{\zeta}_1^I + A^I\hat{\zeta}_1^R) + 2\theta c(\hat{\zeta}_1^I)^{\mathrm{T}}P(A^R\hat{\zeta}_2^I + A^I\hat{\zeta}_2^R)\\
&\leqslant c\big[(\hat{\zeta}_1^I)^{\mathrm{T}}(PA^R + (A^R)^{\mathrm{T}}P + 3P)\hat{\zeta}_1^I + (\hat{\zeta}_1^R)^{\mathrm{T}}(A^I)^{\mathrm{T}}PA^I\hat{\zeta}_1^R\big]\\
&\quad + \kappa\big[x^{\mathrm{T}}K(|A^R|)^{\mathrm{T}}P|A^R|Kx + y^{\mathrm{T}}K(|A^I|)^{\mathrm{T}}P|A^I|Ky\big].
\end{aligned}
\tag{12.2.38}
$$

利用配方的思想, 可得

$$
\begin{aligned}
&-\frac{1}{2}x^{\mathrm{T}}Dx + \big[2x^{\mathrm{T}}(A^R\hat{\zeta}_1^R - A^I\hat{\zeta}_1^I)\big]\\
&\leqslant (\hat{\zeta}_1^R)^{\mathrm{T}}(A^R)^{\mathrm{T}}A^R\hat{\zeta}_1^R + \frac{4}{d_m}(\hat{\zeta}_1^I)^{\mathrm{T}}(A^I)^{\mathrm{T}}A^I\hat{\zeta}_1^I,\\
&-\frac{1}{2}y^{\mathrm{T}}Dy + \big[2y^{\mathrm{T}}(A^R\hat{\zeta}_1^I + A^I\hat{\zeta}_1^R)\big]\\
&\leqslant \frac{4}{d_m}(\hat{\zeta}_1^I)^{\mathrm{T}}(A^R)^{\mathrm{T}}A^R\hat{\zeta}_1^I + \frac{4}{d_m}(\hat{\zeta}_1^R)^{\mathrm{T}}(A^I)^{\mathrm{T}}A^I\hat{\zeta}_1^R.
\end{aligned}
\tag{12.2.39}
$$

将 (12.2.36)—(12.2.39) 代入 (12.2.35), 可得到如下的不等式:

$$
\begin{aligned}
\frac{\mathrm{d}V}{\mathrm{d}t} \leqslant& -\varepsilon d_m\tilde{x}^{\mathrm{T}}\tilde{x} + (\tilde{\zeta}_1^R)^{\mathrm{T}}\left[cQ_1 + \frac{4}{d_m}((A^I)^{\mathrm{T}}A^I + (A^R)^{\mathrm{T}}A^R)\right]\tilde{\zeta}_1^R\\
&-\varepsilon d_m\tilde{y}^{\mathrm{T}}\tilde{y} + (\tilde{\zeta}_1^I)^{\mathrm{T}}\left[cQ_1 + \frac{4}{d_m}((A^I)^{\mathrm{T}}A^I + (A^R)^{\mathrm{T}}A^R)\right]\tilde{\zeta}_1^I\\
\leqslant& -\varepsilon d_m\tilde{x}^{\mathrm{T}}\tilde{x} - \varepsilon d_m\tilde{y}^{\mathrm{T}}\tilde{y}.
\end{aligned}
\tag{12.2.40}
$$

因此, $(\tilde{x}^{*\mathrm{T}}, \tilde{y}^{*\mathrm{T}})^{\mathrm{T}}$ 是系统 (12.2.31) 的平衡点, 而且是全局渐近稳定的. 换句话说, $z^* = x^* + \mathrm{i}y^*$ 是复值 Hopfield 神经网络模型 (12.1.5) 的一个全局渐近稳定平衡点. 由平衡点的全局渐近稳定性可知, $z^* = x^* + \mathrm{i}y^*$ 是模型 (12.1.5) 的唯一平衡点. 证毕.

注 12.2.4　文献 [341, 580, 699] 研究了具不连续信号传输函数的复值神经网络模型平衡点的稳定性. 然而, 信号传输函数要求具有 $f(z) = f^R(\mathrm{Re}(z)) + \mathbf{i}f^I(\mathrm{Im}(z))$ 的特殊形式, 且 $f^R(\mathrm{Re}(z))$, $f^I(\mathrm{Im}(z))$ 要求是单调的. 本节中定理 12.2.1 和定理 12.2.2 考虑的信号传输函数具有 $f(z) = f^R(\mathrm{Re}(z), \mathrm{Im}(z)) + \mathbf{i}f^I(\mathrm{Re}(z), \mathrm{Im}(z))$ 的一般形式. 由于 $f^R(\mathrm{Re}(z), \mathrm{Im}(z))$ 和 $f^I(\mathrm{Re}(z), \mathrm{Im}(z))$ 是二元函数, 因此定理 12.2.1 和定理 12.2.2 也没有要求信号传输函数的单调性.

推论 12.2.1　若假设条件 (H1*)—(H3*), (H4) 和 (H5) 成立, 且存在正常数 κ 和正对角矩阵 P 满足 $PA^I = (A^I)^{\mathrm{T}}P$, 并使得由 (12.2.13) 定义的矩阵 Q_2 负定, 矩阵

$$Q_3 = PA^R + (A^R)^{\mathrm{T}}P + 2P$$

正定和

$$\frac{L_i p_i \|(A^R)^{\mathrm{T}}A^R + (A^I)^{\mathrm{T}}A^I\|}{d_m \lambda_m^3} < \frac{1}{8}$$

成立, 其中, $\lambda_m^3 = -\lambda_M(Q_3)$, $K_i = \max\{K_i^R, K_i^I\}$, $K = \mathrm{diag}\{K_1, K_2, \cdots, K_n\}$, 则模型 (12.1.5) 有唯一的平衡点 z^*, 而且, z^* 是全局渐近稳定的.

考虑信号传输函数为二元函数的 BAM 神经网络模型:

$$\begin{cases} \dfrac{\mathrm{d}x}{\mathrm{d}t} = -Cx + Af(x, y) + u, \\[2mm] \dfrac{\mathrm{d}y}{\mathrm{d}t} = -Dy + Bg(x, y) + v, \end{cases} \tag{12.2.41}$$

其中, $x = (x_1, x_2, \cdots, x_n)^{\mathrm{T}}, y = (y_1, y_2, \cdots, y_n)^{\mathrm{T}} \in \mathbb{R}^n$; $C = \mathrm{diag}\{c_1, c_2, \cdots, c_n\}$, $D = \mathrm{diag}\{d_1, d_2, \cdots, d_n\}, A = (a_{ij})_{n \times n}, B = (b_{ij})_{n \times n} \in \mathbb{R}^{n \times n}$; $f(x, y) = (f_1(x_1, y_1), f_2(x_2, y_2), \cdots, f_n(x_n, y_n))^{\mathrm{T}}, g(x, y) = (g_1(x_1, y_1), g_2(x_2, y_2), \cdots, g_n(x_n, y_n))^{\mathrm{T}} \in \mathbb{R}^n$; $f_i, g_i : \mathbb{R}^2 \to \mathbb{R}, i = 1, 2, \cdots, n$; $u, v \in \mathbb{R}^n$.

推论 12.2.2　设对任意 $i = 1, 2, \cdots, n$, 信号传输函数 $f_i(\cdot, \cdot)$ 和 $g_i(\cdot, \cdot)$ 满足条件 (H1*)—(H3*), (H4) 和 (H5). 如果存在一个正对角矩阵 P 和正常数 κ 使得矩阵 Q_4 和 Q_5 负定, Q_6 和 Q_7 正定且

$$\frac{L_i^1 p_i \|A^{\mathrm{T}}A\|}{c_m \lambda_m^4} < \frac{1}{4}, \qquad \frac{L_i^2 p_i \|B^{\mathrm{T}}B\|}{d_m \lambda_m^5} < \frac{1}{4}$$

成立, 其中

$$Q_4 = PA + A^{\mathrm{T}}P + P, \quad Q_5 = PB + B^{\mathrm{T}}P + P,$$
$$Q_6 = \frac{C}{2} - (K^2 + |A|^{\mathrm{T}}|A| + \kappa K|A|^{\mathrm{T}}P|A|K),$$
$$Q_7 = \frac{D}{2} - (K^2 + |B|^{\mathrm{T}}|A| + \kappa K|B|^{\mathrm{T}}P|B|K),$$

$$c_m = \min_{1 \leqslant i \leqslant n}\{c_i\}, \ d_m = \min_{1 \leqslant i \leqslant n}\{d_i\}, \ \lambda_m^4 = -\lambda_M(Q_4), \ \lambda_m^5 = -\lambda_M(Q_5), \ K_i =$$
$\max\{K_i^1, K_i^2\}$, $K = \mathrm{diag}\{K_1, K_2, \cdots, K_n\}$, 则模型(12.2.41)有唯一平衡点 $(x^{*\mathrm{T}}, y^{*\mathrm{T}})^{\mathrm{T}}$, 而且, 平衡点 $(x^{*\mathrm{T}}, y^{*\mathrm{T}})^{\mathrm{T}}$ 是全局渐近稳定的.

例 12.2.1 考虑如下具二元信号传输函数的 BAM 神经网络模型:

$$\begin{cases} \dfrac{\mathrm{d}x}{\mathrm{d}t} = -Cx + Af(x, y) + u, \\[2mm] \dfrac{\mathrm{d}y}{\mathrm{d}t} = -Dy + Bg(x, y) + v, \end{cases} \tag{12.2.42}$$

其中

$$x = \begin{pmatrix} x_1 \\ x_2 \end{pmatrix}, \quad y = \begin{pmatrix} y_1 \\ y_2 \end{pmatrix}, \quad C = \begin{pmatrix} 8.1 & 0 \\ 0 & 15.4 \end{pmatrix}, \quad D = \begin{pmatrix} 15.2 & 0 \\ 0 & 16 \end{pmatrix},$$

$$A = \begin{pmatrix} -1.5 & 0.25 \\ -0.25 & -2 \end{pmatrix}, \quad B = \begin{pmatrix} -0.8 & -0.5 \\ 0.5 & -0.75 \end{pmatrix}, \quad u = \begin{pmatrix} 1 \\ 0.5 \end{pmatrix}, \quad v = \begin{pmatrix} 1.4 \\ 0.75 \end{pmatrix},$$

信号传输函数 $f(x, y) = (f_1(x_1, y_1), f_2(x_2, y_2))^{\mathrm{T}}$ 和 $g(x, y) = (g_1(x_1, y_1), g_2(x_2, y_2))^{\mathrm{T}}$ 为

$$f_1(x_1, y_1) = (x_1 + 1)\mathrm{sgn}(x_1) + y_1, \quad f_2(x_2, y_2) = \mathrm{sgn}(x_2) + y_2 + 2,$$
$$g_1(x_1, y_1) = (x_1 + 1) + \mathrm{sgn}(y_1), \quad g_2(x_2, y_2) = x_2 + (y_2 + 2)\mathrm{sgn}(y_2).$$

容易验证信号传输函数满足 (H1*)—(H3*), (H4) 和 (H5). 选取参数 $L_i^R = L_i^I = 1$, $K_i^R = K_i^I = 1$ $(i = 1, 2)$ 和 $P = E_2$ (二阶单位矩阵), 通过简单计算可得

$$Q_4 = \begin{pmatrix} -2 & 0 \\ 0 & -3 \end{pmatrix} \quad \text{和} \quad Q_5 = \begin{pmatrix} -0.6 & 0 \\ 0 & -0.5 \end{pmatrix}$$

负定,

$$Q_6 = \begin{pmatrix} 2.5812 & -1.3125 \\ -1.3125 & 0.6063 \end{pmatrix} \quad \text{和} \quad Q_7 = \begin{pmatrix} 5.2650 & -1.1625 \\ -1.1625 & 5.7813 \end{pmatrix}$$

正定, $\|A^{\mathrm{T}}A\| = 2.0178, \|B^{\mathrm{T}}B\| = 0.9473, \lambda_m^4 = 2, \lambda_m^5 = 0.5, c_m = 15.4, d_m = 15.2$. 从而

$$\frac{L_i^1 p_i \|A^{\mathrm{T}}A\|}{c_m \lambda_m^5} = 0.0653 < \frac{1}{4}, \qquad \frac{L_i^2 p_i \|B^{\mathrm{T}}B\|}{d_m \lambda_m^6} = 0.1246 < \frac{1}{4}.$$

　　根据推论 12.2.2, 模型(12.2.42)具有唯一平衡点, 而且该平衡点是全局渐近稳定的. 选取初值 $x(0) = (2,1)^{\mathrm{T}}, y(0) = (-1, -2)^{\mathrm{T}}$, 模型(12.2.42)的状态解和输出解的轨迹分别如图 12.3 和图 12.4 所示.

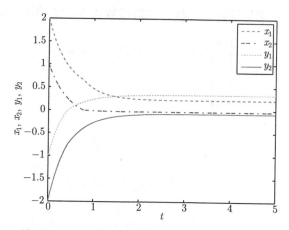

图 12.3　模型 (12.2.42) 的状态解分量 $x(t), y(t)$ 关于时间的轨线图

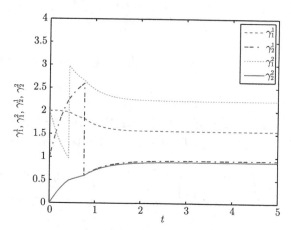

图 12.4　模型 (12.2.42) 的输出解分量 $\zeta_1(t), \zeta_2(t)$ 关于时间的轨线图

12.3　周期解的存在性

考虑具不连续信号传输函数的变系数复值神经网络模型如下

$$\frac{\mathrm{d}z_i}{\mathrm{d}t} = -d_i(t)z_i + \sum_{i=1}^{n} a_{ij}(t)f_j(z_j) + u_i(t), \quad i = 1, 2, \cdots, n, \tag{12.3.1}$$

其中, $z_i = z_i(t) \in \mathbb{C}$ 表示第 i 个神经元的状态变量; $d_i(t) > 0$ 表示第 i 个神经元的自抑制系数; $a_{ij}(t) \in \mathbb{C}$ 表示第 i 个神经元和 j 个神经元之间的连接权值; $u_i(t)$ 表示第 i 个神经元的外部输入; $f_j : \mathbb{C} \to \mathbb{C}$ $(j = 1, 2, \cdots, n)$ 表示网络中神经元之间的信号传输函数.

为了研究模型(12.3.1)周期解的存在性问题, 需要如下假设条件.

(H6) 对任意的 $i = 1, 2, \cdots, n$ 和 $j = 1, 2, \cdots, n$, $d_i(t), a_{ij}(t)$ 和 $u_i(t)$ 均在 $\mathbb{R}$ 上连续, 且存在正常数 ω, 使 $\forall t \in \mathbb{R}$ 有 $d_i(t+\omega) = d_i(t)$, $a_{ij}(t+\omega) = a_{ij}(t)$, $u_i(t + \omega) = u_i(t)$.

利用实部-虚部分离的方法来研究模型 (12.3.1) 周期解的存在性. 记 $x_i = \mathrm{Re}(z_i), y_i = \mathrm{Im}(z_i)$; $a_{ij}^R(t) = \mathrm{Re}(a_{ij}(t))$, $a_{ij}^I(t) = \mathrm{Im}(a_{ij}(t))$; $u_i^R(t) = \mathrm{Re}(u_i(t))$, $u_i^I(t) = \mathrm{Im}(u_i(t))$; $f_i^R(x_i, y_i) = \mathrm{Re}(f_i(z_i))$, $f_i^I(x_i, y_i) = \mathrm{Im}(f_i(z_i))$; $i, j = 1, 2, \cdots, n$, 则复值微分方程模型 (12.3.1) 可以转化为如下的实值微分方程模型:

$$\begin{cases} \dfrac{\mathrm{d}x_i}{\mathrm{d}t} = -d_i(t)x_i + \displaystyle\sum_{j=1}^{n} a_{ij}^R(t)f_j^R(x_j, y_j) - \sum_{j=1}^{n} a_{ij}^I(t)f_j^I(x_j, y_j) + u_i^R(t), \\ \dfrac{\mathrm{d}y_i}{\mathrm{d}t} = -d_i(t)y_i + \displaystyle\sum_{j=1}^{n} a_{ij}^I(t)f_j^R(x_j, y_j) + \sum_{j=1}^{n} a_{ij}^R(t)f_j^I(x_j, y_j) + u_i^I(t), \end{cases}$$
$$(12.3.2)$$

其中, $f_j^R(\cdot, \cdot)$ 和 $f_j^I(\cdot, \cdot)$ 是定义在 $\mathbb{R}^2$ 上的二元实值函数, $j = 1, 2, \cdots, n$.

定义 12.3.1 定义在区间 $[t_0, \mathcal{T})$ 上的复值函数 $z = z(t) = (z_1(t), z_2(t), \cdots, z_n(t))^{\mathrm{T}}$, $z_i(t) = x_i(t) + \mathrm{i}y_i(t)$ $(i = 1, 2, \cdots, n)$ 是模型(12.3.1) 的一个 Filippov 解 (状态解), 如果它满足:

(i) 对任意的 $i = 1, 2, \cdots, n$, $x_i = x_i(t)$ 和 $y_i = y_i(t)$ 在区间 $[t_0, \mathcal{T})$ 的任意紧子区间上绝对连续;

(ii) 存在可测函数 $\zeta_j^R = \zeta_j^R(t) \in K[f_j^R(x_j, y_j)]$, $\zeta_j^I = \zeta_j^I(t) \in K[f_j^I(x_j, y_j)]$, $j = 1, 2, \cdots, n$, 使得对 $i = 1, 2, \cdots, n$ 和几乎所有的 $t \in [t_0, \mathcal{T})$ 都有

$$\begin{cases} \dfrac{\mathrm{d}x_i}{\mathrm{d}t} = -d_i(t)x_i + \displaystyle\sum_{j=1}^{n} a_{ij}^R(t)\zeta_j^R - \sum_{j=1}^{n} a_{ij}^I(t)\zeta_j^I + u_i^R(t), \\ \dfrac{\mathrm{d}y_i}{\mathrm{d}t} = -d_i(t)y_i + \displaystyle\sum_{j=1}^{n} a_{ij}^I(t)\zeta_j^R + \sum_{j=1}^{n} a_{ij}^R(t)\zeta_j^I + u_i^I(t). \end{cases}$$
$$(12.3.3)$$

进一步, 如果 $\mathcal{T} = +\infty$, 且存在正常数 ω, 使 $\forall t \geqslant t_0$ 和 $i = 1, 2, \cdots, n$, 有 $z_i^*(t) = z_i^*(t+\omega)$, 则称 $z = z(t)$ 为模型(12.3.1)的 ω-周期 Filippov 解 (简称 ω-周期解).

关于模型(12.3.2), 从而模型(12.3.1)在 Filippov 意义下解的存在性, 我们可以类似于定理 11.2.1 来讨论. 在本节余下的讨论中默认模型 (12.3.2)在 Filippov 意义下的解是全局存在的, 即 $\mathcal{T} = +\infty$.

记

$$F_j^R(x_j, y_j) = K[f_j^R(x_j, y_j)], \quad F_j^I(x_j, y_j) = K[f_j^I(x_j, y_j)], \quad j = 1, 2, \cdots, n.$$

根据实值微分包含理论, 如果 $z = z(t)$ 是模型 (12.3.1)的一个 Filippov 解, 则对 $i = 1, 2, \cdots, n$, $x_i = x_i(t)$ 和 $y_i = y_i(t)$ 满足如下的微分包含:

$$\begin{cases} \dfrac{\mathrm{d}x_i}{\mathrm{d}t} \in -d_i(t)x_i + \displaystyle\sum_{j=1}^{n} a_{ij}^R(t)F_j^R(x_j, y_j) - \sum_{j=1}^{n} a_{ij}^I(t)F_j^I(x_j, y_j) + u_i^R(t) \\ \qquad \triangleq -d_i(t)x_i + F_i^R(t, x, y), \\ \dfrac{\mathrm{d}y_i}{\mathrm{d}t} \in -d_i(t)x_i + \displaystyle\sum_{j=1}^{n} a_{ij}^R(t)F_j^I(x_j, y_j) + \sum_{j=1}^{n} a_{ij}^R(t)F_j^I(x_j, y_j) + u_i^I(t) \\ \qquad \triangleq -d_i(t)y_i + F_i^I(t, x, y). \end{cases} \tag{12.3.4}$$

由函数 $f_i^R(\cdot, \cdot)$ 和 $f_i^I(\cdot, \cdot)$ 的局部有界性可知, $F_i^R(t, x, y)$ 和 $F_i^I(t, x, y)$ 是非空紧、凸值的上半连续映射.

定义如下集值映射:

$$F^R(t, x, y) = (F_1^R(t, x, y), F_2^R(t, x, y), \cdots, F_n^R(t, x, y))^{\mathrm{T}},$$

$$F^I(t, x, y) = (F_1^I(t, x, y), F_2^I(t, x, y), \cdots, F_n^I(t, x, y))^{\mathrm{T}}.$$

接下来, 利用 Kakutani 不动点定理和 M-矩阵理论来研究模型(12.3.4)周期解的存在性. 记

$$\mathbb{C}_\omega = \left\{ \bar{z}(t) \mid \bar{z}(t) \in C(\mathbb{R}, \mathbb{R}^{2n}), \bar{z}(t) = \bar{z}(t + \omega) \right\}, \quad \bar{z}(t) = \left(x^{\mathrm{T}}(t), y^{\mathrm{T}}(t) \right)^{\mathrm{T}}.$$

定义

$$\|\bar{z}\|_{\mathbb{C}_\omega} = \max_{i \in \{1, 2, \cdots, n\}} \left\{ \|x_i\|, \|y_i\| \right\}, \quad \|x_i\| = \sup_{t \in [0, \omega]} |x_i(t)|, \quad \|y_i\| = \sup_{t \in [0, \omega]} |y_i(t)|,$$

则 $\mathbb{C}_\omega$ 在范数 $\| \cdot \|_{\mathbb{C}_\omega}$ 下是一个 Banach 空间. 根据定义 12.3.1, 如果 $z(t) = (z_1(t), z_2(t), \cdots, z_n(t))^{\mathrm{T}}$ 是模型 (12.3.4) 的一个 ω-周期 Filippov 解, $x_i(t) \triangleq \mathrm{Re}(z_i(t)), y_i(t) \triangleq \mathrm{Im}(z_i(t)), i = 1, 2, \cdots, n$, 则由微分包含 (12.3.4) 可得

$$\begin{cases} \dfrac{\mathrm{d}}{\mathrm{d}t} \left(x_i(t) \exp\left\{ \displaystyle\int_0^t d_i(\sigma)\mathrm{d}\sigma \right\} \right) \in \exp\left\{ \displaystyle\int_0^t d_i(\sigma)\mathrm{d}\sigma \right\} F_i^R(t, x, y), \\ \dfrac{\mathrm{d}}{\mathrm{d}t} \left(y_i(t) \exp\left\{ \displaystyle\int_0^t d_i(\sigma)\mathrm{d}\sigma \right\} \right) \in \exp\left\{ \displaystyle\int_0^t d_i(\sigma)\mathrm{d}\sigma \right\} F_i^I(t, x, y). \end{cases} \tag{12.3.5}$$

对微分包含系统(12.3.5) 的两边在区间 $[t, t+\omega]$ 上进行积分, 可以得到如下的积分包含:

$$\begin{cases} x_i(t) \in \displaystyle\int_t^{t+\omega} G_i(t,s)F_i^R(s,x(s),y(s))\mathrm{d}s, \\[2mm] y_i(t) \in \displaystyle\int_t^{t+\omega} G_i(t,s)F_i^I(s,x(s),y(s))\mathrm{d}s, \end{cases} \tag{12.3.6}$$

其中, $G_i(t,s)$ 表示 Green 函数, 其表达式如下

$$G_i(t,s) = \frac{1}{1-\mathrm{e}^{-\omega\overline{d}_i}} \exp\left\{-\int_s^{t+\omega} d_i(\sigma)\mathrm{d}\sigma\right\}, \quad s \in [t, t+\omega], \tag{12.3.7}$$

其中, $\overline{d}_i = \dfrac{1}{\omega}\int_0^\omega d_i(\sigma)\mathrm{d}\sigma$, $i = 1,2,\cdots,n$. 显然, $G_i(t,s) = G_i(t+\omega, s+\omega)$. 如果 $z(t) = (z_1(t), z_2(t), \cdots, z_n(t))^{\mathrm{T}}$ 是复值神经网络模型 (12.3.1) Filippov 意义下的 ω-周期解, $x(t) = (x_1(t), x_2(t), \cdots, x_n(t))^{\mathrm{T}} \triangleq \mathrm{Re}(z(t))$, $y(t) = (y_1(t), y_2(t), \cdots, y_n(t))^{\mathrm{T}} \triangleq \mathrm{Im}(z(t))$, 则不难发现 $\bar{z}(t) = (x^{\mathrm{T}}(t), y^{\mathrm{T}}(t))^{\mathrm{T}}$ 也是积分包含 (12.3.6) 的 ω-周期解, 其逆也是成立的. 因此, 复值神经网络 (12.3.1) ω-周期解的存在性等价于实值积分包含 (12.3.6) ω-周期解的存在性. 对 $t \leqslant s \leqslant t+\omega$ 和 $i = 1,2,\cdots,n$, 由 (12.3.7) 可得

$$G_i(t,s) \leqslant \frac{\mathrm{e}^{\omega\widehat{d}_i}}{1-\mathrm{e}^{-\omega\widehat{d}_i}} \triangleq G_i^{\max}, \tag{12.3.8}$$

其中, $\widehat{d}_i = \dfrac{1}{\omega}\int_0^\omega |d_i(\sigma)|\mathrm{d}\sigma$. 为方便起见, 在假设条件 (H3*) 成立的情况下, 对 $i,j = 1,2,\cdots,n$, 记

$$Q_{ij}^1 = \sup_{t\in[0,\omega]} \int_t^{t+\omega} G_i(t,s)\left(\alpha_j^R|a_{ij}^R(s)| + \alpha_j^I|a_{ij}^I(s)|\right)\mathrm{d}s,$$
$$Q_{ij}^2 = \sup_{t\in[0,\omega]} \int_t^{t+\omega} G_i(t,s)\left(\beta_j^R|a_{ij}^R(s)| + \beta_j^I|a_{ij}^I(s)|\right)\mathrm{d}s,$$
$$Q_{ij}^3 = \sup_{t\in[0,\omega]} \int_t^{t+\omega} G_i(t,s)\left(\alpha_j^R|a_{ij}^I(s)| + \alpha_j^I|a_{ij}^R(s)|\right)\mathrm{d}s,$$
$$Q_{ij}^4 = \sup_{t\in[0,\omega]} \int_t^{t+\omega} G_i(t,s)\left(\beta_j^I|a_{ij}^R(s)| + \beta_j^R|a_{ij}^I(s)|\right)\mathrm{d}s,$$
$$R_i^R = \sup_{t\in[0,\omega]} \int_t^{t+\omega} G_i(t,s)\left(\sum_{j=1}^n \eta_j^R|a_{ij}^R(s)| + \eta_j^I|a_{ij}^I(s)| + |u_i^R(s)|\right)\mathrm{d}s,$$
$$R_i^I = \sup_{t\in[0,\omega]} \int_t^{t+\omega} G_i(t,s)\left(\sum_{j=1}^n \eta_j^I|a_{ij}^R(s)| + \eta_j^R|a_{ij}^I(s)| + |u_i^I(s)|\right)\mathrm{d}s.$$

定理 12.3.1 [702]　如果条件 (H1*)—(H3*) 和 (H6) 成立, 且

(i) 对任意的 $i = 1, 2, \cdots, n$, 有 $\overline{d}_i = \dfrac{1}{\omega} \displaystyle\int_0^\omega d_i(\sigma)\mathrm{d}\sigma > 0$;

(ii) 矩阵 $\begin{pmatrix} E_n - Q^1 & -Q^2 \\ -Q^3 & E_n - Q^4 \end{pmatrix}$ 是一个 M-矩阵, 其中 $Q^k = (Q_{ij}^k)_{n\times n}$, $k = 1, 2, 3, 4$.

则复值神经网络模型 (12.3.1) 至少具有一个 ω-周期解.

证明　根据引理 2.2.4, 存在一个向量 $v = ((v^R)^{\mathrm{T}}, (v^I)^{\mathrm{T}})^{\mathrm{T}} > 0$ 使得

$$\begin{pmatrix} E_n - Q^1 & -Q^2 \\ -Q^3 & E_n - Q^4 \end{pmatrix} \begin{pmatrix} v^R \\ v^I \end{pmatrix} > 0,$$

其中, $v^R = (v_1^R, v_2^R, \cdots, v_n^R)^{\mathrm{T}}$, $v^I = (v_1^I, v_2^I, \cdots, v_n^I)^{\mathrm{T}}$. 记

$$R^R = (R_1^R, R_2^R, \cdots, R_n^R)^{\mathrm{T}}, \quad R^I = (R_1^I, R_2^I, \cdots, R_n^I)^{\mathrm{T}},$$

则存在充分大的常数 $\aleph > 0$ 使得

$$\aleph \begin{pmatrix} E_n - Q^1 & -Q^2 \\ -Q^3 & E_n - Q^4 \end{pmatrix} \begin{pmatrix} v^R \\ v^I \end{pmatrix} > \begin{pmatrix} R^R \\ R^I \end{pmatrix}.$$

定义 $\aleph v^R = \Re^R$, $\aleph v^I = \Re^I$, 则有

$$\begin{pmatrix} E_n - Q^1 & -Q^2 \\ -Q^3 & E_n - Q^4 \end{pmatrix} \begin{pmatrix} \Re^R \\ \Re^I \end{pmatrix} > \begin{pmatrix} R^R \\ R^I \end{pmatrix},$$

即

$$\sum_{j=1}^n Q_{ij}^1 \Re_j^R + \sum_{j=1}^n Q_{ij}^2 \Re_j^I + R_i^R < \Re_i^R, \quad \sum_{j=1}^n Q_{ij}^3 \Re_j^R + \sum_{j=1}^n Q_{ij}^4 \Re_j^I + R_i^I < \Re_i^I.$$

定义紧凸子集 $\Omega \subseteq \mathbb{C}_\omega$ 如下

$$\Omega = \left\{ \bar{z} \mid \bar{z} = \bar{z}(t) \in \mathbb{C}_\omega, |x_i|_0 \leqslant \Re_i^R, |y_i|_0 \leqslant \Re_i^I, i = 1, 2, \cdots, n \right\}. \tag{12.3.9}$$

对任意的 $\bar{z}(t) \in \mathbb{C}_\omega$, 定义集值算子 $\varphi : \mathbb{C}_\omega \to P_{kc}(\mathbb{C}_\omega)$ 如下

$$\varphi(\bar{z})(t) = \left((\varphi^R(\bar{z})(t))^{\mathrm{T}}, (\varphi^I(\bar{z})(t))^{\mathrm{T}} \right)^{\mathrm{T}}, \tag{12.3.10}$$

其中, $\varphi^R(\bar{z})(t) = (\varphi_1(\bar{z})(t), \varphi_2(\bar{z})(t), \cdots, \varphi_n(\bar{z})(t))^{\mathrm{T}}$, $\varphi^I(\bar{z})(t) = (\varphi_1^I(\bar{z})(t), \varphi_2^I(\bar{z})(t), \cdots, \varphi_n^I(\bar{z})(t))^{\mathrm{T}}$,

$$\begin{cases} \varphi_i^R(\bar{z})(t) = \displaystyle\int_t^{t+\omega} G_i(t, s) F_i^R(s, x_s, y(s))\mathrm{d}s, \\ \varphi_i^I(\bar{z})(t) = \displaystyle\int_t^{t+\omega} G_i(t, s) F_i^I(s, x_s, y(s))\mathrm{d}s, \qquad i = 1, 2, \cdots, n. \end{cases} \tag{12.3.11}$$

由 (12.3.6), 不难验证: 如果 $\bar{z}^* = ((x^*)^{\mathrm{T}}, (y^*)^{\mathrm{T}})^{\mathrm{T}}$ 是集值映射 φ 在 Ω 上的不动点, 则 $\bar{z}^* \in \varphi(\bar{z}^*) = ((\varphi^R(\bar{z}^*))^{\mathrm{T}}, (\varphi^I(\bar{z}^*))^{\mathrm{T}})^{\mathrm{T}}$, 其中

$$\varphi_i^R(\bar{z}^*) = \varphi_i^R(\bar{z}^*)(t) = \int_t^{t+\omega} G_i(t,s) F_i^R(s, x^*(s), y^*(s)) \mathrm{d}s,$$

$$\varphi_i^I(\bar{z}^*) = \varphi_i^I(\bar{z}^*)(t) = \int_t^{t+\omega} G_i(t,s) F_i^I(s, x^*(s), y^*(s)) \mathrm{d}s.$$

也就是说, 如果 $\bar{z}^* = \bar{z}^*(t) \in \mathbb{C}_\omega$ 是微分包含(12.3.6)的一个 ω-周期解, 则 $z^*(t) = x^*(t) + \mathbf{i}y^*(t)$ 也是复值神经网络模型 (12.3.1) 的一个 ω-周期解.

接下来, 利用 Kakutani 不动点定理 (引理 2.1.7) 证明周期解的存在性, 证明过程分为 4 个步骤.

步骤 1 证明集值映射 φ 映 Ω 为 $P_0(\Omega)$, 即对每一个 $\bar{z} \in \Omega$, 有 $\varphi(\bar{z}) \in P_0(\Omega)$.

根据可测选择引理 2.1.1, 对任意的 $\bar{z} = \bar{z}(t) = ((x(t))^{\mathrm{T}}, (y(t))^{\mathrm{T}})^{\mathrm{T}} \in \Omega$ 和 $\chi = ((\chi^R)^{\mathrm{T}}, (\chi^I)^{\mathrm{T}})^{\mathrm{T}} \in \varphi(\bar{z})$, 其中, $\chi^R = (\chi_1^R, \chi_2^R, \cdots, \chi_n^R)^{\mathrm{T}}$, $\chi^I = (\chi_1^I, \chi_2^I, \cdots, \chi_n^I)^{\mathrm{T}}$, 都存在一组可测函数 $\xi_i^R \in F_i^R(t, x, y)$, $\xi_i^I \in F_i^I(t, x, y)$, $i = 1, 2, \cdots, n$, 使得

$$\chi_i^R = \left| \int_t^{t+\omega} G_i(t,s) \xi_i^R(s) \mathrm{d}s \right| \in \int_t^{t+\omega} G_i(t,s) \in F_i^R(s, x(s), y(s)) \mathrm{d}s = \varphi_i^R(\bar{z})(t), \tag{12.3.12}$$

$$\chi_i^I = \left| \int_t^{t+\omega} G_i(t,s) \xi_i^I(s) \mathrm{d}s \right| \in \int_t^{t+\omega} G_i(t,s) \in F_i^I(s, x(s), y(s)) \mathrm{d}s = \varphi_i^I(\bar{z})(t). \tag{12.3.13}$$

因此, 对任意的 $t \in [0, \omega]$, 由假设条件 (H3*) 和 (12.3.7) 可推得

$$\begin{aligned}
|\chi_i^R| &= \left| \int_t^{t+\omega} G_i(t,s) \xi_i^R(s) \mathrm{d}s \right| \\
&= \left| \int_t^{t+\omega} G_i(t,s) \left[\sum_{j=1}^n a_{ij}^R(s) \zeta_j^R(s) - \sum_{j=1}^n a_{ij}^I(s) \zeta_j^I(s) + u_i^R(s) \right] \mathrm{d}s \right| \\
&\leqslant \int_t^{t+\omega} G_i(t,s) \left[\sum_{j=1}^n |a_{ij}^R(s)|(\alpha_j^R |x_j(s)| + \beta_j^R |y_j(s)| + \eta_j^R) \right. \\
&\qquad \left. + \sum_{j=1}^n |a_{ij}^I(s)|(\alpha_j^I |x_j(s)| + \beta_j^I |y_j(s)| + \eta_j^I) + |u_i^R(s)| \right] \mathrm{d}s \\
&\leqslant \sum_{j=1}^n \int_t^{t+\omega} G_i(t,s)(\alpha_j^R |a_{ij}^R(s)| + \alpha_j^I |a_{ij}^I(s)|) \mathrm{d}s \|x_j\|
\end{aligned}$$

$$
+ \sum_{j=1}^{n} \int_{t}^{t+\omega} G_i(t,s) \big(\beta_j^R |a_{ij}^R(s)| + \beta_j^I |a_{ij}^I(s)| \big) \mathrm{d}s \| y_j \|
$$

$$
+ \int_{t}^{t+\omega} G_i(t,s) \left[\sum_{j=1}^{n} \big(\eta_j^R |a_{ij}^R(s)| + \eta_j^I |a_{ij}^I(s)| \big) + |u_i^R(s)| \right] \mathrm{d}s
$$

$$
\leqslant \sum_{j=1}^{n} Q_{ij}^1 \Re_j^R + \sum_{j=1}^{n} Q_{ij}^2 \Re_j^I + R_i^R < \Re_i^R. \tag{12.3.14}
$$

用类似的方法, 可以得到

$$
|\chi_i^I| = \left| \int_{t}^{t+\omega} G_i(t,s) \xi_i^I(s) \mathrm{d}s \right|
$$

$$
= \left| \int_{t}^{t+\omega} G_i(t,s) \left(\sum_{j=1}^{n} a_{ij}^R(s) \zeta_j^R(s) + \sum_{j=1}^{n} a_{ij}^I(s) \zeta_j^I(s) + u_i^I(s) \right) \mathrm{d}s \right|
$$

$$
\leqslant \sum_{j=1}^{n} Q_{ij}^3 \Re_j^R + \sum_{j=1}^{n} Q_{ij}^4 \Re_j^I + R_i^I < \Re_i^I, \tag{12.3.15}
$$

其中, $\zeta_i^R \in F_i^R(x_i, y_i)$, $\zeta_i^I \in F_i^I(x_i, y_i)$. 从而, 对每一个 $\bar{z} \in \Omega$, 有 $\varphi(\bar{z}) \in P_0(\Omega)$, 即 $\varphi : \Omega \to P_0(\Omega)$.

步骤 2　证明对每一个 $\bar{z} = \in \Omega$, $\varphi(\bar{z})$ 是凸的.

对任意的 $\bar{z} \in \Omega$, 令 $\chi = ((\chi^R)^{\mathrm{T}}, (\chi^I)^{\mathrm{T}})^{\mathrm{T}} \in \varphi(\bar{z})$, $\bar{\chi} = ((\bar{\chi}^R)^{\mathrm{T}}, (\bar{\chi}^I)^{\mathrm{T}})^{\mathrm{T}} \in \varphi(\bar{z})$, 其中, $\chi^R = (\chi_1^R, \chi_2^R, \cdots, \chi_n^R)^{\mathrm{T}}$, $\chi^I = (\chi_1^I, \chi_2^I, \cdots, \chi_n^I)^{\mathrm{T}}$, $\bar{\chi}^R = (\bar{\chi}_1^R, \bar{\chi}_2^R, \cdots, \bar{\chi}_n^R)^{\mathrm{T}}$, $\bar{\chi}^I = (\bar{\chi}_1^I, \bar{\chi}_2^I, \cdots, \bar{\chi}_n^I)^{\mathrm{T}}$. 根据可测选择引理 2.1.1, 存在可测函数 $\xi_i^R(t) \in F_i^R(t, x(t), y(t))$, $\xi_i^I(t) \in F_i^I(t, x(t), y(t))$, $\bar{\xi}_i^R(t) \in F_i^R(t, x(t), y(t))$, $\bar{\xi}_i^I \in F_i^I(t, x(t), y(t))$, 使得

$$
\chi_i^R(t) = \int_{t}^{t+\omega} G_i(t,s) \xi_i^R(s) \mathrm{d}s, \qquad \chi_i^I(t) = \int_{t}^{t+\omega} G_i(t,s) \xi_i^I(s) \mathrm{d}s,
$$

$$
\bar{\chi}_i^R(t) = \int_{t}^{t+\omega} G_i(t,s) \bar{\xi}_i^R(s) \mathrm{d}s, \qquad \bar{\chi}_i^I(t) = \int_{t}^{t+\omega} G_i(t,s) \bar{\xi}_i^I(s) \mathrm{d}s, \tag{12.3.16}
$$

其中, $F_i^R(t, x, y)$ 和 $F_i^I(t, x, y)$ 如(12.3.4)中所定义. 由 $F_i^R(t, x, y)$ 和 $F_i^I(t, x, y)$ 的定义可知, $F_i^R(t, x, y)$ 和 $F_i^I(t, x, y)$ 都是凸的. 从而, 对任意的 $\lambda \in [0, 1]$ 和几乎所有的 $t \geqslant 0$, 都有

$$
\lambda \xi_i^R(t) + (1 - \lambda) \bar{\xi}_i^R(t) \in F_i^R(t, x(t), y(t)),
$$

$$
\lambda \xi_i^I(t) + (1 - \lambda) \bar{\xi}_i^I(t) \in F_i^I(t, x(t), y(t)), \quad i = 1, 2, \cdots, n.
$$

因此, 对几乎所有的 $t \in [0, \omega]$, 可得

$$\lambda\chi_i^R(t) + (1-\lambda)\bar\chi_i^R(t) = \int_t^{t+\omega} G_i(t,s)\big[\lambda\xi_i^R(s) + (1-\lambda)\bar\xi_i^R(s)\big]\mathrm ds$$

$$\in \int_t^{t+\omega} G_i(t,s)F_i^R(s,x(s),y(s))\mathrm ds,$$

$$\lambda\chi_i^I(t) + (1-\lambda)\bar\chi_i^I(t) = \int_t^{t+\omega} G_i(t,s)\big[\lambda\xi_i^I(s) + (1-\lambda)\bar\xi_i^I(s)\big]\mathrm ds$$

$$\in \int_t^{t+\omega} G_i(t,s)F_i^I(s,x(s),y(s))\mathrm ds. \tag{12.3.17}$$

这意味着 $\lambda\chi + (1-\lambda)\bar\chi \in \varphi(\bar z)$. 换句话说, 我们证明了 $\varphi(\bar z)$ 的凸性.

步骤 3 利用 Ascoli-Arzela 定理证明集值映射 $\varphi:\Omega \to P_0(\Omega)$ 是紧的.

对任意的 $\bar z \in \Omega$, 令 $\chi = ((\chi^R)^{\mathrm T},(\chi^I)^{\mathrm T})^{\mathrm T} \in \varphi(\bar z)$, 其中, $\chi^R = (\chi_1^R,\chi_2^R,\cdots,$ $\chi_n^R)^{\mathrm T}$, $\chi^I = (\chi_1^I,\chi_2^I,\cdots,\chi_n^I)^{\mathrm T}$. 根据可测选择引理 2.1.1, 存在可测函数 $\xi_i^R(t) \in F_i^R(t,x(t),y(t))$, $\xi_i^I(t) \in F_i^I(t,x(t),y(t))$, 使得 (12.3.12) 和 (12.3.13) 成立. 显然, 对任意的 $\bar z \in \Omega$ 都有

$$\|\chi_i^R\| < \max_{i\in\{1,2,\cdots,n\}}\{\mathfrak R_i^R\} \triangleq \mathfrak R_{\max}^R, \qquad \|\chi_i^I\| < \max_{i\in\{1,2,\cdots,n\}}\{\mathfrak R_i^I\} \triangleq \mathfrak R_{\max}^I.$$

从而可得: 对任意的 $\bar z \in \Omega$ 都有 $\|\chi\|_{\mathbb C_\omega} < \max\{\mathfrak R_{\max}^R,\mathfrak R_{\max}^I\} \triangleq \mathfrak R^{\max}$, 即 $\varphi(\Omega)$ 是一致有界的.

接下来证明 $\varphi(\Omega)$ 是等度连续集. 为此, 令 $t,t^* \in [0,\omega]$, 则对任意的 $\chi \in \varphi(\bar z)$ 和每一个 $i = 1,2,\cdots,n$, 由 (12.3.7), (12.3.12) 和 (12.3.13) 可得

$$\big|\chi_i^R(t) - \chi_i^R(t^*)\big| = \left|\int_t^{t+\omega} G_i(t,s)\xi_i^R(s)\mathrm ds - \int_{t^*}^{t^*+\omega} G_i(t^*,s)\xi_i^R(s)\mathrm ds\right|$$

$$\leqslant \left|\int_t^{t+\omega} G_i(t,s)\xi_i^R(s)\mathrm ds - \int_t^{t+\omega} G_i(t^*,s)\xi_i^R(s)\mathrm ds\right|$$

$$+ \left|\int_t^{t+\omega} G_i(t^*,s)\xi_i^R(s)\mathrm ds - \int_{t^*}^{t^*+\omega} G_i(t^*,s)\xi_i^R(s)\mathrm ds\right|$$

$$\leqslant \left|\int_t^{t+\omega} G_i(t,s)\xi_i^R(s)\mathrm ds - \int_t^{t+\omega} G_i(t^*,s)\xi_i^R(s)\mathrm ds\right|$$

$$+ \left|\int_{t^*}^{t} G_i(t^*,s)\xi_i^R(s)\mathrm ds\right| + \left|\int_{t^*+\omega}^{t+\omega} G_i(t^*,s)\xi_i^R(s)\mathrm ds\right|$$

$$\leqslant \max_{t\leqslant s\leqslant t+\omega}\{|G_i(t,s) - G_i(t^*,s)|\}\int_t^{t+\omega}|\xi_i^R(s)|\mathrm ds$$

$$+ G_i^{\max}\left|\int_{t^*}^{t}|\xi_i^R(s)|\mathrm ds\right| + G_i^{\max}\left|\int_{t^*+\omega}^{t+\omega}|\xi_i^R(s)|\mathrm ds\right|,$$

$$\left|\chi_i^I(t) - \chi_i^I(t^*)\right| = \left|\int_t^{t+\omega} G_i(t,s)\xi_i^I(s)\mathrm{d}s - \int_{t^*}^{t^*+\omega} G_i(t^*,s)\xi_i^I(s)\mathrm{d}s\right|$$

$$\leqslant \max_{t\leqslant s\leqslant t+\omega}\{|G_i(t,s) - G_i(t^*,s)|\}\int_t^{t+\omega}|\xi_i^I(s)|\mathrm{d}s$$

$$+ G_i^{\max}\left|\int_{t^*}^t |\xi_i^I(s)|\mathrm{d}s\right| + G_i^{\max}\left|\int_{t^*+\omega}^{t+\omega}|\xi_i^I(s)|\mathrm{d}s\right|. \quad (12.3.18)$$

显然, 对任意的 $\bar{z} \in \Omega$ 和每一个 $i = 1, 2, \cdots, n$, 由假设条件 (H3*) 可得

$$\left|\xi_i^R(s)\right| \leqslant \sum_{j=1}^n |a_{ij}^R(s)||\zeta_j^R(s)| + \sum_{j=1}^n |a_{ij}^I(s)||\zeta_j^I(s)| + |u_i^R(s)|$$

$$\leqslant \sum_{j=1}^n a_{ij}^{R+}\left[(\alpha_j^R + \beta_j^R)\Re^{\max} + \eta_j^R\right]$$

$$+ \sum_{j=1}^n a_{ij}^{I+}\left[(\alpha_j^I + \beta_j^I)\Re^{\max} + \eta_j^I\right] + u_i^{R+} \triangleq \wp^R, \quad (12.3.19)$$

$$\left|\xi_i^I(s)\right| \leqslant \sum_{j=1}^n |a_{ij}^R(s)||\zeta_j^I(s)| + \sum_{j=1}^n |a_{ij}^I(s)||\zeta_j^R(s)| + |u_i^I(s)|$$

$$\leqslant \sum_{j=1}^n a_{ij}^{R+}\left[(\alpha_j^I + \beta_j^I)\Re^{\max} + \eta_j^I\right]$$

$$+ \sum_{j=1}^n a_{ij}^{I+}\left[(\alpha_j^I + \beta_j^I)\Re^{\max} + \eta_j^R\right] + u_i^{I+} \triangleq \wp^I, \quad (12.3.20)$$

其中, $a_{ij}^{R+} = \sup\limits_{t\in[0,\omega]}|a_{ij}^R(t)|$, $a_{ij}^{I+} = \sup\limits_{t\in[0,\omega]}|a_{ij}^I(t)|$, $u_i^{R+} = \sup\limits_{t\in[0,\omega]}|u_i^R(t)|$, $u_i^{I+} = \sup\limits_{t\in[0,\omega]}|u_i^I(t)|$. 由(12.3.18)—(12.3.20), 可推得

$$|\chi_i^R(t) - \chi_i^R(t^*)| \leqslant \max_{t\leqslant s\leqslant t+\omega}\{|G_i(t,s) - G_i(t^*,s)|\}\omega\wp^R + 2G_i^{\max}\wp^R|t - t^*|,$$

$$|\chi_i^I(t) - \chi_i^I(t^*)| \leqslant \max_{t\leqslant s\leqslant t+\omega}\{|G_i(t,s) - G_i(t^*,s)|\}\omega\wp^I + 2G_i^{\max}\wp^I|t - t^*|.$$

当 $t \to t^*$ 时, 上面不等式的右端趋于零. 因此, 当 $t \to t^*$ 时, 有 $\lim\limits_{t\to t^*}|\chi_i^R(t) - \chi_i^R(t^*)| = 0$, $\lim\limits_{t\to t^*}|\chi_i^I(t) - \chi_i^I(t^*)| = 0$, 从而 $\lim\limits_{t\to t^*}\|\chi(t) - \chi(t^*)\|_{\mathbb{C}_\omega} = 0$, 其中 $\|\cdot\|_{\mathbb{C}_\omega}$ 表示 $\mathbb{C}_\omega$ 中向量范数. 这说明 $\varphi(\Omega) \subseteq \mathbb{C}_\omega$ 是等度连续的.

步骤 4　证明集值映射 $\varphi : \Omega \to P_{kc}(\Omega)$ 是上半连续的.

因为集值映射的上半连续性等价于该集值映射当它有非空紧值时是一个闭图像算子, 所以只需证明集值映射 φ 是一个闭图像算子. 事实上, 根据定义 2.1.17,

不难发现集值映射 $F^R(t,x,y)$ 和 $F^I(t,x,y)$ 是 L^1-Carathéodory 集值映射. 根据 (12.3.4) 中定义的集值算子 $\mathscr{F}$, 由引理 2.1.2 可知, 对每一个固定的 $\bar z \in \mathbb{C}_\omega$, $\mathscr{F}(\bar z) \neq \varnothing$. 下面, 定义一个连续线性算子 $\mathcal{L}: L^1([0,\omega],\mathbb{R}^{2n}) \to C([0,\omega])$ 如下

$$
\mathcal{L}\xi(t) = \begin{pmatrix} \displaystyle\int_t^{t+\omega} G_1(t,s)\xi_1^R(s)\mathrm{d}s \\ \vdots \\ \displaystyle\int_t^{t+\omega} G_n(t,s)\xi_n^R(s)\mathrm{d}s \\ \displaystyle\int_t^{t+\omega} G_1(t,s)\xi_1^I(s)\mathrm{d}s \\ \vdots \\ \displaystyle\int_t^{t+\omega} G_n(t,s)\xi_n^I(s)\mathrm{d}s \end{pmatrix}, \quad t \in [0,\omega].
$$

根据引理 2.1.3, 可知 $\varphi = \mathcal{L} \circ \mathscr{F}$ 是一个闭图像算子. 因此, 我们便证明了集值映射 φ 是上半连续的.

通过以上 4 个步骤, 我们验证了引理 2.1.7 的所有条件都满足, 所以集值映射 $\varphi: \Omega \to P_{kc}(\Omega)$ 至少存在一个不动点 $\bar z^*(t) \in \Omega$ 使得 $\bar z^*(t) \in \varphi(\bar z^*(t))$. 从而, 复值神经网络模型 (12.3.1) 至少存在一个 ω-周期解. 证毕.

注 12.3.1 文献 [197,316,741,816] 研究了复值神经网络模型周期解的存在性, 然而, 模型中的信号传输函数均要求是连续的.

根据引理 2.2.6, 可得到下面推论.

推论 12.3.1 若假设条件 (H1*)—(H3*) 以及 (H4) 成立, 且 $d_i^{\min} \geqslant 0$, $i = 1,2,\cdots,n$, 进一步假定 $\rho(Q) < 1$, 其中 $Q = \begin{pmatrix} Q^1 & Q^2 \\ Q^3 & Q^4 \end{pmatrix}$, 则复值神经网络模型 (12.3.1) 至少存在一个 ω-周期解.

推论 12.3.2 若假设条件 (H1*)—(H3*) 以及 (H6) 成立, 且对任意的 $i = 1,2,\cdots,n$, $d_i^{\min} > 0$, $\rho(M) < 1$, 其中

$$
M = \begin{pmatrix} M^1 & M^2 \\ M^3 & M^4 \end{pmatrix}, \quad M^k = (M_{ij}^k)_{n\times n}, \quad k = 1,2,3,4,
$$

$$
M_{ij}^1 = \frac{\omega(\alpha_j^R a_{ij}^{R+} + \alpha_j^I a_{ij}^{I+})}{d_i^{\min}}, \quad M_{ij}^2 = \frac{\omega(\beta_j^R a_{ij}^{R+} + \beta_j^I a_{ij}^{I+})}{d_i^{\min}},
$$

$$
M_{ij}^3 = \frac{\omega(\alpha_j^R a_{ij}^{I+} + \alpha_j^I a_{ij}^{R+})}{d_i^{\min}}, \quad M_{ij}^4 = \frac{\omega(\beta_j^I a_{ij}^{R+} + \beta_j^R a_{ij}^{I+})}{d_i^{\min}}, \quad j = 1,2,\cdots,n,
$$

则复值神经网络模型(12.3.1)至少存在一个 ω-周期解.

例 12.3.1 考虑如下具有两个神经元的复值神经网络模型:

$$
\begin{cases}
\dfrac{\mathrm{d}z_1}{\mathrm{d}t} = -(2-0.5\cos t)z_1 - \mathbf{i}\mathrm{e}^{\ln(0.1)+\mathbf{i}t}f_1(z_1) + \mathrm{e}^{\ln(0.2)+\mathbf{i}t}f_2(z_2) + \mathrm{e}^{\ln(0.1)+\mathbf{i}t}, \\[2mm]
\dfrac{\mathrm{d}z_2}{\mathrm{d}t} = -(2-0.5\sin t)z_2 + \mathrm{e}^{\ln(0.2)+\mathbf{i}t}f_1(z_1) + \mathbf{i}\mathrm{e}^{\ln(0.1)+\mathbf{i}t}f_2(z_2) + \mathbf{i}\mathrm{e}^{\ln(0.3)+\mathbf{i}t},
\end{cases}
$$

$$(12.3.21)$$

其中, 对 $j=1,2$, $z_j=z_j(t)\in\mathbb{C}$, 信号传输函数 $f_j(z)$ 为

$$
f_j(z) = \left[(x-0.5)\operatorname{sgn}(x) + \tanh(y+0.5)\right] + \mathbf{i}\left[y\operatorname{sgn}(y) + \tanh(x+1)\right],
$$
$$
z\in\mathbb{C}, \quad x=\operatorname{Re}(z), \quad y=\operatorname{Im}(z).
$$

显然, $f_i(z)$ 是无界的, 而且满足假设条件 (H3*), 参数 $\alpha_i^R = \alpha_i^I = \beta_i^R = \beta_i^I = \eta_i^R = \eta_i^I = 1$. 通过简单计算可得 $d_1^{\min} = d_2^{\min} = 1.5 > 0$, 对任意的 $k=1,2,3,4$,

$$
M^k = \frac{1}{15}\begin{pmatrix} 2 & 4 \\ 4 & 2 \end{pmatrix}. \ \ 令 \ M = \begin{pmatrix} M^1 & M^2 \\ M^3 & M^4 \end{pmatrix}, 则矩阵 M 的谱 \rho(M) < 1. 根据推
$$

论 12.3.2, 复值神经网络模型 (12.3.21) 至少具有一个周期解.

模型 (12.3.21) 分别满足初始条件 $(z_1(0), z_2(0)) = (0.9 - 0.6\mathbf{i}, 0.2 - 0.5\mathbf{i})$ 和 $(z_1(0), z_2(0)) = (0.4 + 0.3\mathbf{i}, -0.5 + 0.8\mathbf{i})$ 的状态解分量轨迹如图 12.5—图 12.7 所示.

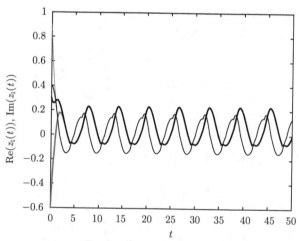

图 12.5　模型 (12.3.21) 分别满足初始条件 $(z_1(0), z_2(0)) = (0.9 - 0.6\mathbf{i}, 0.2 - 0.5\mathbf{i})$
和 $(z_1(0), z_2(0)) = (0.4 + 0.3\mathbf{i}, -0.5 + 0.8\mathbf{i})$ 的状态解分量 $z_1(t)$ 的
实部和虚部关于时间 t 的轨迹图

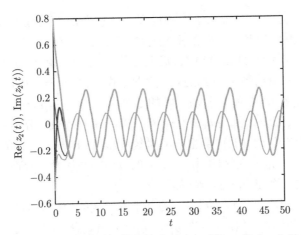

图 12.6　模型 (12.3.21) 分别满足初始条件 $(z_1(0), z_2(0)) = (0.9 - 0.6\mathrm{i}, 0.2 - 0.5\mathrm{i})$ 和
$(z_1(0), z_2(0)) = (0.4 + 0.3\mathrm{i}, -0.5 + 0.8\mathrm{i})$ 的状态解分量 $z_2(t)$ 的
实部和虚部关于时间 t 的轨迹图

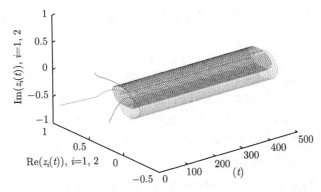

图 12.7　模型 (12.3.21) 分别满足初始条件 $(z_1(0), z_2(0)) = (0.9 - 0.6\mathrm{i}, 0.2 - 0.5\mathrm{i})$ 和
$(z_1(0), z_2(0)) = (0.4 + 0.3\mathrm{i}, -0.5 + 0.8\mathrm{i})$ 的状态解 $z_1(t)$ 和 $z_2(t)$ 的三维轨迹图

12.4　驱动-响应同步

本节介绍一个具有不连续信号传输函数的复值 Hopfield 神经网络系统的驱动-响应同步结果.

设复值 Hopfield 神经网络系统 (12.3.1) 为驱动系统, 设计如下的响应系统:

$$\frac{\mathrm{d}v_i}{\mathrm{d}t} = -d_i(t)v_i + \sum_{i=1}^{n} a_{ij}(t)f_j(v_j) + u_i(t) + \mathscr{U}_i(t), \qquad (12.4.1)$$

其中, $v_i = v_i(t)$ 是响应系统第 i 个神经元的状态变量, $\mathscr{U}_i(t)$ 是设计的控制策略, $i = 1, 2, \cdots, n$, 系统中其余函数的意义与(12.3.1)中一致.

由于若把响应系统 (12.4.1) 中最后两项的和 $u_i(t) + \mathscr{U}_i(t)$ 视为一个整体, 则响应系统 (12.4.1) 和驱动系统 (12.3.1) 在数学形式上完全一致, 因此系统 (12.4.1) 解的定义可以沿用驱动系统 (12.3.1) 解的定义. 设 $p_i = p_i(t) = \mathrm{Re}(v_i(t))$, $q_i = q_i(t) = \mathrm{Im}(v_i(t))$; $\mathscr{U}_i^R(t) = \mathrm{Re}(\mathscr{U}_i(t))$, $\mathscr{U}_i^I(t) = \mathrm{Im}(\mathscr{U}_i(t))$, 分离系统(12.4.1)的实部和虚部, 根据定义 12.3.1 可给出响应系统(12.4.1) Filippov 解的定义如下.

定义 12.4.1　定义在区间 $[t_0, \mathcal{T})$ 上的复值向量函数 $v_i(t) = p_i(t) + \mathbf{i}q_i(t)$ 是系统 (12.4.1) 的一个 Filippov 解, 如果它满足:

(i) $p_i(t)$ 和 $q_i(t)$ 在区间 $[t_0, \mathcal{T})$ 的任意紧子区间上绝对连续;

(ii) 存在可测函数 $\varsigma_j^R(t) \in F_j^R(p_j(t), q_j(t))$ 和 $\varsigma_j^I(t) \in F_j^I(p_j(t), q_j(t))$, 使得对几乎所有的 $t \in [t_0, b)$ 都有

$$\begin{cases} \dfrac{\mathrm{d}p_i(t)}{\mathrm{d}t} = -d_i(t)p_i(t) + \sum_{j=1}^n a_{ij}^R(t)\varsigma_j^R(t) - \sum_{j=1}^n a_{ij}^I(t)\varsigma_j^I(t) + u_i^R(t) + \mathscr{U}_i^R(t), \\ \dfrac{\mathrm{d}q_i(t)}{\mathrm{d}t} = -d_i(t)q_i(t) + \sum_{j=1}^n a_{ij}^I(t)\varsigma_j^R(t) + \sum_{j=1}^n a_{ij}^R(t)\varsigma_j^I(t) + u_i^I(t) + \mathscr{U}_i^I(t). \end{cases}$$

$$(12.4.2)$$

除非特别说明, 下面的讨论中总假设系统 (12.4.1) 的 Filippov 解是全局存在的, 即 $\mathcal{T} = +\infty$. 类似于定义 11.4.3, 如果存在正常数 $\mathbb{T} \geqslant t_0$ 使得对 $i = 1, 2, \cdots, n$, 有 $\lim_{t \to \mathbb{T}} \|z_i(t) - v_i(t)\| = 0$ 且当 $t \geqslant \mathbb{T}$ 时恒有 $\|u_i(t) - v_i(t)\| = 0$, 则称驱动-响应系统 (12.3.1) 和 (12.4.1) 能实现有限时间同步, 称 $\mathbb{T}$ 为实现有限时间同步的停息时间 (也称终止时间).

令 $e_i^R(t) = p_i(t) - x_i(t)$, $e_i^I(t) = q_i(t) - y_i(t)$, 可以得到如下的同步误差系统:

$$\begin{cases} \dfrac{\mathrm{d}}{\mathrm{d}t}e_i^R(t) = -d_i(t)e_i^R(t) + \sum_{j=1}^n a_{ij}^R(t)(\varsigma_j^R(t) - \zeta_j^R(t)) \\ \qquad\qquad - \sum_{j=1}^n a_{ij}^I(t)(\varsigma_j^I(t) - \zeta_j^I(t)) + \mathscr{U}_i^R(t), \\ \dfrac{\mathrm{d}}{\mathrm{d}t}e_i^I(t) = -d_i(t)e_i^I(t) + \sum_{j=1}^n a_{ij}^I(t)(\varsigma_j^R(t) - \zeta_j^R(t)) \\ \qquad\qquad + \sum_{j=1}^n a_{ij}^R(t)(\varsigma_j^I(t) - \zeta_j^I(t)) + \mathscr{U}_i^I(t). \end{cases}$$

$$(12.4.3)$$

为了进一步研究驱动-响应系统 (12.3.1) 和 (12.4.1) 的有限时间同步, 我们需要如下条件.

(H3**) 对任意的 $i = 1, 2, \cdots, n$, 存在非负常数 $\alpha_i^R, \beta_i^R, \eta_i^R, \alpha_i^I, \beta_i^I$ 和 η_i^I 使得

$$
\begin{cases}
\sup |\varsigma_i^R - \zeta_i^R| \leqslant \alpha_i^R |x_i - p_i| + \beta_i^R |y_i - q_i| + \eta_i^R, \\
\sup |\varsigma_i^I - \zeta_i^I| \leqslant \alpha_i^I |x_i - p_i| + \beta_i^I |y_i - q_i| + \eta_i^I,
\end{cases} \tag{12.4.4}
$$

其中, 对任意的 $(p_i, q_i)^{\mathrm{T}} \in \mathbb{R}^2$ 和 $(x_i, y_i)^{\mathrm{T}} \in \mathbb{R}^2$, $\varsigma_i^R \in F_i^R(p_i, q_i), \zeta_i^R \in F_i^R(x_i, y_i)$, $\varsigma_i^I \in F_i^I(p_i, q_i), \zeta_i^I \in F_i^I(x_i, y_i)$.

引理 12.4.1 设 $V(x) : \mathbb{R}^n \to \mathbb{R}$ 是 C-正则的, $x = x(t) : [0, +\infty) \to \mathbb{R}^n$ 在 $[0, +\infty)$ 的任意紧子区间上是绝对连续的. 若存在可积函数 $p_1(t), p_2(t)$ 及常数 $\alpha \in (0, 1)$ 使得对 $V(t) \triangleq V(x(t))$ 有

$$
\frac{\mathrm{d}V(t)}{\mathrm{d}t} \leqslant (p_1(t) + p_2(t)) V^\alpha(t), \quad \text{a.e.} \quad t \geqslant t_0 \geqslant 0, \tag{12.4.5}
$$

并且存在正常数 M_1, M_2 和 λ 满足

$$
\int_{t_0}^{+\infty} p_1(s) \mathrm{d}s \leqslant M_1, \qquad \int_{t_0}^{t} p_2(s) \mathrm{d}s \leqslant -\lambda(t - t_0) + M_2, \tag{12.4.6}
$$

则有

$$
V^{1-\alpha}(t) \leqslant V^{1-\alpha}(t_0) + (1 - \alpha)(M_1 + M_2) - \lambda(1 - \alpha)(t - t_0), \quad t_0 \leqslant t \leqslant \mathbb{T},
$$

且当 $t \geqslant \mathbb{T}$ 时恒有 $V(t) = 0$, 其中 $\mathbb{T} = t_0 + \dfrac{1}{\lambda(1 - \alpha)} \left[V^{1-\alpha}(t_0) + (1 - \alpha)M \right]$.

证明 由 (12.4.5) 可得

$$
\frac{1}{V^\alpha(t)} \frac{\mathrm{d}V(t)}{\mathrm{d}t} \leqslant (p_1(t) + p_2(t)).
$$

将上式在区间 $[t_0, t]$ 上积分可得

$$
\begin{aligned}
V^{1-\alpha}(t) - V^{1-\alpha}(t_0) &\leqslant (1 - \alpha) \int_{t_0}^{t} (p_1(s) + p_2(s)) \mathrm{d}s \\
&\leqslant (1 - \alpha)(M_1 + M_2) - \lambda(1 - \alpha)(t - t_0).
\end{aligned}
$$

由此可证引理 12.4.1. 证毕.

为了实现驱动-响应系统 (12.3.1) 和 (12.4.1) 的有限时间同步, 设计如下的状态反馈控制器:

$$
\begin{cases}
\mathscr{U}_i^R(t, x) = -k_i^R(t) e_i^R(t) + \dfrac{\rho(t)}{2} |e_i^R(t)|^\alpha \mathrm{sgn}(e_i^R(t)) - l_i^R(t) \mathrm{sgn}(e_i^R(t)), \\
\mathscr{U}_i^I(t, x) = -k_i^I(t) e_i^I(t) + \dfrac{\rho(t)}{2} |e_i^I(t)|^\alpha \mathrm{sgn}(e_i^I(t)) - l_i^I(t) \mathrm{sgn}(e_i^I(t)),
\end{cases} \tag{12.4.7}
$$

其中, $i = 1, 2, \cdots, n$, $0 < \alpha < 1$, $k_i^R(t)$, $k_i^I(t)$, $l_i^R(t)$, $l_i^I(t)$, $\rho(t)$ 都是待定的控制参数.

定理 12.4.1 若假设条件 (H1*),(H2*),(H3**) 和 (H6) 都成立, 设计控制参数满足

$$
\begin{cases}
k_i^R(t) \geqslant -d_i(t) + \sum_{j=1}^{n} \Big[(\alpha_j^R + \beta_j^R)|a_{ij}^R(t)| \\
\qquad\qquad + (\alpha_j^I + \beta_j^I)|a_{ij}^I(t)| + (\alpha_i^R + \alpha_i^I)(|a_{ji}^R(t)| + |a_{ji}^I(t)|) \Big], \\
k_i^I(t) \geqslant -d_i(t) + \sum_{j=1}^{n} \Big[(\alpha_j^R + \beta_j^R)|a_{ij}^I(t)| \\
\qquad\qquad + (\alpha_j^I + \beta_j^I)|a_{ij}^R(t)| + (\beta_i^R + \beta_i^I)(|a_{ji}^R(t)| + |a_{ji}^I(t)|) \Big], \\
l_i^R(t) \geqslant \sum_{j=1}^{n} \Big[\eta_j^R|a_{ij}^R(t)| + \eta_j^I|a_{ij}^I(t)| \Big], \\
l_i^I(t) \geqslant \sum_{j=1}^{n} \Big[\eta_j^R|a_{ij}^I(t)| + \eta_j^I|a_{ij}^R(t)| \Big]
\end{cases}
\tag{12.4.8}
$$

且时变控制参数 $\rho(t)$ 满足

$$
\int_0^{+\infty} \rho^+(t)\mathrm{d}t \leqslant M_1, \qquad \int_{t_0}^{t} \rho^-(s)\mathrm{d}s \leqslant -\lambda(t - t_0) + M_2,
\tag{12.4.9}
$$

其中, λ, M_1, M_2 是正常数, $\rho^+(t) = \max\{0, \rho(t)\}$, $\rho^-(t) = \min\{0, \rho(t)\}$, 则驱动系统 (12.3.1) 和响应系统 (12.4.1) 能够实现有限时间同步, 实现有限时间同步的停息时间为 $\mathbb{T}_1 = t_0 + \dfrac{1}{\lambda(1-\alpha)} \Big[V^{1-\alpha}(0) + (1-\alpha)\big((2n)^{\frac{1-\alpha}{2}} M_1 + M_2\big) \Big]$.

证明 考虑函数

$$
V(t) = \sum_{i=1}^{n} (e_i^R(t))^2 + \sum_{i=1}^{n} (e_i^I(t))^2,
$$

则

$$
\frac{\mathrm{d}V(t)}{\mathrm{d}t}
$$

$$
= 2\sum_{i=1}^{n} e_i^R(t) \Bigg[-d_i(t)e_i^R(t) + \sum_{j=1}^{n} a_{ij}^R(t)(\varsigma_j^R(t) - \zeta_j^R(t)) - \sum_{j=1}^{n} a_{ij}^I(t)(\varsigma_j^I(t) - \zeta_j^I(t))
$$

$$
- k_i^R(t)e_i^R(t) + \frac{\rho(t)}{2}|e_i^R(t)|^\alpha \mathrm{sgn}(e_i^R(t)) - l_i^R(t)\mathrm{sgn}(e_i^R(t)) \Bigg]
$$

$$
+ 2\sum_{i=1}^{n} e_i^I(t)\Bigg[-d_i(t)e_i^I(t) + \sum_{j=1}^{n} a_{ij}^I(t)(\varsigma_j^R(t) - \zeta_j^R(t)) + \sum_{j=1}^{n} a_{ij}^R(t)(\varsigma_j^I(t) - \zeta_j^I(t))
$$

$$
- k_i^I(t)e_i^I(t) + \frac{\rho(t)}{2}|e_i^I(t)|^{\alpha}\mathrm{sgn}(e_i^I(t)) - l_i^I(t)\mathrm{sgn}(e_i^I(t)) \Bigg]
$$

$$
\leqslant - 2\sum_{i=1}^{n} d_i(t)(e_i^R(t))^2 + 2\sum_{i=1}^{n}\sum_{j=1}^{n} |e_i^R(t)||a_{ij}^R(t)|\Big[\alpha_j^R|e_j^R(t)| + \beta_j^R|e_j^I(t)| + \eta_j^R \Big]
$$

$$
+ 2\sum_{i=1}^{n}\sum_{j=1}^{n} |e_i^R(t)||a_{ij}^I(t)|\Big[\alpha_j^I|e_j^R(t)| + \beta_j^I|e_j^I(t)| + \eta_j^I \Big]
$$

$$
- k_i^R(t)(e_i^R(t))^2 + \rho(t)|e_i^R(t)|^{\alpha+1}
$$

$$
\times\, l_i^R(t)|e_i^R(t)| - 2\sum_{i=1}^{n} d_i(t)(e_i^I(t))^2
$$

$$
+ 2\sum_{i=1}^{n}\sum_{j=1}^{n} |e_i^I(t)||a_{ij}^I(t)|\Big[\alpha_j^R|e_j^R(t)| + \beta_j^R|e_j^I(t)| + \eta_j^R \Big]
$$

$$
+ 2\sum_{i=1}^{n}\sum_{j=1}^{n} |e_i^I(t)||a_{ij}^R(t)|\Big[\alpha_j^I|e_j^R(t)| + \beta_j^I|e_j^I(t)| + \eta_j^I \Big] - k_i^I(t)(e_i^I(t))^2
$$

$$
+ \rho(t)|e_i^I(t)|^{\alpha+1} - l_i^R(t)|e_i^I(t)|.
$$

进一步, 由 (12.4.8) 可以得到

$$
\frac{\mathrm{d}V(t)}{\mathrm{d}t} \leqslant 2\sum_{i=1}^{n}\Bigg[\sum_{j=1}^{n}((\alpha_j^R + \beta_j^R)|a_{ij}^R(t)|
$$

$$
+ (\alpha_j^I + \beta_j^I)|a_{ij}^I(t)| + (\alpha_i^R + \alpha_i^I)(|a_{ji}^R(t)| + |a_{ji}^I(t)|)) - d_i(t)
$$

$$
- k_i^R(t) \Bigg](e_i^R(t))^2 + 2\sum_{i=1}^{n}\Bigg[\sum_{j=1}^{n}((\alpha_j^R + \beta_j^R)|a_{ij}^I(t)|
$$

$$
+ (\alpha_j^I + \beta_j^I)|a_{ij}^R(t)| + (\beta_i^R + \beta_i^I)
$$

$$
\times (|a_{ji}^R(t)| + |a_{ji}^I(t)|)) - d_i(t) - k_i^I(t) \Bigg](e_i^I(t))^2
$$

$$
+ 2\sum_{i=1}^{n}\Bigg[\sum_{j=1}^{n}(\eta_j^R|a_{ij}^R(t)| + \eta_j^I|a_{ij}^I(t)|)
$$

$$
- l_i^R(t) \Bigg]|e_i^R(t)| + 2\sum_{i=1}^{n}\Bigg[\sum_{j=1}^{n}(\eta_j^R|a_{ij}^I(t)| + \eta_j^I|a_{ij}^R(t)|) - l_i^I(t) \Bigg]|e_i^I(t)|
$$

$$+ \rho(t) \sum_{i=1}^{n} (|e_i^R(t)|^{\alpha+1} + |e_i^I(t)|^{\alpha+1})$$

$$\leqslant \rho^+(t) \sum_{i=1}^{n} \left[((e_i^R(t))^2)^{\frac{\alpha+1}{2}} + ((e_i^I(t))^2)^{\frac{\alpha+1}{2}} \right]$$

$$+ \rho^-(t) \sum_{i=1}^{n} \left[((e_i^R(t))^2)^{\frac{\alpha+1}{2}} + ((e_i^I(t))^2)^{\frac{\alpha+1}{2}} \right]$$

$$\leqslant (2n)^{\frac{1-\alpha}{2}} \rho^+(t) \left(\sum_{i=1}^{n} (e_i^R(t))^2 + (e_i^I(t))^2 \right) + \rho^-(t) \left(\sum_{i=1}^{n} (e_i^R(t))^2 + (e_i^I(t))^2 \right)$$

$$\leqslant \left((2n)^{\frac{1-\alpha}{2}} \rho^+(t) + \rho^-(t) \right) V(t).$$

根据引理 12.4.1, 驱动系统 (12.3.1) 和响应系统 (12.4.1)在控制器 (12.4.7)作用下能够实现有限时间同步, 而且, 实现有限时间同步的停息时间为 $\mathbb{T}_1 = t_0 + \frac{1}{\lambda(1-\alpha)} \left[V^{1-\alpha}(0) + (1-\alpha)\left((2n)^{\frac{1-\alpha}{2}} M_1 + M_2 \right) \right]$. 证毕.

例 12.4.1　选取驱动系统 (12.3.1) 和响应系统 (12.4.1) 的参数如下

$$A = \begin{pmatrix} 0.1\sin t + 0.2\mathbf{i}\cos t & 0.2 + 0.1\mathbf{i}\sin t \\ 0.1 & 0.3\sin t + 0.1\mathbf{i}\cos t \end{pmatrix}, \qquad u = \begin{pmatrix} 0.5\sin t \\ 0.1\mathbf{i}\cos t \end{pmatrix},$$
$$d_1(t) = 0.4 + 0.3|\sin t| + 0.4|\cos t|, \qquad\qquad d_2(t) = 0.2 + 0.2|\cos t|.$$

取信号传输函数为

$$f_i(z) = (0.5x - 0.25)\mathrm{sgn}(x) + 0.5\tanh(y) + \mathbf{i}(0.5y\mathrm{sgn}(y) + 0.5\tanh(x+0.5)),$$
$$z \in \mathbb{C}, \quad x = \mathrm{Re}(z), \quad y = \mathrm{Im}(z).$$

显然, $f_i(z_i)$ 是无界的, 而且满足假设条件 (H3*), 参数 $\alpha_i^R = \alpha_i^I = \beta_i^R = \beta_i^I = \eta_i^R = \eta_i^I = 0.5$. 设计控制器(12.4.7)中的参数如下

$$k_1^R(t) = k_1^I(t) = 0,$$
$$k_2^R(t) = k_2^I(t) = 2 + 0.7|\sin t|,$$
$$l_1^R(t) = l_1^I(t) = l_2^R(t) = l_2^I(t) = 1.$$

经过简单计算可知: 控制器的设计参数满足(12.4.8). 另外, 选取 $\rho(t) = \frac{1}{1+t^2} - t|\cos t|$ 和 $\alpha = \frac{1}{2}$. 容易验证, 当选取参数 $M_1 = \pi$, $M_1 = 2$, $\lambda = \frac{4}{3\pi}$ 时, $\rho(t)$ 满足(12.4.9).

根据定理 12.4.1, 此时驱动系统(12.3.1)和响应系统(12.4.1)能够实现有限时间同步. 驱动系统和响应系统初值分别取为 $(z_1(0), z_2(0)) = (0.9 - 0.6\mathbf{i}, 0.2 - 0.5\mathbf{i})$ 和 $(v_1(0), v_2(0)) = (0.4 + 0.3\mathbf{i}, -0.5 + 0.8\mathbf{i})$ 则误差系统的轨迹如图 12.8 所示.

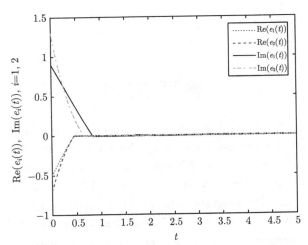

图 12.8　例 12.4.1中驱动-响应系统同步误差 $e_1(t)$ 和 $e_2(t)$ 的实部和虚部关于时间 t 的轨迹图, 其中驱动系统和响应系统初值分别取为 $(z_1(0), z_2(0)) = (0.9 - 0.6i, 0.2 - 0.5i)$ 和 $(v_1(0), v_2(0)) = (0.4 + 0.3i, -0.5 + 0.8i)$

参 考 文 献

[1] Abdurahman A, Jiang H, Teng Z. Finite-time synchronization for memristor-based neural networks with time-varying delays. Neural Netw., 2015, 69: 20-28

[2] Abdurahman A, Jiang H, Teng Z. Finite-time synchronization for fuzzy cellular neural networks with time-varying delays. Fuzzy Sets and Systems, 2016, 297: 96-111

[3] Acary V, Bonnefon O, Brogliato B. Nonsmooth Modeling and Simulation for Switched Circuits. Lecture Notes in Electrical Engineering, Vol. 69, Dordrecht: Springer, 2011

[4] Acosta P, Polyakov A, Fridman L, et al. Estimation of amplitude of oscillations in sliding mode systems caused by time delay. Asian J. Control, 2004, 6(4): 507-513

[5] Agarwal R P, O'Regan D. Leray-Schauder and Krasnoselskii results for multivalued maps defined on pseudo-open subsets of a Fréchet space. Appl. Math. Lett., 2006, 19: 1327-1334

[6] Agarwal R P, O'Regan D. A note on the existence of multiple fixed points for multi-valued maps with applications. J. Differential Equations, 2000, 160: 389-403

[7] Ahmed E, Agiza H N. On modeling epidemics including latency, incubation and variable susceptibility. Phys. A, 1998, 253: 347-352

[8] Aizenberg N, Lvaskiv Y, Pospelov D. A certain generalization of threshold functions. Dokrady Akademii Nauk SSSR, 1971, 196: 1287-1290

[9] Akcakaya H R. Population cycles of mammals: Evidence for a ratio-dependent predation hypothesis. Ecological Monographs, 1992, 62: 119-142

[10] Akhmet M, Kivilcim A. Discontinuous dynamics with grazing points. Commun. Nonlinear Sci. Numer. Simulat., 2016, 38: 218-242

[11] Akian M, Bliman P A. On super-high frequencies in discontinuous 1st-order delay-differential equations. J. Differential Equations, 2000, 162(2): 326-358

[12] Akian M, Bismuth S. Instability of rapidly-oscillating periodic solutions for discontinuous differential delay equations. Differ. Integral Equ., 2002, 15(1): 53-90

[13] Akira Takayama. 经济学中的分析方法. 北京: 中国人民大学出版社, 2001

[14] Allegretto W, Papini D, Forti M. Common asymptotic behavior of solutions and almost periodicity for discontinuous, delayed, and impulsive neural networks. IEEE Trans. Neural Netw., 2010, 21(7): 1110-1125

[15] Allen P M, McGlade J M. Dynamics of discovery and exploitation: The case of the scotian shelf groundfish fisheries. Can. J. Fish. Aquat. Sci., 1986, 43: 1187-1200

[16] Alves C O, Corrêa F, Ma T F. Positive solutions for a quasilinear elliptic equation of Kirchhoff type. Computers & Mathematics with Applications, 2005, 49(1): 85-93

[17] Alves C O, Yuan Z, Huang L. Existence and multiplicity of solutions for discontinuous elliptic problems in $\mathbb{R}^N$. Proceedings of the Royal Society of Edinburgh Section A: Mathematics, 2020, 157(2): 548-572

[18] Amster P, Déboli A. Existence of positive T-periodic solutions of a generalized Nicholson's blowflies model with a nonlinear harvesting term. Appl. Math. Lett., 2012, 25(9): 1203-1207

[19] Anderson R M, May R M. Directly transmitted infectious diseases: Control by vaccination. Science, 1982, 215: 1053-1060

[20] Anderson R M, May R M. Infectious diseases of humans, dynamics and control. Oxford: Oxford University Press, 1991

[21] Andronov A A, Vitt A A, Khaikin S E. Theory of Oscillators. Oxford: Pergamon Press, 1966

[22] Antali M, Stepan G. Sliding and crossing dynamics in extended Filippov systems. SIAM Appl. Dyn. Syst., 2018, 17: 823-858

[23] Arcak M. Passivity as a design tool for group coordination. IEEE Trans. Automat. Control, 2007, 52(8): 1380-1390

[24] Arik S. On the global dissipativity of dynamical neural networks with time delays. Physics Letters A, 2004, 326(1-2): 126-132

[25] Artes J C, Llibre J, Medrado J C, Teixeira M A. Piecewise linear differential systems with two real saddles. Math. Comput. Simulation, 2013, 95: 13-22

[26] Aubin J P, Cellina A. Differential Inclusions. Berlin: Springer, 1984

[27] Aubin J P, Frankowska H. Set-Valued Analysis. Boston, MA: Birkauser, 1990

[28] Awrejcewicz J, Fečkan M, Olejnik P. On continuous approximation of discontinuous systems. Nonlinear Anal.: Theory Methods Appl., 2005, 62: 1317-1331

[29] Bacciotti A, Ceragioli F. Stability and stabilization of discontinuous systems and nonsmooth Lyapunov functions. Esairn-Cocv, 1999, 4: 361-376

[30] Bailey N T J. The Mathematical Theory of Infectious Disease. 2nd ed. New York: Hafner, 1975

[31] Balasubramaniam P, Rakkiyappan R. Delay-dependent robust stability analysis of uncertain stochastic neural networks with discrete interval and distributed time-varying delays. Neurocomputing, 2009, 72: 3231-3237

[32] Bao G, Zeng Z. Multistability of periodic delayed recurrent neural network with memristors. Neural Computing and Applications, 2013, 23(7-8): 1963-1967

[33] Barbashin E A, Alimov Yu I. On the theory of relay differential equations. Izv. Vuzov. Matematika, 1962, 1: 3-13

[34] Bastos J L R, Buzzi C A, Llibre J, Novaes D D. Melnikov analysis in nonsmooth differential systems with nonlinear switching manifold. J. Differential Equations, 2019, 267: 3748-3767

[35] Battelli F, Fečkan M. Homoclinic trajectories in discontinuous systems. J. Dyn. Diff. Equ., 2008, 20(2): 337-376

[36] Becker N. Estimation for discrete time branching processes with application to epidemics. Biometrics, 1977, 33: 515-522

[37] Beddington J R, May R M. Harvesting natural populations in a randomly fluctuating environment. Science, 1977, 197: 463-465

[38] Benterki R, Llibre J. Crossing limit cycles of planar piecewise linear Hamiltonian systems without equilibrium points. Mathematics, 2020, 8(5): 755(14 pages)

[39] Berezansky L, Braverman E, Idels L. Nicholson's blowflies differential equations revisited: Main results and open problems. Appl. Math. Model., 2010, 34(6): 1405-1417

[40] Berezovskaya F, Karev G, Arditi R. Parametric analysis of the ratio-dependent predator-prey model. J. Math. Biol., 2001, 43: 221-246

[41] Berman A, Plemmons R J. Nonnegative Matrixes in Mathematical Science. New York: Academic Press, 1979

[42] Bernardo M D, Johansson K H, Vasca F. Self-oscillations and sliding in relay feedback systems: Symmetry and bifurcations. Int. J. Bifurcation and Chaos, 2001, 11: 1121-1140

[43] Bernardo M D, Kowalczyk P, Nordmark A B. Sliding bifurcations: A novel mechanism for the sudden onset of chaos in dry friction oscillators. Int. J. Bifurcation and Chaos, 2003, 13: 2935-2948

[44] Beuter A, Glass L, Mackey M C, et al. Nonlinear Dynamics in Physiology and Medicine. New York: Springer, 2003

[45] Beverton R J H, Holt S J. On the Dynamics of Exploited Fish Populations. Ministry of Agriculture, Fisheries and Food (London), Fish. Invest. Ser. 1957, 2(19)

[46] 毕鹤霞. 高等教育财政模式与高等教育体制模式关系研究: 兼论政府与高校间的经济关系. 清华大学教育研究, 2008, 29(4): 64-68, 75

[47] 边彩莲, 黄立宏, 王佳伏. 基于媒体报道的 Filippov 传染病模型的全局动力学. 经济数学, 2019, 36(1) : 84-90

[48] van den Bosch F, de Roos A M. The dynamics of infectious diseases in orchards with roguing and replanting as control strategy. J. Math. Biol., 1996, 35(2): 129-157

[49] van den Bosch F, Jeger M J, Gilligan C A. Disease control and its selection for damaging plant virus strains in vegetatively propagated staple food crops: A theoretical assessment. Proceedings of the Royal Society B: Biological Sciences, 2007, 274(1606): 11-28

[50] Boucherif A, Tisdell C C. Existence of periodic and non-periodic solutions to systems of boundary value problems for first-order differential inclusions with super-linear growth. Appl. Math. Comput., 2008, 204: 441-449

[51] Boukal D S, Křivan V. Lyapunov functions for Lotka-Volterra predator-prey models with optimal foraging behavior. J. Math. Biol. , 1999, 39: 493-517

[52] Boyd S, Ghaoui L E, Feron E, Balakrishnan V. Linear Matrix Inequalities in System and Control Theory. Philadelphia, PA: SIAM, 1994

[53] Braga D D C, Mello L F. Limit cycles in a family of discontinuous piecewise linear differential systems with two zones in the plane. Nonlinear Dynam., 2013, 73: 1283-1288

[54] Braga D D C, Mello L F. More than three limit cycles in discontinuous piecewise linear differential systems with two zones in the plane. Int. J. Bifur. Chaos, 2014, 24(4): 1450056

[55] Braga D D C, Mello L F. Arbitrary number of limit cycles for planar discontinuous piecewise linear differential systems with two zones. Electron. J. Differ. Equ., 2015: 1-12

[56] Brauer F, van den Driessche P. Models for transmission of disease with immigration of infectives. Math. Biosci., 2001, 171: 143-154

[57] Braun M. 微分方程及其应用 (上册). 张鸿林, 译. 北京: 人民教育出版社, 1979

[58] Braun M. 微分方程及其应用 (下册). 张鸿林, 译. 北京: 人民教育出版社, 1980

[59] Bressan A, Shen W. Uniqueness for discontinuous ODE and conservation laws. Nonlinear Anal.: Theory Methods Appl., 1998, 34: 637-652

[60] Brogliato B. Non-smooth Mechanics-Models, Dynamics and Control. New York: Springer-Verlag, 1999

[61] Brouwer L E J. Uber abbildang von mannigfaltigkeiten. Math. Ann., 1912, 71: 97-115

[62] Buzzi C A, da Silva P R, Teixeira M. A singular approach to discontinous vector fields on the plane. J. Differential Equations, 2006, 231: 633-655

[63] Buzzi C A, de Carvalho T, da Silva P R. Canard cycles and Poincaré index of non-smooth vector fields on the plane. J. Dyn. Control Syst., 2013, 19(2): 173-193

[64] Buzzi C A, Llibre J, Medrado J C. On the limit cycles of a class of piecewise linear differential systems in $\mathbb{R}^4$ with two zones. Math. Comput. Simulation, 2011, 82(4): 533-539

[65] Buzzi C A, de Carvalho T, da Silva P R. Closed poly-trajectories and Poincaré index of non-smooth vector fields on the plane. J. Dyn. Control Syst., 2013, 19(2): 173-193

[66] Buzzi C A, Santos R A T. Regularization of saddle-fold singularity for nonsmooth differential systems. J. Math. Anal. Appl., 2019, 474: 1036-1048

[67] Buzzi C A, Medrado J C, Torregrosa J. Limit cycles in 4-star-symmetric planar piecewise linear systems. J. Differential Equations, 2020, 268: 2414-2434

[68] Cabada A, Pouso R L. Extremal solutions of strongly nonlinear discontinuous second-order equations with nonlinear functional boundary conditions. Nonlinear Anal.: Theory Methods Appl., 2000, 42: 1377-1396

[69] Cabada A, Pouso R L, Liz E. A generalization of the method of upper and lower solutions for discontinuous first order problems with nonlinear boundary conditions. Appl. Math. Comput., 2000, 114: 135-148

[70] Cabada A, Cid J A, Pouso R L. Positive solutions for a class of implicit and discontinuous second order functional differential equations with singularities. Appl. Math. Comput., 2003, 137: 89-99

[71] Cabada A, Grossinho M d R, Minhós F. On the solvability of some discontinuous third order nonlinear differential equations with two point boundary conditions. J. Math. Anal. Appl., 2003, 285: 174-190

[72] Cai Z, Huang L. Existence and global asymptotic stability of periodic solution for discrete and distributed time-varying delayed neural networks with discontinuous activations. Neurocomputing, 2011, 74: 3170-3179

[73] Cai Z, Huang L, Guo Z, Chen X. On the periodic dynamics of a class of time-varying delayed neural networks via differential inclusions. Neural Netw., 2012, 33: 97-113

[74] Cai Z, Huang L. Periodic dynamics of delayed Lotka-Volterra competition systems with discontinuous harvesting policies via differential inclusions. Chaos, Solitons and Fractals, 2013, 54: 39-56

[75] Cai Z, Huang L. Functional differential inclusions and dynamic behaviors for memristor-based BAM neural networks with time-varying delays. Commun Nonlinear Sci. Numer. Simulat., 2014, 19: 1279-1300

[76] 蔡佐威. 几类基于微分包含的不连续系统的动力学研究. 湖南大学博士学位论文, 2014

[77] Cai Z, Huang L, Guo Z, Zhang L, Wan X. Periodic synchronization control of discontinuous delayed networks by using extended Filippov-framework. Neural Netw., 2015, 68: 96-110

[78] Cai Z, Huang L, Wang D, Zhang L. Periodic synchronization in delayed memristive neural networks based on Filippov systems. J. Franklin Inst., 2015, 352: 4638-4663

[79] Cai Z, Huang L, Zhang L. New exponential synchronization criteria for time-varying delayed neural networks with discontinuous activations. Neural Netw., 2015, 65: 105-114

[80] Cai Z, Huang L, Zhang L, Hu X. Dynamical behavior for a class of predator-prey system with general functional response and discontinuous harvesting policy. Math. Methods Appl. Sci., 2015, 38(18): 4679-4701

[81] Cai Z, Huang L, Zhang L. New conditions on synchronization of memristor-based neural networks via differential inclusions. Neurocomputing, 2016, 186: 235-250

[82] Cai Z, Huang L, Zhu M, Wang D. Finite-time stabilization control of memristor-based neural networks. Nonlinear Anal.: Hybrid Syst., 2016, 20: 37-54

[83] Cai Z, Huang J, Huang L. Generalized Lyapunov-Razumikhin method for retarded differential inclusions: Applicationa to discontinuous neural networks. Discrete Contin. Dyn. Syst.-B, 2017, 22(9): 3591-3614

[84] Cai Z, Huang L. Novel adaptive control and state-feedback control strategies to finite-time stabilization of discontinuous delayed networks. IEEE Trans. Syst. Man, and Cybern. -Syst. , 2017, 47(7): 1644-1654

[85] Cai Z, Huang L, Zhang L. Finite-time synchronization of master-slave neural networks with time-delays and discontinuous activations. Appl. Math. Model., 2017, 47: 208-226

[86] Cai Z, Huang L, Zhang L. Improved switching controllers for finite-time synchronization of delayed neural networks with discontinuous activations. J. Franklin Inst., 2017, 354: 6692-6723

[87] Cai Z, Huang J, Huang L. Periodic orbit analysis for the delayed Filippov system. Proc. Amer. Math. Soc., 2018, 146(11): 4667-4682

[88] Cai Z, Huang L. Finite-time stabilization of delayed memristive neural networks: Discontinuous state-feedback and adaptive control approach. IEEE Trans. Neural Netw. Learn. Syst., 2018, 29(4): 856-868

[89] 蔡佐威, 黄立宏. 动态经济学数学建模及稳定化控制分析. 经济数学, 2018, 35(2): 30-36

[90] Cai Z, Pan X, Huang L, Huang J. Finite-time robust synchronization for discontinuous neural networks with mixed-delays and uncertain external perturbations. Neurocomputing, 2018, 275: 2624-2634

[91] Cai Z, Huang J, Yang L, Huang L. Periodicity and stabilization control of the delayed Filppov system with perturbation. Discrete Contin. Dyn. Syst.-B, 2020, 25(4): 1439-1467

[92] Cai Z, Huang L. Generalized Lyapunov approach for functional differential inclusions. Automatica, 2020, 113: 108740

[93] Cai Z, Huang L. Lyapunov-Krasovskii stability analysis of delayed Filippov system: Applications to neural networks with switching control. Internat. J. Robust Nonlinear Control, 2020, 30: 699-718

[94] Cai Z, Huang L, Wang Z. Mono/multi-periodicity generated by impulses control in time-delayed memristor-based neural networks. Nonlinear Anal.: Hybrid Syst., 2020, 36: Article 100861

[95] Calamai A, Franca M. Mel'nikov methods and homoclinic orbits in discontinuous systems. J. Dyn. Diff. Equ., 2013, 25(3): 733-764

[96] Calcev G, Gorez R, De Neyer M. Passivity approach to fuzzy control systems. Automatica, 1998, 34(3): 339-344

[97] 曹栋, 黄立宏. 一类时滞环状三元神经网络模型解的收敛性. 湖南大学学报, 2005, 32(6): 139-141

[98] Gao H, Chen T, Chai T. Passivity and passification for networked control systems. SIAM J. Control Optim., 2007, 46(4): 1299-1322

[99] Cao J, Wang J. Global asymptotic stability of a general class of recurrent neural networks with time-varying delays. IEEE Transactions on Circuits Systems I, 2003, 50(1): 34-44

[100] Cao J, Yuan K, Ho D W C, et al. Global point dissipativity of neural networks with mixed time-varying delays. Chaos., 2006, 16(1): 013105

[101] Cao J, Feng G, Wang Y. Multistability and multiperiodicity of delayed Cohen-Grossberg neural networks with a general class of activation functions. Physica D, 2008, 237(13): 1734-1749

[102] Cao Q, Wiercigroch M, Pavlovskaia E E, Grebogi C, Thompson J M T. Archetypal oscillator for smooth and discontinuous dynamics. Phys. Rev. E, 2006, 74(4): 046218

[103] Cao Q, Wiercigroch M, Pavlovskaia E E, Grebogi C, Thompson J M T. The limit case response of the archetypal oscillator for smooth and discontinuous dynamics. Int. J. Non-Linear Mech., 2008, 43(6): 462-473

[104] Cao Q, Wiercigroch M, Pavlovskaia E E, Thompson J M T, Grebogi C. Piecewise linear approach to an archetypal oscillator for smooth and discontinuous dynamics. Phil. Trans. R. Soc. A, 2008, 366 (1865): 635-652

[105] Cardoso J L, Llibre J, Novaes D D, Tonon D J. Simultaneous occurrence of sliding and crossing limit cycles in piecewise linear planar vector fields. Dynamical Systems, 2020, 35(3): 490-514

[106] Carl S, Heikkiläs. Extremality results for first-order discontinuous functional differential equations. Comput. Math. Appl., 2000, 40: 1217-1232

[107] Carmona V, Fernández-García S, Freire E. Periodic orbits for perturbations of piecewise linear systems. J. Differential Equations, 2011, 250: 2244-2266

[108] Casey R, Jong H D, Gouze J L. Piecewise-linear models of genetic regulatory networks: Equilibria and their stability. J. Math. Biol., 2006, 52(1): 27-56

[109] Cellina A, Lasota A. A new approach to the definition of topological degree for multivalued mappings. Atli. Accad. Naz. Lincei. Rend cl. Sci. Fis. Mat. Nature, 1969, 47: 434-440

[110] Chakravarthy V. Complex-Valued Neural Networks: Utilizing High-Dimensional Parameters. New York: Hershey, 2008

[111] Chan M, Jeger M. An analytical model of plant virus disease dynamics with roguing and replanting. The Journal of Applied Ecology, 1994, 31(3): 413-427

[112] Chen C, Kang Y, Smith? R. Sliding motion and global dynamics of a Filippov fireblight model with economic thresholds. Nonlinear Anal.: Real World Appl., 2018, 39: 492-519

[113] Chen H. Global bifurcation for a class of planar Filippov systems with symmetry. Qual. Theory Dyn. Syst., 2016, 15(2): 349-365

[114] Chen H. Global analysis on the discontinuous limit case of a smooth oscillator. Int. J. Bifur. Chaos, 2016, 26(04): 1650061

[115] Chen H, Xie J. Harmonic and subharmonic solutions of the SD oscillator. Nonlinear Dynam., 2016, 84(4): 2477-2486

[116] Chen H, Cao Z, Li D, Xie J. Global analysis on a discontinuous dynamical system. Int. J. Bifur. Chaos, 2017, 27(05): 1750078

[117] Chen H, Han M, Xia Y. Limit cycles of a Liénard system with symmetry allowing for discontinuity. J. Math. Anal. Appl., 2018, 468: 799-816

[118] Chen H, Duan S, Tang Y, Xie J. Global dynamics of a mechanical system with dry friction. J. Differential Equations, 2018, 265: 5490-5519

[119] Chen H, Llibre J, Tang Y. Centers of discontinuous piecewise smooth quasi-homogeneous polynomial differential systems. Discrete Contin. Dyn. Syst.-B, 2019, 24(12): 6495-6509

[120] Chen H, Zou L. How to control the immigration of infectious individuals for a region? Nonlinear Anal.: Real World Appl., 2019, 45: 491-505

[121] Chen H, Tang Y. An oscillator with two discontinuous lines and Van der Pol damping. Bulletin des Sciences Mathematiques, 2020, 161: 102867

[122] Chen S, Du Z. Stability and perturbations of homoclinic loops in a class of piecewise smooth systems. Int. J. Bifur. Chaos, 2015, 25: 1550114

[123] Chen T, Huang L, Huang W, Li W. Bi-center conditions and local bifurcation of critical periods in a switching Z_2 equivariant cubic system. Chaos, Solitons and Fractals, 2017, 105: 157-168

[124] Chen T, Huang L, Yu P, Huang W. Bifurcation of limit cycles at infinity in piecewise polynomial systems. Nonlinear Anal.: Real World Appl., 2018, 41: 82-106

[125] Chen X, Zhang W. Isochronicity of centers in a switching Bautin system. J. Differential Equations, 2012, 252: 2877-2899

[126] Chen X, Romanovski V, Zhang W. Degenerate Hopf bifurcations in a family of FF-type switching system. J. Math. Anal. Appl., 2015, 432: 1058-1076

[127] Chen X, Llibre J, Zhang W. Averaging approach to cyclicity of Hopf bifurcation in planar linear-quadratic polynomial discontinuous differential systems. Discrete Contin. Dyn. Syst.-B, 2017, 22(10): 3953-3965

[128] Chen X, Zhao Z, Song Q, Hu J. Multistability of complex-valued neural networks with time-varying delays. Appl. Math. Comput., 2017, 294: 18-35

[129] Chen X, Huang L, Guo Z. Finite time stability of periodic solution for Hopfield neural networks with discontinuous activations. Neurocomputing, 2013, 103: 43-49

[130] Chen X, Huang L. A Filippov system describing the effect of prey refuge use on a ratio-dependent predator-prey model. J. Math. Anal. Appl., 2015, 428: 817-837

[131] Chen Y, Wu J. Minimal instability and unstable set of a phase-locked periodic orbit in a delayed neural network. Physica D, 1999, 134: 185-199

[132] Chen Y, Wu J. Connecting orbits from synchronous periodic solutions to phase-locked periodic solutions in a delay differential system. J. Differential Equations, 2000, 163: 130-173

[133] Chen Y, Wu J. Existence and attraction of a phase-locked oscillation in a delayed network of two neurons. Differential and Integral Equations, 2001, 14: 1181-1238

[134] Chen Y, Wu J. Slowly oscillating periodic solutions for a delayed frustrated network of two neurons. J. Math. Anal. Appl. 2001, 259: 188-208

[135] Chen Y. Periodic solutions of delayed periodic Nicholson's blowflies models. Canadian Applied Mathematics Quarterly, 2003, 11(1): 23-28

[136] 陈燕燕. 一类金融混沌系统的线性控制模型. 经济数学, 2017, 4: 48-52

[137] Chen Z, Yang J, Dai B. Forecast possible risk for COVID-19 epidemic dissemination under current control strategies in Japan. Int. J. Environ. Res. Public Health, 2020, 17(11): 3872

[138] Cheng C, Lin K, Shih C. Multistability in recurrent neural networks. SIAM J. Appl. Math., 2006, 66(4): 1301-1320

[139] Cheng C, Lin K, Shih C. Multistability and convergence in delayed neural networks. Physica D, 2007, 225(1): 61-74

[140] Chua L O. Memristor-The missing circuit element. IEEE Transactions on Circuit Theory, 1971, 18: 507-519

[141] Chua L O, Yang L. Cellular neural networks: Theory. IEEE Transactions on Circuits and Systems, 1988, 35(10): 1257-1272

[142] Chua L O, Yang L. Cellular neural networks: Applications. IEEE Transactions on Circuits and Systems, 1988, 35(10): 1273-1290

[143] Chua L O. Passivity and complexity. IEEE Transactions on Circuits and Systems I: Fundamental Theory and Applications, 1999, 46(1): 71-82

[144] Chua L O. Resistance switching memories are memristor. Applied Physics A, 2011, 102: 765-783

[145] Cid J A, Sanchez L. Periodic solutions for second order differential equations with discontinuous restoring forces. J. Math. Anal. Appl., 2003, 288: 349-364

[146] Clark C W. Mathematical Bioeconomics: The Optimal Management of Renewable Resources. 2nd ed. New York: Wiley, 1990

[147] Clarke F H. Optimization and Nonsmooth Analysis. New York: Wiley, 1983

[148] Clarke F H, Munro G R. Coastal states, distant water fishing nations and extended jurisdiction: Conflicting views of the future. Nat. Resour. Model., 1991, 5: 345-369

[149] Clarke F H, Ledyaev Yu S, Sontag E D, Subbotin A I. Asymptotic controllability implies feedback stabilization. IEEE Trans. Automat. Control, 1997, 42: 1394-1407

[150] Cohen Y. Applications of control theory in ecology//Lecture Notes in Biomathematics, Vol. 73. Berlin: Springer, 1987

[151] Cojocaru M G, Bauth C T, Johnston M D. Dynamics of vaccination strategies via projected dynamical systems. Bull. Math. Biol., 2007, 69: 1453-1476

[152] Coll B, Gasull A, Prohens R. Limit cycles for nonsmooth differential equations via Schwarzian derivative. J. Differential Equations, 1996, 132: 203-221

[153] Coll B, Prohens R, Gasull A. The center problem for discontinuous Liénard differential equation. Int. J. Bifur. Chaos, 1999, 9: 1751-1761

[154] Coll B, Gasull A, Prohens R. Degenerate Hopf bifurcations in discontinuous planar systems. J. Math. Anal. Appl., 2001, 253(2): 671-690

[155] Collinson S, Heffernan J M. Modelling the effects of media during an influenza epidemic. BMC Public Health, 2014, 14(1): 1-10

[156] Colombo R, Krivan V. Selective strategies in food webs. IMA J. Math. Appl. Med. Biol., 1993, 10: 281-291

[157] Comparin R J, Singh R. Non-linear frequency response characteristics of an impact pair. Journal of Sound and Vibration, 1989, 134: 259-290

[158] Coombes S, Thul R, Wedgwood K C A. Nonsmooth dynamics in spiking neuron models. Physica D, 2012, 241: 2042-2057

[159] Cortés J. Discontinuous dynamical systems. IEEE Control Syst. Mag., 2008, 28(3): 36-73

[160] Costa M I S, Kaszkurewicz E, Bhaya A, et al. Achieving global convergence to an equilibrium population in predator-prey systems by the use of a discontinuous harvesting policy. Ecol. Model., 2000, 128: 89-99

[161] da Silveira Costa M I S, Meza M E M. Dynamical stabilization of grazing systems: An interplay among plant-water interaction, overgrazing and a threshold managementpolicy. Math. Biosci., 2006, 204: 250-259

[162] da Silveira Costa M I S, Meza M E M. Harvesting of dynamically complex consumer-resource systems: Insights from a threshold management policy. Ecological Complexity, 2006, 3: 193-199

[163] da Silveira Costa M I S, Meza M E M. Coexistence in a chemostat: Application of a threshold policy. Chem. Eng. Sci., 2006, 61: 3400-3402

[164] da Silveira Costa M I S. Harvesting induced fluctuations: Insights from a threshold management policy. Math. Biosci., 2007, 205(1): 77-82

[165] da Silveira Costa M I S. Predator harvesting in stage dependent predation models: Insights from a threshold management policy. Math. Biosci., 2008, 216(1): 40-46

[166] Cristiano R, Pagano D J. Two-parameter boundary equilibrium bifurcations in 3D-Filippov systems. Journal of Nonlinear Science, 2019, 29: 2845-2875

[167] Cristiano R, Pagano D J, Carvalho T, Tonon D J. Bifurcations at a degenerate twofold singularity and crossing limit cycles. J. Differential Equations, 2019, 268: 115-140

[168] Cronin J. Fixed Points and Topological Degree in Nonlinear Analysis. Providence, RI: Amer. Math. Soc., 1964

[169] Crutchfield J A, Zellner A. Economic Aspects of the Pacific Halibut Fishery. Fishery Industrial Research, Vol. I, Washington: U. S. GPO, 1962

[170] Cruz L, Novaes D, Torregrosa J. New lower bound for the Hilbert number in piecewise quadratic differential systems. J. Differential Equations, 2019, 266: 4170-4203

[171] Cui J, Tao X, Zhu H. An SIS infection model incorporating media coverage. Rocky Mountain Journal of Mathematics, 2008, 38(5): 1323-1334

[172] 崔景安, 吕金隆, 郭松柏, 陈田木. 新发传染病动力学模型: 应用于 2019 新冠肺炎传播分析. 应用数学学报, 2020, 43(2): 147-155

[173] Cui J, Sun Y, Zhu H. The impact of media on the control of infectious diseases. J. Dyn. Differ. Equ., 2008, 20(1): 31-53

[174] Dai B, Huang L, Qian X. Large-time dynamics of discrete-time neural networks with McCulloch-Pitts nonlinearity. Electron. J. Differ. Equ., 2003(45): 1-8

[175] Dai B, Qian X, Huang L, Guo S. Asymptotic behavior of a neural network model with dynamical threshold. Soochow Journal of Mathematics, 2004, 30(1): 1-9

[176] Danca M F, Codreanu S. On a possible approximation of discontinuous dynamical systems. Chaos, Solitons and Fractals, 2002, 13: 681-691

[177] Davy J L. Properties of the solution set of a generalized differential equation. Bull. Austral. Math. Soc., 1972, 6: 379-398

[178] de Blasi F S, Górniewicz L, Pianigiani G. Topological degree and periodic solutions of differential inclusions. Nonlinear Anal.: Theory Methods Appl., 1999, 37: 217-243

[179] de Carvalho T, Llibre J, Tonon D J. Limit cycles of discontinuous piecewise polynomial vector fields. J. Math. Anal. Appl., 2017, 449: 572-579

[180] de Freitas B R, Llibre J, Medrado J C. Limit cycles of continuous and discontinuous piecewise-linear differential systems in $\mathbb{R}^3$. J. Comput. Appl. Math., 2018, 338: 311-323

[181] Dercole F, Gragnani A, Rinaldi S. Bifurcation analysis of piecewise smooth ecological models. Theoretical Population Biology, 2007, 72: 197-213

[182] Dercole F, Della Rossa F, Colombo A, et al. Two degenerate boundary equilibrium bifurcations in planar Filippov systems. SIAM J. Appl. Dyn. Syst., 2011, 10(4): 1525-1553

[183] Dhage B C. Fixed-point theorems for discontinuous multivalued operators on ordered spaces with applications. Comput. Math. Appl., 2006, 51: 589-604

[184] di Bernardo M, Feigin M I, Hogan S J, Homer M E. Local analysis of C-bifurcations in n-dimensional piecewise-smooth dynamical systems. Chaos, Solitons and Fractals, 1999, 11: 1881-1908

[185] di Bernardo M, Budd C J, Champneys A R, Kowalczyk P. Piecewise-Smooth Dynamical Systems: Theory and Applications. New York: Springer-Verlag, 2008

[186] di Bernardo M, Budd C J, Champneys A R, Kowalczyk P, Nordmark A B, Tost G O, Piiroinen P T. Bifurcations in nonsmooth dynamical systems. SIAM Review, 2008, 50: 629-701

[187] di Bernardo M, Nordmark A, Olivar G. Discontinuity-induced bifurcations of equilibria in piecewise-smooth and impacting dynamical systems. Physica D, 2008, 237(1): 119-136

[188] Dieci L, Difonzo F. A comparison of Filippov sliding vector fields in codimension 2. J. Comput. Appl. Math., 2014, 262: 161-179

[189] Diekmann O, Gils S A Van, Lunel S M V, Walther H O. Delay Equations: Functional, Complex, and Nonlinear Analysis. New York: Springer-Verlag, 1995

[190] Dielz K. Transmission and control of arbovirus diseases// Ludwig D, Cooke K L. Epidemiology. Philadelphia: Proceedings of the Society for Industrial and Applied Mathematics, 1974: 104-121

[191] Ding G, Liu C, Gong J, Wang L, Cheng K, Zhang D. SARS epidemical forecast research in mathematical model. Chinese Science Bulletin, 2004, 49(21): 2332-2338

[192] Ding K, Huang N. Global robust exponential stability of interval general BAM neural network with delays. Neural Process. Lett., 2006, 23: 171-182

[193] Divenyi S, Savi M A, Weber H I, Franca L F P. Experimental investigation of an oscillator with discontinuous support considering different system aspects. Chaos, Solitons and Fractals, 2008, 38: 685-695

[194] Dong Q, Matsui K, Huang X. Existence and stability of periodic solutions for Hopfield neural network equations with periodic input. Nonlinear Anal.: Theory Methods Appl., 2002, 49: 471-479

[195] van den Driessche P, Zou X. Global attractivity in delayed Hopfield neural network models. SIAM J. Appl. Math., 1998, 58(6): 1878-1890

[196] van den Driessche P, Watmough J. Reproduction numbers and sub-threshold endemic equilibria for compartmental models of disease transmission. Math. Biosci., 2002, 180(1-2): 29-48

[197] Du B. Stability analysis of periodic solution for a complex-valued neural networks with bounded and unbounded delays. Asian J. Control, 2017, 20(2): 881-892

[198] Du Z, Li Y, Zhang W. Bifurcation of periodic orbits in a class of planar Filippov systems. Nonlinear Anal.: Theory Methods Appl., 2008, 69: 3610-3628

[199] 段海兰, 黄立宏. 一类二元时滞神经网络模型解的渐近性. 湖南大学学报, 2004, 31(6): 192-193

[200] Duan L, Huang L. Global dynamics of equilibrium point for delayed competitive neural networks with different time scales and discontinuous activations. Neurocomputing, 2014, 123: 318-327

[201] Duan L, Huang L. Global dissipativity of mixed time-varying delayed neural networks with discontinuous activations. Commun Nonlinear Sci. Numer. Simulat., 2014, 19(12): 4122-4134

[202] Duan L, Huang L. Periodicity and dissipativity for memristor-based mixed time-varying delayed neural networks via differential inclusions. Neural Netw., 2014, 57: 12-22

[203] Duan L, Huang L, Cai Z. Existence and stability of periodic solution for mixed time-varying delayed neural networks with discontinuous activations. Neurocomputing, 2014, 123: 255-265

[204] Duan L, Huang L, Guo Z. Stability and almost periodicity for delayed high-order Hopfield neural networks with discontinuous activations. Nonlinear Dynam., 2014, 77: 1469-1484

[205] Duan L, Huang L. Existence of nontrivial solutions for Kirchhoff-type variational inclusion system in $\mathbb{R}^N$. Appl. Math. Comput., 2014, 235: 174-186

[206] Duan L, Huang L, Cai Z. On existence of three solutions for $p(x)$-Kirchhoff type differential inclusion problem via nonsmooth critical point theory. Taiwanese J. Math., 2015, 19(2): 397-418

[207] Duan L, Huang L, Chen Y. Global exponential stability of periodic solutions to a delay Lasota-Wazewska model with discontinuous harvesting. Proc. Amer. Math. Soc., 2016, 144(2): 561-573

[208] Duan L, Huang L, Guo Z. Global robust dissipativity of interval recurrent neural networks with time-varying delay and discontinuous activations. Chaos., 2016, 26(7): 073101(1-13)

[209] Duan L, Huang L, Fang X. Finite-time synchronization for recurrent neural networks with discontinuous activations and time-varying delays. Chaos., 2017, 27(1): 013101

[210] Duan L, Huang L, Guo Z, Fang X. Periodic attractor for reaction-diffusion high-order Hopfield neural networks with time-varying delays. Comput. Math. Appl., 2017, 73: 233-245

[211] Duan L, Fang X, Huang C. Global exponential convergence in a delayed almost periodic Nicholson's blowflies model with discontinuous harvesting. Math. Meth. Appl. Sci., 2018, 41:1954-1965

[212] Duan L, Wei H, Huang L. Finite-time synchronization of delayed fuzzy cellular neural networks with discontinuous activations. Fuzzy Sets and Systems, 2019, 361: 56-70

[213] Duan L, Shi M, Wang Z, Huang L. Global exponential synchronization of delayed complex-valued recurrent neural networks with discontinuous activations. Neural Process. Lett., 2019, 50(3): 2183-2200

[214] Duan L, Shi M, Huang L. New results on finite-/fixed-time synchronization of delayed diffusive fuzzy HNNs with discontinuous activations. Fuzzy Sets and Systems, 2020, 2021, 416: 141-151

[215] Duan S, Hu X, Dong Z, et al. Memristor-based cellular nonlinear/neural network: Design, analysis, and applications. IEEE Trans. Neural Netw. Learn. Syst., 2014, 26(6): 1202-1213

[216] Edwards C, Spurgeon S K, Patton R J. Sliding mode observers for fault detection and isolation. Automatica, 2000, 36(4): 541-553

[217] Edwards R. Analysis of continuous-time switching networks. Physica D, 2000, 146(1-4): 165-199

[218] Emelyanov S V. Theory of Systems with Variable Structure (in Russian). Moscow: Nauka, 1970

[219] Euzébio R D, Llibre J. On the number of limit cycles in discontinuous piecewise linear differential systems with two pieces separated by a straight line. J. Math. Anal. Appl., 2015, 424(1): 475-486

[220] Fan Z, Du Z. Bifurcation of periodic orbits crossing switching manifolds multiple times in planar piecewise smooth systems. Int. J. Bifur. Chaos, 2019, 29(12): 1950160

[221] Farcot E. Geometric properties of a class of piecewise affine biological network models. J. Math. Biol., 2006, 52(3): 373-418

[222] Fečkan M, Pospíšil M. On the bifurcation of periodic orbits in discontinuous systems. Commun. Math. Anal., 2010, 8(1): 87-108

[223] Fečkan M. Bifurcation and Chaos in Discontinuous and Continuous Systems. Beijing: Higher Education Press, 2011

[224] Fečkan M, Pospíšil M. Bifurcation of sliding periodic orbits in periodically forced discontinuous systems. Nonlinear Anal.: Real World Appl., 2013, 14(1): 150-162

[225] Feigin M I. Doubling of the oscillation period with C-bifurcations in piecewise-continuous systems. J. Appl. Math. Mech. 1970, 5(34): 822-830

[226] Feng Z, Thieme H R. Recurrent outbreaks of childhood diseases revisited: The impact of isolation. Math. Biosci., 1995, 128: 93-130

[227] Filippov A F. Differential equations with discontinuous right-hand side. Amer. Math. Soc. Transl., 1964, 42: 199-231

[228] Filippov A F. Differential Equations with Discontinuous Right-Hand Sides// Mathematics and Its Applications (Soviet Series). Boston: Kluwer Academic, 1988

[229] Fink A M. Almost Periodic Dieffrential Equations. Berlin, Heidelberg, New York: Springer, 1974

[230] Fishman S, Marcus R, Talpaz H. Epidemiological and economic models for spread and control of citrus tristeza virus disease. Phytoparasitica, 1983, 11(1): 39-49

[231] Forti M, Nistri P. Global convergence of neural networks with discontinuous neuron activations. IEEE Trans. Circuits Syst. I, 2003, 50(11): 1421-1435

[232] Forti M, Nistri P, Papini D. Global exponential stability and global convergence in finite time of delayed neural networks with infinite gain. IEEE Trans. Neural Netw., 2005, 16(6): 1449-1463

[233] Forti M, Grazzini M, Nistri P, Pancioni L. Generalized Lyapunov approach for convergence of neural networks with discontinuous or non-Lipschitz activations. Physica D, 2006, 214: 88-89

[234] Forti M. M-matrix and global convergence of discontinuous neural networks. Int. J. Circ. Theor. Appl., 2007, 35: 105-130

[235] Fossas E, Olivar G. Study of chaos in buck converter. IEEE Trans. Circuits Syst., 1998, 43: 13-25

[236] Freire E, Ponce E, Torres F. Canonical discontinuous planar piecewise linear systems. SIAM J. Appl. Dyn. Syst., 2012, 11(1): 181-211

[237] Freire E, Ponce E, Torres F. A general mechanism to generate three limit cycles in planar Filippov systems with two zones. Nonlinear Dynam., 2014, 78: 251-263

[238] Freire E, Ponce E, Torres F. On the critical crossing cycle bifurcation in planar Filippov systems. J. Differential Equations, 2015, 259(12): 7086-7107

[239] Fu X, Zhang Y. Stick motions and grazing flows in an inclined impact oscillator. Chaos, Solitons and Fractals, 2015, 76: 218-230

[240] 傅希林, 张艳燕, 孙晓辉, 郑莎莎. 不连续动力系统: 流转换、周期流及应用模型. 北京: 科学出版社, 2018

[241] Galvanetto U, Bishop S R, Briseghella L. Mechanical stick-slip vibrations. Int. J. Bifur. Chaos, 1995, 5: 637-651

[242] Gasull A, Torregrosa J. Center-focus problem for discontinuous planar differential equations. Int. J. Bifur. Chaos, 2003, 13(7): 1755-1765

[243] Gause G F, Smaragdova N P, Witt A A. Further studies of interaction between predators and preys. Journal of Animal Ecology, 1936, 5: 1-18

[244] Gedeon T. Global dynamics of neural nets with infinite gain. Physica D, 2000, 146: 200-212

[245] Giannakopoulos F, Pliete K. Planar systems of piecewise linear differential equations with a line of discontinuity. Nonlinearity, 2001, 14(6): 1611-1632

[246] Goebel R, Sanfelice R G, Teel A R. Hybrid Dynamical Systems: Modeling Stability and Robustness. Princeton and Oxford: Princeton University Press, 2012

[247] Gong S, Yang S, Guo Z, Huang T. Global exponential synchronization of inertial memristive neural networks with time-varying delay via nonlinear controller. Neural Netw., 2018, 102: 138-148

[248] Gong S, Yang S, Guo Z, Huang T. Global exponential synchronization of memristive competitive neural networks with time-varying delay via nonlinear controll. Neural Process. Lett., 2019, 49(1): 103-119

[249] Gong S, Guo Z, Wen S, Huang T. Synchronization control for memristive high-order competitive neural networks with time-varying delay. Neurocomputing, 2019, 363: 295-305

[250] Gong W, Liang J, Cao J. Matrix measure method for global exponential stability of complex-valued recurrent neural networks with time-varying delays. Neural Networks, 2015, 70: 81-89

[251] Scott Gordon H. The economic theory of a common property resource: The fishery. J. Polit. Economy, 1954, 62(2): 124-142

[252] Gouveia L F S, Torregrosa J. 24 crossing limit cycles in only one nest for piecewise cubic systems. Appl. Math. Lett., 2020, 103: 106189

[253] Gouveia M R A, Llibre J, Novaes D D. On limit cycles bifurcating from the infinity in discontinuous piecewise linear differential systems. Appl. Math. Comput., 2015, 271: 365-374

[254] Gouveia M R A, Llibre J, Novaes D D, Pessoaa C. Piecewise smooth dynamical systems: Persistence of periodic solutions and normal forms. J. Differential Equations, 2016, 260(7): 6108-6129

[255] Gouze J L, Sari T. A class of piecewise linear differential equations arising in biological models. Dyn. Syst., Int. J., 2002, 174: 299-316

[256] Gu K, Kharitonov V L, Chen J. Stability of Time-Delay Systems. Boston: Birkhäuser, 2003

[257] Guardia M, Hogan S, Seara T M. An analytical approach to codimension-2 sliding bifurcations in the dry-friction oscillator. SIAM J. Appl. Dyn. Syst., 2010, 9(3): 769-798

[258] Guardia M, Seara T M, Teixeira M A. Generic bifurcations of low codimension of planar Filippov Systems. J. Differential Equations, 2011, 250(4): 1967-2023

[259] 桂占吉. 生物动力学模型与计算机仿真. 北京: 科学出版社, 2005

[260] Guo B, Liu Y. Three-dimensional map for a piecewise-linear capsule system with bidirectional drifts. Physica D, 2019, 399: 95-107

[261] Guo L, Yu P, Chen Y. Bifurcation analysis on a class of Z_2-equivariant cubic switching systems showing eighteen limit cycles. J. Differential Equations, 2019, 266: 1221-1244

[262] 郭上江, 黄立宏. 一类二元神经网络的渐近行为. 应用基础与工程科学学报, 2001, 9(2-3): 111-119

[263] Guo S, Huang L. Periodic solutions in a inhibitory two-neuron network. J. Comput. Appl. Math., 2003, 161: 217-229

[264] Guo S, Huang L, Wu J. Global attractivity of a synchronized periodic orbit in a delayed network. J. Math. Anal. Appl., 2003, 281: 620-632

[265] Guo S, Huang L, Wu J. Convergence and periodicity in a delayed network of neurons with threshold nonlinearity. Electron. J. Differ. Equ., 2003, 61: 1-14

[266] Guo S, Huang L, Wu J. Regular dynamics in a delayed network of two neurons with all-or-none activation functions. Physica D, 2005, 206: 32-48

[267] Guo Z, Huang L. LMI conditions for global robust stability of delayed neural networks with discontinuous neuron activations. Appl. Math. Comput., 2009, 215(3): 889-900

[268] Guo Z, Huang L. Global exponential convergence and global convergence in finite time of non-autonomous discontinuous neural networks. Nonlinear Dynam., 2009, 58: 349-359

[269] Guo Z, Huang L. Global output convergence of a class of recurrent delayed neural networks with discontinuous neuron activations. Neural Process. Lett., 2009, 30: 213-227

[270] Guo Z, Huang L. Generalized Lyapunov method for discontinuous systems. Nonlinear Anal.: Theory Methods Appl., 2009, 71(7-8): 3083-3092

[271] Guo Z, Huang L, Zou X. Impact of discontinuous treatments on disease dynamics in an SIR epidemic model. Math. Biosci. Eng., 2012, 9(1): 97-110

[272] Guo Z, Huang L. Stability analysis for delayed neural networks with discontinuous neuron activations. Asian J. Control , 2013, 15(4): 1158-1167

[273] Guo Z, Wang J, Yan Z. Attractivity analysis of memristor-based cellular neural networks with time-varying delays. IEEE Trans. Neural Netw. Learn. Syst., 2013, 25(4): 704-717

[274] Guo Z, Zou X. Impact of discontinuous harvesting on fishery dynamics in a stock-effort fishing model. Communications in Nonlinear Science and Numerical Simulation, 2015, 20(2): 594-603

[275] Guo Z, Gong S, Huang T. Finite-time synchronization of inertial memristive neural networks with time delay via delay-dependent control. Neurocomputing, 2019, 293: 100-107

[276] Guo Z, Gong S, Wen S, Huang T. Event-based synchronization control for memristive neural networks with time-varying delay. IEEE Transactions on Cybernetics, 2018, 49(9): 3268-3277

[277] Guo Z, Gong S, Yang S, Huang T. Global exponential synchronization of multiple coupled inertial memristive neural networks. with time-varying delay via nonlinear coupling. Neural Netw., 2018, 108: 260-271

[278] Guo Z, Liu L, Wang J. Multistability of recurrent neural networks with piecewise-linear radial basis functions and state-dependent switching parameters. IEEE Trans. Syst. Man Cybern. Syst., 2020, 50(11): 4458-4471

[279] Guo Z, Ou S, Wang J. Multistability of switched neural networks with sigmoidal activation functions under state-dependent switching. Neural Netw., 2020, 122: 239-252

[280] Gurney W, Blythe S P, Nisbet R M. Nicholson's blowflies revisited. Nature, 1980, 287: 17-21

[281] Haddon M. Modelling and Qualitative Methods in Fisheries. New York: CRC Press, 2001

[282] Halanay A. Differential Equations. New York: Academic Press, 1996

[283] Hale J K. Theory of Functional Differential Equations. New York: Springer-Verlag, 1977

[284] Hale J K. 常微分方程. 侯定丕, 译. 北京: 人民教育出版社, 1980

[285] Hale J K, Lunel S M V. Introduction to Functional Differential Equations. New York: Springer-Verlag, 1993

[286] Hamaya Y. Almost periodic dynamic of a discrete Wazewska-Lasota model. Comput. Math. Appl., 2013, 4(3): 189-199

[287] Hamdallah S A A, Sanyi Tang S. Stability and bifurcation analysis of Filippov food chain system with food chain control strstegy. Discrete Contin. Dyn. Syst.-B, 2020, 25(5): 1631-1647

[288] Hamer W H. Epidemic disease in England. Lancet, 1906, 1: 733-739

[289] Han M, Zhang W. On Hopf bifurcation in non-smooth planar systems. J. Differential Equations, 2010, 248(9): 2399-2416

[290] Han M, Liu S. Further studies on limit cycle bifurcations for piecewise smooth near-Hamiltonian systems with multiple parameters. J. Appl. Anal. Comput., 2020, 10(2): 816-829

[291] Han M, Lu W. Hopf bifurcation of limit cycles by perturbing piecewise integrable systems. Bull. Sci. Math., 2020, 161: 102866

[292] Hara T, Hirose A. Plastic mine detecting radar system using complex-valued self-organizing map that deals with multiple-frequency interferometric images. Neural Netw., 2004, 17(8-9): 1201-1210

[293] Hardy G H, Littlewood J E, Polya G. Inequalities. London: Cambridge University Press, 1988

[294] Hartog J P den, Mikina S J. Forced vibrations with non-linear spring constants. ASME J. Applied Mechanics, 1932, 58: 157-164

[295] Hassan E R, Rzymowski W. Extremal solutions of a discontinuous scalar differential equation. Nonlinear Anal.: Theory Methods Appl., 1999, 37: 997-1017

[296] 何崇佑. 概周期微分方程. 北京: 高等教育出版社, 1992

[297] 贺建勋, 陈彭年. 不连续微分方程的某些理论与应用. 数学进展, 1987, 16(1): 17-32

[298] 贺建勋. 贺建勋论文选集. 厦门: 厦门大学出版社, 1998

[299] He X, Lu W, Chen T. Nonnegative periodic dynamics of Cohen-Grossberg neural networks with discontinuous activations and discrete time delays. Advances in Neural Networks, 2009, 5551: 579-588

[300] He X, Lu W, Chen T. Nonnegative periodic dynamics of delayed Cohen-Grossberg neural networks with discontinuous activations. Neurocomputing, 2010, 73: 2765-2772

[301] Heemels W P M H, Weiland S. On interconnections of discontinuous dynamical systems: An input-to-state stability approach. In 46th IEEE Conference on Decision and Control, 2007: 109-114

[302] Heemels W P M H, Weiland S. Input-to-state stability and interconnections of discontinuous dynamical systems. Automatica, 2008, 44: 3079-3086

[303] Heikkilä S. On discontinuously perturbed Carathéodory type differential equations. Nonlinear Anal.: Theory Methods Appl., 1996, 26(4): 715-784

[304] Heikkilä S, Kumpulainen M, Seikkala S. Existence, uniqueness, and comparison results for a differential equation with discontinuous nonlinearities. J. Math. Anal. Appl., 1996, 201: 478-488

[305] Heikkilä S, Lakshmikantham V. A unified theory for first-order discontinuous scalar differential equations. Nonlinear Anal.: Theory Methods Appl., 1996, 26(4): 785-797

[306] Hill D J, Moylan P J. Stability results for nonlinear feedback systems. Automatica, 1977, 13(4): 377-382

[307] Hirose A. Complex-Valued Neural Networks. New York: Springer-Verlag, 2012

[308] Hisashi I. Age-structured homogeneous epidemic systems with application to the MSEIR epidemic model. J. Math. Biol., 2007, 54: 101-146

[309] Hong S H, Wang L. Existence of solutions for integral inclusions. J. Math. Anal. Appl., 2006, 317: 429-441

[310] Hopfield J J. Neural networks and physical systems with emergent collective computational abilities. Proceedings of the National Academy of Sciences, 1982, 79(8): 2554-2558

[311] Hopfield J J. Neurons with graded response have collective computational properties like those of two-state neurons. Proceedings of the National Academy of Sciences, 1984, 81(10): 3088-3092

[312] Hoppensteadt F C, Izhikevich E M. Pattern recognition via synchronization in phase-locked loop neural networks. IEEE Trans. Neural Netw. , 2000, 11(3): 734-738

[313] Hou X, Duan L, Huang Z. Permanence and periodic solutions for a class of delay Nicholson's blowflies models. Appl. Math. Model., 2013, 37(3): 1537-1544

[314] Hu J, Wang J. Global uniform asymptotic stability of memristor-based recurrent neural networks with time delays//2010 International Joint Conference on Neural Networks. Barcelona, Spain, 2010: 1-8

[315] Hu J, Wang J. Global stability of complex-valued recurrent neural networks with time-delays. IEEE Trans. Neural Netw. Learn. Syst., 2012, 23(6): 853-865

[316] Hu J, Wang J. Global exponential periodicity and stability of discrete-time complex-valued recurrent neural networks with time-delays. Neural Networks. 2015, 66: 119-130

[317] Hu S, Papageorgiou N S. On the existence of periodic solutions for nonconvex valued differential inclusions in $\mathbb{R}^N$. Proc. Amer. Math. Soc., 1995, 123: 3043-3050

[318] Hu S, Papageorgiou N S. Periodic solutions for nonconvex differential inclusions. Proc. Amer. Math. Soc., 1999, 127: 89-94

[319] 胡云鹤, 孔京, 杨路, 王昕雨, 张一, 戴彧虹, 杨周旺. 动态增长率模型与海外新冠疫情分析. 应用数学学报, 2020, 43(2): 452-467

[320] Hu Z, Cui Q, Han J, Wang X, Sha W E I, Teng Z. Evaluation and prediction of the COVID-19 variations at different input population and quarantine strategies, a case study in Guangdong Province, China. Int. J. Infect. Dis., 2020, 95: 231-240

[321] Huan S, Yang X. On the number of limit cycles in general planar piecewise linear systems. Disc. Conti. Dyna. Syst.-A, 2012, 32(6): 2147-2164

[322] Huan S, Yang X. Existence of limit cycles in general planar piecewise linear systems of saddle-saddle dynamics. Nonlinear Anal.: Theory Methods Appl., 2013, 92: 82-95

[323] Huan S, Yang X. On the number of limit cycles in general planar piecewise linear systems of node-node types. J. Math. Anal. Appl., 2014, 411(1): 340-353

[324] Huan S, Yang X. On the number of invariant cones and existence of periodic orbits in 3-dim discontinuous piecewise linear systems. Int. J. Bifur. Chaos, 2016, 26(3): 1650043

[325] Huang C, Huang L, Meng Y. Periodic solutions for planar systems with time-varying delays. Electron. J. Differ. Equ., 2005, 2005(61): 1-7

[326] Huang C, Wen S, Huang L. Dynamics of anti-periodic solutions on shunting inhibitory cellular neural networks with multi-proportional delays. Neurocomputing, 2019, 357: 47-52

[327] Huang C, Long X, Huang L, Fu S. Stability of almost periodic Nicholson's blowflies model involving patch structure and mortality terms. Canadian Mathematical Bulletin, 2020, 63(2): 405-422

[328] Huang C, Wang J, Huang L. Asymptotically almost periodicity of delayed Nicholson-type system involving patch structure. Electron. J. Differ. Equ., 2020, 2020(61): 1-17

[329] Huang G, J. Cao J. Multistability of neural networks with discontinuous activation function. Commun. Nonlinear Sci. Numer. Simul. 2008, 13(10): 2279-2289

[330] Huang J, Fu X. Stability and chaos for an adjustable excited oscillator with system switch. Commun. Nonlinear Sci. Numer. Simul., 2019, 77: 108-125

[331] Huang L, Wu J. The role of threshold in preventing delay-induced oscillations of frustrated neural networks with McCulloch-Pitts nonlinearity. Int. J. Math. Game Theory and Algebra, 2001, 11(6): 71-100

[332] Huang L, Wu J. Dynamics of inhibitory artificial neural networks with threshold nonlinearity. Fields Inst. Commun., 2001, 29: 235-243

[333] 黄立宏, 李雪梅. 细胞神经网络动力学. 北京: 科学出版社, 2007

[334] Huang L, Guo Z. Global convergence of periodic solution of neural networks with discontinuous activation functions. Chaos, Solitons and Fractals, 2009, 42(4): 2351-2356

[335] Huang L, Wang J, Zhou X. Existence and global asymptotic stability of periodic solutions for Hopfield neural networks with discontinuous activations. Nonlinear Anal.: Real World Appl., 2009, 10(3): 1651-1661

[336] 黄立宏, 郭振远, 王佳伏. 右端不连续微分方程理论与应用. 北京: 科学出版社, 2011

[337] Huang L, Cai Z, Zhang L, Duan L. Dynamical behaviors for discontinuous and delayed neural networks in the framework of Filippov differential inclusions. Neural Networks, 2013, 48: 180-194

[338] Huang L, Ma H, Wang J, Huang C. Global dynamics of a Filippov plant disease model with an economic threshold of infected-susceptible ratio. J. Appl. Anal. Comput., 2020, 10(5): 2263-2277

[339] Huang Y, Zhang H, Wang Z. Multistability and multiperiodicity of delayed bidirectional associative memory neural networks with discontinuous activation functions. Appl. Math. Comput., 2012, 219(3): 899-910

[340] Huang Y, Zhang H, Wang Z. Dynamical stability analysis of multiple equilibiurm points in time-varying delayed recurrent neural networks with discontinuous activation functions. Neurocomputing, 2012, 91: 21-28

[341] Huang Y, Zhang H, Wang Z. Multistability of complex-valued recurrent neural networks with real-imaginary-type activation functions. Appl. Math. Comput., 2014, 229: 187-200

[342] Huang Y, Xu D, Yang Z. Dissipativity and periodic attractor for non-autonomous neural networks with time-varying delays. Neurocomputing, 2007, 70(16-18): 2953-2958

[343] Huang Z, Gong S, Wang L. Positive almost periodic solution for a class of Lasota-Wazewska model with multiple time-varying delays. Comput. Math. Appl., 2011, 61(4): 755-760

[344] Hyman J M, Li J. Modeling the effectiveness of isolation strategies in preventing STD epidemics. SIAM J. Appl. Math., 1998, 58: 912-925

[345] Iovane G. Some new integral inequalities of Bellman – Bihari type with delay for discontinuous functions. Nonlinear Anal.: Theory Methods Appl., 2007, 66: 498-508

[346] Itoh M, Chua L O. Memristor oscillators. Int. J. Bifur. Chaos, 2008, 18: 3183-3206

[347] Itoh M, Chua L O. Memristor cellular automata and memristor discrete-time cellular neural networks. Int. J. Bifur. Chaos, 2009, 19(11): 3605-3656

[348] Ivanov A P. The stability of periodic solutions of discontinuous systems that intersect several surfaces of discontinuity. J. Appl. Maths. Mechs., 1998, 62(5): 677-685

[349] Izydorek M, Kucharski Z. The Krasnoselskii theorem for permissible maps. Bull. Polish Acad. Sci. Math., 1989, 37: 145-149

[350] Jeffrey M R, Colombo A. The two-fold singularity of discontinuous vector fields. SIAM J. Appl. Dyn. Syst., 2009, 8(2): 624-640

[351] Jeffrey M R, Hogan S J. The geometry of generic sliding bifurcations. SIAM Review, 2011, 53: 505-525

[352] Jeger M, Bosch F, Madden L. A model for analysing plant-virus characteristics and epidemic-development. IMA J. Math. Appl. Med. Biol. , 1998, 15(1): 1-18

[353] Jia R. Finite-time stability of a class of fuzzy cellular neural networks with multi-proportional delays. Fuzzy Sets and Systems, 2017, 319: 70-80

[354] Jiang F, Sun J. On the uniqueness of limit cycles in discontinuous Lienard-type systems. Electron. J. Qual. Theory Differ., 2014, 71: 1-12

[355] Jiang F, Shi J, Sun J. On the number of limit cycles for discontinuous generalized Lienard polynomial differential systems. Int. J. Bifur. Chaos, 2015, 25(10): 1550131

[356] Jiang F, Ji Z, Wang Q, Sun J. Analysis of the dynamics of piecewise linear memristors. Int. J. Bifur. Chaos, 2016, 26(13): 1650217

[357] Jiang F, Shi J, Wang Q, Sun J. On the existence and uniqueness of a limit cycle for a Lienard system with a discontinuity line. Commun. Pure Appl. Anal., 2016, 15(6): 2509-2526

[358] Jiang F, Sun J. Existence and uniqueness of limit cycle in discontinuous planar differential systems. Qual. Theory Dyn. Syst., 2016, 15: 67-80

[359] Jiang F, Ji Z, Wang Y. On the number of limit cycles of discontinuous Lienard polynomial differential systems. Int. J. Bifur. Chaos, 2018, 28(14): 1850175

[360] Jiang F, Han M. Qualitative analysis of crossing limit cycles in discontinuous Lienard-type differential systems. Journal of Nonlinear Modeling and Analysis, 2019, 1(4): 527-543

[361] Jiang F, Ji Z, Wang Y. Qualitative analysis of crossing limit cycles in a class of discontinuous Liénard systems with symmetry. Qual. Theory Dyn. Syst., 2019, 18: 85-105

[362] Jiang F, Ji Z, Wang Y. Periodic solutions of discontinuous damped Duffing equations. Nonlinear Anal.: Real World Appl., 2019, 47: 484-495

[363] 姜礼尚. 期权定价的数学模型和方法. 北京: 高等教育出版社, 2003

[364] Jiang M, Mei J, Hu J. New results on exponential synchronization of memristor-based chaotic neural networks. Neurocomputing, 2015, 156: 60-67

[365] Jiang M, Wang S, Mei J, Shen Y. Finite-time synchronization control of a class of memristor-based recurrent neural networks. Neural Netw., 2015, 63: 133-140

[366] Jimenez J, Llibre J, Medrado J C. Crossing limit cycles for a class of piecewise linear differential centers separated by a conic. Electron. J. Differ. Equ., 2020, 41

[367] Jimenez J, Llibre J, Medrado J C. Crossing limit cycles for piecewise linear differential centers separated by a reducible cubic curve. Electron. J. Qual. Theory Differ., 2020, 19: 1-48

[368] Jones R A C. Determining 'threshold' levels for seed-borne virus infection in seed stocks. Virus Research, 2000, 71(1): 171-183

[369] Jones R A C. Using epidemiological information to develop effective integrated virus disease management strategies. Virus Research, 2004, 100(1): 5-30

[370] Kanter I, Kinzel W, Kanter E. Secure exchange of information by synchronization of neural networks. Europhysics Letters, 2002, 57(1): 141-147

[371] Kaslik E, Radulescu I. Dynamics of complex-valued fractional-order neural networks. Neural Netw., 2017, 89: 39-49

[372] Kennedy B. A stable rapidly oscillating periodic solution for an equation with state-dependent delay. J. Dyn. Diff. Equ., 2016, 28: 1145-1161

[373] Kennedy M P, Chua L O. Neural networks for nonlinear programming. IEEE Trans. Circuits Syst. I, 1988, 35: 554-562

[374] Kermack W O, McKendrick A G. Contribution to the mathematical theory of epidemics. Proceedings Roy. Stat. Soc., 1927, A115: 700-721

[375] Kermack W O, McKendrick A G. Contributions to the mathematical theory of epidemics. Proceedings Roc. Soc., 1932, A138: 55-83

[376] Kim S J, Ha I J. Existence of Carathéodory solutions in nonlinear systems with discontinuous switching feedback controllers. IEEE Trans. Automat. Control, 2004, 49: 1167-1171

[377] Kong Q, Liao X. Dissipation, boundedness and persistence of general ecological systems. Nonlinear Anal.: Theory Methods Appl., 1995, 25(11): 1237-1250

[378] Kourogenis N C, Papageorgiou N S. Three nontrivial solutions for a quasilinear elliptic differential equation at resonance with discontinuous right hand side. J. Math. Anal. Appl., 1999, 238: 477-490

[379] Kowalczyk P, Piiroinen P. Two-parameter sliding bifurcations of periodic solutions in a dry-friction oscillator. Physica D, 2008, 237(8): 1053-1073

[380] Krivan V. Dynamics ideal free distribution: Effects of optimal patch choice on predator-prey dynamics. The American Naturalist, 1997, 149: 164-178

[381] Krivan V. On the Gause predator-prey model with a refuge: A fresh look at the history. Journal of Theoretical Biology, 2011, 274: 67-73

[382] Kuang Y. Delay Differential Equations with Applications in Population Dynamics. New York: Academic Press, 1993

[383] Kuang Y, Beretta E. Global qualitative analysis of a ratio-dependent predator-prey system. J. Math. Biol., 1998, 36: 389-406

[384] Kukučka P. Melnikov method for discontinuous planar systems. Nonlinear Anal.: Theory Methods Appl., 2007, 66: 2698-2719

[385] Kunze M, Küpper T. Qualitative bifurcation analysis of a non-smooth friction oscillator model. Math. Phys., 1997, 48: 87-101

[386] Kunze M, Küpper T, You J. On the application of KAM theory to discontinuous dynamical systems. J. Differential Equations, 1997, 139: 1-21

[387] Kunze M. Non-smooth dynamical systems. Springer Science & Business Media, 2000

[388] Kuznetsov Y A, Rinaldi S, Gragnani A. One-parameter bifurcations in planar Filippov systems. Int. J. Bifur. Chaos, 2003, 13(8): 2157-2188

[389] Kwok Y K. Mathematical models of financial derivatives. Singapore: Springer-Verlag, 1998

[390] Lasalle J P. The Stability of Dynamical System. Philadelphia: SIAM, 1976

[391] Lasota A, Opial Z. An application of the Kukutani-Ky Fan theorem in the theory of ordinary differential equations. Bull. Acad. Pol. Sci. Ser. Sci. Math. Astronom. Phy., 1965, 13: 781-786

[392] Leary J, Schauder J. Topologie et équations fonctionnelles. Ann. Sci. École. Norm. Sup., 1934, 51: 45-78

[393] Leine R I, van de Vrand B L, van Campen D H. Bifurcations in nonlinear discontinuous systems. Nonlinear Dynam., 2000, 23: 105-164

[394] Leine R I, Nijmeijer H. Dynamics and Bifurcations in Non-Smooth Mechanical Systems. Berlin: Springer-Verlag, 2004

[395] Li C, Liao X. Passivity analysis of neural networks with time delay. IEEE Transactions on Circuits and Systems II: Express Briefs, 2005, 52(8): 471-475

[396] Li F, Yu P, Tian Y, Liu Y. Center and isochronous center conditions for switching systems associated with elementary singular points. Commun Nonlinear Sci. Numer. Simulat., 2015, 28: 81-97

[397] Li F, Liu Y. Limit cycles in a class of switching system with a degenerate singular point. Chaos, Solitons and Fractals, 2016, 92: 86-90

[398] Li G, Li Y, Yuan Z. Finite-time stabilization of memristive Cohen-Grossberg neural networks with time-varying delay. Complexity, 2018, 2018: 1-15

[399] Li G, Xue X. On the existence of periodic solutions for differential inclusions. J. Math. Anal. Appl., 2002, 276: 168-183

[400] Li H, Gao H, Shi P. New passivity analysis for neural networks with discrete and distributed delays. IEEE Trans. Neural Netw., 2010, 21(11): 1842-1847

[401] Li J, Du C. Existence of positive periodic solutions for a generalized Nicholson's blowflies model. J. Comput. Appl. Math., 2008, 221(1): 226-233

[402] Li L, Huang L. Dynamical behaviors of a class of recurrent neural networks with discontinuous neuron activations. Appl. Math. Model., 2009, 33(12): 4326-4336

[403] Li L, Huang L. Global asymptotic stability of delayed neural networks with discontinuous neuron activations. Neurocomputing, 2009, 72(16-18): 3726-3733

[404] 李立平, 黄立宏. 具有不连续神经激励的循环神经网络的周期解存在性. 应用数学, 2009, 22(4): 870-875

[405] Li L, Huang L. Concurrent homoclinic bifurcation and Hopf bifurcation for a class of planar Filippov systems. J. Math. Anal. Appl., 2014, 411: 83-94

[406] Li L. Three crossing limit cycles in planar piecewise linear systems with saddle-focus type. Electron. J. Qual. Theory Differ., 2014, 70: 1-14

[407] Li L, Luo Albert C J. Periodic orbits in a second-order discontinuous system with an elliptic boundary. Int. J. Bifur. Chaos, 2016, 26(13): 1650224

[408] Li L, Luo Albert C J. Periodic orbits and bifurcations in discontinuous systems with a hyperbolic boundary. Int. J. Dyn. Control, 2017, 5(3): 513-529

[409] Li L, Luo Albert C J. On periodic solutions of a second-order, time-delayed, discontinuous dynamical system. Chaos, Solitons and Fractals, 2018, 114: 216-229

[410] Li L, Zhao Z. Slowly oscillating solutions in a class of second-order discontinuous delayed systems. Nonlinear Dynam., 2018, 94: 355-363

[411] Li L, Xu R, Lin J. Global exponential stability in Lagrange sense for delayed memristive neural networks with parameter uncertainties. Journal of Nonlinear Modeling and Analysis, 2020, 2(2): 241-260

[412] Li L, Han M, Liu Y. Existence and uniqueness of traveling wave front of a nonlinear singularly perturbed system of reaction - diffusion equations with a Heaviside step function. J. Math. Anal. Appl., 2014, 410: 202-212

[413] Li Q, Tang B, Bragazzi N L, Xiao Y, Wu J. Modeling the impact of mass influenza vaccination and public health interventions on COVID-19 epidemics with limited detection capability. Math. Biosci., 2020, 325: 108378

[414] 李倩, 肖燕妮, 吴建宏, 唐三一. COVID-19 疫情时滞模型构建与确诊病例驱动的追踪隔离措施分析. 应用数学学报, 2020, 43(2): 238-250

[415] 李森林, 温立志. 泛函微分方程. 长沙: 湖南科技出版社, 1986

[416] 李时敏, 赵育林, 岑秀丽. 一类不连续平面二次微分系统的极限环. 中国科学, 2015, 45(1): 43-52

[417] Li S, Llibre J. Phase portraits of piecewise linear continuous differential systems with two zones separated by a straight line. J. Differential Equations, 2019, 266: 8094-8109

[418] Li S, Llibre J. Phase portraits of planar piecewise linear refracting systems: Focus-saddle case. Nonlinear Anal.: Real World Appl., 2020, 56: 103153

[419] Li W, Huang L, Ji J. Periodic solution and its stability of a delayed Beddington-DeAngelis type predator-prey system with discontinuous control strategy. Math. Meth. Appl. Sci., 2019, 42: 4498-4515

[420] Li W, Huang L, Ji J. Globally exponentially stable periodic solution in a general delayed predator-prey model under discontinuous prey control strategy. Discrete Contin. Dyn. Syst.-B, 2020, 25(7): 2639-2664

[421] Li W, Huang L, Guo Z, Ji J. Global dynamic behavior of a plant disease model with ratio dependent impulsive control strategy. Math. Comput. Simulation, 2020, 177: 120-139

[422] Li W, Ji J, Huang L. Global dynamic behavior of a predator-prey model under ratio-dependent state impulsive control. Appl. Math. Model., 2020, 77: 1842-1859

[423] Li W, Ji J, Huang L, Wang J. Bifurcations and dynamics of a plant disease system under non-smooth control strategy. Nonlinear Dynam., 2020, 99(4): 3351-3371

[424] Li W, Huang L, Wang J. Dynamic analysis of discontinuous plant disease models with a non-smooth separation line. Nonlinear Dynam., 2020, 99: 1675-1697

[425] Li W, Huang L, Wang J. Global dynamics of Filippov-type plant disease models with an interaction ratio threshold. Math Meth Appl Sci., 2020, 43(11): 6995-7008

[426] Li X, Rakkiyappan R, Balasubramaniam P. Existence and global stability analysis of equilibrium of fuzzy cellular neural networks with time delay in the leakage term under impulsive perturbations. J. Franklin Inst., 2011, 348(2): 135-155

[427] 李绪孟, 黄立宏, 王小卉. 不连续激励函数时滞 Cohen-Grossberg 神经网络的动力学性质. 湖南农业大学学报 (自然科学版), 2008, 34(3): 374-378

[428] 李亚琼, 黄立宏. 双币种期权与时滞期权定价研究. 长沙: 湖南大学出版社, 2011

[429] 李亚琼, 黄立宏, 全志勇. 扩展的期权定价模型与贝叶斯实证研究. 长沙: 湖南大学出版社, 2016

[430] Li Y, Lin Z H. Periodic solutions of differential inclusions. Nonlinear Anal.: Theory Methods Appl., 1995, 24(5): 631-641

[431] Li Y, Wang C. Existence and global exponential stability of equilibrium for discrete-time fuzzy BAM neural networks with variable delays and impulses. Fuzzy Sets and Systems, 2013, 217: 62-79

[432] Li Y, Wu H. Global stability analysis for periodic solution in discontinuous neural networks with nonlinear growth activations. Adv. Difference Equ., 2009: 798685

[433] Liang F, Han M. Limit cycles near generalized homoclinic and double homoclinic loops in piecewise smooth systems. Chaos, Solitons and Fractals, 2012, 45: 454-464

[434] Liang F, Han M, Romanovski V G. Bifurcation of limit cycles by perturbing a piecewise linear Hamiltonian system with a homoclinic loop. Nonlinear Anal.: Theory Methods Appl., 2012, 75(11): 4355-4374

[435] Liang F, Han M. The stability of some kinds of generalized homoclinic loops in planar piecewise smooth systems. Int. J. Bifur. Chaos, 2013, 23: 1350027

[436] Liang F, Han M, Zhang X. Bifurcation of limit cycles from generalized homoclinic loops in planar piecewise smooth systems. J. Differential Equations, 2013, 255(12): 4403-4436

[437] Liang J, Gong W, Huang T. Multistability of complex-valued neural networks with discontinuous activation functions. Neural Netw., 2016, 84: 125-142

[438] Liao X, Fu Y, Xie S. Globally exponential stability of Hopfield networks. Adv. Syst. Sci. Appl., 2005, 5: 533-545

[439] Liao X, Fu Y, Guo Y. Partial dissipative property for a class of nonlinear systems with separated variables. J. Math. Anal. Appl., 1993, 173(1): 103-115

[440] Liao X, Wang J. Global dissipativity of continuous-time recurrent neural networks with time delay. Physical Review E, 2003, 68: 016118

[441] Liao X, Luo Q, Zeng Z. Positive invariant and global exponential attractive sets of neural networks with time-varying delays. Neurocomputing, 2008, 71(4-6): 513-518

[442] 廖晓昕. 稳定性的理论、方法和应用. 2 版. 武汉: 华中科技大学出版社, 2010

[443] Lima M F S, Llibre J. Limit cycles and invariant cylinders for a class of continuous and discontinuous vector field in dimention $2n$. Appl. Math. Comput., 2011, 217: 9985-9996

[444] Lin J, Yan J. Adaptive synchronization for two identical generalized Lorenz chaotic systems via a single controller. Nonlinear Anal.: Real World Appl., 2009, 10(2): 1151-1159

[445] 林秋实, 胡陶钩, 周晓华. 基于早期外地病例数据估计新型冠状病毒肺炎疫情中心武汉市患者人数每日趋势. 应用数学学报, 2020, 43(2): 415-426

[446] Liu C. A study of type I intermittency of a circular differential equation under a discontinuous right-hand side. J. Math. Anal. Appl., 2007, 331: 547-566

[447] Liu G, Zhao A, Yan J. Existence and global attractivity of unique positive periodic solution for a Lasota-Wazewska model. Nonlinear Anal.: Theory Methods Appl., 2006, 64(8): 1737-1746

[448] Liu J, Liu X, Xie W. Global convergence of neural networks with mixed time-varying delays and discontinuous neuron activations. Inform. Sci., 2012, 183: 92-105

[449] Liu K, Qian X. Asymptotic behaviors of solutions of frustrated neural networks with McCulloch-Pitts nonlinearity. Ann. of Diff. Eqs., 2003, 19(3): 352-361

[450] Liu R, Wu J, Zhu H. Media/psychological impact on multiple outbreaks of emerging infectious diseases. Comput. Math. Methods Med., 2007, 8(3): 153-164

[451] Liu X, Takeuchi Y. Periodicity and global dynamics of an impulsive delay Lasota-Wazewska model. J. Math. Anal. Appl., 2007, 327(1): 326-341

[452] Liu X, Cao J. On periodic solutions of neural networks via differential inclusions. Neural Netw., 2009, 22(4): 329-334

[453] Liu X, Han M. Hopf bifurcation for nonsmooth Liénard systems. Int. J. Bifur. Chaos, 2009, 19(7): 2401-2415

[454] Liu X, Cao J. Robust state estimations for neural networks with discontinuous activations. IEEE Trans. Syst., Man, Cybern. B, Cybern., 2010, 40(6): 1425-1437

[455] Liu X, Chen T, Cao J, Lu W. Dissipativity and quasi-synchronization for neural networks with discontinuous activations and parameter mismatches. Neural Netw., 2011, 24: 1013-1021

[456] Liu X, Cao J, Yu W. Filippov systems and quasi-synchronization control for switched networks. Chaos., 2012, 22(3): 1-12

[457] Liu X, Park J H, Jiang N, Cao J. Nonsmooth finite-time stabilization of neural networks with discontinuous activations. Neural Netw., 2014, 52: 25-32

[458] Liu X, Zhang K, Xie W. Pinning impulsive synchronization of reaction-diffusion neural networks with time-varying delays. IEEE Trans. Neural Netw. Learn. Syst., 2017, 28(5): 1055-1067

[459] Liu Y, Wiercigroch M, Pavlovskaia E, Yu H. Modelling of a vibro-impact capsule system. Int. J. Mech. Sci., 2013, 66: 2-11

[460] 刘玉菡, 黄立宏. 一类神经网络解的渐近性. 湖南大学学报, 2005, 32(6): 131-132, 135

[461] Liu Y, Wang Z, Liang J, Liu X. Stability and synchronization of discrete-time Markovian jumping neural networks with mixed mode-dependent time delays. IEEE Trans. Neural Netw., 2009, 20(7): 1102-1116

[462] Llibre J, Ponce E, Torres F. On the existence and uniqueness of limit cycles in Liénard differential equations allowing discontinuities. Nonlinearity, 2008, 21(9): 2121-2142

[463] Llibre J, Texeira M A. On the stable limit cycle of a weight-driven pendulum clock. Eur. J. Phys., 2010, 31(1): 1249-1254

[464] Llibre J, Ponce E. Three nested limit cycles in discontinuous piecewise linear differential systems with two zones. Dyn. Contin. Discrete Impuls. Syst., 2012, 19(3): 325-335

[465] Llibre J, Ordonez M, Ponce E. On the existence and uniqueness of limit cycles in planar continuous piecewise linear systems without symmetry. Nonlinear Anal.: Real World Appl., 2013, 14(5): 2002-2012

[466] Llibre J, Teixeira M A, Torregrosa J. Lower bounds for the maximum number of limit cycles of discontinuous piecewise linear differential systems with a straight line of separation. Int. J. Bifur. Chaos, 2013, 23(4): 1350066

[467] Llibre J, Mereu A C. Limit cycles for discontinuous quadratic differential systems with two zones. J. Math. Anal. Appl., 2014, 413: 763-775

[468] Llibre J, Itikawa J. Limit cycles for continuous and discontinuous perturbations of uniform isochronous cubic centers. J. Comput. Appl. Math., 2015, 277: 171-191

[469] Llibre J, Mereu A C, Novaes D D. Averaging theory for discontinuous piecewise differential systems. J. Differential Equations, 2015, 258: 4007-4032

[470] Llibre J, Novaes D D, Teixeira M A. On the birth of limit cycles for non-smooth dynamical systems. Bulletin des Sciences Mathématiques, 2015, 139: 229-244

[471] Llibre J, Novaes D D, Teixeira M A. Maximum number of limit cycles for certain piecewise linear dynamical systems. Nonlinear Dynam., 2015, 82: 1159-1175

[472] Llibre J, Novaes D D, Rodrigues C A B. Averaging theory at any order for computing limit cycles of discontinuous piecewise differential systems with many zones. Physica D, 2017, 353-354: 1-10

[473] Llibre J, Martins R M, Tonon D J. Limit cycles of piecewise smooth differential equations on two dimensional torus. J. Dyn. Diff. Equat., 2018, 30: 1011-1027

[474] Llibre J, Teixeira M A. Piecewise linear differential systems with only centers can create limit cycles? Nonlinear Dynam., 2018, 91: 49-255

[475] Llibre J, Zhang X. Limit cycles for discontinuous planar piecewise linear differential systems separated by one straight line and having a center. J. Math. Anal. Appl., 2018, 467: 537-549

[476] Llibre J, Tang Y. Limit cycles of discontinuous piecewise quadratic and cubic polynomial perturbations of a linear center. Discrete Contin. Dyn. Syst.-B, 2019, 24(4): 1769-1784

[477] Llibre J, Zhang X. Limit cycles created by piecewise linear centers. Chaos, 2019, 29: 053116

[478] Llibre J, Zhang X. Limit cycles for discontinuous planar piecewise linear differential systems separated by an algebraic curve. Int. J. Bifur. Chaos, 2019, 29(2): 1950017

[479] Llibre J, Menezes L. The Markus-Yamabe conjecture does not hold for discontinuous piecewise linear differential systems separated by one straight line. J. Dyn. Diff Equ, 2020, 33(2): 659-676

[480] Llibre J, Menezes L. On the limit cycles of a class of discontinuous piecewise linear differential systems. Discrete Contin. Dyn. Syst.-B, 2020, 25(5): 1835-1858

[481] Llibre J, Novaes D D, Rodrigues C A B. Bifurcations from families of periodic solutions in piecewise differential systems. Physica D, 2020, 404: 132342

[482] Llibre J, Novaes D D, de Oliveira Zeli I O. Limit cycles of piecewise polynomial perturbations of higher dimensional linear differential systems. Revista Matemática Iberoamericana, 2020, 36(1): 291-318

[483] Lloyd N G. Degree Theory: Cambridge Tracts in Mathematics. Cambridge: Cambridge University Press, 1978

[484] Long F. Positive almost periodic solution for a class of Nicholson's blowflies model with a linear harvesting term. Nonlinear Anal.: Real World Appl., 2012, 13(2): 686-693

[485] Long S, Xu D. Global exponential p-stability of stochastic non-autonomous Takagi-Sugeno fuzzy cellular neural networks with time-varying delays and impulses. Fuzzy Sets and Systems, 2014, 253: 82-100

[486] Lozano R, Brogliato B, Egeland O, Maschke B. Dissipative Systems Analysis and Control: Theory and Applications. London: Springer-Verlag, 2000

[487] Lu H, Leeuwen C V. Synchronization of chaotic neural networks via output or state coupling. Chaos, Solitons and Fractals, 2006, 30(1): 166-176

[488] Lu W, Chen T. Synchronization of coupled connected neural networks with delays. IEEE Transactions on Circuits and Systems I: Regular Papers, 2004, 51(12): 2491-2503

[489] Lu W, Chen T. Dynamical behaviors of Cohen-Grossberg neural networks with discontinuous activation functions. Neural Netw., 2005, 18: 231-242

[490] Lu W, Chen T. Dynamical behaviors of delayed neural network systems with discontinuous activation functions. Neural Comput., 2006, 18: 683-708

[491] Lu W, Chen T. Almost periodic dynamics of a class of delayed neural networks with discontinuous activations. Neural Comput., 2008, 20(4): 1065-1090

[492] Lu W, Chen T. Multistability and new attraction basins of almost-periodic solutions of delayed neural networks. IEEE Transaction on Neural Networks, 2009, 20(10): 1581-1593

[493] Lu W, Wang L, Chen T. On attracting basins of multiple equilibria of a class of cellular neural networks. IEEE Trans. Neural Netw., 2011, 22: 381-394

[494] 陆征一, 周义仓. 数学生物学进展. 北京: 科学出版社, 2006

[495] Lucas W F. 微分方程模型. 周宇虹, 朱煜民, 译. 长沙: 国防科技大学出版社, 1996

[496] Lucas W F. 生命科学模型. 翟晓燕, 黄振高, 许若宁, 译. 长沙: 国防科技大学出版社, 1996

[497] Luck R F. Evalution of natural enemies for biological control: A behavioral approach. Trends in Ecology Evolution, 1990, 5: 196-199

[498] Luo A C J, Chen L D. Periodic motions and grazing in a harmonically forced piecewise linear, oscillator with impacts. Chaos, Solitons and Fractals, 2005, 24: 567-578

[499] Luo A C J. A theory for non-smooth dynamical systems on the connectable domains. Nonlinear Sci. Numer. Simulat., 2005, 10: 1-55

[500] Luo A C J. Imaginary, sink and source flows in the vicinity of the separatrix of non-smooth dynamic system. J. Sound Vib., 2005, 285: 443-456

[501] Luo A C J. Singularity and Dynamics on Discontinuous Vector Fields. Amsterdam: Elsevier, 2006

[502] Luo A C J. On flow switching bifurcations in discontinuous dynamical systems. Communications in Nonlinear Science and Numerical Simulation, 2007, 12: 100-116

[503] Luo A C J. Discontinuous Dynamical Systems on Time-varying Domains. Beijing: Higher Education Press, 2009

[504] Luo A C J, Rapp B. On motions and switchability in a periodically forced, discontinuous system with a parabolic boundary. Nonlinear Anal.: Real World Appl., 2010, 11(4): 2624-2633

[505] Luo A C J, Huang J. Discontinuous dynamics of a non-linear, self-excited, friction-induced, periodically forced oscillator. Nonlinear Anal.: Real World Appl., 2012, 13(1): 241-257

[506] Luo Y, Gao S, Xie D, et al. A discrete plant disease model with roguing and replanting. Adv. Difference Equ., 2015, 2015: 12

[507] Lv Y, Yuan R, Pei Y. Two types of predator-prey models with harvesting: Non-smooth and non-continuous. J. Comput. Appl. Math., 2013, 250: 122-142

[508] Lv Y, Yuan R, Pei Y. Dynamics in two nonsmooth predator-prey models with threshold harvesting. Nonlinear Dynam., 2013, 74: 107-132

[509] 马知恩, 周义仓, 王稳地, 靳祯. 传染病动力学的数学建模与研究. 北京: 科学出版社, 2004

[510] Ma T W. Topological degree for set-valued compact voctor field in locally convex spaces. Dissertationes. Math.(Rozprawy Mtt.), 1972, 92: 1-43

[511] Macdonald G. The Epidemiology and Control of Malaria. London: Oxford University Press, 1957

[512] Machina A, Ponosov A. Filippov solutions in the analysis of piecewise linear models describing gene regulatory networks. Nonlinear Anal.: Theory Methods Appl., 2011, 74(3): 882-900

[513] Mackinson S. An adaptive fuzzy expert system for predicting structure, dynamics and distribution of herring shoals. Ecol. Model., 2000, 126: 155-178

[514] Macro M, Forti M, Grazzini M, Pancioni L. Limit set dichotomy and multistability for a class of cooperative neural networks with delays. IEEE Trans. Neural Netw. Learn. Syst., 2012, 23: 1473-1485

[515] Makarenkov O, Lamb J S W. Dynamics and bifurcations of nonsmooth systems: A survey. Physica D, 2012, 241(22): 1826-1844

[516] Marchaud A. Sur les champs de demi-droites et les équations différentielles du premier ordre. Bull. Soc. Math., France, 1934, 62: 1-38

[517] di Marco M, Forti M, et al. Nonsmooth neural network for convex time-dependent constraint satisfaction problems. IEEE Trans. Neural Netw. Learn. Syst., 2016, 27(2): 295-307

[518] Marcus C M, Westervelt R M. Stability of analog neural networks with delay. Physical Review A, 1989, 39(1): 347-359

[519] Mathiyalagan K, Anbuvithya R, Sakthivel R, et al. Reliable stabilization for memristor-based recurrent neural networks with time-varying delays. Neurocomputing, 2015, 153: 140-147

[520] McCulloch W, Pitts W. A logical calculus of the ideas immanent in nervous activity. The Bulletin of Mathematical Biophysics, 1943, 5: 115-133

[521] Mchich R, Auger P, Ralssi N. The dynamics of a fish stock exploited in two fishing zones. Acta. Biotheor., 2000, 48: 207-218

[522] Mchich R, Auger P, Bravo de la Parra R. Dynamics of a fishery on two fishing zones with fish stock dependent migrations: Aggregation and control. Ecol. Model., 2002, 158: 51-62

[523] Mchich R, Charouki N, Auger P, et al. Optimal spatial distribution of the fishing effort in a multi fishing zone model. Ecol. Model., 2006, 197: 274-280

[524] Medrado J C, Torregrosa J. Uniqueness of limit cycles for sewing planar piecewise linear systems. J. Math. Anal. Appl., 2015, 431(1): 529-544

[525] Mei J, Jiang M, Wang B, et al. Finite-time parameter identification and adaptive synchronization between two chaotic neural networks. J. Franklin Inst., 2013, 350(6): 1617-1633

[526] 孟益民, 黄立宏. 双阈值二元神经网络模型解的收敛性. 模糊系统与数学, 2001, 15(4): 100-104

[527] 孟益民, 黄立宏, 刘开宇. 双阈值二元神经网络极限环的存在惟一性. 高校应用数学学报 A 辑 (中文版), 2002, 17(2): 133-138

[528] 孟益民, 黄立宏, 刘开宇. 二元双阈值时滞神经网络模型解的渐近性. 应用数学学报, 2003, 26(1): 158-175

[529] 孟益民, 黄立宏, 郭振远. 具不连续激励函数 Cohen-Grossberg 神经网络周期解的全局指数稳定性. 应用数学学报, 2009, 32(1): 154-168

[530] Meng Y, Huang L, Guo Z, Hu Q. Stability analysis of Cohen Grossberg neural networks with discontinuous neuron activations. Appl. Math. Model., 2010, 34(2): 358-365

[531] Merrikh-Bayat F, Shouraki S B. Memristor-based circuits for performing basic arithmetic operations. Procedia Comput. Sci., 2011, 3: 128-132

[532] Meza M E M, Bhaya A, Kaszkurewicz E, et al. Threshold policies control for predator-prey systems using a control Liapunov function approach. Theor. Popul. Biol., 2005, 67(4): 273-284

[533] Miao P, Li D, Chen H, Yue Y, Xie J. Generalized Hopf bifurcation of a non-smooth railway wheelset system. Nonlinear Dynam., 2020, 100: 3277-3293

[534] Milton J. Dynamics of small neural populations. American Mathematical Society: SRM Monograph Series: Vol.7, 1996

[535] Mitropolskiy Y A, Iovane G, Borysenko S D. About a generalization of Bellman-Bihari type inequalities for discontinuous functions and their applications. Nonlinear Anal.: Theory Methods Appl., 2007, 66: 2140-2165

[536] Mollison D. Spatial contact models for ecological and epidemic spread. J. R. Stat. Soc. Ser. B-Stat. Methodol., 1977, 39: 283-326

[537] Moudgalya K M, Ryali V. A class of discontinuous dynamical systems I. An ideal gas-liquid system. Chemical Engineering Science, 2001, 56(11): 3595-3609

[538] Moudgalya K M, Jaguste S. A class of discontinuous dynamical systems II. An industrial slurry high density polyethylene reactor. Chemical Engineering Science, 2001, 56: 3611-3621

[539] Musa S S, 高道舟, 赵时, 等. 不同隔离措施对中国武汉市早期阶段的新型冠状病毒传播影响的机理建模研究. 应用数学学报, 2020, 43(2): 350-364

[540] Nie X, Cao J. Existence and global stability of equilibrium point for delayed competitive neural networks with discontinuous activation functions. Int. J. Syst. Sci., 2012, 43(3): 459-474

[541] Nie X, Huang Z. Multistability and multiperiodicity of high-order competitive neural networks with a general class of activation functions. Neurocomputing, 2012, 82: 1-13

[542] Nie X, Cao J. Multistability of memristive neural networks with non-monotonic piecewise linear activation functions. International Symposium on Advances in Neural Networks, 2015: 182-191

[543] Nie X, Zheng W. Multistability of neural networks with discontinuous non-monotonic piecewise linear activation functions and time-varying delays. Neural Netw., 2015, 65: 65-79

[544] Nie X, Zheng W. Multistability and instability of neural networks with discontinuous nonmonotonic piecewise linear activation functions. IEEE Trans. Neural Netw. Learn. Syst., 2015, 26(11): 2901-2913

[545] Nie X, Zheng W, Cao J. Multistability of memristive Cohen-Grossberg neural networks with non-monotonic piecewise linear activation functions and time-varying delays. Neural Netw., 2015, 71: 27-36

[546] Nie X, Zheng W, Cao J. Coexistence and local μ-stability of multiple equilibrium points for memristive neural networks with nonmonotonic piecewise linear activation functions and unbounded time-varying delays. Neural Netw., 2016, 84: 172-180

[547] Novaes D D, Teixeira M A, Zeli I O. The generic unfolding of a codimension-two connection to a two-fold singularity of planar Filippov systems. Nonlinearity, 2018, 31: 2083-2104

[548] Nusse H E, Yorke J A. Border-collision bifurcations for piecewise smooth one-dimensional maps. Int. J. Bifur. Chaos, 1995, 5: 189-207

[549] O'Regan D. Integral inclusions of upper semi-continuous or lower semi-continuous type. Proc. Amer. Math. Soc., 1996, 124: 2391-2399

[550] Ozguven H N, Houser D R. Mathematical models used in gear dynamics—a review. Journal of Sound and Vibration, 1988, 121: 383-411

[551] Paden B, Sastry S. A calculus for computing Filippov's differential inclusion with application to the variable structure control of robot manipulators. IEEE Transaction on Circuits and Systems I: Regular Papers, 1997, 34: 73-81

[552] Papageorgiou N S. Periodic solutions of nonconvex differential inclusions. Appl. Math. Lett., 1993, 6(5): 99-101

[553] Papini D, Taddei V. Global exponential stability of the periodic solution of a delayed neural network with discontinuous activations. Phys. Lett. A, 2005, 343: 117-128

[554] Park J H. Further results on passivity analysis of delayed cellular neural networks. Chaos, Solitons and Fractals, 2007, 34(5): 1546-1551

[555] Pecora L M, Carroll T L. Synchronization in chaotic systems. Physical Review Letters, 1990, 64(8): 821-824

[556] Peng L, Gao Y, Feng Z. Limit cycles bifurcating from piecewise quadratic systems separated by a straight line. Nonlinear Anal.: Theory Methods Appl., 2020, 196: 111802

[557] Pershin Y V, Ventra M D. Spin memristive systems: Spin memory effects in semiconductor spintronics. Physical Review B, 2008, 78: 1-4

[558] Pershin Y V, Ventra M D. Experimental demonstration of associative memory with memristive neural networks. Neural Netw., 2010, 23: 881-886

[559] Petras I. Fractional-order memristor-based Chuas circuit. IEEE Trans. Circuits Syst. II Exp. Briefs, 2010, 57: 975-979

[560] Pi D, Zhang X. The sliding bifurcations in planar piecewise smooth differential systems. J. Dyn. Diff. Equ., 2013, 25(4): 1001-1026

[561] Pikuta P, Rzymowski W. A discontinuous functional differential equation. J. Math. Anal. Appl., 2003, 277: 122-129

[562] Pikuta P, Rzymowski W. Non-autonomous scalar discontinuous ordinary differential equation. J. Math. Anal. Appl., 2005, 307: 496-503

[563] Ponce E, Ros J, Vela E. The boundary focus–saddle bifurcation in planar piecewise linear systems: Application to the analysis of memristor oscillators. Nonlinear Anal.: Real World Appl., 2018, 43: 495-514

[564] Pouso R L. Upper and lower sdutions for first-order discontinuous ordinary differential equations. J. Math. Anal. Appl., 2000, 244: 466-482

[565] Pouso R L. On the Cauchy problem for first order discontinuous ordinary differential equations. J. Math. Anal. Appl., 2001, 264: 230-252

[566] Pouso R L, Jan Tomeček. First- and second-order discontinuous functional differential equations with impulses at fixed moments. Nonlinear Anal.: Theory Methods Appl., 2007, 67: 455-467

[567] Qesmia R, Babram M, Hbid M. Symbolic computation for center manifolds and normal forms of Bogdanov bifurcation in retarded functional differential equations. Nonlinear Anal.: Theory Methods Appl., 2007, 66: 2833-2851.

[568] 钱祥征, 戴斌祥, 刘开宇. 非线性常微分方程理论方法应用. 长沙: 湖南大学出版社, 2006

[569] 钱祥征, 黄立宏. 常微分方程. 长沙: 湖南大学出版社, 2007

[570] Qin H, Hong Y. Passivity, stability and optimality. Control Theory and Applications, 1994, 11(4): 422-427

[571] Qin S, Xue X. Global exponential stability and global convergence in finite time of neural networks with discontinuous activations. Neural Process. Lett., 2009, 29: 189-204

[572] Qin S, Xue X, Wang P. Global exponential stability of almost periodic solution of delayed neural networks with discontinuous activations. Inform. Sci., 2013, 220: 367-378

[573] Qin S, Xu J, Shi X. Convergence analysis for second-order interval Cohen-Grossberg neural networks. Commun. Nonlinear Sci. Numer. Simulat., 2014, 19(8): 2747-2757

[574] Qin S, Xue X. Periodic solutions for nonlinear differential inclusions with multivalued perturbations. J. Math. Anal. Appl., 2015, 424(2): 988-1005

[575] Qin W, Tang S, Xiang C, Yang Y. Effects of limited medical resource on a Filippov infectious disease model induced by selection pressure. Appl. Math. Comput., 2016, 283: 339-354

[576] 秦元勋. 试建立 "一要吃饭, 二要建设" 的数学模型. 科学探索, 1983, 2: 1-6

[577] 秦元勋. 科学探索: 秦元勋文集. 北京: 教育科学出版社, 1994. 158-163

[578] Quinn T J, Deriso R B. Quantitative Fish Dynamics. New York: Oxford University Press Inc, 1999

[579] Rabier P J, Rheinboldt W C. Time-dependent linear DAEs with discontinuous inputs. Linear Algebra and Its Applications, 1996, 247: 1-29

[580] Rakkiyappan R, Velmurugan G, Cao J. Multiple μ-stability analysis of complex-valued neural networks with unbounded time-varying delays. Neurocomputing, 2015, 149: 594-607

[581] Rakkiyappan R, Cao J, Velmurugan G. Existence and uniform stability analysis of fractional-order complex-valued neural networks with time delays. IEEE Trans. Neural Netw. Learn. Syst., 2015, 26(1): 84-97.

[582] Raïssi N. Features of bioeconomics models for the optimal management of a fishery exploited by two different fleets. Nat. Resour. Model., 2001, 12(2): 1-24

[583] Reluga T C, Bauch C T, Galvani A P. Evolving public perceptions and stability in vaccine uptake. Math. Biosci., 2006, 204: 185-198

[584] Riaza R. Nondegeneracy conditions for active memristive circuits. IEEE Trans. Circuits Syst. II, 2010, 57: 223-227

[585] Ricker W E. Stock and recruitment. J. Fish. Res. Board Can., 1954, 11: 559-623

[586] Arditi R, Ginzburg L R. Coupling in predator-prey dynamics: Ratio-dependence. Journal of Theoretical Biology, 1989, 139: 311-326

[587] Arditi R, Ginzburg L R, Akcakaya H R. Variation in plankton densities among lakes: A case for ratio-dependent predation models. The American Naturalist, 1991, 138: 1287-1296

[588] Romer P M. Increasing returns and long-run growth. Journal of Political Economy, 1986, 94(5): 1002-1037

[589] 荣鑫淼, 杨柳, 楚慧迪, 周林华, 陈明, 范猛, 朱怀平. 医务人员数量对 COVID-19 防控的影响. 应用数学学报, 2020, 43(2): 335-349

[590] Ross R. The Prevention of Malaria. 2nd ed. London: Marray, 1911

[591] Ruan S, Wei J. Periodic solutions of planar systems with two delays. Proceeding of the Royal Society of Edinburgh A, 1999, 129(5): 1017-1032

[592] Rupflin M. Heteroclinic connection of periodic solutions of delay differential equations. J. Dyn. Diff. Equ., 2009, 21: 45-71

[593] Rzymowski W. Existence of solutions for a class of discontinuous differential equations in $\mathbb{R}^n$. J. Math. Anal. Appl., 1999, 233: 634-643

[594] Saker S H, Agarwal S. Oscillation and global attractivity in a periodic Nicholson's blowflies model. Math. Comput. Model., 2002, 35(7): 719-731

[595] Samuelson P A. Interactions between the multiplier analysis and the principle of acceleration. The Review of Economics and Statistics, 1939, 21: 75-78

[596] Savi M A, Divenyi S, Franca L F P, Weber H I. Numerical and experimental investigations of the nonlinear dynamics and chaos in non-smooth systems. Journal of Sound and Vibration, 2007, 301: 59-73

[597] Schaefer M B. Some aspects of the dynamics of populations important to the management of the commercial marine fisheries. Inter-Am. Trop. Tuna Comm. Spec. Rep., 1954, 1: 27-56

[598] Scott A. The fishery: the objectives of the sole ownership. J. Polit. Economy, 1955, 63(2): 116-124

[599] Sengupta J K, Fanchon P. Control Theory Methods in Economics. New York: Kluwer Academic Publishers, 1997

[600] Serb A, Bill J, Khiat A, Berdan R, Legenstein R, Prodromakis T. Unsupervised learning in probabilistic neural networks with multi-state metal-oxide memristive synapses. Nature Communications, 2016, 7(12611): 1-9

[601] Shen H, Park J, Wu Z. Finite-time synchronization control for uncertain Markov jump neural networks with input constraints. Nonlinear Dynam., 2014, 77: 1709-1720

[602] 时培建, 徐多林, 水声建. SARS 传播模型及其趋势分析. 北京石油化工学院学报, 2004, 12(1): 60-64

[603] Shin S, Kim K, Kang S M. Memristor applications for programmable analog ICs. IEEE Trans. Nano., 2011, 10: 266-274

[604] Shui S, Zhang X, Li J. The qualitative analysis of a class of planar Filippov systems. Nonlinear Anal.: Theory Methods Appl., 2010, 73(5): 1277-1288

[605] Shustin E. Super-high-frequency oscillations in a discontinuous dynamic system with time delay. Israel J. Math., 1995, 90(1-3): 199-219

[606] Shustin E, Fridman E, Fridman L. Oscillations in a second-order discontinuous system with delay. Disc. Contin. Dyn. Syst., 2003, 9(2): 339-358

[607] Simpson D J W. Hopf-like boundary equilibrium bifurcations involving two foci in Filippov systems. J. Differential Equations, 2019, 267: 6133-6151

[608] Smith H L. Monotone Dynamical Systems: An Introduction to the Theory of Competitive and Cooperative Systems, Mathematical Surveys and Monographs. Ann Arbor: American Mathematical Society, 1995

[609] Song M, Ma W, Tasuhiro Y. Permanence of a delayed SIR epidemic model with density dependent birth rate. J. Comput. Appl. Math., 2007, 201: 389-394

[610] Song Q, Cao J. Impulsive effects on stability of fuzzy Cohen–Grossberg neural networks with time-varying delays. IEEE Trans. Syst. Man Cybern. Part B-Cybern., 2007, 37(3): 733-741

[611] Song Q, Yan H, Zhao Z, Liu Y. Global exponential stability of impulsive complex-valued neural networks with both asynchronous time-varying and continuously distributed delays. Neural Networks, 2016, 81: 1-10

[612] Song Q, Zhao Z. Global dissipativity of neural networks with both variable and unbounded delays. Chaos, Solitons and Fractals, 2005, 25(2): 393-401

[613] Song Q, Liang J, Wang Z. Passivity analysis of discrete-time stochastic neural networks with time-varying delays. Neurocomputing, 2009, 72(7-9): 1782-1788

[614] Song Q, Wang Z. New results on passivity analysis of uncertain neural networks with time-varying delays. Int. J. Comput. Math., 2010, 87(3): 668-678

[615] Soper H E. Interpretation of periodicity in disecase-prevalence. J. R. Stat. Soc. Ser. B-Stat. Methodol., 1929, 92: 34-73

[616] Stamov G T. On the existence of almost periodic solutions for the impulsive Lasota-Wazewska model. Appl. Math. Lett., 2009, 22(4): 516-520

[617] Stanković B, Atanacković T M. Generalized solutions to a linear discontinuous differential equation. J. Math. Anal. Appl., 2006, 324: 1462-1469

[618] Strukov D B, Snider G S, Stewart D R, Williams R S. The missing memristor found. Nature, 2008, 453: 80-83

[619] Sun B, Cao Y, Guo Z, Yan Z, Wen S. Quantized passification of delayed memristor-based neural networks via sliding model control. J. Franklin Inst., 2020, 357(6): 3741-3752

[620] Sun G, Fu X. Discontinuous dynamics of a class of oscillators with strongly nonlinear asymmetric damping under a periodic excitation. Commun. Nonlinear Sci. Numer. Simulat., 2018, 61: 230-247

[621] Sun W, Zhang S. Existence and approximation of solutions for discontinuous functional differential equations. J. Math. Anal. Appl., 2002, 270 : 307-318

[622] 孙小丹, 霍希, 吴建宏. 关于大规模使用康复者血浆治疗 COVID-19 重症患者的模拟研究. 应用数学学报, 2020, 43(2): 211-226

[623] Tamilselvan A, Ramanujam N, Shanthi V. A numerical method for singularly perturbed weakly coupled system of two second order ordinary differential equations with discontinuous source term. J. Comput. Appl. Math., 2007, 202: 203-216

[624] 谭键滨, 蒋宇康, 田婷, 王学钦. P-SIHR 概率图模型: 一个可估计未隔离感染者数的适用于 COVID-19 的传染病模型. 应用数学学报, 2020, 43(2): 365-382

[625] Tan Z, Ali M K. Associative memory using synchronization in a chaotic neural network. Internat. J. Modern Phys. C, 2001, 12: 19-29

[626] Tang B, Xiao Y, Sivaloganathan S, Wu J. A piecewise model of virus-immune system with effector cell-guided therapy. Appl. Math. Model., 2017, 47: 227-248

[627] Tang B, Bragazzi N L, Li Q, Tang S, Xiao Y, Wu J. An updated estimation of the risk of transmission of the novel coronavirus (2019-nCov). Infectious Disease Modelling, 2020, 5: 248-255

[628] Tang B, Wang X, Li Q, Bragazzi N L, Tang S, Xiao Y, Wu J. Estimation of the transmission risk of the 2019-nCoV and its implication for public health interventions. J. Clin. Med., 2020, 9: 462

[629] Tang G, Qin W, Tang S. Complex dynamics and switching transients in periodically forced Filippov prey-predator system. Chaos, Solitons and Fractals, 2014, 61: 13-23

[630] Tang S, Xiao Y, Cheke R A. Dynamical analysis of plant disease models with cultural control strategies and economic thresholds. Math. Comput. Simulation, 2010, 80(5): 894-921

[631] Tang S, Xiao Y, Wang N, Wu H. Piecewise HIV virus dynamic model with CD4(+)T cell count-guided therapy. Journal of Theoretical Biology, 2012, 308: 123-134

[632] Tang S, Liang J, Xiao Y, et al. Sliding bifurcations of Filippov two stage pest control models with economic thresholds. SIAM J. Appl. Math., 2012, 72(4): 1061-1080

[633] Tang S, Liang J. Global qualitative analysis of a non-smooth Gause predator-prey model with a refuge. Nonlinear Anal.: Theory Methods Appl., 2013, 76: 165-180

[634] Tank D W, Hopfield J J. Simple 'neural' optimization networks: An A/D converter, signal decision circuit, and a linear programming circuit. IEEE Trans. Circuits Syst., 1986, 33: 533-541

[635] Teixeira M A. Stability conditions for discontinuous vector fields. J. Differential Equations, 1990, 88(1): 15-29

[636] Thieme H R. Mathematics in Population Biology. Princeton: Princeton University Press, 2003

[637] Tian H, Han M. Bifurcation of periodic orbits by perturbing high-dimensional piecewise smooth integrable systems. J. Differential Equations, 2017, 263: 7448-7474

[638] Tian Y, Yu P. Center conditions in a switching Bautin system. J. Differential Equations, 2015, 259: 1203-1226

[639] Tong W. Distribution of eigenvalues of a class of matrices. Acta Math Sinica, 1977, 20(4): 272-275

[640] Tonnelier A. The Mckean's caricature of the Fitzhugh–Nagumo model I. The space-clamped system. SIAM J. Appl. Math., 2002, 63(2): 459-484

[641] Tonnelier A, Gerstner W. Piecewise linear differential equations and integrate-and-fire neurons: Insights from two-dimensional membrane models. Phys. Rev. E, 2003, 67(2): 021908-(1-16)

[642] Torres F, Ponce E, Freire E, et al. The continuous matching of two stable linear systems can be unstable. Discrete Contin. Dyn. Syst.-A, 2006, 16(3): 689-703

[643] Truscott J E, Webb C R, Gilligan C A. Asymptotic analysis of an epidemic model with primary and secondary infection. Bull. Math. Biol., 1997, 59: 1101-1123

[644] Turkoglu D, Altun I. A fixed point theorem for multi-valued mappings and its applications to integral inclusions. Appl. Math. Lett., 2007, 20: 563-570

[645] Turvey R. Optimization in fisheries regulation. Amer. Econ. Rev., 1964, 54: 64-76

[646] Utkin V I. Variable structure systems with sliding models. IEEE Trans. Automat. Control, 1977, 22: 212-222

[647] Utkin V I. Sliding Modes in Control and Optimization. Berlin: Springer, 1992

[648] van der Schaft A J. L_2-Gain and Passivity Techniques in Nonlinear Control. London: Springer, 2000

[649] Vassilieva E, Pinto G, De Barros J A, Suppes P. Learning pattern recognition through quasi-synchronization of phase oscillators. IEEE Trans. Neural Netw., 2010, 22(1): 84-95

[650] Velmurugan G, Rakkiyappan R, Cao J. Finite-time synchronization of fractional-order memristor-based neural networks with time delays. Neural Netw., 2016, 73: 36-46

[651] Ventra M D, Pershin Y V, Chua L O. Circuit elements with memory: Memristors, memcapacitors and meminductors. Proceedings of the IEEE, 2009, 97: 1717-1724

[652] Vidyasagar M. Nonlinear System Analysis. Englewood Cliffs: Prentice-Hall, 1993

[653] Vurro M, Bonciani B, Vannacci G. Emerging infectious diseases of crop plants in developing countries: Impact on agriculture and socio-economic consequences. Food Security, 2010, 2(2): 113-132

[654] Wang A, Xiao Y. Sliding bifurcation and global dynamics of a Filippov epidemic model with vaccination. Int. J. Bifur. Chaos, 2013, 23(8): 1350144

[655] Wang A, Xiao Y. A Filippov system describing media effects on the spread of infectious diseases. Nonlinear Anal.: Hybrid Syst., 2014, 11: 84-97

[656] Wang A, Xiao Y, Cheke R A. Global dynamics of a piece-wise epidemic model with switching vaccination strategy. Discrete Contin. Dyn. Syst.-B, 2014, 19(9): 2915-2940

[657] Wang A, Xiao Y, Zhu H. Dynamics of a Filippov epidemic model with limited hospital beds. Math Biosci Eng., 2018, 15(3): 739-764

[658] Wang A, Xiao Y, Smith R. Multiple equilibria in a non-smooth epidemic model with medical-resource constraints. Bull. Math. Biol., 2019, 81(4): 963-994

[659] Wang A, Xiao Y, Smith R. Dynamics of a non-smooth epidemic model with three thresholds. Theory in Biosciences, 2020, 139: 47-65

[660] Wang D, Huang L, Cai Z. On the periodic dynamics of a general Cohen-Grossberg BAM neural networks via differential inclusions. Neurocomputing, 2013, 118: 203-214

[661] Wang D, Huang L. Periodicity and global exponential stability of generalized Cohen-Grossberg neural networks with discontinuous activations and mixed delays. Neural Netw., 2014, 51: 80-95

[662] Wang D, Huang L. Almost periodic dynamical behaviors for generalized Cohen - Grossberg neural networks with discontinuous activations via differential inclusions. Communications in Nonlinear Science and Numerical Simulation, 2014, 19(10): 3857-3879

[663] Wang D, Huang L, Tang L. New results for global exponential synchronization in neural networks via functional differential inclusions. Chaos., 2015, 25: 083103

[664] Wang D, Huang L. Periodicity and multi-periodicity of generalized Cohen-Grossberg neural networks via functional differential inclusions. Nonlinear Dynam., 2016, 85: 67-86

[665] Wang D, Huang L. Robust synchronization of discontinuous Cohen-Grossberg neural networks: Pinning control approach. J. Franklin Inst., 2018, 355: 5866-5892

[666] Wang D, Huang L, Tang L. Synchronization criteria for discontinuous neural networks with mixed delays via functional differential inclusions. IEEE Trans. Neural Netw. Learn. Syst., 2018, 29(5): 1809-1821

[667] Wang D, Huang L, Tang L. Dissipativity and synchronization of generalized BAM neural networks with multivariate discontinuous activations. IEEE Trans. Neural Netw. Learn. Syst., 2018, 29(8): 3815-3827

[668] Wang D, Huang L, Tang L, Zhuang J. Generalized pinning synchronization of delayed Cohen-Grossberg neural networks with discontinuous activations. Neural Netw., 2018, 104: 80-92

[669] Wang G, Shen Y. Exponential synchronization of coupled memristive neural networks with time delays. Neural Computing and Applications, 2014, 24(6): 1421-1430

[670] Wang J, Huang L, Guo Z. Dynamical behavior of delayed Hopfield neural networks with discontinuous activations. Appl. Math. Model., 2009, 33(4): 1793-1802

[671] Wang J, Huang L, Guo Z. Global asymptotic stability of neural networks with discontinuous activations. Neural Netw., 2009, 22(7): 931-937

[672] Wang J, Huang L. Almost periodicity for a class of delayed Cohen-Grossberg neural networks with discontinuous activations. Chaos, Solitons and Fractals, 2012, 45: 1157-1170

[673] Wang J, Wang L. State transition graph and stability of singular equilibria for piece-wise linear biological models. Physica D, 2013, 246(1): 39 -49

[674] Wang J, Zhang F, Wang L. Equilibrium, pseudoequilibrium and sliding-mode hete-roclinic orbit in a Filippov-type plant disease model. Nonlinear Anal.: Real World Appl., 2016, 31: 308-324

[675] Wang J, Chen X, Huang L. The number and stability of limit cycles for planar piece-wise linear systems of node-saddle type. J. Math. Anal. Appl., 2019, 469(1): 405-427

[676] Wang J, Huang C, Huang L. Discontinuity-induced limit cycles in a general planar piecewise linear system of saddle-focus type. Nonlinear Anal.: Hybrid Syst., 2019, 33: 162-178

[677] Wang J, He S, Huang L.Limit cycles induced by threshold nonlinearity in planar piecewise linear systems of node-focus or node-center type. Int. J. Bifur. Chaos, 2020, 30(11): 2050160

[678] Wang L, Yu M, Niu P. Periodic solution and almost periodic solution of impulsive Lasota-Wazewska model with multiple time-varying delays. Comput. Math. Appl., 2012, 64(8): 2383-2394

[679] Wang L, Yang X. Singular cycles connecting saddle periodic orbit and saddle equilib-rium in piecewise smooth systems. Nonlinear Dynam., 2019, 97(4): 2469-2481

[680] Wang L, Lu W, Chen T. Coexistence and local stability of multiple equilibria in neural networks with piecewise linear nondecreasing activation functions. Neural Netw., 2010, 23(2): 189-200

[681] 汪礼礽. 环境数学模型. 上海: 华东师范大学出版社, 1997

[682] 王林山. 时滞递归神经网络. 北京: 科学出版社, 2008

[683] Wang L, Liu Z, Zhang X. Global dynamics for an age-structured epidemic model with media impact and incomplete vaccination. Nonlinear Anal.: Real World Appl., 2016, 32: 136-158

[684] 王树禾. 微分方程模型与混沌. 合肥: 中国科学技术大学出版社, 1999

[685] 王顺庆, 王万雄, 徐海根. 数学生态学稳定性理论与方法. 北京: 科学出版社, 2004

[686] Wang W, Ruan S. Bifurcation in an epidemic model with constant removal rate of the infectives. J. Math. Anal. Appl., 2004, 291: 775-793

[687] Wang W. Backward bifurcation of an epidemic model with treatment. Math. Biosci., 2006, 201: 58-71

[688] Wang W. Finite-time synchronization for a class of fuzzy cellular neural networks with time-varying coefficients and proportional delays. Fuzzy Sets and Systems, 2018, 338: 40-49

[689] 王霞, 唐三一, 陈勇, 冯晓梅, 肖燕妮, 徐宗本. 新型冠状病毒肺炎疫情下武汉及周边地区何时复工? 数据驱动的网络模型分析. 中国科学: 数学, 2020, 50: 1-10

[690] 王翼, 王歆明. MATLAB 在动态经济学中的应用. 北京: 机械工业出版社, 2006

[691] Wang Y, Zuo Y, Huang L, Li C. Global robust stability of delayed neural networks with discontinuous activation functions. IET Control Theory Appl., 2008, 2(7): 543-553

[692] Wang Y, Han M, Constantinescu D. On the limit cycles of perturbed discontinuous planar systems with 4 switching lines. Chaos, Solitons and Fractals, 2016, 83: 158-177

[693] Wang Y, Huang L. Dynamical behaviors of Cohen-Grossberg neural networks with mixed time delays and discontinuous activations. Neurocomputing, 2013, 121: 379-386

[694] Wang Y, Huang L. Global stability analysis of competitive neural networks with mixed time-varying delays and discontinuous neuron activations. Neurocomputing, 2015, 152: 85-96

[695] Wang Z, Wang Y, Liu Y. Global synchronization for discrete-time stochastic complex networks with randomly occurred nonlinearities and mixed time delays. IEEE Trans. Neural Netw., 2010, 21(1): 11-25

[696] Wang Z, Huang L, Zuo Y, Zhang L. Global robust stability of time-delay systems with discontinuous activation functions under polytopic parameter uncertainties. Bull. Korean Math.Soc., 2010, 47(1): 89-102

[697] Wang Z, Huang L. Synchronization analysis of linearly coupled delayed neural networks with discontinuous activations. Appl. Math. Model., 2015, 39: 7427-7441

[698] Wang Z, Huang L, Guo Z. H_∞ control for neural networks with discontinuous activations and nonlinear external disturbance. J. Franklin Inst., 2015, 352: 3144-3165

[699] Wang Z, Huang L. Global stability analysis for delayed complex-valued BAM neural networks. Neurocomputing, 2016, 173: 2083-2089

[700] Wang Z, Guo Z, Huang L, Liu X. Dynamical behavior of complex-valued Hopfield neural networks with discontinuous activation functions. Neural Process. Lett., 2017, 45(3): 1039-1061

[701] Wang Z, Cao J, Guo Z, Huang L. Generalized stability for discontinuous complex-valued Hopfield neural networks via differential inclusions. Proc. R. Soc. A, 2018, 474(2220): 20180507

[702] Wang Z, Cao J, Cai Z, Huang L. Periodicity and finite-time periodic synchronization of discontinuous complex-valued neural networks. Neural Netw., 2019, 119: 249-260

[703] Wang Z, Liu X. Exponential stability of impulsive complex-valued neural networks with time delay. Math. Comput. Simulation, 2019, 156: 143-157

[704] Wang Z, Cao J, Cai Z, Huang L. Periodicity and fixed-time periodic synchronization of discontinuous delayed quaternion neural networks. J. Franklin Inst., 2020, 357: 4242-4271

[705] Wang Z, Cao J, Cai Z, Huang L. Finite-time stability of impulsive differential inclusion: Applications to discontinuous impulsive neural networks. Discrete Contin. Dyn. Syst.-B, 2021, 26(5): 2677-2692

[706] Wazewska-Czyzewska M, Lasota A. Mathematical problems of the dynamics if red blood cells system. Ann. Polish Math. Soc. Ser. III Appl. Math., 1988, 17: 23-40

[707] Webb J R L. On degree theory for multivaled mappings and applications. Bull. U. M. I., 1974, 9: 137-158

[708] Wen L, Yu Y, Wang W. Generalized Halanay inequalities for dissipativity of Volterra functional differential equations. J. Math. Anal. Appl., 2008, 347: 169-178

[709] Wen S, Zeng Z. Dynamics analysis of a class of memristor-based recurrent networks with time-varying delays in the presence of strong external stimuli. Neural Process. Lett., 2012, 35: 47-59

[710] Wen S, Bao G, Zeng Z, Chen Y, Huang T. Global exponential synchronization of memristor-based recurrent neural networks with time-varying delays. Neural Netw., 2013, 48: 195-203

[711] Wen S, Zeng Z, Huang T, Chen Y. Passivity analysis of memristor-based recurrent neural networks with time-varying delays. J. Franklin Inst., 2013, 350(8): 2354-2370

[712] Wen S, Zeng Z, Huang T, Zhang Y. Exponential adaptive lag synchronization of memristive neural networks via fuzzy method and applications in pseudorandom number generators. IEEE Transactions on Fuzzy Systems, 2014, 22(6): 1704-1713

[713] Wen S, Huang T, Zeng Z, Chen Y, Li P. Circuit design and exponential stabilization of memristive neural networks. Neural Netw., 2015, 63: 48-56

[714] Whittle P. The outcome of a stochastic epidemic: A note on Bailey's paper. Biometrika, 1955, 42: 154-162

[715] Wickwire K. Mathematical models for the control of pests and infectious diseases: A survey. Theor. Popul. Biol., 1977, 11: 181-238

[716] Wiercigroch M. Applied nonlinear dynamics of non-smooth mechanical systems. J. Braz. Soc. Mech. Sci. Eng., 2006, 28(4): 519-526

[717] Williams R S. How we found the missing memristor. IEEE Spectr., 2008, 45: 28-35

[718] Wu A, Zeng Z, Zhu X, Zhang J. Exponential synchronization of memristor-based recurrent neural networks with time delays. Neurocomputing, 2011, 74(17): 3043-3050

[719] Wu A, Wen S, Zeng Z. Synchronization control of a class of memristor-based recurrent neural networks. Inform. Sci., 2012, 183(1): 106-116

[720] Wu A, Zeng Z. Dynamic behaviors of memristor-based recurrent neural networks with time-varying delays. Neural Netw., 2012, 36: 1-10

[721] Wu A, Wen S, Zeng Z. Anti-synchronization control of a class of memristive recurrent neural networks. Communications in Nonlinear Science and Numerical Simulation, 2013, 18(2): 373-385

[722] Wu A, Zhang J. Multistability of memristive neural networks with time-varying delays. Complexity, 2015, 21(1): 177-186

[723] Wu C, Chua L. Synchronization in an array of linearly coupled dynamical systems. IEEE Transactions on Circuits and Systems I: Fundamental Theory and Applications, 1995, 42(8): 430-447

[724] Wu C. Synchronization in arrays of coupled nonlinear systems: Passivity circle criterion and observer design. The 2001 IEEE International Symposium on Circuits and Systems. IEEE, 2001, 3: 692-695

[725] Wu H, Li Y. Existence and stability of periodic solution for BAM neural networks with discontinuous neuron activations. Comput. Math. Appl., 2008, 56: 1981-1993

[726] Wu H. Stability analysis for periodic solution of neural networks with discontinuous neuron activations. Nonlinear Anal.: Real World Appl., 2009, 10: 1717-1729

[727] Wu H, Shan C. Stability analysis for periodic solution of BAM neural networks with discontinuous neuron activations and impulses. Appl. Math. Model., 2009, 33: 2564-2574

[728] Wu H, Zhang X, Li R, Yao R. Adaptive exponential synchronization of delayed Cohen-Grossberg neural networks with discontinuous activations. Int. J. Mach. Learn. & Cyber., 2015, 6(2): 253-263

[729] 吴开琛, 吴开录, 陈文江, 林明和, 李才旭. SARS 传播数学模型与流行趋势预测研究. 中国热带医学, 2003, 3(4): 421-426

[730] Wu L, Feng Z. Homoclinic bifurcation in an SIQR model for childhood diseases. J. Differential Equations, 2000, 168: 150-167

[731] Wu X, Wang Y, Cao W, Huang L. Robust adaptive control of Cohen-Grossberg neural networks with discontinuous activation functions. 2010 8th World Congress on Intelligent Control and Automation (WCICA), 2010: 4430-4435

[732] Wu X, Wang Y, Huang L, Zuo Y. Robust stability analysis of delayed Takagi-Sugeno fuzzy Hopfield neural networks with discontinuous activation functions. Cognitive Neurodynamics, 2010, 4(4): 347-354

[733] Wu X, Wang Y, Huang L, Zuo Y. Robust exponential stability criterion for uncertain neural networks with discontinuous activation functions and time-varying delays. Neurocomputing, 2010, 73(7-9): 1265-1271

[734] Xiao B, Liu B. Exponential convergence of an epidemic model with continuously distributed delays. Math. Comput. Model., 2008, 48: 541-547

[735] Xiao D, Ruan S. Global dynamics of a ratio-dependent predator-prey system. J. Math. Biol., 2001, 43: 268-290

[736] Xiao J, Zeng Z, Shen W. Global asymptotic stability of delayed neural networks with discontinuous neuron activations. Neurocomputing, 2013, 118: 322-328

[737] Xiao Y, Chen L, Bosch F V D. Dynamical behavior for a stage-structured SIR infectious disease model. Nonlinear Anal.: Real World Appl., 2002, 3: 175-190

[738] Xiao Y, Xu X, Tang S. Sliding mode control of outbreaks of emerging infectious diseases. Bull. Math. Biol., 2012, 74: 2403-2422

[739] Xiao Y, Zhao T, Tang S. Dynamics of an infectious diseases with media/psychology induced non-smooth incidence. Math. Biosci. Eng., 2013, 10(2): 445-461

[740] Xiao Y, Tang S, Wu J. Media impact switching surface during an infectious disease outbreak. Sci. Rep., 2015, 5(4): 7838

[741] Xie D, Jiang Y. Global exponential stability of periodic solution for delayed complex-valued neural networks with impulses. Neurocomputing, 2016, 207: 528-538

[742] Xie L, Fu M, Li H. Passivity analysis and passification for uncertain signal processing systems. IEEE Trans. Signal Process., 1998, 46(9): 2394-2403

[743] 熊佩英, 黄立宏. 一类具两条不连续相交线的平面系统的闭轨. 纯粹数学与应用数学, 2011, 27(1): 13-18

[744] Xiong Y, Han M. Limit cycle bifurcations in a class of perturbed piecewise smooth systems. Appl. Math. Comput., 2014, 242: 47-64

[745] Xiong Y, Han M. Limit cycle bifurcations near homoclinic and heteroclinic loops via stability-changing of a homoclinic loop. Chaos, Solitons and Fractals, 2015, 78: 107-117

[746] Xiong Y, Han M. Limit cycle bifurations in discontinuous planar systems with multiple lines. J. Appl. Anal. Comput., 2020, 10(1): 361-377

[747] 徐文兵, 徐厚宝, 于景元, 朱广田. SARS 数学模型解的存在唯一性与稳定性. 应用泛函分析学报, 2004, 6(2): 140-145

[748] 徐玉华, 克忠义, 杜明娟, 白雪寒. 基于动力学视角的经济时间序列分析. 经济数学, 2017, 34: 85-88

[749] Xue L, Gui J, Jing S, Miller J C, Sun W, Li H, Estrada-Franco J G, Hyman J M, Zhu H. A data-driven network model for the emerging COVID-19 epidemics in Wuhan,Toronto and Italy. Math. Biosci., 2020, 326: 108391

[750] Xue X, Yu J. Periodic solutions for semi-linear evolution inclusions. J. Math. Anal. Appl., 2007, 331: 1246-1262

[751] Yan J. Existence and global attractivity of positive periodic solution for an impulsive Lasota-Wazewska model. Journal of Mathematical Analysis and Applications, 2003, 279(1): 111-120

[752] 严阅, 陈瑜, 刘可伋, 罗心悦, 许伯熹, 江渝, 程晋. 基于一类时滞动力学系统对新型冠状病毒肺炎疫情的建模和预测. 中国科学 (数学), 2020, 50(3): 385-392

[753] Yang C, Huang L. Finite-time synchronization of coupled time-delayed neural networks with discontinuous activations. Neurocomputing, 2017, 249: 64-71

[754] Yang C, Huang L. New criteria on exponential synchronization and existence of periodic solutions of complex BAM networks with delays. J. Nonlinear Sci. Appl., 2017, 10(10): 5464-5482

[755] Yang C, Huang L, Li F. Exponential synchronization control of discontinuous nonautonomous networks and autonomous coupled networks. Complexity, 2018, Article ID 6164786, 10 pages

[756] Yang C, Huang L. Nonsmooth exponential synchronization of coupled neural networks with delays: New switching design. Int. J. Mach. Learn. Cybern., 2019, 10: 623-630

[757] Yang C, Huang L, Cai Z. Fixed-time synchronization of coupled memristor-based neural networks with time-varying delays. Neural Netw., 2019, 116: 101-109

[758] Yang J, Han M, Wang W. On the Hopf bifurcations of piecewise planar Hamiltonian systems. J. Differential Equations, 2011, 250: 1026-1051

[759] Yang J, Tang S, Cheke R. Global stability and sliding bifurcations of a non-smooth Gause predator-prey system. Appl. Math. Comput., 2013, 224: 9-20

[760] 杨淼, 黄立宏, 王佳伏, 黄创霞. 带有食饵避难的 Filippov 型捕食-食饵模型的全局动力学. 南通大学学报 (自然科学版), 2020, 19(1): 56-61

[761] Yang T, Yang L, Wu C, et al. Fuzzy cellular neural networks: Theory. 1996 Fourth IEEE International Workshop on Cellular Neural Networks and Their Applications Proceedings (CNNA-96), IEEE, 1996: 181-186

[762] Yang T, Yang L, Wu C, et al. Fuzzy cellular neural networks: Applications. 1996 Fourth IEEE International Workshop on Cellular Neural Networks and Their Applications Proceedings (CNNA-96), IEEE, 1996: 225-230

[763] Yang X, Cao J. Finite-time stochastic synchronization of complex networks. Appl. Math. Model., 2010, 34: 3631-3641

[764] Yang X, Wu Z, Cao J. Finite-time synchronization of complex networks with non-identical discontinuous nodes. Nonlinear Dynam., 2013, 73: 2313-2327

[765] Yang X, Cao J. Exponential synchronization of delayed neural networks with discontinuous activations. IEEE Transactions on Circuits and Systems-I: Regular Papers, 2013, 60(9): 2431-2439

[766] Yang X, Cao J, Yu W. Exponential synchronization of memristive Cohen-Grossberg neural networks with mixed delays. Cognitive Neurodynamics, 2014, 8(3): 239-249

[767] Yang X, Cao J, Ho D W C. Exponential synchronization of discontinuous neural networks with time-varying mixed delays via state feedback and impulsive control. Cogn. Neurodynamics, 2015, 9(2): 113-128

[768] Yang X, Song Q, Liang J, et. al. Finite-time synchronization of coupled discontinuous neural networks with mixed delays and nonidentical perturbations. J. Franklin Inst., 2015,352: 4382-4406

[769] Yang X, Lu J. Finite-time synchronization of coupled networks with Markovian topology and impulsive effects. IEEE Trans. Automat. Control, 2016, 61: 2256-2261

[770] Yang Z, Zeng Z, Wang K, et al. Modified SEIR and AI prediction of the epidemics trend of COVID-19 in China under public health interventions. Journal of Thoracic Disease, 2020, 12(3): 165-174

[771] 易学军, 黄立宏. 一类激励抑制型时滞神经网络模型解的收敛性. 经济数学, 2005, 22(3): 323-326

[772] 易学军, 黄立宏, 唐武柏. 一类激励时滞神经模型解的收敛性. 经济数学, 2006, 23(4): 416-420

[773] Yi Z, Tan K, Lee T H. Multistability analysis for recurrent neural networks with unsaturating piecewise linear transfer functions. Neural Comput., 2003, 15: 639-662

[774] Yi Z, Tan K. Multistability of discrete-time recurrent neural networks with unsaturating piecewise linear activation functions. IEEE Transaction on Neural Networks, 2004, 15(2): 329-336

[775] Yorke J A, Hethcote H W, Nold A. Dynamics and control of the transmission of gonorrhea. Sex. Transm. Dis., 1978, 5: 51-56

[776] Yosida K. Functionnal Analysis. Berlin: Springer-Verlag, 1999

[777] Young L C. Lectures on the Calculus of Varivations and Optimal Control Theory. Philadelphia: W. B. Saunders Company, 1969

[778] Yuan J, Zhao L, Huang C, Xiao M. Novel results on bifurcation for a fractional-order complex-valued neural network with leakage delay. Phys. A., 2019, 514(15): 868-883

[779] Yuan Z, Huang L. On existence and multiplicity of solutions for Kirchhoff-type equations with a nonsmooth potential. Bound. Value Probl., 2015, 2015(36): 1-18

[780] Yuan Z, Huang L. Solutions for a degenerate $p(x)$-Laplacian equation with a nonsmooth potential. Bound. Value Probl., 2015, 2015(120): 1-16

[781] Yuan Z, Huang L. Existence of solutions for $p(x)$-Kirchhoff type problems with nonsmooth potentials. Electron. J. Differential Equations, 2015, 2015(193): 1-18

[782] Yuan Z, Huang L. Non-smooth extension of a three critical points theorem by Ricceri with an application to $p(x)$-Laplacian differential inclusions. Electron. J. Differential Equations, 2015 , 2015(232): 1-16

[783] Yuan Z, Huang L, Zeng C. Solutions for a $p(x)$-Kirchhoff type problem with a nonsmooth potential in $\mathbb{R}^N$. Taiwanese Journal of Mathematics, 2016, 20: 449-472

[784] Yuan Z, Huang L, Wang D. Existence and multiplicity of solutions for a quasilinear elliptic inclusion with a nonsmooth potential. Taiwanese Journal of Mathematics, 2018, 22(3): 635-660

[785] Zaremba S C. Sur les equations au paratingent. Bull. des Scienc. Math. Ser. 2, 1936, 60: 139-160

[786] Zecca P, Zezza P L. Nonlinear boundary value problems in Banach spaces for multivalue differential equations on a non-compact interval. Nonlinear Anal.: Theory Methods Appl., 1979, 3: 347-352

[787] Zeng H, He Y, Wu M, Xiao S. Passivity analysis for neural networks with a time-varying delay. Neurocomputing, 2011, 74(5): 730-734

[788] Zeng Z, Wang J. Multiperiodicity and exponential attractivity evoked by periodic external inputs in delayed cellular neural networks. Neural Comput., 2006, 18: 848-870

[789] Zeng Z, Huang Y, Zheng W. Multistability of recurrent neural networks with time-varying delays and the piecewise linear activation function. IEEE Trans. Neural Netw., 2010, 21: 1371-1377

[790] 翟鹏龙, 刘星言, 段然, 张世华. COVID-19 疫情的实时区域传播分析、预测与预警. 应用数学学报, 2020, 43(2): 295-309

[791] 张从军. 集值分析与经济应用. 北京: 科学出版社, 2004

[792] Zhang C. Pseudo almost periodic solutions of some differential equations II. J. Math. Anal. Appl., 1995, 192: 543-561

[793] Zhang C, He Y, Wu M. Exponential synchronization of neural networks with time-varying mixed delays and sampled-data. Neurocomputing, 2010, 74(1-3): 265-273

[794] Zhang G, Shen Y. New algebraic criteria for synchronization stability of chaotic memristive neural networks with time-varying delays. IEEE Trans. Neural Netw. Learn. Syst., 2013, 24(10): 1701-1707

[795] Zhang G, Shen Y, Wang L. Global anti-synchronization of a class of chaotic memristive neural networks with time-varying delays. Neural Netw., 2013, 46: 1-8

[796] Zhang G, Shen Y, Yin Q, Sun J. Global exponential periodicity and stability of a class of memristor-based recurrent neural networks with multiple delays. Inform. Sci., 2013, 232: 386-396

[797] Zhang G, Wang Y. On a class of Schrödinger systems with discontinuous nonlinearities. J. Math. Anal. Appl., 2007, 331: 1415-1424

[798] Zhang H, Ma T, Huang G, Wang Z. Robust global exponential synchronization of uncertain chaotic delayed neural networks via dual-stage impulsive control. IEEE Trans. Syst. Man Cybern. Part B-Cybern., 2010, 40(3): 831-844

[799] 张菊平, 李云, 姚美萍, 张娟, 朱怀平, 靳祯. 武汉市 COVID-19 疫情与易感人群软隔离强度关系分析. 应用数学学报, 2020, 43(2): 162-173

[800] Zhang J, Jin X. Globally stability analysis in delayed Hopfield neural network models. IEEE Trans. Neural Netw., 2000, 13: 745-753

[801] Zhang L, Yi Z, Zhang S. Heng P. Activity invariant sets and exponentially stable attractors of linear threshold discrete-time recurrent neural networks. IEEE Trans. Automat. Control, 2009, 54(6): 1341-1347

[802] Zhang L, Huang L, Cai Z. Finite-time stabilization control for discontinuous time-delayed networks: New switching design. Neural Netw., 2016, 75: 84-96

[803] Zhang M, Wang D. Robust dissipativity analysis for delayed memristor-based inertial neural network. Neurocomputing, 2019, 366: 340-351

[804] Zhang X, Tang S. Existence of multiple sliding segments and bifurcation analysis of Filippov prey-predator model. Appl. Math. Comput., 2014, 239: 265-284

[805] 张学铭. 最优控制系统的微分方程理论. 北京: 高等教育出版社, 1989

[806] Zhang T, Teng Z. Pulse vaccination delayed SEIRS epidemic model with saturation incidence. Appl. Math. Model., 2008, 32: 1403-1416

[807] Zhang X, Liu X. Backward bifurcation and global dynamics of an SIS epidemic model with general incidence rate and treatment. Nonlinear Anal.: Real World Appl., 2009, 10: 565-575

[808] Zhang Y, Han Q. Network-based synchronization of delayed neural networks. IEEE Transactions on Circuits and Systems-I, 2013, 60(3): 676-689

[809] Zhang Y, Fu X. On periodic motions of an inclined impact pair. Commun. Nonlinear Sci. Numer. Simulat., 2015, 20: 1033-1042

[810] Zhang Y, Fu X. Flow switchability of motions in a horizontal impact pair with dry friction. Commun. Nonlinear Sci. Numer. Simulat., 2017, 44: 89-107

[811] 张芷芬, 丁同仁, 黄文灶. 常微分方程定性理论. 北京: 科学出版社, 1985

[812] Zhang Z, Ding T, Huang W, Dong Z. Qualitative Theory of Differential Equations//American Mathematical Society. Beijing: Peking University Press, 1992

[813] Zhang Z, Zhou D. Global robust exponential stability for second-order Cohen-Grossberg neural networks with multiple delays. Neurocomputing, 2009, 73: 213-218

[814] Zhang Z, Liu W, Zhou D. Global asymptotic stability to a generalized Cohen-Grossberg BAM neural networks of neutral type delays. Neural Netw., 2012, 25: 94-105

[815] Zhang Z, Zhang T, Huang S, Xiao P. New global exponential stability result to a general Cohen-Grossberg neural networks with multiple delays. Nonlinear Dynam., 2012, 67: 2419-2432

[816] Zhang Z, Cao J. Periodic solutions for complex-valued neural networks of neutral type by combining graph theory with coincidence degree theory. Adv. Difference Equ. 2018, 2018: 261

[817] Zhang Z, Mou S, Lam J, Gao H. New passivity criteria for neural networks with time-varying delay. Neural Netw., 2009, 22(7): 864-868

[818] Zhao T, Xiao Y, Smith R J. Non-smooth plant disease models with economic thresholds. Math. Biosci., 2013, 241: 34-48

[819] Zhao W, Zhu C, Zhu H. On positive periodic solution for the delay Nicholson's blowflies model with a harvesting term. Appl. Math. Model., 2012, 36(7): 3335-3340

[820] 郑祖庥. 泛函微分方程理论. 合肥: 安徽教育出版社, 1994

[821] 钟守铭, 刘碧森, 王晓梅, 范小明. 神经网络稳定性理论. 北京: 科学出版社, 2008

[822] Zhou D, Zhang L, Cao J. On global exponential stability conditions for cellular neural networks with Lipschitz-continuous activation function and variable delays. Appl. Math. Comput., 2004, 151: 379-392

[823] 周民强. 实变函数论. 北京: 北京大学出版社, 2001

[824] 周世勋. 量子力学教程. 北京: 人民教育出版社, 1979

[825] Zhou T, Wang M, Long M. Existence and exponential stability of multiple periodic solutions for a multidirectional associative memory neural network. Neural Process. Lett., 2012, 35: 187-202

[826] 朱惠延, 黄立宏, 陈云新. 一类二元人工神经网络模型的渐近性. 南华大学学报 (理工版), 2002, 16(1): 50-53

[827] Zhu H, Huang L. Convergence of a neural network of two neurons. 应用基础与工程科学学报, 2003, 11(2): 113-121

[828] Zhu H, Huang L. Dynamics of a delayed neural network of two neurons. Differential Equations and Dynamical Systems, 2004, 12(1-2): 43-73

[829] Zhu H, Huang L, Dai B. Convergence and periodicity of solutions for a neural network of two neurons. Appl. Math. Comput., 2004, 155: 813-836

[830] Zhu L. Dynamics of switching van der Pol circuits. Nonlinear Dynam., 2017, 87: 1217-1234

[831] 邹兰, 阮士贵. 新型冠状病毒肺炎的斑块模型: 围堵策略对重庆疫情控制的效果讨论. 应用数学学报, 2020, 43(2): 310-323

[832] Zou Y, Küpper T. Generalized Hopf bifurcation emanated from a corner for piecewise smooth planar systems. Nonlinear Anal.: Theory Methods Appl., 2005, 62(1): 1-17

[833] Zou Y, Küpper T, Beyn W J. Generalized Hopf bifurcation for planar Filippov systems continuous at the origin. Journal of Nonlinear Science, 2006, 16(2): 159-177

[834] 左大培. 内生稳态增长模型的生产结构. 北京: 中国社会科学出版社, 2005

[835] Zuo Y, Wang Y, Huang L, Wang Z, Liu X, Wu X. Robust stability criterion for delayed neural networks with discontinuous activation functions. Neural Process. Lett., 2009, 29(1): 29-44

[836] Zuo Y, Wang Y, Zhang Y, Liu X, Huang L, Wang Z, Wu X. On global robust stability of a class of delayed neural networks with discontinuous activation functions and norm-bounded uncertainty. Circuits Syst. Signal Process, 2011, 30: 35-53

目录

第一部分　概率和统计思维的基础